软件工程师开发大系

Visual C++开发实例大全

（提高卷）

软件开发技术联盟　编著

清华大学出版社

北　京

内 容 简 介

《Visual C++开发实例大全（提高卷）》以开发人员在项目开发中经常遇到的问题和必须掌握的技术为核心，介绍了应用 Visual C++进行程序开发各个方面的知识和技巧，主要包括 Windows 操作、鼠标和键盘相关、注册表、线程和动态链接库、文件基本操作、目录操作、其他文件操作、ADO 基本操作、数据库维护、SQL 查询、SQL 高级查询、打印技术、报表设计、图表数据分析、网络开发、Web 编程、加密与解密技术、数据库安全、软件注册与安全防护等。全书分 6 篇，共 19 章，总计 598 个实例和 598 条经验技巧。每个实例都是作者精心筛选的，具有很强的实用性，其中一些实例是开发人员难于寻觅的解决方案。

本书附带有配套光盘，光盘中提供有书中全部实例的源代码，这些源代码都是经过作者精心调试通过的，保证能够在 Windows XP、Windows 2003 及 Windows 7 操作系统下编译和运行。

本书适合 Visual C++的初学者，如高等院校学生、求职人员作为练习、速查、学习使用，也适合 Visual C++程序员参考、查阅。

本书封面贴有清华大学出版社防伪标签，无标签者不得销售。
版权所有，侵权必究。侵权举报电话：010-62782989　13701121933

图书在版编目（CIP）数据

Visual C++开发实例大全．提高卷/软件开发技术联盟编著．—北京：清华大学出版社，2016（2017.3 重印）
（软件工程师开发大系）
ISBN 978-7-302-39467-9

Ⅰ．①V…　Ⅱ．①软…　Ⅲ．①C 语言-程序设计　Ⅳ．①TP312

中国版本图书馆 CIP 数据核字（2015）第 036487 号

责任编辑：赵洛育
封面设计：李志伟
版式设计：刘艳庆
责任校对：赵丽杰
责任印制：李红英

出版发行：清华大学出版社
　　　　网　　址：http://www.tup.com.cn，http://www.wqbook.com
　　　　地　　址：北京清华大学学研大厦 A 座　　　邮　编：100084
　　　　社 总 机：010-62770175　　　　　　　　　邮　购：010-62786544
　　　　投稿与读者服务：010-62776969，c-service@tup.tsinghua.edu.cn
　　　　质 量 反 馈：010-62772015，zhiliang@tup.tsinghua.edu.cn
印 装 者：三河市中晟雅豪印务有限公司
经　　销：全国新华书店
开　　本：203mm×260mm　　印　张：60.5　　字　数：1990 千字
　　　　　（附光盘 1 张）
版　　次：2016 年 1 月第 1 版　　　　　　印　次：2017 年 3 月第 2 次印刷
印　　数：3501～5000
定　　价：128.00 元

产品编号：052245-01

前 言
Preface

特别说明：

《Visual C++开发实例大全》分为基础卷和提高卷（即本书）两册。本书的前身是《Visual C++开发实战1200例（第II卷）》。

编写目的

1. 方便程序员查阅

程序开发是一项艰辛的工作，挑灯夜战、加班加点是常有的事。在开发过程中，一个技术问题可能会占用几天甚至更长时间。如果有一本开发实例大全可供翻阅，从中找到相似的实例作参考，也许几分钟就可以解决问题。本书编写的主要目的就是方便程序员查阅、提高开发效率。

2. 通过分析大量源代码，达到快速学习之目的

本书提供了598个开发实例及源代码，附有相应的注释、实例说明、关键技术、设计过程和秘笈心法，对实例中的源代码进行了比较透彻的解析。相信这种办法对激发学习兴趣、提高学习效率极有帮助。

3. 通过阅读大量源代码，达到提高熟练度之目的

俗话说"熟能生巧"，读者只有通过阅读、分析大量源代码，并亲自动手去做，才能够深刻理解、运用自如，进而提高编程熟练度，适应工作之需要。

4. 实例源程序可以"拿来"就用，提高了效率

本书的很多实例，可以根据实际应用需求稍加改动，拿来就用，不必再去从头编写，从而节约时间，提高工作效率。

本书内容

全书分6篇共19章，主要包括Windows操作、鼠标和键盘相关、注册表、线程和动态链接库、文件基本操作、目录操作、其他文件操作、ADO基本操作、数据库维护、SQL查询、SQL高级查询、打印技术、报表设计、图表数据分析、网络开发、Web编程、加密与解密技术、数据库安全、软件注册与安全防护等。

书中所选实例均来源于一线开发人员的具体项目开发实践，囊括了开发中经常遇到和需要解决的热点、难点问题，使读者可以快速解决开发中的难题，提高编程效率。本书知识结构如下图所示。

本书在讲解实例时采用统一的编排样式，多数实例由"实例说明""关键技术""设计过程""秘笈心法"4部分构成。其中，"实例说明"部分采用图文结合的方式介绍实例的功能和运行效果；"关键技术"部分介绍了实例使用的重点、难点技术；"设计过程"部分讲解了实例的详细开发过程；"秘笈心法"部分给出了与实例相关的技巧和经验总结。

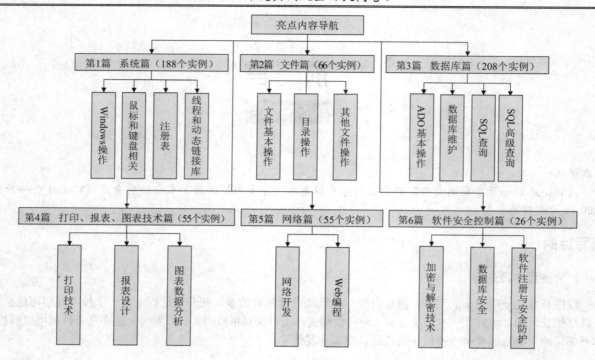

本书特点

1. 实例极为丰富

本书精选了 598 个实例，另外一册《Visual C++开发实例大全（基础卷）》精选了 602 个实例，这样，两册图书总约 1200 个实例，可以说是目前市场上实例最多、知识点最全面、内容最丰富的软件开发类图书，涵盖了编程中各个方面的应用。

2. 程序解释详尽

本书提供的实例及源代码，附有相应的注释、实例说明、关键技术、设计过程和秘笈心法。分析解释详尽，便于快速学习。

3. 实践实战性强

本书的实例及源代码很多来自现实开发中，光盘中绝大多数实例给出了完整源代码，读者可以直接调用、研读、练习。

关于光盘

1. 实例学习注意事项

读者在按照本书学习、练习的过程中，可以从光盘中复制源代码，修改时注意去掉源码文件的只读属性。有些实例需要使用相应的数据库或第三方资源，在使用前需要进行相应配置，具体步骤请参考书中或者光盘中的配置说明。

2. 实例源代码位置

本书光盘提供了实例的源代码，位置在光盘中的"MR\章号\实例序号"文件夹下，例如，"MR\04\166"表示实例 166，位于第 4 章。由于有些实例源代码较长，限于篇幅，书中只给出了关键代码，完整代码放置在光盘中。

读者对象

Visual C++程序员，Visual C++初学者，如高校大学生、求职人员、培训机构学员等。

本书服务

如果您使用本书的过程中遇到问题，可以通过如下方式与我们联系。
- ☑ 服务 QQ：4006751066
- ☑ 服务网站：http://www.mingribook.com

本书作者

本书由软件开发技术联盟组织编写，参与编写的程序员有赛奎春、王小科、王国辉、王占龙、高春艳、张鑫、杨丽、辛洪郁、周佳星、申小琦、张宝华、葛忠月、王雪、李贺、吕艳妃、王喜平、张领、杨贵发、李根福、刘志铭、宋禹蒙、刘丽艳、刘莉莉、王雨竹、刘红艳、隋光宇、郭鑫、崔佳音、张金辉、王敬洁、宋晶、刘佳、陈英、张磊、张世辉、高茹、陈威、张彦国、高飞、李严。在此一并致谢！

编　者

目录 Contents

第 1 篇 系统篇

第 1 章 Windows 操作 2
1.1 磁盘信息 3
实例 001 获取驱动器的卷标 3
实例 002 检测软驱是否有软盘 4
实例 003 判断是否插入存储器 5
实例 004 判断光驱是否有光盘 6
实例 005 判断驱动器类型 7
实例 006 获取磁盘序列号 8
实例 007 获取磁盘空间信息 10

1.2 磁盘操作 12
实例 008 格式化磁盘 12
实例 009 关闭磁盘共享 14
实例 010 设置磁盘卷标 15
实例 011 整理磁盘碎片 16
实例 012 从 FAT32 转换为 NTFS 17
实例 013 隐藏磁盘分区 18
实例 014 显示被隐藏的磁盘分区 19
实例 015 如何更改分区号 20
实例 016 如何监视硬盘 21

1.3 系统控制与调用 23
实例 017 调用创建快捷方式向导 23
实例 018 访问启动控制面板中各项 24
实例 019 控制光驱的弹开与关闭 26
实例 020 实现关闭、重启和注销计算机 27
实例 021 关闭和打开显示器 29
实例 022 打开和关闭屏幕保护 30
实例 023 关闭输入法 31
实例 024 程序发出提示音 31
实例 025 列举系统中的可执行文件 32

1.4 应用程序操作 34
实例 026 如何确定应用程序没有响应 34
实例 027 检索任务管理器中的任务列表 36

实例 028 判断某个程序是否运行 37
实例 029 设计具有插件功能的应用程序 39
实例 030 修改其他进程中窗口的标题 41
实例 031 换肤程序 42
实例 032 提取 Word 文档目录 46
实例 033 修改应用程序图标 49
实例 034 列举应用程序使用的 DLL 文件 52
实例 035 调用具有命令行参数的应用程序 54
实例 036 在程序中调用一个子进程直到其结束 56
实例 037 提取并保存应用程序图标 58

1.5 系统工具 60
实例 038 为程序添加快捷方式 60
实例 039 用列表显示系统正在运行的程序 62
实例 040 带毫秒的时间 64
实例 041 注册和卸载组件 65
实例 042 清空回收站 66
实例 043 如何在程序中显示文件属性对话框 67

1.6 桌面相关 68
实例 044 隐藏和显示桌面文件 68
实例 045 隐藏和显示"开始"按钮 69
实例 046 隐藏和显示 Windows 任务栏 70
实例 047 判断屏幕保护程序是否在运行 72
实例 048 判断系统是否使用大字体 73
实例 049 获取任务栏属性 74
实例 050 获取任务栏窗口句柄 75
实例 051 隐藏任务栏时钟 76
实例 052 改变桌面背景颜色 77
实例 053 获取桌面列表视图句柄 78

1.7 系统信息 79
实例 054 获取 CPU ID 值 79
实例 055 获取 CPU 时钟频率 80
实例 056 获得 Windows 和 System 的路径 81

实例 057	获取特殊文件夹路径	82
实例 058	检测系统启动模式	84
实例 059	判断操作系统类型	85
实例 060	获取当前系统运行时间	86
实例 061	如何获取 Windows 2000 系统启动时间	87
实例 062	获取处理器信息	88
实例 063	通过内存映射实现传送数据	90
实例 064	检测是否安装声卡	92
实例 065	获取当前用户名	93
实例 066	获取系统环境变量	94
实例 067	修改计算机名称	95
实例 068	获取当前屏幕颜色质量	96
实例 069	获得当前屏幕的分辨率	97

1.8 消息 98

实例 070	自定义消息	98
实例 071	注册消息	99
实例 072	发送 WM_COPYDATA 消息	100
实例 073	使用 SendMessage 添加组合框内容	101
实例 074	使用 SendMessage 添加列表框内容	102

1.9 剪贴板 103

实例 075	列举剪贴板中数据类型	103
实例 076	监视剪贴板复制过的内容	106
实例 077	向剪贴板中传递文字数据	107
实例 078	显示剪贴板中的图片数据	109
实例 079	程序间使用剪贴板传递数据	110
实例 080	子线程与主程序间使用剪贴板传递数据	112

第 2 章 鼠标和键盘相关 114

2.1 鼠标 115

实例 081	交换鼠标左右键	115
实例 082	设置鼠标双击的时间间隔	116
实例 083	获得鼠标键数	117
实例 084	获取鼠标下窗体句柄	117
实例 085	模拟鼠标单击按钮	120
实例 086	模拟鼠标双击事件	121
实例 087	获取鼠标在窗体上的位置	122
实例 088	记录鼠标行为	123
实例 089	隐藏和显示鼠标	125

2.2 键盘 126

实例 090	在程序中添加快捷键	126
实例 091	在对话框中使用加速键	127
实例 092	获取鼠标下窗体句柄	128
实例 093	获取键盘按键	130
实例 094	获取键盘类型及功能号	131
实例 095	控制键盘指示灯	132
实例 096	模拟键盘事件	134

第 3 章 注册表 136

3.1 读写注册表的 API 操作 137

实例 097	写入注册表项	137
实例 098	快速创建注册表项	138
实例 099	打开注册表项	139
实例 100	判断注册表项是否存在	140
实例 101	删除注册表项	141
实例 102	打开注册表根项	142
实例 103	向指定注册表项默认键值写入数据	144
实例 104	设置注册表键值数据	146
实例 105	快速设置注册表键值字符串数据	147

3.2 读写注册表的 MFC 类 148

实例 106	使用 CRegKey 类写入新键值	148
实例 107	使用 CRegKey 类写入默认键值	150
实例 108	使用 CRegKey 类查询键值	151

3.3 注册表的查询与枚举 152

实例 109	查询注册表键值信息	152
实例 110	快速查询注册表键值信息	154
实例 111	两个 API 函数可以枚举注册表项	155
实例 112	列举注册表中的启动项	157
实例 113	RegEnumKeyEx 枚举注册表项	158
实例 114	SHEnumKeyEx 枚举注册表项	159

3.4 注册表应用 160

实例 115	保存注册表项	160
实例 116	枚举安装程序	161
实例 117	应用程序自动登录信息	163
实例 118	软件注册信息	164
实例 119	如何建立文件关联	165
实例 120	开机自动运行	167
实例 121	隐藏和显示"我的电脑"	168
实例 122	隐藏和显示"回收站"	169
实例 123	隐藏和显示所有驱动器	170
实例 124	禁止"查找"菜单	172
实例 125	禁止"文档"菜单	173
实例 126	在退出 Windows 时清除"文档"中的记录	174

实例 127	禁止使用注册表编辑器	175
实例 128	禁止使用 INF 文件	176
实例 129	禁止使用 REG 文件	177
实例 130	控制光驱的自动运行功能	178
实例 131	设置"蜘蛛纸牌"游戏	179
实例 132	禁止快速启动	181
实例 133	禁止更改"Internet 选项"里"常规"中的"历史记录"项	182
实例 134	禁止更改"Internet 选项"里"常规"中的"Internet 临时文件"项	184
实例 135	禁止更改"Internet 选项"里"常规"中的"辅助功能"项	186
实例 136	禁止更改"Internet 选项"里"常规"中的"语言"项	188
实例 137	禁止更改"Internet 选项"里"常规"中的"主页"项	190
实例 138	禁止更改"Internet 选项"里"常规"中的"字体"项	193
实例 139	隐藏"Internet 选项"中的"安全"选项卡	195
实例 140	隐藏"Internet 选项"中的"常规"选项卡	196
实例 141	隐藏"Internet 选项"中的"程序"选项卡	198
实例 142	隐藏"Internet 选项"中的"高级"选项卡	200
实例 143	隐藏"Internet 选项"中的"连接"选项卡	202
实例 144	隐藏"Internet 选项"中的"内容"选项卡	203
实例 145	隐藏"开始"菜单中"设置"里的"任务栏和「开始」菜单"选项	205
实例 146	隐藏"开始"菜单中"文档"里的"我的文档"选项	207
实例 147	隐藏"开始"菜单中的"帮助和支持"选项	209
实例 148	隐藏"开始"菜单中的"关机"选项	210
实例 149	隐藏"开始"菜单中的"运行"选项	212
实例 150	隐藏"控制面板""网络连接""打印机和传真"3 个选项	213
实例 151	隐藏"网上邻居"图标	215
实例 152	隐藏"我的文档"图标	217
实例 153	隐藏桌面文件	218
实例 154	清空上网历史记录	219
实例 155	设置 IE 浏览器默认的主页	221
实例 156	隐藏 IE 浏览器的右键关联菜单	222
实例 157	修改 IE 浏览器标题栏内容	223

第 4 章 线程和动态链接库 225

4.1 进程和线程 226

实例 158	进程创建	226
实例 159	进程终止	227
实例 160	进程间消息通信	228
实例 161	进程间内存共享	231
实例 162	列举系统中的进程	233
实例 163	创建线程	235
实例 164	创建用户界面线程	237
实例 165	线程的终止	238
实例 166	使进程处于睡眠状态	239
实例 167	启动记事本并控制其关闭	240
实例 168	创建闪屏线程	241
实例 169	利用互斥对象实现线程同步	243
实例 170	利用临界区实现线程同步	245
实例 171	利用事件对象实现线程同步	247
实例 172	用信号量实现线程同步	249
实例 173	挂起系统	251
实例 174	调用记事本程序并暂停其运行	252
实例 175	等待打开的记事本程序关闭	253
实例 176	禁止程序重复运行	254
实例 177	在 Visual C++与 Delphi 间实现对象共享	255

4.2 动态链接库与钩子 257

实例 178	从动态库中获取位图资源	257
实例 179	屏蔽键盘 POWER 键	258
实例 180	屏蔽键盘 WIN 键	259
实例 181	禁止使用 Alt＋F4 键来关闭窗体	261
实例 182	枚举模块中所有图标	263
实例 183	使用模块对话框资源	265
实例 184	替换应用程序中对话框资源	266
实例 185	可导出的动态链接库函数	268
实例 186	动态链接库动态加载	269
实例 187	通过动态库建立数据库连接模块	271
实例 188	利用动态库创建窗体模块	273

第2篇 文件篇

第5章 文件基本操作 ... 276
5.1 文件的创建与打开 ... 277
实例189 创建文件 ... 277
实例190 打开文件 ... 279
实例191 使用 CFileDialog 类选中多个文件 ... 280
实例192 使用 GetOpenFileName 选择文件 ... 281
实例193 拖拽文件到对话框 ... 283
5.2 文件的复制 ... 284
实例194 使用 API 函数 CopyFile 实现文件的复制 ... 284
实例195 使用 CFile 类实现文件的复制 ... 285
实例196 在复制文件的过程中显示进度条 ... 287
实例197 实现网络文件复制 ... 289
实例198 使用 CopyFileEx 复制文件 ... 291
实例199 使用文件映射实现文件的复制 ... 293
实例200 多线程文件复制 ... 295
5.3 文件的修改与删除 ... 297
实例201 重命名文件 ... 297
实例202 批量重命名文件 ... 298
实例203 移动文件 ... 300
实例204 批量移动文件 ... 302
实例205 删除文件 ... 304
实例206 批量删除指定类型的文件 ... 305
实例207 强制删除文件 ... 306
实例208 将文件删除到回收站 ... 312
实例209 清空回收站 ... 313
5.4 文件查找 ... 314
实例210 列举文件夹下所有文件 ... 314
实例211 指定目录查找文件 ... 316
实例212 查找指定类型的文件 ... 317
实例213 用 C 语言判断文件是否存在 ... 319
5.5 文件读写 ... 320
实例214 通过 C 库函数读取文件 ... 320
实例215 使用 C 库函数写入文件 ... 322
实例216 使用 C 库函数定位文件 ... 323
实例217 使用 CFile 类读写文件 ... 325
实例218 制作日志文件 ... 326
5.6 文件属性 ... 328
实例219 获取文件名 ... 328
实例220 获取文件扩展名 ... 329
实例221 获取文件所在路径 ... 330
实例222 获取当前程序所在路径 ... 330
实例223 获取文件属性 ... 331
实例224 设置文件修改日期 ... 333
实例225 修改文件创建日期 ... 334
实例226 设置文件只读属性 ... 335
实例227 设置文件隐藏属性 ... 336
5.7 文件实用工具 ... 337
实例228 文件的简单加密 ... 337
实例229 文件解密 ... 339
实例230 文件合成 ... 340
实例231 文件分割器 ... 342
实例232 获取文件图标 ... 345
实例233 文件压缩 ... 346
实例234 垃圾文件清理 ... 348

第6章 目录操作 ... 351
6.1 目录的创建与删除 ... 352
实例235 创建目录 ... 352
实例236 删除文件夹 ... 353
实例237 创建多级目录 ... 354
6.2 目录设置 ... 355
实例238 获取文件夹属性 ... 355
实例239 文件夹重命名 ... 357
实例240 批量文件夹重命名 ... 358
实例241 显示磁盘目录 ... 359
实例242 设置文件夹图标 ... 361
实例243 修改文件夹的只读属性 ... 364

第7章 其他文件操作 ... 365
7.1 INI 文件的读写函数 ... 366
实例244 向 INI 文件中指定键值写入字符串数据 ... 366
实例245 获取 INI 文件中指定键值下整型数据 ... 367
实例246 获取 INI 文件中指定键值下字符串数据 ... 368
实例247 向 INI 文件指定节下写入数据 ... 369

实例 248　获取 INI 文件中所有节名 371
实例 249　获取 INI 文件固定节下的键名
　　　　　及数据 372
实例 250　将用户登录时间写入 INI 文件 373
实例 251　将指定目录下文件名列表
　　　　　写入 INI 文件 375

实例 252　获取 INI 文件中记录的数据库
　　　　　配置信息 376
7.2　读写 XML 文件 378
实例 253　获取 XML 文件中的内容 378
实例 254　将部门结构信息插入 XML 文件中 379

第 3 篇　数据库篇

第 8 章　ADO 基本操作 384
8.1　ADO 技术 385
实例 255　使用 ADO 连接 Access 数据库 385
实例 256　使用 ADO Data 控件连接 Access 数据库 386
实例 257　使用 ADO 连接 SQL Server 数据库 387
实例 258　利用 ADO 连接 SQL Server 数据库的
　　　　　两种格式 390
实例 259　利用 Execute 执行 SQL 语句 391
8.2　记录集操作 392
实例 260　遍历记录集 392
实例 261　使用记录集对象的 AddNew
　　　　　方法添加记录 393
实例 262　使用记录集对象的 Update
　　　　　方法更新记录 395
实例 263　使用记录集对象的 Delete
　　　　　方法删除记录 396
实例 264　通过记录集对象过滤数据 397
实例 265　在记录集中对查询结果排序 399
实例 266　利用记录集对象批量更新数据 400

第 9 章　数据库维护 402
9.1　数据库应用 403
实例 267　获取 SQL Server 数据库的表结构 403
实例 268　获取 Access 数据库的表结构 405
实例 269　获得 SQL Server 中的数据库名称 406
实例 270　如何判断一个表是否存在 407
实例 271　对数据库进行录入图片 409
实例 272　从数据库中提取图片 410
实例 273　将数据库文件转化为文本文件 412
实例 274　在程序中执行 SQL Server 脚本 413
实例 275　设置 ADO Recordset 对象的
　　　　　RecordCount 可用 416

实例 276　获取 ADO 连接数据库的字符串 416
9.2　数据维护 417
实例 277　分离数据库 417
实例 278　附加数据库 418
实例 279　断开 SQL Server 数据库与其他应用
　　　　　程序的连接 420
实例 280　利用 SQL 语句执行外围命令 421
实例 281　备份数据库 422
实例 282　还原数据库 424
实例 283　定时备份 Access 数据库 426
实例 284　枚举 SQL Server 服务器 427
实例 285　将数据库中的数据导入到
　　　　　Word 文档中 429

第 10 章　SQL 查询 431
10.1　SQL 基本查询 432
实例 286　查询特定列数据 432
实例 287　使用列别名 433
实例 288　在列上加入计算 434
实例 289　查询数字 435
实例 290　查询字符串 436
实例 291　查询日期数据 437
实例 292　查询逻辑型数据 438
实例 293　使用 "_" 通配符进行查询 440
实例 294　使用 "%" 通配符进行查询 441
实例 295　使用 "[]" 通配符进行查询 443
实例 296　使用 "[^]" 通配符进行查询 444
实例 297　复杂的模式查询 445
10.2　TOP 和 PERCENT 限制查询结果 447
实例 298　查询前 10 名数据 447
实例 299　取出数据统计结果的后 10 名数据 448
实例 300　查询第 10~20 名的数据ersen 449

实例 301　查询销售量占前 50%的图书信息 450	实例 334　复杂嵌套查询 491
实例 302　查询库存数量占后 20%的图书信息 452	实例 335　嵌套查询在查询统计中的应用 492

10.3 数值查询 453

实例 303　判断是否为数值 453	
实例 304　在查询时对数值进行取整 454	
实例 305　将查询到的数值四舍五入 455	
实例 306　使用三角函数计算数值 456	
实例 307　实现数值的进制转换 457	
实例 308　根据生成的随机数查询记录 459	
实例 309　根据查询数值的符号显示具体文本 460	

10.9 子查询 493

实例 336　用子查询做派生的表 493
实例 337　使用一个单行的子查询来更新列 494
实例 338　用子查询作表达式 495
实例 339　使用 IN 引入子查询限定查询范围 497
实例 340　使用 SOME 谓词引入子查询 498
实例 341　使用 ANY/SOME 谓词引入子查询 499
实例 342　使用 ALL 谓词引入子查询 500
实例 343　使用 EXISTS 运算符引入子查询 501
实例 344　在 HAVING 子句中使用子查询过 　　　　　滤数据 502
实例 345　在 UPDATE 语句中应用子查询 503

10.4 比较、逻辑、重复查询 461

实例 310　NOT 与谓词进行组合条件的查询 461
实例 311　利用 BETWEEN…AND 进行 　　　　　时间段查询 463
实例 312　利用关系表达式进行时间段查询 464
实例 313　列出数据中的重复记录和记录条数 465
实例 314　利用关键字 DISTINCT 去除 　　　　　重复记录 466

10.10 联合语句 UNION 505

实例 346　使用组合查询 505
实例 347　多表组合查询 506
实例 348　对组合查询后的结果进行排序 508
实例 349　获取组合查询中两个结果集的交集 509
实例 350　获取组合查询中两个结果集的差集 511

10.5 在查询中使用 OR 和 AND 运算符 467

实例 315　利用 OR 运算符进行查询 467
实例 316　利用 AND 运算符进行查询 468
实例 317　同时利用 OR、AND 运算符 　　　　　进行查询 470

10.11 内连接查询 512

实例 351　简单内连接查询 512
实例 352　复杂内连接查询 513
实例 353　使用 INNER JOIN 实现自身连接 515
实例 354　使用 INNER JOIN 实现等值连接 516
实例 355　使用 INNER JOIN 实现不等连接 517
实例 356　使用内连接选择一个表与另一个 　　　　　表中行相关的所有行 519

10.6 排序、分组统计 471

实例 318　数据分组统计（单列） 471
实例 319　在分组查询中使用 ALL 关键字 472
实例 320　在分组查询中使用 CUBE 运算符 473
实例 321　在分组查询中使用 ROLLUP 运算符 475
实例 322　对数据进行降序查询 476
实例 323　对数据进行多条件排序 477
实例 324　按姓氏拼音排序 478
实例 325　按仓库分组统计图书库存（多列） 479
实例 326　多表分组统计 481
实例 327　使用 COMPUTE 子句 482
实例 328　使用 COMPUTE BY 子句 483

10.12 外连接查询 520

实例 357　LEFT OUTER JOIN 查询 520
实例 358　RIGHT OUTER JOIN 查询 521
实例 359　使用外连接进行多表联合查询 522

10.13 利用 IN 进行查询 524

实例 360　用 IN 查询表中的记录信息 524
实例 361　使用 IN 引入限定查询范围 525
实例 362　使用 NOT IN 运算符引入子查询 526

10.7 多表和连接查询 485

实例 329　利用 FROM 子句进行多表查询 485
实例 330　使用表别名 486
实例 331　合并结果集 487
实例 332　利用多个表中的字段创建新记录集 489

10.14 交叉表查询 528

实例 363　利用 TRANSFORM 分析数据 528
实例 364　利用 TRANSFORM 动态分析数据 529
实例 365　静态交叉表 531
实例 366　动态交叉表 532

10.8 嵌套查询 490

实例 333　简单嵌套查询 490

10.15 字符串函数 534

实例 367	在查询语句中使用字符串函数	534
实例 368	LEFT 函数取左侧字符串	535
实例 369	RIGHT 函数取右侧字符串	536
实例 370	使用 LTRIM 函数去除左侧空格	537
实例 371	使用 RTRIM 函数去除右侧空格	538
实例 372	使用 REPLACE 函数替换字符串	539
实例 373	转换为小写字符	540
实例 374	转换为大写字符	541
实例 375	使用 LEN 函数返回字符个数	542
实例 376	取得指定个数的字符串	543
实例 377	取得字符串的起始位置	544
实例 378	以指定次数重复输出字符串	545
实例 379	获取字符表达式的反转	546
实例 380	获得由重复空格组成的字符串	547
实例 381	删除指定的字符串并在指定的位置插入字符	548
实例 382	使用 ASC 函数获取 ASCII 码	549
实例 383	使用 CHAR 函数返回替换字符串	550
实例 384	使用 PATINDEX 函数查找字符串位置	550

10.16 日期时间函数 ... 552

实例 385	根据出生日期计算年龄	552
实例 386	添加日期时间	553
实例 387	返回当前系统日期时间	554
实例 388	返回指定日期部分的整数	555
实例 389	返回指定日期部分的字符串	556
实例 390	返回表示当前 UTC 时间	557
实例 391	YEAR 函数的应用	558
实例 392	MONTH 函数的应用	559
实例 393	DAY 函数的应用	560

10.17 聚合函数 ... 561

实例 394	利用聚合函数 SUM 对销售额进行汇总	561
实例 395	利用聚合函数 AVG 求某班学生的平均年龄	562
实例 396	利用聚合函数 MIN 求销售额、利润最少的商品	563
实例 397	利用聚合函数 MAX 求月销售额完成最多的员工	565
实例 398	利用聚合函数 COUNT 求日销售额大于某值的商品数	566
实例 399	利用聚合函数 FIRST 或 LAST 求数据表中第一条或最后一条记录	568
实例 400	利用聚合函数清除数据库中的重复数据	569
实例 401	查询大于平均值的所有数据	571
实例 402	获取无重复或者不为空的所有记录	572
实例 403	随机查询求和	573
实例 404	统计某个值出现的次数	575

10.18 数学函数 ... 576

实例 405	使用 ABS 函数求绝对值	576
实例 406	CEILING 函数的应用	577
实例 407	FLOOR 函数的应用	578
实例 408	EXP 函数的应用	579
实例 409	使用 ROUND 函数对数据四舍五入	580
实例 410	使用 POWER 函数计算乘方	581
实例 411	使用 SQUARE 函数计算平方	582
实例 412	使用 SQRT 函数计算平方根	582
实例 413	使用 RAND 函数取随机浮点数	583
实例 414	使用 PI 函数（圆周率）	584

10.19 SQL 相关技术 ... 585

实例 415	格式化金额	585
实例 416	随机显示数据表中的记录	586
实例 417	利用 HAVING 子句过滤分组数据	587
实例 418	追加查询结果到已存在的表	588
实例 419	把查询结果生成表	590
实例 420	使用 IsNull 函数来处理空值	591
实例 421	使用 Nullif 函数来处理空值	592

第 11 章 SQL 高级查询 ... 594

11.1 SQL 中的流程控制语句 ... 595

实例 422	使用 BEGIN…END 语句控制批处理	595
实例 423	使用 IF 语句指定执行条件	596
实例 424	使用 IF EXISTS 语句检测数据是否存在	597
实例 425	使用 WHILE 语句执行循环语句块	598
实例 426	使用 CASE 语句执行分支判断	600
实例 427	使用 RETURN 语句执行返回	602
实例 428	使用 WAITFOR 语句延期执行语句	603
实例 429	使用 GOTO 语句实现跳转	605
实例 430	使用 PRINT 语句进行打印	606
实例 431	使用 RAISERROR 语句返回错误信息	607

11.2 视图应用 ... 608

| 实例 432 | 创建视图 | 608 |
| 实例 433 | 删除视图 | 609 |

实例 434 通过视图修改数据 ... 611	实例 447 创建存储过程 ... 628
实例 435 使用视图过滤数据 ... 612	实例 448 应用存储过程添加数据 ... 630
实例 436 对视图进行加密 ... 613	实例 449 应用存储过程修改数据 ... 631
实例 437 通过视图限制用户队列的访问 ... 614	实例 450 应用存储过程删除数据 ... 632
实例 438 使用视图格式化检测到的数据 ... 615	实例 451 获取数据库中全部的存储过程 ... 633
实例 439 使用视图生成计算列 ... 617	实例 452 在存储过程中使用 RETURN 定义返回值 ... 634
11.3 触发器应用 ... 618	实例 453 调用具有输出参数的存储过程 ... 636
实例 440 创建触发器 ... 618	实例 454 重命名存储过程 ... 637
实例 441 获取数据库中的触发器 ... 620	实例 455 在存储过程中使用事务 ... 639
实例 442 使用 INSERT 触发器向员工表中添加员工信息 ... 621	实例 456 加密存储过程 ... 640
实例 443 UPDATE 触发器在系统日志中的应用 ... 623	实例 457 删除存储过程 ... 642
实例 444 使用 DELETE 触发器删除离职员工信息 ... 625	实例 458 创建索引 ... 643
实例 445 使用触发器删除相关联的两表间的数据 ... 626	实例 459 索引的修改 ... 644
实例 446 触发器的删除 ... 627	实例 460 索引的删除 ... 645
11.4 使用存储过程 ... 628	11.5 事务的使用 ... 647
	实例 461 使用事务同时提交多个数据表 ... 647
	实例 462 使用事务批量删除生产单信息 ... 648

第4篇 打印、报表、图表技术篇

第 12 章 打印技术 ... 652	实例 477 打印窗体 ... 670
12.1 打印控制 ... 653	实例 478 打印图片 ... 671
实例 463 获取打印机 DC ... 653	实例 479 打印条形码 ... 672
实例 464 设置打印页数 ... 654	实例 480 利用 Word 进行打印 ... 674
实例 465 设置打印份数 ... 655	实例 481 商品销售图表打印 ... 675
实例 466 设置分页打印 ... 656	实例 482 利用 Excel 进行打印 ... 677
实例 467 实现横向打印 ... 657	实例 483 打印信封标签 ... 680
实例 468 设置打印纸边距 ... 658	实例 484 具有滚动条的预览界面 ... 682
实例 469 设置打印纸大小 ... 661	实例 485 在对话框中分页预览 ... 687
实例 470 获取当前选择的打印机 ... 662	实例 486 打印产品标签 ... 693
实例 471 获取用户选择的打印机端口 ... 663	实例 487 打印汇款单 ... 694
实例 472 如何解决屏幕和打印机分辨率不统一的问题 ... 664	实例 488 批量打印证书 ... 697
实例 473 打印新一页 ... 665	实例 489 批量打印工作证 ... 699
实例 474 获取当前打印机设置打印纸的左边距和上边距 ... 666	实例 490 批量打印文档 ... 701
	实例 491 批量打印条形码 ... 702
12.2 打印应用 ... 667	第 13 章 报表设计 ... 706
实例 475 在基于对话框的程序中进行打印预览 ... 667	13.1 绘制报表 ... 707
实例 476 在基于对话框的程序中调用文档视图结构 ... 668	实例 492 简单报表设计 ... 707
	实例 493 分组式报表设计 ... 709

| 实例 494 | 图案报表设计 | 711 |
| 实例 495 | 设置所打印表格的边线及字体 | 712 |

13.2 其他程序报表设计 ... 715
实例 496	设计假条套打程序	715
实例 497	利用代码设计报表	717
实例 498	实现库存盘点单的打印	722

第 14 章 图表数据分析 ... 725

14.1 设计图表 ... 726
实例 499	设计柱形图	726
实例 500	设计饼形图	727
实例 501	添加或修改图表中的标签	729
实例 502	显示数据库数据的图表	731
实例 503	将图表插入 Office	733
实例 504	动态实时曲线	734

| 实例 505 | 图书销量分析 | 736 |
| 实例 506 | 打印图表 | 738 |

14.2 图表应用 ... 740
实例 507	使用图表分析企业进货、销售和库存	740
实例 508	利用图表分析产品销售走势	742
实例 509	彩票市场份额饼形图	743
实例 510	平原和山间盆地降水量折线图	744
实例 511	网站人气指数条形图	746
实例 512	利用饼形图分析公司男女比率	747
实例 513	利用饼形图分析产品市场占有率	749
实例 514	利用多饼形图分析企业人力资源情况	750
实例 515	对比图表分析	751
实例 516	三维折线图	752
实例 517	三维面积图	753

第 5 篇 网络篇

第 15 章 网络开发 ... 756

15.1 获取计算机信息 ... 757
实例 518	获取局域网中计算机名称	757
实例 519	通过计算机名称获取 IP 地址	758
实例 520	获取网卡地址	760
实例 521	获取当前打开的端口	761
实例 522	获取局域网内的工作组	763

15.2 局域网控制与管理 ... 764
实例 523	获取局域网所有计算机名称和 IP	764
实例 524	远程控制局域网计算机	766
实例 525	局域网屏幕监控	768
实例 526	提取局域网信息到数据库	772
实例 527	修改计算机的网络名称	774

15.3 网上资源共享 ... 776
实例 528	获得网上的共享资源	776
实例 529	映射网络驱动器	777
实例 530	定时网络共享控制	779

15.4 网络连接与通信 ... 781
实例 531	编程实现 Ping 操作	781
实例 532	网络语音电话	783
实例 533	网络流量监控	787
实例 534	取得 Modem 的状态	792

实例 535	检测 TCP/IP 协议是否安装	793
实例 536	实现进程间通信	796
实例 537	利用内存映射实现进程间通信	798

15.5 套接字的应用 ... 799
实例 538	套接字的断开重连	799
实例 539	在套接字中如何设置超时连接	801
实例 540	局域网聊天程序	802
实例 541	设计网络五子棋游戏	805
实例 542	利用 UDP 协议实现广播通信	812
实例 543	利用套接字实现 HTTP 客户端应用程序	813

15.6 其他 ... 815
实例 544	获得拨号网络的列表	815
实例 545	获取计算机上串口的数量	816
实例 546	检测系统中安装的协议	817
实例 547	域名解析	819
实例 548	网上调查	820

第 16 章 Web 编程 ... 824

16.1 上网控制 ... 825
| 实例 549 | 定时登录 Internet | 825 |
| 实例 550 | 根据网络连接控制 IE 启动 | 826 |

16.2 文件上传与下载 ... 827

实例 551	遍历 FTP 文件目录	827
实例 552	获取 FTP 文件大小	829
实例 553	利用套接字实现 FTP 文件下载	830
实例 554	FTP 文件上传程序	833
实例 555	使用 WebBrowser 执行脚本	836
实例 556	HTTP 服务器多线程文件下载	837

16.3 邮件管理 ... 839

实例 557	邮件接收程序	839
实例 558	邮件发送程序	841
实例 559	发送电子邮件附件	847
实例 560	Base64 编码	849
实例 561	使用 MAPI 群发邮件	851
实例 562	检测邮箱中新邮件	854

16.4 上网监控 ... 857

实例 563	监控上网过程	857
实例 564	网络监听工具	859

16.5 浏览器应用 ... 864

实例 565	制作自己的网络浏览软件	864
实例 566	XML 数据库文档的浏览	866

16.6 网上信息提取 ... 867

实例 567	定时提取网页源码	867
实例 568	网上天气预报	869
实例 569	网页链接提取器	871

16.7 其他 ... 873

实例 570	利用 TAPI 实现网络拨号	873
实例 571	ISAPI 过滤器	876
实例 572	电子书阅读器	878

第 6 篇 软件安全控制篇

第 17 章 加密与解密技术 ... 886

17.1 数据的加密与解密 ... 887

实例 573	数据加密技术	887
实例 574	对数据报进行加密	888

17.2 文件的加密与解密 ... 891

实例 575	文本文件的加密与解密	891
实例 576	利用图片加密文件	893
实例 577	使用 MD5 算法对密码进行加密	895
实例 578	使用 AES 算法对文本文件进行加密	900

第 18 章 数据库安全 ... 906

18.1 连接加密的数据库 ... 907

实例 579	连接加密的 Excel 文件	907
实例 580	访问带验证模式的 SQL Server 数据库	909
实例 581	连接加密的 Access 数据库	911

18.2 数据库安全操作 ... 912

实例 582	SQL Server 数据库备份与恢复	912
实例 583	定时备份数据	915
实例 584	在 Visual C++中执行事务	916
实例 585	加密数据库中的数据	917
实例 586	Access 数据库备份与还原	920

第 19 章 软件注册与安全防护 ... 922

19.1 软件的注册 ... 923

实例 587	利用 INI 文件对软件进行注册	923
实例 588	利用注册表设计软件注册程序	924
实例 589	利用网卡序列号设计软件注册程序	926
实例 590	根据 CPU 和磁盘序列号设计软件注册程序	928

19.2 软件的安全防护 ... 930

实例 591	使用加密狗进行软件加密	930
实例 592	使用加密锁进行软件加密	932
实例 593	使用 IC 卡验证用户密码	934
实例 594	验证码技术登录	938
实例 595	限定计算机使用时间	939
实例 596	多报交错数据加密	940
实例 597	创建用户并分配管理员权限	946
实例 598	计算机锁定程序	948

第 1 篇

系统篇

▶▶ 第1章 Windows 操作
▶▶ 第2章 鼠标和键盘相关
▶▶ 第3章 注册表
▶▶ 第4章 线程和动态链接库

第 1 章

Windows 操作

- 磁盘信息
- 磁盘操作
- 系统控制与调用
- 应用程序操作
- 系统工具
- 桌面相关
- 系统信息
- 消息
- 剪贴板

1.1 磁盘信息

实例 001　获取驱动器的卷标
光盘位置：光盘\MR\01\001
初级
趣味指数：★★★☆

■ 实例说明

使用 API 函数 GetVolumeInformation 可以获取驱动器的卷标。GetVolumeInformation 函数还可以获取磁盘序列号和文件系统信息。实例运行结果如图 1.1 所示。

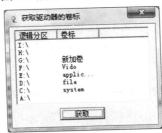

图 1.1　获取驱动器的卷标

■ 关键技术

本实例主要通过 GetVolumeInformation 函数获取磁盘驱动器的卷标，该函数用来获得文件系统中根目录磁盘卷标信息，语法如下：

```
BOOL GetVolumeInformation(LPCTSTR lpRootPathName,LPTSTR lpVolumeNameBuffer,
    DWORD nVolumeNameSize,LPDWORD lpVolumeSerialNumber,
    LPDWORD lpMaximumComponentLength,LPDWORD lpFileSystemFlags,
    LPTSTR lpFileSystemNameBuffer,DWORD nFileSystemNameSize);
```

参数说明如表 1.1 所示。

表 1.1　GetVolumeInformation 函数的参数说明

参　数	说　明	参　数	说　明
lpRootPathName	根目录的名称	lpMaximumComponentLength	最大文件名长度
lpVolumeNameBuffer	存放卷标名称的缓存	lpFileSystemFlags	文件系统标志
nVolumeNameSize	卷标名称的大小	lpFileSystemNameBuffer	存放文件系统名称的缓存
lpVolumeSerialNumber	卷标的序列号	nFileSystemNameSize	存放文件系统名称的缓存的大小

■ 设计过程

（1）新建一个名为 DeviceVolume 的对话框 MFC 工程。
（2）在对话框上添加列表视图控件，设置 ID 属性为 IDC_MYLIST，关联成员变量 m_disklist。
（3）添加按钮控件，名为"获取"，ID 为 IDC_GET，双击按钮控件添加响应函数 OnGet。
（4）主要代码如下：

```
void CDeviceVolumeDlg::OnGet()
{
```

```
DWORD size;
size=::GetLogicalDriveStrings(0,NULL);
if(size!=0)
{
    HANDLE heap=::GetProcessHeap();
    LPSTR lp=(LPSTR)HeapAlloc(heap,HEAP_ZERO_MEMORY,size*sizeof(TCHAR));
    ::GetLogicalDriveStrings(size*sizeof(TCHAR),lp);
    while(*lp!=0)
    {
        UINT res=::GetDriveType(lp);
        if(res=DRIVE_FIXED)
            m_disklist.InsertItem(0,lp,0);
        lp=_tcschr(lp,0)+1;
    }
LPTSTR namebuf=new char[12];
DWORD namesize=12;
DWORD serialnumber;
DWORD maxlen;
DWORD fileflag;
LPTSTR sysnamebuf=new char[10];
DWORD sysnamesize=10;
int num=m_disklist.GetItemCount();
for(int i=0;i<num;i++)
{
    CString str,temp;
    str=m_disklist.GetItemText(i,0);
    ::GetVolumeInformation(str,namebuf,namesize,&serialnumber,&maxlen,&fileflag,
        sysnamebuf,sysnamesize);
    temp.Format("%s",namebuf);
    m_disklist.SetItemText(i,1,temp);
}
}
```

■ 秘笈心法

心法领悟 001：在列表视图控件中选择数据。

在列表视图控件中选择数据，可以通过 CListCtrl 类的 GetSelectionMark 获取选中项的索引，通过该索引值，使用 GetItemText 函数获取选定的文本数据。

实例 002　检测软驱是否有软盘
光盘位置：光盘\MR\01\002　　初级　　趣味指数：★★★★

■ 实例说明

本实例实现检测软驱是否有软盘。使用 FileSystemObject 组件检测软驱。实例运行结果如图 1.2 所示。

图 1.2　检测软驱是否有软盘

■ 关键技术

本实例实现时主要用到了 FileSystemObject 组件。该组件可以检测并显示系统驱动器的信息分配情况，能创建、改变、删除文件夹，能探测指定的文件夹是否存在，如果存在，还可以提取该文件夹的名称、创建时间等信息。

■ 设计过程

（1）新建一个名为 FloppyReady 的对话框 MFC 工程。
（2）通过菜单 View | ClassWizard 打开类向导。单击 Message Maps 选项卡中的 Add Class 按钮。
（3）选择菜单 From a type Library，将 C:\winnt\system32\scrrun.dll 导入到工程中，为了避免编译出错，要将 GetFreeSpace 函数的声明和实现函数注释掉，此时即可使用 FileSystemObject 组件来检测软驱。
（4）主要代码如下：

```
void CFloppyReadyDlg::OnGet()
{
    IFileSystem3 system;
    IDrive drive;
    system.CreateDispatch("Scripting.FileSystemObject");
    drive.AttachDispatch(system.GetDrive("a:"));
    if(drive.GetIsReady())
        MessageBox("软驱里有软盘");
    else
        MessageBox("软驱里没有软盘");
}
```

■ 秘笈心法

心法领悟 002：从 Office 中导入操作 Word 文档的类。

通过菜单 View | ClassWizard 打开类向导。单击 Message Maps 选项卡中的 Add Class 按钮，选择菜单 From a type Library，导入 Microsoft Office 安装目录下的 MSWORD9.OLB，选择要导入的类，导入即可。

实例 003 判断是否插入存储器
光盘位置：光盘\MR\01\003　　　初级　趣味指数：★★★★

■ 实例说明

本实例实现判断是否插入存储器。使用 sysinfo 控件的 DeviceArrival 消息可以判断是否有存储器插入，使用 DeviceRemoveComplete 消息可以判断是否有存储器取下。实例运行结果如图 1.3 所示。

图 1.3　判断是否插入存储器

■ 关键技术

判断是否插入存储器可以使用 sysinfo 控件，这是一个 ActiveX 控件。sysinfo 控件的 DeviceArrival 消息可以判断是否有存储器插入，DeviceRemoveComplete 消息可以判断是否有存储器取下。

设计过程

（1）新建一个名为 DeviceInfo 的对话框 MFC 工程。

（2）在对话框资源上右击，弹出快捷菜单后选择 Insert ActiveX control 命令，弹出 Insert ActiveX control 对话框，在列表中选择列表项 Microsoft SysInfo Control,Version 6.0。单击 OK 按钮后，sysinfo 控件即可添加到对话框资源中。

（3）通过类向导添加这两个消息的实现函数。主要代码如下：

```
void CDeviceInfoDlg::OnDeviceArrivalSysinfo1(long DeviceType, long DeviceID, LPCTSTR DeviceName, long DeviceData)
{
    MessageBox("有存储器插入");
}

void CDeviceInfoDlg::OnDeviceRemoveCompleteSysinfo1(long DeviceType, long DeviceID, LPCTSTR DeviceName, long DeviceData)
{
    MessageBox("有存储器取下");
}
```

秘笈心法

心法领悟 003：判断系统时间或日期是否被改变。

通过 sysinfo 控件的 TimeChanged 事件，可以判断系统时间或日期是否被改变。该事件在改变系统时间或日期时被激活。

实例 004　判断光驱是否有光盘

光盘位置：光盘\MR\01\004　　初级　趣味指数：★★★☆

实例说明

本实例实现判断光驱内是否有光盘。可以通过使用 CFileFind 类查找光驱驱动器中是否有文件，来判断光驱中是否有光盘。实例运行结果如图 1.4 所示。

图 1.4　判断光驱是否有光盘

关键技术

本实例主要用到了 CfileFind 类的 FindFile 方法，该方法用于搜索文件。语法格式如下：

`virtual BOOL FindFile( LPCTSTR pstrName = NULL, DWORD dwUnused = 0 );`

参数说明：

❶pstrName：要查找的文件名。

❷dwUnused：默认值为 0。

设计过程

（1）新建一个名为 CdromInfo 的对话框 MFC 工程。

（2）在对话框上添加一个组合框控件，用于显示光驱名，添加一个按钮控件，用于执行 OnGet 函数。

（3）主要代码如下：

```
void CCdromInfoDlg::OnGet()
{
    CString path;
    int isel=m_cdrom.GetCurSel();
    m_cdrom.GetLBText(isel,path);
    if(path.IsEmpty())return;
    if(path.Right(1)=="\\")
        path+="*.*";
    else
        return;
    CFileFind find;
    BOOL bfind=find.FindFile(path);
    if(bfind)
        MessageBox("光驱中有光盘");
    else
        MessageBox("光驱中无光盘或光盘不可读");
}
```

秘笈心法

心法领悟 004：查看文件根目录。

通过 GetRoot 函数可以查看文件根目录。原型如下：

`virtual CString GetRoot() const;`

该函数用来获得查找到的文件的根目录，使用时需要先调用 FindNextFile 函数。

实例 005　判断驱动器类型

光盘位置：光盘\MR\01\005　　　　　　　　　　　　　　　　　初级　　趣味指数：★★★★

实例说明

驱动器是计算机存储数据的重要介质，硬盘、光盘、软盘等都是驱动器，本实例使用 MFC 程序判断各种驱动器的类型。实例运行结果如图 1.5 所示。

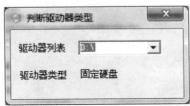

图 1.5　判断驱动器类型

关键技术

实现此功能主要是利用 GetDriveType 函数。GetDriveType 函数的功能是判断一个驱动器的类型。语法格式如下：

```
UINT GetDriveType(
    LPCTSTR lpRootPathName              //根目录
);
```

参数说明：

lpRootPathName：磁盘路径名。

返回值如表 1.2 所示。

表 1.2　GetDriveType 函数的返回值

返 回 值	说　　明	返 回 值	说　　明
DRIVE_UNKNOWN	驱动类型未知	DRIVE_REMOTE	网络驱动器
DRIVE_NO_ROOT_DIR	ROOT 路径无效	DRIVE_CDROM	光驱
DRIVE_REMOVABLE	移动硬盘	DRIVE_RAMDISK	RAM
DRIVE_FIXED	固定硬盘		

■ 设计过程

（1）新建一个名为 DriverAttri 的对话框 MFC 工程。
（2）添加组合框控件，显示磁盘路径，添加群组框控件，显示驱动器类型。
（3）主要代码如下：

```
void CDriverAttriDlg::OnSelchangeDrivercomb()
{
    CString itemstr;
    int icursel=m_drivercomb.GetCurSel();
    m_drivercomb.GetLBText(icursel,itemstr);
    switch(::GetDriveType(itemstr))
    {
        case 2:
            m_type.SetWindowText("软驱");
            break;
        case 3:
            m_type.SetWindowText("固定硬盘");
            break;
        case 5:
            m_type.SetWindowText("光驱");
            break;
        case 4:
            m_type.SetWindowText("网络驱动器");
            break;
        case 6:
            m_type.SetWindowText("RAM");
            break;
        default:
            m_type.SetWindowText("未知");
            break;
    }
}
```

■ 秘笈心法

心法领悟 005：如何创建密码文本框？
创建密码文本框，可以通过设置编辑框控件属性实现。选择 styles 属性，选中 password 复选框。

实例 006　　获取磁盘序列号
光盘位置：光盘\MR\01\006
初级
趣味指数：★★★★☆

■ 实例说明

计算机的磁盘或硬盘格式化后都有对应的磁盘序列号。本实例讲解的是如何获得磁盘的序列号。运行程序，系统的磁盘驱动器盘符和磁盘驱动器的序列号都会显示在列表中，如图 1.6 所示。

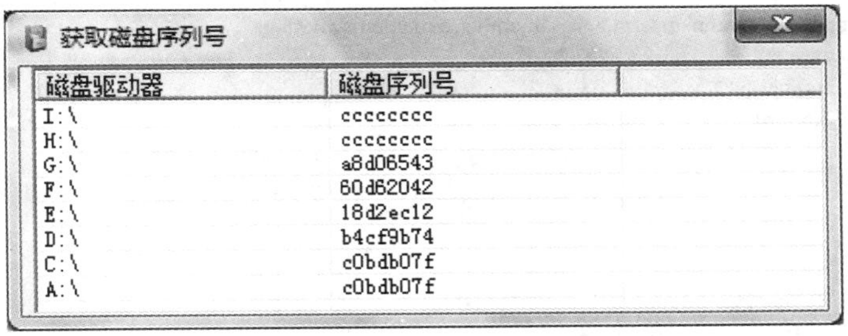

图 1.6 获取磁盘序列号

▌关键技术

本实例主要通过 GetVolumeInformation 函数获取磁盘驱动器序列号,该函数的语法介绍详见实例 001 的关键技术部分。

▌设计过程

(1) 新建一个名为 DiskSerial 的对话框 MFC 工程。
(2) 在对话框上添加列表视图控件,设置 ID 属性为 IDC_DISKLIST,添加成员变量 m_disklist。
(3) 在工程中添加图标资源,设置 ID 属性为 IDI_DISK。
(4) 主要代码如下:

```cpp
BOOL CDiskSerialDlg::OnInitDialog()
{
    CDialog::OnInitDialog();
    ……//此处代码省略
    m_disklist.SetExtendedStyle(LVS_EX_GRIDLINES);
    m_disklist.InsertColumn(0,"磁盘驱动器",LVCFMT_LEFT,150);
    m_disklist.InsertColumn(1,"磁盘序列号",LVCFMT_LEFT,150);
    imglist.Create(16,16,ILC_COLOR32|ILC_MASK,0,0);
    imglist.Add(::AfxGetApp()->LoadIcon(IDI_DISK));
    m_disklist.SetImageList(&imglist,LVSIL_SMALL);
    DWORD size;
    size=::GetLogicalDriveStrings(0,NULL);              //获取驱动器信息
    if(size!=0)
    {
        HANDLE heap=::GetProcessHeap();
        LPSTR lp=(LPSTR)HeapAlloc(heap,HEAP_ZERO_MEMORY,size*sizeof(TCHAR));
        ::GetLogicalDriveStrings(size*sizeof(TCHAR),lp);
        while(*lp!=0)
        {
            m_disklist.InsertItem(0,lp,0);
            lp=_tcschr(lp,0)+1;
        }
    }
    LPTSTR namebuf=new char[12];
    DWORD namesize=12;
    DWORD serialnumber;
    DWORD maxlen;
    DWORD fileflag;
    LPTSTR sysnamebuf=new char[10];
    DWORD sysnamesize=10;
    int num=m_disklist.GetItemCount();                  //获取磁盘数量
    for(int i=0;i<num;i++)
    {
        CString str,temp;
        str=m_disklist.GetItemText(i,0);
```

```
        ::GetVolumeInformation(str,namebuf,namesize,&serialnumber,&maxlen,&fileflag,
              sysnamebuf,sysnamesize);
        temp.Format("%x",serialnumber);
        m_disklist.SetItemText(i,1,temp);
    }
    return TRUE;
}
```

秘笈心法

心法领悟 006：查看列表框内的总项数。

通过 ClistCtrl 类的 GetItemCount 方法可以获取列表控件内的总项数。原型如下：
int GetItemCount( );

实例 007　获取磁盘空间信息
光盘位置：光盘\MR\01\007　　　　初级　趣味指数：★★★

实例说明

在日常工作中，计算机磁盘空间的管理非常重要，例如，在安装软件时，可以事先查看一下计算机中的磁盘空间大小，然后再根据剩余空间的大小决定将软件安装在哪个路径下。本实例演示的是一个显示系统中各个磁盘的使用情况的程序，程序运行之后，系统的磁盘驱动器盘符及驱动器的大小都显示在列表中，实例运行结果如图 1.7 所示。

图 1.7　获取磁盘空间信息

关键技术

本实例主要通过 GetLogicalDriveStrings 函数获得磁盘驱动器盘符，通过 GetDiskFreeSpaceEx 函数来获得驱动器空间。

（1）GetLogicalDriveStrings 函数
DWORD GetLogicalDriveStrings(DWORD cchBuffer,LPTSTR lpszBuffer)
参数说明：

❶cchBuffer：缓冲区的大小。

❷lpszBuffer：用于装载逻辑驱动器名称的字串。每个名字都用一个 NULL 字符分隔，在最后一个名字后面用两个 NULL 表示中止（空中止）。

返回值：返回保存所有数据所需要的字节数。

（2）GetDiskFreeSpaceEx 函数
```
BOOL GetDiskFreeSpaceEx(
LPCWSTR      lpDirectoryName,
PULARGE_INTEGER   lpFreeBytesAvailableToCaller,
PULARGE_INTEGER   lpTotalNumberOfBytes,
PULARGE_INTEGER   lpTotalNumberOfFreeBytes
);
```

参数说明：
❶lpDirectoryName：驱动器的名称。
❷lpFreeBytesAvailableToCaller：调用者可用的字节数量。
❸lpTotalNumberOfBytes：磁盘上的总字节数，磁盘总空间。
❹lpTotalNumberOfFreeBytes：磁盘上可用的字节数。
返回值：非 0 代表成功，0 为失败。

设计过程

（1）新建一个名为 DiskSpace 的对话框 MFC 工程。
（2）在对话框上添加列表视图控件，设置 ID 属性为 IDC_DISKLIST，添加成员变量 m_disklist。
（3）在工程中添加一个图标资源，设置 ID 属性为 IDI_DISK。
（4）主要程序代码如下：

```
BOOL CDiskSpaceDlg::OnInitDialog()
{
    CDialog::OnInitDialog();
    ……//此处代码省略
    m_disklist.SetExtendedStyle(LVS_EX_GRIDLINES);
    m_disklist.InsertColumn(0,"磁盘驱动器",LVCFMT_LEFT,150);
    m_disklist.InsertColumn(1,"驱动器大小",LVCFMT_LEFT,150);
    imglist.Create(16,16,ILC_COLOR32|ILC_MASK,0,0);
    imglist.Add(::AfxGetApp()->LoadIcon(IDI_DISK));
    m_disklist.SetImageList(&imglist,LVSIL_SMALL);
    DWORD size;
    size=::GetLogicalDriveStrings(0,NULL);
    if(size!=0)
    {
        HANDLE heap=::GetProcessHeap();
        LPSTR lp=(LPSTR)HeapAlloc(heap,HEAP_ZERO_MEMORY,size*sizeof(TCHAR));
        ::GetLogicalDriveStrings(size*sizeof(TCHAR),lp);          //获取驱动器信息
        while(*lp!=0)
        {
            m_disklist.InsertItem(0,lp,0);
            lp=_tcschr(lp,0)+1;
        }
    }
    ULARGE_INTEGER totalsize;
    ULARGE_INTEGER freesize;
    ULARGE_INTEGER availablesize;
    int num=m_disklist.GetItemCount();                            //获取磁盘数量
    for(int i=0;i<num;i++)
    {
        CString str,temp;
        str=m_disklist.GetItemText(i,0);
        ::GetDiskFreeSpaceEx(str , &availablesize, &totalsize , &freesize);   //获取磁盘空间
        temp.Format("%ld 千字节",totalsize.QuadPart/1024);
        m_disklist.SetItemText(i,1,temp);
    }
    return TRUE;
}
```

秘笈心法

心法领悟 007：开发磁盘空间报警程序。
通过 GetDiskFreeSpaceEx 函数获取磁盘剩余空间和磁盘总空间，当剩余空间和磁盘总空间相近时，发出警告。

1.2 磁盘操作

实例 008　格式化磁盘
光盘位置：光盘\MR\01\008　　初级　趣味指数：★★★★☆

■ 实例说明

磁盘是计算机存储数据的一种主要介质，主要分为两种：软盘（Floppy Disk）和硬盘（Hard Disk）。硬盘在使用之前先进行低级格式化（也称物理格式化），然后进行分区，最后进行高级格式化（也称逻辑格式化），这样才能存储数据。而软盘不需要进行前两个步骤，直接进行高级格式化后即可使用。通常硬盘在出厂前已经进行了低级格式化，使用前直接进行分区和高级格式化即可。高级格式化操作能将磁盘中的数据清空，并且能够恢复一些逻辑性的磁盘错误，因此会经常使用。运行本实例程序，通过组合框选择所要格式化的盘符，单击"格式化"按钮格式化磁盘，实例运行结果如图 1.8 所示。

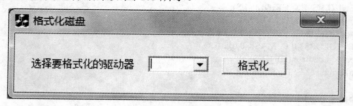

图 1.8　格式化磁盘

■ 关键技术

本实例通过调用 FormatDriver 函数显示格式化磁盘的对话框，该函数是 shell32.dll 文件中的函数，没有给出使用函数的头文件，因此需要使用调用动态链接库的方法实现对该函数的调用。具体方法：通过 LoadLibrary 函数加载 shell32.dll 文件，通过 GetProcAddress 函数获得调用 FormatDriver 函数的指针，使用该指针可以实现对 FormatDriver 函数的调用。

FormatDriver 函数基本格式：

FormatDriver (HWND hwnd, UINT drive,UINT fmtID,UINT options)

参数说明：

❶hwnd：应用程序窗体句柄。
❷drive：磁盘驱动器序号。
❸fmtID：格式化 ID。
❹options：格式化选项。

■ 设计过程

（1）新建一个名为 FormatDriver 的对话框 MFC 工程。

（2）在对话框上添加静态文本控件，设置 ID 属性为"选择要格式化的驱动器"；添加组合框控件，设置 ID 属性为 IDC_DRIVER，添加成员变量 m_driver，添加按钮控件，设置 ID 属性为 IDC_BTFORMAT，设置 Caption 属性为"格式化"。

（3）在头文件 FormatDriverDlg.h 中添加如下变量声明。

```
int isel;
```

（4）在 OnInitDialog 函数中实现列表初始化，将驱动器信息显示在列表控件中，代码如下：
```
BOOL CFormatDriverDlg::OnInitDialog()
{
    CDialog::OnInitDialog();
    ......//此处代码省略
    size_t alldriver=::GetLogicalDriveStrings(0,NULL);
    _TCHAR *driverstr;
    driverstr=new _TCHAR[alldriver+sizeof(_T(""))];
    if(GetLogicalDriveStrings(alldriver,driverstr)!=alldriver-1)        //获取驱动器信息
        return FALSE;
    _TCHAR *pdriverstr=driverstr;
    size_t driversize=strlen(pdriverstr);
    while(driversize>0)
    {
        m_driver.AddString(pdriverstr);
        pdriverstr+=driversize+1;
        driversize=strlen(pdriverstr);
    }
    isel=0;
    return TRUE;
}
```

（5）添加"格式化"按钮的实现函数，该函数用于调用格式化驱动器的对话框，具体代码如下：
```
void CFormatDriverDlg::OnFormat()
{
    typedef DWORD (WINAPI *MyFunc)(HWND hwnd,
    UINT drive,UINT fmtID,UINT options);
    HMODULE hModule=::LoadLibrary("shell32.dll");
    if(hModule)
    {
        MyFunc FormatDriver= (MyFunc) GetProcAddress(hModule, "SHFormatDrive");    //获取格式化方法
        if(FormatDriver)
            FormatDriver(this->GetSafeHwnd(),isel,0xFFFF,0);                       //格式化驱动器
    }
}
```

（6）添加 IDC_DRIVER 控件的 CBN_SELCHANGE 消息实现函数，获得用户选择的驱动器信息，代码如下：
```
void CFormatDriverDlg::OnSelchangeDriver()
{
    CString strtemp;
    int i=m_driver.GetCurSel();
    m_driver.GetLBText(i,strtemp);
    char *chr;
    chr=new char[1];
    CString str;str=strtemp.Left(1);
    chr=str.GetBuffer(0);
    char ch=chr[0];
    isel=ch-'A';
}
```

秘笈心法

心法领悟 008：使用 format 命令格式化磁盘。

使用 format 命令可以格式化磁盘。格式如下：

format<盘符:>[/q][/u]

其中，/q 表示快速格式化，/u 表示无条件格式化。

例如，格式化 F 盘：

format F:/q

实例 009 关闭磁盘共享

光盘位置：光盘\MR\01\009 中级 趣味指数：★★★☆

■ 实例说明

在 Windows XP 系统或 Windows 2000 系统中，默认情况下，所有的磁盘都是共享的。如果用户想取消这些默认的共享，需要在控制台中输入命令来关闭，本实例将通过程序取消这些默认的共享设置，运行程序，在组合框中选择要取消共享的盘符，如图 1.9 所示，单击"关闭共享"按钮，即可实现取消磁盘共享的功能。

图 1.9 关闭磁盘共享

■ 关键技术

关闭默认共享需要在控制台使用 net 命令，例如，要取消 C 盘的默认共享，需要使用 net share c:/del 命令。本实例主要通过 WinExec 函数执行关闭磁盘默认共享的 net 命令，该函数是在程序中执行其他可执行文件，语法如下：

UINT WinExec(LPCSTR lpCmdLine,UINT uCmdShow);

参数说明：

❶lpCmdLine：命令行字符串，包括其他可执行文件所调用的参数。

❷uCmdShow：执行其他可执行文件时窗体显示设置。

■ 设计过程

（1）新建一个名为 CloseShare 的对话框 MFC 工程。

（2）在对话框上添加静态文本控件，设置 ID 属性为"选择驱动器"；添加组合框控件，设置 ID 属性为 IDC_CMBDRIVER，添加成员变量 m_drivercomb；添加按钮控件，设置 ID 属性为 IDC_BTCLOSE，Caption 属性为"关闭共享"。

（3）在头文件 CloseShareDlg.h 中添加如下变量声明：

CString strsel;

（4）在 OnInitDialog 函数中实现 IDC_CMBDRIVER 控件中数据的初始化，将驱动器信息显示在组合框中，代码如下：

```
BOOL CCloseShareDlg::OnInitDialog()
{
    CDialog::OnInitDialog();
    ……//此处代码省略
    DWORD size;
    size=::GetLogicalDriveStrings(0,NULL);
    if(size!=0)
    {
        HANDLE heap=::GetProcessHeap();
        LPSTR lp=(LPSTR)HeapAlloc(heap,HEAP_ZERO_MEMORY,size*sizeof(TCHAR));
        ::GetLogicalDriveStrings(size*sizeof(TCHAR),lp);//获取驱动器信息
        while(*lp!=0)
        {
            m_drivercomb.AddString(lp);
```

```
        lp=_tcschr(lp,0)+1;
        }
    }
    return TRUE;
}
```

（5）添加 IDC_CMBDRIVER 控件的 CBN_SELCHANGE 消息的实现函数，获得用户在组合框中选择的内容，代码如下：

```
void CCloseShareDlg::OnSelchangeCmbdriver()
{
    m_drivercomb.GetWindowText(strsel);
}
```

（6）添加"取消共享"按钮的实现函数 OnCloseShare，实现对磁盘共享的取消，代码如下：

```
void CCloseShareDlg::OnCloseShare()
{
    CString strcmd;
    strcmd.Format("net.exe share %s /del",strsel);
    ::WinExec(strcmd,SW_HIDE);//取消共享
}
```

■ 秘笈心法

心法领悟 009：磁盘共享。

通过 net share 命令可以控制磁盘的共享和删除。例如，共享 F 盘：
net share F=F:/

取消 F 盘共享：
net share F /del

实例 010　设置磁盘卷标
光盘位置：光盘\MR\01\010　　　　　　　　初级　趣味指数：★★★★★

■ 实例说明

使用 API 函数 SetVolumeLabel 可以更改磁盘卷标。实例运行结果如图 1.10 所示。

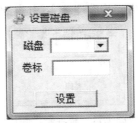

图 1.10　设置磁盘卷标

■ 关键技术

设置磁盘卷标主要用到 SetVolumeLabel 函数。一般格式如下：

```
BOOL SetVolumeLabel(
    LPCTSTR lpRootPathName,      //磁盘路径名
    LPCTSTR lpVolumeName         //卷标名
);
```

参数说明：

❶lpRootPathName：磁盘路径名。

❷lpVolumeName：要设置的卷标名。

设计过程

（1）新建一个名为 SetVolume 的对话框 MFC 工程。

（2）添加 ComboBox 控件用于获取要修改卷标的磁盘名，添加编辑框控件用于输入卷标名，添加按钮控件用于执行 OnSet 函数。

（3）添加"设置"按钮的实现函数，代码如下：

```
void CSetVolumeDlg::OnSet()
{
    CString path;
    CString str;
    int isel=m_disk.GetCurSel();
    m_disk.GetLBText(isel,path);
    if(path.IsEmpty())return;
    m_name.GetWindowText(str);
    if(str.IsEmpty())return;
    if(SetVolumeLabel(path,str))
        MessageBox("修改成功");
}
```

秘笈心法

心法领悟 010：设置组合框控件自动排序。

通过属性设置，右击并选择 properties 命令，选择 styles，选中 sort 复选框则自动排序，取消选中，则按插入顺序排序。

实例 011　整理磁盘碎片

光盘位置：光盘\MR\01\011　　　　趣味指数：★★★★☆

实例说明

要整理磁盘碎片可以使用 Windows 系统自带的碎片整理程序 dfrg.msc（Windows 2000 系统）。通过 API 函数 ShellExecute 可以调用程序 dfrg.msc 执行磁盘碎片整理。实例运行结果如图 1.11 所示。

图 1.11　整理磁盘碎片

关键技术

本实例使用 ShellExecute 函数实现。该函数功能是运行一个外部程序（或者是打开一个已注册的文件、目录、打印一个文件等），并对外部程序有一定的控制。语法格式如下：

```
ShellExecute(HWND hwnd, LPCSTR lpOperation, LPCSTR lpFile, LPCSTR lpParameters, LPCSTR lpDirectory, INT nShowCmd);
```

参数说明如表 1.3 所示。

表 1.3　ShellExecute 函数的参数说明

参　　数	说　　明
hwnd	父窗口句柄

参　数	说　明
lpOperation	操作类型（例如，open、runas、print、edit、explore、find）
lpFile	要进行操作的文件或程序
lpParameters	给 lpFile 指定的程序传递参数
lpDirectory	指定默认目录，通常设为 NULL
nShowCmd	文件打开的方式

设计过程

（1）新建一个名为 SetVolume 的对话框 MFC 工程。
（2）添加 ComboBox 控件，选择要整理碎片的磁盘，添加 Button 控件，执行 OnSet 函数。
（3）主要代码如下：

```
// "整理"按钮的实现函数
void CDefragDiskDlg::OnSet()
{
    CString path,strcmd;
    int isel=m_disk.GetCurSel();
    if(isel<0)return;
    m_disk.GetLBText(isel,path);
    if(path.IsEmpty())return;
    strcmd=path.Left(2);
    ::ShellExecute(this->GetSafeHwnd(),"open","dfrg.msc",strcmd,NULL,SW_SHOW);
}
```

秘笈心法

心法领悟 011：使用 ShellExecute 打开网页。

打开百度首页：
ShellExecute(this->GetSafeHwnd(),"open","www.baidu.com",NULL,NULL,SW_SHOWNORMAL);

实例 012　从 FAT32 转换为 NTFS

光盘位置：光盘\MR\01\012　　　　趣味指数：★★★★★　中级

实例说明

众所周知，Windows 操作系统中的磁盘格式主要有 FAT32 和 NTFS 两种，而 NTFS 格式相对于 FAT32 而言，包含了提供 Active Directory 所需的功能以及其他重要安全性功能等，因此显得更加强大。本实例使用 MFC 代码实现了将磁盘格式从 FAT32 格式转换为 NTFS 格式的功能，实例运行结果如图 1.12 所示。

图 1.12　从 FAT32 转换为 NTFS

关键技术

可以用 convert 命令实现文件系统格式的转换，磁盘 FAT32 格式转换 NTFS 格式命令如下：
convert driver: /fs:ntfs
其中，driver 是要转换的逻辑分区。
可以使用 ShellExecute 函数执行此命令。

设计过程

（1）新建一个名为 NTFS 的对话框 MFC 工程。
（2）添加组合框控件，选择要转换格式的磁盘，添加按钮控件，执行 OnBtnChange 函数。
（3）主要代码如下：

```
void CNTFSDlg::OnBtnChange()
{
    // TODO: Add your control notification handler code here
    CString path,strcmd;
    int isel = m_disk.GetCurSel();
    if(isel<0)
        return ;
    m_disk.GetLBText(isel,path);
    if(path.IsEmpty())
        return ;
    strcmd = path.Left(2);
    strcmd += "/fs:NTFS";
    ShellExecute(this->GetSafeHwnd(),"open","convert",strcmd,NULL,SW_SHOWNORMAL);
}
```

秘笈心法

心法领悟 012：打开画图程序（mspaint.exe）。
使用 ShellExecute 函数直接打开系统中的画图程序：
ShellExecute(this->GetSafeHwnd(),"open","mspaint",NULL,NULL,SW_SHOWNORMAL);

实例 013　隐藏磁盘分区

光盘位置：光盘\MR\01\013　　　　中级　　趣味指数：★★★★★

实例说明

使用 Windows 系统自带命令 diskpart（Windows 2003 系统）可以实现隐藏磁盘分区，该命令需要在命令提示符下运行，并且需要调用更改分区号的脚本。更改分区号的脚本可以在程序中动态生成，脚本主要实现的内容是列举磁盘分区，选择磁盘分区，对分区进行设置。实例运行结果如图 1.13 所示。

图 1.13　隐藏磁盘分区

关键技术

本实例主要利用 diskpart 命令实现对硬盘的分区管理，包括创建分区、删除分区、合并（扩展）分区等。

diskpart 支持使用脚本的操作，通过 diskpart /s script.txt 命令启动 diskpart 并执行脚本。remove 隐藏分区，例如：

```
list volume              //列举卷标
select volume 1          //选择卷 1
remove letter = K        //删除驱动号
```

设计过程

（1）新建一个名为 HidePartion 的对话框 MFC 工程。
（2）添加组合框控件，选择要隐藏分区的磁盘，添加按钮控件，执行 OnSet 函数。
（3）主要代码如下：

```
// "隐藏"按钮的实现函数
void CHidePartionDlg::OnSet()
{
    CString path,strcmd,str;
    int isel=m_disk.GetCurSel();
    if(isel<0)return;
    m_disk.GetLBText(isel,path);
    if(path.IsEmpty())return;
    path.MakeLower();
    char ch=path.GetAt(0);
    strcmd.Format("%d\r\n",ch-'c');
    FILE* fp;
    fp=fopen("c:\\srp.txt","w");
    fprintf(fp,"list volume\r\n");
    fprintf(fp,"select volume ");
    fprintf(fp,strcmd);
    fprintf(fp,"remove letter=");
    str=path.Left(1);
    str.MakeUpper();
    fprintf(fp,str);
    fclose(fp);
    ::ShellExecute(this->GetSafeHwnd(),"OPEN","cmd.exe","/C DISKPART /s c:\\srp.txt",NULL,SW_HIDE);
}
```

秘笈心法

心法领悟 013：文件替换。

使用 fopen 方法打开文件时，如果指定以"写"的方式打开，在指定文件已存在时，会创建新的空文件，替换原来的文件：

```
fopen("test.txt","w");
```

实例 014　显示被隐藏的磁盘分区

光盘位置：光盘\MR\01\014　　　　　　　　　　　　　　　　　　中级　　趣味指数：★★★★☆

实例说明

使用 Windows 系统自带命令 diskpart（Windows 2003 系统）调用用来显示分区的脚本即可实现显示被隐藏的磁盘分区，被隐藏的磁盘分区应该也是用 diskpart 命令隐藏的，显示分区的脚本也是在程序中动态生成的，脚本主要实现的内容是列举磁盘分区，选择磁盘分区，对分区进行设置。实例运行结果如图 1.14 所示。

图 1.14　显示被隐藏的磁盘分区

关键技术

本实例主要利用 diskpart 命令实现对硬盘的分区管理,包括创建分区、删除分区、合并(扩展)分区等。diskpart 支持使用脚本的操作,通过 diskpart /s script.txt 命令启动 diskpart 并执行脚本。assign 显示隐藏的分区。
例如:

```
select   volume 1          //选中卷标 1
assign   letter=D          //为其分配驱动号为 D
```

设计过程

(1)新建一个名为 ShowPartion 的对话框 MFC 工程。
(2)添加组合框控件,选择要显示分区的磁盘,添加按钮控件,执行 OnSet 函数。
(3)主要代码如下:

```cpp
void CShowPartionDlg::OnSet()
{
    CString path,strcmd;
    int isel=m_disk.GetCurSel();
    if(isel<0)return;
    m_disk.GetLBText(isel,path);
    if(path.IsEmpty())return;
    path.MakeLower();
    char ch=path.GetAt(0);
    strcmd.Format("%d\r\n",ch-'c');
    FILE* fp;
    fp=fopen("c:\srp.txt","w");
    fprintf(fp,"list volume\r\n");
    fprintf(fp,"select volume ");
    fprintf(fp,strcmd);
    fprintf(fp,"assign");
    fclose(fp);
    ::ShellExecute(this->GetSafeHwnd(),"open","DISKPART","/s c:\\srp.txt",NULL,SW_HIDE);
}
```

秘笈心法

心法领悟 014:以只读的方式打开文件。

使用 fopen 函数打开文件时,指定以 "r" 的方式打开,如果文件存在,以读的方式打开文件,如果文件不存在,打开失败。例如:

```
fopen("1.txt","r");
```

实例015 如何更改分区号

光盘位置:光盘\MR\01\015

高级
趣味指数:★★★★★

实例说明

使用 Windows 系统自带命令 diskpart(Windows 2003 系统)可以更改分区号。实例运行结果如图 1.15 所示。

图 1.15 更改分区号

关键技术

本实例使用 Windows 系统自带命令 diskpart，该命令前面已介绍过，具体参见实例 013 关键技术。

设计过程

（1）新建一个名为 PartionNum 的对话框 MFC 工程。
（2）添加组合框控件，选择要更改分区的磁盘，添加按钮控件，执行 OnSet 函数。
（3）主要代码如下：

```
void CPartionNumDlg::OnSet()
{
    CString path,strcmd,str;
    int isel=m_disk.GetCurSel();
    if(isel<0)return;
    m_disk.GetLBText(isel,path);
    int iselnum=m_name.GetCurSel();
    if(isel<0)return;
    m_name.GetLBText(iselnum,str);
    path.MakeLower();
    char ch=path.GetAt(0);
    strcmd.Format("%d\r\n",ch-'c');
    FILE* fp;
    fp=fopen("c:\srp.txt","w");
    fprintf(fp,"list volume\r\n");
    fprintf(fp,"select volume ");
    fprintf(fp,strcmd);
    fprintf(fp,"assign letter=");
    fprintf(fp,str);
    fclose(fp);
    ::ShellExecute(this->GetSafeHwnd(),"open","cmd.exe","/C DISKPART /s c:\srp.txt",NULL,SW_HIDE);
}
```

秘笈心法

心法领悟 015：手动更改分区号。

上面是使用代码来更改分区号，那要如何手动来更改分区号呢？

右击"计算机"图标，选择"管理"命令，在弹出的"计算机管理"界面中单击"存储"下的"磁盘管理"；右击要更改的计算机系统分区，在弹出的菜单中选择"更改驱动器号和路径"命令，在弹出的"更改驱动器号和路径"对话框中单击"更改"按钮，选择"更改驱动器号和路径"对话框中"分配以下驱动器"里要更改的盘符，并单击"确定"按钮；在"磁盘管理"对话框中单击"是"按钮。

实例 016　　如何监视硬盘

光盘位置：光盘\MR\01\016　　　　　　　　中级　　趣味指数：★★★★

实例说明

使用 API 函数 FindFirstChangeNotification 可以监视硬盘文件是否发生变化。调用该函数后可以使用 WaitForSingleObject 函数等待函数的执行情况，如果硬盘文件一直不发生变化，那么程序就一直处于等待状态，使硬盘文件发生变化，可以对硬盘文件进行添加、删除和重命名操作。实例运行结果如图 1.16 所示。

图 1.16　监视硬盘

关键技术

本实例在实现时主要用到了 FindFirstChangeNotification 函数和 WaitForSingleObject 函数。
FindChangeNotification 函数的功能是创建一个通知改变的句柄。一般形式如下：
```
HANDLE FindFirstChangeNotification(
    LPCTSTR lpPathName,         //指定要监视的目录
    BOOL bWatchSubtree,         //指定是否监视 lpPathName 目录下的所有子目录
    DWORD dwNotifyFilter        //指定过滤条件
);
```
参数说明：

❶lpPathName：路径名。

❷bWatchSubtree：选择是否监视子路径，该参数设置为 TRUE，则监视指定的路径及子路径，若为 FALSE，则仅监视指定的路径。

❸dwNotifyFilter：指定对改变通知的过滤条件。部分取值如表 1.4 所示。

表 1.4 参数 dwNotifyFilter 的取值

参数取值	描述
FILE_NOTIFY_CHANGE_FILE_NAME	监视范围内的文件名改变则引起改变通知，包括重命名、创建和删除文件名
FILE_NOTIFY_CHANGE_DIR_NAME	监视范围内的路径名改变则引起改变通知，包括路径的创建和删除
FILE_NOTIFY_CHANGE_ATTRIBUTES	监视范围内的任何属性改变会引起通知
FILE_NOTIFY_CHANGE_SIZE	文件大小的改变

WaitForSingleObject 函数等待信号或时间结束。一般形式如下：
```
DWORD WaitForSingleObject(
    HANDLE hHandle,
    DWORD dwMilliseconds );
```
参数说明：

❶hHandle：对象句柄。

❷dwMilliseconds：指定函数返回的等待时间，若设为 INFINITE，则永远等待直到有信号发送。

返回值：

WAIT_FAILED 表示失败，等待一个无效的句柄则会返回此值。

WAIT_OBJECT_0 表示有改变。

WAIT_TIMEOUT 表示时间结束。

设计过程

（1）新建一个名为 HardDisk 的对话框 MFC 工程。

（2）添加组合框控件，选择要检测的硬盘，添加编辑框控件显示硬盘状态，添加按钮控件，执行 OnGet 函数。

（3）主要代码如下：

```cpp
void CHardDiskDlg::OnGet()
{
    CString str;
    int isel=m_harddisk.GetCurSel();
    m_harddisk.GetLBText(isel,str);
    GetDlgItem(IDC_GET)->EnableWindow(FALSE);
    if(str.IsEmpty())return;
    HANDLE handle=::FindFirstChangeNotification(str,FALSE,
        FILE_NOTIFY_CHANGE_FILE_NAME);
    if(handle==INVALID_HANDLE_VALUE)
    {
```

```
            MessageBox("打开失败");
            return;
    }
    DWORD res;
    res=WaitForSingleObject(handle,INFINITE);
    if(res==WAIT_FAILED)
        MessageBox("失败");
    else
        m_state.SetWindowText("changed");
}                                                            //返回数据表
```

秘笈心法

心法领悟 016：获取列表框中的选项数目。

通过 CComboBox 类的 GetCount 方法，可以得到列表控件的选项数目。原型如下：
```
int GetCount() const;
```

1.3 系统控制与调用

实例 017 调用创建快捷方式向导 光盘位置：光盘\MR\01\017 高级 趣味指数：★★★★☆

实例说明

使用 rundll32.exe 命令调用 AppWiz.cpl 文件可以弹出创建快捷方式向导。在程序中使用 ShellExecute 函数执行 rundll32.exe 命令可直接调用创建快捷方式向导。实例运行结果如图 1.17 所示。

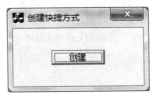

图 1.17 创建快捷方式

关键技术

本实例主要使用 rundll32.exe 命令调用 AppWiz.cpl 文件打开快捷方式向导，例如，为 E 盘的 1.txt 文件创建快捷方式，命令如下：
```
rundll32.exe AppWiz.cpl,NewLinkHere E:\\1.txt
```

设计过程

（1）新建一个名为 ShortCut 的对话框 MFC 工程。
（2）添加按钮控件，执行 OnCreate 函数。
（3）主要代码如下：
```
void CShortCutDlg::OnCreate()
{
    CFile file;
    file.Open("E:\\1.txt",CFile::modeCreate);
    ::ShellExecute(NULL,"OPEN","rundll32.exe",
        "AppWiz.cpl,NewLinkHere E:\\1.txt",NULL,SW_SHOW);
}
```

秘笈心法

心法领悟 017：使用 WinExec 执行程序。
WinExec 原型如下：
```
UINT WinExec(
    LPCSTR lpCmdLine,         //命令行
    UINT uCmdShow             //窗口显示方式
);
```
例如，打开记事本并最大化：
```
WinExec("notepad.exe",SW_SHOWMAXIMIZED );
```

实例 018　访问启动控制面板中各项

光盘位置：光盘\MR\01\018　　　　　　　　　　高级　趣味指数：★★★★

实例说明

控制面板中的各项都是以 cpl 为扩展名的链接库文件，通过 ShellExecute 函数调用 rundll32.exe 程序来运行链接库文件，即可实现访问启动控制面板中的相应项。本实例运行结果如图 1.18 所示。

图 1.18　访问启动控制面板中各项

关键技术

本实例的实现主要是通过 rundll32.exe 程序启动控制面板项对应的链接库文件，链接库文件如表 1.5 所示。

表 1.5　控制面板的项对应链接库文件

控制面板项	链接库文件	控制面板项	链接库文件
Iiternet	inetcpl.cpl	键盘	main.cpl @1
声音	mmsys.cpl	区域	intl.cpl
日期和时间	timedate.cpl	添加/删除程序	appwiz.cpl
显示	desk.cpl	添加新硬件	hdwwiz.cpl
辅助选项	access.cpl	系统	sysdm.cpl
鼠标	main.cpl @0	调制解调器	modem.cpl

设计过程

（1）新建一个名为 ControlPanl 的对话框 MFC 工程。
（2）添加 8 个按钮控件，执行控制面板中各项的响应函数。导入 CbuttonST 类，设置按钮图标和颜色。
（3）控制面板中 Internet 项的链接库文件是 inetcpl.cpl，通过 ShellExecute 函数即可打开控制面板中 Internet

设置对话框。主要代码如下：

```cpp
void CControlPanlDlg::OnButton1()
{
    //启动 Internet 的设置窗口
    ::ShellExecute(NULL,"OPEN","rundll32.exe","shell32.dll Control_RunDLL inetcpl.cpl",NULL,SW_SHOW);
}
void CControlPanlDlg::OnButton2()
{
    //启动声音设置
    ::ShellExecute(NULL,"OPEN","rundll32.exe","shell32.dll Control_RunDLL mmsys.cpl @1",NULL,SW_SHOW);
}
void CControlPanlDlg::OnButton3()
{
    //启动日期和时间设置
    ::ShellExecute(NULL,"OPEN","rundll32.exe","shell32.dll Control_RunDLL timedate.cpl",NULL,SW_SHOW);
}
void CControlPanlDlg::OnButton4()
{
    //启动显示设置
    ::ShellExecute(NULL,"OPEN","rundll32.exe","shell32.dll Control_RunDLL desk.cpl",NULL,SW_SHOW);
}
void CControlPanlDlg::OnButton5()
{
    //启动辅助选项设置
    ::ShellExecute(NULL,"OPEN","rundll32.exe","shell32.dll Control_RunDLL access.cpl",NULL,SW_SHOW);
}
void CControlPanlDlg::OnButton6()
{
    //启动鼠标设置
    ::ShellExecute(NULL,"OPEN","rundll32.exe","shell32.dll Control_RunDLL main.cpl @0",NULL,SW_SHOW);
}
void CControlPanlDlg::OnButton7()
{
    //启动键盘设置
    ::ShellExecute(NULL,"OPEN","rundll32.exe","shell32.dll Control_RunDLL main.cpl @1",NULL,SW_SHOW);
}
void CControlPanlDlg::OnButton8()
{
    //启动区域设置
    ::ShellExecute(NULL,"OPEN","rundll32.exe","shell32.dll Control_RunDLL intl.cpl",NULL,SW_SHOW);
}
void CControlPanlDlg::OnButton9()
{
    //启动添加/删除程序设置
    ::ShellExecute(NULL,"OPEN","rundll32.exe","shell32.dll Control_RunDLL appwiz.cpl",NULL,SW_SHOW);
}
void CControlPanlDlg::OnButton10()
{
    //启动添加新硬件设置
    ::ShellExecute(NULL,"OPEN","rundll32.exe","shell32.dll Control_RunDLL hdwwiz.cpl",NULL,SW_SHOW);
}
void CControlPanlDlg::OnButton11()
{
    //启动系统设置
    ::ShellExecute(NULL,"OPEN","rundll32.exe","shell32.dll Control_RunDLL sysdm.cpl",NULL,SW_SHOW);
}
void CControlPanlDlg::OnButton12()
{
    //启动调制解调器设置
    ::ShellExecute(NULL,"OPEN","rundll32.exe","shell32.dll Control_RunDLL modem.cpl",NULL,SW_SHOW);
}
```

■ 秘笈心法

心法领悟 018：设置按钮控件图标。

导入 CbuttonST 类。通过 LoadIcon 加载图标资源，使用 CbuttonST 类的 SetIcon 方法设置按钮控件图标。

实例019 控制光驱的弹开与关闭

光盘位置：光盘\MR\01\019
难度等级：高级
趣味指数：★★★★★

■ 实例说明

有些媒体播放器程序提供了弹出和关闭光驱的功能（如超级解霸）。本实例实现控制光驱的弹开和关闭。单击"打开光驱"按钮，可使光驱弹出；单击"关闭光驱"按钮可关闭光驱。实例运行结果如图1.19所示。

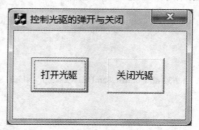

图1.19 控制光驱的弹开与关闭

■ 关键技术

本实例主要使用 mciSendString 函数实现光驱的弹开和关闭，该函数是 winmm.lib 库中的函数，winmm.lib 库中包含着与多媒体有关的函数，mciSendString 函数用于向多媒体设备发送命令语句，语法如下：

```
MCIERROR mciSendCommand(MCIDEVICEID IDDevice,
    UINT uMsg,DWORD fdwCommand,DWORD dwParam);
```

参数说明：

❶IDDevice：已经打开的多媒体设备。
❷uMsg：命令消息。
❸fdwCommand：命令消息的标识。
❹dwParam：命令消息的参数。

■ 设计过程

（1）新建一个名为 ControlCdrom 的对话框 MFC 工程。

（2）在对话框上添加两个按钮控件，设置 ID 属性分别是 IDC_BTOPEN 和 IDC_BTCLOSE，设置 Caption 属性分别是"打开光驱"和"关闭光驱"。

（3）"打开光驱"按钮的实现代码如下：

```cpp
void CControlCdromDlg::OnOpen()
{
    mciSendString("set cdaudio door open",0,0,NULL);
}
```

（4）"关闭光驱"按钮的实现代码如下：

```cpp
void CControlCdromDlg::OnClose()
{
    mciSendString("set cdaudio door closed",0,0,NULL);
}
```

■ 秘笈心法

心法领悟019：自动弹出光驱。

在开发应用软件时，可以将此功能添加到安装程序中。当安装完成时调用 mciSendString 执行 set cdaudio door open 命令，使光驱自动弹出。

实例 020　实现关闭、重启和注销计算机

光盘位置：光盘\MR\01\020　　　　　　　　　高级　趣味指数：★★★★

■ 实例说明

使用 API 函数 ExitWindowsEx 可以实现关闭、重新启动和注销计算机，在 Windows 98 系统下直接调用该函数即可关闭计算机，如果要在 Windows 2000 系统下调用该函数关闭计算机，则需要先改变当前进程的执行权限，通过函数 AdjustTokenPrivileges 修改当前进程的令牌，从而使当前进程有关机的权限。实例运行结果如图 1.20 所示。

图 1.20　实现关闭、重启和注销计算机

■ 关键技术

本实例主要用到 ExitWindowsEx 函数和 AdjustTokenPrivileges 函数。

（1）ExitWindowsEx 函数

一般形式如下：

```
BOOL ExitWindowsEx(
    UINT uFlags,           //关闭参数
    DWORD dwReason         //系统保留，一般取 0
);
```

参数说明：

❶uFlags：指定关机类型。取值如表 1.6 所示。

表 1.6　uFlags 参数的取值

uFlags	取　值	uFlags	取　值
EWX_LOGOFF	注销	EWX_REBOOT	重启
EWX_POWEROFF	关机		

❷dwReason：原因。

（2）AdjustTokenPrivileges 函数

一般形式如下：

```
BOOL AdjustTokenPrivileges(
    HANDLE TokenHandle,                //包含特权的句柄
    BOOL DisableAllPrivileges,         //禁用所有权限标识
    PTOKEN_PRIVILEGES NewState,        //新特权信息的指针（结构体）
```

```
    DWORD BufferLength,              //缓冲数据大小,以字节为单位的 PreviousState 的缓存区（sizeof）
    PTOKEN_PRIVILEGES PreviousState, //接收被改变特权当前状态的 Buffer
    PDWORD ReturnLength              //接收 PreviousState 缓存区要求的大小
);
```

参数说明如表 1.7 所示。

表 1.7　AdjustTokenPrivileges 函数的参数说明

参　　数	说　　明
TokenHandle	包含特权的句柄
DisableAllPrivileges	禁用所有权限标志
NewState	新特权信息的指针（结构体）
BufferLength	缓冲数据大小,以字节为单位的 PreviousState 的缓存区（sizeof）
PreviousState	接收被改变特权当前状态的 Buffer
ReturnLength	接收 PreviousState 缓存区要求的大小

设计过程

（1）新建一个名为 ShutWindow 的对话框 MFC 工程。
（2）在对话框上添加 3 个按钮控件,分别用于执行关机、重启和注销的响应函数。
（3）在对话框初始化时修改进程的执行权限。代码如下：

```
BOOL CShutWindowDlg::OnInitDialog()
{
    CDialog::OnInitDialog();
    ……//代码省略
    static HANDLE hToken;
    static TOKEN_PRIVILEGES tp;
    static LUID luid;
    OpenProcessToken(GetCurrentProcess(),TOKEN_ADJUST_PRIVILEGES|TOKEN_QUERY,
        &hToken);
    LookupPrivilegeValue(NULL,SE_SHUTDOWN_NAME,&luid);
    tp.PrivilegeCount =1;
    tp.Privileges [0].Luid =luid;
    tp.Privileges [0].Attributes =SE_PRIVILEGE_ENABLED;
    AdjustTokenPrivileges(hToken,FALSE,&tp,sizeof(TOKEN_PRIVILEGES),NULL, NULL);
    return TRUE;
}
```

（4）实现关闭计算机。代码如下：

```
void CShutWindowDlg::OnClose()
{
    ExitWindowsEx(EWX_POWEROFF,0);
}
```

（5）实现重新启动计算机。代码如下：

```
void CShutWindowDlg::OnReset()
{
    ExitWindowsEx(EWX_REBOOT,0);
}
```

（6）实现注销。代码如下：

```
void CShutWindowDlg::OnLogout()
{
    ExitWindowsEx(EWX_LOGOFF,0);
}
```

秘笈心法

心法领悟 020：定时关机。
可以设置定时器实现这一功能。通过定时器实时检测系统当前时间,并与用户设定的时间比对,如果相等则执行关机。通过 ExitWindowsEx 函数,参数指定为 EWX_POWEROFF 实现关机。

实例 021 关闭和打开显示器
光盘位置:光盘\MR\01\021
高级 趣味指数:★★★★★

实例说明

使用 SendMessage 函数,可以通过发送 WM_SYSCOMMAND 消息实现显示器的关闭和打开。实例运行结果如图 1.21 所示。

图 1.21 关闭和打开显示屏

关键技术

本实例主要用到 SendMessage 函数。一般形式如下:
```
LRESULT SendMessage(
    HWND hWnd,           //某窗口程序将接收信息的窗口的句柄
    UINT Msg,            //指定被发送的信息
    WPARAM wParam,       //指定附加的信息特定信息
    LPARAM lParam        //指定附加的消息特定信息
);
```
参数说明:
❶hWnd:窗口句柄。
❷Msg:要发送的消息。
❸wParam:第一附加消息。
❹lParam:第二附加消息。

设计过程

(1) 新建一个名为 Monitor 的对话框 MFC 工程。
(2) 在对话框上添加按钮控件,执行关闭显示屏的响应函数。
(3) 代码如下:
```
void CMonitorDlg::OnShutMonitor()
{
    ::SendMessage(this->GetSafeHwnd(),WM_SYSCOMMAND,SC_MONITORPOWER,2);     //关闭
    // ::SendMessage(this->GetSafeHwnd(),WM_SYSCOMMAND,SC_MONITORPOWER,-1);  //打开
}
```

秘笈心法

心法领悟 021:定时关闭显示器。

通过定时器计时,在无鼠标、键盘操作一段时间之后,调用 SendMessage 发送 WM_SYSCOMMAND 命令,自动关闭屏幕,以节约能源。

实例 022　打开和关闭屏幕保护

光盘位置：光盘\MR\01\022
高级
趣味指数：★★★★★

实例说明

通过 PostMessage 函数可实现屏幕保护的打开和关闭。实例运行结果如图 1.22 所示。

图 1.22　打开屏幕保护

关键技术

本实例主要用到 PostMessage 函数，功能是发送一个消息到消息队列，之后立即返回。
PostMessage 函数一般形式如下：

```
BOOL PostMessage(
    HWND hWnd,          //目标窗口句柄
    UINT Msg,           //要发送的消息
    WPARAM wParam,      //第一个消息参数
    LPARAM lParam       //第二个消息参数
);
```

参数说明：

❶hWnd：窗口过程接收消息的窗口句柄。取值如下：
☑　HWND_BROADCAST：消息被送到系统的所有顶层窗口，消息不被送到子窗口。
☑　NULL：函数的行为和将参数 dwThreadId 设置为当前线程的标识符的 PostThreadMessage 函数一样。
❷Msg：指定要发送的消息。
❸wParam、lParam：附加消息。

设计过程

（1）新建一个名为 ScreenSave 的对话框 MFC 工程。
（2）在对话框上添加一个按钮控件，用于响应屏保函数。
（3）代码如下：

```
::PostMessage(::GetDesktopWindow(),WM_SYSCOMMAND,SC_SCREENSAVE,0);
```

秘笈心法

心法领悟 022：对比 PostMessage 和 SendMessage。

两者的功能都是发送消息，主要区别在于，PostMessage 将消息放到消息队列中后马上返回，不确认是否处理消息。SendMessage 发送消息后，要等到消息被处理后才会返回。

实例 023 关闭输入法

光盘位置：光盘\MR\01\023   高级   趣味指数：★★★★★

实例说明

使用 ImmGetDefaultIMEWnd 函数可以获取输入法的窗体句柄，如果向输入法窗体句柄发送 WM_DESTROY 消息即可实现关闭当前的输入法。实例运行结果如图 1.23 所示。

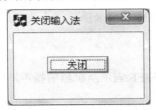

图 1.23　关闭输入法

关键技术

本实例主要用到 ImmGetDefaultIMEWnd 函数。一般形式如下：
```
HWND ImmGetDefaultIMEWnd(
    HWND hWnd
);
```
参数说明：

hWnd：应用程序窗体句柄。

设计过程

（1）新建一个名为 CloseInput 的对话框 MFC 工程。
（2）在对话框上添加一个按钮控件，用于执行关闭函数。
（3）代码如下：
```
#include "imm.h"
#pragma comment(lib,"imm32")
HWND hwnd=ImmGetDefaultIMEWnd(this->GetSafeHwnd());
::SendMessage(hwnd,WM_DESTROY,0,0);
```

秘笈心法

心法领悟 023：关闭指定对话框。

可以用 EndDialog 指定要关闭的对话框的句柄，将其关闭。例如：
```
::EndDialog(dlg.m_hWnd,0);          //dlg 是要关闭的对话框对象
```

实例 024 程序发出提示音

光盘位置：光盘\MR\01\024   高级   趣味指数：★★★★★

实例说明

使用函数 MessageBeep 可以使机器上的小喇叭发出声音，在开发应用程序时可以使用该函数提醒用户的一些错误操作。实例运行结果如图 1.24 所示。

图 1.24　程序发出提示音

关键技术

本实例主要用到 MessageBeep 函数，该函数用来播放一个波形声音。一般形式如下：
BOOL MessageBeep(
UINT uType);
参数说明：
uType：指定声音类型。取值 0xFFFFFFFF 表示从机器的扬声器中发出蜂鸣声。

设计过程

（1）新建一个名为 CloseInput 的对话框 MFC 工程。
（2）在对话框上添加一个按钮控件，用于执行关闭函数。
（3）代码如下：
int i=::MessageBeep(0xFFFFFFFF);
返回值：非 0 表示成功，0 为失败。

秘笈心法

心法领悟 024：播放 WAV 音频文件。
PlaySound 函数可以播放 WAV 音频文件。使用 PlaySound 需包含头文件 mmsystem.h，导入 WINMM.LIB 库：
#include <mmsystem.h>
#pragma comment(lib, "WINMM.LIB")
原型如下：
BOOL PlaySound(LPCSTR pszSound, HMODULE hwnd,DWORD fdwSound);
例如，播放 E 盘下的 test.wav 文件：
PlaySound("E:\\test.wav", NULL, SND_FILENAME | SND_ASYNC);

实例 025　列举系统中的可执行文件

光盘位置：光盘\MR\01\025　　　　高级　趣味指数：★★★★★

实例说明

利用 Windows 的任务管理器，用户可以获得系统当前运行的所有进程。那么如何在程序中获得这些信息呢？本实例实现了该功能，实例运行结果如图 1.25 所示。

关键技术

本实例的实现主要用到 API 函数 CreateToolhelp32Snapshot、Process32First 和 Process32Next。
（1）CreateToolhelp32Snapshot 函数，通过获取进程信息为指定的进程、进程使用的堆[HEAP]、模块[MODULE]、线程[THREAD]建立一个快照。语法格式如下：
HANDLE WINAPI CreateToolhelp32Snapshot(
DWORD dwFlags,

```
DWORD th32ProcessID );
```

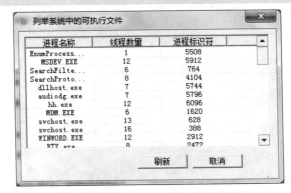

图 1.25　列举系统中的可执行文件

参数说明：

❶dwFlags：用来指定快照中需要返回的对象，可以是 TH32CS_SNAPPROCESS 等。

❷nID：一个进程 ID 号，用来指定要获取哪一个进程的快照，当获取系统进程列表或获取当前进程快照时可以设为 0。

（2）Process32First 函数，获得第一个进程的句柄。语法格式如下：
```
BOOL WINAPI Process32First(
HANDLE hSnapshot,
LPPROCESSENTRY32 lppe );
```
参数说明：

❶hSnapshot：由 CreateToolhelp32Snapshot 返回的进程快照句柄。

❷lppe：PROCESSENTRY32 结构的指针。

（3）Process32Next 函数，获得下一个进程的句柄。语法格式如下：
```
BOOL WINAPI Process32Next(
HANDLE hSnapshot,
LPPROCESSENTRY32 lppe );
```
参数说明：

❶hSnapshot：由 CreateToolhelp32Snapshot 返回的进程快照句柄。

❷lppe：PROCESSENTRY32 结构的指针。

PROCESSENTRY32 结构如下：
```
typedef struct tagPROCESSENTRY32 {
    DWORD dwSize;                         //结构大小
    DWORD cntUsage;                       //此进程的引用计数
    DWORD th32ProcessID;                  //进程 ID
    DWORD th32DefaultHeapID;              //进程默认堆 ID
    DWORD th32ModuleID;                   //进程模块 ID
    DWORD cntThreads;                     //此进程开启的线程计数
    DWORD th32ParentProcessID;            //父进程 ID
    LONG  pcPriClassBase;                 //线程优先权
    DWORD dwFlags;                        //保留
    char  szExeFile[MAX_PATH];            //进程全名
} PROCESSENTRY32;
```

设计过程

（1）新建一个名为 EnumProcess 的对话框 MFC 工程。

（2）在对话框上添加一个列表视图控件，用于显示系统中的可执行文件，添加两个按钮控件，名为"刷新"和"取消"。

（3）添加头文件#include "tlhelp32.h"。

（4）主要代码如下：

```
void CEnumProcessDlg::OnRefresh()
{
    m_List.DeleteAllItems();
    PROCESSENTRY32 peInfo;
    peInfo.dwSize = sizeof(PROCESSENTRY32);
    HANDLE handle = CreateToolhelp32Snapshot(TH32CS_SNAPPROCESS,0);
    BOOL result;
    CString exeName;
    CString exeThreadNum;
    CString exeID;
    for (result = Process32First(handle,&peInfo); result; result=Process32Next(handle,&peInfo))
    {
        exeName = peInfo.szExeFile;
        m_List.InsertItem(0,"");
        m_List.SetItemText(0,1,exeName);

        exeThreadNum.Format("%i",peInfo.cntThreads);
        exeID.Format("%i",peInfo.th32ProcessID);

        m_List.SetItemText(0,2,exeThreadNum);
        m_List.SetItemText(0,3,exeID);
    }
}
```

■ 秘笈心法

心法领悟 025：强制删除文件。

强制删除文件时，首先查看系统中所打开的进程中是否有当前所要删除的文件。如果文件已被打开，将关闭打开的进程后再将文件删除。

1.4 应用程序操作

实例 026　如何确定应用程序没有响应
光盘位置：光盘\MR\01\026　　高级　　趣味指数：★★★★★

■ 实例说明

用户通过 Windows 的任务管理器可以知道哪些应用程序没有响应，如何通过程序获取该信息呢？本实例实现了该功能，运行结果如图 1.26 所示。

图 1.26　如何确定应用程序没有响应

■ 关键技术

本实例使用了一个未公开的 API 函数 IsHungAppWindow 判断程序是否没有响应，该函数位于 user32.dll 动态库文件中。一般形式如下：

```
BOOL WINAPI IsHungAppWindow(
    _In_    HWND hWnd
);
```

参数说明：

hWnd：测试窗口的句柄。

返回值：若句柄无效或句柄所标识的窗体的消息循环是正常的，则返回 0，否则返回 1，代表无响应。

■ 设计过程

（1）新建一个名为 AppActive 的对话框 MFC 工程。

（2）在对话框上添加一个列表框控件，关联一个控件变量 m_List，将没有响应的程序显示在列表框中。

（3）加载动态库 user32.dll，导出函数 IsHungAppWindow。循环遍历窗口。程序主要代码如下：

```cpp
typedef BOOL (__stdcall * funIsHungAppWindow)(HWND hWnd);
void CAppActiveDlg::OnOK()
{
    HINSTANCE hInstance = LoadLibrary("user32.dll");
    m_List.ResetContent();
    CString strUnActive;
    funIsHungAppWindow    IsHungAppWindow = (funIsHungAppWindow) GetProcAddress(hInstance,"IsHungAppWindow");
    if (IsHungAppWindow)
    {
        CWnd* pWnd=AfxGetMainWnd ()->GetWindow(GW_HWNDFIRST);
        //遍历窗口
        while (pWnd)
        {
            //窗口可见，并且是顶层窗口
            if (pWnd->IsWindowVisible()
                &&! pWnd->GetOwner())
            {
                if (IsHungAppWindow(pWnd->m_hWnd))
                {
                    pWnd->GetWindowText(strUnActive);
                    m_List.AddString(strUnActive);
                }
            }
            //搜索下一个窗口
            pWnd=pWnd->GetWindow (GW_HWNDNEXT);
        }
    }
    FreeLibrary(hInstance);
}
```

■ 秘笈心法

心法领悟 026：在列表框中插入数据。

通过 InsertString 向列表框中插入数据。原型如下：

```
int InsertString(int nIndex, LPCTSTR lpszString);
```

例如，在索引值为 1 的位置插入数据"test"：

```
m_list.InsertString(1,"test");
```

实例 027 检索任务管理器中的任务列表

光盘位置：光盘\MR\01\027　　　　高级　趣味指数：★★★★★

■ 实例说明

通过 Windows 的任务管理器，用户能够查看有哪些应用程序正在运行，如何通过程序实现该功能呢？本实例实现了该功能，实例运行结果如图 1.27 所示。

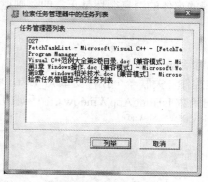

图 1.27　检索任务管理器中的任务列表

■ 关键技术

本实例采取的方法是遍历当前所有的窗口，判断窗口是否为顶层窗口，若是，则表示它是应用程序的主窗口，将其添加到列表框中。

■ 设计过程

（1）新建一个名为 FetchTaskList 的对话框 MFC 工程。
（2）在对话框上添加一个列表框控件，用于显示应用程序。
（3）主要代码如下：

```cpp
void CFetchTaskListDlg::OnOK()
{
    CString cstrCap;
    m_List.ResetContent(); //清空列表框文本

    CWnd* pWnd=AfxGetMainWnd ()->GetWindow(GW_HWNDFIRST);
    //遍历窗口
    while (pWnd)
    {
        //窗口可见，并且是顶层窗口
        if (pWnd->IsWindowVisible()
            &&! pWnd->GetOwner())
        {
            pWnd->GetWindowText(cstrCap);
            cstrCap.TrimLeft();
            cstrCap.TrimRight();
            if (! cstrCap.IsEmpty())
                m_List.AddString(cstrCap);
        }
        //搜索下一个窗口
        pWnd=pWnd->GetWindow (GW_HWNDNEXT);
    }
}
```

秘笈心法

心法领悟 027：提取不带扩展名的文件名。

使用 CString 类的 ReverseFind 方法查找 "." 最后一次出现的位置，"." 后面就是扩展名，根据 ReverseFind 返回的位置，用 Left 截取左边部分，即可去掉扩展名。例如：

```
CString s="123.txt",file;              //文件名是 123.txt
file = s.Left(s.ReverseFind('.'));     //去掉扩展名
MessageBox(file);
```

实例 028　判断某个程序是否运行

光盘位置：光盘\MR\01\028　　　　　趣味指数：★★★★★　　高级

实例说明

在实现进程间通信时，通常需要判断某一个进程是否正在运行。在 Visual C++中，可以使用 PSAPI 函数实现。首先使用 EnumProcesses 函数列举系统中当前运行的进程 ID，然后调用 OpenProcess 函数根据进程 ID 获得进程的句柄，最后调用 GetModuleFileNameEx 函数根据进程句柄获得进程的名称。实例运行结果如图 1.28 所示。

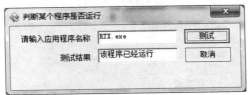

图 1.28　判断某个程序是否运行

关键技术

本实例主要用到了 EnumProcesses 函数、OpenProcess 函数和 GetModuleFileNameEx 函数。

（1）EnumProcesses 函数能够获得系统中运行的进程标识符，也就是进程 ID。该函数语法如下：

```
BOOL EnumProcesses(DWORD * lpidProcess, DWORD cb, DWORD * cbNeeded);
```

参数说明：

❶lpidProcess：是一个 DWORD 类型的指针，用于记录函数返回的进程 ID。

❷cb：表示 lpidProcess 的大小。

❸cbNeeded：表示实际使用 lpidProcess 的字节数。用户可以通过使用该参数除以 sizeof(DWORD)来获得系统运行进程的数量。

（2）OpenProcess 函数能够获得进程对象的句柄。该函数语法如下：

```
HANDLE OpenProcess(DWORD dwDesiredAccess, BOOL bInheritHandle, DWORD dwProcessId);
```

参数说明：

❶dwDesiredAccess：表示访问对象的权限，如果为 PROCESS_ALL_ACCESS，表示具有所有的访问权限。

❷bInheritHandle：表示返回的句柄能够被子进程继承。

❸dwProcessId：表示进程 ID。

（3）GetModuleFileNameEx 能够根据进程句柄获得进程的名称。该函数语法如下：

```
DWORD GetModuleFileNameEx(HANDLE hProcess,HMODULE hModule,
LPTSTR lpFilename, DWORD nSize);
```

参数说明：

❶hProcess：表示待获得进程名称的进程句柄。

❷hModule：表示当前调用进程的句柄。
❸lpFilename：是一个字符串指针，用于记录返回的进程名称。
❹nSize：表示 lpFilename 的大小。

设计过程

（1）新建一个名为 TestRun 的对话框 MFC 工程。
（2）在对话框上添加两个编辑框控件，分别用于获取测试程序名称或显示是否在运行。
（3）主要代码如下：

```cpp
typedef BOOL (__stdcall* funEnumProcesses)( DWORD * lpidProcess,
DWORD cb, DWORD * cbNeeded );
typedef DWORD (__stdcall* funGetModuleFileNameEx) (HANDLE hProcess,
HMODULE hModule, LPTSTR lpFilename, DWORD nSize);

//假设系统同时运行的最大的进程数为 500
const DWORD    MAXPROCESSES = 500;

void CTestRunDlg::OnTest()
{
    CString exeName;
    m_ExeName.GetWindowText(exeName);
    m_Result.SetWindowText("");
    if (exeName.IsEmpty())
    {
        MessageBox("请输入文件名称");
        return;
    }
    DWORD *buffer,size,num;
    size = MAXPROCESSES;
    buffer = new DWORD[size];
    num = MAXPROCESSES;

    HINSTANCE hInstance = LoadLibrary("psapi.dll");

    CString Name = "";

    if (hInstance)
    {
        funEnumProcesses EnumProcesses = (funEnumProcesses)GetProcAddress(hInstance,"EnumProcesses");
        if (EnumProcesses)
        {
            BOOL ret = EnumProcesses(buffer,size,&num);

            if (ret)
            {
                DWORD factnum = num/sizeof(DWORD);
                funGetModuleFileNameEx GetModuleFileNameEx = (funGetModuleFileNameEx)GetProcAddress(hInstance,"GetModuleFileNameExA");
                if (GetModuleFileNameEx)
                {
                    for (int i = 0; i<factnum; i++)
                    {
                        HANDLE hHandle =  OpenProcess(PROCESS_ALL_ACCESS,FALSE,buffer[i]);
                        if (hHandle)
                        {
                            DWORD result =  GetModuleFileNameEx(hHandle,AfxGetInstanceHandle(),Name.GetBuffer(0),MAX_PATH);
                            if (result)
                            {
                                //输出文件路径
                                CString shName = ExtractFilePath(Name);
                                if (exeName==shName)
```

```
                        {
                                m_Result.SetWindowText("该程序已经运行");
                                break;
                        }
                    }
                    //关闭句柄
                    CloseHandle(hHandle);
                }
            }
        }
    }
    FreeLibrary(hInstance);
  }
  delete buffer;
}
CString CTestRunDlg::ExtractFilePath(CString &fName)
{
    CString str = fName;
    int pos = str.ReverseFind('\\');
    int len = str.GetLength();
    str = str.Right(len-pos-1);
    return str;
}
```

秘笈心法

心法领悟 028：获取进程 ID 号。

使用 NtQuerySystemInformation 函数获取系统中的进程信息，使用 SYSTEM_PROCESS_INFORMATION 结构体指针指向保存进程信息的内存，结构体成员 dUniqueProcessId 即是进程 ID。

实例 029 设计具有插件功能的应用程序　　高级
光盘位置：光盘\MR\01\029　　趣味指数：★★★★★

实例说明

在设计应用程序时，为了增强程序的灵活性，通常预设一些接口提供添加插件的功能。本实例中笔者设计了一个具有插件功能的应用程序，实例运行结果如图 1.29 所示。

图 1.29　设计具有插件功能的应用程序

■ 关键技术

本实例采用的方法是将插件对象封装在动态库中，插件对象中包含了图标资源、字符串文本及插件的动作项等信息。当程序启动时，加载某一路径下的插件动态库，获取动态库中的插件对象，并读取插件对象的信息，将其添加为一个工具栏按钮。用户单击按钮时，将调用插件对象的动作项。

■ 设计过程

（1）新建一个名为 PlugApp 的单文档应用程序。
（2）在菜单栏中添加一个菜单项，名为"插件"，用以执行添加插件的程序。
（3）主要代码如下：

```cpp
//加载插件
void CMainFrame::OnAddplug()
{
    CFileDialog fDlg(TRUE,NULL,NULL, OFN_HIDEREADONLY | OFN_OVERWRITEPROMPT,"Dll 文件|*.dll",this);
    if (fDlg.DoModal()==IDOK)
    {
        //获取应用程序路径
        CString appName="";
        GetModuleFileName(NULL,appName.GetBuffer(0),MAX_PATH);
        int pos = appName.ReverseFind('\\');
        CString temp = appName;
        CString appdir = temp.Left(pos);

        CString path = fDlg.GetPathName();
        CString name = fDlg.GetFileName();
        CopyFile(path,appdir+"\\Plug\\"+name,FALSE);
    }
    LoadPlug();
    LoadPlug();
}

//加载插件动态库
BOOL CMainFrame::OnPlug(UINT nID)
{
    int Pluts = m_PlugSet.GetCount();
    CPlugMap* pTempObj;
    POSITION pos = m_PlugSet.GetHeadPosition();

    int CurID = 0;
    if (pos != NULL)
    {
        pTempObj = m_PlugSet.GetAt(pos);
        if (nID-MINPLUGCMD ==CurID)
        {
            pTempObj->m_PlugObj->PlugDone();
            return TRUE;
        }
    }
    while (pos !=NULL)
    {
        pTempObj = m_PlugSet.GetNext(pos);
        CurID++;
        pTempObj = m_PlugSet.GetAt(pos);
        if (nID-MINPLUGCMD ==CurID)
        {
            pTempObj->m_PlugObj->PlugDone();
            return TRUE;
        }
    }
    return TRUE;
}
```

秘笈心法

心法领悟 029：字符串逆序排列。

字符串逆序排列可以通过数组和指针，一个字符一个字符地换位来实现，也可以用 CString 类的 MakeReverse 方法实现，很方便。例如，将字符串"123456"逆序：

```
CString s="123456";
MessageBox(s);
s.MakeReverse();
MessageBox(s);
```

实例 030　修改其他进程中窗口的标题　高级

光盘位置：光盘\MR\01\030　趣味指数：★★★★★

实例说明

在开发应用程序时，有时需要访问其他进程中的窗口。那么，在 Visual C++中如何实现呢？本实例实现了该功能，它能够修改计算器窗口的标题，实例运行结果如图 1.30 所示。

图 1.30　修改其他进程中窗口的标题

关键技术

本实例主要用到 EnumWindows 函数。该函数枚举所有屏幕上的顶层窗口，并将窗口句柄传送给应用程序定义的回调函数。一般形式如下：

```
BOOL EnumWindows(
    WNDENUMPROC lpEnumFunc,     //回调函数
    LPARAM lParam               //应用程序定义的值
);
```

参数说明：

❶lpEnumFunc：回调函数指针。

❷lParam：传给回调函数的参数。

设计过程

（1）新建一个名为 ModifyCaption 的对话框 MFC 工程。

（2）在对话框上添加编辑框控件，用于获取窗口标题。

（3）调用 EnumWindows 函数列举系统当前的窗口，获取窗口句柄，然后调用 SendMessage 函数向窗口发送 WM_SETTEXT 消息。

```
BOOL CALLBACK EnumWindowsProc(HWND hwnd, LPARAM lParam)
{
```

```
        CString str;
        GetWindowText(hwnd,str.GetBuffer(0),100);
        if (str =="计算器")
        {
                ::SendMessage(hwnd,WM_SETTEXT,0,lParam);
        }
        return TRUE;
}
void CModifyCaptionDlg::OnSetcaption()
{
        CString str;
        m_Caption.GetWindowText(str);
        EnumWindows(EnumWindowsProc,(LPARAM)str.GetBuffer(0));
}
```

■ 秘笈心法

心法领悟 030：CString 删除指定字符。

用 TrimRight 可以从右侧删除 CString 字符串中指定的字符。原型如下：

```
void TrimRight();
void TrimRight( TCHAR chTarget );
void TrimRight( LPCTSTR lpszTargets );
```

从右侧开始，删除参数指定的字符，直到第一个不匹配的字符为止，如参数为空则删除右侧的空格。例如：

```
CString str = "ab123aabb";     //ab123aabb
str. TrimRight("ab");          //ab123
```

类似地，TrimLeft 是从左侧删除指定字符。

实例 031　换肤程序　　高级
光盘位置：光盘\MR\01\031　　趣味指数：★★★★★

■ 实例说明

现在的许多软件都实现了程序的换肤功能。本实例中实现了一个换肤程序，实例运行结果如图 1.31 所示。

（a）换肤 1

（b）换肤 2

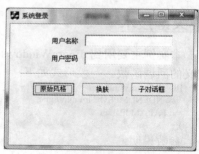
（c）原始风格

图 1.31　换肤程序

■ 关键技术

本实例将窗口绘制的图片放置在 DLL 文件中，并在 DLL 文件中定义一个类 CSkin，用于导出位图资源。在程序中导入某个 DLL 文件，通过调用 CSkin 类中的方法获取位图资源，将其绘制在窗口的各个部分。这样，程序只要切换 DLL，可以实现换肤功能。

■ 设计过程

(1) 新建一个名为 DrawForm 的对话框 MFC 工程。

(2) 添加 3 个对话框,在主对话框上添加 3 个按钮控件,名为"原始风格"、"换肤"和"子对话框";添加 2 个编辑框控件,用于获取用户名和密码。

(3) 主要代码如下:

```
//初始化皮肤
void CDrawFormDlg::InitSkin()
{
m_LoadDll = ((CDrawFormApp*)AfxGetApp())->m_LoadDll;
pSkin = ((CDrawFormApp*)AfxGetApp())->pSkin;
m_Bk.DeleteObject();
m_CaptionFont.DeleteObject();
if (m_LoadDll)
{
    ModifyStyle(WS_MINIMIZEBOX|WS_MAXIMIZEBOX|WS_SYSMENU,0);
    m_Bk.Attach(pSkin->GetBitmapRes(14));

    //获取按钮位图大小
    CBitmap bitmap;
    bitmap.Attach(pSkin->GetBitmapRes(6));
    BITMAPINFO bInfo;
    bitmap.GetObject(sizeof(bInfo),&bInfo);
    m_ButtonWidth = bInfo.bmiHeader.biWidth;
    m_ButtonHeight = bInfo.bmiHeader.biHeight;
    bitmap.Detach();
    WndRgn.DeleteObject();
    SetWinVisibleRect();
m_CaptionFont.CreateFont(14,10,0,0,600,0,0,0,ANSI_CHARSET,OUT_DEFAULT_PRECIS,CLIP_DEFAULT_PRECIS,DEFAULT_QUALITY,FF_ROMAN,"宋体");
    m_label1.ModifyStyleEx(0,WS_EX_TRANSPARENT);
}
else
{
    ModifyStyle(0,WS_MINIMIZEBOX|WS_MAXIMIZEBOX|WS_SYSMENU|WS_CAPTION);
}
}

void CDrawFormDlg::SetWinVisibleRect()
{
DrawForm();
CRect winrect,factRC;
GetWindowRect(winrect);

factRC.CopyRect(CRect(0,0,winrect.Width(),winrect.Height()));
WndRgn.DeleteObject();

WndRgn.CreateRectRgnIndirect(factRC);

CBitmap bitmap;
BITMAPINFO bInfo;
//去除左上角的空白区域
bitmap.Attach(pSkin->GetBitmapRes(0));
bitmap.GetObject(sizeof(bInfo),&bInfo);
int x,y,m,n;
x = bInfo.bmiHeader.biWidth;
y = bInfo.bmiHeader.biHeight;
CDC memDC;
CDC* pDC = GetDC();
memDC.CreateCompatibleDC(pDC);
memDC.SelectObject(&bitmap);
for ( m = 0; m<x; m++)
    for (n = 0; n<y; n++)
    {
```

```
                    if (memDC.GetPixel(m,n)==RGB(255,255,255))
                    {
                            ClipRgn.CreateRectRgn(m,n,m+1,n+1);
                            WndRgn.CombineRgn(&WndRgn,&ClipRgn,RGN_XOR);
                            ClipRgn.DeleteObject();
                    }
            }
    bitmap.Detach();

    //去除右上角的空白区域
    bitmap.Attach(pSkin->GetBitmapRes(2));
    bitmap.GetObject(sizeof(bInfo),&bInfo);
    x = bInfo.bmiHeader.biWidth;
    y = bInfo.bmiHeader.biHeight;
    memDC.SelectObject(&bitmap);
    for ( m = 0; m<x; m++)
            for (n = 0; n<y; n++)
            {
                    if (memDC.GetPixel(m,n)==RGB(255,255,255))
                    {
                            ClipRgn.CreateRectRgn(m_RTitleRc.left+m,m_RTitleRc.top+n,m_RTitleRc.left+ m+1,m_RTitleRc.top+n+1);
                            WndRgn.CombineRgn(&WndRgn,&ClipRgn,RGN_XOR);
                            ClipRgn.DeleteObject();
                    }
            }

    bitmap.Detach();
    //去除左下角的空白区域
    bitmap.Attach(pSkin->GetBitmapRes(12));
    bitmap.GetObject(sizeof(bInfo),&bInfo);
    x = bInfo.bmiHeader.biWidth;
    y = bInfo.bmiHeader.biHeight;
    memDC.SelectObject(&bitmap);
    for ( m = 0; m<x; m++)
            for (n = 0; n<y; n++)
            {
                    if (memDC.GetPixel(m,n)==RGB(255,255,255))
                    {
                            ClipRgn.CreateRectRgn(m,factRC.Height()-y+n ,m+1,factRC.Height()-y+n+1);
                            WndRgn.CombineRgn(&WndRgn,&ClipRgn,RGN_XOR);
                            ClipRgn.DeleteObject();
                    }
            }
    bitmap.Detach();

    //去除右下角的空白区域
    bitmap.Attach(pSkin->GetBitmapRes(13));
    bitmap.GetObject(sizeof(bInfo),&bInfo);
    x = bInfo.bmiHeader.biWidth;
    y = bInfo.bmiHeader.biHeight;
    memDC.SelectObject(&bitmap);
    for ( m = 0; m<x; m++)
            for (n = 0; n<y; n++)
            {
                    if (memDC.GetPixel(m,n)==RGB(255,255,255))
                    {
                            ClipRgn.CreateRectRgn(m_RTitleRc.right-x+m,factRC.Height()-y+n,m_RTitleRc.right-x+m+1,factRC.Height()-y+n+1);
                            WndRgn.CombineRgn(&WndRgn,&ClipRgn,RGN_XOR);
                            ClipRgn.DeleteObject();
                    }
            }
    bitmap.Detach();
    ReleaseDC(&memDC);
    ReleaseDC(pDC);
    SetWindowRgn(WndRgn,TRUE);
    DeleteObject(WndRgn);
}
```

```cpp
void CDrawFormDlg::OnNcPaint()
{
if (!m_LoadDll)
        CWnd::OnNcPaint();
}

void CDrawFormDlg::OnRestorebutton()
{
if (m_LoadDll)
{
        (((CDrawFormApp*)AfxGetApp())->pSkin->Release();
        FreeLibrary((((CDrawFormApp*)AfxGetApp())->m_Instance);
        (((CDrawFormApp*)AfxGetApp())->m_LoadDll=FALSE;
        m_LoadDll = FALSE;
        InitSkin();

        SetWindowPos(NULL,0,0,0,0,SWP_NOMOVE    |SWP_NOSIZE|SWP_DRAWFRAME);
        Invalidate();
        OnSize(0,0,0);
}
}

void CDrawFormDlg::OnNcLButtonUp(UINT nHitTest, CPoint point)
{
CDialog::OnNcLButtonUp(nHitTest, point);
}

void CDrawFormDlg::OnNcLButtonDown(UINT nHitTest, CPoint point)
{
if (m_LoadDll)
{
        switch (m_ButtonState)
        {
        case bsClose:       //关闭窗口
            {
                OnCancel();
            }
            break;
        case bsIni:         //还原窗口到初始大小和位置
            {
MoveWindow(m_OrigonRect.left,m_OrigonRect.top,m_OrigonRect.Width(),m_OrigonRect.Height());
            }
            break;
        case bsMin:         //最小化
            {
                ShowWindow(SW_SHOWMINIMIZED);
            }
            break;
        case bsMax:         //最大化
            {
                m_ButtonState = bsMax;
                ShowWindow(SW_SHOWMAXIMIZED);
                m_IsMax = FALSE;
            }
            break;
        case bsRes:
            {
                ShowWindow(SW_RESTORE);
                m_IsMax = TRUE;
            }
            break;
        }
}
CDialog::OnNcLButtonDown(nHitTest, point);
}
```

秘笈心法

心法领悟 031：如何将字母全部转换为大写？

将字母转换为大写时，需要调用 CString 类的 ToUpper 方法，该方法用来将 CString 字符串中的字母转换为大写。将字母全部转换为大写的代码如下：

```
CString s( "abc" );
s.MakeUpper();
ASSERT( s == "ABC" );
```

实例 032　提取 Word 文档目录

光盘位置：光盘\MR\01\032　　　　　　　高级　趣味指数：★★★★★

实例说明

Word 的核心组件是 ActiveX 组件，任何一种编程工具都可以通过这个组件控制 Word 文档。Word 目录提取工具也是通过调用 ActiveX 组件中的类，来实现 Word 文档中目录的提取，如图 1.32 所示。

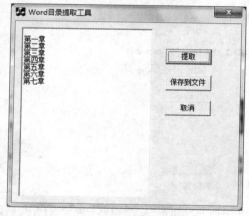

图 1.32　提取 Word 文档目录

关键技术

本实例通过 Word 组件完成，需要将 office 文件夹下的 MSWORD9.OLB 文件中的类接口通过 Add Class From a type library 方式加入到工程中。此时工程中将生成引用 Word 组件所需要的头文件，通过该头文件中定义的类即可对 Word 文档进行操作。

设计过程

（1）新建一个基于对话框的应用程序。

（2）在窗体上添加一个列表框控件，用来显示从 Word 文档中提取出来的目录。添加 3 个按钮控件，分别设置其 Caption 属性为"提取"、"保存到文件"和"取消"。

（3）在窗体中单击"保存到文件"按钮，将打开一个 Word 文档对文档中的目录进行提取，并显示在列表框控件中。实现代码如下：

```
void CFetchDirDlg::OnFetch()
{
    //选择 Word 文档
    CFileDialog flDlg(TRUE, "", "", OFN_HIDEREADONLY | OFN_OVERWRITEPROMPT,
```

第 1 章　Windows 操作

```cpp
                            "word 文档|*.doc||");
if (flDlg.DoModal()==IDOK)
{
    CString szFileName = flDlg.GetPathName();          //获取 Word 文档路径
    _Application wordApp;
    Documents    wordDocs;
    wordApp.CreateDispatch("word.Application");        //创建 Word 工程
    wordDocs.AttachDispatch(wordApp.GetDocuments());   //获取 Word 文档
    _Document    wordDoc;

    CComVariant filename(szFileName.AllocSysString()), visible(TRUE), doctype(0), doctemplate(TRUE);
    szFileName.ReleaseBuffer();
    //关联 Word 打开的文档
    wordDoc.AttachDispatch(wordDocs.Add(&filename, &visible, &doctype, &doctemplate));

    Paragraphs pgraphs;
    pgraphs.AttachDispatch(wordDoc.GetParagraphs());

    m_List.ResetContent();                             //删除列表中的内容

    long pgraphCount = pgraphs.GetCount();
    for (long i = 1; i<= pgraphCount; i++)
    {
        Paragraph pgraph;
        pgraph.AttachDispatch(pgraphs.Item(i));
        Range pragRange;
        pragRange.AttachDispatch(pgraph.GetRange());
        _ParagraphFormat format;
        format.AttachDispatch(pragRange.GetParagraphFormat());
        CComVariant value;

        Style style;

        value = format.GetStyle();                     //获取样式
        style.AttachDispatch(value.pdispVal);

        CString szHeaderName = style.GetNameLocal();
        char    szName[10] = {0};
        strncpy(szName, szHeaderName.GetBuffer(0), 6);
        szHeaderName.ReleaseBuffer(0);
        if (strcmp(szName, "标题 1") == 0)
        {
            //读取标题内容
            CString szText = pragRange.GetText();
            int nIndex = m_List.AddString(szText);
            m_List.SetItemData(nIndex, 1);
        }
        else if (strcmp(szName, "标题 2") == 0)
        {
            //读取标题内容
            CString szText = pragRange.GetText();
            int nIndex = m_List.AddString(szText);
            m_List.SetItemData(nIndex, 2);
        }
        else if (strcmp(szName, "标题 3") == 0)
        {
            //读取标题内容
            CString szText = pragRange.GetText();
            int nIndex = m_List.AddString(szText);
            m_List.SetItemData(nIndex, 3);
        }
```

```cpp
    }
        CComVariant save(0), format(0), route(0);
        wordDoc.Close(&save, &format, &route);          //关闭文档
        wordApp.Quit(&save, &format, &route);           //关闭工程
    }
}
```

（4）在窗体中单击"保存到文件"按钮，将列表框控件中显示的目录保存到指定的文件中。实现代码如下：

```cpp
//保存列表中的内容到 TXT 文件中
void CFetchDirDlg::OnSaveToFile()
{
    CFileDialog flDlg(FALSE, "txt", "directory.txt", OFN_HIDEREADONLY | OFN_OVERWRITEPROMPT,
                    "文本文件|*.txt||");
    if (flDlg.DoModal()==IDOK)
    {
        CString szSaveName = flDlg.GetPathName();
        CFile file;
        file.Open(szSaveName, CFile::modeCreate|CFile::modeReadWrite);
        int nLineCount = m_List.GetCount();
        DWORD dwItemData = 0;
        char szReturn[2] = {"\n"};                     //换行符
        char szIndent[5] = {' ',' ',' ',' '};          //缩进4个空格
        for (int i=0; i<nLineCount; i++)
        {
            CString szText;
            m_List.GetText(i, szText);
            dwItemData = m_List.GetItemData(i);
            if (dwItemData == 1)                        //一级目录
            {
                file.Write(szText.GetBuffer(0), szText.GetLength());
                file.Write(szReturn, 2);
            }
            else if (dwItemData == 2)                   //二级目录
            {
                for(int j = 0; j< dwItemData-1; j++)
                {
                    file.Write(szIndent, 5);
                }
                file.Write(szText.GetBuffer(0), szText.GetLength());
                file.Write(szReturn, 2);
            }
            else if(dwItemData == 3)                    //三级目录
            {
                for(int j = 0; j< dwItemData-1; j++)
                {
                    file.Write(szIndent, 5);
                }
                file.Write(szText.GetBuffer(0), szText.GetLength());
                file.Write(szReturn, 2);
            }
            szText.ReleaseBuffer();
        }
        file.Close();
    }
}
```

■ 秘笈心法

心法领悟 032：将 Word 文档转成 HTML 文件。

将 Word 文档转成 HTML 文件，需要将 office 文件夹下的 MSWORD9.OLB 文件中的类接口通过 Add Class From a type library 方式加入到工程中。再通过_Application 接口创建 Word 工程实例，根据此接口获取_Document 文档接口，根据文档接口的 SaveAs 方法将 Word 文档另存为 HTML 格式的文档。

实例 033　修改应用程序图标

光盘位置：光盘\MR\01\033

高级
趣味指数：★★★★★

实例说明

网上的许多软件能够修改可执行文件的图标，如何实现呢？其实，用户只要了解 PE 档案格式，修改应用程序图标也就容易了。本实例便是根据 PE 档案格式修改可应用程序的图标，实例运行结果如图 1.33 所示。

图 1.33　修改应用程序图标

关键技术

若想修改应用程序的图标，必须修改其可执行文件的内部信息，也就是对应用程序的 PE 档案格式中的数据进行修改。

对于 DOS 头，对应的结构为 IMAGE_DOS_HEADER，其中，e_lfanew 成员表示 DOS 头的开始位置相对于 PE 表头的偏移量。PE 表头由 IMAGE_NT_HEADERS 结构表示，包含 PE 的签名、PE 文件头、数据目录等信息。在 PE 表头之后是段表，对应的结构为 IMAGE_SECTION_HEADER，其中包含段名称、段原始数据的偏移量等信息。在程序中，可以通过段表获得段的实际位置。

为了修改可执行文件的图标，需要获取图标在可执行文件中的位置。通常，图标数据存储在应用程序的三级资源目录下。用户首先获得的资源目录是一级资源目录，可以通过一级资源目录获得一级资源目录实体；然后通过目录实体获得二级资源目录，依此类推，可以获得三级资源目录和三级资源目录实体；最后通过三级资源目录实体获得图标的实际数据。在修改图标数据时，需要注意的是从某个图标文件中加载的图标数据包含图标目录、图标索引等信息，而可执行文件中的图标数据不包含这些信息，它存储的是实际的图标数据。为了将某个图标文件写入可执行文件的图标数据中，需要将加载的图标文件偏移 22 个字节。因为前 22 个字节表示的是图标的文件格式。

设计过程

（1）新建名为 FetchDll 的对话框 MFC 工程。

（2）在对话框上添加两个静态文本控件、两个编辑框控件、两个图片控件，将图片控件的 Type 属性都设置为 Icon，再添加两个按钮控件和一个列表框控件。

（3）主要代码如下：

```
void CFetchDllDlg::OnOK()
```

```cpp
{
    UpdateData();
    if (m_FileName.IsEmpty())
    {
        MessageBox("请选择可执行文件");
        return;
    }
    m_List.ResetContent();

    HANDLE hFile;                                           //文件句柄
    HANDLE hMap;                                            //内存映射句柄
    char   *pBase;                                          //PE 文件基地址
    IMAGE_DOS_HEADER*peDos_Header;                          //DOS 头
    IMAGE_NT_HEADERS*peNT_Header;                           //PE 文件头
    IMAGE_SECTION_HEADER*peSection_Header;                  //段表头
    IMAGE_IMPORT_DESCRIPTOR*peImport_Descript;              //引用表
    IMAGE_RESOURCE_DIRECTORY*peResource_Dir;
    IMAGE_RESOURCE_DIRECTORY_ENTRY* peReSource_Entry;
    //创建可读写文件
    hFile=CreateFile(m_FileName.GetBuffer(0),GENERIC_READ|
        GENERIC_WRITE,FILE_SHARE_READ,0,OPEN_EXISTING,
        FILE_ATTRIBUTE_NORMAL,0);
    if (hFile==INVALID_HANDLE_VALUE)
        return ;
    //创建文件映象
    if (!(hMap=CreateFileMapping(hFile,0,PAGE_READWRITE|SEC_COMMIT,0,0,0)))
    {
        CloseHandle(hFile);
        CloseHandle(hMap);
        return ;
    }
    if (!(pBase=(char*)::MapViewOfFile(hMap,FILE_MAP_ALL_ACCESS|
        FILE_MAP_COPY,0,0,0)))                              //创建文件映象视图
    {
        CloseHandle(hFile);
        CloseHandle(hMap);
        return ;
    }

    peDos_Header=(IMAGE_DOS_HEADER *)pBase;                 //获取 PE 文件格式的起始地址

    //e_lfanew 是相对虚地址即偏移量,指向真正的 PE 表头
    peNT_Header=(IMAGE_NT_HEADERS *)(pBase+peDos_Header->e_lfanew);  //NT 头指针地址

    //获取段表的数量
    int secCount = peNT_Header->FileHeader.NumberOfSections;

    //获取段表头的位置
    peSection_Header = (IMAGE_SECTION_HEADER *)((char*)
        peNT_Header+sizeof(IMAGE_NT_HEADERS));
    char* pDllName = NULL;

    //宏 Addr 根据某个段中的相对地址获取实际地址
    #define Addr(offset) (void*)( (char*)((char*) pBase+
        peSection_Header->PointerToRawData) +  ((DWORD)(offset)-
        peSection_Header->VirtualAddress))

    #define isValid(addr,begin,len) ((char*)(addr)>=(char*)(begin) &&
        (char*)(addr)<(char*)(begin)+(len))
    //遍历段表
    for(int i = 0; i< secCount; i++,peSection_Header++)
    {
        for(int directory = 0; directory <
            IMAGE_NUMBEROF_DIRECTORY_ENTRIES; directory++)
        {
            if(peNT_Header->OptionalHeader.DataDirectory[directory].VirtualAddress
                && isValid(peNT_Header->OptionalHeader.DataDirectory[directory]
                .VirtualAddress,peSection_Header->VirtualAddress,
```

```cpp
peSection_Header->SizeOfRawData))
            {//引入表
                if (directory==IMAGE_DIRECTORY_ENTRY_IMPORT)
                {
                    //获取引入表在.idata 段中的位置
                    peImport_Descript =(IMAGE_IMPORT_DESCRIPTOR *)
Addr( peNT_Header->OptionalHeader.Data Directory[directory ].VirtualAddress);
                    for (int j =
0; !IsBadReadPtr(peImport_Descript,sizeof(*peImport_Descript))&&
peImport_Descript->Name;peImport_Descript++,j++)
                    {
                        pDllName = (char*)Addr(peImport_Descript->Name);
                        m_List.AddString(pDllName);
                    }
                }
                else if (directory==IMAGE_DIRECTORY_ENTRY_RESOURCE)
                {
                    //一级资源目录
                    peResource_Dir =
(IMAGE_RESOURCE_DIRECTORY*)Addr(peNT_Header->OptionalHeader.Data Directory[directory].VirtualAddress);

                    //资源数量
                    int ReCount = peResource_Dir->NumberOfIdEntries+peResource_Dir->NumberOfNamedEntries;

                    //一级资源目录实体入口
                    peReSource_Entry =
(IMAGE_RESOURCE_DIRECTORY_ENTRY*)((char*)peResource_Dir+sizeof (IMAGE_RESOURCE_DIRECTORY) );

                    IMAGE_RESOURCE_DIRECTORY* peTempDir,*pe3Dir,*pe4Dir;

                    IMAGE_RESOURCE_DIRECTORY_ENTRY* peTempEntry,*peIconDir;
                    IMAGE_RESOURCE_DATA_ENTRY* peDataEntry;

                    for (int m = 0; m<ReCount; m++,peReSource_Entry++)
                    {
                        int type = peReSource_Entry->Id;
                    //3 表示图标，5 表示对话框，14 表示图标组

                        if (type==3 )
                        {
                            //进入二级目录
                            peTempDir =
(IMAGE_RESOURCE_DIRECTORY*)((char*)peResource_Dir+peReSource_ Entry->OffsetToDirectory);

                            //获取二级目录实体数量
                            int iconCount = peTempDir->NumberOfIdEntries+peTempDir->NumberOfNamedEntries;

                            //二级目录实体入口
                            peTempEntry
(IMAGE_RESOURCE_DIRECTORY_ENTRY*)((char*)peTempDir+sizeof(IMAGE_RESOURCE_DIRECTORY));

                            for (int c=0; c<iconCount; c++,peTempEntry++)
                            {
                                if (peTempEntry->DataIsDirectory>0)
                                {
                                    //三级目录
                                    pe3Dir = (IMAGE_RESOURCE_DIRECTORY*)((char*)peResource_Dir+peTempEntry->OffsetToDirectory);
                                    //三级实体
                                    peIconDir = (IMAGE_RESOURCE_DIRECTORY_ENTRY*)((char*)pe3Dir+ sizeof(IMAGE_
RESOURCE_DIRECTORY));

                                    //图标 ID
                                    int id = peTempEntry->Id;
                                    peDataEntry = (IMAGE_RESOURCE_DATA_ENTRY*)
((char*)peResource_Dir+ peIconDir->OffsetToDirectory);

                                    int size = peDataEntry->Size;
                                    unsigned char* pData;
```

```
                                        if (c==0)
                                        {
                                                pData = (unsigned    char*)((char*) Addr(peDataEntry->OffsetToData));// pBase+peDataEntry->OffsetToData);

                                                if (!m_IconFile.IsEmpty())
                                                {
                                                        CFile file;
                            file.Open(m_IconFile,CFile::modeRead);
                                                        int len =file.GetLength();
                                                        m_pIconData = new char[len+1];
                                                        memset(m_pIconData,0,len+1);
                            file.ReadHuge(m_pIconData,len);
                                                        char* temp = m_pIconData;
                                                        m_pIconData+=22;
                                                        file.Close();
                            memcpy(pData,m_pIconData,size);

                                                        delete temp;
                                                }
                                        }
                                }
                            }
                        }
                    }
                }
            }
        }
    }
    FlushFileBuffers(hFile);
    CloseHandle(hMap);
    CloseHandle(hFile);
    SetFileAttributes(m_FileName,FILE_ATTRIBUTE_READONLY);
    SetFileAttributes(m_FileName,FILE_ATTRIBUTE_NORMAL);
}
```

秘笈心法

心法领悟 033：修改 MFC 对话框程序生成的可执行文件图标。

在资源视图中导入新的 ICO 图片，将资源视图中 icon 下的 IDR_MAINFRAME 删除，将新导入图标的资源 ID 替换为 IDR_MAINFRAME，编译程序，即可完成可执行程序图标的更改。

实例 034　列举应用程序使用的 DLL 文件

光盘位置：光盘\MR\01\034　　　　　　　　　　　　　　　　　　　　高级
　　　　　　　　　　　　　　　　　　　　　　　　　　　　　　　　趣味指数：★★★★★

实例说明

许多杀毒软件在查找病毒时，能够查看可执行文件中使用的 DLL 文件，这是如何实现的呢？本实例实现了该功能，实例运行结果如图 1.34 所示。

关键技术

本实例通过查看可执行文件的 PE 档案格式来获得其使用的 DLL 文件。有关 PE 档案格式介绍请参照实例 033。

图 1.34　列举应用程序使用的 DLL 文件

设计过程

（1）新建一个名为 FetchDll 的对话框 MFC 工程。

（2）在对话框上添加编辑框控件，用来获取应用程序的路径，添加列表框控件，用于显示应用程序使用的 DLL 文件。

（3）主要代码如下：

```cpp
void CFetchDllDlg::OnOK()
{
UpdateData();
if (m_FileName.IsEmpty())
{
    MessageBox("请选择可执行文件");
    return;
}
m_List.ResetContent();

HANDLE hFile;                                   //文件句柄
HANDLE hMap;                                    //内存映射句柄
char   *pBase;                                  //PE 文件基地址
IMAGE_DOS_HEADER*peDos_Header;                  //DOS 头
IMAGE_NT_HEADERS*peNT_Header;                   //PE 文件头
IMAGE_SECTION_HEADER*peSection_Header;          //段表头
IMAGE_IMPORT_DESCRIPTOR* peImport_Descript;     //引用表

hFile=CreateFile(m_FileName.GetBuffer(0),GENERIC_READ,FILE_SHARE_READ,
0,OPEN_EXISTING,
    FILE_ATTRIBUTE_NORMAL,0);
if (hFile==INVALID_HANDLE_VALUE)
    return ;
if (!(hMap=CreateFileMapping(hFile,0,PAGE_READONLY|SEC_COMMIT,0,0,0)))
{
    CloseHandle(hFile);
    CloseHandle(hMap);
    return ;
}
if (!(pBase=(char*)::MapViewOfFile(hMap,FILE_MAP_READ,0,0,0)))
{
    CloseHandle(hFile);
    CloseHandle(hMap);
    return ;
}

peDos_Header=(IMAGE_DOS_HEADER *)pBase;         //获取 PE 文件格式的起始地址

//e_lfanew 是相对虚地址，即偏移量，指向真正的 PE 表头
peNT_Header=(IMAGE_NT_HEADERS *)(pBase+peDos_Header->e_lfanew);  //NT 头指针

//获取段表的数量
int secCount = peNT_Header->FileHeader.NumberOfSections;

//获取段表头的位置
peSection_Header = (IMAGE_SECTION_HEADER *)((char*)peNT_Header
+sizeof(IMAGE_NT_HEADERS));

char* pDllName = NULL;

//宏 Addr 根据某个段中的相对地址获取实际地址
#define Addr(offset) (void*)( (char*)((char*)
pBase+peSection_Header->PointerToRawData) +
    ((DWORD)(offset)- peSection_Header->VirtualAddress))
//遍历段表
#define isValid(addr,begin,len) ((char*)(addr)>=(char*)(begin) &&
(char*)(addr)<(char*)(begin)+(len))
```

```
       for (int i = 0; i< secCount; i++,peSection_Header++)
       {
              for(int directory = 0; directory < IMAGE_NUMBEROF_DIRECTORY_ENTRIES; directory++)
              {
                     if(peNT_Header->OptionalHeader.DataDirectory[directory].VirtualAddress
                     && isValid(peNT_Header->OptionalHeader.DataDirectory[directory].
VirtualAddress,peSection_Header->VirtualAddress,
peSection_Header->SizeOfRawData))
                     //引入表
                     if (directory==IMAGE_DIRECTORY_ENTRY_IMPORT)
                     {
                            //获取引入表在.idata 段中的位置
                            peImport_Descript =(IMAGE_IMPORT_DESCRIPTOR *)
Addr( peNT_Header->OptionalHeader.DataDirectory[directory ]
.VirtualAddress);
                            for (int j = 0; !IsBadReadPtr(peImport_Descript,
sizeof(*peImport_Descript))&& peImport_Descript->Name;
peImport_Descript++,j++)
                            {
                                   pDllName = (char*)Addr(peImport_Descript->Name);
                                   m_List.AddString(pDllName);
                            }
                     }
              }
       }
}
```

秘笈心法

心法领悟 034：如何将大写字母全部转换为小写？

将大写字母转换为小写时，需要调用 CString 类的 MakeLower 方法，该方法用来将字符串中的大写字母转换为小写字母。将大写字母全部转换为小写字母的代码如下：

```
CString s( "ABC");
s.MakeLower();
ASSERT( s == "abc" );
```

实例 035　调用具有命令行参数的应用程序

光盘位置：光盘\MR\01\035　　高级　　趣味指数：★★★★★

实例说明

在设计应用程序时，经常将某一类操作封装在一个功能模块中，由其他程序调用。但是在调用功能模块时，如何确定执行哪一项操作呢？例如，功能模块中包含了"备份数据库""分离数据库""停止服务"等功能，在调用功能模块时，如何确定具体执行哪个功能呢？本实例实现了一个调用具有命令行参数的可执行程序，实例运行结果如图 1.35 所示。

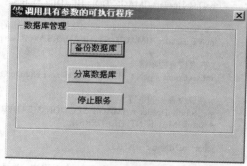

图 1.35　调用具有命令行参数的应用程序

关键技术

本实例主要用到 CreateProcess 函数和 GetCommandLine 函数。

（1）CreateProcess 函数

该函数用来创建一个新的进程和其主线程，这个新进程运行指定的可执行文件。

一般形式如下：
```
BOOL CreateProcess(
  LPCTSTR lpApplicationName,
  LPTSTR lpCommandLine,
  LPSECURITY_ATTRIBUTES lpProcessAttributes,
  LPSECURITY_ATTRIBUTES lpThreadAttributes,
  BOOL bInheritHandles,
  DWORD dwCreationFlags,
  LPVOID lpEnvironment,
  LPCTSTR lpCurrentDirectory,
  LPSTARTUPINFO lpStartupInfo,
  LPPROCESS_INFORMATION lpProcessInformation
);
```
参数说明如表 1.8 所示。

表 1.8 CreateProcess 函数的参数说明

参数名称	说明
lpApplicationName	表示启动的应用程序名称，如果为 NULL，则函数采用 lpCommandLine 参数提供的应用程序名称
lpCommandLine	表示传递给应用程序的命令行参数
lpProcessAttributes	表示创建的进程的安全属性，如果为 NULL，则采用当前进程的安全属性
lpThreadAttributes	表示线程的安全属性
bInheritHandles	表示进程句柄能够被继承
dwCreationFlags	表示创建标记，通常为 CREATE_NEW_CONSOLE，表示告诉系统为新进程创建一个新的控制台窗口
lpEnvironment	表示新进程使用的环境字符串的内容块
lpCurrentDirectory	设置子进程的当前驱动器目录
lpStartupInfo	表示为子进程提供的开始信息。用户通常只需要定义一个 STARTUPINFO 结构对象，并设置对象的 cb 成员为结构的大小即可
lpProcessInformation	用于记录子进程的进程句柄、线程句柄、进程 ID 等信息

（2）GetCommandLine 函数

一般形式如下：
```
LPTSTR GetCommandLine( );
```
返回值：指向当前进程的命令行的指针。

■ 设计过程

在设计功能模块时，为了区分调用进程具体执行哪一项操作，需要为其设置参数。可以利用命令行信息实现。在主程序调用 CreateProcess 函数创建进程时，指定命令行信息。在功能模块中调用 GetCommandLine 方法获得命令行信息，并根据不同的命令行信息执行不同的功能。程序相关代码如下：

```
CString str;
str = cmd.Left(8);

CString sql;
if (str =="停止服务")
{
    sql.Format("SHUTDOWN");
    try
    {
        pCon->Execute((_bstr_t)sql,NULL,0);
    }
    catch(...)
    {
        MessageBox("操作失败");
```

```
            }
        else if (str=="备份数据")
        {
            //获取数据库名称
            CString database;
            int pos1 = cmd.Find("*");
            int pos2 = cmd.Find("*",pos1+1);

            database = cmd.Mid(pos1+1,pos2-pos1-1);
            //获取备份文件
            CString path = cmd.Right(cmd.GetLength()-pos2-1);

            sql.Format("backup database %s to disk = '%s'",database,path);
            try
            {
                pCon->Execute((_bstr_t)sql,NULL,0);
            }
            catch(...)
            {
                MessageBox("操作失败");
            }
        }
        else if (str == "分离数据")
        {
            //获取数据库名称
            CString database;
            int pos1 = cmd.Find("*");
            int pos2 = cmd.Find("*",pos1+1);

            database = cmd.Mid(pos1+1);
            sql.Format("sp_detach_db '%s'",database);
            try
            {
                pCon->Execute((_bstr_t)sql,NULL,0);
            }
            catch(...)
            {
                MessageBox("操作失败");
            }
        }
```

■ 秘笈心法

心法领悟 035：为 CString 对象申请 char 型内存。

GetBuffer 可以为 CString 对象申请 char 型可写内存，返回内存地址。

```
CString s( "abc" );
LPTSTR p = s.GetBuffer(s.GetLength()+3);    //多申请 3 个字节
strcat( p, "123" );                          //在 abc 后追加 123
s.ReleaseBuffer( );                          //释放内存
```

实例 036　在程序中调用一个子进程直到其结束　高级

光盘位置：光盘\MR\01\036　　趣味指数：★★★★★

■ 实例说明

一个大的应用程序通常由多个模块组成，每个模块执行不同的功能，由主模块统一调动。通常情况下，在调用一个子模块时，主模块还能继续响应用户操作，但有时需要限制此种情况。例如，在子模块运行时，禁止主模块执行操作。本实例实现调用系统的记事本程序，同时禁止调用进程响应，直到用户关闭记事本程序。实例运行结果如图 1.36 所示。

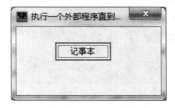

图 1.36　在程序中调用一个子进程直到其结束

■ 关键技术

本实例主要用到 WaitForSingleObject 函数，该函数用来检测 hHandle 事件的信号状态。一般形式如下：
DWORD WaitForSingleObject(
HANDLE hHandle,
DWORD dwMilliseconds);
参数说明：

❶hHandle：对象句柄。可以指定一系列的对象，如 Event、Job、Memory resource notification、Mutex、Process、Semaphore、Thread、Waitable timer 等。

❷dwMilliseconds：定时时间间隔，单位为 milliseconds（毫秒）。如果指定一个非 0 值，函数处于等待状态，直到 hHandle 标记的对象被触发，或者时间到了。如果 dwMilliseconds 为 0，对象没有被触发信号，函数不会进入一个等待状态，它总是立即返回。如果 dwMilliseconds 为 INFINITE，对象被触发信号后，函数才会返回。

返回值：执行成功，返回值指示出引发函数返回的事件。

■ 设计过程

（1）新建一个名为 WaitProcess 的对话框 MFC 工程。
（2）在对话框上添加一个按钮控件，用于执行 OnExecute 函数。
（3）主要代码如下：

```
void CWaitProcessDlg::OnExecute()
{
STARTUPINFO strinfo;
PROCESS_INFORMATION processinfo;

memset(&strinfo,0,sizeof(strinfo));
strinfo.cb = sizeof(strinfo);

BOOL ret = CreateProcess(NULL,"notepad.exe",NULL,NULL,TRUE,DETACHED_PROCESS,NULL,NULL,&strinfo,&processinfo);

if (ret)
{
        WaitForSingleObject(processinfo.hProcess,INFINITE);
}
}
```

■ 秘笈心法

心法领悟 036：从字符串中分离文件路径、文件名及扩展名。

开发程序时，为了更好地识别文件的相关属性，经常需要将文件的路径、名称及其扩展名从一个字符串中分离出来，这时可以使用 CString 类的 Right、Left、Find 和 ReverseFind 等方法，在字符串中进行相应的截取，然后输出即可。从字符串中分离文件路径、文件名及扩展名的代码如下：

```
CString s("C:\\program\\test\\msado15.dll");
CString fPath = s.Left(s.ReverseFind('\\'));                              //文件路径
CString temp = s.Right(s.GetLength()-s.ReverseFind('\\')-1);              //带扩展名的文件名
CString fName = temp.Left(temp.ReverseFind('.'));                         //文件名
CString fExt = temp.Right(temp.GetLength()-temp.ReverseFind('.')-1);      //扩展名
```

实例 037 提取并保存应用程序图标

光盘位置：光盘\MR\01\037

高级
趣味指数：★★★★★

■ 实例说明

许多图标操作软件能够提取应用程序中的图标，并将其保存为图标文件。这是如何实现的呢？本实例实现了该功能，实例运行结果如图 1.37 所示。

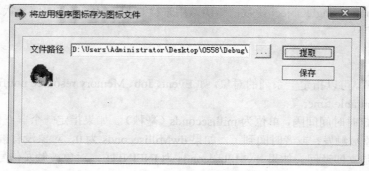

图 1.37 提取并保存应用程序图标

■ 关键技术

要实现将应用程序图标存为图标文件，首先需要获取应用程序中的图标数据，用户可以使用 LoadLibraryEx、EnumResourceNames、FindResource、LoadResource 等函数实现，然后根据图标文件的格式将数据保存为图标文件。

■ 设计过程

（1）新建一个名为 FetchAndSaveIcon 的对话框 MFC 工程。

（2）在对话框上添加编辑框控件，显示文件路径，添加 3 个按钮控件，分别用于打开路径、提取和保存图标。

（3）主要代码如下：

```cpp
//提取应用程序图标
void CFetchAndSaveIconDlg::OnFetch()
{
    CString str;
    m_filename.GetWindowText(str);
    if (!str.IsEmpty())
    {
        HICON m_hicon;
        m_hicon = ::ExtractIcon(AfxGetInstanceHandle(),str,0);
        if (m_hicon != NULL)
        {
            m_demoicon.SetIcon(m_hicon);
        }
    }
}
//保存图标
void CFetchAndSaveIconDlg::OnSave()
{
    CFileDialog m_savedlg (FALSE,"ico",NULL,NULL,"图标(.ico)|*.ico",this);

    if (m_savedlg.DoModal()==IDOK)
    {
```

```cpp
CString str = m_savedlg.GetPathName();
if(!str.IsEmpty())
{
    CFile m_file (str,CFile::modeCreate|CFile::typeBinary|CFile::modeWrite);

    HICON hicon;

    CString name;
    m_filename.GetWindowText(name);
    HMODULE hmodule = LoadLibraryEx(name, NULL, LOAD_LIBRARY_AS_DATAFILE);

    EnumResourceNames(hmodule,RT_GROUP_ICON,( ENUMRESNAMEPROC)EnumResNameProc,LONG(GetSafeHwnd()));

    hicon = (HICON)FindResource(hmodule,m_iconname,RT_GROUP_ICON);

    CString str;
    m_filename.GetWindowText(str);


    HGLOBAL global=LoadResource(hmodule,(HRSRC)hicon );
    void* lpData = LockResource(hicon );


    if (global!= NULL)
    {
        m_lpMemDir =(LPMEMICONDIR)LockResource(global);
    }

    lpicondir temp = (lpicondir)m_lpMemDir;
    m_lpdir = (lpicondir)m_lpMemDir;

    DWORD factsize;

    //写入文件头
    WORD a = m_lpdir->idreserved;
    m_file.Write(&a,sizeof(WORD));

    a = m_lpdir->idtype;
    m_file.Write(&a,sizeof(WORD));

    a = m_lpdir->idcount;
    m_file.Write(&a,sizeof(WORD));

    m_lpdir = NULL;

    //写入索引目录
    icondirentry entry;

    for (int i = 0; i<temp->idcount;i++)
    {
        DWORD size;
        DWORD imagesize= GetImageOffset(hmodule,i,size);
        free(m_lpData);
        entry.bheight = m_lpMemDir->idEntries[i].bHeight;
        entry.bwidth = m_lpMemDir->idEntries[i].bWidth;
        entry.breserved = 0;
        entry.bcolorcount = m_lpMemDir->idEntries[i].bColorCount;
        entry.dwbytesinres =m_lpMemDir->idEntries[i].dwBytesInRes;

        entry.dwimageoffset = imagesize;
        entry.wbitcount = m_lpMemDir->idEntries[i].wBitCount;
        entry.wplanes = m_lpMemDir->idEntries[i].wPlanes;

        m_file.Write(&entry,sizeof(entry));
    }
    //写入图像数据
    for (int j = 0; j<temp->idcount;j++)
    {
```

```
                LPBYTE pInfo;
                DWORD size;
                DWORD imagesize= GetImageOffset(hmodule,j,size,pInfo);
                m_file.Write((LPBYTE)m_lpData,size);

                free(m_lpData);
            }

        UnlockResource(global);
        FreeLibrary(hmodule);

        m_file.Close();
    }
}
```

■ 秘笈心法

心法领悟 037：获得系统字体列表。

下面的代码实现了将系统字体添加到组合框中的功能。

```
CDC* dc = GetDC();
CString str;
fontlist.RemoveAll();
LOGFONT m_logfont;
memset(&m_logfont,0,sizeof(m_logfont));
m_logfont.lfCharSet = DEFAULT_CHARSET;
m_logfont.lfFaceName[0] =NULL;
EnumFontFamiliesEx(dc->m_hDC,&m_logfont,(FONTENUMPROC)EnumFontList,100,0);
POSITION pos;
for ( pos =fontlist.GetHeadPosition() ;pos != NULL;)
{
    str = fontlist.GetNext(pos);
    m_Combo.AddString(str);
}
```

1.5 系统工具

实例 038　为程序添加快捷方式

光盘位置：光盘\MR\01\038　　　　　　　　　　　　高级　趣味指数：★★★★★

■ 实例说明

一般软件的安装过程中，打包程序会在安装将要结束时，在系统"开始"菜单或桌面为程序添加快捷方式，本实例实现在应用程序中为其他程序添加快捷方式，实例运行结果如图 1.38 所示。

图 1.38　为程序添加快捷方式

■ 关键技术

本实例主要通过 IShellLink 接口来实现添加快捷方式。快捷方式分为桌面快捷方式和开始菜单快捷方式，实现方法主要是找到这两个系统文件夹,然后在这两个文件夹内添加扩展名为 lnk 的文件,最后使用 IShellLink 接口设置文件的属性。要找到两个系统文件夹,需要通过 SHGetSpecialFolderLocation 函数实现,桌面文件夹使用参数 CSIDL_DESKTOP,开始菜单程序组使用参数 CSIDL_PROGRAMS,该函数的语法如下:

```
WINSHELLAPI HRESULT WINAPI SHGetSpecialFolderLocation(HWND hwndOwner,
    int nFolder,LPITEMIDLIST *ppidl);
```

参数说明:

❶hwndOwner:应用程序句柄。

❷nFolder:特殊文件夹的标识。

❸*ppidl:说明文件夹位置的指针。

找到两个系统文件夹后,通过 IShellLink 的 SetPath 方法设置需要创建快捷方式的应用程序的路径,通过 IPersistFile 的 Save 方法设置快捷方式的路径。

另外,为了通知系统相应的设置应该生效,实例中还使用了 SHChangeNotify 函数。

设计过程

(1)新建一个名为 AddShortcut 的对话框 MFC 工程。

(2)在对话框上添加 1 个静态文本控件;添加 3 个按钮控件,设置 ID 属性分别为 IDC_ADD、IDC_DESKTOP 和 IDC_GROUP,设置 Caption 属性分别为"浏览..."、"创建桌面快捷方式"和"创建菜单快捷方式"。

(3)在实现文件 AddShortcutDlg.cpp 中加入如下语句:

```
#include "objidl.h"
```

(4)在头文件 AddShortcutDlg.h 中加入如下语句:

```
CString pathname;
CString strname;
```

(5)添加"浏览..."按钮的实现函数,该函数用于打开要创建快捷方式的应用程序,代码如下:

```
void CAddShortcutDlg::OnAdd()
{
CFileDialog log(FALSE,"可执行文件","*.EXE",OFN_HIDEREADONLY,"可执行程序|*.exe||",NULL);
    if(log.DoModal()==IDOK)
    {
    pathname=log.GetPathName();                          //获取路径
    strname=log.GetFileName();                           //获取文件名
    GetDlgItem(IDC_EDADD)->SetWindowText(pathname);
    }
}
```

(6)添加"创建桌面快捷方式"按钮的实现函数,该函数用于创建 LINK 文件从而创建桌面快捷方式,代码如下:

```
void CAddShortcutDlg::OnDesktop()
{
    if(strname.IsEmpty())return;
    IShellLink *link;
    IPersistFile *file;
    HRESULT res=::CoCreateInstance(CLSID_ShellLink,NULL,
    CLSCTX_INPROC_SERVER,IID_IShellLink,(void **)&link);
    if(FAILED(res))                                      //创建接口实例
    return;
    link->SetPath(pathname);                             //设置路径
    res=link->QueryInterface(IID_IPersistFile,(void**)&file);    //查询接口
    if(FAILED(res))
    return;
    WORD wsz[MAX_PATH];
    CString linkname;
    LPITEMIDLIST pid;
    char path[MAX_PATH];
    ::SHGetSpecialFolderLocation(NULL,CSIDL_DESKTOP,&pid);   //获取桌面 PID
    ::SHGetPathFromIDList(pid,path);

    CString name;
```

```
        int pos=strname.Find(".");
        name=strname.Left(pos);
        linkname.Format("%s\\%s.lnk",path,name);
        MultiByteToWideChar(CP_ACP,0,linkname,-1,wsz,MAX_PATH);
        file->Save(wsz,STGM_READWRITE);
        file->Release();
        link->Release();
        ::SHChangeNotify(SHCNE_CREATE|SHCNE_INTERRUPT,SHCNF_FLUSH|SHCNF_PATH,linkname,0);
        ::SHChangeNotify(SHCNE_UPDATEDIR|SHCNE_INTERRUPT,
        SHCNF_FLUSH|SHCNF_PATH,path,0);
}
```

（7）添加"创建菜单快捷方式"按钮的实现函数，该函数通过创建 LINK 文件从而创建菜单快捷方式，代码如下：

```
void CAddShortcutDlg::OnGroup()
{
    if(strname.IsEmpty())return;
    IShellLink *link;
    IPersistFile *file;
    HRESULT res=::CoCreateInstance(CLSID_ShellLink,NULL,
    CLSCTX_INPROC_SERVER,IID_IShellLink,(void **)&link);
    if(FAILED(res))                                              //创建接口实例
        return;
    link->SetPath(pathname);                                     //设置文件路径
    res=link->QueryInterface(IID_IPersistFile,(void**)&file);
    if(FAILED(res))
        return;
    WORD wsz[MAX_PATH];
    CString linkname;
    LPITEMIDLIST pid;
    char path[MAX_PATH];
    ::SHGetSpecialFolderLocation(NULL,CSIDL_PROGRAMS,&pid);      //获取程序组 PID
    ::SHGetPathFromIDList(pid,path);

    CString name;
    int pos=strname.Find(".");
    name=strname.Left(pos);
    linkname.Format("%s\\%s.lnk",path,name);
    MultiByteToWideChar(CP_ACP,0,linkname,-1,wsz,MAX_PATH);
    file->Save(wsz,STGM_READWRITE);
    file->Release();
    link->Release();
    ::SHChangeNotify(SHCNE_CREATE|SHCNE_INTERRUPT,SHCNF_FLUSH|SHCNF_PATH,
    linkname,0);
    ::SHChangeNotify(SHCNE_UPDATEDIR|SHCNE_INTERRUPT,            //通知系统更新变化
    SHCNF_FLUSH|SHCNF_PATH,path,0);
}
```

秘笈心法

心法领悟 038：筛选多种文件。

通过 CfileDialog 选择文件时，可以通过参数指定文件类型。例如，指定*.exe| *.txt|*.doc||，将会显示扩展名为 exe、txt、doc 的文件：

```
CFileDialog log(FALSE,"可执行文件","*.EXE",OFN_HIDEREADONLY,"*.exe| *.txt| *.doc||",NULL);
```

实例 039　用列表显示系统正在运行的程序
光盘位置：光盘\MR\01\039　　　　　　　　　　　高级　　趣味指数：★★★★★

实例说明

本实例完成枚举系统正在运行的程序，运行程序后，系统中正在运行的程序就显示在列表中，列表中所列

出的程序和任务管理器"进程"选项卡所列出的程序基本一致。实例运行结果如图 1.39 所示。

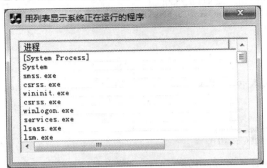

图 1.39　用列表显示系统正在运行的程序

■ 关键技术

本实例主要应用了 CreateToolhelp32Snapshot、Process32First 和 Process32Next 等函数，实现了枚举系统正在运行的程序的功能。

下面重点介绍 CreateToolhelp32Snapshot 函数。

CreateToolhelp32Snapshot 函数用于对当前系统中的进程生成快照，其语法如下：

HANDLE WINAPI CreateToolhelp32Snapshot(DWORD dwFlags,DWORD th32ProcessID);

参数说明：

❶dwFlags：快照的类型，取值如表 1.9 所示。

表 1.9　dwFlags 参数的取值

取　　值	说　　明
TH32CS_INHERIT	快照句柄将被继承
TH32CS_SNAPALL	相当于 TH32CS_SNAPHEAPLIST、TH32CS_SNAPMODULE 和 TH32CS_SNAPTHREAD 一起调用
TH32CS_SNAPHEAPLIST	指定进程堆列表的快照
TH32CS_SNAPMODULE	指定进程模块列表的快照
TH32CS_SNAPPROCESS	进程的快照
TH32CS_SNAPTHREAD	线程快照

❷th32ProcessID：进程的 ID 值。

■ 设计过程

（1）新建一个名为 ProcessList 的对话框 MFC 工程。
（2）在对话框上添加列表视图控件，添加成员变量 m_list。
（3）在 ProcessListDlg.cpp 文件中加入头文件引用：

#include "tlhelp32.h"

（4）在 OnInitDialog 函数中通过对系统进行快照将系统的进程显示出来，代码如下：

BOOL CProcessListDlg::OnInitDialog()
{
　　CDialog::OnInitDialog();
　　……//此处代码省略
　　m_list.SetExtendedStyle(LVS_EX_GRIDLINES);
　　m_list.InsertColumn(0,"进程",LVCFMT_LEFT,300,0);

```
    m_list.InsertColumn(1,"ID",LVCFMT_CENTER,75,1);
    m_list.InsertColumn(2,"父进程",LVCFMT_CENTER,75,2);
    HANDLE toolhelp=CreateToolhelp32Snapshot(TH32CS_SNAPPROCESS,0);
    if(toolhelp==NULL)return FALSE;
    m_list.SetRedraw(FALSE);
    PROCESSENTRY32 processinfo;
    int i=0;
    CString str;
    BOOL start=Process32First(toolhelp,&processinfo);        //获取第一个进程
    while(start)
    {
      m_list.InsertItem(i,"");
      m_list.SetItemText(i,0,processinfo.szExeFile);
      str.Format("%08x",processinfo.th32ProcessID);
      m_list.SetItemText(i,1,str);
      str.Format("%08x",processinfo.th32ParentProcessID);
      m_list.SetItemText(i,2,str);
      start=Process32Next(toolhelp,&processinfo);            //获取下一个进程
      i++;
    }
    m_list.SetRedraw(TRUE);
    return TRUE;
}
```

■ 秘笈心法

心法领悟 039：在进程中关闭系统正在运行的程序。

关闭系统正在运行的程序可以使用 TerminateProcess 函数。根据 OpenProcess 打开进程，返回进程句柄，根据进程句柄使用 TerminateProcess 关闭指定进程。

实例 040　带毫秒的时间
光盘位置：光盘\MR\01\040　　　　　　　　　　　　　　　　　　　　高级　趣味指数：★★★★★

■ 实例说明

使用运行库函数 _ftime 可以获取系统当前详细的时间。实例运行结果如图 1.40 所示。

图 1.40　带毫秒的时间

■ 关键技术

本实例主要用到 _ftime 函数。一般形式如下：
`void _ftime( struct _timeb *timeptr );`
参数说明：
timeptr：指向 _timeb 结构体的指针。

■ 设计过程

（1）新建一个名为 SecondTime 的对话框 MFC 工程。
（2）在对话框上添加一个静态文本框控件，用于显示时间。

（3）在对话框初始化时设置一个定时器。代码如下：

```
#include <sys/timeb.h>
#include <time.h>
void CSecondTimeDlg::OnTimer(UINT nIDEvent)
{
    struct _timeb timebuffer;
    char *timeline;
    //获得毫秒级的时间
    _ftime( &timebuffer );
    timeline = ctime(&(timebuffer.time));
    //格式化时间
    m_strTime.Format("%.19s.%hu %s", timeline, timebuffer.millitm, &timeline[20]);
    m_time.SetWindowText(m_strTime);          // m_time 是静态文本框成员变量
    CDialog::OnTimer(nIDEvent);
}
```

秘笈心法

心法领悟 040：获取静态文本框控件的文本。

可以通过 GetWindowText 获取静态文本框的文本。例如：

```
CString str;
GetDlgItem(IDC_TEST)->GetWindowText(str);      // IDC_TEST 是静态文本框控件的 ID
```

实例 041　注册和卸载组件

光盘位置：光盘\MR\01\041

高级
趣味指数：★★★★★

实例说明

通常注册和卸载组件的方法是在运行窗口中使用 regsvr32.exe 命令。如果是注册组件，则在运行窗口中输入"regsvr32.exe -i 应用程序名"，如果是卸载组件，则在运行窗口中输入"regsvr32.exe -u 应用程序名"。实例运行结果如图 1.41 所示。

图 1.41　注册和卸载组件

关键技术

本实例主要用到 regsvr32.exe 命令。

参数说明：

❶/i：regsvr32.exe -i，跳过控件的选项进行安装（与注册不同）。

❷/u：regsvr32.exe -u，反注册控件。

❸/s：regsvr32.exe -s，不管注册成功与否，均不显示提示框。

设计过程

（1）新建一个名为 RegCom 的对话框 MFC 工程。

（2）在对话框上添加 3 个按钮控件，分别用于打开路径、注册和卸载组件，添加编辑框控件显示路径。

（3）主要代码如下：

```
void CRegComDlg::OnReg()
{
GetDlgItem(IDC_PATH)->GetWindowText(m_strname);
CString strcmd;
if(m_strname.IsEmpty())return;
strcmd.Format("regsvr32.exe -i %s",m_strname);
::WinExec(strcmd,SW_HIDE);
}
void CRegComDlg::OnUnreg()
{
GetDlgItem(IDC_PATH)->GetWindowText(m_strname);
CString strcmd;
if(m_strname.IsEmpty())return;
strcmd.Format("regsvr32.exe -u %s",m_strname);
::WinExec(strcmd,SW_HIDE);
}
```

秘笈心法

心法领悟 041：使编辑框控件非使能。

EnableWindow 可以设置编辑框控件非使能。设为非使能后，只能显示当前文本而不能编辑文本。设置代码如下：

```
m_edit.EnableWindow(false);
```

实例 042　清空回收站

光盘位置：光盘\MR\01\042　　高级　　趣味指数：★★★★★

实例说明

"回收站"顾名思义是用来存放垃圾的。在 Windows 系统中，回收站是一个存放已删除文件的地方。其实回收站是一个系统文件夹，在 DOS 模式下进入磁盘根目录，输入 dir/a 则会看到一个名为 RECYCLED 的文件夹，这个就是回收站。为了防止误删除操作，Windows 将用户删除的文件先暂存到回收站中，使删除的文件可以恢复，待确认删除后再将回收站清空。本实例将编程完成清空回收站的工作，为用户清理出一些磁盘空间。实例运行结果如图 1.42 所示。

图 1.42　清空回收站

关键技术

本实例使用 SHEmptyRecycleBin 函数清空回收站。SHEmptyRecycleBin 函数原型如下：

```
SHSTDAPI SHEmptyRecycleBin( HWND hwnd, LPCTSTR pszRootPath, DWORD dwFlags );
```

参数说明：

❶hwnd：父窗口句柄。

❷pszRootPath：设置删除哪个磁盘的回收站，如果设置字符串为空，则清空所有的回收站。

❸dwFlags：用于清空回收站的功能参数。

设计过程

(1) 新建一个基于对话框的应用程序,将窗体标题改为"清空回收站"。
(2) 向窗体中添加两个按钮控件。
(3) 主要代码如下:

```
void CClearhszDlg::OnButclear()
{
    // TODO: Add your control notification handler code here
    GetWindowLong(m_hWnd,0);
    SHEmptyRecycleBin(m_hWnd,NULL,SHERB_NOCONFIRMATION || SHERB_NOPROGRESSUI || SHERB_ NOSOUND);
    MessageBox("回收站已清空!");
}
```

秘笈心法

心法领悟 042:定时清空回收站。

SetTimer 设置定时器,比对设置时间和系统时间,如果时间相同,则使用 SHEmptyRecycleBin 清空回收站。

实例 043 如何在程序中显示文件属性对话框 光盘位置:光盘\MR\01\043 **高级** 趣味指数:★★★★★

实例说明

在 Windows 系统中,用户可以通过右击某个文件,然后选择快捷菜单中的"属性"命令打开文件的属性对话框。本实例实现了此功能,运行结果如图 1.43 所示。

图 1.43 在程序中显示文件属性对话框

关键技术

本实例主要用到 ShellExecuteEx 函数。该函数对指定应用程序执行某个操作。格式如下:

```
BOOL ShellExecuteEx(
    LPSHELLEXECUTEINFO lpExecInfo
);
```

参数说明:

lpExecInfo:[in, out],一个指向 SHELLEXECUTEINFO 结构的指针,用来传递和保存应用程序执行相关的信息。

返回值:如果函数成功执行就返回 TRUE,否则返回 FALSE。可调用 GetLastError 获取错误信息。

设计过程

(1) 新建一个名为 Attribute 的对话框 MFC 工程。
(2) 在对话框上添加两个按钮控件,分别用于选择路径和执行 OnAttribute 函数,添加编辑框控件显示路径。
(3) 主要代码如下:

```
void CAttributeDlg::OnAttribute()
{
// TODO: Add your control notification handler code here
SHELLEXECUTEINFO shellInfo;
ZeroMemory(&shellInfo,sizeof(SHELLEXECUTEINFO));
shellInfo.cbSize = sizeof(SHELLEXECUTEINFO);
CString path;
m_path.GetWindowText(path);
shellInfo.lpFile = path;
shellInfo.lpVerb = "properties";
shellInfo.fMask = SEE_MASK_INVOKEIDLIST;
ShellExecuteEx(&shellInfo);
}
```

■ 秘笈心法

心法领悟 043：输出指定格式的文字。

输出文字可以用 TextOut 函数实现，该函数用当前选择的字体、背景颜色和正文颜色将一个字符串写到指定位置。格式如下：

```
BOOL TextOut(
HDC hdc,                //设备描述表句柄
int nXStart,            //字符串的开始位置 x 坐标
int nYStart,            //字符串的开始位置 y 坐标
LPCTSTR lpString,       //字符串
int cbString            //字符串中字符的个数
);
```

1.6 桌面相关

实例 044　隐藏和显示桌面文件
光盘位置：光盘\MR\01\044　　　　高级　趣味指数：★★★★★

■ 实例说明

隐藏和显示桌面文件有两种方法可以实现，一种是通过修改注册表，但要使设置生效，必须重新启动计算机；另一种是查找桌面窗体的句柄，然后通过 ShowWindow 函数将桌面窗体隐藏。查找桌面窗体的句柄可以使用函数 FindWindow，该函数可以根据窗体名称或窗体类分别进行查找。桌面窗体的窗体名是 Program Manager，窗体类是 Program。通过 Microsoft Visual Studio 自带的 Spy++工具可以查看当前系统所有正在运行的窗体，通过该工具可以获得一个窗体的窗体名称和窗体类的具体值。实例运行结果如图 1.44 所示。

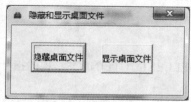

图 1.44　隐藏和显示桌面文件

■ 关键技术

本实例主要用到 FindWindow 函数。一般形式如下：
static CWnd* PASCAL FindWindow(LPCTSTR lpszClassName, LPCTSTR lpszWindowName);

参数说明：
❶lpszClassName：窗体类指针。
❷lpszWindowName：窗体名指针。

设计过程

（1）新建一个名为 HideDesktop 的对话框 MFC 工程。
（2）在对话框上添加两个按钮控件，分别用于隐藏和显示桌面文件。
（3）主要代码如下：

```
//隐藏桌面文件
void CHideDesktopDlg::OnHide()
{
    //HWND desktop=::FindWindow("Progman",NULL);         //通过窗体类进行查找
    HWND desktop=::FindWindow(NULL,"Program Manager");   //通过窗体名进行查找
    if(desktop!=NULL)
    {
        ::ShowWindow(desktop,SW_HIDE);
    }
}
//显示桌面文件
void CHideDesktopDlg::OnShow()
{
    HWND desktop=::FindWindow("Progman",NULL);
    if(desktop!=NULL)
    {
        ::ShowWindow(desktop,SW_SHOW);
    }
}
```

秘笈心法

心法领悟 044：根据窗体类查找窗体。
FindWindow 有两种查找方式，一种是根据窗体名查找，另一种是根据窗体类查找。根据窗体类查找：
HWND desktop=::FindWindow("Progman",NULL);

实例 045　隐藏和显示"开始"按钮

光盘位置：光盘\MR\01\045

高级
趣味指数：★★★★★

实例说明

有些系统程序，为了不让用户使用"开始"菜单，可以隐藏任务栏上的"开始"按钮。本实例实现的是隐藏和显示"开始"按钮的功能。实例运行结果如图 1.45 所示。

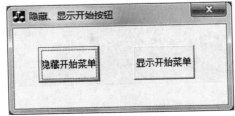

图 1.45　隐藏和显示"开始"按钮

关键技术

本实例主要通过使用 FindWindow 函数和 FindWindowEx 函数,查找具体窗体句柄,通过 ShowWindow 函数达到隐藏和显示窗体的目的。"开始"按钮在任务栏窗体上,任务栏的窗体名称是 Shell_TrayWnd,该名称可以通过 Visual C++开发环境自带的 Spy++工具获得。下面介绍 FindWindow 函数。

FindWindow 函数用于查找具体的窗体,语法如下:

```
HWND FindWindow(LPCTSTR lpClassName,LPCTSTR lpWindowName);
```

参数说明:

❶lpClassName:窗体类名称。

❷lpWindowName:窗体名称。

设计过程

(1)新建一个名为 HideStartMenu 的对话框 MFC 工程。

(2)在对话框上添加两个按钮控件,设置 ID 属性分别为 IDC_BTHIDE 和 IDC_BTSHOW,设置 Caption 属性分别为"隐藏开始菜单"和"显示开始菜单"。

(3)添加按钮控件 IDC_BTHIDE 的实现函数,该函数用于隐藏"开始"按钮,代码如下:

```
void CHideStartMenuDlg::OnHide()
{
    HWND parent=::FindWindow("Shell_TrayWnd","");
    HWND startmenu=::FindWindowEx(parent,0,"Button",NULL);
    if(startmenu!=NULL)
    {
        ::ShowWindow(startmenu,SW_HIDE);//隐藏窗口
    }
}
```

(4)添加按钮控件 IDC_BTSHOW 的实现函数,该函数用于显示隐藏的"开始"按钮,代码如下:

```
void CHideStartMenuDlg::OnShow()
{
    HWND parent=::FindWindow("Shell_TrayWnd","");
    HWND startmenu=::FindWindowEx(parent,0,"Button",NULL);
    if(startmenu!=NULL)
    {
        ::ShowWindow(startmenu,SW_SHOW);//显示窗口
    }
}
```

秘笈心法

心法领悟 045:在开发触摸屏管理系统中禁止使用"开始"按钮。

使用 EnableWindow 可禁止按钮的使用。使用 GetDlgItem 获取按钮控件指针,调用 EnableWindow 使按钮控件非使能:

```
GetDlgItem(IDC_BUTTON2)->EnableWindow(false);
```

实例 046 隐藏和显示 Windows 任务栏 高级

光盘位置:光盘\MR\01\046 趣味指数:★★★★★

实例说明

隐藏 Windows 任务栏可以使用 FindWindow 查找到任务栏窗体句柄后通过 SetWindowPos 函数实现,SetWindowPos 函数用来改变窗体大小,将窗体大小设为 0 即可实现隐藏的任务栏。实例运行结果如图 1.46 所示。

第 1 章　Windows 操作

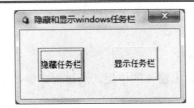

图 1.46　隐藏和显示 Windows 任务栏

■ 关键技术

本实例主要用到 SetWindowPos 函数。该函数改变一个子窗体，弹出式窗体或顶层窗体的尺寸、位置和 Z 序。一般形式如下：
BOOL SetWindowPos(HWND hWnd, HWND hWndInsertAfter, int x, int y,int cx, int cy, UINT nFlags);
参数说明如表 1.10 所示。

表 1.10　SetWindowPos 函数的参数说明

参　数	说　明
hWnd	窗口句柄
hWndInsertAfter	在 Z 序中的位于被置位的窗体前的窗体句柄，该参数必须为一个窗体句柄
x	以客户坐标指定窗体新位置的左边界
y	以客户坐标指定窗体新位置的顶边界
cx	以像素指定窗体的新的宽度
cy	以像素指定窗体的新的高度
nFlags	窗体尺寸和定位的标志

■ 设计过程

（1）新建一个名为 HideTrayWnd 的对话框 MFC 工程。
（2）在对话框上添加两个按钮控件，分别用于显示和隐藏 Windows 任务栏。
（3）主要代码如下：

```
//隐藏 Windows 任务栏
void CHideTrayWndDlg::OnHide()
{
    HWND tray=::FindWindow("Shell_traywnd",NULL);
    if(tray!=NULL)
    {
        ::SetWindowPos(tray,HWND_TOPMOST,0,0,0,0,SWP_HIDEWINDOW);
    }
}
//显示 Windows 任务栏
void CHideTrayWndDlg::OnShow()
{
    HWND tray=::FindWindow("Shell_traywnd",NULL);
    if(tray!=NULL)
    {
        ::SetWindowPos(tray,HWND_TOPMOST,0,0,0,0,SWP_SHOWWINDOW);
    }
}
```

秘笈心法

心法领悟 046：指定窗体出现的位置。

通过 SetWindowPos 函数可以指定弹出窗体的位置，通过指定参数 x、y、cx、cy 来指定窗体新位置以及窗体大小。

实例 047　判断屏幕保护程序是否在运行

光盘位置：光盘\MR\01\047

高级　趣味指数：★★★★★

实例说明

本实例使用 SystemParametersInfo 函数判断屏幕保护程序是否在运行。实例运行结果如图 1.47 所示。

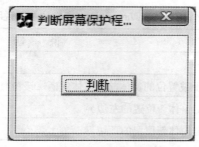

图 1.47　判断屏幕保护程序是否在运行

关键技术

本实例主要用到 SystemParametersInfo 函数。该函数查询或设置系统级参数，也可以设置更新用户配置文件。一般形式如下：

```
BOOL SystemParametersInfo (
UINT uiAction,
UINT uiParam,
PVOID pvParam,
UINT fWinIni);
```

参数说明：

❶uiAction：该参数指定要查询或设置的系统级参数。

❷uiParam：依赖于系统参数，如果没有其他指示，将其设为 0。

❸pvParam：与查询或设置的系统参数有关。在没有指明的情况下，必须将该参数指定为 NULL。

❹fWinIni：如果设置系统参数，则 fWinIni 用来指定是否更新用户配置文件（Profile），或是否要将 WM_SETTINGCHANGE 消息广播给所有顶层窗口，以通知它们新的变化内容。

设计过程

（1）新建一个名为 Screen 的对话框 MFC 工程。

（2）在对话框上添加按钮控件，用于判断屏幕保护程序是否在运行。

（3）主要代码如下：

```
int value=0;
SystemParametersInfo(SPI_SETSCREENSAVERRUNNING,0,&value,0);
if(value)
    MessageBox("屏幕保护在运行");
```

秘笈心法

心法领悟 047：隐藏和显示窗体。

ShowWindow 可设置窗体隐藏和显示，参数置为 TRUE 时显示，设置为 FALSE 时隐藏。

```
ShowWindow(false);
Sleep(2000);
ShowWindow(true);
```

实例 048　判断系统是否使用大字体　高级

光盘位置：光盘\MR\01\048　趣味指数：★★★★★

实例说明

通过函数 GetDeviceCaps 的返回值可以判断系统当前是否在使用大字体，如果使用了大字体，那么函数的返回值是 120，如果是正常字体，则函数的返回值是 96。实例运行结果如图 1.48 所示。

图 1.48　判断系统是否使用大字体

关键技术

本实例主要用到 GetDeviceCaps 函数。一般形式如下：

```
int GetDeviceCaps(
HDC hdc,
int nIndex
);
```

参数说明：

❶hdc：设备上下文句柄。

❷nIndex：指定返回项。

设计过程

（1）新建一个名为 Capital 的对话框 MFC 工程。

（2）在对话框上添加按钮控件，用于执行 OnJudge 函数。

（3）主要代码如下：

```
void CCapitalDlg::OnJudge()
{
// TODO: Add your control notification handler code here
HDC hdc;
hdc=::GetDC(0);
int ires=GetDeviceCaps(hdc,LOGPIXELSX);
if(ires==120)
        MessageBox("系统使用了大字体");
else if(ires == 96)
        MessageBox("正常字体");
}
```

秘笈心法

心法领悟 048：获取显示器大小。

使用 GetDeviceCaps 获取显示器水平大小和垂直大小：
```
int x=pDC->GetDeviceCaps(HORZSIZE);
int y=pDC->GetDeviceCaps(VERTSIZE);
```

实例 049　获取任务栏属性

光盘位置：光盘\MR\01\049　　　高级　趣味指数：★★★★★

实例说明

本实例获取任务栏属性。实例运行结果如图 1.49 所示。

图 1.49　获取任务栏属性

关键技术

本实例主要用到 SHAppBarMessage 函数。一般形式如下：
```
UINT_PTR SHAppBarMessage(
    DWORD dwMessage,
    PAPPBARDATA pData
);
```
参数说明：

❶dwMessage：要发送的消息。

❷pData：结构体地址。

设计过程

（1）新建一个名为 TaskAttribute 的对话框 MFC 工程。

（2）在对话框上添加按钮控件，用于执行 OnGetattribute 函数。

（3）主要代码如下：
```
void CTaskAttributeDlg::OnGetattribute()
{
// TODO: Add your control notification handler code here
APPBARDATA abd;
abd.cbSize=sizeof(abd);
int i=::SHAppBarMessage(ABM_GETSTATE,&abd);
if(i==ABS_ALWAYSONTOP)
    MessageBox("总在最顶端设定");
else if(i==ABS_AUTOHIDE)
    MessageBox("自动隐藏设定");
}
```

秘笈心法

心法领悟 049：隐藏任务栏。

用 GetTaskmanWindow 获取任务栏句柄，ShowWindow 隐藏任务栏。GetTaskmanWindow 函数从 User32.lib 库中导出。

实例 050　获取任务栏窗口句柄

光盘位置：光盘\MR\01\050　　难度：高级　　趣味指数：★★★★★

■ 实例说明

在 Visual C++ 6.0 中没有直接提供操作任务栏的函数，但是用户可以通过多种方法操作任务栏。其中，最简单的方法就是使用一个未公开的函数 GetTaskmanWindow。GetTaskmanWindow 函数用于获得拥有任务栏按钮的窗口句柄，使用该窗口句柄，通过调用 GetParent 函数即可获得任务栏窗口句柄。下面的代码实现了任务栏的隐藏，并在 5 秒后显示任务栏。实例运行结果如图 1.50 所示。

图 1.50　获取任务栏窗口句柄

■ 关键技术

本实例主要用到 GetProcAddress 函数和 GetTaskmanWindow 函数。

（1）GetProcAddress 函数

一般形式如下：
```
FARPROC GetProcAddress(
HMODULE hModule,
LPCWSTR lpProcName);
```
参数说明：

❶hModule：动态库句柄。

❷lpProcName：函数指针。

（2）GetTaskmanWindow 函数

用于获得拥有任务栏按钮的窗口句柄。未公开函数，通过 GetProcAddress 从 User32.lib 中获取。

■ 设计过程

（1）新建一个名为 GetTastDesk 的对话框 MFC 工程。

（2）在对话框上添加按钮控件，执行 OnButtonset 函数。

（3）主要代码如下：

```cpp
void CGetTastDeskDlg::OnButtonset()
{
    typedef HWND (WINAPI GetTaskHWnd)();
    HMODULE hModule =  GetModuleHandle("user32.dll");           //获取动态库的句柄
    GetTaskHWnd*pGetTaskHWnd= (GetTaskHWnd*)GetProcAddress(hModule,"GetTaskmanWindow");
    HWND hwnd = ::GetParent(pGetTaskHWnd());

    ::ShowWindow(hwnd,SW_HIDE);                                  //隐藏任务栏
    Sleep(5000);
    ::ShowWindow(hwnd,SW_SHOW);                                  //显示任务栏
    FreeLibrary(hModule);
}
```

秘笈心法

心法领悟 050：设置按钮控件标题。

使用 SetWindowText 改变按钮控件标题：
GetDlgItem (IDC_BUTTON)->SetWindowText (_T ("New Btn"));

实例 051　隐藏任务栏时钟

光盘位置：光盘\MR\01\051

高级　趣味指数：★★★★★

实例说明

时钟窗体的类名是 TrayClockWClass，时钟窗体是系统托盘的子窗体，所以要找到时钟窗体的句柄，先要找到系统托盘窗体的句柄。实例运行结果如图 1.51 所示。

图 1.51　隐藏任务栏时钟

关键技术

本实例主要涉及 FindWindow 函数。FindWindow 函数检索处理顶级窗体的类名和窗体名称匹配指定的字符串。这个函数不搜索子窗体。函数原型如下：

```
HWND FindWindow(
LPCTSTR lpClassName,
LPCTSTR lpWindowName );
```

参数说明：

❶lpClassName：指向一个以 NULL 结尾的、用来指定类名的字符串或一个可以确定类名字符串的原子。如果该参数是一个原子，那么它必须是一个在调用此函数前已经通过 GlobalAddAtom 函数创建好的全局原子。该原子（一个 16bit 的值）必须被放置在 lpClassName 的低位字节中，lpClassName 的高位字节置 0。

如果该参数为 null，将会寻找任何与 lpWindowName 参数匹配的窗体。

❷lpWindowName：指向一个以 NULL 结尾的、用来指定窗体名（即窗体标题）的字符串。如果此参数为 NULL，则匹配所有窗体名。

返回值：如果函数执行成功，则返回值是拥有指定窗体类名或窗体名的窗体的句柄。

如果函数执行失败，则返回值为 NULL。可以通过调用 GetLastError 函数获得更加详细的错误信息。

设计过程

（1）新建一个名为 Clock 的对话框 MFC 工程。
（2）在对话框上添加按钮控件，执行 OnHideclock 函数。
（3）主要代码如下：

```
void CClockDlg::OnHideclock()
{
HWND traywnd=::FindWindow("Shell_TrayWnd",NULL);
HWND notifywnd=::FindWindowEx(traywnd,0,"TrayNotifyWnd",NULL);
HWND clockwnd=::FindWindowEx(notifywnd,0,"TrayClockWClass",NULL);
```

```
::ShowWindow(clockwnd,SW_HIDE);        //隐藏时钟
Sleep(2000);                           //延时2秒
::ShowWindow(clockwnd,SW_SHOW);        //显示时钟
}
```

秘笈心法

心法领悟051：判断回收站是否打开。

通过FindWindow查找回收站窗体，如果存在，则回收站被打开。

```
if(FindWindow(NULL,"回收站")!=NULL)
    MessageBox("回收站打开");
else
    MessageBox("回收站没有打开");
```

实例052 改变桌面背景颜色

光盘位置：光盘\MR\01\052   高级 趣味指数：★★★★★

实例说明

本实例使用函数SetSysColors改变桌面背景颜色。实例运行结果如图1.52所示。

图1.52 改变桌面背景颜色

关键技术

本实例主要用到SetSysColors函数。一般形式如下：
```
BOOL WINAPI SetSysColors(
int cElements,
CONST INT *lpaElements,
CONST COLORREF *lpaRgbValues);
```
参数说明：

❶cElements：要显示的数组元素的个数。

❷lpaElements：数组指针。

❸lpaRgbValues：要设置的新的颜色。

设计过程

（1）新建一个名为BackgroundColor的对话框MFC工程。

（2）在对话框上添加按钮控件，执行OnChangebkcolor函数。

（3）主要代码如下：
```
void CBackgroundColorDlg::OnChangebkcolor()
{
// TODO: Add your control notification handler code here
int list[2];
list[0]=COLOR_DESKTOP;
list[1]=COLOR_DESKTOP;
DWORD value=RGB(255,0,0);              //设为红色
::SetSysColors(1,list,&value);
}
```

秘笈心法

心法领悟 052：设置背景颜色不断变化。
获取随机的 RGB 三原色，组合随机的背景颜色：

```
int list[2];
list[0]=COLOR_DESKTOP;
list[1]=COLOR_DESKTOP;
srand(GetTickCount());
int r = rand()%256;
int g = rand()%256;
int b = rand()%256;
CString s;
s.Format("%d %d %d",r,g,b);
DWORD value=RGB(r,g,b);
::SetSysColors(1,list,&value);
```

实例 053　获取桌面列表视图句柄

光盘位置：光盘\MR\01\053

高级
趣味指数：★★★★★

实例说明

桌面列表视图的窗体类名是 SysListView32，要获取桌面列表视图句柄需先通过查找桌面窗体类名来查找到桌面窗体句柄，然后查找桌面窗体的子窗体，查找的结果就是桌面列表视图的窗体句柄。实例运行结果如图 1.53 所示。

图 1.53　获取桌面列表视图句柄

关键技术

本实例用到 FindWindow、GetWindow 和 GetClassName 函数。

（1）FindWindow 函数。请参照实例 051 关键技术。
（2）GetWindow 函数。该函数返回与指定窗体有特定关系（如 Z 序或所有者）的窗体句柄。函数原型如下：
`HWND GetWindow (HWND hWnd, UNIT nCmd);`
参数说明：

❶hWnd：窗体句柄。要获得的窗体句柄是依据 nCmd 参数值相对于这个窗体的句柄。
❷nCmd：说明指定窗体与要获得句柄的窗体之间的关系。
（3）GetClassName 函数。该函数获得指定窗口所属的类的类名。函数原型如下：
`int GetClassName(HWND hWnd, LPTSTR lpClassName, int nMaxCount);`
参数说明：

❶hWnd：窗体的句柄及间接给出的窗体所属的类。
❷lpClassName：指向接收窗体类名字符串的缓冲区的指针。
❸nMaxCount：指定由参数 lpClassName 指示的缓冲区的字节数。如果类名字符串大于缓冲区的长度，则多出的部分被截断。

返回值：如果函数成功，返回值为复制到指定缓冲区的字符个数；如果函数失败，返回值为 0。若想获得更多错误信息，请调用 GetLastError 函数。

设计过程

（1）新建一个名为 GetSysListViewHandle 的对话框 MFC 工程。
（2）在对话框上添加按钮控件，执行 OnGethandle 函数。
（3）主要代码如下：

```
void CGetSysListViewHandleDlg::OnGethandle()
{
  HWND hwnd=::FindWindow("ProgMan",NULL);
  HWND childhwnd=::GetWindow(hwnd,GW_CHILD);
  HWND child=::GetWindow(childhwnd,GW_CHILD);
  TCHAR buf[40];
  ::GetClassName(child,buf,39);
  CString str;str.Format("%s",buf);
  if(str.CompareNoCase("SysListView32"));
  MessageBox("找到桌面列表视图");
}
```

秘笈心法

心法领悟 053：获取计算器窗体的句柄。
通过 GetClassName 获取计算器类名，通过 FindWindow 获取计算器窗体句柄。

1.7 系 统 信 息

实例 054　获取 CPU ID 值

光盘位置：光盘\MR\01\054

高级
趣味指数：★★★★★

实例说明

汇编指令中有一条指令可以获取 CPU ID 值，可以使用汇编代码获取 CPU ID。实例运行结果如图 1.54 所示。

图 1.54　获取 CPU ID 值

关键技术

本实例主要用到获取 CUP ID 值的汇编指令。

```
__asm{
     mov eax,03h
          xor ecx,ecx
          xor edx,edx
          cpuid            //获取 CPU ID 值的汇编指令
          mov s1,edx
          mov s2,ecx
}
```

设计过程

（1）新建一个名为 GetCPUID 的对话框 MFC 工程。
（2）在对话框上添加按钮控件，执行 OnGetCPUID 函数，添加编辑框控件显示 CPUID 值。
（3）主要代码如下：

```
void CGetCPUIDDlg::OnGetCPUID()
{
// TODO: Add your control notification handler code here
unsigned long s1,s2;
    char sel;
    sel='1';
    CString MyCpuID,CPUID1,CPUID2;
__asm{
        mov eax,01h
            xor edx,edx
            cpuid            //获取 CPU ID 值的汇编指令
            mov s1,edx
            mov s2,eax
}
CPUID1.Format("%08X%08X",s1,s2);
__asm{
        mov eax,03h
            xor ecx,ecx
            xor edx,edx
            cpuid            //获取 CPU ID 值的汇编指令
            mov s1,edx
            mov s2,ecx
}
CPUID2.Format("%08X%08X",s1,s2);
MyCpuID=CPUID1+CPUID2;
m_cpu.SetWindowText(MyCpuID);
}
```

秘笈心法

心法领悟 054：改变窗口标题。
利用 API 函数 SetWindowText 可以改变指定窗口的标题栏的文本内容，格式如下：
SetWindowText(hwnd,"新标题");   // hwnd 是标题栏句柄

实例 055 获取 CPU 时钟频率

光盘位置：光盘\MR\01\055   高级
趣味指数：★★★★★

实例说明

先通过执行两条汇编语句得到执行两条汇编语句所使用的相对时间刻度，然后继续执行这两条汇编语句获取一个时间刻度减去先前的相对时间刻度就是 CPU 时钟频率。两条汇编语句写在内联函数中，减少程序指针在寻址方面的时间开销。实例运行结果如图 1.55 所示。

图 1.55 获取 CPU 时钟频率

关键技术

先通过执行两条汇编语句得到执行两条汇编语句所使用的相对时间刻度，然后继续执行这两条汇编语句获取一个时间刻度减去先前的相对时间刻度就是 CPU 时钟频率。

```
inline unsigned _int64 GetCount(void)
{
_asm _emit 0x0f;
_asm _emit 0x31;
}
```

设计过程

（1）新建一个名为 GetCpuTime 的对话框 MFC 工程。
（2）在对话框上添加按钮控件，执行 OnGet 函数。
（3）主要代码如下：

```
void CGetCpuTimeDlg::OnGet()
{
CString strvalue;
unsigned _int64 m_start;
unsigned _int64 m_over;
LONG ticks;
LONG ticksextra;
m_start=GetCount();
m_over=GetCount()-m_start;
m_start=GetCount();
Sleep(1000);
unsigned cpuspeed=(unsigned)((GetCount()-m_start-m_over)/1000);
ticks=cpuspeed/100;
ticksextra=cpuspeed-(ticks*100);
strvalue.Format("%ld.%ldMHZ",ticks,ticksextra);
m_value.SetWindowText(strvalue);
}
```

秘笈心法

心法领悟 055：获取系统运行时间。
GetTickCount 获取系统启动后经过的时间，单位是毫秒。

实例 056　获得 Windows 和 System 的路径

光盘位置：光盘\MR\01\056　　　　　　　　　　　高级　趣味指数：★★★★★

实例说明

Windows 和 System 文件夹是系统中特殊的文件夹，主要用于存放系统文件，系统中有环境变量指向这两个文件夹，应用程序在系统的任何路径下都能访问这两个文件夹下的文件，在开发应用程序时也要向这两个文件夹里复制文件。本实例实现获得这两个文件夹的完整路径。运行程序，Windows 和 System 文件夹的完整路径就显示在文本框中。实例运行结果如图 1.56 所示。

关键技术

本实例主要应用了 GetWindowsDirectory 函数和 GetSystemDirectory 函数，下面介绍这两个函数。
（1）GetWindowsDirectory 函数用于获得 Windows 文件夹路径名，语法如下：

```
UINT GetWindowsDirectory(LPTSTR lpBuffer,UINT uSize);
```

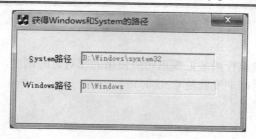

图 1.56 获得 Windows 和 System 的路径

参数说明：

❶lpBuffer：存放 Windows 文件夹路径名的缓冲区。

❷uSize：缓冲区的大小。

（2）GetSystemDirectory 函数用于获得 System 文件夹路径名，语法如下：

UINT GetSystemDirectory(LPTSTR lpBuffer,UINT uSize);

参数说明：

❶lpBuffer：存放 System 文件夹路径名的缓冲区。

❷uSize：缓冲区大小。

设计过程

（1）新建一个名为 GetSpeDir 的对话框 MFC 工程。

（2）在对话框上添加两个静态文本控件，Caption 属性分别为"System 路径"和"Windows 路径"；添加两个文本编辑控件，设置 ID 属性分别为 IDC_EDSYSDIR 和 IDC_EDWINDIR。

（3）主要代码如下：

```
BOOL CGetSpeDirDlg::OnInitDialog()
{
    CDialog::OnInitDialog();
    ……//此处代码省略
    GetDlgItem(IDC_EDSYSDIR)->EnableWindow(false);
    GetDlgItem(IDC_EDWINDIR)->EnableWindow(false);
    char strwindow[50];
    char strsystem[50];
    ::GetWindowsDirectory(strwindow,50);      //获取 Windows 目录
    ::GetSystemDirectory(strsystem,50);        //获取系统目录

    GetDlgItem(IDC_EDSYSDIR)->SetWindowText(strsystem);
    GetDlgItem(IDC_EDWINDIR)->SetWindowText(strwindow);
    return TRUE;
}
```

秘笈心法

心法领悟 056：将系统注册文件保存到系统 Windows 的路径下。

根据本实例，使用 GetWindowsDirectory 获取 Windows 路径。在写注册文件时，将路径指定为 Windows 路径。

实例 057	获取特殊文件夹路径 光盘位置：光盘\MR\01\057	高级 趣味指数：★★★★★

实例说明

Windows 操作系统中，系统会自动提供一些特殊的文件夹路径，如"收藏夹"、Program Files、"开始菜

单"等,那么如何获取这些特殊文件的全路径呢?本实例使用 SHGetSpecialFolderLocation 函数获取系统的一些特殊的文件夹路径。实例运行结果如图 1.57 所示。

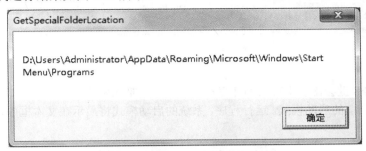

图 1.57 获取特殊文件夹路径

关键技术

本实例主要用到 SHGetSpecialFolderLocation 函数。一般形式如下:
```
WINSHELLAPI HRESULT WINAPI SHGetSpecialFolderLocation(
HWND hwndOwner,
int nFolder,
LPITEMIDLIST *ppidl );
```
参数说明:

❶hwndOwner:指定了"所有者窗口",在调用此函数时可能出现的对话框或信息框。

❷nFolder:是一个整数 id,决定哪个目录是待查找目录。

❸ppidl:pidl 地址,SHGetSpecialFolderLocation 把地址写到 pidl。

设计过程

(1)新建一个名为 GetSpecialFolderLocation 的对话框 MFC 工程。
(2)在对话框中添加按钮控件,执行 OnGetlocation 函数。
(3)主要代码如下:
```
void CGetSpecialFolderLocationDlg::OnGetlocation()
{
char buf[256];
LPITEMIDLIST pidl;
//程序组文件夹
::SHGetSpecialFolderLocation(this->GetSafeHwnd(),CSIDL_PROGRAMS,&pidl);
::SHGetPathFromIDList(pidl,buf);
MessageBox(buf);
}
```

秘笈心法

心法领悟 057:获取"开始"菜单路径。

使用 SHGetSpecialFolderLocation 函数,指定参数为 CSIDL_COMMON_STARTMENU,获取"开始"菜单路径:
```
char buf[256];
LPITEMIDLIST pidl;
::SHGetSpecialFolderLocation(this->GetSafeHwnd(),CSIDL_COMMON_STARTMENU,&pidl);
::SHGetPathFromIDList(pidl,buf);
MessageBox(buf);
```

实例 058 检测系统启动模式

光盘位置：光盘\MR\01\058

高级
趣味指数：★★★★★

■ 实例说明

在启动计算机时按 F8 键会出现多种启动计算机的方式，包括正常启动、安全模式、带网络的安全模式等。本实例可以确定计算机当前的启动模式。运行程序，系统的启动模式将显示在文本框中，实例运行结果如图 1.58 所示。

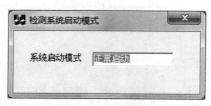

图 1.58　检测系统启动模式

■ 关键技术

本实例使用 GetSystemMetrics 函数获取与 Windows 环境有关的信息，语法如下：
int GetSystemMetrics(int nIndex);
参数说明：
nIndex：指定想要获取信息的标识。

■ 设计过程

（1）新建一个名为 StartMode 的对话框 MFC 工程。
（2）在对话框中添加一个静态文本控件，设置 Caption 属性为"系统启动模式"；添加编辑框控件，设置 ID 属性为 IDC_EDSTARTMODE。
（3）主要代码如下：

```
BOOL CStartModeDlg::OnInitDialog()
{
    CDialog::OnInitDialog();
    ……//此处代码省略
    int i=::GetSystemMetrics(SM_CLEANBOOT);
    switch(i)
    {
    case 0:
        GetDlgItem(IDC_EDSTARTMODE)->SetWindowText("正常启动");
        break;
    case 1:
        GetDlgItem(IDC_EDSTARTMODE)->SetWindowText("安全模式");
        break;
    }
    return TRUE;
}
```

■ 秘笈心法

心法领悟 058：如何实现无限循环？
在编写循环流程的过程中，很可能出现永远不终止的循环，即所谓的无限循环。出现无限循环的代码可能有下列 3 种情况：
```
for (; ;) {};
while (True) {};
do{}while(True) ;
```

实例 059 判断操作系统类型

光盘位置：光盘\MR\01\059

高级
趣味指数：★★★★★

■ 实例说明

通过函数 GetVersionEx 可以获取操作系统版本的信息，该函数主要填充 OSVERSIONINFO 数据结构，通过 OSVERSIONINFO 数据结构的 dwMajorVersion 成员和 dwMinorVersion 成员即可判断操作系统的类型。实例运行结果如图 1.59 所示。

图 1.59　判断操作系统类型

■ 关键技术

本实例主要用到 GetVersionEx 函数。一般形式如下：
```
BOOL GetVersionEx(
LPOSVERSIONINFO lpVersionInformation);
```
参数说明：

lpVersionInformation：指向 OSVERSIONINFO 结构体的指针。

■ 设计过程

（1）新建一个名为 SystemType 的对话框 MFC 工程。
（2）在对话框上添加按钮控件，执行 OnEnter 函数。
（3）主要代码如下：
```
void CSystemTypeDlg::OnEnter()
{
OSVERSIONINFO m_osvi;

ZeroMemory(&m_osvi, sizeof(OSVERSIONINFO));
m_osvi.dwOSVersionInfoSize = sizeof(OSVERSIONINFO);

if(!GetVersionEx(&m_osvi))
        ZeroMemory(&m_osvi, sizeof(OSVERSIONINFO));
if(m_osvi.dwMajorVersion == 4 &&
        m_osvi.dwMinorVersion == 0 &&
        m_osvi.dwPlatformId != VER_PLATFORM_WIN32_NT)
        ::MessageBox(NULL,"Windows95","操作系统",MB_OK);
if(m_osvi.dwMajorVersion >= 4 &&
        m_osvi.dwMinorVersion > 0 &&
        m_osvi.dwPlatformId != VER_PLATFORM_WIN32_NT &&
        !(m_osvi.dwMajorVersion == 4 &&       m_osvi.dwMinorVersion == 90))
        ::MessageBox(NULL,"Windows98","操作系统",MB_OK);
if(m_osvi.dwMajorVersion == 4 &&
        m_osvi.dwMinorVersion == 90 &&
        m_osvi.dwPlatformId != VER_PLATFORM_WIN32_NT)
        ::MessageBox(NULL,"WindowsMe","操作系统",MB_OK);
```

```
if(m_osvi.dwMajorVersion == 4 &&
    m_osvi.dwMinorVersion == 0 &&
    m_osvi.dwPlatformId == VER_PLATFORM_WIN32_NT)
    ::MessageBox(NULL,"WindowsNT","操作系统",MB_OK);
if(m_osvi.dwMajorVersion == 5 &&
    m_osvi.dwMinorVersion == 0 &&
    m_osvi.dwPlatformId == VER_PLATFORM_WIN32_NT)
    ::MessageBox(NULL,"Windows2K","操作系统",MB_OK);
if(m_osvi.dwMajorVersion == 5 &&
    m_osvi.dwMinorVersion == 1 &&
    m_osvi.dwPlatformId == VER_PLATFORM_WIN32_NT)
    ::MessageBox(NULL,"WindowsXP","操作系统",MB_OK);
}
```

秘笈心法

心法领悟 059：获得操作系统版本号。

使用 GetVersionEx 获取操作系统版本信息。OSVERSIONINFO 结构存储获取的版本信息。

```
OSVERSIONINFO osv;
memset(&osv, 0, sizeof(OSVERSIONINFO));              //清空结构体
osv.dwOSVersionInfoSize = sizeof(OSVERSIONINFO);     //设定大小
GetVersionEx (&osv);                                 //获得版本信息
DWORD mv = osv.dwMajorVersion;                       //版本号
```

实例 060 获取当前系统运行时间

光盘位置：光盘\MR\01\060   趣味指数：★★★★★

实例说明

使用函数 GetTickCount 可以获取系统启动以来消耗的毫秒数，通过该函数可以获取当前系统运行时间。实例运行结果如图 1.60 所示。

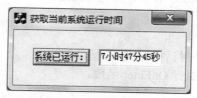

图 1.60 获取当前系统运行时间

关键技术

本实例主要用到 GetTickCount 函数。一般形式如下：
DWORD GetTickCount(void);
返回值：返回系统启动以来消耗的毫秒数。

设计过程

（1）新建一个名为 CurrentTime 的对话框 MFC 工程。
（2）在对话框上添加按钮控件，执行 OnCurrenttime 函数，添加编辑框控件，显示当前系统运行的时间。
（3）主要代码如下：

```
void CCurrentTimeDlg::OnCurrenttime()
{
    DWORD time;
    CString strtime;
```

```
time=GetTickCount();
int n,hour,minute,second;
n=time/1000;
second=n%60;
n=n/60;
minute=n%60;
hour=n/60;
strtime.Format("%d 小时%d 分%d 秒",hour,minute,second);
m_time.SetWindowText(strtime);
}
```

秘笈心法

心法领悟 060：获取随机数。

通过 GetTickCount 和 srand 获取不同的种子，通过 rand 产生随机数：
```
srand(GetTickCount());
int num = rand();
```

实例 061　如何获取 Windows 2000 系统启动时间

光盘位置：光盘\MR\01\061　　　　　　　　　　　　　趣味指数：★★★★★　　高级

实例说明

在开发应用程序的过程中，有时需要获取系统的启动信息。例如，获取系统的启动时间。那么，如何获取系统的启动时间呢？本实例实现了该功能，实例运行结果如图 1.61 所示。

图 1.61　如何获取 Windows 2000 系统启动时间

关键技术

在 NTDLL.DLL 动态库中提供了 NtQuerySystemInformation 来获取系统的各种信息。

在使用该函数前，需要从 NTDLL.DLL 动态库导出该函数。
```
typedef struct
{
    LARGE_INTEGER liKeBootTime;
    LARGE_INTEGER liKeSystemTime;
    LARGE_INTEGER liExpTimeZoneBias;
    ULONG uCurrentTimeZoneId;
    DWORD dwReserved;
} SYSTEM_TIME_INFORMATION;
//定义函数指针类型
typedef long (__stdcall * funNtQuerySystemInformation) (UINT SystemInformationClass,
            PVOID SystemInformation,
            ULONG SystemInformationLength,
            PULONG ReturnLength OPTIONAL
);
```

设计过程

（1）新建一个名为 GetSysTime 的对话框 MFC 工程。

（2）在对话框上添加按钮控件，执行获取系统启动时间的响应函数，添加编辑框控件，显示时间。
（3）主要代码如下：

```cpp
void CGetSysTimeDlg::OnOK()
{
    HINSTANCE hInstance = LoadLibrary("NTDLL.DLL");
    funNtQuerySystemInformation NtQuerySystemInformation = (funNtQuerySystemInformation)GetProcAddress(hInstance,"NtQuerySystemInformation");
    if (NtQuerySystemInformation)
    {
        SYSTEM_TIME_INFORMATION tInfo;
        long ret = NtQuerySystemInformation(3,&tInfo,sizeof(tInfo),0);

        FILETIME stFile = *(FILETIME*)&tInfo.liKeBootTime;

        SYSTEMTIME stSys;
        FileTimeToLocalFileTime(&stFile,&stFile);
        FileTimeToSystemTime(&stFile,&stSys);

        CString str;
        str.Format("%02d-%02d-%02d %02d:%02d:%02d",stSys.wYear,stSys.wMonth,stSys.wDay,stSys.wHour,stSys.wMinute,stSys.wSecond);
        m_Time = str;
        UpdateData(FALSE);
    }

    FreeLibrary(hInstance);
}
```

■ 秘笈心法

心法领悟 061：获取进程名。
通过 SYSTEM_PROCESSES 结构体的 ProcessName 参数可以获取进程名。

实例 062　获取处理器信息
光盘位置：光盘\MR\01\062　　高级
趣味指数：★★★★★

■ 实例说明

API 函数 GetSystemInfo 可以获取处理的一些信息，该函数主要对数据结构 SYSTEM_INFO 进行填充，获取数据结构成员的信息及处理器的信息。实例运行结果如图 1.62 所示。

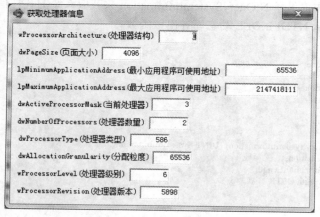

图 1.62　获取处理器信息

关键技术

本实例主要用到 GetSystemInfo 函数。一般形式如下：
```
VOID GetSystemInfo(
LPSYSTEM_INFO lpSystemInfo);
```
参数说明：

lpSystemInfo：指向 SYSTEM_INFO 结构体的指针。

SYSTEM_INFO 结构体：
```
typedef struct _SYSTEM_INFO {
    DWORD dwOemId;
    struct {
        WORD wProcessorArchitecture;
        WORD wReserved;
    }
    DWORD dwPageSize;
    LPVOID lpMinimumApplicationAddress;
    LPVOID lpMaximumApplicationAddress;
    DWORD dwActiveProcessorMask;
    DWORD dwNumberOfProcessors;
    DWORD dwProcessorType;
    DWORD dwAllocationGranularity;
    WORD wProcessorLevel;
    WORD wProcessorRevision;
} SYSTEM_INFO, *LPSYSTEM_INFO;
```

设计过程

（1）新建一个名为 SysStructInfo 的对话框 MFC 工程。

（2）在对话框上添加 10 个编辑框控件，用于显示处理器结构、页面大小、处理器数量、类型等处理器信息。

（3）主要代码如下：
```
BOOL CSysStructInfoDlg::OnInitDialog()
{
CDialog::OnInitDialog();
……//此处代码省略
SYSTEM_INFO sysinfo;
::GetSystemInfo(&sysinfo);
strtype.Format("%d",sysinfo.dwProcessorType);
strrevision.Format("%d",sysinfo.wProcessorRevision);
strpagesize.Format("%d",sysinfo.dwPageSize);
strnum.Format("%d",sysinfo.dwNumberOfProcessors);
strminaddress.Format("%d",sysinfo.lpMinimumApplicationAddress);
strmaxaddress.Format("%d",sysinfo.lpMaximumApplicationAddress);
strmask.Format("%d",sysinfo.dwActiveProcessorMask);
strlevel.Format("%d",sysinfo.wProcessorLevel);
strarch.Format("%d",sysinfo.wProcessorArchitecture);
stralloc.Format("%d",sysinfo.dwAllocationGranularity);
m_type.SetWindowText(strtype);
m_revision.SetWindowText(strrevision);
m_pagesize.SetWindowText(strpagesize);
m_num.SetWindowText(strnum);
m_minaddress.SetWindowText(strminaddress);
m_maxaddress.SetWindowText(strmaxaddress);
m_mask.SetWindowText(strmask);
m_level.SetWindowText(strlevel);
m_arch.SetWindowText(strarch);
m_alloc.SetWindowText(stralloc);
return TRUE;
}
```

秘笈心法

心法领悟 062：判断处理器个数。

SYSTEM_INFO 结构的 dwNumberOfProcessors 成员代表处理器个数，通过 GetSystemInfo 获取系统信息，保存在 SYSTEM_INFO 结构中，访问其中的 dwNumberOfProcessors 成员，即得到处理器个数。

```
SYSTEM_INFO sysinfo;
GetSystemInfo(&sysinfo);
int n = sysinfo.dwNumberOfProcessors;
```

实例 063　通过内存映射实现传送数据

光盘位置：光盘\MR\01\063　　　高级　趣味指数：★★★★★

实例说明

可以通过建立一块共享的内存映射实现进程之间的数据传送。函数 CreateFileMapping 可用于建立共享的内存映射，函数 OpenFileMapping 可以打开一块共享的内存。如果想发送数据就使用 CreateFileMapping 函数，如果想接收数据，可使用 OpenFileMapping 函数。本实例通过创建两个应用程序实现通过内存映射来传送数据。实例运行结果如图 1.63 所示。

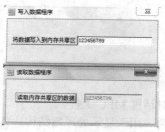

图 1.63　通过内存映射实现传送数据

关键技术

本实例主要用到 CreateFileMapping 函数、MapViewOfFile 函数、OpenFileMapping 函数和 UnmapViewOfFile 函数。

（1）CreateFileMapping 函数

CreateFileMapping 函数用于构建一个内存映射文件对象。语法格式为：

```
HANDLE CreateFileMapping(HANDLE hFile, LPSECURITY_ATTRIBUTES lpFileMappingAttributes,
    DWORD flProtect, DWORD dwMaximumSizeHigh, DWORD dwMaximumSizeLow, LPCTSTR lpName);
```

CreateFileMapping 函数参数说明如表 1.11 所示。

表 1.11　CreateFileMapping 函数的参数说明

参　　数	说　　明
hFile	表示文件句柄，对于构建内存映射文件来说，应该为 0xffffffff
lpFileMappingAttributes	表示内存映射文件的属性，通常为 NULL
flProtect	表示内存映射文件的读写权限。为 PAGE_READONLY，表示只能读取页面数据；为 PAGE_READWRITE，表示可以读写页面数据；为 PAGE_WRITECOPY，表示以写拷贝的形式访问页面数据
dwMaximumSizeHigh	表示内存映射对象的高字节最大大小
dwMaximumSizeLow	表示内存映射对象的低字节最大大小
lpName	表示内存映射对象的名称

返回值：如果函数调用成功，返回值为内存映射文件句柄，如果调用失败，返回值为NULL。

（2）MapViewOfFile 函数

MapViewOfFile 函数用于将内存映射文件映射到进程的虚拟地址空间中。语法格式为：

```
LPVOID MapViewOfFile( HANDLE hFileMappingObject, DWORD dwDesiredAccess,
    DWORD dwFileOffsetHigh, DWORD dwFileOffsetLow, DWORD dwNumberOfBytesToMap );
```

MapViewOfFile 函数参数说明如表 1.12 所示。

表 1.12 MapViewOfFile 函数的参数说明

参 数	说 明
hFileMappingObject	表示内存映射文件句柄
dwDesiredAccess	表示对内存映射文件的访问模式。FILE_MAP_WRITE 表示以写权限访问；FILE_MAP_READ 表示以读权限访问；FILE_MAP_ALL_ACCESS 与 FILE_MAP_WRITE 相同；FILE_MAP_COPY 表示以写拷贝权限访问
dwFileOffsetHigh	用于指定文件映射区域的起始位置的高字节偏移量
dwFileOffsetLow	用于指定文件映射区域的起始位置的低字节偏移量
dwNumberOfBytesToMap	表示要映射的区域大小

返回值：如果函数调用成功，返回值为指向内存映射区域的指针，如果调用失败，返回值为NULL。

（3）OpenFileMapping 函数

OpenFileMapping 函数用于根据内存映射文件名称返回内存映射文件句柄。语法格式为：

```
HANDLE OpenFileMapping(DWORD dwDesiredAccess, BOOL bInheritHandle, LPCTSTR lpName);
```

参数说明：

❶dwDesiredAccess：表示访问内存映射文件的权限。

❷bInheritHandle：表示句柄是否允许子进程继承。

❸lpName：表示其他进程创建的内存映射文件名称。

返回值：如果函数调用成功，返回值为内存映射文件句柄，如果函数调用失败，返回值为NULL。

（4）UnmapViewOfFile 函数

UnmapViewOfFile 函数用于释放进程地址空间与内存给映射文件的关联。

```
BOOL UnmapViewOfFile(LPCVOID lpBaseAddress);
```

参数说明：

lpBaseAddress：表示指向内存映射文件的指针，通常为 MapViewOfFile 函数的返回值。

设计过程

（1）向共享内存中写入数据

使用函数 CreateFileMapping 创建共享内存后，还需要通过 MapViewOfFile 函数获取数据的写入地址，然后通过 sprintf 函数将数据复制到共享内存中。"将数据写入到内存共享区"按钮的实现函数代码如下：

```
void CMapshareMainDlg::OnWrite()
{
CString stredit;
GetDlgItem(IDC_VALUE)->GetWindowText(stredit);
HANDLE hmap;
//创建共享内存
hmap=CreateFileMapping((HANDLE)0XFFFFFFFF,NULL,PAGE_READWRITE,0,0x100,"MYSHARE");
if(hmap==NULL)
{
    MessageBox("failed");
    CloseHandle(hmap);
    hmap=NULL;
    return;
}
```

```
//获取写入地址
viewdata=(LPSTR)MapViewOfFile(hmap,FILE_MAP_ALL_ACCESS,0,0,0);
if(viewdata==NULL)
{
    MessageBox("viewfailed");
    CloseHandle(hmap);
    hmap=NULL;
    return;
}
//写入数据
sprintf(viewdata,stredit);
}
```

（2）从共享内存中读取数据

使用函数 OpenFileMapping 打开共享内存后，通过 MapViewOfFile 函数获取内存中数据的具体地址，从地址中取得数据后即可使用数据。用完共享内存后使用函数 UnmapViewOfFile 关闭共享内存。代码如下：

```
void CMapshareSubDlg::OnRead()
{
CString stredit;
//打开共享内存
HANDLE hmap=OpenFileMapping(FILE_MAP_READ, FALSE, "MYSHARE");
if(hmap==NULL)
{
    MessageBox("failed");
    CloseHandle(hmap);
    hmap=NULL;
    return;
}
//获取数据地址
LPSTR viewdata=(LPSTR)MapViewOfFile(hmap,FILE_MAP_READ,0,0,0);
if(viewdata==NULL)
{
    MessageBox("failedview");
    CloseHandle(hmap);
    hmap=NULL;
    return;
}
//读取数据
stredit.Format("%s",viewdata);
//关闭共享内存
UnmapViewOfFile(viewdata);
GetDlgItem(IDC_VALUE)->SetWindowText(stredit);
}
```

■ 秘笈心法

心法领悟 063：使用管道实现进程间通信。

管道分为命名管道和无名管道，命名管道用于非父子进程间通信，无名管道用于父子进程间通信。

- ☑ 命名管道：客户端通过 WaitNamedPipe 确认是否有可用管道，CreateFile 请求连接，服务器端通过 ConnectNamedPipe 创建命名管道，ConnectNamedPipe 建立连接。双方通过 ReadFile、WriteFile 读写管道，进行通信。
- ☑ 无名管道：子进程继承父进程中管道的读写句柄，父子进程通过读写句柄实现对管道的读写。

实例 064	检测是否安装声卡	高级
	光盘位置：光盘\MR\01\064	趣味指数：★★★★★

■ 实例说明

声卡是一种硬件设备，该设备可以对音频信号进行处理，实现一种数字信号到模拟信号和模拟信号到数字信号的转换工作，对计算机内的数字音频转换为模拟信号后就能够在音响中播放。许多软件在运行过程中需要播放声音，计算机中不存在声卡不但浪费了资源而且可能出现错误。本实例可以检测计算机中是否安装了声卡，实例运行结果如图 1.64 所示。

图 1.64　检测是否安装声卡

■ 关键技术

本实例实现时主要用到了 Windows 系统提供的 API 函数 waveOutGetNumDevs，下面对其进行详细讲解。

waveOutGetNumDevs 函数能够返回系统中音频输出设备的数量，该函数被包含在 winmm.dll 库中，其声明格式如下：

```
[DllImport("winmm.dll", EntryPoint = "waveOutGetNumDevs")]
public static extern int waveOutGetNumDevs();
```

返回值：如果该函数返回 0，表示系统中没有声卡；非 0 表示存在声卡。

■ 设计过程

（1）新建一个名为 WaveOutGetNumDevs 的对话框 MFC 工程。
（2）在对话框上添加按钮控件，用于执行检测函数。
（3）主要代码如下：

```
#include<mmsystem.h>                    //包含头文件
#pragma comment(lib,"winmm.lib")        //导入库文件
UINT id=waveOutGetNumDevs();            //检测是否安装声卡
if(id>0)
{
    MessageBox("已安装声音输出设备");
}
else
{
    MessageBox("未发现声音输出设备");
}
```

■ 秘笈心法

心法领悟 064：有效使用系统 API 函数。

系统 API 函数中封装了很多常用的功能，在程序中可以通过重写来方便地使用，从而快速实现指定的功能。例如，WNetAddConnection2 创建网络资源连接、PostMessage 发送消息到消息队列、CopyFile 可复制文件等。

实例 065　获取当前用户名

光盘位置：光盘\MR\01\065　　　高级　　趣味指数：★★★★★

■ 实例说明

使用 GetUserName 函数可以获取当前用户名。实例运行结果如图 1.65 所示。

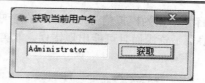

图 1.65 获取当前用户名

关键技术

本实例主要用到 GetUserName 函数。一般形式如下：
```
BOOL GetUserName(
    LPTSTR lpBuffer,      //名字缓冲区
    LPDWORD nSize         //名字缓冲区尺寸
);
```
参数说明：

❶lpBuffer：存放用户名的内存地址。

❷nSize：指定参数 lpBuffer 代表的内存的大小。

设计过程

（1）新建一个名为 CurrentUser 的对话框 MFC 工程。

（2）在对话框上添加按钮控件，执行 OnGet 函数，添加编辑框控件，显示用户名。

（3）主要代码如下：
```
void CCurrentUserDlg::OnGet()
{
    char buf[200];
    DWORD size=200;
    int i=GetUserName(buf,&size);
    GetDlgItem(IDC_USERNAME)->SetWindowText(buf);
}
```

秘笈心法

心法领悟 065：获取编辑框文本。

编辑框文本可以通过与编辑框关联的变量获得。关联控件变量时，用 GetWindowText 获取；通过 DDX_Text 关联，使用变量本身的值，用 UpdateData(false) 初始化控件文本，UpdateData(true) 获取控件文本。

实例 066　获取系统环境变量

光盘位置：光盘\MR\01\066　　　　　　　　　　　高级　趣味指数：★★★★★

实例说明

使用 GetEnvironmentStrings 函数可以获取系统环境变量的详细信息。实例运行结果如图 1.66 所示。

关键技术

本实例主要用到 GetEnvironmentStrings 函数，该函数为当前进程返回系统环境变量。一般形式如下：

`LPVOID GetEnvironmentStrings(VOID);`

返回值：返回当前进程的环境块的指针。

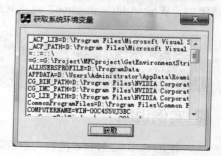

图 1.66 获取系统环境变量

设计过程

（1）新建一个名为 GetEnvironmentStrings 的对话框 MFC 工程。
（2）在对话框上添加按钮控件，执行 OnGet 函数，添加列表框控件，显示获取到的环境变量。
（3）主要代码如下：

```cpp
void CGetEnvironmentStringsDlg::OnGet()
{
    HANDLE heap=::GetProcessHeap();
    LPSTR buf=(LPSTR)HeapAlloc(heap,HEAP_ZERO_MEMORY,1024);
    buf=GetEnvironmentStrings();
    while(*buf!=0)
    {
        UINT res=::GetDriveType(buf);
        m_mylist.AddString(buf);
        buf=_tcschr(buf,0)+1;
    }
}
```

秘笈心法

心法领悟 066：环境变量设置。

右击"计算机"图标，在弹出的快捷菜单中选择"属性"命令，再选择"高级系统设置"，在系统属性中选择"高级"，单击"环境变量"按钮，可以建立、删除和编辑环境变量。

实例 067 修改计算机名称 高级

光盘位置：光盘\MR\01\067　　趣味指数：★★★★★

实例说明

使用函数 SetComputerName 可以修改当前计算机名，修改后需要重新启动计算机才能实现。实例运行结果如图 1.67 所示。

图 1.67　修改计算机名称

关键技术

本实例主要用到 SetComputerName 函数。一般形式如下：

```cpp
BOOL SetComputerName(
    LPCTSTR lpComputerName    //计算机名
);
```

参数说明：
lpComputerName：指定计算机下次重启时的计算机名。

设计过程

（1）新建一个名为 SetComputerName 的对话框 MFC 工程。
（2）在对话框上添加按钮控件，执行 OnSet 函数。

（3）主要代码如下：
```
void CSetComputerNameDlg::OnSet()
{
if(SetComputerName("Hello World"))
    MessageBox("修改成功");
}
```

秘笈心法

心法领悟 067：修改用户密码。

使用 net user 命令修改用户密码。例如，将 administrator 用户的密码修改为 12345：
`net user administrator 12345`

实例 068　获取当前屏幕颜色质量
光盘位置：光盘\MR\01\068　　高级　趣味指数：★★★★★

实例说明

使用 GetDeviceCaps 函数可以获取当前屏幕颜色质量。颜色质量也就是颜色的位深。实例运行结果如图 1.68 所示。

图 1.68　获取当前屏幕颜色质量

关键技术

本实例主要用到 GetDeviceCaps 函数。一般形式如下：
```
int GetDeviceCaps(
HDC hdc,
int nIndex
);
```
参数说明：
❶hdc：设备上下文句柄。
❷nIndex：指定返回项。

设计过程

（1）新建一个名为 GetDeviceCaps 的对话框 MFC 工程。
（2）在对话框上添加按钮控件，执行 OnGet 函数。
（3）主要代码如下：
```
void CGetDeviceCapsDlg::OnGet()
{
UINT i;
CString strres;
CDC screendc;
screendc.CreateDC("DISPLAY",NULL,NULL,NULL);
i=GetDeviceCaps(screendc,BITSPIXEL);
strres.Format("当前屏幕是%d 位色",i);
MessageBox(strres);
}
```

秘笈心法

心法领悟 068：查看用户上次登录时间。
使用 net user 命令可以查看用户信息，包括用户登录时间。例如，查看用户 administrator 的信息：
net user administrator

实例 069　获得当前屏幕的分辨率

光盘位置：光盘\MR\01\069　　　　　高级　趣味指数：★★★★★

实例说明

获得屏幕的分辨率即获取屏幕的宽度和高度。可以使用 GetDeviceCaps 函数获取屏幕的分辨率，也可以使用 GetSystemMetrics 函数来获取。实例运行结果如图 1.69 所示。

图 1.69　获得当前屏幕的分辨率

关键技术

本实例主要用到 GetDeviceCaps 函数和 GetSystemMetrics 函数。
（1）GetDeviceCaps 函数
一般形式如下：
```
int GetDeviceCaps(
HDC hdc,
int nIndex
);
```
参数说明：
❶hdc：设备上下文句柄。
❷nIndex：指定返回项。
（2）GetSystemMetrics 函数
一般形式如下：
```
int GetSystemMetrics(
int nIndex);
```
参数说明：
nIndex：指定要获取的系统属性或配置。

设计过程

（1）新建一个名为 GetResolutionRatio 的对话框 MFC 工程。
（2）在对话框上添加按钮控件，执行 OnGet 和 OnGet2 函数。
（3）主要代码如下：
```
//使用 GetDeviceCaps
void CGetResolutionRatioDlg::OnGet()
{
```

```
int iwidth,iheight;
CString strres;
CDC screendc;
screendc.CreateDC("DISPLAY",NULL,NULL,NULL);
iwidth=GetDeviceCaps(screendc,HORZRES);
iheight=GetDeviceCaps(screendc,VERTRES);
strres.Format("宽度是%d，高度是%d",iwidth,iheight);
MessageBox(strres);
}
//使用 GetSystemMetrics
void CGetResolutionRatioDlg::OnGet2()
{
int iwidth,iheight;
CString strres;
iwidth=::GetSystemMetrics(SM_CXSCREEN);
iheight=::GetSystemMetrics(SM_CYSCREEN);
strres.Format("宽度是%d，高度是%d",iwidth,iheight);
MessageBox(strres);
}
```

秘笈心法

心法领悟 069：获取设备驱动程序版本。

使用 GetDeviceCaps 函数，返回项指定为 DRIVERVERSION，可获取设备驱动程序版本：

```
CDC screendc;
screendc.CreateDC("DISPLAY",NULL,NULL,NULL);
int version = GetDeviceCaps(screendc,DRIVERVERSION);
```

1.8 消　息

实例 070　自定义消息
光盘位置：光盘\MR\01\070　　　　　　　　　　　　　　　　高级　趣味指数：★★★★★

实例说明

使用#define 宏可以定义一个消息。定义消息时所使用的数值可以是 WM_APP+X 或是 WM_USER+X，其中 X 是一个整数。WM_USER+X 是消息使用的资源 ID 值，所以应尽量将 X 设置得大一些，以免和控件的资源 ID 值相冲突。可以使用 ON_MESSAGE 宏映射自定义的消息。实例运行结果如图 1.70 所示。

图 1.70　自定义消息

关键技术

本实例主要使用#define 定义消息，在注释宏中添加消息映射、关联消息和消息响应函数。

```
BEGIN_MESSAGE_MAP(CMessageDlg, CDialog)
//{{AFX_MSG_MAP(CMessageDlg)
ON_MESSAGE(WM_MYMESSAGE,OnMyMessage)
//}}AFX_MSG_MAP
END_MESSAGE_MAP()
```

设计过程

（1）新建一个名为 Message 的对话框 MFC 工程。

（2）在对话框中添加按钮控件，发送消息，在类 CmessageDlg 中自定义消息 WM_MYMESSAGE，自定义消息映射，把消息 WM_MYMESSAGE 和消息响应函数 OnMyMessage 关联起来。

（3）主要代码如下：

```
#define WM_MYMESSAGE WM_USER+123              //自定义消息 WM_MYMESSAGE
ON_MESSAGE(WM_MYMESSAGE,OnMyMessage)          //在注释宏中添加消息映射
//发送自定义消息按钮
void CMessageDlg::OnSendmessage()
{
    SendMessage(WM_MYMESSAGE);
}
//自定义消息响应函数
void CMessageDlg::OnMyMessage()
{
    MessageBox("响应 WM_MYMESSAGE 消息");
}
```

秘笈心法

心法领悟 070：通过 SendMessage 传递参数。

在 SendMessage 发送消息时可以通过 WPARAM 和 LPARAM 传递参数，例如：

```
CString str("1234");
SendMessage(WM_MYMSG,(WPARAM)&str,0);         //传递 str 地址
```

在消息响应函数中，用同类型指针保存参数地址，即可取出参数值，例如：

```
CString *s = (CString *)wPa;
MessageBox(*s);
```

实例 071　注册消息

光盘位置：光盘\MR\01\071　　　　　　　　　　　　　　　　　　　　　　趣味指数：★★★★★　高级

实例说明

可以使用 RegisterWindowMessage 函数在系统中注册一个自己的消息，使用自己注册的消息可以在应用程序中用 ON_REGISTERED_MESSAGE 宏来映射。实例运行结果如图 1.71 所示。

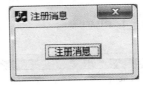

图 1.71　注册消息

关键技术

本实例主要用到 RegisterWindowMessage 函数。该函数在系统中产生一个唯一的消息标识，如果两个程序注册了同一个消息字符串，则两个程序会得到相同的消息标识。函数原型如下：

```
UINT RegisterWindowMessage( LPCTSTR lpString );
```

参数说明：

lpString：注册消息的字符串，如果函数执行成功，返回值是一个新的消息标识，如果函数执行失败，返回

值为0。

设计过程

（1）新建一个名为 RegisterWindowMessage 的对话框 MFC 工程。
（2）在对话框上添加按钮控件，用于发送消息。
（3）关键代码如下：

```
static UINT NEAR WM_RGSMSG=RegisterWindowMessage("MESSAGE");    //注册消息
::SendMessage(hwnd,WM_RGSMSG,1,0);                              //在程序中发送注册的消息
afx_msg LRESULT OnRgsmsg(WPARAM wParam,LPARAM lparam);          //函数声明，在头文件中加入
ON_REGISTERED_MESSAGE(WM_RGSMSG,OnRgsmsg)                       //添加消息宏，在实现文件中加入
//接收到消息后的处理函数
LRESULT CRegisterMsgClientDlg::OnRgsmsg(WPARAM wParam,LPARAM lParam)
{
    MessageBox("接收到消息");
    return TRUE;
}
```

秘笈心法

心法领悟 071：通过发送自己注册的消息实现对目标窗体的控制。

根据本实例，通过 RegisterWindowMessage 注册最大化、最小化、还原、关闭等消息，通过 PostMessage 发送消息，控制目标窗体的变化。例如：

```
UINT maxMsg = RegisterWindowMessage("最大化");
::PostMessage(HWND_BROADCAST,maxMsg,0,0);
```

实例 072　发送 WM_COPYDATA 消息

光盘位置：光盘\MR\01\072　　　　　　　　　　　　　　　高级
趣味指数：★★★★★

实例说明

WM_COPYDATA 消息是可以传送数据的消息，通过发送该消息可以实现在不同进程间传递数据。本实例需要创建两个应用程序，一个用来发送 WM_COPYDATA 消息，一个用来接收 WM_COPYDATA 消息，实例运行结果如图 1.72 所示。

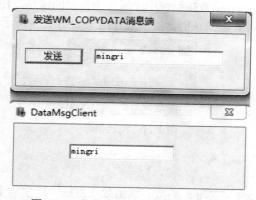

图 1.72　发送 WM_COPYDATA 消息

关键技术

本实例主要用到 COPYDATASTRUCT 结构体。一般形式如下：

```
typedef struct COPYDATASTRUCT{
    ULONG_PTR dwData;              //可以是任意值
    DWORD cb_data;                 //指定 lpData 内存区域的字节数
    PVOID lpData;                  //发送给目录窗口所在进程的数据
}COPYDATASTRUCT, *PCOPYDATASTRUCT;
```

设计过程

(1) "发送"按钮的实现函数

发送 WM_COPYDATA 消息的应用程序，在使用 SendMessage 发送消息前需要使用 FindWindow 函数查看接收消息的程序是否运行，然后对 COPYDATASTRUCT 数据结构的成员进行赋值。

```
void CDataMsgMainDlg::OnSend()
{
    HWND hwnd=::FindWindow(NULL,"DataMsgClient");    //查找接收消息的窗体
    if(hwnd==NULL)
    {
        AfxMessageBox("没有找到接收窗体");
        return;
    }
    CString msgedit;
    GetDlgItem(IDC_EDIT1)->GetWindowText(msgedit);   //获取编辑框文本
    COPYDATASTRUCT data = {0};
    data.dwData = (DWORD)this->GetSafeHwnd();
    data.cbData = msgedit.GetLength();
    data.lpData = msgedit.GetBuffer(msgedit.GetLength());  //将要发送的信息赋值到 data 结构中
    ::SendMessage(hwnd, WM_COPYDATA, (WPARAM)this->GetSafeHwnd(), (LPARAM)&data);
}
```

(2) WM_COPYDATA 消息响应函数

接收消息的应用程序需要通过类向导添加 WM_COPYDADA 消息的实现函数，添加该消息的实现函数后，一旦有 WM_COPYDATA 消息传到会马上通过实现函数处理。

```
BOOL CDataMsgClientDlg::OnCopyData(CWnd* pWnd, COPYDATASTRUCT* pCopyDataStruct)
{
    char msgdata[256];
    DWORD size= pCopyDataStruct->cbData;
    CopyMemory(msgdata,pCopyDataStruct->lpData,size);   //通过 pCopyDataStruct 指针读取信息
    msgdata[size]='\0';
    GetDlgItem(IDC_EDIT1)->SetWindowText(msgdata);       //将信息显示到编辑框上
    return CDialog::OnCopyData(pWnd, pCopyDataStruct);
}
```

秘笈心法

心法领悟 072：进程间通信。

通过发送 WM_COPYDATA 消息实现进程间通信。

```
::SendMessage(hwnd, WM_COPYDATA, (WPARAM) hwnd, (LPARAM) &cds);
```

实例 073 使用 SendMessage 添加组合框内容   高级
光盘位置：光盘\MR\01\073   趣味指数：★★★★★

实例说明

本实例实现使用 SendMessage 发送消息，向组合框添加数据。实例运行结果如图 1.73 所示。

关键技术

本实例主要用到 SendMessage 函数。该函数将指定消息发送到指定窗口。

```
LRESULT SendMessage (HWND hWnd, UINT Msg, WPARAM wParam, LPARAM lParam);
```

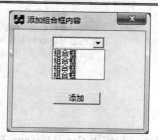

图 1.73 使用 SendMessage 添加组合框内容

参数说明：

❶hWnd：目标窗口的窗口句柄。如果此参数为 HWND_BROADCAST，则消息将被发送到系统中所有顶层窗口。

❷Msg：指定被发送的消息。

❸wParam、lParam：指定附加的消息特定信息。

设计过程

（1）新建一个基于对话框的 MFC 工程。

（2）在对话框上添加按钮控件，再添加组合框控件，关联控件变量 m_combo。

（3）主要代码如下：

```
void CAddToComboDlg::OnAddtocombo()
{
// TODO: Add your control notification handler code here
::SendMessage(m_combo.GetSafeHwnd(),CB_ADDSTRING,0,(LPARAM)"组合框");
}
```

秘笈心法

心法领悟 073：使用 SendMessage 删除组合框内容。

使用 SendMessage 向组合框发送 CB_DELETESTRING 消息，可删除指定内容。例如，删除列表框中索引为 2 的项。

```
::SendMessage(GetDlgItem(IDC_COMBO1)->m_hWnd,CB_DELETESTRING,2,0);        //IDC_COMBO1 是组合框 ID 号
```

实例 074　使用 SendMessage 添加列表框内容

光盘位置：光盘\MR\01\074　　　高级　　趣味指数：★★★★★

实例说明

本实例实现使用 SendMessage 发送消息，向列表框添加数据。实例运行结果如图 1.74 所示。

图 1.74 使用 SendMessage 添加列表框内容

■ 关键技术

本实例主要用到 SendMessage 函数，该函数将指定消息发送到指定窗口。具体参见实例 073 的关键技术。

■ 设计过程

（1）新建一个基于对话框的 MFC 工程。
（2）在对话框上添加按钮控件，再添加列表框控件，关联控件变量 m_list。
（3）主要代码如下：

```
void CAddToListBoxDlg::OnAddToListBox()
{
// TODO: Add your control notification handler code here
::SendMessage(m_list.GetSafeHwnd(),LB_ADDSTRING,0,(LPARAM)"列表框");
}
```

■ 秘笈心法

心法领悟 074：使用 SendMessage 插入列表框内容。

使用 SendMessage 向列表框发送 LB_INSERTSTRING 消息，在指定的索引处插入项。例如，在索引为 3 的位置插入数据 mrkj：

::SendMessage(GetDlgItem(IDC_LISTBOX)->m_hWnd,LB_INSERTSTRING,3,(LPARAM)" mrkj "); //IDC_LISTBOX 是列表框 ID 号

1.9 剪 贴 板

实例 075 列举剪贴板中数据类型
光盘位置：光盘\MR\01\075 高级 趣味指数：★★★★★

■ 实例说明

使用 API 函数 EnumClipboardFormats 可以列举当前剪贴板中数据的全部类型，当然 EnumClipboardFormats 只是返回无符号整型数，还需要根据返回的无符号整型数通过自定义函数 GetName 获取类型的字符串名称。标准的剪贴板类型可以通过 MSDN（平台 SDK/Windows Base Services/Interprocess Communication/Clipboard/Standard Clipboard Formats）查找到。剪贴板的标准类型定义在 WINUSER.H 头文件中。剪贴板中数据类型还可以通过 Visual Studio 下的 DataObject Viewer 工具查看。实例运行结果如图 1.75 所示。

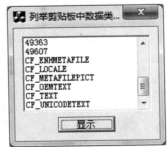

图 1.75 列举剪贴板中的数据类型

关键技术

本实例主要用到 EnumClipboardFormats 函数。一般形式如下：
UINT EnumClipboardFormats(
UINT format);
参数说明：
format：指定剪贴板数据格式，文本（CF_TEXT）、位图（CF_BITMAP）等。

设计过程

（1）新建一个名为 ClipboardView 的对话框 MFC 工程。
（2）在对话框上添加按钮控件，执行 OnShow 函数。
（3）主要代码如下：

```cpp
void CClipboardViewDlg::OnShow()
{
    m_list.ResetContent();              //m_list 是列表框控件的关联变量
    if(OpenClipboard())                 //打开剪贴板
    {
        UINT i=0;
        while(i=EnumClipboardFormats(i))
        {
            CString str;
            str=GetName(i);             //自定义函数，将 EnumClipboardFormats 的返回值转换成字符串
            m_list.AddString(str);
        }
        CloseClipboard();
    }
}
//自定义 GetName 函数
CString CClipboardViewDlg::GetName(int value)
{
    CString fmtstr;
    switch(value)
    {
    case 1:
        fmtstr="CF_TEXT";
        return fmtstr;
    case 2:
        fmtstr="CF_BITMAP";
        return fmtstr;
    case 3:
        fmtstr="CF_METAFILEPICT";
        return fmtstr;
    case 4:
        fmtstr="CF_SYLK";
        return fmtstr;
    case 5:
        fmtstr="CF_DIF";
        return fmtstr;
    case 6:
        fmtstr="CF_TIFF";
        return fmtstr;
    case 7:
        fmtstr="CF_OEMTEXT";
        return fmtstr;
    case 8:
        fmtstr="CF_DIB";
        return fmtstr;
    case 9:
        fmtstr="CF_PALETTE";
        return fmtstr;
    case 10:
        fmtstr="CF_PENDATA";
        return fmtstr;
```

```
case 11:
    fmtstr="CF_RIFF";
    return fmtstr;
case 12:
    fmtstr="CF_WAVE";
    return fmtstr;
case 13:
    fmtstr="CF_UNICODETEXT";
    return fmtstr;
case 14:
    fmtstr="CF_ENHMETAFILE";
    return fmtstr;
case 15:
    fmtstr="CF_HDROP";
    return fmtstr;
case 16:
    fmtstr="CF_LOCALE";
    return fmtstr;
case 17:
    fmtstr="CF_MAX";
    return fmtstr;
case 0x0080:
    fmtstr="CF_OWNERDISPLAY";
    return fmtstr;
case 0x0081:
    fmtstr="CF_DSPTEXT";
    return fmtstr;
case 0x0082:
    fmtstr="CF_DSPBITMAP";
    return fmtstr;
case 0x0083:
    fmtstr="CF_DSPMETAFILEPICT";
    return fmtstr;
case 0x008E:
    fmtstr="CF_DSPENHMETAFILE";
    return fmtstr;
case 0x0200:
    fmtstr="CF_PRIVATEFIRST";
    return fmtstr;
case 0x02FF:
    fmtstr="CF_PRIVATELAST";
    return fmtstr;
case 0x0300:
    fmtstr="CF_GDIOBJFIRST";
    return fmtstr;
case 0x03FF:
    fmtstr="CF_GDIOBJLAST";
    return fmtstr;
default:
    fmtstr.Format("%d",value);
    return fmtstr;
}
fmtstr="";
return fmtstr;
}
```

■ 秘笈心法

心法领悟 075：使用剪贴板传递位图。

在使用 GetClipboardData 或 SetClipboardData 操作剪贴板时，指定数据格式为 CF_BITMAP，位图类型，即可访问剪贴板的位图数据。

实例 076　监视剪贴板复制过的内容

光盘位置：光盘\MR\01\076　　趣味指数：★★★★★　　高级

实例说明

要实现实时对剪贴板内容的监视，需要在程序中添加两个消息映射宏，即 ON_WM_CHANGECBCHAIN 和 ON_WM_DRAWCLIPBOARD，因为类向导中并没有提供这两个宏，所以需要手动添加。ON_WM_DRAWCLIPBOARD 宏负责将剪贴板中的内容显示出来，而 ON_WM_CHANGECBCHAIN 控制是否继续对剪贴板进行监视。将剪贴板中的内容显示出来还需要通过 OpenClipboard 函数打开剪贴板，由于实例只监视剪贴板中文字内容，所以只需要通过 IsClipboardFormatAvailable 函数判断剪贴板中是否有 CF_TEXT 类型的数据，如果有，就通过 GetClipboardData 函数获取，并将数据记录在编辑框中。实例运行结果如图 1.76 所示。

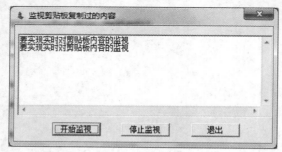

图 1.76　监视剪贴板复制过的内容

关键技术

本实例主要用到 IsClipboardFormatAvailable 函数和 GetClipboardData 函数。

（1）IsClipboardFormatAvailable 函数

一般形式如下：

```
BOOL IsClipboardFormatAvailable(
UINT format);
```

参数说明：

format：剪贴板数据格式。

（2）GetClipboardData 函数

该函数用于获取剪贴板内容。

一般形式如下：

```
HANDLE GetClipboardData( UINT uFormat);
```

参数说明：

uFormat：剪贴板数据格式。

设计过程

（1）新建一个名为 WatchClipBoard 的对话框 MFC 工程。

（2）在对话框上添加两个按钮控件，实现开始监视和停止监视，添加编辑框控件显示剪贴板内容。

（3）主要代码如下：

```
HWND hwnd;
afx_msg void OnChangeCbChain(HWND hWndRemove, HWND hWndAfter);
afx_msg void OnDrawClipboard();
```

第 1 章 Windows 操作

```
ON_WM_CHANGECBCHAIN()
ON_WM_DRAWCLIPBOARD()
// "开始监视"按钮的实现函数
void CWatchClipBoardDlg::OnStart()
{
hwnd=SetClipboardViewer();
ShowWindow(FALSE);
}
void CWatchClipBoardDlg::OnStop()
{
ChangeClipboardChain(hwnd);
}
//宏 ON_WM_DRAWCLIPBOARD 对应的实现函数
void CWatchClipBoardDlg::OnDrawClipboard()
{
CString strvalue;
GetDlgItem(IDC_VALUE)->GetWindowText(strvalue);
OpenClipboard();
if(IsClipboardFormatAvailable(CF_TEXT))
{
    HANDLE hmem=::GetClipboardData(CF_TEXT);
    char*data=(char*)GlobalLock(hmem);
    CString str=data;
    strvalue+=str;
    strvalue+="\r\n"
    GetDlgItem(IDC_VALUE)->SetWindowText(strvalue);
}
CloseClipboard();
::SendMessage(hwnd,WM_DRAWCLIPBOARD,0,0);
}
//宏 ON_WM_CHANGECBCHAIN 对应的实现函数
void CWatchClipBoardDlg::OnChangeCbChain(HWND hWndRemove, HWND hWndAfter)
{
if( hwnd==hWndRemove )
    hwnd=hWndAfter;
::SendMessage(hwnd,WM_CHANGECBCHAIN,
            (WPARAM)hWndRemove,(LPARAM)hWndAfter);
}
```

秘笈心法

心法领悟 076：屏蔽剪贴板中指定的信息。
根据本实例，监视剪贴板中的数据。如果发现指定类型的信息，则调用 EmptyClipboard 将剪贴板清空。

实例 077	向剪贴板中传递文字数据 光盘位置：光盘\MR\01\077	高级 趣味指数：

实例说明

本实例实现向剪贴板中传递文字数据。运行程序，在编辑框中输入要传递的文本，单击"传递"按钮，即可将数据传递到剪贴板。这个运行结果如图 1.77 所示。

图 1.77 向剪贴板中传递文字数据

107

■ 关键技术

本实例主要用到 GlobalAlloc、GlobalLock、GlobalUnlock、OpenClipboard、CloseClipboard、EmptyClipboard、SetClipboardData 函数。

（1）GlobalAlloc 函数。该函数从堆中申请一定数目的内存空间。

```
HGLOBAL GlobalAlloc(
    UINT uFlags,                //分配属性（方式）
    DWORD dwBytes               //分配的字节数
);
```

参数说明：

❶uFlags：指定内存分配方式（本实例指定 GHND，分配可移动的内存，并初始化为 0）。
❷dwBytes：指定要申请的字节数。
返回值：若函数调用成功，则返回一个新分配的内存对象的句柄。若失败，则返回 NULL。

（2）GlobalLock 函数。该函数用于锁定内存中指定的内存块，并返回内存块的起始地址值。

```
LPVOID GlobalLock(
    HGLOBAL hMem               //全局内存对象的句柄
);
```

参数说明：

hMem：全局内存对象句柄。该句柄由函数 GlobalAlloc 或 GlobalReAlloc 返回。
返回值：如果函数执行成功，返回值就是指向内存对象首字节指针，否则返回 NULL。

（3）GlobalUnlock 函数。该函数解除由 GlobalLock 锁定的内存块。

```
BOOL GlobalUnlock( HGLOBAL hMem );
```

参数说明：

hMem：全局内存对象的句柄（同 GlobalLock）。

（4）OpenClipboard 函数，打开剪贴板。
（5）CloseClipboard 函数，关闭剪贴板。
（6）EmptyClipboard 函数，清空剪贴板。
（7）SetClipboardData 函数，把指定数据按照指定格式放入剪贴板中。

```
HANDLE SetClipboardData(UINT uFormat,HANDLE hMem);
```

参数说明：

❶uFormat：用来指定要放到剪贴板中的数据的格式（如 CF_TEXT 文本格式）。
❷hMem：指定具有指定格式的数据的句柄。
返回值：成功返回数据的句柄，失败则返回 NULL。

■ 设计过程

（1）新建一个基于对话框的 MFC 工程。
（2）在对话框上添加按钮控件和编辑框控件。
（3）主要代码如下：

```cpp
void CClipBoardDlg::OnSend()
{
    CString text;
    m_text.GetWindowText(text);                              //获取要传递给剪贴板的文字
    int strLength = text.GetLength();                        //字串长度

    HANDLE hGlobalMemory = GlobalAlloc(GHND, strLength + 1); //分配内存（多分配一个字节）
    char* lpGlobalMemory = (char*)GlobalLock(hGlobalMemory); //锁定内存，将句柄转换为指针
    strcpy(lpGlobalMemory,text);                             //复制字符串
    GlobalUnlock(hGlobalMemory);                             //锁定内块解锁

    HWND hWnd = GetSafeHwnd();                               //获取安全窗口句柄
```

第1章 Windows 操作

```
    ::OpenClipboard(hWnd);                          //打开剪贴板
    ::EmptyClipboard();                             //清空剪贴板
    ::SetClipboardData(CF_TEXT, hGlobalMemory);     //将内存中的数据放置到剪贴板
    ::CloseClipboard();                             //关闭剪贴板
}
```

秘笈心法

心法领悟 077：获取剪贴板数据。

可以使用 GetClipboardData 获取剪贴板数据，通过参数 uFormat 指定要获取的数据格式，如 CF_TEXT 文本数据。

实例 078　显示剪贴板中的图片数据

光盘位置：光盘\MR\01\078　　　　　　　　　　　　　趣味指数：★★★★★　　高级

实例说明

本实例实现将剪贴板中的图片显示出来。程序运行，复制位图到剪贴板，单击"显示图片"按钮，即可将剪贴板中的图片显示出来。实例运行结果如图 1.78 所示。

图 1.78　显示剪贴板中的图片数据

关键技术

本实例主要用到剪贴板操作函数 OpenClipboard、CloseClipboard、GetClipboardData、GlobalLock、GlobalUnlock 等。此处介绍 GetClipboardData 函数，其他函数请参见实例 077 的关键技术。

GetClipboardData 函数用于获取剪贴板内容。

```
WINUSERAPI
HANDLE
WINAPI
    GetClipboardData(
    UINT uFormat);
```

参数说明：

uFormat：指定从剪贴板获取数据的格式。

返回值：返回剪贴板数据的句柄。

设计过程

（1）新建一个基于对话框的 MFC 工程。

（2）在对话框中添加按钮控件，用于获取剪贴板数据，添加图片控件显示位图，关联控件变量 m_pic。

（3）主要代码如下：

```
void CClipBoardDlg::OnShowpicture()
{
if(!IsClipboardFormatAvailable(CF_BITMAP))
{
    AfxMessageBox("剪贴板中无图片数据");
    return;
}

if(!OpenClipboard())
{
    AfxMessageBox("剪贴板打开失败");
    return ;
}

HBITMAP hBmp = (HBITMAP)GetClipboardData(CF_BITMAP);//位图
if(hBmp == NULL)
{
    AfxMessageBox("句柄失败");
    return ;
}

m_pic.SetBitmap(hBmp);    //设置位图到图片控件（图片控件的 style 属性要设置成 Bitmap）

CloseClipboard();         //关闭剪贴板
}
```

■ 秘笈心法

心法领悟 078：将图表以图片形式复制到 Office 文档中。

通过 MSChart 控件绘制图表，使用 MSChart 控件的 EditCopy 方法可将图表复制到剪贴板中，在 Office 文档中选择性粘贴，即可得到图表图片。

实例 079　程序间使用剪贴板传递数据
光盘位置：光盘\MR\01\079　　　　　　　　　　　　　　　　高级
趣味指数：★★★★★

■ 实例说明

本实例实现进程间通过剪贴板传递数据。运行程序，启动子进程，实现主进程和子进程的通信。实例运行结果如图 1.79 所示。

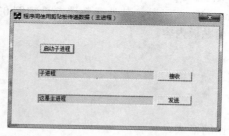

图 1.79　程序间使用剪贴板传递数据

■ 关键技术

本实例主要用到剪贴板操作函数 OpenClipboard、CloseClipboard、SetClipboardData、GetClipboardData、GlobalLock、GlobalUnlock、EmptyClipboard、GlobalAlloc 等。

（1）SetClipboardData 函数，把指定数据按照指定格式放入剪贴板中。

```
HANDLE SetClipboardData(UINT uFormat,HANDLE hMem);
```

参数说明：

❶uFormat：用来指定要放到剪贴板中的数据的格式（如 CF_TEXT 文本格式）。

❷hMem：指定具有指定格式的数据的句柄。

（2）GetClipboardData 函数。该函数用于获取剪贴板内容。

```
WINUSERAPI
HANDLE
WINAPI
    GetClipboardData(
    UINT uFormat);
```

参数说明：

uFormat：指定从剪贴板获取数据的格式。

返回值：返回剪贴板数据的句柄。

其他函数参见实例 077 的关键技术。

设计过程

（1）新建一个基于对话框的 MFC 工程。

（2）在对话框上添加 3 个按钮控件，用于启动子进程和收发消息，添加编辑框控件显示消息。

（3）向剪贴板中写入数据。

```cpp
void CProcessClipDlg::SetCbData(CString str)
{
    if(OpenClipboard()) //打开
    {
        //清空
        EmptyClipboard();
        //申请内存
        HGLOBAL hGlobal = GlobalAlloc(GMEM_MOVEABLE | GMEM_SHARE |
            GMEM_ZEROINIT | GMEM_DISCARDABLE, (DWORD)str.GetLength()+1);
        if(hGlobal != NULL)
        {
            //锁定内存
            char* p = (char*)GlobalLock(hGlobal);
            //写数据到内存
            strcpy(p, str.GetBuffer(str.GetLength()));
            str.ReleaseBuffer(str.GetLength());
            //解锁内存
            GlobalUnlock(hGlobal);
            //写入剪贴板
            if(SetClipboardData(CF_TEXT,hGlobal) == NULL)
                AfxMessageBox("SetClipboardData failed");
        }
        //关闭
        CloseClipboard();
    }
}
```

（4）获取剪贴板中的数据。

```cpp
CString CProcessClipDlg::GetCbData()
{
    if(!IsClipboardFormatAvailable(CF_TEXT))
    {
        AfxMessageBox("剪贴板中没有文本数据");
        return "";
    }
    if(OpenClipboard())                                              //打开
    {
        CString strData="";
        HGLOBAL hg = (HGLOBAL)GetClipboardData(CF_TEXT);              //获取文本数据
        if(hg != NULL)
```

```
            {
                strData = (LPCTSTR)GlobalLock(hg);       //锁定
                GlobalUnlock(hg);                         //解锁
            }
            CloseClipboard();                             //关闭剪贴板
            return strData;
        }
        return "";
    }
```

（5）启动子进程。

```
STARTUPINFO si;
memset(&si,0,sizeof(STARTUPINFO));
PROCESS_INFORMATION pi;
memset(&pi,0,sizeof(PROCESS_INFORMATION));
CreateProcess(".\\Son\\Debug\\Son.exe",NULL,NULL,NULL,
    false,CREATE_NEW_CONSOLE,NULL,NULL,&si,&pi);
Sleep(500);
CloseHandle(pi.hThread);
CloseHandle(pi.hProcess);
```

（6）子进程中的收发消息代码同主进程。

秘笈心法

心法领悟 079：显示剪贴板中的位图。

通过 GetClipboardData 获取剪贴板数据时，指定 CF_BITMAP 数据格式，取出位图数据。对图片控件关联控件变量，设置图片控件 type 属性为 Bitmap。通过 SetBitmap 将位图数据设置到图片控件上。

实例 080　子线程与主程序间使用剪贴板传递数据

光盘位置：光盘\MR\01\080　　　高级　　趣味指数：★★★★★

实例说明

本实例实现子线程与主程序间使用剪贴板传递数据。程序运行结果如图 1.80 所示。

图 1.80　子线程与主程序间使用剪贴板传递数据

关键技术

本实例主要用到剪贴板操作函数 OpenClipboard、CloseClipboard、SetClipboardData、GetClipboardData、GlobalLock、GlobalUnlock、EmptyClipboard、GlobalAlloc 等。具体参见实例 077 和实例 079 的关键技术。

设计过程

（1）新建一个基于对话框的 MFC 工程。

（2）在对话框上添加按钮控件和编辑框按钮，用于启动线程和输入信息。
（3）主进程向剪贴板写入数据。

```cpp
void CTheadClipboardDlg::OnThread()
{
    UpdateData();
    CreateThread(NULL,0,MyCreateThread,0,0,NULL);
    //写剪贴板
    CString str = m_edit;
    if(OpenClipboard())              //打开
    {
        //清空
        EmptyClipboard();
        //申请内存
        HGLOBAL hGlobal = GlobalAlloc(GMEM_MOVEABLE | GMEM_SHARE |
            GMEM_ZEROINIT | GMEM_DISCARDABLE, (DWORD)str.GetLength()+1);
        if(hGlobal != NULL)
        {
            //锁定内存
            char* p = (char*)GlobalLock(hGlobal);
            //写数据到内存
            strcpy(p, str.GetBuffer(str.GetLength()));
            str.ReleaseBuffer(str.GetLength());
            //解锁内存
            GlobalUnlock(hGlobal);
            //写入剪贴板
            if(SetClipboardData(CF_TEXT,hGlobal) == NULL)
                AfxMessageBox("SetClipboardData failed");
        }
        //关闭
        CloseClipboard();
    }
}
```

（4）子线程从剪贴板读取数据。

```cpp
DWORD WINAPI MyCreateThread(LPVOID pParam)
{
    if(!IsClipboardFormatAvailable(CF_TEXT))
    {
        AfxMessageBox("剪贴板中没有文本数据");
        return 0;
    }
    if(::OpenClipboard(NULL))                              //打开
    {
        CString strData="";
        HGLOBAL hg = (HGLOBAL)GetClipboardData(CF_TEXT);    //获取文本数据
        if(hg != NULL)
        {
            strData = (LPCTSTR)GlobalLock(hg);              //锁定
            GlobalUnlock(hg);                               //解锁
        }
        CloseClipboard();                                   //关闭剪贴板
        CString str;
        str.Format("线程中收到：%s",strData);
        AfxMessageBox(str);
    }
    return 0;
}
```

秘笈心法

心法领悟 080：记得关闭剪贴板。

OpenClipboard 和 CloseClipboard 要匹配使用。打开剪贴板访问数据之后要记得关闭剪贴板，避免数据被修改。对内存的锁定和解锁，GlobalLock 和 GlobalUnlock 也要匹配使用。

第 2 章

鼠标和键盘相关

▶▶ 鼠标
▶▶ 键盘

2.1 鼠标

实例 081　交换鼠标左右键
光盘位置：光盘\MR\02\081　　　高级　　趣味指数：★★★

实例说明

当用户双击"控制面板"|"鼠标"时，会弹出一个"鼠标属性"对话框，在该对话框中可以对鼠标进行相关设置，本实例将根据该对话框开发一个程序，实现控制鼠标左右键的切换，效果如图 2.1 所示。

图 2.1　交换鼠标左右键

关键技术

本实例实现时主要用到了 API 函数 SwapMouseButton，下面对其进行详细介绍。
SwapMouseButton 函数主要用来决定是否互换鼠标左右键的功能，其声明语法如下：

```
BOOL SwapMouseButton(
    BOOL fSwap                    //指定鼠标键的含义是否被反转或恢复
);
```

参数说明：

fSwap：如果非 0，则互换两个鼠标按钮的功能，否则恢复正常状态。

返回值：非 0 表示鼠标按钮的功能在调用这个函数之前已经互换，否则返回 0。

设计过程

（1）新建一个基于对话框的 MFC 应用程序，名为 SwapMouseButton。
（2）向对话框中添加两个按钮控件，分别响应交换和还原鼠标左右键的函数。
（3）主要程序代码如下：

```cpp
void CSwapMouseButtonDlg::OnSwap()          //交换左右键
{
    SwapMouseButton(true);
}
void CSwapMouseButtonDlg::OnRestore()       //还原左右键
{
    SwapMouseButton(false);
}
```

秘笈心法

心法领悟 081：如何删除文件？

删除文件时，需要用到 FileInfo 类的 Delete 方法，该方法用来永久删除文件。删除文件的代码如下：

```
FileInfo FInfo = new FileInfo(textBox1.Text);
FInfo.Delete();
```

实例 082　设置鼠标双击的时间间隔

光盘位置：光盘\MR\02\082

高级
趣味指数：★★★☆

■ 实例说明

可以通过 GetDoubleClickTime 函数获取鼠标双击的时间间隔，通过 SetDoubleClickTime 函数设置鼠标双击的时间间隔。时间间隔以毫秒为单位，效果如图 2.2 所示。

图 2.2　设置鼠标双击的时间间隔

■ 关键技术

本实例主要用到 GetDoubleClickTime 函数和 SetDoubleClickTime 函数。

（1）GetDoubleClickTime 函数

一般格式如下：

```
UINT GetDoubleClickTime(VOID);
```

返回值：返回当前鼠标双击时间。

（2）SetDoubleClickTime 函数

一般格式如下：

```
BOOL SetDoubleClickTime(
    UINT uInterval       //双击间隔
);
```

参数说明：

uInterval：指定双击鼠标的两次单击之间的时间，若为 0，则使用默认的 500 毫秒。

■ 设计过程

（1）新建一个基于对话框的 MFC 应用程序，名为 GetDoubleClickTime。
（2）向窗体中添加一个按钮控件，用于执行 OnGet 函数。
（3）主要程序代码如下：

```
void CGetDoubleClickTimeDlg::OnGet()
{
    UINT i=::GetDoubleClickTime();
    CString strres;
    strres.Format("%d",i);
    MessageBox(strres);
    SetDoubleClickTime(600);
}
```

■ 秘笈心法

心法领悟 082：模拟鼠标双击。

通过 mouse_event 模拟鼠标单击，连续两次单击，模拟双击左键。

```
for(int i=0;i<2;i++)
{
```

```
    mouse_event(MOUSEEVENTF_LEFTDOWN,0,0,0,0);        //执行鼠标左键按下
    mouse_event(MOUSEEVENTF_LEFTUP,0,0,0,0);          //执行鼠标左键抬起
    Sleep(500);
}
```

实例 083 获得鼠标键数

光盘位置：光盘\MR\02\083

高级
趣味指数：★★★☆

■ 实例说明

可以通过函数 GetSystemMetrics 获取鼠标的键数。程序运行效果如图 2.3 所示。

图 2.3 获得鼠标键数

■ 关键技术

本实例主要用到 GetSystemMetrics 函数。其一般格式如下：
```
int GetSystemMetrics(
    int nIndex     //系统指标或配置设置
);
```
参数说明：

nIndex：指定要获取的系统属性。

■ 设计过程

（1）新建一个基于对话框的 MFC 应用程序，名为 GetSystemMetricsDlg。
（2）向窗体中添加一个按钮控件，用于执行 OnGet 函数。
（3）主要程序代码如下：
```
void CGetSystemMetricsDlg::OnGet()
{
    int i=GetSystemMetrics(SM_CMOUSEBUTTONS);     //获取鼠标键数
    CString strres;
    strres.Format("鼠标键数为：%d",i);              //将键数存入 CString 对象中
    MessageBox(strres);                            //显示
}
```

■ 秘笈心法

心法领悟 083：获取光标闪烁的频率。

使用 API 函数 GetCaretBlinkTime 可以获取光标闪烁的频率。
```
int x = GetCaretBlinkTime();
```

实例 084 获取鼠标下窗体句柄

光盘位置：光盘\MR\02\084

高级
趣味指数：★★★☆

■ 实例说明

如果是查看窗体句柄，可以使用 Visual Studio 下的 Spy++工具，但该工具可获取系统正在运行程序中的所有窗体，本实例通过 WindowFromPoint 函数只获取鼠标下的窗体，并将窗体的边框用线条绘制出来，效果如图 2.4 所示。

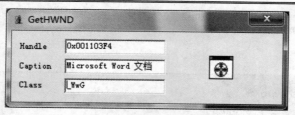

图 2.4 获取鼠标下窗体句柄

■ 关键技术

本实例主要用到 WindowFromPoint 函数。其一般格式如下：
static CWnd* PASCAL WindowFromPoint(POINT point);
参数说明：

point：要检查的点的 CPoint 对象。

■ 设计过程

（1）新建一个基于对话框的 MFC 应用程序，名为 GetHWND。
（2）向窗体中添加 3 个编辑框控件，用于显示鼠标下窗体相关信息，添加图片控件，显示 ICON 图标。
（3）主要代码如下：

```
CString str;
HWND m_hWndPrev;
HICON full;
HICON empty;
HCURSOR certen;
HCURSOR lastcur;
BOOL capture;
BOOL CGetHWNDDlg::OnInitDialog()
{
CDialog::OnInitDialog();
//代码省略
full=AfxGetApp()->LoadIcon(IDI_FULL);
empty=AfxGetApp()->LoadIcon(IDI_EMPTY);
certen=AfxGetApp()->LoadCursor(IDC_CERTEN);
m_get.SetIcon(full);
::SetWindowPos(GetSafeHwnd(),HWND_TOPMOST,0,0,0,0,SWP_NOMOVE|SWP_NOSIZE);
return TRUE;
}
void CGetHWNDDlg::OnLButtonDown(UINT nFlags, CPoint point)
{

CWnd *pWnd = ChildWindowFromPoint(point);
if(pWnd!=NULL&&pWnd->GetSafeHwnd()==m_get.GetSafeHwnd())
{
    SetCapture();
    lastcur=SetCursor(certen);
    m_get.SetIcon(empty);
    capture=TRUE;
}
CDialog::OnLButtonDown(nFlags, point);
}
//响应鼠标左键抬起
void CGetHWNDDlg::OnLButtonUp(UINT nFlags, CPoint point)
{
ReleaseCapture();
SetCursor(lastcur);
m_get.SetIcon(full);
capture=FALSE;
if(m_hWndPrev != NULL)
{
    HPEN hOldPen;
```

```cpp
        HDC hDC;
        HBRUSH hOldBrush;
        CRect rect;
        HPEN hPen=
CreatePen(PS_INSIDEFRAME,3*GetSystemMetrics(SM_CXBORDER),RGB(0,0,0));
        ::GetWindowRect(m_hWndPrev,&rect);
        hDC=::GetWindowDC(m_hWndPrev);
        SetROP2(hDC,R2_NOT);
        hOldBrush=(HBRUSH)SelectObject(hDC,GetStockObject(NULL_BRUSH));
        hOldPen=(HPEN)SelectObject(hDC,hPen);
        Rectangle(hDC,0,0,rect.right-rect.left,rect.bottom-rect.top);
        SelectObject(hDC,hOldPen);
        SelectObject(hDC,hOldBrush);
        m_hWndPrev = NULL;
    }
    ::InvalidateRect(NULL, NULL, FALSE);
    CDialog::OnLButtonUp(nFlags, point);
}
//响应鼠标移动
void CGetHWNDDlg::OnMouseMove(UINT nFlags, CPoint point)
{
    if(capture)
    {
        CRect rect;
        ClientToScreen(&point);
        HWND hwnd=::WindowFromPoint(point);
        HPEN hOldPen;
        HDC hDC;
        char buf[512];
        HBRUSH hOldBrush;
        HPEN hPen=
CreatePen(PS_INSIDEFRAME,3*GetSystemMetrics(SM_CXBORDER),RGB(0,0,0));
        //如果是程序本身的窗体就不绘制边框
        if(GetWindowThreadProcessId(GetSafeHwnd(),NULL)!=
            GetWindowThreadProcessId(hwnd,NULL))
        {
            if(hwnd!=m_hWndPrev)
            {
                //如果是新的窗体,则把原来的边界去掉,绘制新窗体的边界
                ::GetWindowRect(m_hWndPrev,&rect);
                hDC=::GetWindowDC(m_hWndPrev);
                SetROP2(hDC,R2_NOT);
                hOldBrush=(HBRUSH)SelectObject(hDC,GetStockObject(NULL_BRUSH));
                hOldPen=(HPEN)SelectObject(hDC,hPen);
                Rectangle(hDC,0,0,rect.right-rect.left,rect.bottom-rect.top);
                SelectObject(hDC,hOldPen);
                SelectObject(hDC,hOldBrush);
                m_hWndPrev=hwnd;
                ::GetWindowRect(m_hWndPrev,&rect);
                hDC=::GetWindowDC(m_hWndPrev);
                hOldBrush=(HBRUSH)SelectObject(hDC,GetStockObject(NULL_BRUSH));
                SetROP2(hDC,R2_NOT);
                hOldPen=(HPEN)SelectObject(hDC,hPen);
                Rectangle(hDC,0,0,rect.right-rect.left,rect.bottom-rect.top);
                SelectObject(hDC,hOldPen);
                SelectObject(hDC,hOldBrush);
            }
            str.Format("0x%08X",hwnd);
            GetDlgItem(IDC_EDHANDLE)->SetWindowText(str);
            ::GetWindowText(hwnd,buf,512);
            GetDlgItem(IDC_EDCAPTION)->SetWindowText(buf);
            ::GetClassName(hwnd,buf,512);
            GetDlgItem(IDC_EDCLASSNAME)->SetWindowText(buf);
            ::ReleaseDC(hwnd,hDC);
            DeleteObject(hPen);
        }
    }
    CDialog::OnMouseMove(nFlags, point);
}
```

秘笈心法

心法领悟 084：自定义动画鼠标。

使用 API 函数 LoadCursorFromFile、IntLoadCursorFromFile 和 SetSystemCursor 可以改变系统的鼠标样式。LoadCursorFromFile 在一个指针文件或一个动画指针文件的基础上创建一个指针，IntLoadCursorFromFile 将要修改的鼠标图片存入指定目录下，SetSystemCursor 改变标准系统指针。

实例 085 模拟鼠标单击按钮

光盘位置：光盘\MR\02\085 高级 趣味指数：★★★☆

实例说明

函数 mouse_event 可以模拟鼠标事件，本实例完成当按下小键盘上 1 键后，相当于单击应用程序中的一个按钮，效果如图 2.5 所示。

图 2.5 模拟鼠标单击按钮

关键技术

模拟鼠标事件，使用 API 函数 mouse_event。该函数综合鼠标击键和鼠标动作。基本格式如下：

```
VOID mouse_event(
    DWORD dwFlags,           //指定单击按钮和鼠标动作的多种情况
    DWORD dx,                //指定鼠标沿 x 轴的绝对位置或者从上次鼠标事件产生以来移动的数量
    DWORD dy,                //指定鼠标沿 y 轴的绝对位置或者从上次鼠标事件产生以来移动的数量
    DWORD dwData,            //如果 dwFlags 为 MOUSEEVENTF_WHEEL，则 dwData 指定鼠标轮移动的数量
    ULONG_PTR dwExtraInfo    //指定与鼠标事件相关的附加 32 位值
);
```

参数说明如表 2.1 所示。

表 2.1 mouse_event 函数的参数说明

参 数	说 明
dwFlags	标识位集，指定单击按钮和鼠标动作的多种情况。此参数的取值如表 2.2 所示
dx	指定鼠标沿 x 轴的绝对位置或者从上次鼠标事件产生以来移动的数量，依赖于 MOUSEEVENTF_ABSOLUTE 的设置。给出的绝对数据作为鼠标的实际 x 坐标；给出的相对数据作为移动的 mickeys 数。一个 mickey 表示鼠标移动的数量，表明鼠标已经移动
dy	指定鼠标沿 y 轴的绝对位置或者从上次鼠标事件产生以来移动的数量，依赖于 MOUSEEVENTF_ABSOLUTE 的设置。给出的绝对数据作为鼠标的实际 y 坐标；给出的相对数据作为移动的 mickeys 数
dwData	如果 dwFlags 为 MOUSEEVENTF_WHEEL，则 dwData 指定鼠标轮移动的数量。正值表明鼠标轮向前转动，即远离用户的方向；负值表明鼠标轮向后转动，即朝向用户。一个轮击定义为 WHEEL_DELTA，即 120。如果 dwFlags 不是 MOUSEEVENTF_WHEEL，则 dWData 应为 0
dwExtraInfo	指定与鼠标事件相关的附加 32 位值。应用程序调用函数 GetMessageExtraInfo 来获得此附加信息

表 2.2 dwFlags 参数的取值

取 值	说 明
MOUSEEVENTF_ABSOLUTE	表明参数 dx, dy 含有规范化的绝对坐标。如果不设置此位,参数含有相对数据:相对于上次位置的改动位置。该取值可被设置,也可不设置
MOUSEEVENTF_MOVE	表示模拟鼠标移动事件
MOUSEEVENTF_LEFTDOWN	表示模拟按下鼠标左键
MOUSEEVENTF_LEFTUP	表示模拟放开鼠标左键
MOUSEEVENTF_RIGHTDOWN	表示模拟按下鼠标右键
MOUSEEVENTF_RIGHTUP	表示模拟放开鼠标右键
MOUSEEVENTF_MIDDLEDOWN	表示模拟按下鼠标中键
MOUSEEVENTF_MIDDLEUP	表示模拟放开鼠标中键
MOUSEEVENTF_WHEEL	表明鼠标滚轮被移动,移动的数量由 dwData 给出

设计过程

(1)新建一个基于对话框的 MFC 应用程序,名为 MouseEvent。
(2)向窗体中添加按钮控件作为执行测试按钮,重载虚函数 PreTranslateMessage,检测按键消息。
(3)主要程序代码如下:

```
BOOL CMouseEventDlg::PreTranslateMessage(MSG* pMsg)
{
if(pMsg->message == WM_KEYDOWN && pMsg->wParam == VK_NUMPAD1)//数字键 1 按下
{
    CRect rect;                                              //定义 CRect 区域对象
    GetDlgItem(IDC_BTNTEST)->GetWindowRect(&rect);           //获取按钮控件区域
    ::SetCursorPos(rect.left+rect.Width()/2,rect.top+rect.Height()/2);  //设置鼠标位置
    mouse_event(MOUSEEVENTF_LEFTDOWN,0,0,0,0);               //执行鼠标左键按下
    mouse_event(MOUSEEVENTF_LEFTUP,0,0,0,0);                 //执行鼠标左键抬起
}
return CDialog::PreTranslateMessage(pMsg);
}
```

秘笈心法

心法领悟 085:模拟鼠标滚轮滚动。
指定参数 dwFlags 为 MOUSEEVENTF_WHEEL,指定 dwData 为-1,使滚轮向后滚动 1 次:
mouse_event(MOUSEEVENTF_WHEEL,0,0,-1,0);

实例 086 模拟鼠标双击事件

光盘位置:光盘\MR\02\086   高级   趣味指数:★★★☆

实例说明

鼠标双击窗体边框时可实现窗体最大化和还原,本实例模拟鼠标双击,当按下小键盘数字键 1 时,使窗体最大化,再按 1 键使窗体还原。程序运行效果如图 2.6 所示。

关键技术

本实例主要使用 mouse_event 函数,关于该函数前面已有介绍,这里不再重复。

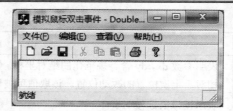

图 2.6 模拟鼠标双击事件

设计过程

（1）新建一个 MFC 单文档应用程序，名为 DoubleClick。
（2）在 CMainFrame 类中重载虚函数 PreTranslateMessage，接收按键消息并执行鼠标事件。
（3）主要代码如下：

```
BOOL CMainFrame::PreTranslateMessage(MSG* pMsg)
{
if(pMsg->message == WM_KEYUP && pMsg->wParam == VK_NUMPAD1)
{
    CRect rect;                                              //定义 CRect 区域对象
    GetWindowRect(&rect);                                    //获取窗体区域
    ::SetCursorPos(rect.left+rect.Width()/2,rect.top+10);    //将鼠标位置设置到窗体边框上

    mouse_event(MOUSEEVENTF_LEFTDOWN,0,0,0,0);               //执行鼠标左键按下
    mouse_event(MOUSEEVENTF_LEFTUP,0,0,0,0);                 //执行鼠标左键按抬起
    Sleep(500);                                              //延时 500 毫秒
    mouse_event(MOUSEEVENTF_LEFTDOWN,0,0,0,0);               //执行鼠标左键按下
    mouse_event(MOUSEEVENTF_LEFTUP,0,0,0,0);                 //执行鼠标左键抬起
}
return CFrameWnd::PreTranslateMessage(pMsg);
}
```

秘笈心法

心法领悟 086：模拟右击。

鼠标右键按下、抬起，构成一次右击：
```
mouse_event (MOUSEEVENTF_RIGHTDOWN | MOUSEEVENTF_RIGHTUP, 0, 0, 0, 0 );
```

实例 087　获取鼠标在窗体上的位置
光盘位置：光盘\MR\02\087　　　　　　　　　　　　　　　　高级　趣味指数：★★★☆

实例说明

发送 WM_MOUSEMOVE 消息，通过消息处理函数 OnMouseMove 可以检测鼠标在窗体上的位置，效果如图 2.7 所示。

图 2.7 获取鼠标在窗体上的位置

关键技术

本实例主要用到 OnMouseMove 函数，当鼠标移动时调用此函数。其一般格式如下：

afx_msg void OnMouseMove(UINT nFlags, CPoint point);

参数说明：

❶nFlags：指示各种虚拟按键是否被按下，此参数可以是表 2.3 中任何值的组合：

表 2.3 nFlags 参数的取值

取 值	说 明	取 值	说 明
MK_CONTROL	Ctrl 键按下	MK_RBUTTON	当鼠标右键按下时
MK_LBUTTON	当鼠标左键按下时	MK_SHIFT	当 Shift 键按下时
MK_MBUTTON	当鼠标中键按下时		

❷point：鼠标的 x，y 坐标，该坐标相对于窗体。

设计过程

（1）新建一个基于对话框的 MFC 应用程序，名为 GetMousePosition。

（2）向窗体中添加一个编辑框控件，用于显示鼠标当前坐标，在 CgetMousePositionDlg 类中添加 Windows 消息处理，选择 WM_MOUSEMOVE。

（3）主要代码如下：

```
void CGetMousePositionDlg::OnMouseMove(UINT nFlags, CPoint point)
{
    CString strPosition;
    strPosition.Format("x=%d,y=%d",point.x,point.y);        //将获取到的鼠标坐标存到 CString 对象中
    GetDlgItem(IDC_POSITION)->SetWindowText(strPosition);   //将鼠标坐标显示到编辑框控件上
    CDialog::OnMouseMove(nFlags, point);
}
```

秘笈心法

心法领悟 087：检测鼠标移动时的按键情况。

通过 OnMouseMove 函数的 nFlags 参数可以检测鼠标移动时的按键情况。当鼠标移动时，OnMouseMove 函数被调用，同时检测按键。

实例 088 记录鼠标行为
光盘位置：光盘\MR\02\088
高级
趣味指数：★★★☆

实例说明

在 Windows 操作系统中，按下鼠标右键时，会弹出快捷菜单，而按下鼠标左键时，可以拖动窗口，那么操作系统是如何区分用户按下的是鼠标右键还是左键呢？本实例将通过 MFC 程序解决该问题。运行程序，当用户对鼠标进行操作时，程序会自动记录并显示鼠标的操作行为，效果如图 2.8 所示。

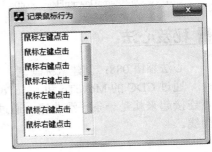

图 2.8 记录鼠标行为

关键技术

本实例要添加两个 Windows 消息处理，WM_LBUTTONDOWN 和 WM_RBUTTONDOWN，分别检测鼠标左键和右键的行为。

（1）OnLButtonDown 函数检测鼠标左键，该成员函数由框架调用，使应用程序处理一个 Windows 消息。
afx_msg void OnLButtonDown(UINT nFlags, CPoint point);
参数说明：

❶nFlags：指示各种虚拟键是否被按下。该参数可以是表 2.4 中任何值的组合。

表 2.4　nFlags 参数的取值

取　　值	说　　明
MK_CONTROL	如果 Ctrl 键按下时设置此标志
MK_LBUTTON	如果鼠标左键按下时设置此标志
MK_MBUTTON	如果鼠标中键按下时设置此标志
MK_RBUTTON	如果鼠标右键按下时设置此标志
MK_SHIFT	如果 Shift 键按下时设置此标志

❷point：指定 x 和 y 坐标的光标。这些坐标总是相对于窗口的左上角。

（2）OnRButtonDown 函数检测鼠标右键。
afx_msg void OnRButtonDown(UINT nFlags, CPoint point);
参数同 OnLButtonDown 函数。

设计过程

（1）新建一个基于对话框的 MFC 应用程序，名为 RecordMouseAction。
（2）向窗体中添加列表框控件，关联控件变量 m_action，显示鼠标按键信息。
（3）在 CrecordMouseActionDlg 类中添加 WM_LBUTTONDOWN 和 WM_RBUTTONDOWN 的 Windows 消息处理函数。主要程序代码如下：

```
void CRecordMouseActionDlg::OnLButtonDown(UINT nFlags, CPoint point)
{
m_action.AddString("鼠标左键点击");
m_action.AddString("");
CDialog::OnLButtonDown(nFlags, point);
}

void CRecordMouseActionDlg::OnRButtonDown(UINT nFlags, CPoint point)
{
m_action.AddString("鼠标右键点击");
m_action.AddString("");
CDialog::OnRButtonDown(nFlags, point);
}
```

秘笈心法

心法领悟 088：创建鼠标画笔。

通过 CDC 的 MoveTo 和 LineTo 实线两点间画线。通过 OnMouseMove 获取鼠标移动轨迹上的点，将这些点连接起来就是一条平滑曲线。通过 OnLButtonDown 和 OnLButtonUp 可以控制鼠标按下时画线，抬起时不画线。

实例 089 隐藏和显示鼠标

光盘位置：光盘\MR\02\089   高级　趣味指数：★★★

实例说明

通过 ShowCursor 可以控制鼠标的隐藏和显示，如图 2.9 所示，可用键盘方向键控制按钮的选择，实现隐藏和显示鼠标。

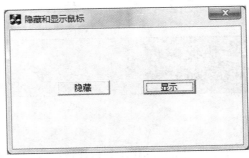

图 2.9　隐藏和显示鼠标

关键技术

本实例主要用到 API 函数 ShowCursor。该函数显示或隐藏鼠标。其一般格式如下：

```
int ShowCursor(
BOOL bShow);
```

参数说明：

bShow：确定内部的显示计数器是增加还是减少，如果 bShow 为 TRUE，则显示计数器增加 1，如果 bShow 为 FALSE，则计数器减 1。

返回值：返回值规定新的显示计数器。

> 说明：该函数设置了一个内部显示计数器以确定鼠标是否显示，仅当显示计数器的值大于或等于 0 时才显示，如果安装了鼠标，则显示计数的初始值为 0。如果没有安装鼠标，显示计数是 C1。

设计过程

（1）新建一个基于对话框的 MFC 应用程序，名为 HideMouse。
（2）向窗体中添加两个按钮控件，一个显示鼠标，一个隐藏鼠标。
（3）主要程序代码如下：

```
void CHideMouseDlg::OnHide()
{
if(curFlag == true)
{
    ShowCursor(false);   //隐藏
    curFlag = false;
}
}

void CHideMouseDlg::OnShow()
{
if(curFlag == false)
{
    ShowCursor(true);   //显示
```

```
        curFlag = true;
    }
}
```

秘笈心法

心法领悟 089：实现鼠标穿透窗体。

使用 API 函数 SetWindowLong 和 GetWindowLong 可实现鼠标穿透窗体。
SetWindowLong 用于在窗体结构中为指定的窗体设置信息，GetWindowLong 从指定窗体的结构中取得信息。

2.2 键 盘

实例 090 在程序中添加快捷键
光盘位置：光盘\MR\02\090   高级   趣味指数：★★★

实例说明

使用 RegisterHotKey 函数可以在程序中为某些操作添加快捷键，添加快捷键需要用户自定义消息，然后通过函数 RegisterHotKey 进行消息注册，一但有快捷键的消息产生就调用快捷键的实现函数。下面程序中定义了 3 个快捷键，当使用快捷键 Ctrl+E 时选中"编辑"选项卡；当使用快捷键 Ctrl+L 时选中"列表"选项卡；当使用快捷键 Ctrl+H 时选中"设置热键"选项卡，效果如图 2.10 所示。

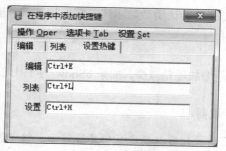

图 2.10 在程序中添加快捷键

关键技术

本实例主要用到 RegisterHotKey 函数。RegisterHotKey 函数用于注册系统热键。其一般格式如下：
BOOL RegisterHotKey(HWND hWnd, int id, UINT fsModifiers, UINT vk);
参数说明：

❶hWnd：接收热键产生 WM_HOTKEY 消息的窗口句柄。若该参数为 NULL，传递给调用线程的 WM_HOTKEY 消息必须在消息循环中进行处理。

❷id：定义热键的标识符。

❸fsModifiers：定义为了产生 WM_HOTKEY 消息而必须与由 nVirtKey 参数定义的键一起按下的键。

❹vk：定义热键的虚拟键码。

设计过程

（1）新建一个基于对话框的 MFC 应用程序，名为 SetHotKey。
（2）向窗体中添加选项卡控件，用于切换"编辑"、"列表"和"设置热键" 3 个界面，添加列表视图控件显示列表信息，添加编辑框控件，用于编辑和设置热键。

（3）主要程序代码如下：

```
//在头文件添加一个处理快捷键消息的函数声明
afx_msg LRESULT OnHotKey(WPARAM wParam,LPARAM lParam);
//在实现文件中添加自定义消息。
#define HOTKEYEDIT WM_USER+100
#define HOTKEYLIST WM_USER+101
#define HOTKEYSET WM_USER+102
//通过 ON_MESSAGE 宏建立快捷键消息和实现函数之间的消息映射
ON_MESSAGE(WM_HOTKEY,OnHotKey)
//注册自定义消息，当相应的快捷键按下时发送相应的消息
BOOL CSetHotKeyDlg::OnInitDialog()
{
CDialog::OnInitDialog();
//代码省略
RegisterHotKey(m_hWnd,HOTKEYEDIT,MOD_CONTROL,'E');
RegisterHotKey(m_hWnd,HOTKEYLIST,MOD_CONTROL,'L');
RegisterHotKey(m_hWnd,HOTKEYSET,MOD_CONTROL,'H');
//代码省略
}
//根据不同的消息进行相应的处理
LRESULT CSetHotKeyDlg::OnHotKey(WPARAM wParam,LPARAM lParam)
{
if(wParam==HOTKEYEDIT)
        this->OnEdit();
if(wParam==HOTKEYLIST)
        this->OnList();
if(wParam==HOTKEYSET)
        this->OnSet();
return 0;
}
//在对话框关闭时取消快捷键的注册
BOOL CSetHotKeyDlg::DestroyWindow()
{
UnregisterHotKey(m_hWnd,HOTKEYEDIT);
UnregisterHotKey(m_hWnd,HOTKEYLIST);
UnregisterHotKey(m_hWnd,HOTKEYSET);
return CDialog::DestroyWindow();
}
```

秘笈心法

心法领悟 090：使用 Invalidate 函数刷新当前窗体。

Invalidate 函数的作用是使整个窗体客户区无效，引发窗体重绘，从而达到刷新窗体的目的，利用该功能，可以实时在窗体上获取最新的数据。

实例 091　在对话框中使用加速键

光盘位置：光盘\MR\02\091　　　　　　　趣味指数：★★★☆

实例说明

加速键（ACCELERATOR）默认情况下是在文档视图结构中使用，在对话框中使用需要通过 PreTranslateMessage 函数来协助，效果如图 2.11 所示。

图 2.11　在对话框中使用加速键

关键技术

本实例主要用到 PreTranslateMessage 函数，该函数可在消息被分配到 Windows 函数 TranslateMessage 和 DispatchMessage 之前，过滤 Windows 消息。

其一般格式如下：
`virtual Bool PreTranslateMessage(MSG * pMsg);`
参数说明：
pMsg：指向包含要处理的消息的 MSG 结构。
MSG 结构如下：
```
typedef struct tagMSG{
HWND hwnd;
UINT message;
WPARAM wParam;
LPARAM lParam;
DWORD time;
POINT pt;
}MSG;
```
成员说明如表 2.5 所示。

表 2.5 MSG 结构体成员

成 员	说 明	成 员	说 明
hwnd	代表当前要打开的窗体	lParam	消息的附加信息
message	指定消息类型	time	消息投递到消息队列的时间
wParam	消息的附加信息	pt	鼠标当前的位置

■ 设计过程

（1）在对话框中添加 ID 属性为 IDR_ACCELERATOR1 的加速键资源，并添加相应的内容，其中 IDC_BTSHOW 是一个按钮的 ID 属性。

（2）在对话框类中定义一个 HACCEL 变量。
`HACCEL m_hAccel;`

（3）在对话框初始化时对加速键资源进行加载。
```
m_hAccel=::LoadAccelerators(AfxGetInstanceHandle(),
MAKEINTRESOURCE(IDR_ACCELERATOR1));
```

（4）在 PreTranslateMessage 函数中，通过函数 TranslateAccelerator 即可使用加速键。
```
BOOL CUseAccelDlg::PreTranslateMessage(MSG* pMsg)
{
if(m_hAccel!=NULL)
       if(::TranslateAccelerator(m_hWnd,m_hAccel,pMsg))
              return TRUE;
return CDialog::PreTranslateMessage(pMsg);
}
```

■ 秘笈心法

心法领悟 091：检测键盘按键。

重载 PreTranslateMessage 函数检测是否有键盘按键按下，并检测按下的是什么键。pMsg->message == WM_KEYDOWN 代表有键盘按下，wParam 可以判定键值。

实例 092 获取鼠标下窗体句柄
光盘位置：光盘\MR\02\092
高级
趣味指数：★★★☆

■ 实例说明

通过 MFC 类向导可以添加鼠标滚轮消息的实现函数，消息 WM_MOUSEWHEEL 就是鼠标滚轮消息。本程序可以对鼠标滚轮的滚动方向进行判断，并且通过滚动鼠标滚轮控制垂直滚动条向上或向下滚动，效果如图2.12所示。

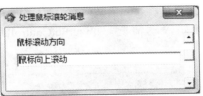

图 2.12 处理鼠标滚轮消息

■ 关键技术

本实例主要用到鼠标滚轮消息 WM_MOUSEWHEEL，在类中添加此消息的消息处理函数。函数原型如下：
afx_msg BOOL OnMouseWheel(UINT nFlags, short zDelta, CPoint pt);
参数说明：

❶nFlags：检测各种虚拟键是否按下。取值如表 2.6 所示。

表 2.6 nFlags 参数的取值

取 值	说 明	取 值	说 明
MK_CONTROL	Ctrl 键按下	MK_RBUTTON	鼠标右键按下
MK_LBUTTON	鼠标左键按下	MK_SHIFT	Shift 键按下
MK_MBUTTON	鼠标中键按下		

❷zDelta：指定滚动距离。正值表明鼠标轮向前转动，即远离用户的方向；负值表明鼠标轮向后转动，即朝向用户。一个轮击定义为 WHEEL_DELTA，即 120。

❸pt：光标坐标，以窗体左上角为基准。

■ 设计过程

（1）新建一个基于对话框的 MFC 应用程序，名为 MouseWheel。
（2）向窗体中添加一个编辑框控件，用于显示鼠标滚轮信息，添加垂直滚动条控件，显示鼠标滚轮滚动。
（3）主要代码如下：

```
//鼠标滚轮消息响应函数
BOOL CMouseWheelDlg::OnMouseWheel(UINT nFlags, short zDelta, CPoint pt)
{
    if(zDelta>0)
    {
        m_text.SetWindowText("鼠标向上滚动");        //在编辑框控件上显示鼠标向上滚动
        m_pos-=1;
        if(m_pos>0)                                  //判断滚动条是否超过上边界
            m_verti.SetScrollPos(m_pos);             //设置滚动条位置
    }
    else
    {
        m_text.SetWindowText("鼠标向下滚动");
        m_pos+=1;
        if(m_pos<100)                                //判断是否超过下边界
            m_verti.SetScrollPos(m_pos);             //设置滚动条位置
    }
    return CDialog::OnMouseWheel(nFlags, zDelta, pt);
}
```

秘笈心法

心法领悟 092：用实现鼠标滚轮控制音量。

通过 OnMouseWheel 判断鼠标滚轮滚动情况，mixerSetControlDetails 用于设置系统音量，mixerGetControlDetails 用于获取音量。

实例 093　获取键盘按键

光盘位置：光盘\MR\02\093　　　　　　　　　　　　　　高级　趣味指数：★★★☆

实例说明

通过 API 函数 GetKeyNameText 可以获取键盘按键的名称，通过 MapVirtualKey 可以获取虚拟按键码和 ASCII 值，效果如图 2.13 所示。

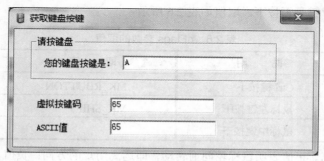

图 2.13　获取键盘按键

关键技术

本实例主要用到 GetKeyNameText 函数。该函数检取表示键名的字符串。其一般格式如下：
`int GetKeyNameText(LONG lParam, LPTSTR LpString, int nSize);`
参数说明：

❶lParam：指定被处理的键盘消息（例如 WM_KEYDOWN）的第二个参数。
❷LpString：指向接受键名的缓冲区的指针。
❸nSize：指定键名的最大字符长度，包括空结束符。

返回值：若函数调用成功，将复制一个以空结尾的字符串到指定缓冲区中，且返回值为串的长度（字符数），不计终止的空字符。若函数调用失败，返回值为 0，若想获得更多的错误信息，可调用 GetLastError 函数。

设计过程

（1）新建一个基于对话框的 MFC 应用程序，名为 KeyName。
（2）向窗体中添加 3 个编辑框控件，用于显示键值和对应的虚拟键码和 ASCII 码。
（3）主要代码如下：

```
//在对话框中添加 PreTranslateMessage 消息处理函数
BOOL CKeyNameDlg::PreTranslateMessage(MSG* pMsg)
{
    if(pMsg->message==WM_KEYDOWN)
    {
        char name[32];
        int i=GetKeyNameText(pMsg->lParam,name,32);        //获取键值
        name[strlen(name)-1]='\0';
```

```
        GetDlgItem(IDC_EDKEY)->SetWindowText(name);;          //显示到编辑框
        WORD wh=HIWORD(pMsg->lParam);
        CString strvalue;
        strvalue.Format("%d",MapVirtualKey(wh,1));             //转换虚拟键值
        CString strasc;
        strasc.Format("%d",MapVirtualKey(wh,3));               //转换 ASCII 码
        GetDlgItem(IDC_EDVIRTUALKEY)->SetWindowText(strvalue);
        GetDlgItem(IDC_EDASCII)->SetWindowText(strasc);
    }
    return CDialog::PreTranslateMessage(pMsg);
}
```

■ 秘笈心法

心法领悟 093: 判断 CapsLock 键和 NumLock 键是否锁定。

根据 API 函数 GetKeyState 判断 CapsLock 键和 NumLock 键是否锁定。该函数主要针对已处理过的按键，在最近一次输入信息时，判断指定虚拟键的状态。

```
if(GetKeyState(VK_CAPITAL) != 0)
    AfxMessageBox("大写锁定");
if(GetKeyState(VK_NUMLOCK) != 0)
    AfxMessageBox("NumLock 锁定");
```

实例 094　获取键盘类型及功能号

光盘位置：光盘\MR\02\094　　趣味指数：★★★☆

■ 实例说明

通过 API 函数 GetKeyboardType 可以获取键盘的类型及功能号。通过调整函数参数的取值可以实现不同的功能。当函数的取值为 0 时，获取键盘的类型；当函数的取值为 3 时，获取键盘的功能号，效果如图 2.14 所示。

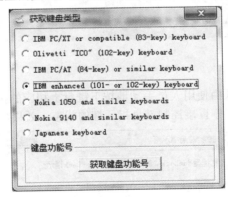

图 2.14　获取键盘类型及功能号

■ 关键技术

本实例主要用到 GetKeyboardType 函数。该函数获取系统当前键盘的信息。其一般格式如下：

```
int GetKeyboardType(
    int nTypeFlag   //信息类型
);
```

参数说明：

nTypeFlag：指定要获取的键盘信息的类型，该参数可以是下面的值之一。

☑ 0：键盘的类型。

- ☑ 1：键盘的子类型。
- ☑ 2：键盘上功能键的状态。

设计过程

（1）新建一个基于对话框的 MFC 应用程序，名为 KeyboardType。
（2）向窗体中添加 7 个单击按钮控件，用于显示键盘类型。添加按钮控件，获取键盘功能号。
（3）主要代码如下：

```
//获取键盘的类型
int res=::GetKeyboardType(0);
CButton*p=(CButton*)GetDlgItem(IDC_RADIO1+res-1);
p->SetCheck(1);
//获取键盘的功能号
void CKeyboardTypeDlg::OnGet()
{
int res=::GetKeyboardType(2);
CString str;
str.Format("%d",res);
MessageBox(str,"结果",MB_OK);
}
```

秘笈心法

心法领悟 094：获取鼠标当前位置。

使用 API 函数 GetCursorPos 获取鼠标指针的当前位置（相对于屏幕坐标）。

```
CPoint p;
GetCursorPos(&p);
int x = p.x;
int y = p.y;
```

实例 095　控制键盘指示灯

光盘位置：光盘\MR\02\095　　趣味指数：★★★☆

实例说明

在控制键盘指示灯的过程中必须由使用人员手动地按下键盘上相应的按键才可以，这样就必须使鼠标操作和键盘操作来回切换。本实例通过程序直接控制键盘指示灯的状态，效果如图 2.15 所示。

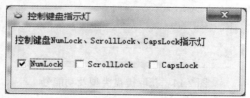

图 2.15　控制键盘指示灯

关键技术

通过 API 函数 GetKeyboardState 可以获取当前键盘按键的状态，如果键盘上 Scroll、CapsLock 和 NumLock 这 3 个指示灯亮着，表示这 3 个指示灯所对应的键盘按键正处在按下的状态。如果想要控制指示灯的亮与灭，可使用 keybd_event 函数来模拟键盘按下的动作。

设计过程

（1）新建一个基于对话框 MFC 工程。

（2）在对话框中添加一个静态文本框控件，设置其 Caption 属性为"控制键盘 NumLock、ScrollLock、CapsLock 指示灯"；添加 3 个复选框控件。

（3）主要代码如下：

```cpp
void CKeyboardNumLampDlg::OnNumLock()
{
    keybd_event(VK_NUMLOCK,0x45,KEYEVENTF_EXTENDEDKEY|0,0);
    keybd_event(VK_NUMLOCK,0x45,KEYEVENTF_EXTENDEDKEY|KEYEVENTF_KEYUP,0);
}

void CKeyboardNumLampDlg::OnCapLock()
{
    keybd_event(VK_CAPITAL,0x45,KEYEVENTF_EXTENDEDKEY|0,0);
    keybd_event(VK_CAPITAL,0x45,KEYEVENTF_EXTENDEDKEY|KEYEVENTF_KEYUP,0);
}

void CKeyboardNumLampDlg::OnScrollLock()
{
    keybd_event(VK_SCROLL,0x45,KEYEVENTF_EXTENDEDKEY|0,0);
    keybd_event(VK_SCROLL,0x45,KEYEVENTF_EXTENDEDKEY|KEYEVENTF_KEYUP,0);
}

BOOL CKeyboardNumLampDlg::PreTranslateMessage(MSG* pMsg)
{
    if(pMsg->message==WM_KEYUP)          //键盘按键按下
    {
        BYTE keyState[256];
        GetKeyboardState((LPBYTE)&keyState);
        if(keyState[VK_NUMLOCK]&1)
            m_num.SetCheck(true);
        else
            m_num.SetCheck(false);
        if(keyState[VK_SCROLL]&1)
            m_scroll.SetCheck(true);
        else
            m_scroll.SetCheck(false);
        if(keyState[VK_CAPITAL]&1)
            m_cap.SetCheck(true);
        else
            m_cap.SetCheck(false);
    }
    return CDialog::PreTranslateMessage(pMsg);
}
```

秘笈心法

心法领悟 095：使用键盘控制窗体的移动。

根据本实例，重载 PreTranslateMessage 函数，检测键盘按键，通过 MoveWindow 函数移动窗体。

```cpp
BOOL CXxDlg::PreTranslateMessage(MSG* pMsg)
{
    if(pMsg->message == WM_KEYDOWN)
    {
        CRect r;
        this->GetWindowRect(&r);
        switch(pMsg->wParam)
        {
        case VK_UP:
            {
```

```
                    r.top -= 10;
                    r.bottom -= 10;
                    break;
                }
            case VK_DOWN:
                {
                    r.top += 10;
                    r.bottom += 10;
                    break;
                }
            case VK_LEFT:
                {
                    r.left -= 10;
                    r.right -= 10;
                    break;
                }
            case VK_RIGHT:
                {
                    r.left += 10;
                    r.right += 10;
                    break;
                }
            default:
                break;
        }
        MoveWindow(r);
    }
    return CDialog::PreTranslateMessage(pMsg);
}
```

实例 096　模拟键盘事件　　　高级

光盘位置：光盘\MR\02\096

■ 实例说明

通过 keybd_event 函数，可以模拟键盘按键的按下和抬起。本实例通过模拟键盘按键，实现关闭当前活动窗体的功能，效果如图 2.16 所示。

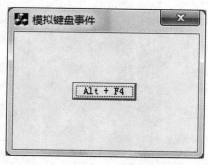

图 2.16　模拟键盘事件

■ 关键技术

本实例主要用到 keybd_event 函数，该函数合成一次击键事件。系统可使用这种合成的击键事件产生 WM_KEYUP 或 WM_KEYDOWN 消息。其一般格式如下：

```
VOID keybd_event(
BYTE bVk,
BYTE bScan,
DWORD dwFlags,
```

```
DWORD dwExtraInfo );
```
参数说明：

❶ bVk：定义一个虚拟键码。键码值必须在 1～254 之间。

❷ bScan：定义该键的硬件扫描码。

❸ dwFlags：定义函数操作的各个方面的一个标志位集。应用程序可使用以下一些预定义常数的组合设置标志位。

- ☑ KEYEVENTF_EXTENDEDKEY：若指定该值，则扫描码前一个值为 OXEO(224)的前缀字节。
- ☑ KEYEVENTF_KEYUP：若指定该值，该键将被释放；若未指定该值，该键将被按下。

❹ dwExtraInfo：定义与击键相关的附加的 32 位值。

■ 设计过程

（1）新建一个基于对话框的 MFC 应用程序。

（2）向对话框中添加一个按钮控件。模拟按 Alt+F4 键，2 秒之后关闭当前窗体。

（3）主要程序代码如下：

```
void CSimulateKeybdEventDlg::OnKey()
{
    Sleep(2000);                                    //2 秒之后关闭当前窗体
    keybd_event(VK_MENU,0,0,0);                     //按下 Alt 键
    keybd_event(VK_F4,0,0,0);                       //安装 F4 键

    keybd_event(VK_MENU,0,KEYEVENTF_KEYUP,0);       //释放 Alt 键
    keybd_event(VK_F4,0,KEYEVENTF_KEYUP,0);         //释放 F4 键
}
```

■ 秘笈心法

心法领悟 096：模拟截屏按键。

PRINTSCREEN 按键的虚拟键值是 VK_SNAPSHOT，截取全屏图像代码如下：

```
keybd_event(VK_SNAPSHOT,0,0,0);
```

截图即放入剪贴板中。

第 3 章

注册表

▶▶ 读写注册表的 API 操作
▶▶ 读写注册表的 MFC 类
▶▶ 注册表的查询与枚举
▶▶ 注册表应用

3.1 读写注册表的 API 操作

实例 097 写入注册表项

光盘位置：光盘\MR\03\097

中级
趣味指数：★★★★

实例说明

有 3 种操作注册表的函数，其中两种是 API 函数，一种是 MFC 类库。两种 API 函数分别对应以 SH 开头的函数和以 REG 开头的函数。其中最基础的是以 REG 开头的 API 函数。实例运行效果如图 3.1 所示。

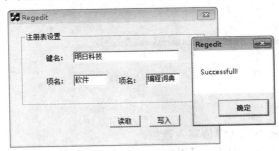

图 3.1 写入注册表项

关键技术

本实例实现时主要用到了以 REG 开头的 API 函数，其主要函数有：

- ☑ **RegCreateKey**：该函数用于打开指定的键，如果键不存在，则新建一个键或子键。语法如下：

LONG RegCreateKey(HKEY hKey,LPCTSTR lpSubKey,PHKEY phkResult);

- ☑ **RegCloseKey**：该函数用于关闭注册表中的键。语法如下：

LONG RegCloseKey(HKEY hKey);

- ☑ **RegCreateKeyEx**：该函数用于创建或打开注册表中的键。语法如下：

LONG RegCreateKeyEx(HKEY hKey,LPCTSTR lpSubKey,DWORD Reserved,LPTSTR lpClass,
DWORD dwOptions,REGSAM samDesired,LPSECURITY_ATTRIBUTES lpSecurityAttributes,
PHKEY phkResult, LPDWORD lpdwDisposition);

设计过程

（1）打开 Visual C++ 6.0 开发环境，新建一个基于对话框的工程，命名为 Regedit。
（2）向对话框中添加静态文本控件、编辑框控件和按钮控件。
（3）处理"写入"按钮的单击事件，向注册表中写入数据。

```
void CRegeditDlg::OnButwrite()
{
    HKEY hroot;                                                    //定义注册表句柄
    DWORD action;                                                  //定义一个整型变量
    CString keyname;                                               //定义一个字符串变量
    m_KeyName.GetWindowText(keyname);                              //获取键名
    keyname += "\\";                                               //设置键名
    //在注册表中创建键名
    RegCreateKeyEx(HKEY_CURRENT_USER ,keyname,0,NULL,0,KEY_WRITE,NULL,&hroot,&action);
    CString itemname;                                              //定义字符串变量
    m_ItemName.GetWindowText(itemname);                            //获取项名
    CString itemvalue;                                             //定义字符串变量
    m_ItemValue.GetWindowText(itemvalue);                          //获取项值
```

```
        DWORD size = itemvalue.GetLength();                                          //获取字符串长度
        if (ERROR_SUCCESS==   RegSetValueEx(hroot,itemname,0,
            REG_SZ ,(unsigned char*)itemvalue.GetBuffer(0),size))                    //设置项值
               MessageBox("Successfull!");
        RegCloseKey(hroot);                                                          //关闭键句柄
}
```

（4）处理"读取"按钮的单击事件，向注册表中读取数据。

```
void CRegeditDlg::OnButread()
{
        HKEY hroot;                                                                  //定义键句柄
        CString keyname;                                                             //定义字符串变量
        m_KeyName.GetWindowText(keyname);                                            //获取键名
        RegOpenKeyEx(HKEY_CURRENT_USER ,keyname,0,KEY_READ,&hroot);                  //打开注册表键值
        CString itemname;                                                            //定义字符串变量
        m_ItemName.GetWindowText(itemname);                                          //获取项名称
        DWORD type = REG_SZ;                                                         //设置项的数据类型
        char data[MAX_PATH];                                                         //定义一个字符串变量
        DWORD size = MAX_PATH;                                                       //设置字符串代码
        //从注册表中获取项信息
        RegQueryValueEx(hroot,itemname,0,&type,(unsigned char*)&data,&size);
        RegCloseKey(hroot);                                                          //关闭键句柄
        MessageBox(data,"提示");                                                     //以对话框形式显示数据
}
```

秘笈心法

心法领悟 097：向指定注册表项默认键值写入数据。

使用函数 RegSetValueEx 和 RegSetValue 可以向指定注册表项的默认键值写入数据。

实例 098　快速创建注册表项

光盘位置：光盘\MR\03\098　　　　　　　　　　　　　　　　　初级　趣味指数：★★★★☆

实例说明

函数 RegCreateKey 和函数 RegCreateKeyEx 都可以创建或打开注册表项。函数 RegCreateKey 的参数要比函数 RegCreateKeyEx 少很多，其打开注册表项后的执行权限也要比函数 RegCreateKeyEx 少很多。本实例将打开注册表项 HKEY_CURRENT_USER\Software\mingrisoft。程序运行效果如图 3.2 所示。

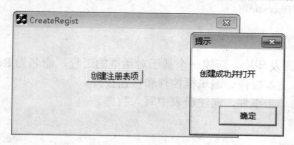

图 3.2　快速创建注册表项

关键技术

本实例实现时主要用到了 RegCreateKey 函数，该函数用于打开指定的键，如果键不存在，则新建一个键或子键。下面对该函数进行详细介绍。

语法格式如下：
```
LONG RegCreateKey(HKEY hKey,LPCTSTR lpSubKey,PHKEY phkResult);
```
参数说明：

❶hKey：打开键的句柄。可以是系统预定义的值，如 HKEY_CLASSES_ROOT、HKEY_CURRENT_USER 和 HKEY_LOCAL_MACHINE 等。

❷lpSubKey：函数打开或创建的键名。

❸phkResult：函数返回的打开或创建键的句柄指针。

设计过程

（1）打开 Visual C++ 6.0 开发环境，新建一个基于对话框的应用程序，命名为 CreateRegist。
（2）在工程中添加一个窗体，设置窗体的 Caption 属性为 CreateRegist。
（3）在窗体上添加一个按钮控件，设置 Caption 属性为"创建注册表"。
（4）主要代码如下：

```
HKEY key;
LPCTSTR skey="Software\\mingrisoft";
long iret=RegCreateKey(HKEY_CURRENT_USER,skey,&key);
//ERROR_SUCCESS 的值为 0
if(iret==0)
{
    MessageBox("创建成功并打开","提示",MB_OK);
    RegCloseKey(key);
}
else
{
    CString strerr;strerr.Format("函数返回值%d",iret);
    MessageBox(strerr,"出错",MB_OK);
}
```

秘笈心法

心法领悟 098：创建带安全属性的注册表项。

使用 API 函数 RegCreateKeyEx 创建或打开注册表项时，需要设置安全属性，也就是填充 SECURITY_ATTRIBUTES 数据结构。

实例说明

函数 RegOpenKeyEx 是用来打开注册表项的，通过该函数的返回值可以判断具体注册表项是否存在。本实例将打开注册表项 HKEY_CURRENT_USER\Software\mingrisoft。程序运行效果如图 3.3 所示。

图 3.3　打开注册表项

■ 关键技术

本实例实现时主要用到了 RegOpenKeyEx 函数,该函数用于打开注册表中所标识的键,下面对其进行详细介绍。

RegOpenKeyEx 函数的语法格式如下:
LONG RegOpenKeyEx(HKEY hKey,LPCWSTR lpSubKey,DWORD ulOptions,REGSAM samDesired,PHKEY phkResult);
参数说明如表 3.1 所示。

表 3.1 RegOpenKeyEx 函数中的参数说明

参 数	说 明	参 数	说 明
hKey	当前打开的父键句柄	samDesired	未使用,必须为 0
lpSubKey	将要打开的子键名称	phkResult	用于返回打开的子键句柄
ulOptions	保留,必须为 0		

■ 设计过程

(1) 打开 Visual C++ 6.0 开发环境,新建一个基于对话框的应用程序,命名为 OpenRegist。
(2) 在工程中添加一个窗体,设置窗体的 Caption 属性为 "打开注册表项"。
(3) 在窗体上添加一个按钮控件,设置 Caption 属性为 "打开注册表项"。
(4) 程序主要代码如下:

```
HKEY key;
CString skey="Software\\mingrisoft";
long iret=RegOpenKeyEx(HKEY_CURRENT_USER,skey,
        REG_OPTION_NON_VOLATILE,KEY_ALL_ACCESS,&key);
if(iret==0)
{
    MessageBox("键值存在并打开","提示",MB_OK);
    RegCloseKey(key);
}
else
{
    CString strerr;strerr.Format("函数返回值%d",iret);
    MessageBox(strerr,"出错",MB_OK);
}
```

■ 秘笈心法

心法领悟 099:使用 RegOpenKey 函数打开注册表中标识的键,可参见实例 100。
该函数语法如下:
LONG RegOpenKey(HKEY hKey,LPCTSTR lpSubKey,PHKEY phkResult);

实例 100 判断注册表项是否存在

光盘位置:光盘\MR\03\100

初级
趣味指数:★★★★★

■ 实例说明

使用函数 RegOpenKey 可以打开一个注册表项,也可以用来判断指定注册表项是否存在。其参数要比 RegOpenKeyEx 少。本实例将打开注册表项 HKEY_CURRENT_USER\Software\mingrisoft。程序运行效果如图 3.4 所示。

图 3.4 判断注册表项是否存在

关键技术

本实例实现时主要用到了 RegOpenKey 函数，该函数用于打开注册表中所标识的键。下面对其进行详细介绍。
语法格式如下：
LONG RegOpenKey(HKEY hKey,LPCTSTR lpSubKey,PHKEY phkResult);
参数说明：

❶hKey：当前打开的父键句柄。

❷lpSubKey：将要打开的子键名称。

❸phkResult：用于返回打开的子键句柄。

设计过程

（1）打开 Visual C++ 6.0 开发环境，新建一个基于对话框的应用程序，命名为 IfExitRegist。
（2）在工程中添加一个窗体，设置窗体的 Caption 属性为"判断注册表项是否存在"。
（3）在窗体上添加一个按钮控件，设置 Caption 属性为"注册表项是否存在"。
（4）主要代码如下：

```
HKEY key;
CString skey="Software\\mingrisoft";
long iret=RegOpenKey(HKEY_CURRENT_USER,skey,&key);
if(iret==0)
{
    MessageBox("键值存在并打开","提示",MB_OK);
    RegCloseKey(key);
}
else
{
    CString strerr;strerr.Format("函数返回值%d",iret);
    MessageBox(strerr,"出错",MB_OK);
}
```

秘笈心法

心法领悟 100：判断注册表项是否存在的另一个函数 RegOpenKeyEx。

RegOpenKeyEx 函数的语法格式如下：
LONG RegOpenKeyEx(HKEY hKey,LPCWSTR lpSubKey,DWORD ulOptions,REGSAM samDesired,PHKEY phkResult);

实例 101 删除注册表项

光盘位置：光盘\MR\03\101

初级
趣味指数：★★★★★

实例说明

使用 RegDeleteKey 函数可以删除指定注册表项，本实例将实现删除注册表项 HKEY_CURRENT_USER\Software\mingrisoft。程序运行效果如图 3.5 所示。

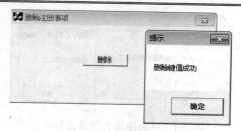

图 3.5 删除注册表项

■ 关键技术

本实例实现时主要用到了 RegDeleteKey 函数，该函数用于从注册表中删除某个子键。下面对其进行详细介绍。
语法格式如下：
LONG RegDeleteKey(HKEY hKey,LPCWSTR lpSubKey);
参数说明：

❶hKey：当前打开的父键句柄。

❷lpSubKey：将要删除的子键名称。

■ 设计过程

（1）打开 Visual C++ 6.0 开发环境，新建一个基于对话框的应用程序，命名为 DeleteRegist。
（2）在工程中添加一个窗体，设置窗体的 Caption 属性为"删除注册表项"。
（3）在窗体上添加一个按钮控件，设置 Caption 属性为"删除"。
（4）程序主要代码如下：

```
CString skey="Software\\mingrisoft";
long iret=RegDeleteKey(HKEY_CURRENT_USER,skey);
if(iret==0)
{
    MessageBox("删除键值成功","提示",MB_OK);
}
else
{
    CString strerr;strerr.Format("函数返回值%d",iret);
    MessageBox(strerr,"出错",MB_OK);
}
```

■ 秘笈心法

心法领悟 101：隐藏"回收站"。

在设计个性化系统桌面时，很多用户想按自己的要求去显示或隐藏图标，但一般情况下"回收站"是无法删除的。为了让用户得到想要的效果，可以通过以下程序修改注册表来实现隐藏"回收站"的功能。代码如下：

```
RegistryKey rgK =
Registry.CurrentUser.CreateSubKey(@"Software\Microsoft\Windows\CurrentVersion\Explorer\HideDesktopIcons\NewStartPanel");
rgK.SetValue("{645FF040-5081-101B-9F08-00AA002F954E}", 1);
```

实例 102　打开注册表根项

光盘位置：光盘\MR\03\102

初级
趣味指数：★★★★☆

■ 实例说明

根据 Windows 系统的不同，注册表根项也有所不同，Windows 2000 系统下的根键有 HKEY_CLASSES_

142

ROOT、HKEY_CURRENT_USER、HKEY_LOCAL_MACHINE、HKEY_USERS、HKEY_CURRENT_CONFIG。可以使用函数 RegCreateKeyEx、RegCreateKey、RegOpenKeyEx 和 RegOpenKey 打开注册表根项。本实例将打开注册表根项 HKEY_CURRENT_USER。程序运行效果如图 3.6 所示。

图 3.6　打开注册表根项

关键技术

本实例实现时主要用到了 RegCreateKeyEx 函数，该函数用于创建或打开注册表中的键。下面对该函数进行详细介绍。

语法格式如下：
LONG RegCreateKeyEx(HKEY hKey,LPCTSTR lpSubKey,DWORD Reserved,LPTSTR lpClass,DEORD dwOptions,REGSAM samDesired,
LPSECURITY_ATTRIBUTES lpSecurityAttributes,PHKEY phkResult,LPDWORD lpdwDisposition);

RegCreateKeyEx 函数的参数说明如表 3.2 所示。

表 3.2　RegCreateKeyEx 函数的参数说明

设 置 值	描 述
hKey	父键句柄，可以是系统预定义的值，如 HKEY_CLASSES_ROOT、HKEY_CURRENT_USER 和 HKEY_LOCAL_MACHINE 等，也可以是由 RegOpenKeyEx 函数返回的句柄
lpSubKey	函数打开或创建的键名
Reserved	保留的，必须为 0
lpClass	键的类型
dwOptions	键的打开方式。为 REG_OPTION_BACKUP_RESTORE，表示以备份或还原的方式打开键；为 REG_OPTION_NON_VOLATILE，表示键信息在系统重启后保存到文件中，这是默认的设置；为 REG_OPTION_VOLATILE，表示键信息保存在内存中，当系统关闭后这些信息将不被保存
samDesired	访问权限，如果为 KEY_ALL_ACCESS，表示具有所有的访问权限
lpSecurityAttributes	安全属性信息，即子进程能否继承父进程中的该句柄
phkResult	函数打开或创建的键句柄
lpdwDisposition	用于返回函数执行的动作。如果为 REG_CREATED_NEW_KEY，表示键不存在，函数将创建信息；为 REG_OPENED_EXISTING_KEY，表示键已存在，函数只是打开键

设计过程

（1）打开 Visual C++ 6.0 开发环境，新建一个基于对话框的应用程序，命名为 OpenRootRegist。
（2）在工程中添加一个窗体，设置窗体的 Caption 属性为"打开注册表根项"。
（3）在窗体上添加一个按钮控件，设置 Caption 属性为"打开注册表根项"。
（4）使用函数 RegCreateKeyEx。代码如下：
HKEY key;
DWORD dispos;

```
SECURITY_ATTRIBUTES sa;
sa.nLength = sizeof(SECURITY_ATTRIBUTES);
sa.bInheritHandle = TRUE;
sa.lpSecurityDescriptor = NULL;
long iret=RegCreateKeyEx(HKEY_CURRENT_USER,"",0L,
        "",REG_OPTION_NON_VOLATILE,KEY_ALL_ACCESS,&sa,&key,&dispos);
//下面是等同语句
// long iret=RegCreateKeyEx(HKEY_CURRENT_USER,NULL,0L,
//              "",REG_OPTION_NON_VOLATILE,KEY_ALL_ACCESS,&sa,&key,&dispos);
```

使用函数 RegCreateKey。代码如下：
```
long iret=RegCreateKey(HKEY_CURRENT_USER,"",&key);
long iret=RegCreateKey(HKEY_CURRENT_USER,NULL,&key);
```

使用函数 RegOpenKey。代码如下：
```
long iret=::RegOpenKey(HKEY_CURRENT_USER, "",&key);
//long iret=::RegOpenKey(HKEY_CURRENT_USER,NULL,&key);              //等同语句
```

使用函数 RegOpenKeyEx。代码如下：
```
::RegOpenKeyEx(HKEY_CURRENT_USER,"",
REG_OPTION_NON_VOLATILE,KEY_ALL_ACCESS,&key);
//等同语句
//    ::RegOpenKeyEx(HKEY_CURRENT_USER,NULL,
//    REG_OPTION_NON_VOLATILE,KEY_ALL_ACCESS,&key);
```

秘笈心法

心法领悟 102：隐藏"我的电脑"。

为了让用户更方便地设计系统桌面，可以通过编程的方式来控制"我的电脑"图标的隐藏，其效果等同于通过"显示属性"|"桌面"|"自定义桌面"去除对"我的电脑"的选取。代码如下：
```
RegistryKey rgK =
Registry.CurrentUser.CreateSubKey(@"Software\Microsoft\Windows\CurrentVersion\Explorer\HideDesktopIcons\NewStartPanel");
rgK.SetValue("{20D04FE0-3AEA-1069-A2D8-08002B30309D}", 1);
```

实例 103　向指定注册表项默认键值写入数据

光盘位置：光盘\MR\03\103　　初级　趣味指数：★★★★★

实例说明

使用函数 RegSetValueEx 和 RegSetValue 可以向指定注册表项的默认键值写入数据。程序运行效果如图 3.7 所示。

图 3.7　向指定注册表项默认键值写入数据

关键技术

本实例实现时主要用到了 RegSetValueEx 函数和 RegSetValue 函数，下面对其进行详细介绍。

（1）RegSetValueEx：该函数用于设置指定键下的项信息。

语法格式如下：
```
LONG RegSetValueEx(HKEY hKey, LPCTSTR lpValueName, DWORD dwType, LPTSTR lpData, DWORD cbData);
```

RegSetValueEx 函数中的参数说明如表 3.3 所示。

表 3.3 RegSetValueEx 函数的参数说明

设 置 值	说 明	设 置 值	说 明
hKey	打开的键句柄	lpData	待设置的数据
lpValueName	项名称	cbData	lpData 缓冲区的大小
dwType	项的数据类型		

（2）RegSetValue：该函数用于设置关联键的默认值。
语法格式如下：
LONG RegSetValue(HKEY hKey, LPCTSTR lpSubKey,DWORD dwType,LPCTSTR lpData,DWORD cbData);
RegSetValue 函数中的参数说明如表 3.4 所示。

表 3.4 RegSetValue 函数的参数说明

设 置 值	说 明	设 置 值	说 明
hKey	打开的父键句柄	lpData	待设置的数据
lpSubKey	子键名称	cbData	lpData 缓冲区的大小
dwType	数据的存储类型		

■ 设计过程

（1）打开 Visual C++ 6.0 开发环境，新建一个基于对话框的应用程序，命名为 WriteData。
（2）在工程中添加一个窗体，设置窗体的 Caption 属性为"向指定注册表项默认键值写入数据"。
（3）在窗体上添加一个按钮控件，设置 Caption 属性为"写入"。
（4）使用函数 RegSetValueEx 向注册表项 HKEY_CURRENT_USER\Software\mingrisoft 默认键值写入数据。代码如下：

```
HKEY key;
DWORD dispos;                                              //由 RegCreateKeyEx 创建
SECURITY_ATTRIBUTES sa;
CString skey="Software\\mingrisoft";
sa.nLength = sizeof(SECURITY_ATTRIBUTES);
sa.bInheritHandle = TRUE;
sa.lpSecurityDescriptor = NULL;
DWORD value=1;
long iret=RegCreateKeyEx(HKEY_CURRENT_USER,skey,0L,
        "",REG_OPTION_NON_VOLATILE,KEY_ALL_ACCESS,&sa,&key,&dispos);
if(iret==0)
{
                                                            //写入默认值
    RegSetValueEx(key,"",0,REG_DWORD,(BYTE*)&value,sizeof(DWORD));
}
else
{
    CString strerr;strerr.Format("函数返回值%d",iret);
    MessageBox(strerr,"出错",MB_OK);
}
```

使用 RegSetValueEx 函数写入默认键值数据时，可以将函数的第二个参数设置为 NULL，代码如下：
RegSetValueEx(key,"",0,REG_DWORD,(BYTE*)&value,sizeof(DWORD));
可以替换为：
RegSetValueEx(key,NULL,0,REG_DWORD,(BYTE*)&value,sizeof(DWORD));
（5）使用函数 RegSetValue 向注册表项 HKEY_CURRENT_USER\Software\mingrisoft 默认键值写入数据。
HKEY key;

```
CString skey="Software\\mingrisoft";
CString strdata="www.mingrisoft.com";
RegCreateKey(HKEY_CURRENT_USER,skey,&key);
RegSetValue(key,"",REG_SZ,strdata.GetBuffer(0),strdata.GetLength());
//等同语句
//RegSetValue(key,NULL,REG_SZ,strdata.GetBuffer(0),strdata.GetLength());
::RegCloseKey(key);
```

秘笈心法

心法领悟 103：3 种读写注册表的函数。

3 种操作注册表的函数中有两种是 API 函数，一种是 MFC 类库。两种 API 函数分别对应以 SH 开头的函数，和以 REG 开头的函数。其中最基础的是以 REG 开头的 API 函数。

实例 104 设置注册表键值数据

光盘位置：光盘\MR\03\104

中级

趣味指数：★★★★☆

实例说明

使用 RegSetValueEx 函数，可以向指定注册表项写入 REG_DWORD 类型和 REG_SZ 类型数据。程序运行结果如图 3.8 所示。

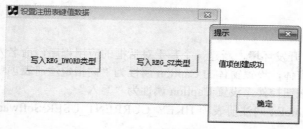

图 3.8 设置注册表键值数据

关键技术

本实例实现时主要用到了 RegSetValueEx 函数，该函数的语法介绍详见实例 103 的关键技术部分。

设计过程

（1）打开 Visual C++ 6.0 开发环境，新建一个基于对话框的应用程序，命名为 SetRegsit。
（2）在工程中添加一个窗体，设置窗体的 Caption 属性为"设置注册表键值数据"。
（3）在窗体上添加两个按钮控件，分别设置 Caption 属性为"写入 REG_DWORD 类型"和"写入 REG_SZ 类型"。
（4）向注册表项 HKEY_CURRENT_USER\Software\mingrisoft 下 bin 键值中写入 REG_DWORD 类型数据。代码如下：

```
HKEY key;
DWORD dispos;           //创建返回 1，打开返回 2
CString skey="Software\\mingrisoft";
SECURITY_ATTRIBUTES sa;
sa.nLength = sizeof(SECURITY_ATTRIBUTES);
sa.bInheritHandle = TRUE;
sa.lpSecurityDescriptor = NULL;
DWORD value=1;
long iret=RegCreateKeyEx(HKEY_CURRENT_USER,skey,0L,
```

```
        "",REG_OPTION_NON_VOLATILE,KEY_ALL_ACCESS,&sa,&key,&dispos);
if(iret==0)
{
        iret=RegSetValueEx(key,"bin",0,REG_DWORD,(BYTE*)&value,sizeof(DWORD));
        if(iret==0)
        {
                MessageBox("值项创建成功","提示",MB_OK);
                RegCloseKey(key);
        }
        else
        {
                CString strerr;strerr.Format("函数返回值%d",iret);
                MessageBox(strerr,"出错",MB_OK);
        }
}
else
{
        CString strerr;strerr.Format("函数返回值%d",iret);
        MessageBox(strerr,"出错",MB_OK);
}
```

（5）向注册表项 HKEY_CURRENT_USER\Software\mingrisoft 下 str 键值中写入 REG_SZ 类型数据。代码如下：

```
HKEY key;
CString skey="Software\\mingrisoft";
RegOpenKey(HKEY_CURRENT_USER,skey,&key);
CString strdata="www.mingrisoft.com";
RegSetValueEx(key,"str",0,REG_SZ,(BYTE*)strdata.GetBuffer(0),
strdata.GetLength());
RegCloseKey(key);
```

秘笈心法

心法领悟 104：当 RegSetValueEx 函数的返回值为 ERROR_SUCCESS 时，表示设置成功。

实例 105　快速设置注册表键值字符串数据
光盘位置：光盘\MR\03\105　　　　　　　　　　初级　趣味指数：★★★★

实例说明

使用函数 RegSetValue 可以不用先打开注册表项，直接向注册项默认键值写入数据，而且当将要打开注册表项不存在时重新创建。本实例设置注册表项 HKEY_CURRENT_USER\Software\mingrisoft 默认键值写入数据。程序运行效果如图 3.9 所示。

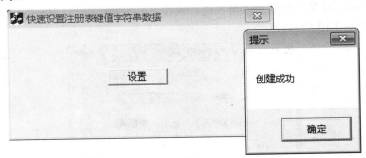

图 3.9　快速设置注册表键值字符串数据

■ 关键技术

本实例实现时主要用到了注册表的 API 函数 RegSetValue，该函数的语法介绍详见实例 103 的关键技术部分。

■ 设计过程

（1）打开 Visual C++ 6.0 开发环境，新建一个基于对话框的应用程序，命名为 QuickSetRegsit。
（2）在工程中添加一个窗体，设置窗体的 Caption 属性为"快速设置注册表键值字符串数据"。
（3）在窗体上添加一个按钮控件，设置 Caption 属性为"设置"。
（4）主要代码如下：

```
HKEY key;
CString skey="Software\\mingrisoft";            //如果没有子项则新建
CString value="soft";
int iret=RegSetValue(HKEY_CURRENT_USER,skey,REG_SZ,value,sizeof(DWORD));    //只能写入 REG_SZ 型数据
if(iret==0)
{
    MessageBox("创建成功","提示",MB_OK);
}
```

■ 秘笈心法

心法领悟 105：隐藏"我的文档"。

为了让用户更方便地设计系统桌面，通过编程的方式来控制"我的文档"图标的隐藏，其效果等同于通过"显示属性"|"桌面"|"自定义桌面"去除对"我的文档"的选取。代码如下：

```
RegistryKey rgK =
Registry.CurrentUser.CreateSubKey(@"Software\Microsoft\Windows\CurrentVersion\Explorer\HideDesktopIcons\NewStartPanel");
rgK.SetValue("{450D8FBA-AD25-11D0-98A8-0800361B1103}", 1);
```

3.2 读写注册表的 MFC 类

实例 106　使用 CRegKey 类写入新键值
光盘位置：光盘\MR\03\106　　　中级　趣味指数：★★★★★

■ 实例说明

在 Visual C++ 6.0 中，为了简化对注册表的操作，MFC 提供了一个 CRegKey 类。该类封装了对注册表的相关操作，使用该类，用户可以非常方便地对注册表进行操作。本实例运用了 CRegKey 类的 Create 方法实现写入新键值。程序运行效果如图 3.10 所示。

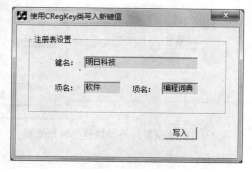

图 3.10　使用 CRegKey 类写入新键值

■ 关键技术

本实例在实现时主要用到了 CRegKey 类中的 Create 方法，该方法用于创建标识的键。下面对其进行详细介绍。

语法格式如下：

```
LONG Create(HKEY hKeyParent,LPCTSTR lpszKeyName,LPTSTR lpszClass = REG_NONE,DWORD dwOptions = REG_OPTION_NON_VOLATILE,REGSAM samDesired = KEY_ALL_ACCESS,LPSECURITY_ATTRIBUTES lpSecAttr = NULL,LPDWORD lpdwDisposition = NULL);
```

使用 Create 方法创建注册表键时，设置好父键句柄和键名以后，其他参数可以省略。Create 方法中的参数说明如表 3.5 所示。

表 3.5 Create 方法的参数说明

参数	说明
hKeyParent	打开的父键句柄
lpszKeyName	键名称
lpszClass	键的类型
dwOptions	键的打开方式。为 REG_OPTION_BACKUP_RESTORE，表示以备份或还原的方式打开键；为 REG_OPTION_NON_VOLATILE，表示键信息在系统重启后保存到文件中，这是默认的设置；为 REG_OPTION_VOLATILE，表示键信息保存在内存中，当系统关闭后这些信息将不被保存
samDesired	访问权限
lpSecAttr	键句柄的安全属性
lpdwDisposition	用于返回函数执行的动作。如果为 REG_CREATED_NEW_KEY，表示键不存在，函数将创建键信息；为 REG_OPENED_EXISTING_KEY，表示键已存在，函数只是打开键

■ 设计过程

（1）打开 Visual C++ 6.0 开发环境，新建一个基于对话框的应用程序，命名为 RWReg。
（2）在工程中添加一个窗体，设置窗体的 Caption 属性为"使用 CRegKey 类写入新键值"。
（3）在窗体上添加一个按钮控件，设置 Caption 属性为"写入"。
（4）单击"写入"按钮，向注册表中写入新键值。

```cpp
void CRWRegDlg::OnButwrite()
{
    CRegKey reg;                              //定义一个 CRegKey 对象
    CString key;                              //定义一个字符串变量
    m_KeyName.GetWindowText(key);             //获取编辑框文本
    reg.Create(HKEY_CURRENT_USER,key);        //创建注册表键值
    CString item;                             //定义字符串变量
    m_ItemName.GetWindowText(item);           //获取项名
    CString value;                            //定义字符串变量
    m_ItemValue.GetWindowText(value);         //获取项值
    reg.SetValue(value,item);                 //向注册表中写入数据
    reg.Close();                              //关闭注册表键句柄
}
```

■ 秘笈心法

心法领悟 106：在使用 CRegKey 类时，需要引用头文件 atlbase.h。

实例 107　使用 CRegKey 类写入默认键值

光盘位置：光盘\MR\03\107

■ 实例说明

在使用 CRegKey 类的 SetValue 成员函数写入键值数据的过程中，如果将具体键值名省略掉，那么 SetValue 函数会将数据写入到注册表项的默认键值中。本实例向注册表项 HKEY_CURRENT_USER\Software\mingri 中的默认键值中写入数据。程序运行效果如图 3.11 所示。

图 3.11　使用 CRegKey 类写入默认键值

■ 关键技术

本实例在实现时主要用到了 CRegKey 类中的 SetValue 方法，该方法用于设置指定键下的信息。下面对其进行详细介绍。

语法格式如下：

LONG SetValue(DWORD dwValue,LPCTSTR lpszValueName);
LONG SetValue(LPCTSTR lpszValue,LPCTSTR lpszValueName = NULL);
LONG SetValue(HKEY hKeyParent,LPCTSTR lpszKeyName,LPCTSTR lpszValue,LPCTSTR lpszValueName = NULL);

SetValue 方法中的参数说明如表 3.6 所示。

表 3.6　SetValue 方法的参数说明

参　　数	描　　述	参　　数	描　　述
dwValue	设置的整数值	lpszKeyName	键名称
lpszValueName	设置的项名称	lpszValue	设置的项数据
lpszValue	设置的字符串数据	lpszValueName	项名称
hKeyParent	父键句柄		

■ 设计过程

（1）打开 Visual C++ 6.0 开发环境，新建一个基于对话框的应用程序，命名为 RWMReg。
（2）在工程中添加一个窗体，设置窗体的 Caption 属性为"使用 CRegKey 类写入默认键值"。
（3）在窗体上添加一个按钮控件，设置 Caption 属性为"写入"。
（4）主要代码如下：

```
CString strname;
strname = "BCCD";
CRegKey writevalue;
CString skey="Software\\mingri";
writevalue.Create(HKEY_CURRENT_USER,skey);
writevalue.SetValue(strname);              //修改默认值项
writevalue.Close();
```

第 3 章 注册表

秘笈心法

心法领悟 107：打开注册表键值。

使用 CRegKey 类中的 Open 函数，语法格式如下：

LONG Open(HKEY hKeyParent,LPCTSTR lpszKeyName,REGSAM samDesired = KEY_ALL_ACCESS);

实例 108　使用 CRegKey 类查询键值

光盘位置：光盘\MR\03\108　　　中级　　趣味指数：★★★★

实例说明

CRegKey 类的 QueryValue 成员函数可以查询指定键值的数据。程序运行效果如图 3.12 所示。

图 3.12　使用 CRegKey 类查询键值

关键技术

本实例主要用到 CRegKey 类的 Open 和 QueryValue 成员函数，下面对其进行详细介绍。

（1）Open 函数：该函数用于打开注册表键值。

语法格式如下：

LONG Open (HKEY hKeyParent,LPCTSTR lpszKeyName,REGSAM samDesired = KEY_ALL_ACCESS);

参数说明：

❶hKeyParent：打开的父键句柄。

❷lpszKeyName：将要打开的键名称。

❸samDesired：键的访问权限。

（2）QueryValue 函数：该函数用于获取指定键值下的数据。

语法格式如下：

LONG QueryValue(LPCTSTR pszValueName,DWORD* pdwType,void* pData,ULONG*pnBytes);
ATL_DEPRECATED LONG QueryValue(DWORD& dwValue,LPCTSTR lpszValueName);
ATL_DEPRECATED LONG QueryValue(LPSTR szValue,LPCTSTR lpszValueName,DWORD*pdwCount);

QueryValue 函数的参数说明如表 3.7 所示。

表 3.7　QueryValue 函数的参数说明

参　　数	说　　明
pszValueName	查询的项名称
pdwType	整型指针，用于返回项的数据类型
pData	数据缓冲区，用于存储函数返回的数据
pnBytes	数据缓冲区 pData 的大小。在函数返回后，该参数表示实际返回的数据大小

参　数	说　明
dwValue	用于存储函数返回的整型数据
lpszValueName	要查询的注册表项名称
szValue	数据缓冲区，用于存储函数返回的字符串数据
pdwCount	表示字符串数据的大小

■ 设计过程

（1）打开 Visual C++ 6.0 开发环境，新建一个基于对话框的应用程序，命名为 QueryReg。
（2）在工程中添加一个窗体，设置窗体的 Caption 属性为"使用 CRegKey 类查询键值"。
（3）在窗体上添加 3 个编辑框控件，两个按钮控件，设置 Caption 属性分别为"读取"和"写入"。
（4）单击"读取"按钮，从注册表中读取新键值。

```
void CRegeditDlg::OnButread()
{
    CRegKey reg;                                    //定义一个 CRegKey 对象
    CString key;                                    //定义字符串变量
    m_KeyName.GetWindowText(key);                   //获取键名
    reg.Open(HKEY_CURRENT_USER,key);                //打开注册表键值
    CString item;                                   //定义字符串变量
    m_ItemName.GetWindowText(item);                 //获取项名
    CString value;                                  //定义字符串变量
    DWORD size = MAX_PATH;                          //定义整型变量
    reg.QueryValue(value.GetBuffer(0),item,&size);  //从注册表中读取数据
    MessageBox(value,"提示");                       //以对话框形式弹出读取的数据
}
```

■ 秘笈心法

心法领悟 108：QueryValue 函数有两个原型，分别可以查找 DWORD 类型和 SZ 类型的数据。

3.3 注册表的查询与枚举

实例 109 查询注册表键值信息
光盘位置：光盘\MR\03\109   趣味指数：★★★★ 中级

■ 实例说明

使用 RegQueryValueEx 函数可以查询指定注册表项 REG_DWORD 类型和 REG_SZ 类型数据。运行程序，单击"查询 REG_DWORD 类型"按钮，如图 3.13 所示。

图 3.13 单击"查询 REG_DWORD 类型"按钮

单击"查询 REG_SZ 类型"按钮，如图 3.14 所示。

图 3.14　单击"查询 REG_SZ 类型"按钮

■ 关键技术

实现此功能主要用到了 RegQueryValueEx 函数，该函数用于获取注册表中指定键下某个项的值。下面对其进行详细介绍。

语法格式如下：
LONG RegQueryValueEx(HKEY hKey,LPCTSTR lpValueName,LPDWORD lpReserved,LPDWORD lpType,LPBYTE lpData,LPDWORD lpcbData);
RegQueryValueEx 函数的参数说明如表 3.8 所示。

表 3.8　RegQueryValueEx 函数的参数说明

参　数	说　明
hKey	当前打开的键句柄
lpValueName	项名称
lpReserved	保留，必须为 NULL
lpType	一个指针，用于接收项的数据结构
lpData	一个数据缓冲区，用于存储函数返回的数据
lpcbData	lpData 数据缓冲区的大小

■ 设计过程

（1）打开 Visual C++ 6.0 开发环境，新建一个基于对话框的工程，命名为 QueryRegist。
（2）在工程中添加一个窗体，设置窗体的 Caption 属性为"查询注册表键值信息"。
（3）在窗体上添加两个按钮控件，分别设置 Caption 属性为"查询 REG_DWORD 类型"和"查询 REG_SZ 类型"。
（4）查询注册表项 HKEY_CURRENT_USER\Software\mingrisoft 下 bin 键值数据。

```
HKEY key;
DWORD data;
DWORD size;
DWORD type=REG_DWORD;
CString skey="Software\\mingrisoft";
long iret=RegOpenKeyEx(HKEY_CURRENT_USER,skey,
    REG_OPTION_NON_VOLATILE,KEY_ALL_ACCESS,&key);
if(iret==0)
{
    CString value;
    iret=RegQueryValueEx(key,"bin",0,&type,(BYTE*)&data,&size);
    if(iret==0)
    {
        value.Format("%d",data);
        MessageBox(value,"查询的值是：",MB_OK);
```

```
            RegCloseKey(key);
        }
        else
        {
            CString strerr;strerr.Format("函数返回值%d",iret);
            MessageBox(strerr,"出错",MB_OK);
        }
}
```

（5）查询注册表项 HKEY_CURRENT_USER\Software\mingrisoft 下 str 键值数据。

```
HKEY key;
char data[1024];
DWORD size=1024;
DWORD type=REG_SZ;
CString skey="Software\\mingrisoft";
long iret=RegOpenKeyEx(HKEY_CURRENT_USER,skey,
    REG_OPTION_NON_VOLATILE,KEY_ALL_ACCESS,&key);
if(iret==0)
{
    CString value;
    iret=RegQueryValueEx(key,"str",0,&type,(BYTE*)data,&size);
    if(iret==0)
    {
        value.Format("%s",data);
        MessageBox(value,"查询的值是：",MB_OK);
        RegCloseKey(key);
    }
    else
    {
        CString strerr;strerr.Format("函数返回值%d",iret);
        MessageBox(strerr,"出错",MB_OK);
    }
}
```

秘笈心法

心法领悟 109：禁止对任务栏位置进行改变。

有的任务栏会出现在屏幕的上方或者变宽，为了避免这种情况，可以通过注册表实现禁止对任务栏进行改变。代码如下：

```
RegistryKey rgK =
Registry.LocalMachine.CreateSubKey(@"Software\Microsoft\Windows\CurrentVersion\Policies\Explorer");
rgK.SetValue("LockTaskbar", 1);
```

实例 110　快速查询注册表键值信息

光盘位置：光盘\MR\03\110　　　　　　　　　　　　　　　　　　初级　趣味指数：★★★★☆

实例说明

使用 RegQueryValue 函数只能获取指定注册表项根键数据，而且在使用时不用先打开注册表项。本实例获取注册表项 HKEY_CURRENT_USER\Software\mingrisoft 默认键值数据。程序运行效果如图 3.15 所示。

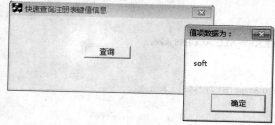

图 3.15　快速查询注册表键值信息

关键技术

实现此功能主要用到了 RegQueryValue 函数,该函数用于获取注册表中指定键下的默认值。下面对该函数进行详细介绍。

语法格式如下:

`LONG RegQueryValue(HKEY hKey,LPCTSTR lpSubKey,LPTSTR lpValue,PLONG lpcbValue);`

RegQueryValue 函数的参数说明如表 3.9 所示。

表 3.9 RegQueryValue 函数的参数说明

参 数	说 明	参 数	说 明
hKey	当前打开的键句柄	lpValue	返回的数据
lpSubKey	子键名称	lpcbValue	标识 lpValue 缓冲区的大小

设计过程

(1)打开 Visual C++ 6.0 开发环境,新建一个基于对话框的工程,命名为 QueryRegist。
(2)在工程中添加一个窗体,设置窗体的 Caption 属性为"快速查询注册表键值信息"。
(3)在窗体上添加一个按钮控件,设置 Caption 属性为"查询"。
(4)主要代码如下:

```
CString skey="Software\\mingrisoft";
long size;
char buf[128];
int iret=RegQueryValue(HKEY_CURRENT_USER,skey,buf,&size);
if(iret==0)
{
    CString value;
    buf[size]=0;
    value.Format("%s",buf);
    MessageBox(value,"值项数据为:",MB_OK);
}
else
{
    CString strerr;strerr.Format("函数返回值%d",iret);
    MessageBox(strerr,"出错",MB_OK);
}
```

秘笈心法

心法领悟 110:隐藏 IE。

为了让用户更方便地设计系统桌面,通过编程的方式来控制 IE 图标的隐藏,其效果等同于"显示属性"|"桌面"|"自定义桌面"去除对 Internet Explorer 的选取。代码如下:

```
RegistryKey rgK =
Registry.CurrentUser.CreateSubKey(@"Software\Microsoft\Windows\CurrentVersion\Explorer\HideDesktopIcons\NewStartPanel");
rgK.SetValue("{871C5380-42A0-1069-A2EA-08002B30309D}", 1);
```

实例 111 两个 API 函数可以枚举注册表项 中级

光盘位置:光盘\MR\03\111 趣味指数:★★★★

实例说明

枚举注册表项可以使用 API 函数 SHEnumKeyEx 和 RegEnumKeyEx。本实例分别使用 SHEnumKeyEx 函数

和 RegEnumKeyEx 函数枚举 HKEY_CURRENT_USER 根项下的所有子项。程序运行效果如图 3.16 所示。

图 3.16 两个 API 函数可以枚举注册表项

■ 关键技术

实现此功能主要用到了 RegEnumKeyEx 函数和 SHEnumKeyEx 函数。
- ☑ RegEnumKeyEx 函数：用于枚举一个已打开键的子键，每次调用函数将返回一个子键的信息。
- ☑ SHEnumKeyEx 函数：开放注册子键。

◀» 注意：为了枚举子键，应用程序在首次调用 RegEnumKeyEx 函数时 dwIndex 参数必须为 0，其后逐次增加，直到没有更多的子键（返回 ERROR_NO_MORE_ITEMS）。

■ 设计过程

（1）打开 Visual C++ 6.0 开发环境，新建一个基于对话框的工程，命名为 EnumRegist。
（2）在工程中添加一个窗体，设置窗体的 Caption 属性为"两个 API 函数可以枚举注册表项"。
（3）在窗体上添加一个列表视图控件和两个按钮控件，两个按钮控件的 Caption 属性分别为"用 SHEnumKeyEx 函数枚举"和"用 RegEnumKeyEx 函数枚举"。
（4）使用 API 函数 SHEnumKeyEx 枚举 HKEY_CURRENT_USER 根项下的所有子项。

```
char szValueName[MAX_PATH];
DWORD dwIndex=0;
DWORD dwValueSize=MAX_PATH;
while(SHEnumKeyEx(HKEY_CURRENT_USER,dwIndex++,szValueName,&dwValueSize)!=ERROR_NO_MORE_ITEMS)
{
    m_reglist.InsertItem(dwIndex-1,"");
    m_reglist.SetItemText(dwIndex-1,0,szValueName);
    dwValueSize = MAX_PATH;
}
```

使用 API 函数 SHEnumKeyEx 时应加入如下代码：

```
#include "SHLWAPI.H"
#pragma comment(lib,"SHLWAPI")
```

使用 API 函数 RegEnumKeyEx 枚举 HKEY_CURRENT_USER 根项下的所有子项。
代码如下：

```
char szSubKey[MAX_PATH];
DWORD dwIndex = 0;
DWORD dwBufSize = MAX_PATH;
while(RegEnumKeyEx(HKEY_CURRENT_USER,dwIndex++,szSubKey,&dwBufSize,0,0,0,0)!=ERROR_NO_MORE_ITEMS)
{
    m_reglist.InsertItem(dwIndex-1,"");
    m_reglist.SetItemText(dwIndex-1,0,szSubKey);
    dwBufSize = MAX_PATH;
}
```

秘笈心法

心法领悟 111：隐藏"网上邻居"。

为了让用户更方便地设计系统桌面，这里通过编程的方式来控制"网上邻居"图标的隐藏，其效果等同于通过"显示属性"|"桌面"|"自定义桌面"去除对"网上邻居"的选取。代码如下：

```
RegistryKey rgK = Registry.CurrentUser.CreateSubKey(@"Software\Microsoft\Windows\CurrentVersion\Explorer\HideDesktopIcons\NewStartPanel");
rgK.SetValue("{208D2C60-3AEA-1069-A2D7-08002B30309D}", 1);
```

实例 112　列举注册表中的启动项

光盘位置：光盘\MR\03\112

中级　趣味指数：★★★★☆

实例说明

注册表项 HKEY_LOCAL_MACHINE\SOFTWARE\Microsoft\Windows\CurrentVersion\Run 设置了一些可以开机自动运行的程序，通过在该注册表项下设置键值即可使应用程序自动运行，本实例将列举出在该注册表项下的所有键值，也就是列举出可以开机自动运行的程序。程序运行效果如图 3.17 所示。

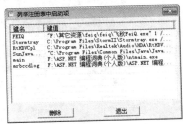

图 3.17　列举注册表中启动项

关键技术

实现此功能主要用到了 RegEnumValue 函数和 RegOpenKeyEx 函数。

RegEnumValue 函数用来枚举指定项的值，语法格式如下：

```
LONG RegEnumValue(HKEY hKey, HWINDEX hwIndex, LPVALUENAME lpValueName, LPCBVALUENAME lpcbValueName,LPRESERVED lpReserved,LPTYPE lpType, LPDATA lpData, LPCBDATA lpcbData);
```

RegEnumValue 语法中的参数说明如表 3.10 所示。

表 3.10　RegEnumValue 语法中的参数说明

设置值	描述
hKey	当前打开的父键句柄
hwIndex	欲获取值的索引
lpValueName	用于装载位于指定索引处值名的一个缓冲区
lpcbValueName	用于装载 lpValueName 缓冲区长度的一个变量
lpReserved	未用，设为零
lpType	用于装载值的类型代码的变量
lpData	用于装载值数据的一个缓冲区
lpcbData	用于装载 lpData 缓冲区长度的一个变量

RegOpenKeyEx 函数在实例 099 中介绍过，此处不再赘述。

设计过程

（1）打开 Visual C++ 6.0 开发环境，新建一个基于对话框的工程，命名为 RegRunKey。

（2）在工程中添加一个窗体，设置窗体的 Caption 属性为"列举注册表中启动项"。

（3）在窗体上添加一个列表视图控件和两个按钮控件，两个按钮控件的 Caption 属性分别为"删除"和"退出"。

（4）主要程序代码：

```cpp
void CRegRunKeyDlg::RegEnum()
{
    CString skey="SOFTWARE\\Microsoft\\Windows\\CurrentVersion\\Run";
    HKEY key;
    CString strtmp;
    ::RegOpenKeyEx(HKEY_LOCAL_MACHINE,skey,NULL,KEY_ALL_ACCESS,&key);  //打开注册表中所标识的键
    char szValueName[MAX_PATH];
    DWORD dwIndex=0;
    DWORD dwValueSize=MAX_PATH;
    BYTE szValueData[MAX_PATH];
    DWORD dwValueDataSize=MAX_PATH;
    while(RegEnumValue(key,dwIndex++,szValueName,&dwValueSize,0,0,
        szValueData,&dwValueDataSize)!=ERROR_NO_MORE_ITEMS)              //枚举注册表项
    {
        m_reglist.InsertItem(dwIndex-1,"");
        if(dwValueSize==0)
            m_reglist.SetItemText(dwIndex-1,0,"(默认)");
        else
            m_reglist.SetItemText(dwIndex-1,0,szValueName);
        strtmp.Format("%s",szValueData);
        m_reglist.SetItemText(dwIndex-1,1,strtmp);
        dwValueSize=MAX_PATH;
        dwValueDataSize=MAX_PATH;
    }
    ::RegCloseKey(key);                                                   //关闭注册表
}
```

秘笈心法

心法领悟 112：清理 IE 历史记录。

可以使用 RegEnumValue 清理 IE 历史记录。代码如下：

```cpp
int tmp = RegEnumValue(hkEY, index, valueName, &len1, 0, 0, data, &len2);
if(tmp == ERROR_NO_MORE_ITEMS)
    break;
tmp = RegDeleteValue(hkEY, valueName);
if(tmp != ERROR_SUCCESS)
{
    return FALSE;
}
```

实例 113　RegEnumKeyEx 枚举注册表项

光盘位置：光盘\MR\03\113

初级　趣味指数：★★★★☆

实例说明

使用 API 函数 RegEnumKeyEx 枚举注册表 HKEY_LOCAL_MACHINE\SOFTWARE\Microsoft\Windows\CurrentVersion\Run 的所有子项。程序运行效果如图 3.18 所示。

关键技术

实现此功能主要用到了 RegEnumKeyEx 函数。

RegEnumKeyEx 函数在实例 111 中介绍过，此处不再赘述。

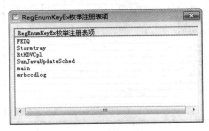

图 3.18 RegEnumKeyEx 枚举注册表项

设计过程

（1）打开 Visual C++ 6.0 开发环境，新建一个基于对话框的工程，命名为 RegEnumReg。
（2）在工程中添加一个窗体，设置窗体的 Caption 属性为 "RegEnumKeyEx 枚举注册表项"。
（3）在窗体上添加一个列表视图控件。
（4）使用 API 函数 RegEnumKeyEx 枚举 HKEY_CURRENT_USER 根项下的所有子项。

```
void CRegEnumRegDlg::RegEnum()
{
    CString skey="SOFTWARE\\Microsoft\\Windows\\CurrentVersion\\Run";
    HKEY key;
    CString strtmp;
    ::RegOpenKeyEx(HKEY_LOCAL_MACHINE,skey,NULL,KEY_ALL_ACCESS,&key);    //打开注册表中所标识的键
    char szValueName[MAX_PATH];
    DWORD dwIndex=0;
    DWORD dwValueSize=MAX_PATH;
    BYTE szValueData[MAX_PATH];
    DWORD dwValueDataSize=MAX_PATH;
    while(RegEnumValue(key,dwIndex++,szValueName,&dwValueSize,0,0,
        szValueData,&dwValueDataSize)!=ERROR_NO_MORE_ITEMS)              //枚举注册表项
    {
        m_reglist.InsertItem(dwIndex-1,"");
        if(dwValueSize==0)
            m_reglist.SetItemText(dwIndex-1,0,"(默认)");
        else
            m_reglist.SetItemText(dwIndex-1,0,szValueName);
        dwValueSize=MAX_PATH;
        dwValueDataSize=MAX_PATH;
    }
    ::RegCloseKey(key);
}
```

秘笈心法

心法领悟 113：禁止使用注册表。
[HKEY_CURRENT_USER\Software\Microsoft\Windows\CurrentVersion\Policies\System]
"DisableRegistryTools"=dword: 00000001

实例 114 SHEnumKeyEx 枚举注册表项
光盘位置：光盘\MR\03\114   初级 趣味指数：★★★★☆

实例说明

使用 API 函数 SHEnumKeyEx 枚举 HKEY_CURRENT_USER 根项下的所有子项。程序运行效果如图 3.19 所示。

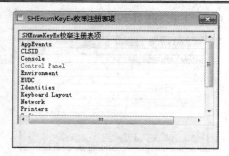

图 3.19 SHEnumKeyEx 枚举注册表项

■ 关键技术

实现此功能主要用到了 SHEnumKeyEx 函数。

SHEnumKeyEx 函数在实例 111 中介绍过，此处不再赘述。

■ 设计过程

（1）打开 Visual C++ 6.0 开发环境，新建一个基于对话框的工程，命名为 SHEnumReg。
（2）在工程中添加一个窗体，设置窗体的 Caption 属性为"SHEnumKeyEx 枚举注册表项"。
（3）在窗体上添加一个列表视图控件。
（4）主要代码如下：

```
void CSHEnumRegDlg::OnShe()
{
    char szValueName[MAX_PATH];
    DWORD dwIndex=0;
    DWORD dwValueSize=MAX_PATH;
    while(SHEnumKeyEx(HKEY_CURRENT_USER,dwIndex++,szValueName,&dwValueSize)!=ERROR_NO_MORE_ITEMS)
    {
        m_reglist.InsertItem(dwIndex-1,"");
        m_reglist.SetItemText(dwIndex-1,0,szValueName);
        dwValueSize = MAX_PATH;
    }
}
```

■ 秘笈心法

心法领悟 114：使用 API 函数 SHEnumKeyEx 时应加入如下代码。
```
#include "SHLWAPI.H"
#pragma comment(lib,"SHLWAPI")
```

3.4 注册表应用

实例 115　保存注册表项
光盘位置：光盘\MR\03\115　　　　　　　　　　　　　　　　　　　初级　趣味指数：★★★★★

■ 实例说明

使用函数 RegSaveKey 可以保存注册表中关于当前用户设置的一些信息，在使用函数 RegSaveKey 前需要添加当前进程的 SE_BACKUP_NAME 令牌权限。程序运行效果如图 3.20 所示。

图 3.20　保存注册表项

关键技术

本实例在实现时主要用到了 RegSaveKey 函数，该函数将一个项以及它的所有子项都保存到一个磁盘文件中。

设计过程

（1）打开 Visual C++ 6.0 开发环境，新建一个基于对话框的应用程序，命名为 SaveReg。
（2）在工程中添加一个窗体，设置窗体的 Caption 属性为"保存注册表项"。
（3）在窗体上添加一个按钮控件，设置 Caption 属性为"保存"。
（4）在使用函数 RegSaveKey 前需要添加当前进程的 SE_BACKUP_NAME 令牌权限。
（5）主要代码如下：

```
CString skey="SOFTWARE\\mrkey";
HKEY key;
static HANDLE hToken;
static TOKEN_PRIVILEGES tp;
static LUID luid;
OpenProcessToken(GetCurrentProcess(),TOKEN_ADJUST_PRIVILEGES|TOKEN_QUERY, &hToken);
LookupPrivilegeValue(NULL,SE_BACKUP_NAME,&luid);
tp.PrivilegeCount =1;
tp.Privileges [0].Luid =luid;
tp.Privileges [0].Attributes =SE_PRIVILEGE_ENABLED;
AdjustTokenPrivileges(hToken,FALSE,&tp,sizeof(TOKEN_PRIVILEGES),NULL,NULL);
::RegOpenKeyEx(HKEY_LOCAL_MACHINE,skey,REG_OPTION_BACKUP_RESTORE,
KEY_ALL_ACCESS,&key);
int i=::RegSaveKey(key,"mr.dat",NULL);                              //保存注册表
```

秘笈心法

心法领悟 115：禁止 IE 自动安装组件。
[HKEY_LOCAL_MACHINE\SOFTWARE\Policies\Microsoft\Internet Explorer\Infodelivery\Restrictions]
"NoJITSetup"=dword:00000001

实例 116　枚举安装程序　　光盘位置：光盘\MR\03\116　　中级　趣味指数：★★★★☆

实例说明

实例使用 SHEnumKeyEx 先枚举 HKEY_LOCAL_MACHINE\Software\Microsoft\Windows\CurrentVersion\Uninstall 下的子项，然后使用 RegQueryValueEx 查询子项下的 DisplayName 键值。程序运行效果如图 3.21 所示。

关键技术

实现此功能主要用到了 SHEnumKeyEx 枚举函数和 RegQueryValueEx 查询函数。

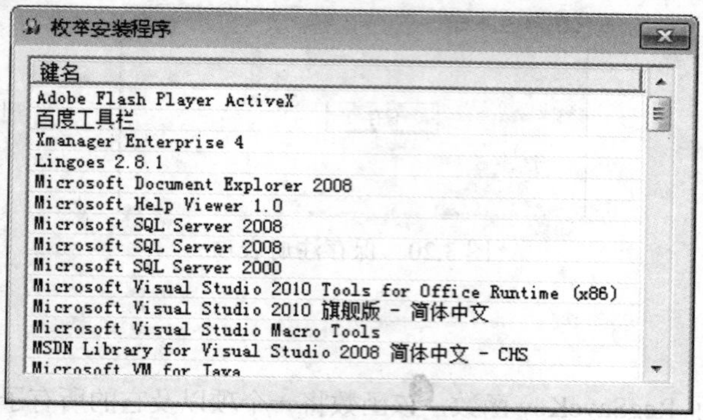

图 3.21　枚举安装程序

设计过程

（1）打开 Visual C++ 6.0 开发环境，新建一个基于对话框的工程，命名为 EnumServer。
（2）在工程中添加一个窗体，设置窗体的 Caption 属性为"枚举安装程序"。
（3）在窗体上添加一个列表视图控件。
（4）主要代码如下：

```
void CEnumServerDlg::RegEnum()
{
    CString skey="Software\\Microsoft\\Windows\\CurrentVersion\\Uninstall";
    CString tmpskey;
    HKEY key;
    HKEY subkey;
    CString strkey;
    ::RegOpenKeyEx(HKEY_LOCAL_MACHINE,skey,NULL,KEY_ALL_ACCESS,&key);
    char szSubKey[MAX_PATH];
    DWORD dwIndex=0;
    DWORD dwBufSize=MAX_PATH;
    DWORD type=REG_SZ;
    BYTE data[MAX_PATH];
    DWORD size;
    int i=0;
    while(SHEnumKeyEx(key,dwIndex++,szSubKey,&dwBufSize)!=ERROR_NO_MORE_ITEMS)
    {
        CString strtmp(szSubKey);
        tmpskey=skey;
        tmpskey+="\\";
        tmpskey+=strtmp;
        ::RegOpenKeyEx(HKEY_LOCAL_MACHINE,tmpskey,NULL,KEY_ALL_ACCESS,&subkey);
        if(RegQueryValueEx(subkey,"DisplayName",0,&type,data,&size)==ERROR_SUCCESS)
        {
            m_reglist.InsertItem(i,"");
            m_reglist.SetItemText(i,0,CString(data));
            i++;
        }
        RegCloseKey(subkey);
        dwBufSize=MAX_PATH;
    }
    ::RegCloseKey(key);
}
```

秘笈心法

心法领悟 116：禁用文件夹选项菜单。
[HKEY_CURRENT_USER\Software\Microsoft\Windows\CurrentVersion\Policies\Explorer]
"NoFolderOptions"=dword:00000001

实例 117 应用程序自动登录信息

光盘位置：光盘\MR\03\117   中级
趣味指数：★★★★

■ 实例说明

在注册表项 HKEY_LOCAL_MACHINE\Software\Microsoft\Windows\CurrentVersion\Run 中添加应用程序路径信息，添加的应用程序就会在系统启动后自动运行。实例在注册表项中新建 MyRun 键值，然后将用户在编辑框中输入的应用程序路径数据写入注册表中，实现开机后运行用户指定的应用程序。程序运行效果如图 3.22 所示。

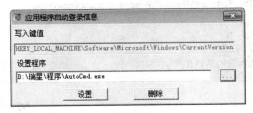

图 3.22 使应用程序开机自动运行

■ 关键技术

本实例在设置程序开机自动运行时，首先将注册表项定位到 HKEY_LOCAL_MACHINE\Software\Microsoft\Windows\CurrentVersion\Run，如果该注册表项不存在，则使用 RegistryKey 类的 CreateSubKey 方法创建该项；然后使用 RegistryKey 类的 SetValue 方法对该注册表项进行设置，从而实现将程序开机自动运行的功能。如果要取消程序的开机自动运行，则需要使用 RegistryKey 类的 DeleteValue 方法删除 HKEY_LOCAL_MACHINE\Software\Microsoft\Windows\CurrentVersion\Run 注册表项的相应键值对。

■ 设计过程

（1）打开 Visual C++ 6.0 开发环境，新建一个基于对话框的应用程序，命名为 StartRun。

（2）更改默认窗体的 Name 属性为 Frm_Main，向窗体中添加一个文本框（TextBox）控件，用来显示选择的程序路径；添加 3 个按钮控件，分别用来执行选择路径、设置和取消程序开机自动运行的操作。

（3）主要代码如下：

```
skey="Software\\Microsoft\\Windows\\CurrentVersion\\Run";
void CStartRunDlg::OnSet()
{
    CString strname;
    GetDlgItem(IDC_EDEXEPATH)->GetWindowText(strname);   //获取要自动运行的应用程序名
    if(strname.IsEmpty())                                 //若指定的子项不存在
    {
        MessageBox("请输入应用程序路径","提示",MB_OK);
        return;
    }
    CRegKey  writevalue;
    writevalue.Create(HKEY_LOCAL_MACHINE,skey);
    writevalue.SetValue(strname,"MyRun");                 //设置该子项的新的"键值对"
    writevalue.Close();
}
void CStartRunDlg::OnDel()
{
    CRegKey  delkey;
    if(!delkey.Open(HKEY_LOCAL_MACHINE,skey))
```

```
        {
            delkey.DeleteValue("MyRun");            //删除指定"键名称"的键值对
            delkey.Close();
        }
}
```

秘笈心法

心法领悟 117：导出注册表分支。

在 DOS 下导出注册表分支的命令格式是：Readit [/L:system] [/R:user] /E filename [regpath1]。

其中，/L:system 是指定 system.dat 的路径；/R:user 是指定 user.dat 的路径，如果不说明，系统会在默认的路径下找；/E 是导出注册表分支的文件名；regpath1 是要导出的注册表分支。比如，要导出默认注册表关于控制系统启动的分支到 test.reg 里，命令如下：

regedit/e test.reg HKEY_LOCAL_MACHINE\Software\Microsoft\Windows\CurrentVersion\Run

实例 118　软件注册信息

光盘位置：光盘\MR\03\118　　　　　　　　　　　中级　趣味指数：★★★★☆

实例说明

本实例实现的是更改软件注册信息的功能，以 Photoshop 这款软件为例进行讲解。Photoshop 是一款功能强大的绘图软件，在安装的过程中会要求用户输入一些详细信息，如用户名、公司名称等。在安装完成后，如果用户想对之前的个人信息进行修改，除了通过在注册表中修改外，还可以通过本实例实现此功能。本实例运行后，在各文本框中设置注册信息，单击"确定"按钮，在系统重新启动后，运行 Photoshop 软件时将会显示此注册信息。运行结果如图 3.23 所示。

图 3.23　软件注册信息

关键技术

本实例应用 RegCreateKey 函数和 RegSetValueEx 函数对注册表进行修改。

打开注册表 HKEY_LOCAL_MACHINE\Software\Adobe\Registration\User 子项，User 子项中的值项保存了用户安装时的登记信息，如 COMPAN 值项对应公司名，FNAME 值项对应用户的姓，LNAME 对应用户的名，NAME 值项对应头衔/称呼。

设计过程

（1）新建一个基于对话框的应用程序。

（2）在对话框上添加 4 个静态文本控件，设置 Caption 属性分别为"公司名称"、"用户的姓"、"用户的名"和"头衔/称呼"；添加 4 个编辑框控件，设置 ID 属性分别为 IDC_EDNAME、IDC_EDFIRST、IDC_EDLAST 和 IDC_EDUSR；添加 2 个按钮控件，设置 ID 属性分别为 IDC_BTENTER 和 IDC_BTEXIT，设置 Caption 属性分别为"确定"和"取消"。

（3）添加"确定"按钮的实现函数 OnEnter 和"取消"按钮的实现函数 OnExit。

（4）"取消"按钮的实现函数实现窗体的关闭，代码如下：

```
void CPhotoShopInfoDlg::OnExit()
{
    this->OnCancel();
}
```

（5）"确定"按钮的实现函数向注册表写入数据完成相应设置，代码如下：

```
void CPhotoShopInfoDlg::OnEnter()
{
    HKEY sub;
    CString strname,strfirst,strlast,strusr;
    //获得编辑框中的数据
    GetDlgItem(IDC_EDNAME)->GetWindowText(strname);
    GetDlgItem(IDC_EDFIRST)->GetWindowText(strfirst);
    GetDlgItem(IDC_EDLAST)->GetWindowText(strlast);
    GetDlgItem(IDC_EDUSR)->GetWindowText(strusr);
    //向注册表中写入数据
    CString skey="Software\\Adobe\\Photoshop\\7.0\\Registration";
    ::RegCreateKey(HKEY_LOCAL_MACHINE,skey,&sub);
    RegSetValueEx(sub,"COMPAN",NULL,REG_SZ,
        (BYTE*)strname.GetBuffer(strname.GetLength()),strname.GetLength());
    RegSetValueEx(sub,"FNAME",NULL,REG_SZ,
        (BYTE*)strfirst.GetBuffer(strfirst.GetLength()),strfirst.GetLength());
    RegSetValueEx(sub,"LNAME",NULL,REG_SZ,
        (BYTE*)strlast.GetBuffer(strlast.GetLength()),strlast.GetLength());
    RegSetValueEx(sub,"NAME",NULL,REG_SZ,
        (BYTE*)strusr.GetBuffer(strusr.GetLength()),strusr.GetLength());
    RegCloseKey(sub);
}
```

秘笈心法

心法领悟 118：查询注册表键值信息。

使用 RegQueryValueEx 函数可以查询指定注册表项 REG_DWORD 类型和 REG_SZ 类型数据。

实例 119　如何建立文件关联

光盘位置：光盘\MR\03\119　　趣味指数：★★★★☆

实例说明

所谓文件关联，就是某种类型的文件与某个应用程序关联起来。当在资源管理器中双击这种类型的文件时，由资源管理器启动相关联的应用程序，并打开该文件。例如，在资源管理器中双击扩展名为.jpg 的文件，资源管理器将启动相应的看图软件，并在看图软件中打开该文件。运行程序，在文本框中输入相关数据，然后单击"建立关联"按钮，即可建立指定文件的关联。程序运行效果如图 3.24 所示。

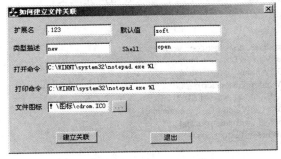

图 3.24　如何建立文件关联

关键技术

默认情况下扩展名为.txt 的文本文件是用记事本打开的，通过使用本实例可以将扩展名为.txt 的文本文件用其他文本编辑软件打开。

首先在注册表 HKEY_CLASSES_ROOT 根键下找到.txt 子项，该子项有"默认"和 Content Type 两个值项，"默认"值项的数据值是 txtfile。

然后在注册表 HKEY_CLASSES_ROOT 根键下找到 txtfile 子项，程序主要修改该子项下的 DefaultIcon 子项和 Shell 子项下的内容，DefaultIcon 子项是设置扩展名为.txt 的文本文件在资源管理器中显示的图标的；Shell 子项下还有两个重要的子项，即 open 子项和 print 子项，分别用来设置"打开"命令和"打印"命令。

实现将扩展名为.txt 的文本文件用其他文本编辑软件打开，即是修改 open 子项的内容，具体操作是打开注册表 HKEY_CLASSES_ROOT\txtfile\Shell\open\command 子项，修改该子项中的"默认"值项的数据值，设置为文本编辑软件的可执行文件全路径加相应的参数即可。例如，注册表原来的数据值是 C:WINDOWS\NOTEPAD.EXE /p %l，其中"%1"表示文本文件的路径。

■ 设计过程

（1）新建一个基于对话框的应用程序。

（2）在对话框上添加 3 个按钮控件，设置 ID 属性分别为 IDC_ADDICON、IDC_REL 和 IDC_EXIT，设置 Caption 属性分别为"…"、"建立关联"和"退出"；添加 7 个静态文本控件，设置 Caption 属性分别为"扩展名"、"默认值"、"类型描述"、"Shell"、"打开命令"、"打印命令"和"文件图标"；添加 7 个编辑框控件，设置 ID 属性分别为 IDC_EDNAME、IDC_EDVALUE、IDC_EDSCRI、IDC_EDSHELL、IDC_EDCOMMAND、IDC_EDPRINT 和 IDC_EDICON。

（3）添加"…"按钮的实现函数 OnAddicon，添加"建立关联"按钮的实现函数 OnRel，添加"退出"按钮的实现函数 OnExit。

（4）在头文件中添加变量声明：

```
CString strname;
```

（5）"…"按钮的实现函数实现添加一个图标文件，代码如下：

```
void CFileRelatDlg::OnAddicon()
{
    CFileDialog file(FALSE,"ico",NULL,OFN_HIDEREADONLY|OFN_OVERWRITEPROMPT,
        "ICON 文件(*.ico)|*.ico||",this);
    if(file.DoModal()==IDOK)
    {
        strname=file.GetPathName();
        GetDlgItem(IDC_EDICON)->SetWindowText(strname);
    }
}
```

（6）"建立关联"按钮的实现函数向注册表中写入数据，完成文件的关联，代码如下：

```
void CFileRelatDlg::OnRel()
{
    //获得控件中数据
    CString stricon,strextname,strvalue,strscri,strshell,strcommand,strprint;
    GetDlgItem(IDC_EDNAME)->GetWindowText(strextname);
    GetDlgItem(IDC_EDVALUE)->GetWindowText(strvalue);
    GetDlgItem(IDC_EDSCRI)->GetWindowText(strscri);
    GetDlgItem(IDC_EDSHELL)->GetWindowText(strshell);
    GetDlgItem(IDC_EDCOMMAND)->GetWindowText(strcommand);
    GetDlgItem(IDC_EDPRINT)->GetWindowText(strprint);
    GetDlgItem(IDC_EDICON)->GetWindowText(stricon);
    DWORD c=1;
    HKEY sub;
    CString skey=strextname;
    //建立扩展名
    ::RegCreateKey(HKEY_CLASSES_ROOT,skey,&sub);
    //设置扩展名的默认值
    ::RegSetValue(sub,NULL,REG_SZ,strvalue,strvalue.GetLength());
    //创建默认值
    ::RegCreateKey(HKEY_CLASSES_ROOT,strvalue,&sub);
```

```
    ::RegSetValue(sub,NULL,REG_SZ,strscri,strscri.GetLength());
    //创建 DefaultIcon 子项
    skey.Format("%s\\DefaultIcon",strvalue);
    ::RegCreateKey(HKEY_CLASSES_ROOT,skey,&sub);
    ::RegSetValueEx(sub,NULL,NULL,REG_EXPAND_SZ,(BYTE*)stricon.GetBuffer(0),
        stricon.GetLength());
    //创建 shell 子项
    skey.Format("%s\\shell",strvalue);
    ::RegCreateKey(HKEY_CLASSES_ROOT,skey,&sub);
    //创建 shell/open 子项
    skey.Format("%s\\shell\\%s",strvalue,strshell);
    ::RegCreateKey(HKEY_CLASSES_ROOT,skey,&sub);
    //创建 shell/open/command 子项
    skey.Format("%s\\shell\\%s\\command",strvalue,strshell);
    ::RegCreateKey(HKEY_CLASSES_ROOT,skey,&sub);
    ::RegSetValueEx(sub,NULL,NULL,REG_EXPAND_SZ,(BYTE*)strcommand.GetBuffer(0),
        strcommand.GetLength());
    //创建 shell/print/command 子项
    skey.Format("%s\\shell\\print\\command",strvalue);
    ::RegCreateKey(HKEY_CLASSES_ROOT,skey,&sub);
    ::RegSetValueEx(sub,NULL,NULL,REG_EXPAND_SZ,(BYTE*)strprint.GetBuffer(0),
        strprint.GetLength());
    RegCloseKey(sub);
}
```

（7）"退出"按钮的实现函数的代码如下：

```
void CFileRelatDlg::OnExit()
{
    this->OnCancel();
}
```

■ 秘笈心法

心法领悟 119：解除被禁止访问的任务栏属性。

[HKEY_CURRENT_USER\Software\Microsoft\Windows\CurrentVersion\Policies\Explorer]
"NoSetTaskbar"=dword:00000000

实例 120　开机自动运行

光盘位置：光盘\MR\03\120　　　　　　　　　　　　　　　　　高级
趣味指数：★★★★★

■ 实例说明

有些软件安装完成后，在每次启动计算机时程序都会自动启动。这是如何做到的呢？在注册表项 HKEY_LOCAL_MACHINE\Software\Microsoft\Windows\CurrentVersion\Run 下新建一个项目，项目名为要自动执行的程序名，将项值设置成程序所在目录，即可将程序设置为自动执行。程序运行效果如图 3.25 所示。

图 3.25　开机自动运行

关键技术

实例在注册表项中新建 StartAutoRun 键值，然后将该键值的值设置为 1，该程序开机自动运行。如果要设置取消开机自动运行，将 StartAutoRun 的键值设置为 0 即可。

设计过程

（1）打开 Visual C++ 6.0 开发环境，新建一个基于对话框的应用程序，命名为 StartAutoRun。
（2）向对话框中添加一个菜单资源，然后添加一个位图资源，用于绘制位图背景。
（3）在对话框的头文件中声明一个 Cmenu 对象，并在对话框初始化时加载菜单资源。
m_Menu.LoadMenu(IDR_MENU1);
（4）处理"设置开机运行"菜单项的单击事件，当该菜单项被选择以后通过修改注册表设置开机运行，并在 INI 文件中记录已设置。

```
void CStartAutoRunDlg::OnMenurun()
{
    HKEY sub;
    char bufname[200];
    ::GetModuleFileName(NULL,bufname,200);                              //获得路径
    CString str;
    str.Format("%s",bufname);
    CString skey = "Software\\Microsoft\\Windows\\CurrentVersion\\Run"; //设置注册表键
    ::RegCreateKey(HKEY_LOCAL_MACHINE,skey,&sub);
    ::RegSetValueEx(sub,"StartAutoRun",NULL,REG_SZ
        ,(const BYTE*)str.GetBuffer(0),str.GetLength());                //设置开机运行
    WritePrivateProfileString("设置","开机运行","1","./setting.ini");    //写入键值
}
```

（5）处理"取消开机运行"菜单项的单击事件，当该菜单项被选择以后通过修改注册表取消程序的开机运行，并在 INI 文件中记录已取消。

```
void CStartAutoRunDlg::OnMenucancel()
{
    HKEY sub;
    char bufname[200];
    ::GetModuleFileName(NULL,bufname,200);                              //获得路径
    CString str;
    str.Format("%s",bufname);
    CString skey = "Software\\Microsoft\\Windows\\CurrentVersion\\Run"; //设置注册表键
    ::RegCreateKey(HKEY_LOCAL_MACHINE,skey,&sub);                       //打开注册表键
    ::RegDeleteValue(sub,"StartAutoRun");                               //取消开机运行
    WritePrivateProfileString("设置","开机运行","0","./setting.ini");    //写入键值
}
```

秘笈心法

心法领悟 120：EXE 关联文件修复。
[HKEY_CLASSES_ROOT\exefile\shell\open\command]
@="\"%1\" %*"

实例 121　隐藏和显示"我的电脑"
光盘位置：光盘\MR\03\121
中级
趣味指数：★★★★★

实例说明

通过注册表隐藏"我的电脑"，需要修改注册表项 HKEY_CLASSES_ROOT\CLSID\\ShellFolder。程序运行效果如图 3.26 所示。

第 3 章 注册表

图 3.26 隐藏和显示"我的电脑"

■ 关键技术

实例将该注册表项下的 Attributes 键值设置为 0xffffffff 就可以隐藏桌面上"我的电脑"图标。如果要显示"我的电脑"图标，将 Attributes 键值设置为 0 即可。

■ 设计过程

（1）打开 Visual C++ 6.0 开发环境，新建一个基于对话框的应用程序，命名为 HideMyCom。

（2）在对话框上添加两个按钮控件，设置 ID 属性分别为 IDC_BTHIDECOMPUTER 和 IDC_BTSHOWCOMPUTER，设置 Caption 属性分别为"隐藏我的电脑"和"显示我的电脑"。

（3）主要代码如下：

```
void CHideMyComputerDlg::OnHideComputer()
{
//隐藏"我的电脑"
HKEY sub;
DWORD val=0xffffffff;
CString skey="CLSID\\{20D04FE0-3AEA-1069-A2D8-08002B30309D}\\ShellFolder";
::RegCreateKey(HKEY_CLASSES_ROOT,skey,&sub);
RegSetValueEx(sub,"Attributes",NULL,REG_DWORD,(BYTE*)&val,sizeof(DWORD));
::RegCloseKey(sub);
}
void CHideMyComputerDlg::OnShowComputer()
{
//显示"我的电脑"
HKEY sub;
DWORD val=0;
CString skey="CLSID\\{20D04FE0-3AEA-1069-A2D8-08002B30309D}\\ShellFolder";
::RegCreateKey(HKEY_CLASSES_ROOT,skey,&sub);
RegSetValueEx(sub,"Attributes",NULL,REG_DWORD,(BYTE*)&val,sizeof(DWORD));
::RegCloseKey(sub);
}
```

■ 秘笈心法

心法领悟 121：彻底隐藏文件。
[HKEY_LOCAL_MACHINE\SOFTWARE\Microsoft\Windows\CurrentVersion\Explorer\Advanced\Folder\Hidden\SHOWALL]
"CheckedValue"=dword:00000000

实例 122 　隐藏和显示"回收站"
光盘位置：光盘\MR\03\122
中级
趣味指数：★★★★☆

■ 实例说明

通过注册表隐藏"回收站"，需要修改注册表项 HKEY_LOCAL_MACHINE\Software\Microsoft\Windows\CurrentVersion\Explorer\Desktop\NameSpace\{645FF040-5081-101B-9F08-00AA002F954E}。程序运行效果如图 3.27 所示。

图 3.27 隐藏和显示回收站

■ 关键技术

将该注册表项删除后即可隐藏"回收站"图标，如果是显示"回收站"图标，则重新建立该注册表项。

■ 设计过程

（1）打开 Visual C++ 6.0 开发环境，新建一个基于对话框的应用程序，命名为 HideRecy。

（2）在对话框上添加两个按钮控件，设置 ID 属性分别为 IDC_BTHIDERECY 和 IDC_BTSHOWRECY，设置 Caption 属性分别为 "隐藏回收站"和"显示回收站"。

（3）主要代码如下：

```
void CHideRecyDlg::OnHideRecy()
{
//隐藏"回收站"
CString skey="Software\\Microsoft\\Windows\\CurrentVersion\\Explorer\\Desktop\\NameSpace\\{645FF040-5081- 101B-9F08-00AA002F954E}";
LONG ReturnValue=::RegDeleteKey(HKEY_LOCAL_MACHINE,skey);
if(ReturnValue!=ERROR_SUCCESS)
{
    AfxMessageBox("隐藏失败");
}
}
void CHideRecyDlg::OnShowRecy()
{
// 显示"回收站"
HKEY sub;
CString skey="Software\\Microsoft\\Windows\\CurrentVersion\\Explorer\\Desktop\\NameSpace\\{645FF040-5081- 101B-9F08-00AA002F954E}";
LONG ReturnValue=::RegCreateKey(HKEY_LOCAL_MACHINE,skey,&sub);
if(ReturnValue!=ERROR_SUCCESS)
{
    AfxMessageBox("创建注册表项失败");
}
::RegCloseKey(sub);
}
```

■ 秘笈心法

心法领悟 122：如何调试程序中的语义错误？

程序源代码的语法正确而语义与程序开发人员本意不同时，就是语义错误，此类错误比较难以察觉，通常在程序运行过程中出现。语义错误会导致程序非正常终止，例如，在将数据信息绑定到表格控件时，经常会出现"未将对象引用设置到对象的实例中"错误，此类语义错误在程序运行时会被调试器以异常的形式告诉程序开发人员。

实例 123　隐藏和显示所有驱动器

光盘位置：光盘\MR\03\123　　中级　趣味指数：★★★★☆

■ 实例说明

默认情况下，在"我的电脑"中显示所有驱动器，但通过本实例可以隐藏这些驱动器及其中的所有文件，防止驱动器中的文件被浏览、修改或删除。单击"隐藏所有驱动器"按钮，重新启动计算机后，"我的电脑"中的所有磁盘将不再显示。程序运行效果如图 3.28 所示。

图 3.28　隐藏和显示所有驱动器

■ 关键技术

本实例应用 RegCreateKey 函数和 RegSetValueEx 函数对注册表进行修改。打开注册表 HKEY_CURRENT_USER\Software\Microsoft\Windows\CurrentVersion\Policies\Explorer 子项。本实例将该注册表项下的 NoDrives 键值设置为 0xffffffff。如果要显示所有驱动器，则将该键值删除或将其设置为 0。

◆ 注意：在进行此项操作之前，首先对注册表文件进行备份或将本实例复制到桌面上，因为在进行此项操作之后，"我的电脑"中的所有驱动器将被隐藏，用户无法使用驱动器打开文件。

如果要隐藏单个驱动器，NoDrives 键值的设置值如表 3.11 所示。

表 3.11　NoDrives 键值的设置值说明

盘　符	设　置　值	盘　符	设　置　值
A	0x00000001	B	0x00000002
C	0x00000004	D	0x00000008
E	0x00000010	F	0x00000020

■ 设计过程

（1）打开 Visual C++ 6.0 开发环境，新建一个基于对话框的应用程序，命名为 HideDriver。

（2）在对话框上添加两个按钮控件，设置 ID 属性分别为 IDC_BTHIDE1 和 IDC_BTSHOW，设置 Caption 属性分别为"隐藏所有驱动器"和"显示所有驱动器"。

（3）添加"隐藏所有驱动器"按钮的实现函数，该函数隐藏系统中的所有驱动器，代码如下：

```cpp
void CHideDriverDlg::OnHide()
{
    HKEY sub;
    DWORD cb;
    DWORD value=0xffffffff;
    SECURITY_ATTRIBUTES sa;
    sa.nLength = sizeof(SECURITY_ATTRIBUTES);
    sa.bInheritHandle = TRUE;
    sa.lpSecurityDescriptor = NULL;
    CString skey="Software\\Microsoft\\Windows\\CurrentVersion\\Policies\\Explorer";
    ::RegCreateKeyEx(HKEY_CURRENT_USER,skey,0L, "",REG_OPTION_NON_VOLATILE,KEY_ALL_ACCESS,&sa, &sub,&cb);
    RegSetValueEx(sub,"NoDrives",NULL,REG_DWORD,(BYTE*)&value,sizeof(DWORD));        //设置注册表中的键值
}
```

（4）添加"显示所有驱动器"按钮的实现函数，该函数取消对驱动器的隐藏，代码如下：

```cpp
void CHideDriverDlg::OnShow()
{
    HKEY sub;
    DWORD cb;
```

```
    DWORD value=0;
    SECURITY_ATTRIBUTES sa;
    sa.nLength = sizeof(SECURITY_ATTRIBUTES);
    sa.bInheritHandle = TRUE;
    sa.lpSecurityDescriptor = NULL;
    CString skey="Software\\Microsoft\\Windows\\CurrentVersion\\Policies\\Explorer";
    ::RegCreateKeyEx(HKEY_CURRENT_USER,skey,0L, "",REG_OPTION_NON_VOLATILE,KEY_ALL_ACCESS,&sa, &sub,&cb);
    RegSetValueEx(sub,"NoDrives",NULL,REG_DWORD,(BYTE*)&value,sizeof(DWORD));          //设置注册表中的键值
}
```

■ 秘笈心法

心法领悟 123：如何调试程序中的语法错误？

语法错误是一种程序错误，会影响编译器完成工作，它也是最简单的错误，几乎所有的语法错误都能被编译器或解释器发现，并将错误消息显示出来提醒程序开发人员。在 Visual Studio 2008 中遇到语法错误时，错误消息将显示在"错误列表"窗口中。这些消息将会告诉程序开发人员语法错误的位置（行、列和文件），并给出错误的简要说明。

实例 124　禁止"查找"菜单　　中级

光盘位置：光盘\MR\03\124　　趣味指数：★★★★☆

■ 实例说明

通过修改注册表来实现禁止"查找"菜单，需要修改注册表项 HKEY_CURRENT_USER\Software\Microsoft\Windows\CurrentVersion\Policies\Explorer。程序运行效果如图 3.29 所示。

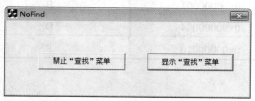

图 3.29　禁止"查找"菜单

■ 关键技术

本实例将该注册表项下的 NoFind 键值设置为 1。如果要显示"查找"菜单，则将该键值删除或将该键值设置为 0。

■ 设计过程

（1）打开 Visual C++ 6.0 开发环境，新建一个基于对话框的应用程序，命名为 NoFind。

（2）在对话框上添加两个按钮控件，设置 ID 属性分别为 IDC_BTHIDE1 和 IDC_BTSHOW，设置 Caption 属性分别为"禁止'查找'菜单"和"恢复'查找'菜单"。

（3）主要代码如下：

```
void CNoFindDlg::OnHide()
{
    HKEY sub;
    DWORD val=1;
    CString skey="Software\\Microsoft\\Windows\\CurrentVersion\\Policies\\Explorer";
    ::RegCreateKey(HKEY_CURRENT_USER,skey,&sub);
    RegSetValueEx(sub,"NoFind",NULL,REG_DWORD,(BYTE*)&val,sizeof(DWORD));
```

```
    ::RegCloseKey(sub);
}
void CNoFindDlg::OnShow()
{
    HKEY sub;
    DWORD val=0;
    CString skey="Software\\Microsoft\\Windows\\CurrentVersion\\Policies\\Explorer";
    ::RegCreateKey(HKEY_CURRENT_USER,skey,&sub);
    RegSetValueEx(sub,"NoFind",NULL,REG_DWORD,(BYTE*)&val,sizeof(DWORD));
    ::RegCloseKey(sub);
}
```

秘笈心法

心法领悟 124：使用 try…catch…finally 块进行异常处理。

在可能引发异常的代码周围使用 try…catch…finally 语句，可以进行异常处理，其中，在 try 块中获取并使用资源，在 catch 块中处理异常情况，并在 finally 块中释放资源。

实例 125　禁止"文档"菜单
光盘位置：光盘\MR\03\125　　　　趣味指数：★★★★☆　中级

实例说明

通过修改注册表来实现禁止"文档"菜单需要修改注册表项 HKEY_CURRENT_USER\Software\Microsoft\Windows\CurrentVersion\Policies\Explorer。程序运行效果如图 3.30 所示。

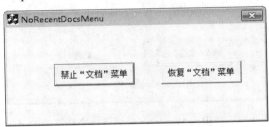

图 3.30　禁止"文档"菜单

关键技术

本实例将该注册表项下的 NoRecentDocsMenu 键值设置为 1。如果要显示"文档"菜单，则将该键值删除或将该键值设置为 0。

设计过程

（1）打开 Visual C++ 6.0 开发环境，新建一个基于对话框的应用程序，命名为 NoRecentDocsMenu。

（2）在对话框上添加两个按钮控件，设置 ID 属性分别为 IDC_BTHIDE1 和 IDC_BTSHOW，设置 Caption 属性分别为"禁止'文档'菜单"和"恢复'文档'菜单"。

（3）主要代码如下：

```
void CNoRecentDocsMenuDlg::OnHide()
{
    HKEY sub;
    DWORD val=1;
    CString skey="Software\\Microsoft\\Windows\\CurrentVersion\\Policies\\Explorer";
    ::RegCreateKey(HKEY_CURRENT_USER,skey,&sub);
    RegSetValueEx(sub,"NoRecentDocsMenu",NULL,REG_DWORD,(BYTE*)&val,sizeof(DWORD));
```

```
    ::RegCloseKey(sub);
}
void CNoRecentDocsMenuDlg::OnShow()
{
    HKEY sub;
    DWORD val=0;
    CString skey="Software\\Microsoft\\Windows\\CurrentVersion\\Policies\\Explorer";
    ::RegCreateKey(HKEY_CURRENT_USER,skey,&sub);
    RegSetValueEx(sub,"NoRecentDocsMenu",NULL,REG_DWORD,(BYTE*)&val,sizeof(DWORD));
    ::RegCloseKey(sub);
}
```

秘笈心法

心法领悟 125：打开 Windows XP 系统资源管理器的状态栏。
[HKEY_CURRENT_USER\Software\Microsoft\Windows\CurrentVersion\Explorer\Advanced]
"ShowStatusBar"=dword:00000001

实例 126　在退出 Windows 时清除"文档"中的记录

光盘位置：光盘\MR\03\126　　趣味指数：★★★★☆　中级

实例说明

开始文档菜单下存放着最近浏览文件的历史记录，可以通过修改注册表实现在退出 Windows 系统时清除"文档"中的历史记录。程序运行效果如图 3.31 所示。

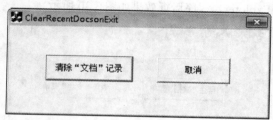

图 3.31　在退出 Windows 时清除"文档"中的记录

关键技术

需要修改的注册表项是 HKEY_CURRENT_USER\Software\Microsoft\Windows\CurrentVersion \Policies\Explorer，在该注册表项下新建一个二进制键值 ClearRecentDocsonExit，设置该键值为 01 00 00 00。

设计过程

（1）打开 Visual C++ 6.0 开发环境，新建一个基于对话框的应用程序，命名为 ClearRecentDocsonExit。
（2）在对话框上添加两个按钮控件，设置 ID 属性分别为 IDC_BTHIDE1 和 IDC_BTSHOW，设置 Caption 属性分别为"清除'文档'记录"和"取消"。
（3）主要代码如下：

```
void CClearRecentDocsonExitDlg::OnHide()
{
    HKEY sub;
    DWORD val=0x00000001;
    CString skey="Software\\Microsoft\\Windows\\CurrentVersion\\Policies\\Explorer";
    ::RegCreateKey(HKEY_CURRENT_USER,skey,&sub);
    RegSetValueEx(sub,"ClearRecentDocsonExit",NULL,REG_BINARY,(BYTE*)&val,4);
    ::RegCloseKey(sub);
```

```
}
void CClearRecentDocsonExitDlg::OnShow()
{
    HKEY sub;
    CString skey="Software\\Microsoft\\Windows\\CurrentVersion\\Policies\\Explorer";
    ::RegCreateKey(HKEY_CURRENT_USER,skey,&sub);
    ::RegDeleteValue(sub,"ClearRecentDocsonExit");
    ::RegCloseKey(sub);
}
```

秘笈心法

心法领悟 126：使用异或算法对数字进行加密与解密。

开发系统应用软件过程中，如果系统登录模块中的用户密码只允许输入数字，那么需要将数字密码进行加密。即使非法用户得到数据库文件，从而得到登录用户的密码，也无法登录系统软件，异或算法加密的数字仍然为数字。例如，将 123456 进行异或加密，密匙为 123，代码如下：

```
TextBox1.Text = (123456 ^ 123).ToString();
```

实例 127　禁止使用注册表编辑器

光盘位置：光盘\MR\03\127　　中级　　趣味指数：★★★★☆

实例说明

如果要禁止使用注册表编辑器，需要修改注册表项 HKEY_CURRENT_USER\Software\Microsoft\Windows\CurrentVersion\Policies\System。程序运行效果如图 3.32 所示。

图 3.32　禁止使用注册表编辑器

关键技术

本实例将该注册表项下的键值 DisableRegistryTools 设置为 1。如果要恢复使用注册表编辑器，则键值设置为 0 或将键值删除。

设计过程

（1）打开 Visual C++ 6.0 开发环境，新建一个基于对话框的应用程序，命名为 DisableRegistryTools。

（2）在对话框上添加两个按钮控件，设置 ID 属性分别为 IDC_BTHIDE1 和 IDC_BTSHOW，设置 Caption 属性分别为"禁止"和"取消"。

（3）主要代码如下：

```
void CDisableRegistryToolsDlg::OnHide()
{
    HKEY sub;
    DWORD val=1;
    CString skey="Software\\Microsoft\\Windows\\CurrentVersion\\Policies\\System";
    ::RegCreateKey(HKEY_CURRENT_USER,skey,&sub);
    RegSetValueEx(sub,"DisableRegistryTools",NULL,REG_DWORD,(BYTE*)&val,
        sizeof(DWORD));
```

```
    ::RegCloseKey(sub);
}
void CDisableRegistryToolsDlg::OnShow()
{
    HKEY sub;
    DWORD val=0;
    CString skey="Software\\Microsoft\\Windows\\CurrentVersion\\Policies\\System";
    ::RegCreateKey(HKEY_CURRENT_USER,skey,&sub);
    RegSetValueEx(sub,"DisableRegistryTools",NULL,REG_DWORD,(BYTE*)&val,
    sizeof(DWORD));
    ::RegCloseKey(sub);
}
```

秘笈心法

心法领悟 127：加密应用系统软件中的所有数据。

为银行、政府、军队等机关单位开发管理软件过程，由于这些单位涉及的都是机密数据，所以需要将这些机密数据进行加密，然后保存到数据库中。在读取数据库中的数据时进行解密，即使非法用户得到了数据库，也无法浏览数据库中的数据。

实例 128　禁止使用 INF 文件
光盘位置：光盘\MR\03\128　　中级　趣味指数：★★★★☆

实例说明

通过注册表禁止使用 INF 文件，需要修改注册表项 HKEY_LOCAL_MACHINE\Software\CLASSES\.inf。程序运行效果如图 3.33 所示。

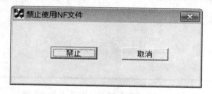

图 3.33　禁止使用 INF 文件

关键技术

将该注册表项键值"默认"设置为字符串 txtfile。如果要恢复使用 INF 文件，则设置字符串 inffile。

设计过程

（1）打开 Visual C++ 6.0 开发环境，新建一个基于对话框的应用程序，命名为 Disableinf。
（2）在对话框上添加两个按钮控件，设置 ID 属性分别为 IDC_BTHIDE 和 IDC_BTSHOW，设置 Caption 属性分别为"禁止"和"取消"。
（3）主要代码如下：

```
void CDisableinfDlg::OnHide()                                    //禁止使用 INF 文件
{
    HKEY sub;
    CString skey="Software\\CLASSES\\.inf";                      //注册表
    CString value="txtfile";                                     //修改键值
    ::RegCreateKey(HKEY_LOCAL_MACHINE,skey,&sub);                //打开注册表
    RegSetValue(sub,"",REG_SZ,value,sizeof(DWORD));              //设置默认值
    ::RegCloseKey(sub);                                          //关闭键句柄
```

```
}
void CDisableinfDlg::OnShow()                                    //可以使用 INF 文件
{
    HKEY sub;
    CString skey="Software\\CLASSES\\.inf";
    CString value="inffile";
    ::RegCreateKey(HKEY_LOCAL_MACHINE,skey,&sub);
    RegSetValue(sub,"",REG_SZ,value,sizeof(DWORD));
    ::RegCloseKey(sub);
}
```

秘笈心法

心法领悟 128：如何实现 IE 表单的自动完成功能？

当用户每次在 IE 地址栏中输入曾经输入过的地址时，便会自动完成输入，省去了反复输入的麻烦，尤其是地址很长或很难记时。操作子键 HKEY_CURRNET_USER-software-Microsoft- Windows-currentVersion-Explorer-AutoComplete（AutoSuggest 字符串值（yes/no））时要求 ID 版本至少为 5.0 以上。代码如下：

```
RegistryKey rgK = Registry.CurrentUser.CreateSubKey(@"Software\Microsoft\Windows\CurrentVersion\Explorer\ AutoComplete");
rgK.SetValue("AutoSuggest", "yes", RegistryValueKind.String);
```

实例 129 禁止使用 REG 文件

光盘位置：光盘\MR\03\129

中级
趣味指数：★★★★☆

实例说明

通过注册表禁止使用 REG 文件，需要修改注册表项 HKEY_LOCAL_MACHINE\Software\CLASSES\.reg。程序运行效果如图 3.34 所示。

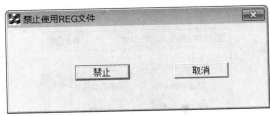

图 3.34 禁止使用 REG 文件

关键技术

将该注册表项键值"默认"设置为字符串 txtfile。如果要恢复使用 REG 文件，则设置字符串 regfile。

设计过程

（1）打开 Visual C++ 6.0 开发环境，新建一个基于对话框的应用程序，命名为 Disablereg。

（2）在对话框上添加两个按钮，设置 ID 属性分别为 IDC_BTHIDE 和 IDC_BTSHOW，设置 Caption 属性分别为"禁止"和"取消"。

（3）主要代码如下：

```
void CDisableregDlg::OnHide()                                    //禁止使用 REG 文件
{
    HKEY sub;
    CString skey="Software\\CLASSES\\.reg";                      //注册表
    CString value="txtfile";                                     //修改键值
    ::RegCreateKey(HKEY_LOCAL_MACHINE,skey,&sub);                //打开注册表
```

```
        RegSetValue(sub,"",REG_SZ,value,sizeof(DWORD));      //设置默认值
        ::RegCloseKey(sub);                                   //关闭键句柄
}
void CDisableregDlg::OnShow()                                 //可以使用 REG 文件
{
        HKEY sub;
        CString skey="Software\\CLASSES\\.reg";
        CString value="regfile";
        ::RegCreateKey(HKEY_LOCAL_MACHINE,skey,&sub);
        RegSetValue(sub,"",REG_SZ,value,sizeof(DWORD));
        ::RegCloseKey(sub);
}
```

■ 秘笈心法

心法领悟 129：如何把修改好的注册表分支重新导入？

命令的格式为：regedit/L:system/R:user file1.reg file2.reg。一般都要修改默认的注册表文件，所以在实际使用中只需输入 regedit file1.reg 即可。

实例 130　控制光驱的自动运行功能
光盘位置：光盘\MR\03\130　　　　中级

■ 实例说明

在 Windows 操作系统中，光盘放入光驱后可自动运行。如果用户不想使光驱自动运行，可通过程序对光驱进行控制。本实例运行后，单击"禁止自动运行"按钮，设置信息将写入到注册表，重新启动计算机后，放入光驱中的光盘将不会自动运行；单击"开始自动运行"按钮，则光盘放入光驱后可以自动运行。程序运行效果如图 3.35 所示。

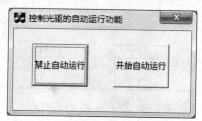

图 3.35　控制光驱的自动运行功能

■ 关键技术

本实例应用 RegCreateKey 函数和 RegSetValueEx 函数对注册表进行修改。

打开注册表的 HKEY_LOCAL_MACHINE\System\CurrentControlSet\Services\Cdrom 子项，修改 Autorun 的键值数据，设置为 0 可实现禁止光驱自动运行，设置为 1 可实现允许光驱自动运行。

■ 设计过程

（1）新建一个基于对话框的应用程序。

（2）在对话框上添加两个按钮控件，设置 ID 属性分别为 IDC_FORBID 和 IDC_START，设置 Caption 属性分别为"禁止自动运行"和"开始自动运行"。

（3）为"禁止自动运行"按钮添加实现函数 OnForbid，为"开始自动运行"按钮添加实现函数 OnStart。

（4）"禁止自动运行"按钮的实现函数向注册表中写入数据，禁止光驱的自动运行，代码如下：

```
void CCDAutoRunDlg::OnForbid()
{
    DWORD cb;
    HKEY sub;
    DWORD c=0;
    SECURITY_ATTRIBUTES sa;
    sa.nLength = sizeof(SECURITY_ATTRIBUTES);
    sa.bInheritHandle = TRUE;
    sa.lpSecurityDescriptor = NULL;
    CString skey="System\\CurrentControlSet\\Services\\Cdrom";
    ::RegCreateKeyEx(HKEY_LOCAL_MACHINE,skey,0L,"",REG_OPTION_NON_VOLATILE,KEY_ALL_ACCESS,
        &sa,&sub,&cb);                                                                  //打开注册表
    RegSetValueEx(sub,"Autorun",NULL,REG_DWORD,(BYTE*)&c,sizeof(DWORD));                //禁止光驱自动运行
    RegCloseKey(sub);
}
```

（5）"开始自动运行"按钮的实现函数向注册表中写入数据，设置光驱的自动运行，代码如下：

```
void CCDAutoRunDlg::OnStart()
{
    HKEY sub;
    DWORD c=1;
    CString skey="System\\CurrentControlSet\\Services\\Cdrom";
    ::RegCreateKey(HKEY_LOCAL_MACHINE,skey,&sub);
    RegSetValueEx(sub,"Autorun",NULL,REG_DWORD,(BYTE*)&c,sizeof(DWORD));                //设置光驱自动运行
    RegCloseKey(sub);
}
```

■ 秘笈心法

心法领悟 130：什么是 SQL 注入式攻击？

SQL 注入式攻击是指利用设计上的漏洞，在目标服务器上运行 SQL 命令以及进行其他方式的攻击，动态生成 SQL 语句时没有对用户输入的数据进行验证。SQL 注入式攻击是一种常规性的攻击，可以允许一些不法用户检索他人的数据、改变服务器的设置或者在他人不小心时破坏其服务器。SQL 注入式攻击不是 SQL Server 问题，而是不适当的程序。

实例 131　设置"蜘蛛纸牌"游戏

光盘位置：光盘\MR\03\131

高级　趣味指数：★★★★☆

■ 实例说明

在 Windows XP 操作系统中，微软公司推出了类似于"空当接龙"的第 3 款排列纸牌游戏"蜘蛛纸牌"。在游戏过程中会带有音乐及动画效果，如果用户想关闭游戏中的音效或动画效果，可通过本实例实现。本实例运行后，选中相关选项的复选框，单击"确定"按钮，系统重新启动后，游戏中的声音或动画效果将关闭。程序运行效果如图 3.36 所示。

图 3.36　设置"蜘蛛纸牌"游戏

关键技术

本实例应用 RegCreateKey 函数和 RegSetValueEx 函数对注册表进行修改。

打开注册表 HKEY_CURRENT_USER\Software\Microsoft\Spider 子项，在 Spider 子项中有一个名为 Sound 的双字节值项，将该值项的数值数据设置为 0 即可关闭声音。

在玩"蜘蛛纸牌"游戏的过程中，可以看到在每次发牌时都会有一个动画效果，通过修改注册表，可以关闭该动画效果，打开注册表 HKEY_CURRENT_USER\Software\Microsoft\Spider 子项，在 Spider 子项中有一个名为 AnimDeal 的双字节值项，将该值项的数值数据设置为 0 可关闭动画效果。

设计过程

（1）新建一个基于对话框的应用程序。

（2）在对话框上添加两个按钮控件，设置 ID 属性分别为 IDC_BTENTER 和 IDC_BTEXIT，设置 Caption 属性分别为"确定"和"取消"；添加两个复选框控件，设置 ID 属性分别为 IDC_CHSOUND 和 IDC_CHMOVIE，设置 Caption 属性分别为"关闭声音"和"关闭动画效果"，并为两个复选框控件添加成员变量 m_sound 和 m_movie；添加两个群组控件，设置 Caption 属性分别为"声音设置"和"动画设置"。

（3）添加"确定"按钮的实现函数 OnEnter 和"取消"按钮的实现函数 OnExit。

（4）"取消"按钮的实现函数实现关闭窗体，代码如下：

```
void CSolGameDlg::OnExit()
{
    this->OnCancel();
}
```

（5）"确定"按钮的实现函数向注册表写入信息完成相应的设置，代码如下：

```
void CSolGameDlg::OnEnter()
{
    HKEY sub;
    DWORD val1=1,val2=0;
    if(m_sound.GetCheck())                                      //关闭声音
    {
        CString skey="Software\\Microsoft\\Spider";
        ::RegCreateKey(HKEY_CURRENT_USER,skey,&sub);
        RegSetValueEx(sub,"Sound",NULL,REG_DWORD,(BYTE*)&val2,sizeof(DWORD));
        RegCloseKey(sub);
    }
    else                                                        //打开声音
    {
        CString skey="Software\\Microsoft\\Spider";
        ::RegCreateKey(HKEY_CURRENT_USER,skey,&sub);
        RegSetValueEx(sub,"Sound",NULL,REG_DWORD,(BYTE*)&val1,sizeof(DWORD));
        RegCloseKey(sub);
    }
    if(m_movie.GetCheck())                                      //关闭动画
    {
        CString skey="Software\\Microsoft\\Spider";
        ::RegCreateKey(HKEY_CURRENT_USER,skey,&sub);
        RegSetValueEx(sub,"AnimDeal",NULL,REG_DWORD,(BYTE*)&val2,sizeof(DWORD));
        RegCloseKey(sub);
    }
    else                                                        //打开动画
    {
        CString skey="Software\\Microsoft\\Spider";
        ::RegCreateKey(HKEY_CURRENT_USER,skey,&sub);
        RegSetValueEx(sub,"AnimDeal",NULL,REG_DWORD,(BYTE*)&val1,sizeof(DWORD));
        RegCloseKey(sub);
    }
}
```

秘笈心法

心法领悟 131：使用注册表删除多余的时区。

选择"开始"|"运行"命令，在弹出的对话框中输入 regedit，调出注册表。打开 HKEY_LOCAL_MACHINE\Software\Microsoft\Windows\CurrentVersion\Time Zones，只使用北京时间，可以删除其余的时区设置。

实例 132 禁止快速启动

光盘位置：光盘\MR\03\132

初级
趣味指数：★★★★☆

实例说明

使用 API 函数可以禁止快速启动。运行程序，单击"禁止"按钮，即可禁止快速启动。程序运行效果如图 3.37 所示。

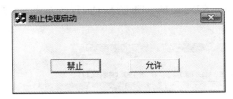

图 3.37　禁止快速启动

关键技术

按照以下步骤修改注册表中的键值即可实现禁止快速启动。
（1）打开注册表编辑器。
（2）打开 HKEY_CURRENT_USER\Software\Microsoft\Windows\CurrentVersion\Policies 子键。
（3）新建双字节值 noaddingcomponents，数值设为 1。
（4）注销或者重新启动计算机后计算机快速启动被禁止。

设计过程

（1）新建一个名为 Noquick 的对话框 MFC 工程。
（2）在工程中添加一个窗体，设置窗体的 Caption 属性为"禁止快速启动"。
（3）在窗体上添加两个按钮控件，设置 Caption 属性分别为"禁止"和"允许"。
（4）运行程序，单击"禁止"按钮，设置注册表的键值。代码如下：

```
HKEY sub;
DWORD value=1;
CString skey="Software\\Microsoft\\Windows\\CurrentVersion\\Policies";
::RegCreateKey(HKEY_CURRENT_USER,skey,&sub);
RegSetValueEx(sub,"noaddingcomponents",NULL,REG_DWORD,(BYTE*)&value,sizeof(DWORD));    //设置注册表的键值
::RegCloseKey(sub);
```

单击"允许"按钮，即可允许快速启动，代码如下：

```
HKEY sub;
DWORD val=0;
CString skey="CLSID\\{20D04FE0-3AEA-1069-A2D8-08002B30309D}\\ShellFolder";    //设置字符串
::RegCreateKey(HKEY_CURRENT_USER,skey,&sub);                                   //打开注册表项
RegSetValueEx(sub,"noaddingcomponents",NULL,REG_DWORD,(BYTE*)&val,sizeof(DWORD));    //设置键值
::RegCloseKey(sub);
```

秘笈心法

心法领悟 132：如何防止 SQL 注入式攻击？

要防范 SQL 注入式攻击，应该注意以下两点：

（1）检查输入的 SQL 语句的内容，如果包含敏感字符，则删除敏感字符，敏感字符包括 "、"、">"、"<="、"!"、"-"、"+"、"*"、"/"、"()"、"|" 和空格等。

（2）不要在用户输入过程中构造 WHERE 子句，应该利用参数来使用存储过程。

实例 133　禁止更改"Internet 选项"里"常规"中的"历史记录"项　　中级

光盘位置：光盘\MR\03\133　　　　　　　　　　　　　　　　　趣味指数：★★★★

实例说明

利用 API 函数可以将"Internet 选项"里"常规"中的"历史记录"项禁用。运行程序，单击"禁止更改【历史记录】"按钮，即可弹出如图 3.38 所示的对话框。重新启动 IE 浏览器即可看到"Internet 选项"里"常规"中的"历史记录"项已经被禁用。

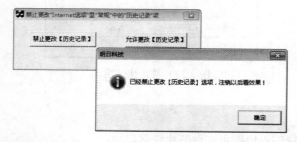

图 3.38　禁止更改"Internet 选项"里"常规"中的"历史记录"项

启动 IE 浏览器，选择"工具"|"Internet 选项"命令，弹出"Internet 选项"对话框。选择"常规"选项卡，在"Internet 临时文件"区域中单击"设置"按钮，即可弹出"设置"对话框，在该对话框中可以看到所有的功能都是可用的，如图 3.39 所示。

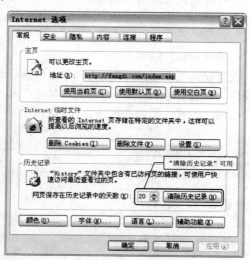

图 3.39　"Internet 选项"里"常规"中的"历史记录"项可用

运行程序，单击"禁止更改【历史记录】"按钮，重新启动 IE 浏览器，选择"工具"|"Internet 选项"命令，选择"常规"选项卡，在"Internet 临时文件"区域中单击"设置"按钮，即可弹出"设置"对话框，在该对话框中，与临时文件相关的属性都被屏蔽了，效果如图 3.40 所示。

图 3.40　禁用"Internet 选项"里"常规"中的"历史记录"项

■ 关键技术

按照以下步骤修改注册表中的键值即可实现禁止更改"Internet 选项"里"常规"中的"历史记录"项。
（1）打开注册表编辑器。
（2）打开 HKEY_CURRENT_USER\Software\Policies\Microsoft\Internet Explorer\Control Panel 子键。
（3）新建双字节值 History，数值设为 1。
（4）重新启动 IE 浏览器，可看到该区域已经被禁用。

■ 设计过程

（1）打开 Visual C++ 6.0 开发环境，新建一个基于对话框的应用程序，命名为 NoChangeHistory。
（2）在工程中添加一个窗体，设置窗体的 Caption 属性为"禁止更改'Internet 选项'里'常规'中的'历史记录'项"。
（3）在窗体上添加两个按钮控件，设置 Caption 属性分别为"禁止更改【历史记录】"和"允许更改【历史记录】"。
（4）运行程序，单击"禁止更改【历史记录】"按钮，设置注册表的键值。代码如下：

```
HKEY sub;
DWORD val=1;
CString skey="Software\\Policies\\Microsoft\\Internet Explorer\\Control Panel";
::RegCreateKey(HKEY_CURRENT_USER,skey,&sub);
RegSetValueEx(sub,"History",NULL,REG_DWORD,(BYTE*)&val,sizeof(DWORD));
::RegCloseKey(sub);
MessageBox("已经禁止更改【历史记录】选项，注销以后看效果！","明日科技",MB_OK|MB_ICONINFORMATION);
```

单击"允许更改【历史记录】"按钮，即可实现允许更改"Internet 选项"里"常规"中的"历史记录"项。代码如下：

```
HKEY sub;
DWORD val=0;
CString skey="Software\\Policies\\Microsoft\\Internet Explorer\\Control Panel";
::RegCreateKey(HKEY_CURRENT_USER,skey,&sub);
RegSetValueEx(sub,"History",NULL,REG_DWORD,(BYTE*)&val,sizeof(DWORD));
::RegCloseKey(sub);
```

秘笈心法

心法领悟 133：删除"运行"中的程序执行记录。

选择"开始"｜"运行"命令，在对话框中输入 regedit，调出注册表。打开 HKEY_USERS\.DEFAULT\Software\Microsoft\Windows\CurrentVersion\Explorer\RunMRU，删除下面的内容。

实例 134　禁止更改"Internet 选项"里"常规"中的"Internet 临时文件"项

光盘位置：光盘\MR\03\134

中级　趣味指数：★★★★★

实例说明

利用 API 函数可以将"Internet 选项"里"常规"中的"Internet 临时文件"项禁用。运行程序，单击"禁止更改"按钮，即可弹出如图 3.41 所示的对话框。重新启动 IE 浏览器即可将"Internet 选项"里"常规"中的"Internet 临时文件"项禁用。

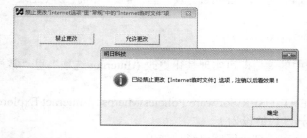

图 3.41　禁止更改"Internet 选项"里的"常规"中的"Internet 临时文件"项

启动 IE 浏览器，选择"工具"｜"Internet 选项"命令，弹出"Internet 选项"对话框。选择"常规"选项卡，在"Internet 临时文件"区域中，单击"设置"按钮，即可弹出"设置"对话框，在该对话框中可以看到所有的功能都是可用的，如图 3.42 所示。

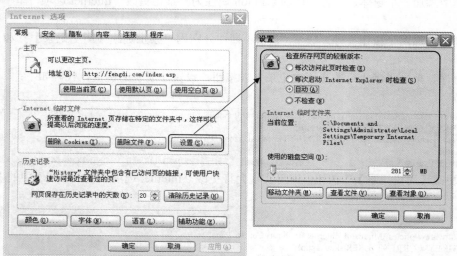

图 3.42　"Internet 选项"里"常规"中的"Internet 临时文件"项可用

运行程序，单击"禁止更改"按钮，重新启动 IE 浏览器，选择"工具"│"Internet 选项"命令，选择"常规"选项卡，在"Internet 临时文件"区域中，单击"设置"按钮，即可弹出"设置"对话框，在该对话框中，与临时文件相关的属性都被屏蔽了，效果如图 3.43 所示。

图 3.43 禁用"Internet 选项"里"常规"中的"Internet 临时文件"项

■ 关键技术

按照以下步骤修改注册表中的键值就可以实现禁止更改"Internet 选项"里"常规"中的"Internet 临时文件"项。

（1）打开注册表编辑器。
（2）打开 HKEY_CURRENT_USER\Software\Policies\Microsoft\Internet Explorer\Control Panel 子键。
（3）新建双字节值 Cache，数值设为 1。
（4）重新启动 IE 浏览器，可看到该区域已经被禁用。

■ 设计过程

（1）打开 Visual C++ 6.0 开发环境，新建一个基于对话框的应用程序，命名为 NoChangeCache。
（2）在工程中添加一个窗体，设置窗体的 Caption 属性为"禁止更改'Internet 选项'里'常规'中的'Internet 临时文件'项"。
（3）在窗体上添加两个按钮控件，设置 Caption 属性分别为"禁止更改"和"允许更改"。
（4）运行程序，单击"禁止更改"按钮，设置注册表的键值。代码如下：

```
HKEY sub;
DWORD val=1;
CString skey="Software\\Policies\\Microsoft\\Internet Explorer\\Control Panel";
::RegCreateKey(HKEY_CURRENT_USER,skey,&sub);
RegSetValueEx(sub,"Cache",NULL,REG_DWORD,(BYTE*)&val,sizeof(DWORD));
::RegCloseKey(sub);
```

单击"允许更改"按钮，即可使"Internet 选项"里"常规"中的"Internet 临时文件"项可用。代码如下：

```
HKEY sub;
DWORD val=0;
CString skey="Software\\Policies\\Microsoft\\Internet Explorer\\Control Panel";
::RegCreateKey(HKEY_CURRENT_USER,skey,&sub);
RegSetValueEx(sub,"Cache",NULL,REG_DWORD,(BYTE*)&val,sizeof(DWORD));
::RegCloseKey(sub);
```

秘笈心法

心法领悟 134：删除失效的文件关联。

注册表文件有关文件关联的内容存储在 HKEY_CLASSES_ROOT 键下。该主键可以大致看成两部分：第一部分（按字母顺序 A~Z 排列）用来定义文件类型；第二部分与第一部分一一对应，用于记录打开文件的应用程序。一般来说，在第二部分中展开可疑键值后，如果在子键 Command 下无内容，说明该键为空键，可以删除。更直观的方法是打开"文件管理器/查看/选项/文件类型"，这其实可以看作是 HKEY_CLASSES_ROOT 的一个图形界面，重点查看那些使用"通用文件图标"（白底上带一个 Windows 标志）的项。如果确信用来打开文件的程序已经不存在，可将该项删除。上面两种方法可以配合使用。

实例 135 禁止更改"Internet 选项"里"常规"中的"辅助功能"项

光盘位置：光盘\MR\03\135   中级   趣味指数：★★★★☆

实例说明

利用 API 函数可以将"Internet 选项"里"常规"中的"辅助功能"项禁用。运行程序，单击"禁止更改【辅助功能】项"按钮，即可弹出如图 3.44 所示的对话框。重新启动 IE 浏览器即可将"Internet 选项"里"常规"中的"辅助功能"项禁用。

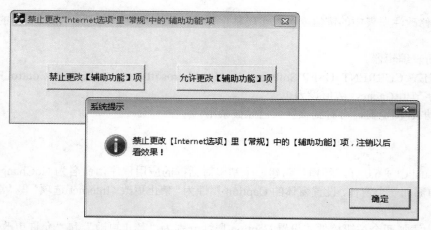

图 3.44 禁止更改"Internet 选项"里"常规"中的"辅助功能"项

启动 IE 浏览器，选择"工具"｜"Internet 选项"命令，弹出"Internet 选项"对话框。选择"常规"选项卡，单击"辅助功能"按钮，即可弹出"辅助功能"对话框，在该对话框中可以看到所有的功能都是可用的，如图 3.45 所示。

运行程序，单击"禁止更改【辅助功能】项"按钮，重新启动 IE 浏览器，选择"工具"｜"Internet 选项"命令，选择"常规"选项卡，单击"辅助功能"按钮，即可弹出"辅助功能"对话框，在该对话框中，与临时文件相关的属性都被屏蔽了，效果如图 3.46 所示。

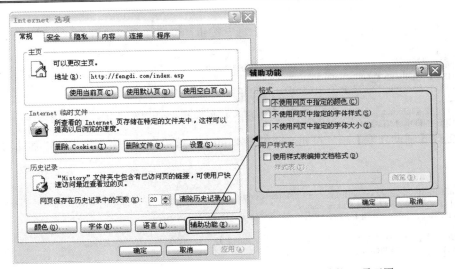

图 3.45 "Internet 选项"里"常规"中的"辅助功能"项可用

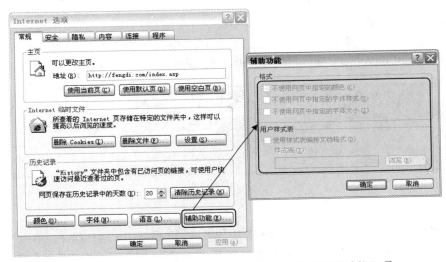

图 3.46 禁用"Internet 选项"里"常规"中的"辅助功能"项

■ 关键技术

按照以下步骤修改注册表中的键值就可以实现禁止更改"Internet 选项"里"常规"中的"辅助功能"项。
（1）打开注册表编辑器。
（2）打开 HKEY_CURRENT_USER\Software\Policies\Microsoft\Internet Explorer\Control Panel 子键。
（3）新建双字节值 Accessibility，数值设为 1。
（4）重新启动 IE 浏览器，可看到该功能已经被禁用。

■ 设计过程

（1）打开 Visual C++ 6.0 开发环境，新建一个基于对话框的应用程序，命名为 NoChangeFuzhu。
（2）在工程中添加一个窗体，设置窗体的 Caption 属性为"禁止更改'Internet 选项'里'常规'中的'辅助功能'项"。
（3）在窗体上添加两个按钮控件，设置 Caption 属性分别为"禁止更改【辅助功能】项"和"允许更改【辅助功能】项"。

（4）运行程序，单击"禁止更改【辅助功能】项"按钮，设置注册表的键值。代码如下：

```
HKEY sub;
DWORD val=1;
CString skey="Software\\Policies\\Microsoft\\Internet Explorer\\Control Panel";
::RegCreateKey(HKEY_CURRENT_USER,skey,&sub);
RegSetValueEx(sub,"Accessibility",NULL,REG_DWORD,(BYTE*)&val,sizeof(DWORD));
::RegCloseKey(sub);
MessageBox("禁止更改【Internet 选项】里【常规】中的【辅助功能】项，注销以后看效果！","系统提示
",MB_OK|MB_ICONINFORMATION);
```

单击"允许更改【辅助功能】项"按钮，即可使"Internet 选项"里"常规"中的"辅助功能"项可用。代码如下：

```
HKEY sub;
DWORD val=0;
CString skey="Software\\Policies\\Microsoft\\Internet Explorer\\Control Panel";
::RegCreateKey(HKEY_CURRENT_USER,skey,&sub);
RegSetValueEx(sub,"Accessibility",NULL,REG_DWORD,(BYTE*)&val,sizeof(DWORD));
::RegCloseKey(sub);
MessageBox("允许更改【Internet 选项】里【常规】中的【辅助功能】项，注销以后看效果！","系统提示
",MB_OK|MB_ICONINFORMATION);
```

■ 秘笈心法

心法领悟 135：删除多余的语言代码表。

删除多余的语言代码表，留下"英语（美国）"和"中文（中国）"即可。打开 HKEY_LOCAL_MACHINE\System\CurrentControlSet\Control\Nls\Locale，删除多余的语言代码。

实例 136　禁止更改"Internet 选项"里"常规"中的"语言"项

光盘位置：光盘\MR\03\136　　中级　　趣味指数：★★★★☆

■ 实例说明

利用 API 函数可以将"Internet 选项"里"常规"中的"语言"项禁用。运行程序，单击"禁止更改【语言】项"按钮，即可弹出如图 3.47 所示的对话框。重新启动 IE 浏览器即可将"Internet 选项"里"常规"中的"语言"项禁用。

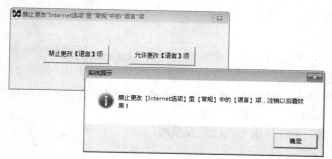

图 3.47　禁止更改"Internet 选项"里"常规"中的"语言"项

启动 IE 浏览器，选择"工具"｜"Internet 选项"命令，弹出"Internet 选项"对话框。选择"常规"选项卡，单击"语言"按钮，即可弹出"语言首选项"对话框，在该对话框中可以看到所有的功能都是可用的，如图 3.48 所示。

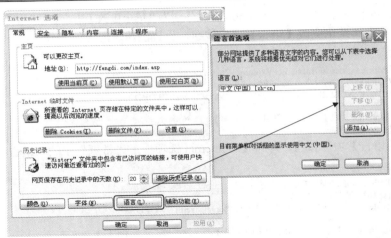

图 3.48 "Internet 选项"里"常规"中的"语言"项可用

运行程序,单击"禁止更改【语言】项"按钮,重新启动 IE 浏览器,选择"工具"|"Internet 选项"命令,选择"常规"选项卡,单击"语言"按钮,即可弹出"语言首选项"对话框,在该对话框中,与临时文件相关的属性都被屏蔽了,效果如图 3.49 所示。

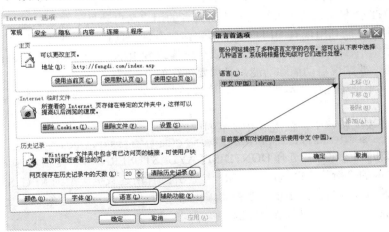

图 3.49 禁用"Internet 选项"里"常规"中的"语言"项

■ 关键技术

按照以下步骤修改注册表中的键值就可以实现禁止更改"Internet 选项"里"常规"中的"语言"项。
(1)打开注册表编辑器。
(2)打开 HKEY_CURRENT_USER\Software\Policies\Microsoft\Internet Explorer\Control Panel 子键。
(3)新建双字节值 Languages,数值设为 1。
(4)重新启动 IE 浏览器,可看到该功能已经被禁用。

■ 设计过程

(1)打开 Visual C++ 6.0 开发环境,新建一个基于对话框的应用程序,命名为 NoChangeLanguages。
(2)在工程中添加一个窗体,设置窗体的 Caption 属性为"禁止更改'Internet 选项'里'常规'中的'语言'项"。

（3）在窗体上添加两个按钮控件，设置 Caption 属性分别为"禁止更改【语言】项"和"允许更改【语言】项"。
（4）运行程序，单击"禁止更改【语言】项"按钮，设置注册表的键值。代码如下：

```
HKEY sub;
DWORD val=1;
CString skey="Software\\Policies\\Microsoft\\Internet Explorer\\Control Panel";
::RegCreateKey(HKEY_CURRENT_USER,skey,&sub);
RegSetValueEx(sub,"Languages",NULL,REG_DWORD,(BYTE*)&val,sizeof(DWORD));
::RegCloseKey(sub);
MessageBox("禁止更改【Internet 选项】里【常规】中的【语言】项，注销以后看效果！","系统提示",MB_OK|MB_ICONINFORMATION);
```

单击"允许更改【语言】项"按钮，即可使"Internet 选项"里"常规"中的"语言"项可用。代码如下：

```
HKEY sub;
DWORD val=0;
CString skey="Software\\Policies\\Microsoft\\Internet Explorer\\Control Panel";
::RegCreateKey(HKEY_CURRENT_USER,skey,&sub);
RegSetValueEx(sub,"Languages",NULL,REG_DWORD,(BYTE*)&val,sizeof(DWORD));
::RegCloseKey(sub);
MessageBox("允许更改【Internet 选项】里【常规】中的【语言】项，注销以后看效果！","系统提示",MB_OK|MB_ICONINFORMATION);
```

秘笈心法

心法领悟 136：自动清除登录窗口中上次访问者的用户名。

通常情况下，用户在进入 WINNT 网络之前必须输入自己的用户名称以及口令。但是当你重新启动计算机，登录 WINNT 时，WINNT 会在默认情况下将上一次访问者的用户名自动显示在登录窗口的"用户名"文本框中。这样一来，有些非法用户可能利用现有的用户名来猜测其口令，一旦猜中，将会对整个计算机系统产生极大的安全隐患。为了保证系统不存在任何安全隐患，可以通过修改 WINNT 注册表的方法来自动清除登录窗口中上次访问者的用户名信息。要实现自动清除功能，必须要进行如下配置：

（1）在"开始"菜单栏中选择"运行"命令，在随后打开的"运行"对话框中输入 REGEDIT 命令，从而打开注册表编辑器。
（2）在打开的注册表编辑器中，依次展开以下的键值：
[HKEY_LOCAL_MACHINE\SOFTWARE\MICROSOFT\WINDOWS NT\CURRENTVERSION\WINLOGON]
（3）在编辑器右边的列表框中，选择 DONTDISPLAYLASTUSERNAME 键值名称，如果没有上面的键值，可以利用"编辑"菜单中的"新建"键值命令添加一个，并选择所建数据类型为 REG_SZ。
（4）选择指定的键值并双击，当出现"字符串编辑器"对话框时，在"字符串"文本框中输入"1"，其中"1"代表启用该功能，"0"代表禁止该功能。

实例 137　禁止更改"Internet 选项"里"常规"中的"主页"项

光盘位置：光盘\MR\03\137　　中级　　趣味指数：★★★★☆

实例说明

利用 API 函数可以将"Internet 选项"里"常规"中的"主页"项禁用。运行程序，单击"禁止更改"按钮，即可弹出如图 3.50 所示的对话框。重新启动浏览器即可看到已经将"Internet 选项"里"常规"中的"主页"项禁用。

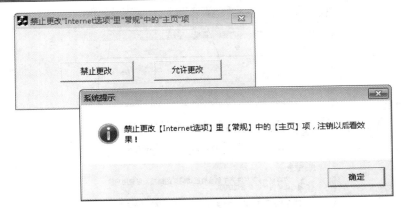

图 3.50　禁止更改"Internet 选项"里"常规"中的"主页"项

启动 IE 浏览器，选择"工具"｜"Internet 选项"命令，弹出"Internet 选项"对话框，如图 3.51 所示。选择"常规"选项卡，此时可以看到"主页"区域中的设置主页功能是可用的。

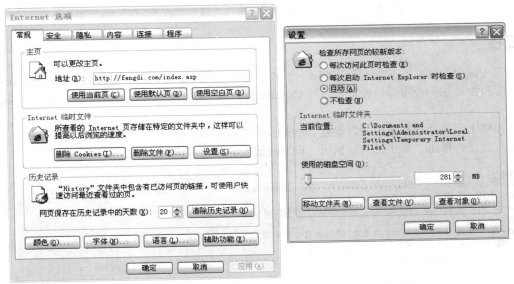

图 3.51　"Internet 选项"里"常规"中的"主页"项可用

运行程序，单击"禁止更改"按钮，重新启动 IE 浏览器，选择"工具"｜"Internet 选项"命令，选择"常规"选项卡，此时已经将"Internet 选项"里"常规"中的"主页"项禁用，如图 3.52 所示。

关键技术

按照以下步骤修改注册表中的键值即可实现禁止更改"Internet 选项"里"常规"中的"主页"项。

（1）打开注册表编辑器。
（2）打开 HKEY_CURRENT_USER\Software\Policies\Microsoft\Internet Explorer\Control Panel 子键。
（3）新建双字节值 HomePage，数值设为 1。
（4）重新启动 IE 浏览器，可看到该区域已经被禁用。

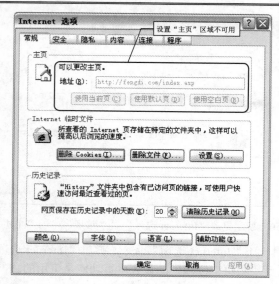

图 3.52 禁用"Internet 选项"里"常规"中的"主页"项

设计过程

（1）打开 Visual C++ 6.0 开发环境，新建一个基于对话框的应用程序，命名为 NoChangeHomePage。

（2）在工程中添加一个窗体，设置窗体的 Caption 属性为"禁止更改'Internet 选项'里'常规'中的'主页'项"。

（3）在窗体上添加两个按钮控件，设置 Caption 属性分别为"禁止更改"和"允许更改"。

（4）运行程序，单击"禁止更改"按钮，设置注册表的键值。代码如下：

```
HKEY sub;
DWORD val=1;
CString skey="Software\\Policies\\Microsoft\\Internet Explorer\\Control Panel";
::RegCreateKey(HKEY_CURRENT_USER,skey,&sub);
RegSetValueEx(sub,"HomePage",NULL,REG_DWORD,(BYTE*)&val,sizeof(DWORD));
::RegCloseKey(sub);
MessageBox("禁止更改【Internet 选项】里【常规】中的【主页】项，注销以后看效果！","系统提示
",MB_OK|MB_ICONINFORMATION);
```

单击"允许更改"按钮，即可显示"Internet 选项"中的"主页"选项。代码如下：

```
HKEY sub;
DWORD val=0;
CString skey="Software\\Policies\\Microsoft\\Internet Explorer\\Control Panel";
::RegCreateKey(HKEY_CURRENT_USER,skey,&sub);
RegSetValueEx(sub,"HomePage",NULL,REG_DWORD,(BYTE*)&val,sizeof(DWORD));
::RegCloseKey(sub);
MessageBox("允许更改【Internet 选项】里【常规】中的【主页】项，注销以后看效果！","系统提示
",MB_OK|MB_ICONINFORMATION);
```

秘笈心法

心法领悟 137：禁止光盘的自动运行功能。

当把光盘放到计算机中时，WINNT 就会执行自动运行功能，光盘中的应用程序就会被自动运行，而在实际工作中有时不需要这项功能，那么如何屏蔽该功能呢？此时，可以修改注册表使此功能失效，具体做法如下：

（1）打开注册表编辑器，并在编辑器中依次展开以下键值：
[HKEY_LOCAL_MACHINE\SYSTEM\CurrentControlSet\Services\Cdrom]

（2）在编辑器右边的列表中用鼠标选择 AUTORUN 键值。

（3）用鼠标双击 AUTORUN 键值，编辑器会弹出一个名为"字符串编辑器"的对话框，在该对话框的文

本栏中输入数值"0",其中 0 代表"禁用"光盘的自动运行功能,1 代表"启用"光盘的自动运行功能。

(4)设置好后,重新启动计算机就会使上述功能有效。

| 实例 138 | 禁止更改"Internet 选项"里"常规"中的"字体"项
光盘位置:光盘\MR\03\138 | 中级
趣味指数:★★★★☆ |

■ 实例说明

利用 API 函数可以将"Internet 选项"里"常规"中的"字体"项禁用。运行程序,单击"禁止更改【字体】选项"按钮,即可弹出如图 3.53 所示的对话框。重新启动 IE 浏览器即可将"Internet 选项"里"常规"中的"字体"项禁用。

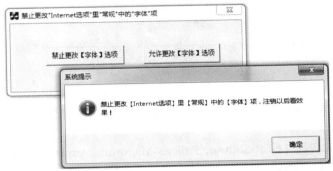

图 3.53　禁止更改"Internet 选项"里"常规"中的"字体"项

启动 IE 浏览器,选择"工具"|"Internet 选项"命令,弹出"Internet 选项"对话框。选择"常规"选项卡,单击"字体"按钮,即可弹出"字体"对话框,在该对话框中可以看到所有的功能都是可用的,如图 3.54 所示。

图 3.54　"Internet 选项"里"常规"中的"字体"项可用

运行程序，单击"禁止更改【字体】选项"按钮，重新启动 IE 浏览器，选择"工具"｜"Internet 选项"命令，选择"常规"选项卡，单击"字体"按钮，即可弹出"字体"对话框，在该对话框中，与临时文件相关的属性都被屏蔽了，效果如图 3.55 所示。

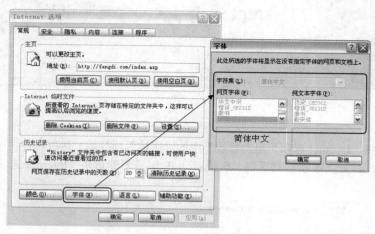

图 3.55　禁用"Internet 选项"里"常规"中的"字体"项

■ 关键技术

按照以下步骤修改注册表中的键值就可以实现禁止更改"Internet 选项"里"常规"中的"字体"项。
（1）打开注册表编辑器。
（2）打开 HKEY_CURRENT_USER\Software\Policies\Microsoft\Internet Explorer\Control Panel 子键。
（3）新建双字节值 Fonts，数值设为 1。
（4）重新启动 IE 浏览器，可看到该功能已经被禁用。

■ 设计过程

（1）打开 Visual C++ 6.0 开发环境，新建一个基于对话框的应用程序，命名为 NoChangeFont。
（2）在工程中添加一个窗体，设置窗体的 Caption 属性为"禁止更改'Internet 选项'里'常规'中的'字体'项"。
（3）在窗体上添加两个按钮控件，设置 Caption 属性分别为"禁止更改【字体】选项"和"允许更改【字体】选项"。
（4）运行程序，单击"禁止更改【字体】选项"按钮，设置注册表的键值。代码如下：

```
HKEY sub;
DWORD val=1;
CString skey="Software\\Policies\\Microsoft\\Internet Explorer\\Control Panel";
::RegCreateKey(HKEY_CURRENT_USER,skey,&sub);
RegSetValueEx(sub,"Fonts",NULL,REG_DWORD,(BYTE*)&val,sizeof(DWORD));
::RegCloseKey(sub);
MessageBox("禁止更改【Internet 选项】里【常规】中的【字体】项，注销以后看效果！","系统提示
",MB_OK|MB_ICONINFORMATION);
```

单击"允许更改【字体】选项"按钮，即可使"Internet 选项"里"常规"中的"字体"项可用。代码如下：

```
HKEY sub;
DWORD val=0;
CString skey="Software\\Policies\\Microsoft\\Internet Explorer\\Control Panel";
::RegCreateKey(HKEY_CURRENT_USER,skey,&sub);
RegSetValueEx(sub,"Fonts",NULL,REG_DWORD,(BYTE*)&val,sizeof(DWORD));
::RegCloseKey(sub);
MessageBox("允许更改【Internet 选项】里"常规"中的【字体】项，注销以后看效果！","系统提示
",MB_OK|MB_ICONINFORMATION);
```

秘笈心法

心法领悟 138：如何向注册表中添加键值？

（1）打开注册表列表，选中要添加新键值的文件夹。

（2）右击要添加新键值的文件夹。

（3）将鼠标指向"新建"，然后单击需要添加键值的类型，这些类型包括"字符串值"、"二进制值"和 DWORD 值。

（4）新添加的键值以一个临时键值显示，为新添加的键值输入一个新的值，然后按 Enter 键即可。

实例 139　隐藏"Internet 选项"中的"安全"选项卡
光盘位置：光盘\MR\03\139　　　中级　　趣味指数：★★★★☆

实例说明

使用 API 函数可以将"Internet 选项"中的"安全"选项卡隐藏。运行程序，单击"隐藏【安全】选项"按钮，即可弹出如图 3.56 所示的对话框，提示用户已经将"安全"选项卡隐藏。

启动 IE 浏览器，选择"工具"｜"Internet 选项"命令，弹出"Internet 选项"对话框，如图 3.57 所示。此时显示"安全"选项卡。

运行程序，单击"隐藏【安全】选项"按钮，重新启动 IE 浏览器，选择"工具"｜"Internet 选项"命令，此时已经将"安全"选项卡隐藏了，如图 3.58 所示。

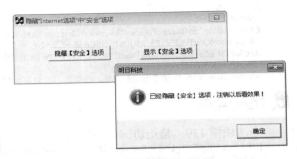

图 3.56　隐藏"Internet 选项"中的"安全"选项卡

图 3.57　在"Internet 选项"中显示"安全"选项卡

图 3.58　在"Internet 选项"中隐藏"安全"选项卡

关键技术

按照以下步骤修改注册表中的键值即可实现隐藏"Internet 选项"中的"安全"选项卡。

（1）打开注册表编辑器。

（2）打开 HKEY_CURRENT_USER\Software\Policies\Microsoft\Internet Explorer 子键。
（3）新建双字节值 Control Panel，数值设为 1。
（4）重新启动浏览器可看到该选项卡已隐藏。

设计过程

（1）打开 Visual C++ 6.0 开发环境，新建一个基于对话框的应用程序，命名为 HideSafe。
（2）在工程中添加一个窗体，设置窗体的 Caption 属性为"隐藏'Internet 选项'中'安全'选项"。
（3）在窗体上添加两个按钮控件，设置 Caption 属性分别为"隐藏【安全】选项"和"显示【安全】选项"。
（4）运行程序，单击"隐藏【安全】选项"按钮，设置注册表的键值。代码如下：

```
HKEY sub;
DWORD val=1;
CString skey="Software\\Policies\\Microsoft\\Internet Explorer";
::RegCreateKey(HKEY_CURRENT_USER,skey,&sub);
RegSetValueEx(sub,"Control Panel",NULL,REG_DWORD,(BYTE*)&val,sizeof(DWORD));
::RegCloseKey(sub);
MessageBox("已经隐藏【安全】选项,注销以后看效果！","明日科技",MB_OK|MB_ICONINFORMATION);
```

单击"显示【安全】选项"按钮，即可显示"Internet 选项"中的"安全"选项卡。代码如下：

```
HKEY sub;
DWORD val=0;
CString skey="Software\\Policies\\Microsoft\\Internet Explorer";
::RegCreateKey(HKEY_CURRENT_USER,skey,&sub);
RegSetValueEx(sub,"Control Panel",NULL,REG_DWORD,(BYTE*)&val,sizeof(DWORD));
::RegCloseKey(sub);
MessageBox("已经恢复【安全】选项,注销以后看效果！","明日科技",MB_OK|MB_ICONINFORMATION);
```

秘笈心法

心法领悟 139：禁止访问任务栏属性。

[HKEY_CURRENT_USER\Software\Microsoft\Windows\CurrentVersion\Policies\Explorer]
"NoSetTaskbar"=dword:00000001

实例 140　隐藏"Internet 选项"中的"常规"选项卡

光盘位置：光盘\MR\03\140　　　中级　　趣味指数：★★★★☆

实例说明

使用 API 函数可以将"Internet 选项"中的"常规"选项卡隐藏。运行程序，单击"隐藏【常规】选项"按钮，即可弹出如图 3.59 所示的对话框，提示用户已经将"常规"选项卡隐藏。

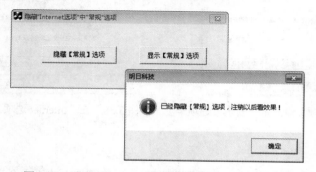

图 3.59　隐藏"Internet 选项"中的"常规"选项卡

启动 IE 浏览器，选择"工具"│"Internet 选项"命令，弹出"Internet 选项"对话框，如图 3.60 所示。此时显示"常规"选项卡。

图 3.60　在"Internet 选项"中显示"常规"选项卡

运行程序，单击"隐藏【常规】选项"按钮，重新启动 IE 浏览器，选择"工具"|"Internet 选项"命令，此时已经将"常规"选项卡隐藏了，如图 3.61 所示。

图 3.61　在"Internet 选项"中隐藏"常规"选项卡

■ 关键技术

按照以下步骤修改注册表中的键值即可实现隐藏"Internet 选项"中的"常规"选项卡。

（1）打开注册表编辑器。
（2）打开 HKEY_CURRENT_USER\Software\Policies\Microsoft\Internet Explorer\Control Panel 子键。
（3）新建双字节值 GeneralTab，数值设为 1。
（4）重新启动 IE 浏览器，可看到该选项卡已隐藏。

设计过程

（1）打开 Visual C++ 6.0 开发环境，新建一个基于对话框的应用程序，命名为 HideGeneral。
（2）在工程中添加一个窗体，设置窗体的 Caption 属性为"隐藏'Internet 选项'中'常规'选项"。
（3）在窗体上添加两个按钮控件，设置 Caption 属性分别为"隐藏【常规】选项"和"显示【常规】选项"。
（4）运行程序，单击"隐藏【常规】选项"按钮，设置注册表的键值。代码如下：

```
HKEY sub;
DWORD val=1;
CString skey="Software\\Policies\\Microsoft\\Internet Explorer\\Control Panel";
::RegCreateKey(HKEY_CURRENT_USER,skey,&sub);
RegSetValueEx(sub,"GeneralTab",NULL,REG_DWORD,(BYTE*)&val,sizeof(DWORD));
::RegCloseKey(sub);
MessageBox("已经隐藏【常规】选项，注销以后看效果！","明日科技",MB_OK|MB_ICONINFORMATION);
```

单击"显示【常规】选项"按钮，即可显示"Internet 选项"中的"常规"选项卡。代码如下：

```
HKEY sub;
DWORD val=0;
CString skey="Software\\Policies\\Microsoft\\Internet Explorer\\Control Panel";
::RegCreateKey(HKEY_CURRENT_USER,skey,&sub);
RegSetValueEx(sub,"GeneralTab",NULL,REG_DWORD,(BYTE*)&val,sizeof(DWORD));
::RegCloseKey(sub);
MessageBox("已经恢复【常规】选项，注销以后看效果！","明日科技",MB_OK|MB_ICONINFORMATION);
```

秘笈心法

心法领悟 140：隐藏文件夹选项。

在 HKEY_CURRENT_USER\Software\Microsoft\Windows\CurretnVersion\Policeis\Explorer 子键下添加一 DWORD 值"NoFolderOptions"，并将其键值设置为 1 即可。

实例 141　隐藏"Internet 选项"中的"程序"选项卡

光盘位置：光盘\MR\03\141　　　　趣味指数：★★★★★　中级

实例说明

使用 API 函数可以将"Internet 选项"中的"程序"选项卡隐藏。运行程序，单击"隐藏【程序】选项"按钮，即可弹出如图 3.62 所示的对话框，提示用户已经将"程序"选项卡隐藏。

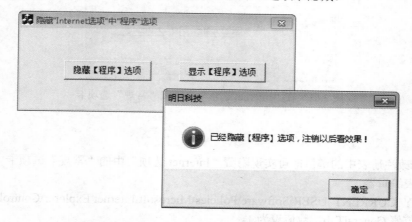

图 3.62　隐藏"Internet 选项"中的"程序"选项卡

启动 IE 浏览器，选择"工具"|"Internet 选项"命令，弹出"Internet 选项"对话框，如图 3.63 所示。此时显示"程序"选项卡。

图 3.63　在"Internet 选项"中显示"程序"选项卡

运行程序，单击"隐藏【程序】选项"按钮，重新启动 IE 浏览器，选择"工具"|"Internet 选项"命令，此时已经将"程序"选项卡隐藏了，如图 3.64 所示。

图 3.64　在"Internet 选项"中隐藏"程序"选项卡

关键技术

按照以下步骤修改注册表中的键值即可实现隐藏"Internet 选项"中的"程序"选项卡。

（1）打开注册表编辑器。
（2）打开 HKEY_CURRENT_USER\Software\Policies\Microsoft\Internet Explorer\Control Panel 子键。
（3）新建双字节值 ProgramsTab，数值设为 1。
（4）重新启动 IE 浏览器，可看到该选项卡已隐藏。

设计过程

（1）打开 Visual C++ 6.0 开发环境，新建一个基于对话框的应用程序，命名为 HideProgram。
（2）在工程中添加一个窗体，设置窗体的 Caption 属性为"隐藏'Internet 选项'中'程序'选项"。
（3）在窗体上添加两个按钮控件，设置 Caption 属性分别为"隐藏【程序】选项"和"显示【程序】选项"。
（4）运行程序，单击"隐藏【程序】选项"按钮，设置注册表的键值。代码如下：

```
HKEY sub;
DWORD val=1;
CString skey="Software\\Policies\\Microsoft\\Internet Explorer\\Control Panel";
::RegCreateKey(HKEY_CURRENT_USER,skey,&sub);
RegSetValueEx(sub,"ProgramsTab",NULL,REG_DWORD,(BYTE*)&val,sizeof(DWORD));
::RegCloseKey(sub);
MessageBox("已经隐藏【程序】选项,注销以后看效果！","明日科技",MB_OK|MB_ICONINFORMATION);
```

单击"显示【程序】选项"按钮，即可显示"Internet 选项"中的"程序"选项卡。代码如下：

```
HKEY sub;
DWORD val=0;
CString skey="Software\\Policies\\Microsoft\\Internet Explorer\\Control Panel";
::RegCreateKey(HKEY_CURRENT_USER,skey,&sub);
RegSetValueEx(sub,"ProgramsTab",NULL,REG_DWORD,(BYTE*)&val,sizeof(DWORD));
::RegCloseKey(sub);
MessageBox("已经恢复【程序】选项,注销以后看效果！","明日科技",MB_OK|MB_ICONINFORMATION);
```

秘笈心法

心法领悟 141：禁止远程修改注册表。

```
[HKEY_LOCAL_MACHINE\SYSTEM\CurrentControlSet\Control\SecurePipeServers\winreg]
"RemoteRegAccess"=dword:00000001
```

实例 142 隐藏"Internet 选项"中的"高级"选项卡

光盘位置：光盘\MR\03\142

中级
趣味指数：★★★★☆

实例说明

使用 API 函数可以将"Internet 选项"中的"高级"选项卡隐藏。运行程序，单击"隐藏【高级】选项"按钮，即可弹出如图 3.65 所示的对话框，提示用户已经将"高级"选项卡隐藏。

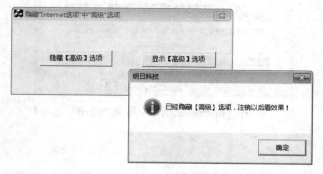

图 3.65 隐藏"Internet 选项"中的"高级"选项卡

启动 IE 浏览器，选择"工具"|"Internet 选项"命令，弹出"Internet 选项"对话框，如图 3.66 所示。此时显示"高级"选项卡。

运行程序，单击"隐藏【高级】选项"按钮，重新启动 IE 浏览器，选择"工具"|"Internet 选项"命令，此时已经将"高级"选项卡隐藏了，如图 3.67 所示。

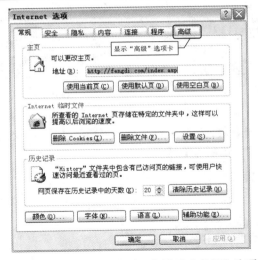

图 3.66 在"Internet 选项"中显示"高级"选项卡

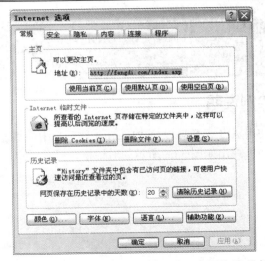

图 3.67 在"Internet 选项"中隐藏"高级"选项卡

关键技术

按照以下步骤修改注册表中的键值即可实现隐藏"Internet 选项"中的"高级"选项卡。
（1）打开注册表编辑器。
（2）打开 HKEY_CURRENT_USER\Software\Policies\Microsoft\Internet Explorer\Control Panel 子键。
（3）新建双字节值 AdvancedTab，数值设为 1。
（4）重新启动 IE 浏览器，可看到该选项卡已隐藏。

设计过程

（1）打开 Visual C++ 6.0 开发环境，新建一个基于对话框的应用程序，命名为 HideAdvancedTab。
（2）在工程中添加一个窗体，设置窗体的 Caption 属性为"隐藏'Internet 选项'中'高级'选项"。
（3）在窗体上添加两个按钮控件，设置 Caption 属性分别为"隐藏【高级】选项"和"显示【高级】选项"。
（4）运行程序，单击"隐藏【高级】选项"按钮，设置注册表的键值。代码如下：

```
HKEY sub;
DWORD val=1;
CString skey="Software\\Policies\\Microsoft\\Internet Explorer\\Control Panel";
::RegCreateKey(HKEY_CURRENT_USER,skey,&sub);
RegSetValueEx(sub,"AdvancedTab",NULL,REG_DWORD,(BYTE*)&val,sizeof(DWORD));
::RegCloseKey(sub);
MessageBox("已经隐藏【高级】选项，注销以后看效果！","明日科技",MB_OK|MB_ICONINFORMATION);
```

单击"显示【高级】选项"按钮，即可显示"Internet 选项"中的"高级"选项卡。代码如下：

```
HKEY sub;
DWORD val=0;
CString skey="Software\\Policies\\Microsoft\\Internet Explorer\\Control Panel";
::RegCreateKey(HKEY_CURRENT_USER,skey,&sub);
RegSetValueEx(sub,"AdvancedTab",NULL,REG_DWORD,(BYTE*)&val,sizeof(DWORD));
::RegCloseKey(sub);
MessageBox("已经恢复【高级】选项，注销以后看效果！","明日科技",MB_OK|MB_ICONINFORMATION);
```

秘笈心法

心法领悟 142：开启 IE 的下载功能。
[HKEY_CURRENT_USER\Software\Microsoft\Windows\CurrentVersion\Internet Settings\Zones\3]
"1803"=dword:00000000

实例 143　隐藏"Internet 选项"中的"连接"选项卡

光盘位置：光盘\MR\03\143　　　　　　　　　　　　　中级　趣味指数：★★★★

▌实例说明

使用 API 函数可以将"Internet 选项"中的"连接"选项卡隐藏。运行程序，单击"隐藏【连接】选项"按钮，即可弹出如图 3.68 所示的对话框，提示用户已经将"连接"选项卡隐藏。

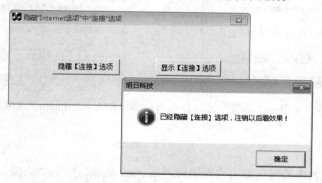

图 3.68　隐藏"Internet 选项"中的"连接"选项卡

启动 IE 浏览器，选择"工具"｜"Internet 选项"命令，弹出"Internet 选项"对话框，如图 3.69 所示。此时显示"连接"选项卡。

运行程序，单击"隐藏【连接】选项"按钮，重新启动 IE 浏览器，选择"工具"｜"Internet 选项"命令，此时已经将"连接"选项卡隐藏了，如图 3.70 所示。

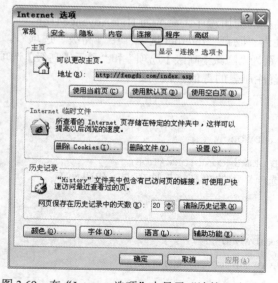

图 3.69　在"Internet 选项"中显示"连接"选项卡

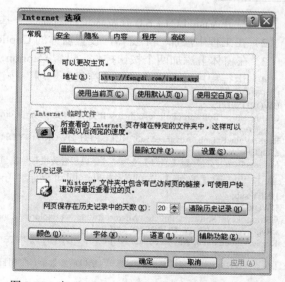

图 3.70　在"Internet 选项"中隐藏"连接"选项卡

▌关键技术

按照以下步骤修改注册表中的键值即可实现隐藏"Internet 选项"中的"连接"选项卡。

（1）打开注册表编辑器。
（2）打开 HKEY_CURRENT_USER\Software\Policies\Microsoft\Internet Explorer\Control Panel 子键。
（3）新建双字节值 ConnectionsTab，数值设为 1。
（4）重新启动 IE 浏览器，可看到该选项卡已隐藏。

设计过程

（1）打开 Visual C++ 6.0 开发环境，新建一个基于对话框的应用程序，命名为 HideConnectionsTab。
（2）在工程中添加一个窗体，设置窗体的 Caption 属性为"隐藏'Internet 选项'中'连接'选项"。
（3）在窗体上添加两个按钮控件，设置 Caption 属性分别为"隐藏【连接】选项"和"显示【连接】选项"。
（4）运行程序，单击"隐藏【连接】选项"按钮，设置注册表的键值。代码如下：

```
HKEY sub;
DWORD val=1;
CString skey="Software\\Policies\\Microsoft\\Internet Explorer\\Control Panel";
::RegCreateKey(HKEY_CURRENT_USER,skey,&sub);
RegSetValueEx(sub,"ConnectionsTab",NULL,REG_DWORD,(BYTE*)&val,sizeof(DWORD));
::RegCloseKey(sub);
MessageBox("已经隐藏【连接】选项，注销以后看效果！","明日科技",MB_OK|MB_ICONINFORMATION);
```

单击"显示【连接】选项"按钮，即可显示"Internet 选项"中的"连接"选项卡。代码如下：

```
HKEY sub;
DWORD val=0;
CString skey="Software\\Policies\\Microsoft\\Internet Explorer\\Control Panel";
::RegCreateKey(HKEY_CURRENT_USER,skey,&sub);
RegSetValueEx(sub,"ConnectionsTab",NULL,REG_DWORD,(BYTE*)&val,sizeof(DWORD));
::RegCloseKey(sub);
MessageBox("已经恢复【连接】选项，注销以后看效果！","明日科技",MB_OK|MB_ICONINFORMATION);
```

秘笈心法

心法领悟 143：屏蔽资源管理器中的"文件 F"和"搜索"菜单。
[HKEY_CURRENT_USER\Software\Microsoft\Windows\CurrentVersion\Policies\Explorer]
"NoFileMenu"=dword:00000001
"NoShellSearchButton"=dword:00000001

实例 144　隐藏"Internet 选项"中的"内容"选项卡

光盘位置：光盘\MR\03\144　　　趣味指数：★★★★☆　　中级

实例说明

使用 API 函数可以将"Internet 选项"中的"内容"选项卡隐藏。运行程序，单击"隐藏【内容】选项"按钮，即可弹出如图 3.71 所示的对话框，提示用户已经将"内容"选项卡隐藏。

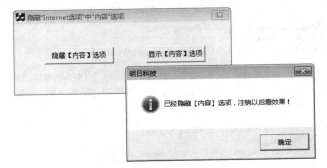

图 3.71　隐藏"Internet 选项"中的"内容"选项卡

启动 IE 浏览器，选择"工具"|"Internet 选项"命令，弹出"Internet 选项"对话框，如图 3.72 所示。此时显示"内容"选项卡。

运行程序，单击"隐藏【内容】选项"按钮，重新启动 IE 浏览器，选择"工具"|"Internet 选项"命令，此时已经将"内容"选项卡隐藏了，如图 3.73 所示。

图 3.72　在"Internet 选项"中显示"内容"选项卡　　　图 3.73　在"Internet 选项"中隐藏"内容"选项卡

■ 关键技术

按照以下步骤修改注册表中的键值即可实现隐藏"Internet 选项"中的"内容"选项卡。
（1）打开注册表编辑器。
（2）打开 HKEY_CURRENT_USER\Software\Policies\Microsoft\Internet Explorer\Control Panel 子键。
（3）新建双字节值 ContentTab，数值设为 1。
（4）重新启动 IE 浏览器，可看到该选项卡已隐藏。

■ 设计过程

（1）打开 Visual C++ 6.0 开发环境，新建一个基于对话框的应用程序，命名为 HideContentTab。
（2）在工程中添加一个窗体，设置窗体的 Caption 属性为"隐藏'Internet 选项'中'内容'选项"。
（3）在窗体上添加两个按钮控件，设置 Caption 属性分别为"隐藏【内容】选项"和"显示【内容】选项"。
（4）运行程序，单击"隐藏【内容】选项"按钮，设置注册表的键值。代码如下：

```
HKEY sub;
DWORD val=1;
CString skey="Software\\Policies\\Microsoft\\Internet Explorer\\Control Panel";
::RegCreateKey(HKEY_CURRENT_USER,skey,&sub);
RegSetValueEx(sub,"ContentTab",NULL,REG_DWORD,(BYTE*)&val,sizeof(DWORD));
::RegCloseKey(sub);
MessageBox("已经隐藏【内容】选项，注销以后看效果！","明日科技",MB_OK|MB_ICONINFORMATION);
```

单击"显示【内容】选项"按钮，即可显示"Internet 选项"中的"内容"选项卡。代码如下：

```
HKEY sub;
DWORD val=0;
CString skey="Software\\Policies\\Microsoft\\Internet Explorer\\Control Panel";
::RegCreateKey(HKEY_CURRENT_USER,skey,&sub);
RegSetValueEx(sub,"ContentTab",NULL,REG_DWORD,(BYTE*)&val,sizeof(DWORD));
::RegCloseKey(sub);
MessageBox("已经恢复【内容】选项，注销以后看效果！","明日科技",MB_OK|MB_ICONINFORMATION);
```

秘笈心法

心法领悟 144：删除"开始"菜单中的"文档"选项。
[HKEY_CURRENT_USER\Software\Microsoft\Windows\CurrentVersion\Policies\Explorer]
"NoSMMyDocs"=dword:00000001

| 实例 145 | 隐藏"开始"菜单中"设置"里的"任务栏和
「开始」菜单"选项

光盘位置：光盘\MR\03\145 | 中级
趣味指数：★★★★☆ |

实例说明

利用 API 函数可以将"开始"菜单中"设置"里的"任务栏和「开始」菜单"选项隐藏。运行程序，单击"隐藏选项"按钮，即可弹出如图 3.74 所示的对话框。注销或者重新启动计算机即可看到已经将"任务栏和「开始」菜单"选项隐藏。

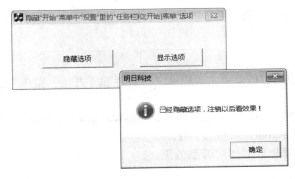

图 3.74 隐藏"开始"菜单中"设置"里的"任务栏和「开始」菜单"选项

选择"开始"菜单，选择"设置"命令，即可在子菜单中看到"任务栏和「开始」菜单"选项，如图 3.75 所示。

图 3.75 显示"开始"菜单中"设置"里的"任务栏和「开始」菜单"选项

运行程序，单击"隐藏选项"按钮，重新启动或者注销计算机，选择"开始"菜单，选择"设置"命令，即可看见子菜单中的"任务栏和[开始]菜单"已经被隐藏了，如图 3.76 所示。

图 3.76　隐藏"开始"菜单中"设置"里的"任务栏和「开始」菜单"选项

关键技术

按照以下步骤修改注册表中的键值即可实现隐藏"任务栏和「开始」菜单"选项。
（1）打开注册表编辑器。
（2）打开 HKEY_CURRENT_USER\Software\Microsoft\Windows\CurrentVersion\Policies\Explorer 子键。
（3）新建双字节值 NoSetTaskbar，数值设为 1。
（4）注销或者重新启动计算机以后即可看到效果。

设计过程

（1）打开 Visual C++ 6.0 开发环境，新建一个基于对话框的应用程序，命名为 HideTaskbar。
（2）在工程中添加一个窗体，设置窗体的 Caption 属性为"隐藏'开始'菜单中'设置'里的'任务栏和[开始]菜单'选项"。
（3）在窗体上添加两个按钮控件，设置 Caption 属性分别为"隐藏选项"和"显示选项"。
（4）运行程序，单击"隐藏选项"按钮，设置注册表的键值。代码如下：

```
HKEY sub;
DWORD val=1;
CString skey="Software\\Microsoft\\Windows\\Current\Version\\Policies\\Explorer";
::RegCreateKey(HKEY_CURRENT_USER,skey,&sub);
RegSetValueEx(sub,"NoSetTaskbar",NULL,REG_DWORD,(BYTE*)&val,sizeof(DWORD));
::RegCloseKey(sub);
MessageBox("已经隐藏选项，注销以后看效果！","明日科技",MB_OK|MB_ICONINFORMATION);
```

单击"显示选项"按钮，即可显示"开始"菜单中"设置"里的"任务栏和「开始」菜单"选项。代码如下：

```
HKEY sub;
DWORD val=0;
CString skey=" Software\\Microsoft\\Windows\\Current\Version\\Policies\\Explorer ";
::RegCreateKey(HKEY_CURRENT_USER,skey,&sub);
RegSetValueEx(sub,"NoSetTaskbar",NULL,REG_DWORD,(BYTE*)&val,sizeof(DWORD));
::RegCloseKey(sub);
MessageBox("已经显示选项，注销以后看效果！","明日科技",MB_OK|MB_ICONINFORMATION);
```

秘笈心法

心法领悟 145：打开启动优化功能。
[HKEY_LOCAL_MACHINE\SOFTWARE\Microsoft\Dfrg\BootOptimizeFunction]
"Enable"="Y"

| 实例 146 | 隐藏"开始"菜单中"文档"里的"我的文档"选项
光盘位置：光盘\MR\03\146 | 中级
趣味指数：★★★★☆ |

实例说明

通过修改注册表中的相关键值，可以将"开始"菜单中"文档"里的"我的文档"选项隐藏。运行程序，单击"隐藏选项"按钮，弹出如图 3.77 所示的提示对话框。

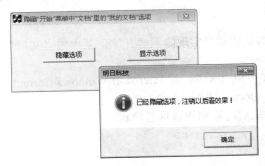

图 3.77　隐藏"开始"菜单中"文档"里的"我的文档"选项

在"开始"菜单中显示"文档"中"我的文档"选项的效果如图 3.78 所示。

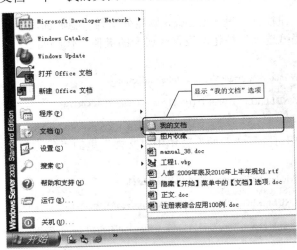

图 3.78　显示"开始"菜单中"文档"里的"我的文档"选项

单击"隐藏选项"按钮，注销或者重新启动计算机，即可看到"我的文档"选项已经被隐藏，效果如图 3.79 所示。

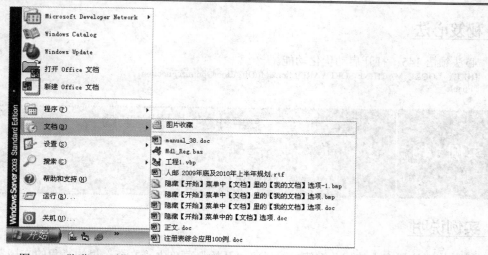

图 3.79 隐藏"开始"菜单中"文档"里的"我的文档"选项

■ 关键技术

按照以下步骤修改注册表中的键值即可实现隐藏"开始"菜单中"文档"里的"我的文档"选项。
（1）打开注册表编辑器。
（2）打开 HKEY_CURRENT_USER\Software\Microsoft\Windows\Current Version\Policies\Explorer 子键。
（3）新建双字节值 NoSMMyDocs，数值设为 1。
（4）注销或者重新启动计算机后可看到该选项已隐藏。

■ 设计过程

（1）打开 Visual C++ 6.0 开发环境，新建一个基于对话框的应用程序，命名为 HideMyDocs。
（2）在工程中添加一个窗体，设置窗体的 Caption 属性为"隐藏'开始'菜单中'文档'里的'我的文档'选项"。
（3）在窗体上添加两个按钮控件，设置 Caption 属性分别为"隐藏选项"和"显示选项"。
（4）运行程序，单击"隐藏选项"按钮，设置注册表的键值。代码如下：

```
HKEY sub;
DWORD val=1;
CString skey="Software\\Microsoft\\Windows\\Current Version\\Policies\\Explorer";
::RegCreateKey(HKEY_CURRENT_USER,skey,&sub);
RegSetValueEx(sub,"NoSMMyDocs",NULL,REG_DWORD,(BYTE*)&val,sizeof(DWORD));
::RegCloseKey(sub);
MessageBox("已经隐藏选项，注销以后看效果！","明日科技",MB_OK|MB_ICONINFORMATION);
```

单击"显示选项"按钮，即可显示"开始"菜单中"文档"里的"我的文档"选项。代码如下：

```
HKEY sub;
DWORD val=0;
CString skey="Software\\Microsoft\\Windows\\Current Version\\Policies\\Explorer";
::RegCreateKey(HKEY_CURRENT_USER,skey,&sub);
RegSetValueEx(sub,"NoSMMyDocs",NULL,REG_DWORD,(BYTE*)&val,sizeof(DWORD));
::RegCloseKey(sub);
MessageBox("已经显示选项，注销以后看效果！","明日科技",MB_OK|MB_ICONINFORMATION);
```

■ 秘笈心法

心法领悟 146：关机时自动清除"开始"菜单的文档记录。

```
[HKEY_CURRENT_USER\Software\Microsoft\Windows\CurrentVersion\Policies\Explorer]
"ClearRecentDocsOnEixt"=hex:01,00,00,00
```

实例 147	隐藏"开始"菜单中的"帮助和支持"选项	中级
	光盘位置：光盘\MR\03\147	趣味指数：★★★★☆

实例说明

通过修改注册表中的键值可以将"开始"菜单中的"帮助和支持"选项隐藏，运行程序，单击"隐藏【帮助和支持】选项"按钮，如果隐藏成功，将弹出提示对话框，如图 3.80 所示。

在"开始"菜单中，显示"帮助和支持"选项的效果如图 3.81 所示。

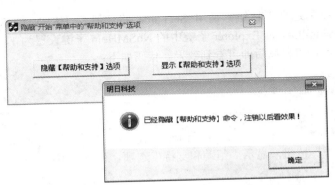

图 3.80　隐藏"开始"菜单中的"帮助和支持"选项　　图 3.81　显示"帮助和支持"选项

单击"隐藏【帮助和支持】选项"按钮，注销或者重新启动计算机以后，发现"帮助和支持"选项已经隐藏，如图 3.82 所示。

图 3.82　隐藏"帮助和支持"选项

关键技术

隐藏"开始"菜单中的"帮助和支持"选项的操作步骤如下：
（1）打开注册表编辑器。
（2）打开 HKEY_CURRENT_USER\Software\Microsoft\Windows\Current Version\Policies\Explorer 子键。
（3）新建双字节值 NoSMHelp，数值设为 1。
（4）注销或者重新启动计算机后可看到"帮助和支持"选项已隐藏。

设计过程

（1）打开 Visual C++ 6.0 开发环境，新建一个基于对话框的应用程序，命名为 HideHelp。
（2）在工程中添加一个窗体，设置窗体的 Caption 属性为"隐藏'开始'菜单中的'帮助和支持'选项"。
（3）在窗体上添加两个按钮控件，设置 Caption 属性分别为"隐藏【帮助和支持】选项"和"显示【帮助和支持】选项"。
（4）运行程序，单击"隐藏【帮助和支持】选项"按钮，调用 SetValue 将注册表 HKEY_CURRENT_USER\Software\Microsoft\Windows\Current Version\Policies\Explorer 子键中的 NoSMHelp 子键设置为 1，如果执行成功，则弹出提示对话框。注销或者重新启动计算机以后即可看到效果。代码如下：

```
HKEY sub;
DWORD val=1;
CString skey="Software\\Microsoft\\Windows\\Current Version\\Policies\\Explorer";
::RegCreateKey(HKEY_CURRENT_USER,skey,&sub);
RegSetValueEx(sub,"NoSMHelp",NULL,REG_DWORD,(BYTE*)&val,sizeof(DWORD));
::RegCloseKey(sub);
MessageBox("已经隐藏【帮助和支持】命令,注销以后看效果！","明日科技",MB_OK|MB_ICONINFORMATION);
```

运行程序，单击"显示【帮助和支持】选项"按钮，显示"帮助和支持"选项。代码如下：

```
HKEY sub;
DWORD val=0;
CString skey="Software\\Microsoft\\Windows\\Current Version\\Policies\\Explorer";
::RegCreateKey(HKEY_CURRENT_USER,skey,&sub);
RegSetValueEx(sub,"NoSMHelp",NULL,REG_DWORD,(BYTE*)&val,sizeof(DWORD));
::RegCloseKey(sub);
MessageBox("已经显示选项,注销以后看效果！","明日科技",MB_OK|MB_ICONINFORMATION);
```

秘笈心法

心法领悟 147：加快菜单显示速度。
[HKEY_CURRENT_USER\Control Panel\Desktop]
"MenuShowDelay"="0"

实例 148　隐藏"开始"菜单中的"关机"选项

光盘位置：光盘\MR\03\148

中级
趣味指数：★★★★☆

实例说明

通过修改注册表可以将"开始"菜单中的"关机"选项隐藏，运行程序，单击"隐藏【关机】选项"按钮，如果隐藏成功将弹出提示对话框，如图 3.83 所示。

显示"关机"选项的"开始"菜单效果如图 3.84 所示。

运行程序，单击"隐藏【关机】选项"按钮，弹出提示对话框，说明选项隐藏成功。注销或者重新启动计算机以后可以看到效果，如图 3.85 所示。

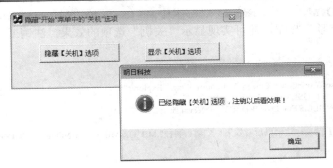

图 3.83 隐藏"开始"菜单中的"关机"选项

图 3.84 显示"关机"选项

图 3.85 隐藏"关机"选项

关键技术

隐藏"开始"菜单中的"关机"选项的操作步骤如下:
(1) 打开注册表编辑器。
(2) 打开 HKEY_CURRENT_USER\Software\Microsoft\Windows\Current Version\Policies\Explorer 子键。
(3) 新建双字节值 NoClose,数值为 1,表示隐藏"关机"选项。
(4) 重启计算机后会发现"关机"选项已被隐藏。

设计过程

(1) 打开 Visual C++ 6.0 开发环境,新建一个基于对话框的应用程序,命名为 HideClose。
(2) 在工程中添加一个窗体,设置窗体的 Caption 属性为"隐藏'开始'菜单中的'关机'选项"。
(3) 在窗体上添加两个按钮控件,设置 Caption 属性分别为"隐藏【关机】选项"和"显示【关机】选项"。
(4) 运行程序,单击"隐藏【关机】选项"按钮,调用 SetValue 将注册表中的 NoClose 键值设置为 1。如果设置成功,会弹出提示对话框。注销或者重新启动计算机以后即可看到效果。代码如下:

```
HKEY sub;
DWORD val=1;
CString skey="Software\\Microsoft\\Windows\\Current Version\\Policies\\Explorer";
::RegCreateKey(HKEY_CURRENT_USER,skey,&sub);
RegSetValueEx(sub,"NoClose",NULL,REG_DWORD,(BYTE*)&val,sizeof(DWORD));
::RegCloseKey(sub);
```

```
MessageBox("已经隐藏【关机】选项,注销以后看效果!","明日科技",MB_OK|MB_ICONINFORMATION);
```

单击"显示【关机】选项"按钮,即可实现显示"关机"选项的效果,注销或者重新启动计算机以后即可看到效果。代码如下:

```
HKEY sub;
DWORD val=0;
CString skey="Software\\Microsoft\\Windows\\Current Version\\Policies\\Explorer";
::RegCreateKey(HKEY_CURRENT_USER,skey,&sub);
RegSetValueEx(sub,"NoClose",NULL,REG_DWORD,(BYTE*)&val,sizeof(DWORD));
::RegCloseKey(sub);
MessageBox("已经显示【关机】选项,注销以后看效果!","明日科技",MB_OK|MB_ICONINFORMATION);
```

■ 秘笈心法

心法领悟 148:加快程序运行速度。
[HKEY_LOCAL_MACHINE\SYSTEM\CurrentControlSet\Control\FileSystem]
"ConfigFileAllocSize"=dword:000001f4

实例 149 隐藏"开始"菜单中的"运行"选项 中级 趣味指数:★★★★★

■ 实例说明

很多网友都有过被人恶意默认主页的经历,有时还可能把"开始"菜单中的"运行"选项隐藏,因为这样用户就不能轻易恢复原来的设置,这主要是通过修改了注册表的值实现的。运行程序,单击"隐藏"按钮,即可弹出如图 3.86 所示的提示对话框。

没有隐藏"运行"选项的效果如图 3.87 所示。

单击"隐藏"按钮,将"运行"选项隐藏,注销或者重新启动计算机以后即可看到如图 3.88 所示的效果。

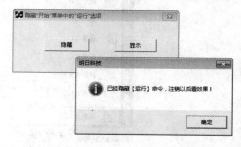

图 3.86 隐藏"开始"菜单中的"运行"选项

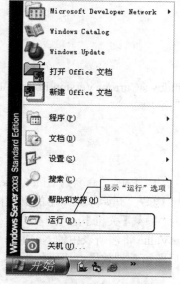

图 3.87 显示"运行"选项

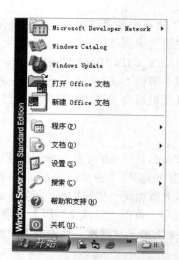

图 3.88 隐藏"运行"选项

关键技术

要实现隐藏"开始"菜单中的"运行"选项，可以通过以下步骤实现修改表中的键值。
（1）打开注册表编辑器。
（2）打开 HKEY_CURRENT_USER\Software\Microsoft\Windows\Current Version\Policies\Explorer 子键。
（3）新建双字节值 NoRun，数值为 1。
（4）注销或者重新启动计算机以后，会发现"运行"选项已经被隐藏。

设计过程

（1）打开 Visual C++ 6.0 开发环境，新建一个基于对话框的应用程序，命名为 HideRun。
（2）在工程中添加一个窗体，使用默认名称，设置窗体的 Caption 属性为"隐藏'开始'菜单中的'运行'选项"。
（3）在窗体上添加两个按钮控件，设置 Caption 属性分别为"隐藏"和"显示"。
（4）运行程序，单击"隐藏"按钮，调用 SetValue，将 HKEY_CURRENT_USER\Software\Microsoft\Windows\Current Version\Policies\Explorer 子键下的 NoRun 的值设置为 1。执行成功以后弹出提示对话框，提示设置成功，注销或者重新启动计算机以后可以看到效果。代码如下：

```
HKEY sub;
DWORD val=1;
CString skey="Software\\Microsoft\\Windows\\Current Version\\Policies\\Explorer";
::RegCreateKey(HKEY_CURRENT_USER,skey,&sub);
RegSetValueEx(sub,"NoRun",NULL,REG_DWORD,(BYTE*)&val,sizeof(DWORD));
::RegCloseKey(sub);
MessageBox("已经隐藏【运行】命令，注销以后看效果！","明日科技",MB_OK|MB_ICONINFORMATION);
```

单击"显示"按钮，即可将"运行"选项显示出来。代码如下：

```
HKEY sub;
DWORD val=0;
CString skey="Software\\Microsoft\\Windows\\Current Version\\Policies\\Explorer";
::RegCreateKey(HKEY_CURRENT_USER,skey,&sub);
RegSetValueEx(sub,"NoRun",NULL,REG_DWORD,(BYTE*)&val,sizeof(DWORD));
::RegCloseKey(sub);
MessageBox("已经显示【运行】命令，注销以后看效果！","明日科技",MB_OK|MB_ICONINFORMATION);
```

秘笈心法

心法领悟 149：开启硬件优化。
[HKEY_LOCAL_MACHINE\SYSTEM\CurrentControlSet\Services\Vxd\BIOS]
"CPUPriority"=dword:00000001
"PCIConcur"=dword:00000001
"FastDRAM"=dword:00000001
"AGPConcur"=dword:00000001

实例 150　隐藏"控制面板""网络连接""打印机和传真"3 个选项　　中级

光盘位置：光盘\MR\03\150

实例说明

利用 API 函数可以将"开始"菜单下"设置"命令中的"控制面板""网络连接""打印机和传真"选项隐藏。运行程序，单击"隐藏选项"按钮，即可弹出如图 3.89 所示的对话框。注销或者重新启动计算机即可看到已经将"控制面板""网络连接""打印机和传真"这3个选项隐藏。

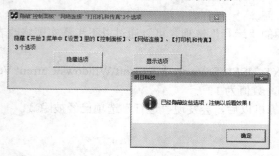

图3.89 隐藏"控制面板""网络连接""打印机和传真"3个选项

选择"开始"菜单,选择"设置"命令,即可在子菜单中看到"控制面板""网络连接""打印机和传真"选项,如图3.90所示。

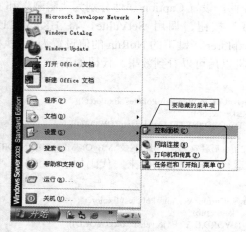

图3.90 显示"控制面板""网络连接""打印机和传真"选项

运行程序,单击"隐藏选项"按钮,注销或者重新启动计算机,选择"开始"菜单,选择"设置"命令,即可看见子菜单中的"控制面板"、"网络连接"和"打印机和传真"选项已经被隐藏了,如图3.91所示。

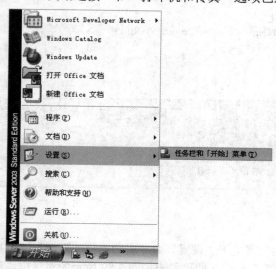

图3.91 隐藏以后的效果

关键技术

按照以下步骤修改注册表中的键值即可实现隐藏"控制面板"、"网络连接"和"打印机和传真"3个选项。

（1）打开注册表编辑器。
（2）打开 HKEY_CURRENT_USER\Software\Microsoft\Windows\CurrentVersion\Policies\Explorer 子键。
（3）新建双字节值 NoSetFolders，数值设为 1。
（4）注销或者重新启动计算机即可看到效果。

设计过程

（1）打开 Visual C++ 6.0 开发环境，新建一个基于对话框的应用程序，命名为 HideSetFolders。
（2）在工程中添加一个窗体，设置窗体的 Caption 属性为"隐藏'控制面板''网络连接''打印机和传真'3个选项"。
（3）在窗体上添加两个按钮控件，设置 Caption 属性分别为"隐藏选项"和"显示选项"。
（4）运行程序，单击"隐藏选项"按钮，利用 RegSetValueEx 设置注册表的键值。代码如下：

```
HKEY sub;
DWORD val=1;
CString skey="Software\\Microsoft\\Windows\\Current Version\\Policies\\Explorer";
::RegCreateKey(HKEY_CURRENT_USER,skey,&sub);
RegSetValueEx(sub,"NoSetFolders",NULL,REG_DWORD,(BYTE*)&val,sizeof(DWORD));
::RegCloseKey(sub);
MessageBox("已经隐藏这些选项，注销以后看效果！","明日科技",MB_OK|MB_ICONINFORMATION);
```

单击"显示选项"按钮，即可显示"控制面板""网络连接""打印机和传真"3个选项。代码如下：

```
HKEY sub;
DWORD val=0;
CString skey="Software\\Microsoft\\Windows\\Current Version\\Policies\\Explorer";
::RegCreateKey(HKEY_CURRENT_USER,skey,&sub);
RegSetValueEx(sub,"NoSetFolders",NULL,REG_DWORD,(BYTE*)&val,sizeof(DWORD));
::RegCloseKey(sub);
MessageBox("已经显示这些选项，注销以后看效果！","明日科技",MB_OK|MB_ICONINFORMATION);
```

秘笈心法

心法领悟 150：启动 Windows XP 的路由功能和 IP 的过滤功能。
[HKEY_LOCAL_MACHINE\SYSTEM\CurrentControlSet\Services\Tcpip\Parameters]
"IPEnableRouter"=dword:00000001
"EnableSecurityFilters"=dword:00000001

实例 151　隐藏"网上邻居"图标

光盘位置：光盘\MR\03\151　　　　中级

实例说明

通过修改注册表可以将桌面上的"网上邻居"图标隐藏。运行程序，单击"隐藏"按钮，隐藏"网上邻居"图标，如果设置成功，将弹出设置成功的对话框，如图 3.92 所示。

没有隐藏"网上邻居"图标的桌面效果如图 3.93 所示。

单击"隐藏"按钮，如果弹出设置成功的对话框，注销或者重新启动计算机以后即可将"网上邻居"图标隐藏。隐藏"网上邻居"图标的桌面效果如图 3.94 所示。

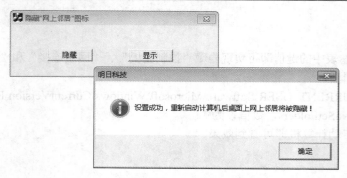

图 3.92 隐藏"网上邻居"图标

图 3.93 显示"网上邻居"图标的桌面效果

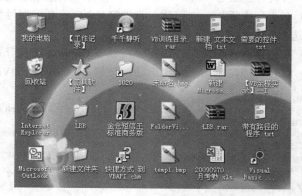

图 3.94 隐藏"网上邻居"图标的桌面效果

关键技术

按照以下步骤修改注册表中的键值即可实现隐藏"网上邻居"图标。

（1）打开注册表编辑器。
（2）打开 HKEY_CURRENT_USER\Software\Microsoft\Windows\CurrentVersion\Policies\Explorer 子键。
（3）新建双字节值 NoNetHood，数值设为 1。
（4）注销或者重新启动计算机即可看到效果。

设计过程

（1）打开 Visual C++ 6.0 开发环境，新建一个基于对话框的应用程序，命名为 HideNetHood。
（2）在工程中添加一个窗体，使用默认名称，设置 Caption 属性为"隐藏'网上邻居'图标"。
（3）在窗体上添加两个按钮控件，设置 Caption 属性分别为"隐藏"和"显示"。
（4）单击"隐藏"按钮，然后注销或者重新启动计算机，将桌面上的"网上邻居"图标隐藏起来。代码如下：

```
HKEY sub;
DWORD val=1;
CString skey="Software\\Microsoft\\Windows\\CurrentVersion\\Policies\\Explorer";
::RegCreateKey(HKEY_CURRENT_USER,skey,&sub);
RegSetValueEx(sub,"NoNetHood",NULL,REG_DWORD,(BYTE*)&val,sizeof(DWORD));
::RegCloseKey(sub);
MessageBox("设置成功,重新启动计算机后桌面上网上邻居被隐藏！","明日科技",MB_OK|MB_ICONINFORMATION);
```

单击"显示"按钮，将桌面上的"网上邻居"图标显示出来，注销或者重新启动计算机可以看到效果。代码如下：

```
HKEY sub;
DWORD val=0;
CString skey="Software\\Microsoft\\Windows\\CurrentVersion\\Policies\\Explorer";
```

```
::RegCreateKey(HKEY_CURRENT_USER,skey,&sub);
RegSetValueEx(sub,"NoNetHood",NULL,REG_DWORD,(BYTE*)&val,sizeof(DWORD));
::RegCloseKey(sub);
```

秘笈心法

心法领悟 151：启动预读和程序预读可以减少启动时间。
[HKEY_LOCAL_MACHINE\SYSTEM\CurrentControlSet\Control\Session Manager\Memory Management\ PrefetchParameters]
"EnablePrefetcher"=dword:00000003

实例 152　隐藏"我的文档"图标

光盘位置：光盘\MR\03\152　　中级　　趣味指数：★★★★

实例说明

桌面上的"我的文档"图标可以通过修改注册表的键值将其隐藏，运行本程序，单击"隐藏"按钮，即可将"我的文档"图标隐藏，如果执行成功，将会弹出"设置成功！"对话框，如图 3.95 所示。

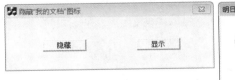

图 3.95　隐藏"我的文档"图标

"我的文档"图标显示在桌面上的效果如图 3.96 所示。
单击"隐藏"按钮，将"我的文档"图标隐藏，如图 3.97 所示。

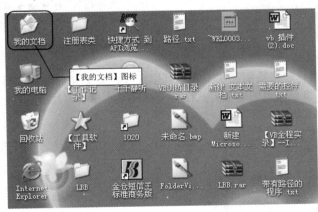
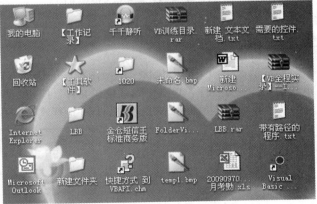

图 3.96　显示"我的文档"图标的效果　　　　图 3.97　隐藏"我的文档"图标以后的效果

关键技术

按照以下步骤修改注册表中的键值就可以实现隐藏"我的文档"图标。
（1）打开注册表编辑器。
（2）删除 SOFTWARE\Microsoft\Windows\CurrentVersion\Explorer\Desktop\NameSpace","{450D8FBA-AD25-11D0-98A8-0800361B1103}子键，注销或者重新启动计算机即可看到效果。

设计过程

（1）打开 Visual C++ 6.0 开发环境，新建一个基于对话框的应用程序，命名为 HideMyDoc。
（2）在工程中添加一个窗体，设置窗体的 Caption 属性为"隐藏'我的文档'图标"。
（3）在窗体上添加两个按钮控件，设置 Caption 属性分别为"隐藏"和"显示"。
（4）在窗体中单击"隐藏"按钮，即可将桌面上的"我的文档"图标隐藏。代码如下：

```
CString skey="Software\\Microsoft\\Windows\\CurrentVersion\\Explorer\\Desktop\\NameSpace\\{450D8FBA-AD25-11D0 -98A8-0800361B1103}";
LONG ReturnValue=::RegDeleteKey(HKEY_LOCAL_MACHINE,skey);
if(ReturnValue!=ERROR_SUCCESS)
{
    AfxMessageBox("隐藏失败");
}
MessageBox("设置成功！","明日科技",MB_OK|MB_ICONINFORMATION);
```

当用户单击"显示"按钮时，即可在桌面上将"我的文档"图标显示出来。代码如下：

```
HKEY sub;
CString skey="Software\\Microsoft\\Windows\\CurrentVersion\\Explorer\\Desktop\\NameSpace\\{450D8FBA-AD25-11D0 -98A8-0800361B1103}";
LONG ReturnValue=::RegCreateKey(HKEY_LOCAL_MACHINE,skey,&sub);
if(ReturnValue!=ERROR_SUCCESS)
{
    AfxMessageBox("创建注册表项失败");
}
::RegCloseKey(sub);
```

秘笈心法

心法领悟 152：让欢迎窗口更清晰。
[HKEY_USERS\.DEFAULT\Control Panel\Desktop]
"FontSmoothing"="2"
"FontSmoothingType"=dword:00000002

实例 153　隐藏桌面文件

光盘位置：光盘\MR\03\153　　　　　　　　　　　　　　　　　中级　趣味指数：★★★★

实例说明

通常情况下，桌面上包含一些应用程序的快捷方式，看起来特别乱。本实例可以实现将桌面文件隐藏或显示的功能。运行程序，单击"隐藏桌面文件"按钮，即可将桌面上的快捷方式图标全部隐藏，单击"显示桌面文件"按钮即可恢复桌面到原来的状态。程序运行效果如图 3.98 所示。

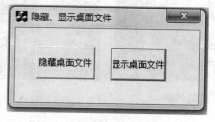

图 3.98　隐藏、显示桌面文件

关键技术

本实例主要通过使用 FindWindow 函数和 FindWindowEx 函数查找具体窗体句柄，通过 ShowWindow 函数达到隐藏和显示窗体的目的。桌面的窗体名称是 Program Manager，窗体类名称是 Progman。在 FindWindow 函数和 FindWindowEx 函数中可以单独使用窗体名称和窗体类名称。

设计过程

（1）新建一个名为 HideDesktop 的对话框 MFC 工程。

（2）在对话框上添加两个按钮控件，设置 ID 属性分别为 IDC_BTHIDE 和 IDC_BTSHOW，设置 Caption 属性分别为"隐藏桌面文件"和"显示桌面文件"。

（3）添加"隐藏桌面文件"按钮的实现函数，该函数用于隐藏桌面。代码如下：

```
void CHideDesktopDlg::OnHide()
{
    HWND desktop=::FindWindow(NULL,"Program Manager");
    if(desktop!=NULL)
    {
        ::ShowWindow(desktop,SW_HIDE);
    }
}
```

（4）添加"显示桌面文件"按钮的实现函数，该函数用于显示被隐藏的桌面。代码如下：

```
void CHideDesktopDlg::OnShow()
{
    HWND desktop=::FindWindow("Progman",NULL);
    if(desktop!=NULL)
    {
        ::ShowWindow(desktop,SW_SHOW);
    }
}
```

秘笈心法

心法领悟 153：停止磁盘空间不足警告。
[HKEY_LOCAL_MACHINE\SOFTWARE\Microsoft\Windows\CurrentVersion\policies\Explorer]
"NoLowDiskSpaceChecks"=dword:00000001

实例 154　清空上网历史记录
光盘位置：光盘\MR\03\154　　　　　　　　　　　　中级　趣味指数：★★★★

实例说明

IE 浏览器的地址栏会记录一些访问过的网页地址，本实例主要通过修改注册表将这些数据清空。运行程序，单击"清空上网历史记录"按钮，程序会删除历史记录数据。程序运行效果如图 3.99 所示。

图 3.99　清空上网历史记录

关键技术

本实例应用 RegDeleteKey 函数对注册表进行修改，注册表中 HKEY_CURRENT_USER\Software\Microsoft\Internet Explorer\TypedURLs 子项下的值项记录着上网历史记录，将该子项删除，上网历史记录就会被清空。本实例还应用 FindFirstUrlCacheEntry 函数、FindFirstUrlCacheEntryEx 函数、DeleteUrlCacheEntry 函数和 FindNextUrlCacheEntry 函数实现对上网缓存数据的修改。

（1）FindFirstUrlCacheEntry 函数。用来获得或打开上网 URL 缓存句柄。语法如下：

```
HANDLE FindFirstUrlCacheEntry ( IN LPCSTR lpszUrlSearchPattern,
    OUT LPINTERNET_CACHE_ENTRY_INFO lpFirstCacheEntryInfo,
    IN OUT LPDWORD lpdwFirstCacheEntryInfoBufferSize );
```

参数说明：

❶lpszUrlSearchPattern：缓存句柄的模式名称，参数值有"cookie:"、"visited:"和"*.*"。
❷lpFirstCacheEntryInfo：缓存句柄，如果为 NULL，函数将返回获得的句柄。
❸lpdwFirstCacheEntryInfoBufferSize：返回缓存句柄的大小。

（2）DeleteUrlCacheEntry 函数。用来删除缓存。语法如下：

```
BOOL DeleteUrlCacheEntry(IN LPCSTR lpszUrlName);
```

参数说明：

lpszUrlName：即将删除的缓存名称。

设计过程

（1）新建一个基于对话框的应用程序。

（2）在对话框上添加两个按钮控件，ID 分别为 IDC_BTCLEAR 和 IDC_BTEXIT，Caption 属性分别为"清空上网历史记录"和"退出"。

（3）通过类向导添加"清空上网历史记录"按钮的实现函数 OnClear；添加"退出"按钮的实现函数 OnExit。

（4）"清空上网历史记录"按钮的实现函数完成历史记录的删除，代码如下：

```cpp
void CDeleteURLDlg::OnClear()
{
    //浏览器地址栏历史记录
    CString skey="Software\\Microsoft\\Internet Explorer\\TypedURLs";
    ::RegDeleteKey(HKEY_CURRENT_USER,skey);
    //清除 Cookies 和临时文件
    HANDLE hEntry;
    LPINTERNET_CACHE_ENTRY_INFO lpCacheEntry=NULL;
    DWORD dwEntrySize;
    dwEntrySize=0;
    hEntry=FindFirstUrlCacheEntry(NULL, NULL, &dwEntrySize);      //获得上网 URL 缓存句柄
    lpCacheEntry=(LPINTERNET_CACHE_ENTRY_INFO)new char[dwEntrySize];
    hEntry=FindFirstUrlCacheEntryEx(NULL,0,NORMAL_CACHE_ENTRY|URLHISTORY_CACHE_ENTRY,0,
    lpCacheEntry,&dwEntrySize,NULL,NULL,NULL);
    do
    {
        DeleteUrlCacheEntry(lpCacheEntry->lpszSourceUrlName);//删除缓存
        dwEntrySize = 0;
        FindNextUrlCacheEntry(hEntry, NULL, &dwEntrySize);
        ZeroMemory(lpCacheEntry,dwEntrySize);
    }
    while(FindNextUrlCacheEntry(hEntry, lpCacheEntry, &dwEntrySize));
    delete lpCacheEntry;
}
```

（5）"退出"按钮的实现函数代码如下：

```cpp
void CDeleteURLDlg::OnExit()
{
    this->OnCancel();
}
```

秘笈心法

心法领悟 154：关闭 Windows XP 文件保护。

```
[HKEY_LOCAL_MACHINE\SOFTWARE\Microsoft\Windows NT\CurrentVersion\Winlogon]
"SFCDisable"=dword:ffffff9d
```

实例 155 设置 IE 浏览器默认的主页

光盘位置：光盘\MR\03\155　　趣味指数：★★★★☆　中级

■ 实例说明

本实例实现对 IE 浏览器中默认主页的修改。在文本框中输入主页地址，单击"设置主页"按钮，相关信息就会写入注册表，IE 浏览器会自动打开设置的主页。程序运行效果如图 3.100 所示。

图 3.100　设置 IE 浏览器默认的主页

■ 关键技术

本实例应用 RegCreateKey 函数和 RegSetValueEx 函数对注册表进行修改。打开注册表 HKEY_CURRENT_USER\Software\Microsoft\Internet Explorer\Main 子项，设置 Main 子项下的 Start Page 值项的数据。

■ 设计过程

（1）新建一个基于对话框的应用程序。
（2）在对话框上添加静态文本控件，设置 Caption 属性为"输入主页地址"；添加编辑框控件，设置 ID 属性为 IDC_EDSTARTPAGE；添加按钮控件，设置 ID 属性为 IDC_BTSET，设置 Caption 属性为"设置主页"。
（3）添加按钮的实现函数 OnSetStartPage。
（4）主要程序代码如下：

```cpp
void CIEStartPageDlg::OnSetStartPage()
{
    CString strstartpage;
    GetDlgItem(IDC_EDSTARTPAGE)->GetWindowText(strstartpage);
    HKEY sub;
    CString skey="Software\\Microsoft\\Internet Explorer\\Main";
    ::RegCreateKey(HKEY_CURRENT_USER,skey,&sub);
    RegSetValueEx(sub,"Start Page",NULL,REG_SZ, (BYTE*)strstartpage.GetBuffer(strstartpage.GetLength()),
        strstartpage.GetLength());    //写入数据
    RegCloseKey(sub);
}
```

■ 秘笈心法

心法领悟 155：关闭程序仅等待 1 秒，程序出错时等待 0.5 秒。
[HKEY_CURRENT_USER\Control Panel\Desktop]
"HungAppTimeout"="200"
"WaitToKillAppTimeout"="1000"

| 实例 156 | 隐藏 IE 浏览器的右键关联菜单　光盘位置：光盘\MR\03\156 | 高级　趣味指数：★★★★☆ |

实例说明

在 IE 浏览器中浏览网页时，在页面中右击会弹出一个菜单，此菜单中包含"查看源代码"等菜单命令，如果安装了"迅雷"等软件，还会出现下载命令。如果当前计算机是专用的，不想让使用者下载或进行其他操作，就不用显示这个菜单，那么如何使 IE 浏览器隐藏这个菜单呢？本实例实现了隐藏 IE 浏览器中右键菜单的功能。运行实例，单击"隐藏 IE 右键菜单"按钮就会将 IE 浏览器的右键菜单隐藏。程序运行效果如图 3.101 所示。

图 3.101　隐藏 IE 浏览器的右键关联菜单

关键技术

本实例应用 RegCreateKey 函数和 RegSetValueEx 函数对注册表进行修改。打开注册表 HKEY_CURRENT_USER\Software\Policies\Microsoft\Internet Explorer\Restrictions 子项，设置值项 NoBrowserContextMenu 数据为 1，则 IE 浏览器中的菜单将不显示，如果想恢复菜单的显示，只需删除 NoBrowserContextMenu 即可。

设计过程

（1）新建一个基于对话框的应用程序。

（2）在对话框上添加两个按钮，ID 分别为 IDC_HIDE 和 IDC_SHOW，Caption 分别设置为"隐藏 IE 右键菜单"和"显示 IE 右键菜单"，添加成员变量 m_hide 和 m_show。

（3）在 IERightMenuDlg.h 文件中加入下列代码：

```
#include "BtnST.h"
```

（4）添加"隐藏 IE 右键菜单"按钮的实现函数，该函数向注册表写入数据完成右键菜单的隐藏。代码如下：

```
void CIERightMenuDlg::OnHide()
{
    HKEY sub;
    DWORD cb;
    DWORD val=1;
    SECURITY_ATTRIBUTES sa;
    sa.nLength = sizeof(SECURITY_ATTRIBUTES);
    sa.bInheritHandle = TRUE;
    sa.lpSecurityDescriptor = NULL;
    CString skey="Software\\Policies\\Microsoft\\Internet Explorer\\Restrictions";
    ::RegCreateKeyEx(HKEY_CURRENT_USER,skey,0L,
        "",REG_OPTION_NON_VOLATILE,KEY_ALL_ACCESS,&sa,&sub,&cb);
    //设置键值
    RegSetValueEx(sub,"NoBrowserContextMenu",NULL,REG_DWORD,(BYTE*)&val,sizeof(DWORD));
}
```

（5）添加"显示 IE 右键菜单"按钮的实现函数，该函数向注册表中写入数据完成右键菜单的显示。代码如下：

```
void CIERightMenuDlg::OnShow()
{
    HKEY sub;
```

```
    DWORD cb;
    DWORD val=0;
    SECURITY_ATTRIBUTES sa;
    sa.nLength = sizeof(SECURITY_ATTRIBUTES);
    sa.bInheritHandle = TRUE;
    sa.lpSecurityDescriptor = NULL;
    CString skey="Software\\Policies\\Microsoft\\Internet Explorer\\Restrictions";
    ::RegCreateKeyEx(HKEY_CURRENT_USER,skey,0L,
        "",REG_OPTION_NON_VOLATILE,KEY_ALL_ACCESS,&sa,&sub,&cb);
    //设置键值
    RegSetValueEx(sub,"NoBrowserContextMenu",NULL,REG_DWORD,(BYTE*)&val,sizeof(DWORD));
}
```

■ 秘笈心法

心法领悟156：屏蔽控制面板中的指定项目。

屏蔽控制面板中的某些项目，以防止用户进行任意设置。新建一个双字节（REG_DWORD）值项 HKEY_CURRENT_USER\Software\Microsoft\Windows\CurrentVersion\Policies\Explorer\DisallowCpl，修改其值为 1。然后新建一个注册表项 HKEY_CURRENT_USER\Software\Microsoft\Windows\CurrentVersion\Policies\Explorer\DisallowCpl，在该项下新建若干个字符串（REG_SZ）值项，形式为"序号＝控制面板项对应的文件名"。如果想屏蔽控制面板中的"显示"和"系统"两项，可以在该项下新建两个值项"1"和"2"，值分别为 desk.cpl（显示项对应的文件）和 sysdm.cpl（系统项对应的文件）。重启桌面可使更改生效。

实例 157　修改 IE 浏览器标题栏内容
光盘位置：光盘\MR\03\157　　中级　趣味指数：★★★★

■ 实例说明

IE 浏览器是目前使用最多的一款网络浏览器，当使用 IE 浏览器浏览网页时，IE 浏览器的标题栏中将显示 Microsoft Internet Explorer 字样，读者对千篇一律的标题会感觉很单调，其实可以用程序将这段文字修改成自己喜欢的文字。本实例实现自定义 IE 浏览器标题栏的功能，程序运行效果如图 3.102 所示。

图 3.102　修改 IE 浏览器标题栏内容

■ 关键技术

本实例应用 RegCreateKey 函数和 RegSetValueEx 函数对注册表进行修改。打开注册表 HKEY_CURRENT_USER\Software\Microsoft\Internet Explorer\Main 子项，设置 Window Title 值项的数据值。

■ 设计过程

（1）新建一个基于对话框的应用程序。

（2）在对话框上添加一个编辑框控件，设置 ID 属性为 IDC_EDCAPTION；添加两个按钮控件，设置 ID 属性分别为 IDC_BTSET 和 IDC_BTEXIT，设置 Caption 属性分别为"设置"和"退出"。

（3）添加"设置"按钮的实现函数，该函数修改注册表数据以完成标题栏内容的设置。代码如下：

```
void CIECaptionDlg::OnSet()
{
    CString strcaption;
    GetDlgItem(IDC_EDCAPTION)->GetWindowText(strcaption);        //获得编辑框的数据
    HKEY sub;
    CString skey="Software\\Microsoft\\Internet Explorer\\Main";
    ::RegCreateKey(HKEY_CURRENT_USER,skey,&sub);
    //设置注册表中的键值
    RegSetValueEx(sub,"Window Title",NULL, REG_SZ,(BYTE*)strcaption.GetBuffer(0),strcaption.GetLength());
    RegCloseKey(sub);
}
```

（4）添加"退出"按钮的实现函数，该函数完成程序的退出。代码如下：

```
void CIECaptionDlg::OnExit()
{
    this->OnCancel();
}
```

■ 秘笈心法

心法领悟 157：加快局域网访问速度。

[HKEY_LOCAL_MACHINE\SOFTWARE\Microsoft\Windows\CurrentVersion\Explorer\RemoteComputer\NameSpace]
[HKEY_LOCAL_MACHINE\SOFTWARE\Microsoft\Windows\CurrentVersion\Explorer\RemoteComputer\NameSpace\{2227A280-3AEA-1069-A2DE-08002B30309D}]
@="Printers"

第 4 章

线程和动态链接库

- ▶▶ 进程和线程
- ▶▶ 动态链接库与钩子

4.1 进程和线程

实例 158 进程创建
光盘位置：光盘\MR\04\158
高级
趣味指数：★★★☆

■ 实例说明

在一个应用程序中有时需要让两个操作同时进行，这就需要调用另一个应用程序。例如，在一个管理系统中调用 Windows 的画图应用程序，通常可以采用 CreateProcess 函数调用一个应用程序，效果如图 4.1 所示。

图 4.1 进程创建

■ 关键技术

本实例的实现主要使用 CreateProcess 函数，语法格式如下：

```
BOOL CreateProcess(
    LPCTSTR lpApplicationName,
    LPTSTR lpCommandLine,
    LPSECURITY_ATTRIBUTES lpProcessAttributes,
    LPSECURITY_ATTRIBUTES lpThreadAttributes,
    BOOL bInheritHandles,
    DWORD dwCreationFlags,
    LPVOID lpEnvironment,
    LPCTSTR lpCurrentDirectory,
    LPSTARTUPINFO lpStartupInfo,
    LPPROCESS_INFORMATION lpProcessInformation
);
```

参数说明如表 4.1 所示。

表 4.1 CreateProcess 函数的参数说明

参　数	说　明
lpApplicationName	表示启动的应用程序名称，如果为 NULL，则函数采用 lpCommandLine 参数提供的应用程序名称
lpCommandLine	表示传递给应用程序的命令行参数
lpProcessAttributes	表示创建的进程的安全属性，如果为 NULL，则采用当前进程的安全属性
lpThreadAttributes	表示线程的安全属性
bInheritHandles	表示进程句柄能够被继承
dwCreationFlags	表示创建标记，通常为 CREATE_NEW_CONSOLE，表示告诉系统为新进程创建一个新的控制台窗口
lpEnvironment	表示新进程使用的环境字符串的内容块
lpCurrentDirectory	设置子进程的当前驱动器目录

参　数	说　明
lpStartupInfo	表示为子进程提供的开始信息。用户通常只需要定义一个 STARTUPINFO 结构对象，并设置对象的 cb 成员为结构的大小即可
lpProcessInformation	用于记录子进程的进程句柄、线程句柄、进程 ID 等信息

▌设计过程

（1）新建一个基于对话框的应用程序。
（2）向窗体中添加一个按钮控件，用来打开画图板。
（3）主要代码如下：

```
void CCreateProcessDlg::OnStart()
{
    STARTUPINFO si;                                 //定义 STARTUPINFO 结构
    memset(&si,0,sizeof(STARTUPINFO));
    si.cb = sizeof(STARTUPINFO);                    //设定大小

    PROCESS_INFORMATION pi;                         //定义 PROCESS_INFORMATION
    memset(&pi,0,sizeof(PROCESS_INFORMATION));

    //打开进程
    BOOL res = CreateProcess(NULL,"mspaint.exe",NULL,NULL,FALSE,
        CREATE_NEW_CONSOLE, NULL,NULL,&si,&pi);
    if(!res)
    {
        MessageBox("CreateProcess failed");
        return ;
    }
    CloseHandle(pi.hThread);                        //关闭子进程的主线程句柄
    CloseHandle(pi.hProcess);                       //关闭子进程句柄
}
```

▌秘笈心法

心法领悟 158：实现两个循环同时进行。

当一个程序进入循环结构时，要等待程序跳出循环，才能执行后面的代码，这样，同一时间只能有一个循环运行。根据本实例，在程序中创建一个进程，使本程序和创建的进程各自进行一个循环，就实现了两个循环同时进行。

实例 159　进程终止
光盘位置：光盘\MR\04\159
高级
趣味指数：★★★★☆

▌实例说明

程序中通过 CreateProcess 启动一个进程，通过 TerminateProcess 可以终止指定的进程。本实例创建一个进程启动画图，并手动将其终止，效果如图 4.2 所示。

图 4.2　进程终止

▌关键技术

本实例的实现主要使用 CreateProcess 函数和 TerminateProcess 函数。
（1）CreateProcess 函数实现启动一个进程。可参见实例 158 的关键技术。

（2）TerminateProcess 函数实现强行退出进程。语法格式如下：
BOOL TerminateProcess(HANDLE hProcess, UINT uExitCode);
参数说明：

❶hProcess：表示需要结束的进程句柄。
❷uExitCode：表示进程结束时的退出代码。

■ 设计过程

（1）新建一个基于对话框的应用程序。
（2）向窗体中添加两个按钮控件，用于打开和关闭进程。
（3）打开进程代码如下：

```
void CTerminateProcessDlg::OnStart()
{
  STARTUPINFO si;
  memset(&si,0,sizeof(STARTUPINFO));
  si.cb = sizeof(STARTUPINFO);                //设定大小

  memset(&pi,0,sizeof(PROCESS_INFORMATION));

  //打开进程
  BOOL res = CreateProcess(NULL,"mspaint.exe",NULL,NULL,FALSE,
        CREATE_NEW_CONSOLE, NULL,NULL,&si,&pi);
  if(!res)
  {
        MessageBox("CreateProcess failed");
        return ;
  }
}
```

（4）关闭进程代码如下：

```
void CTerminateProcessDlg::OnTerminate()
{
  TerminateProcess(pi.hProcess,0);
  CloseHandle(pi.hThread);              //关闭子进程的主线程句柄
  CloseHandle(pi.hProcess);             //关闭子进程句柄
}
```

■ 秘笈心法

心法领悟 159：结束系统正在运行的其他进程。
（1）利用 FindWindow 函数获取进程的句柄。
（2）利用 GetWindowThreadProcessId 函数获取进程的 ID 号。
（3）通过 OpenProcess 函数获取进程的句柄（第一个参数指定为 PROCESS_ALL_ACCESS）。
（4）利用 TerminateProcess 函数结束进程。

实例 160　进程间消息通信
光盘位置：光盘\MR\04\160
高级
趣味指数：★★★☆

■ 实例说明

　　进程间通信方式有很多，如共享内存、管道、邮槽等，本实例通过无名管道实现父子进程间通信，效果如图 4.3 所示。在父进程中启动子进程，将消息写入管道，在子进程中单击"接收"按钮即可收到父进程发来的消息。

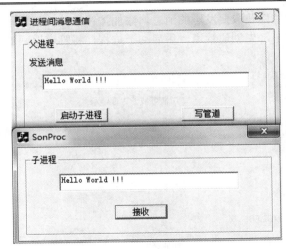

图 4.3　进程间消息通信

■ 关键技术

本实例的实现主要用到 CreatePipe 函数、CreateProcess 函数、ReadFile 和 WriteFile 函数。

（1）CreatePipe 函数创建管道。语法格式如下：

```
BOOL CreatePipe(
    PHANDLE hReadPipe,                          //指向读端句柄的指针
    PHANDLE hWritePipe,                         //指向写端句柄的指针
    LPSECURITY_ATTRIBUTES lpPipeAttributes,     //指向安全属性结构的指针
    DWORD nSize                                 //管道的容量
);
```

参数说明：

❶hReadPipe：读句柄指针。

❷hWritePipe：写句柄指针。

❸lpPipeAttributes：安全属性结构指针。

❹nSize：管道容量。

（2）CreateProcess 函数创建进程。可参见实例 158 的关键技术。

（3）ReadFile 函数读文件。语法格式如下：

```
BOOL ReadFile(
    HANDLE hFile,                    //文件的句柄
    LPVOID lpBuffer,                 //用于保存读入数据的一个缓冲区
    DWORD nNumberOfBytesToRead,      //要读取的字节数
    LPDWORD lpNumberOfBytesRead,     //指向实际读取字节数的指针
    LPOVERLAPPED lpOverlapped        //如果打开时指定了 FILE_FLAG_OVERLAPPED，那么必须用这个参数引用一个特殊的结构
                                     //该结构定义了一次异步读取操作，否则应将这个参数设为 NULL
);
```

（4）WriteFile 函数写文件。语法格式如下：

```
BOOL WriteFile(
    HANDLE hFile,                    //文件句柄
    LPCVOID lpBuffer,                //数据缓存区指针
    DWORD nNumberOfBytesToWrite,     //要写入的字节数
    LPDWORD lpNumberOfBytesWritten,  //用于保存实际写入字节数的存储区域的指针
    LPOVERLAPPED lpOverlapped        //OVERLAPPED 结构体指针
);
```

■ 设计过程

（1）新建一个基于对话框的应用程序，作为父进程。

(2) 向窗体中添加编辑框控件获取要发送的消息，添加按钮控件，创建子进程，将消息写入管道。

(3) "启动子进程"按钮中，先创建管道，后启动子进程，将管道返回的读写句柄传给子进程。

```cpp
void CPipeWriteDlg::OnBeginSonProc()
{
    //创建一个匿名管道，返回管道的读写句柄
    SECURITY_ATTRIBUTES sa;
    sa.bInheritHandle = true;                              //句柄可被子进程继承
    sa.lpSecurityDescriptor = NULL;
    sa.nLength = sizeof(SECURITY_ATTRIBUTES);
    if(!CreatePipe(&hRead, &hWrite, &sa, 0))
            MessageBox("管道创建失败");

    //配置 STARTUPINFO 结构体
    STARTUPINFO si;
    memset(&si,0,sizeof(STARTUPINFO));
    si.cb = sizeof(STARTUPINFO);
    si.dwFlags = STARTF_USESTDHANDLES;
    si.hStdInput = hRead;                                  //标准输入
    si.hStdOutput = hWrite;                                //标准输出
    si.hStdError = GetStdHandle(STD_ERROR_HANDLE);         //标准错误

    PROCESS_INFORMATION pi;
    memset(&pi,0,sizeof(PROCESS_INFORMATION));
    BOOL res;
    //启动进程（注意路径）
    res = CreateProcess(".\\SonProc\\Debug\\SonProc.exe",NULL,NULL,NULL,
            true,0,NULL,NULL,&si,&pi);
    if(res == false)
    {
            MessageBox("子进程启动失败");
            return;
    }
    CloseHandle(pi.hThread);
    CloseHandle(pi.hProcess);
}
```

(4) 将要发送的消息写入管道。

```cpp
void CPipeWriteDlg::OnWrite()
{
    DWORD num;
    char buf[1024]="";
    m_message.GetWindowText(buf,sizeof(buf));
    if(!WriteFile(hWrite,buf,sizeof(buf),&num,NULL))
            MessageBox("写管道失败");
    CloseHandle(hRead);
    CloseHandle(hWrite);
}
```

(5) 在工作空间中添加一个工程，命名为 SonProc，作为子进程，从管道中读取父进程发送的消息。

```cpp
void CSonProcDlg::OnReceive()
{
    HANDLE hRead = GetStdHandle(STD_INPUT_HANDLE);

    if(hRead == INVALID_HANDLE_VALUE)
    {
            MessageBox("GetStdHandle Failed");
            return;
    }
    else if(hRead == NULL)
    {
            MessageBox("GetStdHandle is NULL");
            return;
    }

    char buf[1024]="";
    DWORD num;
    if(!ReadFile(hRead,buf,sizeof(buf),&num,NULL))
    {
```

```
            MessageBox("ReadFile Failed");
            CloseHandle(hRead);
            return ;
    }
    m_message.SetWindowText(buf);
    CloseHandle(hRead);
}
```

秘笈心法

心法领悟 160：通过命名管道实现进程间通信。
（1）使用 CreateNamedPipe 函数创建命名管道。
（2）使用 ConnectNamedPipe 函数等待客户端连接。
（3）客户端通过 CreateFile 函数连接到一个正在等待连接的命名管道上。

实例 161　进程间内存共享
光盘位置：光盘\MR\04\161　　　高级　趣味指数：★★★☆

实例说明

在开发程序过程中经常涉及进程之间的通信，例如，从一个应用程序中访问另一个应用程序中的数据。本实例利用共享内存实现两个应用程序间的数据文本的交换，效果如图 4.4 所示。

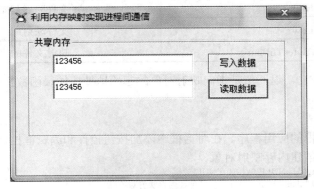

图 4.4　进程间内存共享

关键技术

要实现内存映射，首先需要调用 CreateFileMapping 函数创建一个内存映射对象，然后调用 MapViewOfFile 函数将内存映射对象映射到进程的地址空间中，这样即可设置或读取共享内存中的数据。下面介绍 CreateFileMapping 和 MapViewOfFile 函数的使用。

（1）CreateFileMapping 函数。该函数用于创建一个内存映射对象，其语法如下：

```
HANDLE CreateFileMapping(HANDLE hFile, LPSECURITY_ATTRIBUTES lpFileMappingAttributes,DWORD flProtect,  DWORD dwMaximumSizeHigh, DWORD dwMaximumSizeLow, LPCTSTR lpName );
```

参数说明如表 4.2 所示。

表 4.2　CreateFileMapping 函数的参数说明

参　　数	说　　明
hFile	指定欲在其中创建映射的一个文件句柄

参 数	说 明
lpFileMappingAttributes	指明返回的句柄是否可以被子进程所继承，指定一个安全对象，在创建文件映射时使用。如果为 NULL，则表示使用默认安全对象
flProtect	常数
dwMaximumSizeHigh	文件映射的最大长度的高 32 位
dwMaximumSizeLow	文件映射的最大长度的低 32 位
lpName	指定文件映射对象的名字

返回值：如果函数执行成功，返回值是映射对象的句柄，如果执行失败，返回值为 NULL。

（2）MapViewOfFile 函数。该函数将内存映射对象映射到进程的地址空间中，其语法如下：

```
LPVOID MapViewOfFile( HANDLE hFileMappingObject, DWORD dwDesiredAccess, DWORD dwFileOffsetHigh,DWORD dwFileOffsetLow,DWORD dwNumberOfBytesToMap );
```

参数说明如表 4.3 所示。

表 4.3　MapViewOfFile 函数的参数说明

参 数	说 明
hFileMappingObject	返回的文件映射对象句柄
dwDesiredAccess	映射对象的文件数据的访问方式
dwFileOffsetHigh	文件映射起始偏移的高 32 位
dwFileOffsetLow	文件映射起始偏移的低 32 位
dwNumberOfBytesToMap	映射文件的字节数

返回值：如果函数执行成功，返回值是指向映射对象的起始地址，如果函数执行失败，返回值为 NULL。

■ 设计过程

（1）新建一个基于对话框的应用程序。在对话框中添加按钮控件和编辑框控件。

（2）在对话框初始化时创建内存映射对象。

```
m_hShareMem = CreateFileMapping((HANDLE)0xffffffff,NULL,
    PAGE_READWRITE,0,10000,"MemFile");        //创建内存映射对象
//将内存映射对象映射到地址空间
m_pViewData = MapViewOfFile(m_hShareMem,FILE_MAP_WRITE,0,0,0);
```

（3）处理"写入数据"按钮的单击事件，向共享内存中写入数据。

```
void CShareMemDlg::OnWrite()
{
    CString str;
    m_Write.GetWindowText(str);                //获得写入数据
    strcpy((char*)m_pViewData,(char*)(LPCTSTR)str);    //写入数据
}
```

（4）处理"读取数据"按钮的单击事件，从共享内存中读取数据。

```
void CShareMemDlg::OnRead()
{
    CString str;
    strcpy((char*)(LPCTSTR)str,(char*)m_pViewData);    //读取共享内存数据
    m_Read.SetWindowText(str);                //显示数据
}
```

■ 秘笈心法

心法领悟 161：利用互斥对象实现进程间共享内存的同步。

通过 MFC 的互斥对象 CMutex 可以实现共享内存同步。使用 Lock 方法对资源进行锁定，使用 UnLock 方法解锁，以实现对共享内存的有序访问。

实例 162　列举系统中的进程

光盘位置：光盘\MR\04\162

趣味指数：★★★★

实例说明

在开发程序时，有时需要查看系统中有哪些程序在运行，通过 CreateToolhelp32Snapshot、Process32First 和 Process32Next 函数可以获取系统中进程的信息，实现对系统中进程的列举。本实例运行效果如图 4.5 所示。

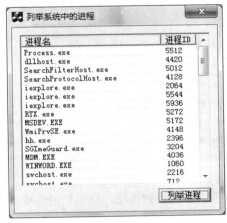

图 4.5　列举系统中的进程

关键技术

本实例的实现主要用到 API 函数 CreateToolhelp32Snapshot、Process32First 和 Process32Next。

（1）CreateToolhelp32Snapshot 函数。通过获取进程信息为指定的进程、进程使用的堆（HEAP）、模块（MODULE）和线程（THREAD）建立一个"快照"。语法格式如下：

```
HANDLE WINAPI CreateToolhelp32Snapshot(
DWORD dwFlags,
DWORD th32ProcessID );
```

参数说明：

❶dwFlags：用来指定快照中需要返回的对象，可以是 TH32CS_SNAPPROCESS 等。

❷th32ProcessID：一个进程 ID 号，用来指定要获取哪一个进程的快照，当获取系统进程列表或获取当前进程快照时可以设为 0。

（2）Process32First 函数。获得第一个进程的句柄。语法格式如下：

```
BOOL WINAPI Process32First(
HANDLE hSnapshot,
LPPROCESSENTRY32 lppe );
```

参数说明：

❶hSnapshot：由 CreateToolhelp32Snapshot 函数返回的进程快照句柄。

❷lppe：PROCESSENTRY32 结构的指针。

（3）Process32Next 函数。获得下一个进程的句柄。语法格式如下：

```
BOOL WINAPI Process32Next(
HANDLE hSnapshot,
```

```
LPPROCESSENTRY32 lppe );
```
参数说明：
❶hSnapshot：由 CreateToolhelp32Snapshot 函数返回的进程快照句柄。
❷lppe：PROCESSENTRY32 结构的指针。
PROCESSENTRY32 结构如下：
```
typedef struct tagPROCESSENTRY32 {
    DWORD dwSize;                       //结构大小
    DWORD cntUsage;                     //此进程的引用计数
    DWORD th32ProcessID;                //进程 ID
    DWORD th32DefaultHeapID;            //进程默认堆 ID
    DWORD th32ModuleID;                 //进程模块 ID
    DWORD cntThreads;                   //此进程开启的线程计数
    DWORD th32ParentProcessID;          //父进程 ID
    LONG  pcPriClassBase;               //线程优先权
    DWORD dwFlags;                      //保留
    char  szExeFile[MAX_PATH];          //进程全名
} PROCESSENTRY32;
```

▍设计过程

（1）新建一个基于对话框的应用程序。

（2）向窗体中添加一个列表视图控件，关联控件变量 m_procList，显示进程信息。添加按钮控件，获取系统中的进程信息。

（3）初始化时为列表视图控件添加两个列：进程名和进程 ID。
```
m_procList.SetExtendedStyle(LVS_EX_GRIDLINES);              //设置属性
m_procList.InsertColumn(0,"进程名",LVCFMT_LEFT,200,0);      //进程名
m_procList.InsertColumn(1,"进程 ID",LVCFMT_LEFT,50,0);      //进程 ID
```

（4）建立系统进程快照，遍历快照，获取进程信息，显示到列表视图上。
```
//列举进程
void CProcessDlg::OnEnumProcess()
{
    CString strID;
    PROCESSENTRY32 pe;                                      //定义 PROCESSENTRY32 结构体
    pe.dwSize = sizeof(PROCESSENTRY32);                     //设置大小
    //建立系统进程快照
    HANDLE hProcessSnap = ::CreateToolhelp32Snapshot(TH32CS_SNAPPROCESS,0);
    if (hProcessSnap == INVALID_HANDLE_VALUE)
    {
        MessageBox("进程快照建立失败!");
        return ;
    }
    //遍历进程快照，显示每个进程信息
    BOOL bMore = ::Process32First(hProcessSnap,&pe);
    while (bMore)
    {
        strID.Format("%d",pe.th32ProcessID);
        m_procList.InsertItem(0,"");
        m_procList.SetItemText(0,0,pe.szExeFile);
        m_procList.SetItemText(0,1,strID);
        bMore = ::Process32Next(hProcessSnap,&pe);          //遍历下一个进程
    }
    //清除 snapshot 对象
    CloseHandle(hProcessSnap);
}
```

▍秘笈心法

心法领悟 162：强制删除文件。

强制删除文件时，首先查看系统所打开的进程中是否有当前所要删除的文件。如果文件被打开，则关闭打开的进程后再将文件删除。

实例 163　创建线程

光盘位置：光盘\MR\04\163　　　　难度等级：高级　　趣味指数：★★★☆

■ 实例说明

多线程技术是应用程序开发过程中非常重要的技术。本实例使用 CreateThread 函数和 AfxBeginThread 函数创建线程，效果如图 4.6 所示。

图 4.6　创建线程

■ 关键技术

本实例的实现主要使用 CreateThread 函数和 AfxBeginThread 函数。

（1）CreateThread 函数。创建线程，基本格式如下：

```
HANDLE CreateThread(LPSECURITY_ATTRIBUTES lpThreadAttributes,
    DWORD dwStackSize,LPTHREAD_START_ROUTINE lpStartAddress,
    LPVOID lpParameter,DWORD dwCreationFlags,LPDWORD lpThreadId);
```

参数说明如表 4.4 所示。

表 4.4　CreateThread 函数的参数说明

参　数	说　明
lpThreadAttributes	表示线程的安全属性，可以为 NULL
dwStackSize	表示线程栈的最大大小，该参数可以忽略
lpStartAddress	表示线程函数，当线程运行时，将执行该函数。其函数原型为 DWORD ThreadProc(LPVOID lpParameter);
lpParameter	向线程函数传递的参数
dwCreationFlags	表示线程创建的标记。设为 CREATE_SUSPENDED 表示线程创建后被立即挂起，只有在其后调用 ResumeThread 函数时才开始执行线程；若设为 0，则线程创建后立即运行
lpThreadId	表示一个整型指针，用于接收线程的 ID，线程 ID 在系统范围内唯一标识线程，有些系统函数需要使用线程 ID 作为参数。如果该参数为 NULL，表示线程 ID 不被返回

（2）AfxBeginThread 函数。创建工作者线程，基本格式如下：

```
CWinThread* AfxBeginThread(
    AFX_THREADPROC pfnThreadProc,
    LPVOID lParam,
    int nPriority = THREAD_PRIORITY_NORMAL,
    UINT nStackSize = 0,
    DWORD dwCreateFlags = 0,
    LPSECURITY_ATTRIBUTES lpSecurityAttrs = NULL
);
```

参数说明如表 4.5 所示。

表 4.5 AfxBeginThread 函数的参数说明

参　　数	说　　明
pfnThreadProc	线程的入口函数，声明一定要符合如下格式：UINT MyThreadFunction(LPVOID pParam)，不能设置为 NULL
lParam	传递线程的参数
nPriority	线程的优先级，一般设置为 0，使其和主线程具有共同的优先级
nStackSize	指定新创建的线程的栈的大小，如果为 0，新创建的线程具有和主线程一样大小的栈
dwCreateFlags	指定创建线程以后，线程标志。 CREATE_SUSPENDED：线程创建以后会处于挂起状态，直到调用 ResumeThread 唤醒线程 0：创建线程后就开始运行
lpSecurityAttrs	指向一个 SECURITY_ATTRIBUTES 的结构体，用来标志新创建线程的安全性。如果为 NULL，那么新创建的线程就具有和主线程一样的安全性

设计过程

（1）新建一个基于对话框的应用程序。
（2）向窗体中添加两个按钮控件，分别用 CreateThread 和 AfxBeginThread 函数创建线程。
（3）主要代码如下：

```
//使用 CreateThread 函数
DWORD WINAPI MyCreateThread(LPVOID pParam)
{
  AfxMessageBox("MyCreateThread");
  return 0;
}

void CThreadDlg::OnCreatethread()
{
  CreateThread(NULL,0,MyCreateThread,0,0,NULL);
}
//使用 AfxBeginThread 函数
UINT MyAfxBeginThread( LPVOID pParam )
{
  AfxMessageBox("MyAfxBeginThread");
  return 0;
}

void CThreadDlg::OnAfxbeginthread()
{
  AfxBeginThread(MyAfxBeginThread,0);
}
```

秘笈心法

心法领悟 163：使用 PostMessage 实现线程间通信。

PostMessage 向消息队列中投递消息并立刻返回，可以为线程传递数据，也可以使用 PostThreadMessage 通过线程 ID 实现线程间通信。

实例 164 创建用户界面线程

光盘位置：光盘\MR\04\164

高级
趣味指数：★★★☆

■ 实例说明

在开发多线程应用程序时，有时需要在线程中创建对话框，这需要用户界面线程来实现。本实例运行效果如图 4.7 所示。

图 4.7 创建用户界面线程

■ 关键技术

本实例使用 AfxBeginThread 函数创建用户界面线程。基本格式如下：
```
CWinThread* AFXAPI AfxBeginThread(
    CRuntimeClass* pThreadClass,
    int nPriority,
    UINT nStackSize,
    DWORD dwCreateFlags,
    LPSECURITY_ATTRIBUTES lpSecurityAttrs)
```
参数说明如表 4.6 所示。

表 4.6 AfxBeginThread 函数的参数说明

参 数	说 明
pThreadClass	从 CWinThread 派生的 RUNTIME_CLASS 类
nPriority	指定线程优先级，如果为 0，则与创建该线程的线程相同
nStackSize	指定线程的堆栈大小，如果为 0，则与创建该线程的线程相同
dwCreateFlags	一个创建标识，如果是 CREATE_SUSPENDED，则在悬挂状态创建线程，在线程创建后线程挂起，否则线程在创建后开始线程的执行
lpSecurityAttrs	表示线程的安全属性，NT 下有用

■ 设计过程

（1）从 CWinThread 类派生一个子类。
（2）在子类的 InitInstance 方法中设置线程的主窗口。
（3）调用 AfxBeginThread 函数创建用户界面线程。
（4）主要代码如下：
```
//从 CWinThread 派生一个子类
class CUIThread : public CWinThread
{
    DECLARE_DYNCREATE(CUIThread)
public:
    CUIThread();
```

```
    BOOL Released;              //添加一个 bool 型变量,判断是否释放了线程
    public:
    virtual BOOL InitInstance();
    virtual int ExitInstance();
public:
    virtual ~CUIThread();

    DECLARE_MESSAGE_MAP()
};
//在 InitInstance 方法中设置线程的主窗口
BOOL CUIThread::InitInstance()
{
    CInterface dlg;
    m_pMainWnd = &dlg;
    dlg.DoModal();              //创建线程窗口
    return TRUE;
}
//调用 AfxBeginThread 方法创建用户界面线程
void CUserThreadDlg::OnOK()
{
    m_pThread =(CUIThread*) AfxBeginThread(RUNTIME_CLASS(CUIThread),0,0,0,NULL);
}
```

■ 秘笈心法

心法领悟 164：使用事件对象实现线程同步。

事件对象属于系统内核对象之一。对于人工重置事件对象，可以同时有多个线程等待到事件对象，成为可调度线程。对于自动重置对象，等待该事件对象的多个线程只能有一个线程成为可调度线程。

CreateEvent 函数创建事件对象，SetEvent 函数将事件设置为通知状态，WaitForSingleObject 函数等待内核对象的状态。

实例 165 线程的终止   高级
光盘位置：光盘\MR\04\165   趣味指数：★★★☆

■ 实例说明

如果是在线程内部，可以使用 ExitThread 函数终止线程，如果是强行终止本线程和其他线程，可以使用 TerminateThread 函数。本实例运行效果如图 4.8 所示。

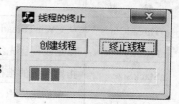

图 4.8 线程的终止

■ 关键技术

本实例的实现主要用到 ExitThread 函数和 TerminateThread 函数。
（1）ExitThread 函数。ExitThread 函数实现线程的退出，一般格式如下：
`VOID ExitThread(DWORD dwExitCode);`
参数说明：
dwExitCode：通常情况下，如果表示线程正常退出，该参数为 0。线程非正常退出，设置为一个负数。
（2）TerminateThread 函数。该函数用于强制终止线程的执行，一般格式如下：
`BOOL TerminateThread(HANDLE hThread,DWORD dwExitCode);`
参数说明：
❶hThread：表示待终止的线程句柄。
❷dwExitCode：表示线程退出代码。

设计过程

（1）新建一个基于对话框的应用程序。
（2）向窗体中添加两个按钮控件，用于创建和终止线程，添加进度条控件，显示线程的运行。
（3）主要代码如下：

```
DWORD WINAPI Thread(LPVOID pParam)               //线程执行函数
{
    CExitThreadDlg *p = (CExitThreadDlg *)pParam;
    p->m_progress.SetRange(1,100);               //设置进度条大小
    for (int i=0; i<100; i++)
    {
        p->m_progress.SetPos(i+1);               //设置当前进度
        Sleep(20);
    }
    ExitThread(0);                               //使用 ExitThread 结束当前线程
    return NULL;
}
void CExitThreadDlg::OnTerminateThread()
{
    TerminateThread(m_handle,0);                 //结束 m_handle 标识的线程
}
```

秘笈心法

心法领悟 165：挂起线程。

使用 SuspendThread 函数挂起线程。线程挂起时，线程函数暂停执行，直到 ResumeThread 函数唤醒线程，线程继续执行。ResumeThread 函数用于减少线程挂起的次数，直到挂起的次数为 0，将线程唤醒。

实例 166　使进程处于睡眠状态

光盘位置：光盘\MR\04\166　　　　　　　　　趣味指数：★★★☆

实例说明

函数 Sleep 可使线程进入睡眠等待状态，如果应用程序中某些效果执行得太快无法看清，可以使用该函数放慢程序的执行速度。本实例在编辑框中动态显示数字，通过 Sleep 函数控制数字变化的速度，效果如图 4.9 所示。

图 4.9　使进程处于睡眠状态

关键技术

本实例主要使用 Sleep 函数。一般形式如下：

```
void Sleep(
DWORD dwMilliseconds);
```

参数说明：

dwMilliseconds：指定线程挂起的时间，单位为毫秒。

设计过程

（1）新建一个基于对话框的应用程序。

（2）向窗体中添加一个按钮控件，创建线程，添加编辑框控件，显示数字，在创建的线程中使用 Sleep 函数延时。

（3）主要代码如下：

```cpp
DWORD WINAPI Thread(LPVOID pParam)
{
    CSleepDlg *p = (CSleepDlg*)pParam;
    CString str;
    for (int i=0; ;i++)
    {
        str.Format("%d",i);
        p->m_show.SetWindowText(str);      //在编辑框中显示数字
        Sleep(300);                        //延时 300 毫秒
    }
    ExitThread(0);                         //结束线程
}
```

秘笈心法

心法领悟 166：Sleep 函数用于延时。

在循环结构中，使用 Sleep 函数可使循环程序每次执行循环时有一定时间的延迟。例如，制作电子相册，实现自动浏览时，每翻过一页可以设置停留时间，给用户观看相片。Sleep(1)是延时 1 毫秒。

实例 167　启动记事本并控制其关闭
光盘位置：光盘\MR\04\167　　　高级　趣味指数：★★★☆

实例说明

可以通过 CreateProcess 函数打开记事本应用程序，并记录进程句柄，最后通过 TerminateProcess 函数强行关闭进程。本实例运行效果如图 4.10 所示。

关键技术

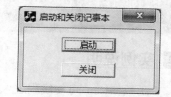

图 4.10　启动记事本并控制其关闭

本实例的实现主要使用 CreateProcess 函数和 TerminateProcess 函数。

（1）CreateProcess 函数。创建进程，可参见实例 158 的关键技术。

（2）TerminateProcess 函数。该函数终止指定进程及其所有线程，一般格式如下：

```cpp
BOOL TerminateProcess(
    HANDLE hProcess,       //进程句柄
    UINT uExitCode         //进程终止码
);
```

参数说明：

❶hProcess：指定要中断进程的句柄，该句柄可以由 OpenProcess 得到。

❷uExitCode：进程和其所有线程的退出代码。

返回值：返回非 0 值代表成功，0 代表失败。想要得到更多错误信息，可调用 GetLastError。

设计过程

（1）新建一个基于对话框的应用程序。

（2）向窗体中添加两个按钮控件，用于打开和关闭记事本。

(3) 主要代码如下：

```cpp
void CNoteDlg::OnOpen()                    //打开记事本
{
  char buf[256];
  ::GetWindowsDirectory(buf,256);          //获取 Windows 路径
  strcat(buf,"\\notepad.exe");             //构建记事本路径
  PROCESS_INFORMATION pi;
  STARTUPINFO si={sizeof(si)};
  BOOL res=CreateProcess(NULL,buf,NULL,NULL,FALSE,NORMAL_PRIORITY_CLASS|
        CREATE_NEW_CONSOLE,NULL,NULL,&si,&pi);
  handle=pi.hProcess;
}
void CNoteDlg::OnClose()                   //关闭记事本
{
  if(handle)
  {
        ::TerminateProcess(handle,0);
  }
}
```

秘笈心法

心法领悟 167：使用 ShellExecute 函数打开记事本。

本实例使用 CreateProcess 函数创建进程打开记事本。通过 ShellExecute 函数也可以打开记事本，代码如下：
ShellExecute(this->m_hWnd,"open","notepad",NULL,NULL,SW_SHOWNORMAL);

实例 168　创建闪屏线程

光盘位置：光盘\MR\04\168　　趣味指数：★★★☆　高级

实例说明

闪屏线程需要新创建两个类，一个继承自 CWinThread 类，另一个继承自 CWnd 类。继承自 CWnd 类的 CSplashWnd 类主要负责显示图片；而继承自 CWinThread 类的 CSplashThread 类负责启动界面线程，并通过创建 CSplashWnd 对象显示闪屏。本实例运行效果如图 4.11 所示。

图 4.11　创建闪屏线程

关键技术

有关本实例中通过 CSplashWnd 类创建窗体显示图片，通过 CSplashThread 类和 AfxBeginThread 函数启动界面线程。

线程函数 AfxBeginThread 可参见实例 164 中的关键技术。

■ 设计过程

（1）新建一个基于对话框的应用程序，添加两个类 CSplashWnd 和 CSplashThread。
（2）CSplashWnd 类的 Create 成员函数主要负责创建显示位图的窗体。

```
BOOL CSplashWnd::Create(CWnd* pParentWnd)
{
    hbmp=(HBITMAP)::LoadImage(AfxGetInstanceHandle(),"mr.bmp",IMAGE_BITMAP,
            0,0,LR_LOADFROMFILE|LR_DEFAULTCOLOR|LR_DEFAULTSIZE);
    BITMAP bm;
    GetObject(hbmp,sizeof(bm),&bm);

    //创建默认窗体
    LPCTSTR pszWndClass=AfxRegisterWndClass(0);
    VERIFY(m_wndbase.CreateEx(0,pszWndClass, _T(""),WS_POPUP,CW_USEDEFAULT,
            CW_USEDEFAULT,CW_USEDEFAULT,CW_USEDEFAULT, NULL, 0));
    //创建图片大小窗体
    pszWndClass=AfxRegisterWndClass(0,
            AfxGetApp()->LoadStandardCursor(IDC_ARROW));
    VERIFY(CreateEx(0,pszWndClass, _T(""),WS_POPUP|WS_VISIBLE,0,0,
            bm.bmWidth,bm.bmHeight,m_wndbase.GetSafeHwnd(),NULL));
    ::SetWindowPos(m_wndbase.GetSafeHwnd(),HWND_TOPMOST,0,0,0,0,
            SWP_NOMOVE|SWP_NOSIZE);
    return true;
}
```

（3）在成员函数 OnCreate 中将窗体居中显示，代码如下：

```
int CSplashWnd::OnCreate(LPCREATESTRUCT lpCreateStruct)
{
    if (CWnd::OnCreate(lpCreateStruct) == -1)
        return -1;

    CenterWindow();
    return 0;
}
```

（4）在 OnPaint 函数中显示位图，代码如下：

```
void CSplashWnd::OnPaint()
{
    CPaintDC dc(this);
    BITMAP bm;
    GetObject(hbmp,sizeof(bm),&bm);

    CDC memdc;
    memdc.CreateCompatibleDC(&dc);
    memdc.SelectObject(hbmp);

    dc.BitBlt(0,0,bm.bmWidth,bm.bmHeight,&memdc,0,0,SRCCOPY);
}
```

（5）启动定时器并显示窗体，代码如下：

```
void CSplashWnd::ShowSplashWindow()
{
    UpdateWindow();
    SetTimer(1,1,NULL);
}
```

（6）通过定时器控制窗体在 3 秒后关闭，代码如下：

```
void CSplashWnd::OnTimer(UINT nIDEvent)
{
    KillTimer(1);
    Sleep(3000);
    SendMessage(WM_CLOSE);
    CWnd::OnTimer(nIDEvent);
}
```

（7）在 CSplashThread 类的头文件中声明 CSplashWnd 对象，代码如下：

```
CSplashWnd m_mysplash;
```

（8）在线程初始化过程中创建闪屏窗体，代码如下：

```
BOOL CSplashThread::InitInstance()
{
    m_mysplash.Create();
    m_mysplash.ShowSplashWindow();
    return TRUE;
}
```

（9）在对话框中调用闪屏线程，代码如下：

```
BOOL CSplashScreenApp::InitInstance()
{
    //……代码省略
    //创建界面线程
    CSplashThread* pSplashThread=
    (CSplashThread*)AfxBeginThread(RUNTIME_CLASS(CSplashThread),
    THREAD_PRIORITY_NORMAL,0,CREATE_SUSPENDED);
    if (pSplashThread == NULL)
    {
        MessageBox(NULL,"创建闪屏失败!","提示",MB_OK);
        return FALSE;
    }
    pSplashThread->ResumeThread();
    CSplashScreenDlg dlg;
    m_pMainWnd = &dlg;
    //……代码省略
}
```

秘笈心法

心法领悟 168：设计启动画面。

根据本实例，自定义一个启动画面，启动画面显示时间为 3 秒钟。通过定时器控制，3 秒之后自动关闭启动界面，进入主界面。

实例 169　利用互斥对象实现线程同步

光盘位置：光盘\MR\04\169

高级
趣味指数：★★★☆

实例说明

本实例通过互斥对象实现线程的同步。运行程序，两个按钮分别启动一个线程向编辑框中写入字符，选中复选框可以实现当一个线程向编辑框写入字符时，另一个线程处于等待状态，效果如图 4.12 所示。

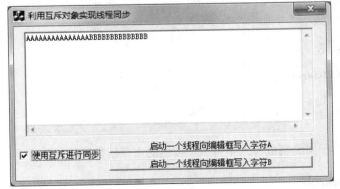

图 4.12　利用互斥对象实现线程同步

关键技术

本实例主要通过 MFC 的互斥对象 CMutex 实现，该对象实现线程同步，主要使用 Lock 方法对资源进行锁定，使用 UnLock 方法解锁。

设计过程

（1）新建一个名为 MutexSynch 的对话框 MFC 工程。

（2）在对话框上添加编辑框控件，设置 ID 属性为 IDC_RESULT，添加成员变量 m_result；添加一个复选框控件，设置 ID 属性为 IDC_MUTEX，添加成员变量 m_mutex；添加两个按钮控件，设置 ID 属性分别为 IDC_BTSTARTONE 和 IDC_BTSTARTTWO，设置 Caption 属性分别为"启动一个线程向编辑框写入字符 A"和"启动一个线程向编辑框写入字符 B"。

（3）在 StdAfx.h 中添加下面语句：

```
#include <afxcmn.h>
```

（4）在 MutexSynchDlg.cpp 文件中添加全局变量声明：

```
CMutex cMutex(FALSE,NULL);
```

（5）添加全局线程函数，该函数用于向编辑框中写入字符 A。代码如下：

```
static UINT thread1(LPVOID pParam)
{
    CMutexSynchDlg *pdlg=(CMutexSynchDlg*)pParam;   //向线程中传入参数
    CString str;
    if(pdlg->bmutex==TRUE)
    cMutex.Lock();                                   //加锁
    for(int i=0;i<20;i++)
    {
      pdlg->m_result.GetWindowText(str);
      str+="A";
      pdlg->m_result.SetWindowText(str);
      Sleep(200);
    }
    cMutex.Unlock();                                 //解锁
    return 0;
}
```

（6）添加全局线程函数，该函数用于向编辑框中写入字符 B。代码如下：

```
static UINT thread2(LPVOID pParam)
{
    CMutexSynchDlg *pdlg=(CMutexSynchDlg*)pParam;   //向线程中传入参数
    CString str;
    if(pdlg->bmutex==TRUE)
    cMutex.Lock();                                   //加锁
    for(int i=0;i<20;i++)
    {
      pdlg->m_result.GetWindowText(str);
      str+="B";
      pdlg->m_result.SetWindowText(str);
      Sleep(200);
    }
    cMutex.Unlock();                                 //解锁
    return 0;
}
```

（7）添加"启动一个线程向编辑框写入字符 A"按钮的实现函数，该函数用于启动线程完成相应功能。代码如下：

```
void CMutexSynchDlg::OnStartOne()
{
    AfxBeginThread(thread1,this);                    //启动一个线程
}
```

（8）添加"启动一个线程向编辑框写入字符 B"按钮的实现函数，该函数用于启动线程完成相应功能。代码如下：

```
void CMutexSynchDlg::OnStartTwo()
{
    AfxBeginThread(thread2,this);                //启动一个线程
}
```

（9）添加复选框控件的实现函数，该函数用于设置是否同步的变量。代码如下：

```
void CMutexSynchDlg::OnMutex()
{
    bmutex=!bmutex;
}
```

秘笈心法

心法领悟 169：利用互斥对象实现进程间共享内存的同步。

CMutex 是核心对象，可以跨进程使用。通过对共享内存的访问，进程间可以实现数据交换。仿照本实例，使用互斥对象对共享内存进行加锁。使用 Lock 方法进行锁定，使用 UnLock 方法解锁，实现对资源的同步访问。

实例 170　利用临界区实现线程同步

光盘位置：光盘\MR\04\170　　　　　　　　　　　　　高级　趣味指数：★★★☆

实例说明

本实例主要展示如何通过临界区实现线程同步。运行程序，如果使用临界区控制线程同步，则选中"使用临界区"复选框，然后单击相关按钮启动相应的线程向编辑框中写入字符，效果如图 4.13 所示。

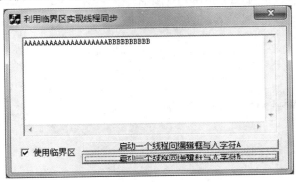

图 4.13　利用临界区实现线程同步

关键技术

临界区实现线程同步主要使用 3 个函数：InitializeCriticalSection 函数用于创建临界区，EnterCriticalSection 函数用于进入临界区，LeaveCriticalSection 函数用于退出临界区。当线程进入到临界区后就实现对资源的保护，其他线程不能对该资源进行读写。

设计过程

（1）新建一个名为 CriticalSectionSynch 的对话框 MFC 工程。

（2）在对话框上添加一个编辑框控件，设置 ID 属性为 IDC_RESULT，添加成员变量 m_result；添加复选框控件，设置 ID 属性为 IDC_CRITICL，添加成员变量 m_criticl；添加两个按钮控件，设置 ID 属性分别为 IDC_BTSTARTONE 和 IDC_BTSTARTTWO，设置 Caption 属性分别为"启动一个线程向编辑框写入字符 A"和"启动一个线程向编辑框写入字符 B"。

（3）在 CriticalSectionSynchDlg.cpp 中加入如下代码：
```cpp
#include "afxmt.h"
CRITICAL_SECTION hCritial;
```
（4）添加全局线程函数，该函数用于向编辑框中写入字符 A。代码如下：
```cpp
static UINT thread1(LPVOID pParam)
{
    CCriticalSectionSynchDlg *pdlg=(CCriticalSectionSynchDlg*)pParam;
    CString str;
    char buf[MAX_PATH];
    if(pdlg->bcritical==TRUE)
    EnterCriticalSection(&hCritial);        //进入临界区

    for(int i=0;i<20;i++)
    {
      ::SendMessage(pdlg->m_result.GetSafeHwnd(),
            WM_GETTEXT, sizeof(buf)/sizeof(char), (LPARAM)buf);
      strcat(buf,"A");
      UINT len=strlen(buf);
      buf[len]='\0';
      ::SendMessage(pdlg->m_result.GetSafeHwnd(),WM_SETTEXT,0,(LPARAM)buf);
      Sleep(200);
    }
    LeaveCriticalSection(&hCritial);        //离开临界区
    return 0;
}
```
（5）添加全局线程函数，该函数用于向编辑框中写入字符 B。代码如下：
```cpp
static UINT thread2(LPVOID pParam)
{
    CCriticalSectionSynchDlg *pdlg=(CCriticalSectionSynchDlg*)pParam;
    CString str;
    char buf[MAX_PATH];
    if(pdlg->bcritical==TRUE)
    EnterCriticalSection(&hCritial);        //进入临界区

    for(int i=0;i<20;i++)
    {
      ::SendMessage(pdlg->m_result.GetSafeHwnd(),
            WM_GETTEXT, sizeof(buf)/sizeof(char), (LPARAM)buf);
      strcat(buf,"B");
      UINT len=strlen(buf);
      buf[len]='\0';
      ::SendMessage(pdlg->m_result.GetSafeHwnd(),WM_SETTEXT,0,(LPARAM)buf);
      Sleep(200);
    }
    LeaveCriticalSection(&hCritial);        //离开临界区
    return 0;
}
```
（6）添加"启动一个线程向编辑框写入字符 A"按钮的实现函数，该函数用于启动线程 thread1。代码如下：
```cpp
void CCriticalSectionSynchDlg::OnStartOne()
{
    AfxBeginThread(thread1,this);       //开始一个线程
}
```
（7）添加"启动一个线程向编辑框写入字符 B"按钮的实现函数，该函数用于启动线程 thread2。代码如下：
```cpp
void CCriticalSectionSynchDlg::OnStartTwo()
{
    AfxBeginThread(thread2,this);
}
```
（8）添加复选框控件的实现函数，该函数用于设置是否同步的变量。代码如下：
```cpp
void CCriticalSectionSynchDlg::OnCriticl()
{
    bcritical=!bcritical;
    InitializeCriticalSection(&hCritial);   //初始化临界区
}
```

秘笈心法

心法领悟 170：利用临界区实现进程间共享内存的同步。

根据本实例，进程访问共享内存时，先使用 EnterCriticalSection 函数申请进入临界区，其他进程不能进入，访问内存之后，再使用 LeaveCriticalSection 函数释放临界区资源，其他进程再进入访问。

实例 171　利用事件对象实现线程同步

光盘位置：光盘\MR\04\171　　　　　　　　　　　　　高级　趣味指数：★★★

实例说明

本实例主要通过事件对象实现线程的同步。运行程序，单击"不使用事件同步启动两个线程向编辑框中写入不同字符"按钮，启动两个没有使用任何同步对象的线程向编辑框中写入字符 A 和 B，可以看到的现象是字符 A 和字符 B 交叉在编辑框中显示。单击"使用事件同步启动两个线程向编辑框中写入不同字符"按钮，启动两个线程，一个线程向编辑框中写入字符 A，并且在任务完成时设置了事件对象；另一个线程向编辑框中写入字符 B，并且等待事件对象，如果没有事件对象被重置，该线程会一直等待，效果如图 4.14 所示。

图 4.14　利用事件对象实现线程同步

关键技术

事件对象可以用两种方式实现，一种是使用 MFC 对象，一种是不使用 MFC 对象，本实例使用了 MFC 的事件对象 CEvent。如果不使用 MFC 对象，则需要使用 CreateEvent 函数创建一个事件对象句柄，然后通过 WaitForSingleObject 等待事件对象和 ResetEvent 重置事件对象两个函数一起实现线程的同步。本实例在第一个线程任务将要结束时重置事件对象，在第二个线程开始时等待事件对象，直到有事件对象被重置才开始执行任务。使用 SetEvent 方法重置事件，使用 Lock 方法等待事件对象。

设计过程

（1）新建一个名为 EventSynch 的对话框 MFC 工程。

（2）在对话框上添加一个编辑框控件，添加成员变量 m_result；添加两个按钮控件，设置 ID 属性分别为 IDC_BTSTARTONE 和 IDC_BTSTARTTWO，设置 Caption 属性分别为"不使用事件同步启动两个线程向编辑框中写入不同字符"和"使用事件同步启动两个线程向编辑框中写入不同字符"。

（3）在 StdAfx.h 中添加下面语句：

```
#include <afxcmn.h>
```

（4）在 EventSynchDlg.cpp 文件中加入如下全局变量声明：

```
CEvent cEvent;
```

（5）添加全局线程函数，该函数用于向编辑框中写入字符 A。代码如下：
```
static UINT thread1(LPVOID pParam)
{
    CEdit *p=(CEdit*)pParam;
    char buf[MAX_PATH];
    for(int i=0;i<20;i++)
    {
        ::SendMessage(p->GetSafeHwnd(),WM_GETTEXT,MAX_PATH,(LPARAM)buf);
        strcat(buf,"A");
        ::SendMessage(p->GetSafeHwnd(),WM_SETTEXT,0,(LPARAM)buf);
        Sleep(200);
    }
    return 0;
}
```

（6）添加全局线程函数，该函数用于向编辑框中写入字符 B。代码如下：
```
static UINT thread2(LPVOID pParam)
{
    CEdit *p=(CEdit*)pParam;
    char buf[MAX_PATH];
    for(int i=0;i<20;i++)
    {
        ::SendMessage(p->GetSafeHwnd(),WM_GETTEXT,MAX_PATH,(LPARAM)buf);
        strcat(buf,"B");
        ::SendMessage(p->GetSafeHwnd(),WM_SETTEXT,0,(LPARAM)buf);
        Sleep(200);
    }
    return 0;
}
```

（7）添加全局线程函数，该函数用于向编辑框中写入字符 A，实现对 CEvent 对象的设置。代码如下：
```
static UINT thread3(LPVOID pParam)
{
    CEdit *p=(CEdit*)pParam;
    char buf[MAX_PATH];
    for(int i=0;i<20;i++)
    {
        ::SendMessage(p->GetSafeHwnd(),WM_GETTEXT,MAX_PATH,(LPARAM)buf);
        strcat(buf,"A");
        ::SendMessage(p->GetSafeHwnd(),WM_SETTEXT,0,(LPARAM)buf);
        Sleep(200);
    }
    cEvent.SetEvent();
    return 0;
}
```

（8）添加全局线程函数，该函数用于向编辑框中写入字符 B，通过 Lock 方法等待 CEvent 对象被重置。代码如下：
```
static UINT thread4(LPVOID pParam)
{
    CEdit *p=(CEdit*)pParam;
    char buf[MAX_PATH];
    cEvent.Lock();
    for(int i=0;i<20;i++)
    {
        ::SendMessage(p->GetSafeHwnd(),WM_GETTEXT,MAX_PATH,(LPARAM)buf);
        strcat(buf,"B");
        ::SendMessage(p->GetSafeHwnd(),WM_SETTEXT,0,(LPARAM)buf);
        Sleep(200);
    }
    cEvent.SetEvent();
    return 0;
}
```

（9）添加"不使用事件同步启动两个线程向编辑框中写入不同字符"按钮的实现函数，该函数用于启动线程函数 thread1 和 thread2。代码如下：
```
void CEventSynchDlg::OnStartOne()
{
    AfxBeginThread(thread1,&m_result);
```

```
        AfxBeginThread(thread2,&m_result);
}
```
（10）添加"使用事件同步启动两个线程向编辑框中写入不同字符"按钮的实现函数，该函数用于启动线程函数 thread3 和 thread4。代码如下：
```
void CEventSynchDlg::OnStartTwo()
{
        AfxBeginThread(thread3,&m_result);
        AfxBeginThread(thread4,&m_result);
}
```

秘笈心法

心法领悟 171：利用事件对象实现多线程下载工具。

根据本实例，创建两个线程执行下载任务，启动第一个线程，第二个线程用 Lock 方法等待 CEvent 对象被重置，当第一个下载任务完成后，使用 SetEvent 重置 CEvent 对象，第二个线程开始下载。

实例 172 用信号量实现线程同步
光盘位置：光盘\MR\04\172   高级   趣味指数：★★★☆

实例说明

本实例主要实现文件的复制，复制的过程中启动了两个线程，一个线程负责文件的读取，另一个线程负责文件的写入。两个线程通过信号量实现同步，当读取线程运行时通过信号量控制写入线程处于等待状态；当写入线程运行时通过信号量控制读取线程处于等待状态，效果如图 4.15 所示。

图 4.15 利用信号量实现线程同步

关键技术

本实例通过 CreateSemaphore 函数创建信号量句柄实现。信号量有两种实现方式，一种是本实例所使用的通过函数来创建，另一种是使用 MFC 对象 CSemaphore。CSemaphore 对象的使用比较简单，不需要函数创建，要对共享资源进行锁定时使用 Lock 方法，解除共享资源的锁定时使用 UnLock 方法，在共享资源锁定过程中其他线程不能对资源进行读写。本实例使用的信号量句柄如果要对共享资源进行限制，需要使用 WaitForSingleObject 函数，该函数可以控制使用相同信号量句柄的线程处于等待状态，其语法格式如下：
```
DWORD WaitForSingleObject(HANDLE hHandle,DWORD dwMilliseconds);
```
参数说明：

❶hHandle：用于线程同步的内核对象句柄。

❷dwMilliseconds：指定等待的时间，可以取值 INFINITE，实现线程永远等待。

实例中使用 ReleaseSemaphore 函数恢复信号量，其语法格式如下：
```
BOOL ReleaseSemaphore(HANDLE hSemaphore,LONG lReleaseCount,LPLONG lpPreviousCount);
```
参数说明：

❶hSemaphore：信号量句柄。

❷lReleaseCount：计数递增数量。
❸lpPreviousCount：先前计数。

设计过程

（1）新建一个名为 SemaphoreSynch 的对话框 MFC 工程。

（2）在对话框上添加 2 个编辑框控件，设置 ID 属性分别为 IDC_EDSOURCE 和 IDC_EDDES；添加 3 个按钮控件，设置 ID 属性分别为 IDC_BTSOURCE、IDC_BTDES 和 IDC_BTCOPY；添加 1 个进度条控件，设置 ID 属性为 IDC_POS，添加成员变量 m_pos。

（3）在 SemaphoreSynchDlg.cpp 文件中加入如下代码：

```cpp
#include "afxmt.h"
HANDLE hSema;                                   //信号量句柄
```

（4）在 OnInitDialog 函数中完成信号量的创建。代码如下：

```cpp
BOOL CSemaphoreSynchDlg::OnInitDialog()
{
    CDialog::OnInitDialog();
    ……//此处代码省略
    hSema=CreateSemaphore(NULL,1,1,NULL);       //创建信号量
    m_pos.SetRange(0,100);
    m_pos.SetPos(0);
    poslen=0;
    return TRUE;
}
```

（5）全局线程函数，该函数用于读取文件。代码如下：

```cpp
static UINT thread1(LPVOID pParam)
{
    WaitForSingleObject(hSema,INFINITE);        //线程等待
    CSemaphoreSynchDlg *pdlg=(CSemaphoreSynchDlg*)pParam;
    CString tmp;tmp=pdlg->sourcename;
    CFile* readfile;
    readfile=new CFile(tmp,CFile::modeRead);
    readfile->Seek(pdlg->poslen,CFile::begin);
    pdlg->readlen=readfile->Read(pdlg->pvData,512);
    pdlg->poslen+=pdlg->readlen;
    readfile->Close();
    delete readfile;
    ReleaseSemaphore(hSema,1,NULL);             //释放信号量
    return 0;
}
```

（6）添加全局线程函数，该函数用于写入文件。代码如下：

```cpp
static UINT thread2(LPVOID pParam)
{
    WaitForSingleObject(hSema,INFINITE);        //多线程等待
    CSemaphoreSynchDlg *pdlg=(CSemaphoreSynchDlg*)pParam;
    CFile* writefile;
    writefile=new CFile(pdlg->desname,CFile::modeWrite);
    writefile->SeekToEnd();
    writefile->Write(pdlg->pvData,pdlg->readlen);
    writefile->Close();
    delete writefile;
    ReleaseSemaphore(hSema,1,NULL);             //释放信号量
    return 0;
}
```

（7）添加"复制"按钮的实现函数，该函数启动两个线程，用于读文件和写文件。代码如下：

```cpp
void CSemaphoreSynchDlg::OnCopy()
{
    HANDLE hfile=::CreateFile(desname,GENERIC_WRITE|GENERIC_WRITE,0,0,
        CREATE_ALWAYS,FILE_ATTRIBUTE_NORMAL,0);
    CloseHandle(hfile);
    CFileStatus status;
    CFile::GetStatus(sourcename,status);
    filelen=status.m_size;
```

```
//计算文件的百分之一大小
ldiv_t r;
r=ldiv(filelen,100);
long pos=r.quot;
//保存递增的百分比大小
long ipos;
ipos=pos;
int i=0;
hGlobal = GlobalAlloc(GMEM_MOVEABLE,512);          //创建缓存区
pvData = GlobalLock(hGlobal);
while(1)
{
    AfxBeginThread(thread1,this);                  //开始线程
    AfxBeginThread(thread2,this);
    if(poslen>ipos)
    {
         ipos+=pos;
         i++;
    }
    m_pos.SetPos(i);
    if(poslen==filelen)
            break;
}
GlobalUnlock(hGlobal);
AfxMessageBox("复制完成");
}
```

秘笈心法

心法领悟 172：用信号量实现进程间共享内存的同步。

使用 CSemaphore 对象实现进程间共享内存的同步。使用 Lock 方法对共享内存进行锁定，使用 UnLock 方法解除共享资源的锁定，在共享内存锁定过程中其他进程不能对共享内存进行读写。

实例 173　挂起系统

光盘位置：光盘\MR\04\173

趣味指数：★★★★☆

高级

实例说明

可以使用函数 SetSystemPowerState 实现系统的挂起。本实例运行效果如图 4.16 所示。

图 4.16　挂起系统

关键技术

本实例的实现主要使用 SetSystemPowerState 函数。基本格式如下：

```
BOOL SetSystemPowerState(
  BOOL fSuspend,
  BOOL fForce
);
```

参数说明：

❶fSuspend：指定系统状态。设为 true，则系统挂起；设为 false，则系统休眠。

❷fForce：强制挂起。设为 true，则直接挂起；设为 false，则请求挂起。

设计过程

（1）新建一个基于对话框的应用程序。

（2）向窗体中添加一个按钮控件，执行系统挂起操作。首先通过函数 AdjustTokenPrivileges 修改当前进程的令牌，从而使当前进程有关机的权限，然后使用 SetSystemPowerState 函数挂起系统。

（3）主要代码如下：

```
void CSetSystemPowerStateDlg::OnPower()
{
    static HANDLE hToken;
    static TOKEN_PRIVILEGES tp;
    static LUID luid;
    //打开与过程相关的访问令牌
    OpenProcessToken(GetCurrentProcess(),TOKEN_ADJUST_PRIVILEGES|TOKEN_QUERY,&hToken);
    LookupPrivilegeValue(NULL,SE_SHUTDOWN_NAME,&luid);
    tp.PrivilegeCount = 1;
    tp.Privileges [0].Luid = luid;
    tp.Privileges [0].Attributes = SE_PRIVILEGE_ENABLED;
    //获取当前进程权限
    if(!AdjustTokenPrivileges(hToken,FALSE,&tp,sizeof(TOKEN_PRIVILEGES),NULL,NULL))
        MessageBox("权限获取失败");
    //挂起系统
    if(!SetSystemPowerState(true,true))
        MessageBox("系统挂起失败");
}
```

秘笈心法

心法领悟 173：实现计算机的待机状态。

计算机无人使用时，将其设置为待机状态可节约能源。根据本实例，使用 OpenProcessToken 函数获取进程访问令牌的句柄，使用 AdjustTokenPrivileges 函数获取进程权限，使用 SetSystemPowerState 函数设置待机状态。

实例 174　调用记事本程序并暂停其运行
光盘位置：光盘\MR\04\174　　　　　高级　趣味指数：★★★★☆

实例说明

本实例使用 CreateProcess 函数调用记事本程序，并通过 SuspendThread 函数将记事本的主线程挂起，这样即可暂停记事本程序的运行。如果要暂停其他程序，则必须保证相应的程序使用 CreateProcess 函数启动，并且被启动的程序只有一个主线程，效果如图 4.17 所示。

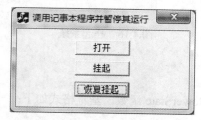

图 4.17　调用记事本程序并暂停其运行

关键技术

本实例的实现主要使用 SuspendThread 函数。基本格式如下：

```
DWORD SuspendThread(
HANDLE hThread);
```
参数说明：

hThread：线程句柄。

设计过程

（1）新建一个基于对话框的应用程序。
（2）向窗体中添加 3 个按钮控件，分别执行打开记事本、挂起线程和恢复挂起。
（3）主要代码如下：

```
void CSuspendThreadDlg::OnOpen()                //打开记事本
{
    char buf[256];
    ::GetWindowsDirectory(buf,256);
    strcat(buf,"\\notepad.exe");
    STARTUPINFO si={sizeof(si)};
    BOOL res=CreateProcess(NULL,buf,NULL,NULL,FALSE,NORMAL_PRIORITY_CLASS|
        CREATE_NEW_CONSOLE,NULL,NULL,&si,&pi);
}
void CSuspendThreadDlg::OnSuspend()              //挂起线程
{
    int count = SuspendThread(pi.hThread);
}
void CSuspendThreadDlg::OnResume()               //恢复挂起
{
    int count = ResumeThread(pi.hThread);
}
```

秘笈心法

心法领悟 174：使用 AfxBeginThread 函数创建线程并指定挂起。

使用 AfxBeginThread 函数创建线程，参数 dwCreateFlags 指定为 CREATE_SUSPENDED，创建的线程会被挂起，直到调用 ResumeThread 唤醒线程。

AfxBeginThread(MyThreadProc,NULL,THREAD_PRIORITY_NORMAL,0,CREATE_SUSPENDED,NULL);

实例 175 等待打开的记事本程序关闭

光盘位置：光盘\MR\04\175

高级

趣味指数：★★★☆

实例说明

在一个应用程序调用另一个应用程序时，有时需要在另一个应用程序未结束之前禁止对当前应用程序进行操作。例如，在应用程序中调用一个打印的应用程序，如果在打印应用程序执行过程中，用户修改了当前应用程序中的数据，那么打印的结果就不可预料了。因此，在调用打印应用程序时通常禁止用户对原应用程序进行操作。本实例使用 WaitForSingleObject 函数等待记事本程序的关闭。本实例运行效果如图 4.18 所示。

图 4.18 等待打开的记事本程序关闭

关键技术

本实例主要用到 WaitForSingleObject 函数。该函数在某个对象处于有信号状态或超时时返回，其语法如下：

DWORD WaitForSingleObject(HANDLE hHandle, DWORD dwMilliseconds);

参数说明：

❶hHandle：标识对象句柄，本实例为进程句柄。

❷dwMilliseconds：标识等待的毫秒数，如果为 INFINITE，标识一直等待，直到进程有信号为止。

设计过程

（1）创建一个基于对话框的工程，工程名称为 OpenNote。

（2）向对话框中添加一个按钮控件。

（3）处理"打开记事本程序"按钮的单击事件，调用记事本应用程序，同时阻止对当前应用程序的响应，直到关闭记事本。

```
void COpenNoteDlg::OnGet()
{
    DWORD exitcode;                                      //定义进程退出代码
    PROCESS_INFORMATION pi;                              //定义进程信息结构对象
    STARTUPINFO si={sizeof(si)};
    char buf[256];
    ::GetWindowsDirectory(buf,256);                      //获取 Windows 系统目录
    strcat(buf,"\\notepad.exe");
    //调用记事本
    BOOL res=::CreateProcess(NULL, buf, NULL, NULL, FALSE, 0, NULL, NULL, &si, &pi);
    if(res)
    {
        CloseHandle(pi.hThread);
        WaitForSingleObject(pi.hProcess,INFINITE);       //等待子进程，直到结束
        GetExitCodeProcess(pi.hProcess,&exitcode);
        CloseHandle(pi.hProcess);
    }
}
```

秘笈心法

心法领悟 175：判断一个进程何时结束。

根据本实例，调用 WaitForSingleObject 函数检测一个进程的状态，调用者阻塞，当被检测进程结束时，函数就会返回，调用者解阻塞，以此来判断被测进程是否结束。使用 WaitForSingleObject 函数检测进程需要进程句柄，可以通过 CreateToolhelp32Snapshot、Process32First 和 Process32Next 函数获取进程 ID，通过 OpenProcess 时获取进程句柄。

实例 176	禁止程序重复运行 光盘位置：光盘\MR\04\176	高级 趣味指数：★★★

实例说明

有些应用程序在操作系统中不允许同时运行两个或多个实例，特别是服务性的应用程序，所以需要程序设计人员阻止程序的重复运行。本实例运行效果如图 4.19 所示。

图 4.19　禁止程序重复运行

■ 关键技术

本实例实现的阻止程序的重复运行是通过互斥内核对象实现的,在程序所在的工程初始化时创建一个互斥对象,工程退出时释放这个互斥对象。CreateMutex 函数和 ReleaseMutex 函数就是用来创建和释放互斥对象的。

■ 设计过程

(1) 新建一个基于对话框的应用程序。
(2) 在工程初始化方法 InitInstance 中创建互斥对象,代码如下:

```
hmutex=CreateMutex(NULL,TRUE,"NoRepeat");      //创建互斥对象
if(GetLastError()==ERROR_ALREADY_EXISTS)
{
    ::MessageBox(NULL,"程序已经运行","提示",MB_OK);
    return FALSE;
}
```

(3) 在工程退出方法 ExitInstance 中释放互斥对象,代码如下:

```
int CNoRepeatApp::ExitInstance()
{
    ReleaseMutex(hmutex);                      //释放互斥对象
    return CWinApp::ExitInstance();
}
```

■ 秘笈心法

心法领悟 176:通过 FindWindow 函数阻止程序重复运行。

通过 FindWindow 函数阻止程序重复运行,代码如下:

```
HWND hwnd=::FindWindow(NULL,"NoRepeat");
if(hwnd)
{
    ::MessageBox(NULL,"程序已经运行","提示",MB_OK);
}
```

实例 177　在 Visual C++ 与 Delphi 间实现对象共享　　高级

光盘位置:光盘\MR\04\177　　趣味指数:★★★☆

■ 实例说明

在开发大型应用程序时,通常需要使用多个语言进行开发。为了能够进行多种语言协同开发,需要在这些语言间实现信息的共享。本实例实现了在 Visual C++ 中使用 Delphi 设计的类,效果如图 4.20 所示。

图 4.20　在 Visual C++ 与 Delphi 间实现对象共享

■ 关键技术

为了使用 Delphi 中设计的类，需要在 Delphi 中将类封装在 Dll 中，并且提供创建该类对象的虚拟方法，这样，在 Visual C++ 中就可以通过加载 Dll，调用该方法创建类的对象。Delphi.dll 代码如下：

```
unit Content;

interface
  uses  SysUtils,  Classes,  Windows;

  //定义一个全局函数，供外界创建 TDog 对象
type
  //定义一个抽象类
  TAnimal = class
      procedure Cry(); virtual; abstract;
  end;

  TDog = class(TAnimal)
      procedure Cry();override;
  end;

  function CreateObj():TAnimal; stdcall;

implementation

{ TDoc }
function CreateObj():TAnimal;
begin
  result := TDog.Create();
end;

procedure TDog.Cry();
begin
  inherited;
  MessageBox(0,'wangwang!','提示',64);
end;

end.
```

■ 设计过程

（1）新建一个基于对话框的应用程序。
（2）在 Visual C++ 中调用 Dll，在 Dlg 类中添加如下代码：

```
class TAnimal
{
  public:
      void virtual Cry() = 0;
};
void CShareObjDlg::OnInvoke()
{
  HINSTANCE hInstance = LoadLibrary("./Obj.dll");
  typedef TAnimal*   ( __stdcall * fCreateObj)() ;
  fCreateObj CreateObj;
```

```
CreateObj  = (fCreateObj) GetProcAddress(hInstance,"CreateObj");
TAnimal* pAnimal =CreateObj() ;
pAnimal->Cry();
FreeLibrary(hInstance);
}
```

秘笈心法

心法领悟 177：判断一个程序是否正在运行。

使用 CreateToolhelp32Snapshot 函数获取系统进程快照，Process32First 和 Process32Next 函数遍历进程。根据 PROCESSENTRY32 结构体的 szExeFile 成员判断进程名字，根据 th32ProcessID 判断进程 ID。如果找到与指定进程名或进程 ID 相匹配的项，则进程正在运行。

4.2　动态链接库与钩子

实例 178　从动态库中获取位图资源
光盘位置：光盘\MR\04\178　　　　高级　　趣味指数：★★★☆

实例说明

动态库与应用程序一样，可以存储各种资源，包括位图资源。那么如何从动态库中获取位图资源呢？本实例实现了该功能，效果如图 4.21 所示。

图 4.21　从动态库中获取位图资源

关键技术

不管是在应用程序工程还是在动态库工程中，资源的读取都是通过 LoadBitmap 函数获取的。在读取动态库工程中的资源信息时需要先将动态库载入，再通过 LoadBitmap 函数获取动态库中的资源，一般格式如下：

```
HBITMAP LoadBitmap(
HINSTANCE hInstance,
LPCTSTR lpBitmapName
);
```

参数说明：

❶hInstance：工程句柄。

❷lpBitmapName：资源 ID。

设计过程

（1）新建一个名为 MFCDLL 的 MFC 动态库工程。
（2）在动态库中载入位图资源。
（3）新建一个名为 FetchBmp 的 MFC 对话框工程。
（4）在对话框中添加两个按钮，设置其 Caption 属性分别为"显示"和"取消"。
（5）载入动态库获取资源句柄，实现代码如下：

```
HINSTANCE hInstance = LoadLibrary("MFCDll.dll");
m_hBitmap = LoadBitmap(hInstance,MAKEINTRESOURCE(1000));
FreeLibrary(hInstance);
```

（6）单击"显示"按钮，通过资源句柄将位图绘制在窗体上，实现代码如下：

```
void CFetchBmpDlg::OnOK()
{
    if (m_hBitmap)
    {
        CBitmap bmp;
        bmp.Attach(m_hBitmap);
        CDC* pDC = GetDC();
        CDC memDC;
        memDC.CreateCompatibleDC(pDC);
        memDC.SelectObject(&bmp);
        pDC->BitBlt(0,0,500,600,&memDC,0,0,SRCCOPY);
        bmp.Detach();
        memDC.DeleteDC();
    }
}
```

秘笈心法

心法领悟 178：从动态库中导出函数。

使用 GetProcAddress 函数可以从动态库中导出函数。首先用 LoadLibrary 函数加载动态库，获取动态库模块句柄，用 GetProcAddress 函数通过模块句柄获取动态库中的函数地址，即可通过函数指针调用该函数。

```
HMODULE h = LoadLibrary("test.dll");
GetProcAddress(h,"fun");
```

实例 179　屏蔽键盘 POWER 键

光盘位置：光盘\MR\04\179　　　高级　　趣味指数：★★★★

实例说明

屏蔽 POWER 键需要在窗体的回调函数 WindowProc 中截获 WM_POWERBROADCAST 消息，并返回 BROADCAST_QUERY_DENY 消息。WM_POWERBROADCAST 消息是 Windows 底层消息，用钩子不能够捕获。本实例运行效果如图 4.22 所示。

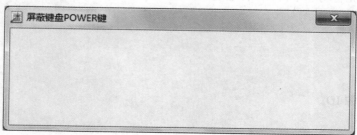

图 4.22　屏蔽键盘 POWER 键

关键技术

本实例的实现主要用到 WindowProc 函数，该函数是一个应用程序定义的函数，用于处理发送给窗口的消息。WNDPROC 类型定义了一个指向该回调函数的指针。WindowProc 是用于应用程序定义函数的占位符。一般格式如下：

LRESULT CALLBACK WindowProc (HWND hwnd,UINT uMsg,WPARAM wParam,LPARAM lParam);

参数说明：

❶hwnd：指向窗口的句柄。

❷uMsg：指定消息类型。

❸wParam：指定其余的、消息特定的信息。该参数的内容与 uMsg 参数值有关。

❹lParam：指定其余的、消息特定的信息。该参数的内容与 uMsg 参数值有关。

返回值：该函数的返回值就是消息处理结果，与发送的消息有关。

设计过程

（1）新建一个基于对话框的应用程序。

（2）通过 ClassWizard 在 Dlg 类中添加 WindowProc 函数，代码如下：

```
LRESULT CShieldPowerDlg::WindowProc(UINT message, WPARAM wParam, LPARAM lParam)
{
    if(message==WM_POWERBROADCAST)
    {
        return BROADCAST_QUERY_DENY;
    }
    return CDialog::WindowProc(message, wParam, lParam);
}
```

秘笈心法

心法领悟 179：屏蔽关闭窗口的消息。

使用 WindowProc 函数屏蔽关闭窗口的消息，当单击关闭窗口时窗口无法关闭。

```
LRESULT CMy1_6Dlg::WindowProc(UINT message, WPARAM wParam, LPARAM lParam)
{
    if(message == WM_CLOSE)
        message = WM_SHOWWINDOW;
    return CDialog::WindowProc(message, wParam, lParam);
}
```

实例 180　屏蔽键盘 WIN 键

光盘位置：光盘\MR\04\180　　　　　　　　　　　高级　趣味指数：★★★☆

实例说明

通过设置钩子可以屏蔽键盘 WIN 键，将钩子的类型设置为 WH_KEYBOARD_LL，当用户按下键盘时所发出的消息都会被钩子截获，将截获的消息不做任何处理就屏蔽了键盘 WIN 键。WH_KEYBOARD_LL 类型的钩子中，其回调函数可以截获 WM_KEYDOWN、WM_KEYUP、WM_SYSKEYDOWN 和 WM_SYSKEYUP 这 4 种类型的键盘消息，其中，WIN 键属于 WM_SYSKEYDOWN 和 WM_SYSKEYUP 两种类型。本实例运行效果如图 4.23 所示。

图 4.23 屏蔽键盘 WIN 键

■ 关键技术

（1）钩子函数的语法格式如下：

```
LRESULT CALLBACK HookProc
(
    int nCode,
    WPARAM wParam,
    LPARAM lParam
);
```

其中，HookProc 是回调函数名。

参数说明：

❶nCode：该参数是 Hook 代码，Hook 子程序使用该参数来确定任务。此参数的值依赖于 Hook 类型，每一种 Hook 都有自己的 Hook 代码特征字符集。

❷wParam 和 lParam：这两个参数的值依赖于 Hook 代码，但是它们的典型值是包含了关于发送或者接收消息的信息。

（2）SetWindowsHookEx 函数，主要用来启动钩子，其语法如下：

```
HHOOK SetWindowsHookEx(int idHook,HOOKPROC lpfn,
    HINSTANCE hMod,DWORD dwThreadId);
```

参数说明：

❶idHook：指定钩子的类型。

❷lpfn：钩子事件触发时调用的回调函数。

❸hMod：包含回调函数的动态链接库文件的句柄。

❹dwThreadId：钩子函数所要监控的应用程序进程号。如果为 0，则监控所有进程。

返回值：若此函数执行成功，则返回值就是该钩子处理过程的句柄；若执行失败，则返回值为 NULL。

（3）UnhookWindowsHookEx 函数，用于卸载钩子，其语法如下：

```
BOOL WINAPI UnhookWindowsHookEx(HHOOK hhk);
```

参数说明：

hhk：要删除的钩子的句柄。该参数是 SetWindowsHookEx 函数的返回值。

■ 设计过程

（1）新建一个名为 ShieldWinKey 的对话框 MFC 工程。

（2）添加钩子回调函数 KeyProc。

```
HHOOK mhook=NULL;
LRESULT WINAPI KeyProc(int code,WPARAM wParam,LPARAM lParam)
{
    LPKBDLLHOOKSTRUCT p=(LPKBDLLHOOKSTRUCT)lParam;
    if(code<0)
        CallNextHookEx(0,code,wParam,lParam);
    if(code==HC_ACTION)
    {
        switch(wParam)
        {
        case WM_KEYDOWN:
            if(p->vkCode==VK_LWIN||p->vkCode==VK_RWIN)
            {
                return 1;
```

```
                    break;
                }
            case WM_KEYUP:
                if(p->vkCode==VK_LWIN||p->vkCode==VK_RWIN)
                {
                    return 1;
                    break;
                }
            case WM_SYSKEYDOWN:
                if(p->vkCode==VK_LWIN||p->vkCode==VK_RWIN)
                {
                    return 1;
                    break;
                }
            case WM_SYSKEYUP:
                if(p->vkCode==VK_LWIN||p->vkCode==VK_RWIN)
                {
                    return 1;
                    break;
                }
        }
    CallNextHookEx(0,code,wParam,lParam);
    return 0;
}
```

（3）在 OnSet 中启动钩子函数。

```
void CShieldWinKeyDlg::OnSet()
{
    //WH_KEYBOARD_LL 定义为 13
    mhook=::SetWindowsHookEx(13,KeyProc,::AfxGetApp()->m_hInstance,0);
    if(mhook)
        MessageBox("钩子安装完成","提示",MB_OK);
}
```

（4）在 OnReset 中卸载钩子函数。

```
void CShieldWinKeyDlg::OnReset()
{
    int i=::UnhookWindowsHookEx(mhook);
    if(i>0)
        MessageBox("钩子卸载完成","提示",MB_OK);
}
```

秘笈心法

心法领悟 180：利用钩子获取键盘输入。

根据本实例，使用钩子函数 SetWindowsHookEx 安装钩子，WH_KEYBOARD_LL 指定为键盘钩子。在钩子函数中，通过 WPARAM 参数判断键盘是否按下，通过 LPARAM 参数和 tagKBDLLHOOKSTRUCT 结构判断键盘按键。

实例 181 禁止使用 Alt+F4 键来关闭窗体 高级

光盘位置：光盘\MR\04\181　　趣味指数：★★★☆

实例说明

可以通过使用 WH_KEYBOARD_LL 类型的钩子捕获用户按下 Alt+F4 键时所发出的消息，然后在捕获消息后不做任何处理以达到禁止使用 Alt+F4 键关闭窗体的目的。本实例运行效果如图 4.24 所示。

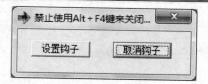

图 4.24 禁止使用 Alt＋F4 键关闭窗体

■ 关键技术

本实例主要使用钩子函数。通过 SetWindowsHookEx 启动钩子，UnhookWindowsHookEx 卸载钩子。前面已经介绍过这两个函数的使用，这里不再介绍。

■ 设计过程

（1）新建一个基于对话框的应用程序。

（2）定义钩子句柄，添加键盘钩子函数 KeyProc。

```
HHOOK mhook=NULL;
LRESULT WINAPI KeyProc(int code,WPARAM wParam,LPARAM lParam)
{
    //返回 1 表示截获消息，返回 0 表示继续传递消息
    LPKBDLLHOOKSTRUCT p=(LPKBDLLHOOKSTRUCT)lParam;
    if(code==HC_ACTION)
    {
        //封锁 Alt+F4
        if((p->vkCode==115)&&((p->flags&0x20)>0))
            return 1;
    }
    CallNextHookEx(0,code,wParam,lParam);
    return 0;
}
```

（3）启动钩子。

```
void CNoALTF4Dlg::OnSet()
{
    //WH_KEYBOARD_LL 定义为 13
    mhook=::SetWindowsHookEx(13,KeyProc,::AfxGetApp()->m_hInstance,0);
    if(mhook)
        MessageBox("钩子安装完成","提示",MB_OK);
}
```

（4）卸载钩子。

```
void CNoALTF4Dlg::OnReset()
{
    int i=::UnhookWindowsHookEx(mhook);
    if(i>0)
        MessageBox("钩子卸载完成","提示",MB_OK);
}
```

■ 秘笈心法

心法领悟 181：屏蔽大写锁定。

使用键盘钩子检测键盘按键，如果检测到虚拟键值为 VK_CAPITAL，将其屏蔽。

```
LPKBDLLHOOKSTRUCT p = (LPKBDLLHOOKSTRUCT )lp;
if(code == HC_ACTION && wp == WM_KEYDOWN)
{
    if(p->vkCode == VK_CAPITAL)
        return 1;
}
```

实例 182 枚举模块中所有图标

光盘位置：光盘\MR\04\182

高级
趣味指数：★★★☆

实例说明

模块分为两种，一种是可执行程序模块，另一种是动态链接库模块。模块中有可能含有图标资源，如果含有图标资源，就可以通过若干函数将图标资源提取出来。提取图标资源的步骤是首先通过函数 EnumResourceNames 枚举出模块中所含图标资源的名称，然后通过 FindResource 函数和 LoadResource 函数查找到指定图标资源在模块中的地址，最后通过 CreateIconFromResource 函数从模块中提取出指定图标资源的图标句柄。本实例运行效果如图 4.25 所示。

图 4.25　枚举模块中所有图标

关键技术

本实例的实现主要使用 EnumResourceNames 函数，实现枚举特定资源类型的所有资源。基本格式如下：

```
BOOL EnumResourceNames(
    HMODULE hModule,                  //处理包含被列举资源名称的可执行文件的模块
    LPCTSTR lpszType,                 //指向以 NULL 为结束符的字符串，它指定了被列出的资源类型名称
    ENUMRESNAMEPROC lpEnumFunc,       //执行所需要每个列举出的资源名称的响应函数
    LONG_PTR lParam                   //指定一个申请定义参数值传递给响应函数，此参数可以用来错误检查
);
```

参数说明如表 4.7 所示。

表 4.7　EnumResourceNames 函数的参数说明

参　数	说　明	参　数	说　明
hModule	模块句柄	lpEnumFunc	回调函数
lpszType	资源类型	lParam	自定义的参数

设计过程

（1）新建一个基于对话框的应用程序。
（2）添加图片控件，显示图标。添加列表视图控件，显示图标资源列表。添加按钮控件，选择路径。

(3) 编写回调函数，枚举图标资源，代码如下：

```cpp
BOOL CALLBACK EnumProc(HANDLE hModule,LPCTSTR lpszType,LPTSTR lpszName,LONG lParam)
{
    TCHAR szBuffer[256];
    LONG nIndex=LB_ERR;
    LPTSTR lpID=NULL;

    if(HIWORD(lpszName)==0)
    {
        wsprintf(szBuffer,"Icon[%d]",(DWORD)lpszName);
        lpID=lpszName;
    }
    else
    {
        lpID=strdup(lpszName);
        wsprintf(szBuffer,"Icon[%s]",lpID);
    }
    nIndex=SendDlgItemMessage((HWND)lParam,IDC_ICONLIST,LB_ADDSTRING,
0,(LPARAM)(szBuffer));
        SendDlgItemMessage((HWND)lParam,IDC_ICONLIST,LB_SETITEMDATA,(WPARAM)nIndex,
(LPARAM)lpID);

        return TRUE;
}
```

(4) 打开模块文件，通过 EnumResourceNames 函数枚举模块中的图标名称。

```cpp
void CGetIconFromModuleDlg::OnOpen()
{
    CFileDialog fileDialog(TRUE,NULL,NULL,NULL,"文件(*.DLL,*.EXE)|*.DLL;*.EXE||");
    if(fileDialog.DoModal()==IDOK)
    {
        CString pathname=fileDialog.GetPathName();

        if((hinstance=LoadLibraryEx(pathname,NULL,LOAD_LIBRARY_AS_DATAFILE))!=NULL)
        {
            EnumResourceNames(hinstance,RT_GROUP_ICON,(ENUMRESNAMEPROC)EnumProc,
                (LPARAM)GetSafeHwnd());
        }
    }
}
```

(5) 根据模块中的图标名称获取图标句柄，并将图标显示在控件中。

```cpp
void CGetIconFromModuleDlg::OnSelchangeIconlist()
{
    LPTSTR lpIconID;
    HICON    hIcon=NULL;
    HRSRC    hRsrc=NULL;
    HGLOBAL  hGlobal=NULL;
    LPVOID   lpRes=NULL;
    int      nID;
    if((lpIconID=(LPTSTR)m_iconlist.GetItemData(m_iconlist.GetCurSel()))!=
(LPTSTR)LB_ERR)
    {
        if((hRsrc=FindResource(hinstance,lpIconID,RT_GROUP_ICON))==NULL)
            return;
        if((hGlobal=LoadResource(hinstance,hRsrc))==NULL)
            return;
        if((lpRes=LockResource(hGlobal))==NULL)
            return;

        nID=LookupIconIdFromDirectory((LPBYTE)lpRes,TRUE);
        if((hRsrc=FindResource(hinstance,MAKEINTRESOURCE(nID),RT_ICON))==NULL)
            return;
        if((hGlobal=LoadResource(hinstance,hRsrc))==NULL )
            return;
        if((lpRes=LockResource(hGlobal))==NULL)
            return;
    hIcon = CreateIconFromResource((LPBYTE)lpRes,SizeofResource(hinstance,hRsrc),
TRUE,0x00030000 );
```

```
CStatic*pStatic = (CStatic*)GetDlgItem(IDC_SHOWICON);
    pStatic->SetIcon(hIcon);
}
```

秘笈心法

心法领悟 182：枚举模块中所有位图资源。

根据本实例，通过 EnumResourceNames 枚举指定模块中的位图资源，参数指定为 RT_BITMAP。将枚举出的位图显示到图片控件上。

实例 183 使用模块对话框资源
光盘位置：光盘\MR\04\183   高级 趣味指数：★★★

实例说明

动态链接库中也可以含有对话框资源，但在使用动态链接库中对话框的资源时要注意使用语句 AFX_MANAGE_STATE(AfxGetStaticModuleState())来改变模块的状态。本实例运行效果如图 4.26 所示。

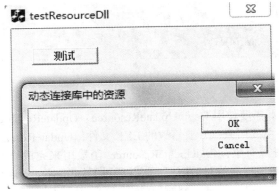

图 4.26 使用模块对话框资源

关键技术

本实例的实现主要使用 AFX_MANAGE_STATE。调用 Showdlg 函数后程序将显示动态链接库中的对话框资源，如果不加 AFX_MANAGE_STATE(AfxGetStaticModuleState())语句限定，程序将不弹出任何对话框。

AFX_MANAGE_STATE 的作用是切换到指定的模块状态，AFX_MANAGE_STATE 主要用于模块切换时的状态保护，在当前函数调用结束后，原模块的状态自动被恢复。

设计过程

（1）使用 MFC AppWizard(dll)工程向导创建一个 Regular DLL using shared MFC DLL 类型的动态链接库。
（2）在动态链接库中添加一个 ID 属性为 IDD_DIALOG1 的对话框资源，在动态链接库中定义一个函数 Showdlg，通过该函数显示对话框资源。Showdlg 函数的实现代码如下：

```
void Showdlg()
{
    AFX_MANAGE_STATE(AfxGetStaticModuleState());    //设置模块状态
    CDialog dialog(IDD_DIALOG1);                     //定义 CDialog 对象
    dialog.DoModal();                                //创建对话框
}
```

(3) 在扩展名为 def 的文件中添加如下代码:
Showdlg @1
使函数 Showdlg 可以从链接库中导出。

(4) 为测试刚生成的动态链接库,再创建一个对话框应用程序,并在应用程序中也添加一个 ID 属性为 IDD_DIALOG1 的对话框资源,然后在对话框应用程序中以静态方式调用函数 Showdlg。代码如下:

```
void ShowDlg();
#pragma comment(lib,"ResourceDll")
void CTestResourceDllDlg::OnButton1()
{
    Showdlg();
}
```

(5) 将前面生成的动态库文件(ResourceDll.dll 和 ResourceDll.lib)复制到测试程序路径下,进行测试。

秘笈心法

心法领悟 183:利用动态库封装一个钩子。

根据本实例,创建一个 Regular DLL using shared MFC DLL 类型的动态链接库,在动态库中编写钩子函数,在 DEF 文件中用"@"使钩子函数可导出。编译得到 DLL 和 LIB 文件,在测试程序中导入动态库,导出函数以便使用。

实例 184　替换应用程序中对话框资源　　高级
光盘位置: 光盘\MR\04\184　　趣味指数:★★★☆

实例说明

替换应用程序中的对话框资源需要使用 BeginUpdateResource、UpdateResource 和 EndUpdateResource 这 3 个函数,BeginUpdateResource 函数主要用来打开要修改的 EXE 文件;UpdateResource 函数用来指定要修改的对象,主要是被修改的资源的类型及资源对象;EndUpdateResource 函数用来完成修改过程。替换过程主要是先通过 FindResource 函数打开执行修改应用程序的对话框资源,并通过 LoadResource 函数和 LockResource 函数获得对话框资源的地址,然后通过 BeginUpdateResource 函数打开被修改的应用程序,通过 UpdateResource 函数指定被修改的应用程序中的一个对话框资源,最后用 EndUpdateResource 函数完成修改过程。本实例运行效果如图 4.27 所示。

图 4.27　替换应用程序中对话框资源

关键技术

本实例的实现主要使用 BeginUpdateResource 函数、UpdateResource 函数和 EndUpdateResource 函数。

(1) BeginUpdateResource 函数,用于修改 EXE 模块中的资源。基本格式如下:
HANDLE BeginUpdateResource(LPCTSTR pFileName, BOOL bDeleteExistingResources);
参数说明:
❶pFileName:可执行文件名。
❷bDeleteExistingResources:是否删除。
返回值:如果成功,则返回供 UpdateResource 和 EndUpdateResource 使用的句柄。

（2）UpdateResource 函数，实现更新资源的 EXE 模块。基本格式如下：
```
BOOL UpdateResource( HANDLE hUpdate,LPCTSTR lpType,LPCTSTR lpName,
                     WORD wLanguage,LPVOID lpData,DWORD cbData );
```
参数说明如表 4.8 所示。

表 4.8 UpdateResource 函数的参数说明

参 数	说 明	参 数	说 明
hUpdate	文件句柄	wLanguage	语言代码
lpType	源类型	lpData	资源数据
lpName	资源名	cbData	资源长度

返回值：如果成功，则返回非 0 值。

（3）EndUpdateResource 函数，用于改变写入 EXE 文件。格式如下：
```
BOOL EndUpdateResource( HANDLE hUpdate,BOOL fDiscard );
```
参数说明：

❶hUpdate：待更新资源的 EXE 文件句柄。

❷fDiscard：写选项。

返回值：如果成功，则返回非 0 值。

■ 设计过程

（1）新建一个基于对话框的应用程序 defaultRes，作为用来被修改的对话框。

（2）建立一个基于单文档的应用程序 FindRes，添加一个对话框资源，用于修改其他对话框。

（3）在单文档的菜单中添加一个 resource 项，添加命令响应函数 OnResource。代码如下：

```cpp
void CMainFrame::OnResource()
{
    HMODULE hexe;
    CString name;
    CString fromname;
    //先后需要打开两个可执行程序，第一个为被修改的程序，第二个为执行修改的程序
    CFileDialog file(true,"EXE",NULL,OFN_HIDEREADONLY|
        OFN_ALLOWMULTISELECT| OFN_OVERWRITEPROMPT,"EXE 文件(*.EXE)|*.EXE|",this);
    if(file.DoModal()==IDOK)
    {
        name=file.GetPathName();        //用来打开被修改的应用程序
    }
    CFileDialog ffile(true,"EXE",NULL,OFN_HIDEREADONLY|
        OFN_ALLOWMULTISELECT| OFN_OVERWRITEPROMPT,"EXE 文件(*.EXE)|*.EXE|",this);
    if(ffile.DoModal()==IDOK)
    {
        fromname=file.GetPathName();    //用来打开执行修改的应用程序
    }
    hexe=LoadLibrary(fromname);
    if(hexe==NULL)
    {
        AfxMessageBox("加载 EXE 失败");
        return;
    }
    //利用本程序的对话框资源修改其他应用程序对话框资源，101 对应执行修改程序中的对话框资源 IDD_DIALOG1 所对应的 ID 值
    HRSRC hfind=::FindResource(hexe,MAKEINTRESOURCE(101),RT_DIALOG);
    if(hfind==NULL)
    {
        AfxMessageBox("查找资源失败");
        return;
    }
    HGLOBAL load=LoadResource(hexe,hfind);
    if(load==NULL)
    {
```

```
            AfxMessageBox("加载资源失败");
            return;
    }
    LPVOID lock=LockResource(load);
    if(lock==NULL)
    {
            AfxMessageBox("锁定失败");
            return;
    }
    //name 是被修改的应用程序
    HANDLE update=BeginUpdateResource(name,FALSE);
    if(update==NULL)
    {
            AfxMessageBox("打开要修改的 EXE 失败");
            return;
    }
    UpdateResource(update,RT_DIALOG,MAKEINTRESOURCE(102),
    MAKELANGID(LANG_NEUTRAL,SUBLANG_NEUTRAL),
                    lock,SizeofResource(hexe,hfind));
    EndUpdateResource(update,FALSE);
}
```

（4）将 defaultRes 中生成的 defaultRes.exe 文件复制 FindRes 路径下，当执行单文档程序时，defaultRes.exe 被修改为 FindRes.exe。

■ 秘笈心法

心法领悟 184：在对话框关闭时弹出确认对话框。

对于一个软件系统来说，在系统关闭前弹出一个关闭确认对话框是很有必要的。添加 WM_CLOSE 消息响应函数如下：

```
void CHookDlg::OnClose()
{
    if(MessageBox("确认要关闭对话框吗","提示",MB_OKCANCEL|MB_ICONWARNING) == IDOK)
        CDialog::OnClose();
}
```

实例 185　可导出的动态链接库函数
光盘位置：光盘\MR\04\185　　　　高级　趣味指数：★★★☆

■ 实例说明

无论使用 Win32 Dynamic-Link Library 工程向导还是使用 MFC AppWizard(dll)工程向导生成动态链接库，如果不对函数添加任何修饰，动态链接库中的函数是不能被动态加载的。要使动态库中的函数可导出，可以使用 __declspec(dllexport)对函数进行修饰或者使用扩展名为 def 的文件。本实例运行效果如图 4.28 所示。

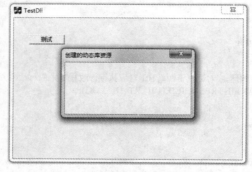

图 4.28　可导出的动态链接库函数

关键技术

本实例主要使用两种方法使动态库函数可以被导出。

（1）使用__declspec(dllexport)修饰动态链接库的函数，基本格式如下：

```
extern "C" __declspec( dllexport ) declarator
```

参数说明：

declarator：要导出的函数或数据。例如：

```
__declspec( dllimport ) int i;
__declspec( dllexport ) void func();
```

（2）在 DEF 文件中声明：

```
; Dll.def : Declares the module parameters for the DLL.

LIBRARY        "Dll"
DESCRIPTION    'Dll Windows Dynamic Link Library'

EXPORTS
    ; Explicit exports can go here
DllDialog @1
```

其中，"@"表示函数的序号。

设计过程

（1）使用 MFC AppWizard(dll)工程向导创建一个 Regular DLL using shared MFC DLL 类型的动态链接库。

（2）在动态链接库中添加一个 ID 属性为 IDD_DLG_DLL 的对话框资源，在 Dll.cpp 中定义一个函数 DllDialog，通过该函数显示对话框资源。

DllDialog 函数的实现代码如下：

```
void DllDialog ()
{
    AFX_MANAGE_STATE(AfxGetStaticModuleState());    //设置模块状态
    CDialog dialog(IDD_DLG_DLL);                    //定义 CDialog 对象
    dialog.DoModal();                               //创建对话框
}
```

（3）在扩展名为 def 的文件中添加如下代码：

```
DllDialog @ 1
```

使函数 DllDialog 可以从链接库中导出。

秘笈心法

心法领悟 185：使用__declspec 设计动态库。

创建一个 Regular DLL using shared MFC DLL 类型的动态链接库，在声明函数时使用__declspec(dllexport) 修饰，表示该函数为导出函数。例如：

```
extern "C" __declspec(dllexport) void fun();
```

实例 186　动态链接库动态加载

光盘位置：光盘\MR\04\186　　高级　　趣味指数：★★★☆

实例说明

动态链接库相对于静态链接库最大的优点就是可以由应用程序动态加载，静态链接库只可以静态加载，而动态链接库既可以静态加载也可以动态加载。动态加载需要使用 LoadLibrary 函数和 GetProcAddress 函数。本实例运行效果如图 4.29 所示。

图 4.29 动态链接库动态加载

关键技术

动态加载主要使用 LoadLibrary 函数和 GetProcAddress 函数。

（1）LoadLibrary 函数加载可执行模块。基本格式如下：

```
HMODULE LoadLibrary(
    LPCTSTR lpFileName              //模块文件名
);
```

参数说明：

lpFileName：一个指针，指定可执行模块（.dll 动态库或者.exe 文件）的名字。

返回值：成功则返回模块句柄，失败则返回 NULL。

（2）GetProcAddress 函数从指定的动态链接库获取导出的方法或变量的地址。基本格式如下：

```
FARPROC GetProcAddress(
    HMODULE hModule,                //句柄的 DLL 模块
    LPCSTR lpProcName               //函数名
);
```

参数说明：

❶hModule：动态库句柄。

❷lpProcName：指定方法或变量的名字的指针。

返回值：成功则返回导出变量或方法的地址，失败则返回 NULL。

设计过程

（1）新建一个基于对话框的应用程序。

（2）向窗体中添加一个按钮控件，执行动态库函数的加载。

（3）将名为 Dll.dll 的动态链接库复制到当前路径下，从其中导出显示对话框的函数 DllDialog，主要代码如下：

```cpp
void CLoadDllDlg::OnLoaddll()
{
    typedef void(_cdecl *pfun)();                           //定义函数指针
    HMODULE hModule= ::LoadLibrary("Dll");                  //加载动态库
    if(!hModule)
    {
        MessageBox("动态库加载失败");
        return;
    }
    pfun p = (pfun)GetProcAddress(hModule,"DllDialog");     //获取函数地址
    if(!p)
    {
        MessageBox("方法加载失败");
```

```
        return;
    }
    p();                            //调用动态库函数
}
```

秘笈心法

心法领悟 186：创建登录界面。

添加新对话框作为登录对话框，关联自定义类。向对话框中添加登录按钮，在登录按钮中判断用户输入的密码和预设密码是否一致，如果正确，EndDialog 销毁对话框，进入主界面。

```
CString pwd;
m_pwd.GetWindowText(pwd);
if(pwd == "1234")
        EndDialog(0);
else
        AfxMessageBox("密码错误");
```

在主窗口的初始化函数中创建此登录对话框：

```
CLogin dlg;
dlg.DoModal();
```

实例 187　通过动态库建立数据库连接模块

光盘位置：光盘\MR\04\187

高级　　趣味指数：★★★☆

实例说明

在开发程序时，通常把实现某一功能的一段代码封装成一个模块，作为一个单独的个体，以实现程序的模块化。将模块封装成动态库将更方便使用。本实例实现通过动态库建立数据库连接模块，效果如图 4.30 所示。

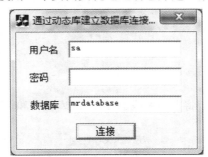

图 4.30　通过动态库建立数据库连接模块

关键技术

本实例封装一个数据库连接类，使用关键字 __declspec 将此类声明为导出类，使其能够被导出使用。__declspec(dllexport)的介绍参见实例 185 的关键技术。

设计过程

（1）使用 MFC AppWizard(dll)工程向导创建一个 Regular DLL using shared MFC DLL 类型的动态链接库。
（2）添加一个 GenericClass，在头文件中导入 msado15.dll。

```
#pragma warning(disable:4146)
#import "D:\Program Files\Common Files\System\ado\msado15.dll" rename_namespace("ADODB") \
    rename("BOF","adoBOF") rename("EOF","adoEOF")
using namespace ADODB;
```

(3) 在头文件中声明自己的连接类 ADOC。

```cpp
class __declspec(dllexport) ADOC
{
public:
    ADOC();
    virtual ~ADOC();
public:
    _ConnectionPtr m_con;
    _RecordsetPtr m_rec;
    void Connect(CString user, CString pwd, CString database);   //连接
    void Close();                                                //关闭连接
};
```

(4) 实现 ADOC 类，代码如下：

```cpp
void ADOC::Connect(CString user, CString pwd, CString database)
{
    ::CoInitialize(NULL);
    try
    {
        m_con.CreateInstance(__uuidof(Connection));
        CString strConn ;
        strConn.Format("Provider = SQLOLEDB.1; SERVER=.;UID=%s;PWD=%s;DATABASE=%s",
            user,pwd,database);
        m_con->ConnectionString = (_bstr_t)strConn;
        m_con->Open("","","",NULL);
        AfxMessageBox("连接成功");
    }
    catch(_com_error e)
    {
        AfxMessageBox(e.Description());
    }
}

void ADOC::Close()
{
    ::CoUninitialize();
    m_con->Close();
}
```

(5) 编译生成 dll、lib 库文件。

(6) 建立基于对话框的测试工程，将上面生成的 dll、lib 库文件和 ADOC 类头文件复制到测试工程下，并在程序中导入。

```cpp
#include "ADOC.h"                              //包含头文件
#pragma comment(lib,"ADOConnect.lib")          //导入自定义库
```

(7) 连接数据库测试，代码如下：

```cpp
void CTestDlg::OnConnect()
{
    UpdateData();
    ADOC ado;                                  //定义 ADOC 对象
    ado.Connect(m_user,m_pwd,m_database);      //连接数据库
    ado.Close();                               //关闭连接
}
```

■ 秘笈心法

心法领悟 187：读取数据表。

连接数据库后，可以通过 _RecordsetPtr 读取数据表中的记录。首先实例化 _RecordsetPtr，通过 Open 执行查询语句，返回查询结果记录集，即可从中读取数据。

实例 188　利用动态库创建窗体模块

光盘位置：光盘\MR\04\188　　　高级　趣味指数：★★★☆

实例说明

本实例在动态库中设计一个函数创建窗体，用 __declspec(dllexport) 修饰使其能够导出，应用程序可以通过此动态库创建窗体，效果如图 4.31 所示。

图 4.31　利用动态库创建窗体模块

关键技术

本实例使用关键字 __declspec 修饰动态链接库的显示窗体函数，使其能够导出。__declspec(dllexport) 的介绍参见实例 185 的关键技术。

设计过程

（1）使用 MFC AppWizard(dll) 工程向导创建一个 Regular DLL using shared MFC DLL 类型的动态链接库。

（2）在动态链接库中添加一个 ID 属性为 IDD_DIALOG1 的对话框资源，在对话框上添加图片控件显示一幅位图。在动态链接库中定义一个函数 Dialog，通过该函数显示对话框资源。

（3）Dialog 函数的实现代码如下：

```
extern "C" __declspec(dllexport) void Dialog()        //声明可导出的创建窗体函数
{
    AFX_MANAGE_STATE(AfxGetStaticModuleState());      //设置模块状态
    CDialog   dlg (IDD_DIALOG1);                      //定义 CDialog 对象
    dlg.DoModal();                                    //创建对话框
}
```

（4）创建测试程序 Test，导入上面创建的动态库，从中导出创建对话框的函数，代码如下：

```
void CTestDlg::OnButton1()
{
    // TODO: Add your control notification handler code here
    HMODULE hModule = ::LoadLibrary("DllDialogModule");    //加载动态库
    if(!hModule)
    {
        MessageBox("动态库加载失败");
        return ;
    }
    typedef void(*pfun)();                                  //定义函数指针
    pfun p = (pfun)GetProcAddress(hModule,"Dialog");        //获取函数地址
    if(!GetProcAddress(hModule,"Dialog"))
    {
```

```
        MessageBox("函数加载失败");
        return ;
    }
    p();                                          //通过函数指针执行函数
}
```

■ 秘笈心法

心法领悟 188：导入动态库的方法。

（1）LoadLibrary 将指定动态库文件映射到当前进程的地址空间。
（2）#pragma comment 加载库文件，需要头文件、DLL 和 LIB。
（3）#import 从一个类型库中结合信息，该类型库的内容被转换为 C++类，主要用于描述 COM 接口。

第 2 篇

文件篇

▶▶ 第 5 章　文件基本操作
▶▶ 第 6 章　目录操作
▶▶ 第 7 章　其他文件操作

第 5 章

文件基本操作

- ▶▶ 文件的创建与打开
- ▶▶ 文件的复制
- ▶▶ 文件的修改与删除
- ▶▶ 文件查找
- ▶▶ 文件读写
- ▶▶ 文件属性
- ▶▶ 文件实用工具

5.1 文件的创建与打开

实例 189　创建文件
光盘位置：光盘\MR\05\189　　高级　趣味指数：★★★☆

■ 实例说明

可以使用 API 函数 CreateFile 创建一个文件，通过取值 CREATE_ALWAYS 设置文件存在时将进行覆盖。也可以通过 CFile 类创建一个文件，通过 CFile 的构造函数指定一个文件路径，只要文件不存在就新建一个文件。程序运行效果如图 5.1 所示。

图 5.1　创建文件

■ 关键技术

本实例的实现主要使用 CreateFile 函数和 CFile 类构造函数。

（1）CreateFile 函数基本格式如下：

```
HANDLE CreateFile(
LPCTSTR lpFileName,
DWORD dwDesiredAccess,
DWORD dwShareMode,
LPSECURITY_ATTRIBUTES lpSecurityAttributes,
DWORD dwCreationDispostion ,
DWORD dwFlagsAndAttributes,
HANDLE hTemplateFile);
```

参数说明如表 5.1 所示。

表 5.1　CreateFile 函数的参数说明

参　　数	说　　明
lpFileName	文件名
dwDesiredAccess	如果为 GENERIC_READ，表示允许对设备进行读访问；如果为 GENERIC_WRITE，表示允许对设备进行写访问（可组合使用）；如果为 0，表示只允许获取与一个设备有关的信息
dwShareMode	0 表示不共享；FILE_SHARE_READ 和/或 FILE_SHARE_WRITE 表示允许对文件进行共享访问
lpSecurityAttributes	SECURITY_ATTRIBUTES 结构的指针，定义了文件的安全特性
dwCreationDispostion	可选值如表 5.2 所示
dwFlagsAndAttributes	其值如表 5.3 所示
hTemplateFile	不为 0，则指定一个文件句柄。新文件将从这个文件中复制扩展属性

表 5.2 参数 dwCreationDisposition 的取值

取 值	说 明
CREATE_NEW	创建文件，如文件存在则会出错
CREATE_ALWAYS	创建文件，会改写前一个文件
OPEN_EXISTING	文件必须已经存在，由设备提出要求
OPEN_ALWAYS	如文件不存在则创建
TRUNCATE_EXISTING	将现有文件缩短为零长度

表 5.3 参数 dwFlagsAndAttributes 的取值

取 值	说 明
FILE_ATTRIBUTE_ARCHIVE	标记归档属性
FILE_ATTRIBUTE_COMPRESSED	将文件标记为已压缩，或者标记为文件在目录中的默认压缩方式
FILE_ATTRIBUTE_NORMAL	默认属性
FILE_ATTRIBUTE_HIDDEN	隐藏文件或目录
FILE_ATTRIBUTE_READONLY	文件为只读
FILE_ATTRIBUTE_SYSTEM	文件为系统文件
FILE_FLAG_WRITE_THROUGH	操作系统不得推迟对文件的写操作
FILE_FLAG_OVERLAPPED	允许对文件进行重叠操作
FILE_FLAG_NO_BUFFERING	禁止对文件进行缓冲处理。文件只能写入磁盘卷的扇区块
FILE_FLAG_RANDOM_ACCESS	针对随机访问对文件缓冲进行优化
FILE_FLAG_SEQUENTIAL_SCAN	针对连续访问对文件缓冲进行优化
FILE_FLAG_DELETE_ON_CLOSE	关闭了上一次打开的句柄后，将文件删除。特别适合临时文件

（2）CFile 类构造函数基本格式如下：
`CFile( LPCTSTR lpszFileName, UINT nOpenFlags );`
参数说明：
❶lpszFileName：文件路径。
❷nOpenFlags：打开方式。

设计过程

（1）新建一个基于对话框的应用程序。
（2）向窗体中添加一个按钮控件，执行创建文件的函数。
（3）主要代码如下：

```
void CFileDlg::OnCreate()
{
//使用 CreateFile 函数创建
HANDLE fHandle;
fHandle = CreateFile("1.txt",0,FILE_SHARE_READ, NULL,CREATE_ALWAYS,0,NULL);
if(fHandle == INVALID_HANDLE_VALUE)
        MessageBox("创建失败");
//使用 CFile 类构造函数创建
CFile file("2.txt",CFile::modeCreate);
}
```

秘笈心法

心法领悟 189：创建隐藏文件。

使用 CreateFile 创建文件，dwFlagsAndAttributes 参数指定为隐藏属性 FILE_ATTRIBUTE_HIDDEN。
CreateFile("1.txt",GENERIC_WRITE,0,NULL,CREATE_ALWAYS,FILE_ATTRIBUTE_HIDDEN,0);

实例 190　　打开文件
光盘位置：光盘\MR\05\190
高级　趣味指数：★★★☆

实例说明

打开文件可以使用 CFile 类中的 Open 函数。程序运行效果如图 5.2 所示。

图 5.2　打开文件

关键技术

本实例的实现主要使用 CFile 类中的 Open 函数。
基本格式如下：
virtual BOOL Open(LPCTSTR lpszFileName, UINT nOpenFlags, CFileException* pError = NULL);
参数说明：
❶lpszFileName：文件名。
❷nOpenFlags：打开方式。
❸pError：获取文件打开失败时的状态。

设计过程

（1）新建一个基于对话框的应用程序。
（2）向窗体中添加一个按钮控件，执行打开文件的操作。
（3）主要代码如下：

```
void COpenFileDlg::OnOpen()
{
    CFile file;
    if(file.Open("test.txt",CFile::modeRead))
        MessageBox("打开成功");
    else
        MessageBox("打开失败");
}
```

秘笈心法

心法领悟 190：使用 C 库函数打开文件。

使用 C 语言的 fopen 函数打开文件。第一个参数是要打开的文件名，第二个参数是打开方式。例如：
FILE *fp;
fp=fopen("d:\\1.txt","r");

实例 191 使用 CFileDialog 类选中多个文件

光盘位置：光盘\MR\05\191   高级 趣味指数：★★★

实例说明

在使用 CFileDialog 类选中文件时如果没有指定 OFN_ALLOWMULTISELECT 取值，就只能选中一个文件，本实例列出选中的多个文件，程序运行效果如图 5.3 所示。

图 5.3 使用 CFileDialog 类选中多个文件

关键技术

本实例主要使用 CFileDialog 类的构造函数、GetStartPosition 和 GetNextPathName 函数实现。

（1）CFileDialog 构造函数

基本格式如下：

CFileDialog(BOOL bOpenFileDialog, LPCTSTR lpszDefExt = NULL, LPCTSTR lpszFileName = NULL, DWORD dwFlags = OFN_HIDEREADONLY | OFN_OVERWRITEPROMPT, LPCTSTR lpszFilter = NULL, CWnd* pParentWnd = NULL);

参数说明如表 5.4 所示。

表 5.4 CFileDialog 函数的参数说明

参　　数	说　　明
bOpenFileDialog	设置为 true，创建打开对话框；设置为 false，创建保存对话框
lpszDefExt	指定文件默认扩展名
lpszFileName	初始文件名
dwFlags	指定对话框的风格
lpszFilter	过滤器，指明可供选择的文件类型和相应的扩展名
pParentWnd	父窗口指针

📖 **说明**：参数 lpszFilter 格式如下：

"Chart Files (*.xlc)|*.xlc|Worksheet Files (*.xls)|*.xls|Data Files (*.xlc;*.xls)|*.xlc; *.xls|All Files (*.*)|*.*||";

文件类型说明和扩展名间用"|"分隔，同种类型文件的扩展名间可以用";"分隔，每种文件类型间用"|"分隔，末尾用"||"指明。

（2）GetStartPosition 函数

对于选择了多个文件的情况，该函数用于获取第一个文件的位置。基本格式如下：

```
POSITION GetStartPosition( ) const;
```

返回值：返回用于迭代的 POSITION 类型变量。如果列表为空，返回 NULL。

（3）GetNextPathName 函数

对于选择了多个文件的情况得到下一个文件位置，并返回当前文件名。在此之前需先调用 GetStartPosition 函数得到最初的 POSITION 变量。基本格式如下：

```
CString GetNextPathName( POSITION& pos ) const;
```

参数说明：

pos：由 GetNextPathName 或 GetStartPosition 函数返回的 POSITION 变量的引用。

返回值：返回文件的全路径。

设计过程

（1）新建一个基于对话框的应用程序。
（2）向窗体中添加一个按钮控件，执行 OnOpen 函数。添加列表框控件，显示所选文件。
（3）主要代码如下：

```cpp
void CCFileDialogDlg::OnOpen()
{
    CFileDialog log(TRUE,"文件","*.*",OFN_HIDEREADONLY|
        OFN_ALLOWMULTISELECT,"FILE(*.*)|*.*||",NULL);
    if(log.DoModal()==IDOK)
    {
        POSITION pos = log.GetStartPosition();
        while(pos != NULL)
        {
            CString pathname = log.GetNextPathName(pos);   //获取文件名
            m_files.AddString(pathname);                    //添加到列表框控件
        }
    }
}
```

秘笈心法

心法领悟 191：批量删除指定类型的文件。

按照本实例方法，获取所选文件的路径，调用静态方法 CFile::Remove 循环删除指定的文件。

实例 192　使用 GetOpenFileName 选择文件　　　高级

光盘位置：光盘\MR\05\192　　　　　　　　　　　　趣味指数：★★★☆

实例说明

通过对话框选择要打开的文件，可以使用 CFileDialog 构造函数，也可以使用 API 函数 GetOpenFileName。本实例使用 GetOpenFileName 函数选择文件。程序运行效果如图 5.4 所示。

关键技术

GetOpenFileName 函数用于创建一个 Open 公共对话框，使用户指定驱动器、目录和文件名，或使用户打开文件。

基本格式如下：

```
BOOL GetOpenFileName(LPOPENFILENAME lpofn);
```

参数说明：

lpofn：指向包含初始化对话框的信息的一个 OPENFILENAME 结构。当 OpenFileName 函数返回时，此结构包含有关用户文件选择的信息。

返回值：如果用户指定了一个文件名，单击 OK 按钮，返回值为非 0。由 OPENFILENAME 结构的 lpstrFile 成员指向的缓冲区含有全路径和用户指定的文件名。如果用户取消或关闭 Open 对话框或错误出现，返回值为 0。

图 5.4　使用 GetOpenFileName 选择文件

OPENFILENAME 结构如下：

```
typedef struct tagOFN {
DWORD lStructSize;              //指定这个结构的大小
HWND hwndOwner;                 //对话框窗口句柄
HINSTANCE hInstance;
LPCSTR lpstrFilter;             //过滤器
LPSTR lpstrCustomFilter;        //过滤器样式
DWORD nMaxCustFilter;           //lpstrCustomFilter 缓冲区大小
DWORD nFilterIndex;             //当前选择的过滤器的索引
LPSTR lpstrFile;                //文件名
DWORD nMaxFile;                 //lpstrFile 缓冲的大小
LPSTR lpstrFileTitle;           //文件名和扩展名的缓冲
DWORD nMaxFileTitle;            //lpstrFileTitle 缓冲的大小
LPSTR lpstrInitialDir;          //初始目录
LPCSTR lpstrTitle;              //对话框标题
DWORD Flags;                    //位标记
WORD nFileOffset;               //偏移
WORD nFileExtension;            //扩展名起始位置
LPCSTR lpstrDefExt;             //默认扩展名
DWORD lCustData;                //应用程序定义的数据
LPOFNHOOKPROC lpfnHook;         //钩子
LPCSTR lpTemplateName;          //对话框模板资源名
} OPENFILENAME;
```

设计过程

（1）新建一个基于对话框的应用程序。
（2）向窗体中添加一个按钮控件，关联响应函数 OnOpen。
（3）主要代码如下：

```
void CFilterDlg::OnOpen()
{
    OPENFILENAME ofn;
    char* filter = "doc\0*.doc\0xls\0*.xls\0ppt\0*.ppt\0all\0*.*\0\0";
    ZeroMemory(&ofn,sizeof(ofn));
    ofn.lStructSize=sizeof(ofn);
    ofn.hwndOwner=this->GetSafeHwnd();
```

```
    ofn.lpstrFilter=filter;                        //文件过滤器
    ofn.lpstrCustomFilter=NULL;
    ofn.nFilterIndex=0;
    char filename[128];
    filename[0]='\0';
    ofn.lpstrFile=filename;                        //文件名
    ofn.nMaxFile=128;
    ofn.lpstrFileTitle=NULL;
    ofn.lpstrInitialDir=NULL;                      //初始路径
    ofn.lpstrTitle="打开文件\0";                    //标题
    ofn.Flags=OFN_FILEMUSTEXIST|OFN_HIDEREADONLY|OFN_LONGNAMES|OFN_PATHMUSTEXIST;
    ofn.lpstrDefExt=NULL;                          //默认扩展名
    if(GetOpenFileName(&ofn)==IDOK)
    {
        MessageBox(filename,"选中的文件是",MB_OK);
    }
}
```

秘笈心法

心法领悟 192：设置过滤器。

以 "\0" 分隔文件类型和扩展名，以 "\0\0" 结尾。例如：
lpstrFilter = "doc\0*.doc\0xls\0*.xls\0ppt\0*.ppt\0all\0*.*\0\0";

实例 193　拖拽文件到对话框　　光盘位置：光盘\MR\05\193　　高级　趣味指数：★★★☆

实例说明

在文档视图结构中通过使用 DragAcceptFiles 函数可以使程序接收拖拽文件，在对话框中也可以添加 WM_DROPFILES 消息的映射函数来使程序接收拖拽文件。程序运行效果如图 5.5 所示。

图 5.5　拖拽文件到对话框

关键技术

本实例的实现主要使用 DragQueryFile 函数。该函数用于获取拖拽文件的文件名称。

基本格式如下：
```
UINT DragQueryFile(
HDROP hDrop,
UINT iFile,
LPTSTR lpszFile,
UINT cch
);
```

参数说明：
❶hDrop：文件名缓冲区的句柄。
❷iFile：文件索引编号，如果 iFile 值为 0xffffffff，返回的是拖拽到窗体上的文件的个数。如果 iFile 值在 0 和拖拽文件总数之间，则 DragQueryFile 复制与文件名存储缓冲区大小适应的文件名称到缓冲区中。
❸lpszFile：函数返回时，用于存储拖拽文件名称的缓冲区指针。
❹cch：存储拖拽文件名称缓冲区的大小，即 lpszFile 指针所指缓冲区的字符数。

设计过程

（1）新建一个基于对话框的应用程序。
（2）在对话框中添加列表框控件，关联一个控件变量，显示拖入的文件名。
（3）右击设置对话框属性，在 Externed Style 中选中 Accept files。
（4）通过 ClassWizard 设置 Dlg 类的属性，选择 ClassInfo 选项，将 Message filter 设置为 Window，在 Dlg 类中添加 WM_DROPFILES 的消息处理。代码如下：

```
void CDragSelFileDlg::OnDropFiles(HDROP hDropInfo)
{
    int ires;
    char str[32];
    ires=DragQueryFile(hDropInfo,0xffffffff,NULL,0);        //获取拖动文件的个数
    for(int i=0;i<ires;i++)
    {
        DragQueryFile(hDropInfo,i,str,32);                   //获取第 i 个文件的名字
        m_filelist.AddString(str);
    }
    DragFinish(hDropInfo);
}
```

秘笈心法

心法领悟 193：拖拽方式打开文件。
参照本实例，将文件拖至对话框，获取其绝对路径，使用 ShellExecute 函数打开此文件。ShellExecute 函数的介绍参见实例 011。

5.2　文件的复制

实例 194　使用 API 函数 CopyFile 实现文件的复制
光盘位置：光盘\MR\05\194　　　　　　　　　　　高级　趣味指数：★★★☆

实例说明

CopyFile 是用来复制文件的 API 函数，可以根据函数的返回值判断文件是否复制完成。程序运行效果如图 5.6 所示。

图 5.6　使用 API 函数 CopyFile 实现文件的复制

■ 关键技术

本实例的实现主要使用 CopyFile 函数。基本格式如下：
```
BOOL CopyFile(
LPCTSTR lpExistingFileName,
LPCTSTR lpNewFileName,
BOOL bFailIfExists );
```
参数说明：

❶lpExistingFileName：已存在文件名。

❷lpNewFileName：新文件名。

❸bFailIfExists：指定当目标文件存在时如何操作。当有与目标文件同名的文件存在时，设为 true 则不覆盖，设为 false 则覆盖。

■ 设计过程

（1）新建一个基于对话框的应用程序。

（2）向窗体中添加两个编辑框控件，分别用于获取源文件名和目标文件名，添加按钮控件，执行复制操作。

（3）主要代码如下：
```
void CCopyFileDlg::OnCopy()
{
  CString strDest, strSrc;
  GetDlgItem(IDC_SRC)->GetWindowText(strSrc);
  GetDlgItem(IDC_DEST)->GetWindowText(strDest);
  if(  CopyFile(strSrc,strDest,true))       //如果目标文件存在，不覆盖
      MessageBox("成功");
  else
      MessageBox("失败");
}
```

■ 秘笈心法

心法领悟 194：给文件重命名。

在同一路径下，CopyFile 复制原文件产生新文件，并通过静态函数 CFile::Remove 删除原文件。或者直接通过静态函数 CFile::Rename 重命名文件。

实例 195　　使用 CFile 类实现文件的复制　　　高级

光盘位置：光盘\MR\05\195　　趣味指数：★★★☆

■ 实例说明

CFile 类是用来读写文件的类，可以用一边是使用 CFile 类读取源文件，一边使用 CFile 类写入目标文件的方法实现文件的复制。程序运行效果如图 5.7 所示。

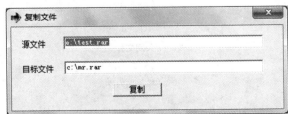

图 5.7　使用 CFile 类实现文件的复制

■ 关键技术

本实例的实现主要使用 ReadHuge 函数和 WriteHuge 函数。

（1）ReadHuge 函数

基本格式如下：

DWORD ReadHuge(void* lpBuffer, DWORD dwCount);

参数说明：

❶lpBuffer：从文件获取的数据的存放地址。

❷dwCount：读取数据的长度。

返回值：读到内存的数据的长度。

（2）WriteHuge 函数

基本格式如下：

void WriteHuge(const void* lpBuf, DWORD dwCount);

参数说明：

❶lpBuf：存放写入文件的数据的地址。

❷dwCount：每次写入的数据的长度。

■ 设计过程

（1）新建一个基于对话框的应用程序。

（2）向窗体中添加两个编辑框控件，分别用于获取源文件名和目标文件名，添加按钮控件，执行复制操作。

（3）主要代码如下：

```cpp
void CCopyFileDlg::OnCopy()
{
    CFile *readfile,*writefile;
    DWORD readlen,filelen,poslen;
    CString strsrc,strdes;
    char buf[512];

    GetDlgItem(IDC_EDSRC)->GetWindowText(strsrc);           //获取源文件名
    GetDlgItem(IDC_EDDES)->GetWindowText(strdes);           //获取目标文件名
    readfile=new CFile(strsrc,CFile::modeRead);             //创建文件对象
    writefile=new CFile(strdes,CFile::modeWrite|CFile::modeCreate);
    filelen=readfile->GetLength();                          //获取源文件长度

    while(1)
    {
        ZeroMemory(buf,512);                                //清空数组
        readlen=readfile->ReadHuge(buf,512);                //读文件
        poslen=readfile->GetPosition();                     //获取读指针当前位置
        writefile->WriteHuge(buf,readlen);                  //写文件

        if(poslen==filelen)                                 //读到文件末尾
        {
            AfxMessageBox("复制完成");
            break;
        }
    }

    readfile->Close();                                      //关闭文件
    writefile->Close();

    delete readfile;                                        //释放堆内存
    delete writefile;
}
```

秘笈心法

心法领悟 195：文件加密。

根据本实例，将文件内容读出到内存时，对内存中的数据加上一个整数，以实现在写入文件时加密的效果。

实例 196　在复制文件的过程中显示进度条

光盘位置：光盘\MR\05\196

高级　　趣味指数：★★★☆

实例说明

等待文件复制完成是一个枯燥的过程，如果能在复制文件的过程中加上进度条，用户便可以随时看到文件复制的进度，就不会无限地等待了。本实例实现了在复制文件的过程中显示进度条的功能。通过单击两个"浏览"按钮分别实现选择将要复制的文件和选择复制文件所要存储的目标文件夹。单击"复制"按钮开始复制，复制的过程中，进度条将根据复制完成的比例显示进度，程序运行效果如图 5.8 所示。

图 5.8　在复制文件的过程中显示进度条

关键技术

实现本实例主要应用了进度条控件、CFile 类和 ldiv 函数。

首先要通过 SetRange 方法设置进度条的数值范围，然后通过 SetPos 方法设置显示的位置，SetPos 方法的设置值应该在 SetRange 方法所设的两个值之间。CFile 类主要完成文件的读取和写入，通过 ReadHuge 方法读取文件到缓存。ReadHuge 写入缓存数据到文件。ldiv 函数主要用于两个长整型数相除计算，可以协助计算文件复制完成的比例。

设计过程

（1）新建名为 FileCopy 的对话框 MFC 工程。

（2）在对话框上添加 2 个静态文本控件；添加 2 个编辑框控件，设置 ID 属性分别为 IDC_EDADD 和 IDC_EDDEST；添加进度条控件，设置 ID 属性为 IDC_FILEPROCESSER；添加成员变量 m_fileproc；添加 3 个按钮控件，设置 ID 属性分别为 IDC_ADD、IDC_PUT 和 IDC_COPY。

（3）在头文件 FileCopyDlg.h 中加入变量声明：

```
CString strname;
CString fullname;
CString pathname;
HGLOBAL hGlobal;
CFile* writefile;
CFile* readfile;
long readlen,poslen,filelen;
LPVOID pvData;
```

(4) 在 OnInitDialog 中初始化进度条，代码如下：

```cpp
BOOL CFileCopyDlg::OnInitDialog()
{
    CDialog::OnInitDialog();
    ……//此处代码省略
    m_fileproc.SetRange(0,100);
    m_fileproc.SetPos(0);
    return TRUE;
}
```

(5) 添加按钮控件 IDC_ADD 的实现函数。该函数用于选择要复制的文件，代码如下：

```cpp
void CFileCopyDlg::OnAdd()
{
    CFileDialog log(TRUE,"文件","*.*",OFN_HIDEREADONLY,"FILE(*.*)|*.*||",NULL);
    if(log.DoModal()==IDOK)
    {
        pathname=log.GetPathName();             //获取路径
        strname=log.GetFileName();              //获取文件名
        GetDlgItem(IDC_EDADD)->SetWindowText(pathname);
    }
}
```

(6) 添加按钮控件 IDC_PUT 的实现函数。该函数用于选择目标文件夹，代码如下：

```cpp
void CFileCopyDlg::OnPut()
{
    if(strname.IsEmpty())
        return;
    BROWSEINFO bi;
    char buffer[MAX_PATH];
    ZeroMemory(buffer,MAX_PATH);
    bi.hwndOwner=GetSafeHwnd();
    bi.pidlRoot=NULL;
    bi.pszDisplayName=buffer;
    bi.lpszTitle="选择一个文件夹";
    bi.ulFlags=BIF_EDITBOX;
    bi.lpfn=NULL;
    bi.lParam=0;
    bi.iImage=0;
    LPITEMIDLIST pList=NULL;
    if((pList=SHBrowseForFolder(&bi))!=NULL)   //显示文件浏览窗口
    {
        char path[MAX_PATH];
        ZeroMemory(path,MAX_PATH);
        SHGetPathFromIDList(pList,path);
        fullname=path;
        if(fullname.Right(1)!="\\")
            fullname.Format("%s\\%s",path,strname);
        else
            fullname.Format("%s%s",path,strname);
        GetDlgItem(IDC_EDDEST)->SetWindowText(fullname);
    }
}
```

(7) 添加按钮控件 IDC_COPY 的实现函数。该函数用于开始复制文件，代码如下：

```cpp
void CFileCopyDlg::OnCopy()
{
    if(pathname.IsEmpty())
        return;
    if(fullname.IsEmpty())
        return;
    readfile=new CFile(pathname,CFile::modeRead);
    HANDLE hfile=::CreateFile(fullname,GENERIC_WRITE|GENERIC_WRITE,0,0,CREATE_NEW,FILE_ATTRIBUTE_NORMAL,0);
    CloseHandle(hfile);
    writefile=new CFile(fullname,CFile::modeWrite);
    filelen=readfile->GetLength();              //获取文件大小
    //计算文件的百分之一大小
    ldiv_t r;
    r=ldiv(filelen,100);
```

```
            long pos=r.quot;
            //保存递增的百分比大小
            long ipos;
            ipos=pos;
            int i=0;
            hGlobal = GlobalAlloc(GMEM_MOVEABLE,512);
            pvData = GlobalLock(hGlobal);
            while(1){
            ZeroMemory(pvData,512);
            readlen=readfile->ReadHuge(pvData,512);
            //获得文件指针的位置
            poslen=readfile->GetPosition();
            //判断滚动条是否可以增加进度
            if(poslen>ipos)
            {
               ipos+=pos;
               i++;
            }
            m_fileproc.SetPos(i);
            m_fileproc.Invalidate();
            writefile->WriteHuge(pvData,readlen);
            //如果文件指针移到末尾就退出循环
            if(poslen==filelen)
                    break;
            }
            AfxMessageBox("复制完成");
            m_fileproc.SetPos(0);
            GlobalUnlock(hGlobal);
            readfile->Close();
            writefile->Close();
        }
```

▌秘笈心法

心法领悟 196：在循环中使用进度条。

根据本实例，在循环中使用进度条控件显示进度。例如，在翻阅电子书时，显示整本书的阅读进度。使用当前页与总页数的比例控制进度条的显示。

实例 197　实现网络文件复制　　光盘位置：光盘\MR\05\197　　高级　趣味指数：★★★☆

▌实例说明

使用 CopyFile 的缺点是不能复制网络文件，而 SHFileOperation 函数却可以。程序运行效果如图 5.9 所示。

图 5.9　实现网络文件复制

▌关键技术

本实例的实现主要使用 SHFileOperation 函数。

SHFileOperation 是 Windows 提供的对文件系统对象进行删除、移动、复制等操作的 API 函数，该函数原型如下：

WINSHELLAPI int WINAPI SHFileOperation(LPSHFILEOPSTRUCT lpFileOp);

参数说明：

lpFileOp：是一个指向 SHFILEOPSTRUCT 结构的指针，可以通过设置该结构中的变量来控制对文件的操作，该结构定义如下：

```
typedef struct _SHFILEOPSTRUCT{
    HWND hwnd;
    UINT wFunc;
    LPCSTR pFrom;
    LPCSTR pTo;
    FILEOP_FLAGS fFlags;
    BOOL fAnyOperationsAborted;
    LPVOID hNameMappings;
    LPCSTR lpszProgressTitle;
} SHFILEOPSTRUCT, FAR *LPSHFILEOPSTRUCT;
```

结构体参数说明如表 5.5 所示。

表 5.5 结构体 SHFILEOPSTRUCT 的参数说明

参 数	说 明
hwnd	拥有者窗口句柄
wFunc	文件操作功能，可选值如表 5.6 所示
pFrom	源文件
pTo	目标文件
fFlags	文件控制标志
fAnyOperationsAborted	用户是否中断操作
hNameMappings	指向一个 SHNAMEMAPPING 结构的指针
lpszProgressTitle	进程标题

表 5.6 wFunc 参数可选值

可 选 值	说 明
FO_COPY	复制 pFrom 指定的文件到 pTo 指定的位置
FO_DELETE	删除 pFrom 指定的文件
FO_MOVE	移动 pFrom 指定的文件到 pTo 指定的位置
FO_RENAME	用 pTo 指定的新文件名替换 pFrom 指定文件的文件名

设计过程

（1）新建一个基于对话框的应用程序。

（2）向窗体中添加两个编辑框控件，分别用于获取网络文件夹路径和目标文件夹路径。添加按钮控件，执行复制操作。

（3）OnCopy 是"复制文件"按钮的实现函数，函数需要先设置 SHFILEOPSTRUCT 数据结构，然后调用 SHFileOperation 函数进行操作。主要代码如下：

```
void CNetworkFileDlg::OnCopy()
{
    CString strnetwork,strlocal;
    GetDlgItem(IDC_EDNETWORK)->GetWindowText(strnetwork);
    GetDlgItem(IDC_EDLOCAL)->GetWindowText(strlocal);
```

```cpp
if(strnetwork.IsEmpty())
{
    AfxMessageBox("请输入网络文件夹路径");
    return;
}
if(strlocal.IsEmpty())
{
    AfxMessageBox("请输入本地文件夹路径");
    return;
}
if(strnetwork.Left(2)!="\\\\")
{
    AfxMessageBox("路径首部应是\\\\");
    return;
}
char fromname[80]="\0";
char toname[80]="\0";
strcpy(fromname,strnetwork);
strcpy(toname,strlocal);
strcat(fromname,"\0");
strcat(toname,"\0");
SHFILEOPSTRUCT lpFilestru;
lpFilestru.hwnd=GetSafeHwnd();
lpFilestru.wFunc=FO_COPY;
lpFilestru.pFrom=fromname;
lpFilestru.pTo=toname;
lpFilestru.fFlags=FOF_ALLOWUNDO;
lpFilestru.fAnyOperationsAborted=FALSE;
BOOL bcopy=SHFileOperation(&lpFilestru);
if(bcopy==0)
{
    if(lpFilestru.fAnyOperationsAborted==TRUE)
        AfxMessageBox("复制被取消");
    else
        AfxMessageBox("复制成功");
}
else
{
    AfxMessageBox("复制失败");
}
}
```

秘笈心法

心法领悟 197：移动网络文件。

通过 SHFileOperation 函数移动网络文件。SHFILEOPSTRUCT 结构的 wFunc 参数指定为 FO_MOVE 即可实现网络文件的移动。

实例 198　使用 CopyFileEx 复制文件

光盘位置：光盘\MR\05\198　　　　　　　　　　　高级　趣味指数：★★★☆

实例说明

使用函数 CopyFileEx 的优点是在复制文件的过程中可以返回已经复制文件的大小，还可以控制文件是否继续复制。在使用函数 CopyFileEx 时需要修改工程设置对话框的 C\C++选项卡中的内容，将 Preprocessor definitions 编辑框中的 WIN32 改为_WIN32_WINNT=0x0500。程序运行效果如图 5.10 所示。

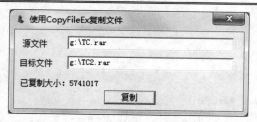

图 5.10 使用 CopyFileEx 复制文件

■ 关键技术

本实例的实现主要使用 CopyFileEx 函数。基本格式如下：

```
BOOL CopyFileEx(
    LPCTSTR lpExistingFileName,                //来源文件
    LPCTSTR lpNewFileName,                     //目标文件
    LPPROGRESS_ROUTINE lpProgressRoutine,      //用于返回文件有关信息的回调函数
    LPVOID lpData,                             //传递给回调函数的参数
    LPBOOL pbCancel,                           //用于中途取消复制，函数会监视此值的状态，如果为真，则停止复制
    DWORD dwCopyFlags                          //复制选项
);
```

参数说明如表 5.7 所示。

表 5.7 CopyFileEx 函数的参数说明

参 数	说 明
lpExistingFileName	源文件名
lpNewFileName	目标文件名
lpProgressRoutine	用于返回文件有关信息的回调函数
lpData	传递给回调函数的参数
pbCancel	用于中途取消复制，函数会监视此值的状态，如果为真，则停止复制
dwCopyFlags	选项标志

■ 设计过程

（1）新建一个基于对话框的应用程序。

（2）向窗体中添加两个编辑框控件，分别用于获取源文件和目标文件路径。添加按钮控件，执行复制操作。添加静态文本控件，关联一个 CStatic 变量，显示已复制的大小。

（3）主要代码如下：

```cpp
//函数 CopyFileEx 所使用的回调函数
DWORD CALLBACK CopyProgressRoutine(LARGE_INTEGER TotalFileSize,
                                    LARGE_INTEGER TotalBytesTransferred,
                                    LARGE_INTEGER StreamSize,
                                    LARGE_INTEGER StreamBytesTransferred,
                                    DWORD dwStreamNumber,
                                    DWORD dwCallbackReason,
                                    HANDLE hSourceFile,
                                    HANDLE hDestinationFile,
                                    LPVOID lpData)
{
    CExCopyFileDlg *pdlg=(CExCopyFileDlg*)lpData;
    pdlg->m_dwsize=StreamBytesTransferred.LowPart;
    pdlg->Invalidate(FALSE);
    return 0;
}
```

```
//启动一个新线程执行函数 CopyFileEx
static UINT thread(LPVOID pParam)
{
    CExCopyFileDlg *p=(CExCopyFileDlg*)pParam;
    BOOL bcopy=FALSE;
    CopyFileEx(p->m_strsrc,p->m_strdes,&CopyProgressRoutine,
        pParam,&bcopy,COPY_FILE_RESTARTABLE);
    ::EnableWindow(p->m_btcopy.m_hWnd,true);          // m_btcopy 是按钮的成员变量
    return 0;
}
// "复制"按钮的实现函数
void CExCopyFileDlg::OnCopy()
{
    GetDlgItem(IDC_EDSRC)->GetWindowText(m_strsrc);
    GetDlgItem(IDC_EDDES)->GetWindowText(m_strdes);
    if(m_strsrc.IsEmpty())return;
    if(m_strdes.IsEmpty())return;
    GetDlgItem(IDC_BTCOPY)->EnableWindow(false);
    AfxBeginThread(thread,this);
}
```

秘笈心法

心法领悟 198：显示复制进度。

通过 CopyFileEx 函数获取已复制文件的大小，通过 CFile 类的 GetLength 函数获取文件总大小，计算出比例，再通过 Progress 控件显示复制进度。

实例 199 使用文件映射实现文件的复制   高级
光盘位置：光盘\MR\05\199   趣味指数：★★★☆

实例说明

Windows 提供了内存映射文件机制，可以将一个文件映射到一块物理内存，从这块内存中获取数据，再写入另一个文件，就实现了文件的复制。程序运行效果如图 5.11 所示。

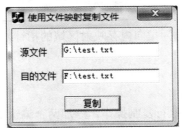

图 5.11 使用文件映射实现文件的复制

关键技术

本实例的实现主要使用 CreateFileMapping 函数和 MapViewOfFile 函数。

（1）CreateFileMapping 函数

CreateFileMapping 函数用于构建一个内存映射文件对象。

```
HANDLE CreateFileMapping(HANDLE hFile, LPSECURITY_ATTRIBUTES lpFileMappingAttributes,
    DWORD flProtect, DWORD dwMaximumSizeHigh, DWORD dwMaximumSizeLow, LPCTSTR lpName);
```

参数说明如表 5.8 所示。

表 5.8 CreateFileMapping 函数的参数说明

参 数	说 明
hFile	表示文件句柄,对于构建内存映射文件来说,应该为 0xffffffff
lpFileMappingAttributes	表示内存映射文件的属性,通常为 NULL
flProtect	表示内存映射文件的读写权限。为 PAGE_READONLY,表示只能读取页面数据;为 PAGE_READWRITE,表示可以读写页面数据;为 PAGE_WRITECOPY,表示以写拷贝的形式访问页面数据
dwMaximumSizeHigh	表示内存映射对象的高字节最大大小
dwMaximumSizeLow	表示内存映射对象的低字节最大大小
lpName	表示内存映射对象的名称

返回值:如果函数调用成功,返回值为内存映射文件句柄,如果调用失败,返回值为 NULL。

(2) MapViewOfFile 函数

MapViewOfFile 函数用于将内存映射文件映射到进程的虚拟地址空间中。
LPVOID MapViewOfFile(HANDLE hFileMappingObject, DWORD dwDesiredAccess,
 DWORD dwFileOffsetHigh, DWORD dwFileOffsetLow, DWORD dwNumberOfBytesToMap);
参数说明如表 5.9 所示。

表 5.9 MapViewOfFile 函数的参数说明

参 数	说 明
hFileMappingObject	表示内存映射文件句柄
dwDesiredAccess	表示对内存映射文件的访问模式。FILE_MAP_WRITE 表示以写权限访问;FILE_MAP_READ 表示以读权限访问;FILE_MAP_ALL_ACCESS 与 FILE_MAP_WRITE 相同;FILE_MAP_COPY 表示以写拷贝权限访问
dwFileOffsetHigh	用于指定文件映射区域的起始位置的高字节偏移量
dwFileOffsetLow	用于指定文件映射区域的起始位置的低字节偏移量
dwNumberOfBytesToMap	表示要映射的区域大小

返回值:如果函数调用成功,返回值为指向内存映射区域的指针,如果调用失败,返回值为 NULL。

设计过程

(1) 新建一个基于对话框的应用程序。
(2) 向窗体中添加一个按钮控件,执行复制操作,添加两个编辑框控件,获取输入的路径和文件名。
(3) 首先创建文件映射对象,再映射文件视图,获取文件映射地址,从地址中获取数据,写入文件。具体代码如下:

```
void CCopyFileByMapDlg::OnCopy()
{
    UpdateData();
    //打开要复制的文件,获取文件句柄
    HANDLE hFile = CreateFile(m_srcFile,GENERIC_READ,FILE_SHARE_READ,NULL,
        OPEN_EXISTING,FILE_ATTRIBUTE_NORMAL|CFile::typeBinary,NULL);
    if(INVALID_HANDLE_VALUE == hFile)
    {
        MessageBox("file open failed");
        return ;
    }
    //创建文件映射对象,返回文件映射对象的句柄
```

```cpp
HANDLE hMap = CreateFileMapping(hFile,NULL,PAGE_READONLY,0,0,"file_map");
if(hMap == NULL)
{
    MessageBox("CreateFileMapping failed");
    return ;
}

//关闭文件句柄
CloseHandle(hFile);

//映射文件视图,获取映射的地址
LPVOID lpVoid = MapViewOfFile(hMap,FILE_MAP_READ,0,0,0);
if(NULL == lpVoid)
{
    MessageBox("MapViewOfFile failed");
    return ;
}

//以写的方式创建目标文件
CFile newFile;
newFile.Open(m_destFile,CFile::modeWrite | CFile::modeCreate);
newFile.Write(lpVoid,strlen((const char*)lpVoid));
newFile.Close();

//卸载映射文件视图
UnmapViewOfFile(lpVoid);
//关闭映射文件
CloseHandle(hMap);
```

秘笈心法

心法领悟 199：通过文件映射实现进程间通信。

在一个进程中,通过 CreateFileMapping 创建文件映射对象,映射一块物理内存,通过 MapViewOfFile 将文件视图映射到本进程的地址空间,获取被映射视图的起始地址,向其中写入数据。其他进程通过 OpenFileMapping 打开文件映射对象,同样将文件视图映射到自己的地址空间,从而读取其中的数据,就实现了进程间通信。

实例 200　多线程文件复制

光盘位置：光盘\MR\05\200　　　高级　　趣味指数：★★★☆

实例说明

启动多个线程,每个线程复制一个文件,可以实现多个文件同时复制。使用 CreateThread 启动线程,CopyFile 复制文件。程序运行效果如图 5.12 所示,输入要复制的文件路径,输入复制到的路径,单击"开始复制"按钮,即可完成多线程文件复制。

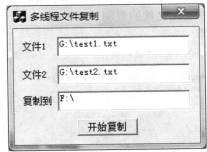

图 5.12　多线程文件复制

关键技术

本实例的实现主要使用 CreateThread 函数和 CopyFile 函数。

（1）CreateThread 函数

功能是创建线程。基本格式如下：

```
HANDLE CreateThread(LPSECURITY_ATTRIBUTES lpThreadAttributes,
    DWORD dwStackSize,LPTHREAD_START_ROUTINE lpStartAddress,
    LPVOID lpParameter,DWORD dwCreationFlags,LPDWORD lpThreadId);
```

参数说明如表 5.10 所示。

表 5.10　CreateThread 函数的参数说明

参　　数	说　　明
lpThreadAttributes	表示线程的安全属性，可以为 NULL
dwStackSize	表示线程栈的最大容量，该参数可以被忽略
lpStartAddress	表示线程函数，当线程运行时，执行该函数。其函数原型为 DWORD ThreadProc(LPVOID lpParameter);
lpParameter	向线程函数传递的参数
dwCreationFlags	表示线程创建的标记。设为 CREATE_SUSPENDED，表示线程创建后被立即挂起，只有在其后调用 ResumeThread 函数时才开始执行线程；若设为 0，则线程创建后立即运行
lpThreadId	表示一个整型指针，用于接收线程的 ID，线程 ID 在系统范围内唯一标识线程，有些系统函数需要使用线程 ID 作为参数。如果该参数为 NULL，表示线程 ID 不被返回

（2）CopyFile 函数

基本格式如下：

```
BOOL CopyFile(
LPCTSTR lpExistingFileName,
LPCTSTR lpNewFileName,
BOOL bFailIfExists );
```

参数说明：

❶lpExistingFileName：已存在的文件名。

❷lpNewFileName：新文件名。

❸bFailIfExists：指定当目标文件存在时如何操作。当有与目标文件同名的文件存在时，设为 true 则不覆盖，设为 false 则覆盖。

设计过程

（1）新建一个基于对话框的应用程序。

（2）向窗体中添加一个按钮控件，用于启动线程，添加 3 个编辑框控件，获取输入的路径和文件名。

（3）编写线程函数，在线程函数中实现文件的复制。

```
DWORD WINAPI CopyThread1(LPVOID pParam)
{
    CMultipleThreadCopyDlg* p = (CMultipleThreadCopyDlg*)pParam;
    CString filename;
    filename = p->m_file1.Right(p->m_file1.GetLength() - p->m_file1.ReverseFind('\\') -1);
    if(!CopyFile(p->m_file1,p->m_destPath+filename,false))
        AfxMessageBox("失败");
    TerminateThread(p->hThread1,0);
    return 0;
}

DWORD WINAPI CopyThread2(LPVOID pParam)
{
```

```
CMultipleThreadCopyDlg* p = (CMultipleThreadCopyDlg*)pParam;
CString filename;
filename = p->m_file2.Right(p->m_file2.GetLength() - p->m_file2.ReverseFind('\\') -1);
if(!CopyFile(p->m_file2,p->m_destPath+filename,false))
        AfxMessageBox("失败");
TerminateThread(p->hThread2,0);
return 0;
}
```

（4）启动线程，代码如下：

```
void CMultipleThreadCopyDlg::OnStartup()
{
    UpdateData();
    DWORD threadID1,threadID2;
    hThread1 = CreateThread(NULL,0,&CopyThread1,(LPVOID)this,0,&threadID1);
    hThread2 = CreateThread(NULL,0,&CopyThread2,(LPVOID)this,0,&threadID2);
}
```

■ 秘笈心法

心法领悟 200：线程使用完毕要关闭线程。

一个线程完成任务以后要将其关闭，以避免造成资源浪费，可以使用 TerminateThread 关闭线程。

5.3 文件的修改与删除

实例 201 重命名文件
光盘位置：光盘\MR\05\201　　　高级　趣味指数：★★★☆

■ 实例说明

在进行文件操作时，经常需要修改文件名称，通过程序也可以完成这一操作，用户选择一个文件，然后输入新的文件名，该文件名中需要包括文件的扩展名，然后进行重命名，程序运行效果如图 5.13 所示。

图 5.13　重命名文件

■ 关键技术

本实例主要通过循环语句调用 rename 函数实现重命名文件的功能。rename 是 stdio.h 中定义的函数。基本格式如下：

```
int rename( const char *oldname, const char *newname );
```

参数说明：

❶oldname：指向修改前文件名的字符串指针。

❷newname：指向修改后文件名的字符串指针。

返回值：如果函数执行成功，则返回 0。

设计过程

（1）创建一个基于对话框的应用程序。

（2）在对话框中添加两个静态文本控件、两个编辑框控件和两个按钮控件，并在头文件中定义 **CString** 类型变量 m_m_oldFileName 和 m_oldFilePath。

（3）处理"选择文件"按钮的单击事件，在该事件中调用文件打开对话框获得文件的存储位置，并显示在编辑框中。代码如下：

```cpp
void CRenameFileDlg::OnSelect()
{
    CFileDialog dlg(true,"*.*",NULL,OFN_HIDEREADONLY | OFN_OVERWRITEPROMPT,
        "FILE(*.*)|*.*",NULL);                    //显示打开文件对话框
    if(dlg.DoModal()==IDOK)
    {
        m_oldFilePath = dlg.GetPathName();        //获取文件路径
        m_PathName.SetWindowText(m_oldFilePath);
        m_oldFileName = dlg.GetFileName();        //获取文件名
    }
}
```

（4）处理"重命名"按钮的单击事件，在该事件中重命名文件。代码如下：

```cpp
void CRenameFileDlg::OnRename()
{
    CString newPath, newName;                     //定义新路径新名字
    m_NewName.GetWindowText(newName);             //获取新文件名
    if(newName.IsEmpty())                         //判断名字是否为空
    {
        MessageBox("名字不能为空");
        return ;
    }
    newPath = m_oldFilePath;
    if(newPath.IsEmpty())                         //判断是否选择了文件
    {
        MessageBox("请选择文件");
        return ;
    }
    newPath.Replace(m_oldFileName,newName);       //将原路径中的文件名改为新文件名，以得到新路径
    if(!rename(m_oldFilePath,newPath))            //通过路径重命名
        MessageBox("成功");
}
```

秘笈心法

心法领悟 201：批量重命名文件。

通过循环语句调用 rename 函数实现批量重命名文件的功能。

实例 202　批量重命名文件　　高级
光盘位置：光盘\MR\05\202　　趣味指数：★★★☆

实例说明

本实例完成文件的批量命名。单击"添加文件"按钮，将要修改文件名的文件添加到列表，然后在编辑框中输入一个文件名，单击"重命名为"按钮后，程序将以输入的字符后面加数字的方式对列表中的文件进行批量重命名。程序运行效果如图 5.14 所示。

第 5 章 文件基本操作

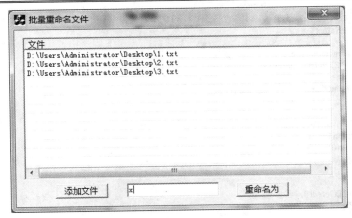

图 5.14 批量重命名文件

■ 关键技术

本实例主要通过循环语句调用 rename 函数实现批量重命名文件的功能。rename 函数基本格式如下：
int rename(const char *oldname, const char *newname);
参数说明：
❶oldname：指向修改前文件名的字符串指针。
❷newname：指向修改后文件名的字符串指针。
返回值：如果函数执行成功，则返回 0。

■ 设计过程

（1）新建名为 RenameMFile 的对话框 MFC 工程。

（2）在对话框上添加列表视图控件，设置 ID 属性为 IDC_FILELIST，添加成员变量 m_filelist；添加编辑框控件，设置 ID 属性为 IDC_EDNAME；添加两个按钮控件，设置 ID 属性分别为 IDC_BTADDFILE 和 IDC_BTRENAME，Caption 属性分别为"添加文件"和"重命名为"。

（3）主要程序代码如下：

```
BOOL CRenameMFileDlg::OnInitDialog()
{
    CDialog::OnInitDialog();
    ……//此处代码省略
    m_filelist.SetExtendedStyle(LVS_EX_GRIDLINES);
    m_filelist.InsertColumn(0,"文件",LVCFMT_LEFT,450);
    return TRUE;
}
```

（4）添加"添加文件"按钮的实现函数。该函数用于添加将要重命名的文件，代码如下：

```
void CRenameMFileDlg::OnAddFile()
{
    CFileDialog log(TRUE,"文件",",*.*",OFN_HIDEREADONLY|OFN_OVERWRITEPROMPT|
    OFN_ALLOWMULTISELECT,"FILE(*.*)|*.*|jpeg(*.jpg)|*.jpg|
    文本(*.txt)|*.txt||",NULL);
    if(log.DoModal()==IDOK)                //显示文件打开对话框
    {
        POSITION pos = log.GetStartPosition();
        while(pos != NULL)
        {
            CString pathname=log.GetNextPathName(pos);
            m_filelist.InsertItem(m_filelist.GetItemCount(),pathname);
        }
    }
}
```

（5）"重命名为"按钮的实现函数。该函数用于对列表控件中的文件进行重命名。代码如下：

```
void CRenameMFileDlg::OnReName()
{
    CString strname,strtemp,nametemp,strext;
    GetDlgItem(IDC_EDNAME)->GetWindowText(strname);
    if(strname.IsEmpty())return;
    int count = m_filelist.GetItemCount();        //获取文件数量
    for(int i=0;i<count;i++)
    {
        nametemp=m_filelist.GetItemText(i,0);
        strtemp=m_filelist.GetItemText(i,0);
        if(strtemp.Right(4).GetAt(0)=='.')
            strext=strtemp.Right(3);
        else
        {
            if(strtemp.Right(2).GetAt(0)=='.')
                strext=strtemp.Right(1);
            else
                strext="";
        }
        int pos=nametemp.Find("\\");
        while(pos>0)
        {
            nametemp=nametemp.Right(nametemp.GetLength()-1-pos);
            pos=nametemp.Find("\\");
        }
        strtemp=strtemp.Left(strtemp.GetLength()-nametemp.GetLength());
        CString temp;temp.Format("%s%s%d.%s",strtemp,strname,i,strext);
        ::rename(nametemp,temp);                  //文件重命名
    }
    AfxMessageBox("批量重命名成功");
}
```

秘笈心法

心法领悟 202：向文件末尾写入数据。

首先将目标文件打开，指定 CFile::modeCreate|CFile::modeNoTruncate，如果文件不存在则创建文件，如果文件存在则打开。SeekToEnd 将指针调整到文件末尾，用 Write 写入数据。

```
CFile file("1.txt",CFile::modeWrite|CFile::modeCreate|CFile::modeNoTruncate);
file.SeekToEnd();
int pos = file.GetPosition();
file.Write("123456",strlen("123456"));
```

实例 203　移动文件

光盘位置：光盘\MR\05\203　　　　　　　　　　　　　高级　趣味指数：★★★☆

实例说明

移动文件在操作系统中是常见的操作，通过 MoveFile 函数可以实现移动文件。程序运行效果如图 5.15 所示。单击"添加文件"按钮添加将要移动的文件，然后单击"移动到"按钮将添加到列表中的文件移动到指定的文件夹中。

图 5.15　移动文件

关键技术

本实例主要使用 MoveFile 方法实现移动文件的功能。一般格式如下：
BOOL MoveFile(LPCTSTR lpExistingFileName, LPCTSTR lpNewFileName);
参数说明：

❶lpExistingFileName：指向源文件名的字符串指针。
❷lpNewFileName：指向目标文件名的字符串指针。
返回值：成功则返回真，失败则返回假。

设计过程

（1）新建一个基于对话框的应用程序。
（2）向窗体中添加一个编辑框控件，显示选择的文件路径；添加两个按钮控件，执行添加文件和移动文件的操作。
（3）"添加文件"按钮的实现代码如下：

```cpp
void CMoveFileDlg::OnAddfile()
{
    CFileDialog dlg(true);                              //显示打开对话框
    if(dlg.DoModal()==IDOK)
    {
        m_oldpath.SetWindowText(dlg.GetPathName());     //获取文件路径，显示到编辑框控件上
        fileName = dlg.GetFileName();                   //获取文件名，并保存
    }
}
```

（4）"移动到"按钮的实现代码如下：

```cpp
void CMoveFileDlg::OnMoveto()
{
    BROWSEINFO bi;                                      //定义 BROWSEINFO 结构体
    char buffer[MAX_PATH];
    ZeroMemory(buffer,MAX_PATH);
    bi.hwndOwner=GetSafeHwnd();                         //配置结构体信息
    bi.pidlRoot=NULL;
    bi.pszDisplayName=buffer;
    bi.lpszTitle="选择一个文件夹";
    bi.ulFlags=BIF_EDITBOX;
    bi.lpfn=NULL;
    bi.lParam=0;
    bi.iImage=0;
    LPITEMIDLIST pList = SHBrowseForFolder(&bi);        //显示选择路径对话框
    if(pList != NULL)
    {
        char newpath[MAX_PATH];
        ZeroMemory(newpath,MAX_PATH);
        SHGetPathFromIDList(pList,newpath);             //从对话框中选择路径

        CString strNewPath;
        strNewPath.Format("%s\\%s",newpath,fileName);   //构造目标路径
        CString oldpath;
        m_oldpath.GetWindowText(oldpath);               //原路径
        if(MoveFile(oldpath,strNewPath))                //移动文件
            MessageBox("成功");
    }
}
```

秘笈心法

心法领悟 203：批量移动文件。
通过循环语句调用 MoveFile 方法实现批量移动文件的功能。

实例 204	批量移动文件	高级
	光盘位置：光盘\MR\05\204	趣味指数：★★★☆

实例说明

移动文件或批量移动文件在操作系统中是常见的操作，通过应用程序也可以实现移动文件或批量移动文件的功能。运行程序，单击"添加文件"按钮添加将要移动的文件，然后单击"移动到..."按钮将添加到列表中的文件移动到指定的文件夹中。程序运行效果如图 5.16 所示。

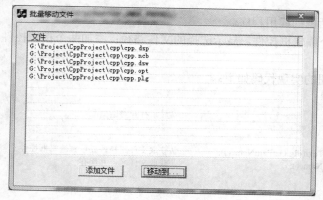

图 5.16　批量移动文件

关键技术

通过循环语句调用 MoveFile 方法实现批量移动文件的功能。MoveFile 方法格式如下：
BOOL MoveFile(LPCTSTR lpExistingFileName, LPCTSTR lpNewFileName);
参数说明：
❶lpExistingFileName：指向源文件名的字符串指针。
❷lpNewFileName：指向目标文件名的字符串指针。
返回值：成功则返回真，失败则返回假。

设计过程

（1）新建对话框 MFC 工程。
（2）在对话框上添加列表视图控件，ID 为 IDC_FILELIST，添加成员变量 m_filelist，添加两个按钮控件，ID 属性分别为 IDC_BTADDFILE 和 IDC_BTMOVE，Caption 属性分别为"添加文件"和"移动到..."。
（3）主要代码如下：

```
BOOL CMoveFileDlg::OnInitDialog()
{
    CDialog::OnInitDialog();
    ……//此处代码省略
    m_filelist.SetExtendedStyle(LVS_EX_GRIDLINES);          //修改列表视图样式
    m_filelist.InsertColumn(0,"文件",LVCFMT_LEFT,450);
    return TRUE;
}
```

（4）添加"添加文件"按钮的实现函数，该函数用于选择将要移动的文件。代码如下：

```
void CMoveFIleDlg::OnAddFile()
{
    CFileDialog log(TRUE,"文件","*.*",OFN_HIDEREADONLY|
```

```
OFN_ALLOWMULTISELECT,"FILE(*.*)|*.*||",NULL);
if(log.DoModal()==IDOK)
{ //获取打开的所有文件,添加到列表视图中
  POSITION pos = log.GetStartPosition();
  while(pos != NULL)
  {
    CString pathname= log.GetNextPathName(pos);
    m_filelist.InsertItem(m_filelist.GetItemCount(),pathname);
  }
}
```

(5) 添加"移动到…"按钮的实现函数,该函数用于将列表中的文件移动到指定目录下。代码如下:

```
void CMoveFIleDlg::OnMove()
{
    BROWSEINFO bi;
    char buffer[MAX_PATH];
    ZeroMemory(buffer,MAX_PATH);
    bi.hwndOwner=GetSafeHwnd();
    bi.pidlRoot=NULL;
    bi.pszDisplayName=buffer;
    bi.lpszTitle="选择一个文件夹";
    bi.ulFlags=BIF_EDITBOX;
    bi.lpfn=NULL;
    bi.lParam=0;
    bi.iImage=0;
    LPITEMIDLIST pList=NULL;
    if((pList=SHBrowseForFolder(&bi))!=NULL)           //显示文件浏览窗口
    {
        char path[MAX_PATH];
        ZeroMemory(path,MAX_PATH);
        SHGetPathFromIDList(pList,path);

        for(int i=0;i<m_filelist.GetItemCount();i++)
        {
            CString pathtemp;
            pathtemp.Format("%s\\%s",path,GetNameFromPath(m_filelist.GetItemText(i,0)));
            ::MoveFile(m_filelist.GetItemText(i,0),pathtemp);
        }
        AfxMessageBox("移动文件完成");
    }
}
```

(6) 自定义函数实现,从路径中得到文件名。代码如下:

```
CString CMoveFIleDlg::GetNameFromPath(CString path)
{
    CString strright;
    int pos=path.Find("\\");
    while(pos>0)
    {
        path=path.Right(path.GetLength()-1-pos);
        pos=path.Find("\\");
    }
    return path;
}
```

秘笈心法

心法领悟 204:清空文件夹中数据的同时备份数据。

根据本实例,可以使用 MoveFile 实现移动文件的功能,也可以用 CopyFile 备份文件,再使用 CFile::Remove 删除源文件。指定一个路径,使用 FindFile 和 FindNextFile 查找该路径下所有文件,通过上述方法实现清空文件夹和数据备份。

实例 205 删除文件

光盘位置：光盘\MR\05\205

实例说明

用户在进行程序开发时，有时需要对文件进行复制、删除等操作，在程序中可以使用 DeleteFile 函数删除文件。程序运行效果如图 5.17 所示。

图 5.17 删除文件

关键技术

本实例的实现主要使用 DeleteFile 函数。DeleteFile 函数用于删除指定的文件。基本格式如下：
BOOL DeleteFile(LPCTSTR lpFileName);
参数说明：
lpFileName：表示要删除的文件。
返回值：成功则返回非 0，失败则返回 0。

设计过程

（1）创建一个基于对话框的工程。
（2）向对话框中添加静态文本、编辑框和按钮控件，为编辑框关联变量 m_Path。
（3）处理"选择"按钮的单击事件，当用户单击"选择"按钮时，调用"文件打开"对话框选择要删除的文件。

```
void CDeleteFileDlg::OnSelect()
{
    CFileDialog dlg(true,NULL,NULL,OFN_HIDEREADONLY|OFN_OVERWRITEPROMPT,
        "file(*.*)|*.*||",NULL);                    //构建选择对话框
    if(dlg.DoModal() == IDOK)                       //判断是否单击按钮
    {
        m_Path.SetWindowText(dlg.GetPathName());    //获取所选文件路径，并显示到编辑框控件
    }
}
```

（4）处理"删除"按钮的单击事件，当用户单击"删除"按钮时，删除用户选择的文件。

```
void CDeleteFileDlg::OnDelete()
{
    CString path;
    m_Path.GetWindowText(path);                     //获取路径
    if(DeleteFile(path))                            //删除文件
        MessageBox("成功");
}
```

秘笈心法

心法领悟 205：批量删除文件。

指定要删除的文件，通过循环，使用 DeleteFile 或 CFile 类的静态方法 Remove 依次删除这些文件。

实例 206　批量删除指定类型的文件

光盘位置：光盘\MR\05\206　　高级　趣味指数：★★★☆

实例说明

对于系统中的垃圾文件，可以进行批量删除，例如，批量删除某一类型的文件。运行程序，单击"添加文件"按钮将要批量删除的文件加入到列表中，在向列表添加文件的过程中可以通过扩展名进行特定文件类型的过滤，如图 5.18 所示，单击"删除"按钮，将批量删除列表中的文件。

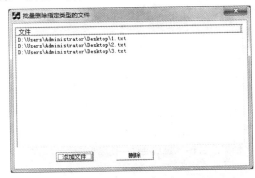

图 5.18　批量删除指定类型的文件

关键技术

通过循环语句调用 DeleteFile 方法实现批量删除。DeleteFile 方法实现删除磁盘文件，语法如下：
BOOL DeleteFile(LPCTSTR lpFileName);
参数说明：
lpFileName：指向将要删除文件名的字符串指针。
返回值：成功则返回真，失败则返回假。

设计过程

（1）新建名为 DeleteMFile 的对话框 MFC 工程。
（2）在对话框上添加列表视图控件，设置 ID 属性为 IDC_FILELIST，添加成员变量 m_filelist；添加两个按钮控件，设置 ID 属性分别为 IDC_BTADDFILE 和 IDC_BTDEL，Caption 属性分别为"添加文件"和"删除"。
（3）在 OnInitDialog 中进行列表控件的初始化，代码如下：

```
BOOL CDeleteMFileDlg::OnInitDialog()
{
    CDialog::OnInitDialog();
    ……//此处代码省略
    m_filelist.SetExtendedStyle(LVS_EX_GRIDLINES);
    m_filelist.InsertColumn(0,"文件",LVCFMT_LEFT,450);
    return TRUE;
}
```

（4）添加"添加文件"按钮的实现函数。该函数用于添加将要删除的文件。代码如下：

```
void CDeleteMFileDlg::OnAdd()
{
    CFileDialog log(TRUE,"文件","*.*",OFN_HIDEREADONLY|OFN_OVERWRITEPROMPT|
    OFN_ALLOWMULTISELECT,"FILE(*.*)|*.*|jpeg(*.jpg)|*.jpg|
    文本(*.txt)|*.txt||",NULL);
```

```
        if(log.DoModal()==IDOK)                        //显示文件打开对话框
        {
            POSITION pos = log.GetStartPosition();
            while(pos != NULL)
            {
                CString pathname=log.GetNextPathName(pos);
                m_filelist.InsertItem(m_filelist.GetItemCount(),pathname);
            }
        }
    }
```

（5）添加"删除"按钮的实现函数。该函数用于删除列表控件中的文件。代码如下：

```
void CDeleteMFileDlg::OnDelete()
{
    int count=m_filelist.GetItemCount();              //获取文件数量
    for(int i=0;i<count;i++)
    {
        ::DeleteFile(m_filelist.GetItemText(i,0));    //删除文件
    }
    AfxMessageBox("删除成功");
    m_filelist.DeleteAllItems();
}
```

秘笈心法

心法领悟 206：清除应用程序日志。

根据本实例，指定要删除的文件类型，删除文件。应用程序日志文件，例如，数据日志文件.log，创建文件打开对话框时指定过滤器筛选 LOG 格式文件，通过循环将这些文件删除。

实例 207　强制删除文件
光盘位置：光盘\MR\05\207　　　　　　　高级　趣味指数：★★★☆

实例说明

强制删除文件是指当用户指定了要删除的文件路径时，首先查看系统中所打开的进程中是否有当前所要删除的文件。如果文件被打开，将关闭打开进程后再将文件删除。如果不关闭进程直接删除文件，文件删除操作将失败。程序运行效果如图 5.19 所示。

图 5.19　强制删除文件

关键技术

在本实例中使用 NtQuerySystemInformation 函数获取当前系统中所运行的所有进程。函数原型如下：
typedef DWORD (WINAPI *NtQuerySystemInformation)(DWORD, VOID*, DWORD, ULONG*);
参数说明：
该函数接收 4 个参数。
❶DWORD：该函数所使用的类型信息。

第 5 章 文件基本操作

❷VOID*：是一个结构指针，该结构存储了通过该函数所获取的进程信息。

❸DWORD：是结构的大小。

❹ULONG*：返回结构信息的大小，可设为NULL。

获取进程信息所需要的结构定义如下：

```c
typedef struct _SYSTEM_PROCESS_INFORMATION
{
    DWORD         dNext;                              //构成结构序列的偏移量
    DWORD         dThreadCount;                       //线程数目
    DWORD         dReserved01;
    DWORD         dReserved02;
    DWORD         dReserved03;
    DWORD         dReserved04;
    DWORD         dReserved05;
    DWORD         dReserved06;
    QWORD         qCreateTime;                        //创建时间
    QWORD         qUserTime;                          //用户模式（Ring 3）的CPU时间
    QWORD         qKernelTime;                        //内核模式（Ring 0）的CPU时间
    UNICODE_STRING usName;                            //进程名称
    DWORD         BasePriority;                       //进程优先权
    DWORD         dUniqueProcessId;                   //进程标识符
    DWORD         dInheritedFromUniqueProcessId;      //父进程的标识符
    DWORD         dHandleCount;                       //句柄数目
    DWORD         dReserved07;
    DWORD         dReserved08;
    VM_COUNTERS   VmCounters;                         //虚拟存储器的结构
    DWORD         dCommitCharge;
    SYSTEM_THREAD Threads[1];                         //进程相关线程的结构数组
} SYSTEM_PROCESS_INFORMATION;

typedef struct _VM_COUNTERS
{
    DWORD PeakVirtualSize;              //虚拟存储峰值大小
    DWORD VirtualSize;                  //虚拟存储大小
    DWORD PageFaultCount;               //页故障数目
    DWORD PeakWorkingSetSize;           //工作集峰值大小
    DWORD WorkingSetSize;               //工作集大小
    DWORD QuotaPeakPagedPoolUsage;      //分页池使用配额峰值
    DWORD QuotaPagedPoolUsage;          //分页池使用配额
    DWORD QuotaPeakNonPagedPoolUsage;   //非分页池使用配额峰值
    DWORD QuotaNonPagedPoolUsage;       //非分页池使用配额
    DWORD PagefileUsage;                //页文件使用情况
    DWORD PeakPagefileUsage;            //页文件使用峰值
} VM_COUNTERS;

typedef struct _SYSTEM_THREAD
{
    DWORD    u1;
    DWORD    u2;
    DWORD    u3;
    DWORD    u4;
    DWORD    ProcessId;
    DWORD    ThreadId;
    DWORD    dPriority;
    DWORD    dBasePriority;
    DWORD    dContextSwitches;
    DWORD    dThreadState;              // 2=running, 5=waiting
    DWORD    WaitReason;
    DWORD    u5;
    DWORD    u6;
    DWORD    u7;
    DWORD    u8;
    DWORD    u9;
} SYSTEM_THREAD;
```

307

在本实例运行前，首先设置当前进程具有管理权限，并将进程的权限提升到支持调试，否则是不允许操作其他进程的。这一功能由方法 AdjustPrivilege 实现。代码如下：

```cpp
//调整进程特权，使其具有 DEBUG 特权
BOOL CForceDeleteDlg::AdjustPrivilege()
{
    HANDLE hToken = NULL;
    LUID uID;
    TOKEN_PRIVILEGES privValue;
    //打开进程访问标识
    BOOL bPened = OpenProcessToken(GetCurrentProcess(), TOKEN_ADJUST_PRIVILEGES | TOKEN_QUERY, &hToken);
    if (!bPened)
    {
        return FALSE;
    }
    //查找特权值
    BOOL bLooked = LookupPrivilegeValue(NULL, SE_DEBUG_NAME, &uID);
    if (!bLooked)
    {
        CloseHandle(hToken);
        return FALSE;
    }

    privValue.PrivilegeCount = 1;
    privValue.Privileges[0].Luid = uID;
    privValue.Privileges[0].Attributes = SE_PRIVILEGE_ENABLED;
    BOOL bAdjusted = AdjustTokenPrivileges(hToken, FALSE, &privValue, sizeof(privValue), NULL, NULL);
    if(!bAdjusted)
    {
        CloseHandle(hToken);                            //关闭句柄
        return FALSE;
    }

    CloseHandle(hToken);
    return TRUE;
}
```

■ 设计过程

（1）新建一个基于对话框的应用程序。

（2）在窗体上添加一个编辑框控件，用来显示删除的文件路径。添加两个按钮控件，分别设置其 Caption 属性为"清除"和"取消"。

（3）在窗体类中实现 EnumRunningProc 方法，该方法将获取当前系统中运行的所有进程的信息，并将这些信息按进程 ID 和进程结构成对添加到 pSysProcess 列表中。实现代码如下：

```cpp
//列举系统运行的进程信息
void CForceDeleteDlg::EnumRunningProc()
{
    //列举打开的对象句柄
    int nCount = 0;
    SYSTEM_PROCESS_INFORMATION* pSysProcess = NULL;
    //获取系统中进程信息的第一个结构
    DWORD dwRet = NtQuerySystemInformation(5, m_pProcInfo, m_dwProcSize, NULL);
    if (dwRet != 0)
    {
        return;
    }
    m_SysProcesses.RemoveAll();
    pSysProcess = (SYSTEM_PROCESS_INFORMATION*)m_pProcInfo;
    do
    {
        //添加到进程信息列表
        m_SysProcesses.SetAt(pSysProcess->dUniqueProcessId, pSysProcess);
        if (pSysProcess->dNext != 0)
        {
            //获取下一个进程信息
```

第5章 文件基本操作

```cpp
            pSysProcess = (SYSTEM_PROCESS_INFORMATION*)((UCHAR*)pSysProcess + pSysProcess->dNext);
        }
        else
        {
            pSysProcess = NULL;
        }
    }
    while (pSysProcess != NULL);
}
```

（4）在窗体类中实现 EnumProcessOpenedFile 方法，该方法用来获取系统中所有线程句柄，并判断是否为真正的文件句柄，如果是文件句柄，将其添加到 m_FileHandles 文件句柄列表中。实现代码如下：

```cpp
//列举进程打开的文件
void CForceDeleteDlg::EnumProcessOpenedFile()
{
    //列举打开的对象句柄
    int nCount = 0;
    DWORD dwBufferSize = 0x200;
    DWORD dwFactSize = 0;
    //在当前进程中为 SYSTEM_HANDLE_INFORMATION 结构创建存储空间
    SYSTEM_HANDLE_INFORMATION* pSysHandleInformation = (SYSTEM_HANDLE_INFORMATION*)
                VirtualAlloc(NULL, dwBufferSize, MEM_COMMIT, PAGE_READWRITE);
    //获取 SYSTEM_HANDLE_INFORMATION 结构信息的大小
    NtQuerySystemInformation( 16, pSysHandleInformation, dwBufferSize, &dwFactSize);

    VirtualFree(pSysHandleInformation, 0, MEM_RELEASE);
    //分配实际空间大小
    pSysHandleInformation = (SYSTEM_HANDLE_INFORMATION*)
                VirtualAlloc(NULL, dwBufferSize = dwFactSize + 256, MEM_COMMIT, PAGE_READWRITE);
    //获取系统中所有线程句柄信息
    NtQuerySystemInformation( 16, pSysHandleInformation, dwBufferSize, NULL);
    //遍历句柄对象
    int nCurrentID = GetCurrentProcessId();
    //清除列表中的文件句柄
    m_FileHandles.RemoveAll();

    for(int i=0; i<pSysHandleInformation->Count; i++)
    {
        int nProcessID = pSysHandleInformation->Handles[i].ProcessID;           //进程 ID
        HANDLE hDup = (HANDLE)pSysHandleInformation->Handles[i].HandleNumber;
        if (nProcessID != nCurrentID)                                           //远程进程
        {
            HANDLE hProcess = NULL;
            hProcess = ::OpenProcess(PROCESS_DUP_HANDLE, TRUE, nProcessID);     //打开进程
            HANDLE hFile = (HANDLE)pSysHandleInformation->Handles[i].HandleNumber;
            //复制远程进程句柄到当前进程中
            DuplicateHandle(hProcess, hFile, GetCurrentProcess(), &hDup, 0, FALSE, DUPLICATE_SAME_ACCESS);
            CloseHandle(hProcess);

            //判断是否为文件句柄
            int nSize = 0;
            NtQueryObject(hDup, 2, NULL, 0, &nSize);
            UCHAR *lpBuffer = new UCHAR[nSize];
            NtQueryObject(hDup, 2, lpBuffer, nSize, NULL);
            UCHAR* pTmp = lpBuffer;
            pTmp += 0x60;
            if (wcscmp((unsigned short*)pTmp, L"File") == 0)
            {
                //进一步判断当前句柄是否为真正的文件句柄
                HANDLE hTmp = CreateFileMapping(hDup, NULL, PAGE_READONLY, 0, 20, NULL);
                DWORD dwError = GetLastError();
                //dwError == 8，错误信息是存储空间不足，无法处理此命令，依据此信息，认为文件已存在
                if (hTmp != NULL || dwError==8)                                 //判断是否为文件句柄
                {
                    m_FileHandles.AddTail(pSysHandleInformation->Handles[i]);
                    CloseHandle(hTmp);
                }
            }
        }
    }
}
```

```cpp
                CloseHandle(hDup);
                delete [] lpBuffer;
            }
    }
    VirtualFree(pSysHandleInformation, 0, MEM_RELEASE);
}
```

（5）在窗体类中实现 CloseFileHandle 方法，该方法利用远程线程注入的方式在文件所在进程将文件句柄关闭。实现代码如下：

```cpp
//在远程线程中关闭文件句柄
BOOL CForceDeleteDlg::CloseFileHandle(DWORD dwProcessID, HANDLE hFile)
{
    //根据进程 ID 打开进程，获取进程句柄
    HANDLE hProcess = OpenProcess(PROCESS_CREATE_THREAD|PROCESS_VM_OPERATION|PROCESS_VM_
WRITE|PROCESS_VM_READ, FALSE, dwProcessID);
    if (hProcess == NULL)
    {
        return FALSE;
    }

    HMODULE hMod = LoadLibrary("kernel32.dll");

    for (POSITION pos = m_FileHandles.GetHeadPosition(); pos != NULL;)
    {
        SYSTEM_HANDLE& fileHandle = m_FileHandles.GetNext(pos);

        //在进程中查找句柄
        SYSTEM_PROCESS_INFORMATION* pProcInfo = NULL;
        BOOL bFindRet =   m_SysProcesses.Lookup(dwProcessID, pProcInfo);
        if (!bFindRet)
        {
            continue;
        }

        HANDLE hFile = (HANDLE)fileHandle.HandleNumber;

        DWORD       dwThreadID = 0;
        HANDLE      hThread;
        //创建远程线程
        hThread = CreateRemoteThread(hProcess, NULL, 0,
                (DWORD (__stdcall*)(void *))GetProcAddress(hMod, "CloseHandle"), hFile, 0, &dwThreadID);

        if (hThread == NULL)
        {
            CloseHandle(hProcess);
            FreeLibrary(hMod);//释放动态库
            return FALSE;
        }

    }
    CloseHandle(hProcess);
    FreeLibrary(hMod);
    return TRUE;
}
```

（6）在窗体中设置好需要删除的文件后，单击"清除"按钮实现对文件的删除操作。在删除时会判断该文件是可执行文件还是由其他进程运行的文件并进行处理。实现代码如下：

```cpp
void CForceDeleteDlg::OnClear()
{
    //列举运行中的进程
    EnumRunningProc();
    //列举进程打开的文件句柄
    EnumProcessOpenedFile();
    //遍历文件句柄
    m_bFindFile = FALSE;
    DWORD dwCurProcID = GetCurrentProcessId();
    int nCount = 0;
    CString szFileName, szDiviceName;
```

```cpp
        m_FileName.GetWindowText(szFileName);
        GetDiviceName(szFileName, szDiviceName);                    //获取驱动器名称
for (POSITION pos = m_FileHandles.GetHeadPosition(); pos != NULL;)
{
    SYSTEM_HANDLE& fileHandle = m_FileHandles.GetNext(pos);

    //在进程中查找句柄
    SYSTEM_PROCESS_INFORMATION* pProcInfo = NULL;

    BOOL bFindRet =  m_SysProcesses.Lookup(fileHandle.ProcessID, pProcInfo);
    if (!bFindRet)
    {
            continue;
    }
    m_hFile = (HANDLE)fileHandle.HandleNumber;

    if (dwCurProcID != fileHandle.ProcessID)
    {
            HANDLE hProcess = OpenProcess(PROCESS_DUP_HANDLE, TRUE, fileHandle.ProcessID);
            HANDLE hSysFile = (HANDLE)fileHandle.HandleNumber;
            //复制远程进程句柄到当前进程中
            DuplicateHandle(hProcess, hSysFile, GetCurrentProcess(), &m_hFile, 0, FALSE,
                      DUPLICATE_SAME_ACCESS);
            CloseHandle(hProcess);
    }

    memset(m_FileNames, 0, MAX_FILENAME);
    NtQueryObject(m_hFile, 1, m_FileNames, MAX_FILENAME, NULL);
    CloseHandle(m_hFile);
    //判断文件是否为欲删除的文件
    //首先将 DOS 文件名转换为设备文件名
    UCHAR* pchData = m_FileNames;
    pchData += 8;
    if (wcscmp((unsigned short*)pchData, szDiviceName.AllocSysString()) == 0)
    {
            //关闭文件句柄
            CloseFileHandle(fileHandle.ProcessID, (HANDLE)fileHandle.HandleNumber);
            m_bFindFile = TRUE;
    //      CloseHandle(m_hFile);
    }
    szDiviceName.ReleaseBuffer();
    nCount ++;
}
if (m_bFindFile == FALSE)
{
    //判断文件是否为一个直接运行的文件
    for (POSITION ps = m_SysProcesses.GetStartPosition(); ps != NULL;)
    {
            DWORD dwProcID;
            SYSTEM_PROCESS_INFORMATION* pProcInfo = NULL;
            m_SysProcesses.GetNextAssoc(ps, dwProcID, pProcInfo);
            if (pProcInfo != NULL)
            {
                    HANDLE hProcess = OpenProcess( PROCESS_ALL_ACCESS , TRUE, dwProcID);
                    if (hProcess)
                    {
                            char chFileName[MAX_PATH] = {0};

                            GetModuleFileNameEx(hProcess, NULL, chFileName, MAX_PATH);
                            //发现系统中运行的进程
                            if (strcmp(szFileName.GetBuffer(0), chFileName) == 0)
                            {
                                    TerminateProcess(hProcess, 0);
                                    m_bFindFile = true;
                            }
                            CloseHandle(hProcess);
                    }
            }
```

```
            }
        }
        if (m_bFindFile == TRUE && MessageBox("确实要删除文件吗?", "提示", MB_YESNO)==IDYES)
        {
            //删除文件
            BOOL bDeleted = DeleteFile(szFileName);
            if (bDeleted)
            {
                m_FileName.SetWindowText("");
                MessageBox("删除成功!");
            }
        }
    }
```

秘笈心法

心法领悟 207：获取系统 CPU 个数。

通过 GetSystemInfo 函数获取系统信息，保存在 SYSTEM_INFO 结构体中，结构成员 bKeNumberProcessors 就是 CPU 个数。

```
SYSTEM_INFO sysInfo;
::GetSystemInfo(&sysInfo);
DWORD x = sysInfo.dwNumberOfProcessors;
```

实例 208　将文件删除到回收站

光盘位置：光盘\MR\05\208　　　　　　高级　趣味指数：★★★

实例说明

在应用程序中有时需要删除一些外部文件，如程序运行时建立的资料文件等。删除文件的方法也多种多样，不过大部分都是将文件直接删除，这种方法比较简单，但当出现误操作时删除的文件便很难恢复。本实例提供的方法是将文件删除到回收站中，如果不想删除该文件，则可以到回收站中将其复原。程序运行效果如图 5.20 所示。

图 5.20　将文件删除到回收站

关键技术

本实例主要使用 SHFileOperation 函数实现。SHFileOperation 函数是 Windows 提供的对文件系统对象进行删除、移动和复制等操作的 API 函数，具体介绍请参见实例 197。

设计过程

（1）新建一个基于对话框的应用程序，将窗体标题改为"把文件删除到回收站中"。
（2）在窗体上添加一个编辑框控件和两个按钮控件。
（3）主要程序代码如下：

第 5 章 文件基本操作

```
void CFileInCallbackDlg::OnButdelete()
{
    char fileName[100]="\0";
    strcpy(fileName,strText);
    strcat(fileName,"\0");
    SHFILEOPSTRUCT shfile;
    shfile.hwnd = 0;
    shfile.wFunc = FO_DELETE;
    shfile.pFrom = fileName;
    shfile.pTo = NULL;
    shfile.fFlags = FOF_ALLOWUNDO;
    shfile.hNameMappings = NULL;
    shfile.lpszProgressTitle =NULL ;
    SHFileOperation(&shfile);
}
```

■ 秘笈心法

心法领悟 208：定时删除文件夹。

删除文件夹可使用 API 函数 RemoveDirectory，该函数只能删除空的文件夹，如果要删除一个指定路径下的所有文件夹，可使用递归算法循环删除，通过 CFileFind 类的 IsDirectory 方法判断是否为文件夹。

实例 209　　清空回收站　　光盘位置：光盘\MR\05\209　　高级　　趣味指数：★★★☆

■ 实例说明

回收站，顾名思义是用来存放垃圾文件的。在 Windows 系统中，回收站是一个存放已删除文件的地方。其实回收站是一个系统文件夹，在 DOS 模式下进入磁盘根目录，输入 dir/a 则会看到一个名为 RECYCLED 的文件夹，这就是回收站。为了防止误删除操作，Windows 将用户删除的文件先暂存到回收站中，使删除的文件可以恢复，待确认删除后再将回收站清空。本实例将编程完成这个清空回收站的工作，为用户清理出一些磁盘空间。程序运行效果如图 5.21 所示。

图 5.21　清空回收站

■ 关键技术

本实例使用 SHEmptyRecycleBin 函数清空回收站。SHEmptyRecycleBin 函数原型如下：
SHSTDAPI SHEmptyRecycleBin(HWND hwnd, LPCTSTR pszRootPath, DWORD dwFlags);
参数说明：

❶hwnd：父窗口句柄。

❷pszRootPath：设置删除哪个磁盘的回收站，如果设置字符串为空，则清空所有的回收站。

❸dwFlags：用于清空回收站的功能参数。

313

设计过程

（1）新建一个基于对话框的应用程序，将窗体标题改为"清空回收站"。
（2）向窗体中添加两个按钮控件。
（3）主要程序代码如下：

```
void CClearhszDlg::OnButclear()
{
    GetWindowLong(m_hWnd,0);
    SHEmptyRecycleBin(m_hWnd,NULL,SHERB_NOCONFIRMATION || SHERB_NOPROGRESSUI || SHERB_ NOSOUND);
    MessageBox("回收站已清空！");
}
```

秘笈心法

心法领悟 209：定时清空回收站。

通过设置定时器，指定每天或每周什么时间清空回收站。根据本实例，使用 SHEmptyRecycleBin 函数清空。

5.4 文件查找

实例 210 列举文件夹下所有文件
光盘位置：光盘\MR\05\210   趣味指数：★★★☆   高级

实例说明

可以通过应用程序列举指定文件夹下的所有文件，本实例通过"枚举"按钮可以弹出打开文件夹对话框，选定文件夹后可列举出文件夹下所有文件。程序运行效果如图 5.22 所示。

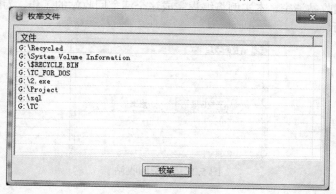

图 5.22 列举文件夹下所有文件

关键技术

本实例主要使用 FindFile 函数、FindNextFile 函数和 GetFilePath 函数。
（1）FindFile 函数
基本格式如下：
`virtual BOOL FindFile( LPCTSTR pstrName = NULL, DWORD dwUnused = 0 );`
参数说明：

❶pstrName：要查找的文件名（包含路径）。

❷dwUnused：默认为 0。

（2）FindNextFile 函数

调用 FindFile 函数之后需调用 FindNextFile 函数获取后续文件。基本格式如下：

```
virtual BOOL FindNextFile( );
```

返回值：返回非 0 表示有多个文件，返回 0 表示最后一个文件。

（3）GetFilePath 函数

基本格式如下：

```
virtual CString GetFilePath( ) const;
```

返回值：返回指定文件的完整路径。

设计过程

（1）新建一个基于对话框的应用程序。

（2）向窗体中添加一个列表视图控件，用于显示文件；添加一个按钮控件，执行枚举操作。

（3）主要代码如下：

```cpp
void CEnumFileDlg::OnEnum()
{
    BROWSEINFO bi;
    char buffer[MAX_PATH];
    ZeroMemory(buffer,MAX_PATH);
    bi.hwndOwner=GetSafeHwnd();
    bi.pidlRoot=NULL;
    bi.pszDisplayName=buffer;
    bi.lpszTitle="选择一个文件夹";
    bi.ulFlags=BIF_EDITBOX;
    bi.lpfn=NULL;
    bi.lParam=0;
    bi.iImage=0;
    LPITEMIDLIST pList=NULL;
    if((pList=SHBrowseForFolder(&bi))!=NULL)
    {
        char path[MAX_PATH];
        ZeroMemory(path,MAX_PATH);
        SHGetPathFromIDList(pList,path);
        CString strPath=path;
        CString strtemp;
        if(strPath.Right(1)!="\\")
            strtemp.Format("%s\\*.*",strPath);
        else
            strtemp.Format("%s*.*",strPath);
        CFileFind findfile;
        BOOL bfind=findfile.FindFile(strtemp);
        while(bfind)
        {
            bfind=findfile.FindNextFile();
            int i=m_filelist.GetItemCount();
            m_filelist.InsertItem(i,"");
            m_filelist.SetItemText(i,0,findfile.GetFilePath());
        }
    }
}
```

秘笈心法

心法领悟 210：删除文件夹下所有文件。

通过 CFileFind 类的 FindFile 和 FindNextFile 查找指定路径下的所有文件，通过 IsDots 判断是否为"."或"..", 通过 IsDirectory 判断是否为文件夹。通过 DeleteFile 删除文件。

实例 211	指定目录查找文件	高级
	光盘位置：光盘\MR\05\211	趣味指数：★★★☆

实例说明

查找文件需要使用 CFileFind 类，通过使用递归函数可以查找指定目录的子目录中是否有要查找的文件。程序运行效果如图 5.23 所示。

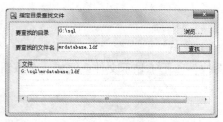

图 5.23 指定目录查找文件

关键技术

本实例关键是递归查找文件。判断 GetFilePath 返回的是文件还是路径，如果是路径，则继续向下查找。GetFilePath 函数的语法格式参见实例 210 的关键技术部分。

设计过程

（1）新建一个基于对话框的应用程序。

（2）向窗体中添加两个按钮控件，一个为"浏览"，一个为"查找"；添加两个编辑框控件，显示路径和文件名；添加一个列表视图控件，关联变量 m_filelist，显示找到的文件。

（3）"浏览…"按钮的实现代码如下：

```
void CFindFileDlg::OnAdd()
{
    BROWSEINFO bi;                                  //定义 BROWSEINFO 结构体
    char buffer[MAX_PATH];
    ZeroMemory(buffer,MAX_PATH);
    bi.hwndOwner=GetSafeHwnd();
    bi.pidlRoot=NULL;
    bi.pszDisplayName=buffer;
    bi.lpszTitle="选择一个文件夹";
    bi.ulFlags=BIF_EDITBOX;
    bi.lpfn=NULL;
    bi.lParam=0;
    bi.iImage=0;
    LPITEMIDLIST pList=NULL;
    if((pList=SHBrowseForFolder(&bi))!=NULL)        //显示路径选择对话框
    {
        char path[MAX_PATH];
        ZeroMemory(path,MAX_PATH);
        SHGetPathFromIDList(pList,path);            //保存所选路径至 path 中
        GetDlgItem(IDC_EDADD)->SetWindowText(path);
    }
}
```

（4）"查找"按钮的实现代码如下：

```
void CFindFileDlg::OnFind()
```

```
{
    CString strpath;
    GetDlgItem(IDC_EDFILENAME)->GetWindowText(strfilename);    //获取输入的文件名
    GetDlgItem(IDC_EDADD)->GetWindowText(strpath);             //获取路径
    FindFile(strpath);                                          //根据路径查找文件
}
//自定义 FindFile 函数
void CFindFileDlg::FindFile(CString strPath)
{
    CString strtemp;
    if(strPath.Right(1)!="\\")                                  //判断最后一个字符是否为"\"
        strtemp.Format("%s\\*.*",strPath);                      //在后面加"\*.*"
    else
        strtemp.Format("%s*.*",strPath);                        //直接加"*.*"
    CFileFind findfile;
    BOOL bfind=findfile.FindFile(strtemp);
    while(bfind)
    {
        bfind=findfile.FindNextFile();
        if(strfilename==findfile.GetFileName())                 //比对找到的文件名和输入的文件名是否相同
        {
            int i=m_filelist.GetItemCount();                    //获取列表中的项数
            m_filelist.InsertItem(i,"");                         //插入项
            m_filelist.SetItemText(i,0,findfile.GetFilePath()); //显示路径
        }
        if(findfile.IsDirectory()&&!findfile.IsDots())          //是路径并且不是"."或".."
        {
            FindFile(findfile.GetFilePath());                   //递归调用 FindFile，继续查找
        }
    }
}
```

秘笈心法

心法领悟 211：删除一个路径下同一文件标题的所有文件。

通过 CFileFind 类的 GetFileTitle 方法获取文件标题（不包括文件扩展名），通过 FindFile 和 FindNextFile 查找指定路径下所有文件，比对文件标题，如果相同，将其删除。

实例 212　查找指定类型的文件

光盘位置：光盘\MR\05\212　　　高级　趣味指数：★★★☆

实例说明

可以通过应用程序来查找指定类型的文件，实例通过"浏览"按钮可以弹出打开文件夹对话框，选定文件夹后输入要查找的文件类型，单击"查找"按钮就可以查找到指定类型的文件。程序运行效果如图 5.24 所示。

图 5.24　查找指定类型的文件

关键技术

本实例主要使用 FindFile 函数、FindNextFile 函数、GetFilePath 函数和 ReverseFind 函数,其中 FindFile 函数、FindNextFile 函数和 GetFilePath 函数的具体介绍参见实例 210,ReverseFind 函数基本格式如下:

```
int ReverseFind( TCHAR ch ) const;
```

参数说明

ch:要查找的字符。

返回值:返回最后一个匹配的字符的索引。

设计过程

(1)新建一个基于对话框的应用程序。

(2)向窗体中添加两个按钮控件,一个为"浏览",一个为"查找";添加两个编辑框控件,用于显示路径和输入文件扩展名;添加一个列表框控件,关联变量 m_filelist,用于显示找到的文件。

(3)"浏览"按钮的实现代码如下:

```cpp
void CFindFileDlg::OnAdd()
{
    BROWSEINFO bi;                                              //定义 BROWSEINFO 结构体
    char buffer[MAX_PATH];
    ZeroMemory(buffer,MAX_PATH);
    bi.hwndOwner=GetSafeHwnd();
    bi.pidlRoot=NULL;
    bi.pszDisplayName=buffer;
    bi.lpszTitle="选择一个文件夹";
    bi.ulFlags=BIF_EDITBOX;
    bi.lpfn=NULL;
    bi.lParam=0;
    bi.iImage=0;
    LPITEMIDLIST pList=NULL;
    if((pList=SHBrowseForFolder(&bi))!=NULL)                    //显示路径选择对话框
    {
        char path[MAX_PATH];
        ZeroMemory(path,MAX_PATH);
        SHGetPathFromIDList(pList,path);
        GetDlgItem(IDC_EDADD)->SetWindowText(path);             //保存所选路径至 path 中
    }
}
```

(4)"查找"按钮的实现代码如下:

```cpp
void CFindFileDlg::OnFind()
{
    CString strpath;
    GetDlgItem(IDC_EDFILENAME)->GetWindowText(ext);
    GetDlgItem(IDC_EDADD)->GetWindowText(strpath);
    FindFile(strpath);
}
//自定义 FindFile 函数
void CFindFileDlg::FindFile(CString strPath)
{
    CString strtemp;
    if(strPath.Right(1)!="\\")
        strtemp.Format("%s\\*.*",strPath);
    else
        strtemp.Format("%s*.*",strPath);
    CFileFind findfile;
    BOOL bfind=findfile.FindFile(strtemp);
    while(bfind)
    {
        bfind=findfile.FindNextFile();
        CString filename = findfile.GetFileName();              //获取文件名
        if(ext==filename.Right(filename.GetLength()-filename.ReverseFind('.')-1))   //获取文件扩展名
        {
```

```
                m_filelist.AddString(findfile.GetFilePath());        //显示到列表框控件上
        }
        if(findfile.IsDirectory()&&!findfile.IsDots())               //判断是否为路径
        {
            FindFile(findfile.GetFilePath());                        //递归调用自定义函数 FindFile
        }
    }
}
```

秘笈心法

心法领悟 212：删除临时文件。

指定临时文件的扩展名，创建文件打开对话框，用过滤器筛选指定扩展名的文件，统一删除。临时文件（*.tmp、*._mp）、日志文件（*.log）、临时帮助文件（*.gid）、临时备份文件（*.old、*.bak）可删除等。

实例 213　用 C 语言判断文件是否存在

光盘位置：光盘\MR\05\213　　　　　　　　　　　　　　　　　　　高级　趣味指数：★★★☆

实例说明

在 MFC 应用程序中，可以使用 CFileFind 类判断某个文件是否存在，那么如何用 C 语言类判断文件是否存在呢？用户可以使用 stat 函数判断指定的文件是否文件。程序运行效果如图 5.25 所示。

图 5.25　用 C 语言判断文件是否存在

关键技术

本实例主要使用 stat 函数。该函数用于获取文件状态。函数定义如下：
```
int stat(const char* file_name, struct stat *buf);
```
参数说明：
❶file_name：指定文件路径。
❷buf：存储文件状态的结构体地址。
返回值：成功则返回 0，失败则返回 -1。
使用该函数需要包含 sys/stat.h 头文件。

设计过程

（1）新建一个基于对话框的应用程序。

（2）向窗体中添加两个按钮控件，分别用于选择文件路径和判断文件是否存在；添加两个编辑框控件，用于显示文件路径和获取用户输入的文件名。

（3）"浏览"按钮的实现代码如下：
```
void CIsExistDlg::OnSelect()
{
    BROWSEINFO bi;                                                   //定义 BROWSEINFO 结构体对象
    char buf[MAX_PATH]="";
```

```
bi.hwndOwner = GetSafeHwnd();
bi.pidlRoot = NULL;
bi.pszDisplayName = buf;
bi.lpszTitle = "浏览文件夹";
bi.ulFlags = BIF_EDITBOX;
bi.lpfn = NULL;
bi.lParam = 0;
bi.iImage = 0;

LPITEMIDLIST IDlist = SHBrowseForFolder(&bi);          //显示浏览文件夹对话框
if(IDlist!=NULL)                                        //单击确定返回非 0
{
    char path[MAX_PATH] = "";
    SHGetPathFromIDList(IDlist,path);
    m_path.SetWindowText(path);
}
```

（4）"判断"按钮的实现代码如下：

```
void CIsExistDlg::OnJudge()
{
    CString path, name, pathName;
    m_path.GetWindowText(path);                         //获取路径
    m_fileName.GetWindowText(name);                     //获取文件名
    if(path.Right(1)!='\\')
    {
        pathName.Format("%s\\%s",path,name);            //组合路径和文件名
    }
    else
    {
        pathName.Format("%s%s",path,name);
    }
    struct stat filestat;
    int res = stat(pathName,&filestat);                 //判断是否存在
    if(!res)
        MessageBox("存在");
    else
        MessageBox("不存在");
}
```

秘笈心法

心法领悟 213：查看文件最后一次被访问的时间。

通过 CFileFind 类的 GetLastAccessTime 方法，可查看文件最后一次被访问的时间。调用该方法之前要调用 FindNextFile 方法。

5.5 文件读写

实例 214　通过 C 库函数读取文件
光盘位置：光盘\MR\05\214　　　　　　　　　　　　　　　　　　　高级　趣味指数：★★★☆

实例说明

本实例实现了按从前到后的顺序读取文本文件的功能，运行程序，单击"打开文件"按钮打开文本文件，单击"读取"按钮读取文本文件的一行，并将读取的文本显示在编辑框中。程序运行效果如图 5.26 所示。

第 5 章 文件基本操作

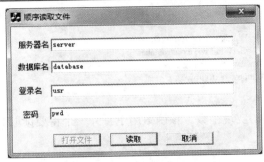

图 5.26 通过 C 库函数读取文件

■ 关键技术

本实例主要通过 CStdioFile 类的 ReadString 方法实现，该方法用于一次读取文本文件的一行，语法如下：
virtual LPTSTR ReadString(LPTSTR lpsz, UINT nMax);
BOOL ReadString(CString& rString);
参数说明：
❶lpsz：指向被读取文件的文件名的字符串指针。
❷nMax：读取字符的数量。
❸rString：指向 CString 对象。
本实例的完成还需要结合 CString 对象的 Find 方法，通过该方法可以找到分隔符的位置，将分隔符左边的字符保存并显示，将分隔符右边的字符保存，并在其中继续查找分隔符的位置。

■ 设计过程

（1）新建名为 OrderReadFile 的对话框 MFC 工程。
（2）在对话框上添加 4 个静态文本控件；添加 4 个编辑框控件，设置 ID 属性分别为 IDC_EDSERVER、IDC_EDDATABASE、IDC_EDUSR 和 IDC_EDPWD；添加 3 个按钮控件，设置 ID 属性分别为 IDC_BTOPEN、IDC_BTREAD 和 IDC_BTEXIT，Caption 属性分别为"打开文件"、"读取"和"取消"。
（3）在头文件 OrderReadFileDlg.h 中加入变量声明：
CStdioFile file;
DWORD readlen;
（4）添加"读取"按钮的实现函数。该函数用于读取文本文件中的一行字符串，代码如下：

```
void COrderReadFileDlg::OnRead()
{
    CString strserver,strdatabase,strusr,strpwd,readstring;
    if(file)
    {
        if(readlen==file.GetLength())
            return;
        readlen=file.ReadString(readstring);          //读取字符串
        int pos=readstring.Find("");
        strserver=readstring.Left(pos);
        readstring=readstring.Right(readstring.GetLength()-pos-1);
        pos=readstring.Find(" ");                      //查找子串的位置
        strdatabase=readstring.Left(pos);
        readstring=readstring.Right(readstring.GetLength()-pos-1);
        pos=readstring.Find(" ");
        strusr=readstring.Left(pos);
        readstring=readstring.Right(readstring.GetLength()-pos-1);

        pos=readstring.Find(" ");
        strpwd=readstring.Left(pos);
```

```
            readstring=readstring.Right(readstring.GetLength()-pos-1);

            GetDlgItem(IDC_EDSERVER)->SetWindowText(strserver);
            GetDlgItem(IDC_EDDATABASE)->SetWindowText(strdatabase);
            GetDlgItem(IDC_EDUSR)->SetWindowText(strusr);
            GetDlgItem(IDC_EDPWD)->SetWindowText(strpwd);
        }
}
```

（5）添加"打开文件"按钮的实现函数。该函数用于打开一个将要读取的文件，代码如下：

```
void COrderReadFileDlg::OnOpen()
{
    try{
        file.Open("test.txt",CFile::modeRead);
        GetDlgItem(IDC_BTOPEN)->EnableWindow(FALSE);
    }catch(CFileException *e)
    {
        TCHAR szBuf[256];
        e->GetErrorMessage(szBuf,256,NULL);        //获取错误信息
        MessageBox(szBuf,_T("Warning"));
        e->Delete();
    }
}
```

（6）添加"取消"按钮的实现函数。该函数用于实现窗体的关闭，代码如下：

```
void COrderReadFileDlg::OnExit()
{
    file.Close();
    this->OnCancel();
}
```

秘笈心法

心法领悟 214：将文本框中的数据写入文本文件。

通过 GetDlgItem 获取指定控件的 CWnd 指针，通过该指针调用 GetWindowText，获取控件上的文本。通过 CStdioFile 类的 WriteString 将文本写入文件。

实例 215　使用 C 库函数写入文件
光盘位置：光盘\MR\05\215　　　　高级　　趣味指数：★★★☆

实例说明

可以通过 CStdioFile 类的 WriteString 方法向文件中写入数据。程序运行效果如图 5.27 所示。

图 5.27　通过 C 库函数写入文件

关键技术

本实例主要使用 WriteString 函数。基本格式如下：
```
virtual void WriteString( LPCTSTR lpsz );
throw( CFileException );
```
参数说明：

lpsz：要写入文件的字符串的地址。

设计过程

（1）新建一个基于对话框的应用程序。
（2）向窗体中添加一个按钮控件，用于执行写入文件的操作。
（3）主要代码如下：

```
void CWriteStringDlg::OnWrite()
{
    CString buf = "www.mingribook.com";
    CStdioFile f("1.txt",CFile::modeCreate|CFile::modeWrite);   //定义文件对象（以创建和打开的方式）
    f.WriteString(buf);                                          //调用 WriteString 方法写入文件
}
```

秘笈心法

心法领悟 215：查看指定文件的根目录。
CFileFind 类的 GetRoot 方法用来获得查找到的文件的根目录。调用该函数之前需调用 FindNextFile 函数。

实例 216　使用 C 库函数定位文件

光盘位置：光盘\MR\05\216　　　　　　　　　　　　　高级　　趣味指数：★★★☆

实例说明

在对文件进行操作时，有时需要在文件的中间部分插入数据，或者从中间部分开始读取数据，这时就需要在文件中确定要进行操作的位置。程序运行效果如图 5.28 所示。

图 5.28　使用 C 库函数定位文件

关键技术

本实例主要使用 fseek 函数和 feof 函数。
（1）fseek 函数。用于将文件指针设置在指定的位置，基本格式如下：

`int fseek(FILE* stream,long offset,int origin );`

参数说明：
❶stream：表示之前打开的文件指针。
❷offset：表示基于 origin 位置偏移的数量。
❸origin：表示初始位置，函数将以该点开始移动文件指针。为 SEEK_CUR，表示当前位置；为 SEEK_END，表示文件尾；为 SEEK_SET，表示文件开始位置。
（2）feof 函数。用于判断文件是否到达文件尾，基本格式如下：

`int feof(FILE* stream );`

参数说明：

stream：表示之前打开的文件指针。

返回值：如果文件指针到达文件尾，函数返回非 0 值，否则返回 0。

设计过程

（1）新建一个基于对话框的工程，工程名称为 GoToFile。

（2）向对话框中添加静态文本、编辑框和按钮控件。

（3）利用 MFC ClassWizard 窗口为控件关联变量。

（4）处理"打开"按钮的单击事件，当用户单击"打开"按钮时调用文件打开对话框选择文件，并读取用户选择文件中的数据，将获得的数据显示到编辑框中，主要代码如下：

```cpp
void CGoToFileDlg::OnButopen()
{
    CFileDialog dlg(TRUE,NULL,NULL,OFN_HIDEREADONLY|OFN_OVERWRITEPROMPT,
        "All Files(*.TXT)|*.TXT||",AfxGetMainWnd());      //构造文件打开对话框
    if (dlg.DoModal() == IDOK)                             //判断是否单击了按钮
    {
        m_Path = dlg.GetPathName();                        //获得文件路径
        FILE *pFile = fopen(m_Path,"r+t");                 //以读写形式打开文件
        if (pFile)                                         //判断文件是否被正确打开
        {
            char pchData[1000] = {0};                      //定义数据缓冲区
            fread(pchData,sizeof(char),1000,pFile);        //读取数据到缓冲区中
            fclose(pFile);                                 //关闭文件
            m_File = pchData;
        }
        UpdateData(FALSE);
    }
}
```

（5）处理"插入"按钮的单击事件，当用户单击"插入"按钮时获得用户输入的插入位置和插入数据，在文件中对应的位置插入数据，并将插入后的文本显示在编辑框中。

```cpp
void CGoToFileDlg::OnButinsert()
{
    UpdateData();
    FILE *pFile = fopen(m_Path,"r+t");                     //以读写形式打开文件
    if (pFile)                                             //判断文件是否被正确打开
    {
        fseek(pFile,m_Goto,SEEK_SET);                      //定位文件
        CString str = m_Text + m_File.Right(m_File.GetLength()-m_Goto);  //设置字符串
        fputs(str.GetBuffer(0),pFile);                     //向文件中写入数据
        fseek(pFile,0,SEEK_SET);                           //重新定位文件
        char pchData[1000] = {0};                          //定义数据缓冲区
        fread(pchData,sizeof(char),1000,pFile);            //读取数据到缓冲区中
        fclose(pFile);                                     //关闭文件
        m_File = pchData;
        UpdateData(FALSE);
    }
}
```

秘笈心法

心法领悟 216：使用 CFile 类定位文件。

使用 CFile 类的 Seek 函数定位到当前文件指针，SeekToBegin 函数定位指针到文件头，SeekToEnd 函数定位指针到文件末尾。

实例 217 使用 CFile 类读写文件

光盘位置：光盘\MR\05\217

高级　趣味指数：★★★☆

实例说明

CFile 类是以二进制方式读取和写入文件的类，封装了 Win32 的 CreateFile、ReadFile、WriteFile、SetFilePointer 等文件相关函数。本实例使用 CFile 类读写文件。如图 5.29 所示，在编辑框中写入数据，单击"写入"按钮将数据保存到文件中，单击"读取"按钮，选择刚保存的文件，读出数据。

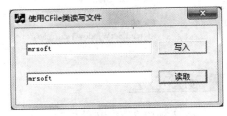

图 5.29　使用 CFile 类读写文件

关键技术

本实例的实现主要使用 Read 方法和 Write 方法实现。

（1）Read 方法，用于从文件中读取数据到缓冲区中。

函数原型如下：

virtual UINT Read(void* lpBuf, UINT nCount);

参数说明：

❶lpBuf：接收数据的缓冲区。

❷nCount：从文件中读取数据的最大数量。

返回值：函数返回实际读取的字节数。

（2）Write 方法，用于从缓冲区中写入数据到文件中。

函数原型如下：

virtual void Write(const void* lpBuf, UINT nCount);

参数说明：

❶lpBuf：待写入数据的缓冲区。

❷nCount：向文件中写入数据的数量。

设计过程

（1）新建一个基于对话框的应用程序。

（2）向窗体中添加两个按钮控件和两个编辑框控件。

（3）创建文件另存为对话框，再创建文件，写入数据。

```
void CReadWriteDlg::OnWrite()
{
    CFileDialog dlg(false,"文件","*.txt",OFN_HIDEREADONLY | OFN_OVERWRITEPROMPT,
        "ALL FILES(*.txt)|*.txt||",NULL);                //构造文件另存为对话框
    CString strPath,strText="";                          //声明变量
    if (dlg.DoModal() == IDOK)                           //判断是否单击了"保存"按钮
    {
        strPath = dlg.GetPathName();                     //获得文件保存路径
        CFile file(_T(strPath),CFile::modeCreate|CFile::modeWrite);  //创建文件
        m_write.GetWindowText(strText);                  //获得编辑框中的内容
        file.Write(strText,strText.GetLength());         //向文件中写入数据
        file.Close();                                    //关闭文件
    }
}
```

（4）创建文件打开对话框，打开文件，读取数据。

```
void CReadWriteDlg::OnRead()
{
```

```
CFileDialog dlg(TRUE,NULL,NULL,OFN_HIDEREADONLY|OFN_OVERWRITEPROMPT,
    "All Files(*.TXT)|*.TXT||",AfxGetMainWnd());        //构造文件打开对话框
CString strPath,strText="";                              //声明变量
if (dlg.DoModal() == IDOK)                               //判断是否单击了按钮
{
    strPath = dlg.GetPathName();                         //获得文件路径
    m_read.SetWindowText(strPath);                       //显示文件路径
    CFile file(strPath,CFile::modeRead);                 //打开文件
    char read[10000];                                    //声明字符数组
    file.Read(read,10000);                               //读取文件内容
    read[file.GetLength()] = '\0';
    file.Close();                                        //关闭文件
    m_read.SetWindowText(read);                          //显示文件内容
}
```

秘笈心法

心法领悟 217：文件内容加密。

使用 Read 方法读出文件内容，对读出的数据添加一个整数再存入文件（改变 ASCII 码），达到文件内容加密的效果。解密时读出内容，再减这个整数即可。

实例 218　制作日志文件
光盘位置：光盘\MR\05\218　　　　　　高级　趣味指数：★★★★☆

实例说明

大多数应用软件都包含系统日志功能，该日志可以记录操作及操作的时间。本实例实现读取日志内容并显示的功能，另外，还可以向日志文件中写入当前的系统时间，程序运行效果如图 5.30 所示。

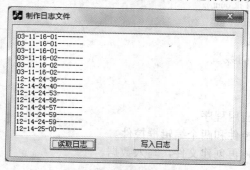

图 5.30　制作日志文件

关键技术

日志的读取主要通过 CStdioFile 类的 ReadString 方法完成，通过一个循环语句将文本文件中的内容全部读取出来；日志的写入主要通过 FILE 对象的 fopen 方法和 fprintf 方法完成。fopen 方法用于打开目标文件，fprintf 方法用于向目标文件写入内容。

ReadString 方法格式如下：

```
virtual LPTSTR ReadString( LPTSTR lpsz, UINT nMax );
    throw( CFileException );
BOOL ReadString(CString& rString);
    throw( CFileException );
```

参数说明：
❶lpsz：保存读取的数据的地址。
❷nMax：指定读取的最大字符。
❸rString：CString 对象的引用，用于保存读取的数据。

设计过程

（1）新建名为 LogFile 的对话框 MFC 工程。

（2）在对话框上添加编辑框控件，设置 ID 属性为 IDC_EDLOG，添加成员变量 m_edlog；添加两个按钮控件，设置 ID 属性分别为 IDC_BTREAD 和 IDC_BTWRITE，设置 Caption 属性分别为"读取日志"和"写入日志"。

（3）添加"写入日志"按钮的实现函数。该函数用于实现向文件中写入日志信息，代码如下：

```
void CLogFileDlg::OnWrite()
{
    CTime time;
    time=CTime::GetCurrentTime();
    FILE* fp;
    fp=fopen("test.log","a");                              //打开文件
    fprintf(fp, "%s-------\n",time.Format("%d-%H-%M-%S")); //写入数据
    fclose(fp);                                            //关闭文件
}
```

（4）添加"读取日志"按钮的实现函数。该函数用于将日志文件中的内容读取到编辑框中，代码如下：

```
void CLogFileDlg::OnRead()
{
    CString tmp,str;
    CStdioFile file;
    try{
        int i=file.Open("test.log",CFile::modeRead);       //打开文件
        if(i==0)
        return;
    }catch(CFileException *e)
    {
        TCHAR szBuf[256];
        e->GetErrorMessage(szBuf,256,NULL);                //读取错误信息
        MessageBox(szBuf,_T("Warning"));
        e->Delete();                                       //删除错误信息
    }
    while(1)
    {
        DWORD i=file.ReadString(str);                      //读取字符串
        if(i==0)goto end;                                  //跳转标签
        tmp+=str;
        tmp+="\r\n";
    }
    end:
    m_edlog.SetWindowText(tmp);
}
```

秘笈心法

心法领悟 218：组装字符串。

通过 C 函数 sprintf 可以将不同类型的数据组成一个字符串。例如：

```
char str[100]="";
char *p="辛丑",*t="子";                //字符串型
int mon=1,day=1;                       //整型数据
sprintf(str,"%s 年 %d 月 %d 日 %s 时",p,mon,day,t);
```

5.6 文件属性

实例 219	获取文件名	高级
	光盘位置：光盘\MR\05\219	趣味指数：★★★☆

■ 实例说明

使用 CFileDialog 类的 GetFileName 方法可获取文件名。单击"获取"按钮时，弹出"文件名"对话框，然后将所选文件的文件名显示出来，如图 5.31 所示。

图 5.31　获取文件名

■ 关键技术

本实例主要使用 GetFileName 函数。基本格式如下：
CString GetFileName() const;
返回值：返回文件名。

■ 设计过程

（1）新建一个基于对话框的应用程序。
（2）向窗体中添加一个按钮控件，执行 OnGet 函数。
（3）主要代码如下：

```
void CGetFileNameDlg::OnGet()
{
    CFileDialog dlg(true);
    if(dlg.DoModal() == IDOK)
    {
        CString filename = dlg.GetFileName();
        MessageBox(filename,"文件名");
    }
}
```

■ 秘笈心法

心法领悟 219：获取多个文件名。

通过 CFileDialog 类打开文件，指定参数 m_ofn.Flags 为 OFN_ALLOWMULTISELECT，可以打开多个文件。通过 GetStartPosition 和 GetNextPathName 获取所选择的多个文件的全路径。

实例 220　获取文件扩展名

光盘位置：光盘\MR\05\220　　　高级　趣味指数：★★★☆

实例说明

通过 CString 类的 Right 函数可以获取字符串中的一段。通过 ReverseFind 方法和 GetLength 方法计算扩展名长度，这样即可获取文件的扩展名。程序运行效果如图 5.32 所示。

图 5.32　获取文件扩展名

关键技术

本实例的实现主要使用 Right 函数和 ReverseFind 函数。

（1）Right 函数

获取字符串最右边的 nCount 个字符。基本格式如下：

```
CString Right( int nCount ) const;
```

参数说明：

nCount：指定要提取的字符的个数。

（2）ReverseFind 函数

```
int ReverseFind( TCHAR ch ) const;
```

参数说明：

ch：要查找的字符。

设计过程

（1）新建一个基于对话框的应用程序。

（2）向窗体中添加一个按钮控件，执行 OnGet 函数。

（3）主要代码如下：

```
void CExtendDlg::OnGet()
{
    CFileDialog dlg(true);
    if(dlg.DoModal() == IDOK)
    {
        CString ext;
        CString filename = dlg.GetFileName();
        ext = filename.Right(filename.GetLength()-filename.ReverseFind('.')-1);
        MessageBox(ext,"扩展名");
    }
}
```

秘笈心法

心法领悟 220：使用 GetFileExt 获取文件扩展名。

使用CString类的ReverseFind可以剪切出文件扩展名。如果通过CFileDialog对话框选择文件,有更方便的方法获取扩展名,通过CFileDialog类的GetFileExt方法可以直接获取所选文件扩展名。

实例221　获取文件所在路径

光盘位置:光盘\MR\05\221　　高级　　趣味指数:★★★☆

实例说明

使用CFileDialog类的GetPathName方法可获取文件的路径名。单击"获取路径"按钮时,弹出选择文件对话框,然后将所选文件的路径名显示出来。程序运行效果如图5.33所示。

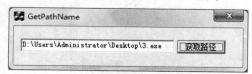

图5.33　获取文件所在路径

关键技术

本实例主要使用GetPathName函数。基本格式如下:
CString GetPathName() const;
返回值:返回文件的全路径。

设计过程

(1) 新建一个基于对话框的应用程序。
(2) 向窗体中添加一个按钮控件,执行OnGet函数,添加编辑框控件,关联控件变量,显示路径。
(3) 主要代码如下:

```
void CGetPathNameDlg::OnGet()
{
    CFileDialog dlg(true);
    if(dlg.DoModal() == IDOK)
    {
        m_path.SetWindowText(dlg.GetPathName());
    }
}
```

秘笈心法

心法领悟221:删除指定的文件。

通过CFileDialog打开文件选择对话框,GetPathName用于获取所选择文件的路径,DeleteFile用于删除文件。

实例222　获取当前程序所在路径

光盘位置:光盘\MR\05\222　　高级　　趣味指数:★★★☆

实例说明

可以通过应用程序来获得当前程序所在的路径,实例通过"获取"按钮来获得当前实例所在的磁盘位置。

程序运行效果如图 5.34 所示。

图 5.34　获取当前程序所在路径

关键技术

本实例主要使用 GetCurrentDirectory 函数，功能是在一个缓冲区中装载当前目录。基本格式如下：
```
DWORD GetCurrentDirectory(
   DWORD nBufferLength,
   LPTSTR lpBuffer
);
```
参数说明：

❶nBufferLength：缓冲区的长度。

❷lpBuffer：指定一个预定义子串，用于装载当前目录。

设计过程

（1）新建一个基于对话框的应用程序。

（2）向窗体中添加一个按钮控件，执行 OnGet 函数，添加编辑框控件，关联控件变量，显示当前路径。

（3）主要代码如下：
```
void CGetCurrentDirectoryDlg::OnGet()
{
  char buf[256]="";
  DWORD dw;
  dw = GetCurrentDirectory(sizeof(buf),buf);
  if(dw == 0)
  {
        MessageBox("获取路径失败");
        return;
  }
  else
        m_path.SetWindowText(buf);
}
```

秘笈心法

心法领悟 222：获取当前程序的进程号。

CreateToolhelp32Snapshot 获取系统进程快照，Process32First 和 Process32Next 遍历进程，PROCESSENTRY32 结构的 szExeFile 成员为可执行文件名，与当前程序比对，如果是当前程序，则取进程 ID（th32ProcessID 成员）。

实例 223　获取文件属性

光盘位置：光盘\MR\05\223　　趣味指数：★★★☆　　高级

实例说明

可以使用 CFile 类的 GetStatus 函数获取文件或文件夹的属性。程序运行效果如图 5.35 所示。

图 5.35 获取文件属性

■ 关键技术

本实例主要使用 GetStatus 函数。基本格式如下：
static BOOL PASCAL GetStatus(LPCTSTR lpszFileName, CFileStatus& rStatus);
参数说明：

❶lpszFileName：文件名。

❷rStatus：CFileStatus 结构的引用，存储文件状态信息。

CFileStatus 结构如表 5.11 所示。

表 5.11 CFileStatus 结构

成员	说明	成员	说明
CTime m_ctime	创建时间	LONG m_size	文件大小
CTime m_mtime	最后一次修改时间	BYTE m_attribute	文件属性
CTime m_atime	最后一次访问时间	char m_szFullName	文件路径

■ 设计过程

（1）新建一个基于对话框的应用程序。

（2）向窗体中添加静态文本控件、按钮控件和复选框控件。在静态文本控件上显示路径和文件时间，在复选框控件上显示文件属性。

（3）主要代码如下：

```
void CFileStatusDlg::OnOpenFile()
{
    m_hidden.SetCheck(0);
    m_readonly.SetCheck(0);
    m_archive.SetCheck(0);
    m_normal.SetCheck(0);
    m_system.SetCheck(0);
    m_filedir.SetCheck(0);
    CFileDialog log(TRUE,"文件","*.*",OFN_HIDEREADONLY,"FILE(*.*)|*.*||",NULL);
    if(log.DoModal()==IDOK)
    {
        CString pathname=log.GetPathName();
        m_filepath.SetWindowText(pathname);
        CFileStatus status;
        CFile::GetStatus(pathname,status);
        CString size;
        size.Format("%d",status.m_size);
        m_filesize.SetWindowText(size);
        CTime ctime=status.m_ctime;
        CTime mtime=status.m_mtime;
        CTime atime=status.m_atime;
        m_ctime.SetWindowText(ctime.Format("%Y 年%m 月%d 日%H:%M:%S"));
        m_mtime.SetWindowText(mtime.Format("%Y 年%m 月%d 日%H:%M:%S"));
        m_atime.SetWindowText(atime.Format("%Y 年%m 月%d 日%H:%M:%S"));
        if(status.m_attribute&0x02)
            m_hidden.SetCheck(1);
```

```
    if(status.m_attribute&0x01)
        m_readonly.SetCheck(1);

    if(status.m_attribute&0x00)
        m_archive.SetCheck(1);
    if(status.m_attribute&0x20)
        m_normal.SetCheck(1);
    if(status.m_attribute&0x04)
        m_system.SetCheck(1);
    if(status.m_attribute&0x10)
        m_filedir.SetCheck(1);
    }
}
```

秘笈心法

心法领悟 223：查看文件创建时间。

通过 GetStatus 函数获取文件属性，取 CFileStatus 结构的 m_ctime 成员，即为文件创建时间。

实例 224　设置文件修改日期

光盘位置：光盘\MR\05\224　　高级　趣味指数：★★★☆

实例说明

使用 CFile 类的 SetStatus 方法可以设置文件的修改日期，这是一个静态方法，可以直接通过类引用。程序运行效果如图 5.36 所示。

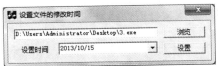

图 5.36　设置文件修改日期

关键技术

本实例的实现主要使用 SetStatus 方法。基本格式如下：
```
static void SetStatus( LPCTSTR lpszFileName, const CFileStatus& status );
    throw( CFileException );
```
参数说明：

❶ lpszFileName：文件路径。

❷ status：CFileStatus 结构的引用，存储文件状态信息。

设计过程

（1）新建一个基于对话框的应用程序。

（2）向窗体中添加两个按钮控件，用于执行浏览文件和设置时间操作。添加编辑框控件显示所选文件路径。添加 DateTimeCtrl 控件设置日期。

（3）"浏览"按钮的实现代码如下：
```
void CSetModifyTimeDlg::OnSelect()
{
    CFileDialog dlg(true);
    if(dlg.DoModal() == IDOK)
    {
        filename = dlg.GetPathName();
        m_path.SetWindowText(filename);
```

}
}

（4）"设置"按钮的实现代码如下：

```
void CSetModifyTimeDlg::OnSet()
{
    CTime mdate,mtime;
    m_date.GetTime(mdate);              //从 DateTimePicker 获取日期

    CFileStatus status;
    status.m_mtime = mdate;             //设置修改时间
    status.m_ctime = 0;                 //创建时间
    status.m_atime = 0;                 //访问时间

    CFile::SetStatus(filename,status);  //设置文件属性
}
```

秘笈心法

心法领悟 224：设置文件属性。

通过设置 CFileStatus 结构体的 m_attribute 属性，可以改变文件的相关属性。

实例 225　修改文件创建日期

光盘位置：光盘\MR\05\225　　　　　　　　　　　　高级　　趣味指数：★★★☆

实例说明

使用 CFile 类的 SetStatus 方法可以修改文件的创建日期，这是一个静态方法，可以直接通过类引用。程序运行效果如图 5.37 所示。

图 5.37　修改文件创建日期

关键技术

本实例的实现主要使用 SetStatus 方法。基本格式如下：

```
static void SetStatus( LPCTSTR lpszFileName, const CFileStatus& status );
throw( CFileException );
```

参数说明：

❶lpszFileName：文件路径。

❷status：CFileStatus 结构的引用，存储文件状态信息。

设计过程

（1）新建一个基于对话框的应用程序。

（2）向窗体中添加两个按钮控件，用于执行浏览文件和修改创建时间操作。添加编辑框控件显示所选文件路径。添加 DateTimeCtrl 控件设置日期。

（3）"浏览"按钮的实现代码如下：

```
void CSetCreateTimeDlg::OnSelect()
{
    CFileDialog dlg(true);
```

```
if(dlg.DoModal() == IDOK)
{
    pathname = dlg.GetPathName();
    m_path.SetWindowText(pathname);
}
}
```

(4)"修改"按钮的实现代码如下:

```
void CSetCreateTimeDlg::OnModify()
{
    CFileStatus status;
    CTime ctime ;

    CFile::GetStatus(pathname,status);          //获取原来的属性
    m_date.GetTime(ctime);
    status.m_ctime = ctime;                     //设置新的创建时间

    CFile::SetStatus(pathname,status);          //设置文件属性
}
```

秘笈心法

心法领悟 225:修改文件的访问日期。

通过设置 CFileStatus 结构体的 m_atime 属性可以修改文件的访问日期。

实例 226 设置文件只读属性
光盘位置:光盘\MR\05\226   趣味指数:★★★☆ 高级

实例说明

通过设置 CFileStatus 结构体的 m_attribute 属性,可以改变文件的只读、隐藏等属性,程序运行效果如图 5.38 所示。

图 5.38 设置文件只读属性

关键技术

本实例的实现主要使用 SetStatus 方法。基本格式如下:
```
static void SetStatus( LPCTSTR lpszFileName, const CFileStatus& status );
throw( CFileException );
```
参数说明:

❶lpszFileName:文件路径。

❷status:CFileStatus 结构的引用,存储文件状态信息。

CFileStatus 结构的 m_attribute 文件属性如下:
```
enum Attribute {
    normal   = 0x00,
    readOnly = 0x01,
    hidden   = 0x02,
    system   = 0x04,
    volume   = 0x08,
    directory= 0x10,
    archive  = 0x20
};
```

设计过程

（1）新建一个基于对话框的应用程序。

（2）向窗体中添加按钮控件，选择文件路径和设置文件只读。添加编辑框控件，关联控件变量 m_path，显示所选文件路径。

（3）"选择文件"按钮的实现代码如下：

```
void CSetReadOnlyDlg::OnSelect()
{
    CFileDialog dlg(true);
    if(dlg.DoModal() == IDOK)
    {
        m_path.SetWindowText(dlg.GetPathName());
    }
}
```

（4）"设为只读"按钮的实现代码如下：

```
void CSetReadOnlyDlg::OnSet()
{
    CFileStatus status;
    CString path;
    m_path.GetWindowText(path);           //获取路径
    CFile::GetStatus(path,status);        //获取原来属性
    status.m_attribute |= 0x01;           //追加只读属性
    CFile::SetStatus(path,status);        //设置新属性
}
```

秘笈心法

心法领悟 226：设置文件隐藏属性。

先获取文件的当前属性，存储在 CFileStatus 结构中，然后在 m_attribute 属性上追加隐藏属性（0x02）。

实例 227 设置文件隐藏属性

光盘位置：光盘\MR\05\227　　　　　　高级　　趣味指数：★★★☆

实例说明

通过设置 CFileStatus 结构体的 m_attribute 属性，可以改变文件的只读、隐藏等属性，程序运行效果如图 5.39 所示。

图 5.39 设置文件隐藏属性

关键技术

本实例的实现主要使用 SetStatus 方法。基本格式如下：

```
static void SetStatus( LPCTSTR lpszFileName, const CFileStatus& status );
throw( CFileException );
```

参数说明：

❶lpszFileName：文件路径。

❷status：CFileStatus 结构的引用，存储文件状态信息。
CFileStatus 结构的 m_attribute 文件属性如下：

```
enum Attribute {
    normal =    0x00,
    readOnly =  0x01,
    hidden =    0x02,
    system =    0x04,
    volume =    0x08,
    directory = 0x10,
    archive =   0x20
};
```

设计过程

（1）新建一个基于对话框的应用程序。

（2）向窗体中添加按钮控件，选择文件路径和设置文件只读。添加编辑框控件，关联控件变量 m_path，显示所选文件路径。

（3）"浏览"按钮的实现代码如下：

```
void CSetHiddenDlg::OnSelect()
{
    CFileDialog dlg(true);
    if(dlg.DoModal() == IDOK)
    {
        m_path.SetWindowText(dlg.GetPathName());
    }
}
```

（4）"设为隐藏"按钮的实现代码如下：

```
void CSetHiddenDlg::OnSet()
{
    CString path;
    m_path.GetWindowText(path);
    CFileStatus status;
    CFile::GetStatus(path,status);          //获取原属性
    status.m_attribute |= 0x02;             //追加隐藏属性
    CFile::SetStatus(path,status);          //设置新属性
}
```

秘笈心法

心法领悟 227：设置文件存档属性。

在 CFileStatus 的 m_attribute 属性上追加存档属性（0x20）。

5.7 文件实用工具

实例 228 文件的简单加密
光盘位置：光盘\MR\05\228   趣味指数：★★★☆

实例说明

先打开需要加密的文件，然后将加密后的文本写入到一个新建的临时文件中，等文件全部加密完成后，用临时文件替换原文件，就实现了文件的加密效果。程序运行效果如图 5.40 所示。

图 5.40 文件的简单加密

■ 关键技术

加密算法是将每个字节内容和整数 0123 进行异或（^）运算，解密过程和加密过程相同，同样对每个字节和整数 0123 进行异或运算。

■ 设计过程

（1）新建一个基于对话框的应用程序。

（2）向窗体中添加 3 个按钮控件，分别执行"打开文件"、"加密"和"解密"操作。添加静态文本控件显示所选文件路径。

（3）"打开文件"按钮的实现代码如下：

```
void CFileEncryDlg::OnOpen()
{
    CFileDialog log(TRUE,"文件",NULL,OFN_HIDEREADONLY,"FILE(*.txt)|*.txt||",NULL);
    if(log.DoModal()==IDOK)
    {
        CString path;
        path=log.GetPathName();
        m_filepath.SetWindowText(path);        //m_filepath 是静态文本框成员变量
    }
}
```

（4）"加密"按钮的实现代码如下：

```
void CFileEncryDlg::OnEncry()
{
    CString path,desname;
    m_filepath.GetWindowText(path);
    if(path.IsEmpty())return;
    desname="mingrisofttemp.txt";
    CFile readfile,writefile;
    int i=readfile.Open(path,CFile::modeRead);
    writefile.Open(desname,CFile::modeCreate|CFile::modeReadWrite);
    if(i==0)return;
    char buf[128];
    char desbuf[128];
    while(1)
    {
        ZeroMemory(buf,128);
        ZeroMemory(desbuf,128);
        DWORD i=readfile.Read(buf,128);
        for(int p=0;p<i;p++)
        {
            char m=buf[p];
            desbuf[p]=m^0123;
        }
        writefile.Write(desbuf,i);
        if(i==0)goto end;
    }
end:
    readfile.Close();
    writefile.Close();
    ::DeleteFile(path);
    ::rename(desname,path);
    MessageBox("加密完成");
}
```

第 5 章 文件基本操作

■ 秘笈心法

心法领悟 228：设置整型密码对文件的加密。

根据本实例，可将文件内容读到内存，对每个字节加一个整数，使其变成另一个字符，此为文件内容加密。

实例 229　文件解密　　光盘位置：光盘\MR\05\229　　　高级　趣味指数：★★★☆

■ 实例说明

先打开需要解密的文件，然后将解密后的文本写入到一个新建的临时文件中，等文件全部解密完成后，用临时文件替换原文件，就实现了文件的解密。程序运行效果如图 5.41 所示。

图 5.41　文件解密

■ 关键技术

加密算法是将每个字节内容和整数 0123 进行异或（^）运算，解密过程和加密过程相同，同样对每个字节和整数 0123 进行异或运算。

■ 设计过程

（1）新建一个基于对话框的应用程序。

（2）向窗体中添加 3 个按钮控件，分别执行"打开文件"、"加密"和"解密"操作。添加静态文本控件显示所选文件路径。

（3）"解密"按钮的实现代码如下：

```
void CFileEncryDlg::OnUnEncry()
{
    CString path,desname;
    m_filepath.GetWindowText(path);
    if(path.IsEmpty())return;
    desname="mingrisofttemp.txt";
    CFile readfile,writefile;
    int i=readfile.Open(path,CFile::modeRead);
    writefile.Open(desname,CFile::modeCreate|CFile::modeReadWrite);
    if(i==0)return;
    char buf[128];
    char desbuf[128];
    while(1)
    {
        ZeroMemory(buf,128);
        ZeroMemory(desbuf,128);
        DWORD i=readfile.Read(buf,128);
        for(int p=0;p<i;p++)
        {
            char m=buf[p];
            desbuf[p]=m^0123;
        }
        writefile.Write(desbuf,i);
```

339

```
            if(i==0)goto end;
    }
end:
    readfile.Close();
    writefile.Close();
    ::DeleteFile(path);
    ::rename(desname,path);
    MessageBox("解密完成");
}
```

秘笈心法

心法领悟 229：设置整型密码对文件的解密。

根据本实例，解密时减去加密时加的整数，即可变回原来的字符。

| 实例 230 | 文件合成 光盘位置：光盘\MR\05\230 | 高级 趣味指数：★★★★ |

实例说明

可以通过读取和重新写入的方法将多个文件合成为一个文件。将要合成的文件数据读出，依次写入一个目标文件中，即完成文件的合成。程序运行效果如图 5.42 所示。

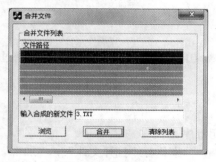

图 5.42　文件合成

关键技术

本实例的实现主要使用 CFile 类的 Read 和 Write 方法。

（1）Read 方法

基本格式如下：
```
virtual UINT Read( void* lpBuf, UINT nCount );
throw( CFileException );
```
参数说明：

❶lpBuf：接收从文件读出的数据的地址。

❷nCount：指定读取的大小。

（2）Write 方法

基本格式如下：
```
virtual void Write( const void* lpBuf, UINT nCount );
throw( CFileException );
```
参数说明：

❶lpBuf：要写入文件的数据的地址。

第 5 章 文件基本操作

❷nCount：从 lpBuf 内存中传送数据的大小。

设计过程

（1）新建一个基于对话框的应用程序。
（2）向窗体中添加 3 个按钮控件，执行"浏览"、"合并"和"清除列表"操作，添加列表视图控件，显示所选文件路径，添加编辑框控件，用于输入合成的新文件名。
（3）"浏览"按钮的实现代码如下：

```cpp
void CCombineDlg::OnSelect()
{
    CString path;
    CFileDialog dlg(true,"文件","*.*",OFN_HIDEREADONLY|OFN_ALLOWMULTISELECT,
        "所有文件(*.*)|*.*||",NULL );
    if(dlg.DoModal() == IDOK)
    {
        POSITION pos = dlg.GetStartPosition();
        while(pos != NULL)
        {
            path = dlg.GetNextPathName(pos);               //选择要合并的文件
            int i = m_pathlist.GetItemCount();
            m_pathlist.InsertItem(i,"");                    //插入到列表视图控件中
            m_pathlist.InsertColumn(i,"文件路径",LVCFMT_LEFT,300);
            m_pathlist.SetItemText(i,0,path);
        }
    }
}
```

（4）"合并"按钮的实现代码如下：

```cpp
HCURSOR CCombineDlg::OnQueryDragIcon()
{
    return (HCURSOR) m_hIcon;
}

void CCombineDlg::OnCombine()
{
    int num = m_pathlist.GetItemCount();                    //获取 List 中的项数
    if(num == 0)
    {
        MessageBox("列表中没有文件，请选择要合并的文件");
        return ;
    }
    CString newfile;
    m_newfile.GetWindowText(newfile);                        //获取输入的新文件名
    if(newfile.IsEmpty())
    {
        MessageBox("请输入合成的新文件");
        return ;
    }
    CString path;
    for(int i=0; i < num; i++)
    {
        path = m_pathlist.GetItemText(i,0);                  //从列表中获取文件路径
        ReadWrite(path,newfile);                             //读写文件,合并到一个新文件中
    }
    MessageBox("完成");
}
//自定义 ReadWrite 方法
void CCombineDlg::ReadWrite(LPCTSTR path,LPCTSTR newfile)
{
    CFile fileread(path,CFile::modeRead);
    CFile filewrite(newfile,CFile::modeWrite |
        CFile::modeCreate |CFile::modeNoTruncate);           //如果不存在，则创建；如果存在，则打开
```

```
    char buf[1024]="";
    UINT length = 0;
    while(1)
    {
        memset(buf,0,sizeof(buf));              //清空数组
        length = fileread.Read(buf,sizeof(buf));//读取文件
        filewrite.Seek(0,CFile::end);           //指针调到末尾
        filewrite.Write(buf,length);            //写文件
        if(length < 1024)
            break;
    }
    fileread.Close();
    filewrite.Close();
}
```

（5）"清除列表"按钮的实现代码如下：

```
void CCombineDlg::OnDelete()
{
    m_pathlist.DeleteAllItems();
}
```

■ 秘笈心法

心法领悟 230：向一个文件指定位置写入数据。

通过 CFile 类的 Seek 函数移动文件指针，在移动后所指位置写入数据。

实例 231　文件分割器

光盘位置：光盘\MR\05\231　　高级　趣味指数：★★★★

■ 实例说明

文件分割器主要针对移动存储设备容量小，而要复制的文件又很大的情况而开发的。通过文件分割器可以将文件分割成任意大小，然后复制到小容量的移动存储设备中，要使用文件时通过文件分割器将文件合并即可。运行程序，单击"选择要分割的文件"按钮选择文件，单击"浏览"按钮可以改变文件分割后的保存路径，最后在相应的编辑框内设置分割的大小，单击"分割"按钮即可以实现文件的分割；要合并文件需要通过"选择分割配置文件"按钮选择分割时生成的 INI 文件，单击"合并"按钮即可将文件合并。程序运行效果如图 5.43 所示。

图 5.43　文件分割器

■ 关键技术

本实例主要通过对文件的读和写实现文件分割。首先通过指定的大小来分配空间，再通过 CFile 类的 Read 方法实现读取要分割的文件到分配的空间中，然后循环 CreateFile 函数创建文件，再通过 CFile 类的 Write 方法将读取出来的内容写入新建的文件中，读取完成后将文件的大小和分割后的块数等信息写入 INI 文件中。分割后的各个子文件名都保持一定的规律性，这个规律是文件名后加"part"加"序号"加"_"加"扩展名"加".dat"。

合并时读取 INI 文件，然后在一个循环中通过文件的块数将各个子文件合并在一起。

注意：合并时 INI 文件要和分割后的文件保存在同一目录下。

设计过程

（1）新建名为 FilePartition 的对话框 MFC 工程。

（2）在对话框上添加 4 个编辑框控件，设置 ID 属性分别是 IDC_EDFILEPATH、IDC_EDSAVEPATH、IDC_EDSIZE 和 IDC_EDINI；添加 5 个按钮控件，设置 ID 属性分别是 IDC_BTADD、IDC_BTDIR、IDC_BTPatition、IDC_BTSELPART 和 IDC_BTOMBIN，设置 Caption 属性分别为"选择要分割的文件"、"浏览"、"分割"、"选择分割配置文件"和"合并"。

（3）添加"分割"按钮的实现函数，该函数用于实现按指定大小分割文件，并将分割结果保存成 INI 文件，代码如下：

```
void CFilePartitionDlg::OnPartition()
{
    CFile *readfile,*writefile;
    DWORD filelen,readlen,poslen;
    CString name,path,desname;
    //获得将要分割的文件的全路径
    GetDlgItem(IDC_EDFILEPATH)->GetWindowText(name);
    //获得分割后文件的存放路径
    GetDlgItem(IDC_EDSAVEPATH)->GetWindowText(path);
    CString strsize;
    //获得文件分割块的大小
    GetDlgItem(IDC_EDSIZE)->GetWindowText(strsize);
    if(strsize.IsEmpty())return;

    DWORD partsize=atoi(strsize)*1024;
    BYTE *b=new BYTE[partsize];
    readfile=new CFile(name,CFile::modeRead);
    filelen=readfile->GetLength();
    int i=1;
    //在循环中根据文件的大小和用户设定的大小创建若干文件，并向文件中写入数据
    while(1)
    {
        ZeroMemory(b,partsize);
        desname.Format("%s\\%spart%d_%s.dat",path,filenamenoext,i,filenameext);
        //创建文件块
        HANDLE hfile=::CreateFile(desname,GENERIC_WRITE|GENERIC_WRITE,
            0,0,CREATE_NEW,FILE_ATTRIBUTE_NORMAL,0);
        CloseHandle(hfile);
        writefile=new CFile(desname,CFile::modeWrite);
        readlen=readfile->Read(b,partsize);
        poslen=readfile->GetPosition();
        writefile->Write(b,readlen);
        writefile->Close();
        i++;
        if(poslen==filelen)break;
    }
    readfile->Close();
    delete writefile;
    delete readfile;
    //设置 INI 文件的路径
    char buf[128];
    ::GetCurrentDirectory(128,buf);
    CString inifile,pageend,size;
    inifile.Format("%s\\%s.ini",buf,filenamenoext);
    size.Format("%d",filelen);
    pageend.Format("%d",i);
    //将原来文件的信息及分割后的文件数写入到 INI 文件中
    ::WritePrivateProfileString("FilePartition","name",filenamenoext,inifile);
    ::WritePrivateProfileString("FilePartition","ext",filenameext,inifile);
```

```cpp
    ::WritePrivateProfileString("FilePartition","pageend",pageend,inifile);
    ::WritePrivateProfileString("FilePartition","size",size,inifile);
    AfxMessageBox("分割成功");
}
```

（4）添加"选择分割配置文件"按钮的实现函数。该函数用于选择分割后生成的 INI 文件，代码如下：

```cpp
void CFilePartitionDlg::OnSelectPart()
{
    CFileDialog log(TRUE,NULL,NULL,OFN_HIDEREADONLY|OFN_OVERWRITEPROMPT|
        OFN_ALLOWMULTISELECT,"INI 文件(*.ini)|*.ini||",NULL);
    if(log.DoModal()==IDOK)
    {
        CString ininame=log.GetPathName();
        GetDlgItem(IDC_EDINI)->SetWindowText(ininame);
    }
}
```

（5）添加"合并"按钮的实现函数。该函数通过 INI 文件将文件合并，代码如下：

```cpp
void CFilePartitionDlg::OnOmbin()
{
    CFile *readfile,*writefile;
    CString ininame,inidir;
    //获得分割文件时生成的 INI 文件
    GetDlgItem(IDC_EDINI)->GetWindowText(ininame);
    //获得 INI 文件所在目录
    inidir=FindPath(ininame);
    //获得分割前文件信息包括最后块序号，文件名（无扩展名），扩展名，块大小
    char pagenum[128],pagename[128],pageext[128],size[128];
    ::GetPrivateProfileString("FilePartition","name","",pagename,128,ininame);
    ::GetPrivateProfileString("FilePartition","ext","",pageext,128,ininame);
    ::GetPrivateProfileString("FilePartition","pageend","",pagenum,128,ininame);
    ::GetPrivateProfileString("FilePartition","size","",size,128,ininame);
    int pagecount=atoi(pagenum);
    CString desname;                        //合并后文件保存路径
    CString srcname;                        //合并的文件的路径
    desname.Format("%s\\%s.%s",inidir,pagename,pageext);
    HANDLE hfile=::CreateFile(desname,GENERIC_WRITE|GENERIC_WRITE,
        0,0,CREATE_ALWAYS,FILE_ATTRIBUTE_NORMAL,0);
    CloseHandle(hfile);
    writefile=new CFile(desname,CFile::modeWrite);
    for(int i=1;i<pagecount;i++)
    {
        srcname.Format("%s\\%spart%d_%s.dat",inidir,pagename,i,pageext);
        readfile=new CFile(srcname,CFile::modeRead);
        DWORD filelen=readfile->GetLength();
        BYTE *b=new BYTE[filelen];
        readfile->Read(b,filelen);
        writefile->Write(b,filelen);
        readfile->Close();
        delete b;
    }
    writefile->Close();
    delete writefile;
    delete readfile;
    AfxMessageBox("合并完成");
}
```

（6）添加"浏览"按钮的实现函数。该函数用于更改文件分割后的保存路径，代码如下：

```cpp
void CFilePartitionDlg::OnChangeEdfilepath()
{
    CString desdirname,temp;
    GetDlgItem(IDC_EDFILEPATH)->GetWindowText(desdirname);
    int pos=desdirname.Find(filename);
    desdirname=desdirname.Left(pos-1);
    GetDlgItem(IDC_EDSAVEPATH)->SetWindowText(desdirname);
}
```

第 5 章　文件基本操作

（7）添加自定义函数 FindPath，实现通过全路径得到文件名，代码如下：

```
CString CFilePartitionDlg::FindPath(CString path)
{
    CString strpathname;              //文件所在的路径
    CString strtemp;                  //保存全路径
    strtemp=path;
    int pos;
    int leftpos=0;
    pos=strtemp.Find("\\");           //查找子串
    while(pos!=-1)
    {
      leftpos+=pos;
      leftpos++;
      strtemp=strtemp.Right(strtemp.GetLength()-pos-1);
      pos=strtemp.Find("\\");
    }
    strpathname=path.Left(leftpos);
    return strpathname;
}
```

■ 秘笈心法

心法领悟 231：设置文件大小。

通过 CFile 类的 SetLength 方法可设置文件大小，指定的大小可以大于或小于文件当前长度，文件会被适当拉伸或压缩。

```
CFile cfile;
cfile.Open("3.txt",CFile::modeWrite | CFile::modeCreate);
DWORD dwNewLength = 1000;
cfile.SetLength( dwNewLength );
```

实例 232　获取文件图标

光盘位置：光盘\MR\05\232　　　　　高级　趣味指数：★★★☆

■ 实例说明

可以通过 SHGetFileInfo 获取文件或文件夹图标。程序运行效果如图 5.44 所示。

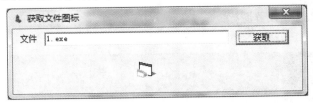

图 5.44　获取文件图标

■ 关键技术

本实例的实现主要使用 SHGetFileInfo 函数。基本格式如下：

```
WINSHELLAPI DWORD WINAPI SHGetFileInfo(
LPCTSTR    pszPath,
DWORD      dwFileAttributes,
SHFILEINFO FAR *psfi,
UINT       cbFileInfo,
UINT       uFlags );
```

参数说明如表 5.12 所示。

表 5.12　SHGetFileInfo 函数的参数说明

参　数	说　明	参　数	说　明
pszPath	指定的文件名	cbFileInfo	psfi 的比特值
dwFileAttributes	文件属性	uFlags	指明需要返回的文件信息标识符
psfi	SHFILEINFO 结构指针		

SHFILEINFO 结构指针用于包含一个文件的信息。

```
typedef struct _SHFILEINFO{
    HICON hIcon;                    //图标句柄
    int iIcon;                      //系统图标列表的索引
    DWORD dwAttributes;             //文件的属性
    char szDisplayName[MAX_PATH];   //文件的路径等
    char szTypeName[80];            //文件的类型名
} SHFILEINFO;
```

■ 设计过程

（1）新建一个基于对话框的应用程序。

（2）向窗体中添加一个按钮控件，执行 OnGet 函数，添加图片控件，显示获取的图标，添加编辑框控件，获取文件路径。

（3）OnGet 函数如下：

```
void CGetFileIconDlg::OnGet()
{
    CString filename;
    GetDlgItem(IDC_EDFILENAME)->GetWindowText(filename);
    SHFILEINFO shfile;
    ::SHGetFileInfo(filename,0,&shfile,sizeof(shfile),SHGFI_ICON);
    m_icon.SetIcon(shfile.hIcon);
}
```

■ 秘笈心法

心法领悟 232：修改对话框图标。
在 Dlg 类中加载图标：
`AfxGetApp()->LoadIcon(IDI_ICON1);`
在初始化函数 OnInitDialog 中设置图标：
`SetIcon(m_hIcon, TRUE);`

实例 233　　文件压缩　　光盘位置：光盘\MR\05\233　　高级　　趣味指数：★★★☆

■ 实例说明

可以通过 ShellExecute 执行 WinRar.exe，实现对文件的压缩。程序运行效果如图 5.45 所示。

图 5.45　文件压缩

346

关键技术

本实例使用 ShellExecute 函数执行 WinRar.exe。基本格式如下：
ShellExecute(HWND hwnd, LPCSTR lpOperation, LPCSTR lpFile, LPCSTR lpParameters, LPCSTR lpDirectory, INT nShowCmd);
参数说明如表 5.13 所示。

表 5.13 ShellExecute 函数的参数说明

参 数	说 明
hwnd	父窗口句柄
lpOperation	操作类型（如 open、runas、print、edit、explore、find）
lpFile	要进行操作的文件或程序
lpParameters	给 lpFile 指定的程序传递参数
lpDirectory	指定默认目录，通常设为 NULL
nShowCmd	文件打开的方式

设计过程

（1）新建一个基于对话框的应用程序。
（2）向窗体中添加两个按钮控件，执行浏览和压缩文件操作，添加编辑框控件显示文件路径。
（3）"浏览"按钮的实现代码如下：

```
void CRARDlg::OnSelect()
{
    CFileDialog dlg(true);
    if(dlg.DoModal() == IDOK)
    {
        GetDlgItem(IDC_PATH)->SetWindowText(dlg.GetPathName());
    }
}
```

（4）"压缩"按钮的实现代码如下：

```
void CRARDlg::OnWinrar()
{
    CString des,temp,path,rarpath;
    GetDlgItem(IDC_PATH)->GetWindowText(path);
    if(path.IsEmpty())
    {
        MessageBox("请输入文件名字");
        return ;
    }
    rarpath.Format("%s.rar",path.Left(path.ReverseFind('.')));
    temp.Format("a %s %s",rarpath,path);          //第一个%s 是 rar 名，第二个%s 是被压缩的文件名
    ::ShellExecute(NULL,"open","WinRar.exe",temp,NULL,SW_SHOW);  //执行文件
}
```

秘笈心法

心法领悟 233：文件压缩和解压。

解压到当前路径下：winrar.exe e filename.rar。
ShellExecute(NULL,"open","winrar.exe","e G:\\1.rar",NULL,SW_SHOW); //将 G 盘下 1.rar 解压到当前路径下

实例 234　垃圾文件清理

光盘位置：光盘\MR\05\234　　　　高级　趣味指数：★★★☆

■ 实例说明

当 Windows 操作系统运行时会在磁盘中生成许多临时文件，而这些临时文件在使用后没有及时删除就会形式垃圾文件。随着时间的推移，产生的垃圾文件就越来越多，同时也占用了许多磁盘空间。为了减少垃圾文件所占用的磁盘空间，可以使用本实例对这些垃圾文件进行清理。程序运行效果如图 5.46 所示。

图 5.46　垃圾文件清理

■ 关键技术

在本实例中主要是通过 CFileFind 对象查找磁盘中的垃圾文件。CFileFind 对象的方法有很多，主要有 FindFile、FindNextFile、IsDots、IsDirectory 和 GetFileName。下面介绍这几个方法。

（1）FindFile 方法用于查找指定文件。其语法格式如下：
virtual BOOL FindFile(LPCTSTR pstrName = NULL, DWORD dwUnused = 0);
参数说明：

❶pstrName：指向文件名的字符串指针。

❷dwUnused：固定值，该值为 0。

（2）FindNextFile 方法用于查找下一个文件，通过返回值可以判断是否为要查找的文件。

（3）IsDots 方法判断目标文件是否为 "." 或 ".."。

（4）IsDirectory 方法判断目标文件是否为文件夹。

（5）GetFileName 方法获得查找到文件的文件名。

■ 设计过程

（1）新建一个基于对话框的应用程序。

（2）在窗体上添加一个列表框控件，用来显示查找的垃圾文件。添加一个组合框控件，用来显示盘符。添加几个复选框控件，用来选择所要清理的垃圾文件的扩展名。

（3）在窗体中单击"开始扫描"按钮，获取所要扫描的垃圾文件的扩展名，通过线程开始扫描，并将扫描结果显示在列表框控件中。实现代码如下：
```cpp
void CClearGarbageDlg::OnBeginScane()
{
    if (m_bFinding == FALSE)
    {
        m_ScaneInfo.DeleteAllItems();
        GetTmpExtendedName();
        m_bStopFind = FALSE;
        m_Disk.GetWindowText(m_szScaneDisk);
        m_FindProgress.SetWindowText("查找进行中...");
        m_hThread = CreateThread(NULL, 0, ThreadProc, this, 0, NULL);
    }
}
```

（4）在窗体类中，GetTmpExtendedName 方法用来将窗体中选择的要清理的垃圾文件的扩展名添加到指定名表中。实现代码如下：
```cpp
//获取临时文件扩展名
void CClearGarbageDlg::GetTmpExtendedName()
{
    //移除所有内容
    m_FilterList.RemoveAll();
    int nCheckID = IDC_TMP1;
    CButton* pBtn = NULL;
    CString szText;
    int nState = 0;
    for(int i= 0; i<20; i++, nCheckID ++)
    {
        pBtn = (CButton*)GetDlgItem(nCheckID);
        if (pBtn != NULL)
        {
            nState = pBtn->GetCheck();
            if (nState)
            {
                pBtn->GetWindowText(szText);
                m_FilterList.AddTail(szText);
            }
        }
    }
}
```

（5）ThreadProc 函数为线程运行所需的线程函数，该函数的作用是查找指定扩展名的垃圾文件并添加到列表控件中。实现代码如下：
```cpp
DWORD __stdcall ThreadProc(LPVOID lpParameter)
{
    CClearGarbageDlg* pDlg = (CClearGarbageDlg*) lpParameter;
    pDlg->m_bFinding = TRUE;
    pDlg->ResearchFile(pDlg->m_szScaneDisk);
    pDlg->m_FindProgress.SetWindowText("查找结束!");
    pDlg->m_bFinding = FALSE;

    return 0;
}
//查找文件
void CClearGarbageDlg::ResearchFile(CString szPath)
{
    CString strtemp;
    if(szPath.Right(1)!="\\")
        strtemp.Format("%s\\*.*",szPath);
    else
        strtemp.Format("%s*.*",szPath);
    CFileFind findfile;
    BOOL bfind=findfile.FindFile(strtemp);
    CString szRetName;
    while(bfind)
    {
        if (m_bStopFind)                         //结束查找
        {
            return;
```

```
                }
                bfind=findfile.FindNextFile();
                szRetName = findfile.GetFileName();
                if (IsTmpFile(szRetName))
                {
                    CString szFullName = findfile.GetFilePath();
                    int nCount = m_ScaneInfo.GetItemCount();
                    int nIndex = m_ScaneInfo.InsertItem(nCount, "");
                    m_ScaneInfo.SetItemText(nIndex, 0, szFullName);
                }
                if(findfile.IsDirectory()&&!findfile.IsDots())
                {
                    ResearchFile(findfile.GetFilePath());
                }
        }
}
```

（6）在窗体中单击"全部删除"按钮将会根据查找到的垃圾文件列表中的文件路径进行删除操作，当有文件不能删除时，将此文件路径显示在列表框控件中。实现代码如下：

```
void CClearGarbageDlg::OnDeleteAll()
{
    if (m_bFinding)
    {
        MessageBox("查找进行中，不能删除文件!");
        return;
    }
    if (MessageBox("确实要删除所有文件吗?", "提示", MB_YESNO) == IDYES)
    {
        CString szFileName = "";
        int nFileCount = m_ScaneInfo.GetItemCount();
        m_DeleteLog.ResetContent();
        for (int i=0; i<nFileCount; i++)
        {
            szFileName = m_ScaneInfo.GetItemText(i, 0);
            if (!DeleteFile(szFileName))
            {
                m_DeleteLog.AddString(szFileName + "文件删除失败!");
            }
        }
    }
}
```

■ 秘笈心法

心法领悟 234：以当前时间为名创建文件。

通过 GetCurrentTime 获取当前时间，以此为文件名创建文件。

```
CTime ct = CTime::GetCurrentTime();
CString filename;
filename.Format("%s.txt",ct.Format("%Y_%m_%d_%H_%M_%S"));
CreateFile(filename,GENERIC_WRITE,0,NULL,CREATE_NEW,FILE_ATTRIBUTE_NORMAL,NULL);
```

第 6 章

目录操作

- 目录的创建与删除
- 目录设置

6.1 目录的创建与删除

| 实例 235 | 创建目录
光盘位置：光盘\MR\06\235 | 高级
趣味指数：★★★★ |

实例说明

在开发应用程序时，可以通过程序创建和删除文件夹。本实例主要实现创建文件夹的功能，运行程序，在编辑框中输入文件夹名，单击"创建"按钮，就会在程序根目录下创建该名字的文件夹。程序运行效果如图 6.1 所示。

图 6.1 创建目录

关键技术

使用 API 函数 CreateDirectory 可以创建文件夹，使用 GetCurrentDirectory 函数可以在一个缓冲区中装载当前目录。

（1）CreateDirectory 函数原型如下：

`BOOL CreateDirectory( LPCTSTR lpPathName, LPSECURITY_ATTRIBUTES lpSecurityAttributes );`

参数说明：

❶ lpPathName：目录的名字。
❷ lpSecurityAttributes：该结构定义了目录的安全特性。

（2）GetCurrentDirectory 函数原型如下：

`DWORD GetCurrentDirectory( DWORD nBufferLength, LPTSTR lpBuffer );`

参数说明：

❶ nBufferLength：缓冲区的长度。
❷ lpBuffer：指定一个预定义字符串，用于装载当前目录。

设计过程

（1）新建一个基于对话框的应用程序，标题为"创建文件夹"。
（2）向窗体中添加一个编辑框控件和一个按钮控件。
（3）主要代码如下：

```
void CCreateFolderDlg::OnButcreate()
{
    char buf[256];
    ::GetCurrentDirectory(256,buf);         //获取程序当前路径
    m_name.GetWindowText(name);             //获取输入的文件夹名
    strcat(buf,"\\");                       //在当前路径后面加"\"
    strcat(buf,name);                       //在"\"后面加文件夹名
    if(CreateDirectory(buf,NULL))           //创建文件夹
    {
```

```
        MessageBox("文件夹创建成功！");
        return;
    }
}
```

秘笈心法

心法领悟 235：在指定目录下创建文件夹。

本实例使用 GetCurrentDirectory 函数获取当前目录，在当前目录下创建文件夹，可以将当前目录指定为自己想要的路径，通过 strcat 函数在该路径后面添加要创建的文件夹名。通过 CreateDirectory 函数创建文件夹。

实例 236　删除文件夹

光盘位置：光盘\MR\06\236　　　　　　　　　　　　　　　　趣味指数：★★★★　高级

实例说明

在开发应用程序时，可以通过程序创建和删除文件夹。本实例主要实现删除文件夹的功能，运行程序，在编辑框中输入要删除的文件夹名，单击"删除"按钮，即可删除指定的文件夹（本程序只能删除空文件夹），效果如图 6.2 所示。

图 6.2　删除文件夹

关键技术

本实例的实现主要使用 RemoveDirectory 方法，其功能是删除一个已存在的空文件夹。函数原型如下：

```
BOOL RemoveDirectory(
LPCTSTR lpPathName);
```

参数说明：

lpPathName：要删除的路径地址。

返回值：返回非 0 表示成功，0 表示失败。

设计过程

（1）新建一个基于对话框的应用程序。

（2）向窗体中添加两个按钮控件，分别用于选择文件夹和执行删除操作，添加编辑框控件显示要删除的文件夹。

（3）"浏览"按钮的实现代码如下：

```
void CDeleteDirectoryDlg::OnSelect()
{
    char pathname[MAX_PATH]="";
    BROWSEINFO bi;                              //BROWSEINFO 结构体
    bi.hwndOwner = GetSafeHwnd();               //HWND 句柄
    bi.pidlRoot = NULL;                         //默认 NULL
    bi.pszDisplayName = pathname;               //选择文件夹路径
    bi.lpszTitle = "选择要删除的文件夹";         //对话框标题
    bi.ulFlags = BIF_EDITBOX;                   //标记
    bi.lpfn = NULL;
    bi.lParam = 0;
```

```
            bi.iImage = 0;
            LPITEMIDLIST plist = SHBrowseForFolder(&bi);        //显示路径选择对话框
    if(plist)
    {
            char path[MAX_PATH];
            if(SHGetPathFromIDList(plist,path))                 //获取所选路径
            {
                    m_path.SetWindowText(path);
            }
            else
            {
                    MessageBox("路径获取失败");
                    return ;
            }
    }
}
```

（4）"删除"按钮的实现代码如下：

```
void CDeleteDirectoryDlg::OnDelete()
{
    CString path;
    m_path.GetWindowText(path);
    if(RemoveDirectory(path))                                   //删除路径
            MessageBox("删除成功");
    else
            MessageBox("删除失败");
}
```

秘笈心法

心法领悟 236：删除非空路径。

自定义一个删除方法，先判断所选路径是否为空，如果不为空，进入该路径删除其下子路径和文件。递归调用该方法，即可删除一个非空文件夹。

实例 237　创建多级目录　　　　　　　　　　　　　　　　　　　　　　　　　高级
光盘位置：光盘\MR\06\237　　　　　　　　　　　　　　　　　　　　　　　　趣味指数：★★★★

实例说明

使用 CreateDirectory 只可以创建一级目录，就是在已存在的文件夹下创建新文件夹，但是对任意给定的路径使用 CreateDirectory 不能直接创建，本程序实现创建任意给定的多级目录，效果如图 6.3 所示。

关键技术

本实例实现的关键是循环创建。先对给定的路径进行分解，每一层路径都保存到 CStringArray 对象中，然后根据 CStringArray 对象中的字符串逐层创建目录。

图 6.3　创建多级目录

设计过程

（1）新建一个基于对话框的应用程序。
（2）向窗体中添加一个按钮控件，执行 OnCreate 方法；添加编辑框控件，用于获取用户输入的路径。
（3）"创建"按钮的实现代码如下：

```
void CCreateMulDirDlg::OnCreate()
{
    CStringArray strarray;
```

```
CString strpath,strtmp;
GetDlgItem(IDC_EDPATH)->GetWindowText(strpath);

for(int i=0;i<strpath.GetLength();i++)              //遍历路径中的每一个字符
{
    if(strpath.GetAt(i)!='\\')                      //检测字符不是 "\\" 时
        strtmp+=strpath.GetAt(i);
    else                                            //检测的字符为 "\\" 时
    {
        strarray.Add(strtmp);                       //将 strtmp 添加到 strarray 数组中
        strtmp+="\\";
    }
    if(i==strpath.GetLength()-1)                    //到达字符串末尾时（i 从 0 开始）
        strarray.Add(strtmp);                       //将 strtmp 添加到 strarray 数组中
}
for(int j=0;j<strarray.GetSize();j++)               //从第二个字符串开始（第一个字符串不是有效路径）
{
    strtmp=strarray.GetAt(j);                       //取出数组中的字符串（每级路径）
    CreateDirectory(strtmp,NULL);                   //创建路径
}
}
```

■ 秘笈心法

心法领悟 237：Windows 文件标识符的作用。

就像每个公民都有一个唯一的身份证号码一样，在 Windows 操作系统中，每个系统级别的应用程序（例如，"我的电脑"、"回收站"和"计划任务"等）也都用一个唯一的标识符进行管理，当双击某个文件夹时（例如双击"计划任务"），操作系统会首先检查该文件夹的文件名，并到注册表中搜索这个标识符所注册的应用程序类型，最后再打开相应的应用程序或使用此应用程序打开该文件，那么在操作系统与真实文件夹之间起到承接作用的这些数字就被称为"Windows 文件标识符"，英文名称为 CLSID，保存在注册表中的 HKEY_LOCAL_MACHINE\Software\Classes\CLSID 键值下，通常是由 32 个十六进制数构成。

6.2 目录设置

实例 238　获取文件夹属性

光盘位置：光盘\MR\06\238　　　　　　　　　　　　　　　　　　　高级　趣味指数：★★★★☆

■ 实例说明

可以使用 CFile 类的 GetStatus 函数获取文件或文件夹的属性。本实例运行效果如图 6.4 所示。

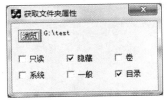

图 6.4　获取文件夹属性

■ 关键技术

本实例的实现主要使用 CFile 类的 GetStatus 函数。该函数的具体介绍参见实例 223 的关键技术。

设计过程

（1）新建一个基于对话框的应用程序。
（2）向窗体中添加一个按钮控件，用于浏览文件夹；添加复选框控件，显示文件夹属性。
（3）"浏览"按钮的实现代码如下：

```cpp
void CGetDirectoryAttributeDlg::OnSelect()
{
    m_readonly.SetCheck(0);
    m_hide.SetCheck(0);
    m_dirsystem.SetCheck(0);
    m_volume.SetCheck(0);
    m_dir.SetCheck(0);
    m_dirnormal.SetCheck(0);

    char pathname[MAX_PATH]="";
    BROWSEINFO bi;
    bi.hwndOwner = NULL;
    bi.pidlRoot = NULL;
    bi.pszDisplayName = pathname;
    bi.lpszTitle = "选择文件";
    bi.ulFlags = BIF_EDITBOX;
    bi.lpfn = NULL;
    bi.lParam = 0;
    bi.iImage = 0;

    LPITEMIDLIST plist = NULL;
    if(plist = SHBrowseForFolder(&bi))
    {
        char path[MAX_PATH]="";
        SHGetPathFromIDList(plist,path);
        m_path.SetWindowText(path);

        CFileStatus status;
        CString strpath = path;
        CFile::GetStatus(strpath,status);      //获取属性

        if(status.m_attribute & 0x01)          //只读
            m_readonly.SetCheck(1);
        if(status.m_attribute & 0x02)          //隐藏
            m_hide.SetCheck(1);
        if(status.m_attribute & 0x04)          //系统
            m_dirsystem.SetCheck(1);
        if(status.m_attribute & 0x08)          //卷
            m_volume.SetCheck(1);
        if(status.m_attribute & 0x10)          //目录
            m_dir.SetCheck(1);
        if(status.m_attribute & 0x20)          //一般
            m_dirnormal.SetCheck(1);
    }
}
```

秘笈心法

心法领悟 238：判断是否为路径。

通过 CFileFind 类的 FindFile 方法查找文件或路径，IsDirectory 方法判断找到的目标是否为路径。

实例 239　文件夹重命名

光盘位置：光盘\MR\06\239　　趣味指数：★★★☆

实例说明

对文件重命名可以使用 CFile 类的 Rename 成员函数，对文件夹重命名可以使用 API 函数 MoveFile。本实例运行效果如图 6.5 所示。

图 6.5　文件夹重命名

关键技术

本实例的实现主要使用 MoveFile 方法。语法格式如下：
```
BOOL MoveFile(
LPCTSTR lpExistingFileName,
LPCTSTR lpNewFileName);
```
参数说明：

❶lpExistingFileName：指向已存在的文件或路径名的指针。

❷lpNewFileName：新的文件或路径名。

设计过程

（1）新建一个基于对话框的应用程序。

（2）向窗体中添加两个按钮控件，分别作为"浏览"和"修改"按钮。添加两个编辑框控件，用于显示源文件夹和获取新文件夹名。

（3）"浏览"按钮的实现代码如下：
```
void CMoveFileDlg::OnSelect()
{
    char path[MAX_PATH] = "";
    BROWSEINFO bi;
    bi.hwndOwner = GetSafeHwnd();
    bi.pidlRoot = NULL;
    bi.pszDisplayName = path;
    bi.lpszTitle = "选择路径";
    bi.ulFlags = BIF_EDITBOX;
    bi.lpfn = NULL;
    bi.lParam = 0;
    bi.iImage = 0;
    LPITEMIDLIST plist = SHBrowseForFolder(&bi);
    if(plist)
    {
        char path[MAX_PATH]="";
        CString filename;
        SHGetPathFromIDList(plist,path);
        srcpath = path;
        //截取文件夹名
        filename = srcpath.Right(srcpath.GetLength()-srcpath.ReverseFind('\\')-1);
        m_srcpath.SetWindowText(filename);
```

```
        //截取全路径中去掉文件夹名的部分
        tmppath = srcpath.Left(srcpath.ReverseFind('\\')+1);
    }
}
```

（4）"修改"按钮的实现代码如下：

```
void CMoveFileDlg::OnModify()
{
    CString newname, newpath;
    m_newpath.GetWindowText(newname);
    newpath = tmppath + newname;    //将新文件夹名组合到 tmppath 中
    if(MoveFile(srcpath,newpath))
        MessageBox("成功");
}
```

秘笈心法

心法领悟 239：文件的移动。

通过 MoveFile 方法，可将指定文件夹下的全部文件移动到另一位置。

实例 240　批量文件夹重命名

光盘位置：光盘\MR\06\240　　　　高级　　趣味指数：★★★☆

实例说明

重命名文件夹可以使用 MoveFile 函数，实现批量重命名只需要循环调用 MoveFile 函数。本实例运行效果如图 6.6 所示。

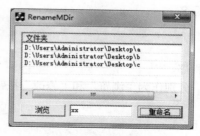

图 6.6　批量文件夹重命名

关键技术

本实例的关键是循环调用 MoveFile 方法，以实现对多个文件夹的重命名。MoveFile 方法的语法格式如下：

```
BOOL MoveFile(
LPCTSTR lpExistingFileName,
LPCTSTR lpNewFileName);
```

参数说明：

❶lpExistingFileName：指向已存在的文件或路径名的指针。

❷lpNewFileName：新的文件或路径名。

设计过程

（1）新建一个基于对话框的应用程序。

（2）向窗体中添加两个按钮控件，分别为"浏览"和"重命名"，分别实现文件夹的选择和重命名；添加列表视图控件，用于显示所选的文件夹的路径信息；添加编辑框控件，用于获取用户输入的新文件夹的名字。

（3）"浏览"按钮的实现代码如下：

```cpp
void CRenameMDirDlg::OnSelect()
{
    char path[MAX_PATH] = "";
    BROWSEINFO bi;                                          //定义 BROWSEINFO 结构体
    bi.hwndOwner = GetSafeHwnd();                           //配置结构体信息
    bi.pidlRoot = NULL;
    bi.pszDisplayName = path;
    bi.lpszTitle = "选择文件夹";
    bi.ulFlags = BIF_EDITBOX;
    bi.lpfn = NULL;
    bi.lParam = 0;
    bi.iImage = 0;
    LPITEMIDLIST plist = SHBrowseForFolder(&bi);            //显示路径选择对话框

    if(plist)
    {
        char path[260]="";
        SHGetPathFromIDList(plist,path);                    //获取所选的文件夹路径
        m_dirList.InsertItem(m_dirList.GetItemCount(),path);//将文件夹路径显示到列表视图中
    }
}
```

（4）"重命名"按钮的实现代码如下：

```cpp
void CRenameMDirDlg::OnRename()
{
    char path[260]="";
    CString newpath,newname,tmppath;
    for(int i=0; i<m_dirList.GetItemCount(); i++)
    {
        m_dirList.GetItemText(i,0,path,260);                //从列表中获取文件夹路径
        tmppath = path;
        m_newname.GetWindowText(newname);                   //获取输入的新名字
        newpath.Format("%s%s%d",tmppath.Left(tmppath.ReverseFind('\\')+1),newname,i);  //组合新名字
        if(!MoveFile(path,newpath))
        {
            MessageBox("失败");
            return;
        }
    }
}
```

秘笈心法

心法领悟 240：批量移动文件夹。

循环调用 MoveFile，将所选文件夹移动到指定位置。

实例 241　**显示磁盘目录**　　　　　　　　　　　　　　　　　　　　**高级**

光盘位置：光盘\MR\06\241　　　　　　　　　　　　　　　　　　趣味指数：★★★★

实例说明

本实例实现用树形控件显示磁盘目录，运行程序，在树形控件中将显示磁盘的分区，通过双击树形控件的节点可以查看该节点下的子目录，效果如图 6.7 所示。

关键技术

本实例主要通过 GetLogicalDriveStrings 函数先获取磁盘分区，然后处理树形控件的双击消息，双击某个目录就是用循环查找该目录下的全部子目录。

图 6.7 显示磁盘目录

设计过程

（1）新建一个基于对话框的应用程序。
（2）在对话框上添加树视图控件，设置 ID 属性为 IDC_TRDISKTREE，添加成员变量 m_trdisktree。
（3）在 OnInitDialog 方法中完成树状结构根节点的初始化，代码如下：

```
BOOL CDiskCataDlg::OnInitDialog()
{
 CDialog::OnInitDialog();
 ……//此处代码省略
 imlst.Create(16,16,ILC_COLOR32|ILC_MASK,0,0);              //创建图像列表
 m_trdisktree.SetImageList(&imlst,TVSIL_NORMAL);            //关联图像列表
 m_trdisktree.ModifyStyle(0L,TVS_HASLINES|TVS_LINESATROOT); //修改控件属性
 size_t alldriver=::GetLogicalDriveStrings(0,NULL);         //获取磁盘分区
 _TCHAR *driverstr;
 driverstr=new _TCHAR[alldriver+sizeof(_T(""))];
 if(GetLogicalDriveStrings(alldriver,driverstr)!=alldriver-1)  //获得磁盘目录
  return FALSE;
 _TCHAR *pdriverstr=driverstr;
 size_t driversize=strlen(pdriverstr);
 HTREEITEM disktree;
 while(driversize>0)
 {
  SHGetFileInfo(pdriverstr,0,&fileinfo,sizeof(fileinfo),
   SHGFI_ICON);                                            //获取系统文件图标
  imindex=imlst.Add(fileinfo.hIcon);
  disktree=m_trdisktree.InsertItem(pdriverstr,imindex,imindex,
   TVI_ROOT,TVI_LAST);                                     //插入到树形控件中
  pdriverstr+=driversize+1;
  driversize=strlen(pdriverstr);
 }
 return TRUE;
}
```

（4）添加对 TVN_SELCHANGED 消息的处理函数，该函数实现在用户选择树状结构中某项时列出该项的子项，代码如下：

```
void CDiskCataDlg::OnSelchangedTrdisktree(NMHDR* pNMHDR, LRESULT* pResult)
{
 NM_TREEVIEW* pNMTreeView = (NM_TREEVIEW*)pNMHDR;
 CFileFind filefd;
 HTREEITEM parent;
 HTREEITEM rootitem=m_trdisktree.GetSelectedItem();         //获得当前选择的节点
 if(m_trdisktree.GetChildItem(rootitem))return;             //判断是否有子节点
 parent=rootitem;
 CString rootstr=m_trdisktree.GetItemText(rootitem);        //获得下一个节点
 CString temp;
 CString lstr;
```

```cpp
if(rootstr.Find("\\")==2)
{
lstr.Format("%s*.*",rootstr);
}
else
{
  CString strparent;
  while(1)
  {
    parent=m_trdisktree.GetParentItem(parent);
    strparent=m_trdisktree.GetItemText(parent);
    if(strparent.Find("\\")==2)
        goto end;
    temp+=strparent;
    temp+="\\";
  }
end:
  CString root=m_trdisktree.GetItemText(parent);
  lstr.Format("%s%s%s\\*.*",root,temp,rootstr);
}
BOOL bfinded=filefd.FindFile(lstr);
//循环插入数据
while(bfinded)
{
  bfinded=filefd.FindNextFile();
  CString filepath;
  if(filefd.IsDirectory()&&!filefd.IsDots()){
  SHGetFileInfo(filefd.GetFilePath(),0,&fileinfo,sizeof(fileinfo),
  SHGFI_ICON);
  imindex=imlst.Add(fileinfo.hIcon);
  m_trdisktree.InsertItem(filefd.GetFileName(),imindex,imindex,rootitem);
  }
}
*pResult = 0;
}
```

■ 秘笈心法

心法领悟 241：利用树形控件显示全国各省市名称。

以国家为根节点，在根节点上插入省作为子节点，在省的节点上插入市作为省的子节点。使用 InsertItem 插入节点。

```cpp
HTREEITEM hroot = m_tree.InsertItem("中国");
HTREEITEM h1 = m_tree.InsertItem("吉林",hroot);
m_tree.InsertItem("长春",h1);
m_tree.InsertItem("四平",h1);
HTREEITEM h2 = m_tree.InsertItem("辽宁",hroot);
m_tree.InsertItem("沈阳",h2);
HTREEITEM h3 = m_tree.InsertItem("北京",hroot);
HTREEITEM h4 = m_tree.InsertItem("湖南",hroot);
```

实例 242　设置文件夹图标

光盘位置：光盘\MR\06\242　　　　　　　　　　　高级　趣味指数：★★★★

■ 实例说明

本实例实现更改系统默认的文件夹图标。运行程序，如图 6.8 所示，单击"浏览…"按钮选择将要修改图标的文件夹，单击"选择图标"按钮添加一个图标文件，单击"修改图标"按钮实现修改目标文件夹的图标。

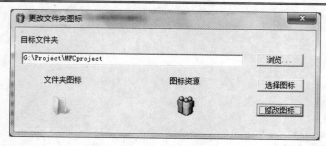

图 6.8 设置文件夹图标

▍关键技术

文件夹图标的修改需要在目标文件夹下新建一个 Desktop.ini 文件，并在 INI 文件中添加键值。具体过程为在 INI 文件的[.ShellClassInfo]节下，添加 IconFile=图标 1.ico 和 IconIndex=0。IconFile 是指定图标文件，最好和 INI 文件在同一文件夹下，如果不在同一文件夹下，应使用图标资源的全路径；IconIndex 是指定图标的索引，一般为 0。本实例通过多个 API 函数实现这一过程，具体过程如下。

（1）使用 SHBrowseForFolder 函数实现打开文件夹选择对话框。
（2）使用 SHGetFileInfo 函数实现获取文件夹图标信息。
（3）使用 SetFileAttributes 函数实现设置文件属性。
（4）使用 CopyFile 函数实现复制文件。
（5）使用 WritePrivateProfileString 函数实现向 INI 文件中写入键值。

▍设计过程

（1）新建名为 ChangeDirIcon 的对话框 MFC 工程。
（2）在对话框上添加 3 个静态文本控件；添加编辑框控件，设置 ID 属性为 IDC_EDSELDIR；添加 2 个图片控件，设置 ID 属性分别为 IDC_DIR 和 IDC_DES，将 Type 属性都设置为 Icon；添加 3 个按钮控件，设置 ID 属性分别为 IDC_BTADD、IDC_BTSEL 和 IDC_BTMODIFY，Caption 属性分别为"浏览..."、"选择图标"和"修改图标"。
（3）在工程中添加 4 个文件，分别是 Dib.h、Dib.CPP、Icon.h 和 Icon.CPP。
（4）在 ChangeDirIconDlg.h 文件中加入变量声明和头文件引用：

```
#include "Icons.h"
CString strpath,extname,despath,desname;
LPICONRESOURCE lpIR;
CIcons *pIcons;
```

（5）添加"浏览"按钮的实现函数。该函数用于选择要修改图标的文件夹，代码如下：

```
void CChangeDirIconDlg::OnAdd()
{
    BROWSEINFO bi;
    char buffer[MAX_PATH];
    ZeroMemory(buffer,MAX_PATH);
    bi.hwndOwner=GetSafeHwnd();
    bi.pidlRoot=NULL;
    bi.pszDisplayName=buffer;
    bi.lpszTitle="选择一个文件夹";
    bi.ulFlags=BIF_EDITBOX;
    bi.lpfn=NULL;
    bi.lParam=0;
    bi.iImage=0;
    LPITEMIDLIST pList=NULL;
    if((pList=SHBrowseForFolder(&bi))!=NULL) //显示文件浏览窗口
    {
        char path[MAX_PATH];
```

```
        ZeroMemory(path,MAX_PATH);
        SHGetPathFromIDList(pList,path);
        GetDlgItem(IDC_EDSELDIR)->SetWindowText(path);
        SHFILEINFO shfile;
        despath=path;
        strcat(path,"\\");
        ::SHGetFileInfo(path,0,&shfile,sizeof(shfile),SHGFI_ICON);
        CStatic*pStatic = (CStatic*)GetDlgItem(IDC_DIR);
        pStatic->SetIcon(shfile.hIcon);
    }
}
```

（6）添加"选择图标"按钮的实现函数。该函数用于添加图标文件，代码如下：

```
void CChangeDirIconDlg::OnSel()
{
    CFileDialog fileDialog( TRUE,"*.ICO",NULL,NULL,
    "资源文件(*.ICO,*.BMP,*.EXE,*.DLL,*.ICL)|*.ICO;*.BMP;*.EXE;*.DLL;*.ICL||");
    if(fileDialog.DoModal()==IDOK)
    {
        strpath=fileDialog.GetPathName();                   //获取路径
        desname=fileDialog.GetFileName();                   //获取文件名
        extname= fileDialog.GetFileExt();                   //获取文件扩展名
        extname.MakeLower();
    }
    if(extname =="ico")
    {
        lpIR=pIcons->ReadIconFromICOFile(strpath);
        HICON hIcon;
        hIcon=ExtractIcon(AfxGetInstanceHandle(),strpath,0);    //获取图标
        CStatic*pStatic = (CStatic*)GetDlgItem(IDC_DES);
        pStatic->SetIcon(hIcon);
    }
}
```

（7）添加"修改图标"按钮的实现函数。该函数用于对文件夹的图标进行修改，代码如下：

```
void CChangeDirIconDlg::OnModify()
{
    CString temp,temp2;
    SetFileAttributes(despath,FILE_ATTRIBUTE_READONLY);     //设置文件属性
    temp=despath;
    temp+="\\";
    temp+=desname;
    if(CopyFile(strpath,temp,FALSE))                        //文件复制
    {AfxMessageBox("成功");}
    else
    {AfxMessageBox("失败");}
    temp2=despath;
    temp2+="\\";
    temp2+="desktop.ini";
    ::WritePrivateProfileString(".ShellClassInfo","IconFile",desname,temp2);
    ::WritePrivateProfileString(".ShellClassInfo","IconIndex","0",temp2);
}
```

■ 秘笈心法

心法领悟 242：获取文件夹属性。

可以使用 GetStatus 获取文件或文件夹属性，也可以使用 GetFileAttributes 获取文件属性。GetFileAttributes 获取属性返回一个 DWORD 值，通过此返回值判断属性。

```
DWORD X = GetFileAttributes(".\\1.txt");
if(X&FILE_ATTRIBUTE_HIDDEN)
    MessageBox("隐藏");
if(X&FILE_ATTRIBUTE_READONLY)
    MessageBox("只读");
if(X&FILE_ATTRIBUTE_DIRECTORY)
    MessageBox("路径");
```

| 实例 243 | 修改文件夹的只读属性　光盘位置：光盘\MR\06\243 | 高级　趣味指数：★★★★ |

实例说明

通过 SetFileAttributes 方法可以设置文件夹的属性。本实例运行效果如图 6.9 所示。

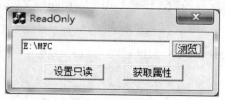

图 6.9　修改文件夹的只读属性

关键技术

本实例的实现主要使用 SetFileAttributes 方法。语法格式如下：

```
BOOL SetFileAttributes(
LPCTSTR lpFileName,
DWORD dwFileAttributes);
```

参数说明：

❶lpFileName：文件名。

❷dwFileAttributes：要设置的属性。

设计过程

（1）新建一个基于对话框的应用程序。

（2）向窗体中添加两个按钮控件，分别为"设置只读"和"获取属性"。

（3）"设置只读"按钮的实现代码如下：

```
void CReadOnlyDlg::OnSet()
{
    if(SetFileAttributes(strpath,FILE_ATTRIBUTE_READONLY))
        MessageBox("设置成功");
}
```

（4）"获取属性"按钮的实现代码如下：

```
void CReadOnlyDlg::OnGet()
{
    CFileStatus status;
    CFile::GetStatus(strpath,status);
    if(status.m_attribute & 0x01)
        MessageBox("只读","属性");
}
```

秘笈心法

心法领悟 243：设置文件夹隐藏属性。

在 SetFileAttributes 中设置 FILE_ATTRIBUTE_HIDDEN，即设置为隐藏属性。

```
if(SetFileAttributes(strpath,FILE_ATTRIBUTE_HIDDEN))
    MessageBox("设为隐藏");
```

第 7 章

其他文件操作

- INI 文件的读写函数
- 读写 XML 文件

7.1 INI 文件的读写函数

实例 244　向 INI 文件中指定键值写入字符串数据
光盘位置：光盘\MR\07\244
高级　趣味指数：★★★★☆

■ 实例说明

使用 API 函数 WritePrivateProfileString 可以向 INI 文件中指定键值写入字符串数据。本实例向 Section 节下的 key 键写入字符串数据 data。实例运行效果如图 7.1 所示。

图 7.1　向 INI 文件中指定键值写入字符串数据

■ 关键技术

本实例的实现主要使用 WritePrivateProfileString 函数。函数功能是向 INI 文件中写入指定节、指定键名的字符串信息。语法格式如下：

BOOL WritePrivateProfileString(LPCTSTR lpAppName,LPCTSTR lpKeyName, LPCTSTR lpString, LPCTSTR lpFileName);

参数说明如表 7.1 所示。

表 7.1　WritePrivateProfileString 函数的参数说明

参　数	说　　明
lpAppName	即将写入的节名
lpKeyName	即将写入的键名
lpString	即将写入节名下键名的数据值
lpFileName	INI 文件名，可以是全路径，如果不是全路径，默认在系统文件夹下新建一个 INI 文件

■ 设计过程

（1）新建一个基于对话框的应用程序。

（2）向窗体中添加一个按钮控件，命名为"写入"，用于向 INI 文件中写入数据。添加编辑框控件，用于显示节名、键名和获取用户输入的数据。

（3）写入字符串的实现代码如下：

```
void CProfileStringDlg::OnWrite()
{
    CString inifilepath="G:\\test.ini";        //INI 文件位置
    CString str;
    GetDlgItem(IDC_DATA)->GetWindowText(str);
    if(str.IsEmpty())
    {
        MessageBox("没有输入数据");
        return ;
```

```
}
//在 INI 文件中写入数据，节为 section，键值为 key，数据为 str 中的数据
if(WritePrivateProfileString(_T("section"),_T("key"),str,inifilepath))
    MessageBox("写入完成");
}
```

秘笈心法

心法领悟 244：设置编辑框控件只读。

通过 EnableWindow 设置只读属性。
`GetDlgItem(IDC_EDIT)->EnableWindow(false);`

实例 245　获取 INI 文件中指定键值下整型数据

光盘位置：光盘\MR\07\245　　　高级　趣味指数：★★★☆

实例说明

使用 API 函数 GetPrivateProfileInt 可以获取 INI 文件中指定键值下整型数据。本实例从 Section 节下的 key 键读取 int 型数据，并将获取的数据显示在编辑框中。实例运行效果如图 7.2 所示。

图 7.2　获取 INI 文件中指定键值下整型数据

关键技术

本实例的实现主要使用 GetPrivateProfileInt 函数。功能是从 INI 文件中获取指定节、指定键名的整型数信息。基本格式如下：

`UINT GetPrivateProfileInt(LPCTSTR lpAppName,LPCTSTR lpKeyName,INT nDefault, LPCTSTR lpFileName );`

参数说明如表 7.2 所示。

表 7.2　GetPrivateProfileInt 函数的参数说明

参　　数	说　　明
lpAppName	要获取的整型数据所在节名
lpKeyName	要获取的整型数据的键名
nDefault	如果键名不存在，函数返回这个值
lpFileName	INI 文件名，可以是全路径，如果不是全路径，默认在系统文件夹下新建一个 INI 文件

返回值：如果成功，返回节名的整型数据，不成功则返回 nDefault 的值。

设计过程

（1）新建一个基于对话框的应用程序。
（2）向窗体中添加一个按钮控件，命名为"读取整型"；添加编辑框控件，用于显示节名、键名和数据。
（3）"读取整型"按钮的实现代码如下：

```
void CProfileStringDlg::OnReadini()
{
    CString inifilepath="c:\\test.ini";
    CString str;
    int i=0;
    DWORD result=::GetPrivateProfileInt(_T("section"),_T("key"),i,inifilepath);
    str.Format("%d",result);
    GetDlgItem(IDC_DATA)->SetWindowText(str);
}
```

秘笈心法

心法领悟 245：编辑框控件显示文本。

可以通过 SetWindowText 显示文本，也可通过 UpdateData(false) 将与控件关联的变量值显示到控件上。

实例 246 获取 INI 文件中指定键值下字符串数据

光盘位置：光盘\MR\07\246   高级   趣味指数：★★★★

实例说明

使用 API 函数 GetPrivateProfileString 可以获取 INI 文件中指定键值下的字符串数据。本实例运行效果如图 7.3 所示。

图 7.3 获取 INI 文件中指定键值下字符串数据

关键技术

本实例的实现主要使用 GetPrivateProfileString 函数。功能是从 INI 文件中获取指定节、指定键名的字符串信息。基本格式如下：

```
DWORD GetPrivateProfileString(LPCTSTR lpAppName, LPCTSTR lpKeyName, LPCTSTR lpDefault, LPTSTR lpReturnedString, DWORD nSize, LPCTSTR lpFileName );
```

参数说明如表 7.3 所示。

表 7.3 GetPrivateProfileString 函数的参数说明

参　　数	说　　明
lpAppName	将要获取字符串数据所在的节名
lpKeyName	将要获取字符串数据所在的键名
lpDefault	如果没有找到键名，函数将返回此值
lpReturnedString	存放返回值的字符串指针
nSize	设置将要保存的字符串的大小
lpFileName	INI 文件名，可以是全路径，如果不是全路径，默认在系统文件夹下新建一个 INI 文件

返回值：返回已经复制到缓冲区的字符数量。

设计过程

（1）新建一个基于对话框的应用程序。
（2）向窗体中添加一个按钮控件，命名为"读取字符串"；添加编辑框控件，用于显示节名、键名和数据。
（3）"读取字符串"按钮的实现代码如下：

```
void CProfileStringDlg::OnReadstr()
{
    CString inifilepath="G:\\test.ini";
    char buf[MAX_PATH];
    DWORD size=MAX_PATH;
    DWORD readlen=::GetPrivateProfileString(_T("section"),_T("key"),_T("default"),
    buf,size,inifilepath);
    buf[readlen]=0;
    GetDlgItem(IDC_DATA)->SetWindowText(buf);
}
```

秘笈心法

心法领悟 246：获取 INI 文件节名。

使用 GetPrivateProfileSectionNames 函数可以获取 INI 文件中所有节名。
`::GetPrivateProfileSectionNames(buf,10240,"G:\\test.ini");`

实例 247　向 INI 文件指定节下写入数据　　高级

光盘位置：光盘\MR\07\247　　趣味指数：★★★☆

实例说明

函数 WritePrivateProfileSection 可以向 INI 文件指定节下写入数据。本实例运行效果如图 7.4 所示。

图 7.4　向 INI 文件指定节下写入数据

关键技术

本实例主要使用 WritePrivateProfileSection 函数。功能是向 INI 文件中写入指定节的结构数据信息。语法格式如下：

`BOOL WritePrivateProfileSection( LPCTSTR lpAppName, LPCTSTR lpString, LPCTSTR lpFileName );`

参数说明：
❶lpAppName：即将写入的节名。
❷lpString：存放即将写入的结构的字符串指针。
❸lpFileName：是 INI 文件名，可以是全路径，如果不是全路径，默认在系统文件夹下新建一个 INI 文件。
返回值：如果成功，返回非 0 值。

■ 设计过程

（1）新建一个基于对话框的应用程序。

（2）向窗体中添加两个按钮控件，分别为"添加"和"写入"；添加编辑框控件，显示节名，获取键名、数据；添加列表框控件，显示添加的键名和数据值。

（3）实现"添加"按钮，将输入的键名和数据添加到列表框控件中显示。代码如下：

```
void CWriteSectionDlg::OnAdd()
{
    CString strkey;
    CString strdata;
    CString stritem;
    CString strtmp;
    CString strleft;
    GetDlgItem(IDC_KEY)->GetWindowText(strkey);
    GetDlgItem(IDC_DATA)->GetWindowText(strdata);
    stritem+=strkey;
    stritem+="=";
    stritem+=strdata;
    int count=m_inilist.GetCount();
    //去除 stritem=strtmp 的情况
    for(int i=0;i<count;i++)
    {
        m_inilist.GetText(i,strtmp);
        strleft=strtmp.Left(strtmp.Find("="));
        if(strleft==strkey)
        {
            m_inilist.DeleteString(i);
            m_inilist.AddString(stritem);
            return;
        }
    }
    m_inilist.AddString(stritem);
}
```

（4）实现"写入"按钮，将键名和对应数据写入到INI文件中。代码如下：

```
void CWriteSectionDlg::OnWrite()
{
    CString inifilepath="G:\\test.ini";
    CString strtmp;
    char*tmp;
    char buf[1024];
    tmp=new char[MAX_PATH];
    memset(buf,0,1024);
    int count=m_inilist.GetCount();
    int pos;
    if(count<1)
    {
        MessageBox("请先向列表中添加");
        return;
    }
    for(int i=0;i<count;i++)
    {
        m_inilist.GetText(i,strtmp);
        tmp=strtmp.GetBuffer(0);

        if(strlen(buf)==0)
        {
            memcpy(buf,tmp,strtmp.GetLength());
            pos=strtmp.GetLength()+1;
        }
        else
        {
            memcpy(buf+pos,tmp,strtmp.GetLength());
            pos+=strtmp.GetLength()+1;
        }
    }
}
```

```
WritePrivateProfileSection("section",buf,inifilepath);
}
```

秘笈心法

心法领悟 247：插入学生信息。

根据本实例，使用 WritePrivateProfileSection 向指定节下插入数据。向学生表中写入学号和和姓名。学号作为键名，姓名作为键值。

```
WritePrivateProfileSection("student","001 peter",".\\stu.ini");
```

实例 248 获取 INI 文件中所有节名   高级

光盘位置：光盘\MR\07\248   趣味指数：★★★☆

实例说明

使用 GetPrivateProfileSectionNames 函数可以获取 INI 文件中所有节名。本实例运行效果如图 7.5 所示。

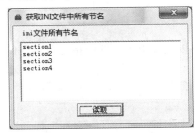

图 7.5 获取 INI 文件中所有节名

关键技术

本实例的实现主要使用 GetPrivateProfileSectionNames 函数。功能是从 INI 文件中获取所有节的名称。语法格式如下：

```
DWORD GetPrivateProfileSectionNames(LPTSTR lpszReturnBuffer, DWORD nSize, LPCTSTR lpFileName );
```

参数说明：

❶ lpszReturnBuffer：存放返回值的字符串指针。

❷ nSize：设置将要保存的字符串的大小。

❸ lpFileName：是 INI 文件名，可以是全路径，如果不是全路径，默认在系统文件夹下新建一个 INI 文件。

返回值：返回已经获取的节名称的大小，如果要获取的节名称的大小比 nSize 参数大，返回 nSize 减 2。

设计过程

（1）新建一个基于对话框的应用程序。

（2）向窗体中添加列表框控件，显示读取到的节名；添加按钮控件，命名为"读取"，用于获取节名。

（3）"读取"按钮的实现代码如下：

```
void CProfileSectionNamesDlg::OnRead()
{
    CString inifilepath="G:\\test.ini";
    CString tmp;
    _TCHAR buf[10240];
    ::GetPrivateProfileSectionNames(buf,10240,inifilepath);
    _TCHAR *pbuf=buf;
    size_t size=strlen(pbuf);
    while(size)
```

```
        {
            m_inilist.AddString(pbuf);
            pbuf+=size+1;
            size=strlen(pbuf);
        }
    }
}
```

秘笈心法

心法领悟 248：将计算机信息写入 INI 文件。

SYSTEM_INFO 结构可以存储当前计算机信息（处理器个数等），使用 GetSystemInfo 获取计算机信息保存到 SYSTEM_INFO 结构中。使用 WritePrivateProfileSection 将需要的信息写入 INI 文件。

```
SYSTEM_INFO sysInfo;
::GetSystemInfo(&sysInfo);
```

实例 249　获取 INI 文件固定节下的键名及数据

光盘位置：光盘\MR\07\249　　　　高级　趣味指数：★★★★

实例说明

通过 GetPrivateProfileSection 函数可以获取 INI 文件中指定节名下的所有键名及键名所对应的数据。本实例运行效果如图 7.6 所示。

图 7.6　获取 INI 文件固定节下的键名及数据

关键技术

本实例主要使用 GetPrivateProfileSection 函数。功能是从 INI 文件中获取指定节的信息。语法格式如下：

DWORD GetPrivateProfileSection(LPCTSTR lpAppName,LPTSTR lpReturnedString, DWORD nSize, LPCTSTR lpFileName);

参数说明如表 7.4 所示。

表 7.4　GetPrivateProfileSection 函数的参数说明

参　数	说　明
lpAppName	要获取的节名
lpReturnedString	存放返回值字符串指针，返回值有可能是多个结构，结构和结构之间是回车换行符
nSize	设置将要保存的字符串的大小
lpFileName	INI 文件名，可以是全路径，如果不是全路径，默认在系统文件夹下新建一个 INI 文件

返回值：返回从节中获取的字符串的大小，如果要获取的节中的字符串大小比 nSize 参数大时，返回 nSize 减 2。

设计过程

（1）新建一个基于对话框的应用程序。

（2）向窗体中添加列表框控件，显示读取到的键名及数据；添加按钮控件，命名为"读取"，用于获取键名和数据。

（3）"读取"按钮的实现代码如下：

```
void CProfileSectionDlg::OnRead()
{
    CString inifilepath="G:\\test.ini";

    _TCHAR buf[10240];
    DWORD readlen=::GetPrivateProfileSection("section",buf,10240,inifilepath);

    _TCHAR *pbuf=buf;
    size_t size=strlen(pbuf);
    while(size)
    {
        m_inilist.AddString(pbuf);
        pbuf+=size+1;
        size=strlen(pbuf);
    }
}
```

秘笈心法

心法领悟 249：将学生信息写入 INI 文件。

使用 WritePrivateProfileString 向 INI 文件写入信息，学生姓名和年龄作为键值。

```
CString strname,strage;
WritePrivateProfileString("student","name",strname,"D:\\stu.ini");
WritePrivateProfileString("student","age",strage,"D:\\stu.ini");
```

实例 250 将用户登录时间写入 INI 文件

光盘位置：光盘\MR\07\250

高级
趣味指数：★★★☆

实例说明

本实例实现获取用户登录时间，并使用 API 函数 WritePrivateProfileString 将时间写入 INI 文件中。本实例运行效果如图 7.7 所示。

图 7.7 将用户登录时间写入 INI 文件

关键技术

本实例通过 WritePrivateProfileString 函数写 INI 文件，NtQuerySystemInformation 函数获取系统启动时间。

（1）WritePrivateProfileString 函数前面已有介绍，此处不再赘述。

（2）NtQuerySystemInformation 函数要从 NTDLL.DLL 动态库中导出。定义函数指针类型，导出函数：

```
typedef long (__stdcall * funNtQuerySystemInformation) (UINT SystemInformationClass,
        PVOID SystemInformation,
        ULONG SystemInformationLength,
```

```
);
HINSTANCE hInstance = LoadLibrary("NTDLL.DLL");        //加载动态库
funNtQuerySystemInformation NtQuerySystemInformation =
    (funNtQuerySystemInformation)GetProcAddress(hInstance,"NtQuerySystemInformation");
```

设计过程

（1）新建一个基于对话框的应用程序。

（2）定义 SYSTEM_TIME_INFORMATION 结构体，存储系统启动时间。定义函数指针类型，保存 NtQuerySystemInformation 函数地址：

```
typedef struct
{
    LARGE_INTEGER liKeBootTime;
    LARGE_INTEGER liKeSystemTime;
    LARGE_INTEGER liExpTimeZoneBias;
    ULONG uCurrentTimeZoneId;
    DWORD dwReserved;
} SYSTEM_TIME_INFORMATION;

typedef long (__stdcall * funNtQuerySystemInformation) (UINT SystemInformationClass,
        PVOID SystemInformation,
        ULONG SystemInformationLength,
        PULONG ReturnLength OPTIONAL) ;
```

（3）获取系统启动时间：

```
CString CLoginTimeINIDlg::GetLoginTime()
{
    CString strTime;
    HINSTANCE hInstance = LoadLibrary("NTDLL.DLL");
    funNtQuerySystemInformation NtQuerySystemInformation =
        (funNtQuerySystemInformation)GetProcAddress(hInstance,"NtQuerySystemInformation");
    if (NtQuerySystemInformation)
    {
        SYSTEM_TIME_INFORMATION tInfo;
        long ret = NtQuerySystemInformation(3,&tInfo,sizeof(tInfo),0);

        FILETIME stFile = *(FILETIME*)&tInfo.liKeBootTime;

        SYSTEMTIME stSys;
        FileTimeToLocalFileTime(&stFile,&stFile);
        FileTimeToSystemTime(&stFile,&stSys);

        strTime.Format("%02d-%02d-%02d %02d:%02d:%02d",
            stSys.wYear,stSys.wMonth,stSys.wDay,stSys.wHour,stSys.wMinute,stSys.wSecond);
    }
    FreeLibrary(hInstance);
    return strTime;
}
```

（4）将时间写入 INI 文件：

```
void CLoginTimeINIDlg::OnWrite()
{
    CString time = GetLoginTime();
    WritePrivateProfileString("用户登录时间","时间",time,".\\time.ini");
}
```

秘笈心法

心法领悟 250：获取当前可执行程序的路径。

当前可执行程序的路径可以通过 GetModuleFileName 函数获取：

```
CString fullpath;
CString path;
GetModuleFileName(NULL,fullpath.GetBufferSetLength(MAX_PATH),MAX_PATH);    //获取全路径
path = fullpath.Left(fullpath.ReverseFind('\\'));                          //提取不带文件名的路径
```

实例 251　将指定目录下文件名列表写入 INI 文件

光盘位置：光盘\MR\07\251　　　高级　　趣味指数：★★★★

■ 实例说明

使用 API 函数 WritePrivateProfileString 可以向 INI 文件中写入字符串数据。本实例选定一个目录，查找其下所有文件，并将文件名写入 INI 文件。程序运行效果如图 7.8 所示。

图 7.8　将指定目录下文件名列表写入 INI 文件

■ 关键技术

本实例的实现主要使用 WritePrivateProfileString 函数。函数功能是向 INI 文件中写入指定节、指定键名的字符串信息。语法格式如下：

BOOL WritePrivateProfileString(LPCTSTR lpAppName,LPCTSTR lpKeyName, LPCTSTR lpString, LPCTSTR lpFileName);

参数说明如表 7.5 所示。

表 7.5　WritePrivateProfileString 函数的参数说明

参　　数	说　　明
lpAppName	即将写入的节名
lpKeyName	即将写入的键名
lpString	即将写入节名下键名的数据值
lpFileName	INI 文件名，可以是全路径，如果不是全路径，默认在系统文件夹下新建一个 INI 文件

■ 设计过程

（1）新建一个基于对话框的应用程序。

（2）向窗体中添加两个按钮控件，用于浏览文件和向 INI 文件写入数据；添加列表框控件，用于显示指定的目录下的文件。

（3）"浏览"按钮的实现代码如下：

```
//指定一个路径，查找其下所有文件并显示在列表框上
void CProfileDlg::OnSelect()
{
    char name[MAX_PATH]="";
    BROWSEINFO bi;
    bi.hwndOwner = GetSafeHwnd();
    bi.pidlRoot = NULL;
    bi.pszDisplayName = name;
    bi.lpszTitle = "选择路径";
```

```
    bi.ulFlags = BIF_EDITBOX;
    bi.lpfn = NULL;
    bi.lParam = 0;
    bi.iImage = 0;

    LPITEMIDLIST plist = SHBrowseForFolder(&bi);
    if(plist)
    {
        SHGetPathFromIDList(plist,path);
        GetDlgItem(IDC_PATH)->SetWindowText(path);         //显示所选路径

        //构建用于 FindFile 的路径
        CString strpath(path);
        if(strpath.Right(1) == "\\")
            strpath += "*.*";
        else
            strpath += "\\*.*";

        CString strkey;
        CFileFind find;
        BOOL bfind = find.FindFile(strpath);
        while(bfind)
        {
            bfind = find.FindNextFile();                   //判断当前文件是否为最后一个文件
            if(find.IsDots())                              //如果是"."或"..",则不显示
                continue;
            m_filelist.AddString(find.GetFileName());      //显示到列表框上
        }
        find.Close();
    }
```

（4）"写入"按钮的实现代码如下：
```
//从列表框中获取文件名，并写入 INI 文件
void CProfileDlg::OnWrite()
{
    CString filename;
    CString strkey;
    CString inifilepath = "G:\\test.ini";                  //INI 文件
    for(int i=0; i < m_filelist.GetCount(); i++)
    {
        m_filelist.GetText(i,filename);
        strkey.Format("file%d",i+1);
        WritePrivateProfileString(path,strkey,filename,inifilepath);
    }
}
```

秘笈心法

心法领悟 251：将数据库配置信息写入 INI 文件。

将 Provider、UID、PWD、SERVER、DATABASE 作为键名，对应的内容作为键值，写入 INI 文件：
```
Provider = SQLOLEDB.1
UID=sa
PWD=
SERVER=.
DATABASE=mrdb
```

实例 252	获取 INI 文件中记录的数据库配置信息 光盘位置：光盘\MR\07\252	高级 趣味指数：★★★★☆

实例说明

使用 API 函数 WritePrivateProfileString 可以向 INI 文件中写入字符串数据，GetPrivateProfileString 可以从 INI

文件中读取数据。本实例实现从 INI 文件中读取数据库配置信息，运行效果如图 7.9 所示。

图 7.9　获取 INI 文件中记录的数据库配置信息

■ 关键技术

本实例主要使用 WritePrivateProfileString 函数和 GetPrivateProfileString 函数向 INI 文件中写入和读出数据库配置信息。这两个函数前面已经讲过，这里不再重复叙述。

■ 设计过程

（1）新建一个基于对话框的应用程序。
（2）向窗体中添加一个列表框控件，显示读取的数据库配置信息，添加按钮控件，执行读取操作。
（3）在 Dlg 类的初始化中预先创建一个包含数据库配置信息的 INI 文件：

```
BOOL CDatabaseConfigIniDlg::OnInitDialog()
{
    CDialog::OnInitDialog();
    ……//此处代码省略
    // TODO: Add extra initialization here
    //创建 INI 配置文件
    CFileFind find;
    inipath = "G:\\test.ini";
    if(find.FindFile(inipath))
            CFile::Remove(inipath);                //如果存在，删除重建
    WritePrivateProfileString("数据库配置信息","Provider","SQLOLEDB.1",inipath);
    WritePrivateProfileString("数据库配置信息","SERVER",".",inipath);
    WritePrivateProfileString("数据库配置信息","UID","sa",inipath);
    WritePrivateProfileString("数据库配置信息","PWD","",inipath);
    WritePrivateProfileString("数据库配置信息","DATABASE","mrdatabase",inipath);

    return TRUE;
}
```

（4）读取 INI 文件操作实现如下：

```
void CDatabaseConfigIniDlg::OnRead()
{
    //清空列表框
    if(m_configInfo.GetCount())
            while(m_configInfo.DeleteString(0));

    //获取相应键值
    char KeyValue[MAX_PATH]="";
    char* KeyName[5]={"Provider", "SERVER", "UID", "PWD", "DATABASE"};
    for(int i=0; i<5; i++)
    {
        ReadConfigInfo(KeyName[i],KeyValue);
        CString temp;
        temp.Format("%s:%s",KeyName[i],KeyValue);
        m_configInfo.AddString(temp);
    }
}
```

```
void CDatabaseConfigIniDlg::ReadConfigInfo(CString KeyName,char* KeyValue)
{
    GetPrivateProfileString("数据库配置信息",KeyName,"",KeyValue,MAX_PATH,inipath);
}
```

秘笈心法

心法领悟 252：清空列表框控件的内容。

要清空列表框控件中的内容，可以使用 ClistBox 类的 DeleteString 方法。DeleteString 删除指定索引对应的选项，返回控件中剩余的项数，可以循环删除，直至返回值为 0，即可完成。

7.2 读写 XML 文件

实例 253 获取 XML 文件中的内容
光盘位置：光盘\MR\07\253
高级
趣味指数：★★★★

实例说明

本实例主要实现对 XML 文件的读取。XML 是对 HTML 语言的一种扩展，XML 格式允许用户自定义标签，通过自定义的标签很容易将数据组织起来，形成记录集，这样的记录集要比关系型数据库更具有灵活性。XML 现已被广泛的应用，本实例实现对 test.xml 文件的读取，并将读取的结果显示在列表中。本实例运行效果如图 7.10 所示。

图 7.10 获取 XML 文件中的内容

关键技术

本实例主要通过 MSXML 组件实现。通过 MSXML 组件中 IXMLDOMDocumentPtr 指针调用 selectNodes 方法可以获得 MSXML 组件中的 IXMLDOMNodeListPtr 指针对象，MSXML 组件中 IXMLDOMNodePtr 指针对象可以获得具体节点的值。selectNodes 方法主要是读取节点路径，XML 文件中"<>"和"</>"称为一个节点，节点下面可以有子节点，例如，test.xml 文件中 filed 是 database 的子节点。节点中可以设置属性值，例如，test.xml 文件中 filed 节点中 id 就是属性。

IXMLDOMNodePtr 指针对象可以通过 IXMLDOMNodeListPtr 指针的 nextNode 对象的 selectSingleNode 方法获得，通过 IXMLDOMNodePtr 指针对象的 Gettext 方法获得节点内容。

设计过程

（1）新建名为 XMLView 的对话框 MFC 工程。

（2）在对话框上添加列表视图控件，设置 ID 属性为 XMLLIST，添加成员变量 m_xmllist；添加两个按钮控件，设置 ID 属性分别为 IDC_READ 和 IDC_EXIT，Caption 属性分别为"读取"和"退出"。

（3）添加"读取"按钮的实现函数 OnRead 和"退出"按钮的实现函数 OnExit。
（4）在文件 StdAfx.h 中加入对 msxml 组件的应用，代码如下：

```
#import "msxml6.dll"                //导入动态链接库 msxml6.dll（也可以使用绝对路径）
using namespace MSXML2;              //使用命名空间 MSXML2
```

（5）在 OnInitDialog 中完成对列表视图控件的初始化，代码如下：

```
BOOL CXMLViewDlg::OnInitDialog()
{
    CDialog::OnInitDialog();
    ……//此处代码省略
    m_xmllist.SetExtendedStyle(LVS_EX_GRIDLINES);
    m_xmllist.InsertColumn(0,"name",LVCFMT_LEFT,70);
    m_xmllist.InsertColumn(1,"type",LVCFMT_LEFT,70);
    return TRUE;
}
```

（6）完成"读取"按钮的实现函数，该函数实现对 XML 文件的读取，代码如下：

```
void CXMLViewDlg::OnRead()
{
    unsigned short buff[128];
    memset(buff,0,128);
    HRESULT hr=::CoInitialize(NULL);
    if(!SUCCEEDED(hr))
        return;
    MSXML::IXMLDOMDocumentPtr xdoc;                     //定义文档指针
    xdoc.CreateInstance(__uuidof(MSXML::DOMDocument));  //实例化文档
    xdoc->load("test.xml");                             //加载文档
    MSXML::IXMLDOMNodeListPtr nodelist=NULL;
    nodelist=xdoc->selectNodes("database/filed");
    MSXML::IXMLDOMNodePtr subnode;
    long nodecount;
    nodelist->get_length(&nodecount);
    for(long i=0;i<nodecount;i++)
    {
        subnode=nodelist->nextNode()->selectSingleNode((_bstr_t)"name"); //查找指定节点
        _bstr_t bstrname=subnode->Gettext();                             //获得节点数据
        m_xmllist.InsertItem(i,"");
        m_xmllist.SetItemText(i,0,bstrname);
        nodelist->reset();
        subnode=nodelist->nextNode()->selectSingleNode((_bstr_t)"type");
        bstrname=subnode->Gettext();
        m_xmllist.SetItemText(i,1,bstrname);
    }
}
```

（7）完成"退出"按钮的实现函数，该函数实现窗体的关闭，代码如下：

```
void CXMLViewDlg::OnExit()
{
    this->OnCancel();
}
```

秘笈心法

心法领悟 253：为列表控件添加复选框。

通过 SetExtendedStyle 设置控件属性，指定 LVS_EX_CHECKBOXES，使 item 项前生成一个复选框控件。
m_list.SetExtendedStyle(LVS_EX_GRIDLINES|LVS_REPORT| LVS_EX_CHECKBOXES);

实例 254　将部门结构信息插入 XML 文件中　　高级

光盘位置：光盘\MR\07\254　　趣味指数：★★★★

实例说明

XML 文件是可以自定义标签的文件，现在一般应用程序都用它来保存配置。在 Windows 系统中，提供了读写XML文件数据的接口，本实例通过这些接口将部门结构信息写入XML文件中。程序运行效果如图7.11所示。

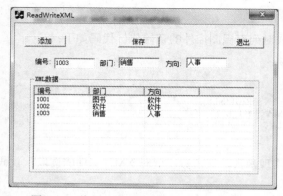

图7.11 将部门结构信息插入XML文件中

▌关键技术

在对XML文件进行读写操作前，应在stdafx.h头文件中导入msxml.dll动态库。代码如下：

```
#import "msxml6.dll"                              //导入动态库
using namespace MSXML;                            //使用MSXML2命名空间
```

通过IXMLDOMDocumentPtr接口指针创建XML文档实例，然后通过IXMLDOMNodeListPtr接口指针和IXMLDOMNodePtr接口指针完成XML节点的添加与读取操作。

▌设计过程

（1）新建一个名为ReadWriteXL的对话框应用程序。

（2）向窗体中添加3个按钮控件，分别设置标题为"添加"、"保存"和"退出"；添加1个列表视图控件；添加3个编辑框控件。

（3）读取XML文件中的数据到列表视图控件中，代码如下：

```
void CReadWriteXMLDlg::ReadXMLData()
{
    MSXML::IXMLDOMDocumentPtr xdoc;
    xdoc.CreateInstance(__uuidof(MSXML::DOMDocument));    //创建XML文档
    xdoc->load((_bstr_t)XMLFilePath);                     //载入XML文档
    IXMLDOMNodeListPtr nodelist=NULL;                     //节点列表
    IXMLDOMNodeListPtr rows=NULL;
    IXMLDOMNodeListPtr cols=NULL;
    nodelist=xdoc->selectNodes("XMLList");                //选择节点

    MSXML::IXMLDOMNodePtr Root;                           //根节点
    MSXML::IXMLDOMNodePtr Row;
    MSXML::IXMLDOMNodePtr Col;
    Root = nodelist->nextNode();                          //获取跟节点
    _bstr_t bstrname=Root->nodeName;                      //节点名称
    rows = Root->childNodes;                              //子节点列表
    m_list.DeleteAllItems();
    for (int i = 0 ; i < rows->length ; i++)
    {
        Row = rows->nextNode();                           //下一个节点
        cols = Row->childNodes;                           //节点列表
        _bstr_t rowname = Row->nodeName;                  //节点名称
        m_list.InsertItem(m_list.GetItemCount(),"");
        for (int j = 0 ; j < cols->length ; j++)
        {
            Col = cols->nextNode();
            IXMLDOMNodePtr node = Col->firstChild;
```

```
            _bstr_t value = node->nodeValue;
            m_list.SetItemText(i,j,value);
        }
    }
}
```

（4）保存列表框中的数据到 XML 文件中，代码如下：

```
void CReadWriteXMLDlg::UpdateXMLData()
{
MSXML2::IXMLDOMDocumentPtr xdoc;
xdoc.CreateInstance(__uuidof(MSXML2::DOMDocument));
MSXML2::IXMLDOMElementPtr Root = xdoc->createElement("部门结构");
MSXML2::IXMLDOMElementPtr Row;
MSXML2::IXMLDOMElementPtr Col;
xdoc->appendChild(Root);

for (int i = 0 ; i < m_list.GetItemCount() ; i++)
{
        Row = xdoc->createElement("Row");
        Root->appendChild(Row);
        for (int j = 0 ; j < m_list.GetHeaderCtrl()->GetItemCount() ;j++)
        {
            LVCOLUMN column;
            column.mask = LVCF_TEXT;
            column.cchTextMax = 255;
            char str[255];
            column.pszText = str;
            m_list.GetColumn(j,&column);

            Col = xdoc->createElement(column.pszText);
            Row->appendChild(Col);
            CString values;
            values = m_list.GetItemText(i,j);
            Col->appendChild(xdoc->createTextNode((_bstr_t)values));
        }
}
xdoc->save((_bstr_t)XMLFilePath);
}
```

秘笈心法

心法领悟 254：将学生信息写入 XML 文件。

以班级为根节点，按照学号插入子节点，学生姓名、性别和年龄等信息作为学号节点的子节点，保存到 XML 文件中。

```
<class>
<sid id="001">
<name>peter</name>
<sex>男</sex>
<age>23</age>
</sid>
<sid id="002">
<name>Lucy</name>
<sex>女</sex>
<age>20</age>
</sid>
<sid id="003">
<name>Bob</name>
<sex>男</sex>
<age>24</age>
</sid>
</class>
```

第3篇

数据库篇

- 第 8 章 ADO 基本操作
- 第 9 章 数据库维护
- 第 10 章 SQL 查询
- 第 11 章 SQL 高级查询

第 8 章

ADO 基本操作

▶▶ ADO 技术
▶▶ 记录集操作

第8章 ADO 基本操作

8.1 ADO 技术

实例 255　使用 ADO 连接 Access 数据库

光盘位置：光盘\MR\08\255　　　初级　趣味指数：★★★★

实例说明

由于 Access 数据库具有操作简单、使用方便的优点，所以许多中小型管理软件都采用 Access 数据库。如何连接 Access 数据库中的数据呢？运行本实例后，程序将自动连接 Access 数据库，将数据表中的数据显示在表格中。程序运行效果如图 8.1 所示。

图 8.1　连接 Access 数据库

关键技术

本实例实现的关键是如何连接 Access 数据库，下面对其进行详细讲解。

连接 Access 数据库操作最重要之处在于连接数据库的连接字符串，关键代码及说明如图 8.2 所示。

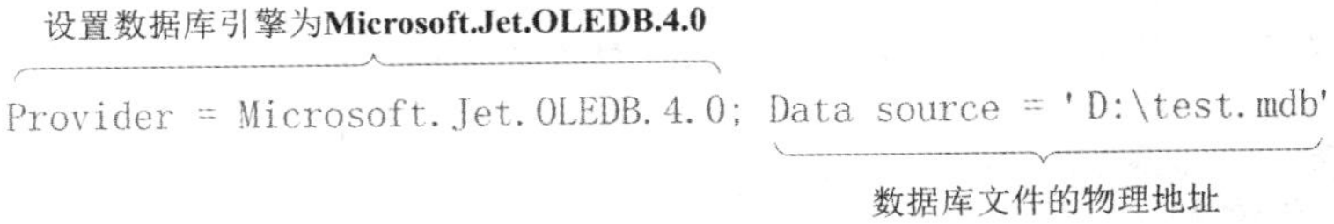

设置数据库引擎为 **Microsoft.Jet.OLEDB.4.0**

`Provider = Microsoft.Jet.OLEDB.4.0; Data source = 'D:\test.mdb'`

数据库文件的物理地址

图 8.2　数据库连接字符串

从图 8.2 中可以看到，通过 Provider 属性设置了数据引擎；通过 Data Soruce 属性设置了数据库文件的物理地址。

使用 ADO（Activex Data Objects）连接数据库是通过 Connection 对象的 Open 方法实现的。Open 方法的语法如下：

`Connection.open Connectionstring,userID,password,openoptions`

参数说明：

❶ConnectionString：可选项，字符串，包含连接信息。

❷userID：可选项，字符串，包含建立连接时所使用的用户名称。

❸password：可选项，字符串，包含建立连接时所用密码。

❹openoptions：可选项，ConnectoptionEnum 值。如果设置为 adConnectoAsync，则异步打开连接。当连接可用时将产生 ConnectComplete 事件。

设计过程

（1）打开 Visual C++ 6.0 开发环境，新建一个基于对话框的工程，命名为 Connect。
（2）初始化 COM 库，引入 ADO 库定义文件。
（3）用 Connection 对象连接数据库。
（4）利用建立好的连接，通过 Connection、Command 对象执行 SQL 命令，或利用 Recordset 对象取得结果记录集进行查询、处理。
（5）使用完毕后关闭连接释放对象。
（6）主要代码如下：

```cpp
void CConnectDlg::OnInitADOConn()
{
    try
    {
        //创建连接对象实例
        m_pConnection.CreateInstance("ADODB.Connection");
        //设置连接字符串
        CString strConnect="DRIVER={Microsoft Access Driver (*.mdb)};uid=;pwd=;DBQ=shujuku.mdb;";
        //使用 Open 方法连接数据库
        m_pConnection->Open((_bstr_t)strConnect,"","",adModeUnknown);
    }
    catch(_com_error e)
    {
        AfxMessageBox(e.Description());
    }
}
void CConnectDlg::ExitConnect()
{
    //关闭记录集和连接
    if(m_pRecordset!=NULL)
        m_pRecordset->Close();
    m_pConnection->Close();
}
```

秘笈心法

心法领悟 255：创建 ADO 对象的两种方法。

在利用 ADO 开发数据库应用程序时，需要创建 ADO 对象的实例。在 Visual C++中，通常有两种方法创建 ADO 对象实例，代码如下：

```cpp
con.CreateInstance(__uuidof(Connection));
con.CreateInstance("ADODB.Recordset");
```

实例 256　使用 ADO Data 控件连接 Access 数据库　初级

光盘位置：光盘\MR\08\256　　趣味指数：★★★★☆

实例说明

连接数据库时，用 ADO Data 控件比较方便简单。程序运行效果如图 8.3 所示。

关键技术

本实例实现时主要用到了 Visual C++ 6.0 中的两个控件，分别为 ADO Data 控件和 DataGrid 控件。添加步骤如下：

选择 Project | Add To Project | Components and Controls 命令，在弹出的 Components and Controls Gallery 对

话框中,双击 Registered ActiveX Controls 文件夹,找到 Microsoft ADO Data Control6.0 (SP4)(OLE DB)选项后双击,取默认值,单击 Close 按钮,ADO Data 控件就被添加到控制面板中。用同样的方法找到 Microsoft DataGrid Control6.0(SP5)(OLE DB)选项,添加 DataGrid 控件。

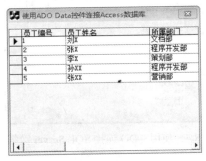

图 8.3　使用 ADO Data 控件连接 Access 数据库

设计过程

(1) 打开 Visual C++ 6.0 开发环境,新建一个基于对话框的应用程序,命名为 Wildcard。
(2) 添加 ADO Data 控件和 DataGrid 控件。
(3) 在窗体上添加一个 ADO Data 控件和一个 DataGrid 控件。
(4) 右击 ADO Data 控件,选择记录源,在命令文本(SQL)处添加以下语句:

```
select * from employees
```

秘笈心法

心法领悟 256:如何使用 ADO 访问 Oracle 数据库?

可使用 ADO 对象访问 Oracle 数据库。

(1) 使用 Microsoft Oracle ODBC Driver:

```
cn.Open"Driver={Microsoft ODBC for Oracle};"&_
"Server=OracleServer.world;"&_
"Uid=myUsername;"&_
"Pwd=myPassword"
```

(2) 使用 Oracle ODBC Driver:

```
cn.Open"Driver={ Oracle ODBC Driver};"&_
"Dbq=myDBName;"&_
"Uid=myUsername;"&_
"Pwd=myPassword"
```

实例 257　使用 ADO 连接 SQL Server 数据库

光盘位置:光盘\MR\08\257　　　中级　趣味指数:★★★★

实例说明

ADO 是 Microsoft 公司目前主要的数据库存储技术,提供了数据库操作方法,并且 Microsoft 公司在不断地改善 ADO 的执行效率。目前 ADO 已经非常稳定,并且能够存取更多种类的数据源。本实例将使用 ADO 动态连接数据库并获取数据。程序运行效果如图 8.4 所示。

图 8.4 使用 ADO 连接 SQL Server 数据库

关键技术

本实例的实现主要用到了 ADO 中的 Connection 对象。Connection 对象用于管理与数据库的连接,包括打开连接和关闭连接以及运行 SQL 命令等,包含了关于目标数据库数据提供者(Database Provider)的相关信息。

在与数据源进行通信之前,必须先与其建立连接关系。数据库操作结束之后,还要关闭此连接。这种打开和关闭一个连接的操作与打电话的过程有相似之处。

下面主要介绍 Conneciton 对象。

Connection 对象代表与数据源进行的通信会话。如果是客户端/服务器数据库系统,则 Connection 对象等价于到服务器的实际网络连接。因为某些提供者可能会不支持某些数据库服务器功能(批更新的),所以 Connection 对象的某些集合、方法或属性有可能无效。

Connection 对象的属性如表 8.1 所示。

表 8.1 Connection 对象的属性

属 性	描 述
Attributes	其值可以为 AdXactCommitRetaining 和 AdXactAbortRetaining 中的任意一个或多个
CommandTimeout	该属性允许由于网络拥塞或服务器负载过重产生的延迟而取消 Execute 方法调用,指示在终止尝试和产生错误之前执行命令期间需等待的时间
ConnectionString	该属性包含用来建立到数据源的连接的信息。通过传递包含一系列由分号分隔的 argument = value 语句的详细连接字符串可指定数据源
ConnectionTimeout	如果由于网络拥塞或服务器负载过重导致的延迟使得必须放弃连接尝试时,使用该属性,指示在终止尝试和产生错误前建立连接期间所等待的时间
CursorLocation	该属性允许在可用于提供者的各种游标库中进行选择,通常,可以选择使用客户端游标库或位于服务器上的某个游标库,设置或返回游标引擎的位置
DefaultDatabase	使用 DefaultDatabase 属性可设置或返回指定 Connection 对象上默认数据库的名称,指示 Connection 对象的默认数据库
IsolationLevel	表示 Connection 对象的隔离级别,IsolationLevel 的属性为读/写,直到下次调用 BeginTrans 方法时,该设置才可以生效
Mode	可设置或返回当前连接上提供者正在使用的访问权限,Mode 属性只能在关闭 Connection 对象时设置
Provider	可设置或返回连接提供者的名称

续表

属 性	描 述
State	可以随时使用 State 属性确定指定对象的当前状态,该属性是只读的
Version	表示 ADO 版本号

Connection 对象的方法如表 8.2 所示。

表 8.2 Connection 对象的方法

方 法	描 述
BeginTrans	开始一个新事务
CommitTrans	保存所有更改并结束当前事务,也可以启动新事务
RollbackTrans	取消当前事务中所做的任何更改并结束事务,也可以启动新事务
Cancel	取消执行挂起的异步 Execute 或 Open 方法的调用
Close	关闭打开的对象及任何相关对象
Execute	执行指定的查询、SQL 语句、存储过程或特定提供者的文本等内容
Open	打开到数据源的连接
OpenSchema	从提供者处获取数据库纲要信息

设计过程

(1) 打开 Visual C++ 6.0 开发环境,新建一个基于对话框的应用程序,命名为 ADOdatabase。

(2) 向窗体中添加一个编辑框控件、一个列表框控件和一个按钮控件,为编辑框控件添加变量 m_edit,为列表框控件添加成员变量 m_list。

(3) 主要代码如下:

```cpp
void CADOdatabaseDlg::OnButconnect()
{
    UpdateData(true);
    m_list.ResetContent();
    OnInitADOConn(m_edit);
    _bstr_t bstrSQL;
    bstrSQL = "select*from sysobjects where xtype='U'";        //设置查询语句
    CString strText;
    m_pRecordset.CreateInstance(__uuidof(Recordset));          //记录集对象实例化
    m_pRecordset->Open(bstrSQL,m_pConnection.GetInterfacePtr(),adOpenDynamic,
            adLockOptimistic,adCmdText);                       //打开记录集
    //向列表框控件中插入数据
     while(m_pRecordset->adoEOF==0)
    {
        strText=(char*)(_bstr_t)m_pRecordset->GetCollect("name");  //获得数据库中的数据
        m_list.AddString(strText);
        m_pRecordset->MoveNext();                              //向下移动记录集指针
    }
    ExitConnect();
}
//连接数据库
void CADOdatabaseDlg::OnInitADOConn(CString strsjk)
{
    ::CoInitialize(NULL);
    CString strname;
    strname.Format("Provider=SQLOLEDB.1;Integrated Security=SSPI;Persist Security Info=False;\
        Initial Catalog=%s;Data Source=.",strsjk);             //设置连接字符串
```

```
            try
            {
                    m_pConnection.CreateInstance("ADODB.Connection");              //连接对象实例化
                    _bstr_t strConnect=strname;
                    m_pConnection->Open(strConnect,"","",adModeUnknown);           //连接数据库
            }
            catch(_com_error e)
            {
                    AfxMessageBox(e.Description());
            }
}
//断开
void CADOdatabaseDlg::ExitConnect()
{
            if(m_pRecordset!=NULL)
                    m_pRecordset->Close();
            m_pConnection->Close();
}
```

秘笈心法

心法领悟 257：使用 ODBC DSN 连接 SQL Server 数据库。

通过"ODBC 数据源"创建 DNS，然后使用以下连接字符串：
`cn.open"Provider=MSDASQL.1;Persist Security Info=False;User ID=sa;Data Source=book"`

实例 258 利用 ADO 连接 SQL Server 数据库的两种格式 （初级 趣味指数：★★★★★）

实例说明

使用 ADO 对象连接数据库时，连接字符串通常有两种格式。

关键技术

使用 ADO 对象连接数据库时连接字符串的两种格式见"设计过程"。

设计过程

格式 1：
`"provider = SQLOLEDB.1; password = ''; Persist Security info = TRUE; User ID = sa; Initial Catalog = '数据库'; Data Source = '.'"`

格式 2：
`"driver = {SQL Server}; SERVER = .;UID = sa; PWD = '';DATABASE = 数据库"`

秘笈心法

心法领悟 258：如何使用 ADO 访问 Excel 文件？

使用 OLE DB + ODBC Driver 方式、Microsoft.Jet.OLEDB.4.0 方式均可实现使用 ADO 访问 Excel 的目的。

（1）OLE DB + ODBC Driver 方式访问数据库：
`adoConnection.Open "Data Provider=MSDASQL.1;`
`driver=Microsoft Excel Driver *.xls);DBQ=e:\temp\book2.xls"`

（2）Microsoft.Jet.OLEDB.4.0 方式访问数据库：
`adoConnection.Open "Provider=Microsoft.Jet.OLEDB.4.0;Persist Security Info=False;`
`Data Source=111;Extended Properties='Excel 8.0;HDR=Yes'"`

实例 259 利用 Execute 执行 SQL 语句

光盘位置：光盘\MR\08\259

中级　趣味指数：★★★★★

实例说明

使用连接对象的 Execute 方法执行 SQL 命令更方便。程序运行效果如图 8.5 所示。

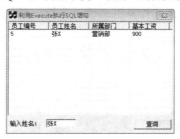

图 8.5　利用 Execute 执行 SQL 语句

关键技术

本实例实现时主要用到了 Execute 函数，下面对该函数进行详细介绍。

Execute 方法的语法如下：

_RecordsetPtr Execute(_bstr_t CommandText,VARIANT * RecordsAffected,long Options)

参数说明：

❶CommandText：命令字符串，通常是 SQL 命令。

❷RecordsAffected：操作后所影响的行数。

❸Options：CommandText 中内容的类型，包括文本、表名、存储过程等。

设计过程

（1）打开 Visual C++ 6.0 开发环境，新建一个基于对话框的应用程序，命名为 Execute。

（2）在工程中添加一个窗体，设置窗体的 Caption 属性为"利用 Execute 执行 SQL 语句"。

（3）向窗体中添加一个列表视图控件、一个静态文本控件、一个编辑框控件和一个按钮控件。

（4）主要代码如下：

```
void CExecuteDlg::OnButton1()
{
    UpdateData(TRUE);
    OnInitADOConn();
    CString sql;
    sql.Format("select * from employees where 员工姓名 = '%s'",m_Edit);
    m_pRecordset = m_pConnection->Execute((_bstr_t)sql,NULL,adCmdText);
    m_Grid.DeleteAllItems();
    while(!m_pRecordset->adoEOF)
    {
        m_Grid.InsertItem(0,"");
        m_Grid.SetItemText(0,0,(char*)(_bstr_t)m_pRecordset->GetCollect("员工编号"));
        m_Grid.SetItemText(0,1,(char*)(_bstr_t)m_pRecordset->GetCollect("员工姓名"));
        m_Grid.SetItemText(0,2,(char*)(_bstr_t)m_pRecordset->GetCollect("所属部门"));
        m_Grid.SetItemText(0,3,(char*)(_bstr_t)m_pRecordset->GetCollect("基本工资"));
        //将记录集指针移动到下一条记录
        m_pRecordset->MoveNext();
    }
    //断开数据库连接
```

```
        ExitConnect();
}
```

秘笈心法

心法领悟 259：ODBC 数据源有如下 3 种类型。
- ☑ 用户 DSN：只能由配置该 DSN 的用户使用或只能在当前的计算机上使用。
- ☑ 系统 DSN：可以被任何使用计算机的用户使用。另外，如果用户要建立 Web 数据库应用程序，应使用此数据源。
- ☑ 文件 DSN：除了能够被用户在其他计算机上使用之外，与系统 DSN 相似。

8.2 记录集操作

实例 260　遍历记录集
光盘位置：光盘\MR\08\260　　　　　　　　　　　　　　　　　中级　趣味指数：★★★★☆

实例说明

要从记录集中读出数据，就需要在记录集上移动光标，使要访问的行成为当前行。在 ADO 中可以通过移动记录集指针的方法来实现，包括 MoveFirst、MoveLast、MovePevious 和 MoveNext。程序运行效果如图 8.6 所示。

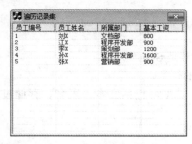

图 8.6　遍历记录集

关键技术

本实例实现时主要用到了移动记录集指针的方法，下面对这些方法进行详细介绍。
- ☑ MoveFirst：移动到记录集的第一条记录。
- ☑ MoveLast：移动到记录集的最后一条记录。
- ☑ MoveNext：移动到记录集当前记录的下一条记录。
- ☑ MovePevious：移动到记录集当前记录的上一条记录。

设计过程

（1）打开 Visual C++ 6.0 开发环境，新建一个基于对话框的应用程序，命名为 CountRes。
（2）在工程中添加一个窗体，设置窗体的 Caption 属性为"遍历记录集"。
（3）在窗体上添加一个列表视图控件。
（4）主要代码如下：
```
void CCountResDlg::AddToGrid()
{
```

```
//连接数据库
OnInitADOConn();
//设置查询字符串
_bstr_t bstrSQL = "select * from employees order by 员工编号 desc";
//创建记录集指针对象实例
m_pRecordset.CreateInstance(__uuidof(Recordset));
//打开记录集
m_pRecordset->Open(bstrSQL,m_pConnection.GetInterfacePtr(),adOpenDynamic,
    adLockOptimistic,adCmdText);
//遍历记录集
while(!m_pRecordset->adoEOF)
{
    m_Grid.InsertItem(0,"");
    m_Grid.SetItemText(0,0,(char*)(_bstr_t)m_pRecordset->GetCollect("员工编号"));
    m_Grid.SetItemText(0,1,(char*)(_bstr_t)m_pRecordset->GetCollect("员工姓名"));
    m_Grid.SetItemText(0,2,(char*)(_bstr_t)m_pRecordset->GetCollect("所属部门"));
    m_Grid.SetItemText(0,3,(char*)(_bstr_t)m_pRecordset->GetCollect("基本工资"));
    //将记录集指针移动到下一条记录
    m_pRecordset->MoveNext();
}
//断开数据库连接
ExitConnect();
}
```

秘笈心法

心法领悟 260：在判断时为何用 adoEOF，不用 EOF？

遍历记录集的代码为：
```
while(!m_pRecordset->adoEOF)
{
    ……//此处代码省略
    m_pRecordset->MoveNext();
}
```

上述代码中，在判断时使用的是 adoEOF，不是 EOF，因为在#import 中已经将 ADO 的 EOF 更名为 adoEOF，以避免与定义了 EOF 的其他库冲突。

实例 261　使用记录集对象的 AddNew 方法添加记录　　中级

光盘位置：光盘\MR\08\261　　趣味指数：★★★★★

实例说明

调用 Recordset 对象的 AddNew 方法添加一个新的空记录，然后通过 PutCollect 方法为每个字段赋值。如图 8.7 所示为程序运行界面，添加信息后，单击"添加"按钮，将弹出提示信息。

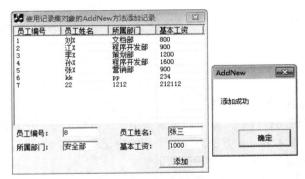

图 8.7　使用记录集对象的 AddNew 方法添加记录

关键技术

本实例实现时主要用到了 Recordset 对象的 AddNew 方法，下面对此方法进行详细介绍。
AddNew 方法格式如下：
HRESULT AddNew(const_variant_t&FieldList = vtMissing,const_variant_t&values = vtMissing);
参数说明：
❶FieldList：指定字段列表数组。
❷values：指定字段值数组。

设计过程

（1）打开 Visual C++ 6.0 开发环境，新建一个基于对话框的应用程序，命名为 AddNew。
（2）在工程中添加一个窗体，设置窗体的 Caption 属性为"使用记录集对象的 AddNew 方法添加记录"。
（3）在窗体上添加一个列表视图控件，4 个编辑框控件和一个按钮控件。
（4）主要代码如下：

```
void CAddNewDlg::OnButton1()
{
    UpdateData(TRUE);
    if(m_Edit1.IsEmpty() || m_Edit2.IsEmpty()
        || m_Edit3.IsEmpty() || m_Edit4.IsEmpty())
    {
        MessageBox("基础信息不能为空！");
        return;
    }
    OnInitADOConn();
    _bstr_t sql;
    sql = "select * from employees";
    m_pRecordset.CreateInstance(__uuidof(Recordset));
    m_pRecordset->Open(sql,m_pConnection.GetInterfacePtr(),
        adOpenDynamic,adLockOptimistic,adCmdText);
    try
    {
        m_pRecordset->AddNew();                                     //添加新行
        m_pRecordset->PutCollect("员工编号",(_bstr_t)m_Edit1);
        m_pRecordset->PutCollect("员工姓名",(_bstr_t)m_Edit2);
        m_pRecordset->PutCollect("所属部门",(_bstr_t)m_Edit3);
        m_pRecordset->PutCollect("基本工资",(_bstr_t)m_Edit4);
        m_pRecordset->Update();                                     //更新数据表
        ExitConnect();
    }
    catch(...)
    {
        MessageBox("操作失败");
        return;
    }
    MessageBox("添加成功");
    m_Grid.DeleteAllItems();                                        //删除列表控件中数据
    AddToGrid();
}
```

秘笈心法

心法领悟 261：向记录集添加数据的步骤。
首先要打开记录集。当其成功打开后，即可向记录集中添加数据，添加记录的步骤如下：
（1）调用 Recordset 对象的 AddNew 方法添加一个新的空记录。
（2）调用 PutCollect 方法向新记录中的字段赋值。
（3）调用 Recordset 对象的 Update 方法更新数据库中的记录。

第 8 章　ADO 基本操作

实例 262　使用记录集对象的 Update 方法更新记录

光盘位置：光盘\MR\08\262　　　　趣味指数：★★★★☆　中级

实例说明

调用 Recordset 对象的 Update 方法更新数据库中的记录。可以使用 Move 方法随意移动记录集指针来配合 Update 方法进行更新。程序运行效果如图 8.8 所示。

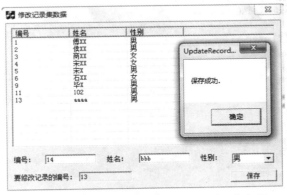

图 8.8　使用记录集对象的 Update 方法添加记录

关键技术

本实例实现时主要用到了 Update 和 Move 方法，下面对这两个方法进行详细介绍。
Update 方法语法格式如下：
HRESULT Update(const_variant_t&Fields = vtMissing,const_variant_t&values = vtMissing);
参数说明：
❶Fields：指定字段数组。
❷values：指定字段值数组。
Move 方法用于将记录集指针移动到指定的记录。语法格式如下：
HRESULT Move(long NumRecords,const_variant_t & Start = vtMissing)
参数说明：
❶NumRecords：表示当前记录集指针移动的记录数。值为正时，指针向前移动；值为负时，指针向后移动。
❷Start：指明移动的起始位置，默认时，从当前行移动。

设计过程

（1）打开 Visual C++ 6.0 开发环境，新建一个基于对话框的应用程序，命名为 UpdateRecordset。
（2）在工程中添加一个窗体，设置窗体的 Caption 属性为"修改记录集数据"。
（3）在窗体上添加 3 个编辑框控件、一个组合框控件和一个列表视图控件。
（4）主要代码如下：
```
void CUpdateRecordsetDlg::OnOK()
{
    UpdateData(true);
    if(m_name.IsEmpty())
    {
        MessageBox("姓名不能为空！");
        return;
```

```
}
ADOConn m_AdoConn;
m_AdoConn.OnInitADOConn();
_bstr_t sql;
sql = "select*from employees";
_RecordsetPtr m_pRecordset;
    m_pRecordset=m_AdoConn.GetRecordSet(sql);
CString sex;
m_combo.GetLBText(m_combo.GetCurSel(),sex);
try
{
    m_pRecordset->Move((long)pos,vtMissing);
    m_pRecordset->PutCollect("编号",(_bstr_t)m_id);
    m_pRecordset->PutCollect("姓名",(_bstr_t)m_name);
    m_pRecordset->PutCollect("性别",(_bstr_t)sex);
    m_pRecordset->Update();
    m_AdoConn.ExitConnect();
}
catch(...)
{
    MessageBox("操作失败");
    return;
}
MessageBox("保存成功.");
m_grid.DeleteAllItems();
AddToGrid();
//CDialog::OnOK();
}
```

秘笈心法

心法领悟 262：修改记录的步骤。

（1）调用 Recordset 对象的 Move 方法选择要修改的记录。
（2）调用 PutCollect 方法向当前记录中的字段赋新值。
（3）调用 Recordset 对象的 Update 方法更新数据库中的记录。

实例 263　使用记录集对象的 Delete 方法删除记录

光盘位置：光盘\MR\08\263　　中级　趣味指数：★★★★☆

实例说明

使用 ADO 对象删除记录时可以使用 Delete 方法，该方法用于从记录集中删除行。程序运行效果如图 8.9 所示。

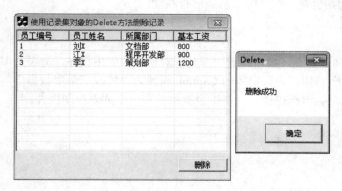

图 8.9　使用记录集对象的 Delete 方法删除记录

关键技术

本实例实现时主要用到了 Delete 方法，如果要删除记录集中的某条记录，首先需要打开记录集并将记录集的指针定位到要删除的记录上，然后调用 Delete 方法。

Delete 方法的语法如下：
HRESULT Delete(enum AffectedEnum AffectRecords)
参数说明：

AffectRecords：枚举型变量，用于指定删除的方式。可选值有两个，分别是 adAffectCurrent 和 adAffectGroup，值为 adAffectCurrent 时，仅删除当前记录；值为 adAffectGroup 时，删除满足当前 Filter 属性设置的记录，使用该选项必须将 Recordset 对象的 Filter 属性设置为有效的预定义常量之一。

设计过程

（1）打开 Visual C++ 6.0 开发环境，新建一个基于对话框的应用程序，命名为 Delete。
（2）在工程中添加一个窗体，设置窗体的 Caption 属性为"使用记录集对象的 Delete 方法删除记录"。
（3）在窗体上添加一个列表视图控件和一个按钮控件。
（4）主要代码如下：

```
void CDeleteDlg::OnButton1()
{
    OnInitADOConn();
    _bstr_t sql;
    sql = "select * from employees";
    m_pRecordset.CreateInstance(__uuidof(Recordset));
    m_pRecordset->Open(sql,m_pConnection.GetInterfacePtr(),adOpenDynamic,
        adLockOptimistic,adCmdText);
    try
    {
        m_pRecordset->Move(pos,vtMissing);
        m_pRecordset->Delete(adAffectCurrent);
        m_pRecordset->Update();
        ExitConnect();
    }
    catch(...)
    {
        MessageBox("操作失败");
        return;
    }
    MessageBox("删除成功");
    m_Grid.DeleteAllItems();
    AddToGrid();
}
```

秘笈心法

心法领悟 263：删除记录集中某条记录。
首先需要打开记录集并将记录集的指针定位到要删除的记录上，然后调用 Delete 方法。

实例 264 通过记录集对象过滤数据

光盘位置：光盘\MR\08\264
趣味指数：★★★★☆
中级

实例说明

本实例利用 Execute 执行 SQL 语句来过滤数据。实现的是把相同部门的员工信息过滤出来。运行程序，输入部门名称，单击"查询"按钮，查询信息将显示在 DataGridView 控件上。程序运行效果如图 8.10 所示。

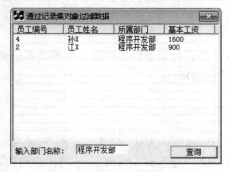

图 8.10　通过记录集对象过滤数据

关键技术

本实例实现时主要用到了连接对象的 Execute 方法执行 SQL 命令，下面进行详细介绍。
使用连接对象的 Execute 方法执行 SQL 命令更方便。Execute 方法的语法如下：
_RecordsetPtr Execute(_bstr_t CommandText,VARIANT * RecordsAffected,long Options)
参数说明：

❶CommandText：命令字符串，通常是 SQL 命令。
❷RecordsAffected：操作后所影响的行数。
❸Options：CommandText 中内容的类型，包括文本、表名、存储过程等。

设计过程

（1）打开 Visual C++ 6.0 开发环境，新建一个基于对话框的应用程序，命名为 Execute。
（2）在工程中添加一个窗体，设置窗体的 Caption 属性为"通过记录集对象过滤数据"。
（3）在窗体上添加一个列表视图控件、一个编辑框控件和一个按钮控件。
（4）主要代码如下：

```
void CExecuteDlg::OnButton1()
{
    UpdateData(TRUE);
    OnInitADOConn();
    CString sql;
    sql.Format("select * from employees where 所属部门 = '%s'",m_Edit);
    m_pRecordset = m_pConnection->Execute((_bstr_t)sql,NULL,adCmdText);
    m_Grid.DeleteAllItems();
    while(!m_pRecordset->adoEOF)
    {
        m_Grid.InsertItem(0,"");
        m_Grid.SetItemText(0,0,(char*)(_bstr_t)m_pRecordset->GetCollect("员工编号"));
        m_Grid.SetItemText(0,1,(char*)(_bstr_t)m_pRecordset->GetCollect("员工姓名"));
        m_Grid.SetItemText(0,2,(char*)(_bstr_t)m_pRecordset->GetCollect("所属部门"));
        m_Grid.SetItemText(0,3,(char*)(_bstr_t)m_pRecordset->GetCollect("基本工资"));
        //将记录集指针移动到下一条记录
        m_pRecordset->MoveNext();
    }
    //断开数据库连接
    ExitConnect();
}
```

秘笈心法

心法领悟 264：如何判断连接已打开？
动态连接数据库时，需要随时打开数据库，并将其关闭，否则再次打开时将出现"对象打开时，不允许操作"。

实例 265 在记录集中对查询结果排序

光盘位置：光盘\MR\08\265

中级
趣味指数：★★★★☆

实例说明

本实例是在遍历结果集之后，对遍历结果进行排序。按照数据表中的基本工资由少到多的顺序排列。程序运行效果如图 8.11 所示。

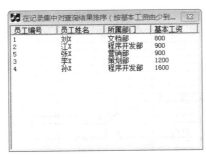

图 8.11　在记录集中对查询结果排序

关键技术

本实例主要通过如下 SQL 语句实现。

select * from employees order by 基本工资 desc

ORDER BY 子句的作用是分类输出，并且根据表中包含的一列或多列的表达式将输出按升序或降序排列，不改变数据库中的行的顺序。ORDER BY 简单改变查询输出的显示顺序。

ORDER BY 子句的语法如下：

SELECT …
ORDER BY expression [ASC|DESC],…
WHERE

参数说明：

❶expression：指定输出时排序的字段。

❷[ASC | DESC]：可选项，代表升序或者降序。

❸…：指可以有多于一个的分类表达式，并且每一个表达式都可以分别为升序或者降序。

设计过程

（1）打开 Visual C++ 6.0 开发环境，新建一个基于对话框的应用程序，命名为 CountRes。

（2）在工程中添加一个窗体，设置窗体的 Caption 属性为"在记录集中对查询结果排序（按基本工资由少到多）"。

（3）在窗体上添加一个列表视图控件。

（4）主要代码如下：

```
void CCountResDlg::AddToGrid()
{
    //连接数据库
    OnInitADOConn();
    //设置查询字符串
```

```
_bstr_t bstrSQL = "select * from employees order by 基本工资 desc";
//创建记录集指针对象实例
m_pRecordset.CreateInstance(__uuidof(Recordset));
//打开记录集
m_pRecordset->Open(bstrSQL,m_pConnection.GetInterfacePtr(),adOpenDynamic,
adLockOptimistic,adCmdText);
//遍历记录集
while(!m_pRecordset->adoEOF)
{
    m_Grid.InsertItem(0,"");
    m_Grid.SetItemText(0,0,(char*)(_bstr_t)m_pRecordset->GetCollect("员工编号"));
    m_Grid.SetItemText(0,1,(char*)(_bstr_t)m_pRecordset->GetCollect("员工姓名"));
    m_Grid.SetItemText(0,2,(char*)(_bstr_t)m_pRecordset->GetCollect("所属部门"));
    m_Grid.SetItemText(0,3,(char*)(_bstr_t)m_pRecordset->GetCollect("基本工资"));
    //将记录集指针移动到下一条记录
    m_pRecordset->MoveNext();
}
//断开数据库连接
ExitConnect();
}
```

秘笈心法

心法领悟 265：如何判断读取的字段值为空？

读取数据库数据时，有的记录值可能为 NULL，如果不处理就显示出来，有时会产生错误。因此，在显示数据之前必须判断字段值是否为 NULL，判断可用函数 IsNull 实现。

实例 266　利用记录集对象批量更新数据

光盘位置：光盘\MR\08\266　　　　中级　趣味指数：★★★★

实例说明

有时需要批量更新一些记录，如果逐条地判断是否更新，工作起来非常麻烦。这时就要指定一定的条件，根据条件判断是否更新。本实例是将员工的基本工资低于一定数值的记录进行批量更新，将其修改为指定数值。程序运行效果如图 8.12 所示。

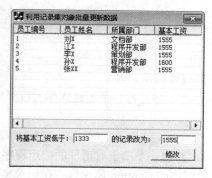

图 8.12　利用记录集对象批量更新数据

关键技术

本实例实现时主要用到了修改记录集的方法。用 SQL 语句查找数据表中基本工资低于指定数值的记录，将查到的记录的基本工资赋新值，实现批量更新数据的功能。

设计过程

（1）打开 Visual C++ 6.0 开发环境，新建一个基于对话框的应用程序，命名为 Update。
（2）在工程中添加一个窗体，设置窗体的 Caption 属性为"利用记录集对象批量更新数据"。
（3）在窗体上添加一个列表视图控件、两个编辑框控件和一个按钮控件。
（4）主要代码如下：

```cpp
void CUpdateDlg::OnButton1()
{
    UpdateData(TRUE);
    variant_t RecordsAffected;          //用来获取通过执行 SQL 语句受影响的行数
    _bstr_t sql;
    sql = "update employees set 基本工资=" + m_Edit2 + " where 基本工资 <= " + m_Edit1;
    try
    {
        //连接 Access 数据库
        OnInitADOConn();
        //执行 SQL 语句，修改记录
        m_pConnection->Execute((_bstr_t)sql,&RecordsAffected,adCmdText);
        MessageBox("修改成功");
    }
    catch(...)
    {
        MessageBox("操作失败");
        return;
    }
    m_Grid.DeleteAllItems();            //清空列表
    AddToGrid();                        //重新填写列表
}
```

秘笈心法

心法领悟 266：空数据不允许保存。

在数据录入的过程中，如果将空的数据保存到数据表中，有时会引起错误，并为以后的查询和维护带来不便。

第 9 章

数据库维护

▶▶ 数据库应用
▶▶ 数据维护

第9章 数据库维护

9.1 数据库应用

实例267 获取 SQL Server 数据库的表结构
光盘位置：光盘\MR\09\267　　中级　趣味指数：★★★★

■ 实例说明

本实例实现读取 SQL Server 数据库结构的功能。运行程序，在编辑框中输入 SQL Server 数据库名，此数据库中所有的数据表将显示在"数据库中的表"列表中。在"数据库中的表"列表中双击要选择的数据表，右侧窗体上将显示此数据表的表结构，如图 9.1 所示。

图 9.1　获取 SQL Server 数据库的表结构

■ 关键技术

在 SQL Server 数据库的系统表 sysobjects 中保存着该数据库的表和视图等信息，其中字段值是 U 的记录为用户所创建的表。获取用户表的 SQL 语句如下：

SELECT* FROM sysobjects WHERE xtype='U'

ADO 的 Field 对象可以获得数据库结构。Field 对象的集合、方法和属性如表 9.1 所示。

表 9.1　Field 对象的集合、方法和属性描述

集合、方法和属性	描述
Name	返回字段名
Value	查看或更改字段中的数据
Type、Precision 和 NumericScale 属性	返回字段的基本特性
DefinedSize	返回已声明的字段大小
ActualSize	返回给定字段中数据的实际大小
Attributes 属性和 Properties 集合	决定对于给定字段哪些类型的功能受到支持
AppendChunk 和 GetChunk 方法	处理包含长二进制或长字符数据的字段值
OriginalValue 和 UnderlyingValue 属性	如果提供者支持批更新，可使用这两种属性在批更新期间解决字段值之间的差异

■ 设计过程

（1）打开 Visual C++ 6.0 开发环境，新建一个基于对话框的工程，命名为 SQLframe。
（2）在窗体上添加一个编辑框控件、一个列表框控件、一个列表视图控件和一个按钮控件，为控件添加变量。
（3）主要代码如下：

```cpp
//获得数据库中的表
void CSQLframeDlg::OnButconn()
{
    m_list.ResetContent();
    m_edit.GetWindowText(str);
    OnInitADOConn(str);
    _bstr_t bstrSQL;
    bstrSQL = "select*from sysobjects where xtype='U'";        //查询数据表
    CString strText;
    m_pRecordset.CreateInstance(__uuidof(Recordset));          //记录集对象实例化
    m_pRecordset->Open(bstrSQL,m_pConnection.GetInterfacePtr(),adOpenDynamic,
            adLockOptimistic,adCmdText);                       //打开记录集
    while(m_pRecordset->adoEOF==0)
    {
        strText=(char*)(_bstr_t)m_pRecordset->GetCollect("name");  //获得数据表
        m_list.AddString(strText);                                 //插入到列表框中
        m_pRecordset->MoveNext();
    }
    ExitConnect();
}
//获得数据库结构
void CSQLframeDlg::OnDblclkList1()
{
    m_grid.DeleteAllItems();
    OnInitADOConn(str);
    CString str1,strname1;
    m_list.GetText(m_list.GetCurSel(),str1);
    strname1.Format("select*from %s",str1);
    _bstr_t bstrSQL;
    bstrSQL = strname1;
    m_pRecordset->Open(bstrSQL,m_pConnection.GetInterfacePtr(),adOpenDynamic,
            adLockOptimistic,adCmdText);                       //打开记录集
    Fields* fields=NULL;
    long countl,sizel;
    BSTR bstr;
    enum DataTypeEnum stype;
    m_pRecordset->get_Fields(&fields);                         //获得字段结构
    countl = fields->Count;
    for(long i=countl-1;i>=0;i--)
    {
        fields->Item[i]->get_Name(&bstr);                      //获得字段名
        fields->Item[i]->get_Type(&stype);                     //获得字段类型
        fields->Item[i]->get_DefinedSize(&sizel);              //获得字段大小
        //将字段信息插入到列表中
        m_grid.InsertItem(0,0);
        m_grid.SetItemText(0,0,(CString)bstr);
        m_grid.SetItemText(0,1,(char*)(_bstr_t)(long)stype);
        m_grid.SetItemText(0,2,(char*)(_bstr_t)sizel);
    }
    fields->Release();
    ExitConnect ();
}
```

■ 秘笈心法

心法领悟 267：SqlConnection 对象的 Close 方法。
在数据库操作中，使用 SqlConnection 对象的 Open 方法，可以打开与 SQL Server 数据库的连接，在打开数

据库连接后，可以使用 SqlCommand 对象的 ExecuteNonQuery 方法执行指定的 SQL 语句操作数据库中的数据，操作完成后，应当显式调用 SqlConnection 对象的 Close 方法释放数据库连接资源。

实例 268　获取 Access 数据库的表结构

光盘位置：光盘\MR\09\268　　　　趣味指数：★★★★★　　中级

■ 实例说明

本实例实现的是读取 Access 数据库结构的功能。运行程序，单击"打开数据库"按钮，选择 Access 数据库文件，单击"打开"按钮后，数据库所在路径将显示在文本框中，数据库中的所有数据表将显示在"表名"列表框中。在"表名"列表框中双击指定的数据表，其表结构将显示在右侧的表格中，结果如图 9.2 所示。

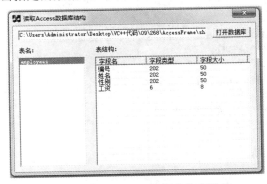

图 9.2　获取 Access 数据库的表结构

■ 关键技术

本实例实现时主要用到了 ADO 中 Connection 对象的 OpenSchema 方法，该方法可以通过提供者获取数据库纲要信息，如数据库、数据表字段类型等。下面介绍其语法及用法。

语法如下：

_RecordsetPtr OpenSchema(enmu SchemaEnum Schema,const _variant_t &Restrictions = vtMissing,const _variant_t &SchemaID = vtMissing);

参数说明：

❶Schema：所要运行纲要的查询类型。

❷Restrictions：默认变量，每个 Schema 选项的查询限制条件数组。

❸SchemaID：由于 OLE DB 规范没有定义提供者纲要查询的 GUID，如果 Schema 设置为 adschemaproviderspecific，则需要该参数，否则不使用它。

返回值：返回包含纲要信息的 Recordset 对象。Recordset 将以只读、静态游标打开。

■ 设计过程

（1）打开 Visual C++ 6.0 开发环境，新建一个基于对话框的应用程序，命名为 AccessFrame。

（2）在工程中添加一个窗体，设置窗体的 Caption 属性为"读取 Access 数据库结构"。

（3）向窗体中添加一个编辑框控件、一个列表框控件、一个列表视图控件和一个按钮控件，为控件添加变量。

（4）主要代码如下：

```
void CAccessFrameDlg::OnButconnect()
{
    UpdateData(true);
    m_list.ResetContent();
```

```
    OnInitADOConn(m_edit);
    _bstr_t bstrSQL;
    bstrSQL = "select*from sysobjects where xtype='U'";           //查询数据表
    CString strText;
    m_pRecordset.CreateInstance(__uuidof(Recordset));              //记录集对象实例化
    m_pRecordset->Open(bstrSQL,m_pConnection.GetInterfacePtr(),adOpenDynamic,adLockOptimistic,
        adCmdText);                                                //打开记录集
    while(m_pRecordset->adoEOF==0)
    {
        strText=(char*)(_bstr_t)m_pRecordset->GetCollect("name");  //获得表名
        m_list.AddString(strText);                                 //将表名插入到列表框中
        m_pRecordset->MoveNext();                                  //向下移动记录集指针
    }
    ExitConnect();
}
//连接数据库
void CAccessFrameDlg::OnInitADOConn(CString strsjk)
{
    ::CoInitialize(NULL);
    CString strname;
    strname.Format("Provider=SQLOLEDB.1;Integrated Security=SSPI;Persist Security Info=False;\
        Initial Catalog=%s;Data Source=.",strsjk);
    try
    {
        m_pConnection.CreateInstance("ADODB.Connection");
        _bstr_t strConnect=strname;
        m_pConnection->Open(strConnect,"","",adModeUnknown);
    }
    catch(_com_error e)
    {
        AfxMessageBox(e.Description());
    }
}
//断开数据库连接
void CAccessFrameDlg::ExitConnect()
{
    if(m_pRecordset!=NULL)
        m_pRecordset->Close();
    m_pConnection->Close();
}
```

秘笈心法

心法领悟 268：如何建立远程数据库连接？

如果想用 ODBC 数据源快速创建应用程序，可使用远程数据控件（RDO）。RDO 控件允许在某一结果集的行与行之间移动，并且允许显示和操作来自于被绑定的控件各行里的数据。

实例 269　获得 SQL Server 中的数据库名称

光盘位置：光盘\MR\09\269

中级
趣味指数：★★★★☆

实例说明

本实例实现的是获取 SQL Server 中数据库名称的功能。单击"获取"按钮即可显示 SQL Server 中的数据库名称，运行结果如图 9.3 所示。

关键技术

在 SQL Server 中的 master 数据库的系统表 sysdatabases 中保存着所有数据库信息，其中字段值是 name 的记录就是数据库名称。

图 9.3　获得 SQL Server 中的数据库名称

设计过程

（1）打开 Visual C++ 6.0 开发环境，新建一个基于对话框的应用程序，命名为 SQLDatabase。
（2）在工程中添加一个窗体，设置窗体的 Caption 属性为"获得 SQL Server 中数据库名称"。
（3）在窗体上添加一个列表视图控件和一个按钮控件，为控件添加变量。
（4）主要代码如下：

```
void CSQLDatabaseDlg::OnButton1()
{
    OnInitADOConn();
    _bstr_t bstrSQL;
    bstrSQL = "select name from sysdatabases";
    m_pRecordset.CreateInstance(__uuidof(Recordset));
    m_pRecordset->Open(bstrSQL,m_pConnection.GetInterfacePtr(),adOpenDynamic,
        adLockOptimistic,adCmdText);
    while(!m_pRecordset->adoEOF)
    {
        m_List.AddString((char*)(_bstr_t)m_pRecordset->GetCollect("name"));
        m_pRecordset->MoveNext();
    }
    ExitConnect();
}
```

秘笈心法

心法领悟 269：使用事务。

事务是现代数据库理论中的核心概念之一。最简单的是把事务看成不可分割的工作单元，即事务中的改变同时成功或同时失败，而不会一部分成功，一部分失败。事务具有 ACID 属性，即原子性、一致性、隔离性和持久性。

实例 270　如何判断一个表是否存在

光盘位置：光盘\MR\09\270　　　　　　　　　中级　趣味指数：★★★★★

实例说明

本实例实现的是判断一个表是否存在的功能，在编辑框中输入想要判断的数据库的表名，单击"判断"按钮进行判断，运行结果如图 9.4 所示。

图 9.4 判断一个表是否存在

■ 关键技术

判断一个数据表是否存在最简单的方法就是错误尝试法。所谓错误尝试法就是先假设表存在，直接打开，如果表真的存在，不会产生错误，如果不存在，则产生错误。

■ 设计过程

（1）打开 Visual C++ 6.0 开发环境，新建一个基于对话框的应用程序，命名为 IsTable。
（2）在工程中添加一个窗体，设置窗体的 Caption 属性为"如何判断一个表是否存在"。
（3）在窗体上添加一个编辑框控件和一个按钮控件，为控件添加变量。
（4）主要代码如下：

```
void CIsTableDlg::OnButton1()
{
    UpdateData(TRUE);
    OnInitADOConn();
    CString SQL,str;
    try
    {
        SQL.Format("select * from %s",m_Edit);
        m_pRecordset.CreateInstance(__uuidof(Recordset));
        m_pRecordset->Open((_bstr_t)SQL,m_pConnection.GetInterfacePtr(),adOpenDynamic,
            adLockOptimistic,adCmdText);
        ExitConnect();
        str.Format("表%s 存在",m_Edit);
        AfxMessageBox(str);
    }
    catch(_com_error e)
    {
        str.Format("表%s 不存在",m_Edit);
        AfxMessageBox(str);
    }
}
```

■ 秘笈心法

心法领悟 270：ADO 中的事务是通过 Connection 对象的如下方法实现的。
（1）BeginTrans 方法：开始一个新事务。
（2）CommitTrans 方法：将从调用 BeginTrans 方法以来的所有数据改变实现到数据库中。如果调用 CommitTrans 而没有调用 BeginTrans，则会出现错误。
（3）RollbackTrans 方法：撤销从调用 BeginTrans 方法以来的所有数据的改变。如果调用 RollbackTrans 而没有调用 BeginTrans，则会出现错误。

实例 271　对数据库进行录入图片

光盘位置：光盘\MR\09\271　　　　中级　　趣味指数：★★★★★

实例说明

在一些系统中，图片数据的存取是必不可少的，如员工的照片等。许多程序设计人员将图片的路径存储在数据库中，在读取图片信息时，根据路径加载图片。这样做虽然简单，但是存在许多弊端。例如，如果磁盘中的图片丢失，就会显示错误信息。如果将图片信息存储在数据库中，图片就安全多了。本实例利用 Access 数据库存储图片信息，运行程序，在编辑框中输入相关信息，单击"打开"按钮打开图片，单击"保存"按钮将图片信息保存到数据库中，如图 9.5 所示。

图 9.5　对数据库进行录入图片

关键技术

如果要向 Access 数据库中存储图片，首先字段的数据类型应设置为"OLE 对象"，先将图片以二进制的形式读入内存，然后调用 Recordset 对象的 GetFields 方法向数据库中添加图片，将数据写入数据库中。

设计过程

（1）打开 Visual C++ 6.0 开发环境，新建一个基于对话框的应用程序，命名为 InsertBmp。
（2）在工程中添加一个窗体，设置窗体的 Caption 属性为"对数据库进行录入图片"。
（3）在窗体上添加一个图片控件、一个编辑框控件和一个按钮控件，为控件添加变量。
（4）主要代码如下：

```
void CInsertBmpDlg::OnButsave()
{
    UpdateData(true);
    if ((m_id.IsEmpty() || m_name.IsEmpty() || m_sex.IsEmpty() || m_knowledge.IsEmpty()))
    {
        MessageBox("基础信息不能为空.","提示");
        return;
    }
    m_pRecordset.CreateInstance(__uuidof(Recordset));
    m_pRecordset->Open("select * from picture",m_pConnection.GetInterfacePtr(),adOpenDynamic,
        adLockOptimistic,adCmdText);
    try
    {
```

```
            m_pRecordset->AddNew();                        //添加新行
            VARIANT      m_bitdata;
            CFile m_file (strText,CFile::modeRead);        //打开文件
            DWORD m_filelen = m_file.GetLength()+1;        //获得文件大小
            char * m_bitbuffer = new char[m_filelen];
            m_file.ReadHuge(m_bitbuffer,m_filelen);        //读取文件数据
            m_file.Close();                                //关闭文件
            m_bitdata.vt= VT_ARRAY|VT_UI1;
            SAFEARRAY * m_psafe;
            SAFEARRAYBOUND m_band;
            m_band.cElements = m_filelen;
            m_band.lLbound = 0;
            m_psafe = SafeArrayCreate(VT_UI1,1,&m_band);
            for(long i=0; i < m_filelen ; i++)
            {
                    SafeArrayPutElement(m_psafe,&i,m_bitbuffer++);
            }
            m_bitdata.parray = m_psafe;
            //设置数据
            m_pRecordset->GetFields()->GetItem("编号")->Value = (_bstr_t)m_id;
            m_pRecordset->GetFields()->GetItem("图片")->AppendChunk(&m_bitdata);
            m_pRecordset->Update();
    }
    catch(...)
    {
            MessageBox("操作失败");
            return;
    }
    MessageBox("操作成功.");
    m_grid.DeleteAllItems();
    AddToGrid();
}
```

■ 秘笈心法

心法领悟271：如何判断字段的大小？

录入数据的过程中，有时会因为输入的内容过长，设计的字段太小而引起运行时错误。出现这种情况，可以通过判断字段的大小来避免错误发生。ADO对象、Recordset对象和Field对象的DefinedSize属性均可得到指定字段的大小，通过该属性可以判断字段的大小。

实例272　从数据库中提取图片

光盘位置：光盘\MR\09\272　　　　　　　　　　　　　中级　趣味指数：★★★★★

■ 实例说明

图片信息保存到数据库中后，还可提取出来以便查看。本实例将从Access数据库中提取图片信息。运行程序，在编辑框中输入相关信息，单击下拉按钮选择图片编号，即可提取图片，如图9.6所示。

■ 关键技术

如果要从Access数据库中提取图片，首先字段的数据类型应设置为"OLE对象"，先将图片以二进制的形式读入内存，然后读取数据，提取图片。

图9.6　从数据库中提取图片

第 9 章 数据库维护

■ 设计过程

（1）打开 Visual C++ 6.0 开发环境，新建一个基于对话框的应用程序，命名为 DistillBmp。
（2）在工程中添加一个窗体，设置窗体的 Caption 属性为"从数据库中提取图片"。
（3）在窗体上添加一个图片控件和一个组合框控件，为控件添加变量。
（4）主要代码如下：

```
void CDistillBmpDlg::OnSelchangeCombo1()
{
    OnInitADOConn();
    CString str;
    m_Combo.GetLBText(m_Combo.GetCurSel(),str);
    CString sql;
    sql.Format("select*from picture where  编号='%s'",str);
    m_pRecordset.CreateInstance(__uuidof(Recordset));
    m_pRecordset->Open((_bstr_t)sql,m_pConnection.GetInterfacePtr(),
        adOpenDynamic,adLockOptimistic,adCmdText);
    HBITMAP m_hBitmap;
    //读取图像字段的实际大小
    long lDataSize = m_pRecordset->GetFields()->GetItem("图片")->ActualSize;
    char *m_pBuffer;                                        //定义缓冲变量
    if(lDataSize > 0)
    {
        //从图像字段中读取数据到 varBLOB 中
        _variant_t varBLOB;
        varBLOB = m_pRecordset->GetFields()->GetItem("图片")->GetChunk(lDataSize);
        if(varBLOB.vt == (VT_ARRAY | VT_UI1))
        {
            if(m_pBuffer = new char[lDataSize+1])           //分配必要的存储空间
            {
                char *pBuf = NULL;
                SafeArrayAccessData(varBLOB.parray,(void **)&pBuf);
                memcpy(m_pBuffer,pBuf,lDataSize);           //复制数据到缓冲区 m_pBuffer
                SafeArrayUnaccessData (varBLOB.parray);
                //将数据转换为 HBITMAP 格式
                LPSTR hDIB;
                LPVOID lpDIBBits;
                BITMAPFILEHEADER bmfHeader;                 //用于保存 BMP 文件头信息
                DWORD bmfHeaderLen;                         //保存文件头的长度
                bmfHeaderLen = sizeof(bmfHeader);           //读取文件头的长度
                //将 m_pBuffer 中文件头复制到 bmfHeader 中
                strncpy((LPSTR)&bmfHeader, (LPSTR)m_pBuffer, bmfHeaderLen);
                if (bmfHeader.bfType != (*(WORD*)"BM"))     //如果文件类型不对，则返回
                {
                    MessageBox("BMP 文件格式不准确");
                    return;
                }
                hDIB = m_pBuffer + bmfHeaderLen;            //将指针移至文件头后面
                //读取 BMP 文件的图像数据，包括坐标及颜色格式等信息到 BITMAPINFOHEADER 对象
                BITMAPINFOHEADER &bmiHeader = *(LPBITMAPINFOHEADER)hDIB;
                //读取 BMP 文件的图像数据，包括坐标及颜色格式等信息到 BITMAPINFO 对象
                BITMAPINFO &bmInfo = *(LPBITMAPINFO)hDIB ;
                //根据 bfOffBits 属性将指针移至文件头后
                lpDIBBits=(m_pBuffer)+((BITMAPFILEHEADER *)m_pBuffer)->bfOffBits;
                //生成一个与当前窗口相关的 CClientDC，用于管理输出设置
                CClientDC dc(this);
                //生成 DIBitmap 数据
                m_hBitmap = CreateDIBitmap(dc.m_hDC,&bmiHeader,CBM_INIT,lpDIBBits,&bmInfo, DIB_RGB_COLORS);
            }
        }
    }
    ExitConnect();
    if(m_hBitmap != NULL)
    {
        CDC* pDC = m_Picture.GetDC();
```

```
        CRect r;
        m_Picture.GetClientRect(&r);
        //将位图选进设备场景中
        CDC memdc;
        memdc.CreateCompatibleDC( pDC );
        memdc.SelectObject(m_hBitmap);
        BITMAP bmp;
        GetObject(m_hBitmap,sizeof(bmp),&bmp);
        pDC->StretchBlt(r.left,r.top,r.Width(),r.Height(),&memdc,0,0, bmp.bmWidth,bmp.bmHeight,SRCCOPY);
        memdc.DeleteDC();
    }
}
```

秘笈心法

心法领悟 272：重复数据不允许保存。

如果数据表中存在大量的重复数据，则会给以后的管理和维护带来麻烦。

实例 273　将数据库文件转化为文本文件

光盘位置：光盘\MR\09\273

中级
趣味指数：★★★★★

实例说明

数据库文件可以提取到文本文件中，单击"转换"按钮，可以生成一个 TXT 文本文件，将数据库中的内容保存到此文本文件中，如图 9.7 所示。

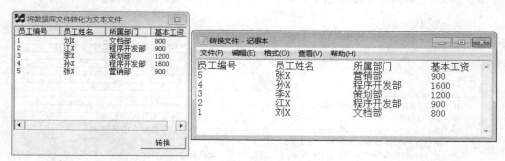

图 9.7　将数据库文件转化为文本文件

关键技术

将数据库文件转化为文本文件就是把数据库中的数据读取出来保存到文本文件中，可以通过 CFileDialog 类的 Write 方法实现这一功能。

设计过程

（1）打开 Visual C++ 6.0 开发环境，新建一个基于对话框的应用程序，命名为 InFile。
（2）在工程中添加一个窗体，设置窗体的 Caption 属性为"将数据库文件转化为文本文件"。
（3）在窗体上添加一个列表视图控件和一个按钮控件，为控件添加变量。
（4）主要代码如下：

```
void CInFileDlg::OnButton1()
{
    OnInitADOConn();
    _bstr_t bstrSQL = "select * from employees order by 员工编号 desc";
```

```
        m_pRecordset.CreateInstance(__uuidof(Recordset));
        m_pRecordset->Open(bstrSQL,m_pConnection.GetInterfacePtr(),adOpenDynamic,adLockOptimistic,adCmdText);
        CString strPath,strText="",strFile;
        CString str[4];
        char write[1000];
        CFileDialog file(false,NULL,NULL,OFN_HIDEREADONLY|OFN_OVERWRITEPROMPT,
            "文本文件(*.txt)|*.txt|",AfxGetMainWnd());
        if(file.DoModal() == IDOK)
        {
            strPath=file.GetPathName();
            if(strPath.Right(4)!=".txt")
                strPath+=".txt";
        }
        strFile = "员工编号\t员工姓名\t所属部门\t基本工资\r\n";
        strcpy(write,strFile);
        CFile mfile(_T(strPath),CFile::modeCreate|CFile::modeWrite);
        CString bstr,stype,sizel;
        while(!m_pRecordset->adoEOF)
        {
            str[0] = (char*)(_bstr_t)m_pRecordset->GetCollect("员工编号");
            str[1] = (char*)(_bstr_t)m_pRecordset->GetCollect("员工姓名");
            str[2] = (char*)(_bstr_t)m_pRecordset->GetCollect("所属部门");
            str[3] = (char*)(_bstr_t)m_pRecordset->GetCollect("基本工资");
            for(int i=0;i<4;i++)
            {
                strText += str[i];
                if(str[i].GetLength() >= 8)
                    strText += "\t";
                else
                    strText += "\t\t";
            }
            strText += "\r\n";
            m_pRecordset->MoveNext();
        }
        strcat(write,strText);
        mfile.Write(write,strText.GetLength()+strFile.GetLength());
        mfile.Close();
        ExitConnect();
    }
```

秘笈心法

心法领悟 273：SQL Server 中有以下两种更新视图的类别。

- ☑ INSTEAD OF 触发器：可以基于视图创建 INSTEAD OF 触发器，以使视图可更新。执行 INSTEAD OF 触发器，而不是执行定义触发器的数据修改语句。该触发器使用户得以指定一套处理数据修改语句时需要执行的操作。因此，如果在给定的数据修改语句（INSERT、UPDATE 或 DELETE）上存在视图的 INSTEAD OF 触发器，则通过该语句可更新相应的视图。
- ☑ 分区视图：如果视图属于称为"分区视图"的指定格式，则该视图的可更新性会受到某些限制。

实例 274　在程序中执行 SQL Server 脚本　中级

光盘位置：光盘\MR\09\274　趣味指数：★★★★

实例说明

本实例实现的是在程序中执行 SQL Server 脚本，并将运行结果保存到文本文件中。运行程序，输入服务器和数据库，单击"选择 SQL 脚本"按钮选择一个 SQL Server 脚本，再单击"执行"按钮运行 SQL Server 脚本，如图 9.8 所示。

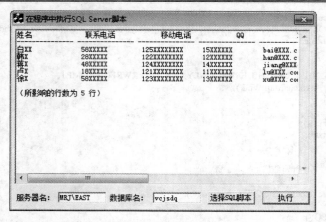

图 9.8　在程序中执行 SQL Server 脚本

关键技术

本实例通过 isqlw 实用工具实现执行 SQL Server 脚本功能。isqlw 实用工具（SQL 查询分析器）使用户可以输入 Transact-SQL 语句、系统存储过程和脚本文件。通过设置快捷方式或创建批处理文件，可以启动预配置的 SQL 查询分析器，语法如下：

```
isqlw
[-?] |
[
        [-S server_name[\instance_name]]
        [-d database]
        [-E] [-U user] [-P password]
        [{-i input_file} {-o output_file} [-F {U|A|O}]]
        [-f file_list]
        [-C configuration_file]
        [-D scripts_directory]
        [-T template_directory]
]
```

参数说明如表 9.2 所示。

表 9.2　isqlw 的参数说明

参　数	描　　述
-?	显示用法信息
-S server_name [\instance_name]	指定要连接到的 SQL Server 服务器
-d database	当启动 isqlw 时，发出一个 USE database 语句。默认值为用户的默认数据
-E	使用信任连接而不请求密码
-U user	用户登录 ID。登录 ID 区分大小写
-P password	登录密码，默认设置为 NULL
-i input_file	标识包含一批 SQL 语句或存储过程的文件，必须同时指定-i 和-o 选项。如果指定-i 和-o 选项，将执行输入文件中的查询，并将结果保存到输出文件中。在查询执行过程中不显示用户接口。当执行完成后，进程退出

续表

参数	描述
-o output_file	标识接收来自 isqlw 的输出文件，必须同时指定-i 和 -o 选项。如果指定 -i 和 -o 选项，将执行输入文件中的查询，并将结果保存到输出文件中。在查询执行过程中不显示用户接口。当执行完成后，进程退出。如果未使用-f 指定文件格式，则输出文件使用与输入文件相同的类型
-F {U|A|O}	输入文件和输出文件的格式，值包括 Unicode、ANSI 和 OEM。如果未指定-f，则使用自动模式（如果文件标为 Unicode 格式，则以 Unicode 格式打开；否则以 ANSI 格式打开文件）
-f file_list	将列出的文件装载到 SQL 查询分析器中。使用 -f 选项，可以装载一个或多个文件（文件名以单个空格分开）。如果指定了多个文件，则以相同的连接上下文将这些文件打开。文件名可以包含该文件所驻留的目录路径
-C configuration_file	使用配置文件中指定的设置。其他在命令提示下显式指定的参数将重写相应配置文件中的设置
-D scripts_directory	重写在注册表中或在用 -C 指定的配置文件中指定的默认存储脚本目录。该值不保留在注册表或配置文件中。若要在 SQL 查询分析器中查看该选项的当前值，选择"工具"菜单，然后选择"选项"命令
-T template_directory	重写在注册表中或在用 -C 指定的配置文件中指定的默认模板目录，该值不保留在注册表或配置文件中。若要在 SQL 查询分析器中查看该选项的当前值，选择"工具"菜单，然后选择"选项"命令

设计过程

（1）打开 Visual C++ 6.0 开发环境，新建一个基于对话框的应用程序，命名为 Script。
（2）在工程中添加一个窗体，设置窗体的 Caption 属性为"在程序中执行 SQL Server 脚本"。
（3）在窗体上添加一个 RichEdit 控件、两个编辑框控件和两个按钮控件，为控件添加变量。
（4）主要代码如下：

```
void CScriptDlg::OnButexecute()
{
    UpdateData(true);
    char buf[256];
    ::GetCurrentDirectory(256,buf);                                    //获取程序根目录路径
    strcat(buf,"\\sql.txt");
    CString StrPath,sqltxt;
    sqltxt = buf;
    StrPath.Format("isqlw -S %s -d %s -E -i %s -o %s",m_Server,m_Database,strText,sqltxt);  //设置执行命令
    WinExec(StrPath,4);                                                //执行 SQL 脚本
    Sleep(1000);
    CString str="";
    char sread[10000];
    CFile mfile(_T(sqltxt),CFile::modeRead);                           //打开文件
    mfile.Read(sread,10000);                                           //读取文件内容
    for(int i=0;i<mfile.GetLength();i++)
    {
        str += sread[i];
    }
    m_RichEdit.SetWindowText(str);
}
```

秘笈心法

心法领悟 274：理解视图的安全性。
视图的安全性可以防止未授权的用户查看特定行或列，使用户只能看到表中特定行的方式如下：

- ☑ 在表中增加一个标志用户名的列。
- ☑ 建立视图，使用户只能看到标有自己用户名的行。
- ☑ 把视图授权给其他用户。

实例 275　设置 ADO Recordset 对象的 RecordCount 可用

初级
趣味指数：★★★★☆

■ 关键技术

许多用户在使用 ADO Recordset 对象的 RecordCount 属性获取记录数时，总是返回-1，而不是真正的记录数。可以按如下步骤设置 RecordCount 属性可用。

（1）将 ADO Recordset 对象的 CursorLocation 属性设置为 adUseClient，即客户端游标。该属性默认值为 adUseServer。

（2）以 adOpenKeyset 或 adOpenStatic 游标类型打开游标。这样，RecordCount 属性即可用了。

■ 秘笈心法

心法领悟 275：查询字符型数据。

使用 Recordset 的 Find 方法查找字符型数据，字符内容需由单引号或数码符号加以封闭。不能使用双引号，数码符号必须用于封闭数值。

如果使用 Like 操作符，可以用星号作为字符串值中的通配符，但星号必须是值中的最后一个字符，或值中的唯一字符，否则会发生运行时错误。

实例 276　获取 ADO 连接数据库的字符串

初级
趣味指数：★★★★☆

■ 关键技术

在利用 ADO 开发数据库应用程序时，用户经常为记忆连接数据库的字符串烦恼。其实用户完全可以不必记忆这些字符串。在开发程序时，可以按如下方式获得连接数据库的字符串。

方法 1：

在对话框中导入 ActiveX 控件 ADO Data Control 控件。在属性对话框中利用该控件连接数据库，然后获得连接数据库的字符串。

方法 2：

创建一个扩展名为 udl 的文件，双击该文件，打开"数据链接"对话框，在该对话框中连接数据库，最后用记事本打开该文件，即可获得连接数据库的字符串了。

■ 秘笈心法

心法领悟 276：理解数据库视图的概念。

数据库视图的概念是原始数据库数据的一种变换，是查看表中数据的另外一种方式。可以将视图看成是一个移动的窗口。通过视图可以看到感兴趣的数据。视图是从一个或多个实际表中获得的，这些表的数据存放在数据库中，那些用于产生视图的表叫做视图的基本，一个视图也可以从另一个视图中产生。

9.2 数据维护

实例 277　分离数据库

光盘位置：光盘\MR\09\277　　趣味指数：★★★★☆

实例说明

本实例实现的是通过程序分离 SQL Server 数据库。运行程序，在列表中选择一个数据库，双击该列表项，在提示窗口中单击"确定"按钮完成数据库的分离，如图 9.9 所示。

图 9.9　分离数据库

关键技术

本实例使用 sp_detach_db 存储过程实现数据库的分离，sp_detach_db 存储过程的语法如下：

```
sp_detach_db [ @dbname = ] 'dbname'
    [ , [ @skipchecks = ] 'skipchecks' ]
```

参数说明：

❶ [@dbname =] 'dbname'：要分离的数据库名称。dbname 的数据类型为 sysname，默认值为 NULL。

❷ [@skipchecks =] 'skipchecks'：skipchecks 的数据类型为 nvarchar(10)，默认值为 NULL。如果为 true，则跳过 UPDATE STATISTICS。如果为 false，则运行 UPDATE STATISTICS。对于要移动到只读媒体上的数据库，此选项很有用。

设计过程

（1）打开 Visual C++ 6.0 开发环境，新建一个基于对话框的应用程序，命名为 Detach。
（2）在工程中添加一个窗体，设置窗体的 Caption 属性为"分离数据库"。
（3）向窗体中添加一个列表框控件，为列表框控件添加成员变量 m_Database。
（4）在对话框初始化时，将服务器中的数据库添加到列表中，代码如下：

```
BOOL CDetachDlg::OnInitDialog()
{
    CDialog::OnInitDialog();
    ……//系统代码省略
    OnInitADOConn();                                                //连接数据库
    _bstr_t bstrSQL;
    bstrSQL = "select name from sysdatabases";                      //设置查询语句
    m_pRecordset.CreateInstance(__uuidof(Recordset));
    m_pRecordset->Open(bstrSQL,m_pConnection.GetInterfacePtr(),adOpenDynamic,
```

```
                adLockOptimistic,adCmdText);                              //打开记录集
        while(!m_pRecordset->adoEOF)
        {
                m_Database.AddString((char*)(_bstr_t)m_pRecordset->GetCollect("name"));  //向列表中插入数据库名称
                m_pRecordset->MoveNext();                                //向下移动记录集指针
        }
        ExitConnect();                                                    //断开数据库连接
        return TRUE;
}
```

（5）处理列表框控件的双击事件，在该事件中进行分离数据库操作，代码如下：

```
void CDetachDlg::OnDblclkList1()
{
        CString strname,database;
        m_Database.GetText(m_Database.GetCurSel(),database);              //获得选择的数据库名称
        strname.Format("确定分离数据库%s 吗？",database);
        if(MessageBox(strname,"分离数据库",MB_OKCANCEL|MB_ICONQUESTION)==IDOK)  //弹出提示框
        {
                OnInitADOConn();                                          //连接数据库
                CString sql;
                sql = "EXEC sp_detach_db '"+database+"','TRUE'";          //设置 SQL 语句
                m_pConnection->Execute((_bstr_t)sql,NULL,adCmdText);      //执行分离命令
                m_pConnection->Close();;                                  //断开数据库连接
                MessageBox("分离数据库完成！","分离数据库",MB_ICONASTERISK);
        }
}
```

■ 秘笈心法

心法领悟 277：为 Access 数据库设置密码。

在为 Access 数据库设置密码时，首先要使用独占的方式打开 Access 数据库，在 Access 管理器中选择"文件"菜单中的"打开"命令，此时会弹出"打开"窗口，在窗口中可以选中将要设置密码的 Access 数据库文件，然后单击右下角"打开"按钮右侧的小箭头，并选择"以独占方式打开"，当打开 Access 数据库后，即可在菜单中选择"工具"|"安全"|"设置数据库密码"命令，为 Access 数据库设置密码。

实例 278　附加数据库

光盘位置：光盘\MR\09\278　　　　　　　　　　　　　高级　趣味指数：★★★★★

■ 实例说明

本实例实现的是通过程序附加 SQL Server 数据库。运行程序，单击"…"按钮选择一个 SQL 数据库文件，单击"附加"按钮完成数据库的附加，如图 9.10 所示。

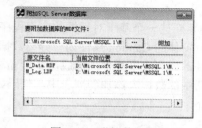

图 9.10　附加数据库

■ 关键技术

本实例通过 sp_attach_db 存储过程实现附加 SQL Server 数据库的功能。sp_attach_db 存储过程的语法如下：

```
sp_attach_db [ @dbname = ] 'dbname', [ @filename1 = ] 'filename_n' [ ,...16 ]
```
参数说明：

❶[@dbname =] 'dbname'：要附加到服务器的数据库的名称。该名称必须是唯一的。dbname 的数据类型为 sysname，默认值为 NULL。

❷[@filename1 =] 'filename_n'：数据库文件的物理名称，包括路径。filename_n 的数据类型为 nvarchar(260)，默认值为 NULL。最多可以指定 16 个文件名。参数名称以@filename1 开始，递增到@filename16。文件名列表至少必须包括主文件，主文件包含指向数据库中其他文件的系统表。该列表还必须包括数据库分离后所有被移动的文件。

■ 设计过程

（1）打开 Visual C++ 6.0 开发环境，新建一个基于对话框的应用程序，命名为 Attach。

（2）在工程中添加一个窗体，设置窗体的 Caption 属性为"附加 SQL Server 数据库"。

（3）向窗体中添加一个静态文本控件、一个编辑框控件、一个列表视图控件和两个按钮控件。为编辑框控件和列表视图控件添加成员变量 m_Edit 和 m_Grid。

（4）处理"…"按钮的单击事件，在该事件的处理函数中将数据库文件名添加到列表中，代码如下：

```
void CAttachDlg::OnButton1()
{
    m_Grid.DeleteAllItems();                                        //清空列表中的数据
    CFileDialog file(true,NULL,NULL,OFN_HIDEREADONLY|OFN_OVERWRITEPROMPT,
        "All Files(*.*)|*.*||",AfxGetMainWnd());                    //构造打开对话框
    if(file.DoModal()==IDOK)
    {
        strText = file.GetPathName();                               //获得文件路径
        strName = file.GetFileName();                               //获得文件名
        m_Edit.SetWindowText(strText);                              //显示文件路径
        //设置数据库文件和日志文件名
        str = strName.Left(strName.GetLength()-9);
        CString mdfname="",logname="";
        mdfname.Format("%s_Data.MDF",str);
        logname.Format("%s_Log.LDF",str);
        strmdf = strText;
        strlog = strText;
        strlog.Replace("Data.MDF","Log.LDF");
        //向列表中插入数据
        m_Grid.InsertItem(0,"");
        m_Grid.SetItemText(0,0,mdfname);
        m_Grid.SetItemText(0,1,strmdf);
        m_Grid.InsertItem(1,"");
        m_Grid.SetItemText(1,0,logname);
        m_Grid.SetItemText(1,1,strlog);
    }
}
```

（5）处理"附加"按钮的单击事件，在该事件中完成数据库的附加操作，代码如下：

```
void CAttachDlg::OnButton2()
{
    OnInitADOConn();
    _bstr_t sql;
    sql = "EXEC sp_attach_db @dbname = N'"+str+"',@filename1 = N'"
        +strmdf+"', @filename2 = N'"+strlog+"'";                    //设置数据库附加语句
    m_pConnection->Execute(sql,NULL,adCmdText);                     //执行附加数据库操作
    ExitConnect();
    MessageBox("附加数据库完成","附加数据库",MB_ICONASTERISK);
}
```

■ 秘笈心法

心法领悟 278：利用 ADO 访问带密码的 Access 数据库。

在利用 ADO 技术访问 Access 数据库时，如果 Access 数据库设置了密码，会出现连接错误信息。用户可以按如下步骤连接带密码的 Access 数据库。

（1）在数据连接对话框的"连接"选项卡中选中"空白密码"复选框。

（2）在"所有"选项卡中将 Jet OLEDB:Database Password 选项设置为数据库的密码。

这样即可连接带密码的 Access 数据库。

实例 279　断开 SQL Server 数据库与其他应用程序的连接

光盘位置：光盘\MR\09\279　　中级　　趣味指数：★★★★★

■ 实例说明

要断开 SQL Server 数据库与其他应用程序的连接，需要停止 SQL Server 服务管理器。运行程序，单击"断开连接"按钮，如图 9.11 所示，打开 SQL Server 服务管理器，会发现 SQL Server 服务管理器已停止，如图 9.12 所示。

图 9.11　断开 SQL Server 数据库连接

图 9.12　SQL Server 服务管理器已停止

■ 关键技术

在 SQL Server 数据库中，可通过本地服务器、远程客户端或另一台服务器停止 SQL Server 实例。如果没有暂停 SQL Server 实例就停止服务器，则所有服务器进程将立即终止。停止 SQL Server 实例可防止新连接并与当前用户断开连接。

SHUTDOWN 语句在 osql 或其他查询工具中执行时可停止 SQL Server 实例，使用 WITH NOWAIT 选项可立即停止 SQL Server 实例。

■ 设计过程

（1）打开 Visual C++ 6.0 开发环境，新建一个基于对话框的工程，命名为 CloseConnect。

（2）在窗体上添加两个按钮控件。

（3）主要代码如下：

```
void CCloseConnectDlg::OnButclose()
{
    OnInitADOConn();
    _bstr_t sql;
    sql = "SHUTDOWN WITH NOWAIT";
    ExecuteSQL(sql);            //断开数据库连接
    ExitConnect();
}
```

■ 秘笈心法

心法领悟 279：如何添加二进制类型的数据？

在添加二进制类型的数据时，通常使用 ADO 中的 Stream 对象。首先设置 Stream 对象的 TYPE 属性为 adTypeBinary，这样可以存储二进制信息，然后设置 LoadFromFile()属性，指定所要存储的二进制文件，其扩展名为.rtf，最后使用 Recordset 对象进行添加。

实例 280　利用 SQL 语句执行外围命令

光盘位置：光盘\MR\09\280　　　高级　趣味指数：★★★★★

实例说明

本实例实现的是利用 SQL 语句执行外围命令。运行程序，选择一个文本文件，并设置其保存路径，单击"复制"按钮将文本文件复制到设置的路径下，如图 9.13 所示。

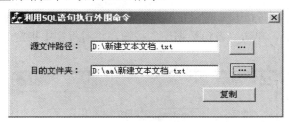

图 9.13　利用 SQL 语句执行外围命令

关键技术

本实例使用 xp_cmdshell 扩展过程实现文件的复制，xp_cmdshell 扩展过程以操作系统命令行解释器的方式执行给定的命令字符串，并以文本行方式返回任何输出。授予非管理用户执行 xp_cmdshell 的权限，语法如下：

xp_cmdshell {'command_string'} [, no_output]

参数说明：

❶command_string：在操作系统命令行解释器上执行的命令字符串。command_string 的数据类型为 varchar(255) 或 nvarchar(4000)，没有默认值。command_string 不能包含一对以上的双引号。如果由 command_string 引用的文件路径或程序名称中有空格，则需要使用一对引号。

❷no_output：是可选参数，表示执行给定的 command_string，但不向客户端返回任何输出。

设计过程

（1）打开 Visual C++ 6.0 开发环境，新建一个基于对话框的工程，命名为 PeripheryCommand。
（2）向窗体中添加 2 个编辑框控件和 3 个按钮控件，为控件添加变量。
（3）主要代码如下：

```
void CPeripheryCommandDlg::OnButcopy()
{
    UpdateData(true);
    OnInitADOConn();
    CString bstrSQL;
    bstrSQL.Format("xp_cmdshell 'copy %s %s', NO_OUTPUT",m_Edit1,m_Edit2);         //设置执行命令
    m_pConnection->Execute((_bstr_t)bstrSQL,NULL,adCmdText);                        //执行命令
    ExitConnect();
    MessageBox("复制成功！ ");
}
```

秘笈心法

心法领悟 280：如何引入 ADO 控件到工程中？

ADO 控件属于 ActiveX 控件，使用 ADO 控件之前应首先选择"工程"|"部件"命令并在弹出的对话框中选中 Microsoft ADO Data Control 6.0(SP4)(OLEDB)复选框，然后将其添加到工具箱中。

实例 281　备份数据库

光盘位置：光盘\MR\09\281　　　　　　高级　趣味指数：★★★★☆

实例说明

本实例实现的是在 Visual C++ 6.0 中实现 SQL Server 数据库的备份。运行程序，输入备份文件名，单击"选择备份路径"按钮选择保存路径，单击"备份数据库"按钮，将对程序中指定的 SQL Server 数据库文件进行备份，如图 9.14 所示。

图 9.14　备份数据库

关键技术

运用 Transact-SQL 中的 BACKUP 命令可以备份整个数据库、事务日志或者备份一个或多个文件或文件组。下面是这个命令的语法及其相关用法。

语法如下：
```
BACKUP DATABASE { database_name | @database_name_var }
TO < backup_device > [ ,...n ]
[ WITH
    [ BLOCKSIZE = { blocksize | @blocksize_variable } ]
    [ [ , ] DESCRIPTION = { 'text' | @text_variable } ]
    [ [ , ] EXPIREDATE = { date | @date_var }
        | RETAINDAYS = { days | @days_var } ]
    [ [ , ] PASSWORD = { password | @password_variable } ]
    [ [ , ] FORMAT | NOFORMAT ]
]
```
BACKUP 命令的语法中各部分说明如表 9.3 所示。

表 9.3　BACKUP 命令的语法中各部分说明

语法中的各部分	说　明
DATABASE	指定一个完整的数据库备份。假如指定了一个文件和文件组的列表，那么仅有这些被指定的文件和文件组被备份

语法中的各部分	说明
{ database_name | @database_name_var }	指定一个数据库,从该数据库中对事务日志、部分数据库或完整的数据库进行备份。如果作为变量(@database_name_var)提供,则可将该名称指定为字符串常量(@database_name_var = database name)或字符串数据类型(ntext 或 text 数据类型除外)的变量
< backup_device >	指定备份操作时要使用的逻辑或物理备份设备。当指定 TO Disk 或 TO Tape 时,应输入完整路径和文件名
n	表示可以指定多个备份设备的占位符。备份设备数目的上限为 64
EXPIREDATE = { date | @date_var }	指定备份集到期和允许被重写的日期。如果将该日期作为变量(@date_var)提供,则可以将该日期指定为字符串常量(@date_var = date)、字符串数据类型变量(ntext 或 text 数据类型除外)、smalldatetime 或者 datetime 变量,并且该日期必须符合已配置的系统 datetime 格式
PASSWORD = { password | @password_variable }	为备份集设置密码,password 是一个字符串。如果为备份集定义了密码,必须提供这个密码才能对该备份集执行任何还原操作
FORMAT	指定应将媒体头写入用于此备份操作的所有卷。任何现有的媒体头都被重写。FORMAT 选项使整个媒体内容无效,并且忽略任何现有的内容

说明:对于备份到磁盘的情况,如果输入一个相对路径名,备份文件将存储到默认的备份目录中。

设计过程

(1)打开 Visual C++ 6.0 开发环境,新建一个基于对话框的工程,命名为 StockUp。
(2)在工程中添加一个窗体,设置窗体的 Caption 属性为"备份数据库"。
(3)在窗体上添加两个编辑框控件和两个按钮控件,为控件添加变量。
(4)主要代码如下:

```
void CStockUpDlg::OnButton2()
{
    UpdateData(TRUE);                                              //更新数据交换
    if(m_Database.IsEmpty() || m_File.IsEmpty() || m_Path.IsEmpty())  //判断数据库名和文件名为空
    {
        MessageBox("数据不能为空");
        return;
    }
    OnInitADOConn();                                               //建立数据库连接
    CString sql,str,strpath;
    str = m_Path;
    strpath = str+"\\"+m_File+".dat";
    sql.Format("use master exec sp_adddumpdevice 'disk','%s','%s' backup \
        database %s to %s",m_File,strpath,m_Database,m_File);
    m_pConnection->Execute((_bstr_t)sql,NULL,adCmdText);
    ExitConnect();
    MessageBox("备份完成! ","系统提示",MB_OK|MB_ICONEXCLAMATION);
}
```

秘笈心法

心法领悟 281:无 ODBC DSN 连接 Access 数据库。
(1)标准安全性。
cn.open"Driver={Microsoft Access Drive (*.mdb)};Dbq="c:\database\db_EMS.mdb";Uid=admin;Pwd="
(2)使用工作组(系统数据库)。
cn.open"Driver={Microsoft Access Drive (*.mdb)};Dbq="c:\database\db_EMS.mdb"; " & _
"SystemDB= "c:\database\db_EMS.mdw" ;, myUsername,myPassword"
(3)排他打开 MDB。
cn.open"Driver={Microsoft Access Drive (*.mdb)};Dbq="c:\database\db_EMS.mdb";" & _

"Exclusive=1;Uid=admin;Pwd="

（4）自动识别 MDB 的路径。
cn.open"Driver={Microsoft Access Drive (*.mdb)};Dbq=" app.path & "\db_EMS.mdb;Uid=admin;Pwd="

实例 282　还原数据库

光盘位置：光盘\MR\09\282　　　高级　趣味指数：★★★★☆

实例说明

本实例实现的是在 Visual C++ 6.0 中实现 SQL Server 数据库的恢复。运行程序，要恢复 SQL Server 数据库，则单击"还原数据库"按钮，即可实现 SQL Server 数据库的还原，运行结果如图 9.15 所示。

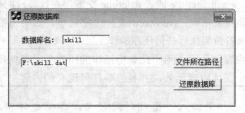

图 9.15　还原数据库

关键技术

本实例主要使用 RESTORE 数据库恢复命令。该命令主要用于还原使用 BACKUP 命令所做的备份。
语法如下：
RESTORE DATABASE { database_name | @database_name_var }
[FROM < backup_device > [,...n]]
[WITH
　　[RESTRICTED_USER]
　　[[,] FILE = { file_number | @file_number }]
　　[[,] PASSWORD = { password | @password_variable }]
　　[[,] MOVE 'logical_file_name' TO 'operating_system_file_name']
　　　　[,...n]
　　[[,] REPLACE]
　　[[,] RESTART]
]
RESTORE 命令的语法中各部分说明如表 9.4 所示。

表 9.4　RESTORE 命令的语法中各部分说明

语法中的各部分	说　　明
DATABASE	指定从备份还原整个数据库
{database_name | @database_name_var}	将日志或整个数据库还原到的数据库。如果将其作为变量（@database_name_var）提供，则可将该名称指定为字符串常量（@database_name_var = database name）或字符串数据类型（ntext 或 text 数据类型除外）的变量
FROM	指定从中还原备份的备份设备。如果没有指定 FROM 子句，则不会发生备份还原，而是恢复数据库。可用省略 FROM 子句的办法尝试恢复通过 NORECOVERY 选项还原的数据库或切换到一台备用服务器上。如果省略 FROM 子句，则必须指定 NORECOVERY、RECOVERY 或 STANDBY

续表

语法中的各部分	说　明
<backup_device>	指定还原操作要使用的逻辑或物理备份设备。{'logical_backup_device_ name' | @logical_backup_device_name_var}是由 sp_addumpdevice 创建的备份设备（数据库将从该备份设备还原）的逻辑名称，该名称必须符合标识符规则。如果作为变量（@logical_backup_device_name_var）提供，则可以指定字符串常量（@logical_backup_device_name_var = logical_backup_device_name）或字符串数据类型（ntext 或 text 数据类型除外）的变量作为备份设备名
RESTRICTED_USER	限制只有 db_owner、dbcreator 或 sysadmin 角色的成员才能访问最近还原的数据库。在 SQL Server 2000 中，RESTRICTED_USER 替换了选项 DBO_ONLY。提供 DBO_ONLY 只是为了向后兼容
FILE = { file_number | @file_number }	标识要还原的备份集。例如，file_number 为 1 表示备份媒体上的第一个备份集，file_number 为 2 表示第二个备份集
PASSWORD = { password | @password_variable }	提供备份集的密码。PASSWORD 是一个字符串。如果在创建备份集时提供了密码，则从备份集执行还原操作时必须提供密码
MOVE 'logical_file_name' TO 'operating_system_file_name'	指定应将给定的 logical_file_name 移到 operating_system_file_name。默认情况下，logical_file_name 将还原到其原始位置。如果使用 RESTORE 语句将数据库复制到相同或不同的服务器上，则可能需要使用 MOVE 选项重新定位数据库文件以避免与现有文件冲突。可以在不同的 MOVE 语句中指定数据库内的每个逻辑文件
n	占位符，表示可通过指定多个 MOVE 语句移动多个逻辑文件
REPLACE	指定即使存在另一个具有相同名称的数据库，SQL Server 也应该创建指定的数据库及其相关文件。在这种情况下将删除现有的数据库。如果没有指定 REPLACE 选项，则将进行安全检查以防止意外重写其他数据库。当 RESTORE 语句中命名的数据库已经在当前服务器上存在，并且该数据库名称与备份集中记录的数据库名称不同时，进行安全检查，RESTORE DATABASE 语句不会将数据库还原到当前服务器
RESTART	指定 SQL Server 应重新启动被中断的还原操作。RESTART 从中断点重新启动还原操作

设计过程

（1）打开 Visual C++ 6.0 开发环境，新建一个基于对话框的工程，命名为 Restore。
（2）在工程中添加一个窗体，设置窗体的 Caption 属性为"还原数据库"。
（3）在窗体上添加两个编辑框控件和两个按钮控件，为控件添加变量。
（4）主要代码如下：

```
void CRestoreDlg::OnButton2()
{
    UpdateData(TRUE);
    if(m_Database.IsEmpty() || m_Path.IsEmpty())
    {
        MessageBox("数据不能为空");
        return;
    }
    int len = strName.GetLength();
    strName = strName.Left(len-4);
    OnInitADOConn();
    CString sql;
    sql.Format("use master restore database %s from %s",m_Database,strName);
    m_pConnection->Execute((_bstr_t)sql,NULL,adCmdText);
    ExitConnect();
    MessageBox("还原完成！ ","系统提示",MB_OK|MB_ICONEXCLAMATION);
}
```

秘笈心法

心法领悟282：ADO 数据控件。

ADO 数据控件是 ActiveX 外部控件，是通过 Microsoft ActiveX 数据对象（ADO）快速建立数据源连接的数据绑定控件。ADO 数据控件可以连接任何符合 OLE DB 规范的数据源或一个 ODBC 数据库，可以连接到本地数据库或远程数据库，也可以是一个查询或表。ADO 数据控件功能比 Data 控件的功能强大，完全可以代替 Data 控件。

实例 283 定时备份 Access 数据库

光盘位置：光盘\MR\09\283 高级 趣味指数：★★★★☆

实例说明

定时备份数据库可以有效地防止数据丢失。运行程序，设置每天备份数据库的时间、备份的数据库和备份路径，当系统时间与设置的备份时间吻合时，则自动备份数据库到指定的路径下，如图9.16所示。

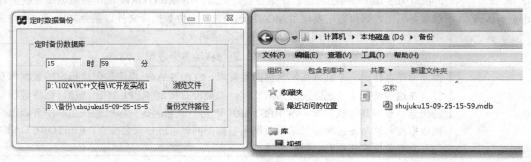

图 9.16 定时备份 Access 数据库

关键技术

定时备份数据库是通过设置定时器实现的，程序每分钟进行一次判断，查看系统时间是否和设置的时间相同，如果相同则备份数据库。

设计过程

（1）打开 Visual C++ 6.0 开发环境，新建一个基于对话框的工程，命名为 TimeBackUp。
（2）向窗体中添加 4 个编辑框控件和 2 个按钮控件，为控件添加变量。
（3）主要代码如下：

```
void CTimeBackUpDlg::OnTimer(UINT nIDEvent)
{
    CTime time;
    //获得当前系统时间
    time=time.GetCurrentTime();
    hour = time.GetHour();
    min = time.GetMinute();
    //获得控件中设置的时间
    CString mhour,mmin;
    m_hour.GetWindowText(mhour);
    m_min.GetWindowText(mmin);
    if(hour == atoi(mhour) && min == atoi(mmin))           //比较时间
    {
```

```
        CopyFile(m_edit1,m_edit2,false);              //相同时复制数据库
    }
    CDialog::OnTimer(nIDEvent);
}
```

秘笈心法

心法领悟 283：Data 控件用 Edit 方法修改记录。

要改变数据库中的数据，必须先把编辑的记录设为当前记录，然后在被绑定的数据控件中完成修改。保存数据的修改时，只需把当前记录指针移到其他记录上，或者使用 Update 方法即可。

实例 284　枚举 SQL Server 服务器

光盘位置：光盘\MR\09\284　　　　趣味指数：★★★★☆　高级

实例说明

在使用一些带有数据库的程序时，有时需要修改服务器信息，本实例实现的是枚举当前所有的 SQL Server 服务器，运行程序，所有的 SQL Server 服务器都将插入到列表中，如图 9.17 所示。

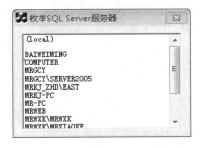

图 9.17　枚举 SQL Server 服务器

关键技术

要枚举 SQL Server 服务器，需要向程序中引入头文件 sql.h 和 sqlext.h，导入 odbc32.lib 动态库，然后通过 SQLAllocHandle 等方法分配环境句柄进行设置。

设计过程

（1）打开 Visual C++ 6.0 开发环境，新建一个基于对话框的工程，命名为 EnumServer。
（2）在窗体上添加一个列表控件，为其添加成员变量 m_Server。
（3）引入头文件 sql.h 和 sqlext.h，导入 odbc32.lib 动态库。
（4）添加函数 GetServer，该函数用于获得服务器字符串，代码如下：

```
CString CEnumServerDlg::GetServer()
{
    CString sSQLChar = "Driver={SQL Server}";
    CString cKey = "SERVER";
    SQLHENV hSqlHenv;
    SQLHDBC hSQLHdbc;
    short sConnStrOut;
    CString Returnstr;
    //分配环境句柄
    int IsSuccess=SQLAllocHandle(SQL_HANDLE_ENV,SQL_NULL_HANDLE,&hSqlHenv);
    if (IsSuccess == SQL_SUCCESS || IsSuccess == SQL_SUCCESS_WITH_INFO)
    {
```

```cpp
        //设置环境属性
        IsSuccess = SQLSetEnvAttr(hSqlHenv, SQL_ATTR_ODBC_VERSION, (void *)SQL_OV_ODBC3, 0);
        if (IsSuccess == SQL_SUCCESS || IsSuccess == SQL_SUCCESS_WITH_INFO)
        {
                //分配一个连接句柄
                IsSuccess = SQLAllocHandle(SQL_HANDLE_DBC, hSqlHenv, &hSQLHdbc);
                if (IsSuccess == SQL_SUCCESS || IsSuccess == SQL_SUCCESS_WITH_INFO)
                {
                        CString szConnStrOut;
                        //调用 SQLBrowseConnect
                        IsSuccess =SQLBrowseConnect(hSQLHdbc, (SQLCHAR *)
                                sSQLChar.GetBuffer(sSQLChar.GetLength()),SQL_NTS,(SQLCHAR*)
                                (szConnStrOut.GetBuffer(4824)), 4824, &sConnStrOut);        //获取所有服务器
                        szConnStrOut.ReleaseBuffer();
                        int nPos=szConnStrOut.Find(cKey);
                        if(nPos!=-1)
                                nPos=nPos+cKey.GetLength();
                        int nBegin=szConnStrOut.Find("{",nPos+1};
                        int nEnd=szConnStrOut.Find(")",nPos+1);
                        Returnstr=szConnStrOut.Mid(nBegin+1,nEnd-(nBegin+1));
                }
        }
        return Returnstr;
}
```

（5）添加 FormatString 函数，该函数用于分解各个服务器名，并将服务器名称插入到列表中，代码如下：

```cpp
void CEnumServerDlg::FormatString(CString sText, CListBox *pListBox)
{
        int nPos=0,nOldPos=0;
        CString sMem;
        while(nPos!=-1)
        {
                nOldPos=nPos;
                nPos=sText.Find(",",nPos+1);                                            //查找","
                if(nPos==-1)
                        nPos=sText.GetLength();                                         //获得字符串长度
                if(nOldPos==0)
                        sMem=sText.Mid(nOldPos,nPos-nOldPos);                           //获得服务器名
                else
                        sMem=sText.Mid(nOldPos+1,nPos-nOldPos-1);
                if(nPos==sText.GetLength())                                             //如果拆分完服务器名
                        nPos=-1;                                                        //退出循环
                if(sMem.IsEmpty())
                        continue;
                pListBox->AddString(sMem);                                              //插入到列表中
        }
}
```

（6）在对话框初始化时，获得 SQL Server 服务器名的代码如下：

```cpp
BOOL CEnumServerDlg::OnInitDialog()
{
        CDialog::OnInitDialog();
        ……//系统代码省略
        CString sServer;
        CString sText=GetServer();                                                      //获得服务器字符串
        FormatString(sText,&m_Server);                                                  //将服务器名称插入到列表中
        return TRUE;
}
```

秘笈心法

心法领悟 284：用 Connection 对象运行查询语句。

使用 Connection 对象的 Execute 方法，可执行任何指定连接参数的查询。如果参数指定按行返回的查询，产生的任何结果将存储在新的 Recordset 对象中。如果命令不是按行返回的查询，则提供者返回关闭的 Recordset 对象，此时返回的 Recordset 对象始终为只读、仅向前的游标。如需要具有更多功能的 Recordset 对象，应首先

创建具有所需属性设置的 Recordset 对象，然后使用 Recordset 对象的 Open 方法执行查询并返回所需游标类型。

实例 285 将数据库中的数据导入到 Word 文档中 高级

光盘位置：光盘\MR\09\285 趣味指数：★★★★☆

■ 实例说明

数据库中的数据都是以表格的形式保存的，所以在导入到 Word 文档中时需要为 Word 文档插入表格。运行程序，单击"导出"按钮，即可将数据库中的数据导入到 Word 文档中，如图 9.18 所示。

图 9.18　将数据库中的数据导入到 Word 文档中

■ 关键技术

本实例在将数据库中的数据导入到 Word 文档中时，需要为 Word 文档插入表格，这需要通过 Word 的相关类 Tables 来实现。在向表格中插入数据时，通过 Selection 类的对象实现。

■ 设计过程

（1）打开 Visual C++ 6.0 开发环境，新建一个基于对话框的工程，命名为 Word。
（2）在工程中添加一个窗体，设置窗体的 Caption 属性为"将数据库中数据导入到 Word 文档中"。
（3）在窗体上添加一个列表视图控件和一个按钮控件。
（4）主要代码如下：

```
void CWordDlg::OnButton1()
{
    _Application app;
    Documents doc;
    CComVariant a (_T("")),b(false),c(0),d(true),aa(1),bb(20);
    _Document doc1;
    Tables tabs;
    Range rangestar,range;
    Selection sele;
    COleVariant colevariant;
    //初始化连接
    app.CreateDispatch("word.Application");
    doc.AttachDispatch(app.GetDocuments());
    doc1.AttachDispatch(doc.Add(&a,&b,&c,&d));
    range.AttachDispatch(doc1.GetContent());
    tabs.AttachDispatch(doc1.GetTables());
    tabs.Add(range,6,4,colevariant,colevariant);          //创建表格
    sele.AttachDispatch(app.GetSelection());

    OnInitADOConn();
```

```
    _bstr_t bstrSQL;
    bstrSQL = "select * from employees order by 员工编号";
    m_pRecordset.CreateInstance(__uuidof(Recordset));
    m_pRecordset->Open(bstrSQL,m_pConnection.GetInterfacePtr(),adOpenDynamic,adLockOptimistic,adCmdText);
    Fields* fields=NULL;
    CString sText;
    long countl;
    BSTR bstr;
    enum DataTypeEnum stype;
    m_pRecordset->get_Fields(&fields);
    countl = fields->Count;
    _variant_t sField[10];
    for(long num=0;num<countl;num++)
    {
        sText.Format("%d",num);
        fields->Item[(long)num]->get_Name(&bstr);
        sField[num] = (_variant_t)bstr;
        sele.TypeText((char*)(_bstr_t)bstr);                              //插入数据
        sele.MoveRight((COleVariant)"1",(COleVariant)"1",(COleVariant)"0");
    }
    while(!m_pRecordset->adoEOF)
    {
        for(long num=0;num<m_pRecordset->GetFields()->GetCount();num++)
        {
            sText.Format("%d",num);
            sele.TypeText((char*)(_bstr_t)m_pRecordset->GetCollect(sField[num]));
            sele.MoveRight((COleVariant)"1",(COleVariant)"1",(COleVariant)"0");
        }
        m_pRecordset->MoveNext();
    }
    ExitConnect();
    app.SetVisible(true);
    tabs.ReleaseDispatch();
    sele.ReleaseDispatch();
    doc.ReleaseDispatch();
    doc1.ReleaseDispatch();
    app.ReleaseDispatch();
}
```

秘笈心法

心法领悟285：定义多个数据列。

使用 CREATE TABLE 语句创建数据表，可以在数据表中定义多个数据列，多个数据列之间使用逗号（,）分隔，在定义数据列的同时也可以设置数据列中存储数据的类型及其他属性。

第 10 章

SQL 查询

- SQL 基本查询
- TOP 和 PERCENT 限制查询结果
- 数值查询
- 比较、逻辑、重复查询
- 在查询中使用 OR 和 AND 运算符
- 排序、分组统计
- 多表和连接查询
- 嵌套查询
- 子查询
- 联合语句 Union
- 内连接查询
- 外连接查询
- 利用 IN 进行查询
- 交叉表查询
- 字符串函数
- 日期时间函数
- 聚合函数
- 数学函数
- SQL 相关技术

10.1 SQL 基本查询

实例 286　查询特定列数据
光盘位置：光盘\MR\10\286　　趣味指数：★★★★　初级

■ 实例说明

随着计算机技术的不断进步，人类进入了发展的快车道。大量的数据应该如何保存呢？数据库的出现解决了上述问题，可以轻松而有效率地存储大量数据，使数据存储不再困难；而且，数据库还提供了简单而又强大的查询功能，可方便地查询数据库中的内容。本实例主要介绍如何查询数据库中指定列的数据。实例运行效果如图 10.1 所示。

图 10.1　查询特定列数据

■ 关键技术

本实例实现的关键是如何在 SELECT 语句中查询指定列的数据，下面对其进行详细讲解。
通过 SELECT 语句可以方便地查询数据信息。使用 SELECT 语句查询特定列数据的关键代码如下：
SELECT 姓名, 身份证号, 联系电话 FROM kfyd
SELECT 语句中参数的具体说明如表 10.1 所示。

表 10.1　SELECT 语句中参数的具体说明

参　　数	说　　明
SELECT	在查询语句中，SELECT 关键字后可以添加将要查询的数据列的名称
姓名	数据列名称
身份证号	数据列名称
联系电话	数据列名称
FROM	FROM 关键字用于指示从哪一个表查询数据记录
kfyd	数据表

从表 10.1 中可以看到，在 SELECT 关键字后可以添加多个特定的数据列，并且列与列之间使用 "," 分隔，FROM 关键字后指明了需要从哪一个数据表查询数据记录。

从上面介绍的内容中可以了解到，使用 SELECT 语句可以查询多个特定的数据记录，那么 SELECT 语句的执行顺序是怎样的呢？　SELECT 查询语句中包括了一个 SELECT 关键字、多个列名称、FROM 关键字和数据表，首先，FROM 子句是最先被执行的，它会根据后面的数据表生成一个虚拟表，然后根据 SELECT 子句中特定的多个列名将虚拟表中的数据提取出来，得到最终的虚拟表就是用户需要的结果集。

> 技巧：使用 SELECT 语句查询数据时，如果需要查询多列数据，可以在多个数据列之间用","分隔，最后一个字段除外。

设计过程

（1）打开 Visual C++ 6.0 开发环境，新建一个基于对话框的工程，命名为 SelectColumn。
（2）向对话框中添加一个 ADO Data 控件和一个 DataGrid 控件。
（3）右击 ADO Data 控件，选择记录源，在命令文本（SQL）处添加：
SELECT 姓名，身份证号，联系电话 FROM kfyd

秘笈心法

心法领悟 286：在 SELECT 语句中使用"*"号查询。

在 SELECT 语句中，如果要查询数据表中所有数据列的信息，那么不必将所有的数据列放在 SELECT 关键字后，此时，可以通过一种更为简单的方法，使用"*"号代表数据表中的所有数据列，来查询表中的信息。

实例 287　　**使用列别名**　　光盘位置：光盘\MR\10\287　　初级　　趣味指数：★★★★☆

实例说明

在数据查询过程中，可以使用 SELECT 语句轻松地查询数据库中指定的数据内容。如果使用 SqlDataAdapter 将数据填充到数据集并绑定到 DataGridView 控件，那么，在 DataGrid 控件中显示的数据列标题将会是数据库中字段的名称，如果数据库中使用英文名称设置字段，那么用户界面 DataGrid 控件的列标题将会是英文，用户很难理解数据的具体意图。通过什么方法可以解决上述问题，使用户操作界面更为友好呢？可以在 SELECT 语句中使用列别名的方式，为数据列设置中文名称。实例运行效果如图 10.2 所示。

图 10.2　使用列别名

关键技术

在 SELECT 查询语句中通过 AS 关键字，可以方便地为数据列设置别名。
本实例中，在 SELECT 语句中使用 AS 关键字设置列别名，AS 关键字后为列的别名，在查询的数据列与数据列之间以","分隔。
在 SELECT 语句中设置列别名时，既可以使用 AS 关键字，也可以不使用关键字。

设计过程

（1）打开 Visual C++ 6.0 开发环境，新建一个基于对话框的应用程序，命名为 bieming。
（2）在工程中添加一个窗体，设置窗体的 Caption 属性为"使用列别名"。
（3）向对话框中添加一个 ADO Data 控件和一个 DataGrid 控件。
（4）右击 ADO Data 控件，选择记录源，在命令文本（SQL）处添加：
select 姓名 as 顾客姓名,身份证号 as 号码,联系电话 as 电话 from kfyd

秘笈心法

心法领悟 287：使查询语句更加清晰。

在查询语句中，可以使用 AS 关键字为数据列设置别名，也可以使用空格为数据列设置别名，为了使 SELECT 查询语句结构更加清晰，建议使用 AS 关键字为数据列设置别名。

实例 288　在列上加入计算

光盘位置：光盘\MR\10\288

初级
趣味指数：★★★★☆

实例说明

在数据查询过程中，可以在指定的数据列中加入计算，例如，求和或相乘等。在列上加入计算后，一般都会为列设置列别名。本实例主要实现数据查询时在指定的数据列中加入计算，在销售数据表中，单价*销售数量就是盈利，设置列别名为"盈利"。实例运行效果如图 10.3 所示。

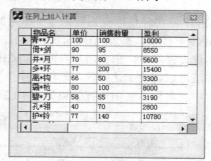

图 10.3　在列上加入计算

关键技术

本实例实现时主要用到了计算列，下面进行详细介绍。

在查询的 SELECT 子句中针对列可以使用乘法（*）、除法（/）、加法（+）、减法（−）等算术运算符，使之成为计算列。这样，执行查询时即可显示运算后的结果。

例如，查询图书的销售额，代码如下：
SELECT title, price * ytd_sales FROM titles

在使用算术运算符进行算术组合运算时应该注意算术运算符的优先级，SQL Server 2000、Oracle 等数据库都遵循以下标准的运算顺序：

☑　等式中从左向右计算，首先计算乘法和除法。
☑　先计算乘法和除法之后再计算任何加法和减法，也是在等式中从左向右进行计算。要覆盖这种计算顺序，可以使用圆括号括起等式中应该首先完成的任何部分。

第 10 章 SQL 查询

■ 设计过程

（1）打开 Visual C++ 6.0 开发环境，新建一个基于对话框的应用程序，命名为 count。
（2）在工程中添加一个窗体，设置窗体的 Caption 属性为"在列上加入计算"。
（3）向对话框中添加一个 ADO Data 控件和一个 DataGrid 控件。
（4）右击 ADO Data 控件，选择记录源，在命令文本（SQL）处添加：
select 物品名,单价,销售数量,(单价*销售数量)as 盈利 from xiaoshoubiao

■ 秘笈心法

心法领悟 288：在查询语句中，可以对多列进行求和运算。

在 SELECT 查询语句中，不仅可以对单个或两个数据列进行求和运算，而且还可以对多个数据列进行求和运算。例如，可以在查询语句中计算学生高数、外语、文化基础、数据库管理等成绩的和。

实例 289　查询数字

光盘位置：光盘\MR\10\289　　　　　　　　　　趣味指数：★★★★★　　初级

■ 实例说明

数据库中可以存储整数、小数、字符串和二进制等信息。那么怎样在数据库中判断和查询数字信息呢？本实例介绍了一种方法，通过判断数字信息来查询指定的记录，在 SELECT 语句中使用 WHERE 子句根据员工的基本工资来查询指定的数据。程序主界面如图 10.4 所示。输入想要查询的数字，单击"查询"按钮，可显示含有此数字的记录，如图 10.5 所示。

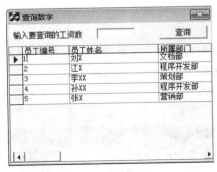

图 10.4　查询数字

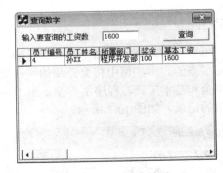

图 10.5　查询结果

■ 关键技术

本实例实现的关键是如何在 SELECT 查询语句中通过判断数值得到查询结果，下面对其进行详细讲解。

在数据查询过程中，可以向查询语句中添加 WHERE 子句，根据子句中特定列的数值判断查询条件，并得到查询结果。本实例用到的 SQL 语句为：
select * from employees where 基本工资 =1600;

从上述 SQL 查询语句中可以看到，在 WHERE 子句中通过判断基本工资数据列的值是否与指定的数值相等，如果相等则满足查询条件。

设计过程

（1）打开 Visual C++ 6.0 开发环境，新建一个基于对话框的应用程序，命名为 FindDigit。

（2）在工程中添加一个窗体，设置窗体的 Caption 属性为"查询数字"。

（3）在窗体上添加一个编辑框控件、一个按钮控件、一个 ADO Data 控件和一个 DataGrid 控件，为 ADO Data 控件添加成员变量 m_Adodc。

（4）主要代码如下：

```
void CFindDigitDlg::OnButton1()
{
    UpdateData(TRUE);
    CString str;
    str = "select * from employees where  基本工资  = "+m_Edit+"";
    m_Adodc.SetRecordSource(str);
    m_Adodc.Refresh();
}
```

秘笈心法

心法领悟 289：对多个数值进行判断并得到查询结果。

在 SELECT 查询语句中，可以加入 WHERE 子句对数值进行判断从而得到查询结果。WHERE 子句中不仅可以对单个数据列数值的查询条件进行判断，也可以对多个数据列数值的查询条件进行判断，在进行多条件判断时，要使用 AND 或 OR 运算符连接判断条件。

实例 290　查询字符串

光盘位置：光盘\MR\10\290　　趣味指数：★★★★★　　初级

实例说明

数据库中可以存储大量的数据，包括字符串、数值及二进制信息等。从数据库中查询记录时，字符串查询的使用频率是很高的。本实例中将会介绍如何在数据库中查询员工信息，员工信息包括员工编号、员工姓名、所属部门、奖金和基本工资。程序主界面如图 10.6 所示。输入想要查询的字符串，单击"查询"按钮，可显示含有此字符串的记录，如图 10.7 所示。

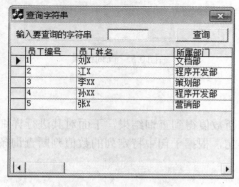

图 10.6　查询字符串

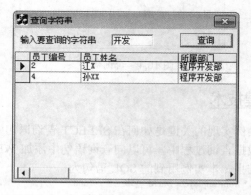

图 10.7　查询结果

关键技术

本实例实现的关键是如何在 WHERE 子句中通过指定字符串判断查询条件是否成立，从而得到查询结果，下面对其进行详细讲解。

在数据查询过程中，可以向查询语句中添加 WHERE 子句，根据子句中特定列的字符串来判断查询条件，并得到查询结果。本实例用到的 SQL 语句为：

select * from employees where 所属部门 = like "%"开发"%";

从此查询语句中可以看到，使用了 WHERE 子句设置查询条件，查询员工表中所属部门中包含"开发"的数据记录。

设计过程

（1）打开 Visual C++ 6.0 开发环境，新建一个基于对话框的应用程序，命名为 Like。
（2）在工程中添加一个窗体，设置窗体的 Caption 属性为"查询字符串"。
（3）在窗体上添加一个编辑框控件、一个按钮控件、一个 ADO Data 控件和一个 DataGrid 控件，为 ADO Data 控件添加成员变量 m_Adodc。
（4）主要代码如下：

```
void CLikeDlg::OnButton1()
{
    UpdateData(TRUE);
    CString str;
    str = "select * from employees where 所属部门 like '%"+m_Edit+"%'";
    m_Adodc.SetRecordSource(str);
    m_Adodc.Refresh();
}
```

秘笈心法

心法领悟 290：怎样判断表中的空字符串？

在数据库应用程序开发中，经常需要查询数据库中的字符串信息，那么，怎样判断指定数据列中的字符串是否是空字符串呢？可以在 WHERE 子句中使用指定数据列等于' '的方式来判断。

实例 291 查询日期数据

光盘位置：光盘\MR\10\291   趣味指数：★★★★☆ 中级

实例说明

本实例实现的是在旅店登记表中查询指定时间段入住的旅客信息。运行程序，显示整个表信息，如图 10.8 所示。选择要查询的时间段，单击"查询"按钮，即可将在指定时间入住旅店的旅客信息显示在表格中，如图 10.9 所示。

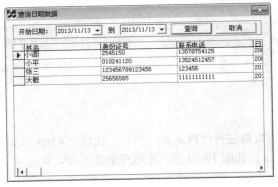

图 10.8 查询日期数据

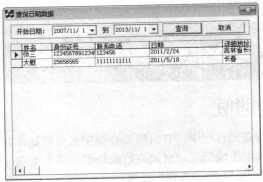

图 10.9 查询结果

关键技术

要实现对指定日期时间段数据的查询,可以在 SQL 语句中使用 BETWEEN 运算符。

BETWEEN 运算符可以用在 WHERE 子句中选取给定范围的列值所在行。在使用 BETWEEN…AND 进行范围查询时,查询结果中包含 AND 两边的条件值。在当前的查询中包含了 2011/2/24 和 2011/5/18 两天的销售情况。

也可以利用小于等于(<=)和大于等于(>=)运算符代替 BETWEEN。使用该运算符返回的结果和使用 BETWEEN 运算符相同。

设计过程

(1)打开 Visual C++ 6.0 开发环境,新建一个基于对话框的应用程序,命名为 zdsjdquery。

(2)在工程中添加一个窗体,设置窗体的 Caption 属性为"查询日期数据"。

(3)在窗体上添加两个时间控件、两个按钮控件、一个 ADO Data 控件和一个 DataGrid 控件,为 ADO Data 控件添加成员变量 m_adodc。

(4)主要代码如下:

```
void CZdsjdqueryDlg::OnOK()
{
    UpdateData(true);
    CTime time;
    m_date1.GetTime(time);                          //获得时间控件中的数据
    CString stry,strm,strd,date1,date2;
    stry.Format("%d",time.GetYear());
    strm.Format("%d",time.GetMonth());
    strd.Format("%d",time.GetDay());
    date1=stry+"-"+strm+"-"+strd;
    m_date2.GetTime(time);                          //获得时间控件中的数据
    stry.Format("%d",time.GetYear());
    strm.Format("%d",time.GetMonth());
    strd.Format("%d",time.GetDay());
    date2=stry+"-"+strm+"-"+strd;
    //设置数据源
    m_adodc.SetRecordSource("select*from shuzcx where 加入时间>='"+date1+"' and 加入时间<='"+date2+"'");
    m_adodc.Refresh();
}
```

秘笈心法

心法领悟 291:得到数据库系统时间。

数据库应用程序设计过程中,经常需要存储或查询时间信息,而且有时在插入或更新数据时,需要得到当前系统的时间信息,在数据库操作中,可以通过 GETDATE 函数轻松实现此功能,此函数的使用方法如下:

SELECT GETDATE()

实例 292   查询逻辑型数据

光盘位置:光盘\MR\10\292

初级

趣味指数:★★★★★

实例说明

数据查询过程中,有时需要查询逻辑型数据,并对该数据进行逻辑运算。例如,比较、AND、OR 等。本实例查询学生成绩表,查询高数或外语成绩大于 90 的学生。如图 10.10 所示是程序的主界面,单击"查询"按钮,如图 10.11 所示为查询结果。

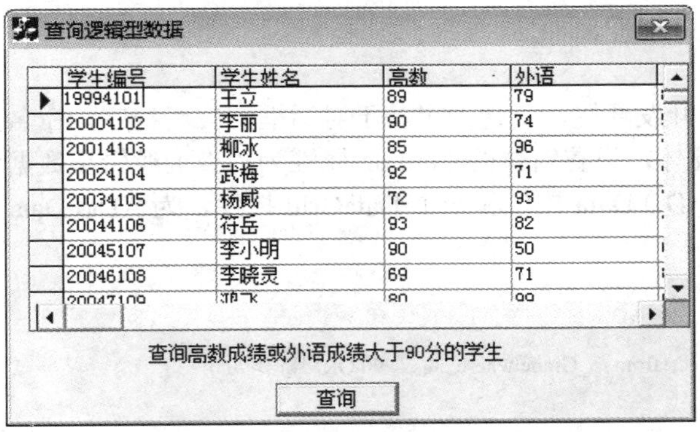

图 10.10　查询逻辑型数据界面

图 10.11　查询结果

■ 关键技术

本实例实现的关键是如何在 WHERE 子句中通过指定数据列中的逻辑型数据判断查询条件是否成立，从而得到查询结果。这里主要用到了 OR 运算符，下面对其进行详细讲解。

SELECT 查询语句执行过程中，经常需要对多个查询条件进行判断，本实例中使用了 OR 运算符连接多个查询条件，如图 10.12 所示。

```
SELECT ─────────────────── SELECT关键字
*       ─────────────────── 所有数据列
FROM    ─────────────────── FROM关键字
tb_Grade ─────────────────── 数据表
WHERE   ─────────────────── WHERE关键字
外语 > 90 ─────────────────── 外语成绩大于90分
OR      ─────────────────── OR运算符
高数 > 90 ─────────────────── 高数成绩大于90分
```

图 10.12　OR 运算符的使用方法

从图 10.12 中可以看到，SELECT 查询语句的 WHERE 子句中使用 OR 运算符判断查询条件，查询成绩表中外语成绩大于 90 分或高数成绩大于 90 分的学生成绩信息。OR 运算符表示逻辑"或"的关系，只有当 OR 运算符两边查询条件的结果都为 False 时，最后结果才为 False，只要一边是 True，则最后结果为 True。

注意：查询语句执行过程中，首先会判断 OR 运算符两侧的查询条件是否成立，只要有一个查询条件成立，则最后结果为 True，如果 OR 运算符两侧的查询条件都不成立，则最后结果为 False。

■ 设计过程

（1）打开 Visual C++ 6.0 开发环境，新建一个基于对话框的应用程序，命名为 LogicData。
（2）在工程中添加一个窗体，设置窗体的 Caption 属性为"查询逻辑型数据"。
（3）在窗体上添加一个 ADO Data 控件和一个 DataGrid 控件，为 ADO Data 控件添加成员变量 m_adodc。
（4）主要代码如下：

```
void CLogicDataDlg::OnOK()
{
    UpdateData(true);
    m_adodc.SetRecordSource("select*from tb_Grade where 高数>90 OR 外语>90");
    m_adodc.Refresh();
}
```

■ 秘笈心法

心法领悟 292：显示逻辑型数据。

数据库应用程序设计过程中，经常需要按用户指定的方式查询数据信息，那么查询到的逻辑型数据应当怎样显示呢？可以将数据库中查询到的信息绑定到 DataGridView 控件，此控件将会使用复选框控件的形式显示逻辑型数据，如果逻辑型数据为 True，则复选框被选中，否则未被选中。

实例 293 使用"_"通配符进行查询
光盘位置：光盘\MR\10\293   初级 趣味指数：★★★★☆

■ 实例说明

在进行数据查询时，有时会遇到查询不确定数据的情况（此情况称作模糊查询）。例如，查询员工表中姓氏为"张"、姓名为两个字的员工的信息。本实例中使用了 LIKE 运算符和"_"通配符进行模糊查询，在查询窗体中，用户只要输入员工的姓氏，即可查询到此姓氏的姓名为两个字的员工信息。使用"_"通配符进行查询的主界面如图 10.13 所示。填入要查询的员工姓名，选择"_"通配符，单击"查询"按钮，即可出现查询结果，如图 10.14 所示。

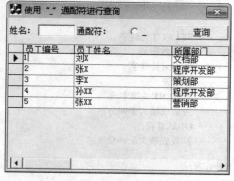

图 10.13 使用"_"通配符进行查询的主界面

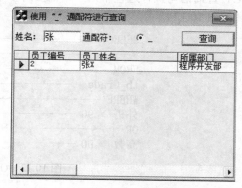

图 10.14 查询结果

■ 关键技术

本实例实现的关键是如何使用"_"通配符进行模糊查询，下面对其进行详细讲解。
在数据查询过程中，经常会遇到将要查询的数据不确定的情况，在这种情况下可以对数据进行模糊查询，在模糊查询中"_"通配符代表单个字符，本实例用到的 SQL 语句为：
`select * from employees where 员工姓名 like '张_';`

从此查询语句中可以看到，在 WHERE 子句中使用了 LIKE 运算符和"_"通配符对员工表的信息进行模糊查询，使用此查询将会查询到姓氏为"张"且姓名为两个字的员工信息。

设计过程

（1）打开 Visual C++ 6.0 开发环境，新建一个基于对话框的应用程序，命名为 UseUnderLine。
（2）在工程中添加一个窗体，设置窗体的 Caption 属性为"使用'_'通配符进行查询"。
（3）在窗体上添加一个单选按钮控件、一个编辑框控件、一个按钮控件、一个 ADO Data 控件和一个 DataGrid 控件，为 ADO Data 控件添加成员变量 m_Adodc。
（4）主要代码如下：

```cpp
void CUseUnderLineDlg::OnButton1()
{
    UpdateData(TRUE);
    CString str;
    switch(radio)
    {
    case 0:
        MessageBox("请选择通配符");
        return;
    case 1:
        str = "select * from employees where 员工姓名 like '"+m_Edit+"_'";
        break;
    }
    m_Adodc.SetRecordSource(str);
    m_Adodc.Refresh();
}
```

秘笈心法

心法领悟 293：在查询中可以将多个"_"通配符配合使用。

本实例中使用了"_"通配符查询姓氏为张且姓名为两个字的学生的信息。如果理解了"_"通配符代表单个字符的概念后，查询姓氏为张，而且姓名为 3 个字的学生的信息就变得简单多了，代码如下：

```sql
SELECT
学生姓名,年龄,性别,家庭住址
FROM
tb_Student
WHERE
学生姓名 LIKE '张__'
```

实例 294 使用"%"通配符进行查询

光盘位置：光盘\MR\10\294

初级
趣味指数：★★★★☆

实例说明

在模糊查询中，"%"通配符代表了 0 个到多个字符。本实例中使用了 LIKE 运算符和"%"通配符进行模糊查询，在窗体中用户可以输入员工姓氏信息，通过模糊查询可以查询到所有此姓氏的员工信息，员工姓名可以包括两个字、3 个字或多个字。使用"%"通配符进行查询的主界面如图 10.15 所示。填入要查询的员工姓名，选中"%"通配符，单击"查询"按钮，即可出现查询结果，如图 10.16 所示。

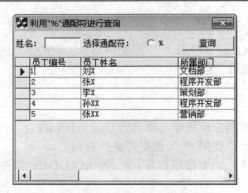
图 10.15 利用"%"通配符进行查询的主界面

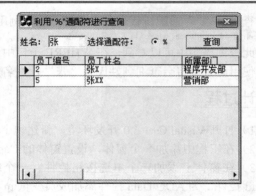
图 10.16 查询结果

关键技术

本实例实现的关键是如何使用"%"通配符对数据进行模糊查询,下面对其进行详细讲解。

在数据查询过程中,经常会遇到将要查询的数据不确定的情况,在这种情况下可以对数据进行模糊查询。在模糊查询中,"%"通配符代表 0 到多个字符,本实例用到的 SQL 语句为:

select * from employees where 员工姓名 like '张%';

从此查询语句中可以看到,在查询语句的 WHERE 子句中使用了 LIKE 运算符和"%"通配符对员工表的信息进行模糊查询,使用此查询将会查询到姓氏为"张"的所有员工的信息。

技巧:在模糊查询中 "_" 和 "%" 通配符的作用要分清楚,"_" 通配符代表一个字符,而 "%" 通配符代表 0 到多个字符。

设计过程

(1)打开 Visual C++ 6.0 开发环境,新建一个基于对话框的应用程序,命名为 UsePercent。

(2)在工程中添加一个窗体,设置窗体的 Caption 属性为"利用'%'通配符进行查询"。

(3)在窗体上添加一个单选按钮控件、一个编辑框控件、一个按钮控件、一个 ADO Data 控件和一个 DataGrid 控件,为 ADO Data 控件添加成员变量 m_Adodc。

(4)主要代码如下:

```
void CUsePercentDlg::OnButton1()
{
    UpdateData(TRUE);
    CString str;
    switch(radio)
    {
    case 0:
        MessageBox("请选择通配符");
        return;
    case 1:
        str = "select * from employees where 员工姓名 like '"+m_Edit+"%'";
        break;
    }
    m_Adodc.SetRecordSource(str);
    m_Adodc.Refresh();
}
```

秘笈心法

心法领悟 294:使用"%"通配符查询日期信息。

本实例中使用"%"通配符查询学生表中姓氏为"张"的所有学生的信息,在模糊查询中"%"通配符代表

0 至多个字符，如果使用 "%" 通配符查询日期信息，将会变得很方便。例如，查询 1981 年出生的学生的信息，代码如下：

SELECT * FROM tb_Student WHERE 出生年月 LIKE '%1981%'

实例 295　使用 "[]" 通配符进行查询

光盘位置：光盘\MR\10\295　　　趣味指数：★★★★★　初级

■ 实例说明

在模糊查询中，"[]" 通配符代表方括号范围内的单个字符。本实例中使用了 LIKE 运算符和 "[]" 通配符进行模糊查询，在窗体中用户可以输入员工年龄的十位部分。例如，用户输入 2，通过模糊查询，可以查询年龄为 20~29 岁学生的信息。使用 "[]" 通配符进行查询的主界面如图 10.17 所示。填入要查询的员工姓名，选中 "[]" 通配符，单击 "查询" 按钮，即可出现查询结果，如图 10.18 所示。

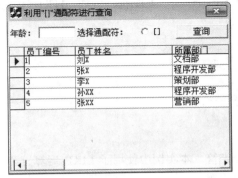

图 10.17　利用 "[]" 通配符进行查询的主界面

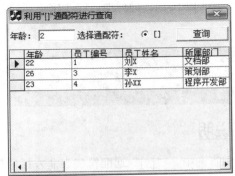

图 10.18　查询结果

■ 关键技术

本实例实现的关键是如何使用 "[]" 通配符对数据进行模糊查询，下面对其进行详细讲解。

在数据查询过程中，经常会遇到将要查询的数据不确定的情况，在这种情况下可以对数据进行模糊查询，在模糊查询中，"[]" 通配符代表方括号范围内的单个字符，本实例用到的 SQL 语句为：

select * from employees where 年龄 like '2[0-9]';

从此查询语句中可以看到，在 WHERE 子句中使用了 LIKE 运算符和 "[]" 通配符对员工表的信息进行模糊查询，使用此查询将会查询到年龄在 20~29 岁之间的员工的信息。

> **说明**：在模糊查询中 "[]" 通配符代表方括号范围内的单个字符，在方括号中可以加入多个字符或者指定字符区间，例如，[0-9]或[a-z]。

■ 设计过程

（1）打开 Visual C++ 6.0 开发环境，新建一个基于对话框的应用程序，命名为 UseRange。

（2）在工程中添加一个窗体，设置窗体的 Caption 属性为 "利用'[]'通配符进行查询"。

（3）在窗体上添加一个单选按钮控件、一个编辑框控件、一个按钮控件、一个 ADO Data 控件和一个 DataGrid 控件，为 ADO Data 控件添加成员变量 m_Adodc。

（4）主要代码如下：

```
void CUseRangeDlg::OnButton1()
{
```

```
UpdateData(TRUE);
CString str;
switch(radio)
{
case 0:
    MessageBox("请选择通配符");
    return;
case 1:
    str = "select * from employees where  年龄  like '"+m_Edit+"[0-9]";
    break;
}
m_Adodc.SetRecordSource(str);
m_Adodc.Refresh();
}
```

秘笈心法

心法领悟 295：LIKE 运算符后可以使用多个"[]"通配符。

在模糊查询中，"[]"通配符代表方括号范围内的单个字符，在方括号中可以加入多个字符或者指定字符区间，例如，[0-9]或[a-z]。同样地，在 LIKE 运算符后也可以使用多个"[]"通配符，例如，[1][1-5]代表 11～15 的数字。

实例 296　使用"[^]"通配符进行查询　　初级

光盘位置：光盘\MR\10\296

实例说明

在模糊查询中，"[^]"通配符代表非方括号范围内的单个字符。本实例中使用了 LIKE 运算符和"[^]"通配符进行模糊查询，在窗体中用户可以输入员工姓氏部分，例如输入"周"，通过模糊查询，可以查询姓氏非"周"的所有员工的信息。使用"[^]"通配符进行查询的主界面如图 10.19 所示。输入要查询的员工姓名，选中"[^]"通配符，单击"查询"按钮，即可出现查询结果，如图 10.20 所示。

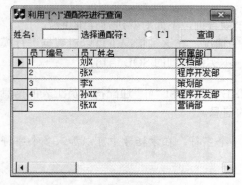
图 10.19　利用"[^]"通配符进行查询的主界面

图 10.20　查询结果

关键技术

本实例实现的关键是如何使用"[^]"通配符对数据进行模糊查询，下面对其进行详细讲解。

在数据查询过程中，经常会遇到将要查询的数据不确定的情况，在这种情况下可以对数据进行模糊查询，在模糊查询中"[^]"通配符代表非方括号范围内的单个字符，本实例用到的 SQL 语句为：

```
select * from employees where  员工姓名  like ' [^周] ';
```

从此查询语句中可以看到,在查询语句的 WHERE 子句中使用了 LIKE 运算符和"[^]"通配符对员工表的信息进行模糊查询,使用此查询将会查询到姓氏不为"周"的员工的信息。

> **说明**:在模糊查询中,"[^]"通配符代表非方括号范围内的单个字符,在方括号中可以加入多个字符或者指定字符区间,例如,[^0-9]或[^a-z]。

设计过程

(1)打开 Visual C++ 6.0 开发环境,新建一个基于对话框的应用程序,命名为 NotIn。
(2)在工程中添加一个窗体,设置窗体的 Caption 属性为"使用'[^]'通配符进行查询"。
(3)在窗体上添加一个单选按钮控件、一个编辑框控件、一个按钮控件、一个 ADO Data 控件和一个 DataGrid 控件,为 ADO Data 控件添加成员变量 m_Adodc。
(4)主要代码如下:

```
void CNotInDlg::OnButton1()
{
    UpdateData(TRUE);
    CString str;
    switch(radio)
    {
    case 0:
        MessageBox("请选择通配符");
        return;
    case 1:
        str = "select * from employees where 员工姓名 not like '[^"+m_Edit+"]%'";
        break;
    }
    m_Adodc.SetRecordSource(str);
    m_Adodc.Refresh();
}
```

秘笈心法

心法领悟 296:LIKE 运算符后可以使用多个"[^]"通配符。

在模糊查询中,"[^]"通配符代表非方括号范围内的单个字符,在方括号中可以加入多个字符或者指定字符区间,例如,[^0-9]或[^a-z]。同样地,在 LIKE 运算符后也可以使用多个"[^]"通配符,例如,[^1][^8-9]代表匹配十位部分不是 1 且个位部分不是 8~9 的所有数值。

实例 297　**复杂的模式查询**　　　　　　　　　　　　　　　　**中级**
光盘位置:光盘\MR\10\297　　　　　　　　　　　　　　　趣味指数:★★★★☆

实例说明

模糊查询是数据查询中经常用到的一种查询方式。在查询时,经常会忘记要查询的全部内容,这时就需要运用模糊查询。本实例实现了模糊查询功能,如图 10.21 在"列名"下拉列表框中选择"姓名",在 LIKE 编辑框中输入查询的部分内容,单击"查询"按钮,在数据表中将显示符合该条件的所有信息,结果如图 10.22 所示。

关键技术

LIKE 关键字搜索与指定模式匹配的字符串、日期或时间值。LIKE 关键字使用常规表达式包含值所要匹配的模式。模式包含要搜索的字符串,字符串中可包含 4 种通配符的任意组合,SQL 通配符如下。

- ☑ "_"：代表任何单一字符。
- ☑ "%"：代表 0 个或多个字符。
- ☑ "[]"：在指定区域或集合内的任何单一字符。
- ☑ "[^]"：不在指定区域或集合内的任何单一字符。

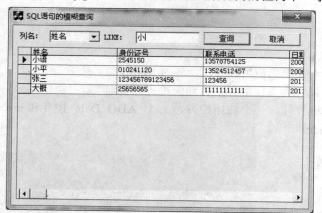

图 10.21　复杂的模式查询

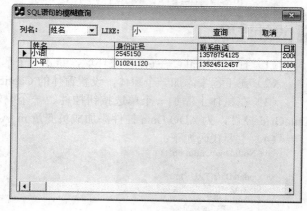

图 10.22　查询结果

设计过程

（1）打开 Visual C++ 6.0 开发环境，新建一个基于对话框的应用程序，命名为 mohuquery。

（2）在工程中添加一个窗体，设置窗体的 Caption 属性为 "SQL 语句的模糊查询"。

（3）在窗体上添加一个组合框控件、一个编辑框控件、一个按钮控件、一个 ADO Data 控件和一个 DataGrid 控件，为 ADO Data 控件添加成员变量 m_adodc。

（4）主要代码如下：

```
void CmohuqueryDlg::OnOK()
{
    UpdateData(true);
    CString str;
    m_combo.GetLBText(m_combo.GetCurSel(),str);
    m_adodc.SetRecordSource("select*from kfyd where "+str+" like '%"+m_edit+"%'");
    m_adodc.Refresh();
}
```

秘笈心法

心法领悟 297：复杂模糊查询的应用。

数据查询过程中，经常会出现查询数据的条件不确定的情况，那么在查询语句中使用多个模糊查询，例如，查询姓氏为 "李"，年龄在 20～25 岁之间且性别为 "女" 的学生的信息，代码如下：

```
SELECT
*
FROM
tb_Student
WHERE
学生姓名  LIKE '李%'
AND 年龄 LIKE '2[0-5]'
AND 性别 = '女'
```

10.2 TOP 和 PERCENT 限制查询结果

实例 298　查询前 10 名数据

光盘位置：光盘\MR\10\298　　趣味指数：★★★★☆　初级

在数据查询过程中，经常需要查询数据库中前若干条记录，此功能可以通过 TOP 关键字实现。本实例中介绍了 TOP 关键字的使用方法，当单击"查询"按钮时，会在 SELECT 语句中使用 TOP 关键字查询学生表中按名次排列的前 10 名学生的数据。运行程序，所有信息显示在表中，如图 10.23 所示。单击"查询"按钮，显示前 10 名数据，如图 10.24 所示。

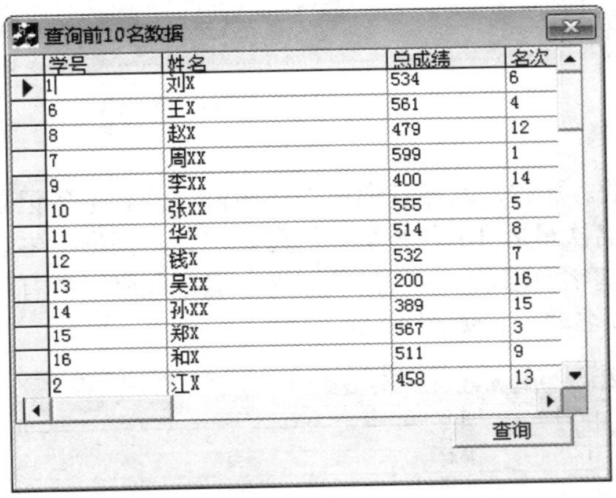

图 10.23　查询前 10 名数据 　　　　图 10.24　显示前 10 名

■ 关键技术

本实例在实现时主要用到了 Top 方法，下面对该方法进行详细介绍。
Top n 返回满足 WHERE 子句的前 n 条记录。语法如下：
```
SELECT TOP n [PERCENT]
FROM table
WHERE…
ORDER BY…
```
参数说明：
[PERCENT]：返回行的百分之 n，而不是 n 行。

■ 设计过程

（1）打开 Visual C++ 6.0 开发环境，新建一个基于对话框的应用程序，命名为 Top。
（2）在工程中添加一个窗体，设置窗体的 Caption 属性为"查询前 10 名数据"。
（3）在窗体上添加一个按钮控件、一个 ADO Data 控件和一个 DataGrid 控件，为 ADO Data 控件添加成员变量 m_Adodc。
（4）主要代码如下：
```cpp
void CTopDlg::OnButton1()
{
    m_Adodc.SetRecordSource("select top 10 * from Grade order by 名次");
    m_Adodc.Refresh();
}
```

秘笈心法

心法领悟 298：使用 TOP 关键字查询学生总分排名后 5 名的记录。

SQL 语句中的 TOP 关键字可以限制返回到结果集中的记录个数，使用 TOP 关键字与 ORDER BY 子句配合可以方便地查询成绩表中总分排名后 5 名的记录，代码如下：

```
SELECT
TOP 5
*
FROM
tb_Grade
ORDER BY 总分
```

实例 299　取出数据统计结果的后 10 名数据

光盘位置：光盘\MR\10\299

中级　趣味指数：★★★★★

实例说明

使用 TOP 关键字，可以限制返回到结果集中的记录个数。那么，怎样查询记录集中最后的若干条记录呢？使用 TOP 关键字同样可以实现。本实例将会查询成绩表中名次最后 10 名的学生信息。首先，根据学生总成绩进行升序排序（总成绩由低到高排序），然后使用 TOP 关键字取出前 10 条记录即可。运行程序，所有信息显示在表中，如图 10.25 所示。单击"查询"按钮，显示后 10 名数据，如图 10.26 所示。

图 10.25　取出数据统计结果的后 10 名数据

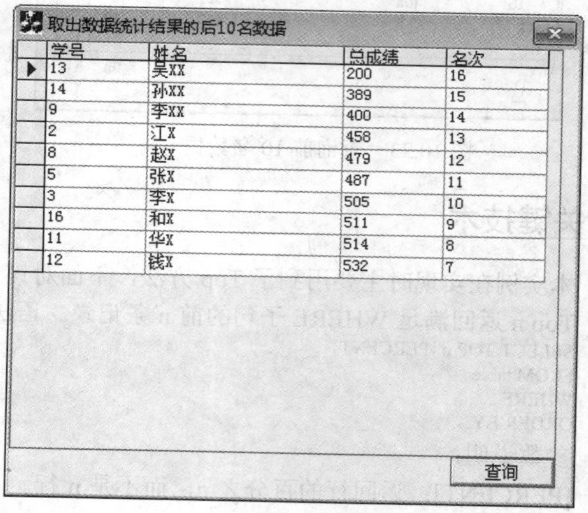

图 10.26　查询结果

关键技术

本实例重点在于向读者介绍如何在查询语句中使用 TOP 关键字查询成绩表中高数、外语和软件工程 3 科总分排名中最后 10 名的学生的信息，下面对其进行详细讲解。

在数据查询过程中，有时需要获取查询记录的最后若干条记录，使用 TOP 关键字与 ORDER BY 子句配合，可以轻松实现此功能，本实用到的 SQL 语句为：

```
select top 10 * from employees order by 名次  desc
```

从中可以看到，在查询语句中使用了 TOP 关键字查询成绩表中名次排名为最后 10 名的学生信息，看到这里可能有些难以理解，使用 TOP 关键字是获取前若干条记录，怎样才能获取排名后 10 名学生的数据呢？在查询语句中，使用了 ORDER BY 子句按 3 科总分的升序排序，所以获取前 10 名记录就等于获取排名最后的 10 条记录。

■ 设计过程

（1）打开 Visual C++ 6.0 开发环境，新建一个基于对话框的应用程序，命名为 Last。
（2）在工程中添加一个窗体，设置窗体的 Caption 属性为"取出数据统计结果的后 10 名数据"。
（3）在窗体上添加一个按钮控件、一个 ADO Data 控件和一个 DataGrid 控件，为 ADO Data 控件添加成员变量 m_Adodc。
（4）主要代码如下：

```
void CLastDlg::OnButton1()
{
    m_Adodc.SetRecordSource("select top 10 * from employees order by 名次 desc");
    m_Adodc.Refresh();
}
```

■ 秘笈心法

心法领悟 299：TOP 关键字和 ORDER BY 关键字配合使用。

TOP 关键字可以限制返回到结果集中的记录个数；ORDER BY 子句用于按指定的数据列升序或降序排序。TOP 关键字和 ORDER BY 关键字可以配合使用，通过 ORDER BY 子句排序，并使用 TOP 关键字得到前若干条记录。

实例 300　查询第 10～20 名的数据

光盘位置：光盘\MR\10\300　　　　　　　　　　　　　　　　　中级　趣味指数：★★★★★

■ 实例说明

数据查询过程中，有时会遇到一种情况，需要查询某个区间内的记录信息，例如，查询第 10～20 名的数据要怎样实现呢？本实例中使用了 TOP 关键字和 ORDER BY 子句实现此功能，查询成绩表中总分排名第 10～20 名的学生信息。运行程序，所有信息显示在表中，如图 10.27 所示。单击"查询"按钮，显示第 10～20 名数据，如图 10.28 所示。

图 10.27　查询第 10～20 名的数据 　　　　　　　　　图 10.28　查询结果

■ 关键技术

本实例实现的关键是如何在查询语句中使用 TOP 关键字查询第 10～20 名的数据记录，下面对其进行详细讲解。

在数据查询过程中，有时需要获取查询到的记录集中指定区间的记录信息，那么使用 TOP 关键字和 ORDER BY 子句可以实现此功能，本实例用到的 SQL 语句为：

select top 10 * from (select top 12 * from employees order by 名次 desc)aa order by aa.名次 asc;

从中可以看出，在查询语句中使用了子查询技术，首先在子查询中使用 ORDER BY 子句按降序排序成绩表中的记录，然后使用 TOP 关键字得到总分排名前 20 名学生的记录；得到子查询的查询结果后，将这 20 名学生的记录升序排序取前 10 名的信息，最终得到了总分排名第 10～20 名的记录。

■ 设计过程

（1）打开 Visual C++ 6.0 开发环境，新建一个基于对话框的应用程序，命名为 TenToTwenty。
（2）在工程中添加一个窗体，设置窗体的 Caption 属性为"查询第 10 到第 20 名的数据"。
（3）在窗体上添加一个按钮控件、一个 ADO Data 控件和一个 DataGrid 控件，为 ADO Data 控件添加成员变量 m_Adodc。
（4）主要代码如下：

```
void CTenToTwentyDlg::OnButton1()
{
    m_Adodc.SetRecordSource("select top 10 * from (select top 12 * from employees order by 名次 desc)aa order by aa.名次 asc");
    m_Adodc.Refresh();
}
```

■ 秘笈心法

心法领悟 300：查询成绩表中总分排名第 15～20 名的数据记录。

TOP 关键字可以限制返回到结果集中的记录个数；ORDER BY 子句用于按指定的数据列升序或降序排序。TOP 关键字和 ORDER BY 关键字可以配合使用，查询成绩表中总分排名第 15～20 名的数据记录，代码如下：

```
SELECT
TOP （20－15）
*
FROM
(SELECT
TOP 20
*
FROM
tb_Grade
ORDER BY 总分 DESC
) AS st
ORDER BY 总分 ASC
```

实例 301　查询销售量占前 50% 的图书信息

光盘位置：光盘\MR\10\301

中级
趣味指数：★★★★★

■ 实例说明

数据库查询中，不仅可以使用 TOP 关键字查询前若干条记录，也可以使用 TOP n PERCENT 查询所有记录中前百分比条记录。本实例将演示使用 TOP n PERCENT 查询图书总销量排名中前 50% 的图书信息。实例运行效果如图 10.29 所示，单击"查询"按钮，出现销售量占前 50% 的图书信息，如图 10.30 所示。

图 10.29　查询销售量占前 50%的图书信息界面　　　　图 10.30　查询结果

关键技术

本实例实现的关键是如何在查询语句中使用 TOP n PERCENT 查询图书销售排名中前 50%的记录，下面对其进行详细讲解。

在数据查询过程中，有时需要获取查询记录的前百分比条记录，使用 TOP n PERCENT 可以实现此功能，如图 10.31 所示。

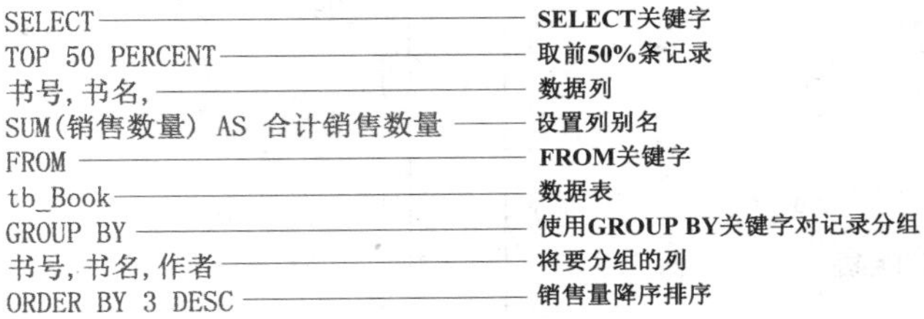

```
SELECT                          SELECT关键字
TOP 50 PERCENT                  取前50%条记录
书号,书名,                      数据列
SUM(销售数量) AS 合计销售数量   设置列别名
FROM                            FROM关键字
tb_Book                         数据表
GROUP BY                        使用GROUP BY关键字对记录分组
书号,书名,作者                  将要分组的列
ORDER BY 3 DESC                 销售量降序排序
```

图 10.31　使用 TOP n PERCENT

从图 10.31 中可以看到，在查询语句中使用了 TOP n PERCENT 查询图书表中合计销售数量排名中前 50%的图书的信息。TOP n PERCENT 中的 n 代表得到记录数量 n%。

设计过程

（1）打开 Visual C++ 6.0 开发环境，新建一个基于对话框的应用程序，命名为 Percent50。
（2）在工程中添加一个窗体，设置窗体的 Caption 属性为"查询销售量占前 50%的图书信息"。
（3）在窗体上添加一个按钮控件、一个 ADO Data 控件和一个 DataGrid 控件，为 ADO Data 控件添加成员变量 m_Adodc。
（4）主要代码如下：

```
void C Percent50Dlg::OnButton1()
{
    m_Adodc.SetRecordSource("select top 50 PERCENT 书号,书名,合计销售数量 from Book order by 合计销售数量 desc");
    m_Adodc.Refresh();
}
```

秘笈心法

心法领悟 301：查询销售量占前 30%的图书信息。

使用 TOP n PERCENT 可以轻松地查询销售量占前 30%的图书信息,代码如下:
```
SELECT
TOP 30 PERCENT
书号,书名,
SUM(销售数量) AS 合计销售数量
FROM
tb_Book
GROUP BY
书号,书名,作者
ORDER BY 3 DESC
```

实例 302　查询库存数量占后 20%的图书信息

光盘位置:光盘\MR\10\302　　中级　趣味指数:★★★★★

实例说明

通过 TOP n PERCENT 可以查询所有记录中前百分比条记录。那么怎样查询所有记录中后百分比条记录呢?本实例中使用了 TOP n PERCENT 和 ORDER BY 子句实现此功能,查询图书信息表中图书现存数量排名中后 20%的记录。实例运行效果如图 10.32 所示,单击"查询"按钮,显示查询结果,如图 10.33 所示。

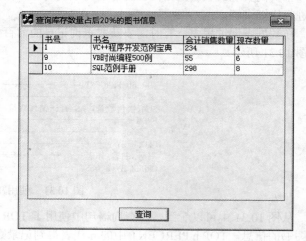

图 10.32　查询库存数量占后 20%的图书信息界面　　图 10.33　查询结果

关键技术

本实例实现的关键是如何在查询语句中使用 TOP n PERCENT 与 ORDER BY 子句查询图书库存数量排序中后 20%的记录,下面对其进行详细讲解。

在数据查询过程中,有时需要获取查询记录的后百分比条记录,使用 TOP n PERCENT 与 ORDER BY 子句可以实现此功能,如图 10.34 所示。

```
SELECT ──────────── SELECT关键字
TOP 20 PERCENT ───── 取前20%条记录
* ────────────── 所有数据列
FROM ──────────── FROM关键字
tb_BookMessage ───── 图书信息表
ORDER BY 现存数量 ASC ── 使用ORDER BY子句升序排序
```

图 10.34　使用 TOP n PERCENT

从图 10.34 中可以看到,在查询语句中使用了 TOP n PERCENT 与 ORDER BY 子句,查询图书库存数量排序中后 20%的记录。

> 注意：在图 10.34 中，由于 ORDER BY 子句是对"现存数量"的升序排序，所以使用 TOP n PERCENT 查询到的信息是图书库存数量排序中后 20%的记录。

设计过程

（1）打开 Visual C++ 6.0 开发环境，新建一个基于对话框的应用程序，命名为 Percent20。
（2）在工程中添加一个窗体，设置窗体的 Caption 属性为"查询库存数量占后 20%的图书信息"。
（3）在窗体上添加一个按钮控件、一个 ADO Data 控件和一个 DataGrid 控件，为 ADO Data 控件添加成员变量 m_Adodc。
（4）主要代码如下：

```
void CPercent20Dlg::OnButton1()
{
    m_Adodc.SetRecordSource("select top 20 percent * from Book order by 现存数量 asc");
    m_Adodc.Refresh();
}
```

秘笈心法

心法领悟 302：查询库存数量占后 50%的图书信息。

使用 TOP n PERCENT 可以实现查询库存数量占后 50%的图书信息，代码如下：

```
SELECT
TOP 50 PERCENT
*
FROM
tb_BookMessage
ORDER BY 现存数量 ASC
```

10.3 数值查询

实例 303 判断是否为数值

光盘位置：光盘\MR\10\303

实例说明

数据库中存储着大量的数据，其中包括字符串、数值、二进制信息等。那么怎样在查询中判断数据是否为数值呢？本实例中将会使用 ISNUMERIC 函数判断指定数据列中的数据是否为数值，如果数据为数值则返回 1，如果不为数值则返回 0。实例运行效果如图 10.35 所示，单击"查询"按钮，结果如图 10.36 所示。

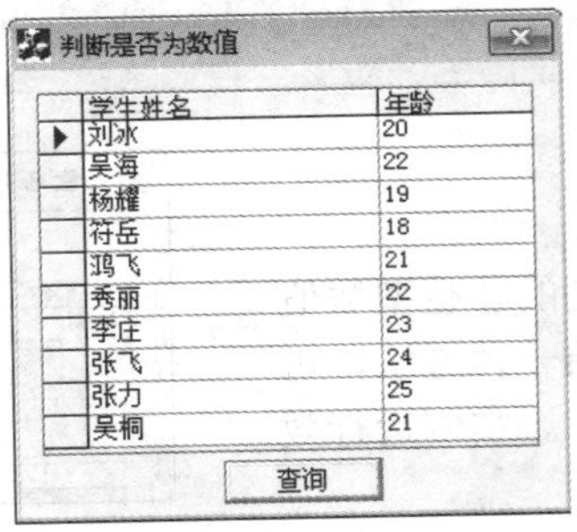

图 10.35 判断是否为数值界面 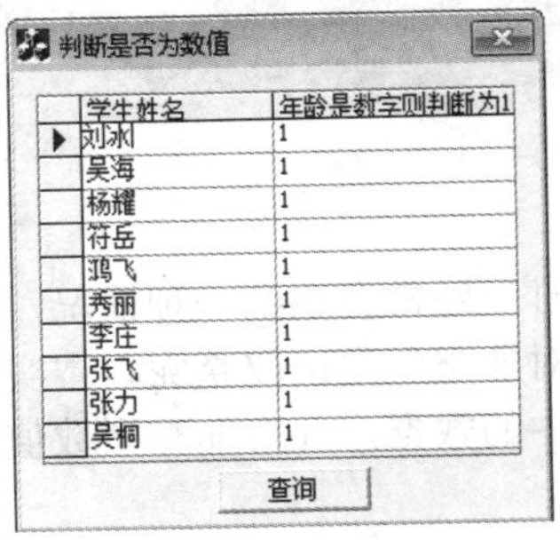   图 10.36 判断结果

关键技术

本实例实现的关键是如何在查询语句中使用 ISNUMERIC 函数判断指定数据列的数据是否为数值,并在查询中输出相应信息,下面对其进行详细讲解。

数据查询过程中,有时需要判断指定的数据是否为数值,使用 ISNUMERIC 函数可以实现此功能,如图 10.37 所示。

图 10.37 ISNUMERIC 函数的使用方法

从图 10.37 中可以看到,在 SELECT 语句中使用了 ISNUMERIC 函数,ISNUMERIC 函数会根据数据列中的数据返回数值 0 或 1,如果指定的数据不是数值则返回 0,如果是数值则返回 1。

设计过程

(1) 打开 Visual C++ 6.0 开发环境,新建一个基于对话框的工程,命名为 IsValue。
(2) 在工程中添加一个窗体,设置窗体的 Caption 属性为 "判断是否为数值"。
(3) 在窗体上添加一个按钮控件、一个 ADO Data 控件和一个 DataGrid 控件,为 ADO Data 控件添加成员变量 m_Adodc。
(4) 主要代码如下:

```
void CIsValueDlg::OnButton1()
{
    m_Adodc.SetRecordSource("select 学生姓名,ISNUMERIC(年龄) as 年龄是数字则判断为 1 from Grade");
    m_Adodc.Refresh();
}
```

秘笈心法

心法领悟 303:判断销售金额是否为数值。

数据查询过程中,使用 ISNUMERIC 函数可以判断指定数据列中的数据是否为数值,代码如下:

```
SELECT
金额,
CASE WHEN ISNUMERIC(金额)=1
THEN '是数值'
ELSE '不是数值' END
FROM tb_Book
```

实例 304 在查询时对数值进行取整
光盘位置:光盘\MR\10\304   初级 趣味指数:★★★★☆

实例说明

在进行数据查询时,经常会遇到一种情况,需要对查询到的非整型数值进行取整,怎样实现对非整型数值取整呢?本实例中将会介绍一种方法,可以方便地查询数据库中的数据,并对非整型数值进行取整操作。实例运行效果如图 10.38 所示。

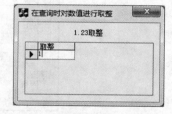

图 10.38 在查询时对数值进行取整

关键技术

使用 FLOOR 函数可以返回小于或等于指定表达式的最大整数。函数语法如下：

FLOOR (numeric_expression)

参数说明：

numeric_expression：精确数字或近似数字数据类型类别的表达式（bit 数据类型除外）。

设计过程

（1）打开 Visual C++ 6.0 开发环境，新建一个基于对话框的工程，命名为 Floor。
（2）在工程中添加一个窗体，设置窗体的 Caption 属性为"在查询时对数值进行取整"。
（3）在窗体上添加一个按钮控件、一个 ADO Data 控件和一个 DataGrid 控件。
（4）在 ADO Data 控件属性窗口的"记录源"选项卡中添加的 SQL 语句如下：

SELECT FLOOR(1.23) AS 取整

秘笈心法

心法领悟 304：对数值向上或向下取整。

数据查询过程中，有时会需要对指定的小数数值进行取整操作，CEILING 函数会对指定的小数数值进行向上取整；FLOOR 函数会对指定的小数数值进行向下取整。

实例 305　将查询到的数值四舍五入

光盘位置：光盘\MR\10\305　　　　　　　　　　　初级　趣味指数：★★★★☆

实例说明

程序设计过程中，经常需要将指定的数值进行四舍五入运算，在进行四舍五入运算时，首先要确定小数部分要精确到哪一位，然后进行四舍五入运算。在数据库查询中，也可以使用相应的方法简单、方便地对数值进行取舍操作。本实例中将会介绍如何在 SELECT 语句中对指定数据列中的数值进行四舍五入。实例运行效果如图 10.39 所示。

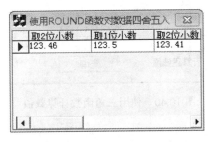

图 10.39　将查询到的数值四舍五入

关键技术

本实例实现的关键是如何在查询语句中对指定数据列中的数值进行四舍五入，下面对其进行详细讲解。

数据查询过程中，使用 ROUND 函数可以对指定数据列中的数值进行四舍五入。

在 SELECT 语句中使用了 ROUND 函数，ROUND 函数会对指定数据列中的小数数值进行四舍五入，ROUND 函数接收两个参数，第一个参数为小数数值；第二个参数为四舍五入后保留的小数位数。

设计过程

（1）打开 Visual C++ 6.0 开发环境，新建一个基于对话框的工程，命名为 Round。
（2）在工程中添加一个窗体，设置窗体的 Caption 属性为"使用 ROUND 函数对数据四舍五入"。
（3）在窗体上添加一个 ADO Data 控件和一个 DataGrid 控件，为 ADO Data 控件添加成员变量 m_Adodc。
（4）在 ADO Data 控件属性窗口的"记录源"选项卡中添加的 SQL 语句如下：
SELECT ROUND(123.456,2) AS "取2位小数",ROUND(123.456,1) AS "取1位小数",ROUND(123.411,2) AS "取2位小数"

秘笈心法

心法领悟 305：对小数数值进行四舍五入。

使用 ROUND 函数，可以对数据表中指定数据列中的小数数值进行四舍五入，代码如下：

```
SELECT
myvalue
AS 数值,
ROUND(myvalue,3)
AS 四舍五入后
FROM tb_Value
```

实例 306　使用三角函数计算数值
光盘位置：光盘\MR\10\306　　初级　趣味指数：★★★★☆

实例说明

在数学运算中，经常会用到三角函数，使用三角函数可以方便地根据角度得到正弦或余弦值。本实例中将会介绍如何通过指定的角度得到正弦值。当用户单击窗体中的"查询"按钮时，会使用指定的 SELECT 语句查询数据库中的角度值，并使用 SIN 函数得到正弦值，如图 10.40 所示。

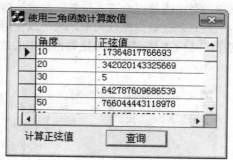

图 10.40　使用三角函数计算数值

关键技术

本实例实现的关键是如何使用三角函数在查询语句中计算指定数据列中角度的正弦值，下面对其进行详细讲解。

在 SELECT 查询语句中，可以使用 SIN 函数计算指定数据列中角度的正弦值，如图 10.41 所示。

```
SELCT                          SELECT关键字
angle                          数据列
AS 角度,                        列别名
SIN(ANGLE*PI()/180)            求角度的正弦值
AS 正弦值                       列别名
FROM                           FROM关键字
tb_Angle                       数据表
```

图 10.41 SIN 函数的使用方法

从图 10.41 中可以看到，在 SELECT 语句中使用了 SIN 函数，该函数会根据指定数据列中的角度值计算其正弦值。

✎ **技巧**：本实例的查询语句使用了 SIN 函数计算正弦值，当查询语句执行时，将会通过一个新的数据列显示正弦值信息，所以此时需要使用 AS 关键字为数据列设置别名。

■ 设计过程

（1）打开 Visual C++ 6.0 开发环境，新建一个基于对话框的工程，命名为 Sanjiao。
（2）在工程中添加一个窗体，设置窗体的 Caption 属性为"使用三角函数计算数值"。
（3）在窗体上添加一个按钮控件、一个 ADO Data 控件和一个 DataGrid 控件，为 ADO Data 控件添加成员变量 m_Adodc。
（4）主要代码如下：

```
void CSanjiaoDlg::OnButton1()
{
    m_Adodc.SetRecordSource("select 角度,SIN(角度*PI()/180) as 正弦值 from za");
    m_Adodc.Refresh();
}
```

■ 秘笈心法

心法领悟 306：怎样计算角度的余弦值？

本实例中已经介绍了使用 SIN 函数计算指定数据列中角度的正弦值，同样地，使用 COS 函数可以计算角度的余弦值，代码如下：

```
SELECT
angle
AS 角度,
COS(ANGLE*PI()/180)
AS 余弦值
FROM
tb_Angle
```

实例 307　实现数值的进制转换

光盘位置：光盘\MR\10\307　　　　　　　　　　　　　　　初级　趣味指数：★★★★☆

■ 实例说明

进制转换是开发中经常用到的，而在数据库中只有 Oracle 数据库存在进制转换函数。下面以十六进制与二进制之间的转换函数为例，介绍它们在 Oracle 数据库下的应用。

（1）Hextoraw()函数在 Oracle 数据库下将十六进制字符串转换为二进制数

使用 Hextoraw()函数将 AH、3H、45 这 3 个字符串转换为二进制数，运行效果如图 10.42 所示。

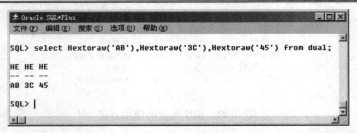

图 10.42　Hextoraw()函数在 Oracle 数据库下将十六进制字符串转换为二进制数

（2）Rawtohex()函数在 Oracle 数据库下将二进制数转换为十六进制字符串

使用 Rawtohex()函数将 0001、0010、0011 这 3 个二进制数转换为十六进制字符串，运行效果如图 10.43 所示。

图 10.43　Rawtohex 函数在 Oracle 数据库下将二进制数转换为十六进制字符串

关键技术

（1）Hextoraw()函数

Hextoraw()函数语法如下：

Hextoraw('n')

其中，n 为十六进制的字符串。

（2）Rawtohex()函数

Rawtohex()函数的语法如下：

Rawtohex(n)

其中，n 为二进制数。

设计过程

（1）Hextoraw()函数在 Oracle 数据库下将十六进制字符串转换为二进制数，操作步骤如下。

启动 Oracle 数据库中的 SQL*Plus，输入用户名、口令和主机字符串后，在代码编辑区中输入如下 SQL 语句：

select Hextoraw('AB'),Hextoraw('3C'),Hextoraw('45') from dual

（2）Rawtohex()函数在 Oracle 数据库下将二进制数转换十六进制字符串，操作步骤如下。

启动 Oracle 数据库中的 SQL*Plus，输入用户名、口令和主机字符串后，在代码编辑区中输入如下 SQL 语句：

select rawtohex(0001),rawtohex(0010),rawtohex(0011) from dual

秘笈心法

心法领悟 307：ABS 函数的使用方法。

ABS 函数用于获取指定数值的绝对值，此函数接收一个数值作为参数，并得到此数值的绝对值，函数使用格式如下：

SELECT ABS(-100)

实例 308 根据生成的随机数查询记录

光盘位置：光盘\MR\10\308

初级
趣味指数：★★★★☆

实例说明

本实例可以使用 Random 对象的 Next 方法方便地得到随机数。在数据查询过程中，也可以使用 SELECT 语句实现此功能。本实例中，当用户单击"查询"按钮后，会使用 SELECT 语句查询数据库中的信息，SELECT 语句中使用了 RAND 函数和 FLOOR 函数产生随机的学生编号，并根据此学生编号查询学生信息。实例运行效果如图 10.44 和图 10.45 所示。

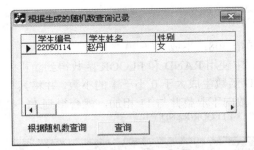

图 10.44 根据生成的随机数查询记录　　　　图 10.45 查询结果

关键技术

本实例实现的关键是如何使用 RAND 函数在查询语句中生成随机数，并根据随机数查询数据记录，下面对其进行详细讲解。

在 SELECT 查询语句中，可以使用 RAND 函数产生随机数，如图 10.46 所示。

从图 10.46 中可以看到，在 SELECT 语句中使用了 RAND 函数，RAND 函数会随机生成大于 0 小于 1 的小数数值。

本实例中使用 RAND 函数随机生成学生编号，但是 RAND 函数只能生成大于 0 小于 1 的小数数值，要怎样才能实现生成随机的学生编号呢？如图 10.47 所示。

图 10.46 RAND 函数的使用方法　　　　图 10.47 生成随机学生编号

从图 10.47 中可以看到，在 SELECT 语句中使用了 RAND 函数。RAND 函数会随机生成大于 0 小于 1 的小数数值，将小数数值与 10 相乘后会得到一个大于 0 小于 10 的小数数值，使用 FLOOR 函数将得到的小数数值向下取整后，会得到一个大于等于 0 而且小于 10 的整数，将此整数与 22050110 数值相加就会得到学生编号，最后根据此学生编号查询学生信息。

设计过程

（1）打开 Visual C++ 6.0 开发环境，新建一个基于对话框的工程，命名为 Rand。
（2）在工程中添加一个窗体，设置窗体的 Caption 属性为"根据生成的随机数查询记录"。
（3）在窗体上添加一个按钮控件、一个 ADO Data 控件和一个 DataGrid 控件，为 ADO Data 控件添加成员变量 m_Adodc。
（4）主要代码如下：

```
void CRandDlg::OnButton1()
{
    m_Adodc.SetRecordSource("select * from tb_Student where  学生编号=22050110+floor(rand()*10)");
    m_Adodc.Refresh();
}
```

秘笈心法

心法领悟 308：生成 11～20 之间的随机数。

本实例中使用 RAND 和 FLOOR 函数得到随机的学生编号，那么怎样随机生成 11～20 间的随机数呢？可以使用 RAND 函数生成大于 0 小于 1 的小数，并将其与 10 相乘，得到 0～9 的随机小数，通过 FLOOR 函数将 0～9 的随机小数向下取整并与 11 相加，就会得到 11～20 之间的随机数，代码如下：
SELECT 11 + FLOOR(RAND()*10)

实例 309　根据查询数值的符号显示具体文本

光盘位置：光盘\MR\10\309　　趣味指数：★★★★☆　　初级

实例说明

程序设计过程中，经常需要判断用户输入的数值是否为正数、负数或 0。在数据查询过程中，也可以实现此功能。本实例中，当用户单击"查询"按钮后，会使用 SELECT 语句查询数据库中的信息，SELECT 语句中使用 SIGN 函数判断指定数据列中的数值是否为正数、负数或 0，并返回指定的数值，如果数据列中的数值为大于 0 的正数则返回 1；如果数据列中的数值为 0 则返回 0；如果数据列中的数值小于 0 则返回-1。实例运行效果如图 10.48 所示。单击"查询"按钮，查询结果如图 10.49 所示。

图 10.48　根据查询数值的符号显示具体文本

图 10.49　查询结果

关键技术

本实例实现的关键是如何在数据查询中使用 SIGN 函数判断指定数据列中的数值是否为正数、负数或 0，下面对其进行详细讲解。

在 SELECT 查询语句中，可以使用 SIGN 函数判断指定数据列中的数值是否为正数、负数或 0，如图 10.50 所示。

```
SELECT ─────────────────  SELECT关键字
myvalue ────────────────  数据列
AS 数值, ────────────────  列别名
SIGN(myvalue) ──────────  判断数值是否为正数、负数或0
AS 判断数值 ──────────────  列别名
FROM ───────────────────  FROM关键字
tb_value ───────────────  数据表
```

图 10.50 SIGN 函数的使用方法

从图 10.50 中可以看到，在 SELECT 语句中使用了 SIGN 函数，SIGN 函数会判断 myvalue 数据列中的每一个数值是否为正数、负数或 0，并返回相应值。

技巧：图 10.50 中的查询语句使用了 SIGN 函数，当查询语句执行时，会通过一个新的数据列显示数值信息，所以此时需要使用 AS 关键字为数据列设置别名。

设计过程

（1）打开 Visual C++ 6.0 开发环境，新建一个基于对话框的工程，命名为 UseSign。
（2）在工程中添加一个窗体，设置窗体的 Caption 属性为"根据查询数值的符号显示具体文本"。
（3）在窗体上添加一个按钮控件、一个 ADO Data 控件和一个 DataGrid 控件，为 ADO Data 控件添加成员变量 m_Adodc。
（4）主要代码如下：

```
void CUseSignDlg::OnButton1()
{
    m_Adodc.SetRecordSource("select 数值,sign(数值) as 判断数字的值  from za");
    m_Adodc.Refresh();
}
```

秘笈心法

心法领悟 309：在查询语句中判断数值并进行相关操作。

本实例中使用了 SIGN 函数，判断指定数据列中的数值是否为正数、负数或 0，SIGN 函数还可以与 CASE 语句配合使用，根据数据列中的数值返回相关字符串信息，代码如下：

```
SELECT
myvalue
AS 数值,
CASE WHEN SIGN(myvalue)=1 THEN '正数' ELSE
CASE WHEN SIGN(myvalue)=-1 THEN '负数' ELSE '0' END
END
AS 判断数值
FROM
tb_value
```

10.4 比较、逻辑、重复查询

实例 310 NOT 与谓词进行组合条件的查询
光盘位置：光盘\MR\10\310
初级
趣味指数：★★★★☆

实例说明

本实例实现的是在员工信息表中查询本科学历且工资不在 1000～1500 元之间的员工信息。运行程序，效果如图 10.51 所示，所有员工信息显示在表格中。单击"查询"按钮，即可将本科学历且工资不在 1000～1500 元之间的员工信息显示在表格中，如图 10.52 所示。

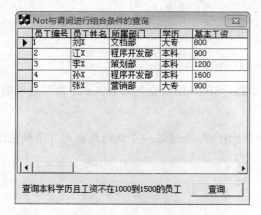

图 10.51　NOT 与谓词进行组合条件的查询

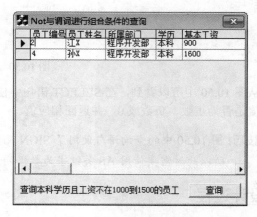

图 10.52　查询结果

关键技术

本实例使用 NOT 与谓词组合所形成的条件进行查询。

NOT 与谓词进行组合所形成的表达式分别是[NOT] BETWEEN，IS [NOT] NULL 和[NOT] IN。

（1）[NOT] BETWEEN。该条件指定值的包含范围，使用 AND 将开始值和结束值分开。语法如下：

```
test_expression [NOT] BETWEEN begin_expression AND end_expression;
```

参数说明：

NOT BETWEEN：查找用 BETWEEN 指定范围之外的所有行。

用户还需注意，若要指定排除范围，还可以使用大于（>）和小于（<）运算符代替 BETWEEN。

（2）IS [NOT] NULL。该式根据所使用的关键字指定对空值或非空值的搜索，如果有任何操作数是 NULL，表达式取值为 NULL。

（3）[NOT] IN。该式根据使用的关键字是包含在列表内还是排除在列表外指定对表达式的搜索，搜索表达式可以是常量或列名，而列表可以是一组常量，但更多情况下是子查询，将值列表放在圆括号内。语法如下：

```
test_expression[NOT] IN
(
    subquery
    expression[, …n]
)
```

参数说明：

❶test_expression：SQL 表达式。

❷subquery：包含某列结果集的子查询，该列必须与 test_expression 具有相同的数据类型。

❸expression[, …n]：一个表达式列表，用来测试是否匹配，所有的表达式必须和 test_expression 具有相同的数据类型。

该式的返回值是根据 test_expression 与 subquery 返回的值进行比较，如果两个值相等，或与逗号分隔的列表中的任何 expression 相等，那么结果值就为 TRUE，否则结果值为 FALSE。

使用 NOT IN 对返回值取反。

设计过程

（1）打开 Visual C++ 6.0 开发环境，新建一个基于对话框的应用程序，命名为 Predication。

（2）在工程中添加一个窗体，设置窗体的 Caption 属性为"Not 与谓词进行组合条件的查询"。

（3）在窗体上添加一个按钮控件、一个 ADO Data 控件和一个 DataGrid 控件，为 ADO Data 控件添加成员变量 m_Adodc。

（4）主要代码如下：

```
void CPredicationDlg::OnButton1()
{
    m_Adodc.SetRecordSource("select * from employees where 学历='本科' and 基本工资 not between 1000 and 1500");
    m_Adodc.Refresh();
}
```

秘笈心法

心法领悟 310：BETWEEN 与 NOT BETWEEN 有什么区别？

BETWEEN 用于查询指定区间范围内的信息；NOT BETWEEN 用于查询非指定区间范围内的信息，所以 BETWEEN 与 NOT BETWEEN 查询的内容相反。

实例 311 利用 BETWEEN…AND 进行时间段查询

光盘位置：光盘\MR\10\311   初级   趣味指数：★★★★★

实例说明

要实现对指定日期时间段数据的查询，可以在 SQL 语句中使用 BETWEEN 运算符。本实例是在数据表中查找销售时间在 2007/4/22 到 2007/4/27 之间的销售记录，运行效果如图 10.53 所示。选择时间后，单击"查询"按钮，即可将销售时间在 2007/4/22 到 2007/4/27 之间的销售记录显示在表格中，如图 10.54 所示。

图 10.53 利用 BETWEEN…AND 进行时间段查询

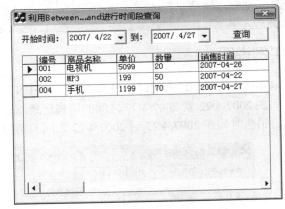

图 10.54 查询结果

关键技术

实现此功能主要用到了 BETWEEN 运算符，BETWEEN 运算符可以用在 WHERE 子句中选取给定范围的列值所在行。语法如下：

test_expression [NOT] BETWEEN begin_expression AND end_expression

参数说明：

❶test_expression：用来在由 begin_expression 和 end_expression 定义的范围内进行测试的表达式。test_expression 必须与 begin_expression 和 end_expression 具有相同的数据类型。

❷begin_expression：任何有效的 SQL Server 表达式。

❸end_expression：任何有效的 SQL Server 表达式。

设计过程

（1）打开 Visual C++ 6.0 开发环境，新建一个基于对话框的工程，命名为 Between。

（2）在工程中添加一个窗体，设置窗体的 Caption 属性为"利用 Between…and 进行时间段查询"。

（3）在窗体上添加两个时间控件、一个 ADO Data 控件和一个 DataGrid 控件，为 ADO Data 控件添加成员变量 m_Adodc。

（4）主要代码如下：

```
void CBetweenDlg::OnButton1()
{
    UpdateData(TRUE);
    CTime time;
    m_Date1.GetTime(time);
    CString date1,date2;
    date1 = time.Format("%Y-%m-%d");
    m_Date2.GetTime(time);
    date2 = time.Format("%Y-%m-%d");
    m_Adodc.SetRecordSource("select * from merchandise where  销售时间  between '"+date1+"' and '"+date2+"'");
    m_Adodc.Refresh();
}
```

秘笈心法

心法领悟 311：BETWEEN…AND 和 NOT BETWEEN…AND 包括等号吗？

BETWEEN…AND 是包括等号的，而 NOT BETWEEN…AND 是不包括等号的。

实例 312　利用关系表达式进行时间段查询

光盘位置：光盘\MR\10\312　　趣味指数：★★★★☆

实例说明

本实例在对时间段查询时，没有用 BETWEEN…AND，而是用到了关系表达式。本实例在数据表中查找销售时间在 2007/4/22 到 2007/4/27 之间的销售记录，运行效果如图 10.55 所示。选择时间后，单击"查找"按钮，即可将销售时间在 2007/4/22 到 2007/4/27 之间的销售记录显示在表格中，如图 10.56 所示。

图 10.55　利用关系表达式进行时间段查询

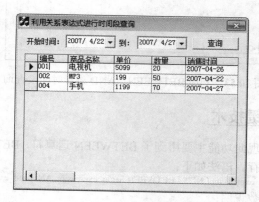

图 10.56　查询结果

关键技术

在对指定时间段进行查询时，除了使用 BETWEEN…AND 外，还可以使用"="、"!="、"<>"、"<"、">"、"<="、"!>"、">="和"!<"等运算符进行时间段查询。

设计过程

（1）打开 Visual C++ 6.0 开发环境，新建一个基于对话框的应用程序，命名为 Expression。
（2）在工程中添加一个窗体，设置窗体的 Caption 属性为"利用关系表达式进行时间段查询"。
（3）在窗体上添加两个时间控件、一个 ADO Data 控件和一个 DataGrid 控件，为 ADO Data 控件添加成员变量 m_Adodc。
（4）主要代码如下：

```
void CExpressionDlg::OnButton1()
{
    UpdateData(TRUE);
    CTime time;
    m_Date1.GetTime(time);
    CString date1,date2;
    date1 = time.Format("%Y-%m-%d");
    m_Date2.GetTime(time);
    date2 = time.Format("%Y-%m-%d");
    m_Adodc.SetRecordSource("select * from merchandise where 销售时间 >= '"+date1+"' and 销售时间 <= '"+date2+"'");
    m_Adodc.Refresh();
}
```

秘笈心法

心法领悟 312：对多列数据设置查询条件并得到查询结果。

数据查询过程中，可以在 SELECT 查询语句的 WHERE 子句中对多列数据设置查询条件并得到查询结果，在设置多个查询条件时，可以使用 AND 或 OR 运算符组合查询条件。

实例 313　列出数据中的重复记录和记录条数

光盘位置：光盘\MR\10\313

初级
趣味指数：★★★★☆

实例说明

在数据的查询过程中，有时需要统计出重复数据记录的条数。本实例中使用 GROUP BY 子句实现了此功能，当用户在窗体中单击"统计"按钮后，数据查询将会按编号、商品名称进行分组，并统计出重复记录的条数。实例运行效果如图 10.57 和图 10.58 所示。

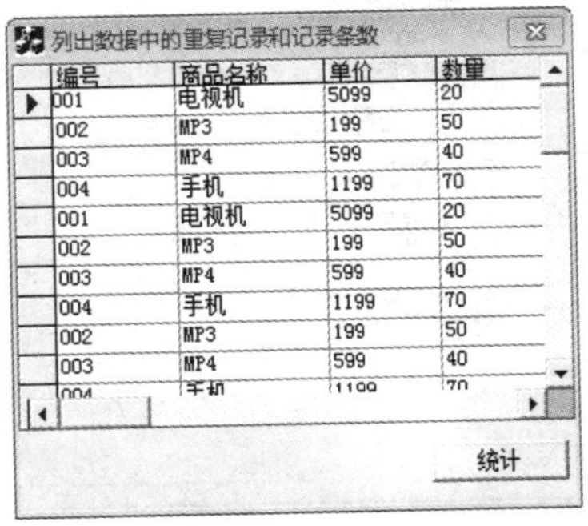

图 10.57　列出数据中的重复记录和记录条数

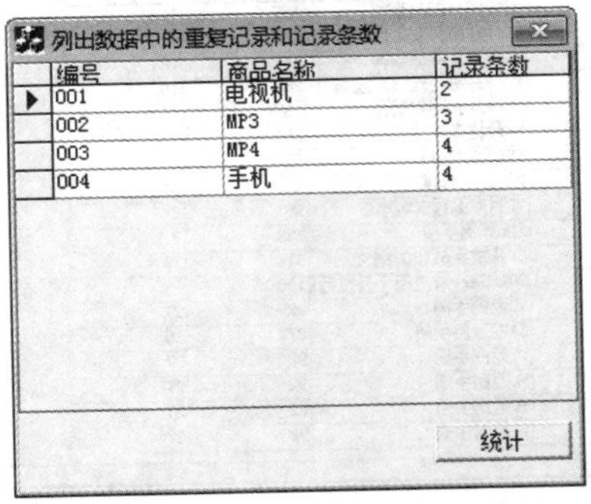

图 10.58　统计结果

关键技术

实现列出数据中的重复记录和记录条数时，用到了 COUNT 函数和 GROUP BY 子句。

本实例用到的 SQL 语句为：

select 编号,商品名称,count(编号)as 记录条数 from merchandise group by 编号,商品名称

在 SELECT 查询语句中使用了 GROUP BY 子句对编号、商品名称数据列中的信息进行分组，并使用 COUNT 聚合函数统计分组后每一个分组中数据记录的数量。

设计过程

（1）打开 Visual C++ 6.0 开发环境，新建一个基于对话框的应用程序，命名为 CountNum。

（2）在工程中添加一个窗体，设置窗体的 Caption 属性为"列出数据中的重复记录和记录条数"。

（3）在窗体上添加一个按钮控件、一个 ADO Data 控件和一个 DataGrid 控件，为 ADO Data 控件添加成员变量 m_Adodc。

（4）主要代码如下：

```
void CCountNumDlg::OnButton1()
{
    m_Adodc.SetRecordSource("select 编号,商品名称,count(编号)as 记录条数 from merchandise group by 编号,商品名称");
    m_Adodc.Refresh();
}
```

秘笈心法

心法领悟 313：通过 HAVING 子句设置分组查询条件。

在 SELECT 语句的 WHERE 子句中可以设置查询条件，如果查询语句中使用了 GROUP BY 子句对查询信息进行分组，那么还可以使用 HAVING 子句对分组信息设置查询条件。

实例 314 利用关键字 DISTINCT 去除重复记录
光盘位置：光盘\MR\10\314   初级 趣味指数：★★★★☆

实例说明

本实例实现的是在图书库存信息表中查询图书情况，不显示重复的记录。运行程序，单击"查询"按钮，即可在表格中显示仓库中剩余图书的情况，并去除重复记录，如图 10.59 和图 10.60 所示。

图 10.59 利用关键字 DISTINCT 去除重复记录   图 10.60 运行结果

关键技术

在实现查询时用到了 DISTINCT 关键字，该关键字用于去除重复记录。

在实现查询操作时，如果查询的选择列表中包含一个表的主键，那么每个查询结果中的记录将是唯一的（因为主键在每一条记录中有一个不同的值）。如果主键不包含在查询结果中，就可能出现重复记录。使用了 DISTINCT 关键字以后即可消除重复记录。

设计过程

（1）打开 Visual C++ 6.0 开发环境，新建一个基于对话框的应用程序，命名为 Bxscfjl。
（2）在窗体上添加一个 ADO Data 控件和一个 DataGrid 控件，为 ADO Data 控件添加成员变量 m_adodc。
（3）主要代码如下：

```
void CBxscfjlDlg::OnOK()
{
    UpdateData(true);
    //设置数据源
    m_adodc.SetRecordSource("select distinct 书号,书名,作者,出版社 from chongfujilu order by 书号");
    m_adodc.Refresh();
}
```

秘笈心法

心法领悟 314：使用 GROUP BY 去除重复记录。

本实例中使用了 DISTINCT 关键字去除重复记录，同样地，使用 GROUP BY 子句也可以实现此功能，使用 GROUP BY 子句不仅可以去除重复记录，还可以对分组的信息进行汇总统计。

10.5 在查询中使用 OR 和 AND 运算符

实例 315 利用 OR 运算符进行查询

光盘位置：光盘\MR\10\315　　初级　　趣味指数：★★★★★

实例说明

在 SQL 查询语句中，当判断多个查询条件时，可以使用 OR 运算符进行连接，如果满足其中一个查询条件，那么此条件成立。OR 运算符代表了"或"的关系，本实例中使用了 OR 运算符查询外语成绩或高数成绩大于 90 分的学生的信息，只要外语和高数有一科的成绩大于 90 分，在单击"查询"按钮之后，即可显示在控件中。实例运行效果如图 10.61 和图 10.62 所示。

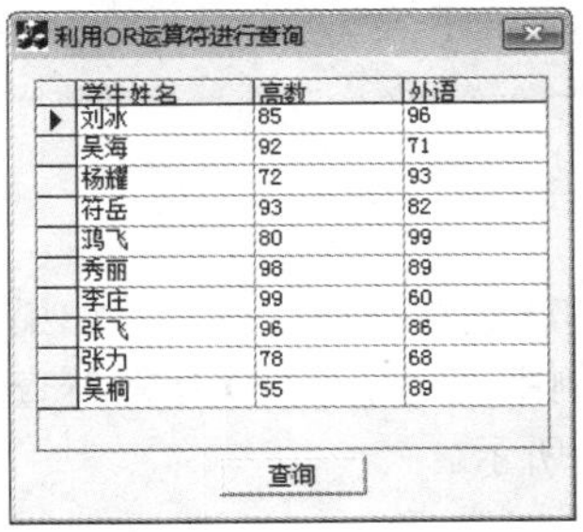

图 10.61　利用 OR 运算符进行查询 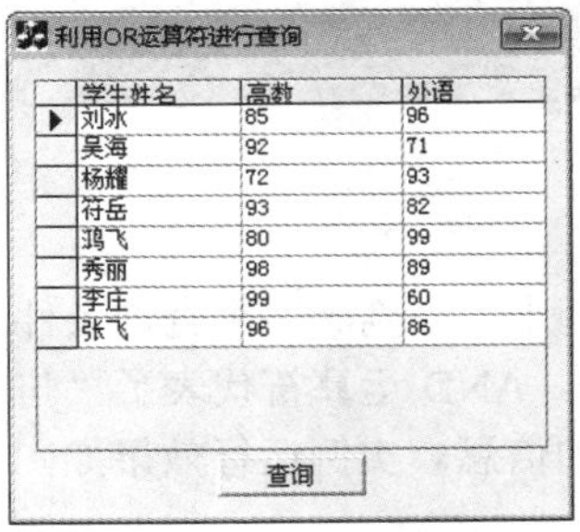　　　　图 10.62　查询结果

关键技术

本实例重点在于向读者介绍 OR 运算符的使用方法，下面对其进行详细讲解。

SELECT 查询语句执行过程中，经常需要对多个查询条件进行判断，本实例中使用了 OR 运算符连接多个查询条件，如图 10.63 所示。

```
SELECT ─────────────────  SELECT关键字
*       ─────────────────  所有数据列
FROM    ─────────────────  FROM关键字
tb_Grade ────────────────  数据表
WHERE   ─────────────────  WHERE关键字
外语 > 90 ────────────────  外语成绩大于90分
OR      ─────────────────  OR运算符
高数 > 90 ────────────────  高数成绩大于90分
```

图 10.63　OR 运算符的使用方法

从图 10.63 中可以看到，SELECT 查询语句的 WHERE 子句中使用 OR 运算符判断查询条件，查询成绩表中外语成绩大于 90 分或高数成绩大于 90 分的学生成绩信息。OR 运算符表示逻辑"或"的关系，只有当 OR 运算符两边查询条件的结果都为 False 时，最后结果才为 False，只要一边是 True，则最后结果为 True。所以只要有一门外语或高数的成绩大于 90 分，就会被查找出来。

设计过程

（1）打开 Visual C++ 6.0 开发环境，新建一个基于对话框的应用程序，命名为 OrQuery。
（2）在工程中添加一个窗体，设置窗体的 Caption 属性为"利用 OR 运算符进行查询"。
（3）在窗体上添加一个按钮控件、一个 ADO Data 控件和一个 DataGrid 控件，为 ADO Data 控件添加成员变量 m_Adodc。
（4）主要代码如下：

```cpp
void COrQueryDlg::OnButton1()
{
    m_Adodc.SetRecordSource("select * from Grade where  外语>90 OR  高数>90");
    m_Adodc.Refresh();
}
```

秘笈心法

心法领悟 315：怎样理解 OR 运算符？

本实例中已经介绍了 OR 运算符的使用方法，OR 运算符可以连接两个查询条件，表示逻辑"或"的关系，只有当两边查询条件的结果都为 False 时，最后结果才为 False，只要一边是 True，则最后结果为 True。

实例 316　利用 AND 运算符进行查询

光盘位置：光盘\MR\10\316　　　初级　　趣味指数：★★★★☆

实例说明

在 SQL 查询语句中，当判断多个查询条件时，可以使用 AND 运算符进行连接，如果满足了所有的查询条件，那么此条件成立。AND 运算符代表了"与"的关系，本实例中使用了 AND 运算符查询外语成绩和高数成绩都大于 80 的学生的信息。实例运行效果如图 10.64 和图 10.65 所示。

第 10 章　SQL 查询

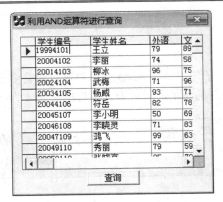

图 10.64　利用 AND 运算符进行查询

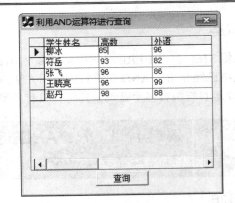

图 10.65　查询结果

▍关键技术

本实例重点在于向读者介绍 SELECT 查询语句中 AND 运算符的使用方法，下面对其进行详细讲解。

在 SELECT 查询语句执行过程中，经常需要对多个查询条件进行判断，本实例中使用了 AND 运算符连接多个查询条件，如图 10.66 所示。

图 10.66　AND 运算符的使用方法

从图 10.66 中可以看到，SELECT 查询语句的 WHERE 子句中使用 AND 运算符判断查询条件，查询成绩表中外语成绩大于 80 分而且高数成绩大于 80 分的学生成绩信息。AND 运算符表示逻辑"与"的关系，只有当 AND 运算符两边查询条件的结果都为 True 时，最后结果才为 True，只要一边是 False，则最后结果为 False。

> **注意**：查询语句执行过程中，会判断 AND 运算符两侧的查询条件是否成立，只要有一个查询条件不成立，则最后结果为 False，如果 AND 运算符两侧的查询条件都成立，则最后结果为 True。

▍设计过程

（1）打开 Visual C++ 6.0 开发环境，新建一个基于对话框的工程，命名为 AndQuery。
（2）在工程中添加一个窗体，设置窗体的 Caption 属性为 "利用 AND 运算符进行查询"。
（3）在窗体上添加一个按钮控件、一个 ADO Data 控件和一个 DataGrid 控件，为 ADO Data 控件添加成员变量 m_Adodc。
（4）主要代码如下：

```
void CAndQueryDlg::OnButton1()
{
    m_Adodc.SetRecordSource("select 学生姓名,高数,外语 from tb_Grade where 外语>80 AND 高数>80");
    m_Adodc.Refresh();
}
```

秘笈心法

心法领悟 316：在 WHERE 子句中使用多个 AND 运算符。

本实例中已经介绍了 AND 运算符的使用方法，在 WHERE 子句中使用 AND 运算符可以组合多个查询条件，当使用 AND 运算符组合多个查询条件时，只有当所有查询条件都满足，最后查询条件的结果才为 True。

实例 317	同时利用 OR、AND 运算符进行查询 光盘位置：光盘\MR\10\317	初级 趣味指数：★★★★

实例说明

WHERE 子句中可以包含多个 AND 与 OR 运算符，这两个运算符配合使用会将查询变得更加灵活。如果两个运算符同时出现在同一个查询语句中，那么首先会执行 AND 运算，然后再进行 OR 运算，聪明的做法是使用小括号确定优先的条件。本实例中使用了 AND 与 OR 运算符判断外语成绩大于 80 分或高数成绩大于 80 分，同时还要满足软件工程成绩大于 80 分的学生的信息。实例运行效果如图 10.67 和图 10.68 所示。

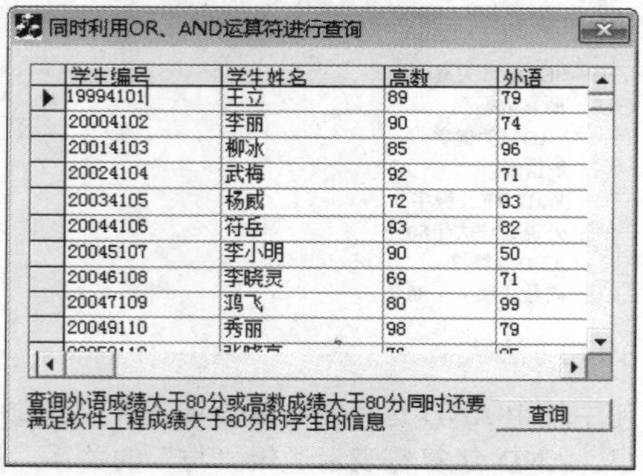

图 10.67 同时利用 OR、AND 运算符进行查询 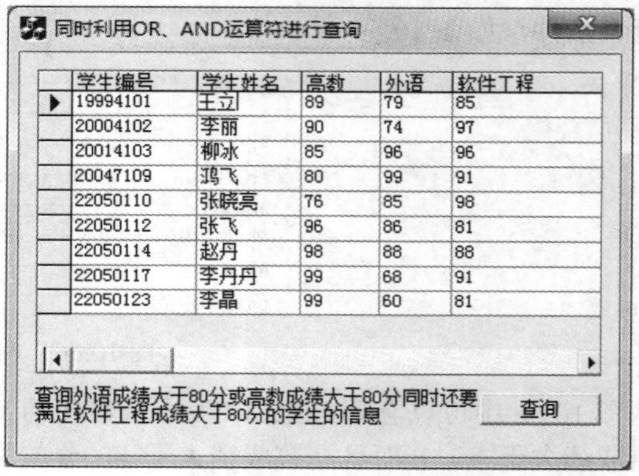　　　　图 10.68 查询结果

关键技术

本实例实现的关键是如何在 SELECT 查询语句中同时使用 OR 运算符和 AND 运算符，下面对其进行详细讲解。

数据查询过程中，有时需要对多个查询条件进行判断，本实例中使用了 OR 运算符和 AND 运算符设置高级查询条件，查询数据表中符合查询条件的数据记录，如图 10.69 所示。

```
SELECT ─────────────────── SELECT关键字
* ──────────────────────── 所有数据列
FROM ────────────────────── FROM关键字
tb_Grade ─────────────────── 数据表
WHERE ───────────────────── WHERE关键字
(外语>80 OR 高数>80) ───────── 外语或高数成绩大于80分
AND ─────────────────────── AND运算符
软件工程>80 ─────────────── 软件工程成绩大于80分
```

图 10.69 OR 与 AND 运算符的使用

从图 10.69 中可以看到，在 SELECT 语句的 WHERE 子句中使用了 OR 运算符和 AND 运算符查询外语成绩大于 80 分或高数成绩大于 80 分,同时还要满足软件工程成绩大于 80 分的学生的信息。细心的读者会发现在 OR 运算符的两边使用了小括号,这是因为 AND 运算符的优先级高于 OR 运算符的优先级,如果不使用小括号,那么会改变查询条件的逻辑,查询到非预期的数据记录。

> **技巧**:数据查询过程中,如果在 WHERE 子句中同时使用了 OR 运算符和 AND 运算符,则要注意使用小括号标识查询条件的优先级,这样会使查询逻辑更加清晰明了。

■ 设计过程

(1)打开 Visual C++ 6.0 开发环境,新建一个基于对话框的应用程序,命名为 UseAndOr。
(2)在工程中添加一个窗体,设置窗体的 Caption 属性为"同时利用 OR、AND 运算符进行查询"。
(3)在窗体上添加一个按钮控件、一个 ADO Data 控件和一个 DataGrid 控件,为 ADO Data 控件添加成员变量 m_Adodc。
(4)主要代码如下:

```cpp
void CUseAndOrDlg::OnButton1()
{
    m_Adodc.SetRecordSource("select 学生编号,学生姓名,高数,外语,软件工程 from tb_Grade where (外语>80 OR 高数>80)AND 软件工程>80");
    m_Adodc.Refresh();
}
```

■ 秘笈心法

心法领悟 317:AND 与 OR 运算符的区别。

AND 运算符与 OR 运算符有着本质的区别。AND 运算符表示逻辑"与"的关系,只有当 AND 运算符两边查询条件的结果都为 True 时,最后结果才为 True,只要一边是 False,则最后结果为 False;OR 运算符表示逻辑"或"的关系,只有当 OR 运算符两边查询条件的结果都为 False 时,最后结果才为 False,只要一边是 True,则最后结果为 True。

10.6 排序、分组统计

实例 318 数据分组统计(单列)
光盘位置:光盘\MR\10\318   中级   趣味指数:★★★★★

■ 实例说明

数据查询过程中,经常需要对数据进行汇总及分组,在查询语句中可以使用 GROUP BY 子句进行分组,GROUP BY 子句可以基于指定列的值将数据集合划分为多个组,对每个组分别使用聚合函数进行汇总,最终为每个组返回一行包含其汇总值的记录。本实例中根据商品表中的编号、商品名称进行分组,并对数量进行汇总,实例运行效果如图 10.70 和图 10.71 所示。

■ 关键技术

GROUP BY 子句与聚集函数相结合对记录结果集中的每一行产生聚合值。GROUP BY 子句是指定用来放置输出行的组,如果 SELECT 子句中包含聚集函数,则计算每组的汇总值,当用户指定 GROUP BY 时,选择列表中任一非聚集表达式内的所有列都应包含在 GROUP BY 列表中,或者 GROUP BY 表达式必须与选择列表表达式完全匹配。

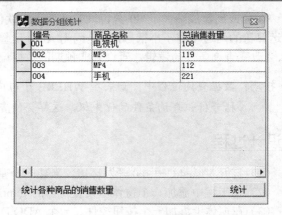

图 10.70 数据分组统计　　　　　　　　　　　　图 10.71 统计结果

技巧：在 SELECT 查询语句中，可以使用 GROUP BY 子句对信息进行分组，并通过聚合函数对分组的信息进行统计汇总。

设计过程

（1）打开 Visual C++ 6.0 开发环境，新建一个基于对话框的应用程序，命名为 Group。
（2）在工程中添加一个窗体，设置窗体的 Caption 属性为"数据分组统计"。
（3）在窗体上添加一个按钮控件、一个 ADO Data 控件和一个 DataGrid 控件，为 ADO Data 控件添加成员变量 m_Adodc。
（4）主要代码如下：

```
void CGroupDlg::OnButton1()
{
    m_Adodc.SetRecordSource("select 编号,商品名称,sum(数量)as 总销售数量 from merchandise group by 编号,商品名称");
    m_Adodc.Refresh();
}
```

秘笈心法

心法领悟 318：在分组查询中使用聚合函数。
GROUP BY 子句可以对数据按照指定的数据列分组，同时，还可以使用聚合函数对分组信息进行统计汇总。

实例 319　　**在分组查询中使用 ALL 关键字**　　**中级**
光盘位置：光盘\MR\10\319　　趣味指数：★★★★☆

实例说明

本实例中主要介绍了 ALL 关键字的使用，在员工信息表（employees）中，对学历是本科的不同员工的信息进行统计。当用户在窗体中单击"查询"按钮时，将数据库中查询到的数据绑定到 DataGridview 控件上。实例运行效果如图 10.72 和图 10.73 所示。

第 10 章 SQL 查询

图 10.72　在分组查询中使用 ALL 关键字　　　　图 10.73　查询结果

■ 关键技术

如果使用 ALL 关键字，那么查询结果将包括由 GROUP BY 子句产生的所有组，即使某些组没有符合查询条件的行，如果查询语句中使用聚合函数，那么只会对符合查询条件的行的分组进行统计。没有 ALL 关键字，包含 GROUP BY 子句的 SELECT 语句将不显示没有符合条件的行的组。

技巧：如果使用分组查询，SELECT 子句中的非聚合函数的数据列应包含在 GROUP BY 子句中。

■ 设计过程

（1）打开 Visual C++ 6.0 开发环境，新建一个基于对话框的应用程序，命名为 All。
（2）在工程中添加一个窗体，设置窗体的 Caption 属性为"在分组查询中使用 ALL 关键字"。
（3）在窗体上添加一个按钮控件、一个 ADO Data 控件和一个 DataGrid 控件，为 ADO Data 控件添加成员变量 m_Adodc。
（4）主要代码如下：

```
void CAllDlg::OnButton1()
{
    m_Adodc.SetRecordSource("select 姓名,学历,sum(年龄)as  年龄  from employees where  学历='本科' group by all  姓名,学历");
    m_Adodc.Refresh();
}
```

■ 秘笈心法

心法领悟 319：怎样使用 ALL 关键字？

本实例中使用了 GROUP BY 子句和 ALL 关键字。如果使用 ALL 关键字，那么查询结果将包括由 GROUP BY 子句产生的所有组，即使某些组没有符合查询条件的行，如果查询语句中使用聚合函数，那么只会对符合查询条件的行的分组进行统计。在 GROUP BY 子句中使用 ALL 关键字时，只有在 SQL 语句还包括 WHERE 子句时，ALL 关键字才有意义。

实例 320　　在分组查询中使用 CUBE 运算符　　　　中级
光盘位置：光盘\MR\10\320　　　　趣味指数：★★★★☆

■ 实例说明

数据库应用程序设计中，经常需要对查询的结果进行汇总。本实例中主要讲解怎样使用 CUBE 运算符在 GROUP BY 分组中进行汇总，在员工表中计算员工的平均工资并按部门和性别进行汇总。实例运行效果如图 10.74 所示。

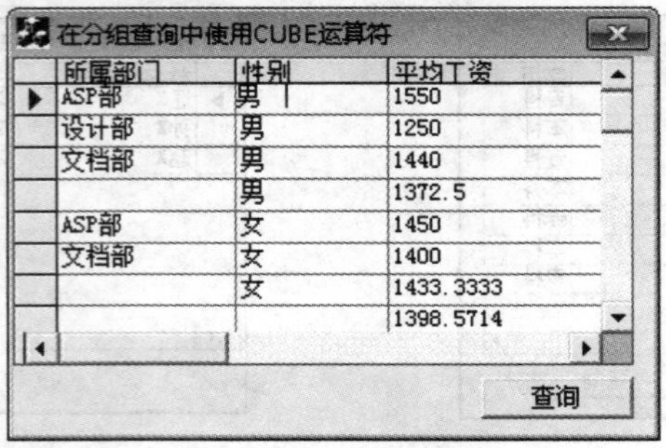

图 10.74　在分组查询中使用 CUBE 运算符

关键技术

本实例实现的关键是如何在分组查询中使用 CUBE 运算符，下面对其进行详细讲解。

使用分组查询可以方便地将指定的信息分组显示，在分组查询中也可以使用 CUBE 运算符对分组信息进行分组汇总，如图 10.75 所示。

图 10.75　CUBE 运算符的使用

从图 10.75 中可以看到，在 SELECT 查询语句中使用了 GROUP BY 子句根据员工表中"所属部门"和"性别"数据列对查询进行分组，然后使用 CUBE 运算符对分组信息进行分组汇总。

CUBE 运算符在 SQL 语句的 GROUP BY 子句中指定，CUBE 运算符的主要作用是自动对 GROUP BY 子句中列出的数据列分组汇总运算。它生成的结果集是多维数据集。多维数据集是事实数据的扩展，事实数据即记录个别事件的数据。扩展建立在用户打算分析的数据列上，这些数据列被称为维。多维数据集是一个结果集，其中包含了各维度所有可能组合的交叉表格。

设计过程

（1）打开 Visual C++ 6.0 开发环境，新建一个基于对话框的应用程序，命名为 Cube。

（2）在工程中添加一个窗体，设置窗体的 Caption 属性为"在分组查询中使用 CUBE 运算符"。

（3）在窗体上添加一个按钮控件、一个 ADO Data 控件和一个 DataGrid 控件，为 ADO Data 控件添加成员变量 m_Adodc。

（4）主要代码如下：

```
void CCubeDlg::OnButton1()
{
    m_Adodc.SetRecordSource("select 所属部门,性别,AVG(工资)as 平均工资 from employee group by CUBE(所属部门,性别)");
    m_Adodc.Refresh();
}
```

秘笈心法

心法领悟 320：怎样理解 CUBE 运算符？

CUBE 运算符在 SQL 语句的 GROUP BY 子句中指定，它的主要作用是自动对 GROUP BY 子句中列出的数据列分组汇总运算。

实例 321　在分组查询中使用 ROLLUP 运算符

光盘位置：光盘\MR\10\321　　中级　趣味指数：★★★★☆

■ 实例说明

在生成包含小计和合计的报表时，可以利用 ROLLUP 运算符。本实例实现利用 ROLLUP 运算符在工资表中对员工按所属部门和性别进行汇总。实例运行效果如图 10.76 所示。

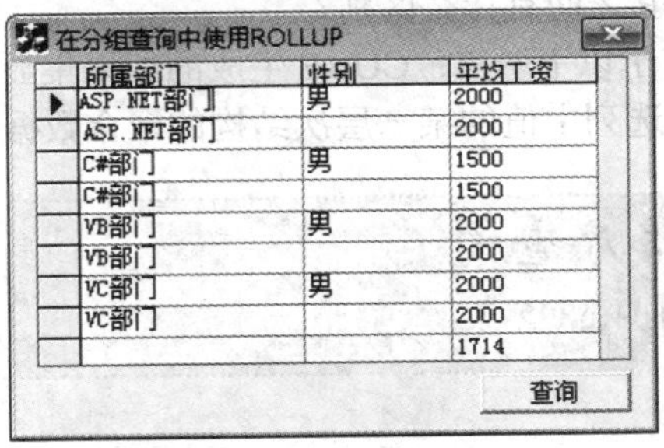

所属部门	性别	平均工资
ASP.NET部门	男	2000
ASP.NET部门		2000
C#部门	男	1500
C#部门		1500
VB部门	男	2000
VB部门		2000
VC部门	男	2000
VC部门		2000
		1714

图 10.76　在分组查询中使用 ROLLUP

■ 关键技术

本实例实现的关键是如何在分组查询中使用 ROLLUP 运算符，下面对其进行详细讲解。

使用分组查询可以方便地将指定的信息分组显示，也可以使用 ROLLUP 运算符对分组信息进行汇总，如图 10.77 所示。

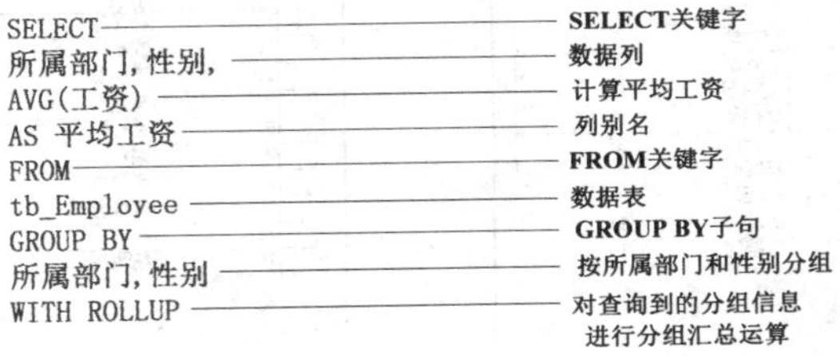

```
SELECT                    ——— SELECT 关键字
所属部门,性别,             ——— 数据列
AVG(工资)                 ——— 计算平均工资
AS 平均工资                ——— 列别名
FROM                      ——— FROM 关键字
tb_Employee               ——— 数据表
GROUP BY                  ——— GROUP BY 子句
所属部门,性别              ——— 按所属部门和性别分组
WITH ROLLUP               ——— 对查询到的分组信息
                              进行分组汇总运算
```

图 10.77　ROLLUP 运算符的使用

从图 10.77 中可以看到，在 SELECT 查询语句中使用了 GROUP BY 子句根据员工表中"所属部门"和"性别"数据列对查询进行分组，然后使用 ROLLUP 运算符对分组信息进行分组汇总。

在生成包含小计和合计的报表时，ROLLUP 运算符很有用。ROLLUP 运算符生成的结果集类似于 CUBE 运算符所生成的结果集。CUBE 和 ROLLUP 之间的区别在于 CUBE 生成的结果集显示了所选列中值的所有组合的聚合数据；而 ROLLUP 生成的结果集显示了所选列中值的某一层次结构的聚合数据。

✎ 技巧：查询语句中 ROLLUP 运算符主要对 GROUP BY 子句中列出的第一个分组进行汇总计算。GROUP BY 子句如果有多个字段，由于字段位置不同，则返回的结果集也不相同。

■ 设计过程

（1）打开 Visual C++ 6.0 开发环境，新建一个基于对话框的应用程序，命名为 UseROLLUP。

（2）在工程中添加一个窗体，设置窗体的 Caption 属性为"在分组查询中使用 ROLLUP"。

（3）在窗体上添加一个按钮控件、一个 ADO Data 控件和一个 DataGrid 控件，为 ADO Data 控件添加成员变量 m_Adodc。

（4）主要代码如下：

```
void CUseROLLUPDlg::OnButton1()
{
    m_Adodc.SetRecordSource("select 所属部门,性别,AVG(工资)as 平均工资 from tb_Employee group by 所属部门,性别 with rollup");
    m_Adodc.Refresh();
}
```

秘笈心法

心法领悟 321：CUBE 和 ROLLUP 之间有什么区别？

CUBE 和 ROLLUP 之间的区别在于以下两点：CUBE 生成的结果集显示了所选列中值的所有组合的聚合数据；ROLLUP 生成的结果集显示了所选列中值的某一层次结构的聚合数据。

实例 322 对数据进行降序查询

光盘位置：光盘\MR\10\322

初级
趣味指数：★★★★☆

实例说明

数据查询过程中，不仅可以对数据进行筛选和分组，而且还可以方便地对查询到的数据进行排序操作。本实例中使用了 SELECT 语句查询员工表中员工信息，并通过 ORDER BY 子句按年龄进行降序查询。运行程序，单击"查询"按钮，即可将按降序排序后的年龄信息显示在表格中，如图 10.78 和图 10.79 所示。

图 10.78 对数据进行降序查询

图 10.79 查询结果

关键技术

在实现对数据进行降序排序查询时用到了 ORDRE BY 子句和 DESC 关键字，其实现方法是在 SQL 语句的查询语句中添加"ORDER BY 年龄 DESC"子句即可。

ORDER BY 子句的作用是分类输出，并且根据表中包含的一列或多列的表达式将输出按升序或降序排列，不改变数据库中的行的顺序。ORDER BY 可简单改变查询输出的显示顺序。

ORDER BY 子句的语法如下：

```
SELECT ...
ORDER BY expression [ASC|DESC],...
WHERE
```

参数说明：
❶expression：指定输出时排序的字段。
❷[ASC|DESC]：可选项，代表升序或者降序。
❸…：指可以有多于一个的分类表达式，并且每一个表达式都可以分别为升序或者降序。

排序表达式中可包括未出现在 SELECT 子句选择列表中的列名。如果在 SELECT 子句中使用了 DISTINCT 关键字，或查询语句中包含 UNION 运算符，则排序列必须包含在 SELECT 子句选择列表中。

设计过程

（1）打开 Visual C++ 6.0 开发环境，新建一个基于对话框的应用程序，命名为 JXquery。
（2）在窗体上添加一个 ADO Data 控件和一个 DataGrid 控件，为 ADO Data 控件添加成员变量 m_adodc。
（3）主要代码如下：

```
void CJXqueryDlg::OnOK()
{
    UpdateData(true);
    m_adodc.SetRecordSource("select*from shuzcx order by  年龄  desc");    //设置数据源
    m_adodc.Refresh();
}
```

秘笈心法

心法领悟 322：对查询结果升序排序。

在查询语句中，使用 ORDER BY 子句可以对指定数据列中的信息进行排序，同时还可以使用 ASC 关键字进行升序排序或使用 DESC 关键字进行降序排序。例如，查询学生表中的学生信息，并按照学生年龄升序排序，代码如下：

```
SELECT
*
FROM
tb_Student
ORDER BY
年龄
ASC
```

实例 323　对数据进行多条件排序

光盘位置：光盘\MR\10\323

中级
趣味指数：★★★★☆

实例说明

数据查询过程中，不仅可以对查询到的数据进行指定条件的排序，而且还支持多个条件的排序。本实例实现的是对数据表中的数据进行多条件排序。运行程序，单击"查询"按钮，即可将数据表中的数据信息按年龄升序、按加入时间降序排列后显示在表格中，如图 10.80 和图 10.81 所示。

关键技术

利用 SQL 语句的 ORDER BY 子句可以实现按多种条件排序数据的功能，语法如下：
[ORDER BY { order_by_expression [ASC | DESC] }　[,...n]];
参数说明：

❶order_by_expression：指定要排序的列。可以将排序列指定为列名或列的别名（可由表名或视图名限定）或表达式，或者指定为代表选择列表内的名称、别名或表达式的位置的负整数。可指定多个排序列。ORDER BY 子句可包括未出现在此选择列表中的项目。然而，如果指定 SELECT DISTINCT，或者如果 SELECT 语句包含

UNION 运算符，则排序列必定出现在选择列表中。

❷ASC：指定按递增顺序进行排序。

❸DESC：指定按递减顺序进行排序。

对 ORDER BY 子句中的项目数没有限制。然而，对于排序操作所需的中间级工作表的大小有 8060 字节的限制。这限制了在 ORDER BY 子句中指定的列的合计大小。

空值被视为最低的可能值。

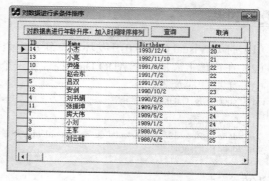

图 10.80　对数据进行多条件排序　　　　　　　　　图 10.81　排序结果

设计过程

（1）打开 Visual C++ 6.0 开发环境，新建一个基于对话框的应用程序，命名为 duotjpx。

（2）在窗体上添加一个 ADO Data 控件和一个 DataGrid 控件，为 ADO Data 控件添加成员变量 m_adodc。

（3）主要代码如下：

```
void CDuotjpxDlg::OnOK()
{
    UpdateData(true);
    m_adodc.SetRecordSource("select * from shuzcx order by 年龄,加入时间 desc");   //设置数据源
    m_adodc.Refresh();
}
```

秘笈心法

心法领悟 323：怎样进行多条件排序？

在 ORDER BY 子句中可以定义多个数据列，多个数据列之间使用逗号 "," 分隔，并使用 ASC 关键字或 DESC 关键字设置排序方向。例如，本实例中首先会根据年龄进行升序排序，如果出现年龄相同的数据记录，则这些数据记录会根据加入时间进行降序排序。

实例 324　按姓氏拼音排序

光盘位置：光盘\MR\10\324　　　　初级　趣味指数：★★★★★

实例说明

向数据库中插入数据时经常要录入汉字，如学生姓名、性别、家庭住址等。在查询数据时，根据实际需要，有时需要按姓氏拼音对数据进行排序，这样可以方便用户查看、分析结果。本实例中使用了按姓氏拼音的排序方式，对查询结果进行排序。实例运行效果如图 10.82 和图 10.83 所示。

第 10 章 SQL 查询

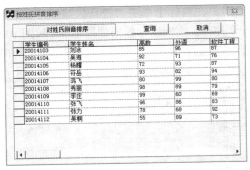

图 10.82 按姓氏拼音排序　　　　　　　图 10.83 排序结果

■ 关键技术

本实例实现的关键是如何在查询语句中对姓名信息按姓氏拼音进行排序，下面对其进行详细讲解。

在 SELECT 查询语句中通过 COLLATE 子句可以实现按姓氏拼音进行排序。

```
select * from Grade order by 学生姓名 collate chinese_prc_cs_as
```

从这条 SQL 语句中可以看到，在 SELECT 查询语句中使用了 COLLATE 子句根据学生表中"学生姓名"数据列中的学生姓名信息按照姓氏拼音进行排序。COLLATE 子句用于定义排序规则，chinese_prc_cs_as 表示按汉字拼音排序。

■ 设计过程

（1）打开 Visual C++ 6.0 开发环境，新建一个基于对话框的应用程序，命名为 Xquery。
（2）在窗体上添加一个 ADO Data 控件和一个 DataGrid 控件，为 ADO Data 控件添加成员变量 m_adodc。
（3）主要代码如下：

```
void CXqueryDlg::OnOK()
{
    UpdateData(true);
    m_adodc.SetRecordSource("select*from Grade order by 学生姓名 collate chinese_prc_cs_as");
    m_adodc.Refresh();
}
```

■ 秘笈心法

心法领悟 324：对查询结果按日期时间排序。

本实例中已经介绍了怎样按照姓氏拼音排序，同样地，使用 ORDER BY 子句还可以实现按日期时间排序。下面将查询学生表中的信息并按照学生出生年月排序，代码如下：

```
SELECT
*
FROM
tb_Student
ORDER BY
出生年月
```

实例 325　按仓库分组统计图书库存（多列）　　　中级

光盘位置：光盘\MR\10\325　　　趣味指数：★★★★★

■ 实例说明

使用 GROUP BY 子句不仅可以对单列数据进行分组，也可以对多列数据进行分组。本实例在图书表中将图书信息按仓库名、图书名称进行分组，并统计其库存数量。当用户在窗体中单击"查询"按钮后，将会分组和统计图书表中的信息，最后将查询到的信息绑定到 DataGridView 控件。实例运行效果如图 10.84 和图 10.85 所示。

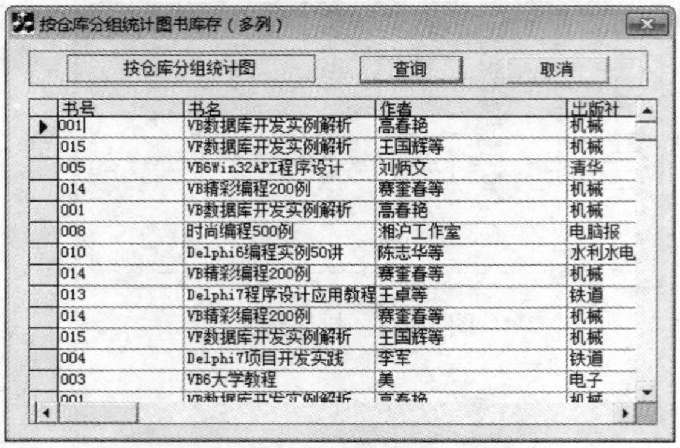

图 10.84　按库存分组统计图书库存 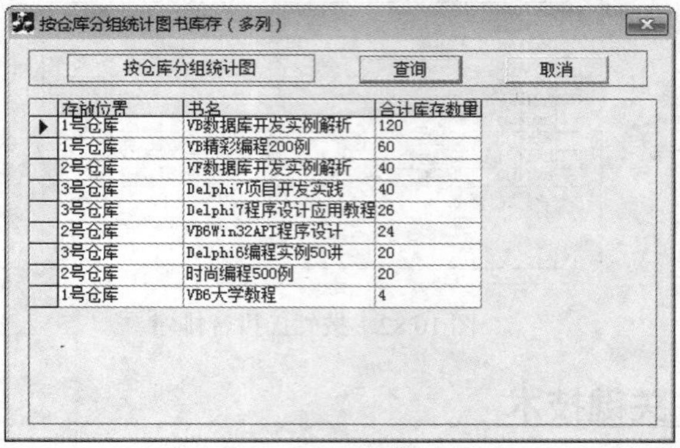　　　　　　　图 10.85　查询结果

■ 关键技术

本实例重点在于向读者介绍使用 GROUP BY 子句对多列数据进行分组，下面对其进行详细讲解。
在 SELECT 查询语句中可以使用 GROUP BY 子句对多列数据进行分组，如图 10.86 所示。

图 10.86　使用 GROUP BY 子句对信息分组

从图 10.86 中可以看到，在 SELECT 查询语句中使用了 GROUP BY 子句根据"存放位置"和"书名"数据列的信息进行分组，并使用 SUM 聚合函数统计汇总图书的库存数量，最后通过 ORDER BY 子句根据库存数据对分组信息进行降序排序。

分组查询是查询中很重要的功能，用 GROUP BY 子句可以对数据按照指定的数据列分组。GROUP BY 子句的作用是把 FROM 子句中的关系按分组属性划分为若干组，同一组内所有记录在分组属性上具有相同的值。即除聚合函数外，SELECT 子句中的列名必须与 GROUP BY 后的子句相一致。GROUP BY 子句是指定用来放置输出行的组，如果 SELECT 子句中包含聚合函数，则计算每组的汇总值。

■ 设计过程

（1）打开 Visual C++ 6.0 开发环境，新建一个基于对话框的应用程序，命名为 MutiColumn。
（2）在窗体上添加一个 ADO Data 控件和一个 DataGrid 控件，为 ADO Data 控件添加成员变量 m_adodc。
（3）主要代码如下：

```
void CMutiColumnDlg::OnOK()
{
    // TODO: Add extra validation here
    UpdateData(true);
    m_adodc.SetRecordSource("select 存放位置,书名,SUM(库存数量) as 合计库存数量 from tb_Depot group by 存放位置,书名 order by SUM(库存数量)desc");
```

```
    m_adodc.Refresh();
    //CDialog::OnOK();
}
```

秘笈心法

心法领悟 325：对统计结果进行升序或降序排序。

本实例中使用了 GROUP BY 子句根据"存放位置"和"书名"数据列的信息进行分组，并使用 SUM 聚合函数统计汇总图书的库存数量，最后通过 ORDER BY 子句根据库存数据对分组信息进行排序，在 ORDER BY 子句中可以使用 ASC 关键字进行升序排序，也可以使用 DESC 关键字进行降序排序。

实例 326　多表分组统计

光盘位置：光盘\MR\10\326　　　　中级　　趣味指数：★★★★☆

实例说明

数据查询过程中，经常遇到的一种情况是，不仅需要对单个数据表进行查询，而且需要对多个数据表进行查询，并对查询的结果进行分组统计。本实例在图书表和销售表中查询图书的销售数量和现存数量，并按书号、书名等分组。用户在窗体中单击"查询"按钮，即可在下面的表格中显示图书的现存数量和销售数量信息。实例运行效果如图 10.87 和图 10.88 所示。

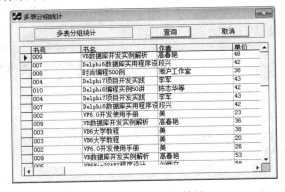

图 10.87　多表分组统计

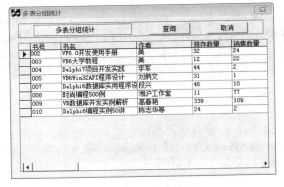

图 10.88　查询结果

关键技术

本实例实现的关键是如何在 SELECT 查询语句中对多个数据表进行分组统计，下面对其进行详细讲解。

实现对多个数据表分组统计的操作并不复杂，首先需要使用多表连接查询的技术查询多个数据表中的数据记录，然后使用 GROUP BY 子句根据指定的数据分组，并在 SELECT 子句中使聚合函数对分组信息进行统计，如图 10.89 所示。

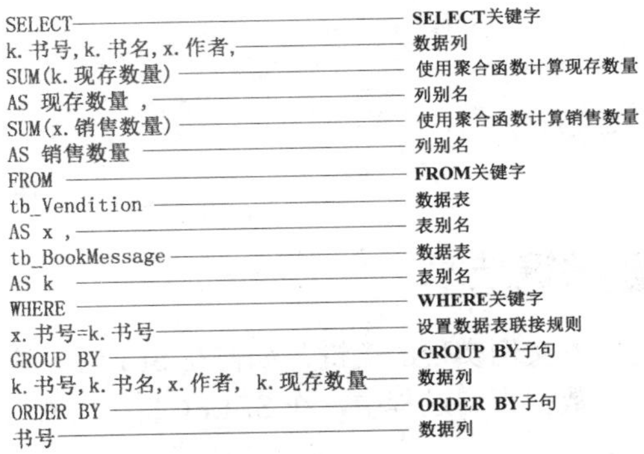

从图 10.89 中可以看到，在 SELECT 查询语句中使用了多表连接查询的技术查询"销售表"和"图书信息表"的信息，然后使用 GROUP BY 子句根据"书号"、"书名"、"作者"和"现存数量"进行分组，并在 SELECT 子句中使用 SUM 聚合函数统计分组中的现存数量和销售数量，最后使用 ORDER BY 子

图 10.89　GROUP BY 子句的使用

句根据“书号”对分组信息进行排序。

设计过程

（1）打开 Visual C++ 6.0 开发环境，新建一个基于对话框的应用程序，命名为 FindTwoTables。

（2）在窗体上添加一个 ADO Data 控件和一个 DataGrid 控件，为 ADO Data 控件添加成员变量 m_adodc。

（3）主要代码如下：

```
void CFindTwoTablesDlg::OnOK()
{
    UpdateData(true);
    m_adodc.SetRecordSource("select K.书号,k.书名,x.作者,SUM(k.现存数量) as 现存数量,sum(x.销售数量) as 销售数量 from tb_BookMessage
as k,tb_Vendition as x where x.书号=k.书号 group by k.书号,k.书名,x.作者,k.现存数量 order by 书号");
    m_adodc.Refresh();
}
```

秘笈心法

心法领悟 326：怎样实现多表分组统计？

实现多表分组统计的逻辑非常简单，首先查询多表信息，然后使用 GROUP BY 子句对多表信息进行分组，最后使用 ORDER BY 子句进行排序。本实例使用了多表连接查询的技术查询“销售表”和“图书信息表”的信息，然后使用 GROUP BY 子句根据“书号”、“书名”、“作者”和“现存数量”进行分组，并在 SELECT 子句中使用 SUM 聚合函数统计分组中的现存数量和销售数量，最后使用 ORDER BY 子句根据“书号”对分组信息进行排序。

实例 327 使用 COMPUTE 子句

中级

光盘位置：光盘\MR\10\327

趣味指数：★★★★☆

实例说明

本实例是在查询分析器中实现的，其中，使用 COMPUTE 子句的 SQL 语句如下：

```
select ID,Name,Sex,工资 from tb_Employee order by 所属部门 compute SUM(工资)
```

运行效果如图 10.90 所示。

	ID	Name	Sex	工资
1	YGBH0001	小科	男	2000
2	YGBH0002	小李	男	1500
3	YGBH0004	小吕	男	1500
4	YGBH0007	王	男	1500
5	YGBH0006	小赵	男	1500
6	YGBH0003	小刘	男	2000
7	YGBH0005	小王	男	2000

	sum
1	12000

图 10.90　使用 COMPUTE 子句

关键技术

本实例实现的关键是如何在 SELECT 查询语句中使用 COMPUTE 子句，下面对其进行详细讲解。

数据查询过程中，在 SELECT 查询语句中使用 COMPUTE 子句可以生成合计信息，如图 10.91 所示。

第 10 章　SQL 查询

```
SELECT─────────────────────── SELECT关键字
*─────────────────────────── 所有数据列
FROM ─────────────────────── FROM关键字
tb_Employee ──────────────── 数据表
ORDER BY ─────────────────── ORDER BY子句
所属部门 ─────────────────── 数据列
COMPUTE ──────────────────── COMPUTE子句
SUM(工资) ────────────────── 使用聚合函数计算总工资
```

图 10.91　COMPUTE 子句的使用

从图 10.91 中可以看到，在 SELECT 语句中使用了 COMPUTE 子句对员工表中全部员工的工资情况进行汇总。COMPUTE 子句用于生成合计，并将其作为附加的汇总列出现在结果集的最后。当与 BY 一起使用时，COMPUTE 子句在结果集内生成控制中断和分类汇总。可在同一查询内指定 COMPUTE BY 和 COMPUTE。其语法形式如下：

```
[ COMPUTE
    { { AVG | COUNT | MAX | MIN | STDEV | STDEVP
       | VAR | VARP | SUM }
        ( expression ) } [ ,...n ]
    [ BY expression [ ,...n ] ]
```

参数说明：

❶AVG|COUNT|MAX|MIN|STDEV|STDEVP|VAR|VARP|SUM：指定要执行的聚合函数。
❷BY expression：在结果集内生成控制中断和分类汇总。

🔊 **注意**：当 SELECT 语句是 DECLARE CURSOR 语句的一部分时，不能使用 COMPUTE 子句。

■ 设计过程

（1）打开 SQL Server 2008 的 SQL Server Management Studio 窗体，新建一个查询。
（2）选择要操作的数据库为 db_TomeTwo。
（3）在代码编辑区中输入如下 SQL 语句：

```
select ID,Name,Sex,工资 from tb_Employee order by 所属部门 compute SUM(工资)
```

（4）单击"执行"按钮 ▶ 即可。

■ 秘笈心法

心法领悟 327：使用 SUM 聚合函数求和。

SQL 语句中的函数包括行函数和列函数，行函数就是普通的函数，会针对数据表中的每一条记录进行操作，即数据表中的每一行记录；列函数也被称为聚合函数，会针对数据表中的每一个字段进行操作，即数据表中的数据列。SUM 函数是一个聚合函数，使用 SUM 聚合函数可以为某个字段中的多个数值进行求和操作。

实例 328　　使用 COMPUTE BY 子句　　　　　　　　中级
光盘位置：光盘\MR\10\328　　　　　　　　　　　趣味指数：★★★★☆

■ 实例说明

本实例是在查询分析器中实现的，其中，使用 COMPUTE BY 子句的 SQL 语句如下：

```
select Name,所属部门,工资 from tb_Employee order by 所属部门 compute SUM(工资) by 所属部门
```

运行效果如图 10.92 所示。

图 10.92　使用 COMPUTE BY 子句

关键技术

本实例重点在于向读者介绍 SELECT 查询语句中 COMPUTE BY 子句的使用方法，下面对其进行详细讲解。在 SELECT 查询语句中可以使用 COMPUTE BY 子句对指定的数据进行分组汇总，如图 10.93 所示。

图 10.93　COMPUTE BY 子句的使用

从图 10.93 中可以看到，在 SELECT 语句中使用了 COMPUTE BY 子句将员工表中的员工工资信息按所属部门进行汇总。使用 COMPUTE BY 子句的格式为：

```
COMPUTE  聚合函数  BY  分组数据列
```

在使用 COMPUTE BY 子句时，必须同时使用 ORDER BY 子句。表达式必须与在 ORDER BY 后列出的子句相同或是其子集，并且必须按相同的序列。例如，如果 ORDER BY 子句是：

```
ORDER BY a, b, c
```

则 COMPUTE BY 子句可以是下面的任意一个（或全部）：

```
COMPUTE BY a, b, c
COMPUTE BY a, b
COMPUTE BY a
```

COMPUTE 子句使用 BY 和不使用 BY 将返回不同的结果集。

（1）当 COMPUTE 子句使用 BY 条件时，查询结果将根据 BY 后的数据列名称进行分组，并且为每个符合 SELECT 语句查询条件的组返回两个结果集：第一个结果集是明细记录集，该结果集中将包含选择列表中所有数据列的信息；第二个结果集中只包含一条记录，这条记录的内容包括该组的 COMPUTE 子句指定的聚合函数的统计结果。

（2）当 COMPUTE 子句没有使用 BY 条件时，查询结果中将包含两个结果集：第一个结果集是包含选择列表中所有数据列的数据信息；第二个结果集有一条记录，这条记录只包含 COMPUTE 子句中所指定的聚合函数的统计结果。

设计过程

（1）打开 SQL Server 2008 的 SQL Server Management Studio 窗体，新建一个查询。
（2）选择要操作的数据库为 db_TomeTwo。
（3）在代码编辑区中输入如下 SQL 语句：
select Name,所属部门,工资 from tb_Employee order by 所属部门 compute SUM(工资) by 所属部门"
（4）单击"执行"按钮 ? 即可。

秘笈心法

心法领悟 328：COMPUTE 与 COMPUTE BY 的区别。

COMPUTE 子句使用 BY 和不使用 BY 将返回不同的结果集。当 COMPUTE 子句使用 BY 条件时，查询结果将根据 BY 后的数据列名称进行分组，并且为每个符合 SELECT 语句查询条件的组返回两个结果集，第一个结果集是明细记录集，这个结果集中将包含选择列表中所有数据列的信息；第二个结果集中只包含一条记录，这条记录的内容包括该组的 COMPUTE 子句指定的聚合函数的统计结果。当 COMPUTE 子句没有使用 BY 条件时，查询结果中将包含两个结果集，第一个结果集是包含选择列表中所有数据列的数据信息；第二个结果集有一条记录，这条记录只包含 COMPUTE 子句中所指定的聚合函数的统计结果。

10.7 多表和连接查询

实例 329　利用 FROM 子句进行多表查询

光盘位置：光盘\MR\10\329　　趣味指数：★★★★☆　　中级

实例说明

在进行 SQL 查询的过程中，有时需要对多个数据表的记录进行查询，例如，在员工表中可以查询到员工基本信息，在工资表中可以查询员工的工资信息，如果将要查询的内容是员工基本信息和员工的工资情况，则需要综合两个表的内容进行查询，这时可以使用多表查询。本实例中实现了在员工表和工资表中查询年龄小于 25 岁的员工的详细信息。实例运行效果如图 10.94 和图 10.95 所示。

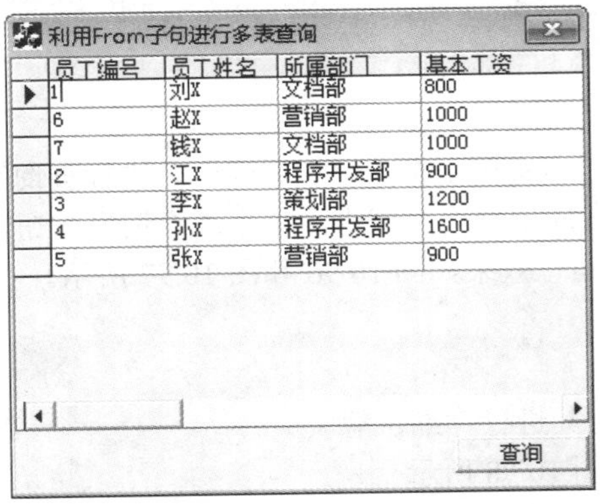

图 10.94　利用 FROM 子句进行多表查询

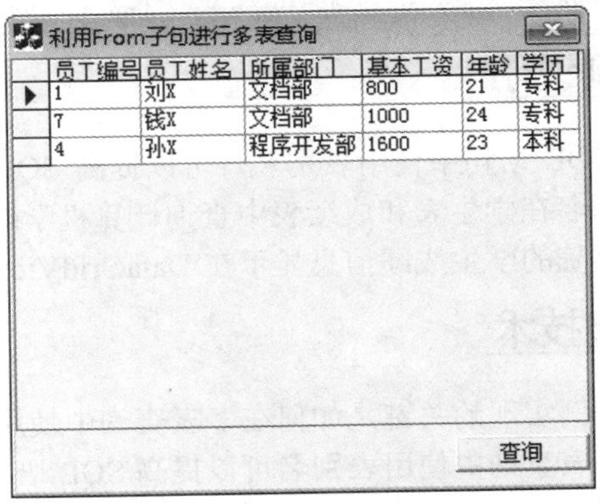

图 10.95　查询结果

关键技术

本实例实现的关键是如何实现多表查询，通过 SELECT 查询语句可以查询数据表中的信息，那么怎样查询多个数据表的信息呢？下面通过一个 SQL 语句进行讲解。

select l.员工编号,l.员工姓名,l.所属部门,l.基本工资,e.年龄,e.学历 from employees e,laborage l where e.编号=l.员工编号 and e.年龄 < 25

可以看到，要实现多表查询首先要在 FROM 子句中添加多个数据表，多个数据表间使用逗号（,）分隔，为了提高 SQL 语句的可读性，可以为数据表设置表别名，然后在 WHERE 子句中设置数据表连接规则，将两个或多个数据表连接为一个数据表，最后在 SELECT 子句中以指定的形式（数据表.数据列或表别名.数据列）查询多个数据表中多个数据列的信息。

设计过程

（1）打开 Visual C++ 6.0 开发环境，新建一个基于对话框的应用程序，命名为 From。
（2）在工程中添加一个窗体，设置窗体的 Caption 属性为"利用 From 子句进行多表查询"。
（3）在窗体上添加一个按钮控件、一个 ADO Data 控件和一个 DataGrid 控件，为 ADO Data 控件添加成员变量 m_Adodc。
（4）主要代码如下：

```
void CFromDlg::OnButton1()
{
    m_Adodc.SetRecordSource("select l.员工编号,l.员工姓名,l.所属部门,l.基本工资,e.年龄,e.学历 from employees e,laborage l where e.编号=l.员工编号 and e.年龄 < 25");
    m_Adodc.Refresh();
}
```

秘笈心法

心法领悟 329：怎样实现多表连接查询？

多表连接查询是 SQL 最强大的功能之一，通过多表查询技术在数据查询过程中可以将多个数据表动态地连接起来，然后从连接后的数据表中查询数据记录。简单的多表查询实现起来很简单，首先在 FROM 子句中定义连接的多个数据表，然后在 WHERE 子句中设置表连接规则。

实例 330　使用表别名

光盘位置：光盘\MR\10\330　　　　　　　　　　中级　趣味指数：★★★★☆

实例说明

在 SQL 语句中使用表别名，可以提高 SQL 语句的可读性。本实例中将介绍利用表别名进行查询的方法。利用表别名在学生表和成绩表中查询计算机学院学生的成绩。在应用程序窗体中，单击"查询"按钮，即可将计算机学院的学生成绩信息显示在 DataGridView 控件中。实例运行效果如图 10.96 和图 10.97 所示。

关键技术

本实例实现的关键是如何在多表查询中使用表别名，下面对其进行详细讲解。

在多表查询中使用表别名可以提高 SQL 语句的可读性，如图 10.98 所示。

从图 10.98 中可以看到，要实现多表查询，首先要在 FROM 子句中添加多个数据表，多个数据表间使用逗号（,）分隔，并使用 AS 关键字为数据表设置表别名，然后在 WHERE 子句中设置数据表连接规则，将两个或多个数据表连接为一个数据表，最后在 SELECT 子句中以指定的形式（表别名.数据列）查询多个数据表中多个数据列的信息。

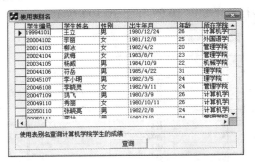

图 10.96　使用表别名　　　　　　　　　图 10.97　查询结果

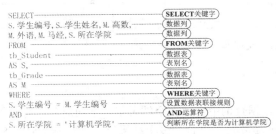

图 10.98　表别名的使用

> **注意**：表别名的定义方法和列别名的定义方法基本相同，使用 AS 关键字或空格都可以定义表别名。

设计过程

（1）打开 Visual C++ 6.0 开发环境，新建一个基于对话框的工程，命名为 TableName。
（2）在工程中添加一个窗体，设置窗体的 Caption 属性为"使用表别名"。
（3）在窗体上添加一个 DataGridView 控件。
（4）主要代码如下：

```
void CTableNameDlg::OnButton1()
{
    m_Adodc.SetRecordSource("select s.学生编号,s.学生姓名,m.高数,m.外语,m.马经,s.所在学院 from tb_Student as s,tb_Grade as m where s.学生编号 = m.学生编号 and s.所在学院 = '计算机学院'");
    m_Adodc.Refresh();
}
```

秘笈心法

心法领悟 330：使用表别名。

在查询语句中，表别名的定义方法和列别名的定义方法基本相同，使用 AS 关键字或空格都可以定义表别名。在多表查询中，适当使用表别名会使查询语句更加清晰。

实例 331　　合并结果集　　光盘位置：光盘\MR\10\331　　　　　中级　　趣味指数：★★★★☆

实例说明

通过合并多个结果集可以把两个或多个表的查询结果合并到一个结果集中。本实例中使用 UNION 运算符实现将员工信息表和工资表中的员工编号、员工姓名字段合并到一个表中。在应用程序窗体中，单击"合并"按钮，将会在 DataGridView 控件中显示查询结果。实例运行效果如图 10.99 和图 10.100 所示。

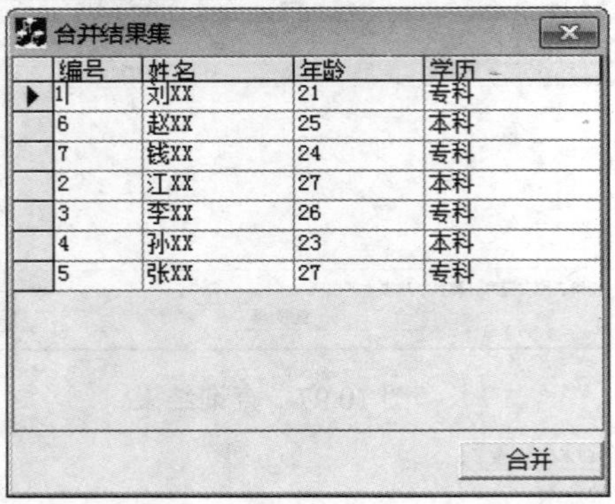

图 10.99　合并结果集

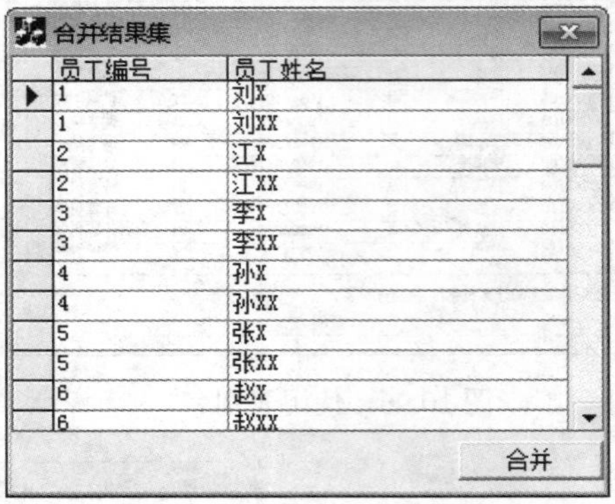

图 10.100　合并结果

■ 关键技术

本实例实现的关键是如何在数据查询中合并多个结果集，下面对其进行详细讲解。

数据查询过程中使用 UNION 运算符可以合并多个结果集，本实例用到的 SQL 语句为：

select 员工编号,员工姓名 from laborage union select 编号,姓名 from employees

使用了 UNION 运算符合并两个 SELECT 语句，UNION 运算符用于合并多个结果集，可以将两个或多个 SELECT 语句的查询结果合并成一个结果集。使用 UNION 运算符合并的结果集都必须具有相同的结构，相应结果集中列的数据类型必须兼容。当查询的数据在不同的地方，并且无法用一个查询语句得到时，使用 UNION 运算符是非常有用的。其语法格式如下：

select_statement UNION[ALL] select_statment

参数说明：

select_statement：表示完整的 SQL 语句。

UNION 的结果集列名与 UNION 运算符中第一个 SELECT 语句的结果集的列名相同，另一个 SELECT 语句的结果及列名将被忽略。

> 技巧：默认情况下，UNION 运算符从结果集中删除重复的行。如果使用 ALL 关键字，结果中将包含所有行并且不会删除重复行。UNION 运算结果的准确性取决于安装过程中选择的排序规则和 ORDER BY 子句。

■ 设计过程

（1）打开 Visual C++ 6.0 开发环境，新建一个基于对话框的应用程序，命名为 Union。

（2）在工程中添加一个窗体，设置窗体的 Caption 属性为"合并结果集"。

（3）在窗体上添加一个按钮控件、一个 ADO Data 控件和一个 DataGrid 控件，为 ADO Data 控件添加成员变量 m_Adodc。

（4）主要代码如下：

```
void CUnionDlg::OnButton1()
{
    m_Adodc.SetRecordSource("select 员工编号,员工姓名 from laborage union select 编号,姓名 from employees");
    m_Adodc.Refresh();
}
```

秘笈心法

心法领悟 331：使用 UNION 关键字合并多表查询结果。

UNION 运算符可以合并多个结果集，默认情况下，UNION 运算符从结果集中删除重复的行。如果在 UNION 运算符后使用 ALL 关键字，结果中将包含所有行并且不会删除重复行。

实例 332　利用多个表中的字段创建新记录集

光盘位置：光盘\MR\10\332　　趣味指数：★★★★　中级

实例说明

利用多个表中的字段可以创建新记录集。本实例中使用 INNER JOIN 实现了将员工信息表和工资表中的字段合并到一个表中。在应用程序窗体中，单击"创建"按钮，将会在 DataGridView 控件中显示查询结果。实例运行效果如图 10.101 和图 10.102 所示。

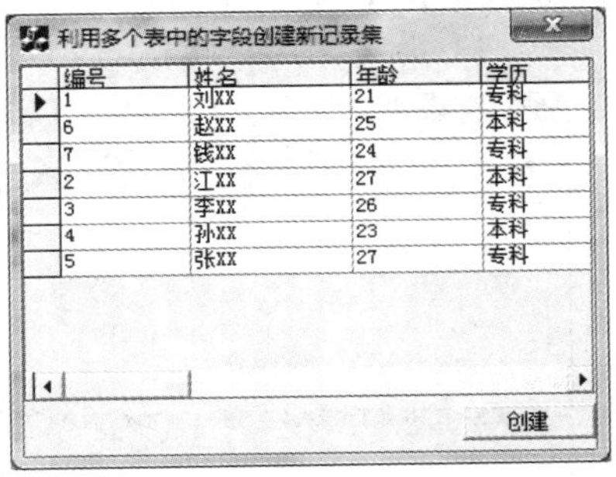

图 10.101　利用多个表中的字段创建新记录集

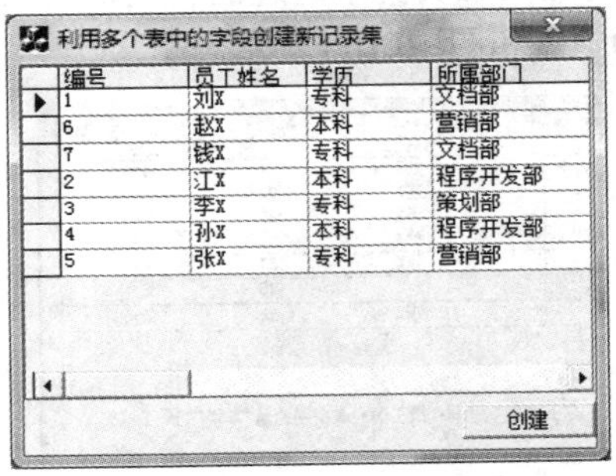

图 10.102　创建结果

关键技术

利用对多个表中的字段创建新记录集是通过内连接语句 INNER JOIN 实现的，内连接的语法如下：

```
SELECT fieldlist
FROM table1 [INNER] JOIN table2
ON table1.column=table2.column
```

设计过程

（1）打开 Visual C++ 6.0 开发环境，新建一个基于对话框的应用程序，命名为 New。

（2）在工程中添加一个窗体，设置窗体的 Caption 属性为"利用多个表中的字段创建新记录集"。

（3）在窗体上添加一个按钮控件、一个 ADO Data 控件和一个 DataGrid 控件，为 ADO Data 控件添加成员变量 m_Adodc。

（4）主要代码如下：

```
void CNewDlg::OnButton1()
{
    m_Adodc.SetRecordSource("select e.编号,l.员工姓名,e.学历,l.所属部门 from employees e inner join laborage l on e.编号=l.员工编号");
    m_Adodc.Refresh();
}
```

秘笈心法

心法领悟 332：无连接规则的连接。

查询语句中,连接两个数据表可以有两种方法:第一种方法是无连接规则连接,第二种方法是有连接规则连接。无连接规则连接后得到的结果是两个数据表中的每一行都相互连接,笛卡儿乘积查询就是一种无连接规则的查询。

10.8 嵌套查询

| 实例 333 | 简单嵌套查询 光盘位置:光盘\MR\10\333 | 中级 趣味指数:★★★★★ |

■ 实例说明

在查询语句中,如果在一个 SQL 语句中又包含了一个 SQL 语句,那么此查询被称为嵌套查询。在 WHERE 子句和 HAVING 子句中都可以嵌套 SQL 语句。使用嵌套查询可以使一个复杂的查询分解成若干逻辑步骤,使语句的思路更清晰。本实例中通过嵌套查询在工资表中查询员工信息表中学历是"本科"的员工信息。实例运行效果如图 10.103 和图 10.104 所示。

图 10.103 简单嵌套查询

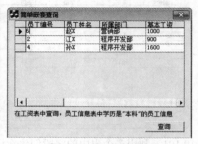
图 10.104 查询结果

■ 关键技术

本实例重点在于向读者介绍嵌套查询的使用方法,下面对其进行详细讲解。
在 SELECT 查询语句中可以方便地使用嵌套查询。本实例用到的 SQL 语句如下:
select * from laborage where 员工姓名 in (select 姓名 from employees where 学历='本科')

在 SELECT 语句的 WHERE 子句中使用 IN 运算符引入了嵌套的子查询,在子查询中会查询到员工信息表中学历为"本科"的员工姓名,然后根据子查询中查询到的员工姓名查询工资表中员工的详细信息。

✍ **技巧**:子查询可以把一个复杂的查询分解成一系列的逻辑步骤,这样即可用一个简单语句解决复杂的查询问题。当查询依赖于另一个查询的结果时,子查询会很有用。

■ 设计过程

(1)打开 Visual C++ 6.0 开发环境,新建一个基于对话框的应用程序,命名为 Nesting。
(2)在工程中添加一个窗体,设置窗体的 Caption 属性为"简单嵌套查询"。
(3)在窗体上添加一个按钮控件、一个 ADO Data 控件和一个 DataGrid 控件,为 ADO Data 控件添加成员变量 m_Adodc。
(4)主要代码如下:
```
void CNestingDlg::OnButton1()
{
```

```
m_Adodc.SetRecordSource("select * from laborage where 员工姓名 in (select 姓名 from employees where 学历='本科')");
m_Adodc.Refresh();
}
```

秘笈心法

心法领悟 333：正确理解嵌套查询。

嵌套查询就是在一个查询语句中包含了一个嵌套的子查询，本实例在 SELECT 语句的 WHERE 子句中使用 IN 运算符引入了嵌套的子查询。

实例 334　复杂嵌套查询

光盘位置：光盘\MR\10\334　　高级　趣味指数：★★★★☆

实例说明

嵌套查询不只应用在简单的查询中，还会应用到复杂的查询中，本实例将会在员工工资表和员工部门表中查询学历是"本科"的负责人的工资情况。在应用程序窗体中，单击"查询"按钮，会将相应的查询结果在 DataGridView 控件中显示。实例运行效果如图 10.105 和图 10.106 所示。

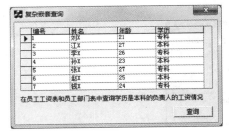
图 10.105　复杂嵌套查询

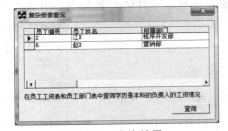
图 10.106　查询结果

关键技术

本实例实现的关键是如何在 SELECT 查询语句中使用复杂的嵌套查询，下面对其进行详细讲解。

在 SELECT 查询语句中可以使用复杂的多个嵌套查询得到最终的查询结果。本实例用到的 SQL 语句如下：

```
select * from laborage where 员工姓名 in (select 负责人 from department where 负责人 in(select 姓名 from employees where 学历='本科'))order by 员工编号
```

可以看到，在 SELECT 语句的 WHERE 子句中使用 IN 运算符引入了嵌套的子查询，在子查询中会查询到部门表中负责人学历为"本科"的负责人姓名，而在子查询中同样使用 IN 运算符引入了嵌套的子查询，在此子查询中会查询到员工表中学历为本科的员工姓名，最后根据第一个子查询中查询到的负责人姓名查询其 10 月份工资。

设计过程

（1）打开 Visual C++ 6.0 开发环境，新建一个基于对话框的工程，命名为 ComplexNesting。
（2）在工程中添加一个窗体，设置窗体的 Caption 属性为"复杂嵌套查询"。
（3）在窗体上添加一个按钮控件、一个 ADO Data 控件和一个 DataGrid 控件，为 ADO Data 控件添加成员变量 m_Adodc。
（4）主要代码如下：

```
void CComplexNestingDlg::OnButton1()
{
    m_Adodc.SetRecordSource("select * from laborage where 员工姓名 in (select 负责人 from department where 负责人 in(select 姓名 from
```

```
employees where  学历='本科'))order by 员工编号");
    m_Adodc.Refresh();
}
```

▍秘笈心法

心法领悟 334：适当使用嵌套子查询。

在查询语句中，可以包含嵌套的子查询，而在嵌套的子查询中还可以嵌套另一个子查询，使用多个嵌套的子查询会使查询语句更加灵活。同样地，如果查询语句中使用了过多的子查询会使查询性能下降，所以要适当使用子查询。

| 实例 335 | 嵌套查询在查询统计中的应用
光盘位置：光盘\MR\10\335 | 高级
趣味指数：★★★★✩ |

▍实例说明

本实例在学生成绩表中利用嵌套查询，查询数学成绩大于或小于两个指定学生中的一个的学生信息。在应用程序窗体中，当单击"查询"按钮后，会根据描述的查询规则查询数据库中的数据并在 DataGridView 控件中显示数据信息。实例运行效果如图 10.107 所示。

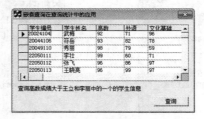

图 10.107　嵌套查询在查询统计中的应用

▍关键技术

本实例的重点在于向读者介绍嵌套查询在查询统计中的应用，下面对其进行详细讲解。
本实例中不仅使用了嵌套查询，而且还应用到 ANY、SOME、ALL 谓词，如图 10.108 所示。

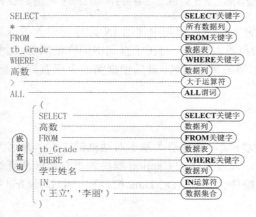

图 10.108　嵌套查询的使用

从图 10.108 中可以看到，在 SELECT 语句的 WHERE 子句中使用了 ALL 谓词引入嵌套子查询，查询成绩表中高数成绩大于"王立"和"李丽"的高数成绩的学生信息。

下面以">"（大于）比较运算符为例，介绍一下 ANY、SOME、ALL 的用法。其中，ANY 和 SOME 是等效的。

- ☑ > ALL：表示大于条件的每一个值，可以理解为大于最大值。例如，> ALL(1, 3, 9)表示大于 9。
- ☑ > ANY：表示至少大于条件中的一个值，可以理解为大于最小值。例如，> ANY(0, 100, 105)表示大于 0。

■ 设计过程

（1）打开 Visual C++ 6.0 开发环境，新建一个基于对话框的应用程序，命名为 Nesting。
（2）在工程中添加一个窗体，设置窗体的 Caption 属性为"嵌套查询在查询统计中的应用"。
（3）在窗体上添加一个按钮控件、一个 ADO Data 控件和一个 DataGrid 控件，为 ADO Data 控件添加成员变量 m_Adodc。
（4）主要代码如下：

```
void CNestingDlg::OnButton1()
{
    m_Adodc.SetRecordSource("select * from tb_Grade where 高数 > ALL (select 高数 from tb_Grade where 学生姓名 in ('王立','李丽'))");
    m_Adodc.Refresh();
}
```

■ 秘笈心法

心法领悟 335：ALL 谓词的使用。

本实例在 WHERE 子句中使用了 ALL 谓词引入嵌套子查询，ALL 谓词表示大于条件的每一个值，可以理解为大于最大值。

10.9 子 查 询

实例 336 用子查询做派生的表
光盘位置：光盘\MR\10\336
高级
趣味指数：★★★★☆

■ 实例说明

子查询是在 SELECT 语句内嵌套的一条或多条 SELECT 语句，通常被称为内查询或内 SELECT 语句。子查询经常用在 SELECT 语句的 WHERE 子句中，用于生成一个单列的虚拟表，主 SELECT 语句用此值来确定表中哪些列包括在结果表中。应用子查询可以替换 SQL 语句中的 WHERE 条件语句，完成相应的功能。本实例中使用子查询，查询学生表与成绩表中高数成绩大于"刘欢"的成绩的学生信息。实例运行效果如图 10.109 和图 10.110 所示。

图 10.109　用子查询做派生的表

图 10.110　查询结果

关键技术

本实例实现的关键是如何用子查询做派生的表,下面对其进行详细讲解。

查询语句中 FROM 关键字后可以使用表名指明从哪一个数据表查询数据记录,也可以在 FROM 关键字后使用子查询,指明从哪一个子查询的结果中查询数据记录。本实例用到的 SQL 语句如下:

```
select * from(select * from student where 学生编号 in(select 学生编号 from Grade where 高数>(select 高数 from Grade where 学生姓名='刘欢'))as stu order by stu.学生编号
```

从此 SQL 语句中可以看到,在 SELECT 语句的 FROM 子句中使用了子查询,用子查询做派生的表,而且子查询中又使用了 IN 运算符引入子查询,查询高数成绩大于"刘欢"的学生的信息。

设计过程

(1)打开 Visual C++ 6.0 开发环境,新建一个基于对话框的应用程序,命名为 DeriveSelect。
(2)在工程中添加一个窗体,设置窗体的 Caption 属性为"用子查询做派生的表"。
(3)在窗体上添加一个按钮控件、一个 ADO Data 控件和一个 DataGrid 控件,为 ADO Data 控件添加成员变量 m_Adodc。
(4)主要代码如下:

```
void CDeriveSelectDlg::OnButton1()
{
    m_Adodc.SetRecordSource("select * from(select * from student where 学生编号 in(select 学生编号 from Grade where 高数>(select 高数 from Grade where 学生姓名='刘欢'))as stu order by stu.学生编号");
    m_Adodc.Refresh();
}
```

秘笈心法

心法领悟 336:子查询与聚合函数配合使用。

子查询与聚合函数配合使用,使得数据查询更加灵活。因为聚合函数一般都在 SELECT 子句后出现,而 WHERE 子句中又不能使用聚合函数,所以,常见的做法是使用子查询获得聚合函数的返回值,然后将该返回值放到主查询中,最后在主查询中根据子查询得到的返回值查询相关信息。

实例 337 使用一个单行的子查询来更新列
光盘位置:光盘\MR\10\337   中级   趣味指数:★★★★★

实例说明

在数据库操作中,使用 UPDATE 语句可以轻松地更改数据库中的信息。在实际应用中,也可以在 UPDATE 语句中应用子查询,使数据的维护和更改更加灵活。本实例在规定工资表中使用了子查询更新工资表中的员工工资信息。实例运行效果如图 10.111 所示。

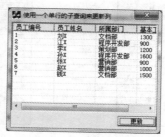

图 10.111 使用一个单行的子查询来更新列

关键技术

可以在 UPDATE 语句中把 SELECT 语句的结果作为一个赋值，但子查询返回的行数一定不能多于一行，如果没有行被返回，则将 NULL 值赋给目标列。

可以在 UPDATE 语句中嵌入一个子查询来实现更新数据。语法如下：

```
Update table_name
Set { column_name = { expression | Default | Null }[,...n]}
Where fieldname predication (subselect)
```

参数说明：

❶fieldname：列名称。
❷predication：谓词，通常为关系表达式或 IN。
❸subselect：表示一个子查询。

设计过程

（1）打开 Visual C++ 6.0 开发环境，新建一个基于对话框的应用程序，命名为 Update。
（2）在工程中添加一个窗体，设置窗体的 Caption 属性为"使用一个单行的子查询来更新列"。
（3）在窗体上添加一个按钮控件、一个 ADO Data 控件和一个 DataGrid 控件，为 ADO Data 控件添加成员变量 m_Adodc。
（4）主要代码如下：

```
void CUpdateDlg::OnButton1()
{
    OnInitADOConn();
    CString sql;
    sql = "update laborage set 基本工资 = 基本工资 +(select 部门奖金 From department where 部门名称 ='文档部') Where 所属部门 ='文档部'";
    m_pConnection->Execute((_bstr_t)sql,NULL,adCmdText);
    m_pConnection->Close();
    m_Grid.DeleteAllItems();
    AddToGrid();
}
```

秘笈心法

心法领悟 337：删除学生表中的学生信息。

使用 DELETE 语句可以删除数据表中指定的数据记录，下面的 SQL 语句中使用了 DELETE 语句删除学生表中学生记录，代码如下：

```
DELETE
FROM
tb_Student
WHERE
学生编号 = 22050125
```

实例 338 用子查询作表达式

光盘位置：光盘\MR\10\338

高级
趣味指数：★★★★☆

实例说明

将子查询作为表达式应用在 SQL 语句中，可以实现统计或分析数据的功能，如计算学生的平均成绩和商品的销售利润等。本实例将查询学生表中高数的成绩超过其科目平均成绩的学生信息。单击"查询"按钮后，会将查询到的信息在 DataGridView 控件中显示。实例运行效果如图 10.112 和图 10.113 所示。

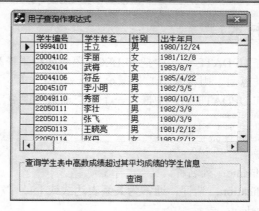

图 10.112　用子查询作表达式　　　　图 10.113　查询结果

■ 关键技术

本实例重点在于向读者介绍怎样使用子查询作表达式，下面对其进行详细讲解。

在查询语句的 WHERE 子句中可以通过表达式判断查询条件是否成立，也可以在此表达式中使用子查询，如图 10.114 所示。

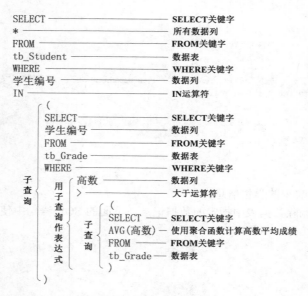

图 10.114　用子查询作表达式

从图 10.114 中可以看到，在 SELECT 查询语句中使用了 IN 运算符引入子查询，子查询的 WHERE 子句使用了子查询作为判断条件的一部分，查询学生高数成绩大于高数平均成绩的学生的详细信息。

■ 设计过程

（1）打开 Visual C++ 6.0 开发环境，新建一个基于对话框的应用程序，命名为 GetExpression。

（2）在工程中添加一个窗体，设置窗体的 Caption 属性为"用子查询作表达式"。

（3）在窗体上添加一个按钮控件、一个 ADO Data 控件和一个 DataGrid 控件，为 ADO Data 控件添加成员变量 m_Adodc。

（4）主要代码如下：

```
void CGetExpressionDlg::OnButton1()
{
    m_Adodc.SetRecordSource("select * from tb_Student where 学生编号 in (select 学生编号 from tb_Grade where 高数>(select avg(高数)from tb_Grade))");
    m_Adodc.Refresh();
}
```

秘笈心法

心法领悟 338：查询外语成绩大于外语平均成绩的学生信息。

本实例使用 IN 运算符引入了子查询，查询学生高数成绩大于高数平均成绩的学生的详细信息，那么怎样实现查询外语成绩大于外语平均成绩的学生信息呢？代码如下：

```
SELECT
*
FROM
tb_Student
WHERE
学生编号
IN
 (SELECT 学生编号 FROM tb_Grade WHERE 外语
>
(SELECT AVG(外语) FROM tb_Grade) )
```

实例 339　使用 IN 引入子查询限定查询范围　中级

光盘位置：光盘\MR\10\339

实例说明

IN 运算符可以应用于 SQL 语句的 WHERE 表达式中，用于限定查询语句的范围。本实例将会通过运算符 IN 限定查询年龄在 23～25 岁之间的员工信息。单击"查询"按钮后，会在 DataGridView 控件中显示查询到的信息。实例运行效果如图 10.115 和图 10.116 所示。

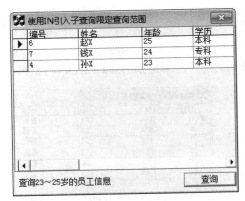

图 10.115　使用 IN 引入子查询限定查询范围　　　图 10.116　查询结果

关键技术

本实例实现的关键是如何使用 IN 引入子查询限定查询范围，下面对其进行详细讲解。

使用 IN 运算符可以引入子查询并限定查询范围。本实例用到的 SQL 语句如下：

```
select * from employees where 年龄 in(23,24,25)
```

从此 SQL 语句中可以看到，在 SELECT 语句的 WHERE 子句中使用了 IN 运算符引入子查询，引入子查询的目的是得到年龄在 23～25 岁之间的员工详细列表。

设计过程

（1）打开 Visual C++ 6.0 开发环境，新建一个基于对话框的应用程序，命名为 InQuery。
（2）在工程中添加一个窗体，设置窗体的 Caption 属性为"使用 IN 引入子查询限定查询范围"。
（3）在窗体上添加一个按钮控件、一个 ADO Data 控件和一个 DataGrid 控件，为 ADO Data 控件添加成员变量 m_Adodc。
（4）主要代码如下：

```
void CInQueryDlg::OnButton1()
{
    m_Adodc.SetRecordSource("select * from employees where 年龄 in(23,24,25)");
    m_Adodc.Refresh();
}
```

秘笈心法

心法领悟 339：查询成绩表中女学生的成绩信息。

IN 运算符的格式是：IN(数据 1,数据 2,...)，列表中的数据之间必须使用逗号分隔并且所有数据都在小括号中。在下面的查询语句中，使用 IN 运算符引入子查询，查询成绩表中女学生的成绩信息，代码如下：

```
SELECT *
FROM tb_Grade
WHERE 学生编号 IN
(
    SELECT 学生编号 FROM tb_Student WHERE 性别='女'
)
```

实例 340　使用 SOME 谓词引入子查询　　中级

光盘位置：光盘\MR\10\340　　趣味指数：★★★★☆

实例说明

本实例中使用 SOME 谓词实现了在员工信息表中查询年龄比平均年龄小的员工信息。单击"查询"按钮后，会将查询到的信息绑定到 DataGridView 控件。实例运行效果如图 10.117 和图 10.118 所示。

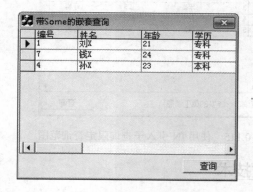

图 10.117　使用 SOME 谓词引入子查询　　　　图 10.118　查询结果

关键技术

SOME 是把每一行指定的列值与子查询的结果进行比较，如果哪行的比较结果为真，满足条件就返回该行。本实例嵌套的子查询的结果是一个数值，employees 员工表的每一条记录的年龄列值与之相比较，满足就返回行。

设计过程

（1）打开 Visual C++ 6.0 开发环境，新建一个基于对话框的应用程序，命名为 Some。
（2）在工程中添加一个窗体，设置窗体的 Caption 属性为"使用 Some 的嵌套查询"。
（3）在窗体上添加一个按钮控件、一个 ADO Data 控件和一个 DataGrid 控件，为 ADO Data 控件添加成员变量 m_Adodc。
（4）主要代码如下：

```
void CSomeDlg::OnButton1()
{
    m_Adodc.SetRecordSource("select * from employees where 年龄<some (select avg(年龄) from employees)");
    m_Adodc.Refresh();
}
```

秘笈心法

心法领悟 340：ANY/SOME 与 ALL 有什么不同？

ANY/SOME 与 ALL 有着本质的不同，以">"比较运算符为例，">ALL"表示大于条件的每一个值，可以理解为大于最大值，而">ANY"或">SOME"表示至少大于条件中一个值，可以理解为大于最小值。

实例 341　使用 ANY/SOME 谓词引入子查询　中级

光盘位置：光盘\MR\10\341

实例说明

本实例中使用 ANY/SOME 谓词实现了查询年龄小于平均年龄的员工信息。ANY/SOME 表示至少大于条件中的一个值。在应用程序窗体中，单击"查询"按钮后，会将查询到的信息绑定到 DataGridView 控件。实例运行效果如图 10.119 和图 10.120 所示。

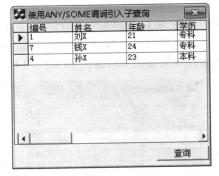

图 10.119　使用 ANY/SOME 谓词引入子查询　　　图 10.120　查询结果

关键技术

本实例实现的关键是如何使用 ANY/SOME 谓词引入子查询，下面对其进行详细讲解。
本实例用到的 SQL 语句如下：

select * from employees where 年龄<any (select avg(年龄) from employees

在 SELECT 语句的 WHERE 子句中使用了 ANY 谓词引入子查询，查询年龄小于平均年龄的员工信息。ANY 谓词会比较子查询返回列表中的每一个值，"<ANY"为小于最大的；">ANY"为大于最小的；而"=ANY"等同于 IN 运算符。

注意：ANY 谓词可以将比较运算符前面的单个值与比较运算符后面子查询返回值的集合中的每一个值相比较，只有当单个值与返回值集合中一个值的比较结果为 True 时，判断条件才会成立。

设计过程

（1）打开 Visual C++ 6.0 开发环境，新建一个基于对话框的应用程序，命名为 Any。
（2）在工程中添加一个窗体，设置窗体的 Caption 属性为"使用 ANY/SOME 谓词引入子查询"。
（3）在窗体上添加一个按钮控件、一个 ADO Data 控件和一个 DataGrid 控件，为 ADO Data 控件添加成员变量 m_Adodc。
（4）主要代码如下：

```
void CAnyDlg::OnButton1()
{
    m_Adodc.SetRecordSource("select * from employees where 年龄<any (select avg(年龄) from employees)");
    m_Adodc.Refresh();
}
```

秘笈心法

心法领悟 341：<>ANY 和 NOT IN 意思是否相同？
<>ANY 运算符不同于 NOT IN。<>ANY 表示不等于 a 或者不等于 b，或者不等于 c，而 NOT IN 表示不等于 a、不等于 b 并且不等于 c。<>ALL 和 NOT IN 表示的意思相同。

实例 342　使用 ALL 谓词引入子查询

光盘位置：光盘\MR\10\342　　　　中级　　趣味指数：★★★★

实例说明

本实例中使用 ALL 谓词实现了查询年龄小于 23 岁的员工信息。ALL 表示大于条件的每一个值，也可以理解为大于多个条件中的最大值。在应用程序窗体中，单击"查询"按钮后，会将查询到的信息绑定到 DataGridView 控件。实例运行效果如图 10.121 和图 10.122 所示。

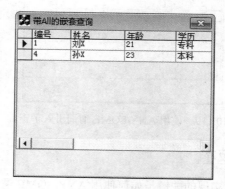

图 10.121　使用 ALL 谓词引入子查询　　　　图 10.122　查询结果

关键技术

本实例重点在于向读者介绍 SELECT 查询语句中 ALL 谓词的使用方法，下面对其进行详细讲解。

本实例中的 SQL 语句如下：

select * from employees where 年龄 <> all (select 年龄 from employees where 年龄>23)

从此 SQL 语句中可以看到，在 SELECT 语句的 WHERE 子句中使用 ALL 谓词引入了子查询，查询年龄小于 23 岁的员工信息。ALL 谓词会比较子查询返回列表中的每一个值，"< ALL"为最小的；"> ALL"为最大的；而"=ALL"没有返回值，因为在等于子查询的情况下，返回列表中的所有值是不符合逻辑的。

设计过程

（1）打开 Visual C++ 6.0 开发环境，新建一个基于对话框的应用程序，命名为 All。
（2）在工程中添加一个窗体，设置窗体的 Caption 属性为"带 ALL 的嵌套查询"。
（3）在窗体上添加一个按钮控件、一个 ADO Data 控件和一个 DataGrid 控件，为 ADO Data 控件添加成员变量 m_Adodc。
（4）主要代码如下：

```
void CAllDlg::OnButton1()
{
    m_Adodc.SetRecordSource("select * from employees where 年龄 <> all (select 年龄 from employees where 年龄>23)");
    m_Adodc.Refresh();
}
```

秘笈心法

心法领悟 342：正确理解 ALL 谓词的使用方法。

本实例中使用 ALL 谓词引用了子查询，ALL 谓词将比较运算符前面的单个值与比较运算符后面子查询返回值的集合中的每一个值相比较，只有当单个值与返回值集合中所有值的比较都为 True 时，判断条件才会成立。

实例 343　使用 EXISTS 运算符引入子查询

光盘位置：光盘\MR\10\343　　　　趣味指数：★★★★☆

实例说明

在 SQL 语句中使用子查询，有时无须查询返回数据而只返回真或假的布尔值，这样可以加快数据的检索速度。本实例中定义了子查询用于查询工资表中员工编号和员工表中编号一致的员工信息，然后使用 EXISTS 运算符以返回子查询结果对应的员工信息。实例运行效果如图 10.123 和图 10.124 所示。

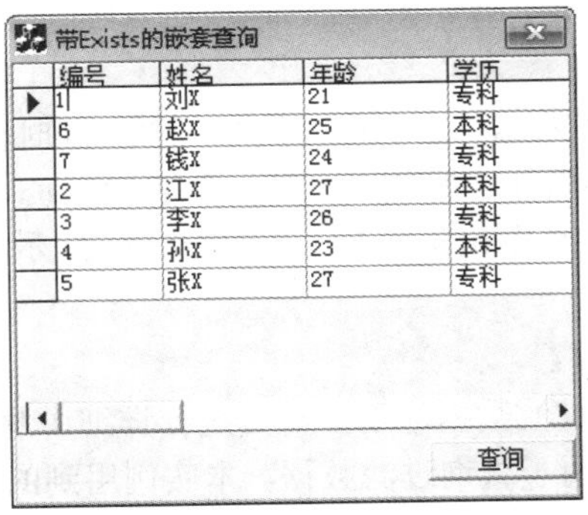

图 10.123　使用 EXISTS 运算符引入子查询 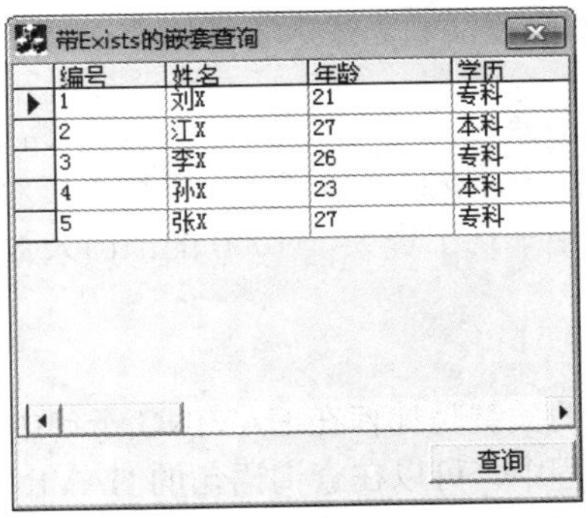　　　　图 10.124　查询结果

关键技术

在带 EXISTS 的嵌套查询中的 SELECT 子句中可使用任何列名，也可使用任意多个列，这种谓词只注重是否返回行，而不注重行的内容。用户可以规定任何列名或者只使用一个星号。

技巧：EXISTS 运算符经常与子查询一起使用，在进行查询时，对外表中的每一行，子查询都要运行一遍，如果子查询的返回结果集不为空，则返回真值；否则返回假值。

设计过程

（1）打开 Visual C++ 6.0 开发环境，新建一个基于对话框的应用程序，命名为 Exist。
（2）在工程中添加一个窗体，设置窗体的 Caption 属性为"带 Exists 的嵌套查询"。
（3）在窗体上添加一个按钮控件、一个 ADO Data 控件和一个 DataGrid 控件，为 ADO Data 控件添加成员变量 m_Adodc。
（4）主要代码如下：

```
void CExistsDlg::OnButton1()
{
    m_Adodc.SetRecordSource("select * from employees where exists (select * from laborage where employees.编号=laborage.员工编号)");
    m_Adodc.Refresh();
}
```

秘笈心法

心法领悟 343：使用 EXISTS 运算符判断指定的存储过程是否存在。

本实例使用 EXISTS 运算符引入子查询，那么怎样使用 EXISTS 运算符判断指定的存储过程是否存在呢？代码如下：

```
SELECT
CASE
WHEN
EXISTS(SELECT * FROM SYSOBJECTS WHERE ID=OBJECT_ID('dbo.proc_GetStudent') AND xtype='p')
THEN
'存在'
ELSE
'不存在'
END
```

实例 344 在 HAVING 子句中使用子查询过滤数据   中级

光盘位置：光盘\MR\10\344   趣味指数：★★★★★

实例说明

查询时经常需要过滤掉一组数据，以获取满足条件的精确数据。本实例查询员工表，同时使用 GROUP BY 子句与 HAVING 子句按照所属部门、平均工资对数据进行分组并过滤分组数据，在 HAVING 子句中定义子查询，统计员工表中平均工资大于 1000 的部门人数。实例运行效果如图 10.125 和图 10.126 所示。

关键技术

本实例实现的关键是如何在 HAVING 子句中使用子查询过滤数据，下面对其进行详细讲解。
数据查询过程中，可以在查询语句的 HAVING 子句中使用子查询过滤数据。本实例用到的 SQL 语句如下：

select distinct 所属部门,count(所属部门) as 部门人数,avg(基本工资) as 平均工资 from employees group by 所属部门 having avg(基本工资)>1000

从此 SQL 语句中可以看到，在 SELECT 语句的 HAVING 子句中使用了子查询过滤数据记录，统计员工表中平均工资大于 1000 的部门人数。首先在子查询中使用 AVG 聚合函数得到学生平均年龄，然后在 HAVING 子句中判断学生年龄大于平均年龄的学生信息。

图 10.125　在 HAVING 子句使用子查询过滤数据

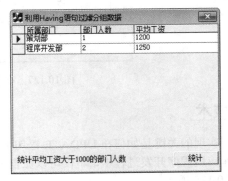

图 10.126　统计结果

■ 设计过程

（1）打开 Visual C++ 6.0 开发环境，新建一个基于对话框的应用程序，命名为 Having。
（2）在工程中添加一个窗体，设置窗体的 Caption 属性为"利用 Having 语句过滤分组数据"。
（3）在窗体上添加一个按钮控件、一个 ADO Data 控件和一个 DataGrid 控件，为 ADO Data 控件添加成员变量 m_Adodc。
（4）主要代码如下：

```
void CHavingDlg::OnButton1()
{
    m_Adodc.SetRecordSource("select distinct 所属部门,count(所属部门) as 部门人数,avg(基本工资) as 平均工资 from employees group by 所属部门 having avg(基本工资)>1000");
    m_Adodc.Refresh();
}
```

■ 秘笈心法

心法领悟 344：HAVING 子句与 WHERE 子句的区别。

HAVING 子句和 WHERE 子句中都可以有条件表达式，而且都会根据条件表达式的结果筛选数据，二者的主要区别是：HAVING 子句用于筛选分组信息，而 WHERE 子句用于筛选数据记录；HAVING 子句中可以使用聚合函数，而 WHERE 子句中不能使用聚合函数。

实例 345　在 UPDATE 语句中应用子查询　　高级
光盘位置：光盘\MR\10\345　　趣味指数：★★★★☆

■ 实例说明

在数据库操作中，使用 UPDATE 语句可以轻松地更改数据库中的信息。在实际应用中，也可以在 UPDATE 语句中应用子查询，使数据的维护和更改更加灵活。本实例中在规定工资表中使用了子查询，更新工资表中的员工工资信息。实例运行效果如图 10.127 所示。

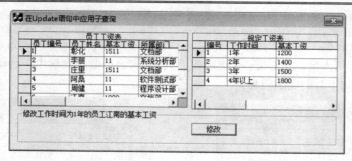

图 10.127　在 UPDATE 语句中应用子查询

■ 关键技术

本实例实现的关键是如何在 UPDATE 语句中应用子查询，下面对其进行详细讲解。

数据库应用程序开发过程中，不仅可以在查询语句中应用子查询，而且还可以在 UPDATE 语句中应用子查询，如图 10.128 所示。

图 10.128　在 UPDATE 语句中应用子查询

从图 10.128 中可以看到，在 UPDATE 语句中应用了子查询，首先在子查询中会得到工资表中工作时间为"1 年"的员工基本工资，然后根据得到的基本工资修改员工姓名为"江南"的基本工资。

■ 设计过程

（1）打开 Visual C++ 6.0 开发环境，新建一个基于对话框的应用程序，命名为 updatedatas。
（2）在工程中添加一个窗体，设置窗体的 Caption 属性为"在 Update 语句中应用子查询"。
（3）在窗体上添加一个按钮控件、两个 ADO Data 控件和两个 DataGrid 控件，为 ADO Data 控件添加成员变量 m_Adodc。
（4）主要代码如下：

```
void CUpdatedatasDlg::OnOK()
{
    UpdateData(true);
    ADOConn m_AdoConn;
    m_AdoConn.OnInitADOConn();
    _bstr_t sql;
    sql = "update tb_Laborage set 基本工资 = (select 基本工资 from tb_AppointedLaborage where 工作时间 = '1 年')where 员工姓名 = '江南' ";
    m_AdoConn.ExecuteSQL(sql);
    m_AdoConn.ExitConnect();
    m_adodc.SetRecordSource("select * from tb_Laborage");
    m_adodc.Refresh();
}
```

■ 秘笈心法

心法领悟 345：更新学生表中学生的年龄。

UPDATE 语句用于更新数据库中的信息，下面的代码中使用 UPDATE 语句更新学生表中学生的年龄，代码如下：

```
UPDATE tb_Student
SET 年龄 = 20
WHERE 学生编号 = 20014103
```

10.10 联合语句 UNION

实例 346　使用组合查询
光盘位置：光盘\MR\10\346
高级
趣味指数：★★★★☆

■ 实例说明

数据库查询语句中，通过 UNION 组合查询语句，可以将两个或更多查询的结果组合为单个结果集，该结果集包含组合查询中的所有查询的全部行。利用 UNION 语句可以实现将不同数据表中符合条件的不同列中的数据信息显示在另一个表中。在本实例中，通过 UNION 语句将所在学院为理学院的学生信息及成绩表中总分大于 600 分的学生信息组合在一起，最后在 DataGridView 控件中显示查询结果。实例运行效果如图 10.129 所示。

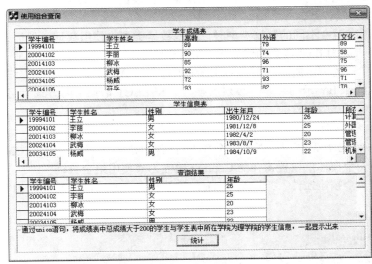

图 10.129　使用组合查询

■ 关键技术

本实例实现的关键是如何使用组合查询，下面对其进行详细讲解。

数据查询过程中，通过 UNION 关键字可以实现将多个 SELECT 查询语句组合起来进行查询，如图 10.130 所示。

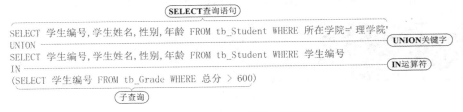

图 10.130　UNION 关键字的使用

从图 10.130 中可以看到,使用 UNION 关键字组合两个 SELECT 查询语句,查询学生表中所在学院为理学院的学生的信息与总成绩大于 600 的学生的信息。第一个 SELECT 查询语句将会查询所在学院为理学院的学生的信息;第二个 SELECT 查询语句的 WHERE 子句中使用 IN 运算符引入了子查询,子查询将会查询总分大于 600 分的学生编号,然后子查询中得到的学生编号查询学生信息。

UNION 运算符主要用于将两个或更多查询的结果组合为单个结果集,该结果集包含组合查询中所有查询的全部行。其语法格式如下:

```
select 语句  union select 语句  where  条件表达式
```

在使用 UNION 运算符时请遵循以下准则:

(1)在使用 UNION 运算符组合的语句中,所有选择列表的表达式数目必须相同(列名、算术表达式、聚集函数等)。

(2)在使用 UNION 组合的结果集中的相应列或个别查询中使用的任意列的子集必须具有相同的数据类型,并且两种数据类型之间必须存在可能的隐性数据转换,或提供了显式转换。例如,在 datetime 数据类型的列和 binary 数据类型的列之间不可能存在 UNION 运算符,除非提供了显式转换,而在 money 数据类型的列和 int 数据类型的列之间可以存在 UNION 运算符,因为它们可以进行隐性转换。

(3)用 UNION 运算符组合的各语句中对应的结果集列出现的顺序必须相同,因为 UNION 运算符是按照各个查询给定的顺序逐个比较各列。

(4)在 UNION 操作中组合不同的数据类型时,这些数据类型将使用数据类型优先级的规则进行转换。例如,int 值转换成 float 值,因为 float 类型的优先权比 int 类型高。

(5)通过 UNION 生成的表中的列名来自 UNION 语句中的第一个单独的查询。若要用新名称引用结果集中的某列(例如,在 ORDER BY 子句中),必须按第一个 SELECT 语句中的方式引用该列。

设计过程

(1)打开 Visual C++ 6.0 开发环境,新建一个基于对话框的应用程序,命名为 CombineSelect。

(2)在工程中添加一个窗体,设置窗体的 Caption 属性为"使用组合查询"。

(3)在窗体上添加一个按钮控件、3 个 ADO Data 控件和 3 个 DataGrid 控件,为 ADO Data 控件添加成员变量 m_Adodc。

(4)主要代码如下:

```
void CCombineSelectDlg::OnButton1()
{
    m_Adodc.SetRecordSource("select 学生编号,学生姓名,性别,年龄 from tb_Student where 所在学院 = '理学院' union select 学生编号,学生姓名,性别,年龄 from tb_Student where 学生编号 in(select 学生编号 from tb_Grade where 总分>200)");
    m_Adodc.Refresh();
}
```

秘笈心法

心法领悟 346:组合查询与连接查询有什么不同?

组合查询会使用 UNION 关键字将多个 SELECT 查询语句组合起来,并显示到同一个结果集中,组合查询与连接查询的不同点在于,组合查询是将多个查询结果集放到一起;而连接查询是将多个数据表的查询结果横向连接。

实例 347　多表组合查询

光盘位置:光盘\MR\10\347

高级
趣味指数:★★★★★

实例说明

数据库查询语句中,通过 UNION 组合查询语句,可以将两个或更多查询的结果组合为单个结果集,UNION

组合查询语句，不仅可以组合单个表的信息，也可以组合多个表的数据信息。本实例简单地使用了 UNION 组合查询语句组合学生表、成绩表及课程表中指定列的信息。最后在 DataGridView 控件中显示查询结果。实例运行效果如图 10.131 所示。

图 10.131　多表组合查询

关键技术

本实例实现的关键是如何实现多表组合查询，下面对其进行详细讲解。

通过 UNION 关键字可以组合多个数据表的查询内容，如图 10.132 所示。

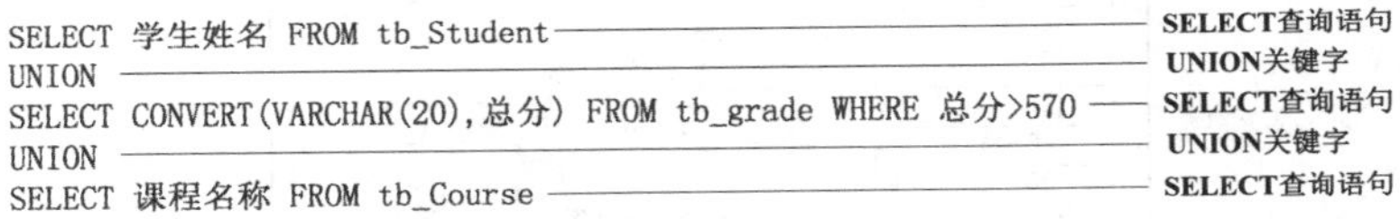

```
SELECT 学生姓名 FROM tb_Student                                  ——SELECT查询语句
UNION                                                            ——UNION关键字
SELECT CONVERT(VARCHAR(20),总分) FROM tb_grade WHERE 总分>570     ——SELECT查询语句
UNION                                                            ——UNION关键字
SELECT 课程名称 FROM tb_Course                                    ——SELECT查询语句
```

图 10.132　UNION 关键字的使用

从图 10.132 中可以看到，通过 UNION 关键字组合了学生表、成绩表和课程表的查询内容，将学生表的学生姓名、成绩表中总分大于 570 分的分数及课程表的课程名称组合在一起，由于成绩表中的总分数据列是数值类型，所以使用 CONVERT 函数将总分数据列中的数值转换为字符串。关于 UNION 关键字的详细使用方法请参照实例 346。

> **技巧**：CONVERT 函数用于将某种数据类型的表达式显式转换为另一种数据类型。

设计过程

（1）打开 Visual C++ 6.0 开发环境，新建一个基于对话框的工程，命名为 MutiTableSelect。
（2）在工程中添加一个窗体，设置窗体的 Caption 属性为"多表组合查询"。
（3）在窗体上添加一个按钮控件、一个 ADO Data 控件和一个 DataGrid 控件，为 ADO Data 控件添加成员变量 m_Adodc。
（4）主要代码如下：

```cpp
void CMutiTableSelectDlg::OnButton1()
{
    m_Adodc.SetRecordSource("select 学生姓名 as 信息 from tb_Student union select convert(varchar(20),总分) from tb_Grade where 总分>570 union select 课程名称 from tb_Course ");
    m_Adodc.Refresh();
}
```

秘笈心法

心法领悟 347：使用 UNION 组合查询语句时要注意数据列的数据类型。

在使用 UNION 组合的结果集中的相应数据列或个别查询中使用的任意数据列的子集必须具有相同数据类型，并且两种数据类型之间必须存在可能的隐性数据转换，如果两种数据类型不兼容，则可以使用 CONVERT 函数转换数据的类型。

实例 348　对组合查询后的结果进行排序

光盘位置：光盘\MR\10\348　　　　　　趣味指数：★★★★☆　高级

实例说明

数据库应用程序开发中，有时不仅需要实现多表组合查询，而且还需要对组合查询的结果进行排序。本实例中将介绍如何将多表组合查询后的数据进行升序排序或降序排序。在应用程序窗体中，单击"升序排序"或"降序排序"按钮，在 DataGridView 控件中显示升序或降序的数据信息。实例运行效果如图 10.133 所示。

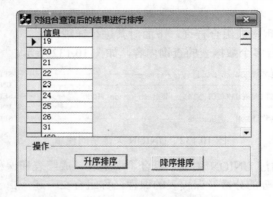

图 10.133　对组合查询后的结果进行排序

关键技术

本实例实现的关键是如何对组合查询后的结果进行排序，下面对其进行详细讲解。

数据查询过程中，通过 UNION 关键字可以实现将多个 SELECT 查询语句组合起来进行查询，而且还可以实现对查询结果进行升序排序，如图 10.134 所示。

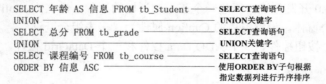

图 10.134　对组合查询后的结果进行升序排序

从图 10.134 中可以看到，通过 UNION 关键字组合了学生表、成绩表和课程表的查询内容，将学生表的学生年龄、成绩表中的总分及课程表的课程编号组合在一起，并为数据列设置了列别名，最后使用 ORDER BY 子句进行升序排序。现在已经了解了如何进行升序排序，那么怎样实现降序排序呢？如图 10.135 所示。

```
SELECT 年龄 AS 信息 FROM tb_Student    ——— SELECT查询语句
UNION                                  ——— UNION关键字
SELECT 总分 FROM tb_grade              ——— SELECT查询语句
UNION                                  ——— UNION关键字
SELECT 课程编号 FROM tb_course         ——— SELECT查询语句
ORDER BY 信息 DESC                     ——— 使用ORDER BY子句根据
                                           指定数据列进行降序排序
```

图 10.135　对组合查询后的结果进行降序排序

从图 10.135 中可以看到，通过 UNION 关键字组合了学生表、成绩表和课程表的查询内容，将学生表的学生年龄、成绩表中的总分及课程表的课程编号组合在一起，并为数据列设置了列别名，最后使用 ORDER BY 子句进行降序排序。

设计过程

（1）打开 Visual C++ 6.0 开发环境，新建一个基于对话框的应用程序，命名为 SortResult。
（2）在工程中添加一个窗体，设置窗体的 Caption 属性为"对组合查询后的结果进行排序"。
（3）在窗体上添加两个按钮控件、一个 ADO Data 控件和一个 DataGrid 控件，为 ADO Data 控件添加成员变量 m_Adodc。
（4）主要代码如下：

```cpp
void CSortResultDlg::OnButton1()
{
    m_Adodc.SetRecordSource("select 年龄 as 信息 from tb_Student union select 总分 from tb_grade union select 课程编号 from tb_course order by 信息 asc ");
    m_Adodc.Refresh();
}
void CSortResultDlg::OnButton2()
{
    m_Adodc.SetRecordSource("select 年龄 as 信息 from tb_Student union select 总分 from tb_grade union select 课程编号 from tb_course order by 信息 desc ");
    m_Adodc.Refresh();
}
```

秘笈心法

心法领悟 348：对组合查询后的结果进行多条件排序。

组合查询会使用 UNION 关键字将多个 SELECT 查询语句组合起来，并显示到同一个结果集中，在组合查询语句中可以使用 ORDER BY 子句设置排序条件，ORDER BY 子句中可以定义多个数据列，多个数据列之间使用逗号（,）分隔，并使用 ASC 关键字或 DESC 关键字设置排序方向。

实例 349　获取组合查询中两个结果集的交集

光盘位置：光盘\MR\10\349　　　中级　　趣味指数：★★★★☆

实例说明

数据查询过程中，经常需要对比两个表中的数据。本实例中使用了 INTERSECT 运算符组合查询学生表和成绩表，并显示两个数据表中相同的行，在应用程序窗体中，单击"查询"按钮后，会将查询到的信息在 DataGridView 控件中显示。实例运行效果如图 10.136 所示。

图 10.136 获取组合查询中两个结果集的交集

关键技术

本实例实现的关键是如何获取组合查询中两个结果集的交集,下面对其进行详细讲解。

INTERSECT 运算符用于查询和返回两个结果集中相同的数据记录,如图 10.137 所示。

```
SELECT 学生编号,学生姓名 FROM tb_Student ——— SELECT查询语句
INTERSECT                                    ——— INTERSECT运算符
SELECT 学生编号,学生姓名 FROM tb_Grade  ——— SELECT查询语句
```

图 10.137 INTERSECT 运算符的使用

从图 10.137 中可以看到,在查询语句中使用了 INTERSECT 运算符组合两个 SELECT 查询语句并得到两个查询结果集的交集。第一个 SELECT 查询语句中查询学生表中学生编号及学生姓名;第二个 SELECT 查询语句中查询成绩表中学生编号及学生姓名。

◆» 注意:只有在 SQL Server 2005 及以上版本中才提供了 INTERSECT 运算符。

设计过程

(1)打开 Visual C++ 6.0 开发环境,新建一个基于对话框的应用程序,命名为 UseIntersection。
(2)在工程中添加一个窗体,设置窗体的 Caption 属性为 "获取组合查询中两个结果集的交集"。
(3)在窗体上添加一个按钮控件、一个 ADO Data 控件和一个 DataGrid 控件,为 ADO Data 控件添加成员变量 m_Adodc。
(4)主要代码如下:

```cpp
void CUseIntersectionDlg::OnButton1()
{
    m_Adodc.SetRecordSource("select 学生编号,学生姓名 from tb_Student intersect select 学生编号,学生姓名 from tb_grade ");
    m_Adodc.Refresh();
}
```

秘笈心法

心法领悟 349:怎样获取结果集的差集?

使用 INTERSECT 运算符可以获取两个结果集的交集,那么怎样获取结果集的差集呢?通过 EXCEPT 运算符可以实现此功能,EXCEPT 运算符用于返回 EXCEPT 运算符左侧不包含在右侧查询结果集中的数据记录。

实例 350　获取组合查询中两个结果集的差集

光盘位置：光盘\MR\10\350　　趣味指数：★★★★☆　　中级

■ 实例说明

数据查询过程中，经常需要对比两个表中的数据。本实例中使用了 EXCEPT 运算符组合查询学生表和成绩表，并显示两个数据表中不相同的行，在应用程序窗体中，单击"查询"按钮后，会将查询到的信息在 DataGridView 控件中显示。实例运行效果如图 10.138 所示。

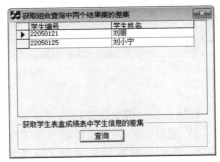

图 10.138　获取组合查询中两个结果集的差集

■ 关键技术

本实例实现的关键是如何获取组合查询中两个结果集的差集，下面对其进行详细讲解。

EXCEPT 运算符用于返回 EXCEPT 运算符左侧不包含在右侧查询结果集中的数据记录，如图 10.139 所示。

```
SELECT 学生编号,学生姓名 FROM tb_Student ——— SELECT查询语句
EXCEPT ——————————————————————————— EXCEPT运算符
SELECT 学生编号,学生姓名 FROM tb_Grade ————— SELECT查询语句
```

图 10.139　EXCEPT 运算符的使用

从图 10.139 中可以看到，在查询语句中使用了 EXCEPT 运算符返回学生表中会出现，而在成绩表中不会出现的学生编号及学生姓名。第一个 SELECT 查询语句查询学生表中学生编号及学生姓名；第二个 SELECT 查询语句查询成绩表中学生编号及学生姓名。

注意：只有在 SQL Server 2005 及以上版本才提供了 EXCEPT 运算符。

■ 设计过程

（1）打开 Visual C++ 6.0 开发环境，新建一个基于对话框的应用程序，命名为 UseExcept。

（2）在工程中添加一个窗体，设置窗体的 Caption 属性为"获取组合查询中两个结果集的差集"。

（3）在窗体上添加一个按钮控件、一个 ADO Data 控件和一个 DataGrid 控件，为 ADO Data 控件添加成员变量 m_Adodc。

（4）主要代码如下：

```cpp
void CUseExceptDlg::OnButton1()
{
    m_Adodc.SetRecordSource("select 学生编号,学生姓名 from tb_Student except select 学生编号,学生姓名 from tb_Grade ");
    m_Adodc.Refresh();
}
```

秘笈心法

心法领悟 350：方便地对比两个结果集。

数据查询过程中，经常需要在 WHERE 子句中根据查询条件对比数据，从而得到查询的结果集，那么怎样对比两个结果集呢？通过本实例中介绍的 EXCEPT 运算符可以实现此功能，EXCEPT 运算符用于返回 EXCEPT 运算符左侧不包含在右侧查询结果集中的数据记录。

10.11 内连接查询

实例 351　简单内连接查询
光盘位置：光盘\MR\10\351　　趣味指数：★★★★★　高级

实例说明

在 SQL 查询语句中，内连接查询一般况下是对多个表使用等值连接，当然，内连接也包括自然连接和不等连接，例如，内连接学生表和成绩表，可以通过判断学生编号是否相等来连接两个表的记录。本实例中使用了内连接查询学生表和成绩表中的学生信息。实例运行效果如图 10.140 所示。

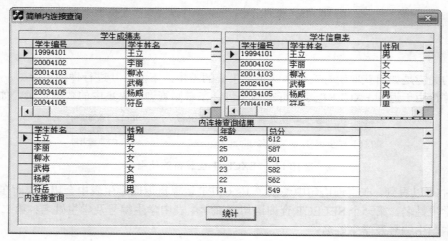

图 10.140　简单内连接查询

关键技术

本实例实现的关键是如何使用简单的内连接查询，下面对其进行详细讲解。

在查询语句中，使用 INNER JOIN 关键字可以实现内连接查询，如图 10.141 所示。

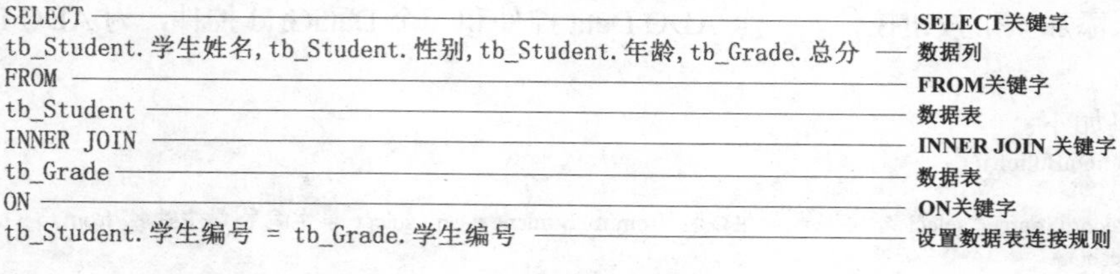

```
SELECT                                              ── SELECT关键字
  tb_Student.学生姓名,tb_Student.性别,tb_Student.年龄,tb_Grade.总分  ── 数据列
FROM                                                ── FROM关键字
  tb_Student                                        ── 数据表
INNER JOIN                                          ── INNER JOIN 关键字
  tb_Grade                                          ── 数据表
ON                                                  ── ON关键字
  tb_Student.学生编号 = tb_Grade.学生编号            ── 设置数据表连接规则
```

图 10.141　INNER JOIN 关键字的使用

从图 10.141 中可以看到,在查询语句的 FROM 子句中使用了 INNER JOIN 关键字连接学生表和成绩表,并在 ON 关键字后设置数据表的连接规则,查询学生信息及学生成绩信息。

内连接是用比较运算符比较要连接列的值的连接,在 SQL-92 标准中,内连接可在 FROM 或 WHERE 子句中指定。

内连接查询的语法格式如下:
```
SELECT fieldlist
FROM table1 [INNER] JOIN table2
ON table1.column=table2.column
```
参数说明如表 10.2 所示。

表 10.2 内连接查询语法的参数说明

参 数	说 明	参 数	说 明
fieldlist	多个数据列的集合	table1.column	数据表中指定的数据列
table1	数据表	table2.column	数据表中指定的数据列
table2	数据表		

设计过程

(1) 打开 Visual C++ 6.0 开发环境,新建一个基于对话框的应用程序,命名为 InnerUnion。
(2) 在工程中添加一个窗体,设置窗体的 Caption 属性为"简单内连接查询"。
(3) 在窗体上添加一个按钮控件、3 个 ADO Data 控件和 3 个 DataGrid 控件,为 ADO Data 控件添加成员变量 m_Adodc。
(4) 主要代码如下:

```
void CInnerUnionDlg::OnButton1()
{
    m_Adodc.SetRecordSource("select tb_Student.学生姓名,tb_Student.性别,tb_Student.年龄,tb_Grade.总分 from tb_Student inner join tb_Grade on tb_Student.学生编号 = tb_Grade.学生编号");
    m_Adodc.Refresh();
}
```

秘笈心法

心法领悟 351:什么是内连接查询?

内连接是用比较运算符比较将要连接数据列的值的连接,对于内连接的定义可以通过举例来说明。在学生表中包含了学生详细信息,成绩表中包含了学生成绩信息,如果要同时显示学生信息和学生成绩信息就需要使用内连接。内连接 INNER JOIN 只返回同时和两个表或结果集匹配的数据行。

实例 352　复杂内连接查询　　　　　　　　　　　　　　　　　　高级
光盘位置:光盘\MR\10\352

实例说明

数据库应用程序设计中,通常需要将多个表中的字段信息组合到一个表当中来实现某些具体的功能,通过内连接可以实现这一复杂的功能。本实例中通过内连接查询实现了查询学生表、成绩表及考勤表中学生的信息。实例运行效果如图 10.142 所示。

图 10.142　复杂内连接查询

■ 关键技术

本实例实现的关键是如何实现复杂内连接查询,下面对其进行详细讲解。

在查询语句中,使用 INNER JOIN 关键字可以实现复杂内连接查询,如图 10.143 所示。

```
SELECT ─────────────────────────── SELECT关键字
st.学生姓名,st.性别,st.年龄,gr.总分,tc.出勤率 ── 数据列
FROM ──────────────────────────── FROM关键字
tb_Student ────────────────────── 数据表
AS st ────────────────────────── 表别名
INNER JOIN ───────────────────── INNER JOIN 关键字
tb_grade ──────────────────────── 数据表
AS gr ────────────────────────── 表别名
ON ───────────────────────────── ON关键字
st.学生编号 = gr.学生编号 ─────── 设置数据表连接规则
INNER JOIN ───────────────────── INNER JOIN 关键字
tb_StudentTimeCard ──────────── 数据表
AS tc ────────────────────────── 表别名
ON ───────────────────────────── ON关键字
st.学生编号 = tc.学生编号 ─────── 设置数据表连接规则
```

图 10.143　使用 INNER JOIN 关键字连接多个数据表

从图 10.143 中可以看到,在查询语句的 FROM 子句中使用了两个 INNER JOIN 关键字连接学生表、成绩表和考勤表,并分别在两个 ON 关键字后设置数据表的连接规则,查询学生信息、学生成绩信息及学生考勤信息。在进行内连接查询时,首先使用 INNER JOIN 关键字连接学生表和学生成绩表,并在 ON 关键字后根据相等的学生编号作为连接规则;然后再次使用 INNER JOIN 关键字连接考勤表,并在 ON 关键字后根据相等的学生编号作为连接规则。

■ 设计过程

(1) 打开 Visual C++ 6.0 开发环境,新建一个基于对话框的应用程序,命名为 ValidateURL。

(2) 在工程中添加一个窗体,设置窗体的 Caption 属性为"复杂内连接查询"。

(3) 在窗体上添加一个按钮控件、一个 ADO Data 控件和一个 DataGrid 控件,为 ADO Data 控件添加成员变量 m_Adodc。

(4) 主要代码如下:

```cpp
void CValidateURLDlg::OnButton1()
{
    m_Adodc.SetRecordSource("select st.学生姓名,st.性别,st.年龄,gr.总分,tc.出勤率 from tb_Student as st inner join tb_Grade as gr on st.学生编号 = gr.学生编号  inner join tb_StudentTimeCard as tc on st.学生编号 = tc.学生编号");
    m_Adodc.Refresh();
}
```

■ 秘笈心法

心法领悟 352:内连接查询多个表并设置查询条件。

数据查询过程中,可以使用 INNER JOIN 关键字连接多个数据表并在 ON 关键字后设置表连接规则,同时也可以在 WHERE 子句中设置查询条件。下面的 SQL 语句中使用 INNER JOIN 关键字连接学生表、成绩表和考

勤表并通过 WHERE 子句设置查询条件,代码如下:

```
SELECT
st.学生姓名,st.性别,st.年龄,gr.总分,tc.出勤率
FROM
tb_Student
AS st
INNER JOIN
tb_grade
AS gr
ON
st.学生编号 = gr.学生编号
INNER JOIN
tb_StudentTimeCard
AS tc
ON
st.学生编号 = tc.学生编号
WHERE 性别 = '男'
```

实例 353　使用 INNER JOIN 实现自身连接

光盘位置:光盘\MR\10\353　　趣味指数:★★★★☆

实例说明

在 SQL 查询中,自连接查询是一个很有趣的查询方法,代表自身与自身进行连接。本实例中使用自连接查询,实现在学生表中查询与学生"李晓灵"所在同一个学院的学生信息。在应用程序窗体中,单击"查询"按钮,会将查询结果在 DataGridView 控件中显示。实例运行效果如图 10.144 所示。

图 10.144　使用 INNER JOIN 实现自身连接

关键技术

本实例实现的关键是如何使用 INNER JOIN 实现自身连接查询,下面对其进行详细讲解。

自连接查询表示数据表自身与自身连接后再进行查询,如图 10.145 所示。

图 10.145　自身连接的使用方法

从图 10.145 中可以看到，在查询语句的 FROM 子句中使用了 INNER JOIN 关键字连接同一个学生表，并在 ON 关键字和 AND 运算符后设置数据表的连接规则，查询与李晓灵同学所在同一个学院的学生信息。

> **注意**：使用子查询也可以得到实例中的查询结果，但是使用自连接查询的效率要高于子查询，因为子查询中会执行两条或更多条 SELECT 语句，而自连接查询只需要一条 SELECT 语句。

设计过程

（1）打开 Visual C++ 6.0 开发环境，新建一个基于对话框的应用程序，命名为 UseSelf。
（2）在工程中添加一个窗体，设置窗体的 Caption 属性为"使用 INNER JOIN 实现自身连接"。
（3）在窗体上添加一个按钮控件、一个 ADO Data 控件和一个 DataGrid 控件，为 ADO Data 控件添加成员变量 m_Adodc。
（4）主要代码如下：

```
void CUseSelfDlg::OnButton1()
{
    m_Adodc.SetRecordSource("select st1.* from tb_Student as st1 inner join tb_Student as st2 on st1.所在学院 = st2.所在学院 and st2.学生姓名 = '李晓灵'");
    m_Adodc.Refresh();
}
```

秘笈心法

心法领悟 353：自连接查询与子查询的效率。

自连接查询表示数据表自身与自身连接后再进行查询，使用子查询同样可以完成本实例中自连接查询完成的任务，代码如下：

```
SELECT
*
FROM
tb_Student
WHERE
所在学院 = (SELECT 所在学院 FROM tb_Student WHERE 学生姓名='李晓灵')
```

从上面的代码中可以看到，子查询中使用了两个 SELECT 语句，这样会降低查询效率。所以，遇到类似的查询任务，应当使用自连接查询。

实例 354 使用 INNER JOIN 实现等值连接

光盘位置：光盘\MR\10\354

高级
趣味指数：★★★★☆

实例说明

在进行连接查询时，经常会用到等值连接，等值连接是通过判断多个表的指定字段的值是否相等来连接多个表的数据记录。本实例中使用了 INNER JOIN 判断学生表和成绩表中的"学生编号"是否相等，从而连接并查询两个表的信息。实例运行效果如图 10.146 所示。

关键技术

本实例实现的关键是如何使用 INNER JOIN 实现等值连接，下面对其进行详细讲解。
等值连接是指在连接条件中使用等号运算符（=）比较被连接数据列的值，在查询结果中列出本连接表中的所有数据列，包括其中的重复数据列。等值连接用于返回所有连接表中具有匹配值的行，而排除所有其他的行，如图 10.147 所示。

第 10 章 SQL 查询

图 10.146 使用 INNER JOIN 实现等值连接

```
SELECT ——————————————— SELECT关键字
st.*,gr.* ——————————————— 数据列
FROM ————————————————— FROM关键字
tb_Student ————————————— 数据表
AS st ————————————————— 表别名
INNER JOIN ——————————— INNER JOIN 关键字
tb_Grade ——————————————— 数据表
AS gr ————————————————— 表别名
ON —————————————————— ON关键字
st.学生编号 = gr.学生编号 ——— 设置数据表连接规则
```

图 10.147 等值连接的使用方法

从图 10.147 中可以看到，在查询语句的 FROM 子句中使用了 INNER JOIN 关键字连接学生表和成绩表，并在 ON 关键字后使用等号运算符（=）比较被连接数据列的值，设置连接规则，查询学生信息及学生成绩信息。

设计过程

（1）打开 Visual C++ 6.0 开发环境，新建一个基于对话框的应用程序，命名为 UseEqual。

（2）在工程中添加一个窗体，设置窗体的 Caption 属性为"使用 INNER JOIN 实现等值连接"。

（3）在窗体上添加一个按钮控件、一个 ADO Data 控件和一个 DataGrid 控件，为 ADO Data 控件添加成员变量 m_Adodc。

（4）主要代码如下：

```cpp
void CUseEqualDlg::OnButton1()
{
    m_Adodc.SetRecordSource("select st.*,gr.* from tb_Student as st inner join tb_Grade as gr on st.学生编号 = gr.学生编号");
    m_Adodc.Refresh();
}
```

秘笈心法

心法领悟 354：等值连接和自然连接的区别。

（1）等值连接中不要求相等属性值的属性名相同，而自然连接要求相等属性值的属性名必须相同，即只有同名属性才能进行自然连接。

（2）等值连接不将重复属性去掉，而自然连接去掉重复属性，也可以说，自然连接是去掉重复列的等值连接。

实例 355　使用 INNER JOIN 实现不等连接

光盘位置：光盘\MR\10\355　　　　　高级　趣味指数：★★★★☆

实例说明

在进行连接查询时，有时也会用到不等连接。本实例在 INNER JOIN 中使用了不等运算符，通常不等连接只有与自连接同时使用时才有意义。本实例中将会使用不等连接查询学生表中不与"李晓灵"同学所在同一个学院的学生信息。实例运行效果如图 10.148 所示。

图 10.148　使用 INNER JOIN 实现不等连接

■ 关键技术

本实例实现的关键是如何使用 INNER JOIN 实现不等连接，下面对其进行详细讲解。
在内连接中除了使用等号运算符（=），还可以使用其他的运算符进行连接，如图 10.149 所示。

图 10.149　实现不等连接

从图 10.149 中可以看到，在查询语句的 FROM 子句中使用了 INNER JOIN 关键字连接同一个学生表，并在 ON 关键字后使用不等号运算符（<、>）设置数据表的连接规则，查询与李晓灵同学所在不同学院的学生信息。

■ 设计过程

（1）打开 Visual C++ 6.0 开发环境，新建一个基于对话框的应用程序，命名为 UseUnequal。
（2）在工程中添加一个窗体，设置窗体的 Caption 属性为"使用 INNER JOIN 实现不等连接"。
（3）在窗体上添加一个按钮控件、一个 ADO Data 控件和一个 DataGrid 控件，为 ADO Data 控件添加成员变量 m_Adodc。
（4）主要代码如下：

```
void CUseUnequalDlg::OnButton1()
{
    m_Adodc.SetRecordSource("select st1.* from tb_Student as st1 inner join tb_Student as st2 on st1.所在学院<>st2.所在学院 and st2.学生姓名 = '李晓灵'");
    m_Adodc.Refresh();
}
```

■ 秘笈心法

心法领悟 355：使用不等运算符的连接。

在实际应用中很少使用不等连接。通常不等连接只有与自连接同时使用才有意义。本实例在自连接中使用了不等运算符，查询与李晓灵同学所在不同学院的学生信息。

实例 356　使用内连接选择一个表与另一个表中行相关的所有行　高级

光盘位置：光盘\MR\10\356　　　　　　　　　　　　趣味指数：★★★★

■ 实例说明

在查询语句中，使用内连接可以实现选择一个表与另一个表中行相关的所有行数据。本实例中将演示根据学生编号检索学生表与成绩表中所有学生的信息。在应用程序窗体中，单击"查询"按钮后，会将查询到的数据绑定到 DataGridView 控件。实例运行效果如图 10.150 所示。

■ 关键技术

本实例实现的关键是如何使用内连接选择一个表与另一个表中行相关的所有行，下面对其进行详细讲解。

使用内连接可以实现选择一个表与另一个表中行相关的所有数据记录，如图 10.151 所示。

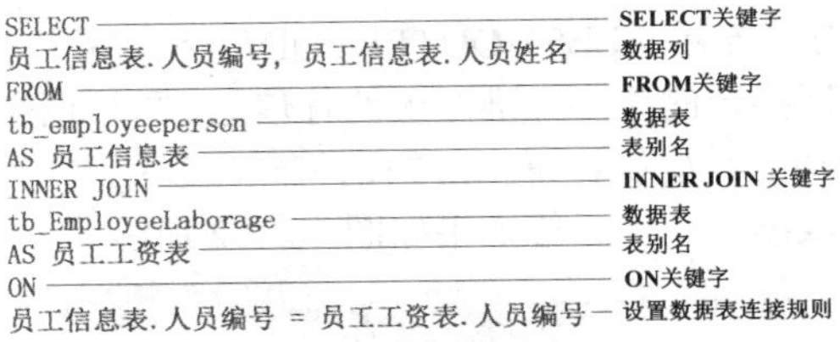

图 10.150　使用内连接选择一个表与另一个表中行相关的所有行

```
SELECT ─────────────────────────── SELECT 关键字
员工信息表.人员编号, 员工信息表.人员姓名 ─── 数据列
FROM ───────────────────────────── FROM 关键字
tb_employeeperson ──────────────── 数据表
AS 员工信息表 ──────────────────── 表别名
INNER JOIN ─────────────────────── INNER JOIN 关键字
tb_EmployeeLaborage ────────────── 数据表
AS 员工工资表 ────────────────── 表别名
ON ─────────────────────────────── ON 关键字
员工信息表.人员编号 = 员工工资表.人员编号 ─ 设置数据表连接规则
```

图 10.151　内连接的使用

从图 10.151 中可以看到，在查询语句的 FROM 子句中使用了 INNER JOIN 关键字连接员工信息表和员工工资表，并在 ON 关键字后根据数据表中的人员编号数据列设置数据表的连接规则，查询员工信息。内连接的详细使用方法请参照实例 351。

■ 设计过程

（1）打开 Visual C++ 6.0 开发环境，新建一个基于对话框的应用程序，命名为 UseInner。

（2）在工程中添加一个窗体，设置窗体的 Caption 属性为"使用内连接选择一个表与另一个表中行相关的所有行"。

（3）在窗体上添加一个按钮控件、一个 ADO Data 控件和一个 DataGrid 控件，为 ADO Data 控件添加成员变量 m_Adodc。

（4）主要代码如下：

```cpp
void CUseInnerDlg::OnButton1()
{
    m_Adodc.SetRecordSource("select 员工信息表.人员编号,员工信息表.人员姓名 from tb_EmployeePerson as 员工信息表 inner join tb_EmployeeLaborage as 员工工资表 on 员工信息表.人员编号 = 员工工资表.人员编号");
    m_Adodc.Refresh();
}
```

秘笈心法

心法领悟356：使用内连接查询学生表和成绩表的信息。

内连接是用比较运算符比较将要连接数据列的值的连接，下面的 SQL 语句中使用了内连接查询学生表和成绩表的信息，代码如下：

```
SELECT
ST.*,GR.*
FROM
tb_Student AS ST
INNER JOIN
tb_Grade AS GR
ON
ST.学生编号 = GR.学生编号
```

10.12 外连接查询

实例 357　LEFT OUTER JOIN 查询

光盘位置：光盘\MR\10\357　　趣味指数：★★★★☆

实例说明

外连接（OUTER JOIN）包括左外连接（LEFT OUTER JOIN）和右外连接（RIGHT OUTER JOIN）。外连接要求数据库系统返回的不仅是和所指定的判断标准匹配的行信息，同时也需要把连接体中不匹配的信息返回，利用左外连接可以实现统计数据的功能，如统计每个月的销售额（包括没有销售额的月份）。本实例实现利用左外连接统计学生基本信息和学生成绩。实例运行效果如图 10.152 所示。

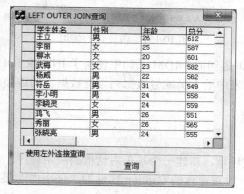

图 10.152　LEFT OUTER JOIN 查询

关键技术

本实例的重点在于向读者介绍左外连接查询的使用方法，下面对其进行详细讲解。

使用内连接可以消除两个数据表中的任何行不匹配的数据记录，如果要在结果集中包含在连接表中没有匹配项的记录，可以使用外连接。外连接有 3 种类型：左外连接（LEFT OUTER JOIN）、右外连接（RIGHT OUTER JOIN）和完整外部连接（FULL OUTER JOIN）。

左外连接的规则是将左外连接符（LEFT OUTER JOIN）左边的数据表的所有数据记录都包含在查询结果集中，而只将右边数据表中匹配的数据记录添加到结果集，如图 10.153 所示。

图 10.153　左外连接查询的使用

从图 10.153 中可以看到，在查询语句的 FROM 子句中使用了左外连接符连接学生表和成绩表，并在 ON 关键字后根据数据表中的学生编号数据列设置连接规则。从查询结果中可以看到，查询结果集中包含了学生表与成绩表中所有匹配的数据记录，还包括学生表没有与成绩表匹配的数据记录。

设计过程

（1）打开 Visual C++ 6.0 开发环境，新建一个基于对话框的应用程序，命名为 LeftOuterJoin。
（2）在工程中添加一个窗体，设置窗体的 Caption 属性为 "LEFT OUTER JOIN 查询"。
（3）在窗体上添加一个按钮控件、一个 ADO Data 控件和一个 DataGrid 控件，为 ADO Data 控件添加成员变量 m_Adodc。
（4）主要代码如下：

```
void CLeftOuterJoinDlg::OnButton1()
{
    m_Adodc.SetRecordSource("select st.学生姓名,st.性别,st.年龄,gr.总分 from tb_Student as st left outer join tb_grade as gr on st.学生编号=gr.学生编号");
    m_Adodc.Refresh();
}
```

秘笈心法

心法领悟 357：LEFT JOIN 和 LEFT OUTER JOIN 有什么区别？
LEFT JOIN 是 LEFT OUTER JOIN 的简写，LEFT OUTER JOIN 默认是 outer 属性的。

实例 358　RIGHT OUTER JOIN 查询　　高级

光盘位置：光盘\MR\10\358　　趣味指数：★★★★☆

实例说明

右外连接与左外连接一样，也可以用于数据统计，只不过实现的目的和方法不同。本实例将介绍如何在学生表和成绩表之间实现右外连接查询。在应用程序窗体中，单击"查询"按钮后，会将查询到的信息绑定到 DataGridView 控件。实例运行效果如图 10.154 所示。

关键技术

本实例的重点在于向读者介绍右外连接查询的使用方法，下面对其进行详细讲解。
右外连接的规则是将右外连接符（RIGHT OUTER JOIN）右边的数据表的所有数据记录都包含在查询结果集中，而只将左边数据表中有匹配的数据记录添加到结果集，如图 10.155 所示。

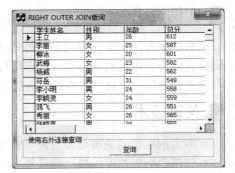

图 10.154　RIGHT OUTER JOIN 查询

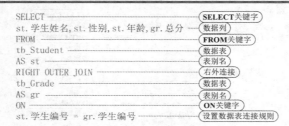

图 10.155 右外连接查询的使用

从图 10.155 中可以看到，在查询语句的 FROM 子句中使用了右外连接符连接学生表和成绩表，并在 ON 关键字后根据数据表中的学生编号数据列设置连接规则。从查询结果中可以看到，查询结果集中包含了学生表与成绩表中所有匹配的数据记录，还包括成绩表没有与学生表匹配的数据记录。

设计过程

（1）打开 Visual C++ 6.0 开发环境，新建一个基于对话框的应用程序，命名为 RightOuterJoin。
（2）在工程中添加一个窗体，设置窗体的 Caption 属性为"RIGHT OUTER JOIN 查询"。
（3）在窗体上添加一个按钮控件、一个 ADO Data 控件和一个 DataGrid 控件，为 ADO Data 控件添加成员变量 m_Adodc。
（4）主要代码如下：

```
void CRightOuterJoinDlg::OnButton1()
{
    m_Adodc.SetRecordSource("select st.学生姓名,st.性别,st.年龄,gr.总分  from tb_Student as st right outer join tb_Grade as gr on st.学生编号=gr.学生编号");
    m_Adodc.Refresh();
}
```

秘笈心法

心法领悟 358：怎样理解左外连接和右外连接的区别？

左外连接和右外连接最大的区别在于它确定了以哪个表为查询结果基准。LEFT JOIN 确定以左边表为基准，也就是 JOIN 字符前的那张表，而 RIGHT JOIN 确定以右边表为基准，即 JOIN 字符后的那张表。进行查询时首先按照基准表的查询结果确定记录条数，然后再根据条件查询非基准表。

实例 359	使用外连接进行多表联合查询	高级
	光盘位置：光盘\MR\10\359	趣味指数：★★★★☆

实例说明

数据查询过程中，可以使用外连接将多个数据表联合起来进行查询。本实例中将会介绍如何利用外连接查询来自多个表中的数据信息，在应用程序窗体中，单击"查询"按钮后，将会联合查询"学生表"、"成绩表"和"考勤表"的信息，并将查询信息在 DataGridView 控件中显示。实例运行效果如图 10.156 和图 10.157 所示。

关键技术

本实例实现的关键是如何使用外连接进行多表联合查询，下面对其进行详细讲解。
数据查询过程中，可以通过外连接多个数据表查询数据记录，如图 10.158 所示。
从图 10.158 中可以看到，在查询语句的 FROM 子句中使用了多个左外连接符连接学生表、成绩表和考勤表，并在 ON 关键字后设置数据表的连接规则，查询学生信息、学生成绩信息及考勤信息。

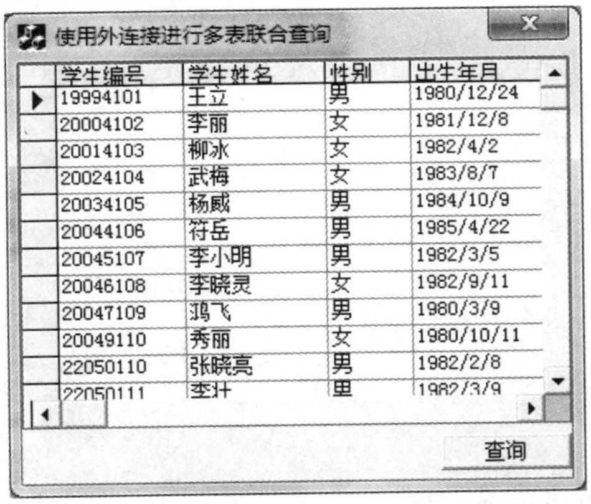

第 10 章　SQL 查询

图 10.156　使用外连接进行多表联合查询 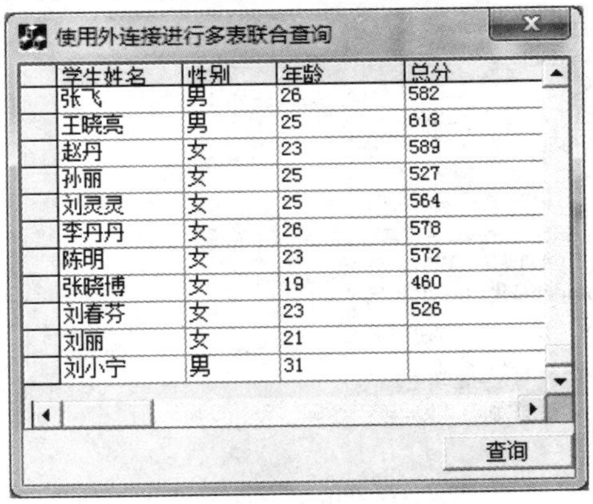　　　　图 10.157　查询结果

图 10.158　多个左外连接查询的使用

设计过程

（1）打开 Visual C++ 6.0 开发环境，新建一个基于对话框的应用程序，命名为 MutiTableSelect。
（2）在工程中添加一个窗体，设置窗体的 Caption 属性为"使用外连接进行多表联合查询"。
（3）在窗体上添加一个按钮控件、一个 ADO Data 控件和一个 DataGrid 控件，为 ADO Data 控件添加成员变量 m_Adodc。
（4）主要代码如下：

```
void CMutiTableSelectDlg::OnButton1()
{
    m_Adodc.SetRecordSource("select st.学生姓名,st.性别,st.年龄,gr.总分,tc.出勤率 from tb_Student as st left outer join tb_Grade as gr on st.学生编号=gr.学生编号 left outer join tb_StudentTimeCard as tc on st.学生编号=tc.学生编号");
    m_Adodc.Refresh();
}
```

秘笈心法

心法领悟 359：使用左外连接查询多表内容。

数据查询过程中，可以使用左外连接符连接多个数据表，并在 ON 关键字后设置表连接规则，同时也可以在 WHERE 子句中设置查询条件。下面的 SQL 语句查询了学生表、成绩表和考勤表的信息，并使用 WHERE 子句设置查询条件，代码如下：

```
SELECT
st.学生姓名,st.性别,st.年龄,gr.总分,tc.出勤率
```

523

```
FROM
tb_Student
AS st
LEFT OUTER JOIN
tb_Grade
AS gr
ON
st.学生编号 = gr.学生编号
LEFT OUTER JOIN
tb_StudentTimeCard
AS tc
ON
st.学生编号 = tc.学生编号
WHERE 性别 = '女'
```

10.13 利用 IN 进行查询

实例 360　用 IN 查询表中的记录信息

光盘位置：光盘\MR\10\360　　　　趣味指数：★★★★½　高级

实例说明

数据查询过程中，经常会遇到一种情况，如果指定的记录属于某个特定的集合，就将此记录查询出来，那么，此时就用到了 IN 运算符。本实例在查询语句中使用了 IN 运算符查询学生表中学生总分大于指定分数的学生的基本信息。实例运行效果如图 10.159 和图 10.160 所示。

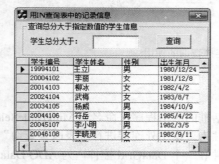
图 10.159　用 IN 查询表中的记录信息

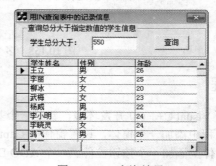
图 10.160　查询结果

关键技术

本实例实现的关键是如何使用 IN 运算符查询表中的记录信息，下面对其进行详细讲解。

IN 运算符主要用于选择与列表中的任意一个值匹配的行，如图 10.161 所示。

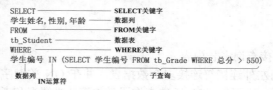
图 10.161　IN 运算符的使用

从图 10.161 中可以看到，在 SELECT 语句的 WHERE 子句中使用了 IN 运算符引入子查询，引入子查询的目的是得到学生总分大于550分的学生编号的列表，并根据此学生编号列表在学生表中查询学生的详细信息。

IN 运算符的格式是：IN(数据1,数据2,...)，列表中的数据之间必须使用逗号分隔并且所有数据都在小括号中。

例如，用关键词 IN 查询姓名为"赵丹""李晓灵""刘春纷"的学生信息。SQL 语句如下：
SELECT 学生编号,学生姓名 From tb_Student WHERE 学生姓名 IN ('赵丹','李晓灵','刘春纷')

注意：IN 运算符之后的数据之间必须使用逗号分隔，并且所有数据都在小括号中。

设计过程

（1）打开 Visual C++ 6.0 开发环境，新建一个基于对话框的应用程序，命名为 UseIn。
（2）在工程中添加一个窗体，设置窗体的 Caption 属性为"用 IN 查询表中的记录信息"。
（3）在窗体上添加一个编辑框控件、一个按钮控件、一个 ADO Data 控件和一个 DataGrid 控件，为 ADO Data 控件添加成员变量 m_Adodc。
（4）主要代码如下：

```
void CUseInDlg::OnButton1()
{
    UpdateData(TRUE);
    CString str;
    str = "select 学生姓名,性别,年龄 from tb_Student where 学生编号 in (select 学生编号 from tb_Grade where 总分 > "+m_Edit+")";
    m_Adodc.SetRecordSource(str);
    m_Adodc.Refresh();
}
```

秘笈心法

心法领悟 360：IN 运算符的使用。

数据查询过程中，如果子查询的返回值不是单值而是一系列的值，此时可以使用 IN 运算符引入子查询，使用 IN 运算符引入子查询会使数据查询更加灵活。

实例 361 使用 IN 引入限定查询范围   高级
光盘位置：光盘\MR\10\361   趣味指数：★★★★☆

实例说明

IN 运算符可以应用于 SQL 语句的 WHERE 表达式中，用于限定查询语句的范围。本实例将会通过运算符 IN 限定查询学生总分在指定数值区间的学生的信息。在应用程序窗体中，用户可以手动填写分数范围，单击"查询"按钮后，会在 DataGridView 控件中显示查询到的信息。实例运行效果如图 10.162 和图 10.163 所示。

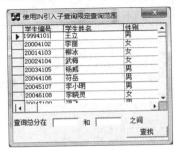
图 10.162 使用 IN 引入查询限定范围

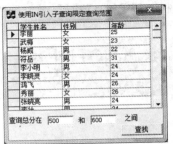
图 10.163 查询结果

关键技术

本实例实现的关键是如何使用 IN 引入限定查询范围，下面对其进行详细讲解。

使用 IN 运算符可以引入子查询并限定查询范围，如图 10.164 所示。

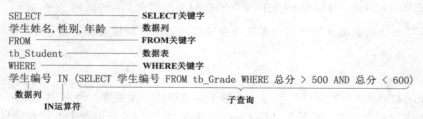

图 10.164 IN 运算符的使用

从图 10.164 中可以看到，在 SELECT 语句的 WHERE 子句中使用了 IN 运算符引入子查询，引入子查询的目的是得到学生总分大于 500 分而且小于 600 分的学生编号的列表，并根据此学生编号列表在学生表中查询学生详细信息。

设计过程

（1）打开 Visual C++ 6.0 开发环境，新建一个基于对话框的工程，命名为 InQuery。

（2）在工程中添加一个窗体，设置窗体的 Caption 属性为"使用 IN 引入子查询限定查询范围"。

（3）在窗体上添加两个编辑框控件、一个按钮控件、一个 ADO Data 控件和一个 DataGrid 控件，为 ADO Data 控件添加成员变量 m_Adodc。

（4）主要代码如下：

```
void CInQueryDlg::OnButton1()
{
    m_Adodc.SetRecordSource("select 学生姓名,性别,年龄 from tb_Student where 学生编号 in(select 学生编号 from tb_Grade where 总分>'"+m_Edit1+"' and 总分<'"+m_Edit2+"')");
    m_Adodc.Refresh();
}
```

秘笈心法

心法领悟 361：在 emp 表中，使用 IN 运算符，查询不是销售部门（SALES）的员工信息。

当在多行子查询中使用 IN 运算符时，外查询会尝试与子查询结果中的任何一个结果进行匹配，只要有一个匹配成功，则外查询返回当前检索的记录。代码如下：

```
SELECT empno,ename,job
FROM emp
WHERE deptno IN
(
    SELECT deptno FROM dept WHERE dname='SALES'
);
```

实例 362 使用 NOT IN 运算符引入子查询

光盘位置：光盘\MR\10\362   高级

趣味指数：★★★★☆

实例说明

在 SQL 语句的 WHERE 表达式中也可以使用 NOT IN 运算符，NOT IN 运算符的使用与 IN 运算符相反。本实例中将会通过 NOT IN 限定查询学生总分不在指定数值区间的学生的信息。在应用程序窗体中，用户可以手动填写分数范围,单击"查询"按钮后,会在 DataGridView 控件中显示查询到的信息。实例运行效果如图 10.165 和图 10.166 所示。

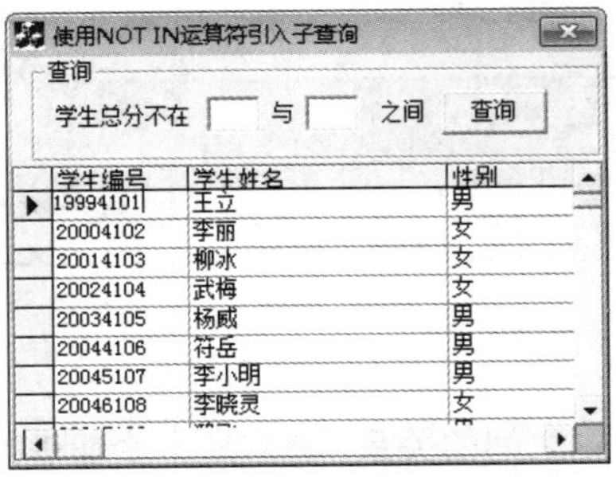

图 10.165　使用 NOT IN 运算符引入子查询

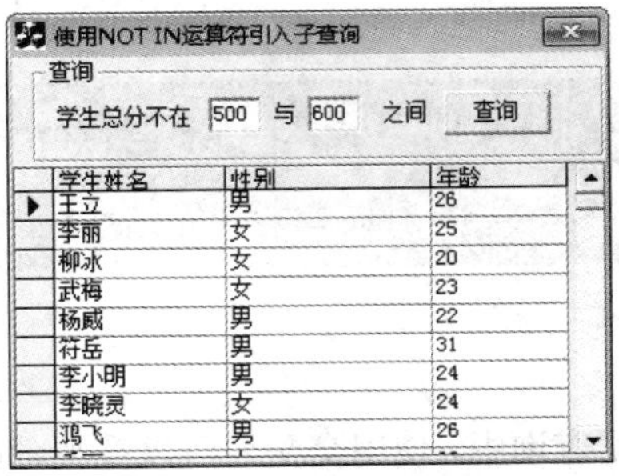

图 10.166　查询结果

■ 关键技术

本实例实现的关键是如何使用 NOT IN 运算符引入子查询,下面对其进行详细讲解。

NOT IN 运算符的意义正好与 IN 运算符相反,查询结果将返回不在列表范围内的所有记录,如图 10.167 所示。

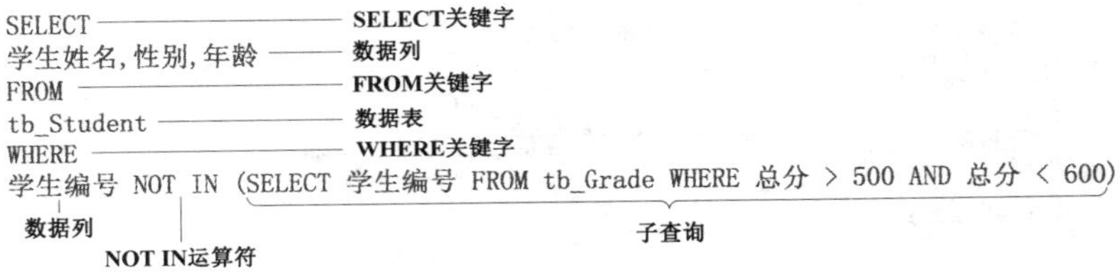

图 10.167　NOT IN 运算符的使用

从图 10.167 中可以看到,在 SELECT 语句的 WHERE 子句中使用了 NOT IN 运算符引入子查询,引入子查询的目的是得到学生总分大于 500 分而且小于 600 分的学生编号的列表,并根据学生编号列表查询不在此列表中出现的学生的详细信息。

■ 设计过程

(1) 打开 Visual C++ 6.0 开发环境,新建一个基于对话框的应用程序,命名为 UseNotIn。
(2) 在工程中添加一个窗体,设置窗体的 Caption 属性为"使用 NOT IN 运算符引入子查询"。
(3) 在窗体上添加两个编辑框控件、一个按钮控件、一个 ADO Data 控件和一个 DataGrid 控件,为 ADO Data 控件添加成员变量 m_Adodc。
(4) 主要代码如下:

```
void CUseNotInDlg::OnButton1()
{
    UpdateData(TRUE);
    CString str;
    str = "select 学生姓名,性别,年龄 from tb_Student where 学生编号 not in (select 学生编号 from tb_Grade where 总分 >170 and 总分 <180)";
    m_Adodc.SetRecordSource(str);
    m_Adodc.Refresh();
}
```

■ 秘笈心法

心法领悟 362:IN 运算符与 NOT IN 运算符有什么不同?

IN 运算符将返回在列表范围内的所有记录;NOT IN 运算符的意义正好与 IN 运算符相反,查询结果将返回不在列表范围内的所有记录。

10.14 交叉表查询

实例 363　利用 TRANSFORM 分析数据　　高级
光盘位置：光盘\MR\10\363　　趣味指数：★★★★☆

■ 实例说明

在 SQL 数据查询中，使用交叉表可以直观、清晰地反映数据之间的关系，非常适合企业进行员工业务考评、单位绩效管理等。在数据分析时，如果将数据表中指定的字段或表达式中选定的值作为列标题进行分析，可以直观、简捷地分析数据。本实例在 Access 数据库中将指定字段的统计数据作为表头进行数据分析。实例运行效果如图 10.168 所示。

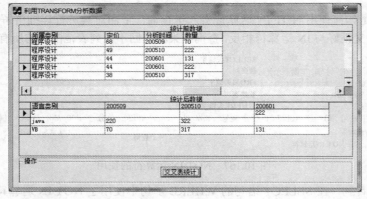

图 10.168　利用 TRANSFORM 分析数据

■ 关键技术

本实例实现的关键是如何利用 TRANSFORM 分析数据，下面对其进行详细讲解。

交叉表可以清晰地反映数据之间的关系。在使用 Access 数据库进行数据库交叉查询时，可以使用 TRANSFORM 语句。其语法格式如下：

TRANSFORM aggfunction selectstatement PIVOT pivotfield [IN (value1[,value2[, ...]])]

参数说明如表 10.3 所示。

表 10.3　TRANSFORM 语句的参数说明

参　数	说　明
aggfunction	运算所选数据的 SQL 合计函数
selectstatement	SELECT 语句
pivotfield	在查询结果集中用来创建列标题的字段或表达式
value1,value2	用来创建列标题的固定值

对于有丰富编程经验的开发人员，利用 TRANSFORM 语句可以轻松地编写交叉表的 SQL 语句；而对于初学者会有些难以理解。使用 TRANSFORM 语句建立简单的交叉表的 SQL 语句，得到的交叉表中数据通常由原数据表中的 3 个数据列中的内容组成，数据汇总由 TRANSFORM 后的 SUM 聚合函数决定，如本实例中的

"SUM(数量)";数据行由 SELECT 语句后的数据列或表达式决定,如本实例中的"语言类别";列标题由 PIVOT 后面的数据列或表达式创建,如本实例中的"分析时间"。本实例中建立交叉表的 SQL 语句的关系如图 10.169 所示。

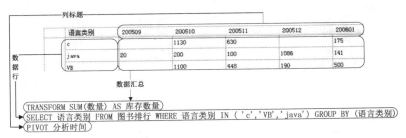

图 10.169 交叉表与 TRANSFORM 语句的关系

注意:TRANSFORM 只适用于 Access 数据库,要对 SQL Server 数据库建立交叉表,请参阅实例 365 和实例 366。

设计过程

(1)打开 Visual C++ 6.0 开发环境,新建一个基于对话框的应用程序,命名为 TransFormSelect。
(2)在工程中添加一个窗体,设置窗体的 Caption 属性为"利用 TRANSFORM 分析数据"。
(3)在窗体上添加一个按钮控件、一个 ADO Data 控件和两个 DataGrid 控件,为 ADO Data 控件添加成员变量 m_Adodc。
(4)主要代码如下:

```
void CTransFormSelectDlg::OnButton1()
{
    m_Adodc.SetRecordSource("transform sum(数量) as 库存数量 select 语言类别 from 图书排行 where 语言类别 in('java','VB') group by (语言类别) pivot 分析时间");
    m_Adodc.Refresh();
}
```

秘笈心法

心法领悟 363:TRANSFORM 只适用于 Access 数据库。

在数据分析中,使用交叉表可以直观、清晰地反映数据之间的关系,非常适合企业进行员工业务考评,单位绩效管理等。有一点要注意,TRANSFORM 只适用于 Access 数据库。

实例 364 利用 TRANSFORM 动态分析数据   高级
光盘位置:光盘\MR\10\364   趣味指数:★★★★

实例说明

实例 363 中已经介绍了使用 TRANSFORM 设计交叉表来分析数据的方法,该方法可以非常直观地分析数据,但有一个缺点。交叉字段在语句中是固定的,如果交叉字段可以动态设置则更方便。本实例中将会介绍在 Access 中使用 TRANSFORM 设计动态交叉表。实例运行效果如图 10.170 所示。

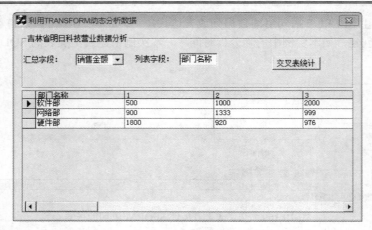

图 10.170 利用 TRANSFORM 动态分析数据

关键技术

本实例实现的关键是如何利用 TRANSFORM 动态分析数据，下面对其进行详细讲解。
应根据用户的选择，定义查询的区间范围。

◀» **注意**：使用控件动态建立交叉表时，首先要判断控件内容是否为空，如果为空，则抛出异常。另外，控件内容也要保证是数据表中的数据列。

交叉表的语句如下：
transform sum(销售金额) as 数据 select 部门名称 from 部门销售额表 where 部门名称 in ('软件部','硬件部','网络部') group by 部门名称 pivot 季度

◀» **注意**：在使用 TRANSFORM 语句动态分析数据时，一定要注意引号的使用。

设计过程

（1）打开 Visual C++ 6.0 开发环境，新建一个基于对话框的应用程序，命名为 UseTransform。
（2）在工程中添加一个窗体，设置窗体的 Caption 属性为"利用 TRANSFORM 动态分析数据"。
（3）在窗体上添加一个组合框控件、一个编辑框控件、一个按钮控件、一个 ADO Data 控件和一个 DataGrid 控件，为 ADO Data 控件添加成员变量 m_adodc。
（4）主要代码如下：
```
void CUseTransFormDlg::OnOK()
{
    UpdateData(true);
    CString str1;
    m_combo1.GetLBText(m_combo1.GetCurSel(),str1);
    m_adodc.SetRecordSource("transform sum("+str1+") as 数据 select "+m_Edit1+" from 部门销售额表 where "+m_Edit1+" in ('软件部','硬件部','网络部') group by "+m_Edit1+" pivot 季度");
    m_adodc.Refresh();
}
```

秘笈心法

心法领悟 364：怎样组合字符串？
本实例中使用了字符串组合的方式得到了 SQL 查询字符串，组合字符串的方法很简单，使用加号（+）顺序连接每一个需要组合的字符串即可。

实例 365　静态交叉表

光盘位置：光盘\MR\10\365

高级
趣味指数：★★★★

■ 实例说明

SQL Server 2005 数据库下可以使用 CASE 语句方便地建立静态交叉表。在应用程序窗体中，单击"按员工姓名分析"或"按部门分析"按钮后，将会按照用户指定的方式查询信息，并在 DataGridView 控件中显示查询到的信息。单击"按员工姓名分析"按钮后运行效果如图 10.171 所示，单击"按部门分析"按钮后运行效果如图 10.172 所示。

图 10.171　按员工姓名分析

图 10.172　按部门分析

■ 关键技术

本实例的重点在于向读者介绍静态交叉表的使用方法，下面对其进行详细讲解。

静态交叉表的列数在语句中需要一一指定，不能根据数据动态调整列数。本实例在语句中指定了食品部、家电部和服装部，交叉表中也只能统计食品部、家电部和服装部的数据。静态交叉表可以通过 SELECT 语句查询实现。下面是实例中静态交叉表的代码：

```
SELECT 员工姓名,SUM(CASE 所在部门 WHEN '食品部' THEN 销售业绩 ELSE NULL END) AS [食品部业绩]
,SUM(CASE 所在部门 WHEN '家电部' THEN 销售业绩 ELSE NULL END) AS [家电部业绩] FROM 销售表 GROUP
BY 员工姓名
```

上面语句利用 CASE 语句作判断，如果是相应的列，则取出需要统计的"销售业绩"的值，否则取 NULL，然后再合计。CASE 语句具有简单 CASE 和 CASE 搜索两种函数格式，本实例中使用了简单 CASE 语句，可以将某个表达式与一组简单表达式进行比较以确定结果。下面介绍 CASE 语句的语法，语法格式如下：

```
CASE input_expression
    WHEN when_expression THEN result_expression
        [ ...n ]
    [
        ELSE else_result_expression
    ]
END
```

参数说明如表 10.4 所示。

表 10.4　CASE 语句的参数说明

参　　数	说　　明
input_expression	是使用简单 CASE 格式时所计算的表达式。input_expression 是任何有效的 SQL Server 表达式
WHEN when_expression	使用简单 CASE 格式时 input_expression 所比较的简单表达式。when_expression 是任意有效的 SQL Server 表达式。input_expression 和每个 when_expression 的数据类型必须相同，或者是隐性转换
THEN result_expression	当 input_expression = when_expression 并取值为 True，或者 Boolean_expression 取值为 True 时返回的表达式。result_expression 是任意有效的 SQL Server 表达式

续表

参数	说明
N	占位符,表明可以使用多个 WHEN when_expression THEN result_expression 子句或 WHEN Boolean_expression THEN result_expression 子句
ELSE else_result_expression	如果比较运算取值不为 True 时的返回的表达式。如果省略此参数并且比较运算取值不为 True，CASE 将返回 NULL 值。else_result_expression 是任意有效的 SQL Server 表达式。else_result_expression 和所有 result_expression 的数据类型必须相同，或者必须是隐性转换

设计过程

（1）打开 Visual C++ 6.0 开发环境，新建一个基于对话框的应用程序，命名为 StaticTable。
（2）在工程中添加一个窗体，设置窗体的 Caption 属性为"静态交叉表"。
（3）在窗体上添加两个按钮控件、一个 ADO Data 控件和一个 DataGrid 控件，为 ADO Data 控件添加成员变量 m_Adodc。
（4）主要代码如下：

```
void CStaticTableDlg::OnButton1()
{
    m_Adodc.SetRecordSource("select 所在部门,sum(case 员工姓名 when '李金明' then 销售业绩 else null end) as 李金明,sum(case 员工姓名 when '周可人' then 销售业绩 else null end)as 周可人 from 销售表 group by 所在部门");
    m_Adodc.Refresh();
}
void CStaticTableDlg::OnButton2()
{
    m_Adodc.SetRecordSource("select 员工姓名,sum(case 所在部门 when '食品部' then 销售业绩 else null end)as 食品业绩部,sum(case 所在部门 when'家电部'then 销售业绩 else null end)as 家电部业绩 from 销售表 group by 员工姓名");
    m_Adodc.Refresh();
}
```

秘笈心法

心法领悟 365：怎样统计所在学院男生、女生人数？

本实例通过在聚合函数中使用 CASE 语句实现交叉表，查询销售业绩，在下面的语句中使用了同样的方法查询学生表中所在学院男生、女生人数，代码如下：

```
SELECT
所在学院,
COUNT(CASE WHEN 性别 = '男' THEN '男' ELSE NULL END) AS 男生人数,
COUNT(CASE WHEN 性别 = '女' THEN '女' ELSE NULL END) AS 女生人数
FROM
tb_Student
GROUP BY 所在学院
```

实例 366　动态交叉表

光盘位置：光盘\MR\10\366　　　　　高级　　趣味指数：★★★★☆

实例说明

实例 365 中已经介绍了如何在 SQL Server 2005 中实现静态交叉表的查询，本实例将介绍在 SQL Server 2005 下建立动态交叉表的方法。在应用程序窗体中运行程序，将会按照用户指定的方式查询信息，并在 DataGridView 控件中显示查询信息。实例运行效果如图 10.173 所示。

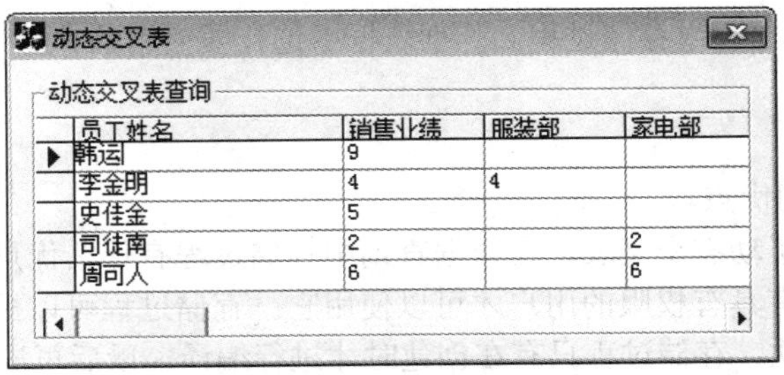

图 10.173　动态交叉表

关键技术

本实例的重点在于向读者介绍动态交叉表的使用方法，下面对其进行详细讲解。

动态交叉表就是列表根据表中数据的情况动态创建列，不能使用 SELECT 语句实现，可以利用存储过程来解决。思路如下：

检索列头信息，形成一个游标，然后遍历游标，将上面查询语句里 CASE 判断的内容用游标里的值代替，形成一条新的 SQL 查询，然后执行并返回结果即可。下面是本实例的存储过程：

```
CREATE   procedure Corss
@strTabName as varchar(50) = 'tb_VenditionInfo',
@strCol as varchar(50) = '所在部门',                          //分组字段
@strGroup as varchar(50) = '员工姓名',                        //被统计的字段
@strNumber as varchar(50) = '销售业绩',                       //运算方式
@strSum as varchar(10) = 'Sum'
AS
DECLARE @strSql as varchar(1000), @strTmpCol as varchar(100)
EXECUTE ('DECLARE corss_cursor CURSOR FOR SELECT DISTINCT ' + @strCol + ' from ' + @strTabName + ' for read only ')
                                                              //生成游标
begin
SET nocount ON
SET @strsql ='select ' + @strGroup + ', ' + @strSum + '(' + @strNumber + ') AS [' + @strNumber + ']'   //查询的前半段
OPEN corss_cursor
while (0=0)
BEGIN
FETCH NEXT FROM corss_cursor                                  //遍历游标，将列头信息放入变量@strTmpCol
INTO @strTmpCol
if (@@fetch_status<>0) break
SET @strsql = @strsql + ', ' + @strSum + '(CASE ' + @strCol + ' WHEN ''' + @strTmpCol + ''' THEN ' + @strNumber + ' ELSE Null END) AS [' +
@strTmpCol +    ']'                                           //构造查询
END
SET @strsql = @strsql + ' from ' + @strTabname + ' group by ' + @strGroup   //查询结尾
EXECUTE(@strsql)                                              //执行
IF @@error <>0 RETURN @@error                                 //如果出错，返回错误代码
CLOSE corss_cursor
DEALLOCATE corss_cursor RETURN 0                              //释放游标，返回 0 表示成功
end
```

技巧：这是一个通用存储过程，使用时设置@strTabName、@strCol、@strGroup、@strNumber、@strSum 即可用到其他表上，其中结果集的第二列添加了一个 "合计" 列。

设计过程

（1）打开 Visual C++ 6.0 开发环境，新建一个基于对话框的应用程序，命名为 DynamicTable。

（2）在工程中添加一个窗体，设置窗体的 Caption 属性为 "动态交叉表"。

（3）在窗体上添加一个 ADO Data 控件和一个 DataGrid 控件。

（4）打开 ADO Data 控件的的属性窗口，在 "记录源" 选项卡进行如下设置：在 "命令类型" 列表框中选

择 4-asCmdStoredProc 选项，在"表或存储过程名"列表框中选择要使用的存储过程名即可，这里选择 Corss;1。

■ 秘笈心法

心法领悟 366：存储过程的优点。

本实例使用存储过程实现了动态交叉表，在数据查询中存储过程有什么优点呢？存储过程具有一定的安全性，当存储过程被创建后，只有具有权限的用户才可以使用它；存储过程可以提高数据查询速度，一般的查询语句每执行一次则需要编译一次，存储过程只有在创建时才进行编译，以后再次执行时则不需要编译。

10.15 字符串函数

实例 367	在查询语句中使用字符串函数 光盘位置：光盘\MR\10\367	中级 趣味指数：★★★★★

■ 实例说明

数据库应用程序设计过程中，经常需要将字段中的部分字符信息提取出来。本实例中将提取员工出生日期，并创建出生年月字段。在应用程序窗体中，单击"查询"按钮后，会在 DataGridView 控件中显示查询信息。实例运行效果如图 10.174 所示。

图 10.174　在查询语句中使用字符串函数

■ 关键技术

本实例实现的关键是如何在查询语句中使用字符串函数，下面对其进行详细讲解。
数据查询过程中，使用 MID 函数可以截取查询到的字符串，如图 10.175 所示。

```
SELECT                              SELECT关键字
员工姓名,                           数据列
FORMAT(出生日期,'yyyy年mm月dd日')    使用FORMAT函数将日期转换指定格式
AS 出生日期,                        列别名
MID(出生日期, 1, 7)                 使用MID函数截取字符串中部分字符
AS 出生年月                         列别名
FROM                                FROM关键字
员工生日表                          数据表
```

图 10.175　MID 函数的使用

从图 10.175 中可以看到，在 SELECT 查询语句中使用了 MID 函数截取字符串，MID 函数接受 3 个参数，第一个参数为字符串；第二个参数为截取字符串的起始位置；第三个参数为截取字符串的数量。其语法格式如下：
MID(string, start[, length])

参数说明：

❶string：必选参数，字符串表达式，从中返回字符。如果 string 包含 Null，将返回 Null。

❷start：必选参数，为 Long。string 中被取出部分的字符位置。如果 start 超过 string 的字符数，MID 返回零长度字符串（""）。

❸length：可选参数，为 Variant（Long）。要返回的字符数。如果省略或 length 超过文本的字符数（包括 start 处的字符），将返回字符串中从 start 到尾端的所有字符。

注意：MID 函数不支持 SQL Server 数据库，仅适用于 Access 数据库。

设计过程

（1）打开 Visual C++ 6.0 开发环境，新建一个基于对话框的应用程序，命名为 Mid。
（2）在工程中添加一个窗体，设置窗体的 Caption 属性为"在查询语句中使用字符串函数"。
（3）在窗体上添加一个按钮控件、一个 ADO Data 控件和一个 DataGrid 控件，为 ADO Data 控件添加成员变量 m_Adodc。
（4）主要代码如下：

```cpp
void CMidDlg::OnButton1()
{
    m_Adodc.SetRecordSource("select 员工姓名,format(出生日期,'yyyy 年 mm 月 dd 日') as 出生日期,mid(出生日期,1,7)as 出生年月 from 员工生日表");
    m_Adodc.Refresh();
}
```

秘笈心法

心法领悟 367：SQL Server 中的 SUBSTRING 函数。

本实例中使用了 MID 函数截取字符串中部分字符，有一点要注意，MID 函数不支持 SQL Server 数据库，仅适用于 Access 数据库，但是在 SQL Server 中使用 SUBSTRING 函数可以实现截取字符的功能，代码如下：

```sql
SELECT
出生年月,
SUBSTRING(CONVERT(NVARCHAR(20),出生年月),6,5) AS 年份
FROM
tb_Student
```

实例 368　LEFT 函数取左侧字符串

光盘位置：光盘\MR\10\368

初级
趣味指数：★★★★☆

实例说明

本实例使用 LEFT 函数获取所属部门字段中的左侧两个字符作为部门简称，如图 10.176 所示。

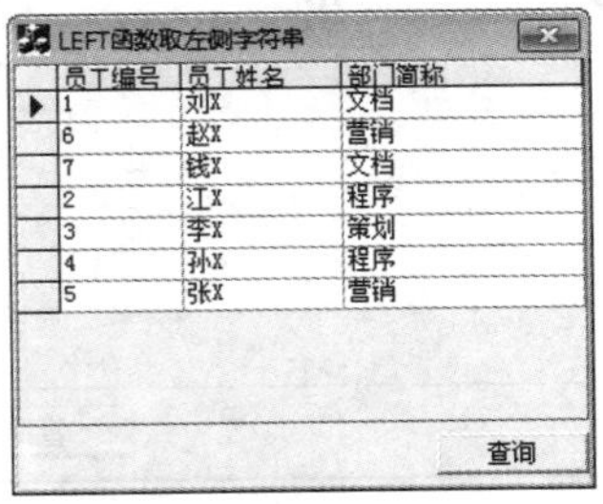

图 10.176　LEFT 函数取左侧字符串

关键技术

使用 LEFT 函数可以从左边开始,取得字符串指定个数的字符,并返回所取得的字符。函数语法如下:
LEFT (character_expression, integer_expression)
参数说明:

❶character_expression:字符或二进制数据表达式。character_expression 可以是常量、变量或列。
❷integer_expression:是正整数。如果 integer_expression 为负,则返回空字符串。

设计过程

(1)打开 Visual C++ 6.0 开发环境,新建一个基于对话框的应用程序,命名为 Left。
(2)在工程中添加一个窗体,设置窗体的 Caption 属性为"LEFT 函数取左侧字符串"。
(3)在窗体上添加一个按钮控件、一个 ADO Data 控件和一个 DataGrid 控件,为 ADO Data 控件添加成员变量 m_Adodc。
(4)主要代码如下:

```
void CLeftDlg::OnButton1()
{
    m_Adodc.SetRecordSource("select 员工编号,员工姓名,left(所属部门,2) as 部门简称  from laborage");
    m_Adodc.Refresh();
}
```

秘笈心法

心法领悟 368:获取字符串的字符数量。

本实例中根据字符串中字符的数量判断指定字符在字符串中出现的次数,那么怎样获取指定字符串中字符的数量呢?可以通过下面的代码实现:

```
SELECT
学生姓名,
LEN(学生姓名)
AS  字符数量
FROM tb_Student
```

实例 369　RIGHT 函数取右侧字符串

光盘位置:光盘\MR\10\369

初级
趣味指数:★★★★★

实例说明

本实例使用 RIGHT 函数获取文件路径字段中右侧的 4 个字符作为文件扩展名,如图 10.177 所示。

图 10.177　RIGHT 函数取右侧字符串

关键技术

使用 RIGHT 函数可以从右边开始，取得字符串指定个数的字符，并返回所取得的字符。函数语法如下：
RIGHT (character_expression, integer_expression)
参数说明：

❶character_expression：由字符串组成的表达式。character_expression 可以是常量、变量或列。
❷integer_expression：起始位置，用正整数表示。如果 integer_expression 是负数，则返回一个错误。

设计过程

（1）打开 Visual C++ 6.0 开发环境，新建一个基于对话框的应用程序，命名为 Right。
（2）在工程中添加一个窗体，设置窗体的 Caption 属性为"RIGHT 函数取右侧字符串"。
（3）在窗体上添加一个按钮控件、一个 ADO Data 控件和一个 DataGrid 控件，为 ADO Data 控件添加成员变量 m_Adodc。
（4）主要代码如下：

```
void CRightDlg::OnButton1()
{
    m_Adodc.SetRecordSource("select 编号,right(文件路径,4) as 扩展名 from filepath");
    m_Adodc.Refresh();
}
```

秘笈心法

心法领悟 369：得到生日信息的年份部分。

使用 SUBSTRING 函数可以返回指定数据列中的字符串中的子串，那么怎样得到学生表中生日信息的年份部分呢？首先要使用 CONVERT 函数将日期转换为字符串，然后使用 SUBSTRING 函数得到生日信息的年份部分，代码如下：

```
SELECT
出生年月,
SUBSTRING(CONVERT(VARCHAR(20),出生年月),6,5)
AS 年
FROM
tb_Student
```

实例 370 使用 LTRIM 函数去除左侧空格
光盘位置：光盘\MR\10\370   趣味指数：★★★★☆

实例说明

本实例使用 LTRIM 函数去除查询姓名左侧的空格，如图 10.178 所示。

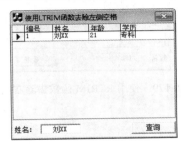

图 10.178 使用 LTRIM 函数去除左侧空格

关键技术

使用 LTRIM 函数可以清除指定字符串左边的空格。函数语法如下：

LTRIM (character_expression)

参数说明：

character_expression：是字符或二进制数据表达式。character_expression 可以是常量、变量或列。

设计过程

（1）打开 Visual C++ 6.0 开发环境，新建一个基于对话框的应用程序，命名为 Ltrim。

（2）在工程中添加一个窗体，设置窗体的 Caption 属性为"使用 LTRIM 函数去除左侧空格"。

（3）在窗体上添加一个按钮控件、一个编辑框控件、一个 ADO Data 控件和一个 DataGrid 控件，为 ADO Data 控件添加成员变量 m_Adodc。

（4）主要代码如下：

```
void CLtrimDlg::OnButton1()
{
    UpdateData(TRUE);
    m_Adodc.SetRecordSource("select * from employees where 姓名 = LTRIM('"+m_Edit+"')");
    m_Adodc.Refresh();
}
```

秘笈心法

心法领悟 370：怎样使用 STUFF 函数？

STUFF 函数用于删除指定长度的字符，并在删除字符的位置插入另一组字符，STUFF 函数接收 4 个参数，第 1 个参数是将要操作的字符串，第 2 个参数表示移除子串的起始索引位置；第 3 个参数表示移除子串的长度；第 4 个参数表示在移除子串的位置插入的字符串。

实例 371　使用 RTRIM 函数去除右侧空格

光盘位置：光盘\MR\10\371　　初级　　趣味指数：★★★★☆

实例说明

本实例使用 RTRIM 函数去除查询姓名右侧的空格，如图 10.179 所示。

图 10.179　使用 RTRIM 函数去除右侧空格

关键技术

使用 RTRIM 函数可以清除指定字符串右边的空格。函数语法如下：

RTRIM (character_expression)

参数说明：

character_expression：是字符或二进制数据表达式。character_expression 可以是常量、变量或列。

设计过程

（1）打开 Visual C++ 6.0 开发环境，新建一个基于对话框的应用程序，命名为 Rtrim。
（2）在工程中添加一个窗体，设置窗体的 Caption 属性为"使用 RTRIM 函数去除右侧空格"。
（3）在窗体上添加一个按钮控件、一个编辑框控件、一个 ADO Data 控件和一个 DataGrid 控件，为 ADO Data 控件添加成员变量 m_Adodc。
（4）主要代码如下：

```
void CRtrimDlg::OnButton1()
{
    UpdateData(TRUE);
    m_Adodc.SetRecordSource("select * from employees where 姓名 = RTRIM('"+m_Edit+"')");
    m_Adodc.Refresh();
}
```

秘笈心法

心法领悟 371：使用 EXP 函数。

下面举例说明 EXP 函数的用法。例如，声明一个变量，同时返回所给变量（378.615345498）的指数值，并附有文字说明。其 SQL 语句如下：

```
DECLARE @var float
SET @var = 378.615345498
SELECT 'The EXP of the variable is: ' + CONVERT(varchar,EXP(@var))
```

其实现结果集为：

The EXP of the variable is: 2.69498e+164

实例 372 使用 REPLACE 函数替换字符串

光盘位置：光盘\MR\10\372

初级
趣味指数：★★★★★

实例说明

程序设计过程中，调用字符串对象的 Replace 方法可以轻松地操作字符串，替换字符串对象中的子串。那么怎样在 SQL 的 SELECT 查询语句中实现替换字符串中子串的功能呢？本实例中将会介绍使用 REPLACE 函数替换数据列中字符串的子串的方法。实例运行效果如图 10.180 和图 10.181 所示。

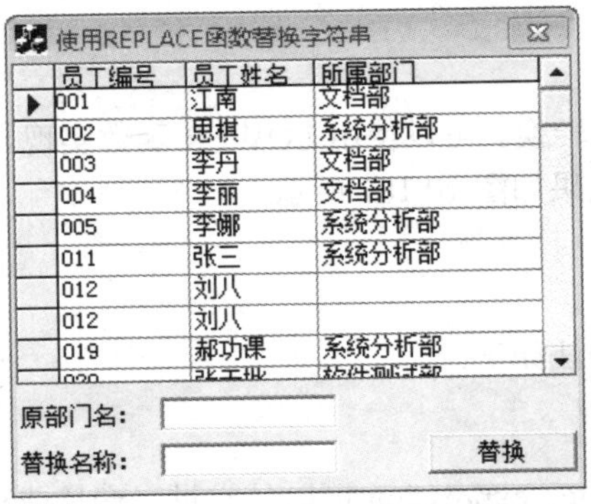

图 10.180 使用 REPLACE 函数替换字符串 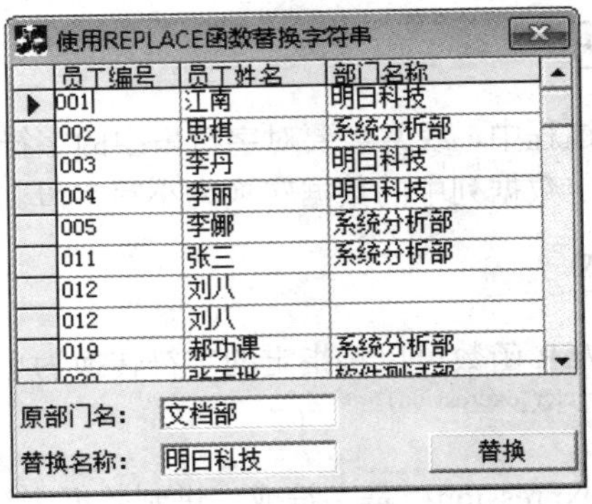   图 10.181 替换结果界面

关键技术

使用 REPLACE 函数可以将字符串中的子字符串替换为指定字符串。函数语法如下：
REPLACE (string_expression1, string_expression2, string_expression3)
参数说明：
❶string_expression1：待搜索的字符串表达式。
❷string_expression2：待查找的字符串表达式。
❸string_expression3：替换用的字符串表达式。

> 注意：REPLACE 函数也可以实现删除子串的功能，只要将字符串中指定的子串替换为空字符串即可。

设计过程

（1）打开 Visual C++ 6.0 开发环境，新建一个基于对话框的应用程序，命名为 Replace。
（2）在工程中添加一个窗体，设置窗体的 Caption 属性为"使用 REPLACE 函数替换字符串"。
（3）在窗体上添加一个按钮控件、两个编辑框控件、一个 ADO Data 控件和一个 DataGrid 控件，为 ADO Data 控件添加成员变量 m_Adodc。
（4）主要代码如下：

```
void CReplaceDlg::OnButton1()
{
    UpdateData(TRUE);
    m_Adodc.SetRecordSource("select 员工编号,员工姓名,REPLACE(所属部门, \
        '"+m_Edit1+"','"+m_Edit2+"') as 部门名称  from laborage");
    m_Adodc.Refresh();
}
```

秘笈心法

心法领悟 372：使用 REPLACE 函数删除子串。

本实例中已经介绍了 REPLACE 函数的使用方法，REPLACE 函数接收 3 个参数，第 1 个参数是字符串；第 2 个参数表示将要被替换的子串；第 3 个参数表示替换的子串。使用 REPLACE 函数也可以实现删除子串的功能，只要将字符串中指定的子串替换为空字符串即可。

实例 373　转换为小写字符
光盘位置：光盘\MR\10\373　　　　　　　　　　初级　趣味指数：★★★★☆

实例说明

程序设计过程中，经常需要对字符串中的字符进行大小写转换。可以使用 LOWER 函数实现。单击"转换"按钮，会将指定数据列中的数据转换为小写字母。实例运行效果如图 10.182 所示。

关键技术

使用 LOWER 函数可以将指定的字符转换为小写。函数语法如下：
LOWER (character_expression)
参数说明：
character_expression：是字符或二进制数据表达式。character_expression 可以是常量、变量或列。

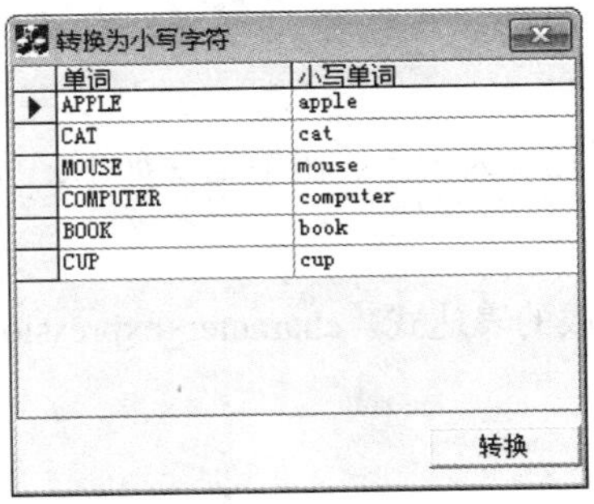

第 10 章　SQL 查询

图 10.182　转换为小写字符

设计过程

（1）打开 Visual C++ 6.0 开发环境，新建一个基于对话框的应用程序，命名为 Lower。
（2）在工程中添加一个窗体，设置窗体的 Caption 属性为"转换为小写字符"。
（3）在窗体上添加一个按钮控件、一个 ADO Data 控件和一个 DataGrid 控件，为 ADO Data 控件添加成员变量 m_Adodc。
（4）主要程序代码如下：

```
void CLowerDlg::OnButton1()
{
    m_Adodc.SetRecordSource("select 单词,LOWER(单词) as 小写单词 from word");
    m_Adodc.Refresh();
}
```

秘笈心法

心法领悟 373：怎样将指定的字符串转换为小写？

本实例中已经介绍了 LOWER 的使用方法，LOWER 函数可以将指定数据列中的字符串转换为小写。将字符串转换为小写的代码如下：

```
SELECT LOWER('aBcDeFg')
```

实例 374　转换为大写字符

光盘位置：光盘\MR\10\374

初级
趣味指数：★★★★☆

实例说明

本实例要对单词进行大写转换。可以使用 UPPER 函数实现。单击"转换"按钮，会将指定数据列中的数据转换为大写字母。实例运行效果如图 10.183 所示。

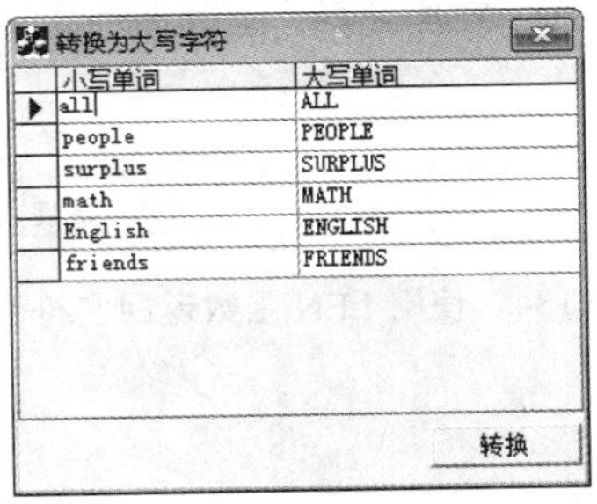

图 10.183　转换为大写字符

关键技术

使用 UPPER 函数可以将指定的字符转换为大写。函数语法如下：

UPPER (character_expression)

参数说明：

character_expression：由字符数据组成的表达式。character_expression 可以是常量、变量，也可以是字符或二进制数据的列。

设计过程

（1）打开 Visual C++ 6.0 开发环境，新建一个基于对话框的应用程序，命名为 Upper。

（2）在工程中添加一个窗体，设置窗体的 Caption 属性为"转换为大写字符"。

（3）在窗体上添加一个按钮控件、一个 ADO Data 控件和一个 DataGrid 控件，为 ADO Data 控件添加成员变量 m_Adodc。

（4）主要代码如下：

```
void CUpperDlg::OnButton1()
{
    m_Adodc.SetRecordSource("select 小写单词,UPPER(小写单词) as 大写单词 from za");
    m_Adodc.Refresh();
}
```

秘笈心法

心法领悟 374：怎样将指定的字符串转换为大写？

本实例中已经介绍了 UPPER 函数的使用方法，UPPER 函数可以将指定数据列中的字符串转换为大写，代码如下：

SELECT UPPER('aBcDeFg')

实例 375　使用 LEN 函数返回字符个数　　初级

光盘位置：光盘\MR\10\375

实例说明

本实例使用 LEN 函数统计所属部门字段中的部门名称的字符个数，如图 10.184 所示。

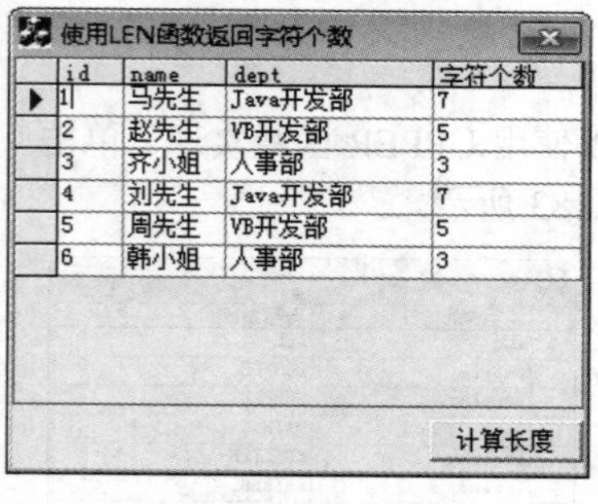

图 10.184　使用 LEN 函数返回字符个数

关键技术

使用 LEN 函数可以返回指定字符串的字符（而不是字节）个数。函数语法如下：

LEN (string_expression)

参数说明：

string_expression：要计算的字符串表达式。

设计过程

（1）打开 Visual C++ 6.0 开发环境，新建一个基于对话框的应用程序，命名为 Len。

（2）在工程中添加一个窗体，设置窗体的 Caption 属性为"使用 LEN 函数返回字符个数"。

（3）在窗体上添加一个按钮控件、一个 ADO Data 控件和一个 DataGrid 控件，为 ADO Data 控件添加成员变量 m_Adodc。

（4）主要代码如下：

```
void CLenDlg::OnButton1()
{
m_Adodc.SetRecordSource("select id,name,dept,LEN(dept) as 字符个数  from tb_Dept");
m_Adodc.Refresh();
}
```

秘笈心法

心法领悟 375：MAX 函数的使用方法。

例如，查询 tb_Salary 数据表中目前最高的薪资是多少，其 SQL 语句如下：

SELECT MAX(目前薪资) AS 最低薪资
FROM tb_Salary

实例 376 取得指定个数的字符串

光盘位置：光盘\MR\10\376

初级
趣味指数：★★★★½

实例说明

本实例使用 SUBSTRING 函数取出所属部门字段中指定位置和长度的字符，如图 10.185 所示。

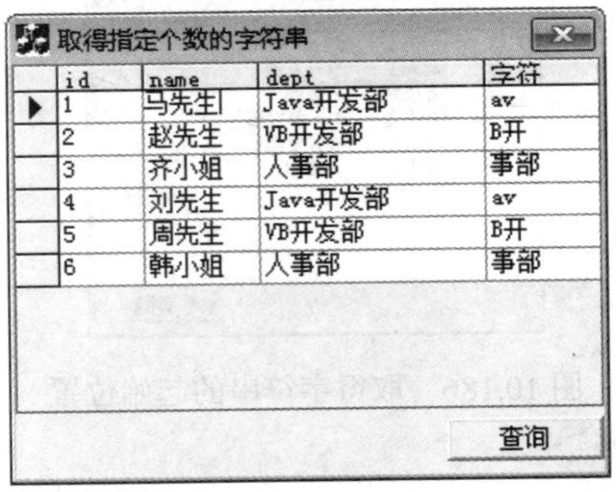

图 10.185 取得指定个数的字符串

关键技术

使用 SUBSTRING 函数可以返回字符串、二进制字符串或文本串的一部分，还可以将此函数解释为，从指定的位置取得指定个数的字符。函数语法如下：

SUBSTRING (expression, start, length)

参数说明：

❶expression：为字符串表达式，可以是二进制字符串、text、image、列或包含列的表达式。

❷start：是一个整数，指定子串的开始位置。
❸length：是一个整数，指定子串的长度（要返回的字符数或字节数）。

设计过程

（1）打开 Visual C++ 6.0 开发环境，新建一个基于对话框的应用程序，命名为 Substring。
（2）在工程中添加一个窗体，设置窗体的 Caption 属性为"取得指定个数的字符串"。
（3）在窗体上添加一个按钮控件、一个 ADO Data 控件和一个 DataGrid 控件，为 ADO Data 控件添加成员变量 m_Adodc。
（4）主要代码如下：

```
void CSubstringDlg::OnButton1()
{
    m_Adodc.SetRecordSource("select id,name,dept,SUBSTRING(dept,2,2) as 字符 from tb_Dept");
    m_Adodc.Refresh();
}
```

秘笈心法

心法领悟 376：MIN 函数的用法。
例如，查询 tb_Salary 数据表中目前最低的薪资是多少。其 SQL 语句如下：
SELECT MIN(目前薪资)AS 最低薪资
FROM tb_Salary

实例 377　取得字符串的起始位置

光盘位置：光盘\MR\10\377　　　初级　　趣味指数：★★★★½

实例说明

本实例使用 CHARINDEX 函数取得所属部门字段中"部"的起始位置，如图 10.186 所示。

图 10.186　取得字符串的起始位置

关键技术

使用 CHARINDEX 函数可以返回字符串中指定表达式的起始位置。函数语法如下：
CHARINDEX (expression1, expression2[start_location])
参数说明：
❶expression1：一个表达式，其中包含要寻找的字符的次序。expression1 是一个短字符数据类型分类的表达式。
❷expression2：一个表达式，通常是一个用于搜索指定序列的列。expression2 属于字符串数据类型分类。
❸start_location：在 expression2 中搜索 expression1 时的起始字符位置。如果没有给定 start_location，而是

一个负数或 0，则将从 expression2 的起始位置开始搜索。

设计过程

（1）打开 Visual C++ 6.0 开发环境，新建一个基于对话框的应用程序，命名为 CharIndex。
（2）在工程中添加一个窗体，设置窗体的 Caption 属性为"取得字符串的起始位置"。
（3）在窗体上添加一个按钮控件、一个 ADO Data 控件和一个 DataGrid 控件，为 ADO Data 控件添加成员变量 m_Adodc。
（4）主要代码如下：

```
void CCharIndexDlg::OnButton1()
{
    m_Adodc.SetRecordSource("select id,name,dept,CHARINDEX('部',dept) as 起始位置 from tb_Dept");
    m_Adodc.Refresh();
}
```

秘笈心法

心法领悟 377：使用不带 DISTINCT 的 AVG 函数。

如果不使用 DISTINCT，AVG 函数将计算出 titles 表中所有商业类书籍的平均价格。如下面的 SQL 语句：

```
SELECT AVG(price) AS AVG_price
FROM titles
WHERE type = 'business'
```

实例 378 以指定次数重复输出字符串
光盘位置：光盘\MR\10\378
初级
趣味指数：★★★★☆

实例说明

本实例使用 REPLICATE 函数将员工姓名重复输出，如图 10.187 所示。

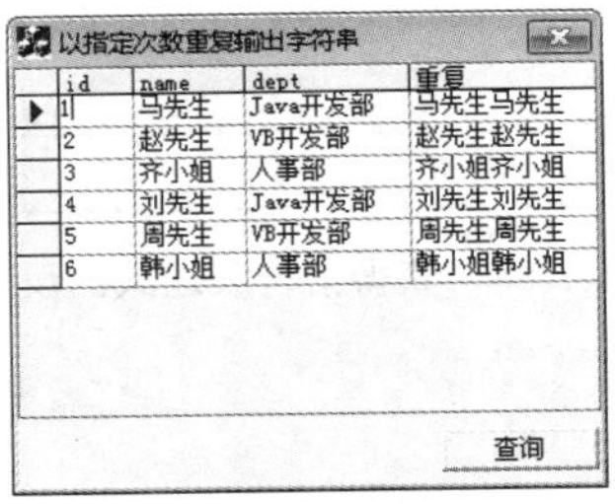

图 10.187 指定次数重复输出字符串

关键技术

使用 REPLICATE 函数可以以指定的次数重复输出字符表达式。函数语法如下：
REPLICATE (character_expression,integer_expression)
参数说明：
❶character_expression：由字符数据组成的字母数字表达式。
❷integer_expression：为正整数，指定重复次数，如果该参数为负数，则返回空字符串。

设计过程

（1）打开 Visual C++ 6.0 开发环境，新建一个基于对话框的应用程序，命名为 Replicate。

（2）在工程中添加一个窗体，设置窗体的 Caption 属性为"以指定次数重复输出字符串"。

（3）在窗体上添加一个按钮控件、一个 ADO Data 控件和一个 DataGrid 控件，为 ADO Data 控件添加成员变量 m_Adodc。

（4）主要代码如下：

```
void CReplicateDlg::OnButton1()
{
    m_Adodc.SetRecordSource("select id,name,dept,REPLICATE(name,2) as 重复 from tb_Dept");
    m_Adodc.Refresh();
}
```

秘笈心法

心法领悟 378：使用带 DISTINCT 的 AVG 函数。

下列语句返回商业类书籍的平均价格。其 SQL 语句如下：

```
SELECT AVG(DISTINCT price) AS AVG_price
FROM titles
WHERE type = 'business'
```

实例 379　获得字符表达式的反转

光盘位置：光盘\MR\10\379

初级
趣味指数：★★★★

实例说明

本实例使用 REVERSE 函数将所属部门字段中的字符反转输出，如图 10.188 所示。

图 10.188　获得字符表达式的反转

关键技术

使用 REVERSE 函数可以获得字符表达式的反转。函数语法如下：

REVERSE (character_expression)

参数说明：

character_expression：由字符数据组成的表达式。character_expression 可以是常量、变量，也可以是字符或二进制数据的列。

设计过程

（1）打开 Visual C++ 6.0 开发环境，新建一个基于对话框的工程，命名为 Reverse。

（2）在工程中添加一个窗体，设置窗体的 Caption 属性为"获得字符表达式的反转"。

（3）在窗体上添加一个按钮控件、一个 ADO Data 控件和一个 DataGrid 控件，为 ADO Data 控件添加成员变量 m_Adodc。

（4）主要代码如下：

```
void CReverseDlg::OnButton1()
{
    m_Adodc.SetRecordSource("select id,name,dept,REVERSE(dept) as 反转输出 from tb_Dept");
    m_Adodc.Refresh();
}
```

秘笈心法

心法领悟 379：与 GROUP BY 子句一起使用 SUM 和 AVG 函数。

如对每一类书生成汇总值，这些值包括每一类书的平均预付款以及每一类书本年度迄今为止的销售总额。

其 SQL 语句如下：

```
SELECT type, AVG(advance) AS AVG_advance, SUM(ytd_sales) AS SUM_ytd_sales
FROM titles
GROUP BY type
ORDER BY type
```

实例 380 获得由重复空格组成的字符串

光盘位置：光盘\MR\10\380

初级

趣味指数：★★★★★

实例说明

本实例使用 SPACE 函数为所属部门字段中的字符加上空格，如图 10.189 所示。

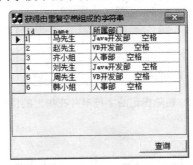

图 10.189 获得由重复空格组成的字符串

关键技术

使用 SPACE 函数可以返回由重复的空格组成的字符串。函数语法如下：

`SPACE (integer_expression)`

参数说明：

integer_expression：是表示空格个数的正整数。如果该参数为负数，则返回空字符串。

设计过程

（1）打开 Visual C++ 6.0 开发环境，新建一个基于对话框的工程，命名为 Space。

（2）在工程中添加一个窗体，设置窗体的 Caption 属性为"获得由重复空格组成的字符串"。

（3）在窗体上添加一个按钮控件、一个 ADO Data 控件和一个 DataGrid 控件，为 ADO Data 控件添加成员变量 m_Adodc。

（4）主要代码如下：

```
void CSpaceDlg::OnButton1()
{
```

```
m_Adodc.SetRecordSource("select id,name,dept+SPACE(3)+'空格' as 所属部门 from tb_Dept");
m_Adodc.Refresh();
}
```

秘笈心法

心法领悟 380：使用 SUM 和 AVG 函数进行计算。

例如，计算所有商业类书籍的平均预付款和本年度迄今为止的销售额。对查询到的所有行，每个聚合函数都生成一个单独的汇总值。其 SQL 语句如下：

```
SELECT AVG(advance) AS AVG_advance, SUM(ytd_sales) AS SUM_ytd_sales
FROM titles
WHERE type = 'business'
```

实例 381　删除指定的字符串并在指定的位置插入字符
光盘位置：光盘\MR\10\381　　　　中级　趣味指数：★★★★☆

实例说明

本实例使用 STUFF 函数对所属部门字段中的指定字符进行删除和添加，如图 10.190 所示。

图 10.190　删除指定的字符串并在指定的位置插入字符

关键技术

STUFF 函数用于删除指定长度的字符并在指定的起始点插入字符。函数语法如下：
STUFF (character_expression , start , length , character_expression)
参数说明：

❶character_expression：由字符数据组成的表达式。

❷start：是一个整型值，指定删除和插入的开始位置。如果 start 或 length 是负数，则返回空字符串。如果 start 比第一个 character_expression 长，则返回空字符串。

❸length：是一个整数，指定要删除的字符数。如果 length 比第一个 character_expression 长，则最多删除到最后一个 character_expression 中的最后一个字符。

设计过程

（1）打开 Visual C++ 6.0 开发环境，新建一个基于对话框的应用程序，命名为 Stuff。

（2）在工程中添加一个窗体，设置窗体的 Caption 属性为"删除指定的字符并在指定的位置插入字符"。

（3）在窗体上添加一个按钮控件、3 个编辑框控件、一个 ADO Data 控件和一个 DataGrid 控件，为 ADO Data 控件添加成员变量 m_Adodc。

（4）主要代码如下：
```
void CStuffDlg::OnButton1()
```

```
{
    UpdateData(TRUE);
    CString str;
    str.Format("select id,name,STUFF(dept,%d,%d,'%s') as 部门名称 from tb_Dept",m_Edit1,m_Edit2,m_Edit3);
    m_Adodc.SetRecordSource(str);
    m_Adodc.Refresh();
}
```

秘笈心法

心法领悟 381：利用聚合函数 SUM 对销售额进行汇总。
```
SELECT SUM(数量) AS 总数量 , SUM(单价) AS 总金额
FROM tb_xsb
```

实例 382　使用 ASC 函数获取 ASCII 码

光盘位置：光盘\MR\10\382　　　　　　　初级　趣味指数：★★★★☆

实例说明

在 Visual C++中，ASC 函数可以将一个字符转换成 ASCII 码。实例运行效果如图 10.191 所示。

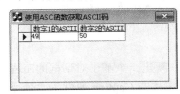

图 10.191　使用 ASC 函数获得 ASCII 码

关键技术

本实例主要用 ASC 函数获得 ASCII 码，语法如下：
```
ASC(string);
```
返回值：返回字符串中第一个字符的字符代码。

设计过程

（1）打开 Visual C++ 6.0 开发环境，新建一个基于对话框的工程，命名为 ASC。
（2）在工程中添加一个窗体，设置窗体的 Caption 属性为"使用 ASC 函数获取 ASCII 码"。
（3）在窗体上添加一个 ADO Data 控件和一个 DataGrid 控件。
（4）在 ADO Data 控件属性窗口的"记录源"选项卡中添加的 SQL 语句如下：
```
select ascii(1) as 数字 1 的 ASCII,ascii(2) as 数字 2 的 ASCI from aaa
```

秘笈心法

心法领悟 382：COMPUTE BY 子句。
```
SELECT *
FROM 工资表
ORDER BY 所属部门
COMPUTE SUM(工资) BY 所属部门
```

实例 383 　使用 CHAR 函数返回替换字符串

光盘位置：光盘\MR\10\383　　　　　初级　趣味指数：★★★★☆

■ 实例说明

在 Visual C++中，CHAR 函数可以将一个 ASCII 码转换成相对应的字符。实例运行效果如图 10.192 所示。

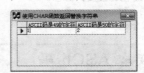

图 10.192 　使用 CHAR 函数返回替换字符串

■ 关键技术

本实例主要用 CHAR 函数将一个 ASCII 码转换成相对应的字符，语法如下：
char(string);
返回值：返回字符串中第一个字符的字符代码。

■ 设计过程

（1）打开 Visual C++ 6.0 开发环境，新建一个基于对话框的工程，命名为 CHAR。
（2）在工程中添加一个窗体，设置窗体的 Caption 属性为"使用 CHAR 函数返回替换字符串"。
（3）在窗体上添加一个 ADO Data 控件和一个 DataGrid 控件。
（4）在 ADO Data 控件属性窗口的"记录源"选项卡中添加的 SQL 语句如下：
select ascii(1) as 数字 1 的 ASCII,ascii(2) as 数字 2 的 ASCII from aaa

■ 秘笈心法

心法领悟 383：使用 COMPUTE 关键字。
例如，对工资表中全部员工的工资情况进行汇总。
SELECT *
FROM 工资表
ORDER BY 所属部门
COMPUTE SUM(工资)

实例 384 　使用 PATINDEX 函数查找字符串位置

光盘位置：光盘\MR\10\384　　　　　初级　趣味指数：★★★★★

■ 实例说明

程序设计过程中，可以使用 PATINDEX 函数查找字符串位置，实例中将会介绍使用 PATINDEX 函数。实例运行效果如图 10.193 和图 10.194 所示。

■ 关键技术

使用 PATINDEX 函数可以返回指定表达式中某模式第一次出现的起始位置，起始值从 1 开始算；如果在全部有效的文本和字符数据类型中没有找到该模式，则返回 0。函数语法如下：

第 10 章 SQL 查询

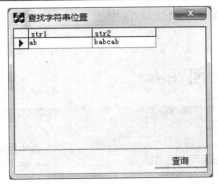

图 10.193 使用 PATINDEX 函数查找字符串位置

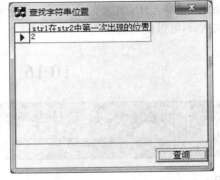

图 10.194 查询结果

PATINDEX ('%pattern%',expression)

参数说明：

❶pattern：一个字符串。可以使用通配符，但 pattern 之前和之后必须有%字符（搜索第一个和最后一个字符时除外）。pattern 是短字符数据类型类别的表达式。

❷expression：一个表达式，通常为要在其中搜索指定模式的列。

返回类型：int。

PATINDEX 函数有下面几种用法：

（1）PATINDEX ('%pattern%',expression)

'%pattern%'的用法类似于 like'%pattern%'的用法，也就是模糊查找其 pattern 字符串是否能在 expression 中找到，找到并返回其第一次出现的位置。

（2）PATINDEX ('%pattern',expression)

'%pattern'的用法类似于 like'%pattern'的用法，前面用模糊查找，也就是查找 pattern 的结尾所在 expression 的位置，从后面开始匹配查找。

（3）PATINDEX ('pattern%',expression)

'%pattern'的用法类似于 like'pattern%'的用法，前面用精确查找，后面用模糊查找，也就相当于查找 pattern 首次出现的位置。

（4）PATINDEX ('pattern',expression)

这相当于精确匹配查找，也就是 pattern 和 expression 完全相等。

设计过程

（1）打开 Visual C++ 6.0 开发环境，新建一个基于对话框的应用程序，命名为 PATINDEX。

（2）在工程中添加一个窗体，设置窗体的 Caption 属性为"查找字符串位置"。

（3）在窗体上添加一个按钮控件、一个 ADO Data 控件和一个 DataGrid 控件，为 ADO Data 控件添加成员变量 m_Adodc。

（4）主要程序代码如下：

```
void CPATINDEXDlg::OnButton1()
{
    UpdateData(TRUE);
    m_Adodc.SetRecordSource("select PATINDEX('%ab%','babcab') as str1 在 str2 中第一次出现的位置 from testpatindex");
    m_Adodc.Refresh();
}
```

秘笈心法

心法领悟 384：SQL Server 中字符串查找功能 PATINDEX 和 CHARINDEX 的区别。

CHARINDEX 和 PATINDEX 函数都返回指定模式的起始位置，它们的区别在于 PATINDEX 可使用通配符，而 CHARINDEX 不可以使用通配符。

10.16 日期时间函数

实例 385	根据出生日期计算年龄 光盘位置：光盘\MR\10\385	初级 趣味指数：★★★★☆

■ 实例说明

根据出生日期计算年龄很简单，只要用系统当前日期减去出生日期即可。本实例中将会介绍使用 DATEDIFF 函数计算时间段。实例运行效果如图 10.195 所示。

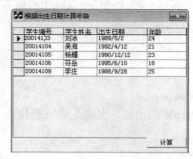

图 10.195 根据出生日期计算年龄

■ 关键技术

在 SQL Server 中，可以使用 DATEDIFF 函数实现。该函数格式如下：
DATEDIFF (datepart , startdate , enddate)
参数说明：
❶datepart：计算日期的哪一部分，例如，年、月、日等。
❷startdate：起始时间。
❸enddate：截止时间。

■ 设计过程

（1）打开 Visual C++ 6.0 开发环境，新建一个基于对话框的应用程序，命名为 CountAge。
（2）在工程中添加一个窗体，设置窗体的 Caption 属性为"根据出生日期计算年龄"。
（3）在窗体上添加一个按钮控件、一个 ADO Data 控件和一个 DataGrid 控件，为 ADO Data 控件添加成员变量 m_Adodc。
（4）主要代码如下：
```
void CCountAgeDlg::OnButton1()
{
    m_Adodc.SetRecordSource("select 学生编号,学生姓名,出生日期,DateDiff(Year,出生日期,getdate()) as 年龄  from Student");
    m_Adodc.Refresh();
}
```

秘笈心法

心法领悟 385：模糊查询日期型数据。

在模糊查询中，"%"通配符代表 0 至多个字符，如果使用"%"通配符查询日期信息，那么会变得很方便，例如，查询 1980 年出生的学生的信息，代码如下：
SELECT * FROM tb_Student WHERE 出生年月 LIKE '%1980%'

实例 386　添加日期时间

光盘位置：光盘\MR\10\386

初级
趣味指数：★★★★☆

实例说明

本实例使用 DATEADD 函数在销售时间字段添加指定的天数，实例运行效果如图 10.196 所示。

图 10.196　添加日期时间

关键技术

本实例使用 DATEADD 函数在指定日期的基础上加上一段时间，并返回新的 datetime 值。函数语法如下：
DATEADD (datepart,number,date)

参数说明：

❶datepart：规定应向日期的哪一部分返回新值的参数。

❷number：用来增加 datepart 的值。

❸date：返回 datetime 或 smalldatetime 值或日期格式字符串的表达式。

SQL Server 识别的日期部分和缩写如表 10.5 所示。

表 10.5　SQL Server 识别的日期部分和缩写

日 期 部 分	缩　　写	日 期 部 分	缩　　写
Year	yy,yyyy	Week	wk,ww
quarter	qq,q	Hour	Hh
Month	mm,m	minute	mi,n
dayofyear	dy,y	second	ss,s
Day	dd,d	millisecond	Ms

设计过程

（1）打开 Visual C++ 6.0 开发环境，新建一个基于对话框的应用程序，命名为 Dateadd。

553

（2）在工程中添加一个窗体，设置窗体的 Caption 属性为"添加日期时间"。

（3）在窗体上添加一个编辑框控件、一个按钮控件、一个 ADO Data 控件和一个 DataGrid 控件，为 ADO Data 控件添加成员变量 m_Adodc。

（4）主要代码如下：
```
void CDateaddDlg::OnButton1()
{
    UpdateData(TRUE);
    CString str;
    str.Format("select 编号,商品名称,销售时间, DATEADD(DAY,%d,销售时间) as 添加结果 from money",m_Edit);
    m_Adodc.SetRecordSource(str);
    m_Adodc.Refresh();
}
```

秘笈心法

心法领悟 386：查询年龄在 19～25 岁之间的学生的信息。

可以通过 BETWEEN 关键字查询指定数值范围的数据记录，例如，查询年龄在 19～25 岁之间的学生的信息，代码如下：
```
SELECT
*
FROM
tb_Student
WHERE
年龄 BETWEEN 19 AND 25
```

实例 387　返回当前系统日期时间

光盘位置：光盘\MR\10\387

初级
趣味指数：★★★★☆

实例说明

使用 GETDATE 函数可以返回当前系统的日期和时间。GETDATE 函数可用在 SELECT 语句的选择列表或用于查询的 WHERE 子句中，通常该函数用于报表之中。实例运行效果如图 10.197 所示。

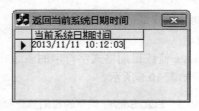

图 10.197　返回当前系统日期时间

关键技术

在 ADO Data 控件属性窗口的"记录源"选项卡中添加的 SQL 语句如下：
```
SELECT GETDATE () AS 当前系统日期时间
```

设计过程

（1）打开 Visual C++ 6.0 开发环境，新建一个基于对话框的应用程序，命名为 Getdate。

（2）在工程中添加一个窗体，设置窗体的 Caption 属性为"返回当前系统日期时间"。

（3）在窗体上添加一个 ADO Data 控件和一个 DataGrid 控件。

（4）在 ADO Data 控件属性窗口的"记录源"选项卡中添加的 SQL 语句如下：
SELECT GETDATE () AS 当前系统日期时间

秘笈心法

心法领悟 387：日期部分提取。

一个日期时间为 2015/9/29，如何只提取出年份或者是月份、日期呢？可以用 EXTRACT 函数。例如，提取年份时使用 EXTRACT(year FROM sysdate)，即可得出年份。

| 实例 388 | 返回指定日期部分的整数 光盘位置：光盘\MR\10\388 | 初级 趣味指数：★★★★★ |

实例说明

本实例使用 DATEPART 函数返回指定日期部分的整数，实例运行效果如图 10.198 所示。

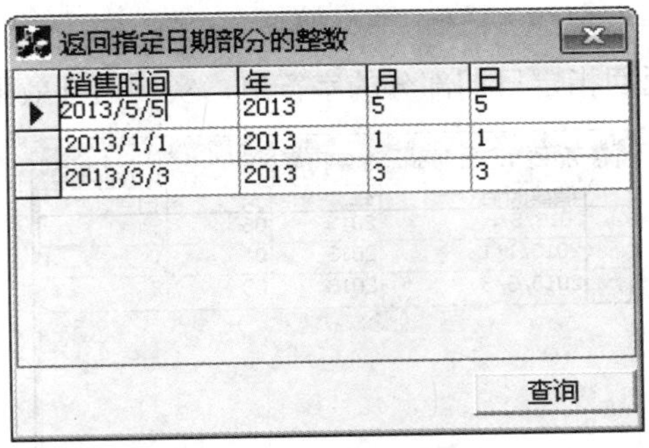

图 10.198　返回指定日期部分的整数

关键技术

本实例主要用到了 DATEPART 函数，可以返回指定日期部分的整数。函数语法如下：
DATEPART (datepart, date)
参数说明：

❶datepart：指定要返回的日期部分的参数。

❷date：返回 datetime 或 smalldatetime 值或日期格式字符串的表达式。对 1753 年 1 月 1 日之后的日期用 datetime 数据类型。更早的日期存储为字符数据。当输入 datetime 值时，始终将其放入引号中。因为 smalldatetime 只精确到分钟，所以当用 smalldatetime 值时，秒和毫秒总是 0。

设计过程

（1）打开 Visual C++ 6.0 开发环境，新建一个基于对话框的应用程序，命名为 Datapart。

（2）在工程中添加一个窗体，设置窗体的 Caption 属性为"返回指定日期部分的整数"。

（3）在窗体上添加一个按钮控件、一个 ADO Data 控件和一个 DataGrid 控件，为 ADO Data 控件添加成员变量 m_Adodc。

（4）主要代码如下：
```
void CDatapartDlg::OnButton1()
{
    m_Adodc.SetRecordSource("SELECT 销售时间,DATEPART(YEAR,销售时间) AS 年,DATEPART(MONTH,销售时间) AS 月,DATEPART(DAY,销售时间) AS 日  from money");
```

```
    m_Adodc.Refresh();
}
```

秘笈心法

心法领悟 388：把长日期格式数据转化为短日期格式数据。

函数表达式 CONVERT(char(10),getdate(),120)将日期转化成 yyyy-mm-dd 格式时间。120 是格式代码，char(10)是指取出前 10 位字符。SQL Server 数据库并不支持分开的 TIME、DATE 和 TIMESTAMP 数据类型，而是支持单一的 DATETIME 数据类型，用于定义保存符合的日期和时间值。在 SQL Server 中，可使用 CONVERT 函数实现类型的转化。语法如下：

CONVERT(date_type[(length)], expression, style)

实例 389　返回指定日期部分的字符串

光盘位置：光盘\MR\10\389

初级
趣味指数：★★★★☆

实例说明

本实例使用 DATEPART 函数返回指定日期部分的字符串，实例运行效果如图 10.199 所示。

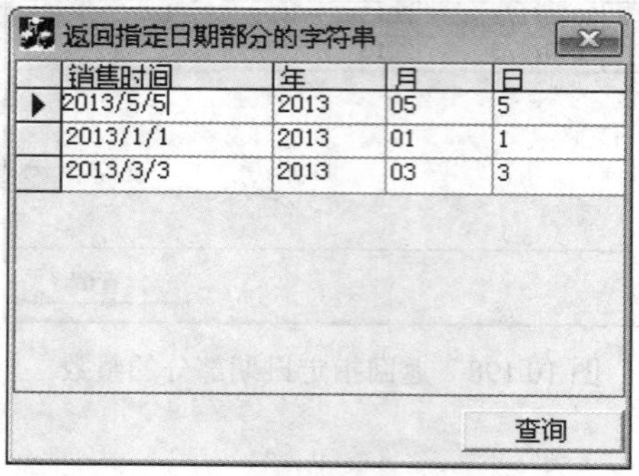

图 10.199　返回指定日期部分的字符串

关键技术

DATENAME 函数用于返回指定日期部分的字符串。函数语法如下：

DATENAME (datepart, date)

参数说明：

❶datepart：指定应返回的日期部分的参数。

❷date：返回 datetime 或 smalldatetime 值或日期格式字符串的表达式。

设计过程

（1）打开 Visual C++ 6.0 开发环境，新建一个基于对话框的应用程序，命名为 Datename。

（2）在工程中添加一个窗体，设置窗体的 Caption 属性为"返回指定日期部分的字符串"。

（3）在窗体上添加一个按钮控件、一个 ADO Data 控件和一个 DataGrid 控件，为 ADO Data 控件添加成员变量 m_Adodc。

（4）主要代码如下：

```
void CDatenameDlg::OnButton1()
{
    m_Adodc.SetRecordSource("SELECT 销售时间,DATENAME(YEAR,销售时间) AS 年,DATENAME(MONTH,销售时间)AS 月, DATENAME
```

```
(DAY,销售时间) AS 日 from money");
    m_Adodc.Refresh();
}
```

秘笈心法

心法领悟 389：如何将日期格式中的"-"转化为"/"？

可以使用 REPLACE 函数将日期格式中的"-"转化为"/"。例如，将学生表中学生入校时间列值中的"."转化为"/"，实例代码如下：

```
update tb_student set 入校时间=replace(入校时间,'.','/')
```

实例 390　返回表示当前 UTC 时间

光盘位置：光盘\MR\10\390　　　　趣味指数：★★★★☆　初级

实例说明

使用 GETUTCDATE 函数可以返回当前世界时间坐标或格林威治标准时间 datetime 值。实例运行效果如图 10.200 所示。

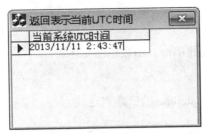

图 10.200　返回表示当前 UTC 时间

关键技术

在 ADO Data 控件属性窗口的"记录源"选项卡中添加的 SQL 语句如下：

```
SELECT GETDATE () AS 当前系统日期时间
```

设计过程

（1）打开 Visual C++ 6.0 开发环境，新建一个基于对话框的应用程序，命名为 Getutcdate。
（2）在工程中添加一个窗体，设置窗体的 Caption 属性为"返回表示当前 UTC 时间"。
（3）在窗体上添加一个 ADO Data 控件和一个 DataGrid 控件。
（4）在 ADO Data 控件属性窗口的"记录源"选项卡中添加的 SQL 语句如下：

```
SELECT GETDATE () AS 当前系统日期时间
```

秘笈心法

心法领悟 390：如何捕捉和处理 SQL Server 数据库异常？

在 .NET 中，当 SQL Server 返回警告或错误时将引发生成相关的异常对象 SqlException，因此，可以使用 SqlException 类的公共属性获取异常的具体信息，以便进一步处理。

实例 391 YEAR 函数的应用

光盘位置：光盘\MR\10\391

初级
趣味指数：★★★★★

实例说明

本实例使用 YEAR 函数返回指定日期的年份，实例运行效果如图 10.201 所示。

图 10.201　YEAR 函数的应用

关键技术

使用 YEAR 函数可以返回指定日期的年份。函数语法如下：

YEAR (date)

参数说明：

date：返回类型为 datetime 或 smalldatetime 的日期表达式。

使用 YEAR 函数需要注意以下几点：

（1）该函数等价于 DATEPART(yy,date)。

（2）SQL Server 数据库将 0 解释为 1900 年 1 月 1 日。

（3）在使用日期函数时，其日期只应在 1753～9999 年之间，这是 SQL Server 系统所能识别的日期范围，否则会出现错误。

设计过程

（1）打开 Visual C++ 6.0 开发环境，新建一个基于对话框的应用程序，命名为 Year。

（2）在工程中添加一个窗体，设置窗体的 Caption 属性为 "YEAR 函数的应用"。

（3）在窗体上添加一个按钮控件、一个 ADO Data 控件和一个 DataGrid 控件，为 ADO Data 控件添加成员变量 m_Adodc。

（4）主要代码如下：

```
void CYearDlg::OnButton1()
{
    m_Adodc.SetRecordSource("select 编号,商品名称,销售时间,YEAR(销售时间) as 年份  from money");
    m_Adodc.Refresh();
}
```

秘笈心法

心法领悟 391：查询 1982 年出生的学生的信息。

本实例中介绍了 YEAR 函数的使用方法，通过 YEAR 函数可以得到年份信息，下面使用 YEAR 函数查询 1982 年出生的学生的信息，代码如下：

SELECT

```
*
FROM
tb_Student
WHERE
YEAR(出生年月) = '1982'
```

实例 392　MONTH 函数的应用

光盘位置：光盘\MR\10\392

初级　趣味指数：★★★★☆

实例说明

本实例使用 MONTH 函数返回指定日期的月份，实例运行效果如图 10.202 所示。

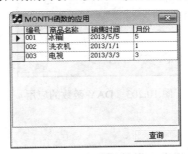

图 10.202　MONTH 函数的应用

关键技术

使用 MONTH 函数可以返回指定日期的月份。函数语法如下：

MONTH (date)

参数说明：

date：返回类型为 datetime 或 smalldatetime 的日期表达式。

设计过程

（1）打开 Visual C++ 6.0 开发环境，新建一个基于对话框的应用程序，命名为 Month。

（2）在工程中添加一个窗体，设置窗体的 Caption 属性为"MONTH 函数的应用"。

（3）在窗体上添加一个按钮控件、一个 ADO Data 控件和一个 DataGrid 控件，为 ADO Data 控件添加成员变量 m_Adodc。

（4）主要代码如下：

```
void CMonthDlg::OnButton1()
{
    m_Adodc.SetRecordSource("select 编号,商品名称,销售时间,MONTH(销售时间) as 月份  from money");
    m_Adodc.Refresh();
}
```

秘笈心法

心法领悟 392：判断今天是本月的第几天。

使用 GETDATE 和 DATENAME 函数，分别得到系统当前的日期信息和星期信息，那么怎样判断今天是本月的第几天呢？代码如下：

```
SELECT
DATENAME(DAY,GETDATE())
AS 今天是本月的第几天
```

实例 393　DAY 函数的应用

光盘位置：光盘\MR\10\393　　　　　　　　　　　　　　　　　　　初级　趣味指数：★★★★☆

■ 实例说明

本实例使用 DAY 函数返回指定日期的天数，实例运行效果如图 10.203 所示。

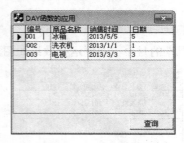

图 10.203　DAY 函数的应用

■ 关键技术

使用 DAY 函数可以返回指定日期的天数。函数语法如下：
DAY (date)
参数说明：
date：返回类型为 datetime 或 smalldatetime 的日期表达式。

■ 设计过程

（1）打开 Visual C++ 6.0 开发环境，新建一个基于对话框的应用程序，命名为 Day。
（2）在工程中添加一个窗体，设置窗体的 Caption 属性为"DAY 函数的应用"。
（3）在窗体上添加一个按钮控件、一个 ADO Data 控件和一个 DataGrid 控件，为 ADO Data 控件添加成员变量 m_Adodc。
（4）主要代码如下：

```
void CDayDlg::OnButton1()
{
    m_Adodc.SetRecordSource("select 编号,商品名称,销售时间,DAY(销售时间) as 日期 from money");
    m_Adodc.Refresh();
}
```

■ 秘笈心法

心法领悟 393：计算雇员年龄。

DATEDIFF 函数用于计算时间间隔，下面的查询语句中使用了 DATEDIFF 函数根据雇员的生日信息和系统时间计算学生的年龄，代码如下：
```
SELECT
雇员名称,出生日期,
DATEDIFF(YEAR,出生日期,GETDATE())
AS 年龄
FROM
tb_Salesman
```

10.17 聚合函数

实例 394　利用聚合函数 SUM 对销售额进行汇总
光盘位置：光盘\MR\10\394
初级
趣味指数：★★★★☆

■ 实例说明

本实例实现的功能是在图书销售表中查询按书名、书号统计的销售金额。运行程序，单击"查询"按钮，即可将图书的销售情况显示在表格中，如图 10.204 和图 10.205 所示。

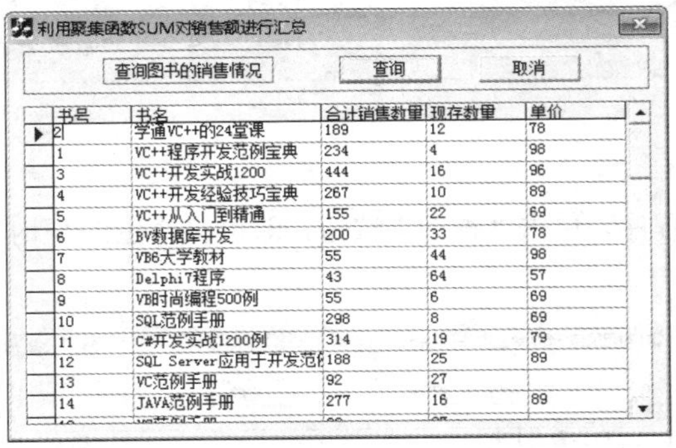

图 10.204　利用聚合函数 SUM 对销售额进行汇总 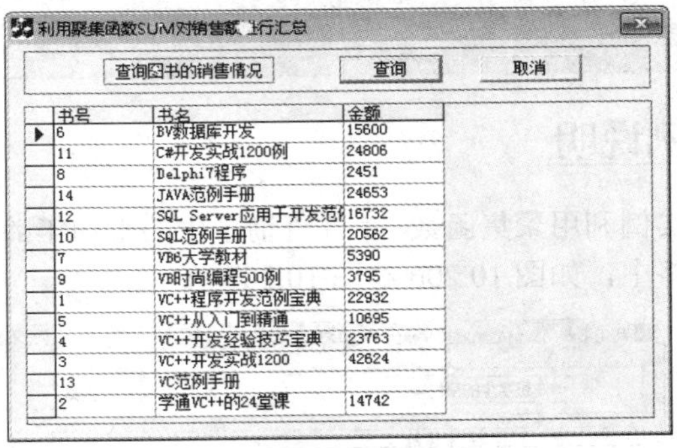　　　　图 10.205　汇总结果

■ 关键技术

本实例利用聚合函数 SUM 对销售额进行汇总。

SUM 聚合函数主要用于返回表达式中所有值的和，或只返回 DISTINCT 值。SUM 聚合函数只能用于数据类型是数字的列，NULL 值将被忽略。

SUM 函数的语法形式如下：
SUM ([ALL|DISTINCT] expression)

参数说明：

❶ALL：对所有的值进行聚合函数运算，ALL 是默认设置。

❷DISTINCT：指定 SUM 返回唯一值的和。

❸expression：是常量、列或函数，或者是算术、按位与字符串等运算符的任意组合。expression 是精确数字或近似数字数据类型分类（BIT 数据类型除外）的表达式。不允许使用聚合函数和子查询。

■ 设计过程

（1）打开 Visual C++ 6.0 开发环境，新建一个基于对话框的应用程序，命名为 Sumquery。

（2）在窗体上添加一个按钮控件、一个 ADO Data 控件和一个 DataGrid 控件，为 ADO Data 控件添加成员变量 m_adodc。

（3）主要代码如下：

```
void CSumqueryDlg::OnOK()
{
    //设置数据源
    m_adodc.SetRecordSource("select 书号,书名,sum(单价*销售数量)as 金额 from xiaoshoubiao group by 书号,书名 ");
```

```
    m_adodc.Refresh();
}
```

秘笈心法

心法领悟 394：使用 SUM 聚合函数对多列数据进行汇总。

SQL 语句中的函数包括行函数和列函数，行函数就是普通的函数，会针对数据表中的每一条记录进行操作，即数据表中的每一行记录；列函数也被称为聚合函数，会针对数据表中的每一个字段进行操作，即数据表中的数据列。SUM 函数是一个聚合函数，使用 SUM 聚合函数可以为某个字段中的多个数值进行求和操作，在查询语句中可以使用多个 SUM 聚合函数对多个数据列执行求和操作，例如，本实例中使用了 SUM 聚合函数计算销售总数量和销售总金额。

实例 395　利用聚合函数 AVG 求某班学生的平均年龄

光盘位置：光盘\MR\10\395

初级
趣味指数：★★★★★

实例说明

本实例利用聚集函数 AVG 查询学生的平均年龄。运行程序，单击"查询"按钮，即可将学生的平均年龄显示在表格中，如图 10.206 和图 10.207 所示。

图 10.206　利用聚合函数 AVG 求某班学生的平均年龄

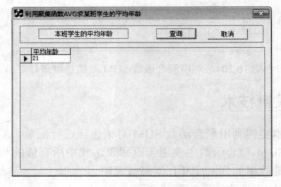

图 10.207　结果界面

关键技术

AVG 聚集函数主要用于返回组中值的平均值，空值将被忽略。

AVG 函数的语法形式如下：

AVG ([ALL|DISTINCT] expression)

参数说明：

❶ALL：对所有的值进行聚合函数运算，是默认设置。

❷DISTINCT：指定 AVG 操作只使用每个值的唯一实例，而不管该值出现了多少次。

❸expression：精确数字或近似数字数据类型类别的表达式（BIT 数据类型除外），不允许使用聚合函数和子查询。

设计过程

（1）打开 Visual C++ 6.0 开发环境，新建一个基于对话框的应用程序，命名为 AVGquery。

（2）在窗体上添加一个按钮控件、一个 ADO Data 控件和一个 DataGrid 控件，为 ADO Data 控件添加成员变量 m_adodc。

（3）主要代码如下：

```
void CAVGqueryDlg::OnOK()
{
    m_adodc.SetRecordSource("select avg(年龄) as 平均年龄 from Grade");    //设置数据源
    m_adodc.Refresh();
}
```

秘笈心法

心法领悟 395：使用 AVG 聚合函数计算成绩表中学生的平均总分。

使用 AVG 聚合函数可以求出指定数据列中数值的平均值，本实例中使用了 AVG 聚合函数统计学生表中学生的平均年龄，下面的代码中使用了 AVG 聚合函数计算成绩表中学生平均总分，代码如下：

```
SELECT
AVG(CONVERT(int,总分))
AS 平均总分
FROM
tb_Grade
```

实例 396　利用聚合函数 MIN 求销售额、利润最少的商品

光盘位置：光盘\MR\10\396　　　　　中级　趣味指数：★★★★☆

实例说明

数据查询过程中，有时需要查找记录中某个数据列的最小值，使用 MIN 函数可以非常方便地查找最小值。本实例中将会介绍如何使用聚合函数查找指定数据列的最小值。在应用程序窗体中，选中"查询销售额最小的商品信息"单选按钮时，即可在下面的 DataGridView 表格中显示出商品表中销售额最少的商品信息，当选中"查询利润最少的商品信息"单选按钮时，即可在下面的 DataGridView 表格中显示出利润最少的商品信息。实例运行效果如图 10.208 所示。

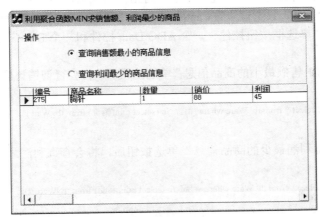

图 10.208　利用聚合函数 MIN 求销售额、利润最少的商品

关键技术

本实例实现的关键是如何在 SELECT 查询语句中使用 MIN 聚合函数，下面对其进行详细讲解。

MIN 聚合函数用于求出指定数据列中的最小值，如图 10.209 所示。

```
SELECT─────────────────  SELECT关键字
*    ─────────────────  所有数据列
FROM ─────────────────  FROM关键字
tb_Ware ──────────────  数据表
WHERE ────────────────  WHERE关键字
销价  ────────────────  数据列
IN   ─────────────────  IN运算符
     ┌(SELECT ────────  SELECT关键字
子查询│ MIN(销价) ─────  使用聚合函数得到最小销售额
     │ FROM ──────────  FROM关键字
     └tb_Ware) ───────  数据表
```

图 10.209　使用 MIN 聚合函数求最小销售额

从图 10.209 中可以看到，在查询语句的子查询中使用了 MIN 聚合函数查询商品表中的最小销售额。MIN 聚合函数接收一个数据列作为参数，并求出此数据列中的最小值。同样地，使用 MIN 聚合函数也可以求出商品表中的最小利润，如图 10.210 所示。

```
SELECT─────────────────  SELECT关键字
*    ─────────────────  所有数据列
FROM ─────────────────  FROM关键字
tb_Ware ──────────────  数据表
WHERE ────────────────  WHERE关键字
利润  ────────────────  数据列
IN   ─────────────────  IN运算符
     ┌(SELECT ────────  SELECT关键字
子查询│ MIN(利润) ─────  使用聚合函数得到最小利润
     │ FROM ──────────  FROM关键字
     └tb_Ware) ───────  数据表
```

图 10.210　使用 MIN 聚合函数求最小利润

从图 10.210 中可以看到，在查询语句的子查询中使用了 MIN 聚合函数查询商品表中的最小利润。MIN 聚合函数接收一个数据列作为参数，并求出此数据列中的最小值。

■ 设计过程

（1）打开 Visual C++ 6.0 开发环境，新建一个基于对话框的应用程序，命名为 UseMIN。
（2）在工程中添加一个窗体，设置窗体的 Caption 属性为"利用聚合函数 MIN 求销售额、利润最少的商品"。
（3）在窗体上添加两个单选框按钮控件、一个 ADO Data 控件和一个 DataGrid 控件，为 ADO Data 控件添加成员变量 m_adodc。
（4）当用户选中"查询销售额最小的商品信息"单选按钮后，将会查询销售额最少的商品信息，代码如下：

```
void CUseMINDlg::OnRadio1()
{
    m_adodc.SetRecordSource("select * from tb_Ware where  销价  in (select min(销价) from tb_Ware)");
    m_adodc.Refresh();
}
```

（5）当用户选中"查询利润最少的商品信息"单选按钮后，将会查询利润最少的商品信息，代码如下：

```
void CUseMINDlg::OnRadio2()
{
    m_adodc.SetRecordSource("select * from tb_Ware where  利润  in (select min(利润) from tb_Ware)");
    m_adodc.Refresh();
}
```

■ 秘笈心法

心法领悟 396：查询学生表中最小年龄学生的信息。

MIN 聚合函数用于求出指定数据列中的最小值，本实例中使用了 MIN 聚合函数得到销售额、利润最少的商品，下面的代码中使用了 MIN 聚合函数查询学生表中最小年龄学生的信息：

SELECT
*

```
FROM
tb_Student
WHERE
年龄
IN
(
SELECT
MIN(年龄)
FROM
tb_Student
)
```

实例 397　利用聚合函数 MAX 求月销售额完成最多的员工

光盘位置：光盘\MR\10\397　　　中级　　趣味指数：★★★★

实例说明

数据查询过程中，有时需要查找记录中某个数据列的最大值，使用 MAX 函数可以非常方便地查找最大值。本实例中将会介绍，如何在销售信息表中查询销售额最多的员工及相关信息。在应用程序窗体中，单击"查询"按钮后即可将销售额最多的员工信息显示在下面 DataGridView 表格中。实例运行效果如图 10.211 所示。

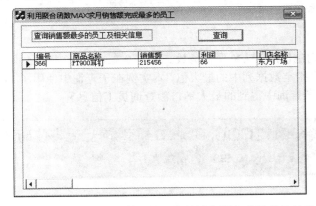

图 10.211　利用聚合函数 MAX 求月销售额完成最多的员工

关键技术

本实例实现的关键是如何在 SELECT 查询语句中使用 MAX 聚合函数，下面对其进行详细讲解。
MAX 聚合函数用于求出指定数据列中的最大值，如图 10.212 所示。

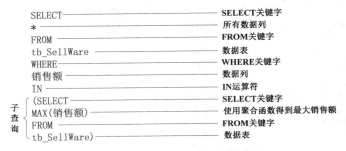

图 10.212　MAX 聚合函数的使用

从图 10.212 中可以看到，在查询语句的子查询中使用了 MAX 聚合函数查询销售商品表中的最大销售额。

MAX 聚合函数接收一个数据列作为参数,并求出此数据列中的最大值。查询语句中首先在子查询中使用了 MAX 聚合函数得到了最大销售额,然后根据子查询中得到的最大销售额作为查询条件查询商品信息。

> **技巧**:使用 TOP 关键字也可以实现此功能,但是存在一些弊端,如果两个员工的销售额相等而且销售额最大,此时只会查询到一个员工的信息;如果使用实例中的子查询和 MAX 聚合函数,则两个员工都会被查询到。

设计过程

(1)打开 Visual C++ 6.0 开发环境,新建一个基于对话框的应用程序,命名为 UseMAX。
(2)在工程中添加一个窗体,设置窗体的 Caption 属性为"利用聚合函数 MAX 求月销售额完成最多的员工"。
(3)在窗体上添加一个按钮控件、一个 ADO Data 控件和一个 DataGrid 控件,为 ADO Data 控件添加成员变量 m_adodc。
(4)主要代码如下:

```
void CUseMAXDlg::OnOK()
{
    m_adodc.SetRecordSource("select * from tb_SellWare where 销售额 in (select max(销售额) from tb_SellWare)");
    m_adodc.Refresh();
}
```

秘笈心法

心法领悟 397:在子查询中使用 MAX 聚合函数。

MAX 聚合函数用于求出指定数据列中的最大值,本实例在子查询中使用了 MAX 聚合函数查询销售商品表中的最大销售额,然后根据子查询中得到的最大销售额查询员工信息。

实例 398 利用聚合函数 COUNT 求日销售额大于某值的商品数
光盘位置:光盘\MR\10\398   中级 趣味指数:★★★★☆

实例说明

使用 COUNT 函数可以返回组中项目的数量。本实例利用 COUNT 函数实现在销售信息表中查询销售额大于 1500 的商品数量。运行程序,单击"查询"按钮,即可在表格中显示出销售额大于 1500 的商品数,如图 10.213 和图 10.214 所示。

图 10.213 利用聚合函数 COUNT 求日销售额大于某值的商品数

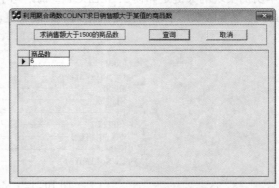
图 10.214 查询结果

■ 关键技术

本实例使用 COUNT 聚合函数求日销售额大于某值的商品数。COUNT 函数用于返回组中项目的数量。COUNT 函数的语法形式如下：

COUNT({[ALL|DISTINCT]expression}|*))

参数说明如表 10.6 所示。

表 10.6　COUNT 函数的参数说明

参　　数	说　　明
ALL	是默认设置，如果没有参数，系统对所有的值进行聚合函数运算
DISTINCT	指定 COUNT 返回唯一非空值的数量
expression	一个表达式，在 SQL Server 中的类型是除 uniqueidentifier、text、image 或 ntext 之外的任何类型，不允许使用聚集函数和子查询
*	指定应该计算所有行以返回表中行的总数。COUNT (*)不需要任何参数，而且不能与 DISTINCT 一起使用。COUNT (*)不需要 expression 参数，因为根据定义，该函数不使用有关任何特定列的信息。COUNT (*)返回指定表中行的数量而不消除副本。它对每行分别进行计数，包括含有空值的行
COUNT (*)	返回组中项目的数量，这些项目包括 NULL 值和副本
COUNT (ALL expression)	对组中的每一行都计算 expression 并返回非空值的数量
COUNT (DISTINCT expression)	对组中的每一行都计算 expression 并返回唯一非空值的数量

■ 设计过程

（1）打开 Visual C++ 6.0 开发环境，新建一个基于对话框的应用程序，命名为 COUNTquery。
（2）在窗体上添加一个 ADO Data 控件和一个 DataGrid 控件，为 ADO Data 控件添加成员变量 m_adodc。
（3）主要代码如下：

```
void CCOUNTqueryDlg::OnOK()
{
    //设置数据源
    m_adodc.SetRecordSource("select count(distinct 商品名称) as 商品数 from tb_Ware where 销价 >1000");
    m_adodc.Refresh();
}
```

■ 秘笈心法

心法领悟 398：在分组查询中使用 COUNT 聚合函数。

COUNT 聚合函数用于得到记录数量，本实例中使用了 COUNT 聚合函数查询商品表中销售额大于 1000 的商品数量，在分组查询中可以方便地使用 COUNT 聚合函数，统计分组中的记录数量，在下面的代码中使用了 COUNT 聚合函数统计学生表中每一个学院的学生数量，代码如下：

```
SELECT
所在学院,
count(所在学院)
AS 人数
FROM
tb_Student
GROUP BY
所在学院
```

实例 399　利用聚合函数 FIRST 或 LAST 求数据表中第一条或最后一条记录

光盘位置：光盘\MR\10\399

难度：中级
趣味指数：★★★★☆

■ 实例说明

使用聚合函数 FIRST 或 LAST 可以在 Access 数据库中查询第一条记录或最后一条记录中指定数据列的信息。本实例中将会介绍 FIRST 或 LAST 聚合函数的使用方法，首先在应用程序窗体中选择下拉列表中的选项，当单击"查询"按钮后，即可将图书信息表中的第一条或最后一条记录中指定数据列的内容在 DataGridView 控件中显示。实例运行效果如图 10.215 所示。

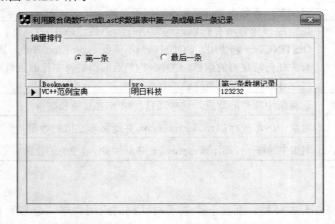

图 10.215　利用聚合函数 First 或 Last 求数据表中第一条或最后一条记录

■ 关键技术

本实例实现的关键是如何使用 FIRST 和 LAST 聚合函数，下面对其进行详细讲解。

在 SELECT 查询语句中 FIRST 聚合函数用于得到第一条记录指定数据列的值，如图 10.216 所示。

```
SELECT─────────────────────── SELECT关键字
FIRST(BookNames)───────────── 使用FIRST函数得到第一条记录指定数据列的值
AS Bookname,───────────────── 列别名
FIRST(author)──────────────── 使用FIRST函数得到第一条记录指定数据列的值
AS peo,────────────────────── 列别名
FIRST(sellsum)─────────────── 使用FIRST函数得到第一条记录指定数据列的值
AS 第一条数据记录───────────── 列别名
FROM───────────────────────── FROM关键字
tab_booksort───────────────── 数据表
```

图 10.216　FIRST 函数的使用

从图 10.216 中可以看到，在 SELECT 语句中使用了 3 个 FIRST 聚合函数分别得到第一条记录中指定的 3 个数据列中的值。同样地，也可以使用 LAST 聚合函数得到最后一条记录指定数据列的值。

从图 10.217 中可以看到，在 SELECT 语句中使用了 3 个 LAST 聚合函数分别得到最后一条记录中指定的 3 个数据列中的值。

```
SELECT                                          SELECT关键字
LAST(BookNames)                                 使用LAST函数得到最后一条记录指定数据列的值
AS Bookname,                                    列别名
LAST(author)                                    使用LAST函数得到最后一条记录指定数据列的值
AS peo,                                         列别名
LAST(sellsum)                                   使用LAST函数得到最后一条记录指定数据列的值
AS 最后一条数据记录                              列别名
FROM                                            FROM关键字
tab_booksort                                    数据表
```

图 10.217　LAST 函数的使用

注意：FIRST 和 LAST 函数仅用于 Access 数据库。

设计过程

（1）打开 Visual C++ 6.0 开发环境，新建一个基于对话框的应用程序，命名为 FirstAndLast。

（2）在窗体上添加两个单选按钮控件、一个 ADO Data 控件和一个 DataGrid 控件，为 ADO Data 控件添加成员变量 m_adodc。

（3）主要代码如下：

```cpp
void CFirstAndLastDlg::OnRadio1()
{
    m_adodc.SetRecordSource("select FIRST(BookNames) as Bookname,FIRST(author) as pro,FIRST(sellnum) as 第一条数据记录 from booksort");
    m_adodc.Refresh();
}
void CFirstAndLastDlg::OnRadio2()
{
    m_adodc.SetRecordSource("select last(BookNames) as Bookname,last(author) as peo,last(sellnum) as 最后一条数据记录 from booksort");
    m_adodc.Refresh();
}
```

秘笈心法

心法领悟 399：使用 TOP 关键字查询第一条或最后一条记录。

在 Access 数据库的数据查询中使用 FIRST 和 LAST 聚合函数可以得到第一条或最后一条记录指定数据列的值。同样地，在 SQL Server 2005 中使用 TOP 关键字和 ORDER BY 子句配合也可以实现类似的功能，可以得到第一条或最后一条的整条记录。

实例 400　利用聚合函数清除数据库中的重复数据

光盘位置：光盘\MR\10\400

中级
趣味指数：★★★★★

实例说明

数据查询过程中，经常需要对数据进行统计、汇总。本实例中介绍了使用 GORUP BY 子句和 COUNT 聚合函数，去除学生表中所在学院的重复记录，然后使用 COUNT 对所在学院的学生的数量进行统计。在应用程序窗体中，当单击"查询"按钮后，即可将学生表中查询到的信息在 DataGridView 控件中显示。实例运行效果如图 10.218 和图 10.219 所示。

关键技术

本实例实现的关键是如何在数据查询中去除重复记录，并得到重复记录的数量，下面对其进行详细讲解。

通过 GROUP BY 子句和 COUNT 聚合函数可以去除重复记录，并得到重复记录的数量，如图 10.220 所示。

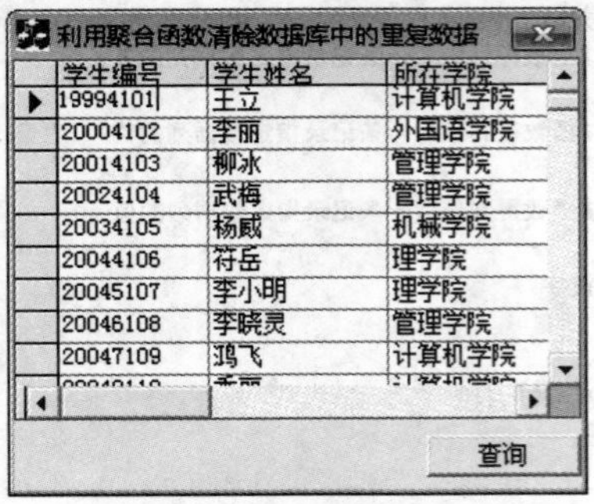

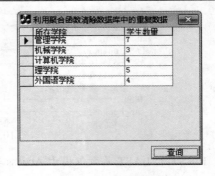

图 10.218 利用聚合函数清除数据库中的重复数据　　　　图 10.219 统计结果

```
SELECT ─────────────────── SELECT关键字
所在学院, ──────────────── 数据列
COUNT(所在学院) ────────── 使用聚合函数计算同一个学院的学生数量
AS 学生数量 ─────────────── 列别名
FROM ──────────────────── FROM关键字
tb_Student ─────────────── 数据表
GROUP BY ──────────────── GROUP BY子句
所在学院 ──────────────── 数据列
```

图 10.220 COUNT 聚合函数的使用

从图 10.220 中可以看到，在查询语句中，首先通过 GROUP BY 子句按所在学院进行分组查询，然后使用 COUNT 聚合函数统计每一个分组中的学生数量。

■设计过程

（1）打开 Visual C++ 6.0 开发环境，新建一个基于对话框的应用程序，命名为 UseGroupByAndCount。

（2）在窗体上添加一个按钮控件、一个 ADO Data 控件和一个 DataGrid 控件，为 ADO Data 控件添加成员变量 m_Adodc。

（3）主要代码如下：

```
void CUseGroupByAndCountDlg::OnButton1()
{
    m_Adodc.SetRecordSource("select 所在学院,count(所在学院) as 学生数量 from tb_Student group by 所在学院");
    m_Adodc.Refresh();
}
```

■秘笈心法

心法领悟 400：统计学生表中男生、女生的人数。

数据查询过程中，使用 GROUP BY 子句可以对多列数据进行分组，也可以使用聚合函数对分组信息进行统计，下面使用 GROUP BY 子句和 COUNT 聚合函数对学生表中的信息进行分组，并统计学生表中男生和女生的人数，代码如下：

```
SELECT
性别,
COUNT(性别)
AS 人数
FROM
tb_Student
GROUP BY
性别
```

实例 401　查询大于平均值的所有数据

光盘位置：光盘\MR\10\401　　　　　　　中级　趣味指数：★★★★

■ 实例说明

数据库应用程序开发中，经常需要查询某个数据列的平均值，使用聚合函数 AVG 可以轻松地实现此功能。本实例中使用 AVG 聚合函数实现了查询成绩表中高数成绩大于高数平均成绩的所有学生信息的功能。在应用程序窗体中，单击"查询"按钮后，将会显示高数成绩大于高数平均成绩的学生信息。实例运行效果如图 10.221 所示。

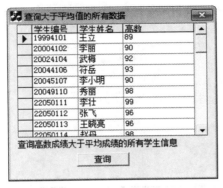

图 10.221　查询大于平均值的所有数据

■ 关键技术

本实例实现的关键是如何查询大于平均值的所有数据，下面对其进行详细讲解。
数据查询过程中可以在子查询中使用聚合函数。如图 10.222 所示。

图 10.222　查询学生高数成绩大于高数平均成绩的学生信息

从图 10.222 中可以看到，首先在子查询中使用了 AVG 聚合函数，得到了成绩表中高数的平均成绩，然后查询成绩表中学生高数成绩大于高数平均成绩的学生信息。

■ 设计过程

（1）打开 Visual C++ 6.0 开发环境，新建一个基于对话框的应用程序，命名为 UseAVG。
（2）在窗体上添加一个按钮控件、一个 ADO Data 控件和一个 DataGrid 控件，为 ADO Data 控件添加成员变量 m_Adodc。

（3）主要代码如下：
```
void CUseAVGDlg::OnButton1()
{
    m_Adodc.SetRecordSource("select 学生编号,学生姓名,高数 from tb_Grade where 高数> (select avg(高数) from tb_Grade)");
    m_Adodc.Refresh();
}
```

■ 秘笈心法

心法领悟 401：查询学生表中年龄大于平均年龄的学生。

AVG 聚合函数可以求出指定数据列中数值的平均值。下面的 SQL 语句中使用了 AVG 聚合函数查询学生表中学生年龄大于平均年龄的学生，代码如下：

```
SELECT
学生编号,学生姓名,
(SELECT AVG(年龄) FROM tb_Student) AS 平均年龄,
年龄
FROM
tb_Student
WHERE
年龄
>
(
SELECT
AVG(年龄)
FROM
tb_Student
)
ORDER BY 年龄
```

实例 402　获取无重复或者不为空的所有记录

光盘位置：光盘\MR\10\402

初级
趣味指数：★★★★★

■ 实例说明

数据表中存放着大量的数据，怎样在数据表中查询到不重复或不为空的记录数量呢？本实例中实现了在学生表中查询学生家庭住址无重复或不为空的记录数量。在应用程序窗体中，单击"查询"按钮，将会在数据表中查询指定的记录数量，并在 DataGridView 控件中显示。实例运行效果如图 10.223 所示。

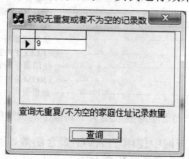

图 10.223　获取无重复或者不为空的记录数

■ 关键技术

本实例实现的关键是如何使用 SELECT 语句查询无重复或者不为空的记录数量，下面对其进行详细讲解。
在 SELECT 查询语句中通过 COUNT 聚合函数可以统计记录数量，如图 10.224 所示。

```
SELECT————————————————————SELECT关键字
COUNT(DISTINCT 家庭住址)——————使用聚合函数得到记录数量
FROM—————————————————————FROM关键字
tb_Student——————————————————数据表
WHERE————————————————————WHERE关键字
NOT——————————————————————NOT运算符
(家庭住址 IS NULL————————————家庭住址为空
OR————————————————————————OR运算符
家庭住址='')————————————————家庭住址为空字符串
```

图 10.224　COUNT 聚合函数的使用

从图 10.224 中可以看到，在 FROM 子句中设置了将要查询的数据表，在 WHERE 子句中设置了查询条件，查询家庭住址不为空（NULL）或空字符串的记录，然后通过 COUNT 聚合函数统计家庭住址的数量，在 COUNT 聚合函数中使用 DISTINCT 关键字的目的是用于去除重复记录。

设计过程

（1）打开 Visual C++ 6.0 开发环境，新建一个基于对话框的应用程序，命名为 NotNull。

（2）在窗体上添加一个按钮控件、一个 ADO Data 控件和一个 DataGrid 控件，为 ADO Data 控件添加成员变量 m_Adodc。

（3）主要代码如下：

```cpp
void CNotNullDlg::OnButton1()
{
    m_Adodc.SetRecordSource("select count(distinct 家庭住址)from tb_Student where not (家庭住址 is null)or 家庭住址=''");
    m_Adodc.Refresh();
}
```

秘笈心法

心法领悟 402：使用 DISTINCT 去除重复信息。

DISTINCT 关键字用于去除重复值，同时也有简单的排序功能，但是 DISTINCT 的排序并不是十分可靠的，如果需要对查询结果排序，应当使用 ORDER BY 子句根据指定的数据列排序。下面的代码中使用 DISTINCT 去除了学生表中重复的所在学院数据列中的信息：

```
SELECT
DISTINCT
所在学院
FROM
tb_Student
```

实例 403　随机查询求和

光盘位置：光盘\MR\10\403　　中级　趣味指数：★★★★★

实例说明

程序设计过程中经常会用到随机数，通过 Random 对象的 Next 方法可以得到指定范围内的随机数。在数据查询过程中怎样实现随机查询呢？本实例中实现了在成绩表中根据随机产生的两个或 3 个学生编号查询学生信息，并使用 SUM 聚合函数求出学生高数总分。实例运行效果如图 10.225 所示。

关键技术

本实例实现的关键是如何使用 RAND 函数产生随机数，下面对其进行详细讲解。

使用 RAND 函数可以生成大于 0 小于 1 的随机小数，如图 10.226 所示。

图 10.225 随机查询求和

图 10.226 RAND 函数的使用

从图 10.226 中可以看到,在查询语句中使用 IN 运算符引入了子查询,在子查询中得到了 3 个随机学生编号,主查询会根据子查询得到的随机学生编号查询学生成绩,并使用 SUM 聚合函数计算学生高数的总成绩。

在子查询中得到随机学生编号的方法很简单,首先使用 RAND 函数得到大于 0 小于 1 的随机小数并与 10 相乘,得到了大于 0 小于 10 的小数数值,然后使用 FLOOR 函数将小数数值向下取整,得到 0~9 的数值,最后将 0~9 的数值与指定的学生编号基数相加就得到了查询中所使用的学生编号。

设计过程

(1) 打开 Visual C++ 6.0 开发环境,新建一个基于对话框的应用程序,命名为 UseRandom。

(2) 在窗体上添加一个按钮控件、一个 ADO Data 控件和一个 DataGrid 控件,为 ADO Data 控件添加成员变量 m_Adodc。

(3) 主要代码如下:

```
void CUseRandomDlg::OnButton1()
{
    m_Adodc.SetRecordSource("SELECT COUNT(学生编号) AS 学生数量,SUM(高数) AS 高数总分数 FROM tb_Grade WHERE 学生编号 IN (SELECT FLOOR(RAND()*10)+22050110 as 随机数 UNION SELECT FLOOR(RAND()*10)+22050110 UNION SELECT FLOOR(RAND()*10)+22050110)");
    m_Adodc.Refresh();
}
```

秘笈心法

心法领悟 403：查询成绩表中高数科目的总成绩。

SUM 聚合函数可以对指定数据列中的数值执行求和操作，下面的代码中将会查询成绩表中高数科目的总成绩：

```
SELECT
SUM(高数)
FROM
tb_Grade
```

实例 404　统计某个值出现的次数
光盘位置：光盘\MR\10\404　　趣味指数：★★★★★　中级

实例说明

在数据查询过程中，经常会根据某个值作为判断条件查询数据表中的记录。本实例中将会根据指定的数值作为判断条件，查询符合此条件的记录的数量。在应用程序窗体中，首先在编辑框控件中输入学生的年龄，然后查询此年龄学生的数量，并在 DataGridView 控件中显示。实例运行效果如图 10.227 所示。

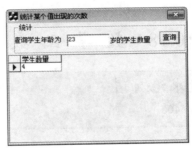

图 10.227　统计某个值出现的次数

关键技术

本实例实现的关键是如何使用 COUNT 聚合函数统计某个数值出现的次数，下面对其进行详细讲解。

使用 COUNT 聚合函数可以统计记录的数量，那么怎样统计某个数值出现的次数呢？如图 10.228 所示。

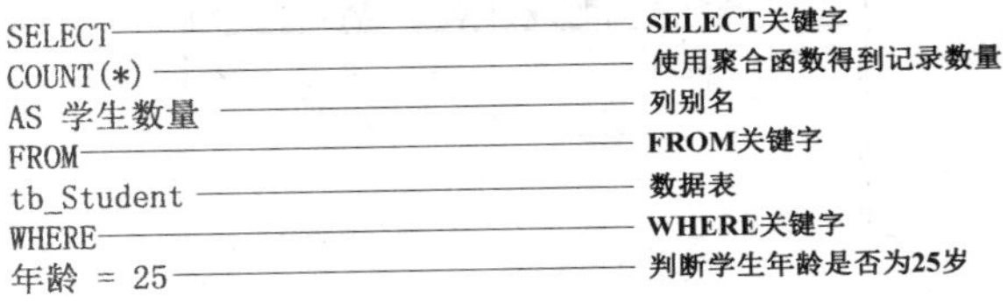

```
SELECT                    ——— SELECT关键字
COUNT(*)                  ——— 使用聚合函数得到记录数量
AS 学生数量               ——— 列别名
FROM                      ——— FROM关键字
tb_Student                ——— 数据表
WHERE                     ——— WHERE关键字
年龄 = 25                 ——— 判断学生年龄是否为25岁
```

图 10.228　COUNT 聚合函数的使用

从图 10.228 中可以看到，在 FROM 子句中设置了将要查询的学生表，在 WHERE 子句中设置了查询条件，查询年龄为 25 岁的学生信息，在 SELECT 子句中使用了 COUNT 聚合函数，此聚合函数用于统计年龄为 25 岁的学生数量。

设计过程

（1）打开 Visual C++ 6.0 开发环境，新建一个基于对话框的应用程序，命名为 GetCount。

（2）在窗体上添加一个编辑框控件、一个按钮控件、一个 ADO Data 控件和一个 DataGrid 控件，为 ADO Data 控件添加成员变量 m_Adodc。

（3）主要代码如下：

```
void CGetCountDlg::OnButton1()
{
    UpdateData(TRUE);
    CString str;
    str="select count(*) as 学生数量  from tb_Student where 年龄 = '"+m_Edit+"'";
    m_Adodc.SetRecordSource(str);
    m_Adodc.Refresh();
}
```

■ 秘笈心法

心法领悟 404：统计学生成绩表中外语成绩大于 90 分的学生人数。

COUNT 聚合函数用于得到记录数量，实例中使用了 COUNT 聚合函数统计学生成绩表中外语成绩大于 90 分的学生人数，在分组查询中也可以方便地使用 COUNT 聚合函数，统计分组中的记录数量。在下面的代码中使用了 COUNT 聚合函数统计学生成绩表中外语成绩大于 90 分的学生人数，代码如下：

```
SELECT
COUNT(外语) AS 人数
FROM
tb_Grade
WHERE 外语 > 90
```

10.18　数　学　函　数

实例 405　使用 ABS 函数求绝对值

光盘位置：光盘\MR\10\405　　　　　趣味指数：★★★★☆

■ 实例说明

数据库中存储着大量的数据信息，其中包括数值、字符串及二进制等类型的数据，那么怎样在数据查询中得到数值类型数据的绝对值呢？本实例中将会介绍如何在查询语句中得到指定数值的绝对值。实例运行效果如图 10.229 所示。

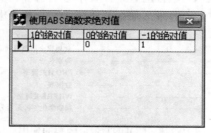

图 10.229　使用 ABS 函数求绝对值

■ 关键技术

本实例实现的关键是如何求出数值的绝对值，下面对其进行详细讲解。

数据查询过程中，使用 ABS 函数可以获得指定数值的绝对值，如图 10.230 所示。

```
SELECT ─────────────── SELECT关键字
myvalue ─────────────── 数据列
AS 数值, ─────────────── 列别名
ABS(myvalue) ─────────── 使用ABS函数求绝对值
AS 求绝对值后 ─────────── 列别名
FROM ─────────────── FROM关键字
tb_Value ─────────────── 数据表
```

图 10.230　ABS 函数的使用方法

从图 10.230 中可以看到，在 SELECT 语句中使用了 ABS 函数，ABS 函数会根据指定数据列中的数值计算其绝对值。函数语法如下：

```
ABS(numeric_expression)
```

参数说明：

numeric_expression：精确数字或近似数字数据类型类别的表达式（bit 数据类型除外），返回与 numeric_expression 相同的类型。

设计过程

（1）打开 Visual C++ 6.0 开发环境，新建一个基于对话框的应用程序，命名为 Abs。
（2）在工程中添加一个窗体，设置窗体的 Caption 属性为"使用 ABS 函数求绝对值"。
（3）在窗体上添加一个 ADO Data 控件和一个 DataGrid 控件。
（4）在 ADO Data 控件属性窗口的"记录源"选项卡中添加的 SQL 语句如下：

```
SELECT ABS(1) AS "1 的绝对值",ABS(0) AS "0 的绝对值",ABS(-1) AS "-1 的绝对值"
```

秘笈心法

心法领悟 405：计算字符在字符串中出现的次数。

可以使用 LEN 函数与 REPLACE 函数计算字符在字符串中出现的次数。

例如，计算"pp"在"Happy apply"中出现的次数，代码如下：

```
PRINT '字符串长度：'
PRINT LEN('Happy apply')
PRINT '子串长度：'
PRINT LEN(REPLACE('Happy apply','pp',''))
PRINT '出现的次数为：'
PRINT (LEN('Happy apply')-LEN(REPLACE('Happy apply','pp','')) )/ LEN('pp')
```

实例 406　CEILING 函数的应用

光盘位置：光盘\MR\10\406　　　　　　　　初级　趣味指数：★★★★☆

实例说明

在进行数据查询时，经常会遇到一种情况，需要对查询到的非整型数值进行取整。怎样实现对非整型数值取整呢？本实例中将会介绍一种方法，可以方便地查询数据库中的数据，并对非整型数值进行取整操作。本实例计算的分别是大于等于 1.23、1 和-1.23 的最小整数。实例运行效果如图 10.231 所示。

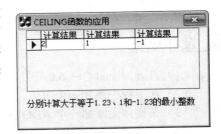

图 10.231　CEILING 函数的应用

关键技术

使用 CEILING 函数可以返回大于或等于指定表达式的最小整数。函数语法如下：

CEILING (numeric_expression)

参数说明：

numeric_expression：是精确数字或近似数字数据类型类别的表达式（bit 数据类型除外）。其返回值的数据类型为与 numeric_expression 相同的类型。

设计过程

（1）打开 Visual C++ 6.0 开发环境，新建一个基于对话框的应用程序，命名为 Ceiling。
（2）在工程中添加一个窗体，设置窗体的 Caption 属性为"CEILING 函数的应用"。
（3）在窗体上添加一个 ADO Data 控件和一个 DataGrid 控件。
（4）在 ADO Data 控件属性窗口的"记录源"选项卡中添加的 SQL 语句如下：

SELECT CEILING (1.23)AS 计算结果,CEILING (1)AS 计算结果,CEILING (-1.23) AS 计算结果

秘笈心法

心法领悟 406：对数值向上取整。

数据查询过程中，有时会需要对指定的小数数值进行取整操作，本实例中已经介绍了一个简单、有效的函数对小数数值进行取整，CEILING 函数会对指定的小数数值进行向上取整。

实例 407　FLOOR 函数的应用

光盘位置：光盘\MR\10\407　　　　　　　　　　初级　趣味指数：★★★★★

实例说明

本实例计算的分别是小于等于 1.23、-1.23 和$123.45 的最大整数。实例运行效果如图 10.232 所示。

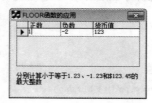

图 10.232　FLOOR 函数的应用

关键技术

使用 FLOOR 函数可以返回小于或等于指定表达式的最大整数。函数语法如下：

FLOOR (numeric_expression)

参数说明：

numeric_expression：精确数字或近似数字数据类型类别的表达式（bit 数据类型除外）。

设计过程

（1）打开 Visual C++ 6.0 开发环境，新建一个基于对话框的应用程序，命名为 Floor。
（2）在工程中添加一个窗体，设置窗体的 Caption 属性为"FLOOR 函数的应用"。
（3）在窗体上添加一个 ADO Data 控件和一个 DataGrid 控件。
（4）在 ADO Data 控件属性窗口的"记录源"选项卡中添加的 SQL 语句如下：

SELECT FLOOR(1.23) AS　正数, FLOOR(-1.23) AS　负数, FLOOR($123.45) AS　货币值

秘笈心法

心法领悟 407：对数值向下取整。

数据查询过程中，有时会需要对指定的小数数值进行取整操作，本实例中介绍了一个简单有效的函数对小数数值进行取整，FLOOR 函数会对指定的小数数值进行向下取整。

实例 408　EXP 函数的应用

光盘位置：光盘\MR\10\408

初级　趣味指数：★★★★★

实例说明

EXP 函数用于返回指定的 float 表达式的指数值。程序运行效果如图 10.233 所示。

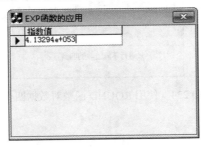

图 10.233　EXP 函数的应用

关键技术

本实例用到 EXP 函数，该函数是以 e 为底的指数函数，即对 e 的自乘（e 是一个参数表达式中常用的数学常数）。函数语法如下：

```
EXP ( float_expression )
```

参数说明：

float_expression：是一个 float 类型的表达式，其返回值的类型为 float。

设计过程

（1）打开 Visual C++ 6.0 开发环境，新建一个基于对话框的应用程序，命名为 EXP。

（2）在工程中添加一个窗体，设置窗体的 Caption 属性为 "EXP 函数的应用"。

（3）在窗体上添加一个 ADO Data 控件和一个 DataGrid 控件。

（4）在 ADO Data 控件属性窗口的 "记录源" 选项卡中添加的 SQL 语句如下：

```
DECLARE @var float
SET @var = 123.456
SELECT CONVERT(varchar,EXP(@var)) AS 指数值
```

秘笈心法

心法领悟 408：判断销售金额是否为数值。

数据查询过程中，使用 ISNUMERIC 函数可以判断指定数据列中的数据是否为数值，代码如下：

```
SELECT
金额,
CASE WHEN ISNUMERIC(金额)=1
THEN '是数值'
```

ELSE '不是数值' END
FROM tb_Book

实例 409　使用 ROUND 函数对数据四舍五入

光盘位置：光盘\MR\10\409　　趣味指数：初级 ★★★★☆

■ 实例说明

程序设计过程中，经常需要将指定的数值进行四舍五入运算。运算时，首先要确定小数部分精确到哪一位，然后进行四舍五入。在数据库查询中，也可以使用相应的方法简单、方便地对数值进行取舍操作。本实例中将会介绍如何在 SEELCT 语句中对指定数据列中的数值进行四舍五入。实例运行效果如图 10.234 所示。

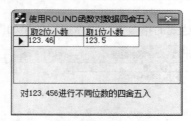

图 10.234　使用 ROUND 函数对数据四舍五入

■ 关键技术

使用 ROUND 函数可以将数字表达式四舍五入为指定的长度或精度。函数语法如下：
ROUND (numeric_expression , length [, function])
参数说明：

❶numeric_expression：精确数字或近似数字数据类型类别的表达式（bit 数据类型除外）。

❷length：为四舍五入的精度。length 必须是 tinyint、smallint 或 int。当 length 为正数时，numeric_expression 四舍五入为 length 所指定的小数位数。当 length 为负数时，numeric_expression 则按 length 所指定的在小数点的左边四舍五入。

❸function：是要执行的操作类型。

■ 设计过程

（1）打开 Visual C++ 6.0 开发环境，新建一个基于对话框的应用程序，命名为 Round。
（2）在工程中添加一个窗体，设置窗体的 Caption 属性为"使用 ROUND 函数对数据四舍五入"。
（3）在窗体上添加一个 ADO Data 控件和一个 DataGrid 控件。
（4）在 ADO Data 控件属性窗口的"记录源"选项卡中添加的 SQL 语句如下：
SELECT ROUND(123.456,2) AS "取 2 位小数",ROUND(123.456,1) AS "取 1 位小数"

■ 秘笈心法

心法领悟 409：何种方法可以连接字符串？

可以使用"+"运算符连接字符串。字符串运算符"+"用来强制将两个表达式做字符串连接。"+"也可以用来求两数之和。但是，"+"运算符两边的表达式中的数据类型不一致时会报错。"+"用于两个字符串时标识字符串连接。

字符串连接运算符可以操作的数据类型包括 char、varchar、text、nchar、nvarchar 和 ntext。

实例 410　使用 POWER 函数计算乘方

光盘位置：光盘\MR\10\410

初级
趣味指数：★★★★

实例说明

程序设计过程中，经常需要进行乘方运算。在数据库查询中，也可以使用相应的方法简单、方便地对数值进行乘方操作。本实例中将会使用 POWER 函数实现对指定数值的指定次方运算。实例运行效果如图 10.235 所示。

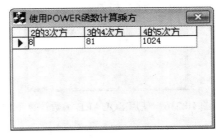

图 10.235　使用 POWER 函数计算乘方

关键技术

使用 POWER 函数可以获得将指定的表达式的指定次方值。函数语法如下：
POWER (numeric_expression, y)
参数说明：
❶numeric_expression：是精确数字或近似数字数据类型类别的表达式（bit 数据类型除外）。
❷y：是表达式的乘方，y 可以是精确数字或近似数字数据类型类别的表达式（bit 数据类型除外）。

设计过程

（1）打开 Visual C++ 6.0 开发环境，新建一个基于对话框的应用程序，命名为 Power。
（2）在工程中添加一个窗体，设置窗体的 Caption 属性为"使用 POWER 函数计算乘方"。
（3）在窗体上添加一个 ADO Data 控件和一个 DataGrid 控件。
（4）在 ADO Data 控件属性窗口的"记录源"选项卡中添加的 SQL 语句如下：
SELECT POWER(2,3)AS "2 的 3 次方",POWER(3,4)AS "3 的 4 次方",POWER(4,5) AS "4 的 5 次方"

秘笈心法

心法领悟 410：使用 LOG10 函数。
下面举例说明 LOG10 函数的使用方法，例如，计算给定变量的 LOG10。
DECLARE @var float
SET @var = 145.175643
SELECT 'The LOG10 of the variable is: ' + CONVERT(varchar,LOG10(@var))
其结果集如下：
The LOG10 of the variable is: 2.16189

实例 411　使用 SQUARE 函数计算平方

光盘位置：光盘\MR\10\411　　初级　　趣味指数：★★★★★

实例说明

程序设计过程中，经常需要进行平方运算。在数据库查询中，也可以使用相应的方法简单、方便地对数值进行平方操作。本实例中将使用 SQUARE 函数实现对指定数值的平方运算。实例运行效果如图 10.236 所示。

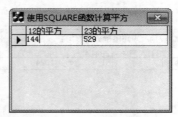

图 10.236　使用 SQUARE 函数计算平方

关键技术

使用 SQUARE 函数可以返回指定表达式的平方。函数语法如下：

SQUARE (float_expression)

参数说明：

float_expression：是 float 类型的表达式。

设计过程

（1）打开 Visual C++ 6.0 开发环境，新建一个基于对话框的应用程序，命名为 Square。
（2）在工程中添加一个窗体，设置窗体的 Caption 属性为"使用 SQUARE 函数计算平方"。
（3）在窗体上添加一个 ADO Data 控件和一个 DataGrid 控件。
（4）在 ADO Data 控件属性窗口的"记录源"选项卡中添加的 SQL 语句如下：

SELECT SQUARE(12) AS "12 的平方",SQUARE(23) AS "23 的平方"

秘笈心法

心法领悟 411：使用 FLOOR 函数。

FLOOR 函数用于返回小于或等于所给数字表达式的最大整数。例如，说明正数、负数和货币值在 FLOOR 函数中的运用，其 SQL 语句如下：

SELECT FLOOR(123.45) AS 正数, FLOOR(-123.45) AS 负数, FLOOR($123.45) AS 货币值

实例 412　使用 SQRT 函数计算平方根

光盘位置：光盘\MR\10\412　　初级　　趣味指数：★★★★★

实例说明

本实例介绍一个计算平方根的函数，使用 SQRT 函数可以计算数据的平方根。程序运行效果如图 10.237 所示。

第 10 章 SQL 查询

图 10.237　使用 SQRT 函数计算平方根

■ 关键技术

使用 SQRT 函数可以返回指定表达式的平方根。函数语法如下：
SQRT(float_expression)
参数说明：
float_expression：是 float 类型的表达式，其返回值的类型为 float 型。

■ 设计过程

（1）打开 Visual C++ 6.0 开发环境，新建一个基于对话框的应用程序，命名为 Sqrt。
（2）在工程中添加一个窗体，设置窗体的 Caption 属性为"使用 SQRT 函数计算平方根"。
（3）在窗体上添加一个 ADO Data 控件和一个 DataGrid 控件。
（4）在 ADO Data 控件属性窗口的"记录源"选项卡中添加的 SQL 语句如下：
SELECT SQRT(12) AS "12 的平方根",SQRT(25) AS "25 的平方根"

■ 秘笈心法

心法领悟 412：使用 CEILING 函数。
例如，显示使用 CEILING 函数的正数、负数和零值。其 SQL 语句如下：
SELECT CEILING($123.45) AS 正数, CEILING($-123.45) AS 负数, CEILING($0.0) AS 零值

实例 413　使用 RAND 函数取随机浮点数

光盘位置：光盘\MR\10\413　　　　　　　　　　　　　　　　　初级　趣味指数：★★★★☆

■ 实例说明

本实例使用 RAND 函数取 0～1 之间的随机浮点数。程序运行效果如图 10.238 所示。

图 10.238　使用 RAND 函数取随机浮点数

583

关键技术

使用 RAND 函数可以返回 0～1 之间的随机 float 数。函数语法如下：
RAND([Seed])
参数说明：
Seed：给出种子值或起始值的整型表达式（tinyint、smallint 或 int）。

设计过程

（1）打开 Visual C++ 6.0 开发环境，新建一个基于对话框的应用程序，命名为 Rand。
（2）在工程中添加一个窗体，设置窗体的 Caption 属性为"使用 RAND 函数取随机浮点数"。
（3）在窗体上添加一个 ADO Data 控件和一个 DataGrid 控件。
（4）在 ADO Data 控件属性窗口的"记录源"选项卡中添加的 SQL 语句如下：
SELECT RAND()AS "随机数 1",RAND()AS "随机数 2"

秘笈心法

心法领悟 413：使用 RAND 函数。
可使用 RAND 函数产生随机数值。

实例 414　使用 PI 函数（圆周率）

光盘位置：光盘\MR\10\414　　　初级　趣味指数：★★★★☆

实例说明

本实例使用 PI 函数求半径为 5 的圆面积。程序运行效果如图 10.239 所示。

图 10.239　使用 PI 函数（圆周率）

关键技术

使用 PI 函数可以获得一个圆周率的常量值。

设计过程

（1）打开 Visual C++ 6.0 开发环境，新建一个基于对话框的应用程序，命名为 Pi。
（2）在工程中添加一个窗体，设置窗体的 Caption 属性为"使用 PI 函数（圆周率）"。
（3）在窗体上添加一个 ADO Data 控件和一个 DataGrid 控件。
（4）在 ADO Data 控件属性窗口的"记录源"选项卡中添加的 SQL 语句如下：
SELECT 5*5*PI() AS　圆面积

秘笈心法

心法领悟 414：使用 DATEPART 函数。

通过 DATEPART 函数可返回当前日期的月份信息，SQL 语句如下：
SELECT DATEPART(MONTH,GETDATE()) AS 当前月份

10.19 SQL 相关技术

实例 415　格式化金额

光盘位置：光盘\MR\10\415　　　　　初级　趣味指数：★★★★☆

实例说明

使用 CONVERT 函数对数据表中的金额字段的数据类型进行转换，从而实现格式化金额。程序运行效果如图 10.240 所示。

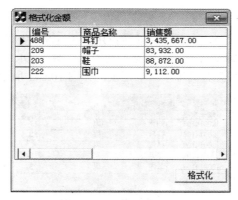

图 10.240　格式化金额

关键技术

本实例主要用到了 CONVERT 函数，CONVERT 函数语法如下：
CONVERT (data_type[(length)], expression [, style])
参数说明：

❶data_type：目标系统所提供的数据类型，包括 bigint 和 sql_variant。不能使用用户定义的数据类型。有关可用的数据类型的更多信息，请参见数据类型。

❷length：nchar、nvarchar、char、varchar、binary 或 varbinary 数据类型的可选参数。

❸style：格式样式。

设计过程

（1）打开 Visual C++ 6.0 开发环境，新建一个基于对话框的应用程序，命名为 Money。

（2）在工程中添加一个窗体，设置窗体的 Caption 属性为"格式化金额"。

（3）在窗体上添加一个按钮控件、一个 ADO Data 控件和一个 DataGrid 控件，为 ADO Data 控件添加成员变量 m_Adodc。

（4）主要代码如下：
```
void CMoneyDlg::OnButton1()
{
    m_Adodc.SetRecordSource("select 编号,商品名称,convert(varchar(20),单价,1)as 单价,数量,销售时间 from money");
    m_Adodc.Refresh();
}
```

■ 秘笈心法

心法领悟 415：将数字转换为 money 类型。

定义一个 money 类型的变量，调用 CONVERT 函数为该变量赋值，然后使用 CONVERT 函数以指定格式（小数点左侧每三位数字之间以逗号分隔，小数点右侧取两位数）显示货币类型的数据。

```
DECLARE @varmoney money
SET @varmoney = CONVERT(money,'200089.564')
SELECT CONVERT(VARCHAR, @varmoney,1)
```

实例 416　随机显示数据表中的记录
光盘位置：光盘\MR\10\416　　　　　　　　　　初级　趣味指数：★★★★☆

■ 实例说明

在 SQL Server 中，更改记录集显示顺序，可以使用 ORDER BY 关键字，该关键字可以按某个字段进行排序，NewID 函数用于创建一个唯一标识符类型的数据，利用该函数与 ORDER BY 语句组合，能够实现随机排序记录。每次单击"显示"按钮，都会随机排序表中记录，如图 10.241 所示。

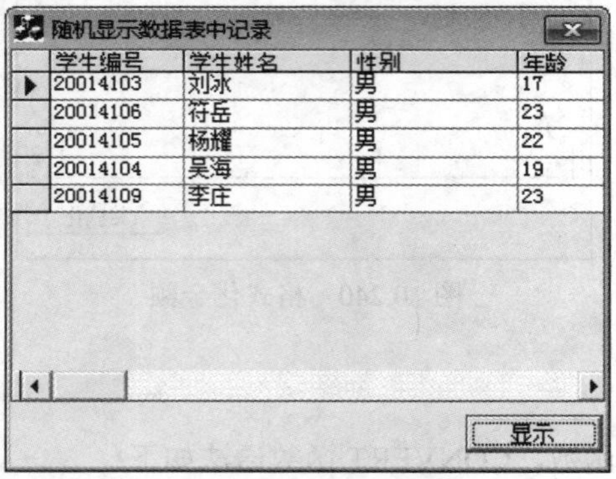

图 10.241　随机显示数据表中记录

■ 关键技术

本实例用 ORDER BY 关键字和 NewID 函数实现随机排序，如 order by newid()。

■ 设计过程

（1）打开 Visual C++ 6.0 开发环境，新建一个基于对话框的应用程序，命名为 Random。
（2）在工程中添加一个窗体，设置窗体的 Caption 属性为"随机显示数据表中记录"。
（3）在窗体上添加一个按钮控件、一个 ADO Data 控件和一个 DataGrid 控件，为 ADO Data 控件添加成员变量 m_Adodc。
（4）主要代码如下：
```
void CRandomDlg::OnButton1()
```

```
{
    m_Adodc.SetRecordSource("select * from money order by newid()");
    m_Adodc.Refresh();
}
```

■ 秘笈心法

心法领悟 416：利用查询结果集生成表。

为了详细描述事物的本质，在数据表中需要设计多个字段。但是，查询时一般只针对几个关键列进行操作。这时，就可以将关键列单独存储到另一个数据表或临时表中。这样不仅方便查询，还能提高访问速度。可以使用 SELECT INTO 语句实现将查询结果集插入到新表或临时表中。

实例 417 利用 HAVING 子句过滤分组数据
光盘位置：光盘\MR\10\417
中级
趣味指数：★★★★☆

■ 实例说明

查询时经常需要过滤掉一组数据，以获取满足条件的精确数据。本实例查询学生表，同时使用 GROUP BY 子句与 HAVING 子句以按照所在学院、学生姓名及年龄对数据进行分组并过滤分组数据，在 HAVING 子句中定义子查询，查询年龄大于平均年龄的学生信息。实例运行效果如图 10.242 所示。

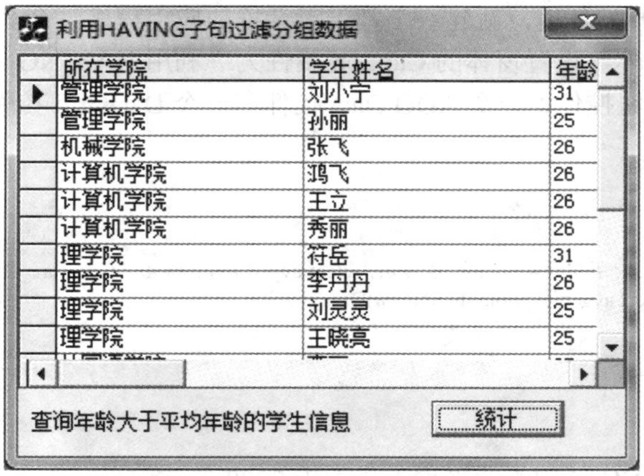

图 10.242　利用 HAVING 子句过滤分组数据

■ 关键技术

本实例实现的关键是如何在 HAVING 子句中使用子查询过滤数据，下面对其进行详细讲解。

数据查询过程中，可以在查询语句的 HAVING 子句中使用子查询过滤数据，如图 10.243 所示。

从图 10.243 中可以看到，在 SELECT 语句的 HAVING 子句中使用了子查询过滤数据记录，查询学生表中学生年龄大于平均学生年龄的学生信息。首先在子查询中使用 AVG 聚合函数得到学生平均年龄，然后在 HAVING 子句中判断学生年龄大于平均年龄的学生信息。

◆)) **注意**：HAVING 只能与 SELECT 语句一起使用。通常在 GROUP BY 子句中使用它。如果不使用 GROUP BY 子句，HAVING 的行为与 WHERE 子句一样。

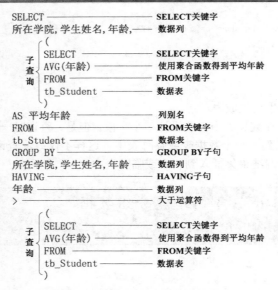

图 10.243　HAVING 子句中使用子查询

设计过程

（1）打开 Visual C++ 6.0 开发环境，新建一个基于对话框的应用程序，命名为 Having。

（2）在工程中添加一个窗体，设置窗体的 Caption 属性为"利用 HAVING 子句过滤分组数据"。

（3）在窗体上添加一个按钮控件、一个 ADO Data 控件和一个 DataGrid 控件，为 ADO Data 控件添加成员变量 m_Adodc。

（4）主要代码如下：

```
void CHavingDlg::OnButton1()
{
    m_Adodc.SetRecordSource("select 所在学院,学生姓名,年龄,(select avg(年龄)from tb_Student)as 平均年龄 from tb_Student group by 所在学院,学生姓名,年龄 having 年龄>(select avg(年龄)from tb_Student)");
    m_Adodc.Refresh();
}
```

秘笈心法

心法领悟 417：使用 HAVING 子句查找平均工资大于 2000 的部门号。

在 emp 员工表中，首先通过分组的方式计算出每个部门的平均工资，然后再通过 HAVING 子句过滤出平均工资大于 2000 的记录信息。查询语句如下：

```
SELECT deptno as 部门编号,avg(sal) as 平均工资
FROM emp
GROUP BY deptno
HAVING avg(sal) > 2000 ;
```

实例 418　追加查询结果到已存在的表

光盘位置：光盘\MR\10\418　　　中级　　趣味指数：★★★★☆

实例说明

利用 INSERT INTO 语句可以将一个或多个表中被选择的数据添加到目标表中。利用 INSERT INTO 语句，将一个或多个表中被选择的数据添加到目标表中。实例运行效果如图 10.244 所示。

第 10 章 SQL 查询

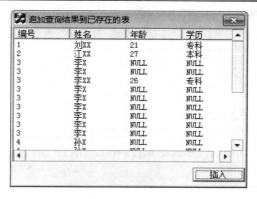

图 10.244　追加查询结果到已存在的表

▍关键技术

本实例主要用到了 INSERT INTO 语句，INSERT INTO 语句的语法如下：

多重记录追加查询：

INSERT INTO target [IN externaldatabase] [(field1[, field2[, ...]])]
SELECT [source.]field1[, field2[, ...]
FROM tableexpression

单一记录追加查询：

INSERT INTO target [(field1[, field2[, ...]])]
Values(value1[, value2[, ...]]

参数说明如表 10.7 所示。

表 10.7　INSERT INTO 语句的参数说明

参数	说　　明
target	欲追加记录的表或查询的名称
externaldatabase	外部数据库路径。对于路径的描述，请参阅 IN 子句
source	复制记录的来源表或查询的名称
field1, field2	如果后面跟的是 target 参数，则为要追加数据的字段名；如果后面跟的是 source 参数，则为从其中获得数据的字段名
tableexpression	从其中得到要插入的记录的表名。此参数可以是一个单一表名称，或由 INSERT JOIN、LEFT JOIN 或 RIGHT JOIN 运算合成的结果，或一个已保存的查询
value1, value2	欲插入新记录的特定字段的值。每一个值将依照它在列表中的位置，顺序插入相关字段：value1 将被插入至追加记录的 field1 之中，value2 插入至 field2，依此类推。必须使用逗号将这些值分隔，并且将文本字段用引号括起来

▍设计过程

（1）打开 Visual C++ 6.0 开发环境，新建一个基于对话框的应用程序，命名为 InsertInto。
（2）在工程中添加一个窗体，设置窗体的 Caption 属性为"追加查询结果到已存在的表"。
（3）在窗体上添加一个按钮控件和一个列表视图控件。
（4）主要代码如下：

```
void CInsertIntoDlg::OnButton1()
{
    OnInitADOConn();
    CString sql;
    sql = "insert into employees(编号,姓名) select 编号, 姓名 from laborage where 基本工资 >1000";
```

```
m_pConnection->Execute((_bstr_t)sql,NULL,adCmdText);
m_pConnection->Close();
m_Grid.DeleteAllItems();
AddToGrid();
}
```

秘笈心法

心法领悟 418：使用特定格式插入日期值。

当增加日期数据时，默认情况下日期值必须匹配于日期格式和日期语言，否则再插入数据时会增加错误信息。如果希望使用习惯方式插入日期数据，那么必须使用 TO_DATE 函数进行转换，代码如下：

```
INSERT INTO emp (empno,ename,job,hiredate)
VALUES1356,('MARY','CLERK',
TO_DATE('1983-10-20', 'YYYY-MM-DD');
```

实例 419　把查询结果生成表

光盘位置：光盘\MR\10\419　　　　中级　趣味指数：★★★★★

实例说明

本实例是把查询到的年龄小于 24 的员工生成在一张新的数据表中。程序运行效果如图 10.245 所示。

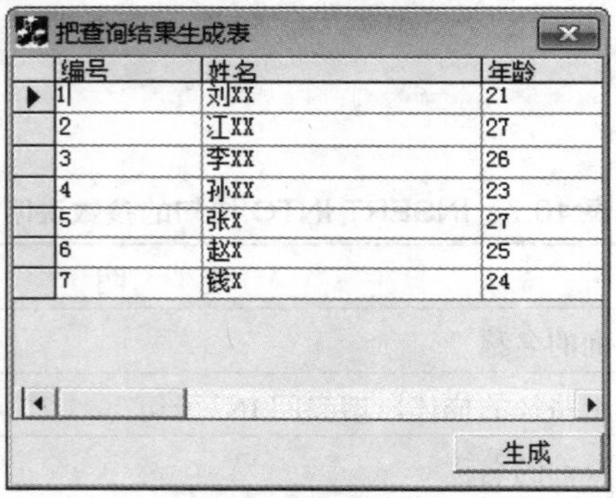

图 10.245　把查询结果生成表

关键技术

使用 SELECT INTO 语句可以用查询结果创建一个新表。语法如下：

`[ SELECT value1,value2 into new_table from old_table ]`

参数说明：

new_table：要求新表 new_table 不存在，因为在插入时会自动创建表 new_table，并将 old_table 中指定字段（value1，value2 等）数据复制到 new_table 中。

设计过程

（1）打开 Visual C++ 6.0 开发环境，新建一个基于对话框的应用程序，命名为 SelectInto。
（2）在工程中添加一个窗体，设置窗体的 Caption 属性为"把查询结果生成表"。
（3）在窗体上添加一个按钮控件、一个 ADO Data 控件和一个 DataGrid 控件，为 ADO Data 控件添加成员变量 m_Adodc。
（4）主要代码如下：

```
void CSelectIntoDlg::OnButton1()
```

```
{
    try
    {
        //创建连接对象实例
        m_pConnection.CreateInstance("ADODB.Connection");
        //设置连接字符串
        CString strConnect="Provider=SQLOLEDB.1;Integrated Security=SSPI;Persist \
            Security Info=False;Initial Catalog=skill;Data Source=.";
        //使用 Open 方法连接数据库
        m_pConnection->Open((_bstr_t)strConnect,"","",adModeUnknown);
    }
    catch(_com_error e)
    {
        AfxMessageBox(e.Description());
    }
    CString sql;
    sql = "select * into newbiao from employees where  年龄 < 24";
    m_pConnection->Execute((_bstr_t)sql,NULL,adCmdText);
    m_pConnection->Close();
    m_Adodc.SetRecordSource("select * from newbiao");
    m_Adodc.Refresh();
}
```

秘笈心法

心法领悟 419：CTE 递归查询。

CTE（Common Table Expression）是 SQL Server 2005 在查询方面新增的一项重要功能。通过 CTE 能把复杂的查询定义成一个临时的结果集。使用 CTE 可以提高可读性和轻松维护复杂查询。

实例 420 使用 IsNull 函数来处理空值

光盘位置：光盘\MR\10\420

中级
趣味指数：★★★★★

实例说明

使用 IsNull 函数可以把数据表中的空值替换成指定数据。本实例把在学生表中总成绩为空的值替换成 0。程序运行效果如图 10.246 所示。

图 10.246 使用 IsNull 函数来处理空值

关键技术

IsNull 函数是用指定的值替换空值。该函数语法如下：

```
ISNULL (check_expression , replacement_value )
```

参数说明：

❶check_expression：将被检查是否为 NULL 的表达式。check_expression 可以是任何类型的。

❷replacement_value：在 check_expression 为 NULL 时，将用 replacement_value 值替换 NULL 值。replacement_value 必须与 check_expresssion 具有相同的类型。

返回值：返回与 check_expression 相同的类型。

设计过程

（1）打开 Visual C++ 6.0 开发环境，新建一个基于对话框的应用程序，命名为 IsNull。

（2）在工程中添加一个窗体，设置窗体的 Caption 属性为"使用 IsNull 函数来处理空值"。

（3）在窗体上添加一个按钮控件、一个 ADO Data 控件和一个 DataGrid 控件，为 ADO Data 控件添加成员变量 m_Adodc。

（4）主要代码如下：

```
void CIsNullDlg::OnButton1()
{
    m_Adodc.SetRecordSource("select 学生编号,学生姓名,isnull(总分,0) as 总成绩 from Grade");
    m_Adodc.Refresh();
}
```

秘笈心法

心法领悟 420：在 HAVING 子句中使用多个条件过滤分组数据。

查询平均年龄大于 22 岁的学院学生的数量，在 HAVING 子句中可以使用多个分组查询条件过滤分组数据，根据实际需要，多个分组查询条件之间可以使用 AND 或 OR 运算符连接。

实例 421　使用 Nullif 函数来处理空值

光盘位置：光盘\MR\10\421　　　　　　　　中级　　趣味指数：★★★★☆

实例说明

使用 Nullif 函数可以把数据表中的数据替换成空值。本实例把在工资表中所属部门的"文档部"替换成空值。程序运行效果如图 10.247 所示。

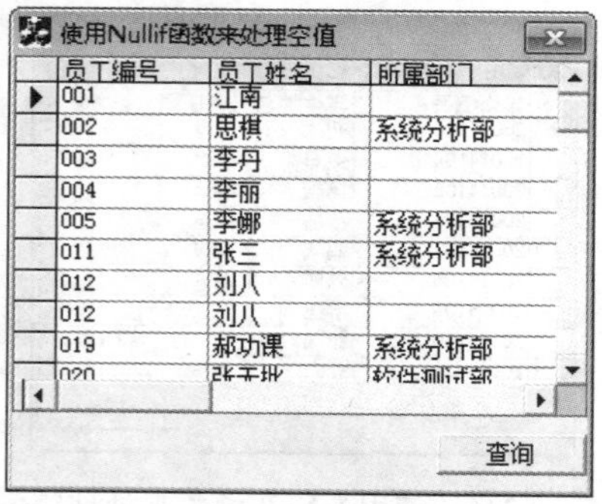

图 10.247　使用 Nullif 函数来处理空值

关键技术

Nullif 函数的功能：如果一个数据表中应该使用 NULL 值的地方使用了其他数据，那么就可以使用 Nullif 函数将这些值替换为空值。语法如下：

NULLIF (expression , expression)

参数说明：

expression：常量、列名、函数、子查询或算术运算符、按位运算符以及字符串运算符的任意组合。

返回值：返回类型与第一个 expression 相同。如果两个表达式不相等，Nullif 返回第一个 expression 的值。如果相等，Nullif 返回第一个 expression 类型的空值。

■ 设计过程

（1）打开 Visual C++ 6.0 开发环境，新建一个基于对话框的应用程序，命名为 Nullif。
（2）在工程中添加一个窗体，设置窗体的 Caption 属性为"使用 Nullif 函数来处理空值"。
（3）在窗体上添加一个按钮控件、一个 ADO Data 控件和一个 DataGrid 控件，为 ADO Data 控件添加成员变量 m_Adodc。

```
void CNullIfDlg::OnButton1()
{
    m_Adodc.SetRecordSource("select 员工编号,员工姓名,nullif(所属部门,'文档部') as 所属部门 from tb_Laborage");
    m_Adodc.Refresh();
}
```

■ 秘笈心法

心法领悟 421：在多表查询中使用 HAVING 子句。

查询学生表和成绩表中所在学院高数科目的平均成绩和总绩，下面的 SQL 语句中将会查询学生表和成绩表中所在学院男同学和女同学的总平均成绩，代码如下：

```
SELECT
所在学院,
性别,
AVG(CONVERT(INT,总分)) AS 总平均成绩
FROM
tb_Student AS st
INNER JOIN
tb_Grade AS gr
ON
st.学生编号=gr.学生编号
GROUP BY
所在学院,性别
HAVING
AVG(CONVERT(INT,总分))>500
```

第11章

SQL 高级查询

- SQL 中的流程控制语句
- 视图应用
- 触发器应用
- 使用存储过程
- 事务的使用

第 11 章 SQL 高级查询

11.1 SQL 中的流程控制语句

实例 422 使用 BEGIN…END 语句控制批处理
光盘位置：光盘\MR\11\422
中级
趣味指数：★★★★

▍实例说明

当流程控制语句必须执行一个包含两条或两条以上 Transact-SQL 语句的语句块时，可以使用 BEGIN…END 语句进行控制。本实例实现了在 IF 语句中使用 BEGIN…END 语句控制批处理的功能。实例运行效果如图 11.1 所示。

图 11.1 使用 BEGIN…END 语句控制批处理

▍关键技术

在 SQL 中，程序块是使用 Transact-SQL 语言不可缺少的控制语句，它是将多条命令组合成不同的功能模块，从而完成一定的操作，而 BEGIN…END 语句主要用来控制程序块中语句的批处理。

BEGIN…END 语句的语法格式如下：
```
BEGIN
    {…代码…}
END
```

◀ 注意：（1）BEGIN...END 语句块允许嵌套。
（2）虽然所有的 Transact-SQL 语句在 BEGIN...END 块内都有效，但有些 Transact-SQL 语句不应组合在同一个批处理（语句块）中。

▍设计过程

（1）打开 SQL Server 2008 的 SQL Server Management Studio 窗体，新建一个查询。
（2）选择要操作的数据库为 db_TomeTwo。
（3）在代码编辑区中输入如下 SQL 语句：
```
GO
DECLARE @NAME VARCHAR(50)
DECLARE @COUNT INT
SET @NAME = '矿外单位'
SET @COUNT = 0
SET @COUNT=(SELECT COUNT(*) FROM tb_MR_NUMBER)
IF @COUNT>5
BEGIN
```

595

```
    PRINT '该单位电话大于 5 部 '
    END
ELSE
BEGIN
    PRINT '该单位电话小于 5 部'
END
```

（4）单击"执行"按钮 即可。

秘笈心法

心法领悟 422：使用 RAND 函数。

使用 RAND 函数产生随机数值，例如：

```
DECLARE @counter smallint
SET @counter = 1
WHILE @counter < 3
    BEGIN
        SELECT RAND(@counter) Random_Number
        SET NOCOUNT ON
        SET @counter = @counter + 1
        SET NOCOUNT OFF
    END
```

实例 423　使用 IF 语句指定执行条件

光盘位置：光盘\MR\11\423　　　　中级　趣味指数：★★★★☆

实例说明

使用 IF 语句可以指定 Transact-SQL 语句的执行条件，如果 IF 条件满足（布尔表达式返回 TRUE 时），则在 IF 关键字及其条件之后执行 Transact-SQL 语句，可选的 ELSE 关键字引入备用的 Transact-SQL 语句；当不满足 IF 条件时（布尔表达式返回 FALSE），就执行另外的 Transact-SQL 语句。本实例实现的是判断一个部门是否发过工资的条件判断语句，实例运行效果如图 11.2 所示。

图 11.2　使用 IF 语句指定执行条件

关键技术

本实例实现时主要用到了 SQL 中的 IF 语句，下面对其进行详细介绍。

IF 语句用于条件的测试，其结果流的控制取决于是否指定了可选的 ELSE 语句。如果指定 IF 而无 ELSE，则当 IF 语句取值为 TRUE 时，执行 IF 语句后的语句或语句块；当 IF 语句取值为 FALSE 时，则跳过 IF 语句后的语句或语句块。如果指定 IF 并有 ELSE，则 IF 语句取值为 TRUE 时，执行 IF 语句后的语句或语句块，然后控制跳到 ELSE 语句后的语句或语句块之后的点；而如果 IF 语句取值为 FALSE 时，跳过 IF 语句后的语句或语句块，执行 ELSE 语句后的语句或语句块。IF 语句的语法格式如下：

```
IF Boolean_expression
    { sql_statement | statement_block }
```

```
[ ELSE
    { sql_statement | statement_block } ]
```
参数说明：

❶Boolean_expression：返回 TRUE 或 FALSE 的表达式。如果布尔表达式中含有 SELECT 语句，则必须用括号将 SELECT 语句括起来。

❷{ sql_statement | statement_block }：任何 Transact-SQL 语句或用语句块定义的语句分组。

设计过程

（1）打开 SQL Server 2008 的 SQL Server Management Studio 窗体，新建一个查询。
（2）选择要操作的数据库为 db_TomeTwo。
（3）在代码编辑区中输入如下 SQL 语句：

```
GO
DECLARE @DEPT VARCHAR(20)
SET @DEPT = '系统分析部'
IF (SELECT COUNT(*) FROM dbo.tb_工资数据表 WHERE 部门名称=@DEPT)>0
BEGIN
    PRINT '该部门已经发过工资'
END
ELSE
BEGIN
    PRINT '该部门没有发过工资'
END
```

（4）单击"执行"按钮即可。

秘笈心法

心法领悟 423：使用 SUBSTRING 函数。

SUBSTRING 函数主要用于返回字符、binary、text 或 image 表达式的一部分。例如，显示如何只返回字符串的一部分。该查询在一列中返回 authors 表中的姓氏，在另一列中返回 authors 表中的名字首字母。

```
USE pubs
SELECT au_lname, SUBSTRING(au_fname, 1, 1)
FROM authors
ORDER BY au_lname
```

下列语句显示如何显示字符串常量 abcdef 中的第 2 个、第 3 个和第 4 个字符。
```
SELECT x = SUBSTRING('abcdef', 2, 3)
```

实例 424　使用 IF EXISTS 语句检测数据是否存在

光盘位置：光盘\MR\11\424　　　中级　　趣味指数：★★★★☆

实例说明

IF EXISTS 语句用于检测数据是否存在，和 COUNT 函数不同的是，IF EXISTS 语句不考虑与之匹配的满足条件的记录行数，只是检测是否存在。本实例使用 IF EXISTS 语句实现了检测数据是否存在的功能，实例运行效果如图 11.3 所示。

关键技术

本实例实现时主要用到了 SQL 中的 IF EXISTS 语句，下面对其进行详细介绍。

IF EXISTS 语句可以判断 SELECT 语句是否有结果集，也可以用于查询条件。使用 EXISTS 关键字引入一个子查询时，就相当于进行一次存在测试，外部查询的 WHERE 子句测试子查询返回的行是否存在。EXISTS 语句的语法格式如下：

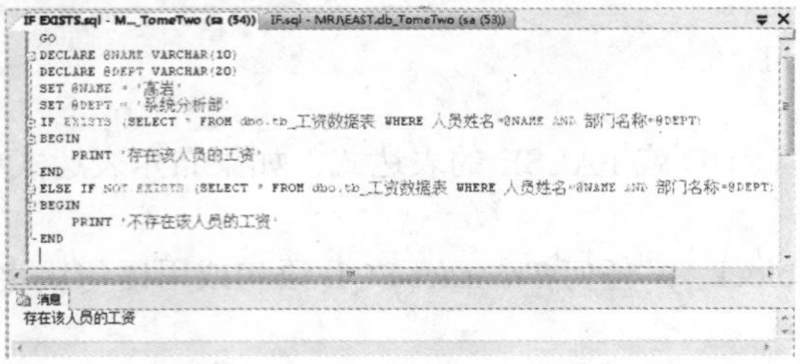

图 11.3　使用 IF EXISTS 语句检测数据是否存在

EXISTS subquery

参数说明：

subquery：受限制的 SELECT 语句，不允许使用 COMPUTE 子句和 INTO 关键字。

设计过程

（1）打开 SQL Server 2008 的 SQL Server Management Studio 窗体，新建一个查询。
（2）选择要操作的数据库为 db_TomeTwo。
（3）在代码编辑区中输入如下 SQL 语句：

```
GO
DECLARE @NAME VARCHAR(10)
DECLARE @DEPT VARCHAR(20)
SET @NAME = '高岩'
SET @DEPT = '系统分析部'
IF EXISTS (SELECT * FROM dbo.tb_工资数据表 WHERE 人员姓名=@NAME AND 部门名称=@DEPT)
BEGIN
    PRINT '存在该人员的工资'
END
ELSE IF NOT EXISTS (SELECT * FROM dbo.tb_工资数据表 WHERE 人员姓名=@NAME AND 部门名称=@DEPT)
BEGIN
    PRINT '不存在该人员的工资'
END
```

（4）单击"执行"按钮即可。

秘笈心法

心法领悟 424：使用 EXISTS 谓词引入子查询。

利用 EXISTS 谓词实现查询外语成绩大于 80 分的学生的姓名、所在学院和家庭住址等信息。SQL 语句如下：

```
SELECT 学生姓名,所在学院,家庭住址
FROM tb_StuInfo I
WHERE EXISTS ( SELECT 学生姓名
               FROM tb_StuMark M
               WHERE M.学生姓名=I.学生姓名
                 AND  外语 > 80)
```

实例 425	使用 WHILE 语句执行循环语句块 光盘位置：光盘\MR\11\425	中级 趣味指数：★★★★★

实例说明

WHILE 语句用于执行循环，可以根据循环条件重复执行语句块。本实例使用 WHILE 语句实现了计算 1～100 之间的奇数和的功能，实例运行效果如图 11.4 所示。

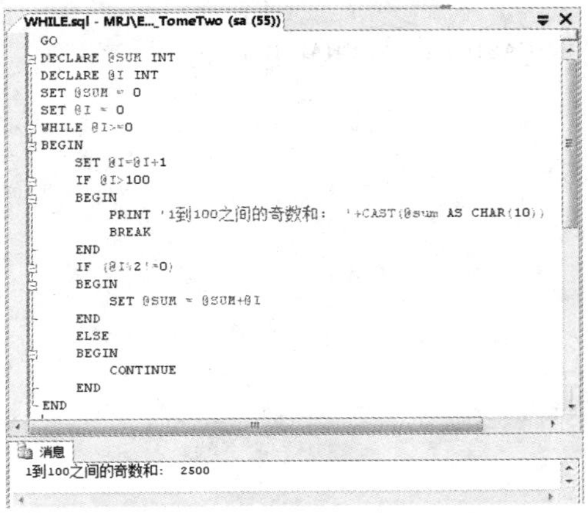

图 11.4 使用 WHILE 语句执行循环语句块

关键技术

本实例实现时主要用到了 SQL 中的 WHILE 语句,下面对其进行详细介绍。

WHILE 语句用来设置重复执行 SQL 语句或语句块的条件。只要指定的条件为真,就重复执行语句。可以使用 BREAK 和 CONTINUE 关键字在循环内部控制 WHILE 循环中语句的执行。WHILE 语句的语法格式如下:

```
WHILE Boolean_expression
    { sql_statement | statement_block }
    [ BREAK ]
    { sql_statement | statement_block }
    [ CONTINUE ]
    { sql_statement | statement_block }
```

参数说明如表 11.1 所示。

表 11.1 WHILE 语句中的参数说明

参 数	说 明
Boolean_expression	返回 TRUE 或 FALSE 的表达式。如果布尔表达式中含有 SELECT 语句,则必须用括号将 SELECT 语句括起来
{sql_statement	statement_block}	Transact-SQL 语句或用语句块定义的语句分组。若要定义语句块,请使用控制流关键字 BEGIN 和 END
BREAK	导致从最内层的 WHILE 循环中退出。将执行出现在 END 关键字(循环结束的标记)后面的任何语句
CONTINUE	使 WHILE 循环重新开始执行,忽略 CONTINUE 关键字后面的任何语句

设计过程

(1)打开 SQL Server 2008 的 SQL Server Management Studio 窗体,新建一个查询。

(2)选择要操作的数据库为 db_TomeTwo。

(3)在代码编辑区中输入如下 SQL 语句:

```
GO
DECLARE @SUM INT
DECLARE @I INT
SET @SUM = 0
SET @I = 0
WHILE @I>=0
BEGIN
    SET @I=@I+1
    IF @I>100
```

```
        BEGIN
            PRINT '1 到 100 之间的奇数和: '+CAST(@sum AS CHAR(10))
            BREAK
        END
    IF (@I%2!=0)
    BEGIN
        SET @SUM = @SUM+@I
    END
    ELSE
    BEGIN
        CONTINUE
    END
END
```

（4）单击"执行"按钮 ! 即可。

■ 秘笈心法

心法领悟 425：返回 1.00～10.00 之间的数字的平方根。

本实例已经介绍了 WHILE 语句，下面继续举例，同时也介绍 SQRT 函数的使用方法：例如，返回 1.00～10.00 之间的数字的平方根。其 SQL 语句如下：

```
DECLARE @myvalue float
SET @myvalue = 1.00
WHILE @myvalue < 10.00
    BEGIN
        SELECT SQRT(@myvalue)
        SELECT @myvalue = @myvalue + 1
    END
```

实例 426　使用 CASE 语句执行分支判断

光盘位置：光盘\MR\11\426　　　　　　　中级　趣味指数：★★★★★

■ 实例说明

CASE 语句用于执行多条件的分支判断，经过 IF...ELSE 语句的多重嵌套也可以实现同样的功能，但 CASE 语句使结构显得更清晰、精练。本实例使用 CASE 语句实现了将月份由数字通过分支判断语句以文字的形式进行显示的功能，实例运行效果如图 11.5 所示。

图 11.5　使用 CASE 语句执行分支判断

■ 关键技术

本实例实现时主要用到了 SQL 中的 CASE 语句，下面对其进行详细介绍。

CASE 语句用来计算条件列表并返回多个可能结果表达式之一，其常用语法格式如下：

```
CASE input_expression
    WHEN when_expression THEN result_expression
    [ ...n ]
    [
    ELSE else_result_expression
    ]
END
```

参数说明如表 11.2 所示。

表 11.2 CASE 语句中的参数说明

参 数	说 明
input_expression	使用简单 CASE 格式时所计算的表达式。input_expression 是任意有效的表达式
when_expression	使用简单 CASE 格式时要与 input_expression 进行比较的简单表达式
n	占位符，表明可以使用多个 WHEN when_expression THEN result_expression 子句或多个 WHEN Boolean_expression THEN result_expression 子句
result_expression	input_expression = when_expression 计算结果为 TRUE，或者 Boolean_expression 计算结果为 TRUE 时返回的表达式
else_result_expression	比较运算的计算结果不为 TRUE 时返回的表达式。如果忽略此参数且比较运算的计算结果不为 TRUE，则 CASE 返回 NULL

■ 设计过程

（1）打开 SQL Server 2008 的 SQL Server Management Studio 窗体，新建一个查询。
（2）选择要操作的数据库为 db_TomeTwo。
（3）在代码编辑区中输入如下 SQL 语句：

```
GO
SELECT 人员编号,人员姓名,部门名称,实发合计,工资年,
    CASE 工资月份
        WHEN 1  THEN '1 月份工资'
        WHEN 2  THEN '2 月份工资'
        WHEN 3  THEN '3 月份工资'
        WHEN 4  THEN '4 月份工资'
        WHEN 5  THEN '5 月份工资'
        WHEN 6  THEN '6 月份工资'
        WHEN 7  THEN '7 月份工资'
        WHEN 8  THEN '8 月份工资'
        WHEN 9  THEN '9 月份工资'
        WHEN 10 THEN '10 月份工资'
        WHEN 11 THEN '11 月份工资'
        WHEN 12 THEN '12 月份工资'
    END
FROM dbo.tb_工资数据表
ORDER BY 人员姓名
```

（4）单击"执行"按钮 即可。

■ 秘笈心法

心法领悟 426：利用 CASE 语句查询数据。

根据库存数量的不同返回不同的信息，如果现存数量小于 10，则返回"库存不足"；如果现存数量大于 100，

则返回"库存超标";否则返回"—",SQL 语句如下:

```
SELECT 书名,作者,现存数量,
       备注= CASE
               WHEN 现存数量<10 THEN '库存不足'
               WHEN 现存数量>100 THEN '库存超标'
               ELSE '--'
             END
FROM   tb_BookStore
```

实例 427　使用 RETURN 语句执行返回

光盘位置:光盘\MR\11\427　　　　　　　　　　　　中级　趣味指数:★★★★☆

■ 实例说明

RETURN 语句用于使程序从一个查询、存储过程或批处理中无条件地返回,其后面的语句不再执行。如果在存储过程中使用 RETURN 语句,那么此语句可以用来指定返回给调用应用程序、批处理或过程的整数。如果没有为 RETURN 指定整数值,那么该存储过程将返回 0。本实例通过存储过程查找某人的信息,若找到则返回 0,否则返回 1。实例运行效果如图 11.6 所示。

图 11.6　使用 RETURN 语句执行返回

■ 关键技术

本实例实现时主要用到了 SQL 中的 RETURN 语句,下面对其进行详细介绍。

RETURN 语句用于从查询或过程中无条件退出,该语句的执行是即时且完全的,可在任何时候用于从过程、批处理或语句块中退出,并且 RETURN 之后的语句是不执行的。RETURN 语句的语法格式如下:

RETURN [integer_expression]

参数说明:

integer_expression:返回的整数值,存储过程可向执行调用的过程或应用程序返回一个整数值。

■ 设计过程

(1)打开 SQL Server 2008 的 SQL Server Management Studio 窗体,新建一个查询。
(2)选择要操作的数据库为 db_TomeTwo。
(3)在代码编辑区中输入如下 SQL 语句:

```
GO
```

```
if exists (select * from dbo.sysobjects
          where id = object_id(N'[dbo].[PERSONSEL]')
          and OBJECTPROPERTY(id, N'IsProcedure') = 1)
drop procedure [dbo].[PERSONSEL]
GO
CREATE PROCEDURE PERSONSEL @NAME VARCHAR(10),@DEPT VARCHAR(20)
AS
IF EXISTS(SELECT * FROM dbo.tb_工资数据表  WHERE 人员姓名=@NAME AND  部门名称=@DEPT)
BEGIN
    RETURN 1
END
ELSE
BEGIN
    RETURN 0
END
GO
DECLARE @RETURN INT
EXEC @RETURN = PERSONSEL '李风','系统分析部'
PRINT @RETURN
```

（4）单击"执行"按钮 ! 即可。

秘笈心法

心法领悟 427：利用 IN 谓词限定范围。

例如，如果不用 IN，当要获得居住在吉林省、辽宁省或黑龙江省的所有作者的姓名和省的列表时，就需要执行下列查询语句：

```
SELECT  作者姓名,省份名称
FROM   作者信息表
WHERE  省份名称 ='吉林省' OR 省份名称='辽宁省' OR 省份名称='黑龙江省'
```

然而，如果使用 IN，少输入一些字符也可以得到同样的结果：

```
SELECT  作者姓名,省份名称
FROM   作者信息表
WHERE  省份名称 IN ('吉林省','辽宁省','黑龙江省')
```

实例 428　使用 WAITFOR 语句延期执行语句

光盘位置：光盘\MR\11\428　　　中级　趣味指数：★★★★★

实例说明

WAITFOR 语句是使程序定时或延期执行的一个命令语句，常用于定时备份数据库，定时显示数据等操作。本实例使用 WAITFOR 语句实现了一个最简单的定时程序，即等到上午 09:29:00 时执行 SELECT 查询语句。实例运行效果如图 11.7 所示。

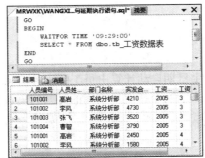

图 11.7　使用 WAITFOR 语句延期执行语句

关键技术

本实例实现时主要用到了 SQL 中的 WAITFOR 语句，下面对其进行详细介绍。

WAITFOR 语句用来在达到指定时间或时间间隔之前，或者指定语句至少修改或返回一行之前，阻止执行批处理、存储过程或事务，其语法格式如下：

```
WAITFOR
{
    DELAY 'time_to_pass'
  | TIME 'time_to_execute'
  | [ ( receive_statement ) | ( get_conversation_group_statement ) ]
    [ , TIMEOUT timeout ]
}
```

参数说明如表 11.3 所示。

表 11.3 WAITFOR 语句中的参数说明

参 数	说 明
DELAY	可以继续执行批处理、存储过程或事务之前必须经过的指定时段，最长可为 24 小时
'time_to_pass'	等待的时段。可以使用 datetime 数据可接受的格式之一指定 time_to_pass，也可以将其指定为局部变量
TIME	指定的运行批处理、存储过程或事务的时间
'time_to_execute'	WAITFOR 语句完成的时间。可以使用 datetime 数据可接受的格式之一指定 time_to_execute，也可以将其指定为局部变量
receive_statement	有效的 RECEIVE 语句
get_conversation_group_statement	有效的 GET CONVERSATION GROUP 语句
TIMEOUT timeout	指定消息到达队列前等待的时间（以毫秒为单位）

设计过程

（1）打开 SQL Server 2008 的 SQL Server Management Studio 窗体，新建一个查询。
（2）选择要操作的数据库为 db_TomeTwo。
（3）在代码编辑区中输入如下 SQL 语句：

```
GO
BEGIN
    WAITFOR TIME '09:29:00'
    SELECT * FROM dbo.tb_工资数据表
END
GO
```

（4）单击"执行"按钮 ! 即可。

秘笈心法

心法领悟 428：自动计算年龄。

若想实现在数据表中根据员工的出生日期自动计算出员工的年龄信息，可以利用日期函数 DateDiff 来实现。DateDiff 函数返回 Variant (Long) 的值，表示两个指定日期间的时间间隔数目。

```
SELECT tb_employee.序号,tb_employee.员工姓名, tb_employee.出生日期, " _ & "DateDiff('yyyy',tb_employee.出生日期,DATE()) AS 年龄 FROM tb_employee
```

实例 429　使用 GOTO 语句实现跳转

光盘位置：光盘\MR\11\429　　中级　　趣味指数：★★★★★

实例说明

GOTO 语句可以使程序无条件跳转到指定的程序执行点，增加了程序设计的灵活性。本实例通过 GOTO 语句实现了按月统计员工工资信息的功能，实例运行效果如图 11.8 所示。

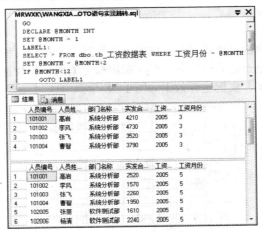

图 11.8　使用 GOTO 语句实现跳转

关键技术

本实例实现时主要用到了 SQL 中的 GOTO 语句，下面对其进行详细介绍。

GOTO 语句用于将执行流更改到标签处，跳过 GOTO 后面的 Transact-SQL 语句，并从标签位置继续处理。GOTO 语句和标签可在过程、批处理或语句块中的任何位置使用。GOTO 语句的语法格式如下：

```
label :
GOTO label
```

参数说明：

label：如果 GOTO 语句指向该标签，则其为处理的起点，标签必须符合标识符规则。无论是否使用 GOTO 语句，标签均可作为注释方法使用。

设计过程

（1）打开 SQL Server 2008 的 SQL Server Management Studio 窗体，新建一个查询。

（2）选择要操作的数据库为 db_TomeTwo。

（3）在代码编辑区中输入如下 SQL 语句：

```
GO
DECLARE @MONTH INT
SET @MONTH =1
LABEL1:
SELECT * FROM dbo.tb_工资数据表 WHERE 工资月份 =@MONTH
SET @MONTH = @MONTH+2
IF @MONTH<12
    GOTO LABEL1
```

（4）单击"执行"按钮 ! 即可。

秘笈心法

心法领悟 429：全局临时表。
在产生临时表的 SQL 语句中，如果出现"##"，则代表创建的是全局临时表。

实例 430　使用 PRINT 语句进行打印

光盘位置：光盘\MR\11\430　　中级　趣味指数：★★★★☆

实例说明

输出语句通常是在程序中起到输出错误信息的作用，在执行一个存储过程时一旦出现了错误，调试起来是非常不方便的，如果在代码中加上一定的输出语句即可在屏幕上输出一些数据，以便查找错误点。本实例使用 PRINT 语句实现了打印输出的功能，实例运行效果如图 11.9 所示。

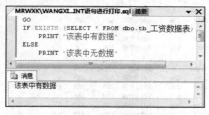

图 11.9　使用 PRINT 语句进行打印

关键技术

本实例实现时主要用到了 SQL 中的 PRINT 语句，下面对其进行详细介绍。
PRINT 语句用来向客户端返回用户定义消息，其语法格式如下：
PRINT msg_str | @local_variable | string_expr
参数说明：
❶msg_str：字符串或 Unicode 字符串常量。
❷@local_variable：有效的字符数据类型的变量。@local_variable 的数据类型必须为 char 或 varchar，或者必须能够隐式转换为这些数据类型。
❸string_expr：返回字符串的表达式，可包括串联的文字值、函数和变量。

设计过程

（1）打开 SQL Server 2008 的 SQL Server Management Studio 窗体，新建一个查询。
（2）选择要操作的数据库为 db_TomeTwo。
（3）在代码编辑区中输入如下 SQL 语句：

```
GO
IF EXISTS (SELECT * FROM dbo.tb_工资数据表)
    PRINT '该表中有数据'
ELSE
    PRINT '该表中无数据'
```

（4）单击"执行"按钮 ! 即可。

秘笈心法

心法领悟 430：SQL Server 中的 GETDATE 函数。

在 SQL Server 中使用 GETDATE 函数也可以实现获取系统时间，代码如下：

```
SELECT
学生姓名, 出生年月,
DATEDIFF(YEAR,出生年月,GETDATE())
AS 年龄
FROM
tb_Student
```

实例 431　使用 RAISERROR 语句返回错误信息

光盘位置：光盘\MR\11\431　　　　趣味指数：★★★★★　　中级

■ 实例说明

使用 SQL 中提供的 RAISERROR 语句可以返回用户定义的错误信息，并设置为系统标志以记录发生错误。本实例使用 RAISERROR 语句返回了 SQL 语句执行过程中的错误信息，实例运行效果如图 11.10 所示。

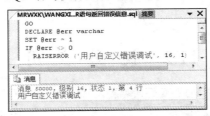

图 11.10　使用 RAISERROR 语句返回错误信息

■ 关键技术

本实例实现时主要用到了 SQL 中的 RAISERROR 语句，下面对其进行详细介绍。

RAISERROR 语句用来生成错误消息并启动会话的错误处理，其语法格式如下：

```
RAISERROR ( { msg_id | msg_str | @local_variable }
    { ,severity ,state }
    [ ,argument [ ,...n ] ] )
    [ WITH option [ ,...n ] ]
```

参数说明如表 11.4 所示。

表 11.4　RAISERROR 语句中的参数说明

参　数	说　　明
msg_id	使用 sp_addmessage 存储在 sys.messages 目录视图中的用户定义错误消息号
msg_str	用户定义消息
@local_variable	可以为任何有效字符数据类型的变量，其中包含的字符串的格式化方式与 msg_str 相同
severity	用户定义的与该消息关联的严重级别
state	0～255 的整数
argument	用于代替 msg_str 或对应于 msg_id 的消息中的定义的变量的参数
option	错误的自定义选项

■ 设计过程

（1）打开 SQL Server 2008 的 SQL Server Management Studio 窗体，新建一个查询。

（2）选择要操作的数据库为 db_TomeTwo。
（3）在代码编辑区中输入如下 SQL 语句：
GO
DECLARE @err varchar
SET @err = 1
IF @err <> 0
　RAISERROR ('用户自定义错误调试', 16, 1)

（4）单击"执行"按钮 ! 即可。

▌秘笈心法

心法领悟 431：SQL Server 中的 SUBSTRING 函数。

MID 函数可以截取字符串中部分字符，但是它不支持 SQL Server 数据库，仅适用于 Access 数据库，在 SQL Server 中使用 SUBSTRING 函数可以实现截取字符的功能，代码如下：
SELECT
出生年月,
SUBSTRING(CONVERT(NVARCHAR(20),出生年月),6,5) AS 年份
FROM
tb_Student

11.2 视图应用

实例 432　创建视图
光盘位置：光盘\MR\11\432　　　　　　　　高级　趣味指数：★★★★☆

▌实例说明

对数据库进行操作时，经常会遇到从多个相互关联的数据表中提取数据的情况，这时可以使用 SQL 语句中的 INNER JOIN ON 语句实现，但是如果一个程序中多次需要此类信息，则每次都需要写一遍 SQL 语句，很不方便，如果将需要的数据提取在一个视图中，那么每次只需访问该视图即可，这样就会方便很多。运行本实例，通过视图将多个数据表中的数据显示在一个 DataGridView 控件中。实例运行效果如图 11.11 所示。

图 11.11　创建视图

▌关键技术

利用 CREATE VIEW 语句可以创建视图，使数据表中的数据相互关联。

CREATE VIEW 语句的语法格式如下：
```
CREATE VIEW
view_name[(column_name[,column_name]…)]
AS
SELECT_statement
```
参数说明如表 11.5 所示。

表 11.5 CREATE VIEW 语句中的参数说明

参　　数	说　　明
view_name	视图的名称，视图名称必须符合标识符规则
column_name	视图中的列名
AS	视图要执行的操作
SELECT_statement	定义视图的 SELECT 语句。该语句可以使用多个表或其他视图。若要从创建视图的 SELECT 子句所引用的对象中选择，必须具有适当的权限

注意：视图是存在于数据库中的虚拟数据表，对于视图的操作与对数据表的操作基本相同。

设计过程

（1）打开 Visual C++ 6.0 开发环境，新建一个基于对话框的应用程序，命名为 CreateView。
（2）在工程中添加一个窗体，设置窗体的 Caption 属性为"创建视图"。
（3）在窗体上添加一个按钮控件、一个 ADO Data 控件和一个 DataGrid 控件，为 ADO Data 控件添加成员变量 m_Adodc。
（4）主要代码如下：

```cpp
void CCreateViewDlg::OnButton1()
{
    OnInitADOConn();
    _bstr_t sql;
    sql="create view view_name as select e.编号,e.姓名,e.学历,l.所属部门, \
        l.基本工资 from employees as e inner join laborage as l on e.编号 = \
        l.员工编号 where (e.编号 = l.员工编号)";
    m_pConnection->Execute(sql,NULL,adCmdText);
    ExitConnect();
    m_Adodc.SetRecordSource("select * from view_name");
    m_Adodc.Refresh();
}
```

秘笈心法

心法领悟 432：视图的作用。

视图通常用来集中、简化和自定义每个用户对数据库的不同认识。视图可用作安全机制，方法是允许用户通过视图访问数据，而不授予用户直接访问视图基础表的权限。视图可用于提供向后兼容接口来模拟曾经存在但其架构已更改的表。

实例 433　删除视图　　高级

光盘位置：光盘\MR\11\433　　趣味指数：★★★★★

实例说明

有时根据应用程序的需求要建立一些临时的视图，当不需要这些视图时，即可以将其删除，避免占用数据库空间。本实例实现的是如何删除数据库中已经存在的视图,运行程序,在窗体的列表框中将显示数据库中所有的视图信息,选中列表中的一个视图之后,单击"确定"按钮,将所选择的视图删除,如图 11.12 所示。

图 11.12　删除视图

■ 关键技术

利用 DROP VIEW 语句可以实现删除数据库中已存在的视图。语法格式如下:
参数说明:
DROP VIEW view_name

view_name:要删除的视图名称,视图名称必须符合标识符规则。

■ 设计过程

(1)打开 Visual C++ 6.0 开发环境,新建一个基于对话框的应用程序,命名为 DeleteView。
(2)在工程中添加一个窗体,设置窗体的 Caption 属性为"删除视图"。
(3)在窗体上添加两个按钮控件和一个列表框控件。
(4)主要代码如下:

```
void CDeleteViewDlg::OnButton1()
{
    OnInitADOConn();
    CString str,sql;
    m_List.GetText(m_List.GetCurSel(),str);
    sql.Format("drop view %s",str);
    m_pConnection->Execute((_bstr_t)sql,NULL,adCmdText);
    m_List.DeleteString(m_List.GetCurSel());
    m_pConnection->Close();
}
```

■ 秘笈心法

心法领悟 433:使用视图修改表数据。

除了使用 INSERT 语句插入数据以外,还可以使用 UPDATE 语句通过视图对数据表中的数据进行更新。和使用 INSERT 语句一样,通过使用多个表的视图对数据表进行更新也需要书写多个 UPDATE 语句,另外适用于 INSERT 操作的许多限制同样适用于 UPDATE 操作。例如,应用 UPDATE 语句,通过视图"信息视图"将表 tb_project 中项目名称为 sun 的记录的"预计工期"字段值改为 80 天,将 tb_employee 中的姓名"豆豆"改为"陈想楠",关键代码如下所示:

```
USE sml
GO
UPDATE  信息视图
SET  预计工期=80
WHERE  项目名称='sun'
```

```
GO
UPDATE 信息视图
SET 姓名='陈想楠'
WHERE 姓名='豆豆'
GO
```

实例 434 通过视图修改数据

光盘位置：光盘\MR\11\434 高级 趣味指数：★★★★★

实例说明

视图关联着多个表，因此更改视图中数据的同时也就更改了与其相关联的数据表中的数据。在编写数据库程序时运用视图可以更改多个表中的数据，从而减少应用程序中的代码量，提高程序运行的效率和程序编写的速度。运行程序，在"职业"编辑框中输入"保安部"，在"奖金"编辑框中输入 500，单击"保存"按钮，将把保安部的奖金都改为 500，如图 11.13 所示。

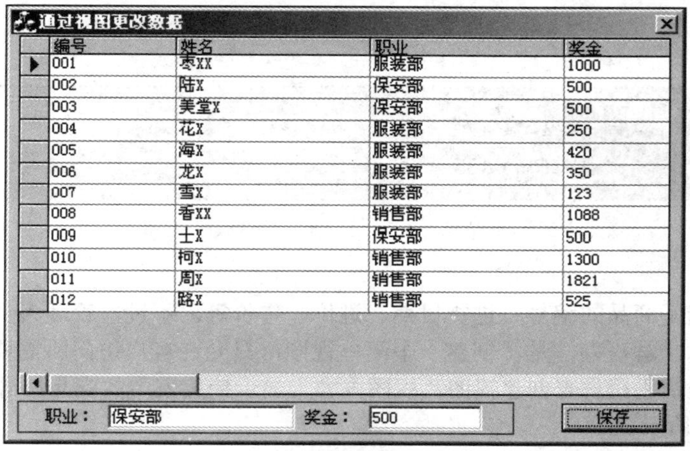

图 11.13 通过视图修改数据

关键技术

本实例的实现语句如下：

`UPDATE view_jiangjin SET 奖金=500 WHERE 职业='保安部'`

该语句将把所有保安部的人员的奖金都改为 500。

注意：当通过 SQL 语句修改视图中的数据时，与其相关联的数据表中的数据也同时被修改。

设计过程

（1）打开 Visual C++ 6.0 开发环境，新建一个基于对话框的应用程序，命名为 modview。
（2）在工程中添加一个窗体，设置窗体的 Caption 属性为"通过视图更改数据"。
（3）在窗体上添加一个按钮控件、一个 ADO Data 控件和一个 DataGrid 控件，为 ADO Data 控件添加成员变量 m_Adodc。
（4）主要代码如下：

```
void CModviewDlg::OnOK()
{
    UpdateData(true);
```

```
    ADOConn m_AdoConn;
    m_AdoConn.OnInitADOConn();
    _bstr_t sql;
    CString str;
    str.Format("%d",m_money);
    sql="update view_jiangjin set 奖金="+str+" where  职业='"+m_work+"' ";    //设置修改语句
    m_AdoConn.ExecuteSQL(sql);                                                //修改语句
    m_AdoConn.ExitConnect();
    m_adodc.SetRecordSource("select*from view_jiangjin");
    m_adodc.Refresh();
}
```

秘笈心法

心法领悟 434：使用视图检索表数据。

视图也可以像表一样用在查询语句的 FROM 子句中作为数据来源，例如：

```
USE sml
GO
SELECT *
FROM 信息视图
WHERE 预计工期<100
GO
```

实例 435　使用视图过滤数据

光盘位置：光盘\MR\11\435　　趣味指数：★★★★★

实例说明

在商品销售表中存储了商品的编号、进货日期、进价、售价等，不过，管理人员有时不希望客户看到商品的进货日期、进价等信息，解决办法是，创建一个简单视图，只允许客户访问所需要的信息，而不能访问与客户无关的信息。本实例是基于销售表创建视图，视图内容为显示销售表中的商品编号、金额和销售票号 3 列。实例运行效果如图 11.14 所示。

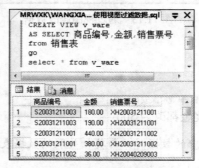

图 11.14　使用视图过滤数据

关键技术

本实例实现的关键是如何创建视图，下面对视图进行详细介绍。
视图显示了"伪表"，创建这些表是为了以特定的形式显示数据库的内容。视图的主要用途如下：
- ☑　限制用户访问敏感的数据。
- ☑　帮助用户执行复杂的 SQL 查询语句。

在 CREATE VIEW 语句创建视图时，对于查询语句有以下限制：

- ☑ 创建视图的用户必须对该视图所参照或引用的表或视图具有适当的权限。
- ☑ 不能引用临时表。
- ☑ 在查询语句中，不能包含 ORDER BY、COMPUTE 或 COMPUTER BY 关键字，也不能包含 INTO 关键字。

设计过程

（1）打开 SQL Server 2008 的 SQL Server Management Studio 窗体，新建一个查询。
（2）选择要操作的数据库为 db_TomeTwo。
（3）在代码编辑区中输入如下 SQL 语句：

```
CREATE VIEW v_ware
AS SELECT  商品编号,金额,销售票号
from  销售表
go
select * from v_ware
```

（4）单击"执行"按钮 ! 即可。

秘笈心法

心法领悟 435：使用视图删除表数据。

使用 DELETE 语句通过视图将数据表中的数据删除。但是如果视图应用了两个或两个以上的数据表，则不允许删除视图中的数据。另外，通过视图删除的记录，不能违背视图定义的 WHERE 子句中的条件限制。但 DELETE 操作允许删除来自于常数或几个字符型字段值的和。例如，以下代码将删除视图中的数据：

```
USE sml
GO
DELETE   信息视图
WHERE   项目名称='NEC'
GO
```

实例 436 对视图进行加密

光盘位置：光盘\MR\11\436   高级
趣味指数：★★★★★

实例说明

视图创建以后，系统将视图的定义存储在系统表 syscomments 中。通过执行系统存储过程 sp_helptext 或直接打开系统表 syscomments 即可查看视图的定义文本，但是 SQL Server 为了保护视图的定义，提供了 WITH ENCRYPTION 子句，通过在 CREATE VIEW 语句中添加 WITH ENCRYPTION 子句，可以不让用户查看视图的定义文本。本实例通过在 CREATE VIEW 语句中使用 WITH ENCRYPTION 子句实现了加密视图定义文本的功能，实例运行效果如图 11.15 所示。

图 11.15 对视图定义文本进行加密

关键技术

本实例实现时主要用到了 WITH ENCRYPTION 子句，下面对其进行详细介绍。

WITH ENCRYPTION 子句主要用来对 SQL 中的数据进行加密，例如，使用 WITH ENCRYPTION 子句加密视图的语法格式如下：

```
CREATE VIEW view_name [ ( column [ ,...n ] ) ]
[WITH ENCRYPTION [,…n]]
AS
select_statement
[WITH CHECK OPTION]
```

设计过程

（1）打开 SQL Server 2008 的 SQL Server Management Studio 窗体，新建一个查询。

（2）选择要操作的数据库为 db_TomeTwo。

（3）在代码编辑区中输入如下 SQL 语句：

```
CREATE VIEW Lesson_Profession_view                        //创建视图
WITH ENCRYPTION                                            //加密视图
AS
--定义 SELECT 查询语句
SELECT a.Name,a.JoinTime,
       b.PreName, a.ID
FROM tb_Lesson AS a INNER JOIN
       tb_Profession AS b ON a.ofProfession = b.ID
GO
--查看创建的视图中的数据
EXEC sp_helptext Lesson_Profession_view
```

（4）单击"执行"按钮 即可。

秘笈心法

心法领悟 436：定义视图的语法规则。

定义视图时不能包含以下内容：

COUNT(*)、ROWSET 函数、派生表、自连接、DISTINCT、STDET、VARLANCE、AVG、Float 列、文本列、ntext 列和图像列、子查询、全文谓词（COUTAIN、FREETEXT）。

实例 437　通过视图限制用户队列的访问　　　　　　　　高级　趣味指数：★★★★★

实例说明

通过限制可由用户使用的数据，可以将视图作为安全机制。用户可以访问某些数据，对其进行查询和修改，但是表或数据库的其余部分是不可见的，也不能进行访问。无论在基础表（一个或多个）上的权限集有多大，都必须被授予、拒绝或废除访问视图中数据子集的权限。

关键技术

通过定义不同的视图及有选择的授予视图的权限，即可加强数据的安全。如某个表中有一列含有保密信息，但其余列中含有的信息可以由所有用户使用，则可以定义一个视图，包含表中除含有保密信息的列以外的所有列。只要表和视图的所有者相同，授予 SELECT 权限即可查看视图中的非保密列。

通过以下 3 种途径可加强数据的安全性。

（1）对不同用户授予不同的用户使用许可权。
（2）通过 SELECT 子句限制用户对某些底层基本表列的访问。
（3）通过 WHERE 子句限制用户对某些底层基本表行的访问。

设计过程

对视图授予许可权是一种常用的保护底层表格数据的方法，具体方法如下。
（1）打开 SQL Server 企业管理器，登录到指定的服务器。
（2）打开要创建视图的数据库文件夹，单击"视图"按钮，此时在右面的窗格中显示当前数据库的所有视图。
（3）右击要删除的视图，在弹出的快捷菜单中选择"属性"命令，打开"查看属性"对话框。
（4）在"查看属性"对话框中单击"权限"按钮，打开"对象属性"对话框，如图 11.16 所示。

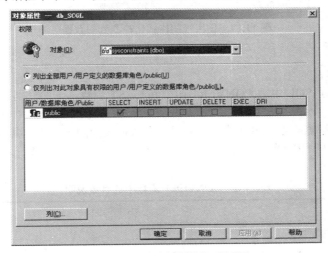

图 11.16　"对象属性"对话框

> **注意**：在这个对话框里，可以针对用户设置相应的访问权限。对 PUBLIC 用户来说就不能对该视图进行 SELECT 查询。

秘笈心法

心法领悟 437：了解视图。

创建视图时，视图的名称存储在 sysobjects 表中。有关视图中所定义的列的信息添加到 syscolumns 表中，而有关视图相关性的信息添加到 sysdepends 表中。另外，CREATE VIEW 语句的文本添加到 syscomments 表中。这与存储过程相似；当首次执行视图时，只有其查询树存储在过程高速缓存中。每次访问视图时，都需重新编译其执行计划。

实例 438　使用视图格式化检测到的数据　　**高级**
光盘位置：光盘\MR\11\438　　趣味指数：★★★★★

实例说明

使用视图的一个非常重要的作用是使操作简单，所见即所得，例如，本实例中创建的视图将图书信息数据表 tb_Csharpbook 中的"出版日期"列进行了格式化处理。实例运行效果如图 11.17 所示。

图 11.17 使用视图格式化检测到的数据

关键技术

本实例实现时主要用到了 SQL 中的 CONVERT 函数和 CAST 函数，下面分别进行详细介绍。

（1）CONVERT 函数

该函数主要用来将一种数据类型的表达式转换为另一种数据类型的表达式，其语法格式如下：

CONVERT (data_type [(length)] , expression [, style])

参数说明如表 11.6 所示。

表 11.6　CONVERT 函数中的参数说明

参　　数	说　　明
data_type	目标数据类型
length	指定目标数据类型长度的可选整数，默认值为 30
expression	任何有效的表达式
style	指定 CONVERT 函数如何转换 expression 的整数表达式。如果样式为 NULL，则返回 NULL。该范围是由 data_type 确定的

（2）CAST 函数

该函数主要用来将一种数据类型的表达式转换为另一种数据类型的表达式，其语法格式如下：

CAST (expression AS data_type [(length)])

参数说明：

❶expression：任何有效的表达式。

❷data_type：目标数据类型。

❸length：指定目标数据类型长度的可选整数，默认值为 30。

说明：CONVERT 函数和 CAST 函数都是用来转换数据类型，只不过二者的适用场合不同而已。

设计过程

（1）打开 SQL Server 2008 的 SQL Server Management Studio 窗体，新建一个查询。

（2）选择要操作的数据库为 db_TomeTwo。

（3）在代码编辑区中输入如下 SQL 语句：

```
//创建视图
create view v_warebooks
```

第 11 章 SQL 高级查询

```
        as
    //定义 SELECT 查询语句并格式化日期
    select  图书名称,图书分类,出版日期,
            convert(varchar(10) ,
            cast(出版日期 as smalldatetime),120)as  格式化日期
    from tb_Csharpbook
    go
    //查询所创建的视图中的数据
    select * from v_warebooks
```

（4）单击"执行"按钮即可。

■ 秘笈心法

心法领悟 438：在视图中 DML 语句遵循的准则。

在一些复杂的视图上进行 DML 操作，一般的 DBMS 产品都遵循以下准则：
- ☑ 不允许违反约束的 DML 操作。
- ☑ 不允许将一个值添加到包含算术表达式的列中。
- ☑ 在非 key_preserved 表上不允许 DML 操作。
- ☑ 在包含组函数、GROUP BY 子句、DISTINCT 关键字或 ROWNUM 伪劣视图上不允许 DML 操作。

实例 439　使用视图生成计算列
光盘位置：光盘\MR\11\439　　　　　　　高级　趣味指数：★★★★★

■ 实例说明

利用视图可以简化用户对数据的操作，例如，本实例中创建了一个包含商品名称以及基表中售价减去进价后得到的利润的视图，这样用户便可以通过查询视图了解各种商品的利润，不必每次查询时都进行对列的计算。实例运行效果如图 11.18 所示。

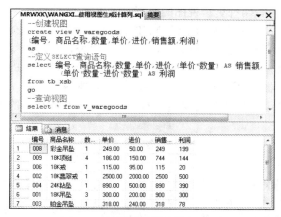

图 11.18　使用视图生成计算列

■ 关键技术

本实例主要是通过在创建视图语法的 AS 关键字后面使用 SELECT 语句实现的，下面对本实例中用到的关键技术进行详细讲解。

在创建视图的语法中，AS 关键字后加定义视图的一个完整的 SELECT 查询语句，该查询语句可以作用于多个表，另外，还可以包括单行函数和聚合函数、WHERE 子句和 GROUP BY 子句、嵌套的子查询等。但是，

不能包含 ORDER BY 子句。

> 说明：之所以不允许在视图定义中使用 ORDER BY 子句是为了遵守 ANSI SQL-92 标准，因为对该标准的原理分析需要对结构化查询语言（SQL）的底层结构和它所基于的数学理论进行讨论。但是，如果需要在视图中指定 ORDER BY 子句，可以考虑使用以下方法：

```
CREATE VIEW ware_v
AS
SELECT TOP 100 PERCENT *
FROM tb_ware
ORDER BY 售价
GO
```

设计过程

（1）打开 SQL Server 2008 的 SQL Server Management Studio 窗体，新建一个查询。
（2）选择要操作的数据库为 db_TomeTwo。
（3）在代码编辑区中输入如下 SQL 语句：

```
//创建视图
create view V_waregoods
(编号,商品名称,数量,单价,进价,销售额,利润)
as
//定义 SELECT 查询语句
select 编号, 商品名称,数量,单价,进价,(单价*数量) AS 销售额,
       (单价*数量-进价*数量) AS 利润
from tb_xsb
go
//查询视图
select * from V_waregoods
```

（4）单击"执行"按钮即可。

秘笈心法

心法领悟 439：SQL Server 中有两种更新视图的类别。

☑ INSTEAD OF 触发器：可以基于视图创建 INSTEAD OF 触发器，以使视图可更新。执行 INSTEAD OF 触发器，而不是执行定义触发器的数据修改语句。该触发器使用户得以指定一套处理数据修改语句时需要执行的操作。因此，如果在给定的数据修改语句（INSERT、UPDATE 或 DELETE）上存在视图的 INSTEAD OF 触发器，则通过该语句可更新相应的视图。

☑ 分区视图：如果视图属于称为"分区视图"的指定格式，则该视图的可更新性受限于某些限制。

11.3 触发器应用

实例 440　创建触发器　　　中级
光盘位置：光盘\MR\11\440　　　趣味指数：★★★★

实例说明

在开发 SQL Server 数据库程序时经常会用到触发器，在应用程序当中应用触发器可以替代烦琐的程序代码，完成相应的功能。可以使用 CREATE TRIGGER 创建触发器。实例运行效果如图 11.19 所示。

图 11.19 创建触发器

■ 关键技术

CREATE TRIGGER 语句的语法结构如下:
```
CREATE TRIGGER trigger_name
ON { table | view }
[ WITH ENCRYPTION ]
{
    { { FOR | AFTER | INSTEAD OF } { [ INSERT ] [ , ] [ UPDATE ] }
        [ WITH APPEND ]
        [ NOT FOR REPLICATION ]
        AS
        sql_statement [ ...n ]
    }
}
```
参数说明如表 11.7 所示。

表 11.7　CREATE TRIGGER 语句中的参数说明

参　数	说　明
trigger_name	是触发器的名称。触发器名称必须符合标识符规则,并且在数据库中必须唯一。可以选择是否指定触发器所有者名称
table | view	是在其上执行触发器的表或视图,有时称为触发器表或触发器视图。可以选择是否指定表或视图的所有者名称
WITH ENCRYPTION	加密 syscomments 表中包含 CREATE TRIGGER 语句文本的条目。使用 WITH ENCRYPTION 可防止将触发器作为 SQL Server 复制的一部分发布
AFTER	指定触发器只有在触发 SQL 语句中指定的所有操作都已成功执行后才激发。所有的引用级联操作和约束检查也必须成功完成后,才能执行此触发器
INSTEAD OF	指定执行触发器而不是执行触发 SQL 语句,从而替代触发语句的操作
[INSERT] [,] [UPDATE]	指定在表或视图上执行哪些数据修改语句时将激活触发器的关键字
WITH APPEND	指定应该添加现有类型的其他触发器
NOT FOR REPLICATION	表示当复制进程更改触发器所涉及的表时,不应执行该触发器
AS	触发器要执行的操作
sql_statement	触发器的条件和操作。触发器条件指定其他准则,以确定 DELETE、INSERT 或 UPDATE 语句是否导致执行触发器操作

设计过程

（1）打开 Visual C++ 6.0 开发环境，新建一个基于对话框的工程，命名为 Trigger。

（2）在工程中添加一个窗体，设置窗体的 Caption 属性为"创建触发器"。

（3）在窗体上添加一个编辑框控件、一个按钮控件、一个 ADO Data 控件和一个 DataGrid 控件，为 ADO Data 控件添加成员变量 m_Adodc。

（4）主要代码如下：

```
void CTriggerDlg::OnButton1()
{
    UpdateData(TRUE);
    try
    {
        BOOL result;
        OnInitADOConn();
        _bstr_t sql;
        // m_Name 是触发器名称，m_Edit 是语法结构
        sql = "CREATE TRIGGER ["+m_Name+"] ON dbo.employees FOR UPDATE AS "+m_Edit+"";
        result = ExecuteSQL((_bstr_t)sql);
        if(result)
            MessageBox("创建成功");
        else
            MessageBox("触发器已存在");
        ExitConnect();
    }
    catch(...)
    {
        MessageBox("创建失败");
        return;
    }
}
```

秘笈心法

心法领悟 440：创建触发器的注意事项。

CREATE TRIGGER 语句必须是批处理中的第一个语句，该语句后面的所有其他语句被解释为 CREATE TRIGGER 语句定义的一部分。

实例 441　获取数据库中的触发器

光盘位置：光盘\MR\11\441　　　　趣味指数：★★★★☆

实例说明

在企业进销存管理系统中，要求系统具有显示全部触发器的功能，这时可以通过程序把数据库中的所有触发器显示出来，使用户查看到数据库中触发器的数量和名称，并了解触发器的使用情况。运行实例，数据库中的触发器将显示在 DataGridView 控件中，实例运行效果如图 11.20 所示。

关键技术

数据库中的触发器可以通过检索 sysobjects 系统表的 xtype 字段中的值为 TR 的记录得到，其实现的 SQL 语句如下：

图 11.20　获取数据库中的触发器

```
select * from sysobjects where xtype = 'TR'
```

设计过程

（1）打开 Visual C++ 6.0 开发环境，新建一个基于对话框的应用程序，命名为 GetTR。
（2）在工程中添加一个窗体，设置窗体的 Caption 属性为"获取数据库中的触发器"。
（3）在窗体上添加一个 ADO Data 控件和一个 DataGrid 控件。
（4）在 ADO Data 控件属性窗口的"记录源"选项卡中添加的 SQL 语句如下：

```
select * from sysobjects where xtype = 'TR'
```

秘笈心法

心法领悟 441：慎用触发器。

触发器功能强大，能够轻松可靠地实现很多复杂的功能，但若使用不当，则会造成数据库及应用程序的维护困难。在数据库操作中，可以通过关系、触发器、存储过程、应用程序来实现数据操作。同时，规则、约束、默认值也是保证数据完整性的重要保障。如果对触发器过分依赖，势必影响数据库的结构，同时增加了维护的复杂难度。

实例 442　使用 INSERT 触发器向员工表中添加员工信息

光盘位置：光盘\MR\11\442　　　趣味指数：★★★★☆　高级

实例说明

本实例创建一个 INSERT 触发器，用来在 tb_Employee 数据表中添加员工信息时，自动在 tb_Salary 数据表中添加相应员工的薪水信息。实例运行效果如图 11.21 所示。

图 11.21　使用 INSERT 触发器向员工表中添加员工的薪水信息

关键技术

本实例实现时主要用到了 INSERT 触发器，下面对其进行详细介绍。

触发器是数据库独立的对象,当一个事件发生时,触发器自动隐式运行,但是触发器不能接收参数。SQL 支持 3 种类型的触发器:INSERT(插入)、UPDATE(更新)和 DELETE(删除)。当向表插入数据、更新数据、删除数据时,触发器就被自动调用。

创建触发器的语法格式如下:

```
CREATE TRIGGER trigger_name
ON { table | view }
[ WITH ENCRYPTION ]
{
    { { FOR | AFTER | INSTEAD OF } { [ INSERT ] [ , ] [ UPDATE ] [ , ]   [ DELETE]}
        [ WITH APPEND ]
        [ NOT FOR REPLICATION ]
        AS
        [ { IF UPDATE ( column )
            [ { AND | OR } UPDATE ( column ) ]
                [ ...n ]
        | IF ( COLUMNS_UPDATED ( ) { bitwise_operator } updated_bitmask )
                { comparison_operator } column_bitmask [ ...n ]
        } ]
            sql_statement [ ...n ]
    }
}
```

参数说明如表 11.8 所示。

表 11.8 创建触发器语法中的参数说明

参 数	说 明
trigger_name	触发器的名称。触发器名称必须符合标识符规则,并且在数据库中必须唯一。可以选择是否指定触发器所有者名称
table | view	在其上执行触发器的表或视图,有时称为触发器表或触发器视图。可以选择是否指定表或视图的所有者名称
WITH ENCRYPTION	加密 syscomments 表中包含 CREATE TRIGGER 语句文本的条目
AFTER	指定触发器只有在触发 SQL 语句中指定的所有操作都已成功执行后才激发
INSTEAD OF	指定执行触发器而不是执行触发 SQL 语句,从而替代触发语句的操作
[INSERT] [,] [UPDATE] [,] [DELETE]	指定在表或视图上执行哪些数据修改语句时将激活触发器的关键字。必须至少指定一个选项。在触发器定义中允许使用以任意顺序组合的关键字。如果指定的选项多于一个,需用逗号分隔这些选项。对于 INSTEAD OF 触发器,不允许在具有 ON DELETE 级联操作引用关系的表上使用 DELETE 选项。同样,也不允许在具有 ON UPDATE 级联操作引用关系的表上使用 UPDATE 选项
WITH APPEND	指定应该添加现有类型的其他触发器。只有当兼容级别是 65 或更低时,才需要使用该可选子句。如果兼容级别是 70 或更高,则不必使用 WITH APPEND 子句添加现有类型的其他触发器
NOT FOR REPLICATION	表示当复制进程更改触发器所涉及的表时,不应执行该触发器
AS	触发器要执行的操作
sql_statement	触发器的条件和操作。触发器条件指定其他准则,以确定 DELETE、INSERT 或 UPDATE 语句是否导致执行触发器操作。当尝试 DELETE、INSERT 或 UPDATE 操作时,Transact-SQL 语句中指定的触发器操作将生效

设计过程

(1)打开 SQL Server 2008 的 SQL Server Management Studio 窗体,新建一个查询。
(2)选择要操作的数据库为 db_TomeTwo。

（3）在代码编辑区中输入如下 SQL 语句：

```
//*判断表中是否有名为[trig_InsertInfo]的触发器
if EXISTS (SELECT name
    FROM    sysobjects
    WHERE   name = '[trig_InsertInfo]'
    AND type = 'TR')
如果已经存在则删除
drop trigger [trig_InsertInfo]
go
create TRIGGER [trig_InsertInfo] on [dbo].[tb_Employee]
FOR insert
AS
if exists(select ID from inserted where ID in(select ID from tb_Salary))
begin
update tb_Salary set Name=(select Name from inserted),Salary=1500 where ID=(select ID from inserted)
end
else
begin
insert into tb_Salary(ID,Name,Salary)
select ID,Name,1500 from inserted
end
go
```

（4）单击"执行"按钮 即可。

秘笈心法

心法领悟 442：触发器限制。

触发器虽然应用起来很简单，但是触发器确实有一定的限制。首先 CREATE TRIGGER 必须是批处理中的第一条语句，并且只能应用到一个表中。触发器只能在当前的数据创建，不过触发器可以引用当前数据库的外部对象。如果一个表的外键在 DELETE 或 UPDATE 操作上定义了级联，则不能在该表上定义 INSTEAD OF DELETE 或 UPDATE 触发器。

实例 443　UPDATE 触发器在系统日志中的应用　　高级
光盘位置：光盘\MR\11\443　　趣味指数：★★★★☆

实例说明

在特定的表上执行 UPDATE 语句时，会触发 UPDATE 触发器。UPDATE 操作包括两个部分：将需要更新的内容从表中删除，然后插入新值。所以 UPDATE 触发器同时涉及删除表中数据和插入表中数据两项内容。本实例实现的是用 UPDATE 触发器更新员工表中员工基本工资。为 tb_laborage 表创建 UPDATE 触发器，当对数据表 tb_laborage 执行 UPDATE 操作时，输出"数据修改成功"。实例运行效果如图 11.22 所示。

关键技术

本实例实现时主要用到了 UPDATE 触发器，下面对其进行详细介绍。

UPDATE 触发器表示修改触发器，其工作流程为：可将 UPDATE 触发器看成两步操作，即捕获数据前像（before image）的 DELETE 语句和捕获数据后像（after image）的 INSERT 语句。当在定义有 UPDATE 触发器的表上执行 UPDATE 语句时，原始行（前像）被移入 deleted 表中，更新行（后像）被移入 inserted 表中，触发器检查 deleted 表和 inserted 表以及被更新的表来确定是否更新了多行以及如何执行触发器动作。

上面介绍的 inserted 表和 deleted 表为测试表，测试表是虚表，用于保存目标表更新、插入或删除的数据信息。下面对 inserted 表和 deleted 表进行介绍。

- ☑ inserted 表存放了 INSERT 和 UPDATE 语句中的副本，当执行 INSERT 或 UPDATE 语句时，这些新行同时被加到 inserted 表和 trigger 表中。inserted 表中的行是 trigger 表中新行的副本。
- ☑ deleted 表存放 DELETE 和 UPDATE 语句中相关行的副本，当 DELETE 或 UPDATE 语句执行时，这些相关行从 trigger 表中移到 deleted 表中。

图 11.22　UPDATE 触发器在系统日志中的应用

■ 设计过程

（1）打开 SQL Server 2008 的 SQL Server Management Studio 窗体，新建一个查询。

（2）选择要操作的数据库为 db_TomeTwo。

（3）在代码编辑区中输入如下 SQL 语句：

```
//打开数据库
use db_TomeTwo
//判断表中是否有名为 tri_update_laborage 的触发器
if EXISTS (SELECT name
    FROM    sysobjects
    WHERE   name = 'tri_update_laborage'
    AND type = 'TR')
//如果已经存在则删除
drop trigger tri_update_laborage
go
//创建触发器
create trigger tri_update_laborage
on tb_laborage
with encryption
after update                            //定义触发器类型
as
print('数据修改成功')
go
//更新操作语句
update tb_Laborage set 基本工资='1500' where 员工编号 = 5
select * from tb_Laborage
```

（4）单击"执行"按钮 即可。

秘笈心法

心法领悟 443：创建临时表。

临时表常常用来保存中间结果，临时表名前带有"#"。临时表只存在于存储过程被创建时获取用户会话期间。创建临时表可以使用 CREATE TABLE 语句，语法格式为：

CREATE TABLE #temp(int x,inty)

其中，x，y 分别表示临时表的字段。

实例 444　使用 DELETE 触发器删除离职员工信息

光盘位置：光盘\MR\11\444　　趣味指数：★★★★☆　高级

实例说明

本实例创建一个 DELETE 触发器，用来在 tb_Employee 数据表中删除员工信息时，自动在 tb_Salary 数据表中删除相应员工的薪水信息。实例运行效果如图 11.23 所示。

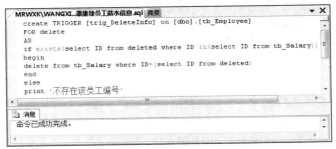

图 11.23　使用 DELETE 触发器删除离职员工信息

关键技术

本实例实现时主要用到了 DELETE 触发器，下面对其进行详细介绍。

DELETE 触发器表示删除触发器，其工作流程为：当触发 DELETE 触发器后，从特定的表中删除的行将被放置到一个特殊的 deleted 表中。deleted 表是一个逻辑表，保留已被删除数据行的一个副本。deleted 表还允许引用由初始化 DELETE 语句产生的日志数据。

使用 DELETE 触发器时，需要考虑以下事项和原则：
- ☑ 当某行被添加到 deleted 表中时，就不再存在于数据库表中，因此，deleted 表和数据库表没有相同的行。
- ☑ 创建 deleted 表时，空间是从内存中分配的。deleted 表总是被存储在高速缓存中。

📖 说明：在 SQL Server 中使用 TRUNCATE TABLE 语句删除表中所有行时，不会触发 DELETE 触发器。

设计过程

（1）打开 SQL Server 2008 的 SQL Server Management Studio 窗体，新建一个查询。
（2）选择要操作的数据库为 db_TomeTwo。
（3）在代码编辑区中输入如下 SQL 语句：

```
create TRIGGER [trig_DeleteInfo] on [dbo].[tb_Employee]
FOR delete
AS
if exists(select ID from deleted where ID in(select ID from tb_Salary))
```

```
begin
delete from tb_Salary where ID=(select ID from deleted)
end
else
print '不存在该员工编号'
```

（4）单击"执行"按钮 即可。

秘笈心法

心法领悟 444：在数据库中定义常量。

使用 SQL Server 数据库，在创建触发器时，定义变量@name、@course、@tName、@newName、@id，它们都属于局部变量，在 SQL Server 中，命名变量必须以"@"开头，并且定义局部变量还需要使用 DECLARE 语句。语法如下：

```
DECLARE
{
    @varaible_name datatype[,...n]
}
```

其中，@varaible_name 表示变量的名称，datatype 表示变量的数据类型。

实例 445　使用触发器删除相关联的两表间的数据

光盘位置：光盘\MR\11\445　　高级　趣味指数：★★★★☆

实例说明

通过触发器可以删除相关联的两表或多表间的数据，例如，本实例中实现的是在员工表中创建 DELETE 触发器 tri_delete_laborage，当员工表中执行删除离职员工数据信息时，将触发 tri_delete_laborage 触发器，从而删除该员工在薪水表中的记录。实例运行效果如图 11.24 所示。

图 11.24　使用触发器删除相关联的两表间的数据

关键技术

本实例主要使用 DELETE 触发器删除相关联的员工表和薪水表中的数据。

设计过程

（1）打开 SQL Server 2008 的 SQL Server Management Studio 窗体，新建一个查询。

（2）选择要操作的数据库为 db_TomeTwo。
（3）在代码编辑区中输入如下 SQL 语句：

```
//判断是否存在名为 tri_delete_laborage 的触发器
if exists(
select name from sysobjects where name='tri_delete_laborage'
and type='TR')
drop trigger tri_delete_laborage                              //删除已经存在的触发器
go
create trigger tri_delete_laborage                            //创建触发器
on 员工表  for delete
as
begin
if @@rowcount>1
  begin
    rollback transaction
    raiserror('每次只能删除一条记录',16,1)
  end
end
//声明变量
declare @id varchar(50)
select @id = 员工编号  from deleted
delete 薪水表 where 员工编号 = @id
go
```

（4）单击"执行"按钮 即可。

秘笈心法

心法领悟 445：数据同步更新。

通过为某一数据表创建触发器，可以保证与其相关联的数据表中相应的记录同步更新。

实例 446	触发器的删除 光盘位置：光盘\MR\11\446	中级 趣味指数：★★★★☆

实例说明

如果不再需要某个触发器，可以使用企业管理器将不需要的触发器进行删除，还可以应用 Transact-SQL 语句中的 DROP 语句删除指定的触发器。本实例实现的是使用 DROP TRIGGER 语句删除表 tb_employee 创建的触发器"员工工资触发器"，执行结果如图 11.25 所示。

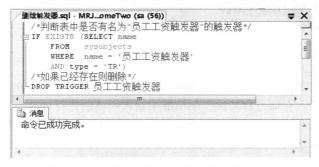

图 11.25 根据查询数值的符号显示具体文本

关键技术

本实例主要应用 Transact-SQL 语句中的 DROP 语句。下面将对该语句进行详细介绍。

DROP 语句语法如下：
DROP TRIGGER { trigger } [,...n]

参数说明：

❶trigger：要删除的触发器名称。触发器名称必须符合标识符规则。

❷n：表示可以指定多个触发器的占位符。

📢 注意：可以通过除去触发器或除去触发器表删除触发器。除去表时，也将除去所有与表关联的触发器。除去触发器时，将从 sysobjects 和 syscomments 系统表中删除有关触发器的信息。

▌设计过程

（1）打开 SQL Server 2008 的 SQL Server Management Studio 窗体，新建一个查询。

（2）选择要操作的数据库为 db_TomeTwo。

（3）在代码编辑区中输入如下 SQL 语句：

```
//判断表中是否有名为"员工工资触发器"的触发器
IF EXISTS (SELECT name
    FROM    sysobjects
    WHERE   name = '员工工资触发器'
    AND type = 'TR')
/*如果已经存在则删除*/
DROP TRIGGER 员工工资触发器
GO
```

（4）单击"执行"按钮 ▌即可。

▌秘笈心法

心法领悟 446：创建多个触发器。

一个表中可以具有多个给定类型的 AFTER 触发器，只要它们的名称不相同；每个触发器可以执行多个函数。但是，每个触发器只能应用于一个表，尽管一个触发器可以应用于 3 个用户操作（UPDATE、INSERT 和 DELETE）的任何子集。

11.4　使用存储过程

| 实例 447 | 创建存储过程 光盘位置：光盘\MR\11\447 | 高级 趣味指数：★★★★☆ |

▌实例说明

在开发应用程序时，根据需要可以动态地创建存储过程。本实例实现的是如何在 SQL Server 数据库中创建存储过程。运行程序，在"输入存储过程名称"编辑框中输入所要创建存储过程的名称，然后在"输入存储过程语法结构"编辑框中输入创建存储过程的 SQL 语句，单击"创建存储过程"按钮，完成创建存储过程的操作，此时在数据库中即可看到被创建的存储过程，如图 11.26 所示。

▌关键技术

可以利用 CREATE PROCEDURE 语句创建存储过程。语法格式如下：

```
CREATE PROC[EDURE] Procedure_name
[;number] [ @Parameter data_type [VARYING] [=default] [OUTPUT] ]
[,...n1]
```

```
[WITH { RECOMPILE | ENCRYPTION | RECOMPILE, ENCRYPTION }]
[FOR REPLICATION]
AS sql_statement [...n2]
```

图 11.26 创建存储过程

参数说明如表 11.9 所示。

表 11.9 CREATE PROCEDURE 语句中的参数说明

参 数	说 明
Procedure_name	用于指定存储过程名，必须符合标识符规则，且对于数据库及其所有者必须唯一。创建局部临时存储过程，可以在 Procedure_name 前面加一个"#"；创建全局临时存储过程，可以在 Procedure_name 前面加"##"
number	为可选的整数，用于区分同名的存储过程，以便用一条 DROP PROCEDURE 语句删除一组存储过程
@Parameter	存储过程的形参，"@"符号作为第一个字符来指定参数名称，必须符合标识符规则。创建存储过程时，可以声明一个或多个参数，执行存储过程时应提供响应的实参，除非定义了该参数的默认值，默认参数值只能是常量
data_type	用于指定形参的数据类型，形参可以是 SQL Server 支持的任何类型。但 cursor 类型只能用于 output 参数，同时必须指定 varying 和 output 关键字
default	指定存储过程输入参数的默认值，必须是常量或 NULL，默认值中可以包含通配符
n1	表示存储过程指定的参数个数
RECOMPILE	表示 SQL Server 每次运行时，对其重新编译
ENCRYPTION	表示对存储过程加密
FOR REPLICATION	用于说明不能在订阅服务器上执行复制、创建的存储过程，该项不能和 WITH RECOMPILE 同时使用
sql_statement	表示过程中包含的 SQL 语句
n2	表示包含 SQL 语句的个数

设计过程

（1）打开 Visual C++ 6.0 开发环境，新建一个基于对话框的应用程序，命名为 SaveCourse。

（2）在窗体上添加两个编辑框控件、一个按钮控件、一个 ADO Data 控件和一个 DataGrid 控件，为 ADO Data 控件添加变量 m_adodc。

（3）创建一个 ADOConn 类，用于连接数据库。

（4）主要代码如下：
```
void CSavecourseDlg::OnOK()
{
    UpdateData(true);
    ADOConn m_AdoConn;
    m_AdoConn.OnInitADOConn();
    _bstr_t sql;
    sql = "CREATE PROCEDURE ["+m_edit1+"] AS "+m_edit2+" ";   //设置创建存储过程的语句
    m_AdoConn.ExecuteSQL(sql);                                //执行创建语句
    m_AdoConn.ExitConnect();
    m_adodc.SetCommandType(4);                                //设置控件数据源类型
    m_adodc.SetRecordSource(" "+m_edit1+" ");                 //设置数据源
    m_adodc.Refresh();
}
```

秘笈心法

心法领悟 447：带有参数的存储过程。

本实例创建的存储过程非常简单，没有任何输入的参数，数据库中的存储过程基本都带有参数，这些参数的作用是在存储过程和调用程序之间传递数据。

实例 448　应用存储过程添加数据

光盘位置：光盘\MR\11\448　　　　　　　　　　　高级　趣味指数：★★★★☆

实例说明

本实例通过使用存储过程实现了对作者信息进行添加的操作。要实现本实例，首先创建一个存储过程，实现添加编号为 04 的记录，运行程序，DataGridView 控件中显示添加之后的信息。实例运行效果如图 11.27 所示。

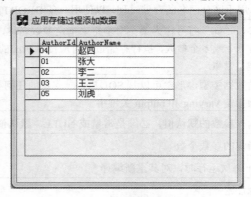

图 11.27　应用存储过程添加数据

关键技术

本实例实现时主要用到了 pro_Au 存储过程，该存储过程主要实现添加作者信息功能，其实现代码如下：

```
//判断是否存在所要创建的存储过程名称
IF EXISTS(SELECT name
    FROM sysobjects
    WHERE name='pro_Au'
AND type='P')
//如果存在所要创建的存储过程，则删除
DROP PROCEDURE pro_Au
GO
```

```
//创建存储过程
CREATE PROCEDURE pro_Au
AS
//执行 SELECT 语句
insert into tb_Author (AuthorId,AuthorName) values('04','赵四')
select * from tb_Author
go
//执行存储过程
exec pro_Au
go
```

设计过程

（1）打开 Visual C++ 6.0 开发环境，新建一个基于对话框的应用程序，命名为 InsertData。
（2）在工程中添加一个窗体，设置窗体的 Caption 属性为"应用存储过程添加数据"。
（3）在窗体上添加一个 ADO Data 控件和一个 DataGrid 控件。
（4）打开 ADO Data 控件的属性窗口，在"记录源"选项卡进行如下设置：在命令类型列表框中选择 4-asCmdStoredProc 选项，在表或存储过程名列表框中选中要使用的存储过程名 Pro_Au;1。

秘笈心法

心法领悟 448：系统存储过程。

系统存储过程存储在 master 数据库中，并以"sp_"为前缀，主要用来从系统表获取信息，为系统管理员管理 SQL Server 提供帮助，为用户查询数据库对象提供方便。例如，用来查看数据库对象信息的系统存储过程 sp_help，显示存储过程和其他对象的文本存储过程 sp_helptext 等。

实例 449 应用存储过程修改数据

光盘位置：光盘\MR\11\449   趣味指数：★★★★☆   高级

实例说明

本实例通过使用存储过程实现了对员工信息进行修改的操作。要实现本实例，首先创建一个存储过程，实现了把 ID 为 YGBH0002 的 Name 修改为"小星星"数据记录，运行程序，DataGridView 控件中显示修改之后的信息。实例运行效果如图 11.28 所示。

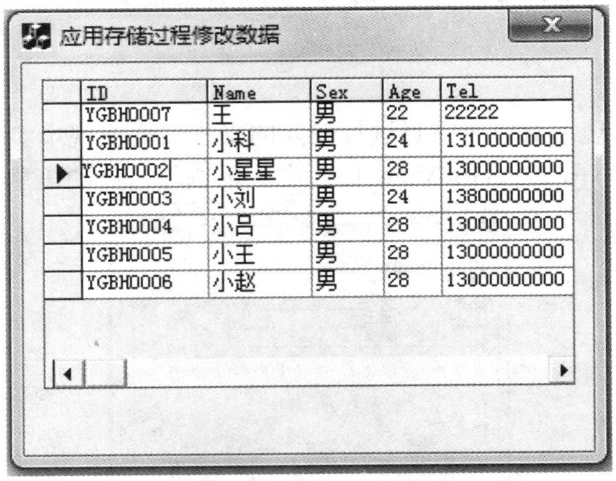

图 11.28　应用存储过程修改数据

关键技术

本实例实现时主要用到了 pro_per16 存储过程，该存储过程主要实现添加作者信息功能，其实现代码如下：

```
//判断是否存在 pro_per16 存储过程，如果存在，将其删除
if exists(select name from sysobjects where name='pro_per16'and type='p')
drop proc pro_per16
go
use db_TomeTwo
go
//创建存储过程
CREATE PROCEDURE pro_per16
AS
//通过存储过程修改数据
update tb_Employee set Name ='小星星' where ID = 'YGBH0002'
select * from tb_Employee
go
//执行存储过程
exec pro_per16
go
```

设计过程

（1）打开 Visual C++ 6.0 开发环境，新建一个基于对话框的应用程序，命名为 UpdateData。

（2）在工程中添加一个窗体，设置窗体的 Caption 属性为"应用存储过程修改数据"。

（3）在窗体上添加一个 ADO Data 控件和一个 DataGrid 控件。

（4）打开 ADO Data 控件的属性窗口，在"记录源"选项卡进行如下设置：在命令类型列表框中选择 4-asCmdStoredProc 选项，在表或存储过程名列表框中选中要使用的存储过程名 Pro_per16;1。

秘笈心法

心法领悟 449：创建存储过程的注意事项。

存储过程的最大大小为 128MB。用户定义的存储过程只能在当前数据库中创建（临时过程除外，临时过程总是在 tmppdb 中创建）。在单个批处理中，CREATE PROCEDURE 语句不能与其他 Transact-SQL 语句组合使用。

实例 450　应用存储过程删除数据

光盘位置：光盘\MR\11\450　　　　　　　　　　　　　高级　趣味指数：★★★★☆

实例说明

本实例通过使用存储过程实现了对作者信息进行删除的操作。要实现本实例，首先创建一个存储过程，实现删除编号为 04 的记录，运行程序，DataGridView 控件中显示删除之后的信息。实例运行效果如图 11.29 所示。

图 11.29　应用存储过程删除数据

第 11 章 SQL 高级查询

■ 关键技术

本实例实现时主要用到了 pro_Au1 存储过程，该存储过程主要实现删除作者信息功能，其实现代码如下：

```
//判断是否存在所要创建的存储过程名称
IF EXISTS(SELECT name
    FROM sysobjects
 WHERE name='pro_Au1'
AND type='P')
//如果存在所要创建的存储过程，则删除
DROP PROCEDURE pro_Au1
GO
//创建存储过程
CREATE PROCEDURE pro_Au1
AS
//执行 SELECT 语句
delete from tb_Author where AuthorId = '04'
go
//执行存过程
exec pro_Au1
go
```

■ 设计过程

（1）打开 Visual C++ 6.0 开发环境，新建一个基于对话框的应用程序，命名为 DeleteData。
（2）在工程中添加一个窗体，设置窗体的 Caption 属性为"应用存储过程删除数据"。
（3）在窗体上添加一个 ADO Data 控件和一个 DataGrid 控件。
（4）打开 ADO Data 控件的属性窗口，在"记录源"选项卡进行如下设置：在命令类型列表框中选择 4-asCmdStoredProc 选项，在表或存储过程名列表框中选中要使用的存储过程名 Pro_Au1;1。

■ 秘笈心法

心法领悟 450：通过存储过程删除学生记录。

本实例已经演示了怎样创建存储过程，并使用此存储过程删除指定学生记录，存储过程接收学生编号作为参数，并根据给定的学生编号删除学生信息。

实例 451　获取数据库中全部的存储过程　　　　　　　中级
光盘位置：光盘\MR\11\451　　　　　　　　　　　　　趣味指数：★★★★☆

■ 实例说明

在某些行业软件系统中，要求系统有显示全部存储过程的功能，这时可以把数据库中的所有存储过程显示出来，用户可以查看到数据库中存储过程的数量和名称，以便更好地了解数据库中存储过程的使用情况。本实例在程序中实现了获取数据库中全部存储过程的功能，实例运行效果如图 11.30 所示。

■ 关键技术

SQL Server 的每个数据库中含有一个名为 sysobjects 的系统表，这个系统表中存储了当前数据库中所有对象（包括对象表、用户表、约束、默认值、日志和存储过程）的信息，可利

图 11.30　获取数据库中全部的存储过程

用这个系统表解决上面的问题。

系统表中的字段说明如表 11.10 所示。

表 11.10　系统表的字段说明

列　　名	数 据 类 型	说　　　明
name	sysname	对象名
id	int	对象标识号
xtype	char(2)	对象类型，可以是下列对象类型中的一种：C=CHECK 约束，D=默认值或 DEFAULT 约束，F=FOREIGN KEY 约束，L=日志，FN=标量函数，IF=内嵌表函数，P=存储过程，PK=PRIMARY KEY 约束（类型是 K），RF=复制筛选存储过程，S=系统表，TF=表函数，TR=触发器，U=用户表，UQ = UNIQUE 约束（类型是 K），V=视图，X=扩展存储过程
uid	smallint	所有者对象的用户 ID
parent_obj	int	父对象的对象标识号（例如，对于触发器或约束，该标识号为表 ID）
crdate	datetime	对象的创建日期
ftcatid	smallint	为全文索引注册的所有用户表的全文目录标识符，对于没有注册的所有用户表则为 0
schema_ver	int	版本号，该版本号在每次表的架构更改时都增加
category	int	用于发布、约束和标识

从表 11.10 中可以看到，数据库中的存储过程可以通过检索 xtype 字段中的值为 p 的记录得到，其实现的 SQL 语句如下：

select name from sysobjects where xtype = 'p'

■ 设计过程

（1）打开 Visual C++ 6.0 开发环境，新建一个基于对话框的应用程序，命名为 GetProcedure。
（2）在工程中添加一个窗体，设置窗体的 Caption 属性为"获取数据库中全部的存储过程"。
（3）在窗体上添加一个 ADO Data 控件和一个 DataGrid 控件。
（4）在 ADO Data 控件属性窗口的"记录源"选项卡中添加的 SQL 语句如下：

select name as 存储过程名称,crdate as 创建时间,refdate as 最后一次修改时间 from sysobjects where xtype

■ 秘笈心法

心法领悟 451：不要使用 sp_prefix。

sp_prefix 是系统存储过程保留的。数据库引擎将始终首先在数据库中查找具有此前缀的存储过程。这意味着当引擎首先检查主数据库，然后检查存储过程实际所在的数据库，将需要较长的时间才能完成检查过程。而且，如果碰巧存在一个名称相同的系统存储过程，则程序员创建的数据库不会得到处理。

实例 452　在存储过程中使用 RETURN 定义返回值　　高级

光盘位置：光盘\MR\11\452　　　　　　　　　　　　趣味指数：★★★★☆

■ 实例说明

RETURN 语句无条件终止查询、批处理以及存储过程。不执行存储过程或者批处理中 RETURN 语句后面的语句。在存储过程中使用 RETURN 语句时，可以指定返回给调用存储过程、应用程序以及批处理的整数值。

第 11 章　SQL 高级查询

本实例在 db_TomeTwo 数据库中创建一个存储过程 CRE_Return，在存储过程中使用 RETURN 语句从存储过程中返回值，如果所有的 SELECT 语句执行正确，则返回 0，否则返回当前错误代码。

在查询分析器中运行的结果如图 11.31 所示。

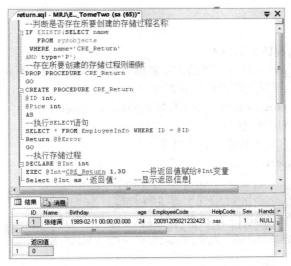

图 11.31　在存储过程中使用 RETURN 定义返回值

■ 关键技术

RETURN 语句的语法规则如下：

`RETURN [integer_expression]`

其中，参数 integer_expression 为返回的整型值。在存储过程中，可以给调用应用程序或者调用存储过程返回整数值。

如果没指定 RETURN 语句的返回值，则返回 0。

◆》 注意：在存储过程中，RETURN 不能返回空值。

■ 设计过程

（1）打开 SQL Server 2008 的 SQL Server Management Studio 窗体，新建一个查询。
（2）选择要操作的数据库为 db_TomeTwo。
（3）在代码编辑区中输入如下 SQL 语句：

```
//判断是否存在所要创建的存储过程名称
IF EXISTS(SELECT name
    FROM sysobjects
  WHERE name='CRE_Return'
AND type='P')
//如果存在所要创建的存储过程，则删除
DROP PROCEDURE CRE_Return
GO
CREATE PROCEDURE CRE_Return
@ID int,
@Pice int
AS
//执行 SELECT 语句
SELECT * FROM tb_UserLogin WHERE UserID = @ID
Return @@Error
GO
//执行存储过程
```

```
DECLARE @Int int
EXEC @Int=CRE_Return 1,30          //将返回值赋给@Int 变量
Select @Int as '返回值'              //显示返回信息
```

（4）单击"执行"按钮即可。

秘笈心法

心法领悟 452：解析存储过程的命名标准。

与 Visual C++程序相同，存储过程也有自己的命名标准。虽然不一定所有程序员都按照统一的标准，但是养成好的编程习惯是很必要的。存储过程的命名标准如下。

（1）所有的存储过程要以 proc 为前缀，系统存储过程以 sp_为前缀。
（2）表名就是存储过程访问的对象。
（3）最后的行为动词就是存储过程要执行的任务。

例如，存储过程 procUserSelect。

实例 453 调用具有输出参数的存储过程

光盘位置：光盘\MR\11\453

高级
趣味指数：★★★★☆

实例说明

本实例实现的是调用具有输出参数的存储过程。运行程序，在"姓名"编辑框中输入"白XX"，单击"调用"按钮，"白XX"的移动电话号码将显示在"移动电话"编辑框中，如图 11.32 所示。

图 11.32 调用具有输出参数的存储过程

关键技术

本实例的存储过程代码如下：

```
create procedure aaa
@name varchar(20),                 //输入的参数
@college nvarchar(50) OUTPUT       //返回的参数
as
begin
select @college=移动电话
from friend
where  姓名 = @name
return
```

```
end
GO
```

使用 DECLARE 语句声明游标变量,语法如下:
```
DECLARE @local_variable data_type
```
参数说明:

❶@local_variable:是变量的名称。变量名必须以"@"字符开头。局部变量名必须符合标识符规则。

❷data_type:是任何由系统提供的或用户定义的数据类型。变量不能是 text、ntext 或 image 数据类型。
使用 exec 执行存储过程。

设计过程

(1)打开 Visual C++ 6.0 开发环境,新建一个基于对话框的应用程序,命名为 ReturnPata。
(2)在窗体上添加一个列表视图控件、两个编辑框控件和两个按钮控件,为控件添加变量。
(3)程序代码如下:

```cpp
void CReturnPataDlg::OnButtransfer()
{
    UpdateData(true);
    OnInitADOConn();
    CString str;
    str.Format("declare @c nvarchar(50) exec aaa @name='%s',@college=@c OUTPUT select @c as 移动电话",m_Name);
    //执行存储过程
m_pRecordset->Open((_bstr_t)str,m_pConnection.GetInterfacePtr(),adOpenDynamic,adLockOptimistic,adCmdText);
    if(!m_pRecordset->adoEOF)
    {
        m_Edit = (char*)(_bstr_t)m_pRecordset->GetCollect("移动电话");
    }
    ExitConnect();
    UpdateData(false);
}
```

秘笈心法

心法领悟 453:显示设置列的 NULL 或 NOT NULL。

建议在存储过程的任何 CREATE TABLE 或 ALTER TABLE 语句中都为每列显式指定 NULL 或 NOTNULL,例如,在创建临时表时。ANSI_DFLT_ON 和 ANSI_DFLT_OFF 选项控制 SQL Server 为列指派 NULL 或 NOT NULL 特性的方式(如果在 CREATE TABLE 或 ALTER TABLE 语句中没有指定)。如果某个连接执行的存储过程对这些选项的设置与创建该过程的连接的设置不同,则为第二个连接创建的表列可能会有不同的为空性,并且表现出不同的行为方式。如果为每个列显式声明了 NULL 或 NOT NULL,那么将对所有执行该存储过程的连接使用相同的为空性创建临时表。

实例 454 重命名存储过程
光盘位置:光盘\MR\11\454   高级
趣味指数:★★★★☆

实例说明

当存储过程中的某个部分需要修改,或者需要重新命名存储过程时,可以通过企业管理器将指定的存储过程进行重命名。除了应用企业管理器之外,还可以应用 Transact-SQL 语句中的 sp_rename 语句将指定的存储过程重新命名。运行结果如图 11.33 所示。

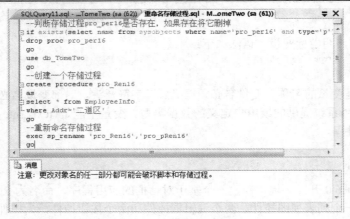

图 11.33　重命名存储过程

关键技术

本实例主要应用 sp_rename 将指定的存储过程重新命名，下面将对该语句进行详细介绍。
sp_rename 语句的语法如下：
sp_rename [@objname =] 'object_name' ,
　　[@newname =] 'new_name'
　　[, [@objtype =] 'object_type']

参数说明：

❶ [@objname =] 'object_name'：用户对象（表、视图、列、存储过程、触发器、默认值、数据库、对象或规则）或数据类型的当前名称。如果要重命名的对象是表中的一列，那么 object_name 必须为 table.column 形式。如果要重命名的是索引，那么 object_name 必须为 table.index 形式。object_name 为 nvarchar（776）类型，无默认值。

❷ [@newname =] 'new_name'：指定对象的新名称。new_name 必须是名称的一部分，并且要遵循标识符的规则。newname 是 sysname 类型，无默认值。

❸ [@objtype =] 'object_type']：要重命名的对象的类型。object_type 为 varchar(13)类型。

设计过程

（1）打开 SQL Server 2008 的 SQL Server Management Studio 窗体，新建一个查询。
（2）选择要操作的数据库为 db_TomeTwo。
（3）在代码编辑区中输入如下 SQL 语句：

```
//判断存储过程 pro_per16 是否存在，如果存在则将其删除
if exists(select name from sysobjects where name='pro_per16' and type='p')
drop proc pro_per16
go
use db_sql2000
go
//创建一个存储过程
create procedure pro_Ren16
as
select * from tb_Ren16
where 家庭住址='吉林省'
go
//重新命名存储过程
exec sp_rename 'pro_Ren16','pro_pRen16'
go
```

（4）单击"执行"按钮 ▌即可。

第 11 章 SQL 高级查询

秘笈心法

心法领悟 454：创建存储过程需要权限。

要创建过程，必须具有数据库的 CREATE PROCEDURE 权限，还必须具有对架构（在其下创建过程）的 ALTER 权限。

实例 455　在存储过程中使用事务
光盘位置：光盘\MR\11\455　　高级　趣味指数：★★★★☆

实例说明

本实例在存储过程中使用事务，利用事务创建存储过程 proc_pro16，实现在存储过程中声明一个整型变量 @truc，并且通过 IF 条件判断语句判断变量的值，如果变量等于 2，则回滚事务，并且返回一个值为 25；如果变量等于 0，则提交事务，并且返回一个值为 0。在查询分析器中运行的结果如图 11.34 所示。

图 11.34　在存储过程中使用事务

关键技术

SQL 在调用存储过程之前会检查事务的嵌套级。

用户可以开发一套处理事务失败或其他事务内部出现错误的出错处理程序。

在存储过程内，可以使用面向事务的语句，如 COMMIT、ROLLBACK 和 STARTTRANSACTION。事务不能开始于一个存储过程的开始，也不会在存储过程的结尾停止。

例如，下面的代码是在存储过程中使用事务处理数据：

```
CREATE PROCEDURE CRE_P
AS
    BEGIN TRANSACTION tran1                             //事务开始
    SAVE TRANSACTION tran1                              //保存事务
    INSERT [table1] ( [content] ) VALUES ('12345')      //数据操作
    COMMIT TRANSACTION tran1                            //提交事务
    IF ( @@ERROR <> 0 )                                 //判断是否有错误
    BEGIN
        RAISERROR('Insert data error!',16,1)            //自定义错误输出
```

639

```
        ROLLBACK TRANSACTION tran1                    //事务回滚
    END
    IF ( @@TRANCOUNT > 0 )                            //判断事务数是否大于 0
    BEGIN
        ROLLBACK TRANSACTION tran1                    //事务回滚
    END
GO
```

关于事务，SQL 并不能看到由应用程序分发的 SQL 语句与存储过程分发的 SQL 语句间的区别。例如，当一个应用程序的某些更改还不是永久更改且调用了一个存储过程执行了某些更改时，所有的更改是当前事务的一部分。这也意味着如果一个存储过程发送了一个 COMMIT 语句且仍是非永久更改，则它们也会做出永久更改。

■ 设计过程

（1）打开 SQL Server 2008 的 SQL Server Management Studio 窗体，新建一个查询。

（2）选择要操作的数据库为 db_TomeTwo。

（3）在存储过程中使用事务，利用事务创建存储过程 proc_pro16，实现在存储过程中声明一个整型的变量 @truc，并且通过 IF 条件判断语句判断变量的值，如果变量等于 2 则回滚事务，并且返回一个值为 25，如果变量等于 0，则提交事务，并且返回一个值为 0，在代码编辑区中输入以下 SQL 语句：

```
use db_sql2000
GO
//判断 pro_pro16 存储过程是否存在，如果存在则将其删除
if exists(select name from sysobjects
where name='pro_pro16'and type='p')
    drop proc pro_pro16                    //删除存储过程
GO
create procedure pro_pro16
as
declare @truc int
select @truc=@@trancount
if @truc=0
begin tran p1
else
save tran p1
if (@truc=2)
begin
rollback tran p1
return 25
end
if(@truc=0)
commit tran p1
return 0
```

（4）单击"执行"按钮 即可。

■ 秘笈心法

心法领悟 455：存储过程的参数。

如果将存储过程编写为可以接受参数值，那么可以提供参数值。提供的值必须为常量或变量，不能将函数名称指定为参数值。变量可以是用户定义变量或系统变量。

实例 456	加密存储过程	中级
	光盘位置：光盘\MR\11\456	趣味指数：★★★★☆

■ 实例说明

存储过程如果被修改，将会给应用程序带来灾难性的错误，使应用程序无法正常运行。为了防止存储过程

被恶意修改，可以将其进行加密。本实例实现的是在应用程序中加密存储过程，运行效果如图 11.35 所示。

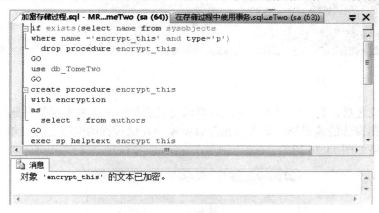

图 11.35　加密存储过程

■ 关键技术

运用 EXECUTE 语句可以加密存储过程。
加密存储过程的语句格式如下：

EXECUTE Procedure name

本实例中实现加密 Pro_test 存储过程的语句如下：

EXECUTE Pro_test

■ 设计过程

（1）打开 SQL Server 2008 的 SQL Server Management Studio 窗体，新建一个查询。
（2）选择要操作的数据库为 db_TomeTwo。
（3）在代码编辑区中输入如下 SQL 语句：

```
if exists(select name from sysobjects
where name ='encrypt_this' and type='p')
    drop procedure encrypt_this
GO
use db_TomeTwo
GO
create procedure encrypt_this
with encryption
as
    select * from authors
GO
exec sp_helptext encrypt_this
```

（4）单击"执行"按钮 ! 即可。

■ 秘笈心法

心法领悟 456：存储过程语句的限定。

在存储过程内，如果用于语句（例如 SELECT 或 INSERT）的对象名没有限定架构，则架构将默认为该存储过程的架构。在存储过程内，如果创建该存储过程的用户没有限定 SELECT、INSERT、UPDATE 或 DELETE 语句中引用的表名或视图名，则默认情况下，通过该存储过程对这些表进行的访问将受到该过程创建者的权限的限制。

实例 457　删除存储过程

光盘位置：光盘\MR\11\457　　　　难度等级：中级

■ 实例说明

存储过程在应用完成之后，为了节省数据空间，可以将其删除。本实例实现的是删除SQL Server数据库中已经存在的存储过程，在窗体的编辑框中输入要删除数据库中存储过程的名称之后，单击"删除"按钮将存储过程删除。程序运行效果如图11.36所示。

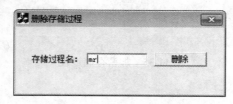

图11.36　删除存储过程

■ 关键技术

删除存储过程的语句结构如下：
```
DROP PROCEDURE <Procedure name>
```
参数说明：

Procedure name：存储过程名。

注意：在删除一个存储过程时，必须同时删除存储过程的所有版本。在同一DBMS内，可以创建同一个存储过程的多个版本。虽然在执行ALTER PROCEDURE或EXEC语句时，通过提供版本号可以修改并执行某个特定版本的存储过程，但DROP PROCEDURE语句不允许输入版本号。因此，删除一个存储过程就意味着删除所有版本。

■ 设计过程

（1）打开Visual C++ 6.0开发环境，新建一个基于对话框的应用程序，命名为delsave。
（2）在窗体上添加一个编辑框控件和一个按钮控件。
（3）主要代码如下：

```cpp
void CDelsaveDlg::OnOK()
{
    UpdateData(true);
    BOOL result;
    ADOConn m_AdoConn;
    m_AdoConn.OnInitADOConn();
    _bstr_t sql;
    sql = "drop procedure "+m_edit+" ";
    result = m_AdoConn.ExecuteSQL(sql);
    m_AdoConn.ExitConnect();
    if(result)
        MessageBox("存储过程已删除！");
    else
        MessageBox("存储过程不存在！");
}
```

第 11 章 SQL 高级查询

▌秘笈心法

心法领悟 457：彻底删除存储过程。

在删除一个存储过程时，必须同时删除存储过程的所有版本。在同一 DBMS 内，可创建同一存储过程的多个版本。虽然在执行 ALTER PROCEDURE 或 EXEC 语句时，通过提供版本号，可修改并执行某个特定版本的存储过程，但 DROP PROCEDURE 语句不允许输入版本号。因此，删除一个存储过程就意味着删除所有版本。

实例 458　创建索引

光盘位置：光盘\MR\11\458　　　　　　　　　　　　　　　　中级　趣味指数：★★★★☆

▌实例说明

在数据表的指定字段中，如果设置了唯一索引，那么此字段中不允许出现两个相同的值。本实例中使用了 UNIQUE 关键字创建唯一索引，在创建了此索引后，如果向数据库中插入相同的记录，则会出现异常。实例运行效果如图 11.37 所示。

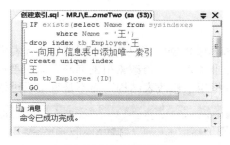

图 11.37　创建索引

▌关键技术

sid 列中有重复值时不能创建此唯一索引，如果已创建唯一索引，则即使 sid 列不是主键，也不能插入重复值：

```
drop index idx_pri;
alter table score                              //添加主键
modify sid int primary key;
create unique index idx_pri on score(sid);     //创建主键就自动创建了索引，不能再手动创建唯一值索引
```

▌设计过程

（1）打开 SQL Server 2008 的 SQL Server Management Studio 窗体，新建一个查询。
（2）选择要操作的数据库为 db_TomeTwo。
（3）在代码编辑区中输入如下 SQL 语句：

```
IF exists(select Name from sysindexes
        where Name = '王')
drop index tb_Employee.王
//向用户信息表中添加唯一索引
create unique index
王
on tb_Employee (ID)
GO
```

（4）单击"执行"按钮 即可。

秘笈心法

心法领悟 458：怎样删除唯一索引。

本实例中已经介绍了向员工表的员工编号数据列中添加唯一索引的方法，在创建唯一索引后，还可以通过下面的语句删除唯一索引：

DROP INDEX tb_Employee.index_Employee

实例 459　索引的修改　中级

趣味指数：★★★★☆

实例说明

索引创建完成之后，单击可以通过企业管理器进行修改，单击"管理索引"命令，在打开的"编辑现有索引"对话框中修改索引的设置，同时可以编辑 SQL 脚本。下面通过企业管理器修改数据库 db_sql2000 中的表 tb_21 的索引 tb_test。

关键技术

在如图 11.38 所示的索引 SQL 脚本编辑器中可以编辑、测试和运行索引的 SQL 脚本，但不能修改索引的名称。如果要修改索引名称，可以在企业管理器中修改索引的名称，如果要改变其所属文件组等其他信息，则需要在表的属性对话框中进行，该对话框用于修改表结构，而不是直接通过快捷菜单的"属性"命令调用。

图 11.38　索引的修改

设计过程

（1）选择"开始"｜"程序"｜Microsoft SQL Server｜"企业管理器"命令。

（2）展开要创建索引的"数据库"选项夹下的"表"选项夹，在右边的列表中右击要创建索引的表。在弹出的快捷菜单中选择"所有任务"｜"管理索引"命令，将弹出"管理索引"对话框，如图 11.39 所示。

第 11 章 SQL 高级查询

图 11.39 管理索引

（3）单击"编辑"按钮，弹出"编辑现有索引"对话框，如图 11.40 所示，在弹出的修改索引对话框中，可以修改索引的大部分设置，除此之外，还可以直接单击"编辑 SQL"按钮，在如图 11.41 所示的 SQL 脚本编辑框中编辑、测试和运行索引的 SQL 脚本。

图 11.40 "编辑现有索引"对话框

图 11.41 索引 SQL 脚本编辑器

秘笈心法

心法领悟 459：怎样删除聚簇索引？

在创建聚簇索引后，还可以通过下面的语句删除聚簇索引：

DROP INDEX tb_Student.index_Student

实例 460 索引的删除

中级
趣味指数：★★★★☆

实例说明

当索引不能明显改进查询效率、阻碍整体性能或不再需要时，可以将其从数据库中删除，以回收当前占用的存储空间。这些空间可由数据库中的任何对象使用。下面讲述通过企业管理器删除索引的两种方法。

■ 关键技术

在企业管理器中，在"表的属性"及"管理索引"窗口中通过删除命令可将不再需要的索引从数据库中删除。删除聚集索引可能要花费一些时间，因为必须重建同一个表上的所有非聚集索引，删除约束后，才能删除 PRIMARY KEY 和 UNIQUE 约束使用的索引。

■ 设计过程

1. 使用"管理索引"命令删除索引

（1）选择"开始"｜"程序"｜Microsoft SQL Server｜"企业管理器"命令，打开 Microsoft SQL Server 企业管理器界面。

（2）展开服务器中的"数据库"选项卡，选择要在其中创建表的数据库，这里选择 db_21，单击目标数据库的表节点，展开已存在的数据库表。

（3）在 tb_test 表上右击，然后从快捷菜单中选择"所有任务"｜"管理索引"命令，打开如图 11.42 所示的"管理索引"对话框。

图 11.42　删除索引

（4）单击"删除"按钮。系统提示是否删除，然后单击"确定"按钮。

（5）保存表的设计，关闭窗口。

2. 使用企业管理器在"表的属性"中删除索引

（1）选择"开始"｜"程序"｜Microsoft SQL Server｜"企业管理器"命令，打开 Microsoft SQL Server 企业管理器界面。

（2）展开服务器中的"数据库"选项卡。

（3）选择要操作的数据库 db_21，展开数据库，单击目标数据库的表节点，选择 tb_test 表并打开表设计器，在表设计器中右击，从快捷菜单中选择"索引/键"命令，如图 11.43 所示。在打开的"属性"对话框中可以查看到索引信息，如图 11.44 所示。

（4）单击"删除"按钮，SQL Server 将删除该索引。

（5）重复步骤（4）的操作，直到删除完所有需要删除的索引，单击"关闭"按钮。

（6）单击工具栏中的"保存"按钮，保存现有的状态。

（7）关闭结构定义窗口。

第 11 章　SQL 高级查询

图 11.43　设计表界面

图 11.44　索引属性

秘笈心法

心法领悟 460：判断指定索引是否存在。

在执行删除指定索引的操作前，可以通过下面的语句判断指定的索引是否存在：

```
SELECT
OBJECT_NAME(OBJECT_ID) AS 表名,NAME AS 索引名,TYPE_DESC
FROM
SYS.INDEXES
WHERE
OBJECT_NAME(OBJECT_ID) = 'tb_Grade'
```

11.5　事务的使用

实例 461　使用事务同时提交多个数据表

光盘位置：光盘\MR\11\461　　　趣味指数：★★★★☆　高级

实例说明

事务是由一系列语句构成的逻辑工作单元。事务和存储过程等批处理有一定程度上的相似之处，通常都是为了完成一定业务逻辑而将一条或者多条语句"封装"起来，使其与其他语句之间出现一个逻辑上的边界，并形成相对独立的一个工作单元。当一个数据库连接启动事务时，在该连接上执行的所有 T-SQL 语句都是事务的一部分，直到事务结束。本实例演示的是如何在 T-SQL 中使用事务维护数据一致性，如图 11.45 所示，通过执行事务 Update_data，同时提交多个数据表信息。

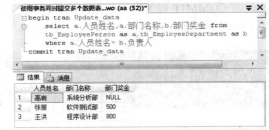

图 11.45　使用事务同时提交多个数据表

关键技术

1. 启动事务

在 SQL 中，事务按照启动方式可以分为 3 类，即显示事务、自动提交事务和隐性事务。

647

（1）显示事务

由用户控制事务的开始，使用的 T-SQL 语句是 BEGIN TRANSACTION。

（2）自动提交事务

是 SQL Server 的默认模式。每个 T-SQL 语句都在完成后提交，不必指定任何事务管理语句。

（3）隐性事务

在打开了隐性事务的设置开关时，执行下一条语句时自动启动一个新事务，并且每关闭一个事务时，下一条语句又自动启动一个新事务，直到关闭了隐性事务的设置开关。

改变事务的模式只影响到当前与数据库的连接，其他连接中的事务模式不被影响。

2. 结束事务

可以使用 COMMIT 或者 ROLLBACK 结束显示事务。结束事务包括成功时提交事务、失败时回滚事务两种情况。

（1）COMMIT

提交事务，用在事务执行成功的情况下。COMMIT 语句保证事务的所有修改都被保存，同时 COMMIT 语句也释放事务占用的资源，例如事务使用的锁。

（2）ROLLBACK

回滚事务，用于事务执行成功的情况下。COMMIT 语句保证事务的所有修改都被保存，同时 COMMIT 语句也释放事务占用的资源。

■ 设计过程

（1）打开 SQL Server 2008 的 SQL Server Management Studio 窗体，新建一个查询。

（2）选择要操作的数据库为 db_TomeTwo。

（3）在代码编辑区中输入如下 SQL 语句：

```
begin tran Update_data
    select a.人员姓名,a.部门名称,b.部门奖金 from
    tb_EmployeePerson as a,tb_EmployeeDepartment as b
    where a.人员姓名=b.负责人
commit tran Update_data
```

（4）单击"执行"按钮即可。

■ 秘笈心法

心法领悟 461：事务的 3 种运行模式。

自动提交事务每条单独的语句都是一个事务。显式事务每个事务均以 BEGIN TRANSACTION 语句显式开始，以 COMMIT 或 ROLLBACK 语句显式结束。隐性事务在前一个事务完成时新事务隐式启动，但每个事务仍以 COMMIT 或 ROLLBACK 语句显式完成。

实例 462 使用事务批量删除生产单信息 高级
光盘位置：光盘\MR\11\462 趣味指数：★★★★☆

■ 实例说明

在开发与数据库相关的应用程序过程中，经常遇到同时提交多个数据表的情况，应用程序要求数据的完整性和业务逻辑的一致性。通俗地讲，只有多个数据表全部更新成功（包括添加、修改和删除等）才会提交数据，否则即使只有一个数据表更新失败，也要全部回滚到原来的数据状态，而这正是数据库事务所具有的优越性。本实例将使用事务来批量删除指定的生产单信息，即首先删除生产单主表中的某一条记录，然后批量删除其对应子表中的多条记录。实例运行效果如图 11.46 所示。

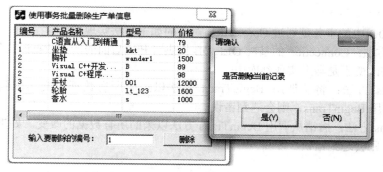

图 11.46 使用事务批量删除生产单信息

■ 关键技术

通过事务可以实现是否确认修改信息的功能。在修改信息时，执行 Connection 对象的 BeginTrans 方法执行开始事务，随后弹出是否确认保存的提示对话框，如果保存修改，则执行 Connection 对象的 CommitTrans 提交事务；如果不保存修改，则执行 Connection 对象的 RollbackTrans 方法回滚事务，保持原来的信息不变。

> 注意：事务是单个的工作单元。如果某一事务成功，则在该事务中进行的所有数据修改均会提交，成为数据库中的永久组成部分；如果事务遇到错误且必须取消或回滚，则所有数据修改均被清除。

■ 设计过程

（1）打开 Visual C++ 6.0 开发环境，新建一个基于对话框的工程，命名为 Affair。
（2）在工程中添加一个窗体，设置窗体的 Caption 属性为"使用事务批量删除生产单信息"。
（3）在窗体上添加一个按钮控件、一个编辑框控件、一个 ADO Data 控件和一个 DataGrid 控件。
（4）主要代码如下：

```cpp
void CAffairDlg::OnButton1()
{
    UpdateData(TRUE);
    if(m_Edit1.IsEmpty() )
    {
        MessageBox("基础信息不能为空！ ");
        return;
    }
    OnInitADOConn();
    m_pConnection->BeginTrans();
    CString sql;
    sql.Format("delete from shengchandan where  编号 = %d ",atoi(m_Edit1));
    m_pConnection->Execute((_bstr_t)sql,NULL,adCmdText);
    if(MessageBox("是否删除当前记录","请确认",MB_YESNO)==IDYES)
    {
        m_pConnection->CommitTrans();
    }
    else
    {
        m_pConnection->RollbackTrans();
    }
    m_pConnection->Close();
    m_Grid.DeleteAllItems();
    AddToGrid();
}
```

秘笈心法

心法领悟 462：ADO 中的事务是通过 Connection 对象的如下方法实现的。

（1）BeginTrans 方法：Connection 的基础 OLE DB 提供者开始后面的所有数据改变组合到事务中，包括更新、增加与删除。这些改变不是马上实现到库中。

（2）CommitTrans 方法：将从调用 BeginTrans 方法以来的所有数据改变实现到数据库中。如果调用 CommitTrans 而没有调用 BeginTrans，则会遇到错误。

（3）RollbackTrans 方法：撤销从调用 BeginTrans 方法以来的所有数据的改变。如果调用 RollbackTrans 而没有调用 BeginTrans，则会遇到错误。

打印、报表、图表技术篇

- 第 12 章 打印技术
- 第 13 章 报表设计
- 第 14 章 图表数据分析

第12章

打印技术

▶▶ 打印控制
▶▶ 打印应用

12.1 打印控制

实例 463　获取打印机 DC

光盘位置：光盘\MR\12\463

初级
趣味指数：★★★★

■ 实例说明

打印机的设备上下文可以通过"打印"对话框获得。首先创建一个"打印"对话框，然后调用 GetPrinterDC 方法获得打印机设备上下文。本实例实现了获得打印机 DC 的功能，运行程序，单击"确定"按钮，弹出打印机设备上下文界面，如图 12.1 所示。

图 12.1　获得打印机 DC

■ 关键技术

本实例主要用到了成员函数 GetPrinterDC，如果使用打印设备而不知道设备名称时，可以调用"打印"对话框使用户选择打印机，然后使用 CprintDialog 类的 GetPrinterDC 方法获得设备上下文。

■ 设计过程

（1）打开 Visual C++ 6.0 开发环境，新建一个基于对话框的工程，命名为 GetPrintDC。
（2）主要代码如下：

```
DWORD dwflags=PD_PAGENUMS|PD_HIDEPRINTTOFILE|PD_SELECTION;    //设置"打印"对话框风格
CPrintDialog dlg(false,dwflags,NULL);                         //创建"打印"对话框
if (dlg.DoModal()==IDOK)                                      //是否单击了"打印"按钮
{
    CDC dc;                                                   //声明设备上下文
    dc.Attach(m_printdlg.GetPrinterDC());                     //获取打印机 DC
}
```

秘笈心法

心法领悟 463：创建打印机的设备上下文。

在进行打印之前，首先要获得打印机的设备上下文。如果已经知道打印机的设备名称，可以通过 CDC 类的 CreateDC 方法创建打印机的设备上下文。例如：

```
CDC tempdc;
tempdc.CreateDC("","HP LaserJet 1020"," ","");
```

实例 464　设置打印页数

光盘位置：光盘\MR\12\464　　　　初级　趣味指数：★★★★

实例说明

实际生活中打印文档时，有时并不需要把文档的全部内容打印出来，而只是需要其中的某几页内容，这时就需要用户设置打印页数，本实例主要实现了设置打印页数的功能。在 CPrintDialog 类中有一个 PRINTDLG 结构类型的成员变量 m_pd，通过该变量可以调用 PRINTDLG 结构成员，从而设置打印页数，如图 12.2 所示。

图 12.2　设置打印页数

关键技术

本实例实现时主要用到了 CPrintDialog 类中的 PRINTDLG 结构类型的成员变量 m_pd，通过该变量可以调用 PRINTDLG 结构成员，从而设置打印页数。

设计过程

（1）打开 Visual C++ 6.0 开发环境，新建一个基于对话框的应用程序，命名为 yeshu。
（2）在工程中添加一个窗体，设置窗体的 Caption 属性为"设置打印页数"。
（3）在窗体上添加一个按钮控件。
（4）主要代码如下：

```
DWORD dwflags=PD_ALLPAGES | PD_PAGENUMS | PD_SELECTION | PD_HIDEPRINTTOFILE;
CPrintDialog dlg(FALSE,dwflags,NULL);
dlg.m_pd.nMinPage = 1;
dlg.m_pd.nMaxPage = 6;
dlg.m_pd.nFromPage = 1;
dlg.m_pd.nToPage = 6;
dlg.DoModal();
```

■ 秘笈心法

心法领悟 464：获得设备上下文的另一种情况。

如果不知道要使用的打印设备的设备名称，可以调用"打印"对话框使用户选择打印机，然后使用 CPrintDialog 类的 GetPrinterDC 方法获得设备上下文。

实例 465　设置打印份数　　　初级
光盘位置：光盘\MR\12\465　　趣味指数：★★★★☆

■ 实例说明

在调用"打印"对话框进行文档打印时，默认情况下是只打印 1 份。如果需要进行文档的多份打印，则可以通过设置"打印"对话框的参数来实现。本实例实现的是完成 4 份的打印，如图 12.3 所示。

图 12.3　设置打印份数

■ 关键技术

通过 CPrintDialog 类的成员变量 m_pd 调用 PRINTDLG 结构成员 nCopies 可以设置需要打印的份数。

■ 设计过程

（1）打开 Visual C++ 6.0 开发环境，新建一个基于对话框的应用程序，命名为 Printfenshu。
（2）在工程中添加一个窗体，设置窗体的 Caption 属性为"设置打印份数"。
（3）在窗体上添加一个按钮控件。
（4）主要代码如下：

```
DWORD dwflags=PD_ALLPAGES | PD_PAGENUMS | PD_SELECTION | PD_HIDEPRINTTOFILE;
CPrintDialog dlg(false,dwflags,NULL);
dlg.m_pd.nCopies=4;
dlg.DoModal();
```

■ 秘笈心法

心法领悟 465：屏幕分辨率是指什么？

决定出现在屏幕上的信息数量（以像素为单位）的设置。低分辨率能使屏幕上的项目大一些，但屏幕区域会变小；高分辨率扩大了整个屏幕区域，但单个项目会变小。

实例 466　设置分页打印

光盘位置：光盘\MR\12\466　　初级　趣味指数：★★★★★

实例说明

在调用"打印"对话框进行打印时，还可以设置分页打印复选框（主要是在创建"打印"对话框时通过参数设置的）。实例运行效果如图 12.4 所示。

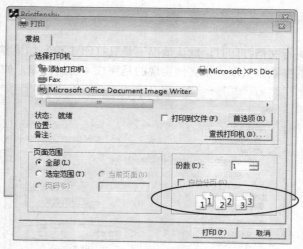

图 12.4　设置分页打印

关键技术

在声明 CPrintDialog 类的对象时，通过设置"打印"对话框的 PD_NOPAGENUMS 标记和 PD_USEDEVMODECOPIES 标记可以设置分页打印。

设计过程

（1）打开 Visual C++ 6.0 开发环境，新建一个基于对话框的应用程序，命名为 Printfenye。
（2）在工程中添加一个窗体，设置窗体的 Caption 属性为"设置分页打印"。
（3）在窗体上添加一个按钮控件。
（4）主要代码如下：

```
DWORD dwflags = PD_NOPAGENUMS | PD_USEDEVMODECOPIES;
CPrintDialog dlg(FALSE,dwflags,NULL);
dlg.DoModal();
```

秘笈心法

心法领悟 466：如何避免无法完全打印所需要的内容？

在打印时需要防止打印内容不全，关键是在绘制打印内容时，需要确定可打印区域的起始位置以及可打印区域的宽度和高度，这样就可以很好地控制打印内容的绘制位置，从而可以完全打印所需要的内容。

第 12 章 打印技术

实例 467　实现横向打印

光盘位置：光盘\MR\12\467　　　　　　　　　　　中级　趣味指数：★★★★★

实例说明

在设计报表打印时，许多开发人员都会遇到这样一个问题，待打印的数据超出了打印纸的宽度，导致在打印时只有部分数据被打印出来。通常可以有两种方式解决，一种是折行打印；另一种是横向打印，本实例中笔者采用第二种方式解决。运行程序，效果如图 12.5 所示。

图 12.5　实现横向打印

关键技术

通过 CPrintDialog 类的成员函数 GetDevMode 可以获取 DEVMODE 结构，DEVMODE 结构的成员变量 dmOrientation 可以设置打印纸的打印方向，当 dmOrientation 的值为 DMORIENT_LANDSCAPE 时横向打印，值为 DMORIENT_PORTRAIT 时纵向打印。

设计过程

（1）打开 Visual C++ 6.0 开发环境，新建一个基于对话框的应用程序，命名为 PrintBearing。
（2）在工程中添加一个窗体，设置窗体的 Caption 属性为"实现横向打印"。
（3）向窗体中添加一个按钮控件。
（4）主要代码如下：

```cpp
void CPrintBearingDlg::OnButprint()
{
    DWORD dwflags=PD_ALLPAGES|PD_NOPAGENUMS|PD_USEDEVMODECOPIES
        |PD_SELECTION|PD_HIDEPRINTTOFILE;
    CPrintDialog dlg(false,dwflags,NULL);
    if(dlg.DoModal() == IDOK)
    {
        LPDEVMODE dev = dlg.GetDevMode();
        dev->dmFields = DM_PAPERSIZE | DM_PAPERWIDTH
            | DM_PAPERLENGTH | dev->dmFields;
        dev->dmFields = dev->dmFields | DMBIN_MANUAL;
        dev->dmDefaultSource = DMBIN_MANUAL;
        dev->dmOrientation = DMORIENT_LANDSCAPE;
        char aa[32] = "自定义";
        strcpy((char*)dev->dmFormName,aa);
        CDC dc;
        dc.Attach(dlg.CreatePrinterDC());
```

```
        CDC* pDC = &dc;
        int leftmargin;
        leftmargin = dc.GetDeviceCaps(PHYSICALOFFSETX);
        CRect rect
                  (-leftmargin,0,dc.GetDeviceCaps(PHYSICALWIDTH)-leftmargin,dc.GetDeviceCaps(PHYSICALHEIGHT)) ;
        titlefont.CreatePointFont(200,"宋体",pDC);
        bodyfont.CreatePointFont(120,"宋体",pDC);
        int printx,printy;
        printx = pDC->GetDeviceCaps(LOGPIXELSX);
        printy = pDC->GetDeviceCaps(LOGPIXELSY);
        double ratex = (double)(printx)/screenx;
        double ratey = (double)(printy)/screeny;
        rect.DeflateRect(0,(int)(ratey*15),0,0);
        pDC->SelectObject(&titlefont);
        pDC->StartDoc("print");
        pDC->DrawText("商品销售排行",rect,DT_CENTER);
        pDC->SelectObject(&bodyfont);
        CRect m_rect(rect);
        CRect temprect(m_rect.left+(int)(80*ratex),m_rect.top+(int)(60*ratey),
                  (int)(ratey*40)+(m_rect.Width())/4,m_rect.bottom+(int)(ratey*100));
        CRect itemrect;
        int width = temprect.Width();
        for (int i = 0;i<4;i++)
        {
                 pDC->DrawText(merchandise[i][0],temprect,DT_LEFT);
                 itemrect.CopyRect(temprect);
                 for (int y = 1; y< 5;y++)
                 {
                          itemrect.DeflateRect(0,(int)(ratey*50));
                          pDC->DrawText(merchandise[i][y],itemrect,DT_LEFT);
                 }
                 temprect.DeflateRect(width,0,0,0);
                 temprect.InflateRect(0,0,width,0);
        }
        titlefont.DeleteObject();
        bodyfont.DeleteObject();
    }
}
```

秘笈心法

心法领悟 467：控制打印方向。

通过 GetDevMode 函数获取 DEVMODE 结构，通过 DEVMODE 结构的成员变量 dmOrientation 来设置打印纸的打印方向。

实例 468　设置打印纸边距

光盘位置：光盘\MR\12\468

初级
趣味指数：★★★★☆

实例说明

在打印时设置打印纸边距能更方便地打印，本实例实现了设置打印纸边距的功能。运行程序，效果如图 12.6 所示。

关键技术

本实例使用 GetDeviceCaps 函数获取显示设备的指定设备信息。语法如下：

int GetDeviceCaps(int nIndex) const;

参数说明：

nIndex：根据常数确定返回信息的类型，可选值如表 12.1 所示。

图 12.6 设置打印纸边距

表 12.1 nIndex 的可选值

可 选 值	说 明
DRIVERVERSION	设备驱动程序版本
TECHNOLOGY	DT_PLOTTER：绘图仪 DT_RASDISPLAY：光栅显示器 DT_RASPRINTER：光栅打印机 DT_RASCAMERA：光栅照相机 DT_CHARSTREAM：字符流 DT_METAFILE：图元文件 DT_DISPFILE：显示文件
HORZSIZE	以毫米为单位的显示宽度
VERTSIZE	以毫米为单位的显示高度
HORZRES	以像素为单位的显示宽度
VERTRES	以像素为单位的显示高度
LOGPIXELSX	像素/逻辑英寸（水平）
LOGPIXELSY	像素/逻辑英寸（垂直）
BITSPIXEL	位/像素（每个调色板）
PLANES	调色板个数
NUMBRUSHES	设备内建刷子个数
NUMPENS	设备内建画笔个数
NUMFONTS	设备内建字体数
NUMCOLORS	设备颜色表入口
ASPECTX	设备像素宽度
ASPECTY	设备像素高度
ASPECTXY	设备像素对角尺寸
PDEVICESIZE	PDEVICE 内部结构的大小

续表

可选值	说　明
CLIPCAPS	CP_NONE：设备没有内建剪切 CP_RECTANGLE：设备可剪切矩形 CP_REGION：设备可剪切区域
SIZEPALETTE	系统调色板入口
NUMRESERVED	系统调色板保留入口
COLORRES	颜色分辨率
RASTERCAPS	R_BANDING：设备支持频带 RC_BIGFONT：字体可大于 64K RC_BITBLT：支持 BitBlt RC_BITMAP64K：位图可大于 64K RC_DI_BITMAP：支持 SetDIBits 和 GetDIBits 函数 RC_DIBTODEV：支持 SetDIBitsToDevice 函数 RC_FLOODFILL：支持 FloodFill API RC_NONE：不支持光栅操作 RC_PALETTE：设备基于调色板 RC_SAVEBITMAP：可存储位图 RC_SCALING：内建缩放 RC_STRETCHBLT：支持 StretchBlt RC_STRETCHDIB：支持 StretchDIBits
CURVECAPS	描述内部曲线生成功能的标志
LINECAPS	描述内部直线生成功能的标志
POLYGONCAPS	描述内部多边形生成功能的标志
TEXTCAPS	描述内部文本生成功能的标志

▍设计过程

（1）打开 Visual C++ 6.0 开发环境，新建一个基于对话框的应用程序，命名为 margin。
（2）在工程中添加一个窗体，设置窗体的 Caption 属性为"设置打印纸边距"。
（3）在窗体上添加一个按钮控件。
（4）主要代码如下：

```
int leftmargin,topmargin;
CPrintDialog m_printdlg(FALSE);
if (m_printdlg.DoModal()==IDOK)
{
    CDC dc;
    dc.Attach(m_printdlg.GetPrinterDC());
    leftmargin = dc.GetDeviceCaps(PHYSICALOFFSETX);    //获取左边距
    topmargin = dc.GetDeviceCaps(PHYSICALOFFSETY);     //获取上边距
}
```

▍秘笈心法

心法领悟 468：自动为打印内容添加水印的优点。

自动为打印内容添加水印可以根据需要，决定是否添加水印，以及所添加水印的内容，可以说这种添加水印的方式更加灵活，如果没有必要添加水印，完全可以不加，并且可以根据不同的打印内容添加相应的水印文字。

实例 469　设置打印纸大小

光盘位置：光盘\MR\12\469

初级
趣味指数：★★★★★

实例说明

在打印时，打印纸的大小和页边距都是重要的参数，有时用户不想使用默认的参数，想要根据需要自己定制打印纸的大小，该怎么做呢？本实例解决了设置打印纸大小的问题。运行程序，效果如图 12.7 所示。

图 12.7　设置打印纸大小

关键技术

通过 GetDevMode 函数获取 DEVMODE 结构。使用 DEVMODE 结构的成员变量 dmPaperLength 和 dmPaperWidth 设置打印纸的大小。

设计过程

（1）打开 Visual C++ 6.0 开发环境，新建一个基于对话框的应用程序，命名为 Papersize。
（2）在工程中添加一个窗体，设置窗体的 Caption 属性为 Papersize。
（3）在窗体上添加一个按钮控件。
（4）主要代码如下：

```cpp
DWORD dwflags=PD_ALLPAGES | PD_NOPAGENUMS | PD_USEDEVMODECOPIES
        | PD_SELECTION | PD_HIDEPRINTTOFILE;
CPrintDialog dlg(false,dwflags,NULL);
if(dlg.DoModal()==IDOK)
{
    CDC dc;
    //定义打印纸的大小
    LPDEVMODE dev = dlg.GetDevMode();
    dev->dmPaperSize = DMPAPER_USER;
    dev->dmPaperLength = 745;
    dev->dmPaperWidth = 2000;
    dev->dmFields = DM_PAPERSIZE | DM_PAPERWIDTH | DM_PAPERLENGTH | dev->dmFields;
    dev->dmFields = dev->dmFields | DMBIN_MANUAL;
    dev->dmDefaultSource = DMBIN_MANUAL;
    char aa[32] = "自定义";
    strcpy((char*)dev->dmFormName,aa);
    //获得打印纸可打印区域的长和宽
    dc.Attach(dlg.CreatePrinterDC());
    CSize size;
```

```
size.cx = dc.GetDeviceCaps(VERTSIZE);
size.cy = dc.GetDeviceCaps(HORZSIZE);
CString str;
str.Format("长：%d 毫米\n 宽：%d 毫米",size.cx,size.cy);
AfxMessageBox(str);
dc.DeleteDC();
}
```

秘笈心法

心法领悟 469：捕获打印机错误。

打印时可能出现可捕获的运行错误。表 12.2 列出了一些错误。

表 12.2　打印时可能出现可捕获的运行错误

错误号	错误信息
396	在页内不可设置属性。当同一页中同一属性设置为不同值时，将发生该错误
482	打印机错误。每当打印机驱动程序返回一个错误代码时，将报告该错误
483	打印机驱动程序不支持该属性。当试图使用一个当前打印机驱动程序不支持的属性时，将发生该错误
484	打印机驱动程序无效。当 WIN.INI 中的打印机信息丢失或不完整时，将发生该错误

实例 470　获取当前选择的打印机

光盘位置：光盘\MR\12\470　　　　　　　　　　初级　趣味指数：★★★★★

实例说明

在打印文档时，打印信息的获取也是非常重要的，如获取当前选择的打印机。想要获取当前选择的打印机，可以通过 CPrintDialog 类的成员函数 GetDriverName 实现。本实例实现的是获取当前选择的打印机的功能。运行程序，效果如图 12.8 所示。

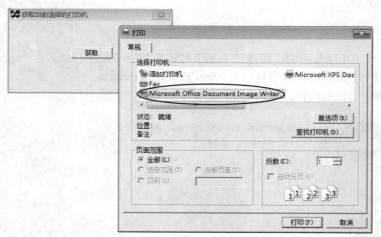

图 12.8　获取当前选择的打印机

关键技术

通过 CPrintDialog 类的成员函数 GetDriverName 可以获取当前选择的打印机。

设计过程

（1）打开 Visual C++ 6.0 开发环境，新建一个基于对话框的应用程序，命名为 Choose。
（2）在工程中添加一个窗体，设置窗体的 Caption 属性为"获得当前选择的打印机"。
（3）在窗体上添加一个按钮控件。
（4）主要代码如下：

```
CPrintDialog m_printdlg(FALSE);
if (m_printdlg.DoModal()==IDOK)
{
    CString str = m_printdlg.GetDeviceName();
    MessageBox(str);
    return;
}
```

秘笈心法

心法领悟 470：映射模式。
映射模式可以通过设备环境类的一个成员函数 SetMapMode 来设置。语法如下：
`virtual int SetMapMode(int nMapMode);`

实例 471　获取用户选择的打印机端口

光盘位置：光盘\MR\12\471　　　　　　　初级　趣味指数：★★★★☆

实例说明

在打印文档时打印信息的获取也是非常重要的，如获取用户选择的打印机端口，想要获取用户选择的打印机端口，可以通过 CPrintDialog 类的成员函数 GetPortName 来实现。本实例主要实现了获取用户选择的打印机端口的功能。运行程序，效果如图 12.9 所示。

图 12.9　获取用户选择的打印机端口

关键技术

本实例主要用到了 CPrintDialog 类的成员函数 GetPortName，可以获取用户选择的打印机端口。

设计过程

（1）打开 Visual C++ 6.0 开发环境，新建一个基于对话框的应用程序，命名为 Printduankou。
（2）在工程中添加一个窗体，设置窗体的 Caption 属性为"获取用户选择的打印机端口"。
（3）在窗体上添加一个按钮控件。
（4）主要代码如下：

```
CPrintDialog m_printdlg(FALSE);
if (m_printdlg.DoModal()==IDOK)
{
    CString str = m_printdlg.GetPortName();
    MessageBox(str);
    return;
}
```

秘笈心法

心法领悟 471：MFC 大大简化了打印工作，并提供了打印机制。在 MFC 中，视图类的成员函数 OnDraw() 既负责在屏幕上输出，又负责在其他设备上输出。

实例 472　如何解决屏幕和打印机分辨率不统一的问题　中级
光盘位置：光盘\MR\12\472　　趣味指数：★★★★★

实例说明

分辨率是一个表示屏幕图像精细程度的概念，通常是以横向和纵向点的数量来衡量的，表示成"水平点数×垂直点数"的形式。在一个平面内，显示的点越多，分辨率就越高，显示的图像就越精细。打印时需要使用屏幕分辨率和设备分辨率。本实例解决的是屏幕和打印机分辨率不统一的问题。程序运行效果如图 12.10 所示。

图 12.10　如何解决屏幕和打印机分辨率不统一的问题

关键技术

屏幕分辨率和打印机分辨率的不统一问题可以通过 GetDeviceCaps 函数解决，该函数可以获取显示设备的指定设备信息，通过 GetDeviceCaps 函数分别获得屏幕和打印机的分辨率，并求出比例，然后在打印时乘以这个比例即可在打印纸上实现和屏幕中一样的效果了。

设计过程

（1）打开 Visual C++ 6.0 开发环境，新建一个基于对话框的应用程序，命名为 Screen。
（2）在工程中添加一个窗体，设置窗体的 Caption 属性为 Screen。
（3）在窗体上添加一个按钮控件。
（4）主要代码如下：

```
CDC* pDC = GetDC();                                        //获得屏幕 DC
```

```
screenx = pDC->GetDeviceCaps(LOGPIXELSX);              //获得屏幕分辨率
screeny = pDC->GetDeviceCaps(LOGPIXELSY);
CPrintDialog m_printdlg(false);
if (m_printdlg.DoModal()==IDOK)
{
    CDC dc;
    dc.Attach(m_printdlg.GetPrinterDC());               //获得打印机 DC
    printx = dc.GetDeviceCaps(LOGPIXELSX);              //获得打印机分辨率
    printy = dc.GetDeviceCaps(LOGPIXELSY);
    double ratex = (double)(printx)/screenx;            //计算屏幕和打印机分辨率的比例
    double ratey = (double)(printy)/screeny;
}
```

秘笈心法

心法领悟 472：打印机的打印分辨率与计算机的平面分辨率是不同的，为了将窗口中的信息原样输出到打印机中，需要处理技术打印分辨率与平面分辨率的比率。

实例 473　打印新一页

光盘位置：光盘\MR\12\473

初级
趣味指数：★★★★☆

实例说明

在对文档进行打印时通常不会只打印一页，而是会打印很多页。那么如何控制一个新页的打印呢？要实现打印新的一页，可以通过 EndPage 方法结束本页打印，然后使用 StartPage 方法开始打印新页。本实例实现的是一个可打印新一页的功能。单击"打印"按钮，实现此功能，程序运行效果如图 12.11 所示。

图 12.11　打印新一页

关键技术

要实现打印新一页，可以通过 EndPage 方法结束本页打印，然后使用 StartPage 方法开始打印新页。

设计过程

（1）打开 Visual C++ 6.0 开发环境，新建一个基于对话框的应用程序，命名为 PrintNewPage。
（2）在工程中添加一个窗体，设置窗体的 Caption 属性为"打印新一页"。
（3）在窗体上添加一个按钮控件。
（4）主要代码如下：

```
CPrintDialog m_printdlg(false);              //创建"打印"对话框
if (m_printdlg.DoModal()==IDOK)
{
    CDC dc;
    dc.Attach(m_printdlg.GetPrinterDC());    //获取并关联打印机 DC
    dc.StartDoc("printstart");               //开始打印
    dc.EndPage();                            //结束当前页
    dc.StartPage();                          //开始新页
    dc.EndDoc();                             //结束打印
}
```

秘笈心法

心法领悟 473：使用"打印"对话框是很好的习惯。

使用"打印"对话框确实是个很好的习惯，因为当单击窗体上的"打印"按钮时，当突然不想打印了，或者想更改一下打印内容等，这时就可以通过"打印"对话框取消打印，否则将无法撤销本次打印作业。

实例 474 获取当前打印机设置打印纸的左边距和上边距

光盘位置：光盘\MR\12\474

初级
趣味指数：★★★★★

实例说明

在设计打印程序时，由于不同类型、不同型号的打印机对于同一类型纸张设置的左边距和上边距不同，为了能够进行精确的打印，需要在程序中获取当前打印机设置的打印纸左边距和上边距。程序运行效果如图 12.12 所示。

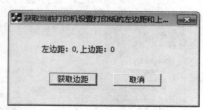

图 12.12　获取当前打印机设置打印纸的左边距和上边距

关键技术

要想获取打印纸边距可以通过 GetDeviceCaps 函数来实现。

设计过程

（1）打开 Visual C++ 6.0 开发环境，新建一个基于对话框的应用程序，命名为 margin。
（2）在工程中添加一个窗体，设置窗体的 Caption 属性为"获取当前打印机设置打印纸的左边距和上边距"。
（3）在窗体上添加两个按钮控件。
（4）主要代码如下：

```
void CMarginDlg::OnGetMargin()
{
    int leftmargin,topmargin;
    CPrintDialog m_printdlg(FALSE);
    if (m_printdlg.DoModal()==IDOK)
    {
        CDC dc;
        dc.Attach(m_printdlg.GetPrinterDC());
        leftmargin = dc.GetDeviceCaps(PHYSICALOFFSETX);    //获取左边距
```

```
    topmargin = dc.GetDeviceCaps(PHYSICALOFFSETY);     //获取上边距
    m_text.Format("左边距：%d,上边距：%d",leftmargin,topmargin);
    this->UpdateData(false);
  }
}
```

秘笈心法

心法领悟 474：在打印机上绘制文字。

在打印机上绘制文字，首先需要获取打印机的设备上下文，然后将文字绘制在打印机的设备上下文中。在绘制文字时必须调用 StartDoc 和 EndDoc 函数实现打印机的开始打印和结束打印工作，否则将无法实现打印操作。

12.2 打印应用

实例 475　在基于对话框的程序中进行打印预览
光盘位置：光盘\MR\12\475　　中级　趣味指数：★★★★☆

实例说明

使用 Visual C++ 6.0 进行系统开发时就会发现，多数的程序都是基于对话框的，可是在对话框中并没有封装打印功能，这就需要在基于对话框的程序中自己编写打印预览。首先把窗体的背景绘制成白色，然后预览的图像就可以通过 CDC 指针直接在窗体上绘制。运行程序，单击"打印预览"按钮，在预览窗体上将绘制要打印的信息，实例运行效果如图 12.13 所示。

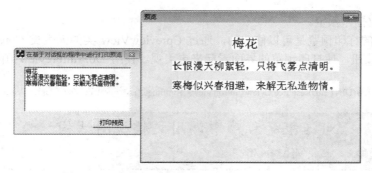

图 12.13　在基于对话框的程序中进行打印预览

关键技术

本实例将使用 CDC 指针直接在窗体上绘图，实现基于对话框程序的打印预览。

设计过程

（1）创建一个基于对话框的应用程序，在对话框资源中右击，在弹出的快捷菜单中选择 Properties 命令，打开 Dialog Properties 对话框。在 Dialog Properties 对话框中选择 General 选项卡，更改其 Caption 编辑框内容为"打印预览"。从 Controls 面板上 Dialog 资源中添加一个列表框控件，对应的成员变量是 m_grid。

（2）选择 Resource View 选项卡，右击 Dialog 文件夹，在弹出的快捷菜单中选择 Insert Dialog 命令，创建一个对话框，更改其 Caption 编辑框内容为"预览"。

（3）为"打印预览"按钮添加消息响应函数，当按钮被单击时显示"预览"对话框。代码如下：

```
void CPreviewDlg::OnButton1()
{
    CPreDlg dlg;
    dlg.DoModal();
}
```

（4）为"预览"对话框添加 WM_CTLCOLOR 消息，把对话框背景绘制成白色，代码如下：

```
HBRUSH CPreDlg::OnCtlColor(CDC* pDC, CWnd* pWnd, UINT nCtlColor)
{
    HBRUSH hbr = CDialog::OnCtlColor(pDC, pWnd, nCtlColor);
    CBrush m_brush (RGB(255,255,255));
    CRect m_rect;
    GetClientRect(m_rect);
    pDC->FillRect(m_rect,&m_brush);
    return m_brush;
}
```

（5）将数据绘制到窗体上，主要代码如下：

```
void CPreDlg::OnPaint()
{
    CPaintDC dc(this);
    TitleFont.CreatePointFont(200,"宋体",&dc);
    Font.CreatePointFont(160,"宋体",&dc);
    dc.SelectObject(&TitleFont);
    dc.TextOut(180,30,str[0]);
    dc.SelectObject(&Font);
    for(int i=1;i<3;i++)
    {
        dc.TextOut(60,40+i*40,str[i]);
    }
    Font.DeleteObject();
    TitleFont.DeleteObject();
}
```

秘笈心法

心法领悟 475：修改打印预览。

文档/视图结构默认的打印预览是可以修改的，通过 CpreviewView 类的派生类 CpreView 来修改文档/视图结构默认的打印预览的按钮，使打印预览的界面看起来更美观。使用 DoPrintPreview 函数可以修改工具栏。语法格式如下：

BOOL CView::DoPrintPreview(UINT nIDResource,Cview* pPrintView,CRuntimeClass* pPreviewViewClass, CPrintPreviewState* pState)

实例 476　在基于对话框的程序中调用文档视图结构　中级
光盘位置：光盘\MR\12\476　　　　　　　　　　　　　　　趣味指数：★★★★★

实例说明

在基于对话框的应用程序中，除了直接调用"打印"对话框进行打印外，还可以调用文档视图结构进行打印。在文档视图结构中 OnPrint 函数用于执行打印或预览文档的一页。运行程序，单击"打印"按钮，效果如图 12.14 所示。

关键技术

本实例主要用到了 OnPrint 函数。语法如下：
virtual void OnPrint(CDC* pDC, CPrintInfo* pInfo);
参数说明：
❶pDC：指向设备上下文的指针。
❷pInfo：CPrintInfo 结构指针。

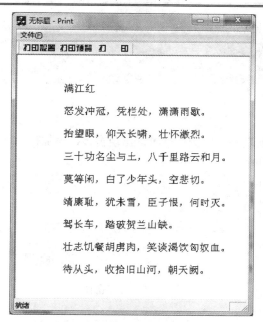

图 12.14　在基于对话框的程序中调用文档视图结构

设计过程

（1）创建一个基于对话框的应用程序，在对话框资源中右击，在弹出的快捷菜单中选择 Properties 命令，打开 Dialog Properties 对话框。在 Dialog Properties 对话框中选择 General 选项卡，更改其 Caption 编辑框内容为"打印"。从 Controls 面板上向 Dialog 资源中添加一个列表视图控件，对应的成员变量是 m_grid。

（2）选择 Resource View 选项卡，右击 Dialog 文件夹，在弹出的快捷菜单中选择 Insert 命令，创建一个文档视图结构。

（3）主要代码如下：

```
//调用文档、视图结构
void CPrintDlg::OnButton1()
{
    theApp.m_pDocManager->OnFileNew();
    CDialog::OnCancel();
}
//绘制打印
void CPrintView::OnPrint(CDC* pDC, CPrintInfo* pInfo)
{
    font.CreatePointFont(140,"宋体",pDC);
    for(int i=0;i<9;i++)
    {
        pDC->SelectObject(&font);
        pDC->TextOut((int)(ratex*80),(int)(ratey*(50+i*40)),str[i]);
    }
    font.DeleteObject();
}
```

秘笈心法

心法领悟 476：对图表的打印。

对图表的打印是通过打印位图来实现的。首先利用 MSChart 控件的 OpenClipboard 方法打开剪贴板，然后调用 GetClipboardData 方法获取剪贴板中的位图句柄，通过位图句柄获得位图信息头和实际的位图数据，最后调用 CreateDIBitmap 方法创建位图，并将位图输出到打印机。

实例 477	打印窗体	中级
	光盘位置：光盘\MR\12\477	趣味指数：★★★★★

实例说明

本实例主要实现了打印窗体的功能，实例运行时，出现窗体，添加信息，单击"打印"按钮，选择打印设置，即可打印本窗体，打印效果如图12.15所示。

图 12.15　打印窗体

关键技术

要实现打印窗体，需要获得打印机的设备上下文 CDC 对象，还要将窗体界面存入位图结构中。最后调用打印机的设备上下文 CDC 对象的 StretchBlt 方法即可。

设计过程

（1）打开 Visual C++ 6.0 开发环境，新建一个基于对话框的应用程序，命名为 Window。
（2）在工程中添加一个窗体，设置窗体的 Caption 属性为"打印窗体"。
（3）在窗体上添加一个按钮控件、两个编辑框控件和两个组合框控件。
（4）主要代码如下：

```cpp
void CWindowDlg::OnButton1()
{
    CBitmap bitmap;          //定义位图对象
    CClientDC dc(this);      //获取对话框设备上下文
    CDC memDC;
    CRect rect;
    //创建一个与对话框设备上下文兼容的 CDC 对象
    memDC.CreateCompatibleDC(&dc);
    memDC.SetBkColor(RGB(255,255,255));
    this->GetClientRect(rect);
    //创建位图
    bitmap.CreateCompatibleBitmap(&dc,rect.Width(),rect.Height());
    //载入位图
    memDC.SelectObject(&bitmap);
    //将对话框绘制在位图中
    memDC.BitBlt(0,0,rect.Width(),rect.Height(),&dc,0,0,SRCCOPY);
    CPrintDialog dlg(FALSE);
    if(dlg.DoModal() == IDOK)
    {
        CDC dcp;
        dcp.Attach(dlg.GetPrinterDC());
        int screenx,screeny,printx,printy;
        double ratex,ratey;
        //确定打印机与屏幕的像素比率
        screenx = dc.GetDeviceCaps(LOGPIXELSX);
        screeny = dc.GetDeviceCaps(LOGPIXELSY);
        printx = dcp.GetDeviceCaps(LOGPIXELSX);
```

```
        printy = dcp.GetDeviceCaps(LOGPIXELSY);
        ratex = (double)(printx)/screenx;
        ratey = (double)(printy)/screeny;
        //开始打印
        dcp.StartDoc("print");
        dcp.StretchBlt(0,0,(int)(rect.Width()*ratex),(int)(rect.Height()*ratey),
            &memDC,0,0,rect.Width(),rect.Height(),SRCCOPY);
        dcp.EndDoc();
    }
    bitmap.Detach();
}
```

秘笈心法

心法领悟 477：确认正在使用的设备上下文是否用于打印。

使用 OnDraw 函数中的 IsPrinting 函数，可以确定正在使用的设备上下文是否用于打印。

语法格式如下：

BOOL IsPrinting() const;

返回值：使用打印机设备上下文时返回非 0 值。

实例 478　打印图片

光盘位置：光盘\MR\12\478　　　　　　　　　　　高级　趣味指数：★★★★★

实例说明

在项目开发中，经常涉及图片信息的打印。本实例实现了打印图片信息的功能。运行程序，单击"打印"按钮，打印效果如图 12.16 所示。

图 12.16　打印图片

关键技术

在 Windows 系统中，打印机的输出与屏幕的显示都是通过设备上下文 CDC 实现的。在涉及图片打印时，可以使用 StretchBlt 方法，因为该方法会根据源设备区域和目标设备区域的不同自动调整绘图的比率。而打印机的分辨率与屏幕的分辨率通常是不同的，因此需要使用 StretchBlt 方法打印图片。

设计过程

（1）打开 Visual C++ 6.0 开发环境，新建一个基于对话框的应用程序，命名为 Picture。

（2）在对话框中添加图片控件和按钮控件。从资源视图中导入一个位图，通过设置图片控件的 Image 属性将其显示在图片控件中。

（3）处理"打印"按钮的单击事件，打印图片，代码如下：

```
void CPictureDlg::OnButton1()
```

```
{
    CDC* pDC = m_Picture.GetDC();
    CRect rect;
    m_Picture.GetClientRect(rect);
    int screenx,screeny;
    screenx = pDC->GetDeviceCaps(LOGPIXELSX);
    screeny = pDC->GetDeviceCaps(LOGPIXELSY);
    CPrintDialog dlg(FALSE);
    if(dlg.DoModal() == IDOK)
    {
        CDC dc;
        dc.Attach(dlg.GetPrinterDC());
        int printerx,printery;
        printerx = dc.GetDeviceCaps(LOGPIXELSX);
        printery = dc.GetDeviceCaps(LOGPIXELSY);
        double ratex,ratey;
        ratex = (double)printerx/screenx;
        ratey = (double)printery/screeny;
        dc.StartDoc("print");
        dc.StretchBlt(0,0,(int)(rect.Width()*ratex),(int)(rect.Height()*ratey),
            pDC,0,0,rect.Width(),rect.Height(),SRCCOPY);
        dc.EndDoc();
    }
}
```

秘笈心法

心法领悟 478：打印磁盘中的文件。

打印磁盘中的文件可以使用 API 函数 ShellExecute 实现。语法格式如下：

HINSTANCE APIENTRY ShellExecute(HWND hwnd,LPCTSTR lpOperation,LPCTSTR lpFile,LPCTSTR lpParameters,LPCTSTR lpDirectory,INT nShowCmd);

实例 479　打印条形码

光盘位置：光盘\MR\12\479　　　　　趣味指数：★★★★★　高级

实例说明

在购买图书时，总能在其后面的封皮上看到有条形码，这种条形码是如何生成的呢？本实例制作了一个条形码打印实例，可以方便地生成条形码，并对其进行打印。运行本实例，输入 13 位数字，单击"打印"按钮，打印生成的条形码。实例运行效果如图 12.17 所示。

图 12.17　打印条形码

关键技术

本实例使用 GetDIBits 函数和 StretchDIBits 函数将条形码控件的客户区域保存成位图并进行打印。GetDIBits 函数将来自一幅位图的二进制位复制到一幅与设备无关的位图中。StretchDIBits 函数将一幅与设备无关的位图的全部或部分数据直接复制到指定的设备场景。

设计过程

（1）打开 Visual C++ 6.0 开发环境，新建一个基于对话框的应用程序，命名为 Barcode。

（2）选择菜单 Project | Add To Project，然后选择 Components and Controls...，打开 Components and Controls Gallery 窗口，双击窗口中的 Registered ActiveX Controls 文件夹，找到 Microsoft BarCode Control 9.0 选项，双击取默认值，添加控件，单击 Close 按钮。BarCode 控件就添加到控件面板中了。

（3）在窗体上添加一个按钮控件、一个编辑框控件和一个 BarCode 控件。

（4）主要代码如下：

```cpp
void CBarcodeDlg::OnButton1()
{
    if(m_Edit.GetLength() < 13)
    {
        MessageBox("请输入 13 位数字");
        return;
    }
    CPrintDialog dlg(false);
    m_Barcode.SetBackColor(RGB(255,255,255));
    CDC dc;
    dc.Attach(m_Barcode.GetDC()->m_hDC);             //将 dc 关联到条形码句柄
    CRect rect;
    m_Barcode.GetClientRect(rect);                    //获取条形码的客户区域
    rect.DeflateRect(1,1,1,1);
    int screenx,screeny,printx,printy;
    double ratex,ratey;
    screenx = dc.GetDeviceCaps(LOGPIXELSX);
    screeny = dc.GetDeviceCaps(LOGPIXELSY);
    if(dlg.DoModal()==IDOK)
    {
        CDC dcp;
        dcp.Attach(dlg.GetPrinterDC());              //将 dcp 关联到打印机句柄
        printx = dcp.GetDeviceCaps(LOGPIXELSX);
        printy = dcp.GetDeviceCaps(LOGPIXELSY);
        //确定打印机与屏幕的像素比
        ratex = (double)(printx)/screenx;
        ratey = (double)(printy)/screeny;
        dcp.SetBkMode(TRANSPARENT);
        dcp.StartDoc("StartDoc");
        dcp.StretchBlt(1,1,(int)(rect.Width()*ratex),(int)(rect.Height()*ratey),
                &dc,1,1,rect.Width(),rect.Height(),SRCCOPY);
        dcp.EndDoc();
    }
}
void CBarcodeDlg::OnChangeEdit1()
{
    UpdateData(TRUE);
    if(m_Edit.GetLength() == 13)
    {
        VARIANT newvalue;
        newvalue.vt = VT_BSTR;
        newvalue.bstrVal = m_Edit.AllocSysString();
        m_Barcode.SetValue(newvalue);
    }
}
```

秘笈心法

心法领悟 479：如何显示位图？

使用 StretchBlt 函数显示位图。语法如下：

`BOOL StretchBlt(int x,int y,int nWidth,int nHeight,CDC* pSrcDC,int xSrc,int ySrc,int nSrcWidth,int nSrcHeight,DWORD dwRop);`

实例 480　利用 Word 进行打印

光盘位置：光盘\MR\12\480　　　　　　　　　　高级　趣味指数：★★★★★

■ 实例说明

由于 Word 十分常用，那么如何在不打开文档的情况下进行打印呢？本实例实现了这一功能，运行程序，单击"调用"按钮，预览内容出现在一个 Word 文档中，运行程序，效果如图 12.18 所示。

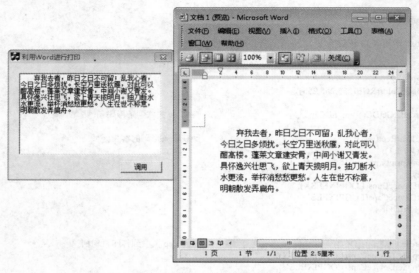

图 12.18　利用 Word 进行打印

■ 关键技术

由于 Microsoft Word 具有强大的打印功能，如果可以通过程序调用 Word 进行打印将会简化程序的编写量，本实例就是通过向程序中导入 Word 相关类来调用 Word 进行打印的。

■ 设计过程

（1）打开 Visual C++ 6.0 开发环境，新建一个基于对话框的应用程序，命名为 Word。
（2）在工程中添加一个窗体，设置窗体的 Caption 属性为"利用 Word 进行打印"。
（3）在窗体上添加一个列表框控件和一个按钮控件。
（4）主要代码如下：

```
void CWordDlg::OnButton1()
{
    _Application app;
    Documents docs;
    _Document doc;
    Range range;
    CComVariant a(_T("")),b(FALSE),c(0),d(TRUE),aa(1),bb(20);
    //初始化连接
    if(!app.CreateDispatch("word.Application"))
    {
        MessageBox("");
        return;
    }
```

```
docs.AttachDispatch(app.GetDocuments());
doc.AttachDispatch(docs.Add(&a,&b,&c,&d));
//求出文档的所选区域
range = doc.GetContent();
CString str;
m_Edit.GetWindowText(str);
range.SetText(str);
app.SetVisible(TRUE);
doc.PrintPreview();
//释放环境
range.ReleaseDispatch();
docs.ReleaseDispatch();
doc.ReleaseDispatch();
app.ReleaseDispatch();
}
```

秘笈心法

心法领悟 480：如何解决输出到打印机的图像比较小的问题？

可以先获得屏幕和打印机的比例，然后用 OnDraw(CDC* pDC)函数中的代码乘以这个比例，把得到的结果在 OnPrint(CDC* pDC ,CprintInfo *pInfo)中重新绘制。

实例 481　商品销售图表打印　　　　高级
光盘位置：光盘\MR\12\481　　　趣味指数：★★★★★

实例说明

图表的打印是报表打印设计中常见的一种形式，所以在对图表进行打印时边线及位图的设置也是非常重要的。下面将实现打印商品销售图表的功能。运行程序，效果如图 12.19 所示。

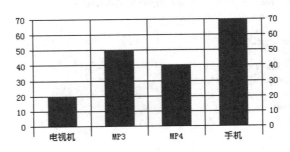

图 12.19　实现商品销售图表打印

关键技术

这里对图表的打印是通过打印位图来实现的。首先利用 MSChart 控件的 OpenClipboard 方法打开剪贴板，然后调用 GetClipboardData 方法获取剪贴板中的位图句柄，通过位图句柄获得位图信息头和实际的位图数据，最后调用 CreateDIBitmap 方法创建位图，并将位图输出到打印机。

设计过程

（1）创建一个基于对话框的应用程序。
（2）在窗体上添加图表控件，并与数据库连接。

(3)添加按钮，并在按钮的单击事件中实现图表的打印。
(4)主要代码如下：

```cpp
void CChartDlg::OnButton1()
{
    CDC* pChartDC = m_Chart.GetDC();
    //定义打印对话框
    CPrintDialog dlg (FALSE,PD_ALLPAGES | PD_USEDEVMODECOPIES |
        PD_NOPAGENUMS | PD_HIDEPRINTTOFILE |
        PD_NOSELECTION|PD_RETURNDEFAULT);
    dlg.DoModal();
    CDC pDC;
    pDC.Attach(dlg.GetPrinterDC());                 //连接打印机设备上下文
    CRect rect;
    m_Chart.GetClientRect(rect);
    m_Chart.EditCopy();
    if (m_Chart.OpenClipboard())
    {
        HANDLE hBmp = GetClipboardData(CF_DIB);     //获取图位
        HANDLE hPalette = GetClipboardData(CF_PALETTE);
        CloseClipboard();
        BITMAPINFO* pBinfo = (BITMAPINFO*)GlobalLock(hBmp);
        int ColorSize = 0;
        //不是真彩色
        if (pBinfo->bmiHeader.biBitCount<=8)
        {
            ColorSize = pBinfo->bmiHeader.biClrUsed;
            if (!ColorSize)
                ColorSize= pow(2,pBinfo->bmiHeader.biBitCount);
        }
        //确定调色板的大小
        int data =sizeof(RGBQUAD)*ColorSize;
        //获得位图的实际数据
        void* bitdata = pBinfo+sizeof(pBinfo)-data-2;
        //创建位图
        HBITMAP hMap = CreateDIBitmap(pChartDC->m_hDC,&pBinfo->bmiHeader,
            CBM_INIT,bitdata,pBinfo,DIB_RGB_COLORS);
        //确定打印机与屏幕的像素比率
        int printx =   pDC.GetDeviceCaps(LOGPIXELSX);
        CDC* pWndDC = GetDC();
        int printy = pDC.GetDeviceCaps(LOGPIXELSY);
        int wndy = pWndDC->GetDeviceCaps(LOGPIXELSY);
        int wndx = pWndDC->GetDeviceCaps(LOGPIXELSX);
        float ratex = (float)printx /wndx;
        float ratey = (float)printy /wndy;
        //开始打印作业
        pDC.StartDoc("StrtPrint");
        SelectPalette(pDC.m_hDC, (HPALETTE)hPalette, TRUE);
        StretchDIBits(pDC.m_hDC,0,0,int(ratex*rect.Width()),
            int(ratey*rect.Height()),0,0,rect.Width(),rect.Height(),
            bitdata,pBinfo,DIB_RGB_COLORS, SRCCOPY);
        pDC.EndDoc();
        GlobalUnlock(hBmp);
    }
}
```

秘笈心法

心法领悟 481：外壳函数 ShellExecute。

外壳函数 ShellExecute 不仅可以实现打印磁盘文件的功能，还可以直接运行磁盘中的可执行文件。

第 12 章 打印技术

| 实例 482 | 利用 Excel 进行打印
光盘位置：光盘\MR\12\482 | 中级
趣味指数：★★★★★ |

实例说明

本实例实现了打印 Excel 的功能，运行程序，数据库中的表显示在列表框内，单击"导出并打印"按钮，把内容导出到 Excel 文档中。实例运行效果如图 12.20 所示。

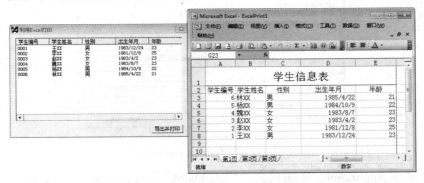

图 12.20　利用 Excel 进行打印

关键技术

Excel 作为 Microsoft 公司的表格处理软件，在表格方面有着强大的功能，因此可以通过程序来控制 Excel 对表格数据进行打印。本实例主要用到了 Excel 相关类，下面对本实例中用到的关键技术进行详细讲解。

在对 Excel 表格进行操作前，需要向 Visual C++中导入 Excel 相关类，步骤如下：

（1）选择 View | ClassWizard 菜单项，打开类向导，如图 12.21 所示。

（2）单击 Add Class 按钮，选择 From a Type Library 菜单项，打开 Import from Type Library 对话框，如图 12.22 所示。

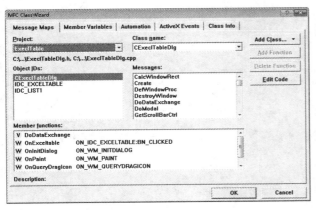

图 12.21　类向导

图 12.22　Import from Type Library 对话框

注意：Excel 2000 中应选择 EXCEL9.OLB 文件，Excel 2003 中则选择 EXCEL.EXE 文件。

（3）在 Office 安装路径下，选择 EXCEL.EXE 文件，单击"打开"按钮，打开 Confirm Classes 对话框，如图 12.23 所示。

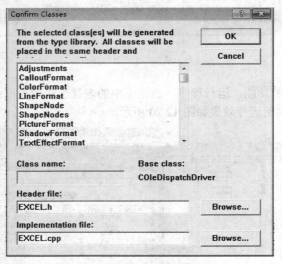

图 12.23　Confirm Classes 对话框

（4）在列表中选择 _Application、Workbooks、_Workbook、Worksheets、_Worksheet 和 Range 等类，单击 OK 按钮将这些类导入程序中。

设计过程

（1）打开 Visual C++ 6.0 开发环境，新建一个基于对话框的应用程序，命名为 ExcelPrint。
（2）在工程中添加一个窗体，设置窗体的 Caption 属性为"利用 Excel 打印"。
（3）在窗体上添加一个列表框控件和一个按钮控件。
（4）主要代码如下：

```
void CExcelPrintDlg::OnButprint()
{
    _Application app;
    Workbooks books;
    _Workbook book;
    Worksheets sheets;
    _Worksheet sheet;
    Range range;
    //创建 Excel 2000 服务器（启动 Excel）
    if (!app.CreateDispatch("Excel.Application",NULL))
    {
        AfxMessageBox("创建 Excel 服务失败!");
        return;
    }
    app.SetVisible(false);
    //利用模板文件建立新文档
    char path[MAX_PATH];
    GetCurrentDirectory(MAX_PATH,path);
    CString strPath = path;
    strPath += "\\ExcelPrint";
    books.AttachDispatch(app.GetWorkbooks(),true);
    book.AttachDispatch(books.Add(_variant_t(strPath)));
    //得到 Worksheets
    sheets.AttachDispatch(book.GetWorksheets(),true);
    //得到 sheet1
    sheet.AttachDispatch(sheets.GetItem(_variant_t("sheet1")),true);
    CString str1;
    str1 = "第 1 页";
```

```
        sheet.SetName(str1);
        for( int i=0;i<sheets.GetCount()-1;i++)
        {
            sheet = sheet.GetNext();
            str1.Format("第%d 页",i+2);
            sheet.SetName(str1);
        }
        sheet.AttachDispatch(sheets.GetItem(_variant_t("第 1 页")),true);
        //得到全部 Cells，rgMyRge 是 Cells 的集合
        range.AttachDispatch(sheet.GetCells(),true);
        CString sText;
        OnInitADOConn();
        _bstr_t bstrSQL;
        bstrSQL = "select * from employees order by  学生编号  desc";
        m_pRecordset.CreateInstance(__uuidof(Recordset));
        m_pRecordset->Open(bstrSQL,m_pConnection.GetInterfacePtr(),
             adOpenDynamic,adLockOptimistic,adCmdText);
        Fields* fields = NULL;
        long countl;
        BSTR bstr;
        m_pRecordset->get_Fields(&fields);
        countl = fields->Count;
        _variant_t sField[10];
        for(long num=0;num<countl;num++)
        {
            sText.Format("%d",num);
            fields->Item[(long)num]->get_Name(&bstr);
            sField[num] = (_variant_t)bstr;
            range.SetItem(_variant_t((long)(2)),_variant_t((long)(num+1)),
             _variant_t(sField[num]));
        }
        int setnum=2;
        while(!m_pRecordset->adoEOF)
        {
            for(long num=0;num<m_pRecordset->GetFields()->GetCount();num++)
            {
                sText.Format("%d",num);
                range.SetItem(_variant_t((long)(setnum+1)),_variant_t((long)(num+1)),
                 _variant_t(m_pRecordset->GetCollect(sField[num])));
            }
            m_pRecordset->MoveNext();
            setnum++;
        }
        ExitConnect();
        app.SetVisible(true);
        book.PrintPreview(_variant_t(false));
        //释放对象
        range.ReleaseDispatch();
        sheet.ReleaseDispatch();
        sheets.ReleaseDispatch();
        book.ReleaseDispatch();
        books.ReleaseDispatch();
        app.ReleaseDispatch();
}
```

秘笈心法

心法领悟 482：Format 方法的使用。

在本实例中，使用了 Cstring 类的 Format 方法格式化字符串，该方法的语法如下：
```
void Format(LPCTSTR lpszFormat,…);
void Format(UINT nFormatID,…);
```
参数说明：

❶lpszFormat：格式控制字符串。

❷nFormatID：格式控制字符串的字符串资源标识符。

实例 483	打印信封标签	高级
	光盘位置：光盘\MR\12\483	趣味指数：★★★★★

实例说明

信件在生活中有着传递信息的重要作用。当处理大量的商业信息时，人工填写信封是非常烦琐的一件事，这时使用计算机打印信封就变得十分重要了。运行程序，选择要打印的数据，然后在编辑框中输入寄信人的邮编，单击"打印"按钮进行打印，也可以单击"打印预览"按钮进行预览，如图 12.24 所示。

图 12.24　打印信封标签

关键技术

信封的打印关键是数据的位置，只要把收信人的地址、姓名、邮编等信息准确地打印在信封的固定位置上即可。通过基于对话框的程序打印信封，直接在窗体上显示预览图像，然后调用 CPrintDialog 打印对话框完成打印。

设计过程

（1）打开 Visual C++ 6.0 开发环境，新建一个基于对话框的工程，命名为 envelopprint。
（2）在工程中添加一个窗体，设置窗体的 Caption 属性为"打印信封标签"。
（3）向窗体中添加一个编辑框控件、一个列表视图控件和两个按钮控件。
（4）主要代码如下：

```
void CPreview::DrawReport(CRect rect, CDC *pDC, BOOL isprinted)
{
    titlefont.CreatePointFont(110,_T("宋体"),pDC);
    int printx,printy;
    printx = pDC->GetDeviceCaps(LOGPIXELSX);
    printy = pDC->GetDeviceCaps(LOGPIXELSY);
    double ratex = (double)(printx)/screenx;
    double ratey = (double)(printy)/screeny;
    if(isprinted)
    {
        pDC->StartDoc("printinformation");
    }
    else
    {
```

```
                ratex=1,ratey=1;
        }
        for(int i=0;i<6;i++)
        {
                pDC->SelectObject(&titlefont);
                pDC->Rectangle((int)((20+i*30)*ratex),(int)(20*ratey),(int)((40+i*30)*ratex),(int)(40*ratey));
                if(i==0)
                {
                        rect.DeflateRect((int)(25*ratex),(int)(23*ratey),0,0);
                        pDC->DrawText(sarrays[0][i],rect,DT_LEFT);
                }
                else
                {
                        rect.DeflateRect((int)(-330*ratex),(int)(-240*ratey),0,0);
                        pDC->DrawText(sarrays[0][i],rect,DT_LEFT);
                }
                pDC->Rectangle((int)((380+i*30)*ratex),(int)(260*ratey),(int)((400+i*30)*ratex),(int)(280*ratey));
                rect.DeflateRect((int)(360*ratex),(int)(240*ratey),0,0);
                pDC->DrawText(sarrays[1][i],rect,DT_LEFT);
        }
        pDC->MoveTo((int)(150*ratex),(int)(120*ratey));
        pDC->LineTo((int)(450*ratex),(int)(120*ratey));
        pDC->MoveTo((int)(150*ratex),(int)(150*ratey));
        pDC->LineTo((int)(450*ratex),(int)(150*ratey));
        pDC->MoveTo((int)(150*ratex),(int)(180*ratey));
        pDC->LineTo((int)(450*ratex),(int)(180*ratey));
        CString str1,str2;
        int n;
        n = strText.GetLength();
        if(n/3<42)
        {
                str1=strText.Left(42);
                rect.DeflateRect((int)(-385*ratex),(int)(-160*ratey),0,0);
                pDC->DrawText(str1,rect,DT_LEFT);
                str2=strText.Right(n-42);
                rect.DeflateRect(0,(int)(30*ratey),0,0);
                pDC->DrawText(str2,rect,DT_LEFT);
                rect.DeflateRect(0,(int)(30*ratey),0,0);
                pDC->DrawText(strsxr,rect,DT_LEFT);
        }
        else
        {
                str1=strText.Left(n/2);
                rect.DeflateRect((int)(-385*ratex),(int)(-160*ratey),0,0);
                pDC->DrawText(str1,rect,DT_LEFT);
                str2=strText.Right(n-n/2);
                rect.DeflateRect(0,(int)(30*ratey),0,0);
                pDC->DrawText(str2,rect,DT_LEFT);
                rect.DeflateRect(0,(int)(30*ratey),0,0);
                pDC->DrawText(strsxr,rect,DT_LEFT);
        }
        if(isprinted)
        {
                pDC->EndDoc();
        }
        titlefont.DeleteObject();
}
```

秘笈心法

心法领悟 483：按照不同的比例打印数据。

在打印时，有时想按照不同的比例打印数据，而在文档/视图结构下的打印预览界面并不能进行多比例显示，这就需要手动打印。数据显示的大小是由字号决定的，可先为数据设置一定大小的字体，然后通过在工具栏的编辑框中输入显示的比例来改变字体的大小。

实例 484　具有滚动条的预览界面

光盘位置：光盘\MR\12\484　　　高级　　趣味指数：★★★★★

■ 实例说明

用户在对程序中的某些数据进行打印预览时，由于所预览的图形或数据会超出一屏的显示范围，所以在设计打印预览界面时就需要为预览窗体添加滚动条。通过对滚动条的操作，用户就可以看到超出屏幕之外的数据，程序运行效果如图 12.25 所示。

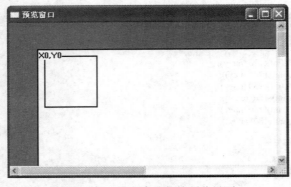

图 12.25　具有滚动条的预览界面

■ 关键技术

具有滚动条的预览界面主要使用了绘图缓存技术、绘图坐标的定位与滚动条的应用。

（1）绘图缓存技术

当在窗体中进行绘图操作时，如果绘图操作过于频繁而且绘制的区域又非常大，就会出现图片闪耀的现象。这时就需要使用绘图缓存技术使图片的绘制过程不发生闪耀。绘图缓存技术的核心就是将所需要绘制的所有图片或数据绘制在一个图片类中，当绘制完成时再将图片类中所绘制的图片或数据信息一次性复制到当前画布类中。这样就避免了在画布上绘图时所发生的闪耀现象。

绘图操作都是在窗体或控件的 OnPaint 事件中实现的，所以在该事件的第一行就是获取一个 CPaintDC 类型的画布对象。代码如下：

```
CPaintDC dc(this);
```

这句代码一般情况下是不需要程序员添加的，而是当映射了重绘消息时由系统自动生成。接下来的主要任务就是创建一个用于缓存绘图的 CBitmap 图片设备和与图片设备关联的 CDC 画布类。实现代码如下：

```
CPaintDC dc(this);
CRect rect;                                              //定义图片矩形
GetClientRect(&rect);                                    //获取绘图窗口大小
CBitmap bitmap;                                          //定义缓存图片
bitmap.CreateCompatibleBitmap(&dc,rect.right,rect.bottom); //创建与当前窗体兼容的图片
CDC memdc;                                               //定义临时画布
memdc.CreateCompatibleDC(NULL);                          //创建画布
memdc.SelectObject(&bitmap);                             //关联图片类对象
```

接下来即可在 MemDC 所指向的画布上进行绘制操作，当所有绘制操作完成后再将 MemDC 画布中的内容复制到 dc 画布中。实现代码如下：

```
dc.BitBlt(0,0,rect.right,rect.bottom
    &memdc,0,0,SRCCOPY);                                 //画布复制
```

第 12 章 打印技术

（2）绘图坐标的定位

一般情况下，绘图都是以窗体可绘图区域的左上角为绘图操作的起点坐标。但这种情况只适用于不带滚动条的绘图窗体，当存在滚动条时绘图的起点坐标应随滚动条的改变而改变。

在本实例中预览窗口的可绘图区域并不是屏幕的大小，而是打印机默认的纸张大小。为了能更清楚地显示出可绘图区域，在绘图前首先绘制了画布的背景和可绘图区域，如图 12.26 所示。

在图中 x、y 后面的值为绘图的起点坐标。通过该坐标值可以明显地看出坐标的起点并不是窗体可绘图区域的左上角，而是自定义可绘图区域的左上角。而且细心的读者也会发现，系统坐标系居然不是以窗口的左上角为基准，而是以自定义可绘图区域的左上角为基准。在 Visual C++中要想改变画布的坐

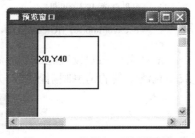

图 12.26　背景与可绘图区域

标原点，可以使用画布类中的 SetViewportOrg 方法，调用该方法将会改变逻辑窗口的原点坐标值。实现代码如下：

```
if (OnDrawPreview != NULL)                                    //存在绘图方法
{
    CRect DrawClientRect(posx,posy,nW-posx,nH-posy);          //定义可绘图区域
    memdc.SetViewportOrg(50-posx,50-posy);                    //设置坐标原点
    OnDrawPreview((CDC*)&memdc,DrawClientRect,isPrint);       //调用绘图方法
    memdc.SetViewportOrg(0,0);                                //将坐标原点设回默认值
    dc.BitBlt(0,0,rect.right,rect.bottom
        ,&memdc,0,0,SRCCOPY);                                 //复制缓存中的绘图信息
}
```

（3）滚动条的应用

给窗体添加滚动条并不是一件复杂的事，首先通过设置窗体的属性让滚动条显示在窗体中，如图 12.27 所示。

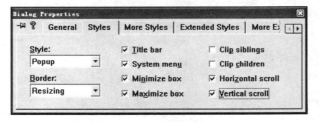

图 12.27　让窗体显示滚动条

还可以通过代码修改窗体的样式来显示滚动条，代码如下：

```
this->ModifyStyle(0,WS_HSCROLL | WS_VSCROLL,0);
```

由于窗体大小的改变会影响滚动条的信息，所以应该在窗体改变消息映射函数中初始化滚动条的信息。滚动条的水平信息或垂直信息都是通过结构 SCROLLINFO 完成的，实现代码如下：

```
void CPreviewDialog::SetScrollbar(int cx, int cy)
{
    int vW,vH;                                    //滚动条的水平和垂直宽度
    vW = nW + 100;                                //加上左右边距
    vH = nH + 100;                                //加上上下边距
    posx = posy = 0;                              //坐标原点为 0
    CRect rect;
    GetClientRect(&rect);                         //窗体客户区
    SCROLLINFO si;                                //滚动条结构信息
    si.cbSize = sizeof (si) ;                     //结构大小
    si.fMask = SIF_ALL;                           //允许所有操作
    si.nMin = 0;                                  //最小值
    si.nMax = vH;                                 //内容的高度
    si.nPage = rect.Height();                     //页面的高度
    si.nPos = 0;                                  //当前点
    SetScrollInfo(SB_VERT, &si, TRUE);            //设置垂直滚动条
```

```
    si.nMin = 0;                                    //最小值
    si.nMax = vW;                                   //内容的宽度
    si.nPage = rect.Width();                        //页面的宽度
    si.nPos = 0;                                    //当前点
    SetScrollInfo(SB_HORZ, &si, TRUE);              //设置水平滚动条
}
```

滚动条的初始设置完成后应添加滚动条的水平和垂直滚动时的消息映射函数。如图 12.28 所示为添加水平或垂直滚动条的消息映射函数的方法。

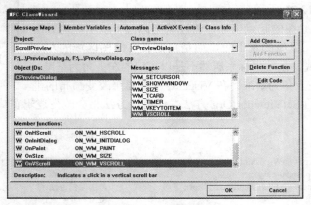

图 12.28 添加滚动条的消息映射方法

滚动条的映射函数主要是获取当前鼠标或键盘对滚动条的操作,然后通过程序对获取的滚动条信息加以修改。实现代码如下:

```
void CPreviewDialog::OnVScroll(UINT nSBCode, UINT nPos, CScrollBar* pScrollBar)
{
    //垂直滚动条
    switch(nSBCode)
    {
        case SB_TOP:                                //顶端
            break;
        case SB_BOTTOM:                             //底端
            ; break;
        case SB_LINEUP:                             //抬起
            ; break;
        case SB_LINEDOWN:                           //按下
            break;
        case SB_PAGEUP:                             //上一页
            ; break;
        case SB_PAGEDOWN:                           //下一页
            posy = nPos;
            this->Invalidate(false);
            break;
        case SB_THUMBPOSITION:                      //改变点
            this->SetScrollPos(SB_VERT,nPos);
            break;
        case SB_THUMBTRACK:                         //改变点
            posy = nPos;
            this->Invalidate(false);
            break;
    }
    CDialog::OnVScroll(nSBCode, nPos, pScrollBar);
}
void CPreviewDialog::OnHScroll(UINT nSBCode, UINT nPos, CScrollBar* pScrollBar)
{
    //水平滚动
    switch(nSBCode)
    {
        case SB_THUMBTRACK:                         //改变点
            this->SetScrollPos(SB_HORZ,nPos);       //设置滑块新位置
```

```cpp
                    posx = nPos;                              //设置原点X坐标
                    this->Invalidate(false);                  //重画
                    break;
            }
            CDialog::OnHScroll(nSBCode, nPos, pScrollBar);
    }
```

通过上面的操作即可实现画布的上下左右移动，但这些操作只能通过鼠标的单击才能完成，若想通过鼠标滑轮实现画布的上下移动，就需要映射 OnMouseWheel 消息映射函数来完成，实现代码如下：

```cpp
BOOL CPreviewDialog::OnMouseWheel(UINT nFlags, short zDelta, CPoint pt)
{
    int pos = this->GetScrollPos(SB_VERT);                    //当前滑块位置
    if (zDelta < 0)
            pos += 10;
    else
            pos -= 10;
    posy = pos;                                               //改变原点坐标的 y 值
    if (posy < 0)
            posy = 0;
    if (posy > nH + 100)
            posy = nH + 100;
    this->SetScrollPos(SB_VERT,pos);                          //设置新的滑块位置
    this->Invalidate(false);                                  //重画
    return CDialog::OnMouseWheel(nFlags, zDelta, pt);
}
```

■ 设计过程

（1）创建一个名为 ScrollPreview 的 MFC 应用程序工程。

（2）在资源视图中插入一个对话框资源，创建关联类为 CPreviewDialog，ID 为 IDD_PreviewDialog，该窗体作为预览窗体。

（3）首先在 CPreviewDialog 类的头文件中定义一个方法指针，该方法指针的作用是指向绘制预览窗体的方法，这样写的好处是通过这个函数指针 CPreviewDialog 类为其他类提供了一个标准的函数接口，通过这个接口任何一个类都可以实现对预览窗体的绘制操作。定义代码如下：

```cpp
//定义方法指针
typedef void (*DrawPreview)(CDC *PreviewDC,CRect DrawRect,BOOL isPrint = false);
```

（4）CPreviewDialog 在头文件中的部分定义如下：

```cpp
protected:
        int nH,nW;                                            //页面宽、高
        int posx,posy;
        BOOL isPrint;                                         //是否打印
        CDC PrintDC ;                                         //打印DC
        DrawPreview OnDrawPreview;                            //打印事件
        void SetScrollbar(int cx, int cy);                    //初始化滚动条
public:
        CPreviewDialog(CWnd* pParent = NULL);
        void Show();
        void SetPreviewEvent(DrawPreview OnEvent);            //设置打印事件
```

（5）在 CPreviewDialog 类中 SetPreviewEvent 方法用来将其他类实现的打印方法通过参数传递到打印预览类中。实现代码如下：

```cpp
void CPreviewDialog::SetPreviewEvent(DrawPreview OnEvent)
{
    if (OnEvent != NULL)
      OnDrawPreview = OnEvent;
}
```

（6）当预览窗体初始化时，通过获取打印设备的信息对滚动条进行初始设置，实现代码如下：

```cpp
BOOL CPreviewDialog::OnInitDialog()
{
        CDialog::OnInitDialog();
        CPrintDialog pdlg(false);                             //定义"打印"对话框
        pdlg.GetDefaults();                                   //获取打印机默认设置
```

```
        PrintDC.Attach(pdlg.GetPrinterDC());              //关联打印机画布
        CClientDC screendc(this);                         //定义屏幕画布
        nW = (int)(screendc.GetDeviceCaps(LOGPIXELSX)
            / 25.4 * PrintDC.GetDeviceCaps(HORZSIZE));    //打印机默认纸的宽度
        nH = (int)(screendc.GetDeviceCaps(LOGPIXELSY)
            / 25.4 * PrintDC.GetDeviceCaps(VERTSIZE));    //打印机默认纸的高度
        this->ModifyStyle(0,WS_HSCROLL | WS_VSCROLL,0);   //添加水平和垂直滚动条
        int vW,vH;
        vW = nW + 100;
        vH = nH + 100;
        this->SetScrollRange(SB_HORZ,0,vW,true);          //设置水平滚动条区域
        this->SetScrollRange(SB_VERT,0,vH,true);          //设置垂直滚动条区域
        posx = 0;                                         //原点坐标
        posy = 0;
        return TRUE;
}
```

（7）当窗体大小发生改变时，对滚动条的信息进行修改。实现代码如下：

```
void CPreviewDialog::OnSize(UINT nType, int cx, int cy)
{
        CDialog::OnSize(nType, cx, cy);
        SetScrollbar(cx, cy);                             //设置滚动条信息
        this->Invalidate(false);                          //重画
}
```

（8）当窗体发生重画事件时绘制窗体背景和可绘图区域，并调用打印预览的绘制方法进行绘图操作。实现代码如下：

```
void CPreviewDialog::OnPaint()
{
        CPaintDC dc(this);
        CRect rect;
        GetClientRect(&rect);                             //获取客户区域
        CBitmap bitmap;                                   //定义图片类
        bitmap.CreateCompatibleBitmap(&dc,rect.right,rect.bottom);  //创建关联图片
        CDC memdc;                                        //定义临时画布
        memdc.CreateCompatibleDC(NULL);                   //创建画布
        memdc.SelectObject(&bitmap);                      //关联图片
        CBrush *b;                                        //定义画刷
        b = (memdc.GetHalftoneBrush());                   //获取背景画刷
        memdc.SelectObject(b);                            //选择画刷
        rect.InflateRect(5,5,5,5);                        //扩大矩形
        memdc.Rectangle(&rect);                           //绘制矩形
        CPen pen(BS_SOLID,2,RGB(0,0,0));                  //定义黑色画笔
        CBrush brush(RGB(255,255,255));                   //定义白色画刷
        memdc.SelectObject(&pen);                         //选择画笔
        memdc.SelectObject(&brush);                       //选择画刷
        CRect DrawRect(50-posx,50-posy,50-posx +nW,50-posy+nH);  //定义可绘图区域
        DrawRect.InflateRect(2,2,2,2);                    //扩大矩形
        memdc.Rectangle(&DrawRect);                       //绘制可绘图区域
        if (OnDrawPreview != NULL)                        //存在绘图方法
        {
            CRect DrawClientRect(posx,posy,nW-posx,nH-posy);  //定义绘图区域
            memdc.SetViewportOrg(50-posx,50-posy);        //设置坐标原点
            OnDrawPreview((CDC*)&memdc,DrawClientRect,isPrint);  //调用绘图方法
            memdc.SetViewportOrg(0,0);                    //恢复坐标原点
            dc.BitBlt(0,0,rect.right,rect.bottom
                ,&memdc,0,0,SRCCOPY);                     //复制图片
        }
}
```

■ 秘笈心法

心法领悟484：如何自定义打印纸大小？

在打印时，打印纸的大小和页边距都是重要的参数。有时用户不想使用默认的参数，想要根据需要自己定制打印纸的大小，该怎么做呢？

首先通过 GetDevMode 函数获取 DEVMODE 结构，然后通过 DEVMODE 结构的成员变量即可自定义打印纸的大小。

实例 485　在对话框中分页预览

光盘位置：光盘\MR\12\485　　　　　　　高级　趣味指数：★★★★

实例说明

在 Visual C++环境中，多文档界面的应用程序给出了打印及打印预览的类，程序设计人员可以调用打印或打印预览的类进行数据或图形的打印及预览操作。而要实现对话框的打印及预览功能就应由程序员自己来实现对数据及图形的打印及预览操作，并且应具备分页预览的功能。实例运行效果如图 12.29 所示。

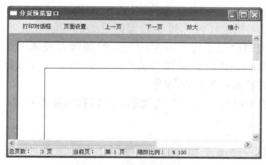

图 12.29　在对话框中分页预览

关键技术

具有滚动条的预览界面主要使用了绘图缩放技术、绘图缓存技术、分页预览的实现与鼠标滑轮控制垂直滚动条及缩放。

（1）绘图缩放技术

绘图缩放技术是绘图过程中的一项非常重要的技术，有许多程序员在对绘图缩放操作时还在想怎样对坐标位置、线的宽度及文字的大小进行设置来达到缩放效果，或者将绘制好的图形缩放复制到比较大或者比较小的画布上。这些做法都影响了绘图操作的质量。最好的办法应该是使用 SetWindowExt 方法和 SetViewportExt 方法来改变物理窗体与逻辑窗口的大小，从而实现窗口缩放的效果，并且在使用这两个方法前应先使用 SetMapMode 方法设置单位的映射模式。单位映射模式的类型如表 12.3 所示。

表 12.3　单位映射模式的分类及说明

单位映射模式的分类	说　明
MM_ANISOTROPIC	把逻辑单位转换为任意缩放轴上的任意单位。把映射模式设置为 MM_ANISOTROPIC 并不改变当前窗口或视图端口的设置。要改变单位、方向和缩放，可调用 SetViewportExt 和 SetWindowExt 成员函数
MM_HIENGLISH	每一逻辑单位对换 0.001 英寸，x 向右为正，y 向上为正
MM_HIMETRIC	每一逻辑单位对换 0.001 毫米，x 向右为正，y 向上为正
MM_ISOTROPIC	逻辑单位转换为带有对等缩放轴的任意单位。即 x 轴 1 单位与 y 轴 1 单位是相等的。可使用 SetViewportExt 和 SetWindowExt 成员函数，指定需要的单位和轴的方向。GDI 修正可以保证 x、y 轴的尺寸是一致的
MM_LOENGLISH	每一逻辑单位对换 0.01 英寸，x 向右为正，y 向上为正

续表

单位映射模式的分类	说 明
MM_LOMETRIC	每一逻辑单位对换 0.1 毫米，x 向右为正，y 向上为正
MM_TEXT	每一逻辑单位对换 1 设备像素，x 向右为正，y 向下为正
MM_TWIPS	每一逻辑单位对换 1/20 个点（1 点为 1/72 英寸，1twip 为 1/1440 英寸），x 向右为正，y 向上为正

在该实现中预览窗口的缩放应保持水平与垂直的等比例缩放，所以应使用 MM_ISOTROPIC 映射模式。实现代码如下：

```
dc.SetMapMode(MM_ISOTROPIC);                    //设置映射模式
dc.SetWindowExt(100,100);                       //物理窗体大小
dc.SetViewportExt(Zoom,Zoom);                   //逻辑窗体大小
```

当变量 Zoom 的值大于 100 时绘制出来的图形是放大的，当变量 Zoom 的值小于 100 时绘制出来是图形是缩小的。

（2）绘图缓存技术

当在窗体中进行绘图操作时，如果绘图操作过于频繁而且绘制的区域又非常大，就会出现图片闪耀的现象。这时需要使用绘图缓存技术使图片的绘制过程不发生闪耀。绘图缓存技术的核心就是将所需要绘制的所有图片或数据绘制在一个图片类中，当绘制完成时再将图片类中所绘制的图片或数据信息一次性的复制到当前画布类中。这样就避免了在画布上绘图时所发生的闪耀现象。

绘图操作都是在窗体或控件的 OnPaint 事件中实现的，所以在该事件的第一行就是获取一个 CPaintDC 类型的画布对象。代码如下：

```
CPaintDC dc(this);
```

这句代码一般情况下是不需要程序员来添加的，当映射了重绘消息时由系统自动生成的。接下来的主要任务就是创建一个用于缓存绘图的 CBitmap 图片设备和与图片设备关联的 CDC 画布类。实现代码如下：

```
CRect ClientRect;                                                       //定义客户矩形
this->GetParent()->GetClientRect(&ClientRect);                          //获取客户区
ClientRect.InflateRect(2,2,2,2);                                        //扩大
if (Zoom < 100)
    dc.DPtoLP(&ClientRect);                                             //转换单位
CRect rect(FrameMargin.left,FrameMargin.top,
    PageSize.cx+FrameMargin.left,PageSize.cy+FrameMargin.top);
CBitmap bitmap;                                                         //定义图片类
bitmap.CreateCompatibleBitmap(&dc,ClientRect.right,ClientRect.bottom);  //创建图片
CDC MemDC;                                                              //定义临时画布
MemDC.CreateCompatibleDC(NULL);                                         //创建画布
MemDC.SelectObject(&bitmap);                                            //关联图像
```

接下来即可以在 MemDC 所指向的画布上进行绘制操作，当所有绘制操作完成后再将 MemDC 画布中的内容复制到 dc 画布中。实现代码如下：

```
dc.BitBlt(0,0,ClientRect.right,ClientRect.bottom,&MemDC,0,0,SRCCOPY);//复制图像
```

（3）分页预览的实现

分页预览是打印预览所应具备的基本功能，分页将打印的数据或图形分成若干个页面进行显示。最简单的分页就是本实例所实现的单页切换预览，这种分页显示方式使每页显示在独立的预览窗口中，并且不能在同一预览窗口中显示两页的内容。所以这种预览方式在绘图方面比较简单，更容易实现。在本实例中分页操作可通过按钮和鼠标滑轮实现。

在本实例中变量 PageCount 记录了所预览的总页数，变量 CurrentPage 记录了当前预览的页数，预览页就是通过对 CurrentPage 变量的加 1 或减 1 操作来实现上一页或下一页的切换的。同时绘图操作则根据 CurrentPage 变量的值绘制不同的预览页面。实现代码如下：

```
//上一页
void CPreviewDialog::OnPrevi()
{
    if (CurrentPage > 1)
    {
```

```
                CurrentPage -= 1;                                    //页减1
                this->Invalidate(false);                             //重画
                UpdateStatusBar();                                   //更新状态栏
            }
        }
        //下一页
        void CPreviewDialog::OnNext()
        {
            if (CurrentPage < PageCount)
            {
                CurrentPage += 1;                                    //页加1
                this->Invalidate(false);                             //重画
                UpdateStatusBar();                                   //更新状态栏
            }
        }
```

通过鼠标滑轮来控制页面的切换则是判断当前滚动条滑块的位置是否小于 0 或大于滑块的最大位置来实现。当小于 0 时切换到上一页，否则切换到下一页。实现代码如下：

```
nt pos = this->GetScrollPos(SB_VERT);                                //获取滚动条位置
if (zDelta < 0)
    pos += 10;
else
    pos -= 10;
if (pos < 0)
{
    OnPrevi();                                                       //上一页
    pos = vp.cx * (Zoom / 100)-vp.cy;                                //定义页面末端
}
else
if (pos > vp.cx * (Zoom / 100)-vp.cy)
{
    OnNext();                                                        //下一页
    pos = 0;                                                         //定位页面顶端
}
```

（4）鼠标滑轮控制垂直滚动条及缩放

提供鼠标滑轮的操作是为了方便用户操作预览界面的。用户只需通过鼠标滑轮即可实现页面的上移、下移、翻页、缩放操作。需要说明的是，缩放操作是配合键盘上的 Ctrl 键完成的。实现代码如下：

```
        BOOL CPreviewDialog::OnMouseWheel(UINT nFlags, short zDelta, CPoint pt)
        {
            if (nFlags & MK_CONTROL)                                 //按下 Ctrl 键
            {
                if ( zDelta < 0 )
                    OnZoomOut();                                     //放大
                else
                    OnZoomIn();                                      //缩小
            }
            else
            {
                int pos = this->GetScrollPos(SB_VERT);               //获取滚动条位置
                if (zDelta < 0)
                    pos += 10;
                else
                    pos -= 10;
                if (pos < 0)
                {
                    OnPrevi();                                       //上一页
                    pos = vp.cx * (Zoom / 100)-vp.cy;
                }
                else
                if (pos > vp.cx * (Zoom / 100)-vp.cy)
                {
                    OnNext();                                        //下一页
                    pos = 0;
                }
                StartPoint.y = pos;
                this->SetScrollPos(SB_VERT,pos);                     //修改滚动条新位置
                this->Invalidate(false);                             //重画
```

```
    }
    return CDialog::OnMouseWheel(nFlags, zDelta, pt);
}
```

■ 设计过程

（1）创建一个名为 PagesPreview 的 MFC 应用程序工程。

（2）在资源视图中插入一个对话框资源，创建关联类为 CPreView，ID 为 IDD_Preview，该窗体作为预览窗体的框架窗体。在该窗体中将实现工具栏、状态栏等功能。

（3）在资源视图中插入一个对话框资源，创建关联类为 CPreviewDialog，ID 为 IDD_ PreviewView，该窗体作为预览窗体。该窗体将作为子窗体嵌入框架窗体中。

（4）当 CPreviewDialog 类所关联的对话框进行初始化时初始化预览窗体所需要的信息。实现代码如下：

```
BOOL CPreviewDialog::OnInitDialog()
{
    CDialog::OnInitDialog();
    PageCount = 3;                                                  //总页数
    CurrentPage = 1;                                                //当前页
    Zoom = 100;                                                     //缩放
    CClientDC dc(this);
    Margin = CRect(1500,1500,1500,1500);                            //页边距
    printsetup = new CPrintDialog(false);                           // "打印"对话框
    printsetup->GetDefaults();                                      //获取打印机默认设置
    InitPreview(printsetup->GetPrinterDC(),*printsetup->GetDevMode()); //初始化页面信息
    pagesetup = new CPageSetupDialog();                             //页面设置对话框
    return TRUE;
}
```

（5）InitPreview 方法用来初始化预览页的大小及页边距的大小，实现代码如下：

```
void CPreviewDialog::InitPreview(HDC hDC,DEVMODE dev)
{
    CDC pdc;
    CClientDC sdc(this);                                            //屏幕画布
    pdc.Attach(hDC);                                                //关联打印机
    PageSize.cx = (int)(sdc.GetDeviceCaps(LOGPIXELSX) /
     25.4 * pdc.GetDeviceCaps(HORZSIZE));                           //打印页宽度
    PageSize.cy = (int)(sdc.GetDeviceCaps(LOGPIXELSY) /
     25.4 * pdc.GetDeviceCaps(VERTSIZE));                           //打印页高度
    FrameMargin = CRect(20,20,20,20);                               //页边距
    pdc.Detach();                                                   //取消关联
    pdc.DeleteDC();                                                 //删除 DC
    UpdateScroll();                                                 //更新滚动条
}
```

（6）当页面大小计算完成后就会调用 UpdateScroll 方法来设置滚动条的相关信息。实现代码如下：

```
void CPreviewDialog::UpdateScroll()
{
    CRect rect;
    GetClientRect(&rect);                                           //窗体客户区
    CClientDC dc(this);                                             //画布
    dc.SetMapMode(MM_ISOTROPIC);                                    //映射模式
    dc.SetWindowExt(100,100);                                       //物理窗口大小
    dc.SetViewportExt(Zoom,Zoom);                                   //缩放比例
    hp.cx = (PageSize.cx+ FrameMargin.left + FrameMargin.right);    //水平总宽度
    hp.cy = (rect.right);                                           //页宽度
    dc.DPtoLP(&hp);                                                 //单位转换
    vp.cx = (PageSize.cy+ FrameMargin.top + FrameMargin.bottom);    //垂直总高度
    vp.cy = (rect.bottom);                                          //页高度
    dc.DPtoLP(&vp);                                                 //单位转换
    StartPoint.x = StartPoint.y = 0;                                //原点坐标
    SCROLLINFO scinfo;
    scinfo.cbSize = sizeof(SCROLLINFO);
    scinfo.fMask = SIF_ALL;
    scinfo.nMin = 0;
    scinfo.nMax = hp.cx* (Zoom / 100);                              //水平总宽度
```

```
        scinfo.nPage = hp.cy;                                    //页宽度
        scinfo.nPos = 0;
        this->SetScrollInfo(SB_HORZ,&scinfo);                    //设置水平滚动条
        scinfo.nMax = vp.cx * (Zoom / 100);                      //垂直总高度
        scinfo.nPage = vp.cy;                                    //页高度
        this->SetScrollInfo(SB_VERT,&scinfo);                    //设置垂直滚动条
        this->Invalidate(false);                                 //重画
}
```

(7) 当预览窗体的 OnPaint 方法被调用时将根据当前页数的不同绘制不同的预览页。实现代码如下：

```
void CPreviewDialog::OnPaint()
{
        CPaintDC dc(this);                                       //定义画布
        dc.SetMapMode(MM_ISOTROPIC);                             //设置映射模式
        dc.SetWindowExt(100,100);                                //物理窗口大小
        dc.SetViewportExt(Zoom,Zoom);                            //缩放比例
        CRect ClientRect;
        this->GetParent()->GetClientRect(&ClientRect);           //获取客户区
        ClientRect.InflateRect(2,2,2,2);                         //扩大
        if (Zoom < 100)
            dc.DPtoLP(&ClientRect);                              //单位转换
        CRect rect(FrameMargin.left,FrameMargin.top,
            PageSize.cx+FrameMargin.left,PageSize.cy+FrameMargin.top);  //可绘图区域
        CBitmap bitmap;                                          //图片类
        bitmap.CreateCompatibleBitmap(&dc,ClientRect.right,ClientRect.bottom);  //创建兼容图片
        CDC MemDC;                                               //临时画布
        MemDC.CreateCompatibleDC(NULL);                          //创建画布
        MemDC.SelectObject(&bitmap);                             //关联图片
        CBrush BkBrush(RGB(157,155,151));                        //定义背景画刷
        MemDC.SelectObject(&BkBrush);                            //选择画刷
        MemDC.Rectangle(&ClientRect);                            //绘制背景
        CBrush brush(RGB(255,255,255));                          //定义白色画刷
        CPen pen(BS_SOLID,2,RGB(0,0,255));                       //定义画笔
        MemDC.SelectObject(&brush);                              //选择画刷
        MemDC.SelectObject(&pen);                                //选择画笔
        rect.OffsetRect(-StartPoint.x,-StartPoint.y);            //移动可绘图区
        rect.InflateRect(1,1,1,1);                               //扩大矩形
        MemDC.Rectangle(&rect);                                  //绘制矩形
        rect.InflateRect(-1,-1,-1,-1);                           //缩小矩形
        CPen p(BS_SOLID,1,RGB(0,0,0));                           //定义黑色画笔
        MemDC.SelectObject(&p);                                  //选择画笔
        double ratex = dc.GetDeviceCaps(LOGPIXELSX) / 25.4;      //与打印机水平方向缩放比例
        double ratey = dc.GetDeviceCaps(LOGPIXELSY) / 25.4;      //与打印机垂直方向缩放比例
        CRect Margins = CRect((int)(ratex * (Margin.left / 100)),    //页边距
            (int)(ratey * (Margin.top / 100)),
            (int)(ratex * (Margin.right / 100)),
            (int)(ratey * (Margin.bottom / 100)));
        CRect DrawRect(0,0,PageSize.cx - Margins.left - Margins.right,
            PageSize.cy - Margins.top - Margins.bottom);         //绘图区域
        DrawRect.OffsetRect(-StartPoint.x,-StartPoint.y);        //移动绘图区域到原点
        MemDC.SetViewportOrg(FrameMargin.left + Margins.left,
            FrameMargin.top + Margins.top);                      //设置逻辑窗口原点坐标
        MemDC.IntersectClipRect(&DrawRect);                      //将绘图区域设为剪裁区
        DrawPreview(&MemDC,&DrawRect);                           //绘制页
        MemDC.SetViewportOrg(0,0);                               //恢复逻辑窗口坐标原点
        dc.BitBlt(0,0,ClientRect.right,ClientRect.bottom,&MemDC,0,0,SRCCOPY);
        MemDC.DeleteDC();                                        //复制临时画布到预览窗口
        bitmap.DeleteObject();                                   //删除图片
}
```

(8) DrawPreview 是一个虚方法，该方法用来实现对预览页中可绘图区域的绘制，在使用时可通过子类实现其绘制方法。实现代码如下：

```
void CPreviewDialog::DrawPreview(CDC *DrawDC,CRect *DrawRect)
{
        if (CurrentPage == 1)                                    //第 1 页
```

```
    DrawDC->Rectangle(DrawRect);                                        //绘图
  else if (CurrentPage == 2)                                            //第 2 页
    DrawDC->Ellipse(DrawRect);                                          //绘图
  else                                                                  //第 3 页
  {
    DrawDC->DrawEdge(DrawRect,EDGE_BUMP ,BF_RECT);                      //绘图
  }
}
```

（9）在本实例中不但实现了滚动条的拖动操作，还实现了行操作、翻页操作等。实现代码如下：

```
//水平滚动条
void CPreviewDialog::OnHScroll(UINT nSBCode, UINT nPos, CScrollBar* pScrollBar)
{
    CRect rect;
    this->GetClientRect(&rect);                                         //客户区
    switch(nSBCode)
    {
    case SB_LINELEFT:                                                   //向左移动一行
        StartPoint.x -= 10;
        if (StartPoint.x < 0)
            StartPoint.x = 0;
        this->SetScrollPos(SB_HORZ,StartPoint.x);                       //修改滚动条位置
        this->Invalidate(false);                                        //重画
        break;
    case SB_LINERIGHT:                                                  //向右移动一行
        StartPoint.x += 10;
        if (StartPoint.x > hp.cx * (Zoom / 100) - hp.cy)
            StartPoint.x = hp.cx * (Zoom / 100) - hp.cy;
        this->SetScrollPos(SB_HORZ,StartPoint.x);                       //修改滚动条位置
        this->Invalidate(false);                                        //重画
        break;
    case SB_PAGELEFT:                                                   //向左翻页
        StartPoint.x -= rect.right;
        if (StartPoint.x < 0)
            StartPoint.x = 0;
        this->SetScrollPos(SB_HORZ,StartPoint.x);
        this->Invalidate(false);
        break;
    case SB_PAGEDOWN:                                                   //向右翻页
        StartPoint.x += rect.right;
        if (StartPoint.x > hp.cx * (Zoom / 100) - hp.cy)
            StartPoint.x = hp.cx * (Zoom / 100) - hp.cy;
        this->SetScrollPos(SB_HORZ,StartPoint.x);
        this->Invalidate(false);
        break;
    case SB_THUMBTRACK:                                                 //滚动条拖动
        StartPoint.x = nPos;
        this->SetScrollPos(SB_HORZ,nPos);
        this->Invalidate(false);
        break;
    }
    CDialog::OnHScroll(nSBCode, nPos, pScrollBar);
}
```

■ 秘笈心法

心法领悟 485：创建"页码设置"对话框。

可以通过 CpageSetupDialog 类的构造函数来创建"页码设置"对话框。
语法格式如下：
CPageSetupDialog(DWORD dwFlags = PSD_MARGINS | PSD_INWININIINTLMEASURE,CWnd* pParentWnd = NULL);

实例 486 打印产品标签

光盘位置：光盘\MR\12\486

中级
趣味指数：★★★★☆

■ 实例说明

对于一些 Visual C++ 的初学者，数据打印是最难掌握的。尤其是在基于对话框的应用程序时实现打印功能。本实例实现了一个简单的基于对话框应用程序的打印，能够打印对话框及其控件中的数据。运行程序，如图 12.30 所示。单击"打印"按钮，打印效果如图 12.31 所示。

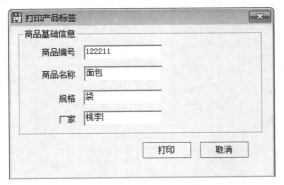

图 12.30　打印产品标签

图 12.31　打印效果

■ 关键技术

要实现打印对话框，首先需要获得打印机的设备上下文 CDC 对象，其次需要将对话框界面存入位图结构中。最后调用打印机的设备上下文 CDC 对象的 StretchBlt 方法即可。

获取打印机的设备上下文，可以通过"打印"对话框实现。调用"打印"对话框的 GetPrinterDC 方法即可。例如：

```
CPrintDialog m_printdlg( FALSE);
if (m_printdlg.DoModal()==IDOK)
{
    CDC dc1;
    dc1.Attach(m_printdlg.GetPrinterDC());
}
```

将对话框界面存入位图结构中，首先定义并创建一个与对话框设备上下文兼容的 CDC 对象，本实例为 memDC，然后创建一个与对话框设备上下文兼容的位图对象 bitmap，将其载入 memDC 中，最后调用 memDC 的 BitBlt 方法将对话框绘制在位图中。例如：

```
CBitmap bitmap;                                    //定义位图对象
CClientDC dc(this);                                //获取对话框设备上下文
CDC memDC;
CRect rect;
//创建一个与对话框设备上下文兼容的 CDC 对象
memDC.CreateCompatibleDC(&dc);
this->GetClientRect(rect);
//创建位图
bitmap.CreateCompatibleBitmap(&dc,rect.Width(),rect.Height());
//载入位图
CBitmap * oldbitmap = memDC.SelectObject(&bitmap);
//将对话框绘制在位图中
memDC.BitBlt(0,0,rect.Width(),rect.Height(),&dc,0,0,SRCCOPY);
```

设计过程

（1）新建一个基于对话框的应用程序。
（2）在对话框中添加静态文本控件、编辑框控件和按钮控件。
（3）处理"打印"按钮的单击事件，打印对话框，代码如下：

```
void CPrintFormDlg::OnButton1()
{
    CBitmap bitmap;                                             //定义位图对象
    CClientDC dc(this);                                         //获取对话框设备上下文
    CDC memDC;
    CRect rect;
    memDC.CreateCompatibleDC(&dc);
    //创建一个与对话框设备上下文兼容的CDC对象
    this->GetClientRect(rect);
    //创建位图
    bitmap.CreateCompatibleBitmap(&dc,rect.Width(),rect.Height());
    //载入位图
    CBitmap * oldbitmap = memDC.SelectObject(&bitmap);
    //将对话框绘制在位图中
    memDC.BitBlt(0,0,rect.Width(),rect.Height(),&dc,0,0,SRCCOPY);
    //获取打印机 DC
    CPrintDialog m_printdlg( FALSE );
    if (m_printdlg.DoModal()==IDOK)
    {
        CDC dc1;
        dc1.Attach(m_printdlg.GetPrinterDC());
        int screenx,screeny;
        int printx,printy;
        double ratex,ratey;
        //确定打印机与屏幕的像素比率
        screenx = dc.GetDeviceCaps(LOGPIXELSX);
        screeny = dc.GetDeviceCaps(LOGPIXELSY);
        printx = dc1.GetDeviceCaps(LOGPIXELSX);
        printy = dc1.GetDeviceCaps(LOGPIXELSY);
        ratex = (double)(printx)/screenx;
        ratey = (double)(printy)/screeny;
        //开始打印
        dc1.StartDoc("FirstDoc");
        dc1.StretchBlt(0,0,(int)(rect.Width()*ratex),(int)(rect.Height()*ratey),&memDC,0,0,rect.Width(),rect.Height(),
                SRCCOPY);
        dc1.EndDoc();
    }
    memDC.SelectObject(oldbitmap);
    bitmap.Detach();
}
```

秘笈心法

心法领悟 486：如何读取数据库中存储的图片信息？

图片信息在数据库中是以二进制形式进行存储的，获取图片信息可以首先获取图片占用的空间大小，然后根据其大小调用 ADO 对象的 GetChunk 方法获取。

实例 487   **打印汇款单**   **高级**
光盘位置：光盘\MR\12\487   趣味指数：★★★★☆

实例说明

在开发数据库应用程序时，经常需要设计各种类型的报表，其中汇款单式的报表是比较常用的一种报表，如何设计汇款单式报表呢？本实例设计了一个汇款单式报表，效果如图 12.32 所示。

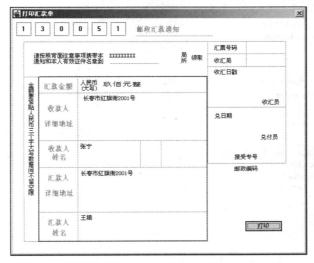

图 12.32　汇款单式报表设计

关键技术

设计汇款单式报表的关键是绘制表格。如何绘制表格呢？在 MFC 中似乎没有现成的控件可以使用。可以从 CStatic 派生一个子类，在该类中实现一个矩形的绘制，并提供方法可以控制边框的颜色以及每个边框的显示。

首先从 CStatic 类派生一个子类，本实例为 CMyStatic。在该类中定义成员变量，控制控件的外观，代码如下：

```
BOOL islined;                        //是否有下划线
    BOOL isframed;                   //是否有边框
    BOOL isLeft;                     //是否有左边线
    BOOL isRight;                    //是否有右边线
    BOOL isTop;                      //是否有上边线
    BOOL isBottom;                   //是否有下边线
    COLORREF m_color;                //文本颜色
    COLORREF m_framecolor;           //边框颜色
    UINT    m_lindwidth;             //边线宽度
    UINT    align;                   //文本对齐方式
```

然后处理 CMyStatic 的 WM_PAINT 消息，绘制边框及文本，代码如下：

```
void CMyStatic::OnPaint()
{
    CPaintDC dc1(this);
    CDC dc;
    dc.Attach(GetDC()->m_hDC);
    CRect rect;
    GetClientRect(rect);
    dc.SetBkMode(TRANSPARENT);
    CPen pen(PS_SOLID,m_lindwidth,m_framecolor);
    CPen* oldpen;
    oldpen = dc.SelectObject(&pen);
    if (isframed)
    {
        if (isTop)
        {
            dc.MoveTo(rect.left,rect.top);
            dc.LineTo(rect.right,rect.top);          //上边线
        }
        if (isBottom)
        {
            dc.MoveTo(rect.left,rect.bottom);        //下边线
            dc.LineTo(rect.right,rect.bottom);
```

```
            }
            if (isLeft)
            {
                dc.MoveTo(rect.left,rect.top);           //左边线
                dc.LineTo(rect.left,rect.bottom);
            }
            if (isRight)
            {
                dc.MoveTo(rect.right,rect.top);          //右边线
                dc.LineTo(rect.right,rect.bottom);
            }
        }
        if (islined)
        {
            CPen linepen(PS_SOLID,m_lindwidth,m_color);
            oldpen = dc.SelectObject(&linepen);
            dc.MoveTo(rect.left,rect.bottom-1);
            dc.LineTo(rect.right,rect.bottom-1);
        }
        dc.SelectObject(oldpen);
        CString str ;
        GetWindowText(str);
        dc.SetTextColor(m_color);
        //绘制文本
        dc.DrawText(str,rect,align);
}
```

设计过程

（1）打开 Visual C++ 6.0 开发环境，新建一个基于对话框的应用程序，命名为 modview。
（2）在对话框中添加静态文本控件和按钮控件。在类向导中为控件命名，如图 12.33 所示。

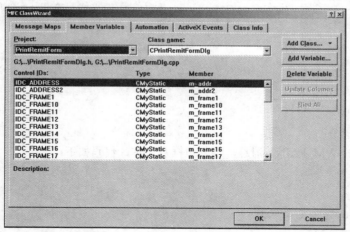

图 12.33　类向导

（3）向对话框类中添加 OnPrint 方法，实现打印功能，代码如下：

```
void CPrintRemitFormDlg::OnPrint()
{
    CWnd* m_btn = GetDlgItem(IDC_PRINT);
    m_btn->ShowWindow(SW_HIDE);
    CBitmap bitmap;
    CClientDC dc(this);
    CDC memDC;
    CRect rect;
    memDC.CreateCompatibleDC(&dc);
    this->GetClientRect(rect);
    bitmap.CreateCompatibleBitmap(&dc,rect.Width(),rect.Height());
```

```
CBitmap * oldbitmap = memDC.SelectObject(&bitmap);
memDC.BitBlt(0,0,rect.Width(),rect.Height(),&dc,0,0,SRCCOPY);
//获取打印机 DC
CPrintDialog m_printdlg(FALSE);
if(m_printdlg.DoModal()==IDOK)
{
    CDC dc1;
    dc1.Attach(m_printdlg.GetPrinterDC());
    int screenx,screeny;
    int printx,printy;
    double ratex,ratey;
    //确定打印机与屏幕的像素比率
    screenx =   dc.GetDeviceCaps(LOGPIXELSX);
    screeny =   dc.GetDeviceCaps(LOGPIXELSY);
    printx =   dc1.GetDeviceCaps(LOGPIXELSX);
    printy =   dc1.GetDeviceCaps(LOGPIXELSY);
    ratex = (double)(printx)/screenx;
    ratey = (double)(printy)/screeny;
    //开始打印
    dc1.StartDoc("FirstDoc");
    dc1.StretchBlt(0,0,(int)(rect.Width()*ratex),(int)(rect.Height()*ratey)
    ,&memDC,0,0,rect.Width(),rect.Height(),SRCCOPY);
    dc1.EndDoc();
    memDC.SelectObject(oldbitmap);
    bitmap.Detach();
}
m_btn->ShowWindow(SW_SHOW);
}
```

秘笈心法

心法领悟 487：套打打印的设计方法之一。

为每个需要打印的内容设计坐标，用户可以通过调整坐标中的值来保证打印内容的准确性。

实例 488　批量打印证书

光盘位置：光盘\MR\12\488　　　　　　　　　　高级　趣味指数：★★★★☆

实例说明

打印证书往往不是只打印一个，本实例实现了批量打印证书的功能。运行程序，单击"打印"按钮，打印信息出现在文档视图结构中，如图 12.34 所示。单击"打印"按钮，打印结果如图 12.35 所示。

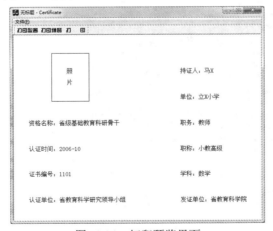

图 12.34　打印预览界面

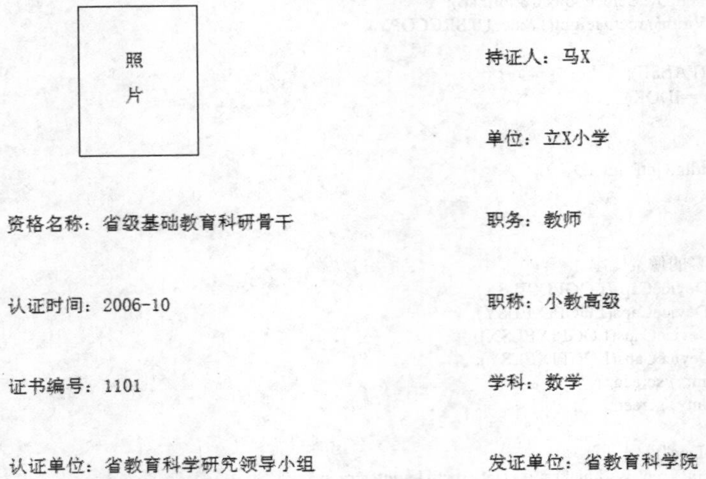

照 片	

持证人：马X

单位：立X小学

资格名称：省级基础教育科研骨干

职务：教师

认证时间：2006-10

职称：小教高级

证书编号：1101

学科：数学

认证单位：省教育科学研究领导小组

发证单位：省教育科学院

图 12.35　证书的打印结果

▍关键技术

本实例的实现主要通过使用循环语句。

▍设计过程

（1）打开 Visual C++ 6.0 开发环境，新建一个基于对话框的应用程序，命名为 Certificate。
（2）在工程中添加一个窗体，设置窗体的 Caption 属性为"批量打印证书"。
（3）向窗体中添加一个列表视图控件和一个按钮控件。
（4）主要代码如下：

```
void CCertificateView::OnDraw(CDC* pDC)
{
    CCertificateDoc* pDoc = GetDocument();
    ASSERT_VALID(pDoc);
    font.CreatePointFont(120,"宋体",pDC);
    screenx =pDC->GetDeviceCaps(LOGPIXELSX);
    screeny =pDC->GetDeviceCaps(LOGPIXELSY);
    for(int i=0;i<8;i++)
    {
        pDC->SelectObject(&font);
        pDC->Rectangle(100,50,200,180);
        pDC->TextOut(140,90,"照");
        pDC->TextOut(140,120,"片");
        pDC->TextOut(40,230,"资格名称：省级基础教育科研骨干");
        pDC->TextOut(40,300,"认证时间：2006-10");
        pDC->TextOut(40,370,arrays[0][0]+arrays[0][1]);
        pDC->TextOut(40,440,"认证单位：省教育科学研究领导小组");
        pDC->TextOut(440,90,arrays[1][0]+arrays[1][1]);
        pDC->TextOut(440,160,arrays[2][0]+arrays[2][1]);
        pDC->TextOut(440,230,arrays[3][0]+arrays[3][1]);
        pDC->TextOut(440,300,arrays[4][0]+arrays[4][1]);
        pDC->TextOut(440,370,arrays[5][0]+arrays[5][1]);
        pDC->TextOut(440,440,"发证单位：省教育科学院");
    }
    font.DeleteObject();
}
```

■ 秘笈心法

心法领悟 488：套打打印的设计方法之二。

根据已存在打印纸及内容的位置来设置套打打印程序。两种方法的区别：第二种方法要比第一种方法简单并容易实现，但不易修改。

实例 489	批量打印工作证　　光盘位置：光盘\MR\12\489	高级　　趣味指数：★★★★☆

■ 实例说明

公司职员一般都要配备一个工作证，这里可以通过 Visual C++设计打印程序，实现批量打印工作证的功能。运行程序，单击"打印"按钮，即可批量打印工作证，打印结果如图 12.36 所示。

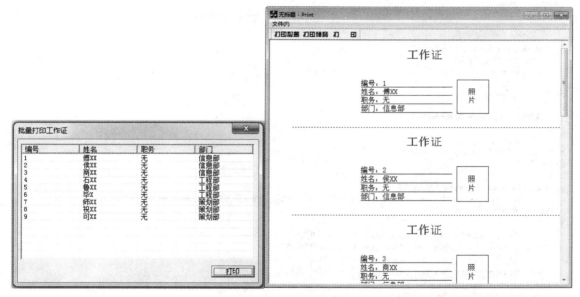

图 12.36　批量打印工作证

■ 关键技术

对于一般的报表或表格的打印都是以打印机画布的左上角的某一坐标作为打印的原点的，根据这一点和报表或表格的自身大小来绘制。也就是说，打印的内容由报表或表格自身的设计而定，不受外界的任何影响。而套打打印却与一般的打印不同，套打打印的打印内容是需要与已存在的打印纸的大小和内容所在的位置一致的。不能出现太大的偏差，否则数据就会出现移位的状况。

其实，套打打印的设计方法只有两种：一种是为每个需要打印的内容设计坐标，用户可以通过调整坐标中的值来保证打印内容的准确性；另一种则是根据已存在打印纸及内容的位置来设置套打打印程序。当然，第二种方法要比第一种方法简单并容易实现，但修改起来就不容易了。

■ 设计过程

（1）打开 Visual C++ 6.0 开发环境，新建一个基于对话框的工程，命名为 Print。

（2）在工程中添加一个窗体，设置窗体的 Caption 属性为"批量打印工作证"。
（3）向窗体中添加一个列表视图控件和一个按钮控件。
（4）主要代码如下：

```cpp
BOOL CWorkCard::OnInitDialog()
{
    CDialog::OnInitDialog();
    m_Grid.SetExtendedStyle(LVS_EX_FLATSB
        |LVS_EX_FULLROWSELECT
        |LVS_EX_HEADERDRAGDROP
        |LVS_EX_ONECLICKACTIVATE
        |LVS_EX_GRIDLINES);
    m_Grid.InsertColumn(0,"编号",LVCFMT_LEFT,100,0);
    m_Grid.InsertColumn(1,"姓名",LVCFMT_LEFT,100,1);
    m_Grid.InsertColumn(2,"职务",LVCFMT_LEFT,100,2);
    m_Grid.InsertColumn(3,"部门",LVCFMT_LEFT,100,3);
    arrays[0][0] = "编号：";
    arrays[1][0] = "姓名：";
    arrays[2][0] = "职务：";
    arrays[3][0] = "部门：";
    CString strname;
    strname.Format("uid=;pwd=;DRIVER={Microsoft Access Driver (*.mdb)};DBQ=shujuku.mdb;");
    try
    {
        m_pConnection.CreateInstance("ADODB.Connection");
        _bstr_t strConnect=strname;
        m_pConnection->Open(strConnect,"","",adModeUnknown);
    }
    catch(_com_error e)
    {
        AfxMessageBox(e.Description());
    }
    _bstr_t bstrSQL;
    bstrSQL = "select * from employees order by 编号 desc";
    CString strText;
    int i=9;
    m_pRecordset.CreateInstance(__uuidof(Recordset));
    m_pRecordset->Open(bstrSQL,m_pConnection.GetInterfacePtr(),adOpenDynamic,adLockOptimistic,adCmdText);
    while(!m_pRecordset->adoEOF)
    {
        arrays[0][i] = (char*)(_bstr_t)m_pRecordset->GetCollect("编号");
        arrays[1][i] = (char*)(_bstr_t)m_pRecordset->GetCollect("姓名");
        arrays[2][i] = (char*)(_bstr_t)m_pRecordset->GetCollect("职务");
        arrays[3][i] = (char*)(_bstr_t)m_pRecordset->GetCollect("部门");
        m_Grid.InsertItem(0,0);
        m_Grid.SetItemText(0,0,arrays[0][i]);
        m_Grid.SetItemText(0,1,arrays[1][i]);
        m_Grid.SetItemText(0,2,arrays[2][i]);
        m_Grid.SetItemText(0,3,arrays[3][i]);
        m_pRecordset->MoveNext();
        i--;
    }
    if(m_pRecordset!=NULL)
        m_pRecordset->Close();
    m_pConnection->Close();
    return TRUE;
}
```

秘笈心法

心法领悟 489：表格的绘制。

只要循环表格的所有行和列来绘制组成表格的线条，再将表格中的文字绘制到相应的单元格中，即可完成对表格的绘制操作。

第 12 章 打印技术

| 实例 490 | 批量打印文档
光盘位置：光盘\MR\12\490 | 高级
趣味指数：★★★★☆ |

■ 实例说明

在一些企事业单位中，有时需要同时打印多篇 Word 文档，如果手动逐篇打开文档，再进行打印，则费时费力。如果通过程序控制，在不打开文档的情况下进行批量打印 Word 文档，则将会节省大量的时间。本实例将实现批量打印 Word 文档的功能。运行程序，单击"选择文件夹"按钮选择指定文件夹，将该文件夹下的文件显示在列表中，如图 12.37 所示，单击"打印"按钮即可打印该文件夹内的所有 Word 文档。

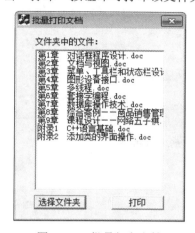

图 12.37 批量打印文档

■ 关键技术

在 FOR 循环语句中应用 ShellExecute 函数调用 Windows 的 print 打印命令，从而实现批量打印 Word 文档的功能。

■ 设计过程

（1）打开 Visual C++ 6.0 开发环境，新建一个基于对话框的应用程序，命名为 PrintWords。
（2）在工程中添加一个窗体，设置窗体的 Caption 属性为"批量打印文档"。
（3）向窗体中添加一个列表框控件和两个按钮控件。
（4）主要代码如下：

```
void CPrintWordsDlg::OnButliulan()
{
    CString ReturnPach;
    TCHAR szPath[_MAX_PATH];
    BROWSEINFO bi;
    bi.hwndOwner=NULL;
    bi.pidlRoot=NULL;
    bi.lpszTitle=_T("请选择一个文件夹");
    bi.pszDisplayName=szPath;
    bi.ulFlags=BIF_RETURNONLYFSDIRS;
    bi.lpfn=NULL;
    bi.lParam=NULL;
    LPITEMIDLIST pItemIDList=SHBrowseForFolder(&bi);
    if(pItemIDList)
```

```
        {
         if(SHGetPathFromIDList(pItemIDList,szPath))
            ReturnPach=szPath;
        }
        else
         ReturnPach="";
        CFileFind file;
        if(ReturnPach.Right(1) != "\\")
         ReturnPach +="\\*.doc";
        BOOL bf;
        bf = file.FindFile(ReturnPach);
        int i=0;
        while(bf)
        {
         bf = file.FindNextFile();
         if (!file.IsDots())
         {
                StrPath[i] = file.GetFilePath();
                StrName = file.GetFileName();
                m_List.AddString(StrName);
                i++;
         }
        }
}
void CPrintWordsDlg::OnButprint()
{
        for(int i=0;i<m_List.GetCount();i++)
        {
        ::ShellExecute(NULL,"print",StrPath[i],"","",SW_HIDE);
        }
}
```

秘笈心法

心法领悟 490：批量打印 Excel 表格。

批量打印 Excel 表格的原理与批量打印 Word 文档一样，只改写文件列表显示的类型即可。另外，通过在 FOR 循环语句中应用 ShellExecute 函数调用 Windows 的 print 打印命令还可以实现批量打印其他类型的文件，读者可以自己尝试一下。

实例 491　批量打印条形码

光盘位置：光盘\MR\12\491

高级

趣味指数：★★★★☆

实例说明

在商业管理中，为了管理方便，经常要对某些商品设置条形码。但逐个打印条形码费时费力，本实例将实现批量打印条形码的功能。运行程序，如图 12.38 所示。单击"打印"按钮，将批量打印数据库中的条形码，打印效果如图 12.39 所示。

关键技术

本实例使用 GetDIBits 函数和 StretchDIBits 函数将条形码控件的客户区域保存成位图并打印。
GetDIBits 函数将来自一幅位图的二进制位复制到一幅与设备无关的位图中，语法如下：
int GetDIBits(HDC hdc,HBITMAP hbmp,UINT uStartScan,UINT cScanLines,LPVOID lpvBits,LPBITMAPINFO lpbi,UINT uUsage);
GetDIBits 函数的参数说明如表 12.4 所示。

第 12 章 打印技术

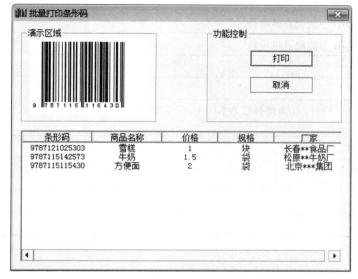

图 12.38 批量打印条形码

图 12.39 打印效果

表 12.4 GetDIBits 函数的参数说明

参 数	说 明
hdc	定义了与设备有关位图 hBitmap 的配置信息的一个设备场景的句柄
hbmp	源位图的句柄
uStartScan	要复制到 DIB 中的第一条扫描线的编号
cScanLines	要复制的扫描线数量
lpvBits	指向一个缓冲区的指针
lpbi	对 lpvBits 的格式及颜色进行说明的一个结构
uUsage	为 DIB_PAL_COLORS 和 DIB_RGB_COLORS 常数之一,其中,DIB_PAL_COLORS 表示在颜色表中装载一个 16 位索引值数组,它们与当前选定的调色板有关;DIB_RGB_COLORS 表示在颜色表中装载 RGB 颜色

StretchDIBits 函数将一幅与设备无关位图的全部或部分数据直接复制到指定的设备场景,语法如下:
```
int StretchDIBits( HDC hdc,int XDest,int YDest,int nDestWidth,int nDestHeight,int XSrc,int YSrc,int nSrcWidth,int nSrcHeight, CONST VOID
*lpBits,CONST BITMAPINFO *lpBitsInfo,UINT iUsage,DWORD dwRop );
```
StretchDIBits 函数的参数说明如表 12.5 所示。

表 12.5 StretchDIBits 函数的参数说明

参 数	说 明
hdc	一个设备场景的句柄。该场景用于接收位图数据
XDest	用逻辑坐标表示的目标矩形的起点横坐标
YDest	用逻辑坐标表示的目标矩形的起点纵坐标

续表

参　数	说　明
nDestWidth	目标矩形的宽度
nDestHeight	目标矩形的高度
XSrc	用设备坐标表示的源矩形在 DIB 中的起点横坐标
YSrc	用设备坐标表示的源矩形在 DIB 中的起点纵坐标
nSrcWidth	源矩形的宽度
nSrcHeight	源矩形的高度
lpBits	指向用来检索位图数据的缓冲区指针，如果此参数为 NULL，那么函数将把位图的维数与格式传递给 lpbi 参数指向的 BITMAPINFO 结构
lpBitsInfo	对 lpBits 的格式和颜色进行描述的一个结构
iUsage	常数，DIB_PAL_COLORS 和 DIB_RGB_COLORS 两个值之一，其中 DIB_PAL_COLORS 表示颜色表是一个整数数组，其中包含了与目前选入 hdc 设备场景的调色板相关的索引；DIB_RGB_COLORS 表示颜色表包含了 RGB 颜色
dwRop	光栅操作类型

设计过程

（1）新建一个基于对话框的应用程序，将窗体标题改为"批量打印条形码"。

（2）选择菜单中的 Project | Add To Project，然后选择 Components and Controls...，打开 Components and Controls Gallery 窗口，双击窗口中的 Registered ActiveX Controls 文件夹，找到 Microsoft BarCode Control 9.0 选项，双击取默认值，添加控件，单击 Close 按钮。BarCode 控件就添加到控件面板中了。

（3）向窗体中添加一个 BarCode 控件、一个列表视图控件和两个按钮控件。

（4）主要代码如下：

```
void CPrintBarcodeDlg::OnPrint()
{
    CString str;
    //构造"打印"对话框
    CPrintDialog m_print(false,PD_ALLPAGES | PD_USEDEVMODECOPIES |PD_RETURNDEFAULT| PD_NOPAGENUMS | PD_HIDEPRINTTOFILE | PD_NOSELECTION,this);
    m_Barcode.SetBackColor(RGB(255,255,255));
    if (m_print.DoModal()==IDOK)
    {
        CDC dc1 ;
        dc1.Attach(m_print.GetPrinterDC());           //将 dc1 关联到打印机句柄
        dc1.StartDoc("print");
        int screenx,screeny;
        int printx,printy;
        float ratex,ratey;
        //确定打印机与屏幕的像素比率
        screenx = m_Barcode.GetDC()->GetDeviceCaps(LOGPIXELSX);
        screeny = m_Barcode.GetDC()->GetDeviceCaps(LOGPIXELSY);
        printx = dc1.GetDeviceCaps(LOGPIXELSX);
        printy = dc1.GetDeviceCaps(LOGPIXELSY);
        ratex = (float)(printx)/screenx;
        ratey = (float)(printy)/screeny;
        for (int row = 0; row< m_List.GetItemCount();row++)
        {
            str = m_List.GetItemText(row,0);
            m_Barcode.SetValue((COleVariant)str);
            m_Barcode.UpdateWindow();
            CDC* pBar = m_Barcode.GetDC();
```

```cpp
        pBar->SetBkMode(TRANSPARENT);
        CDC memdc;
        memdc.CreateCompatibleDC(pBar);
        CRect rect;
        m_Barcode.GetClientRect(rect);                      //获取条形码的客户区域
        CBitmap bitmap;
        bitmap.CreateCompatibleBitmap(pBar,rect.Width(),rect.Height());
        memdc.SelectObject(&bitmap);
        memdc.BitBlt(0,0,rect.Width(),rect.Height(),pBar,0,0,SRCCOPY);
        BITMAP bmp ;
        bitmap.GetBitmap(&bmp);
        int panelsize =0;                                    //调色板大小
        if (bmp.bmBitsPixel<16)
                panelsize =   pow(2,bmp.bmBitsPixel)*sizeof(RGBQUAD);
        BITMAPINFO* bInfo = (BITMAPINFO*)LocalAlloc(LPTR,sizeof(BITMAPINFO)+panelsize);
        bInfo->bmiHeader.biBitCount = bmp.bmBitsPixel;
        bInfo->bmiHeader.biClrImportant = 0;
        bInfo->bmiHeader.biClrUsed = 0;
        bInfo->bmiHeader.biCompression = 0;
        bInfo->bmiHeader.biHeight = bmp.bmHeight;
        bInfo->bmiHeader.biPlanes = bmp.bmPlanes;
        bInfo->bmiHeader.biSize = sizeof(BITMAPINFO);
        bInfo->bmiHeader.biSizeImage = bmp.bmWidthBytes*bmp.bmHeight;
        bInfo->bmiHeader.biWidth = bmp.bmWidth;
        bInfo->bmiHeader.biXPelsPerMeter = 0;
        bInfo->bmiHeader.biYPelsPerMeter = 0;
        char* pdata = new char[bmp.bmWidthBytes*bmp.bmHeight];
        GetDIBits(memdc.m_hDC,bitmap,0,bmp.bmHeight,pdata,bInfo,DIB_RGB_COLORS);
        CDC* pDC = GetDC();
        //开始打印
        int x = bInfo->bmiHeader.biWidth;
        int y = bInfo->bmiHeader.biHeight;
        StretchDIBits(dc1.m_hDC,80,row*
                (int)(200*ratex),int(x*ratex),int(y*ratey),1,1,x,y,pdata,bInfo,DIB_RGB_COLORS, SRCCOPY);
        delete pdata;
        LocalFree(bInfo );
    }
    dc1.EndDoc();
}
```

秘笈心法

心法领悟 491：批量打印类型相同、编码不同的条形码。

如果需要批量打印类型相同、编码不同的条形码，只需要将窗体上条形码对象指定为相同类型编码，然后将文本框中输入的内容设置为条形码的起始编号，并通过循环为每个条形码设置值，从而可以实现批量打印类型相同、编码不同的条形码。

第13章

报表设计

▶▶ 绘制报表
▶▶ 其他程序报表设计

13.1　绘制报表

实例 492　简单报表设计

光盘位置：光盘\MR\13\492

中级

趣味指数：★★★★

实例说明

随着报表的广泛使用，报表打印成了不可或缺的技术。对于管理系统而言，报表是不可缺少的模块之一，通过报表，用户可以方便地看到某一时间内的数据情况。本实例可以实现打印报表的功能。程序运行效果如图 13.1 所示。

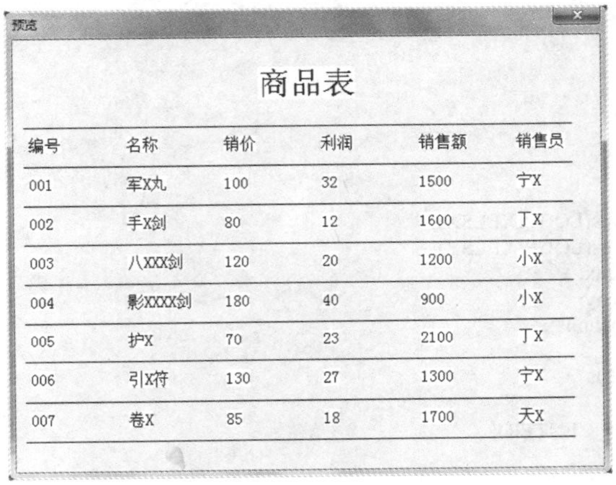

商品表

编号	名称	销价	利润	销售额	销售员
001	军X丸	100	32	1500	宁X
002	手X剑	80	12	1600	丁X
003	八XXX剑	120	20	1200	小X
004	影XXXX剑	180	40	900	小X
005	护X	70	23	2100	丁X
006	引X符	130	27	1300	宁X
007	卷X	85	18	1700	天X

图 13.1　简单报表设计

关键技术

本实例主要用到了打印预览和表格线的打印。

（1）打印预览：首先把窗体的背景绘成白色，然后预览的图像即可通过 CDC 指针直接在窗体上绘制。

（2）表格线的打印：只要循环表格的所有行和列来绘制组成表格的线条。本实例绘制了横线，代码如下：

```
pDC->MoveTo(int(10*ratex),int((130+y*40)*ratey));                //线条起始位置
pDC->LineTo(int(550*ratex),int((130+y*40)*ratey));               //线条终点位置
```

设计过程

（1）新建一个基于对话框的应用程序，将窗体标题改为“简单报表”。

（2）向窗体中添加一个列表视图控件和两个按钮控件。

（3）处理“预览”按钮的单击事件，预览打印内容。代码如下：

```
void CEasyReportDlg::OnPreview()
{
    CPreview dlg;
    dlg.DoModal();
}
```

（4）处理“打印”按钮的单击事件，获得打印机 DC，代码如下：

```
void CEasyReportDlg::OnPrint()
{
    CPreview dlg;
    CPrintDialog m_printdlg(false);
    if (m_printdlg.DoModal()==IDOK)
    {
```

```
        CDC dc1;
        dc1.Attach(m_printdlg.GetPrinterDC());
        int leftmargin;
        leftmargin = dc1.GetDeviceCaps(PHYSICALOFFSETX);
        CRect m_rect(-leftmargin,0,dc1.GetDeviceCaps(PHYSICALWIDTH)
                        -leftmargin,dc1.GetDeviceCaps(PHYSICALHEIGHT)) ;
        dlg.DrawReport(m_rect,&dc1,true);
        }
}
```

（5）向应用程序中添加一个对话框，用来显示打印预览，并添加自定义函数 DrawReport，用来绘制打印内容，代码如下：

```
void CPreview::DrawReport(CRect rect, CDC *pDC, BOOL isprinted)
{
    titlefont.CreatePointFont(240,"宋体",pDC);
    bodyfont.CreatePointFont(120,"宋体",pDC);
    double ratex,ratey;
    if (!isprinted)    //预览
    {
        ratex = 1;
        ratey = 1;
    }
    else          //打印
    {
        int printx,printy;
        printx = pDC->GetDeviceCaps(LOGPIXELSX);
        printy = pDC->GetDeviceCaps(LOGPIXELSY);
        ratex = (double)(printx)/screenx;
        ratey = (double)(printy)/screeny;
        pDC->StartDoc("printinformation");
    }
    rect.DeflateRect(0,int(30*ratey),0,0);
    pDC->SelectObject(&titlefont);
    pDC->DrawText("商品表",rect,DT_CENTER);
    pDC->SelectObject(&bodyfont);
    CRect m_rect(rect);
    CRect temprect(m_rect.left+int(15*ratex),m_rect.top+int(30*ratey),
        int(15*ratex)+(m_rect.Width())/6,m_rect.bottom+int(300*ratey));
    CRect itemrect;
    int width = temprect.Width();
    pDC->MoveTo(int(10*ratex),int(90*ratey));
    pDC->LineTo(int(550*ratex),int(90*ratey));
    for (int i = 0;i<6;i++)
    {
        itemrect.CopyRect(temprect);
        for (int y = 0; y< 8;y++)
        {
            itemrect.DeflateRect(0,int(40*ratey));
            pDC->DrawText(sarrays[y][i],itemrect,DT_LEFT);
            pDC->MoveTo(int(10*ratex),int((130+y*40)*ratey));
            pDC->LineTo(int(550*ratex),int((130+y*40)*ratey));
        }
        temprect.DeflateRect(width,0,0,0);
        temprect.InflateRect(0,0,width,0);
    }
    if (isprinted)
    {
        pDC->EndDoc();
    }
    titlefont.DeleteObject();
    bodyfont.DeleteObject();
}
```

秘笈心法

心法领悟 492：在打印机上绘制文字。

在打印机上绘制文字，首先需要获得打印机的设备上下文，然后将文字绘制在打印机的设备上下文中。在绘制文字时必须调用 StartDoc 和 EndDoc 方法实现打印机的开始打印和结束打印工作，否则将无法实现打印操作。

```
CDC dc;
dc.Attach(dlg.GetPrinterDC());
dc.StartDoc("");
this->UpdateData();
dc.TextOut(10,10,m_Text);
dc.EndDoc();
```

实例 493　分组式报表设计

光盘位置：光盘\MR\13\493　　　　初级　趣味指数：★★★★☆

实例说明

在企业管理系统中，打印销售报表时，经常需要按不同的销售员进行统计，即需要分组统计报表。运行程序，显示所有销售员的销售信息。单击"预览"按钮，显示预览界面，如图 13.2 所示。单击"打印"按钮，按不同销售员统计销售报表。

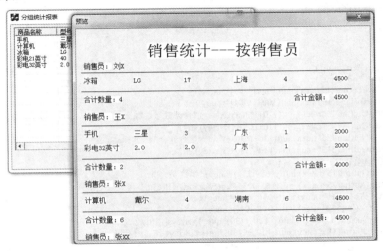

图 13.2　分组式报表设计

关键技术

本实例采用分组的方式打印报表，利用代码绘制表格线。

设计过程

（1）打开 Visual C++ 6.0 开发环境，新建一个基于对话框的工程，命名为 GroupReport。
（2）在工程中添加一个窗体，设置窗体的 Caption 属性为"分组统计报表"。
（3）向窗体中添加一个列表视图控件和两个按钮控件。
（4）主要代码如下：

```
void CPreview::DrawReport(CRect rect, CDC *pDC, BOOL isprinted)
{
    titlefont.CreatePointFont(240,"宋体",pDC);
    bodyfont.CreatePointFont(110,"宋体",pDC);
    double ratex,ratey;
    int printx,printy;
    printx = pDC->GetDeviceCaps(LOGPIXELSX);
    printy = pDC->GetDeviceCaps(LOGPIXELSY);
```

```cpp
ratex = (double)(printx)/screenx;
ratey = (double)(printy)/screeny;
pDC->StartDoc("printinformation");
rect.DeflateRect(0,int(30*ratey),0,0);
pDC->SelectObject(&titlefont);
pDC->DrawText("销售统计",rect,DT_CENTER);
pDC->SelectObject(&bodyfont);
int j=0,sum1=0,sum2=0;
CString str1,str2;
pDC->TextOut(int(15*ratex),int(70*ratey),"销售员：");
pDC->TextOut(int(75*ratex),int(70*ratey),sarrays[0][6]);
pDC->MoveTo(int(10*ratex),int(90*ratey));
pDC->LineTo(int(550*ratex),int(90*ratey));
for(int i=0;i<7;i++)
{
    if(Seller(sarrays[i][6]))
    {
        pDC->TextOut(int( 15*ratex),int((100+i*30+j)*ratey),sarrays[i][0]);
        pDC->TextOut(int(115*ratex),int((100+i*30+j)*ratey),sarrays[i][1]);
        pDC->TextOut(int(215*ratex),int((100+i*30+j)*ratey),sarrays[i][2]);
        pDC->TextOut(int(315*ratex),int((100+i*30+j)*ratey),sarrays[i][3]);
        pDC->TextOut(int(415*ratex),int((100+i*30+j)*ratey),sarrays[i][4]);
        pDC->TextOut(int(515*ratex),int((100+i*30+j)*ratey),sarrays[i][5]);
        sum1 += atoi(sarrays[i][4]);
        sum2 += atoi(sarrays[i][5]);
    }
    else
    {
        str1.Format("%d",sum1);
        str2.Format("%d",sum2);
        pDC->MoveTo(int(10*ratex),int((100+i*30+j)*ratey));
        pDC->LineTo(int(550*ratex),int((100+i*30+j)*ratey));
        pDC->TextOut(int(15*ratex),int((110+i*30+j)*ratey),"合计数量：");
        pDC->TextOut(int(85*ratex),int((110+i*30+j)*ratey),str1);
        pDC->TextOut(int(435*ratex),int((110+i*30+j)*ratey),"合计金额：");
        pDC->TextOut(int(515*ratex),int((110+i*30+j)*ratey),str2);
        j+=int(80*ratey);
        pDC->TextOut(int(15*ratex),int((j+65+i*30)*ratey),"销售员：");
        pDC->TextOut(int(75*ratex),int((j+65+i*30)*ratey),sarrays[i][6]);
        pDC->MoveTo(int(10*ratex),int((90+i*30+j)*ratey));
        pDC->LineTo(int(550*ratex),int((90+i*30+j)*ratey));
        pDC->TextOut(int( 15*ratex),int((j+100+i*30)*ratey),sarrays[i][0]);
        pDC->TextOut(int(115*ratex),int((j+100+i*30)*ratey),sarrays[i][1]);
        pDC->TextOut(int(215*ratex),int((j+100+i*30)*ratey),sarrays[i][2]);
        pDC->TextOut(int(315*ratex),int((j+100+i*30)*ratey),sarrays[i][3]);
        pDC->TextOut(int(415*ratex),int((j+100+i*30)*ratey),sarrays[i][4]);
        pDC->TextOut(int(515*ratex),int((j+100+i*30)*ratey),sarrays[i][5]);
        sum1 = atoi(sarrays[i][4]);
        sum2 = atoi(sarrays[i][5]);
    }
}
str1.Format("%d",sum1);
str2.Format("%d",sum2);
pDC->MoveTo(int(10*ratex),int((100+i*30+j)*ratey));
pDC->LineTo(int(550*ratex),int((100+i*30+j)*ratey));
pDC->TextOut(int(15*ratex),int((110+i*30+j)*ratey),"合计数量：");
pDC->TextOut(int(85*ratex),int((110+i*30+j)*ratey),str1);
pDC->TextOut(int(435*ratex),int((110+i*30+j)*ratey),"合计金额：");
pDC->TextOut(int(515*ratex),int((110+i*30+j)*ratey),str2);
if (isprinted)
{
    pDC->EndDoc();
}
titlefont.DeleteObject();
bodyfont.DeleteObject();
}
```

秘笈心法

心法领悟 493：如何打印客户窗体？

客户窗体区是用来显示窗体中各种控件信息的。对于客户窗体的打印主要是获取窗体中客户区的设备上下文，然后通过这个设备上下文将窗体客户区绘制到打印机的设备上下文中。

实例 494	图案报表设计 光盘位置：光盘\MR\13\494	中级 趣味指数：★★★★☆

实例说明

本实例实现了一个图案报表的设计。运行程序，将显示带图案的报表预览图，用图案的高度表示商品的销售情况，效果如图 13.3 所示。单击"打印"按钮，将打印这个图案报表。

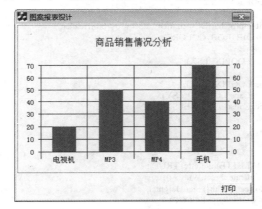

图 13.3　图案报表设计

关键技术

本实例是对图表的打印，是通过打印位图来实现的。首先利用 MSChart 控件的 OpenClipboard 方法打开剪贴板，然后调用 GetClipboardData 方法获取剪贴板中的位图句柄，通过位图句柄获得位图信息头和实际的位图数据，最后调用 CreateDIBitmap 方法创建位图，并将位图输出到打印机。

设计过程

（1）打开 Visual C++ 6.0 开发环境，新建一个基于对话框的工程，命名为 Chart。
（2）在工程中添加一个窗体，设置窗体的 Caption 属性为"图案报表设计"。
（3）向窗体中添加一个 ADO Data 控件、一个 MSChart 控件和一个按钮控件。
（4）主要代码如下：

```
void CChartDlg::OnButton1()
{
    CDC* pChartDC = m_Chart.GetDC();
    //定义打印对话框
    CPrintDialog dlg (FALSE,PD_ALLPAGES | PD_USEDEVMODECOPIES |
        PD_NOPAGENUMS | PD_HIDEPRINTTOFILE |
        PD_NOSELECTION|PD_RETURNDEFAULT);
    dlg.DoModal();
    CDC pDC;
```

```
pDC.Attach(dlg.GetPrinterDC());
CRect rect;
m_Chart.GetClientRect(rect);
m_Chart.EditCopy();
if (m_Chart.OpenClipboard())
{
    HANDLE hBmp = GetClipboardData(CF_DIB);
    HANDLE hPalette = GetClipboardData(CF_PALETTE);
    CloseClipboard();
    BITMAPINFO* pBinfo = (BITMAPINFO*)GlobalLock(hBmp);
    int ColorSize = 0;
    //不是真彩色
    if (pBinfo->bmiHeader.biBitCount<=8)
    {
        ColorSize = pBinfo->bmiHeader.biClrUsed;
        if (!ColorSize)
            ColorSize= pow(2,pBinfo->bmiHeader.biBitCount);
    }
    //确定调色板的大小
    int data =sizeof(RGBQUAD)*ColorSize;
    //获得位图的实际数据
    void* bitdata = pBinfo+sizeof(pBinfo)-data-2;
    //创建位图
    HBITMAP hMap = CreateDIBitmap(pChartDC->m_hDC,&pBinfo->bmiHeader,
        CBM_INIT,bitdata,pBinfo,DIB_RGB_COLORS);
    //确定打印机与屏幕的像素比率
    int printx = pDC.GetDeviceCaps(LOGPIXELSX);
    CDC* pWndDC = GetDC();
    int printy = pDC.GetDeviceCaps(LOGPIXELSY);
    int wndy = pWndDC->GetDeviceCaps(LOGPIXELSY);
    int wndx = pWndDC->GetDeviceCaps(LOGPIXELSX);
    float ratex = (float)printx /wndx;
    float ratey = (float)printy /wndy;
    //开始打印作业
    pDC.StartDoc("StrtPrint");
    SelectPalette(pDC.m_hDC, (HPALETTE)hPalette, TRUE);
    StretchDIBits(pDC.m_hDC,0,0,int(ratex*rect.Width()),
        int(ratey*rect.Height()),0,0,rect.Width(),rect.Height(),
        bitdata,pBinfo,DIB_RGB_COLORS, SRCCOPY);
    pDC.EndDoc();
    GlobalUnlock(hBmp);
}
}
```

秘笈心法

心法领悟 494：如何实现照片的打印？

新建一个基于对话框的应用程序，在对话框中添加图片控件和按钮控件。从资源视图中导入一幅照片，通过设置图片控件的 Image 属性将其显示在图片控件中。

实例 495　设置所打印表格的边线及字体

光盘位置：光盘\MR\13\495

中级　趣味指数：★★★★★

实例说明

表格的打印是报表打印设计中常见的一种形式，所以在对表格进行打印时边线及字体的设置也是非常重要的。实例运行效果如图 13.4 所示。

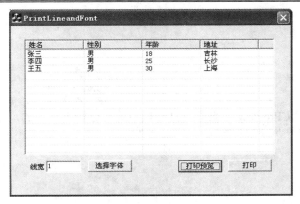

图 13.4　设置所打印表格的边线及字体

关键技术

对于表格的绘制是非常简单的，只要循环表格的所有行和列来绘制组成表格的线条，再将表格中的文字绘制到相应的单元格中，即可完成对表格的绘制操作。对于线条的宽度，需要通过指定的设置来完成，而字体的选择也是需要通过指定的设置并记录该字体的 LOGFONT 结构信息。记录字体的结构信息代码如下：

```
void CPrintLineandFontDlg::OnSelectFont()
{
    CFontDialog fontdlg;                          //定义"字体"对话框
    if (fontdlg.DoModal() == IDOK)                //选择成功
    {
        fontdlg.GetCurrentFont(&dlg.logfont)      //获取结构信息
        dlg.isfont = true;                        //使用新字体标记
    }
}
```

在绘制表格中的文字时可以通过选择的字体进行绘制，实现代码如下：

```
CFont font;                                       //定义字体
if (isfont)                                       //使用新字体
    font.CreateFontIndirect(&logfont);            //通过结构信息创建字体
else
    font.CreatePointFont(90,"宋体",dc);           //使用默认字体
dc->SelectObject(&font);                          //选择字体
```

设计过程

（1）新建一个基于对话框的应用程序。
（2）向窗体中添加一个编辑框控件、一个静态文本控件、一个列表视图控件和 3 个按钮控件。
（3）插入一个新的对话框资源，设置关联类名为 CPreview。
（4）在打印表格时应先将数据写入列表视图控件，而这一操作应该添加在窗体的 OnInitDialog 方法中，实现代码如下：

```
m_Grid.SetExtendedStyle(LVS_EX_FLATSB|LVS_EX_FULLROWSELECT|LVS_EX_GRIDLINES);  //设置表格类型
m_Grid.InsertColumn(0,"姓名",LVCFMT_LEFT,100);    //添加列
m_Grid.InsertColumn(1,"性别",LVCFMT_LEFT,100);
m_Grid.InsertColumn(2,"年龄",LVCFMT_LEFT,100);
m_Grid.InsertColumn(3,"地址",LVCFMT_LEFT,100);
m_Grid.InsertItem(0,"张三");                      //添加行
m_Grid.SetItemText(0,1,"男");
m_Grid.SetItemText(0,2,"18");
m_Grid.SetItemText(0,3,"吉林");
m_Grid.InsertItem(1,"李四");
m_Grid.SetItemText(1,1,"男");
m_Grid.SetItemText(1,2,"25");
m_Grid.SetItemText(1,3,"长沙");
```

```cpp
m_Grid.InsertItem(2,"王五");
m_Grid.SetItemText(2,1,"男");
m_Grid.SetItemText(2,2,"30");
m_Grid.SetItemText(2,3,"上海");
dlg.PrintGrid = &m_Grid;
dlg.isfont = false;                                       //使用默认字体
m_edit = "1";                                             //线宽默认为1
UpdateData(false);                                        //更新数据
```

GetPrintRate 方法是预览类 CPreview 用来计算打印机与屏幕分辨率比率的，实现代码如下：

```cpp
void CPreview::GetPrintRate(double &ratex,double &ratey)
{
    CClientDC sdc(this);
    CPrintDialog pdlg(false);
    pdlg.GetDefaults();
    CDC pdc;
    pdc.Attach(pdlg.GetPrinterDC());
    ratex = pdc.GetDeviceCaps(LOGPIXELSX) /
        sdc.GetDeviceCaps(LOGPIXELSX);
    ratey = pdc.GetDeviceCaps(LOGPIXELSY) /
        sdc.GetDeviceCaps(LOGPIXELSY);
}
```

PreviewGrid 方法则是 CPreview 类中的主要方法，该方法不但实现了表格的预览绘制，还实现了表格的打印绘制，并根据线宽与字体的设置绘制表格，实现代码如下：

```cpp
void CPreview::PreviewGrid(CDC * dc,bool isprint)
{
    if (PrintGrid == NULL)                                //打印表格为空退出
        return ;
    double ratex,ratey;
    if (isprint)
        GetPrintRate(ratex,ratey);                        //计算屏幕与打印机分辨率比率
    else
        ratex = ratey = 1;                                //预览时比率为1
    int columns = PrintGrid->GetHeaderCtrl()->GetItemCount();   //表格列数
    int items = PrintGrid->GetItemCount();                //表格行数
    CFont font;
    if (isfont)
        font.CreateFontIndirect(&logfont);                //创建指定字体
    else
        font.CreatePointFont(90,"宋体",dc);                //创建默认字体
    dc->SelectObject(&font);                              //选择字体
    CPen pen(PS_SOLID,LineWidth,RGB(0,0,0));              //创建指定线宽画笔
    if (LineWidth > 0)
        dc->SelectObject(&pen);                           //选择画笔
    for (int i = 0;i< columns;i++)                        //循环列绘制表格头
    {
        CRect rect;
        PrintGrid->GetHeaderCtrl()->GetItemRect(i,&rect);
        rect.left *= ratex;
        rect.top *= ratey;
        rect.right *= ratex;
        rect.bottom *= ratey;
        if (i>0)
            rect.OffsetRect(-(int)(i*ratex),0);
        dc->Rectangle(&rect);
        LVCOLUMN column;
        char mm[255];
        column.mask = LVCF_TEXT;
        column.pszText = mm;
        column.cchTextMax = 255;
        PrintGrid->GetColumn(i,&column);
        dc->SetBkMode(TRANSPARENT);
        dc->TextOut(rect.left + 2*ratex,rect.top + 2*ratey,column.pszText);
    }
    for (int n = 0 ;n < items;n++)                        //循环行与列绘制表格体及文字
    {
        CRect rect;
```

```
            PrintGrid->GetItemRect(n,&rect,LVIR_BOUNDS);
            rect.left *= ratex;
            rect.top *= ratey;
            rect.right *= ratex;
            rect.bottom *= ratey;
            rect.OffsetRect(0,-(3+n)*ratey);
            rect.InflateRect(0,0,-(columns - 1)*ratex,0);
            dc->Rectangle(&rect);
            for (int m = 0;m<columns;m++)
            {
                CRect rectw;
                PrintGrid->GetHeaderCtrl()->GetItemRect(m,&rectw);
                rectw.left *= ratex;
                rectw.top *= ratey;
                rectw.right *= ratex;
                rectw.bottom *= ratey;
                dc->MoveTo(rectw.right - m -1,rect.top);
                dc->LineTo(rectw.right - m -1,rect.bottom);
                CString text = PrintGrid->GetItemText(n,m);
                dc->TextOut(rectw.left,rect.top,text);
            }
        }
}
```

秘笈心法

心法领悟 495：如何设置字体和线宽？

设置字体和线宽的代码如下：

```
CFont font;
if (isfont)
        font.CreateFontIndirect(&logfont);              //创建指定字体
else
        font.CreatePointFont(90,"宋体",dc);              //创建默认字体
dc->SelectObject(&font);                                //选择字体
CPen pen(PS_SOLID,LineWidth,RGB(0,0,0));                //创建指定线宽画笔
```

13.2 其他程序报表设计

实例 496　设计假条套打程序

光盘位置：光盘\MR\13\496　　　高级　　趣味指数：★★★★

实例说明

打印套打与普通的打印是不同的，套打打印的形式一般采用自定义大小的纸张，所以属于不规格的纸张大小。实例运行效果如图 13.5 所示。

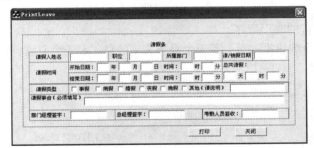

图 13.5　设计假条套打程序

■ 关键技术

对于一般的报表或表格的打印都是以打印机画布的左上角的某一坐标作为打印原点的，根据这一点和报表或表格的自身大小来绘制。也就是说，打印的内容由报表或表格自身的设计而定，不受外界的任何影响。而套打打印却与一般的打印不同，套打打印的打印内容是需要与已存在的打印纸的大小和内容所在的位置一致的。不能出现太大的偏差，否则数据就会出现移位的状况。

其实，套打打印的设计方法只有两种：一种是为每个需要打印的内容设计坐标，用户可以通过调整坐标中的值来保证打印内容的准确性；另一种方法则是根据已存在打印纸及内容的位置来设套打印程序。当然，第二种方法要比第一种方法简单并容易实，但不易修改，该实例使用的是第二种方法。

在进行套打打印时需要对窗体中所有控件进行循环获取，并判断该控件的类型。这时可以使用 GetDlgItem 方法通过代表窗体中控件的标识符来获取控件，但此时控件的类型为 CWnd 窗体类型，所以要想得到更准确的类型就必须使用 GetClassName 函数获取类名称来判断。实现代码如下：

```
char classname[255];
char * se = "Edit";                                           //编辑框控件类型名
char * sb = "Button";                                         //按钮类控件类型名
CRect rect;
for (int i = 1002; i<= 1031;i++)                              //循环控件标识符
{
    CWnd *control = this->GetDlgItem(i);                      //获取控件
    if (NULL != control)
    {
        GetClassName(control->GetSafeHwnd(),classname,255);   //获取类名
        if (strcmp(classname,se) == 0)                        //判断类型
        {
            CString str;
            control->GetWindowText(str);
            control->GetWindowRect(&rect);                    //获取位置
            pdc.TextOut(rect.left * ratex,rect.left * ratey,
                str);                                         //输出内容
        }else if (strcmp(classname,sb) == 0)
        {
            if (((CButton *)control)->GetCheck() == 1)
            {
                control->GetWindowRect(&rect);
                pdc.TextOut(rect.left * ratex,rect.left * ratey,
                    " √");
            }
        }
    }
}
```

通过上段代码可以看出循环中的变量 i 是从 1002～1031 之间的整数值，也就代表了窗体中控件标识符的范围，这个值又是怎么得来的呢？其实当程序员在窗体上添加控件时，系统会自动为其设置一个标识符，而这些标识符都被定义在 Resource.h 这个头文件中，只要打开该头文件即可知道标识符的范围。

■ 设计过程

（1）新建一个基于对话框的应用程序。

（2）向窗体中添加若干个编辑框控件、若干个静态文本控件、若干个复选框控件和两个按钮控件等，并按照假条的样式及大小设计窗体。

（3）主要代码如下：

```
void CPrintLeaveDlg::OnPrint()
{
    CClientDC sdc(this);
    CPrintDialog pdlg(false);                    //定义打印机对话框
    pdlg.GetDefaults();                          //获取打印机默认值
    CDC pdc;
```

```
        pdc.Attach(pdlg.GetPrinterDC());                              //关联打印机
        double ratex = pdc.GetDeviceCaps(LOGPIXELSX) /
            sdc.GetDeviceCaps(LOGPIXELSX);                            //屏幕与打印机分辨率比率（水平方向）
        double ratey = pdc.GetDeviceCaps(LOGPIXELSY) /
            sdc.GetDeviceCaps(LOGPIXELSY);                            //屏幕与打印机分辨率比率（垂直方向）
        pdc.StartDoc("print");                                        //开始打印
        char classname[255];
        char * se = "Edit";                                           //编辑框控件类型名
        char * sb = "Button";                                         //按钮类控件类型名
        CRect rect;
        for (int i = 1002; i<= 1031;i++)                              //循环控件标识符
        {
            CWnd *control = this->GetDlgItem(i);                     //获取控件
            if (NULL != control)
            {
                GetClassName(control->GetSafeHwnd(),classname,255);  //获取类名
                if (strcmp(classname,se) == 0)                        //判断类型
                {
                    CString str;
                    control->GetWindowText(str);
                    control->GetWindowRect(&rect);                    //获取位置
                    pdc.TextOut(rect.left * ratex,rect.left * ratey,
                        str);                                         //输出内容
                }else if (strcmp(classname,sb) == 0)
                {
                    if ((((CButton *)control)->GetCheck() == 1)
                    {
                        control->GetWindowRect(&rect);
                        pdc.TextOut(rect.left * ratex,rect.left * ratey,
                            " √ ");
                    }
                }
            }
        }
        pdc.EndDoc();                                                 //结束打印
    }
```

秘笈心法

心法领悟 496：用关联的方法也可以判断计算机上是否安装 Excel 2000。

判断方法是在 HKEY_CLASSES_ROOT\.xls 下面查找是否有默认键值 Excel.Sheet。如果有，则安装了 Excel。

实例 497 利用代码设计报表
光盘位置：光盘\MR\13\497
高级
趣味指数：★★★★★

实例说明

本实例利用代码设计个人简历。用代码设计表格，然后从数据表中读取数据放到相应的表格中，打印预览如图 13.6 所示。打印结果如图 13.7 所示。

关键技术

在打印简历时，对于简历的文字性描述可以直接从数据库中读取，但是如何读取数据库中存储的图片信息呢？图片信息在数据库中是以二进制形式进行存储的，获取图片信息可以首先获取图片占用的空间大小，然后根据其大小调用 ADO 对象的 GetChunk 方法获取，代码如下：

```
_variant_t m_bitdata;
long m_factsize =   m_pRecord->GetFields()->GetItem("照片")->ActualSize;
m_bitdata = m_pRecord->GetFields()->GetItem((long)9)->GetChunk(m_factsize);
```

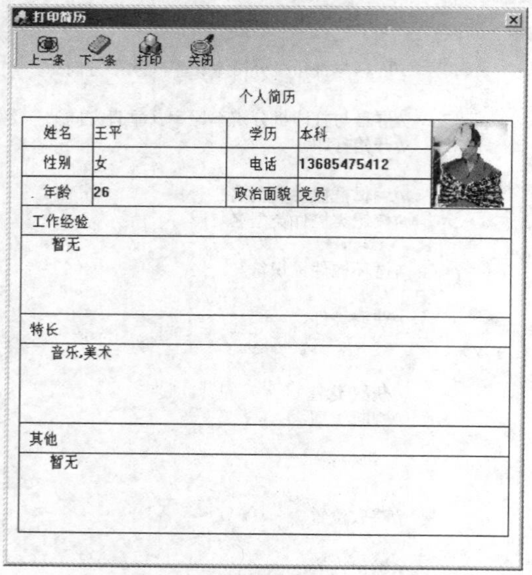

图 13.6 利用代码设计报表

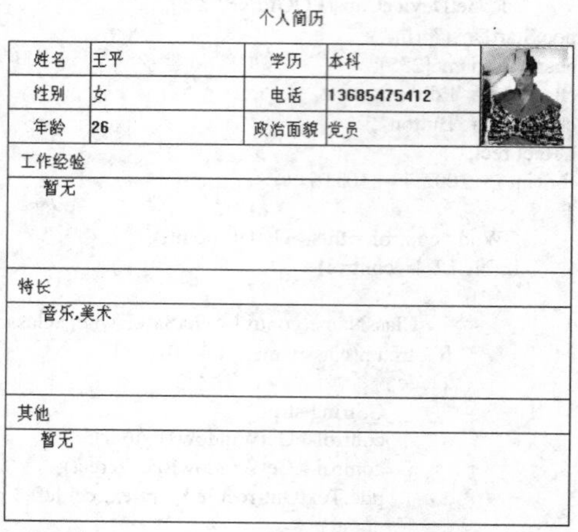

图 13.7 打印效果

m_bitdata 的数据类型为 _variant_t，并不是一个缓冲区指针，而此处需要获取指向位图数据的缓冲区，因此需要调用 SafeArrayAccessData 方法将一个临时缓冲区指向 m_bitdata，然后调用 memcpy 方法将临时缓冲区指向的数据复制到一个固定的缓冲区中，代码如下：

```
static char* m_bitbuffer;
char* m_buffer = NULL;
m_bitbuffer = new char[m_factsize];                //定义一个固定的缓冲区
//将一个临时缓冲区指向 m_bitdata
SafeArrayAccessData(m_bitdata.parray,(void**)&m_buffer);
//将临时缓冲区指向的数据复制到一个固定的缓冲区中
memcpy(m_bitbuffer,m_buffer,m_factsize);
```

将位图信息存入一个固定的缓冲区之后，需要调用 CreateDIBitmap 方法创建一个位图，并返回位图句柄，该方法需要知道位图信息头、位图实际数据和位图信息等信息，因此需要在缓冲区中获得指向这些数据的指针。为了获取位图信息头、位图实际数据和位图信息，需要了解位图的文件结构。位图由位图文件头、位图信息头、调色板和位图实际数据 4 部分组成，其中，位图信息头与调色板统称为位图信息。了解了这些信息，即可获得位图信息头、位图实际数据和位图信息，代码如下：

```
//temp 指向位图信息头
temp = m_bitbuffer+sizeof(BITMAPFILEHEADER);
BITMAPINFOHEADER * m_bitheader = (BITMAPINFOHEADER*)temp;
//获取位图信息，包括位图信息头和调色板
BITMAPINFO* m_bitinfo = (BITMAPINFO*)temp;
//获取位图的实际数据
m_factbitdata = (void*)(m_buffer+((LPBITMAPFILEHEADER)
m_bitbuffer)->bfOffBits);
CClientDC m_dc(this);
//创建位图
hbitmap = CreateDIBitmap(m_dc.m_hDC,m_bitheader,CBM_INIT,
m_factbitdata,m_bitinfo,DIB_RGB_COLORS);
```

获得位图句柄，然后利用 CBitmap 对象附加位图句柄，之后利用设备上下文 CDC 即可输出位图，代码如下：

```
m_bitmap.Attach(hbitmap);
CDC memdc;
memdc.CreateCompatibleDC(pDC);
memdc.SelectObject(&m_bitmap);
pDC->StretchBlt(410,92,100,98,&memdc,0,0,100,100,SRCCOPY);
```

第 13 章 报表设计

设计过程

（1）新建一个基于对话框的应用程序。
（2）在对话框类中添加成员变量，代码如下：

```
CImageList m_imagelist;          //图像列表
CReBar    m_rebar;               //Rebar 控件
CToolBar  m_toolbar;             //工具栏
```

（3）在对话框初始化时创建工具栏，代码如下：

```
//添加图标
for(int i = 0;i<7;i++)
{
    m_imagelist.Add(AfxGetApp()->LoadIcon(IDI_ICON1+i));
}
m_rebar.Create(this,RBS_BANDBORDERS|RBS_AUTOSIZE);
m_toolbar.CreateEx(&m_rebar);
m_toolbar.GetToolBarCtrl().SetImageList(&m_imagelist);
//改变工具栏属性
m_toolbar.ModifyStyle(0, TBSTYLE_FLAT |CBRS_TOOLTIPS |CBRS_SIZE_DYNAMIC | TBSTYLE_TRANSPARENT |TBBS_CHECKBOX );
m_toolbar.SetButtons(NULL,4);
m_toolbar.SetButtonInfo(0, IDB_PRIOR, TBSTYLE_BUTTON, 1);
m_toolbar.SetButtonText(0,"上一条");
m_toolbar.SetButtonInfo(1, IDB_NEXT, TBSTYLE_BUTTON, 2);
m_toolbar.SetButtonText(1,"下一条");
m_toolbar.SetButtonInfo(2, IDB_PRINT, TBSTYLE_BUTTON,3);
m_toolbar.SetButtonText(2,"打印");
m_toolbar.SetButtonInfo(3, IDB_QUIT, TBSTYLE_BUTTON,4);
m_toolbar.SetButtonText(3,"关闭");
m_toolbar.SetSizes(CSize(50,40),CSize(20,20));
m_rebar.AddBar(&m_toolbar);
```

（4）处理对话框的 WM_CTLCOLOR 消息，将对话框背景设置为白色，代码如下：

```
HBRUSH CPrintResumeDlg::OnCtlColor(CDC* pDC, CWnd* pWnd, UINT nCtlColor)
{
    HBRUSH hbr = CDialog::OnCtlColor(pDC, pWnd, nCtlColor);
    CBrush brush (RGB(255,255,255));
    CRect m_rect ;
    GetClientRect(m_rect);
    pDC->FillRect(m_rect,&brush);
    return brush;
}
```

（5）添加 DrawReport 方法绘制简历，代码如下：

```
void CPrintResumeDlg::DrawReport(CDC* pDC,CRect m_rect,BOOL isPrinted)
{
    CString c_name,c_sex,c_age,c_knowledge,c_degree,c_phone,c_workground,c_suit,c_other;
    if ((! m_pRecord->ADOEOF)&&(! m_pRecord->BOF))
    {
        c_name = (TCHAR*)(_bstr_t)m_pRecord->GetFields()->GetItem((long)1)->Value;
        c_sex = (TCHAR*)(_bstr_t)m_pRecord->GetFields()->GetItem((long)2)->Value;
        c_age = (TCHAR*)(_bstr_t)m_pRecord->GetFields()->GetItem((long)3)->Value;
        c_knowledge = (TCHAR*)(_bstr_t)m_pRecord->GetFields()->GetItem((long)4)->Value;
        c_degree = (TCHAR*)(_bstr_t)m_pRecord->GetFields()->GetItem((long)5)->Value;
        c_phone = (TCHAR*)(_bstr_t)m_pRecord->GetFields()->GetItem((long)6)->Value;
        c_workground = (TCHAR*)(_bstr_t)m_pRecord->GetFields()->GetItem((long)7)->Value;
        c_suit = (TCHAR*)(_bstr_t)m_pRecord->GetFields()->GetItem((long)8)->Value;
        c_other = (TCHAR*)(_bstr_t)m_pRecord->GetFields()->GetItem((long)10)->Value;
    }
    if (! isPrinted)
    {
        screenx = pDC->GetDeviceCaps(LOGPIXELSX);
        screeny = pDC->GetDeviceCaps(LOGPIXELSY);
        m_rect.DeflateRect(0,60,0,0);
        pDC->FillRect(&m_rect,NULL);
        pDC->DrawText("个人简历",m_rect,DT_CENTER);
```

```cpp
            m_rect.DeflateRect(0,20);
            //绘制边框
            CRect m_framerect (m_rect);
            m_framerect.DeflateRect(10,10,10,10);
            CBrush m_brush;
            m_brush.CreateStockObject(BLACK_BRUSH);
            pDC->FrameRect(&m_framerect,&m_brush);
            //绘制横向区域
            CRect rect(10,90,410,120);
            pDC->FrameRect(&rect,&m_brush);
            rect.InflateRect(0,-29,0,30);
            pDC->FrameRect(&rect,&m_brush);
            rect.InflateRect(0,-30,0,30);
            pDC->FrameRect(&rect,&m_brush);
            rect.InflateRect(0,-30,m_rect.Width()-420,30);
            pDC->FrameRect(&rect,&m_brush);
            rect.InflateRect(0,0,0,80);
            pDC->FrameRect(&rect,&m_brush);
            rect.InflateRect(0,-30,0,30);
            pDC->FrameRect(&rect,&m_brush);
            rect.InflateRect(0,0,0,80);
            pDC->FrameRect(&rect,&m_brush);
            rect.InflateRect(0,0,0,30);
            pDC->FrameRect(&rect,&m_brush);
            //绘制纵向区域
            CRect verrect(10,90,80,180);
            pDC->FrameRect(&verrect,&m_brush);
            verrect.InflateRect(-69,0,130,0);
            pDC->FrameRect(&verrect,&m_brush);
            verrect.InflateRect(-130,0,70,0);
            pDC->FrameRect(&verrect,&m_brush);
            //绘制文本
            /************************************************************/
    CRect textrect(10,90,80,120);
    pDC->DrawText("姓名",&textrect,DT_VCENTER|DT_SINGLELINE|DT_CENTER);
    textrect.InflateRect(-70,0,130,0);
            pDC->DrawText(c_name,&textrect,DT_VCENTER|DT_SINGLELINE|DT_LEFT);
    textrect.InflateRect(-130,0,70,0);
    pDC->DrawText("学历",&textrect,DT_VCENTER|DT_SINGLELINE|DT_CENTER);
            textrect.InflateRect(-70,0,130,0);
            pDC->DrawText(c_knowledge,&textrect,DT_VCENTER|DT_SINGLELINE|DT_LEFT);
            /************************************************************/
            CRect rect2(10,120,80,150);
    pDC->DrawText("性别",&rect2,DT_VCENTER|DT_SINGLELINE|DT_CENTER);
    rect2.InflateRect(-70,0,130,0);
    pDC->DrawText(c_sex,&rect2,DT_VCENTER|DT_SINGLELINE|DT_LEFT);
    rect2.InflateRect(-130,0,70,0);
    pDC->DrawText("电话",&rect2,DT_VCENTER|DT_SINGLELINE|DT_CENTER);
    rect2.InflateRect(-70,0,130,0);
            pDC->DrawText(c_phone,&rect2,DT_VCENTER|DT_SINGLELINE|DT_LEFT);
            /************************************************************/
    CRect rect3(10,150,80,180);
    pDC->DrawText("年龄",&rect3,DT_VCENTER|DT_SINGLELINE|DT_CENTER);
    rect3.InflateRect(-70,0,130,0);
    pDC->DrawText(c_age,&rect3,DT_VCENTER|DT_SINGLELINE|DT_LEFT);
    rect3.InflateRect(-130,0,70,0);
    pDC->DrawText("政治面貌",&rect3,DT_VCENTER|
DT_SINGLELINE|DT_CENTER);
    rect3.InflateRect(-70,0,130,0);
    pDC->DrawText(c_degree,&rect3,DT_VCENTER|DT_SINGLELINE|DT_LEFT);
            /************************************************************/
    CRect rect4(10+10,180,90,210);
    pDC->DrawText("工作经验",&rect4,DT_VCENTER|DT_SINGLELINE|DT_LEFT);
    rect4.InflateRect(-20,-30,m_rect.Width()-90+20,80);
    pDC->DrawText(c_workground,&rect4,DT_LEFT);
            /************************************************************/
```

第 13 章 报表设计

```
            CRect rect5(10+10,290,90,320);
            pDC->DrawText("特长",&rect5,DT_VCENTER|DT_SINGLELINE|DT_LEFT);
            rect5.InflateRect(-20,-30,m_rect.Width()-90+20,80);
            pDC->DrawText(c_suit,&rect5,DT_LEFT);
            /*************************************************************/
            CRect rect6(10+10,400,90,430);
            pDC->DrawText("其他",&rect6,DT_VCENTER|DT_SINGLELINE|DT_LEFT);
            rect6.InflateRect(-20,-30,m_rect.Width()-90+20,80);
            pDC->DrawText(c_other,&rect6,DT_LEFT);
            /*************************************************************/
            m_bitmap.Attach(hbitmap);
            CDC memdc;
            memdc.CreateCompatibleDC(pDC);
            memdc.SelectObject(&m_bitmap);
            pDC->StretchBlt(410,92,100,98,&memdc,0,0,100,100,SRCCOPY);
            m_bitmap.Detach();
        }
        else
        {
            printerx = pDC->GetDeviceCaps(LOGPIXELSX);
            printery = pDC->GetDeviceCaps(LOGPIXELSY);
            ratex = (double)printerx/screenx;
            ratey = (double)printery/screeny;
            m_rect.DeflateRect(10,60,0,-60);
            CClientDC dc(this);
            CDC memdc;
            CRect rect;
            memdc.CreateCompatibleDC(&dc);
            GetClientRect(rect);
            rect.DeflateRect(10,60,0,-60);
            bitmap.CreateCompatibleBitmap(&dc,rect.Width(),rect.Height());
            CBitmap* oldbitmap = memdc.SelectObject(&bitmap);
            memdc.BitBlt(0,0,rect.Width(),rect.Height(),&dc,0,0,SRCCOPY);
            rect.InflateRect(10,60,0,0);
            pDC->StartDoc("firstdoc");
            pDC->StretchBlt(0,0,(int)(ratex*(rect.Width()-10)),
(int)(ratey*(rect.Height()-60)),&memdc,10,60,rect.Width()-10,
rect.Height()-60,SRCCOPY);
            pDC->EndDoc();
            bitmap.DeleteObject();
        }
}
```

（6）添加 GetBitmapFromField 方法，从数据库中获得位图信息，代码如下：

```
HBITMAP CPrintResumeDlg::GetBitmapFromField()
{
    if ((!m_pRecord->ADOEOF)&&(!m_pRecord->BOF))
    {
        _variant_t m_bitdata;
        static char* m_bitbuffer;
        char* m_buffer = NULL;
        char* temp = NULL;
        long m_factsize = m_pRecord->GetFields()->GetItem("照片")->ActualSize;
        //获取位图所有数据
        m_bitdata = m_pRecord->GetFields()->GetItem((long)9)->GetChunk(m_factsize);
        HBITMAP m_hmap ;
        if (m_bitdata.vt==VT_ARRAY |VT_UI1)
        {
            //定义一个数据缓冲区
            m_bitbuffer = new char[m_factsize];
            //将 m_buffer 指向 m_bitdata
            SafeArrayAccessData(m_bitdata.parray,(void**)&m_buffer);
            //复制位图数据到 m_bitbuffer;
            memcpy(m_bitbuffer,m_buffer,m_factsize);
            SafeArrayUnaccessData(m_bitdata.parray);
            void* m_factbitdata ;                    //实际的位图数据
            //temp 指向位图信息头
```

```
            temp = m_bitbuffer+sizeof(BITMAPFILEHEADER);
            BITMAPINFOHEADER * m_bitheader = (BITMAPINFOHEADER*)temp;
            //获取位图信息，包括位图信息头和调色板
            BITMAPINFO* m_bitinfo = (BITMAPINFO*)temp;
            //获取位图的实际数据
            m_factbitdata = (void*)(m_buffer+((LPBITMAPFILEHEADER)
m_bitbuffer)->bfOffBits);
            CClientDC m_dc(this);
            //创建位图
            hbitmap = CreateDIBitmap(m_dc.m_hDC,m_bitheader,CBM_INIT,
m_factbitdata,m_bitinfo,DIB_RGB_COLORS);
            delete [] m_bitbuffer;
        }
    }
    return hbitmap;
}
```

秘笈心法

心法领悟 497：如何打开位图文件？

使用 LoadImage 函数开打位图文件。语法如下：
HANDLE LoadImage(HINSTANCE hinst,LPCTSTR IpszName,UINT uType,int cxDesired,int cyDesired, UINT fuLoad);

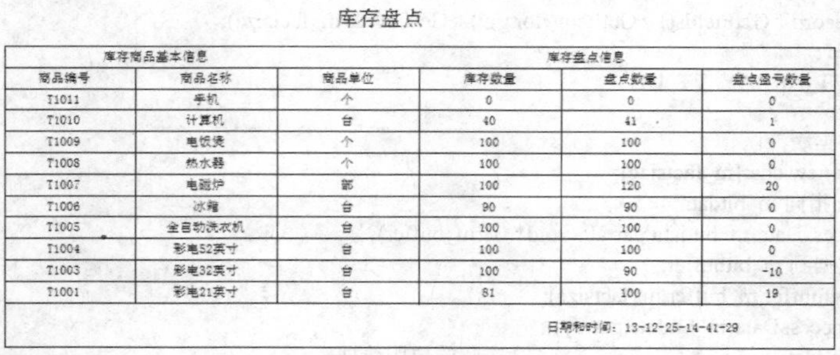

实例 498　实现库存盘点单的打印

光盘位置：光盘\MR\13\498　　　高级　趣味指数：★★★★★

实例说明

从数据库中提取盘点数据进行打印，打印预览和打印效果如图 13.8 和图 13.9 所示。

图 13.8　库存盘点单的预览

图 13.9　打印效果

关键技术

本实例中在打印表格时，注意屏幕分辨率和打印机分辨率不统一的问题。解决方法如下：

通过 GetDeviceCaps 函数分别获得屏幕和打印机的分辨率，并求出比例。

```
int printx,printy;
printx = pDC->GetDeviceCaps(LOGPIXELSX);
printy = pDC->GetDeviceCaps(LOGPIXELSY);
double ratex = (double)(printx)/screenx;
double ratey = (double)(printy)/screeny;
```

在打印绘制的表格时，乘以这个比例即可在打印纸上实现和屏幕中一样的效果。

```
pDC->MoveTo(int(10*ratex),int(70*ratey));
pDC->LineTo(int(760*ratex),int(70*ratey));
```

设计过程

（1）打开 Visual C++ 6.0 开发环境，新建一个基于对话框的应用程序，命名为 StockCheck。

（2）在对话框中添加一个列表视图控件和两个按钮控件。

（3）主要代码如下：

```
void CPreview::DrawReport(CRect rect, CDC *pDC, BOOL isprinted)
{
    titlefont.CreatePointFont(150,_T("宋体"),pDC);
    bodyfont.CreatePointFont(90,_T("宋体"),pDC);
    int printx,printy;
    printx = pDC->GetDeviceCaps(LOGPIXELSX);
    printy = pDC->GetDeviceCaps(LOGPIXELSY);
    double ratex = (double)(printx)/screenx;
    double ratey = (double)(printy)/screeny;
    if(isprinted)
    {
        pDC->StartDoc("printinformation");
    }
    else
    {
        ratex=1,ratey=1;
    }
    pDC->SelectObject(&titlefont);
    pDC->TextOut(int(310*ratex),int(15*ratey),"库存盘点");
    pDC->Rectangle(int(10*ratex),int(50*ratey),int(760*ratex),int(330*ratey));
    pDC->SelectObject(&bodyfont);
    pDC->TextOut(int(100*ratex),int(55*ratey),"库存商品基本信息");
    pDC->TextOut(int(500*ratex),int(55*ratey),"库存盘点信息");
    pDC->MoveTo(int(10*ratex),int(70*ratey));
    pDC->LineTo(int(760*ratex),int(70*ratey));
    CRect m_rect(rect);
    CRect temprect(m_rect.left,m_rect.top+int(55*ratey),
        int(15*ratex)+(m_rect.Width())/7,m_rect.bottom+int(300*ratey));
    CRect itemrect;
    int width = temprect.Width();
    for(int i=0;i<7;i++)
    {
        itemrect.CopyRect(temprect);
        for(int j=0;j<11;j++)
        {
            itemrect.DeflateRect(0,int(20*ratey));
            pDC->DrawText(str[j][i],itemrect,DT_CENTER);
            pDC->MoveTo(int(10*ratex),int(90*ratey)+j*(int(20*ratey)));
            pDC->LineTo(int(760*ratex),int(90*ratey)+j*(int(20*ratey)));
        }
        temprect.DeflateRect(width,0,0,0);
        temprect.InflateRect(0,0,width,0);
    }
    for(int k = 0;k<5;k++)
    {
```

```
            pDC->MoveTo(width*(k+1),int(70*ratey));
            pDC->LineTo(width*(k+1),int(290*ratey));
    }
    CTime time;
    time=time.GetCurrentTime();
    CString stime;
    stime.Format("日期和时间： %s",time.Format("%y-%m-%d-%H-%M-%S"));
    pDC->TextOut(int(500*ratex),int(305*ratey),stime);
    if(isprinted)
    {
            pDC->EndDoc();
    }
    titlefont.DeleteObject();
    bodyfont.DeleteObject();
}
```

秘笈心法

心法领悟 498：在打印位图时防止打印灰色斑点。

许多开发人员在程序打印位图时，通常使用 CDC 对象的 StretchBlt 方法，但是该方法输出的位图会显示灰色的斑点。如果使用 StretchDIBits 函数，并且指定位图的打印起始位置为（1，1），则打印出的位图不会出现灰色斑点。

第14章

图表数据分析

- 设计图表
- 图表应用

14.1 设计图表

| 实例 499 | 设计柱形图
光盘位置：光盘\MR\14\499 | 初级
趣味指数：★★★★ |

■ 实例说明

本实例通过 MSChart 控件设计简单的柱形图，让读者初步了解绘制柱形图的技术，效果如图 14.1 所示。

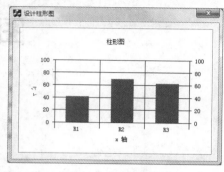

图 14.1　设计柱形图

■ 关键技术

本实例的实现主要使用 MSChart 控件。MSChart 是 Visual C++ 6.0 中自带的一个特殊控件类，用于绘制坐标曲线图，可以从已注册的 ActiveX 控件中添加到工程。打开 Project，选择 Add to project，选择 Components And Controls Gallery，打开 Registered ActiveX Controls，导入 Microsoft Chart Control, version 6.0 (OLEDB)控件。

本实例用到的 MSChart 属性主要有：SetChartType，用于设置控件类型；SetTitleText 用于设置标题；SetStacking 用于栈模式；SetRowCount 用于设置行数；SetColumnCount 用于设置列数。

■ 设计过程

（1）新建一个基于对话框的 MFC 应用程序。

（2）从已注册的 ActiveX 控件中导入 Microsoft Chart Control 控件，并添加到窗体中，关联控件变量 m_Chart。

（3）包含头文件（可以只包含需要的头文件，为了方便，这里全部包含）如下：

```
#include "vcdatagrid.h"
#include "VcPlot.h"
#include "VcAxis.h"
#include "VcValueScale.h"

#include "VcSeriesCollection.h"
#include "VcSeries.h"
#include "VcPen.h"
#include "VcCategoryScale.h"

#include "VcColor.h"
#include "VcBackdrop.h"
#include "VcFill.h"
#include "VcBrush.h"

#include "VcDataPoints.h"
#include "VcDataPoint.h"
```

```
#include "VcDataPointLabel.h"
#include "VcAxisTitle.h"
#include "VcAxisGrid.h"
#include "VcAxisScale.h"
```

（4）在初始化函数 OnInitDialog 中设计柱形图，3 行 1 列。主要代码如下：

```
//设置控件类型
m_Chart.SetChartType(1|0);                                              // 1|0 0|0 柱形图
//设置标题
m_Chart.SetTitleText("柱形图");
//栈模式
m_Chart.SetStacking(FALSE);

//设置 x、y 轴
VARIANT var;
m_Chart.GetPlot().GetAxis(0,var).GetAxisTitle().SetText("x 轴");         //标题
m_Chart.GetPlot().GetAxis(1,var).GetAxisTitle().SetText("y 轴");

m_Chart.GetPlot().GetAxis(1,var).GetValueScale().SetAuto(FALSE);         //不自动标注 y 轴刻度
m_Chart.GetPlot().GetAxis(1,var).GetValueScale().SetMaximum(100);        //最大刻度
m_Chart.GetPlot().GetAxis(1,var).GetValueScale().SetMinimum(0);          //最小刻度
m_Chart.GetPlot().GetAxis(1,var).GetValueScale().SetMajorDivision(5);    //5 等分
m_Chart.GetPlot().GetAxis(1,var).GetValueScale().SetMinorDivision(1);    //每刻度一个刻度线

//设置背景颜色
m_Chart.GetBackdrop().GetFill().SetStyle(1);
m_Chart.GetBackdrop().GetFill().GetBrush().GetFillColor().Set(255, 255, 255);

//3 行 1 列
m_Chart.SetRowCount(3);
m_Chart.SetColumnCount(1);
```

秘笈心法

心法领悟 499：控制图表显示位置。

可以在资源视图中手动调整图表位置，也可以使用 MoveWindow 方法调整位置。参数是图表左上角起点坐标、图表宽度和高度。

实例 500　设计饼形图　　光盘位置：光盘\MR\14\500　　初级　趣味指数：★★★☆

实例说明

本实例通过 MSChart 控件设计简单的饼形图，让读者初步了解绘制饼形图的技术，效果如图 14.2 所示。

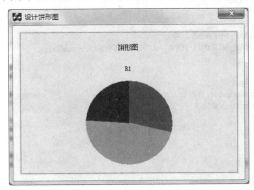

图 14.2　设计饼形图

关键技术

本实例的实现主要使用 MSChart 控件的以下方法：
SetChartType 设置控件类型，SetTitleText 设置标题，SetRowCount 设置行数，SetColumnCount 设置列数。

设计过程

（1）新建一个基于对话框的 MFC 应用程序。
（2）从已注册的 ActiveX 控件中导入 Microsoft Chart Control，并添加到窗体中。
（3）包含头文件如下：

```
#include "vcdatagrid.h"
#include "VcPlot.h"
#include "VcAxis.h"
#include "VcValueScale.h"

#include "VcSeriesCollection.h"
#include "VcSeries.h"
#include "VcPen.h"
#include "VcCategoryScale.h"

#include "VcColor.h"
#include "VcBackdrop.h"
#include "VcFill.h"
#include "VcBrush.h"

#include "VcDataPoints.h"
#include "VcDataPoint.h"
#include "VcDataPointLabel.h"
#include "VcAxisTitle.h"
#include "VcAxisGrid.h"
#include "VcAxisScale.h"
```

（4）在初始化函数 OnInitDialog 中设计饼形图。主要代码如下：

```
BOOL CDemoDlg::OnInitDialog()
{
    CDialog::OnInitDialog();

    // Add "About..." menu item to system menu.

    // IDM_ABOUTBOX must be in the system command range.
    ASSERT((IDM_ABOUTBOX & 0xFFF0) == IDM_ABOUTBOX);
    ASSERT(IDM_ABOUTBOX < 0xF000);

    CMenu* pSysMenu = GetSystemMenu(FALSE);
    if (pSysMenu != NULL)
    {
        CString strAboutMenu;
        strAboutMenu.LoadString(IDS_ABOUTBOX);
        if (!strAboutMenu.IsEmpty())
        {
            pSysMenu->AppendMenu(MF_SEPARATOR);
            pSysMenu->AppendMenu(MF_STRING, IDM_ABOUTBOX, strAboutMenu);
        }
    }

    // Set the icon for this dialog.  The framework does this automatically
    //  when the application's main window is not a dialog
    SetIcon(m_hIcon, TRUE);            //设置大图标
    SetIcon(m_hIcon, FALSE);           //设置小图标

    // TODO: Add extra initialization here
    //显示位置
    //m_Chart.MoveWindow(0,0,400, 300);
    //设置控件类型
```

```
m_Chart.SetChartType(14);                    // 14 饼形图
//设置标题
m_Chart.SetTitleText("饼形图");
//栈模式
m_Chart.SetStacking(FALSE);

//设置背景颜色
m_Chart.GetBackdrop().GetFill().SetStyle(1);
m_Chart.GetBackdrop().GetFill().GetBrush().GetFillColor().Set(255, 255, 0);

//设置行列
m_Chart.SetRowCount(1);
m_Chart.SetColumnCount(3);

return TRUE;   // return TRUE    unless you set the focus to a control
}
```

秘笈心法

心法领悟 500：设置图表背景颜色。

通过以下代码设置图表颜色：
m_Chart.GetBackdrop().GetFill().SetStyle(1);
m_Chart.GetBackdrop().GetFill().GetBrush().GetFillColor().Set(255, 255, 255);
Set 中为 RGB 三原色，255,255,255 时为白色。

实例 501　添加或修改图表中的标签

光盘位置：光盘\MR\14\501　　　　　　　　　　　　　　　　高级　趣味指数：★★★★☆

实例说明

图表的行标签和列标签用来描述图表中的当前数据点。本实例使用代码动态创建行标签和列标签。单击"行标签"按钮，将把行标签添加到图表中；单击"列标签"按钮，将把列标签添加到图表中，效果如图 14.3 所示。

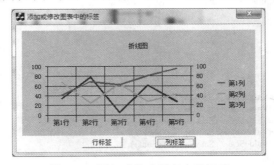

图 14.3　添加或修改图表中的标签

关键技术

本实例向图表中添加行和列标签，使用 MSChart 控件的 GetRowCount、SetRow、SetRowLabel、GetColumnCount、SetColumn、SetColumnLabel 等属性，如表 14.1 所示。

表 14.1　MSChart 控件的属性说明

属　　性	说　　明
GetRowCount	返回或设置与图表关联的数据网格每一列的行数

属性	说明
SetRow	返回或设置与图表关联的数据网格中当前列的指定行
SetRowLabel	返回或设置一个数据标签,该标签用来标识图表中的当前数据点
GetColumnCount	返回或设置与图表关联的当前数据网格中的列数
SetColumn	返回或设置数据网格中当前的数据列
SetColumnLabel	返回或设置与图表数据网格中的列关联的标签文本

设计过程

(1)新建一个基于对话框的 MFC 应用程序。

(2)导入 Microsoft Chart Control, version 6.0 (OLEDB)控件,添加到窗体,选中 ShowLegend 复选框显示图例。关联控件变量 m_Chart。添加两个按钮控件,用于添加行标签和列标签。

(3)在初始化函数中设置表类型、标题等属性。

```
BOOL CDemoDlg::OnInitDialog()
{
    CDialog::OnInitDialog();
    ……//省略代码
    // TODO: Add extra initialization here
    //显示位置
    //m_Chart.MoveWindow(0,0,400, 300);
    //设置控件类型
    m_Chart.SetChartType(3);              // 3 折线图
    //设置标题
    m_Chart.SetTitleText("折线图");
    //栈模式
    m_Chart.SetStacking(FALSE);

    //设置背景颜色
    m_Chart.GetBackdrop().GetFill().SetStyle(1);
    m_Chart.GetBackdrop().GetFill().GetBrush().GetFillColor().Set(0, 255, 255);

    //5 行 3 列折线图
    m_Chart.SetRowCount(5);
    m_Chart.SetColumnCount(3);

    //y 轴设置
    VARIANT var;
    m_Chart.GetPlot().GetAxis(1,var).GetValueScale().SetAuto(false);
    m_Chart.GetPlot().GetAxis(1,var).GetValueScale().SetMaximum(100);
    m_Chart.GetPlot().GetAxis(1,var).GetValueScale().SetMinimum(0);
    m_Chart.GetPlot().GetAxis(1,var).GetValueScale().SetMajorDivision(5);
    m_Chart.GetPlot().GetAxis(1,var).GetValueScale().SetMinorDivision(1);

    return TRUE;
}
```

(4)添加行标签。

```
void CDemoDlg::OnRow()
{
    //修改行标签
    CString rowValue;
    for(int i=1; i<=m_Chart.GetRowCount(); i++)
    {
        m_Chart.SetRow(i);                        //设置第 i 行
        rowValue.Format("第%d 行",i);
        m_Chart.SetRowLabel(rowValue);            //标签
    }
}
```

（5）添加列标签。
```
void CDemoDlg::OnColumn()
{
    //修改列标签
    CString columnValue;
    for(int j=1; j<=m_Chart.GetColumnCount(); j++)
    {
        columnValue.Format("第%d 列",j);
        m_Chart.SetColumn(j);                    //设置第 j 列
        m_Chart.SetColumnLabel(columnValue);     //标签
    }
}
```

秘笈心法

心法领悟 501：设置坐标轴标题。
横轴标题：
m_Chart.GetPlot().GetAxis(0,var).GetAxisTitle().SetText("xname");
纵轴标题：
m_Chart.GetPlot().GetAxis(1,var).GetAxisTitle().SetText("yname");

实例 502　显示数据库数据的图表　　高级
光盘位置：光盘\MR\14\502　　趣味指数：★★★★

实例说明

通过 MSChart 控件可以将数据库的数据显示到图表中。通过图表可以更直观地进行数据分析。本实例实现将数据库中的数据读出，通过控件绘制成柱形图。实例运行效果如图 14.4 所示。

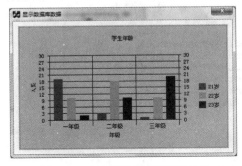

图 14.4　显示数据库数据的图表

关键技术

本实例的实现主要使用 MSChart 控件的 SetRow、SetColumn、SetData 属性。SetRow 设置数据行，SetColumn 设置数据列，SetData 设置数据值。
```
m_Chart.SetRow(i);
m_Chart.SetColumn(j);
m_Chart.SetData(num);
```

设计过程

（1）新建一个基于对话框的应用程序。
（2）向窗体中添加一个 MSChart 控件，关联控件变量 m_Chart。

（3）设置控件属性。

```
//设置控件类型
m_Chart.SetChartType(1);                          //柱形图
//设置标题
m_Chart.SetTitleText("学生年龄");
//栈模式
m_Chart.SetStacking(FALSE);

//设置背景颜色
m_Chart.GetBackdrop().GetFill().SetStyle(1);
m_Chart.GetBackdrop().GetFill().GetBrush().GetFillColor().Set(0, 255, 255);

//3 行 3 列
m_Chart.SetRowCount(3);
m_Chart.SetColumnCount(3);

//显示图例（纵轴标签）
m_Chart.SetShowLegend(TRUE);
m_Chart.SetColumn(1);
m_Chart.SetColumnLabel((LPCTSTR)"21 岁");
m_Chart.SetColumn(2);
m_Chart.SetColumnLabel((LPCTSTR)"22 岁");
m_Chart.SetColumn(3);
m_Chart.SetColumnLabel((LPCTSTR)"23 岁");

//横轴标签
m_Chart.SetRow(1);
m_Chart.SetRowLabel((LPCTSTR)"一年级");
m_Chart.SetRow(2);
m_Chart.SetRowLabel((LPCTSTR)"二年级");
m_Chart.SetRow(3);
m_Chart.SetRowLabel((LPCTSTR)"三年级");

//x 轴
VARIANT var;
m_Chart.GetPlot().GetAxis(0,var).GetAxisTitle().SetText("年级");

//y 轴
m_Chart.GetPlot().GetAxis(1,var).GetValueScale().SetAuto(false);
m_Chart.GetPlot().GetAxis(1,var).GetValueScale().SetMaximum(30);
m_Chart.GetPlot().GetAxis(1,var).GetValueScale().SetMinimum(0);
m_Chart.GetPlot().GetAxis(1,var).GetValueScale().SetMajorDivision(10);
m_Chart.GetPlot().GetAxis(1,var).GetValueScale().SetMinorDivision(1);
m_Chart.GetPlot().GetAxis(1,var).GetAxisTitle().SetText("人数");
```

（4）连接数据库。

```
CoInitialize(NULL);
_ConnectionPtr m_con;
m_con.CreateInstance(__uuidof(Connection));
_bstr_t strCon = "Provider=Microsoft.ACE.OLEDB.12.0;Data Source=student.accdb;";
try
{
        m_con->Open(strCon,"","",adModeUnknown);
}
catch(_com_error e)
{
        AfxMessageBox(e.Description());
}
```

（5）图表数据设置。

```
//图表赋值
_RecordsetPtr rec;
rec.CreateInstance(__uuidof(Recordset));
_bstr_t sql = "select 人数 from age";
CString num;                                      //人数

try
{
```

```
        rec->Open(sql,m_con.GetInterfacePtr(),adOpenDynamic,adLockOptimistic,adCmdText);
        for(int i=1; i<=3; i++)
        {
                for(int j=1; j<=3; j++)
                {
                        num = (LPCTSTR)(_bstr_t)(rec->GetCollect("人数"));
                        m_Chart.SetRow(i);
                        m_Chart.SetColumn(j);
                        m_Chart.SetData(num);
                        rec->MoveNext();
                }
        }
}
catch(_com_error e)
{
        AfxMessageBox(e.Description());
}
if(rec != NULL)
        rec->Close();
m_con->Close();
CoUninitialize();
}
```

秘笈心法

心法领悟 502：绘制一周气温的柱形图。

根据本实例，设置一个 7 行 3 列的柱形图，显示一周 7 天内每天的早、中、晚 3 个时间的温度。使用 SetData 设置图表的数据值。

实例 503　将图表插入 Office　　光盘位置：光盘\MR\14\503　　初级　趣味指数：★★★★

实例说明

在 Office 办公软件中使用图表是一种常见的数据分析方式，本实例将讲解如何将图表插入到 Office 办公软件中的 Excel 文档中，效果如图 14.5 所示。

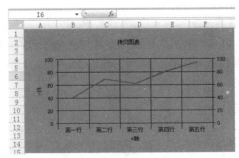

图 14.5　将图表插入到 Office

关键技术

本实例的实现主要使用 MSChart 控件的 EditCopy 方法。语法如下：

object.EditCopy

该方法允许将图表的数据或一张图表本身的图片粘贴到另一应用程序中。由于图表的数据和图片都存储于剪贴板上，将哪一种粘贴到新的应用程序中因应用程序的类型而异。例如，如果在代码中执行了图表的 EditCopy

方法，在 Excel 电子表格中粘贴，则将图表数据集放置在该电子表格中。如果是选择性粘贴并选择"图片"类型，则将图表以图片形式存入 Excel。

设计过程

（1）新建一个基于对话框的应用程序。
（2）向窗体中添加一个 MSChart 控件，关联控件变量 m_Chart。
（3）设置控件属性，并调用 EditCopy 方法。

```
//设置控件类型
m_chart.SetChartType(3);        //折线图
//设置标题
m_chart.SetTitleText("拷贝图表");
//栈模式
//m_chart.SetStacking(FALSE);

//设置背景颜色
m_chart.GetBackdrop().GetFill().SetStyle(1);
m_chart.GetBackdrop().GetFill().GetBrush().GetFillColor().Set(0, 200, 100);

//设置行列
m_chart.SetRowCount(5);
m_chart.SetColumnCount(1);

//横轴标签
char *p[5]={"第一行","第二行","第三行","第四行","第五行"};
for(int i=1;i<=5;i++)
{
    m_chart.SetRow(i);
    m_chart.SetRowLabel((LPCTSTR)p[i-1]);
}
//x 轴
VARIANT var;
m_chart.GetPlot().GetAxis(0,var).GetAxisTitle().SetText("x 轴");
//y 轴
m_chart.GetPlot().GetAxis(1,var).GetAxisTitle().SetText("y 轴");

//复制图表
m_chart.EditCopy();
```

秘笈心法

心法领悟 503：使用 EditPaste 方法绘制图表。

EditPaste 方法将剪贴板中的 Windows 位图文件图形或由 Tab 键分隔的文本粘贴到图表的当前选定区域。
例如，将 Excel 中的如下数据复制到剪贴板，调用 EditPaste 方法，即可绘制出 3 行柱形图，数据值为 10、20、30。

```
R1      10
R2      20
R3      30
```

实例 504	动态实时曲线	高级
	光盘位置：光盘\MR\14\504	趣味指数：★★★★☆

实例说明

通过图表可以更直观地分析数据，动态图表可以更好地显示实时变化的数据，如实时天气变化、CPU 使用率等。本实例实现动态实时曲线的绘制。程序运行效果如图 14.6 所示，动态显示 0～100 之间随机数的变化。

第 14 章 图表数据分析

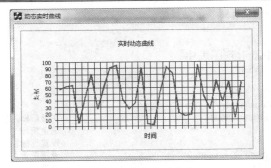

图 14.6 动态实时曲线

关键技术

本实例的实现主要是通过定时器不断刷新图表数据，以达到动态显示的效果。

```
int value = rand()%100;                                    //产生随机数
int insertPos = m_chart.GetRowCount() + 1;                 //总行数加 1
m_chart.GetDataGrid().InsertRows(insertPos, 1);            //在最后插入新行
m_chart.SetRow(insertPos);                                 //选定新行
m_chart.SetRowLabel("");                                   //设置行标签
m_chart.GetDataGrid().SetData(insertPos, 1, value, 0);     //设置新数据
m_chart.GetDataGrid().DeleteRows(1, 1);                    //删除首行
```

设计过程

（1）新建一个基于对话框的应用程序。
（2）向窗体中添加 MSChart 控件，关联控件变量 m_chart。
（3）初始化控件并启动定时器。

```
//设置控件类型
m_chart.SetChartType(3);
//标题
m_chart.SetTitleText("实时动态曲线");

//行数、列数
m_chart.SetRowCount(30);
m_chart.SetColumnCount(1);

//设置数据和标签
for(int i=1;i<=m_chart.GetRowCount();i++)
{
    int value = rand()%100;                                //产生随机数
    m_chart.GetDataGrid().SetData(i, 1, value, 0);
    m_chart.SetRow(i);
    m_chart.SetRowLabel("");
}
//栈模式
m_chart.SetStacking(FALSE);

VARIANT var;
//x 轴设置
m_chart.GetPlot().GetAxis(0,var).GetCategoryScale().SetAuto(FALSE);   //不自动标注刻度
m_chart.GetPlot().GetAxis(0,var).GetAxisTitle().SetText("时间");       //x 轴标题

//y 轴设置
m_chart.GetPlot().GetAxis(1,var).GetValueScale().SetAuto(FALSE);
m_chart.GetPlot().GetAxis(1,var).GetValueScale().SetMaximum(100);     //最大刻度
m_chart.GetPlot().GetAxis(1,var).GetValueScale().SetMinimum(0);       //最小刻度
m_chart.GetPlot().GetAxis(1,var).GetValueScale().SetMajorDivision(10); //等分
m_chart.GetPlot().GetAxis(1,var).GetValueScale().SetMinorDivision(1);  //每刻度一个刻度线
m_chart.GetPlot().GetAxis(2,var).GetAxisScale().SetHide(TRUE);         //隐藏第二 y 轴，即右边的 y 轴
```

```
m_chart.GetPlot().GetAxis(1,var).GetAxisTitle().SetText("数据");          //y 轴标题
//启动定时器
SetTimer(1,1000,NULL);
```

（4）在定时器中刷新数据并显示到图表中。

```
void CMSChartDlg::OnTimer(UINT nIDEvent)
{
    int value = rand()%100;
        int insertPos = m_chart.GetRowCount() + 1;
        m_chart.GetDataGrid().InsertRows(insertPos, 1);        //在最后插入新行
        m_chart.SetRow(insertPos);                              //选定新行
        m_chart.SetRowLabel("");                                //设置行标签
        m_chart.GetDataGrid().SetData(insertPos, 1, value, 0);  //设置新数据
        m_chart.GetDataGrid().DeleteRows(1, 1);                 //删除首行

    CDialog::OnTimer(nIDEvent);
}
```

秘笈心法

心法领悟 504：通过图表实时显示 CPU 使用率。

通过 NtQuerySystemInformation 函数可以获取 CPU 使用率，该函数可以从 ntdll.dll 库中导出。根据本实例，绘制动态实时曲线，将 CPU 使用率赋值给 MSChart 图表控件，即可实现实时显示 CUP 使用率。

实例 505　图书销量分析

光盘位置：光盘\MR\14\505

高级
趣味指数：★★★★

实例说明

本实例实现对一季度各类图书销量的分析，如图 14.7 所示，通过柱形图显示一月、二月、三月各种图书的销售情况。

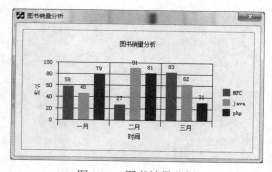

图 14.7　图书销量分析

关键技术

本实例的实现主要使用 SetData 方法向图表对象添加数据。SetData 是 CvcDataGrid 类的方法，用于设置图表控件的数据，使用对需要包含头文件 vcdatagrid.h。

语法格式：

```
void SetData(short Row, short Column, double DataPoint, short nullFlag);
```

参数说明：

❶ Row：行。

❷ Column：列。

❸DataPoint：数值。
❹nullFlag：标志。

设计过程

（1）新建一个基于对话框的应用程序。
（2）向窗体中添加 MSChart 控件，关联控件变量 m_chart。
（3）主要代码如下：

```
//设置控件类型
m_chart.SetChartType(1);
//标题
m_chart.SetTitleText("图书销量分析");

//行数、列数
m_chart.SetRowCount(3);
m_chart.SetColumnCount(3);

//栈模式
m_chart.SetStacking(FALSE);

VARIANT var;
//x 轴设置
m_chart.GetPlot().GetAxis(0,var).GetCategoryScale().SetAuto(FALSE);     //不自动标注刻度
m_chart.GetPlot().GetAxis(0,var).GetAxisTitle().SetText("时间");         //x 轴标题

//y 轴设置
m_chart.GetPlot().GetAxis(1,var).GetValueScale().SetAuto(FALSE);
m_chart.GetPlot().GetAxis(1,var).GetValueScale().SetMaximum(100);       //最大刻度
m_chart.GetPlot().GetAxis(1,var).GetValueScale().SetMinimum(0);         //最小刻度
m_chart.GetPlot().GetAxis(1,var).GetValueScale().SetMajorDivision(5);   //等分
m_chart.GetPlot().GetAxis(1,var).GetValueScale().SetMinorDivision(1);   //每刻度一个刻度线
m_chart.GetPlot().GetAxis(2,var).GetAxisScale().SetHide(TRUE);          //隐藏第二 y 轴，即右边的 y 轴
m_chart.GetPlot().GetAxis(1,var).GetAxisTitle().SetText("数据");         //y 轴标题

//行标签和数据
srand(GetTickCount());
char *pMon[3]={"一月","二月","三月"};
for(int i=1;i<=m_chart.GetRowCount();i++)
{
    m_chart.SetRow(i);                                                  //选定行
    m_chart.SetRowLabel((LPCTSTR)pMon[i-1]);                            //行标签
    m_chart.GetDataGrid().SetData(i, 1, rand() * 100 / RAND_MAX, 0);    //数据值
    m_chart.GetDataGrid().SetData(i, 2, rand() * 100 / RAND_MAX, 0);
    m_chart.GetDataGrid().SetData(i, 3, rand() * 100 / RAND_MAX, 0);
    m_chart.GetPlot().GetSeriesCollection().GetItem(i).GetDataPoints().GetItem(-1).GetDataPointLabel().SetLocationType(1);
}

//列标签
char *p[3]={"MFC","java","php"};
m_chart.SetShowLegend(true);                                            //图例
for(int j=1;j<=m_chart.GetColumnCount();j++)
{
    m_chart.SetColumn(j);
    m_chart.SetColumnLabel((LPCTSTR)p[j-1]);
}
```

秘笈心法

心法领悟 505：使用 SetData 方法给网格控件赋值。

使用 SetData 方法给网格控件赋值，需要先用 SetRow 和 SetColumn 方法指定行和列，如下所示，将数据 str 赋值给第 i 行第 j 列：

```
m_chart.SetRow(i);
m_chart.SetColumn(j);
m_chart.SetData("str");
```

实例 506 打印图表

光盘位置：光盘\MR\14\506

高级

实例说明

利用图表可以直观地分析和显示数据，但是否可以打印图表呢？本实例将通过图表显示数据并打印图表。运行程序，将在图表上显示数据，单击"打印"按钮将打印图表，效果如图 14.8 所示。

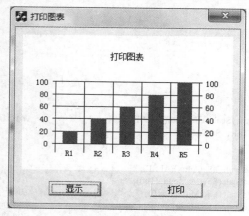

图 14.8 打印图表

关键技术

本实例使用 MSChart 控件的 EditCopy 方法将图表复制到剪贴板上，使用 GetClipboardData 和 StretchBlt 将图表显示到图片控件上，通过 CDC（画布类）和 StretchBlt 实现打印。

（1）EditCopy 方法。该方法以 Windows 元文件格式将当前图表的图片复制到剪贴板，或将用于创建图表的数据复制到剪贴板。

（2）GetClipboardData 方法。获取剪贴板内容。

```
WINUSERAPI
HANDLE
WINAPI
    GetClipboardData(
    UINT uFormat);
```

参数说明：

uFormat：数据格式（CF_BITMAP 位图、CF_TEXT 文本等）。

返回值：返回剪贴板数据的句柄。

（3）StretchBlt 函数。该函数从源矩形中复制一个位图到目标矩形，必要时按目标设备设置的模式进行图像的拉伸或压缩。

函数原型如下：

```
BOOL StretchBlt(HDC hdcDest, int nXOriginDest, int nYOriginDest, int nWidthDest, int nHeightDest, HDC hdcSrc, int nXOriginSrc, int nYOriginSrc,
int nWidthSrc, int nHeightSrc, DWORD dwRop);
```

参数说明如表 14.2 所示。

表 14.2　StretchBlt 函数的参数说明

参　数	说　　明
hdcDest	指向目标设备环境的句柄
nXOriginDest	指定目标矩形左上角的 x 轴坐标，按逻辑单位表示坐标
nYOriginDest	指定目标矩形左上角的 y 轴坐标，按逻辑单位表示坐标
nWidthDest	指定目标矩形的宽度，按逻辑单位表示宽度
nHeightDest	指定目标矩形的高度，按逻辑单位表示高度
hdcSrc	指向源设备环境的句柄
nXOriginSrc	指向源矩形区域左上角的 x 轴坐标，按逻辑单位表示坐标
nYOriginSrc	指向源矩形区域左上角的 y 轴坐标，按逻辑单位表示坐标
nWidthSrc	指定源矩形的宽度，按逻辑单位表示宽度
nHeightSrc	指定源矩形的高度，按逻辑单位表示高度
dwRop	指定要进行的光栅操作。光栅操作码定义了系统如何在输出操作中组合颜色，这些操作包括刷子、源位图和目标位图等对象

■ 设计过程

（1）新建一个基于对话框的应用程序。

（2）向窗体中添加一个图片控件，关联控件变量 m_Picture。导入 MSChart 控件，添加两个按钮控件。

（3）创建图表并复制到剪贴板：

```
//创建 MSChart 图表
CMSChart m_chart;
m_chart.Create("",WS_CHILD| WS_VISIBLE, CRect(0,0,300,200), this,10);
m_chart.SetChartType(1);
m_chart.SetRowCount(5);
m_chart.SetColumnCount(1);
m_chart.SetTitleText("打印图表");

VARIANT var;
m_chart.GetPlot().GetAxis(1,var).GetValueScale().SetAuto(FALSE);          //不自动标注
m_chart.GetPlot().GetAxis(1,var).GetValueScale().SetMaximum(100);         //最大
m_chart.GetPlot().GetAxis(1,var).GetValueScale().SetMinimum(0);           //最小刻度
m_chart.GetPlot().GetAxis(1,var).GetValueScale().SetMajorDivision(5);     //五等分
m_chart.GetPlot().GetAxis(1,var).GetValueScale().SetMinorDivision(1);     //每等分一个刻度

//设置数据
char *p[5] = {"20","40","60","80","100"};
for(int i=1;i<=5;i++)
{
    m_chart.SetRow(i);
    m_chart.SetData((LPCTSTR)p[i-1]);
}

//复制到剪贴板
m_chart.EditCopy();
```

（4）"显示"按钮将剪贴板图片添加到图片控件上显示。

```
void CPictureDlg::ClipBoardToPicture()
{
    if(!IsClipboardFormatAvailable(CF_BITMAP))
    {
        AfxMessageBox("剪贴板中没有图片数据");
        return ;
    }
```

```
if(OpenClipboard())
{
    HBITMAP hBmp = (HBITMAP)GetClipboardData(CF_BITMAP);
    m_Picture.SetBitmap(hBmp);
}
CloseClipboard();
}
```

(5) "打印"按钮执行图片的打印。

```
void CPictureDlg::PrintChart()
{
    CDC* pDC = m_Picture.GetDC();
    CRect rect;
    m_Picture.GetClientRect(rect);
    int screenx,screeny;
    screenx = pDC->GetDeviceCaps(LOGPIXELSX);
    screeny = pDC->GetDeviceCaps(LOGPIXELSY);
    CPrintDialog dlg(FALSE);
    if(dlg.DoModal() == IDOK)
    {
        CDC dc;
        dc.Attach(dlg.GetPrinterDC());
        int printerx,printery;
        printerx = dc.GetDeviceCaps(LOGPIXELSX);
        printery = dc.GetDeviceCaps(LOGPIXELSY);
        double ratex,ratey;
        ratex = (double)printerx/screenx;
        ratey = (double)printery/screeny;
        dc.StartDoc("printpicture");
        dc.StretchBlt(0,0,(int)(rect.Width()*ratex),(int)(rect.Height()*ratey),
            pDC,0,0,rect.Width(),rect.Height(),SRCCOPY);
        dc.EndDoc();
    }
}
```

■ 秘笈心法

心法领悟 506：打印图片。

添加图片控件，插入位图资源，LoadBitmap 加载位图，通过 SetBitmap 将位图设置到图片控件。根据本实例方法打印图片。

14.2 图表应用

实例 507　使用图表分析企业进货、销售和库存　　高级
光盘位置：光盘\MR\14\507　　趣味指数：★★★★

■ 实例说明

借助图表分析，可以使企业对生产经营中的进货、出货、库存等项目的管理更加方便。本实例实现使用图表分析商品的进货、销售和库存情况，效果如图 14.9 所示。

■ 关键技术

本实例的实现主要使用 SetData 方法向图表对象添加数据。SetData 方法的介绍请参见实例 505 关键技术。
m_chart.GetDataGrid().SetData(1, 1, rand() * 100 / RAND_MAX, 0);   //设置第 1 行第 1 列数据

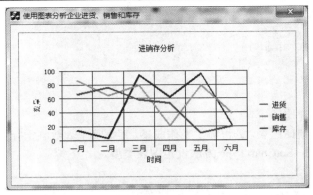

图 14.9 使用图表分析企业进货、销售和库存

设计过程

(1) 新建一个基于对话框的应用程序。
(2) 向窗体中添加 MSChart 控件，关联控件变量 m_chart。
(3) 主要代码如下：

```
//设置控件类型
m_chart.SetChartType(3);
//标题
m_chart.SetTitleText("进销存分析");

//行数、列数
m_chart.SetRowCount(6);
m_chart.SetColumnCount(3);

//栈模式
m_chart.SetStacking(FALSE);

VARIANT var;
//x 轴设置
m_chart.GetPlot().GetAxis(0,var).GetCategoryScale().SetAuto(FALSE);   //不自动标注刻度
m_chart.GetPlot().GetAxis(0,var).GetAxisTitle().SetText("时间");      //x 轴标题

//y 轴设置
m_chart.GetPlot().GetAxis(1,var).GetValueScale().SetAuto(FALSE);
m_chart.GetPlot().GetAxis(1,var).GetValueScale().SetMaximum(100);     //最大刻度
m_chart.GetPlot().GetAxis(1,var).GetValueScale().SetMinimum(0);       //最小刻度
m_chart.GetPlot().GetAxis(1,var).GetValueScale().SetMajorDivision(5); //等分
m_chart.GetPlot().GetAxis(1,var).GetValueScale().SetMinorDivision(1); //每刻度一个刻度线
m_chart.GetPlot().GetAxis(2,var).GetAxisScale().SetHide(TRUE);        //隐藏第二 y 轴，即右边的 y 轴
m_chart.GetPlot().GetAxis(1,var).GetAxisTitle().SetText("数量");      //y 轴标题

//行标签和数据
srand(GetTickCount());
char *pMon[6]={"一月","二月","三月","四月","五月","六月"};
for(int i=1;i<=m_chart.GetRowCount();i++)
{
    m_chart.SetRow(i);                                                //选定行
    m_chart.SetRowLabel((LPCTSTR)pMon[i-1]);                          //行标签
    m_chart.GetDataGrid().SetData(i, 1, rand() * 100 / RAND_MAX, 0);  //数据值
    m_chart.GetDataGrid().SetData(i, 2, rand() * 100 / RAND_MAX, 0);
    m_chart.GetDataGrid().SetData(i, 3, rand() * 100 / RAND_MAX, 0);
}

//列标签
char *p[3]={"进货","销售","库存"};
m_chart.SetShowLegend(true);                                          //图例
```

```
for(int j=1;j<=m_chart.GetColumnCount();j++)
{
    m_chart.SetColumn(j);
    m_chart.SetColumnLabel((LPCTSTR)p[j-1]);
}
```

秘笈心法

心法领悟 507：员工业绩评比。

根据本实例，制作员工业绩评比表，分析员工工作成果。根据员工人数制定行数，业绩作为列，通过 SetData 方法设置每位员工的业绩数据，SetChartType 方法设定图表类型。

实例 508 利用图表分析产品销售走势

光盘位置：光盘\MR\14\508　　　高级　　趣味指数：★★★☆

实例说明

在实现一个具有分析功能的软件时，经常使用图表显示分析结果，图表可以使用户更直观地了解所关注的信息，本实例通过图表技术来分析某商品的走势情况，效果如图 14.10 所示。

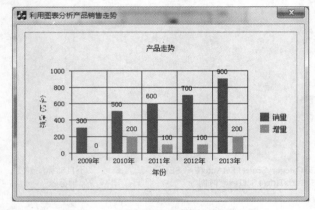

图 14.10　利用图表分析产品销售走势

关键技术

本实例的实现主要使用 SetData 方法向图表对象添加数据。SetData 方法的介绍请参见实例 505 关键技术。

设计过程

（1）新建一个基于对话框的应用程序。
（2）向窗体中添加 MSChart 控件，关联控件变量 m_chart。
（3）主要代码如下：

```
//设置控件类型
m_chart.SetChartType(1);
//标题
m_chart.SetTitleText("产品走势");

//行数、列数
m_chart.SetRowCount(5);
m_chart.SetColumnCount(2);
```

```
VARIANT var;
//x 轴设置
m_chart.GetPlot().GetAxis(0,var).GetCategoryScale().SetAuto(FALSE);          //不自动标注刻度
m_chart.GetPlot().GetAxis(0,var).GetAxisTitle().SetText("年份");              //x 轴标题

//y 轴设置
m_chart.GetPlot().GetAxis(1,var).GetValueScale().SetAuto(FALSE);
m_chart.GetPlot().GetAxis(1,var).GetValueScale().SetMaximum(1000);           //最大刻度
m_chart.GetPlot().GetAxis(1,var).GetValueScale().SetMinimum(0);              //最小刻度
m_chart.GetPlot().GetAxis(1,var).GetValueScale().SetMajorDivision(5);        //等分
m_chart.GetPlot().GetAxis(1,var).GetValueScale().SetMinorDivision(1);        //每刻度一个刻度线
m_chart.GetPlot().GetAxis(2,var).GetAxisScale().SetHide(TRUE);               //隐藏第二 y 轴, 即右边的 y 轴
m_chart.GetPlot().GetAxis(1,var).GetAxisTitle().SetText("销量(万台)");         //y 轴标题

//行标签和数据
char *pYear[5]={"2009 年","2010 年","2011 年","2012 年","2013 年"};
double sales[5] = {300,500,600,700,900};
for(int i=1;i<=m_chart.GetRowCount();i++)
{
    m_chart.SetRow(i);                                                        //选定行
    m_chart.SetRowLabel((LPCTSTR)pYear[i-1]);                                 //行标签
    m_chart.GetDataGrid().SetData(i, 1, sales[i-1], 0);                       //数据值
    if(i == 1)
    {
        m_chart.GetDataGrid().SetData(i, 2, 0, 0);
        continue;
    }
    m_chart.GetDataGrid().SetData(i, 2, sales[i-1]-sales[i-2], 0);
}

//列标签
char *p[2]={"销量","增量"};
m_chart.SetShowLegend(true);
for(int j=1;j<=m_chart.GetColumnCount();j++)
{
    m_chart.SetColumn(j);
    m_chart.SetColumnLabel((LPCTSTR)p[j-1]);
    m_chart.GetPlot().GetSeriesCollection().GetItem(j).GetDataPoints().GetItem(-1).GetDataPointLabel().SetLocationType(1);
}
```

■ 秘笈心法

心法领悟 508:显示图例。

通过属性设置,选择 chart 属性,再选择 chart options 属性,选中 Showlegend 属性复选框就会显示图例,或者通过代码设置:

```
m_chart.SetShowLegend(true);
```

实例 509　彩票市场份额饼形图　　　　　高级

光盘位置:光盘\MR\14\509　　　　　　趣味指数:★★★★☆

■ 实例说明

本实例利用饼形图表示某月即开型、竞猜型、视频型、乐透数字型彩票市场份额,效果如图 14.11 所示。

■ 关键技术

本实例主要使用 MSChart 控件绘制饼形图。SetChartType 方法设置控件类型,SetShowLegend 方法设置显示图例,SetData 方法设置图表数据,SetColumn 和 SetColumnLabel 方法显示图例标签。

图 14.11 彩票市场份额饼形图

设计过程

（1）新建一个基于对话框的应用程序。
（2）向窗体中添加 MSChart 控件，关联控件变量 m_chart。
（3）主要代码如下：

```
//设置控件类型
m_chart.SetChartType(14 );
//标题
m_chart.SetTitleText("即开型、竞猜型、视频型、乐透数字型彩票市场份额图");

//行数、列数
m_chart.SetRowCount(1);
m_chart.SetColumnCount(4);

m_chart.SetRow(1);
m_chart.SetRowLabel("");

m_chart.SetShowLegend(true);
char *p[4]={"15","9","5","71"};
char *pn[4]={"即开型","竞猜型","视频型","乐透数字型"};
for(int i=1;i<=m_chart.GetColumnCount();i++)
{
    m_chart.SetColumn(i);
    m_chart.SetColumnLabel(pn[i-1]);
    m_chart.SetData((LPCTSTR)p[i-1]);
    m_chart.GetPlot().GetSeriesCollection().GetItem(i).GetDataPoints().GetItem(-1).GetDataPointLabel().SetLocationType(1);
}
```

秘笈心法

心法领悟 509：设置坐标轴颜色。

设置 x 轴为红色、y 轴为绿色：

```
m_Chart.GetPlot().GetAxis(0,var).GetAxisGrid().GetMajorPen().GetVtColor().Set(255,0,0);
m_Chart.GetPlot().GetAxis(1,var).GetAxisGrid().GetMajorPen().GetVtColor().Set(0,255,0);
```

实例 510　平原和山间盆地降水量折线图

光盘位置：光盘\MR\14\510　　高级　　趣味指数：★★★★☆

实例说明

本实例实现对降水量的统计，以折线图形式表示，统计一年内平原地区和盆地地区降水情况，效果如图 14.12 所示。

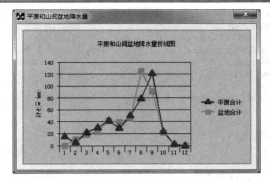

图 14.12 平原和山间盆地降水量折线图

■ 关键技术

本实例主要使用 MSChart 控件绘制折线图。SetChartType 方法设置控件类型，SetShowLegend 方法设置显示图例，GetDataGrid().SetData 设置图表数据，SetRowLabel 和 SetColumnLabel 方法设置行、列标签等。

■ 设计过程

（1）新建一个基于对话框的应用程序。
（2）向窗体中添加 MSChart 控件，关联控件变量 m_chart。
（3）主要代码如下：

```
//设置控件类型
m_chart.SetChartType(3);

//标题
m_chart.SetTitleText("平原和山间盆地降水量折线图");
//行数、列数
m_chart.SetRowCount(12);
m_chart.SetColumnCount(2);

CString m[12]={"1","2","3","4","5","6","7","8","9","10","11","12"};
for(int j=1;j<=m_chart.GetRowCount();j++)
{
    m_chart.SetRow(j);
    m_chart.SetRowLabel(m[j-1]);
}

//曲线颜色
m_chart.GetPlot().GetSeriesCollection().GetItem(1).GetPen().GetVtColor().Set(255,0,0);
m_chart.GetPlot().GetSeriesCollection().GetItem(2).GetPen().GetVtColor().Set(0,255,0);

//背景色
m_chart.GetBackdrop().GetFill().SetStyle(1);
m_chart.GetBackdrop().GetFill().GetBrush().GetFillColor().Set(200, 200, 200);

//数据点形状
m_chart.GetPlot().GetSeriesCollection().GetItem(1).GetSeriesMarker().SetAuto(FALSE);
m_chart.GetPlot().GetSeriesCollection().GetItem(1).GetDataPoints().GetItem(-1).GetMarker().SetVisible(TRUE);
m_chart.GetPlot().GetSeriesCollection().GetItem(1).GetDataPoints().GetItem(-1).GetMarker().SetStyle(12);

m_chart.GetPlot().GetSeriesCollection().GetItem(2).GetSeriesMarker().SetAuto(FALSE);
m_chart.GetPlot().GetSeriesCollection().GetItem(2).GetDataPoints().GetItem(-1).GetMarker().SetVisible(TRUE);
m_chart.GetPlot().GetSeriesCollection().GetItem(2).GetDataPoints().GetItem(-1).GetMarker().SetStyle(10);

VARIANT var;
//设置 y 轴
m_chart.GetPlot().GetAxis(2,var).GetAxisScale().SetHide(true);
```

```cpp
m_chart.GetPlot().GetAxis(1,var).GetValueScale().SetAuto(FALSE);        //不自动标注 y 轴刻度
m_chart.GetPlot().GetAxis(1,var).GetValueScale().SetMaximum(140);       //y 轴最大刻度
m_chart.GetPlot().GetAxis(1,var).GetValueScale().SetMinimum(0);         //y 轴最小刻度
m_chart.GetPlot().GetAxis(1,var).GetValueScale().SetMajorDivision(7);   //y 轴刻度 7 等分
m_chart.GetPlot().GetAxis(1,var).GetValueScale().SetMinorDivision(1);   //每刻度一个刻度线
m_chart.GetPlot().GetAxis(1,var).GetAxisTitle().SetText("降水量(mm)");  //y 轴标题

m_chart.GetPlot().GetAxis(0,var).GetAxisGrid().GetMajorPen().SetStyle(0); //去掉与 x 轴垂直的线

m_chart.SetShowLegend(true);
m_chart.SetColumn(1);
m_chart.SetColumnLabel("平原合计");
m_chart.SetColumn(2);
m_chart.SetColumnLabel("盆地合计");

//数据
double d1[12]={15,5,22,30,41,29,50,79,121,23,2,0};
double d2[12]={0,10,18,23,41,39,45,125,91,22,2,0};
for(int i=1;i<=m_chart.GetRowCount();i++)
{
    m_chart.GetDataGrid().SetData(i,1,d1[i-1],0);    //平原降水
    m_chart.GetDataGrid().SetData(i,2,d2[i-1],0);    //盆地降水
}
```

秘笈心法

心法领悟 510：设置 MSChart 控件标题颜色。

设置标题为绿色：
m_Chart.GetTitle().GetVtFont().GetVtColor().Set(0,255,0);

实例 511 网站人气指数条形图

光盘位置：光盘\MR\14\511

高级
趣味指数：★★★★☆

实例说明

网站访问量往往是网站开发人员比较关注的，对网站访问量的统计分析，可以让开发人员及时了解网民需求，从而调整网站内容，更好地为广大网民服务。本实例通过读取数据库中的数据，将每月网站访问量以条形图形式反映出来，效果如图 14.13 所示。

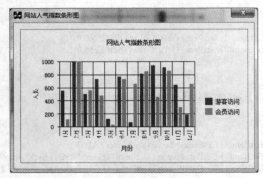

图 14.13 网站人气指数条形图

关键技术

本实例的实现主要使用 SetData 方法向图表对象添加数据。SetData 方法的介绍请参见实例 505 关键技术。

设计过程

(1) 新建一个基于对话框的应用程序。
(2) 向窗体中添加 MSChart 控件,关联控件变量 m_chart。
(3) 主要代码如下:

```
//设置控件类型
m_chart.SetChartType(1);
//标题
m_chart.SetTitleText("网站人气指数条形图");
//行数、列数
m_chart.SetRowCount(12);
m_chart.SetColumnCount(2);
VARIANT var;
//x 轴设置
m_chart.GetPlot().GetAxis(0,var).GetCategoryScale().SetAuto(FALSE);       //不自动标注刻度
m_chart.GetPlot().GetAxis(0,var).GetAxisTitle().SetText("月份");          //x 轴标题

//y 轴设置
m_chart.GetPlot().GetAxis(1,var).GetValueScale().SetAuto(FALSE);
m_chart.GetPlot().GetAxis(1,var).GetValueScale().SetMaximum(1000);       //最大刻度
m_chart.GetPlot().GetAxis(1,var).GetValueScale().SetMinimum(0);          //最小刻度
m_chart.GetPlot().GetAxis(1,var).GetValueScale().SetMajorDivision(5);    //等分
m_chart.GetPlot().GetAxis(1,var).GetValueScale().SetMinorDivision(1);    //每刻度一个刻度线
m_chart.GetPlot().GetAxis(2,var).GetAxisScale().SetHide(TRUE);           //隐藏第二 y 轴,即右边的 y 轴
m_chart.GetPlot().GetAxis(1,var).GetAxisTitle().SetText("人数");         //y 轴标题

//行标签和数据
char *pmoon[12]={"1 月","2 月","3 月","4 月","5 月","6 月","7 月","8 月","9 月","10 月","11 月","12 月"};
srand(GetTickCount());
for(int i=1;i<=m_chart.GetRowCount();i++)
{
    m_chart.SetRow(i);                                                   //选定行
    m_chart.SetRowLabel((LPCTSTR)pmoon[i-1]);                            //行标签
    m_chart.GetDataGrid().SetData(i, 1, rand() * 1000 / RAND_MAX, 0);    //数据值
    m_chart.GetDataGrid().SetData(i, 2, rand() * 1000 / RAND_MAX, 0);
}

//列标签
char *p[2]={"游客访问","会员访问"};
m_chart.SetShowLegend(true);                                             //图例
for(int j=1;j<=m_chart.GetColumnCount();j++)
{
    m_chart.SetColumn(j);
    m_chart.SetColumnLabel((LPCTSTR)p[j-1]);
}
```

秘笈心法

心法领悟 511:使用代码创建图表。

使用 MSChart 的 Create 方法可以创建图表,并通过图片控件显示出来。

```
m_Chart.Create("mschart", WS_CHILD| WS_VISIBLE, rect, this, 100, NULL, FALSE);
```

实例 512　利用饼形图分析公司男女比率　　　　高级

光盘位置:光盘\MR\14\512　　　　趣味指数:★★★★

实例说明

饼形图显示数据系列中的每一项占该系列数值综合的比例关系。饼形图表对比更明显、程序更人性化。本

实例利用 MSChart 控件中饼形图表分析公司男女比例，效果如图 14.14 所示。

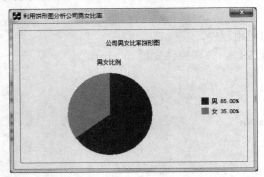

图 14.14　利用饼形图分析公司男女比率

■ 关键技术

首先，将 MSChart 控件的控件类型设置为饼形图格式 SetChartType(14)。SetShowLegend 设置图例属性值为 True。SetData 设置图表数据，SetColumn、SetColumnLabel 显示比例。

■ 设计过程

（1）新建一个基于对话框的应用程序。
（2）向窗体中添加 MSChart 控件，关联控件变量 m_chart。
（3）主要代码如下：

```
//设置控件类型
m_chart.SetChartType(14);
//标题
m_chart.SetTitleText("公司男女比率饼形图");
//行数、列数
m_chart.SetRowCount(1);
m_chart.SetColumnCount(2);

//行标签和数据
m_chart.SetRow(1);                                          //选定行
m_chart.SetRowLabel((LPCTSTR)"男女比例");                   //行标签
m_chart.GetDataGrid().SetData(1, 1, 39, 0);                 //男
m_chart.GetDataGrid().SetData(1, 2, 21, 0);                 //女

//列标签
CString men, women;
men.Format("男  %.2f%%",39/60.0*100);
women.Format("女  %.2f%%",21/60.0*100);
m_chart.SetShowLegend(true);                                //图例

m_chart.SetColumn(1);
m_chart.SetColumnLabel(men);
m_chart.SetColumn(2);
m_chart.SetColumnLabel(women);
```

■ 秘笈心法

心法领悟 512：图书销售对比图。

根据本实例设计饼形图，使用 SetChartType 方法，参数设为 14，指定为饼形图类型，以不同类别图书销量作为数据值，设置图表，并计算各类别图书销量占总销量的比例。

实例 513　利用饼形图分析产品市场占有率

光盘位置：光盘\MR\14\513　　　　　　　　　　　高级　趣味指数：★★★★

■ 实例说明

在开发商品销售管理系统的过程中，为了清晰地了解产品在市场上的占有率，使用 MSChart 控件的饼形图表分析产品市场占有率是最佳的选择，本实例利用饼形图分析产品市场占有率，效果如图 14.15 所示。

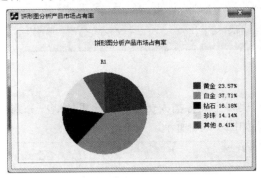

图 14.15　利用饼形图分析产品市场占有率

■ 关键技术

本实例的实现主要使用 SetChartType 方法设置控件类型，SetTitleText 方法设置标题，SetRowCount 和 SetColumnCount 方法设置行数和列数，SetShowLegend 方法显示图例，GetColumnCount 方法设置总列数，SetData 方法设置数据。

■ 设计过程

（1）新建一个基于对话框的应用程序。
（2）向窗体中添加 MSChart 控件，关联控件变量 m_chart。
（3）主要代码如下：

```
//设置控件类型
m_chart.SetChartType(14);
//标题
m_chart.SetTitleText("饼形图分析产品市场占有率");
//行数、列数
m_chart.SetRowCount(1);
m_chart.SetColumnCount(5);
CString s[5]={"gold", "platinum" ,"diamond","pearl","others"};    //商品名
float Fsale[5]={ 600, 960, 412, 360, 214};                         //每类的销量
float total = Fsale[0]+Fsale[1]+Fsale[2]+Fsale[3]+Fsale[4];       //总销量
char *Cname[5]={"黄金","白金","钻石","珍珠","其他"};
for(int i=1;i<=m_chart.GetColumnCount();i++)
{
    s[i-1].Format("%s %.2f%%",Cname[i-1],Fsale[i-1]/total*100);   //各类商品占有率
}
m_chart.SetShowLegend(true);                                       //图例
for(int j=1;j<=m_chart.GetColumnCount();j++)
{
    m_chart.SetColumn(j);
```

```
        m_chart.SetColumnLabel(s[j-1]);                              //列标签
        m_chart.GetDataGrid().SetData(1, j, Fsale[j-1], 0);          //数据
}
```

秘笈心法

心法领悟 513：用饼形图分析人力资源情况。

计算各部门员工占企业总人数的比例，如销售、技术、主管等。以人数为各列数据值，绘制饼形图，分析公司人力资源分布情况。

实例 514　利用多饼形图分析企业人力资源情况　　高级
光盘位置：光盘\MR\14\514　　趣味指数：★★★★

实例说明

开发人力资源管理系统时，需要将企业各类人员占公司比重的情况分别用图表显示出来。本实例利用多饼形图分析企业人力资源情况，效果如图 14.16 所示。

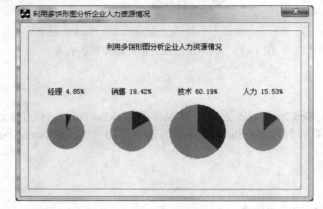

图 14.16　利用多饼形图分析企业人力资源情况

关键技术

本实例的实现主要使用 SetChartType 方法设置控件类型，SetTitleText 方法设置标题，SetRowCount 和 SetColumnCount 方法设置函数列数，SetShowLegend 方法显示图例，GetColumnCount 方法设置总列数，SetData 方法设置数据。设置 4 行 2 列饼形图，一列为各部门人数，另一列为总人数，分多图显示人力资源情况。

设计过程

（1）新建一个基于对话框的应用程序。
（2）向窗体中添加 MSChart 控件，关联控件变量 m_chart。
（3）主要代码如下：

```
//设置控件类型
m_chart.SetChartType(14);
//标题
m_chart.SetTitleText("利用多饼形图分析企业人力资源情况");
//行数、列数
m_chart.SetRowCount(4);
m_chart.SetColumnCount(2);
```

```
CString str[4];                                                          //部门
float Femploer[4]={ 5, 20, 62, 16};                                      //每个部门人数
float total = Femploer[0]+Femploer[1]+Femploer[2]+Femploer[3];           //总人数
char *Cname[4]={"经理","销售","技术","人力"};
for(int i=0;i<=m_chart.GetRowCount()-1;i++)
{
    str[i].Format("%s %.2f%%",Cname[i],Femploer[i]/total*100);           //比例
    m_chart.SetRow(i+1);
    m_chart.SetRowLabel(str[i]);                                         //行标签
    m_chart.GetDataGrid().SetData(i+1, 1, Femploer[i], 0);               //数据
    m_chart.GetDataGrid().SetData(i+1, 2, total, 0);
}
```

秘笈心法

心法领悟 514：利用多饼形图分析降雨量。

设置饼形图，统计连续 6 周降雨量。分 6 个饼形图，每个饼形图显示周降雨量占总降雨量的比例，通过图表显示，分析降雨情况。

实例 515　对比图表分析

光盘位置：光盘\MR\14\515

高级
趣味指数：★★★★

实例说明

利用图表分析数据时，常常需要比较记录的多个特征，从而得出正确的结论。本实例要对每个仓库的品种数、库存数量和单品种数进行分析比较，效果如图 14.17 所示。

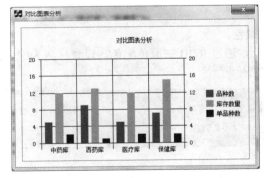

图 14.17　对比图表分析

关键技术

对记录的多个特征进行图表分析，关键是对对比特征进行正确的统计。本实例要对比的特征有每个仓库的总库存数量、品种数和单品种数（单品种数即每个仓库每种产品的平均数量，单品种数=总库存数量/品种数）。

设计过程

（1）新建一个基于对话框的应用程序。
（2）向窗体中添加 MSChart 控件，关联控件变量 m_chart。
（3）主要代码如下：

```
//设置控件类型
m_chart.SetChartType(1);
//标题
```

```cpp
m_chart.SetTitleText("对比图表分析");
//行数、列数
m_chart.SetRowCount(4);
m_chart.SetColumnCount(3);

//y 轴设置
VARIANT var;
m_chart.GetPlot().GetAxis(1,var).GetValueScale().SetAuto(FALSE);
m_chart.GetPlot().GetAxis(1,var).GetValueScale().SetMaximum(20);       //最大刻度
m_chart.GetPlot().GetAxis(1,var).GetValueScale().SetMinimum(0);        //最小刻度
m_chart.GetPlot().GetAxis(1,var).GetValueScale().SetMajorDivision(5);  //等分
m_chart.GetPlot().GetAxis(1,var).GetValueScale().SetMinorDivision(1);  //每刻度一个刻度线

char *pRow[4]={"中药库","西药库","医疗库","保健库"};
int num,total;
srand(GetTickCount());
for(int i=1;i<=m_chart.GetRowCount();i++)
{
    m_chart.SetRow(i);
    m_chart.SetRowLabel(pRow[i-1]);                                    //行标签
    m_chart.GetDataGrid().SetData(i, 1, num = rand()%10, 0);           //品种数
    m_chart.GetDataGrid().SetData(i, 2, total = rand()%10+10, 0);      //库存量
    m_chart.GetDataGrid().SetData(i, 3, total/num, 0);                 //单品种数
}

m_chart.SetShowLegend(true);
char *pCol[3]={"品种数","库存数量","单品种数"};
for(int j=1;j<=m_chart.GetColumnCount();j++)
{
    m_chart.SetColumn(j);                                              //指定列
    m_chart.SetColumnLabel(pCol[j-1]);                                 //列标签
}
```

秘笈心法

心法领悟 515：设置图表标题颜色。

通过 GetVtColor().Set 设置颜色，通过 RGB 三原色配色。设置标题为绿色：
m_Chart.GetTitle().GetVtFont().GetVtColor().Set(0,255,0);

实例 516　三维折线图

光盘位置：光盘\MR\14\516　　高级　　趣味指数：★★★★

实例说明

本实例绘制三维折线图，通过 SetChartType 方法制定图表控件类型，效果如图 14.18 所示。

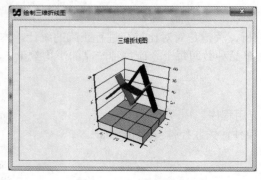

图 14.18　三维折线图

关键技术

本实例的实现主要使用 SetChartType 方法设置控件类型，其属性值如表 14.3 所示。

表 14.3 SetChartType 方法属性值

属 性 值	说　　明	属 性 值	说　　明
0	3D 条形图	1	2D 条形图
2	3D 折线图	3	2D 折线图
4	3D 面积图	5	2D 面积图
6	3D 阶梯图	7	2D 阶梯图
8	3D 组合图	9	2D 组合图
14	2D 饼图	16	2D 散点图

设计过程

（1）新建一个基于对话框的应用程序。
（2）向窗体中添加 MSChart 控件，关联控件变量 m_chart。
（3）主要代码如下：

```
//设置控件类型
m_chart.SetChartType(2);  //3D 折线图
//标题
m_chart.SetTitleText("三维折线图");
//行数、列数
m_chart.SetRowCount(3);
m_chart.SetColumnCount(3);
VARIANT var;
//设定 x、y 轴标题颜色
m_chart.GetPlot().GetAxis(1,var).GetAxisTitle().GetVtFont().GetVtColor().Set(255,0,0);
m_chart.GetPlot().GetAxis(0,var).GetAxisTitle().GetVtFont().GetVtColor().Set(255,0,0);
//设定坐标轴宽度
m_chart.GetPlot().GetAxis(0,var).GetPen().SetWidth(30);
m_chart.GetPlot().GetAxis(1,var).GetPen().SetWidth(30);
```

秘笈心法

心法领悟 516：刷新图表。
通过 MSChart 图表控件的 Refresh 属性可使整个图表重绘，刷新图表。
m_chart.Refresh();

实例 517　三维面积图

光盘位置：光盘\MR\14\517　　　　　　　　　　　　高级　　趣味指数：★★★★

实例说明

本实例绘制三维面积图，通过 SetChartType 方法制定图表控件类型，效果如图 14.19 所示。

关键技术

本实例的实现主要使用 SetChartType 方法设置控件类型。SetChartType 方法属性参见实例 516 关键技术。

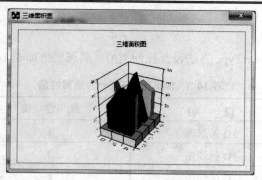

图 14.19 三维面积图

设计过程

（1）新建一个基于对话框的应用程序。
（2）向窗体中添加 MSChart 控件，关联控件变量 m_chart。
（3）主要代码如下：

```
//设置控件类型
m_chart.SetChartType(4);  //3D 面积图

//标题
m_chart.SetTitleText("三维面积图");
//行数、列数
m_chart.SetRowCount(3);
m_chart.SetColumnCount(4);
```

秘笈心法

心法领悟 517：绘制 3D 条形图。

使用 SetChartType 方法设置图表控件类型，参数指定为 4，绘制 3D 条形图。

```
m_chart.SetChartType(4);
```

第5篇

网络篇

- 第15章 网络开发
- 第16章 Web编程

第15章

网络开发

- 获取计算机信息
- 局域网控制与管理
- 网上资源共享
- 网络连接与通信
- 套接字的应用
- 其他

第 15 章 网络开发

15.1 获取计算机信息

| 实例 518 | 获取局域网中计算机名称
光盘位置：光盘\MR\15\518 | 高级
趣味指数：★★★★ |

■ 实例说明

在开发应用程序时，有时需要了解局域网内的计算机。本实例实现获取局域网内的计算机名称，效果如图 15.1 所示。

图 15.1 获取局域网中计算机名称

■ 关键技术

本实例主要使用了 Windows API 函数库中的 WNetOpenEnum、WNetEnumResource 和 WNetCloseEnum 函数。各函数功能如下。

（1）WNetOpenEnum 函数启动对网络资源进行枚举的过程。函数原型如下：

DWORD WNetOpenEnum(DWORD dwScope,DWORD dwType,DWORD dwUsage, LPNETRESOURCE lpNetResource,LPHANDLE lphEnum);

参数说明如表 15.1 所示。

表 15.1 WNetOpenEnum 函数的参数说明

参数	说明
dwScope	指定此次网络枚举的范围
dwType	指定此次枚举的资源类型
dwUsage	指定枚举资源的用法
lpNetResource	指针类型，指向特定的数据结构 NETRESOURCE
lphEnum	指针指向存储枚举过程句柄的变量

（2）WNetEnumResource 函数枚举网络资源。函数原型如下：

DWORD WNetEnumResource(HANDLE hEnum,LPDWORD lpcCount,LPVOID lpBuffer,LPDWORD lpBufferSize);

参数说明如表 15.2 所示。

表 15.2 WNetEnumResource 函数的参数说明

参数	说明
hEnum	由 WNetOpenEnum 函数的参数 lphEnum 传入
lpcCount	用来决定获取的资源数目最大值
lpBuffer	指针类型，指向枚举结果存放的缓冲区地址
lpBufferSize	指针类型，指向枚举结果存储缓冲区大小的变量地址

（3）WNetCloseEnum 函数结束一次枚举操作。函数原型如下：
DWORD WNetCloseEnum(HANDLE hEnum);
参数说明：

hEnum：该参数由 WNetOpenEnum 函数的参数 lphEnum 传入。

注意：在使用这些函数之前，需要初始化向程序中导入 mpr.lib 库和头文件 winnetwk.h。

设计过程

（1）新建一个基于对话框的应用程序。
（2）向窗体中添加一个按钮控件，列举计算机名。添加组合框控件显示查找到的计算机名。
（3）"列举"按钮实现代码如下：

```
void CEnumComputerDlg::OnEnumcomputer()
{
    UpdateData();
    NETRESOURCE netRes;
    memset(&netRes,0,sizeof(NETRESOURCE));
    netRes.dwDisplayType = RESOURCEDISPLAYTYPE_SERVER;
    netRes.dwScope = RESOURCE_GLOBALNET;
    netRes.dwType = RESOURCETYPE_DISK;
    netRes.dwUsage = RESOURCEUSAGE_CONNECTABLE;
    netRes.lpComment = NULL;
    netRes.lpProvider = NULL;
    netRes.lpLocalName = "";
    netRes.lpRemoteName = m_Domain.GetBuffer(0);

    HANDLE hNet;
    DWORD ret = WNetOpenEnum(RESOURCE_GLOBALNET,RESOURCETYPE_ANY,0,&netRes,&hNet);

    if (ret==NO_ERROR)
    {
        DWORD count = 0xFFFFFFFF;
        DWORD buffersize = 1024*8 ;
        char * pData = new char[1024*8];
        WNetEnumResource(hNet,&count,pData,&buffersize);

        NETRESOURCE* pSource = (NETRESOURCE*)pData;
        for (int i=0; i<count;i++,pSource++)
        {
            //去除"//"字符
            char* psubstr = pSource->lpRemoteName;
            psubstr+=2;
            m_Computer.AddString(psubstr);
        }
        delete pData;
    }
    WNetCloseEnum(hNet);
}
```

秘笈心法

心法领悟 518：获取局域网中的工作组。
先获取当前网络资源，然后通过循环，枚举当前资源的下一层资源，循环获取工作组名。

实例 519	通过计算机名称获取 IP 地址	高级
	光盘位置：光盘\MR\15\519	趣味指数：★★★★

实例说明

IP 地址能够标识网络中唯一的一台计算机，目前的 IP 地址是 32 位，被划分为 4 个节，节与节之间用"."

分隔，每节为 8 位，通常用十进制来表示，例如，127.0.0.1。当网络中有相同 IP 地址的计算机时系统会提示冲突。每台计算机都有一个唯一的名称，所以，计算机名和 IP 地址是对应的。本实例将通过计算机名来获取其 IP 地址，效果如图 15.2 所示。

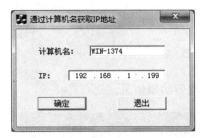

图 15.2　通过计算机名获取 IP 地址

■ 关键技术

gethostbyname 是一个在 winsock 单元中声明的函数，该函数能够通过计算机的名称返回其网络信息，这个信息中包括 IP 地址。在使用该函数之前，需要导入 ws2_32.lib 库和头文件 afxsock.h。该函数原型如下：
```
struct hostent FAR * gethostbyname ( const char FAR * name );
```
参数说明：

name：包含计算机名称的字符串。

返回值：该函数返回值为 HOSTENT 结构类型的指针，该类型声明如下：
```
struct hostent {
    char FAR *h_name;
    char FAR * FAR * h_aliases;
    short h_addrtype;
    short h_length;
    char FAR * FAR *  h_addr_list;
};
```

■ 设计过程

（1）新建一个基于对话框的应用程序，将窗体标题改为"通过计算机名获取 IP 地址"。

（2）选择菜单 Project｜Add To Project，然后选择 Components and Controls...，弹出 Components and Controls Gallery 窗口，双击窗口中的 Registered ActiveX Controls 文件夹，找到 Microsoft ADO Data Control6.0(SP4)(OLEDB) 选项，双击并取默认值，添加控件，单击 Close 按钮，ADO Data 控件就添加到控件面板中了。用同样的方法找到 Microsoft DataGrid Control6.0(SP5) (OLEDB)选项，添加 DataGrid 控件。

（3）在窗体上添加一个编辑框控件、一个 IP 地址控件和两个按钮控件。

（4）在应用程序中初始化套接字。代码如下：
```
WSADATA wsd;
WSAStartup(MAKEWORD(2,2),&wsd);
```
（5）通过计算机名获得 IP。代码如下：
```
void CGetIPDlg::OnButok()
{
    CString str="",name;
    m_name.GetWindowText(name);           //获得计算机名
    struct hostent * pHost;
    pHost = gethostbyname(name);          //获得 IP 地址
    //格式化 IP 地址
    for(int i=0;i<4;i++)
    {
      CString addr;
      if(i > 0)
      {
          str += ".";
```

```
        }
        addr.Format("%u",(unsigned int)((unsigned char*)pHost->h_addr_list[0])[i]);
        str += addr;
    }
    m_ip.SetWindowText(str);
}
```

■ 秘笈心法

心法领悟 519：如何获得驱动器信息？
使用命令 IDE_ATA_IDENTIFY 读取驱动器信息。

实例 520　获取网卡地址
光盘位置：光盘\MR\15\520　　　高级　趣味指数：★★★★

■ 实例说明

在实际的应用程序中，经常需要在程序运行时获取 MAC 地址，用来作为某种标识。MAC 地址是网络适配器的物理地址。网络适配器又称网卡，是计算机通信的主要设备，在出厂时 MAC 的地址就写入到了适配器中，出现两块相同 MAC 地址的网卡的几率非常小，几乎为 0。所以用 MAC 地址就能够标识网络中一台唯一的计算机。本实例实现获取网卡地址，效果如图 15.3 所示。

图 15.3　获取网卡地址

■ 关键技术

本实例使用了 Netbios 函数，通过该函数能够获取本机的 MAC 地址，该函数原型如下：
UCHAR Netbios(PNCB pncb);
参数说明：
pncb：NCB 类型的结构，该结构定义如下：
```
typedef struct _NCB {
    UCHAR ncb_command;
    UCHAR ncb_retcode;
    UCHAR ncb_lsn;
    UCHAR ncb_num;
    PUCHAR ncb_buffer;
    WORD ncb_length;
    UCHAR ncb_callname[NCBNAMSZ];
    UCHAR ncb_name[NCBNAMSZ];
    UCHAR ncb_rto;
    UCHAR ncb_sto;
    void (*ncb_post) (struct _NCB *);
    UCHAR ncb_lana_num;
    UCHAR ncb_cmd_cplt;
    UCHAR ncb_reserve[10];
    HANDLE ncb_event;
} NCB;
```

设计过程

（1）新建一个基于对话框的应用程序，将窗体标题改为"获取网卡地址"。
（2）在窗体上添加一个编辑框控件和两个按钮控件。
（3）主要代码如下：

```
void CGetMACDlg::OnButmac()
{
    CString strMac;
    NCB ncb;
    ADAPTER_STATUS adapt;
    memset(&ncb,0,sizeof(ncb));
    ncb.ncb_command = NCBRESET;                         //首先对网卡发送一个 NCBRESET 命令以便进行初始化
    Netbios(&ncb);
    ncb.ncb_command = NCBASTAT;
    strcpy((char *)ncb.ncb_callname,"*");
    ncb.ncb_buffer = (unsigned char *)&adapt;           //指定返回的信息存放的变量
    ncb.ncb_length = sizeof(adapt);
    // 发送 NCBASTAT 命令以获取网卡的信息
    Netbios(&ncb);
    strMac.Format( "%02X%02X-%02X%02X-%02X%02X\n",      //把网卡 MAC 地址格式化成常用的十六进制形式
                    adapt.adapter_address[0],
                    adapt.adapter_address[1],
                    adapt.adapter_address[2],
                    adapt.adapter_address[3],
                    adapt.adapter_address[4],
                    adapt.adapter_address[5]);
    m_edit.SetWindowText(strMac);
}
```

秘笈心法

心法领悟 520：获取网卡数量和编号。

向网卡发送 NCBENUM 命令，通过 Netbios 函数获取网卡信息，获取网卡数量和编号。

```
ncb.ncb_command = NCBENUM;
Netbios(&ncb);
```

实例 521　获取当前打开的端口

光盘位置：光盘\MR\15\521　　　　　　　　　　　　　　高级　趣味指数：★★★★☆

实例说明

当两台计算机之间进行通信和信息传递时，每台计算机都需要开启一个端口。这个端口就是与另一台计算机通信的通道。木马或黑客程序都需要一个端口与远程的计算机进行通信，这些端口是不固定的，所以很难防范。但是将系统中所有的端口列出查看，就会知道系统是否正在与网络中的计算机进行通信。本实例将列出当前系统中打开的端口和端口信息，效果如图 15.4 所示。

关键技术

DOS SHELL 命令 netstat 是一个强大的网络命令，能够获得系统中的端口信息。其命令参数-a 表示列出所有的链接和侦听端口。在程序中使用 WinExec 函数可以调用该命令。该函数原型如下：

UINT WinExec(LPCSTR lpCmdLine,UINT uCmdShow);

参数说明：

❶lpCmdLine：命令行。

❷uCmdShow：显示类型。

调用 netstat 命令时可以使用重定向功能将结果保存到一个文本文件中，然后在程序中将该文件打开显示，即可浏览目前端口信息。调用的命令如下：

Command.com /c netstat -a -n > c:\port.txt

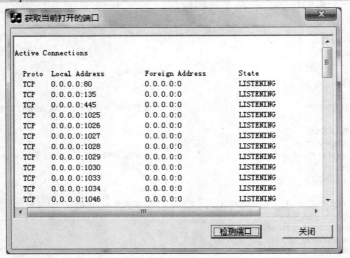

图 15.4　获取当前打开的端口

设计过程

（1）新建一个基于对话框的应用程序，将窗体标题改为"获取当前打开的端口"。
（2）在窗体上添加一个格式文本编辑控件和两个按钮控件。
（3）主要代码如下：

```
void CHuodeDKDlg::OnInspect()
{
    char buffer[100];
    GetWindowsDirectory(buffer,100);
    strcat(buffer,"\\system32\\netstat -a -n > c:\\port.txt");
    CString strPath;
    strPath.Format("Command.com /c %s",buffer);
    WinExec(strPath,SW_HIDE);                              //监听端口
    Sleep(5000);                                           //延时
    CString str="";
    char sread[10000];
    CFile mfile(_T("c:\\port.txt"),CFile::modeRead);       //打开文件
    mfile.Read(sread,10000);                               //读取文件内容
    for(int i=0;i<mfile.GetLength();i++)
    {
        str += sread[i];
    }
    m_richedit.SetWindowText(str);                         //将端口信息显示到控件中
}
```

秘笈心法

心法领悟 521：查看计算机的端口占用情况。

通过 netstat 命令查看计算机的端口占用情况。例如，查看 8000 端口被哪个进程占用。

netstat -aon | findstr "8000"

实例 522　获取局域网内的工作组

光盘位置：光盘\MR\15\522

高级
趣味指数：★★★★

实例说明

在局域网中，可以设置不同的工作组，通过本实例的学习，读者可以掌握如何获取工作组的名称。运行程序，计算机名显示在编辑框中，局域网内的工作组显示在列表中，效果如图 15.5 所示。

图 15.5　获取局域网内的工作组

关键技术

本实例主要使用了 Windows API 函数库中的 WNetOpenEnum、WNetEnumResource 和 WNetCloseEnum 函数，具体介绍参见实例 518 的关键技术。

设计过程

（1）新建一个基于对话框的应用程序，将窗体标题改为"获取计算机名称和工作组"。
（2）在窗体上添加一个编辑框控件和一个列表视图控件。
（3）主要代码如下：

```
//设置控件的扩展风格
m_grid.SetExtendedStyle(LVS_EX_FLATSB
    |LVS_EX_FULLROWSELECT
    |LVS_EX_HEADERDRAGDROP
    |LVS_EX_ONECLICKACTIVATE
    |LVS_EX_GRIDLINES);
m_grid.InsertColumn(0,"局域网内工作组",LVCFMT_LEFT,220,0);     //设置列标题
DWORD nSize = MAX_COMPUTERNAME_LENGTH + 1;
char Buffer[MAX_COMPUTERNAME_LENGTH + 1];
GetComputerName(Buffer,&nSize);                               //获得机器名
m_edit.SetWindowText(Buffer);
DWORD Count=0xFFFFFFFF,Bufsize=4096,Res;
NETRESOURCE* nRes;
HANDLE lphEnum;
LPVOID Buf = new char[4096];
LPVOID Bufwg = new char[4096];

Res = WNetOpenEnum(RESOURCE_GLOBALNET, RESOURCETYPE_ANY,
        RESOURCEUSAGE_CONTAINER,NULL,&lphEnum);               //启动网络资源进行枚举
Res=WNetEnumResource(lphEnum,&Count,Buf,&Bufsize);            //获得枚举的网络资源
nRes=(NETRESOURCE*)Buf;
//通过循环枚举当前资源的下一层资源
for(DWORD n=0;n<Count;n++,nRes++)
```

```
{
    DWORD NUM= 0xFFFFFFFF;
    Res = WNetOpenEnum(RESOURCE_GLOBALNET, RESOURCETYPE_ANY, 0,nRes,&lphEnum);
    Res=WNetEnumResource(lphEnum,&NUM,Bufwg,&Bufsize);
    int num= Bufsize/sizeof(NETRESOURCE);
    nRes=(NETRESOURCE*)Bufwg;
    for(DWORD i=0;i<NUM;i++,nRes++)
    {
        m_grid.InsertItem(i,0);
        m_grid.SetItemText(i,0,nRes->lpRemoteName);
    }
}
delete Buf;
delete Bufwg;
WNetCloseEnum(lphEnum);
```

秘笈心法

心法领悟 522：设置树控件节点图像。

使用 SetItemImage 方法设置树控件节点的图像，语法如下：
BOOL SetItemImage(HTREEITEM hItem, int nImage, int nSelectedImage);

15.2 局域网控制与管理

实例 523 获取局域网所有计算机名称和 IP
光盘位置：光盘\MR\15\523
高级
趣味指数：★★★★

实例说明

在本实例运行时，检索整个局域网络，将局域网络中的计算机名和 IP 地址显示在列表视图控件中。效果如图 15.6 所示。

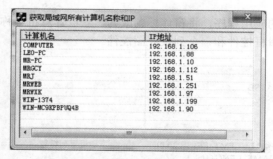

图 15.6 获取局域网所有计算机名称和 IP

关键技术

本实例主要使用了 Windows API 函数库中的 WNetOpenEnum、WNetEnumResource 和 WNetCloseEnum 函数枚举局域网计算机名，在使用这些函数之前，需要初始化向程序中导入 mpr.lib 库和头文件 winnetwk.h。通过 gethostbyname 函数获取计算机 IP 地址，在使用该函数之前，需要导入 ws2_32.lib 库和头文件 afxsock.h。

设计过程

（1）新建一个基于对话框的应用程序，将窗体标题改为"获取局域网所有计算机名称和 IP"。

（2）在窗体上添加一个列表视图控件。
（3）主要代码如下：

```cpp
WSADATA wsd;
WSAStartup(MAKEWORD(2,2),&wsd);         //初始化套接字
//设置控件扩展风格
m_grid.SetExtendedStyle(LVS_EX_FLATSB
  |LVS_EX_FULLROWSELECT
  |LVS_EX_HEADERDRAGDROP
  |LVS_EX_ONECLICKACTIVATE
  |LVS_EX_GRIDLINES);
//设置列标题
m_grid.InsertColumn(0,"计算机名",LVCFMT_LEFT,200,0);
m_grid.InsertColumn(1,"IP 地址",LVCFMT_LEFT,200,0);
DWORD Count=0xFFFFFFFF,Bufsize=4096,Res;
//枚举网络资源
NETRESOURCE* nRes;
NETRESOURCE* nRes1;
NETRESOURCE* nRes2;
HANDLE lphEnum;
LPVOID Buf = new char[4096];
LPVOID Buf1 = new char[4096];
LPVOID Buf2 = new char[4096];
Res = WNetOpenEnum(RESOURCE_GLOBALNET, RESOURCETYPE_ANY, RESOURCEUSAGE_CONTAINER, NULL,&lphEnum);
Res=WNetEnumResource(lphEnum,&Count,Buf,&Bufsize);
nRes=(NETRESOURCE*)Buf;
for(DWORD n=0;n<Count;n++,nRes++)
{
    DWORD Count1=0xFFFFFFFF;
    Res = WNetOpenEnum(RESOURCE_GLOBALNET, RESOURCETYPE_ANY, RESOURCEUSAGE_ CONTAINER, nRes,&lphEnum);
    Res=WNetEnumResource(lphEnum,&Count1,Buf1,&Bufsize);
    nRes1=(NETRESOURCE*)Buf1;
    //循环枚举下一层资源
    for(DWORD i=0;i<Count1;i++,nRes1++)
    {
        DWORD Count2=0xFFFFFFFF;
        Res = WNetOpenEnum(RESOURCE_GLOBALNET, RESOURCETYPE_ANY, RESOURCEUSAGE_CONTAINER, nRes1,&lphEnum);
        Res=WNetEnumResource(lphEnum,&Count2,Buf2,&Bufsize);
        nRes2=(NETRESOURCE*)Buf2;
        for(DWORD j=0;j<Count2;j++,nRes2++)
        {
            m_grid.InsertItem(j,0);
            CString sName=nRes2->lpRemoteName;
            sName=sName.Right(sName.GetLength()-2);
            m_grid.SetItemText(j,0,sName);
            CString str="";
            struct hostent * pHost;
            pHost = gethostbyname(sName);
            if(pHost==NULL)
            {
                m_grid.SetItemText(j,1,"无法获得 IP 地址");
            }
            else
            {
                for(int n=0;n<4;n++)
                {
                    CString addr;
                    if(n > 0)
                    {
                        str += ".";
                    }
                    addr.Format("%u",(unsigned int)((unsigned char*)pHost->h_addr_list[0])[n]);
                    str += addr;
                }
                m_grid.SetItemText(j,1,str);
            }
        }
    }
}
```

```
delete Buf;
delete Buf1;
delete Buf2;
WNetCloseEnum(lphEnum);
```

秘笈心法

心法领悟 523：根据用户的 IP 地址查看该 IP 地址的计算机名。

使用 ping 命令 ping 指定的 IP，指定-a 选项，将地址解析成主机名，即可看到 IP 对应的计算机名。

实例 524 远程控制局域网计算机

光盘位置：光盘\MR\15\524   高级   趣味指数：★★★★

实例说明

网上的许多木马、黑客程序一般都具有远程控制计算机的能力。例如，能够让所侵入的计算机定时关机、窃取文件信息等。这是如何实现的呢？本实例中笔者设计了远程控制计算机的程序，效果如图 15.7 所示。

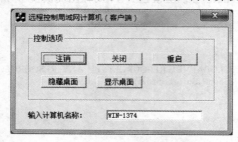

图 15.7 远程控制局域网计算机

关键技术

要实现远程控制计算机的功能，软件应采用客户/服务器模式设计，即设计两个应用程序，一个作为客户端应用程序，一个作为服务器端应用程序。当客户端应用程序打开时，服务器端的应用程序即可与客户端进行通信。一些黑客程序就是通过服务器端向客户端发送指令，在客户端执行非法操作的。

本实例利用 Windows Socket API 函数开发一个基于 TCP 协议的网络应用程序。服务器端应用程序首先需要设置本机的地址和端口号，然后利用套接字绑定地址，并开始监听客户端，如果发现有客户端连接，接受其连接请求，并发送信息到客户端。客户端应用程序需要设置连接的服务器信息，包括服务器地址和端口号，然后连接服务器，在服务器接受连接请求后，向服务器发送数据。

设计过程

（1）新建一个基于对话框的应用程序，将窗体标题改为"远程控制局域网计算机（客户端）"。
（2）在窗体上添加 1 个编辑框控件和 5 个按钮控件。
（3）主要代码如下：

```
//连接服务器
void CClientDlg::LianJie()
{
    UpdateData(true);
    CString str="";
    struct hostent * pHost;
    pHost = gethostbyname(m_name);                //获得 IP 地址
    if(pHost==NULL)
```

```cpp
    {
        MessageBox("无法获得 IP 地址");
        return;
    }
    else
    {
        //格式化 IP 地址
        for(int n=0;n<4;n++)
        {
            CString addr;
            if(n > 0)
            {
                str += ".";
            }
            addr.Format("%u",(unsigned int)((unsigned char*)pHost->h_addr_list[0])[n]);
            str += addr;
        }
    }
    //服务器端地址
    sockaddr_in serveraddr;
    serveraddr.sin_family = AF_INET;
    serveraddr.sin_port = htons(70);
    serveraddr.sin_addr.S_un.S_addr = inet_addr(str);
    connect(m_client,(sockaddr*)&serveraddr,sizeof(serveraddr));
    WSAAsyncSelect(m_client,m_hWnd,1000,FD_READ);
}
```

（4）新建一个基于对话框的应用程序，将窗体标题改为"远程控制局域网计算机（服务器端）"。

（5）监听客户端，代码如下：

```cpp
//创建套接字
m_server = socket(AF_INET,SOCK_STREAM,0);
//将网络中的事件关联到窗口的消息函数中
WSAAsyncSelect(m_server,m_hWnd,20000,FD_WRITE|FD_READ|FD_ACCEPT);
m_client = 0;
m_serverIP = "";
DWORD nSize = MAX_COMPUTERNAME_LENGTH + 1;
char Buffer[MAX_COMPUTERNAME_LENGTH + 1];
GetComputerName(Buffer,&nSize);
CString str="",name;
struct hostent * pHost;
pHost = gethostbyname(Buffer);
for(int i=0;i<4;i++)
{
    CString addr;
    if(i > 0)
    {
        str += ".";
    }
    addr.Format("%u",(unsigned int)((unsigned char*)pHost->h_addr_list[0])[i]);
    str += addr;
}

//服务器端地址
sockaddr_in serveraddr;
serveraddr.sin_family = AF_INET;
m_serverIP = str;
//设置本机地址
serveraddr.sin_addr.S_un.S_addr   = inet_addr(m_serverIP);
UpdateData(TRUE);
//设置端口号
serveraddr.sin_port = htons(70);
//绑定地址
if (bind(m_server,(sockaddr*)&serveraddr,sizeof(serveraddr)))
{
    MessageBox("绑定地址失败.");
    return;
}
//开始监听
```

```
listen(m_server,5);
```
（6）响应客户端按钮，代码如下：
```
sockaddr_in serveraddr;
char buffer[1];
int len =sizeof(serveraddr);
if (m_client==0) //客户端连接服务器
{
    m_client = accept(m_server,(struct sockaddr*)&serveraddr,&len);
}
else
{
    //接收客户端的数据
    int num = recv(m_client,buffer,1,0);
    CWnd* cwnd;
    static HANDLE hToken;
    static TOKEN_PRIVILEGES tp;
    static LUID luid;
    OpenProcessToken(GetCurrentProcess(),TOKEN_ADJUST_PRIVILEGES|TOKEN_QUERY,&hToken);
    LookupPrivilegeValue(NULL,SE_SHUTDOWN_NAME,&luid);
    tp.PrivilegeCount =1;
    tp.Privileges [0].Luid =luid;
    tp.Privileges [0].Attributes =SE_PRIVILEGE_ENABLED;
    AdjustTokenPrivileges(hToken,FALSE,&tp,sizeof(TOKEN_PRIVILEGES),NULL, NULL);
    switch(buffer[0])
    {
        case '1':
            cwnd = FindWindow("ProgMan",NULL);
            ::ShowWindow(cwnd->GetSafeHwnd(),SW_HIDE);
            break;
        case '2':
            cwnd = FindWindow("ProgMan",NULL);
            ::ShowWindow(cwnd->GetSafeHwnd(),SW_SHOW);
            break;
        case '3':
            ::ExitWindowsEx(EWX_LOGOFF,0);
            break;
        case '4':
            ::ExitWindowsEx(EWX_SHUTDOWN,0);
            break;
        case '5':
            ::ExitWindowsEx(EWX_REBOOT,0);
            break;
    }
}
```

▍秘笈心法

心法领悟 524：开发局域网通信程序。

开发局域网通信程序，可以使用 socket 创建套接字，bind 绑定 IP 和端口，listen 监听套接字，connect 和 accept 连接服务器和客户端，send 和 recv 收发消息。

实例 525	局域网屏幕监控　　光盘位置：光盘\MR\15\525	高级　　趣味指数：★★★★

▍实例说明

目前许多网络软件都具有远程控制的功能，而计算机监控就是其中的功能之一。本实例所实现的功能就是将服务器所在计算机的屏幕活动反映到客户端程序的窗口中，效果如图 15.8 所示。

第 15 章 网络开发

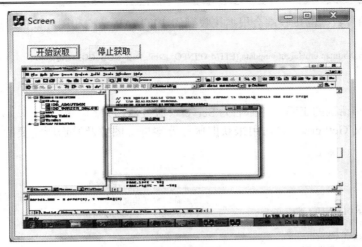

图 15.8 局域网屏幕监控

关键技术

本实例是屏幕监控软件，即将服务器端的屏幕显示图片发送到客户端再显示在窗口中。实现这样的操作有两种方法：一种是将图片信息存入文件，再将文件发送到客户端；另一种是将图片信息存入内存，直接以内存数据发送到客户端。本实例使用的是第二种方法。

图片信息通常由两部分组成：一是 BITMAP 结构信息；二是图片数据。BITMAP 结构可以通过 CBitmap 类直接获取，实现代码如下：

```
CDC dc,bmpdc;
int width,height;
dc.CreateDC("DISPLAY",NULL,NULL,NULL);          //创建关联屏幕的画布
CBitmap bm;                                      //位图类
width = GetSystemMetrics(SM_CXSCREEN);           //屏幕宽度
height = GetSystemMetrics(SM_CYSCREEN);          //屏幕高度
bm.CreateCompatibleBitmap(&dc,
        width,
        height);                                 //创建与屏幕画布兼容的位图
bmpdc.CreateCompatibleDC(&dc);                   //创建与屏幕画布兼容的临时画布
bmpdc.SelectObject(&bm);                         //选择位图
bmpdc.BitBlt(0,0,width,height,&dc,0,0,SRCCOPY);  //将屏幕图像复制到临时画布中
bm.GetBitmap(&bitmap);                           //获取位图结构
```

而在获取图片数据时首先要设置 BITMAPINFOHEADER 结构信息，再利用 GetDIBits 函数通过 BITMAPINFOHEADER 结构获取图片数据。实现代码如下：

```
bm.GetBitmap(&bitmap);                           //获取位图结构
size = bitmap.bmWidthBytes * bitmap.bmHeight;    //计算图片数据大小
bmpdata = new char[size];                        //定义图片数据存储区

BITMAPINFOHEADER bih;                            //位图信息头结构
bih.biBitCount=bitmap.bmBitsPixel;               //图片像素位数
bih.biClrImportant=0;
bih.biClrUsed=0;
bih.biCompression=0;
bih.biHeight=bitmap.bmHeight;                    //图片高度
bih.biPlanes=1;
bih.biSize=sizeof(BITMAPINFOHEADER);
bih.biSizeImage=size;                            //图片大小
bih.biWidth=bitmap.bmWidth;                      //图片宽度
bih.biXPelsPerMeter=0;
bih.biYPelsPerMeter=0;
//获取图片数据
GetDIBits(dc,bm,0,bih.biHeight,bmpdata,(BITMAPINFO*)&bih,DIB_RGB_COLORS);
```

在客户端，也就是图片数据的接收端会根据接收到的 BITMAP 结构和图片数据通过 SetDIBits 方法生成图片。实现代码如下：

```
SetDIBits(bmpdc.m_hDC,bm,0,bitmap.bmHeight,bmpdata,(BITMAPINFO*)&bih,DIB_RGB_COLORS);
```

■ 设计过程

（1）新建一个基于对话框的工程，并命名为 Server（服务器端）。

（2）在窗体类中定义 GetScreen 方法用来获取服务器端屏幕图像及发送所需要的 BITMAP 结构和位图数据。实现代码如下：

```
void CServerDlg::GetScreen()
{
    CDC dc,bmpdc;                                         //屏幕画布与临时画布
    int width,height;                                     //屏幕的宽度和高度
    dc.CreateDC("DISPLAY",NULL,NULL,NULL);                //根据屏幕上下文创建画布
    CBitmap bm;                                           //定义存储屏幕图像的位图
    width = GetSystemMetrics(SM_CXSCREEN);                //屏幕宽度
    height = GetSystemMetrics(SM_CYSCREEN);               //屏幕高度
    bm.CreateCompatibleBitmap(&dc,
        width,
        height);                                          //创建与屏幕兼容的位图
    bmpdc.CreateCompatibleDC(&dc);                        //创建与屏幕画布兼容的临时画布
    bmpdc.SelectObject(&bm);                              //选择图片
    bmpdc.BitBlt(0,0,width,height,&dc,0,0,SRCCOPY);       //将屏幕图像复制到位图中
    bm.GetBitmap(&bitmap);                                //获取位图结构
    size = bitmap.bmWidthBytes * bitmap.bmHeight;         //计算位图数据大小
    bmpdata = new char[size];                             //创建存储位图数据的缓冲区

    BITMAPINFOHEADER bih;                                 //位图信息头
    bih.biBitCount=bitmap.bmBitsPixel;                    //颜色位数
    bih.biClrImportant=0;
    bih.biClrUsed=0;
    bih.biCompression=0;
    bih.biHeight=bitmap.bmHeight;                         //位图高度
    bih.biPlanes=1;
    bih.biSize=sizeof(BITMAPINFOHEADER);
    bih.biSizeImage=size;                                 //位图大小
    bih.biWidth=bitmap.bmWidth;                           //位图宽度
    bih.biXPelsPerMeter=0;
    bih.biYPelsPerMeter=0;
    //获取位图数据到 bmpdata
    GetDIBits(dc,bm,0,bih.biHeight,bmpdata,(BITMAPINFO*)&bih,DIB_RGB_COLORS);
```

（3）在窗体类中实现 OnReceive 方法用来接收客户端发送的命令并执行，该方法由 CSocket 类的子类 CTCPClientSocket 来调用。实现代码如下：

```
void CServerDlg::OnReceive(CSocket * socket, int nErrorCode )
{
    char buffer[255];
    int len = socket->Receive(buffer,255);                //接收数据,并返回实现接收数据的长度
    buffer[len] = '\0';                                   //添加结束符
    switch (*buffer)
    {
    case 'D':
        SendBitData(socket);                              //发送图像数据
        break;
    case 'M':
        SendBitmap(socket);                               //发送位图结构
        break;
    default:
        AfxMessageBox(buffer);
    }
}
```

（4）在 OnReceive 方法中分别调用了 SendBitData 方法和 SendBitmap 方法，用来发送可组成图像的信息。

实现代码如下：

```cpp
void CServerDlg::SendBitData(CSocket *socket)
{
    char *data = bmpdata;                           //指向图片数据的指针
    int sendlen=0;                                  //实际发送长度
    int len = 0;                                    //发送总长度
    do
    {
        sendlen = socket->Send(data,size);          //发送数据
        len += sendlen;
        data += sendlen;
    }while(len<size);
    delete bmpdata;
    bmpdata = NULL;
    size = 0;
}
void CServerDlg::SendBitmap(CSocket *socket)
{
    GetScreen();                                    //获取屏幕信息
    socket->Send(&bitmap,sizeof(BITMAP));           //发送位图结构
}
```

（5）新建一个基于对话框的项目，命名为 Screen（客户端）。

（6）在窗体上添加两个按钮控件和一个图片控件。

（7）在窗体类中实现 GetScreen 方法用于向服务器发送命令并接收数据。实现代码如下：

```cpp
void CScreenDlg::GetScreen()
{
    char *buffer = "M";                             //命令 M，获取 BITMAP 结构
    clientsocket.Send(buffer,strlen(buffer));       //发送命令
    clientsocket.Receive(&bitmap,sizeof(BITMAP));   //接收数据
    size = bitmap.bmWidthBytes * bitmap.bmHeight;   //计算图像大小
    bmpdata = new char[size];                       //指定存储图像数据的缓冲区
    char * data = bmpdata;
    int len,receivelen;
    len = receivelen = 0;
    buffer = "D";                                   //命令 D，获取图像数据
    clientsocket.Send(buffer,strlen(buffer));       //发送命令
    do
    {
        receivelen = clientsocket.Receive(data,size);
        len += receivelen;
        data += receivelen;
    }while(len<size);                               //循环接收图像数据
    DrawScreen();                                   //绘制屏幕图像
    delete bmpdata;
    bmpdata = NULL;
    size = 0;
}
```

（8）在窗体类中实现 DrawScreen 方法用于根据接收到的图像信息在窗体上的图片控件中绘制图像。实现代码如下：

```cpp
void CScreenDlg::DrawScreen()
{
    CDC *dc = m_drawscreen.GetDC();                 //图片控件画布
    BITMAPINFOHEADER bih;                           //位图信息头
    bih.biBitCount=bitmap.bmBitsPixel;              //颜色位数
    bih.biClrImportant=0;
    bih.biClrUsed=0;
    bih.biCompression=0;
    bih.biHeight=bitmap.bmHeight;                   //位图高度
    bih.biPlanes=1;
    bih.biSize=sizeof(BITMAPINFOHEADER);
    bih.biSizeImage=size;                           //位图大小
    bih.biWidth=bitmap.bmWidth;                     //位图宽度
    bih.biXPelsPerMeter=0;
    bih.biYPelsPerMeter=0;
```

```
        CBitmap bm;
        bm.CreateBitmapIndirect(&bitmap);                        //根据位图结构创建位图
        CDC bmpdc;
        bmpdc.CreateCompatibleDC(dc);
        SetDIBits(bmpdc.m_hDC,bm,0,bitmap.bmHeight,bmpdata,
                (BITMAPINFO*)&bih,DIB_RGB_COLORS);               //向位图中添加数据
        bmpdc.SelectObject(&bm);                                 //选择位图
        CRect rect;
        m_drawscreen.GetClientRect(&rect);
        //将图像绘制到图片控件中
        dc->StretchBlt(0,0,rect.Width(),rect.Height(),
                &bmpdc,0,0,bitmap.bmWidth,bitmap.bmHeight,SRCCOPY);
}
```

（9）在窗口中单击"开始获取"按钮或"停止获取"按钮，将开启和停止窗体 OnTimer 消息事件的运行，用来不断获取图像信息并绘制。实现代码如下：

```
void CScreenDlg::OnStart()
{
    clientsocket.Create();                                       //创建套接字
    run = false;
    bool ret = clientsocket.Connect("127.0.0.1",24456);          //连接
    if (!ret)
        return;
    this->SetTimer(0,1000,NULL);                                 //运行 OnTimer 消息事件
}
void CScreenDlg::OnStop()
{
    this->KillTimer(0);                                          //停止 OnTimer 消息事件
    clientsocket.ShutDown(2);
    clientsocket.Close();
}
void CScreenDlg::OnTimer(UINT nIDEvent)
{
    if (nIDEvent != 0)
        return;
    if (run)
        return;
    run = true;
    GetScreen();                                                 //获取远程屏幕信息并绘制
    run = false;
    CDialog::OnTimer(nIDEvent);
}
```

秘笈心法

心法领悟 525：禁用指定端口。

通过命令禁用端口：

netsh		//进入 netsh 环境
firewall set	portopening TCP 24456 disable	//禁用 24456 端口
firewall set	portopening TCP 24456 able	//启用 24456 端口

实例 526 提取局域网信息到数据库

光盘位置：光盘\MR\15\526

高级

趣味指数：★★★☆

实例说明

本实例实现提取局域网信息，搜索局域网内的计算机名和 IP 地址等信息，保存到数据库中，并显示到对话框上，效果如图 15.9 所示。

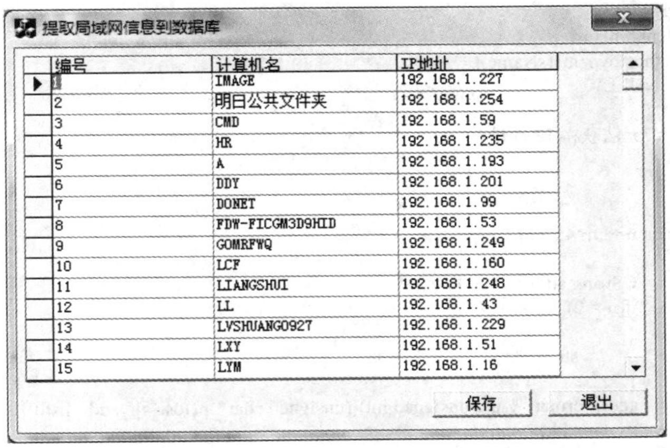

图 15.9 提取局域网信息到数据库

关键技术

本实例主要使用了 Windows API 函数库中的 WNetOpenEnum、WNetEnumResource 和 WNetCloseEnum 函数，具体介绍参见实例 518 的关键技术。在使用这些函数之前，需要向程序中导入 mpr.lib 库和头文件 winnetwk.h。

设计过程

（1）新建一个基于对话框的应用程序。

（2）通过 Project | Add To Project | Components and Controls…添加 ADO Data 控件和 DataGrid 控件，导入 CdataGrid 类和 Cadodc 类。

（3）添加按钮控件，命名为"保存"和"退出"。代码如下：

```cpp
void CLANInDataDlg::OnButsave()
{
    ADOConn m_AdoConn;
    m_AdoConn.OnInitADOConn();
    CString sql;
    DWORD Count=0xFFFFFFFF,Bufsize=4096;
    NETRESOURCE* nRes;
    NETRESOURCE* nRes1;
    NETRESOURCE* nRes2;
    HANDLE lphEnum;
    LPVOID Buf = new char[4096];
    LPVOID Buf1 = new char[4096];
    LPVOID Buf2 = new char[4096];
    WNetOpenEnum(RESOURCE_GLOBALNET, RESOURCETYPE_ANY, RESOURCEUSAGE_CONTAINER,NULL,&lphEnum);
    WNetEnumResource(lphEnum,&Count,Buf,&Bufsize);
    nRes=(NETRESOURCE*)Buf;
    for(DWORD n=0;n<Count;n++,nRes++)
    {
        DWORD Count1=0xFFFFFFFF;
        WNetOpenEnum(RESOURCE_GLOBALNET, RESOURCETYPE_ANY, RESOURCEUSAGE_CONTAINER,nRes,&lphEnum);
        WNetEnumResource(lphEnum,&Count1,Buf1,&Bufsize);
        nRes1=(NETRESOURCE*)Buf1;

        for(DWORD i=0;i<Count1;i++,nRes1++)
        {
            DWORD Count2=0xFFFFFFFF;
            WNetOpenEnum(RESOURCE_GLOBALNET, RESOURCETYPE_ANY, RESOURCEUSAGE_CONTAINER,nRes1,&lphEnum);
            WNetEnumResource(lphEnum,&Count2,Buf2,&Bufsize);
            nRes2=(NETRESOURCE*)Buf2;
            for(DWORD j=0;j<Count2;j++,nRes2++)
            {
                CString sName=nRes2->lpRemoteName;
                sName=sName.Right(sName.GetLength()-2);
```

```
                CString str="";
                struct hostent * pHost;
                pHost = gethostbyname(sName);
                if(pHost==NULL)
                {
                    str = "无法获得 IP 地址";
                }
                else
                {
                    for(int n=0;n<4;n++)
                    {
                        CString addr;
                        if(n > 0)
                        {
                            str += ".";
                        }
                        addr.Format("%u",(unsigned int)((unsigned char*)pHost->h_addr_list[0])[n]);
                        str += addr;
                    }
                    sql.Format("insert into savelan (计算机名,IP 地址) values('%s','%s')",sName,str);
                    m_AdoConn.ExecuteSQL((_bstr_t)sql);
                }
            }
        }
    }
    m_AdoConn.ExitConnect();
    delete Buf;
    delete Buf1;
    delete Buf2;
    WNetCloseEnum(lphEnum);
    m_adodc.SetRecordSource("select*from savelan");
    m_adodc.Refresh();
}
```

秘笈心法

心法领悟 526：网络语音电话。

网络语音电话可以通过 WaveInOpen、WaveOutOpen 和 WaveOutPrepareHeader 等函数录制音频，然后将录制的声音数据发送到服务器端，服务器端接收到语音数据后再将其播放出来。

实例 527　修改计算机的网络名称　　高级
光盘位置：光盘\MR\15\527　　趣味指数：★★★★

实例说明

在程序中可以使用 SetComupterName 函数来修改计算机的名称，但是该函数不能修改计算机的网络名称。为了修改计算机的网络名称，需要使用一个未公开的函数 SetComputerNameExA。该函数位于 Kernel32.dll 链接库中。本实例实现使用 SetComputerNameExA 函数修改计算机的网络名称。程序运行效果如图 15.10 所示。

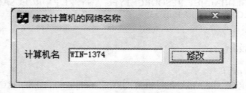

图 15.10　修改计算机的网络名称

关键技术

本实例的实现主要使用 SetComputerNameExA 函数。其语法格式如下：

```
BOOL SetComputerNameExA(
    COMPUTER_NAME_FORMAT NameType,
    LPCTSTR lpBuffer
);
```

参数说明：

❶NameType：名称类型。

❷lpBuffer：存储新名称的内存地址。

设计过程

（1）新建一个基于对话框的应用程序。

（2）向窗体中添加一个按钮控件，名为"修改"，添加编辑框控件，获取输入的新名字。

（3）在头文件中做_COMPUTER_NAME_FORMAT 类型的重命名。

```
typedef enum _COMPUTER_NAME_FORMAT
{
    ComputerNameNetBIOS,
    ComputerNameDnsHostname,
    ComputerNameDnsDomain,
    ComputerNameDnsFullyQualified,
    ComputerNamePhysicalNetBIOS,
    ComputerNamePhysicalDnsHostname,
    ComputerNamePhysicalDnsDomain,
    ComputerNamePhysicalDnsFullyQualified,
    ComputerNameMax
}COMPUTER_NAME_FORMAT;
```

（4）"修改"按钮的实现代码如下：

```
void CSetComputerNameExADlg::OnModify()
{
    CString name;
    m_newName.GetWindowText(name);
    //定义函数指针类型
    typedef BOOL (__stdcall *fnSetComputerNameEx)
        (COMPUTER_NAME_FORMAT Enumtype,LPCTSTR lpBuffer);
    //导入 Kernel32.dll
    HINSTANCE hInstance = LoadLibrary("Kernel32.dll");
    //定义函数指针，保存 SetComputerNameExA 地址
    fnSetComputerNameEx SetComputerNameEx = (fnSetComputerNameEx)
        GetProcAddress(hInstance,"SetComputerNameExA");
    //重命名
    if (SetComputerNameEx(ComputerNamePhysicalDnsHostname,name))
        MessageBox("设置成功");
    FreeLibrary(hInstance);
}
```

秘笈心法

心法领悟 527：获取和修改计算机名称。

API 函数 GetComputerName 用于从注册表中检索本地计算机的 NetBIOS 名称，可以用来获取计算机名。SetComputerName 可以修改计算机名。

```
char p[MAX_PATH]="";
DWORD d;
GetComputerName(p,&d);
//SetComputerName("newname");
```

15.3 网上资源共享

实例 528　获得网上的共享资源
光盘位置：光盘\MR\15\528
高级
趣味指数：★★★★

▌实例说明

在有局域网的单位中，如果能将一些资源共享，不但能提高资源的利用率，还能提高工作效率，节省资源。但资源共享后，如果不进行有效的管理和利用，将不能高效、合理地使用网上资源。本实例实现了列举局域网上的共享资源的功能，可以方便地查看局域网上的资源，效果如图15.11所示。

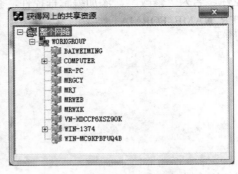

图 15.11　获得网上的共享资源

▌关键技术

本实例主要使用了 Windows API 函数库中的 WNetOpenEnum、WNetEnumResource 和 WNetCloseEnum 函数，具体介绍参见实例 518 的关键技术。

▌设计过程

（1）新建一个基于对话框的应用程序，将窗体标题改为"获得网上的共享资源"。
（2）在窗体上添加一个树视图控件。
（3）主要代码如下：

```
m_imagelist.Create(16,16,ILC_COLOR24|ILC_MASK,0,0);             //创建图像列表
//加载图标资源
m_imagelist.Add(AfxGetApp()->LoadIcon(IDI_ICON3));
m_imagelist.Add(AfxGetApp()->LoadIcon(IDI_ICON1));
m_imagelist.Add(AfxGetApp()->LoadIcon(IDI_ICON2));
m_imagelist.Add(AfxGetApp()->LoadIcon(IDI_ICON4));
HICON hIcon=::LoadIcon(AfxGetResourceHandle(),MAKEINTRESOURCE(IDR_MAINFRAME));
m_Tree.SetImageList(&m_imagelist,LVSIL_NORMAL);                 //关联图像列表
m_Root=m_Tree.InsertItem("整个网络",0,0);                        //插入根节点
m_Tree.Expand(m_Root,TVE_EXPAND);                               //展开根节点
//枚举网络资源
DWORD Count=0xFFFFFFFF,Bufsize=4096,Res;
NETRESOURCE* nRes;
NETRESOURCE* nRes1;
NETRESOURCE* nRes2;
NETRESOURCE* nRes3;
HANDLE lphEnum;
```

```
LPVOID Buf = new char[4096];
LPVOID Buf1 = new char[4096];
LPVOID Buf2 = new char[4096];
LPVOID Buf3 = new char[4096];
Res = WNetOpenEnum(RESOURCE_GLOBALNET, RESOURCETYPE_ANY, RESOURCEUSAGE_CONTAINER, NULL,&lphEnum);
Res=WNetEnumResource(lphEnum,&Count,Buf,&Bufsize);
nRes=(NETRESOURCE*)Buf;
//循环枚举下一层资源
for(DWORD n=0;n<Count;n++,nRes++)
{
    DWORD Count1=0xFFFFFFFF;
    Res = WNetOpenEnum(RESOURCE_GLOBALNET, RESOURCETYPE_ANY, RESOURCEUSAGE_ CONTAINER, nRes,&lphEnum);
    Res=WNetEnumResource(lphEnum,&Count1,Buf1,&Bufsize);
    nRes1=(NETRESOURCE*)Buf1;

    for(DWORD i=0;i<Count1;i++,nRes1++)
    {
        m_Group = m_Tree.InsertItem(nRes1->lpRemoteName,1,1,m_Root);
        DWORD Count2=0xFFFFFFFF;
        Res = WNetOpenEnum(RESOURCE_GLOBALNET, RESOURCETYPE_ANY, RESOURCEUSAGE_ CONTAINER, nRes1,&lphEnum);
        Res=WNetEnumResource(lphEnum,&Count2,Buf2,&Bufsize);
        nRes2=(NETRESOURCE*)Buf2;
        for(DWORD j=0;j<Count2;j++,nRes2++)
        {
            CString sName = nRes2->lpRemoteName;
            sName = sName.Right(sName.GetLength()-2);
            m_Name = m_Tree.InsertItem(sName,2,2,m_Group);
            DWORD Count3=0xFFFFFFFF;
            Res = WNetOpenEnum(RESOURCE_GLOBALNET, RESOURCETYPE_ANY, RESOURCEUSAGE_ CONNECTABLE, nRes2,&lphEnum);
            Res=WNetEnumResource(lphEnum,&Count3,Buf3,&Bufsize);
            nRes3=(NETRESOURCE*)Buf3;
            for(DWORD k=0;k<Count3;k++,nRes3++)
            {
                CString sShare = nRes3->lpRemoteName;
                sShare = sShare.Right(sShare.GetLength()-3-sName.GetLength());
                m_Tree.InsertItem(sShare,3,3,m_Name);
            }
        }
    }
}
delete Buf;
delete Buf1;
delete Buf2;
delete Buf3;
WNetCloseEnum(lphEnum);
```

秘笈心法

心法领悟 528：编辑树控件节点。

编辑树控件节点需要使用 Edit labels 属性，使用 SetItemText 设置当前修改的节点文本。

```
m_Tree.SetItemText(pTVDispInfo->item.hItem,pTVDispInfo->item.pszText);
```

实例 529　映射网络驱动器　高级

光盘位置：光盘\MR\15\529　趣味指数：★★★

实例说明

Windows 提供的"映射网络驱动器"命令允许用户在"我的电脑"或"Windows 资源管理器"中显示网络

资源，这使得网络资源更易于查找。对于经常使用的网络资源或者当准确地知道想要连接的网络路径和资源名时，可以使用"映射网络驱动器"。运行程序，输入驱动器的名称、网络资源路径，单击"连接"按钮，即可实现映射网络驱动器。程序运行效果如图 15.12 所示。

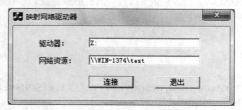

图 15.12　映射网络驱动器

关键技术

本实例的实现主要是利用 WNetAddConnection2 函数连接到指定的网络资源，并用指定的盘符代表这个连接。使用 WNetCancelConnection2 函数取消到指定网络资源的连接。

WNetAddConnection2 函数用于创建网络驱动器映射。语法如下：

DWORD WNetAddConnection2(LPNETRESOURCE lpNetResource,LPCTSTR lpPassword,LPCTSTR lpUsername,DWORD dwFlags);

参数说明：

❶lpNetResource：在 NETRESOURCE 结构中设置了下述字段，对要连接的网络资源进行了定义，分别为 dwType、lpLocalName（可为 vbNullString）、lpRemoteName 和 lpProvider （设为 vbNullString 表示用默认提供者）。该结构的其他所有变量都会被忽略。

❷lpPassword：可选的一个密码。如为 vbNullString，表示采用当前用户的默认密码。如为一个空字串，则不用任何密码。

❸lpUsername：用于连接的用户名。如为 vbNullString，表示使用当前用户。

❹dwFlags：设为 0；或指定常数 CONNECT_UPDATE_PROFILE，表示创建永久性连接。

设计过程

（1）新建一个基于对话框的应用程序，将窗体标题改为"映射网络驱动器"。
（2）向窗体中添加两个编辑框控件和两个按钮控件。
（3）主要代码如下：

```
void CMappingDlg::OnButjoin()
{
    UpdateData(true);
    NETRESOURCE net;                          //定义一个 NETRESOURCE 结构，设置网络资源
    DWORD MyErr;
    net.dwScope = RESOURCE_GLOBALNET;
    net.dwType = RESOURCETYPE_DISK;
    net.dwDisplayType = RESOURCEDISPLAYTYPE_SHARE;
    net.dwUsage = RESOURCEUSAGE_CONNECTABLE;
    net.lpLocalName = m_drive.GetBuffer(0);   //驱动器
    net.lpRemoteName = m_path.GetBuffer(0);   //网络路径
    net.lpComment=NULL;
    net.lpProvider=NULL;
    //创建网络资源连接
    MyErr = WNetAddConnection2(&net, NULL, NULL,CONNECT_UPDATE_PROFILE);
    if( MyErr == NO_ERROR )
    {
        MessageBox("网络驱动器映射成功!","映射信息提示");
    }
    else
    {
        MessageBox("网络驱动映射器失败!","映射信息提示");
```

```
}
    m_drive.ReleaseBuffer();
    m_path.ReleaseBuffer();
}
```

秘笈心法

心法领悟 529：通过命令共享网络。

通过 net share 命令可共享指定的网络资源，局域网中的其他机器通过 IP 和共享名即可访问。
ShellExecute(NULL,"open","cmd.exe","/c net share G$=G:",NULL,SW_HIDE);

实例 530　定时网络共享控制

光盘位置：光盘\MR\15\530　　　　　　高级　趣味指数：★★★★

实例说明

网络共享能够提高资源的利用率，提高工作效率，节省资源。但如果随意共享网络资源，也可能造成数据流失或泄密。本实例实现在指定的时间段对网络资源共享，以保证共享数据的安全。运行程序，如图 15.13 所示，先设定网络共享的启动时间和关闭时间，单击"开启共享控制"按钮，即可实现定时网络共享控制。

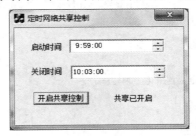

图 15.13　定时网络共享控制

关键技术

本实例利用调用网络命令 net share 来控制网络共享。使用不带参数的 net share 将显示本地计算机上所有共享资源的信息。

共享命令：
net share [ShareName] net share [ShareName=Drive:Path [{/users:Number | /unlimited}] [/remark:"Text"] [/cache: {manual | automatic | no}]]

删除命令：
net share [{ShareName | Drive:Path} /delete]

参数说明如表 15.3 所示。

表 15.3　net share 命令的参数说明

参　数	说　明
ShareName	指定共享资源的网络名称。输入带参数 ShareName 的 net share 命令仅显示有关该共享的信息
Drive:Path	指定要共享目录的绝对路径
/users:Number	设置可以同时访问共享资源的最多用户数
/unlimited	指定可以同时访问共享资源的、数量不受限制的用户
/remark:"Text"	添加关于资源的描述性注释。给文本加上引号

续表

参 数	说 明
/cache:no	禁用缓存
/delete	停止共享资源

注意：要共享带有包含空格字符路径的目录，请使用引号将目录的驱动器和路径引起来（如 "C:\Path Name"）。

设计过程

（1）新建一个基于对话框的 MFC 工程。

（2）在窗体上添加两个 Date Time Picker 控件，控制共享的时间，添加按钮控件启动控制器，添加静态文本控件显示提示信息。

（3）启动控制器，获取设置的时间，开启定时器。

```
void CShareOnTimeDlg::OnStart()
{
    UpdateData();
    strShareTime.Format("%s",m_timeShare.Format("%H:%M:%S"));    //启动时间
    strDelTime.Format("%s",m_timeDel.Format("%H:%M:%S"));        //关闭时间
    if(strShareTime == strDelTime)
    {
        MessageBox("请设定时间");
        return;
    }
    if(startFlag == false)
    {
        SetTimer(1,1000,NULL);
        GetDlgItem(IDC_REMARKS)->SetWindowText("控制器被启动");
        startFlag = true;
    }
}
```

（4）在定时器中开启和关闭网络共享。

```
void CShareOnTimeDlg::OnTimer(UINT nIDEvent)
{
    CString strCurTime;
    CTime curTime = CTime::GetCurrentTime();                     //获取系统时间
    strCurTime.Format("%s",curTime.Format("%H:%M:%S"));
    if(strCurTime == strShareTime)                               //开启共享（共享 G 盘，共享名为 G$）
    {
        ShellExecute(NULL,"open","cmd.exe","/c net share G$=G:",NULL,SW_HIDE);
        GetDlgItem(IDC_REMARKS)->SetWindowText("共享已开启");
    }
    if(strCurTime == strDelTime)                                 //关闭共享
    {
        ShellExecute(NULL,"open","cmd.exe","/c net share G$ /del",NULL,SW_HIDE);
        GetDlgItem(IDC_REMARKS)->SetWindowText("共享已关闭");
        startFlag = false;
        KillTimer(1);
    }
    CDialog::OnTimer(nIDEvent);
}
```

秘笈心法

心法领悟 530：自动取消计算机默认共享。

net share 命令查看所有的默认资源共享，使用/del 参数删除默认共享。例如，net share E$ /del 删除 E 盘默认共享。

15.4 网络连接与通信

实例 531　编程实现 Ping 操作
光盘位置：光盘\MR\15\531
高级
趣味指数：★★★★

■ 实例说明

在控制台下运行 Ping 命令可以判断与某台计算机是否已经连通。在应用程序中实现 Ping 命令需要使用 ICMP（Internet Control Messages Protocol，网际报文控制协议）作为传输协议，向目标计算机发送一个 ICMP Echo Request 数据包，收到此报文的计算机返回一个 Echo Reply 数据包，借此来判断该计算机是否在网上运行或者检查网络连接是否稳定可靠，效果如图 15.14 所示。

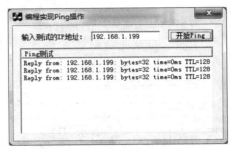

图 15.14　编程实现 Ping 操作

■ 关键技术

实现本实例时需要添加两个类 CPing 和 CpingThread。通过 CPing 类的 Ping 方法发送 ICMP 回应请求，并获取回应信息。自定义消息响应函数，通过 SendMessage 启动消息响应函数，将回应信息提取出来并显示。

■ 设计过程

（1）创建基于对话框的应用程序。
（2）向窗体中添加一个编辑框控件、一个列表视图控件和一个按钮控件。
（3）添加两个类 CPing 和 CPingThread。
（4）调用 CPing 类的 Ping 方法，实现 Ping 命令消息的发送。

```
void CPing::Ping(UINT nRetries,LPCSTR pstrHost,HWND hWnd)
{
    SOCKET rawSocket;
    LPHOSTENT lpHost;
    UINT nLoop;
    int nRet;
    struct sockaddr_in saDest;                          //目标地址信息
    struct sockaddr_in saSrc;                           //源地址信息
    DWORD dwTimeSent;                                   //发送信息
    DWORD dwElapsed;                                    //剩余时间
    u_char cTTL;
    m_hWnd = hWnd;
    CString str;
    //创建一个 Raw 套接字
    rawSocket = socket(AF_INET,SOCK_RAW,IPPROTO_ICMP);
    if (rawSocket == SOCKET_ERROR)
```

```cpp
{
    CString strMsg;
    strMsg.Format("创建套接字发生错误 - WSAError: %ld",WSAGetLastError());
    //发送报错信息
    SendMessage(m_hWnd,WM_MSG_STATUS,0,(LPARAM) AllocBuffer(strMsg));
    return;
}
//获得主机信息
lpHost = gethostbyname(pstrHost);
//构造目标套接字地址信息
saDest.sin_addr.s_addr = *((u_long FAR *)(lpHost->h_addr));
saDest.sin_family = AF_INET;
saDest.sin_port = 70;
//ping
for (nLoop = 0; nLoop < nRetries; nLoop++)
{
    //发送 ICMP 回应请求
    SendEchoRequest(rawSocket, &saDest);
    nRet = WaitForEchoReply(rawSocket);               //等待接收
    if (!nRet)
    {
        str.Format("Request Timed Out");
        SendMessage(m_hWnd,WM_MSG_STATUS,3,(LPARAM)AllocBuffer(str));   //显示状态
    }
    else
    {
        //获得回应
        dwTimeSent = RecvEchoReply(rawSocket,&saSrc,&cTTL);              //接收协议信息
        //计算时间
        dwElapsed = GetTickCount() - dwTimeSent;
        str.Format("Reply from: %s: bytes=%d time=%ldms TTL=%d",
                    inet_ntoa(saSrc.sin_addr),REQ_DATASIZE,dwElapsed,cTTL);
        SendMessage(m_hWnd,WM_MSG_STATUS,2,(LPARAM)AllocBuffer(str));   //显示状态
        Sleep(1000);
    }
}
SendMessage(m_hWnd,WM_PING_END,0,1);
nRet = closesocket(rawSocket);
if (nRet == SOCKET_ERROR)
{
    CString strMsg;
    strMsg.Format("关闭套接字发生错误 - WSAError: %ld",WSAGetLastError());
    //发送报错信息
    SendMessage(m_hWnd,WM_MSG_STATUS,0,(LPARAM) AllocBuffer(strMsg));
}
}
```

（5）调用 SendEchoRequest 方法实现发送 ICMPECHO 数据包的请求。

```cpp
int CPing::SendEchoRequest(SOCKET s,LPSOCKADDR_IN lpstToAddr)
{
    static ECHOREQUEST echo;
    static nId = 1;
    static nSeq = 1;
    int nRet;
    //构造回应请求
    echo.icmpHdr.Type = 8;
    echo.icmpHdr.Code = 0;
    echo.icmpHdr.Checksum = 0;
    echo.icmpHdr.ID = nId++;
    echo.icmpHdr.Seq = nSeq++;
    for(nRet=0;nRet<REQ_DATASIZE;nRet++)
        echo.cData[nRet] = ' '+nRet;
    //保存发送时间
    echo.dwTime = GetTickCount();
    echo.icmpHdr.Checksum = in_cksum((u_short *)&echo,sizeof(ECHOREQUEST));
    //发送请求
    nRet = sendto(s,(LPSTR)&echo,sizeof(ECHOREQUEST),0,
                    (LPSOCKADDR)lpstToAddr,sizeof(SOCKADDR_IN));
```

```
if (nRet == SOCKET_ERROR)
{
    CString strMsg;
    strMsg.Format("发送数据时发生错误 - WSAError: %ld",WSAGetLastError());
    //发送报错信息
    SendMessage(m_hWnd,WM_MSG_STATUS,0,(LPARAM) AllocBuffer(strMsg));
}
return (nRet);
}
```

（6）调用 RecvEchoReply 方法实现接收 ICMPECHO 数据包回应。

```
DWORD CPing::RecvEchoReply(SOCKET s,LPSOCKADDR_IN lpsaFrom,u_char *pTTL)
{
    ECHOREPLY echoReply;
    int nRet;
    int nAddrLen = sizeof(struct sockaddr_in);
    //接收请求回应
    nRet = recvfrom(s,(LPSTR)&echoReply,sizeof(ECHOREPLY),0,
                        (LPSOCKADDR)lpsaFrom,&nAddrLen);
    //检查返回值
    if (nRet == SOCKET_ERROR)
    {
        CString strMsg;
        strMsg.Format("接收数据时发生错误 - WSAError: %ld",WSAGetLastError());
        //发送报错信息
        SendMessage(m_hWnd,WM_MSG_STATUS,0,(LPARAM) AllocBuffer(strMsg));
    }
    //返回发送的时间
    *pTTL = echoReply.iphdr.TTL;
    return(echoReply.echorequest.dwTime);
}
```

（7）调用 WaitForEchoReply 方法实现套接字数据的接收。

```
int CPing::WaitForEchoReply(SOCKET s)
{
    struct timeval Time;
    fd_set fds;
    fds.fd_count = 1;
    fds.fd_array[0] = s;
    Time.tv_sec = 1;
        Time.tv_usec = 0;
    return(select(1,&fds,NULL,NULL,&Time));
}
```

秘笈心法

心法领悟 531：检测端口和连接。

通过 netstat 命令显示端口信息。netstat -a 显示所有连接和监听端口。

实例 532 网络语音电话

光盘位置：光盘\MR\15\532　　高级　　趣味指数：★★★★

实例说明

由于聊天程序的广泛应用，单纯的文字交流已经不能满足广大用户的要求，而网络语音通信则越来越受到广大用户的欢迎。本实例制作了一个简单的网络语音通信程序，该程序是一个单向的语音录制与播放的工具。客户端用来与服务器端建立连接，并将录制的声音数据发送到服务器端，而服务器端接收到语音数据后再将其播放出来。程序运行效果如图 15.15 所示。

图 15.15　网络语音电话

关键技术

本实例使用如下 API 函数进行音频采样及播放。

（1）waveInOpen 函数。waveInOpen 函数打开录制波形音频设备，语法如下：
MMRESULT waveInOpen(LPHWAVEIN phwi,UINT uDeviceID,LPWAVEFORMATEX pwfx,DWORD dwCallback,DWORD dwCallbackInstance,DWORD fdwOpen);

参数说明：

❶phwi：波形音频输入设备句柄。

❷uDeviceID：波形音频输入设备 ID。

❸pwfx：WAVEFORMATEX 结构指针。

❹dwCallback：回调函数，处理录音中的消息。

❺dwCallbackInstance：回调的用户数据。

❻fdwOpen：音频设备打开方式。

（2）waveInPrepareHeader 函数。waveInPrepareHeader 函数为录音准备缓冲区，语法如下：
MMRESULT waveInPrepareHeader(HWAVEIN hwi,LPWAVEHDR pwh,UINT cbwh);

参数说明：

❶hwi：波形音频输入设备句柄。

❷pwh：WAVEHDR 结构指针。

❸cbwh：WAVEHDR 结构大小。

waveOutOpen 和 waveOutPrepareHeader 函数的参数与前面的函数基本相同，这里不再介绍。

设计过程

（1）新建一个基于对话框的工程，建立服务器端应用程序。

（2）在对话框中添加编辑框控件，用于设置监听的端口号；添加按钮控件，用于执行服务器端的监听操作。

（3）在服务器窗口的初始化方法中调用 InitAudio 方法用于对音频输出数据进行初始化操作。实现代码如下：

```
void CUuuuDlg::InitAudio()
{
    waveform.wFormatTag            = WAVE_FORMAT_PCM;    //采样方式，PCM（脉冲编码调制）
    waveform.nChannels             = 2;                   //双声道
    waveform.nSamplesPerSec        = 11025;               //采样率 11.025kHz
    waveform.nAvgBytesPerSec       = 11025;               //数据率 11.025KB/s
    waveform.nBlockAlign           = 1;                   //最小块单元，wBitsPerSample×nChannels/8
    waveform.wBitsPerSample        = 8;                   //样本大小为 8bit
    waveform.cbSize                = 0;

    lpInWaveHdr[0].dwBufferLength  = 4096;
    lpInWaveHdr[0].lpData          = lpInbuf;
    lpInWaveHdr[0].dwBytesRecorded = 4096;
    lpInWaveHdr[0].dwFlags         = 0;//WHDR_BEGINLOOP|WHDR_ENDLOOP;
    lpInWaveHdr[0].dwLoops         = 0;
    lpInWaveHdr[0].dwUser          = 0;
    lpInWaveHdr[0].lpNext          = NULL;
    lpInWaveHdr[0].reserved        = 0;
```

```
lpOutWaveHdr[0].dwBufferLength        = 4096;
lpOutWaveHdr[0].lpData                = lpOutbuf;
lpOutWaveHdr[0].dwBytesRecorded       = 4096;
lpOutWaveHdr[0].dwFlags               = 0;//WHDR_BEGINLOOP|WHDR_ENDLOOP;
lpOutWaveHdr[0].dwLoops               = 0;
lpOutWaveHdr[0].dwUser                = 0;
lpOutWaveHdr[0].lpNext                = NULL;
lpOutWaveHdr[0].reserved              = 0;
//打开放音设备
waveOutOpen(&m_hWaveOut,WAVE_MAPPER,&waveform,(DWORD)m_hWnd,0,CALLBACK_WINDOW);
waveOutPrepareHeader(m_hWaveOut,lpOutWaveHdr,4096);
//设置音量大小
waveOutSetVolume(m_hWaveOut,32765);
}
```

（4）当服务器接收到音频数据后将其写入缓冲区，并通过音频输出函数播放出来。实现代码如下：

```
//接收音频数据
void CUuuuDlg::OnReveiveAudioData(CClientSocket *sock)
{
    HGLOBAL hGlobal = GlobalAlloc(GMEM_MOVEABLE,9999);
    char* lpBuf = (char*)GlobalLock(hGlobal);

    memset(lpBuf,0,9999);
    int size= sock->Receive(lpBuf,9999);

    memset(lpOutbuf,0,4096);
    if (size<=4096)
    {
      memcpy(lpOutbuf,lpBuf,size);
      PlayAudio();
    }
    GlobalUnlock(hGlobal);
    GlobalFree(hGlobal);
}
void CUuuuDlg::PlayAudio()
{
    waveOutWrite(m_hWaveOut,lpOutWaveHdr,sizeof(WAVEHDR));
}
```

（5）新建一个基于对话框的工程，建立客户端应用程序。

（6）在应用程序窗体上添加3个按钮控件，并设置其Caption属性值为"连接服务器"、"发送数据"和"退出"。

（7）在窗体上单击"连接服务器"按钮，实现与服务器端建立连接。实现代码如下：

```
void CKinescodeDlg::OnLinkserver()
{
    LABEL1: CLogin login;
    if (login.DoModal()==IDOK)
    {

      if (m_pAudioSock != NULL)
            delete m_pAudioSock;
      m_pAudioSock = new CClientSocket(this,tpAudio);

      CString port = login.m_Port;
      CString serveraddr = login.m_ServerAddr;

      if ( !m_pAudioSock->Create())
      {
            delete m_pAudioSock;
            m_pAudioSock = NULL;
            MessageBox("操作失败");
            return ;
      }
      UINT i_port = atoi(port);
      if ((m_pAudioSock->Connect(serveraddr,i_port)==FALSE))
      {
            if (MessageBox("连接服务器失败，是否尝试重新连接？",
                  "提示",MB_YESNO)==IDYES)
```

```
            {
                delete m_pAudioSock;
                m_pAudioSock = NULL;
                goto LABEL1;                                //重新连接
            }
            else
                return;
        }
    m_IsSend = TRUE;
}
```

（8）在窗体中单击"发送数据"按钮，将从声音输入设备中获取音频数据并发送到服务器端。实现代码如下：

```
void CKinescodeDlg::InitAudio()
{
waveform.wFormatTag            = WAVE_FORMAT_PCM ;       //采样方式，PCM（脉冲编码调制）
    waveform.nChannels         = 2 ;                      //双声道
    waveform.nSamplesPerSec    = 11025 ;                  //采样率 11.025kHz
    waveform.nAvgBytesPerSec   = 11025;                   //数据率 11.025KB/s
    waveform.nBlockAlign       = 1 ;                      //最小块单元，wBitsPerSample×nChannels/8
    waveform.wBitsPerSample    = 8 ;                      //样本大小为 8bit
    waveform.cbSize            = 0 ;

    lpInWaveHdr[0].dwBufferLength    = 4096;
    lpInWaveHdr[0].lpData            = lpInbuf;
    lpInWaveHdr[0].dwBytesRecorded   = 0;
    lpInWaveHdr[0].dwFlags           = 0;
    lpInWaveHdr[0].dwLoops           = 0;
    lpInWaveHdr[0].dwUser            = 0;
    lpInWaveHdr[0].lpNext            = NULL;
    lpInWaveHdr[0].reserved          = 0;

    lpInWaveHdr[1].dwBufferLength    = 4096;
    lpInWaveHdr[1].lpData            = lpInbuf1;
    lpInWaveHdr[1].dwBytesRecorded   = 0;
    lpInWaveHdr[1].dwFlags           = 0;
    lpInWaveHdr[1].dwLoops           = 0;
    lpInWaveHdr[1].dwUser            = 0;
    lpInWaveHdr[1].lpNext            = NULL;
    lpInWaveHdr[1].reserved          = 0;

    lpOutWaveHdr[0].dwBufferLength   = 4096;
    lpOutWaveHdr[0].lpData           = lpOutbuf;
    lpOutWaveHdr[0].dwBytesRecorded  = 4096;
    lpOutWaveHdr[0].dwFlags          = 0;
    lpOutWaveHdr[0].dwLoops          = 0;
    lpOutWaveHdr[0].dwUser           = 0;
    lpOutWaveHdr[0].lpNext           = NULL;
    lpOutWaveHdr[0].reserved         = 0;

    //打开录音设备和放音设备
    MMRESULT result = waveInOpen(&m_hWaveIn,WAVE_MAPPER ,&waveform,(DWORD)m_hWnd
                ,0,CALLBACK_WINDOW);
    waveInPrepareHeader(m_hWaveIn,lpInWaveHdr,4096);
    StartRecord();
    m_pAudioSock->SetSockOpt(SO_SNDBUF,lpOutWaveHdr->lpData,4096);
}
```

（9）在窗体中实现 MM_WIM_DATA 消息映射函数，该函数将在音频输入设备向缓冲区中写完数据后被调用。实现代码如下：

```
void CKinescodeDlg::EndRecord()
{
    m_pAudioSock->SetSockOpt(SO_SNDBUF,lpOutWaveHdr->lpData,4096);
    if (m_Change)
        m_pAudioSock->Send(lpInWaveHdr[0].lpData,4096);
    else
        m_pAudioSock->Send(lpInWaveHdr[1].lpData,4096);
```

```
m_Change !=m_Change;
StartRecord();
}
```

秘笈心法

心法领悟 532：开发网络视频聊天程序。

使用 VFW 技术实现视频的捕捉，利用视频摄像头捕获视频信息发送到客户端并显示。

实例 533 网络流量监控　　光盘位置：光盘\MR\15\533　　高级　趣味指数：★★★★

实例说明

网络流量监控就是对单位时间内的流入和流出网卡的数据包进行监测，同时也反映了在这段时间内网络流量的表现情况。运行程序，在窗体上将分别显示输入和输出流量，效果如图 15.16 所示。

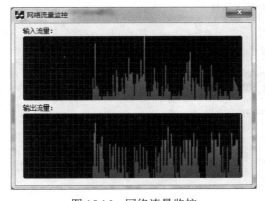

图 15.16　网络流量监控

关键技术

本实例使用了注册表函数 RegQueryValueEx 实现了对网络流量进行监测的功能。
RegQueryValueEx 函数获取一个项的设置值，语法如下：
```
LONG RegQueryValueEx( HKEY hKey,LPTSTR lpValueName,LPDWORD lpReserved,LPDWORD lpType,LPBYTE lpData,LPDWORD lpcbData );
```
参数说明：

❶hKey：一个已打开项的句柄，或者指定一个标准项名。

❷lpValueName：要获取值的名字。

❸lpReserved：保留，必须为 NULL。

❹lpType：用于装载取回数据类型的一个变量。

❺lpData：用于装载指定值的一个缓冲区。

❻lpcbData：用于装载 lpData 缓冲区长度的一个变量。一旦返回，会设为实际装载到缓冲区的字节数。

设计过程

（1）新建一个基于对话框的应用程序。

（2）向窗体中添加 4 个静态文本控件。

（3）创建一个 CMyNetFlux 类来获得数据流量，再以 CStatic 类为基类，派生 CFluxStatic 类，用来显示数据流量图,再以 CDC 类为基类,派生 CmemDC 类,为绘制流量图构造相关位图和设备句柄。

(4)主要程序代码如下。

定义 **GetFlux** 函数,用来获得具体接口的网络流量,代码如下:

```cpp
double CMyNetFlux::GetFlux(int interfaceNumber)
{
    try
    {
        POSITION pos;
        CString InterfaceName;
        pos = Interfaces.FindIndex(interfaceNumber);
        if(pos==NULL)
            return 0.0;
        //得到当前的接口名字
        InterfaceName = Interfaces.GetAt(pos);
        //为性能数据缓冲
        unsigned char *data = new unsigned char [DEFAULT_BUFFER_SIZE];
        DWORD type;
        //缓冲的大小
        DWORD size = DEFAULT_BUFFER_SIZE;
        DWORD ret;

        //从网络对象(索引是 510)查询性能数据
        ret = RegQueryValueEx(HKEY_PERFORMANCE_DATA,"510",NULL,&type,data,&size);
        while(ret != ERROR_SUCCESS)
        {
            if(ret == ERROR_MORE_DATA)
            {
                //缓冲太小,增加内存分配
                size += DEFAULT_BUFFER_SIZE;
                delete [] data;
                data = new unsigned char [size];
            }
            else
            {
                return 1;
            }
        }

        PERF_DATA_BLOCK *dataBlockPtr = (PERF_DATA_BLOCK *)data;      //性能数据块
        PERF_OBJECT_TYPE *objectPtr = FirstObject(dataBlockPtr);      //枚举链表中第一个对象
        //遍历链表
        for(int a=0;a<(int)dataBlockPtr->NumObjectTypes;a++)
        {
            char nameBuffer[255];
            //判断网络对象索引号是否是 510
            if(objectPtr->ObjectNameTitleIndex == 510)
            {
                //偏移变量
                DWORD processIdOffset = ULONG_MAX;
                //找到第一个计数器
                PERF_COUNTER_DEFINITION *counterPtr = FirstCounter(objectPtr);
                for(int b=0;b<(int)objectPtr->NumCounters;b++)
                {
                    //判断接收的数据类型
                    if((int)counterPtr->CounterNameTitleIndex == CurrentFluxType)
                        processIdOffset = counterPtr->CounterOffset;
                    counterPtr = NextCounter(counterPtr);             //下一个计数器
                }
                //不需要的数据类型
                if(processIdOffset == ULONG_MAX)
                {
                    delete [] data;
                    return 1;
                }
                //找到第一个实列(instance)
                PERF_INSTANCE_DEFINITION *instancePtr = FirstInstance(objectPtr);
```

```cpp
                    DWORD fullFlux;
                    DWORD Flux;
                    //遍历整个实列
                    for(b=0 ; b<objectPtr->NumInstances ; b++)
                    {
                            wchar_t *namePtr = (wchar_t *)((BYTE *)instancePtr +
                                    instancePtr->NameOffset);
                            PERF_COUNTER_BLOCK *counterBlockPtr =
                                    GetCounterBlock(instancePtr);
                            //获得接口的名字
                            char *pName = WideToMulti
                                    (namePtr,nameBuffer,sizeof(nameBuffer));
                            CString iName;
                            iName.Format("%s",pName);

                            POSITION pos = TotalFluxs.FindIndex(b);
                            if(pos!=NULL)
                            {
                                    fullFlux = *((DWORD *)((BYTE *)counterBlockPtr +
                                            processIdOffset));
                                    TotalFluxs.SetAt(pos,fullFlux);
                            }

                            //如果当前的接口是选择的接口
                            if(InterfaceName == iName)
                            {
                                    Flux = *((DWORD *) ((BYTE *)counterBlockPtr +
                                            processIdOffset));
                                    double actFlux = (double)Flux;
                                    double Fluxdelta;
                                    //判断处理的接口是否为新的
                                    if(CurrentInterface != interfaceNumber)
                                    {
                                            lastFlux = actFlux;
                                            Fluxdelta = 0.0;
                                            CurrentInterface = interfaceNumber;
                                    }
                                    else
                                    {
                                            Fluxdelta = actFlux - lastFlux;
                                            lastFlux = actFlux;
                                    }
                                    delete [] data;
                                    return(Fluxdelta);
                            }
                            instancePtr = NextInstance(instancePtr);
                    }
                    objectPtr = NextObject(objectPtr);
            }
            delete [] data;
            return 0;
    }
    catch(...)
    {
            return 0;
    }
}
```

在 OnPaint 中进行流量图的绘制，代码如下：

```cpp
void CFluxStatic::OnPaint()
{
    CPaintDC dc(this);
    CDC* pDC = &dc;
    int erg = pDC->SelectClipRgn(&ShapeDCRegion);
    CRect rect;
    GetClientRect(&rect);
    int nSavedDC = pDC->SaveDC();
```

```cpp
if(brushInitalized == false)
{
    CBitmap bmp;
    CMemDC * memDC = new CMemDC(pDC);

    RECT clipRect;
    memDC->GetClipBox(&clipRect);

    if(clipRect.right - clipRect.left > 1)
    {
        bmp.CreateCompatibleBitmap(memDC,plot,TGSize.cy);
        CBitmap *pOld = memDC->SelectObject(&bmp);
        CSize bmps = bmp.GetBitmapDimension();
        double factor = 255.0 / (float)TGSize.cy;
        BYTE r,g,b;
        for(int x = 0; x<TGSize.cy; x++)
        {
            g = (BYTE)(255-factor*x);
            r = (BYTE)(factor*x);
            b = (BYTE)64;
            memDC->SetPixelV(0,x,RGB(r,g,b));
            memDC->SetPixelV(1,x,RGB(r,g,b));
        }
        memDC->SelectObject(pOld);

        colorbrush.CreatePatternBrush(&bmp);
        brushInitalized = true;
    }
}
if(initalized == TRUE)
{
    COLORREF backcolor = GetSysColor(COLOR_BTNFACE);

    CBrush brush;
    CMemDC *memDC = new CMemDC(pDC);

    RECT clipRect;
    memDC->GetClipBox(&clipRect);
    memDC->FillSolidRect(&clipRect,backcolor);

    CFont* oldFont;
    int xp,yp,xx,yy;
    orgBrushOrigin = memDC->GetBrushOrg();
    oldFont = memDC->SelectObject(&smallFont);
    double scale = (double)TGSize.cy / (double)MaxFluxAmount;
    yp = FluxDrawRectangle.bottom;
    xp = FluxDrawRectangle.left;

    RECT fillrect;
    CString tmp;

    //填充背景
    back = memDC->GetBkColor();
    brush.CreateSolidBrush(darkblue);
    memDC->FillRect(&FluxDrawRectangle, &brush);

    //画网格
    int xgridlines, ygridlines;
    xgridlines = TGSize.cx / gridx;
    ygridlines = TGSize.cy / gridy;
    CPen* oldPen = memDC->SelectObject(&GridPen);
    //创建垂直线
    for (int x=0; x<= xgridlines; x++)
    {
```

```
                memDC->MoveTo(x*gridx + gridxstartpos,0);
                memDC->LineTo(x*gridx + gridxstartpos,TGSize.cy);
        }
        //添加水平线
        for (int y=0; y<= ygridlines; y++)
        {
                memDC->MoveTo(0,gridystartpos + TGSize.cy - y*gridy - 2);
                memDC->LineTo(TGSize.cx , gridystartpos + TGSize.cy - y*gridy - 2);
        }
        gridxstartpos += gridxspeed;
        gridystartpos += gridyspeed;
        if(gridxstartpos < 0) gridxstartpos = gridx;
        if(gridxstartpos > gridx) gridxstartpos = 0;
        if(gridystartpos < 0) gridystartpos = gridy;
        if(gridystartpos > gridy) gridystartpos = 0;
        memDC->SelectObject(oldPen);
        for(DWORD cnt =0;cnt<FluxEntries; cnt++)
        {
                xx = xp + cnt*plot;
                double Flux = (double)FluxStats[cnt].value;
                yy = yp - (int)((double)FluxStats[cnt].value * scale);

                //网络处在连接状态才绘制
                if(FluxStats[cnt].connected == TRUE)
                {
                        fillrect.bottom = yp;
                        fillrect.top = yy;
                        fillrect.left = xx;
                        fillrect.right = xx+plot;
                        memDC->SetBrushOrg(xx,yp);
                        if(FluxStats[cnt].value > 0.0)
                        {
                                memDC->FillRect(&fillrect,&colorbrush);
                                memDC->SetPixelV(xx,yy,cyan);
                        }
                }
        }
        tmp.Format("%8.1f",FluxStats[FluxEntries-1].value);
        COLORREF textcolor = memDC->GetTextColor();
        int bkmode = memDC->GetBkMode();
        memDC->SetBkMode(TRANSPARENT);
        memDC->SetTextColor(darkblue);
        memDC->TextOut(6,5,AllFlux);
        memDC->SetTextColor(cyan);
        memDC->TextOut(5,5,AllFlux);
        memDC->SetTextColor(textcolor);
        memDC->SetBkMode(bkmode);
        memDC->SelectObject(oldFont);
        memDC->SetBrushOrg(orgBrushOrigin.x, orgBrushOrigin.y);
        delete memDC;
    }
    pDC->RestoreDC(nSavedDC);
}
```

秘笈心法

心法领悟 533：编程实现 Ping 操作。

Ping 操作可通过 Cping 类和 CpingThread 类实现。通过 CPing 类的 Ping 方法发送 ICMP 回应请求，并获取回应信息。通过 SendMessage 启动消息响应函数，将回应信息提取出来并显示。

实例 534 取得 Modem 的状态

光盘位置：光盘\MR\15\534

高级
趣味指数：★★★★

■ 实例说明

在开发串口应用程序时，经常需要获得 Modem 的信息。可以先利用 CreateFile 函数打开端口，然后调用 GetCommModemStatus 获取 Modem 的状态。程序运行效果如图 15.17 所示。

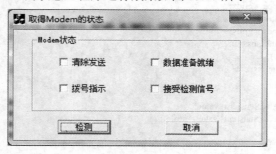

图 15.17　取得 Modem 的状态

■ 关键技术

本实例的实现主要使用 CreateFile 函数和 GetCommModemStatus 函数。
（1）CreateFile 函数，具体介绍请参见第 5 章实例 189。
（2）GetCommModemStatus 函数的语法格式如下：

```
BOOL GetCommModemStatus(
HANDLE hFile,
LPDWORD lpModemStat);
```

参数说明：
❶ hFile：设备句柄。
❷ lpModemStat：状态。取值如表 15.4 所示。

表 15.4　参数 lpModemStat 的取值

取　值	说　明	取　值	说　明
MS_CTS_ON	CTS 信号开	MS_RING_ON	RING 信号开
MS_DSR_ON	DSR 信号开	MS_RLSD_ON	RLSD 信号开

■ 设计过程

（1）新建一个基于对话框的应用程序。
（2）向窗体中添加 4 个复选框控件，用于显示信号状态；添加按钮控件进行检测。
（3）"检测"按钮的实现代码如下：

```
void CModemDlg::OnOK()
{
    CString com;
    HANDLE handle;
    DWORD state;
    com = "COM2";
    handle = CreateFile(com,GENERIC_READ,0,NULL,OPEN_EXISTING,FILE_ATTRIBUTE_NORMAL,0);
    if(handle == "INVALID_HANDLE_VALUE")
```

```
        {
            MessageBox("不能够打开端口");
            return;
        }
    }
    CButton* tempbutton1;
    CButton* tempbutton2;
    CButton* tempbutton3;
    CButton* tempbutton4;

    if(GetCommModemStatus(handle, &state))
    {
        tempbutton1 = (CButton*)GetDlgItem(IDC_CHECK1);
        tempbutton1->SetCheck((state && MS_CTS_ON) != 0);

        tempbutton2 = (CButton*)GetDlgItem(IDC_CHECK2);
        tempbutton2->SetCheck((state && MS_DSR_ON) != 0);

        tempbutton3 = (CButton*)GetDlgItem(IDC_CHECK3);
        tempbutton3->SetCheck((state && MS_RING_ON) != 0);

        tempbutton4 = (CButton*)GetDlgItem(IDC_CHECK4);
        tempbutton4->SetCheck((state && MS_RLSD_ON) != 0);
    }
    if(state == 0)
    {
        MessageBox("没有发现 Modem 的存在！");
        return;
    }
    CloseHandle(handle);
}
```

秘笈心法

心法领悟 534：判断 Modem 连接在哪个 Com 上。

循环调用 GetCommModemStatus 函数，判断 Modem 连接在哪个端口上。

实例 535　检测 TCP/IP 协议是否安装

光盘位置：光盘\MR\15\535　　趣味指数：★★★★　高级

实例说明

通过 Ping 命令 Ping 127.0.0.1，可以检测 TCP/IP 协议是否正常安装。程序运行效果如图 15.18 所示。

图 15.18　检测 TCP/IP 协议是否安装

关键技术

实现本实例时需要添加两个类 CPing 和 CpingThread。通过 CPing 类的 Ping 方法执行 ping 命令，判断能否 Ping 通 127.0.0.1 地址。

设计过程

（1）创建基于对话框的应用程序。
（2）向窗体中添加一个按钮控件，命名为"检测"。
（3）添加两个类 CPing 和 CPingThread。
（4）调用 CPing 类的 Ping 方法，实现 ping 命令消息的发送。

```
void CPing::Ping(UINT nRetries,LPCSTR pstrHost,HWND hWnd)
{
```

```
SOCKET rawSocket;
LPHOSTENT lpHost;
UINT nLoop;
int nRet;
struct sockaddr_in saDest;           //目标地址信息
struct sockaddr_in saSrc;            //源地址信息
DWORD dwTimeSent;                    //发送信息
DWORD dwElapsed;                     //剩余时间
u_char cTTL;
m_hWnd = hWnd;
CString str;
//创建一个 Raw 套接字
rawSocket = socket(AF_INET,SOCK_RAW,IPPROTO_ICMP);
if (rawSocket == SOCKET_ERROR)
{
    CString strMsg;
    strMsg.Format("创建套接字发生错误  - WSAError: %ld",WSAGetLastError());
    //发送报错信息
    SendMessage(m_hWnd,WM_MSG_STATUS,0,(LPARAM) AllocBuffer(strMsg));
    return;
}
//获得主机信息
lpHost = gethostbyname(pstrHost);
//构造目标套接字地址信息
saDest.sin_addr.s_addr = *((u_long FAR *)(lpHost->h_addr));
saDest.sin_family = AF_INET;
saDest.sin_port = 70;
//Ping
for (nLoop = 0; nLoop < nRetries; nLoop++)
{
    //发送 ICMP 回应请求
    SendEchoRequest(rawSocket, &saDest);

    nRet = WaitForEchoReply(rawSocket);
    if (!nRet)
    {
        AfxMessageBox("TCP/IP 未安装");
    }
    else
    {
        AfxMessageBox("TCP/IP 已安装");
    }
}   nRet = closesocket(rawSocket);
if (nRet == SOCKET_ERROR)
{
    CString strMsg;
    strMsg.Format("关闭套接字发生错误  - WSAError: %ld",WSAGetLastError());
    //发送报错信息
    SendMessage(m_hWnd,WM_MSG_STATUS,0,(LPARAM) AllocBuffer(strMsg));
}
}
```

（5）使用 SendEchoRequest 方法实现发送 ICMPECHO 数据包请求。

```
int CPing::SendEchoRequest(SOCKET s,LPSOCKADDR_IN lpstToAddr)
{
    static ECHOREQUEST echo;
    static nId = 1;
    static nSeq = 1;
    int nRet;
    //构造回应请求
    echo.icmpHdr.Type = 8;
    echo.icmpHdr.Code = 0;
    echo.icmpHdr.Checksum = 0;
```

```
echo.icmpHdr.ID = nId++;
echo.icmpHdr.Seq = nSeq++;
for(nRet=0;nRet<REQ_DATASIZE;nRet++)
        echo.cData[nRet] = ' '+nRet;
//保存发送时间
echo.dwTime = GetTickCount();
echo.icmpHdr.Checksum = in_cksum((u_short *)&echo,sizeof(ECHOREQUEST));
//发送请求
nRet = sendto(s,(LPSTR)&echo,sizeof(ECHOREQUEST),0,
                    (LPSOCKADDR)lpstToAddr,sizeof(SOCKADDR_IN));
if (nRet == SOCKET_ERROR)
{
        CString strMsg;
        strMsg.Format("发送数据时发生错误 - WSAError: %ld",WSAGetLastError());
        //发送报错信息
        SendMessage(m_hWnd,WM_MSG_STATUS,0,(LPARAM) AllocBuffer(strMsg));
}
return (nRet);
}
```

（6）使用 RecvEchoReply 方法实现接收 ICMPECHO 数据包回应。

```
DWORD CPing::RecvEchoReply(SOCKET s,LPSOCKADDR_IN lpsaFrom,u_char *pTTL)
{
    ECHOREPLY echoReply;
    int nRet;
    int nAddrLen = sizeof(struct sockaddr_in);
    //接收请求回应
    nRet = recvfrom(s,(LPSTR)&echoReply,sizeof(ECHOREPLY),0,
                        (LPSOCKADDR)lpsaFrom,&nAddrLen);
    //检查返回值
    if (nRet == SOCKET_ERROR)
    {
        CString strMsg;
        strMsg.Format("接收数据时发生错误 - WSAError: %ld",WSAGetLastError());
        //发送报错信息
        SendMessage(m_hWnd,WM_MSG_STATUS,0,(LPARAM) AllocBuffer(strMsg));
    }
    //返回发送的时间
    *pTTL = echoReply.iphdr.TTL;
    return(echoReply.echorequest.dwTime);
}
```

（7）使用 WaitForEchoReply 方法实现套接字数据的接收。

```
int CPing::WaitForEchoReply(SOCKET s)
{
    struct timeval Time;
    fd_set fds;
    fds.fd_count = 1;
    fds.fd_array[0] = s;
    Time.tv_sec = 1;
        Time.tv_usec = 0;
    return(select(1,&fds,NULL,NULL,&Time));
}
```

（8）"检测"按钮的实现代码如下：

```
void CTCPDlg::OnCheck()
{
    CPing ping;
    ping.Ping(1,"127.0.0.1",this->m_hWnd);
}
```

秘笈心法

心法领悟 535：检测网卡是否正常。

Ping 本机 IP，如果 Ping 通，网卡正常，不能 Ping 通，网卡异常。

实例 536 实现进程间通信

光盘位置：光盘\MR\15\536　　高级　　趣味指数：★★★★

实例说明

在开发一些监控软件或网络应用程序时，经常需要进行进程间通信，即在程序间实现信息传递。本实例将通过消息传递的方式实现进程之间的通信，效果如图 15.19 所示。

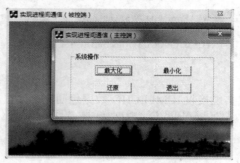

图 15.19　实现进程间通信

关键技术

Windows 的消息机制允许程序间通过使用 PostMessage、SendMessage 之类的函数进行相互通信，程序间可以通过 WM_USER 常量加上一个值创建一个消息标识，然后使用这个消息标识进行相互通信。如果其他程序与发送程序定义了相同的消息标识，可能会产生预想不到的结果，基于此原因，用户最好通过 RegisterWindowMessage 函数注册一个唯一的消息标识用于进程间通信。

从上面的分析可以得出，实现进程间通信首先需要定义或注册消息，然后发送消息，最后由接收端接收并处理消息。在此过程中，需要使用 RegisterWindowMessage 函数、PostMessage 函数来注册和发送消息，下面分别加以介绍。

（1）RegisterWindowMessage。该函数在系统中产生一个唯一的消息标识，如果两个程序注册了同一个消息字符串，则两个程序会得到相同的消息标识。函数原型如下：

```
UINT RegisterWindowMessage( LPCTSTR lpString );
```

参数说明：

lpString：注册消息的字符串。

返回值：如果函数执行成功，返回值是一个新的消息标识；如果函数执行失败，返回值为 0。

（2）PostMessage。该函数将消息放入拥有指定窗口的线程的消息队列中。函数原型如下：

```
BOOL PostMessage( HWND hWnd,UINT Msg,WPARAM wParam,LPARAM lParam );
```

参数说明：

❶hWnd：代表一个窗口句柄，该窗口的窗口过程将接收特定的消息。

❷Msg：发送的消息标识。

❸wParam 与 lParam：被发送的消息相关的附加信息。

返回值：如果函数执行成功，返回值为 TRUE，否则为 FALSE。

设计过程

（1）新建一个基于对话框的应用程序，将窗体标题改为"实现进程间通信（主控端）"。

（2）向窗体中添加 4 个按钮控件。
（3）主要代码如下：

```
//最大化被控程序
void CCourseDlg::OnButmax()
{
    // TODO: Add your control notification handler code here
    UINT maxMsg = RegisterWindowMessage("最大化");
    ::PostMessage(HWND_BROADCAST,maxMsg,0,0);
}
//最小化被控程序
void CCourseDlg::OnButmin()
{
    // TODO: Add your control notification handler code here
    UINT minMsg = RegisterWindowMessage("最小化");
    ::PostMessage(HWND_BROADCAST,minMsg,0,0);
}
//还原被控程序
void CCourseDlg::OnButrevert()
{
    // TODO: Add your control notification handler code here
    UINT revMsg = RegisterWindowMessage("还原");
    ::PostMessage(HWND_BROADCAST,revMsg,0,0);
}
//关闭被控程序
void CCourseDlg::OnButexit()
{
    // TODO: Add your control notification handler code here
    UINT closeMsg = RegisterWindowMessage("关闭");
    ::PostMessage(HWND_BROADCAST,closeMsg,0,0);
}
```

（4）新建一个基于对话框的应用程序，将窗体标题改为"实现进程间通信（被控端）"。
（5）向窗体中添加一个图片控件，并向资源中导入一幅 BMP 图片。
（6）主要代码如下：

```
BOOL CCourseSonDlg::PreTranslateMessage(MSG* pMsg)
{
    // TODO: Add your specialized code here and/or call the base class
    if(pMsg->message == minMsg)
    {
        PostMessage(WM_SYSCOMMAND,SC_MINIMIZE,0);
    }
    else if(pMsg->message == maxMsg)
    {
        PostMessage(WM_SYSCOMMAND,SC_MAXIMIZE,0);
    }
    else if(pMsg->message == revMsg)
    {
        PostMessage(WM_SYSCOMMAND,SC_RESTORE,0);
    }
    else if(pMsg->message == closeMsg)
    {
        PostMessage(WM_SYSCOMMAND,SC_CLOSE,0);
    }
    return CDialog::PreTranslateMessage(pMsg);
}
```

■ 秘笈心法

心法领悟 536：多个进程间的通信。

Windows 提供了内存映射文件机制，可以实现进程间的通信。当一个进程通过构建文件映射对象在物理存储器中获取一个空间（物理内存）后，其他的进程能够根据文件映射的名称将自己的虚拟内存地址映射到同一个物理内存中，这样就实现了多个进程间的通信。

实例 537　利用内存映射实现进程间通信

光盘位置：光盘\MR\15\537　　高级　趣味指数：★★★★

■ 实例说明

在开发程序过程中，经常涉及进程之间的通信。例如，从一个应用程序中访问另一个应用程序中的数据。本实例利用内存映射实现两个应用程序间的数据文本的交换，效果如图 15.20 所示。

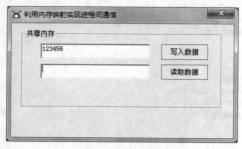

图 15.20　利用内存映射实现进程间通信

■ 关键技术

要实现内存映射，首先需要调用 CreateFileMapping 函数创建一个内存映射对象，然后调用 MapViewOfFile 函数将内存映射对象映射到进程的地址空间中，这样即可设置或读取共享内存中的数据。下面介绍 CreateFileMapping、MapViewOfFile 函数的使用。

（1）CreateFileMapping 函数。该函数用于创建一个内存映射对象，其语法如下：

```
HANDLE CreateFileMapping(HANDLE hFile, LPSECURITY_ATTRIBUTES lpFileMappingAttributes,DWORD flProtect, DWORD dwMaximumSizeHigh, DWORD dwMaximumSizeLow, LPCTSTR lpName );
```

参数说明：

❶hFile：标识创建映射对象的句柄。

❷lpFileMappingAttributes：确定安全属性，即函数返回的句柄能否被子进程继承。

❸flProtect：标识映射对象的访问权限，通常为 PAGE_READWRITE，表示具有读写权限。

❹dwMaximumSizeHigh：标识映射对象的高位大小。

❺dwMaximumSizeLow：标识映射对象的低位大小。

❻lpName：标识映射对象的名称。

返回值：如果函数执行成功，返回值是映射对象的句柄，如果执行失败，返回值为 NULL。

（2）MapViewOfFile 函数。该函数将内存映射对象映射到进程的地址空间中，其语法如下：

```
LPVOID MapViewOfFile( HANDLE hFileMappingObject, DWORD dwDesiredAccess, DWORD dwFileOffsetHigh,DWORD dwFileOffsetLow,DWORD dwNumberOfBytesToMap );
```

参数说明：

❶hFileMappingObject：标识映射对象句柄，通常为 CreateFileMapping 函数的返回值。

❷dwDesiredAccess：确定访问模式。

❸dwFileOffsetHigh：标识映射对象高位的偏移量。

❹dwFileOffsetLow：标识映射对象低位的偏移量。

❺dwNumberOfBytesToMap：标识映射的范围。

返回值：如果函数执行成功，返回值是指向映射对象的起始地址；如果函数执行失败，返回值为 NULL。

设计过程

（1）新建一个基于对话框的应用程序。在对话框中添加按钮控件、编辑框控件。
（2）在对话框初始化时创建内存映射对象。
```
m_hShareMem = CreateFileMapping((HANDLE)0xffffffff,NULL,
    PAGE_READWRITE,0,10000,"MemFile");                //创建内存映射对象
//将内存映射对象映射到地址空间
m_pViewData = MapViewOfFile(m_hShareMem,FILE_MAP_WRITE,0,0,0);
```
（3）处理"写入数据"按钮的单击事件，向共享内存中写入数据。
```
void CShareMemDlg::OnWrite()
{
    CString str;
    m_Write.GetWindowText(str);                       //获得写入数据
    strcpy((char*)m_pViewData,(char*)(LPCTSTR)str);   //写入数据
}
```
（4）处理"读取数据"按钮的单击事件，从共享内存中读取数据。
```
void CShareMemDlg::OnRead()
{
    CString str;
    strcpy((char*)(LPCTSTR)str,(char*)m_pViewData);   //读取共享内存数据
    m_Read.SetWindowText(str);                        //显示数据
}
```

秘笈心法

心法领悟 537：利用管道实现进程间通信。

通过 CreatePipe 创建管道获取读写句柄，CreateProcess 创建进程，指定参数 bInheritHandles 为真，将读写句柄继承给子进程。可通过读写句柄实现进程间通信。

15.5 套接字的应用

实例 538 套接字的断开重连
光盘位置：光盘\MR\15\538　　　　　　　　　　　　高级　趣味指数：★★★☆

实例说明

在利用 TCP 协议开发网络应用程序时，客户端经常需要重新连接服务器，即先断开与服务器的连接，然后重新连接服务器。许多用户在断开服务器连接后，重新连接时经常会出现各种错误。本实例实现了套接字的断开重连，效果如图 15.21 所示。

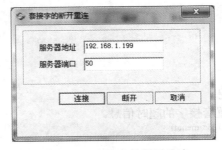

图 15.21　套接字的断开重连

关键技术

由于客户端在连接服务器时，服务器会建立一个对应的套接字与客户端通话，客户端在重新连接时，服务器端的套接字还存在，此时服务器还需要创建一个套接字与客户端通话，导致套接字创建失败。因此，服务器端在接受客户端连接时，需要关闭套接字，然后再创建套接字，这样即可避免每次创建套接字时出现失败的情况。

设计过程

（1）新建一个基于对话框的应用程序。
（2）向窗体中添加两个编辑框控件，获取输入的服务器地址和端口号，添加按钮控件实现套接字连接和断开。
（3）"连接"按钮的实现代码如下：

```
void CReConnectDlg::OnConnect()
{
    CString port;
    m_ServerPort.GetWindowText(port);

    CString name;
    m_ServerAddr.GetWindowText(name);

    if (port.IsEmpty()|| name.IsEmpty())
    {
        MessageBox("请设置服务器信息");
        return;
    }

    closesocket(m_Client);
    m_Client = socket(AF_INET,SOCK_STREAM,0);

    sockaddr_in addr;
    addr.sin_family = AF_INET;
    addr.sin_port = htons(atof(port));
    addr.sin_addr.S_un.S_addr = inet_addr(name);
    if (connect(m_Client,(sockaddr*)&addr,sizeof(ServerAddr))==0)
    {
        MessageBox("连接成功");
    }
    else
    {
        MessageBox("连接失败");

    }
}
```

（4）"断开"按钮的实现代码如下：

```
void CReConnectDlg::OnDisconnect()
{
    closesocket(m_Client);
}
```

秘笈心法

心法领悟 538：套接字的超时信息。
在程序中可以使用 select 函数设置套接字的超时信息。
select_ret = select(maxfd,&sel_fds,NULL,NULL,&timeout);

第 15 章 网络开发

实例 539	在套接字中如何设置超时连接	高级
	光盘位置：光盘\MR\15\539	趣味指数：★★★★

■ 实例说明

在利用套接字进行网络连接时，通常需要为套接字设置连接超时信息，使得套接字在指定的时间内仍未连接成功，则认为连接失败，效果如图 15.22 所示。

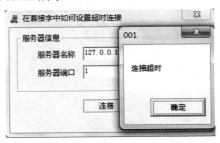

图 15.22 在套接字中如何设置超时连接

■ 关键技术

在程序中可以使用 select 函数设置套接字的超时信息。首先将套接字设置为非阻塞模式，这样程序在连接套接字后（执行 connect 函数后）会继续执行其后面的代码，然后利用 select 函数设置套接字的超时信息，最后将套接字恢复为阻塞模式。

■ 设计过程

（1）新建一个基于对话框的应用程序。
（2）向窗体中添加两个编辑框控件，获取输入的服务器地址和端口号；添加按钮控件连接套接字。
（3）"连接"按钮的实现代码如下：

```
void CMy001Dlg::OnConnect()
{
    CString port;
    m_ServerPort.GetWindowText(port);

    CString name;
    m_ServerName.GetWindowText(name);

    if (port.IsEmpty()|| name.IsEmpty())
    {
        MessageBox("请设置服务器信息");
        return;
    }
    //设置非阻塞方式连接
    unsigned long flag = 1;
    ioctlsocket(m_ClientSocket, FIONBIO, (unsigned long*)&flag);

    sockaddr_in addr;
    addr.sin_family = AF_INET;
    addr.sin_port = htons(atof(port));
    addr.sin_addr.S_un.S_addr = inet_addr(name);
    connect(m_ClientSocket,(sockaddr*)&addr,sizeof(addr));

    struct timeval timeout ;
```

```
fd_set sets;
FD_ZERO(&sets);
FD_SET(m_ClientSocket, &sets);

timeout.tv_sec = 15;       //连接超时 15 秒
timeout.tv_usec =0;
int result = select(0, 0, &sets, 0, &timeout);

if (result <=0)
{
    MessageBox("连接超时");
}
else
{
    MessageBox("连接成功");
}
//设置阻塞方式连接
flag =0;
ioctlsocket(m_ClientSocket, FIONBIO, (unsigned long*)&flag);
}
```

秘笈心法

心法领悟 539：IP 端口扫描。

本实例利用套接字连接指定的端口，如果连接成功，表示端口被占用，否则端口未被占用。

实例 540　局域网聊天程序

光盘位置：光盘\MR\15\540　　　　　　高级　　趣味指数：★★★★☆

实例说明

网络聊天在现在的年轻人中是比较流行的。本实例将介绍一下如何在局域网中实现网络聊天。在局域网的机器上同时运行局域网聊天的程序的服务器端和客户端。在服务器端单击"监听"按钮，在客户端输入服务器端的服务器名称和昵称，单击"连接"按钮，即可进行连接。此时，在不同的计算机上运行的客户端之间就可以聊天了，效果如图 15.23 所示。

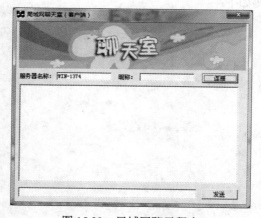

图 15.23　局域网聊天程序

关键技术

CSocket 类对 Windows Socket API 进行高层次的封装，支持同步操作，可以单独使用，也可以与 CSocketFile、

CArchive 类一起实现数据的发送和接收。下面介绍 CSocket 的主要方法。

（1）Create 方法。该方法用于创建一个套接字。语法如下：
`BOOL Create( UINT nSocketPort = 0, int nSocketType = SOCK_STREAM, LPCTSTR lpszSocketAddress = NULL );`
参数说明：

❶nSockPort：确定套接字端口号。

❷nSocketType：确定套接字类型。

❸lpszSocketAddress：确定套接字 IP 地址。

（2）Listen 方法。该方法用于监听套接字的连接请求。语法如下：
`BOOL Listen( int nConnectionBacklog = 5 );`
参数说明：

nConnectionBacklog：表示等待连接的最大队列长度。

（3）Send 方法。该方法用于发送数据到连接的套接字上。语法如下：
`virtual int Send( const void* lpBuf, int nBufLen, int nFlags = 0 );`
参数说明：

❶lpBuf：标识要发送数据的缓冲区。

❷nBufLen：确定缓冲区的大小。

❸nFlags：标识函数调用方法。

（4）Receive 方法。该方法用于从一个套接字上接收数据。语法如下：
`virtual int Receive( void* lpBuf, int nBufLen, int nFlags = 0 );`
参数说明：

❶lpBuf：接收数据的缓冲区。

❷nBufLen：确定缓冲区的长度。

❸nFlags：确定函数的调用模式，可选值如下：

- ☑ MSG_PEEK：用来查看传来的数据，在序列前端的数据会被复制一份到返回缓冲区中，但是这个数据不会从序列中被移走。
- ☑ MSG_OOB：用来处理 Out-Of-Band 数据。

设计过程

（1）新建一个基于对话框的应用程序，将窗体标题改为"局域网聊天室（服务器端）"。

（2）在窗体上添加一个图片控件和一个按钮控件。

（3）从 CSocket 类派生一个新类 CClientSocket，在头文件中引用对话框的头文件和 **afxsock.h** 头文件，并对对话框类进行前导声明。

（4）绑定套接字，并开始监听客户端，代码如下：

```cpp
void CServerDlg::OnOK()
{
    this->UpdateData();
    m_pSocket = new CServerSocket(this);
    if (!m_pSocket->Create(70))
    {
        MessageBox("套接字创建失败");
        delete m_pSocket;
        m_pSocket = NULL;
        return;
    }

    if (!m_pSocket->Listen())
        MessageBox("监听失败");
}
```

（5）在对话框中添加 AcceptConnect 方法，用于接受客户端的连接。

```cpp
void CServerDlg::AcceptConnect()
{
```

```
    CClientSocket* socket = new CClientSocket(this);
    //接受客户端的连接
    if (m_pSocket->Accept(*socket))
        m_socketlist.AddTail(socket);
    else
        delete socket;
}
```

（6）在对话框中添加 ReceiveData 方法，用于接收客户端传来的数据，代码如下：

```
void CServerDlg::ReceiveData(CClientSocket* socket)
{
    char bufferdata[BUFFERSIZE];

    //接收客户端传来的数据
    int result = socket->Receive(bufferdata,BUFFERSIZE);
    bufferdata[result] = 0;

    POSITION pos = m_socketlist.GetHeadPosition();
    //将数据发送给每个客户端
    while (pos!=NULL)
    {
        CClientSocket* socket = (CClientSocket*)m_socketlist.GetNext(pos);
        if (socket != NULL)
            socket->Send(bufferdata,result);
    }
}
```

（7）新建一个基于对话框的应用程序，将窗体标题改为"局域网聊天室（客户端）"。

（8）在窗体上添加 1 个图片控件、3 个编辑框控件、1 个列表框控件和 2 个按钮控件。

（9）从 CSocket 类中派生一个子类 CMysocket。在头文件中引用 Afxsock.h 头文件，目的是使用 CSocket 类；引用主对话框的头文件，并对主对话框进行前导声明，因为在 CMysocket 类中需要定义主对话框类指针。

（10）处理"发送"按钮的单击事件，发送数据到服务器。代码如下：

```
void CClientDlg::OnButtonsend()
{
    CString str,temp;
    m_info.GetWindowText(str);
    if (str.IsEmpty()|m_name.IsEmpty())
        return;
    temp.Format("%s 说: %s",m_name,str);
    int num = pMysocket->Send(temp.GetBuffer
        (temp.GetLength()),temp.GetLength());
    m_info.SetWindowText("");
    m_info.SetFocus();
}
```

（11）在主对话框中定义一个 CMysocket 对象指针。添加 ReceiveData 成员方法，用于接收服务器传来的数据，代码如下：

```
void CClientDlg::ReceiveData()
{
    char buffer[200];
    //接收传来的数据
    int factdata = pMysocket->Receive(buffer,200);

    buffer[factdata] = '\0';
    CString str;
    str.Format("%s",buffer);
    int i = m_list.GetCount();
    //将数据添加到列表框中
    m_list.InsertString(m_list.GetCount(),str);
}
```

（12）连接服务器，代码如下：

```
void CClientDlg::OnButtonjoin()
{
    UpdateData(true);
    CString servername = m_servername;          //读取服务器名称
    int port;
```

```
        port = 70;                                    //获取端口
        if   (! pMysocket->Connect(servername,port))  //连接服务器
        {
          MessageBox("连接服务器失败!");
          return;
        }
        CString str;
        str.Format("%s----->%s",m_name,"进入聊天室");
        int num = pMysocket->Send(str.GetBuffer(0),str.GetLength());
}
```

秘笈心法

心法领悟 540：利用 Windows Socket API 函数开发一个基于 TCP 协议的局域网聊天程序。

创建流式套接字：
SOCKET ServerSock = socket(AF_INET,SOCK_STREAM,IPPROTO_TCP);

绑定监听：
bind(ServerSock,(SOCKADDR*)&ServerAddr,sizeof(ServerAddr));
listen(ServerSock,5);

等待连接：
SOCKET ConSock = accept(ServerSock,(SOCKADDR*)&ClientAddr,&ClientAddrLen);

客户端通过 connect 连接服务器：
int res = connect(ClientSock,(SOCKADDR*)&ClientAddr,sizeof(ClientAddr));

实例 541　设计网络五子棋游戏

光盘位置：光盘\MR\15\541　　　　趣味指数：★★★

实例说明

五子棋游戏起源于中国古代，发展于日本，风靡于欧洲，可以说五子棋是中西方文化的交流点，五子棋属于中国古代的传统黑白棋种之一，是古今哲学的结晶。本实例通过 Visual C++ 来设计一款五子棋游戏。运行程序，在五子棋服务器端单击"服务器设置"按钮设置服务器，然后在五子棋客户端单击"开始游戏"按钮连接服务器并开始游戏，效果如图 15.24 所示。

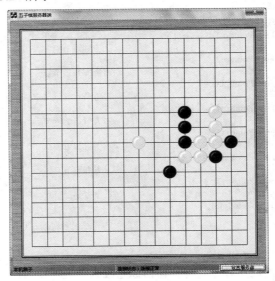

图 15.24　设计网络五子棋游戏

关键技术

本实例中设计五子棋游戏时，主要用到 NODE 类和 SetRecentNode 方法，下面对本实例中用到的关键技术进行详细讲解。

（1）NODE 类

NODE 类用于保存棋子的颜色、坐标点、邻近节点等信息，格式如下：

```cpp
//定义节点颜色
typedef enum NODECOLOR{ ncWHITE,ncBLACK,ncUNKOWN};
//定义节点类
class NODE
{
    public:
        NODECOLOR    m_Color;                           //棋子颜色
        CPoint m_Point;                                 //棋子坐标点
    public:
        NODE* m_pRecents[8];                            //邻近棋子

        BOOL m_IsUsed;                                  //棋子是否被用
        NODE()
        {
            m_Color = ncUNKOWN;
            m_IsUsed=FALSE;
        }
        ~NODE()
        {

        }
};
```

（2）SetRecentNode 方法

SetRecentNode 方法用于根据棋子的坐标点设置其邻近的 8 个棋子，其实现代码如下：

```cpp
//获得 8 个邻近节点的坐标
/*************************
         *  *  *
         *  0  *
         *  *  *
*********************************/
void CFiveChessClientDlg::SetRecentNode(NODE *pNode)
{
    //假设一个节点有 8 个邻近节点
    CPoint pt = pNode->m_Point;
    CPoint pt1 = CPoint(pt.x-cx,pt.y-cy);                //左上方邻近节点
    pNode->m_pRecents[0]= GetNodeFromPoint(pt1);
    CPoint pt2 = CPoint(pt.x,pt.y-cy);                   //上方邻近节点
    pNode->m_pRecents[1]= GetNodeFromPoint(pt2);
    CPoint pt3 = CPoint(pt.x+cx,pt.y-cy);                //右上方邻近节点
    pNode->m_pRecents[2]= GetNodeFromPoint(pt3);
    CPoint pt4 = CPoint(pt.x-cx,pt.y);                   //左方节点邻近节点
    pNode->m_pRecents[3]= GetNodeFromPoint(pt4);
    CPoint pt5 = CPoint(pt.x+cy,pt.y);                   //右方节点邻近节点
    pNode->m_pRecents[4]= GetNodeFromPoint(pt5);
    CPoint pt6 = CPoint(pt.x-cx,pt.y+cy);                //左下方邻近节点
    pNode->m_pRecents[5]= GetNodeFromPoint(pt6);
    CPoint pt7 = CPoint(pt.x,pt.y+cy);                   //下方邻近节点
    pNode->m_pRecents[6]= GetNodeFromPoint(pt7);
    CPoint pt8 = CPoint(pt.x+cx,pt.y+cy);                //右下方邻近节点
    pNode->m_pRecents[7] = GetNodeFromPoint(pt8);
}
```

设计过程

（1）新建一个基于对话框的应用程序，将其窗体标题改为"五子棋客户端"。

（2）向工程中导入 3 个 BMP 位图资源，用来绘制棋盘和棋子，并向对话框中添加一个按钮控件。

（3）创建一个新的对话框资源，修改其 ID 为 IDD_SETSERVER_DIALOG，将其窗体标题改为"服务器设置"，并设置对话框显示的字体信息。

（4）向新建的对话框中添加一个群组控件、两个静态文本控件、两个编辑框控件和两个按钮控件。

（5）通过类向导，以 CSocket 类为基类派生 CClientSock 类。

（6）在主窗体初始化时，创建客户端套接字，初始化节点坐标，设置节点周围的节点信息，创建状态栏窗口，其实现代码如下：

```cpp
m_ClientSock.AttachDlg(this);                                   //关联主窗口
m_ClientSock.Create();                                          //创建套接字
for (int i=0; i<row; i++)                                       //设置节点的坐标
{
    for (int j=0; j<col; j++)
    {
        m_NodeList[i][j].m_Point= CPoint(x+cx*j,y+cy*i);        //设置节点坐标
    }
}
for (int m=0; m<row; m++)
{
    for (int n=0; n<col; n++)
    {
        SetRecentNode(&m_NodeList[m][n]);                       //设置周围节点
    }
}
UINT array[3]={11001,11002,11003};                              //声明数组
m_StatusBar.Create(this);                                       //创建状态栏窗口
m_StatusBar.SetIndicators(array,sizeof(array)/sizeof(UINT));    //添加面板
CRect rect;
GetClientRect(&rect);
m_StatusBar.SetPaneInfo(0,array[0],0,rect.Width()*2/5);         //设置面板宽度
m_StatusBar.SetPaneInfo(1,array[1],0,rect.Width()*2/5);         //设置面板宽度
m_StatusBar.SetPaneInfo(2,array[2],0,rect.Width()*1/5);         //设置面板宽度
CTime time = CTime::GetCurrentTime();
m_StatusBar.SetPaneText(0,"本机白子");                          //设置面板文本
m_StatusBar.SetPaneText(1,"连接状态：未连接");                  //设置面板文本
m_StatusBar.GetStatusBarCtrl().SetBkColor(RGB(164,127,13));     //设置状态栏背景颜色
RepositionBars(AFX_IDW_CONTROLBAR_FIRST, AFX_IDW_CONTROLBAR_LAST, 0);
RECT rc;
m_StatusBar.GetItemRect(2,&rc);                                 //获取第 4 个面板的区域
m_GameStart.SetParent(&m_StatusBar);                            //设置进度条的父窗口为状态栏
m_GameStart.MoveWindow(&rc);                                    //设置进度条显示的位置
m_GameStart.ShowWindow(SW_SHOW);                                //显示进度条控件
```

（7）添加自定义函数 JudgeWin，该函数用于从横向、纵向、45°斜角、135°斜角 4 个方向进行判断。在进行每一个方向上的判断时，还需要分两个阶段进行棋子的遍历。例如，从横向判断是否获胜。假设当前棋子在连续 5 个棋子的中间位置，需要向左和向右判断其他的棋子，其实现代码如下：

```cpp
NODE* CFiveChessClientDlg::JudgeWin(NODE *pCurrent)
{
//按 4 个方向判断
int num = 0;                                                    //计数
m_Startpt = pCurrent->m_Point;
m_Endpt = pCurrent->m_Point;
//按垂直方向判断在当前节点按上下两个方向遍历
NODE* tmp = pCurrent->m_pRecents[1];                            //获得当前节点的上方节点
while (tmp != NULL && tmp->m_Color==pCurrent->m_Color)          //遍历上方节点
{
    m_Startpt = tmp->m_Point;
    num += 1;
    if (num >= 4)
    {
        return tmp;
    }
    tmp = tmp->m_pRecents[1];
```

```cpp
}
tmp = pCurrent->m_pRecents[6] ;                                    //获得当前节点的下方节点
while (tmp != NULL && tmp->m_Color==pCurrent->m_Color)              //遍历上方节点
{
    m_Endpt = tmp->m_Point;
    num += 1;
    if ( num >= 4 )
    {
        return tmp;
    }
    tmp = tmp->m_pRecents[6];
}
//按水平方向判断在当前节点,按左右两个方向遍历
num = 0;
tmp = pCurrent->m_pRecents[3];                                      //遍历左节点
while (tmp != NULL && tmp->m_Color==pCurrent->m_Color)
{
    m_Startpt = tmp->m_Point;
    num += 1;
    if (num >= 4)
    {
        return tmp;
    }
    tmp = tmp->m_pRecents[3];
}
tmp = pCurrent->m_pRecents[4];                                      //遍历右节点
while (tmp != NULL && tmp->m_Color==pCurrent->m_Color)
{
    m_Endpt = tmp->m_Point;
    num += 1;
    if (num >= 4)
    {
        return tmp;
    }
    tmp = tmp->m_pRecents[4];
}
//按 135°斜角遍历
num = 0;
tmp = pCurrent->m_pRecents[0];                                      //遍历斜上方节点
while (tmp != NULL && tmp->m_Color==pCurrent->m_Color)
{
    m_Startpt = tmp->m_Point;
    num += 1;
    if (num >= 4)
    {
        return tmp;
    }
    tmp = tmp->m_pRecents[0];
}
tmp = pCurrent->m_pRecents[7];                                      //遍历斜下方节点
while (tmp != NULL && tmp->m_Color==pCurrent->m_Color)
{
    m_Endpt = tmp->m_Point;
    num += 1;
    if (num >= 4)
    {
        return tmp;
    }
    tmp = tmp->m_pRecents[7];
}
//按 45°斜角遍历
num = 0;
tmp = pCurrent->m_pRecents[2];                                      //遍历斜上方节点
while (tmp != NULL && tmp->m_Color==pCurrent->m_Color)
{
    m_Startpt = tmp->m_Point;
    num += 1;
    if (num >= 4)
    {
```

```cpp
            return tmp;
        }
        tmp = tmp->m_pRecents[2];
    }
    tmp = pCurrent->m_pRecents[5];                                //遍历斜下方节点
    while (tmp != NULL && tmp->m_Color==pCurrent->m_Color)
    {
        m_Endpt = tmp->m_Point;
        num += 1;
        if (num >= 4)
        {
            return tmp;
        }
        tmp = tmp->m_pRecents[5];
    }
    return NULL;
}
```

（8）添加自定义函数 GetLikeNode，该函数用于根据坐标点返回棋子，其实现代码如下：

```cpp
NODE* CFiveChessClientDlg::GetLikeNode(CPoint pt)
{
    CPoint tmp;
    for (int i = 0 ;i<row;i++)
    {
        for (int j = 0; j<col;j++)
        {
            tmp = m_NodeList[i][j].m_Point;                       //获得节点位置
            CRect rect(tmp.x-18,tmp.y-18,tmp.x+18,tmp.y+18);      //根据节点设置棋子区域
            if (rect.PtInRect(pt))                                //如果在棋子区域内
                return &m_NodeList[i][j];                         //返回棋子
        }
    }
    return NULL;
}
```

（9）处理鼠标左键的抬起事件，在该事件的处理函数中根据坐标点在棋盘上放置棋子，并判断是否已获胜，其实现代码如下：

```cpp
void CFiveChessClientDlg::OnLButtonUp(UINT nFlags, CPoint point)
{
    CPoint pt = point;
    if (m_IsStart == FALSE)                                       //游戏终止
        return;
    short int i = 1;
    if (m_IsDown==TRUE)                                           //轮到客户端
    {
        NODE* node = GetLikeNode(pt);                             //返回棋子
        if (node !=NULL)
        {
            if (node->m_Color==ncUNKOWN)                          //如果是空位
            {
                node->m_Color = ncWHITE;                          //设置为白棋
                OnPaint();                                        //调用 OnPaint 方法
                m_ClientSock.Send((void*)&node->m_Point,sizeof(node->m_Point));//发送棋子信息
                m_IsDown= FALSE;                                  //禁止落子
                if (JudgeWin(node)!= NULL)                        //判断是否获胜
                {
                    m_IsStart = FALSE;
                    Sleep(1000);                                  //结束游戏
                    CPoint pts[2] = {m_Startpt,m_Endpt};          //记录起点和终点
                    m_ClientSock.Send(pts,sizeof(pts));           //发送起点和终点数据
                    m_IsWin = TRUE;                               //标记胜利
                    m_State = esEND;                              //游戏结束
                    Invalidate();                                 //重绘窗体
                    MessageBox("恭喜你,赢了!!!");                  //提示胜利
                    m_IsWin = FALSE;
                    InitializeNode();                             //初始化棋子信息
                    Invalidate();                                 //重绘窗体
                }
```

```
            }
        }
    }
    CDialog::OnLButtonUp(nFlags, point);
}
```

(10) 添加自定义函数 ReceiveData，该函数用于接收数据，并测试网络连接状态，其实现代码如下：

```
void CFiveChessClientDlg::ReceiveData()
{
    char* pBuffer = new char[100];
    CString str;
    memset(pBuffer,0,100);
    int factlen = m_ClientSock.Receive(pBuffer,100);        //获得数据
    str = pBuffer;
    if (factlen==1 && pBuffer[0]=='t')                      //测试网络状态
    {
        delete pBuffer;
        m_ClientSock.Send("t",1);
    }
    else if ( factlen == 1 && pBuffer[0] == 'b')            //游戏开始信息
    {
        InitializeNode();                                   //初始化棋子信息
        m_IsStart = TRUE;                                   //开始游戏
        delete pBuffer;
        m_IsDown = TRUE;                                    //允许落子
        m_State = esBEGIN;                                  //开始游戏
        MessageBox("游戏开始");                              //提示开始
    }
    else if (factlen==sizeof(CPoint))                       //客户端棋子坐标信息
    {
        CPoint* pt = (CPoint*)pBuffer;
        NODE* pnode = GetNodeFromPoint(*pt);                //获得棋子
        pnode->m_Color = ncBLACK;                           //设置为黑子
        OnPaint();                                          //重绘
        delete pBuffer;
        m_IsDown = TRUE;                                    //允许落子
    }
    else if (factlen==sizeof(CPoint)*2)                     //客户端赢了，客户端棋子起始和终止坐标信息
    {
        m_Startpt.x = ((CPoint*)pBuffer)->x;                //起始点横坐标
        m_Startpt.y = ((CPoint*)pBuffer)->y;                //起始点纵坐标
        m_Endpt.x =   ((CPoint*)(pBuffer+sizeof(CPoint)))->x;  //结束点横坐标
        m_Endpt.y =   ((CPoint*)(pBuffer+sizeof(CPoint)))->y;  //结束点纵坐标
        delete pBuffer;
        m_IsDown = FALSE;                                   //禁止落子
        m_IsStart = FALSE;                                  //结束游戏
        m_IsWin = TRUE;                                     //标记胜利
        m_State = esEND;                                    //标记结束
        Invalidate();                                       //重绘窗体
        MessageBox("你输了!!!");                             //提示输了
        m_IsWin = FALSE;
        InitializeNode();                                   //初始化棋子信息
        Invalidate();                                       //重绘窗体
    }
}
```

(11) 在主窗体的 OnPaint 函数中根据背景位图设置窗体的形状，其实现代码如下：

```
CDC* pDC = GetDC();                                         //获得设备上下文
CBitmap bmp1,bmp2,bk;                                       //声明位图对象
CDC memdc;
memdc.CreateCompatibleDC(pDC);                              //获得兼容的设备上下文
bmp1.LoadBitmap(IDB_WHITE);                                 //加载白子图片
bmp2.LoadBitmap(IDB_BLACK);                                 //加载黑子图片
bk.LoadBitmap(IDB_CHESSBOARD);                              //加载棋盘背景
memdc.SelectObject(&bk);                                    //选入棋盘对象
pDC->BitBlt(0,0,663,664,&memdc,0,0,SRCCOPY);                //绘制棋盘背景
DrawChessboard();                                           //绘制表格
```

```
    if (m_IsWin)                                              //如果胜利
    {
        CPen pen(PS_SOLID,2,RGB(255,0,0));                    //设置红色画笔
        pDC->SelectObject(&pen);                              //选入画笔
        pDC->MoveTo(m_Startpt);                               //设置起点位置
        pDC->LineTo(m_Endpt);                                 //绘制红线
    }
    for (int m=0; m<row; m++)
    {
        for (int n=0; n<col; n++)
        {
            if (m_NodeList[m][n].m_Color == ncWHITE)          //如果是白子
            {
                memdc.SelectObject(&bmp1);                    //选入白子对象
                pDC->BitBlt(m_NodeList[m][n].m_Point.x-18,m_NodeList[m][n].m_Point.y-18,
                    36,36,&memdc,0,0,SRCCOPY);                //绘制白子
            }
            else if (m_NodeList[m][n].m_Color == ncBLACK)     //如果是黑子
            {
                memdc.SelectObject(&bmp2);                    //选入黑子对象
                pDC->BitBlt(m_NodeList[m][n].m_Point.x-18 ,m_NodeList[m][n].m_Point.y-18,
                    36,36,&memdc,0,0,SRCCOPY);                //绘制黑子
            }
        }
    }
}
bk.DeleteObject();
ReleaseDC(&memdc);
```

（12）处理"开始游戏"按钮的单击事件，该事件的处理函数中向服务器发送连接信息，请求开始游戏，其实现代码如下：

```
void CFiveChessClientDlg::OnGamestart()
{
    if (!m_IsConnect)                                         //如果未连接
    {
        CSrvInfoDlg srvDlg;                                   //构造设置服务器信息对话框
        if (srvDlg.DoModal() == IDOK)                         //显示设置服务器信息对话框
        {
            if (!srvDlg.m_IP.IsEmpty())                       //如果IP不为空
            {
                BOOL ret = m_ClientSock.Connect(srvDlg.m_IP,srvDlg.m_Port);
                if (ret == FALSE)                             //请求失败
                {
                    m_IsConnect = FALSE;
                    MessageBox("连接服务器失败!");
                    return;
                }
                else                                          //否则连接成功
                {
                    m_IsConnect = TRUE;
                    m_ClientSock.Send("b",1);                 //发送开始游戏信息
                }
            }
        }
    }
    else if (m_State == esBEGIN)                              //如果是游戏状态
    {
        MessageBox("游戏进行中!");
    }
    else if (m_State == esEND)                                //游戏结束，开始新的游戏，发出游戏开始的请求
    {
        m_IsDown = TRUE;                                      //允许落子
        m_IsStart = FALSE;                                    //结束游戏
        m_IsWin = FALSE;
        m_ClientSock.Send("b",1);                             //发送开始游戏信息
    }
}
```

秘笈心法

心法领悟 541：网络黑白棋。

类似本实例，网络黑白棋也需要建立网络通信，需要使用套接字设计网络连接。网络通信中使用 Send 方法和 Receive 方法进行数据的发送和接收。

实例 542　利用 UDP 协议实现广播通信　　　　　　　　　高级
光盘位置：光盘\MR\15\542　　　　　　　　　　　　　　　趣味指数：★★★★

实例说明

在网络通信中有时需要将一条信息发送给多台计算机，此时无法通过 TCP 协议来实现，需要通过 UDP 协议发送广播消息实现。发送广播消息的作为服务端，接收广播消息的作为客户端，客户端可以在多台计算机上运行，效果如图 15.25 所示。

图 15.25　利用 UDP 协议实现广播通信

关键技术

在程序中使用广播通信非常简单，在创建套接字后，调用 SetSockOpt 方法使套接字具有 SO_BROADCAST 选项，然后在发送信息时将地址设置为广播形式。

设计过程

（1）创建服务器。
（2）创建一个基于对话框的工程，工程名称为 BroadcastServer。
（3）向对话框中添加群组框控件、静态文本控件、编辑框控件和按钮控件。
（4）在应用程序初始化时调用 AfxSocketInit 初始化套接字库。
（5）在对话框类 CBroadcastServerDlg 的头文件中引用 Afxsock.h 头文件。
（6）处理"发送"按钮的单击事件，创建数据包套接字，设置为多播形式，然后向网络中发送数据。

```
void CBroadcastServerDlg::OnSendText()
{
    m_ServerSock.Close();                                           //关闭套接字
    char szHostName[128] = {0};                                     //定义字符数组
    gethostname(szHostName, 128);                                   //获取主机名称
    hostent *pHostent = gethostbyname(szHostName);                  //获取主机信息
    char *pszIP = inet_ntoa(*(in_addr*)&pHostent->h_addr_list[2]);
    CString szPort;                                                 //获取本地端口
    m_Port.GetWindowText(szPort);                                   //获取端口
    int nPort = atoi(szPort);
    if (!m_ServerSock.Create(nPort, SOCK_DGRAM, pszIP))             //创建数据包套接字
    {
```

```cpp
        MessageBox("套接字创建失败");
    }
    else
    {
        BOOL bCmdOpt = TRUE;
        m_ServerSock.SetSockOpt(SO_BROADCAST, (void*)&bCmdOpt, 1);       //设置套接字为广播套接字
        CString szSendInfo;                                              //发送信息
        CString szSendPort;                                              //发送端口
        m_SendContent.GetWindowText(szSendInfo);                         //获取发送信息
        m_SendPort.GetWindowText(szSendPort);                            //获取发送端口
        int nSendPort = atoi(szSendPort);
        SOCKADDR_IN addr;
        addr.sin_family = AF_INET;
        addr.sin_addr.S_un.S_addr= INADDR_BROADCAST;                     //设置广播地址
        addr.sin_port = htons(nSendPort);
        m_ServerSock.SendTo(szSendInfo.GetBuffer(0), szSendInfo.GetLength(),
                    (SOCKADDR*)&addr, sizeof(addr));                     //向网络发送数据
    }
}
```

（7）创建客户端。

（8）改写 CClientSocket 类的 OnReceive 方法，在套接字中有数据接收时调用自定义的方法接收数据。

```cpp
void CClientSocket::OnReceive(int nErrorCode)
{
    m_pDlg->OnReceive(*this);                                            //调用自定义方法接收数据
    CSocket::OnReceive(nErrorCode);
}
```

（9）向对话框类 CBroadcastClientDlg 中添加 OnReceive 方法，在套接字有数据接收时调用，接收服务器端发来的数据，将其显示在窗口中。

```cpp
void CBroadcastClientDlg::OnReceive(CSocket &socket)
{
    char pBuffer[1024] = {0};
    CString szIP;
    UINT nPort;
    int nRecvNum = socket.ReceiveFrom(pBuffer, 1024, szIP, nPort);       //接收数据
    if (nRecvNum != -1)
    {
        m_RecvInfo.SetWindowText(pBuffer);                               //显示数据
        if (m_PopDlg.GetCheck() == BST_CHECKED)
        {
            MessageBox(pBuffer, "提示");                                  //弹出提示对话框
        }
    }
}
```

秘笈心法

心法领悟 542：用套接字实现 HTTP 客户端应用程序。

实现 HTTP 客户端应用程序，可以使用 Socket 发送 HTTP 协议内容。

实例 543　利用套接字实现 HTTP 客户端应用程序　　高级

光盘位置：光盘\MR\15\543　　趣味指数：★★★★

实例说明

当用户浏览某个网页时，实际上是用户的浏览器向服务器发送了特定的命令，服务器根据收到的命令将信息返回给客户端浏览器，显示在网页中。本实例利用 HTTP 命令实现了 HTTP 服务器文件的下载，效果如图 15.26 所示。

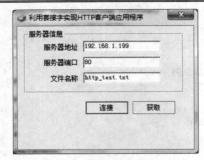

图 15.26 利用套接字实现 HTTP 客户端应用程序

■ 关键技术

实现本实例的关键是，首先连接 HTTP 服务器，然后向服务器发送 GET 命令获取文件，最后接收服务器返回的数据。

本实例需要包含 winsock2.h 头文件、afxsock.h 头文件，导入 ws2_32.lib 库。

```
#include "afxsock.h"
#include "winsock2.h"
#pragma comment (lib,"ws2_32.lib")
```

■ 设计过程

（1）新建一个基于对话框的应用程序。

（2）向窗体中添加编辑框控件，获取输入的 IP 和端口；添加按钮控件连接服务器和获取文件。

（3）创建套接字代码如下：

```
AfxSocketInit(NULL);         //初始化套接字
m_Socket = socket(AF_INET,SOCK_STREAM,0);
if(INVALID_SOCKET == m_Socket)
{
    MessageBox("套接字创建失败");
    return false;
}
```

（4）连接服务器，代码如下：

```
void CSocketHttpDlg::OnConnect()
{
    UpdateData(TRUE);
    sockaddr_in addr;
    addr.sin_family = AF_INET;
    addr.sin_port = htons(atoi(m_ServerPort));
    addr.sin_addr.S_un.S_addr= inet_addr(m_ServerAddr);
    if (connect(m_Socket,(sockaddr*)&addr,sizeof(addr))==SOCKET_ERROR)
    {
        MessageBox("连接失败");
        return;
    }
}
```

（5）发送 Get 命令到 HTTP 服务器，下载指定文件，代码如下：

```
void CSocketHttpDlg::OnGetfile()
{
    UpdateData();
    CString cmd ;;
    cmd.Format("GET /%s\r\n",m_FileName);

    char bufer[8192];
    memset(bufer,0,8192);
    int ret;
    if (send(m_Socket,cmd.GetBuffer(0),cmd.GetLength(),0)!=SOCKET_ERROR)
    {
```

```
            do
            {
                    ret = recv(m_Socket,bufer,8192,0);
                    if (ret>0)
                    {
                            DownFile(bufer,m_FileName);
                    }
                    memset(bufer,0,8192);
            }
            while( ret !=0 );
    }
    else
            MessageBox("发送 Get 命令失败");
    closesocket(m_Socket);   //关闭套接字
}

//将文件下载到指定位置
void DownFile(char *bufer,CString filename)
{
    FILE *f=fopen(filename,"wb+");
    fprintf(f,"%s\n",bufer);
    fclose(f);
}
```

■ 秘笈心法

心法领悟 543：使用套接字前初始化。

使用套接字前，可以使用 WSAStartup 初始化 ws2_32.dll 动态链接库，或者使用 AfxSocketInit 初始化。

15.6 其　　他

实例 544　获得拨号网络的列表

光盘位置：光盘\MR\15\544　　　　　　　　　　　高级　趣味指数：★★★☆

■ 实例说明

为了方便拨号上网，可以将拨号网络列表添加列自己的程序内。运行程序，列表框将显示拨号网络列表，选择列表中的拨号连接，即可拨号上网，并随时显示当前网络连接状态，效果如图 15.27 所示。

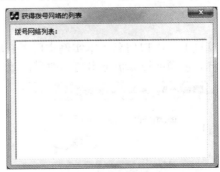

图 15.27　获得拨号网络的列表

■ 关键技术

本实例用 RasEnumEntries 函数，将本机内所有"我的连接"放置在列表中。

RasEnumEntries 函数获取一个项的设置值，语法如下：
DWORD RasEnumEntries (LPCTSTR reserved,LPTCSTR lpszPhonebook,LPRASENTRYNAME lprasentryname,LPDWORD lpcb,LPDWORD lpcEntries);

参数说明：

❶reserved：保留变量，必须为 NULL。
❷lpszPhonebook：拨号连接全路径。
❸lprasentryname：RASENTRYNAME 结构，用于获得拨号连接的缓冲区。
❹lpcb：缓冲区的大小。
❺lpcEntries：返回拨号连接的数量。

设计过程

（1）新建一个基于对话框的应用程序，将窗体标题改为"获得拨号网络的列表"。
（2）向窗体中添加一个列表框控件。
（3）主要代码如下：

```
DWORD ent,i,j;
RASENTRYNAME buf;
buf.dwSize=264;
j = 256 * buf.dwSize;
RasEnumEntries(NULL,NULL,&buf,&j,&ent);          //枚举连接列表
for(i=0;i<ent;i++)
{
    m_List.InsertString(i,buf.szEntryName);      //插入连接列表
}
```

秘笈心法

心法领悟 544：打开和关闭串口。
通过 MSCOMM 控件的 SetPortOpen 方法打开和关闭串口。

```
m_msc.SetCommPort(i);           //选择串口
m_msc.SetPortOpen(true);        //打开串口
m_msc.SetPortOpen(false);       //关闭串口
```

实例 545　获取计算机上串口的数量　　高级

光盘位置：光盘\MR\15\545　　趣味指数：★★★★

实例说明

在进行串口通信时，需要知道计算机上的串口信息。本实例实现了获取计算机中串口数量的功能。运行程序，单击"获取"按钮，程序窗体上将显示当前计算机上串口的数量，效果如图 15.28 所示。

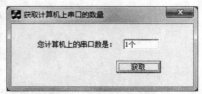

图 15.28　获取计算机上串口的数量

关键技术

本实例通过 MSComm 控件的 SetPortOpen 方法设置并返回通信端口的状态。在使用 SetPortOpen 方法打开

端口之前,需要使用 SetCommPort 方法设置一个合法的端口号。如果使用 SetCommPort 方法设置的端口号非法,则当打开该端口时,MSComm 控件将产生一个"设备无效"的错误。

SetPortOpen 方法语法如下:
void SetPortOpen(BOOL bNewValue);
参数说明:
bNewValue:为 TRUE 时打开端口,为 FALSE 时关闭端口。

■ 设计过程

(1)新建一个基于对话框的应用程序,将窗体标题改为"获取计算机上串口的数量"。
(2)选择菜单 Project | Add To Project,然后选择 Components and Controls...,弹出 Components and Controls Gallery 窗口,双击窗口中的 Registered ActiveX Controls 文件夹,找到 Microsoft Communications Control version6.0 选项,双击并取默认值,添加控件,单击 Close 按钮,MSComm 控件就添加到控件面板中了。
(3)在窗体上添加一个 MSComm 控件、一个编辑框控件和一个按钮控件。
(4)主要代码如下:

```
void CSerialInterfaceDlg::OnButobtain()
{
    int j=0,i;
    try
    {
        for(i=1;i<6;i++)
        {
            m_msc.SetCommPort(i);           //设置端口
            m_msc.SetPortOpen(true);        //打开端口
            m_msc.SetPortOpen(false);
            j = j + 1;
        }
    }
    catch(…)
    {
        CString str;
        str.Format("%d 个",j);
        m_Edit.SetWindowText(str);
    }
}
```

■ 秘笈心法

心法领悟 545:获得网络中传输的数据。

为了获得网络中传输的数据,首先需要创建一个原始套接字,该套接字获得的数据是 IP 层的数据报。包含 IP 首部、TCP 或 UDP 首部、用户数据等信息。然后对获得的数据报去除 IP 首部,根据 IP 首部获得数据报的源地址、目的地址、采用的协议及数据报的长度等信息。接着根据不同的协议去除 TCP 或 UDP 首部,根据 TCP 或 UDP 首部确定源端口和目的端口。最后数据报剩余的部分即是用户数据。

实例 546　检测系统中安装的协议　　高级
光盘位置:光盘\MR\15\546　　趣味指数:★★★☆

■ 实例说明

本实例实现了检测系统中安装的协议的功能。运行程序,单击"检测"按钮,系统中安装的协议将显示在列表中,效果如图 15.29 所示。

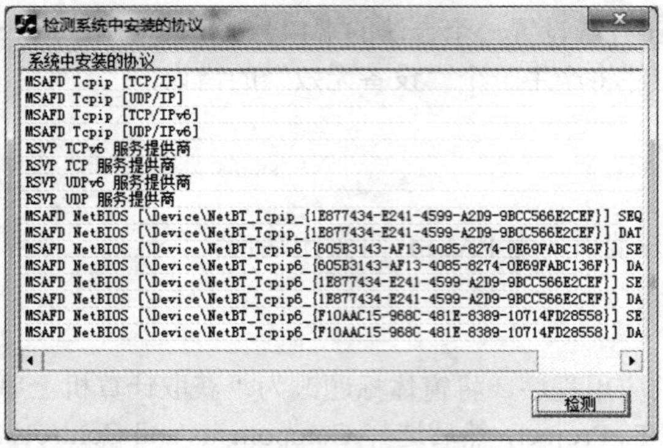

图 15.29 检测系统中安装的协议

关键技术

本实例使用 WSAEnumProtocols 函数实现枚举协议的功能。使用这些函数需先导入 ws2_32.lib 库和 winsock2.h 头文件。

WSAEnumProtocols 函数可以返回当前系统中安装的协议的详细信息，语法格式如下：

int WSAEnumProtocols(LPINT lpiProtocols,LPWSAPROTOCOL_INFO lpProtocolBuffer,ILPDWORD lpdwBufferLength);

参数说明：

❶lpiProtocols：可选参数，为 NULL 时，返回所有可用的协议。

❷lpProtocolBuffer：指向枚举结果存放的缓冲区地址。

❸lpdwBufferLength：指向枚举结果存储缓冲区大小的变量地址。

返回值：枚举协议的个数。

设计过程

（1）新建一个基于对话框的应用程序，将窗体标题改为"检测系统中安装的协议"。

（2）向窗体中添加一个列表视图控件和一个按钮控件。

（3）主要代码如下：

```cpp
void CProtocolDlg::OnButenumerate()
{
    LPBYTE pBuf;                                //保存网络协议信息的缓冲区
    DWORD dwLen;                                //缓冲区的长度
    LPWSAPROTOCOL_INFO pInfo;
    //通过调用 WSAEnumProtocols 以获得所需缓冲区的大小
    int nRet = WSAEnumProtocols(NULL,NULL,&dwLen);
    if(nRet == SOCKET_ERROR)
    {
        if(WSAGetLastError() != WSAENOBUFS)
        {
            MessageBox("调用失败");
            return;
        }
    }
    //检查缓冲区的大小是否可以容纳信息
    if(dwLen < sizeof(WSAPROTOCOL_INFO))
    {
        MessageBox("缓冲区出现错误");
        return;
    }
    dwLen++;
    pBuf = (LPBYTE)malloc(dwLen);               //申请所需的内存
    if(pBuf == NULL)
    {
```

```
    MessageBox("内存分配失败");
    return;
}
//进行枚举，nRet 是返回的协议个数
nRet = WSAEnumProtocols(NULL,(LPWSAPROTOCOL_INFO)pBuf,&dwLen);
if(nRet == SOCKET_ERROR)
{
free(pBuf);
    MessageBox("枚举失败");
    return;
}
//遍历各协议的信息
pInfo = (LPWSAPROTOCOL_INFO)pBuf;
for(int nCount=0;nCount<nRet;nCount++)
{
    //将协议信息添加到列表中
    int i = m_Grid.GetCountPerPage();
    m_Grid.InsertItem(i,pInfo->szProtocol);
    pInfo++;
}
//释放内存
free(pBuf);
}
```

秘笈心法

心法领悟 546：判断列表控件是否选择某项。

通过 GetItemState 判断是否被选中。
```
if(m_list.GetItemState(i, LVIS_SELECTED) == LVIS_SELECTED);
    AfxMessageBox("选中");
```

实例 547　域名解析

光盘位置：光盘\MR\15\547

高级　趣味指数：★★★★

实例说明

开发网络方面的应用程序时经常使用套接字，而套接字是针对 TCP/IP 协议的，所以针对给出域名的网络地址应先经过一次转换，转换成 IP 地址后，才可以继续开发。本实例实现将域名解析成地址，效果如图 15.30 所示。

图 15.30　域名解析

关键技术

本实例主要通过 gethostbyname 函数实现，gethostbyname 函数主要是用来获取主机名的函数，在 Internet 中也可以应用此函数对域名进行解析。

设计过程

（1）新建名为 DomainName 的对话框 MFC 工程。

（2）在对话框上添加两个编辑框控件，设置 ID 属性分别为 IDC_EDNAME 和 IDC_EDIP；添加一个按钮控件，设置 ID 属性为 IDC_BTGET，设置 Caption 属性为"获取"。

（3）在工程中添加对 wsock32.lib 库的引用。

（4）在 StdAfx.h 文件中加入如下代码：

```
#include <afxsock.h>
```

（5）在 OnInitDialog 中完成类库的初始化，代码如下：

```
BOOL CDomainNameDlg::OnInitDialog()
{
    ……//此处代码省略
    AfxSocketInit();
    return TRUE;
}
```

（6）添加"获取"按钮的实现函数，该函数通过域名获得 IP 地址，代码如下：

```
void CDomainNameDlg::OnGet()
{
    HOSTENT* hst=NULL;
    CString strname,strip,tmp;
    GetDlgItem(IDC_EDNAME)->GetWindowText(strname);
    struct in_addr ia;
    hst=gethostbyname((LPCTSTR)strname);            //获得 IP 地址
    //格式化 IP 地址
    for(int i=0;hst->h_addr_list[i];i++){
        memcpy(&ia.s_addr,hst->h_addr_list[i],sizeof(ia.s_addr));
        tmp.Format("%s\n",inet_ntoa(ia));
        strip+=tmp;
    }
    GetDlgItem(IDC_EDIP)->SetWindowText(strip);
}
```

秘笈心法

心法领悟 547：IP 地址转换成域名或主机名。

通过 gethostbyaddr 函数可以根据给定的地址获取主机名字和地址信息，返回一个 HOSTENT 结构体指针。

```
WSADATA wsaData;
WSAStartup(MAKEWORD(2,2),&wsaData);             //初始化 ws2_32.lib 库
HOSTENT *pHost;
in_addr ina;
ina.S_un.S_addr = inet_addr("192.168.1.199");    //给定 IP 地址
pHost = gethostbyaddr((char*)&ina.S_un.S_addr, 4, AF_INET);  //获取本地主机信息
if(pHost != NULL)
    MessageBox(pHost->h_name);
```

实例 548 网上调查

光盘位置：光盘\MR\15\548   高级　趣味指数：★★★★

实例说明

通过网上调查，选择喜爱的图书，并将统计调查结果保存在数据库中。本实例主要使用 MFC 程序操作数据库。程序运行效果如图 15.31 所示。

图 15.31 网上调查

关键技术

本实例使用 ADO 连接数据库。通过 Connection 对象的 Open 方法实现对数据库的连接。

Open 方法的语法如下：

```
Connection.open Connectionstring,userID,password,openoptions
```

参数说明:
- **❶Connectionstring**: 可选项,字符串,包含连接信息。
- **❷userID**: 可选项,字符串,包含建立连接时所使用的用户名称。
- **❸password**: 可选项,字符串,包含建立连接时所用密码。
- **❹openoptions**: 可选项,ConnectoptionEnum 值。如果设置为 adConnectoAsync,则异步打开连接。当连接可用时将产生 ConnectComplete 事件。

设计过程

(1) 新建一个基于对话框的应用程序,名为"连接服务器",作为登录界面。
(2) 添加两个对话框,分别用于显示图书名称和显示投票结果。
(3) 在显示图书名的对话框类中添加 CButton 类型数组 m_Check,在初始化时创建复选框控件,用于选择图书。代码如下:

```cpp
BOOL CAddDlg::OnInitDialog()
{
    CDialog::OnInitDialog();
    font.CreatePointFont(150,"华文行楷");
    bfont.CreatePointFont(90,"宋体");
    m_Title.SetFont(&font);
    try
    {
        _bstr_t bstrSQL = "select * from tb_total";
        m_pRecordset.CreateInstance(__uuidof(Recordset));
        m_pRecordset->Open(bstrSQL,m_pConnection.GetInterfacePtr(),
            adOpenDynamic,adLockOptimistic,adCmdText);
    }
    catch(_com_error e)
    {
        e.Description();
    }
    m_pRecordset->MoveFirst();
    for(int i=0;i<24;i++)
    {
        CString str;
        RECT rect;
        str = (char*)(_bstr_t)m_pRecordset->GetCollect("统计名称");
        if(i<8)
        {
            rect.left = 50;
            rect.top = 50+i*25;
            rect.right = 220;
            rect.bottom = 80+i*25;
        }
        else if(i>=8 && i<16)
        {
            rect.left = 240;
            rect.top = 50+(i-8)*25;
            rect.right = 430;
            rect.bottom = 80+(i-8)*25;
        }
        else if(i>=16 && i<24)
        {
            rect.left = 450;
            rect.top = 50+(i-16)*25;
            rect.right = 640;
            rect.bottom = 80+(i-16)*25;
        }
        m_Check[i].Create(str,WS_CHILD|BS_CHECKBOX|BS_AUTOCHECKBOX,
```

```cpp
            CRect(0,40,10,50),this,1200+i);
        m_Check[i].SetFont(&bfont);
        m_Check[i].MoveWindow(&rect);
        m_Check[i].ShowWindow(SW_SHOW);
        m_Check[i].SetFocus();
        m_pRecordset->MoveNext();
    }
    return TRUE;
}
```

（4）添加"提交"和"查看"按钮，提交投票信息和查看结果。实现代码如下：

```cpp
// "提交"按钮
void CAddDlg::OnButrefer()
{
    // TODO: Add your control notification handler code here
    m_pRecordset->MoveFirst();
    int num;
    for(int i=0;i<24;i++)
    {
        CString str;
        num = atoi((char*)(_bstr_t)m_pRecordset->GetCollect("数量"));
        num = num + m_Check[i].GetCheck();
        str.Format("%d",num);
        m_pRecordset->GetFields()->GetItem("数量")->Value = (_bstr_t)str;
        m_pRecordset->Update(); //更新数据库
        m_pRecordset->MoveNext();
    }
    MessageBox("提交成功");
}

// "查看"按钮：
void CAddDlg::OnButquery()
{
    CQueryDlg dlg;
    dlg.DoModal();
}
```

（5）在显示投票结果的对话框中添加列表视图控件，显示每类书的得票数。

```cpp
BOOL CQueryDlg::OnInitDialog()
{
    CDialog::OnInitDialog();
    m_Grid.SetExtendedStyle(LVS_EX_FLATSB
        |LVS_EX_FULLROWSELECT
        |LVS_EX_HEADERDRAGDROP
        |LVS_EX_ONECLICKACTIVATE
        |LVS_EX_GRIDLINES);
    m_Grid.InsertColumn(0,"统计名称",LVCFMT_LEFT,200,0);
    m_Grid.InsertColumn(1,"数量",LVCFMT_LEFT,100,1);
    m_pRecordset->MoveFirst();
    while(!m_pRecordset->adoEOF)
    {
        m_Grid.InsertItem(0,0);
        m_Grid.SetItemText(0,0,(char*)(_bstr_t)m_pRecordset->GetCollect("统计名称"));
        m_Grid.SetItemText(0,1,(char*)(_bstr_t)m_pRecordset->GetCollect("数量"));
        m_pRecordset->MoveNext();
    }
    return TRUE;
}
```

（6）连接数据库的实现代码如下：

```cpp
void CResearchDlg::OnInitADOConn(CString server)
{
    CString strname;
    try
    {
        strname.Format("Provider=SQLOLEDB.1;Persist Security Info=False;User ID=sa;Initial Catalog=shujuku;Data Source=%s",server);
        m_pConnection.CreateInstance("ADODB.Connection");
        _bstr_t strConnect=strname;
        m_pConnection->Open(strConnect,"","",NULL);
```

```
}
catch(_com_error e)
{
    AfxMessageBox(e.Description());
}
}
```

秘笈心法

心法领悟 548：获取网页的源代码。

通过 CHttpFile 类的 ReadString 方法可以获取网页的源代码。ReadString 方法是逐行地读取源代码，可以在读取的一行代码中查找固定格式的字符（如<HEAD></HEAD>等标签），以此查找指定信息。

第16章

Web 编程

- 上网控制
- 文件上传与下载
- 邮件管理
- 上网监控
- 浏览器应用
- 网上信息提取
- 其他

第 16 章 Web 编程

16.1 上网控制

实例 549　定时登录 Internet
光盘位置：光盘\MR\16\549
高级
趣味指数：★★★★

■ 实例说明

本实例完成在预先设定的时间内登录到设定的网站，运行程序，在"登录网址"编辑框中输入所要登录的网站地址，然后通过两个组合框来设置登录时间，单击"确定"按钮，程序会在系统托盘中运行，设置的时间一到就会登录到网站，效果如图 16.1 所示。

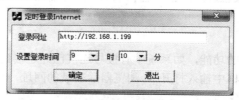

图 16.1　定时登录 Internet

■ 关键技术

本实例主要通过在程序中添加定时器来实现定时功能，然后通过 ShellExecute 函数打开 IE 浏览器登录网站。定时器的添加主要是在类向导中添加 WM_TIMER 消息的处理函数，然后通过 SetTimer 使定时器开始工作。使用 ShellExecute 函数时，将第 3 个参数设为网站地址后可以直接打开 IE 浏览器登录到网站。

■ 设计过程

（1）新建名为 InternetSetTime 的对话框 MFC 工程。

（2）在对话框上添加两个静态文本控件；添加一个编辑框控件，设置 ID 属性为 IDC_EDADDRESS；添加两个组合框控件，设置 ID 属性分别为 IDC_CMBHOUR 和 IDC_CMBMINU，添加成员变量 m_hour 和 m_minu；添加两个按钮控件，设置 ID 属性分别为 IDC_BTENTER 和 IDC_BTEXIT。

（3）添加"确定"按钮的实现函数，该函数完成定时器的启动，代码如下：

```
void CInternetSetTimeDlg::OnEnter()
{
    GetDlgItem(IDC_EDADDRESS)->GetWindowText(straddress);    //获得控件中的数据
    CString hour,minu;
    m_hour.GetWindowText(hour);
    m_minu.GetWindowText(minu);
    strtime.Format("%s:%s",hour,minu);
    CString temp;temp.Format("你设置的时间是%s",strtime);    //格式化时间字符串
    AfxMessageBox(temp);
    SetTimer(1,1000,NULL);                                   //设置定时器
}
```

（4）设置定时器完成定时登录，代码如下：

```
void CInternetSetTimeDlg::OnTimer(UINT nIDEvent)
{
    CTime tt;
    tt=CTime::GetCurrentTime();                              //获得当前时间
    CString tmp=tt.Format("%H:%M");                          //格式化时间字符串
    if(!tmp.CompareNoCase(strtime))
    {
```

```
::ShellExecute(this->GetSafeHwnd(),"open",straddress,NULL,NULL,SW_SHOW);
    KillTimer(1);
    }
    CDialog::OnTimer(nIDEvent);
}
```

秘笈心法

心法领悟 549：打开指定路径。

通过 ShellExecute 执行 explore 动作，打开指定路径。
```
ShellExecute(this->m_hWnd,"explore","g:\\test",NULL,NULL,SW_SHOW);
```

实例 550　根据网络连接控制 IE 启动
光盘位置：光盘\MR\16\550　　　高级　趣味指数：★★★★

实例说明

本实例完成定时查看网络连接的功能，如系统中有拨号连接已经连接到 Internet，就打开 IE 浏览器，登录到设定的网站。运行程序，在编辑框中输入打开 IE 浏览器后登录的网址，效果如图 16.2 所示。

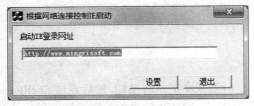

图 16.2　根据网络连接控制 IE 启动

关键技术

本实例通过 RasEnumConnections 函数枚举系统中的拨号连接，语法如下：
```
DWORD RasEnumConnections(LPRASCONN lprasconn,LPDWORD lpcb,LPDWORD lpcConnections);
```
参数说明：

❶lprasconn：RASCONN 结构对象数组指针，存储连接句柄。

❷lpcb：设定 lprasconn 参数的大小。

❸lpcConnections：连接的数量。

设计过程

（1）新建一个基于对话框的应用程序。

（2）在对话框上添加一个静态文本控件；添加一个编辑框控件，设置 ID 属性为 IDC_EDADDRESS；添加两个按钮控件，设置 ID 属性分别为 IDC_BTSET 和 IDC_BTEXIT。

（3）添加"设置"按钮的实现函数，该函数完成定时器的启动，代码如下：
```
void CStartIEDlg::OnSet()
{
    GetDlgItem(IDC_EDADDRESS)->GetWindowText(strcomd);    //获得控件中的数据
    SetTimer(1,1000,NULL);                                //设置定时器
}
```
（4）设置定时器监控网络连接，代码如下：
```
void CStartIEDlg::OnTimer(UINT nIDEvent)
{
    LPRASCONN lpRasConn = NULL;
```

```
RASCONNSTATUS rasStatus;
LPHRASCONN g_lphRasConn = NULL;
DWORD cbBuf=0,cConn=0;
cbBuf=sizeof(RASCONN);
lpRasConn=(LPRASCONN)malloc((UINT)cbBuf);
lpRasConn->dwSize=sizeof(RASCONN);
::RasEnumConnections(lpRasConn,&cbBuf,&cConn);        //枚举系统中的拨号连接
if(cConn>0)
{
::ShellExecute(this->GetSafeHwnd(),"open",strcomd,NULL,NULL,SW_SHOW);
KillTimer(1);
}
CDialog::OnTimer(nIDEvent);
}
```

秘笈心法

心法领悟 550：打印文档。

通过 ShellExecute 执行 print 操作，打印文档文件。

`ShellExecute(this->m_hWnd,"print","D:\\1.doc",NULL,NULL,SW_SHOW);`

16.2 文件上传与下载

实例 551　遍历 FTP 文件目录

光盘位置：光盘\MR\16\551　　　　　　　　　　　　　　　　　　　高级　趣味指数：★★★★

实例说明

FTP 服务器多用来提供文件的下载。为了了解 FTP 服务器中的文件信息，有必要先获取 FTP 文件目录。本实例实现了遍历某个 FTP 服务器中的所有文件目录的功能，效果如图 16.3 所示。

图 16.3　遍历 FTP 文件目录

关键技术

本实例主要通过 CFtpFileFind 类获取 FTP 文件目录。首先创建一个 CInternetSession 对象，通过调用该对象的 GetFtpConnection 方法获得 CFtpConnection 类的一个指针，然后利用该指针构造 CFtpFileFind 类对象，最后调用 CFtpFileFind 类的 FindFile 和 FindNextFile 方法搜索目录。

设计过程

（1）新建一个基于对话框的应用程序。

（2）在对话框中添加静态文本控件，设置其 Caption 属性为"FTP 服务器"、"端口"、"用户名称"和"用户密码"；添加一个按钮控件，设置其 Caption 属性为"登录"；添加一个树视图控件，显示文件目录。

（3）主要代码如下：

```cpp
void CBrownFTPDirDlg::OnLogin()
{
    CString server;
    m_Server.GetWindowText(server);                          //获得服务器
    m_TreeInfo.DeleteAllItems();                             //清空控件
    HTREEITEM hRoot = m_TreeInfo.InsertItem(server,0,0);
    ListDir("",hRoot);
}

void CBrownFTPDirDlg::ListDir(CString dir, HTREEITEM hParent)
{
    CString filename ;
    CString server,port,user,pass;
    m_Server.GetWindowText(server);
    m_Port.GetWindowText(port);
    m_User.GetWindowText(user);
    m_Pass.GetWindowText(pass);
    CInternetSession session;
    CFtpConnection* pTemp = session.GetFtpConnection(server,user,pass,atoi(port));
    CFtpFileFind Find(pTemp);
    HTREEITEM hItem = hParent;
    HTREEITEM hSubItem;
    BOOL ret ;
    if (dir.IsEmpty())
        ret = Find.FindFile(NULL,INTERNET_FLAG_EXISTING_CONNECT);  //查找文件
    else
        ret = Find.FindFile(dir,INTERNET_FLAG_EXISTING_CONNECT);
    if (ret)
    {
        while (Find.FindNextFile())                          //查找下一个文件
        {
            filename = Find.GetFileName();
            hSubItem = m_TreeInfo.InsertItem(filename,0,0, hParent);  //插入节点

            if (Find.IsDirectory())
            {
                ListDir(dir+"\\"+filename,hSubItem);
            }
        }
        if (!Find.IsDirectory())
        {
            filename = Find.GetFileName();
            m_TreeInfo.InsertItem(filename,0,0,hItem);
        }
        else
        {
            ListDir(dir+"\\"+filename,hItem);
        }
    }
    Find.Close();
    delete pTemp;
}
```

秘笈心法

心法领悟 551：创建 FTP 站点。

进入"控制面板"｜"系统和安全"｜"管理工具"｜"Inernet 信息服务（IIS）管理器"，右击"网站"并

添加FTP站点，填写站点名和内容目录，绑定IP和端口，选择身份验证，给用户授权，完成FTP站点的创建。

实例 552　获取 FTP 文件大小　高级

■ 实例说明

在开发 FTP 服务器应用程序时，经常需要获取 FTP 文件的大小。本实例为了获取 FTP 文件的大小，使用了 MFC 提供的 CFtpFileFind 类，通过 CFtpFileFind 类的 FindFile 和 FindNextFile 方法查找文件，然后使用 GetLength 方法获取文件的大小，效果如图 16.4 所示。

图 16.4　获取 FTP 文件大小

■ 关键技术

本实例的实现主要使用 FindFile 和 FindNextFile 方法。

（1）FindFile 方法

基本格式如下：

virtual BOOL FindFile(LPCTSTR pstrName = NULL, DWORD dwFlags = INTERNET_FLAG_RELOAD);

参数说明：

❶pstrName：要查找的文件名。

❷dwFlags：标记，描述如何处理。

（2）FindNextFile 方法

基本格式如下：

virtual BOOL FindNextFile( );

在调用 FindFile 之后调用此方法，查找下一个文件。

■ 设计过程

（1）新建一个基于对话框的应用程序。

（2）向窗体中添加一个按钮控件，获取文件大小；添加编辑框控件，获取文件名。

（3）主要代码如下：

```cpp
void CFTPFileLengthDlg::OnGet()
{
    CInternetSession ISession;
    //连接 FTP 服务器
    CFtpConnection* pFtpCon = ISession.GetFtpConnection("192.168.1.199");
    CFtpFileFind fFind(pFtpCon,INTERNET_FLAG_RAW_DATA);

    //查找文件
    CString filename;
    m_file.GetWindowText(filename);
    if (fFind.FindFile(filename,INTERNET_FLAG_EXISTING_CONNECT|INTERNET_FLAG_RELOAD ))
    {
        fFind.FindNextFile();
        CString str;
        DWORD len      = fFind.GetLength();
```

```
            str.Format("%i 字节",len);
            MessageBox(str,"大小");
    }
    else
    {
            MessageBox("无此文件");
            return;
    }
}
```

秘笈心法

心法领悟 552：判断 FTP 文件是否存在。

根据本实例，用 GetFtpConnection 连接 FTP 服务器，CFtpFileFind 类的 FindFile 方法查找指定的文件，如返回真，则文件存在；返回假，则文件不存在。

实例 553　利用套接字实现 FTP 文件下载
光盘位置：光盘\MR\16\553　　　　　　　　　　　　　　趣味指数：★★★★

实例说明

本实例中通过 FTP 命令实现了 FTP 文件的下载，如图 16.5 所示，填写服务器（绑定的 IP）和端口，以及用户名和密码后，单击"连接"按钮连接 FTP 服务器，填写文件名后单击"下载"按钮可下载文件。

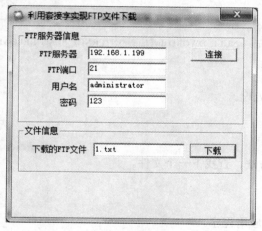

图 16.5　利用套接字实现 FTP 文件下载

关键技术

本实例首先利用套接字建立与 FTP 服务器的连接，然后向 FTP 服务器发送 USER 命令和 PASS 命令验证用户身份，最后发送 RETR 命令下载文件。

设计过程

（1）连接 FTP 服务器，代码如下：
```
BOOL CFtpDownDlg::OnConnect()
{
    UpdateData();
    UINT port = atoi(m_Port);
```

第16章　Web编程

```cpp
    m_TransFile = FALSE;
a:  m_pSocket->Send("QUIT \r\n",10);                              //如果之前已经连接，则断开与FTP的连接

    if (m_pSocket->Connect(m_Server,atoi(m_Port))==FALSE)
    {
        MessageBox("连接失败");
        m_pSocket->Close();

        m_pSocket->Create();
        if (MessageBox("是否重新连接?","提示",MB_YESNO)==IDYES)
            goto a;
        return FALSE;
    }

    CString cmdstr = "USER ";
    cmdstr+= m_User;
    cmdstr+="\r\n";
    m_pSocket->Send(cmdstr.GetBuffer(0),cmdstr.GetLength());      //读取数据
    Sleep(200);

    cmdstr = "PASS ";
    cmdstr += m_Pass;
    cmdstr+="\r\n";
    m_pSocket->Send(cmdstr,cmdstr.GetLength());
    return TRUE;
}
```

（2）下载FTP文件，代码如下：

```cpp
void CFtpDownDlg::OnDownload()
{
    UpdateData();

    m_TransFile = FALSE;

    LINGER ling;
    ling.l_linger = 0;
    ling.l_onoff = 1;
    setsockopt(m_ClientSock->m_hSocket,SOL_SOCKET,SO_LINGER,(char*)&ling,sizeof(LINGER));
    m_ClientSock->Close();

    CString cmdstr = "TYPE A \r\n";
    m_pSocket->Send(cmdstr.GetBuffer(0),cmdstr.GetLength());

    Sleep(200);

    cmdstr = "PORT ";

    CString a1,a2,a3,a4;
    AfxExtractSubString(a1,m_IP,0,'.');
    AfxExtractSubString(a2,m_IP,1,'.');
    AfxExtractSubString(a3,m_IP,2,'.');
    AfxExtractSubString(a4,m_IP,3,'.');

    a1 +=",";
    a2 +=",";
    a3 +=",";
    a4 +=",";
    cmdstr+= a1+a2+a3+a4;

    cmdstr+= "31,165";
    cmdstr+="\r\n";
    m_pSocket->Send(cmdstr.GetBuffer(0),cmdstr.GetLength());
    Sleep(200);

    cmdstr= "REST ";
    cmdstr+= "0";
    cmdstr+="\r\n";
    m_pSocket->Send(cmdstr.GetBuffer(0),cmdstr.GetLength());
```

```
    Sleep(200);

    cmdstr = "RETR ";
    cmdstr+= m_FileName;
    cmdstr+="\r\n";
    m_pSocket->Send(cmdstr.GetBuffer(0),cmdstr.GetLength());
    //创建下载的文件
    m_File.Open("D:\\"+m_FileName,CFile::modeCreate|CFile::modeReadWrite);
    m_File.Close();
}
```

（3）接收从 FTP 服务器传来的数据，代码如下：

```
void CFtpDownDlg::ReceiveData(CDownSocket* pSocket)
{
    if (pSocket == m_pSocket || pSocket==m_pReceiveSock)
    {
        CFile file;
        file.Open("c:\\log.txt",CFile::modeCreate|CFile::modeReadWrite);
        char* pData = new char[8192];
        memset(pData,0, 8192);
        int size =   pSocket->Receive(pData,8192);

        file.WriteHuge(pData,size);
        file.Close();

        char falpha = pData[0];
        int ret = atoi(&falpha);
        if (ret==5)
        {
            CString info = "系统错误，错误信息为：";
            info+=pData;
            MessageBox(info);
        }
        if (strstr(pData,"complete")!=NULL)
        {
            MessageBox("下载完成");
        }

        delete pData;
    }
    else if (pSocket==m_ClientSock)
    {
        m_File.Open("D:\\"+m_FileName,CFile::modeReadWrite);
        m_File.SeekToEnd();
        char* pData = new char[8192];
        memset(pData,0, 8192);
        int size =   pSocket->Receive(pData,8192);

        m_File.WriteHuge(pData,size);
        m_File.Close();

        delete pData;
    }
}
```

秘笈心法

心法领悟 553：多线程 FTP 文件下载工具。

制作一个多线程 FTP 文件下载工具。应用 CInternetSession、CFtpConnection 类实现与 FTP 服务器的交互。首先确定下载文件的大小，根据文件大小确定采用几个线程下载，每个线程下载文件的不同部分，在线程下载完成后，将每个线程下载的数据按顺序组合为一个完整的文件。

实例 554 FTP 文件上传程序

光盘位置：光盘\MR\16\554

高级
趣味指数：★★★★

实例说明

文件上传是使用 Internet 的用户常用的程序，通过文件上传可以将文件传输到 FTP 服务器上，通过 FTP 服务器实现文件的共享。运行本实例，在 IP 和"端口"编辑框中输入 FTP 服务器的 IP 地址和端口，如果 FTP 服务器需要验证就输入用户名和密码，如果不需要验证就使用匿名登录，选中"匿名登录"复选框，文本输入完成后单击"连接"按钮，程序将会连接 FTP 服务器，如果连接成功会在列表控件中显示服务器中共享的文件，上传文件只需单击"上传"按钮，选择要上传的文件即可，效果如图 16.6 所示。

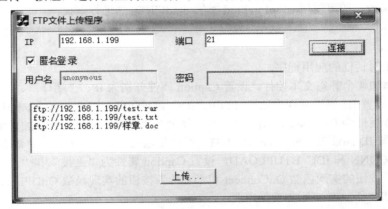

图 16.6　FTP 文件上传程序

关键技术

本实例主要通过 CInternetSession 类和 CFtpConnection 类实现文件的上传，CInternetSession 类是建立一个 Internet 连接会话，通过 CInternetSession 类的构造函数构造一个会话，构造函数的语法如下：

CInternetSession(LPCTSTR pstrAgent = NULL, DWORD dwContext = 1, DWORD dwAccessType = INTERNET_OPEN_TYPE_PRECONFIG, LPCTSTR pstrProxyName = NULL, LPCTSTR pstrProxyBypass = NULL, DWORD dwFlags = 0);

参数说明：

❶pstrAgent：能够连接到 Internet 的实体。
❷dwContext：操作的环境标识，默认是 1。
❸dwAccessType：访问的类型，取值如表 16.1 所示。

表 16.1　dwAccessType 取值

取　　值	说　　明
INTERNET_OPEN_TYPE_PRECONFIG	通过注册表配置访问连接
INTERNET_OPEN_TYPE_DIRECT	间接访问连接
NTERNET_OPEN_TYPE_PROXY	通过代理服务器访问连接

❹pstrProxyName：代理服务器名称。
❺pstrProxyBypass：代理服务器的验证。
❻dwFlags：设置缓存和异步相关信息，默认值是 0。

构造会话完以后需要获得一个 FTP 的连接，通过 CInternetSession 类的 GetFtpConnection 方法实现，语法如下：
CFtpConnection* GetFtpConnection(LPCTSTR pstrServer, LPCTSTR pstrUserName = NULL, LPCTSTR pstrPassword = NULL, INTERNET_PORT nPort = INTERNET_INVALID_PORT_NUMBER, BOOL bPassive = FALSE);

参数说明：

❶pstrServer：FTP 的地址。
❷pstrUserName：登录用户名。
❸pstrPassword：登录密码。
❹nPort：登录端口。
❺bPassive：指定被动和主动模式。

通过 GetFtpConnection 方法可以获得 CFtpConnection 类的对象指针，通过该对象的 PutFile 方法可以进行文件的上传。

如果要获得 FTP 服务器上的列表，还需要使用 CFtpFileFind 类，将 CFtpConnection 类的对象指针传给 CFtpFileFind 类的构造函数，即可使用 CFtpFileFind 类的 FindFile 方法进行查找。

■ 设计过程

（1）新建一个基于对话框的应用程序。

（2）在对话框上添加 4 个静态文本控件，设置 Caption 属性分别为 IP、"端口"、"用户名"、"密码"；添加 4 个编辑框控件，设置 ID 属性分别为 IDC_EDIP、IDC_EDPORT、IDC_EDUSR 和 IDC_EDPWD；添加 1 个复选框控件，设置 ID 属性为 IDC_NONAME、Caption 属性为"匿名登录"，并添加成员变量 m_noname；添加 1 个列表框控件，设置 ID 属性为 IDC_FTPFILELST，并添加成员变量 m_ftpfilelst；添加两个按钮控件，设置 ID 属性分别为 IDC_BTCONN 和 IDC_BTUPLOAD，设置 Caption 属性为"连接"和"上传"。

（3）添加"连接"按钮的实现函数 OnConnect 和"上传"按钮的实现函数 OnUPLoad。

（4）在 FtpUpLoadDlg.h 文件中添加变量声明：

```
CString strusr;
CString strpwd;
CString strip;
CString strport;
BOOL bconnect;
CInternetSession *pInternetSession;
CFtpConnection *pFtpConnection;
```

（5）在 OnInitDialog 中完成对变量的初始化，代码如下：

```
BOOL CFtpUpLoadDlg::OnInitDialog()
{
    CDialog::OnInitDialog();
    ……//此处代码省略
    bconnect=FALSE;
    return TRUE;
}
```

（6）"连接"按钮的实现函数实现连接 FTP 服务器，代码如下：

```
void CFtpUpLoadDlg::OnConnect()
{
    //获得控件中的数据
    GetDlgItem(IDC_EDIP)->GetWindowText(strip);
    GetDlgItem(IDC_EDPORT)->GetWindowText(strport);
    GetDlgItem(IDC_EDUSR)->GetWindowText(strusr);
    GetDlgItem(IDC_EDPWD)->GetWindowText(strpwd);
    //判断数据是否为空
    if(strip.IsEmpty())
        return;
    if(strport.IsEmpty())
        return;
    if(strusr.IsEmpty())
        return;
    pInternetSession = new CInternetSession("MR", INTERNET_OPEN_TYPE_PRECONFIG);//构造一个会话
    try{
```

```
    pFtpConnection = pInternetSession->GetFtpConnection(strip,
       strusr,strpwd,atoi(strport));              //连接FTP
    bconnect=TRUE;
}catch(CInternetException* pEx)
{
    TCHAR szErr[1024];
    pEx->GetErrorMessage(szErr, 1024);
    AfxMessageBox(szErr);
    pEx->Delete();
}
m_ftpfilelst.ResetContent();
CFtpFileFind ftpfind(pFtpConnection);
BOOL bfind=ftpfind.FindFile(NULL);
while(bfind)
{
    bfind=ftpfind.FindNextFile();
    CString strpath=ftpfind.GetFileURL();
    m_ftpfilelst.AddString(strpath);
}
}
```

（7）"上传"按钮的实现函数实现将文件上传到FTP服务器中，代码如下：

```
void CFtpUpLoadDlg::OnUPLoad()
{
    CString str;
    CString strname;
    CFileDialog file(true,"file",NULL,OFN_HIDEREADONLY | OFN_OVERWRITEPROMPT,
    "所有文件|*.*||",this);                //构造文件对话框
    if(file.DoModal()==IDOK)
    {
        str=file.GetPathName();            //获得文件路径
        strname=file.GetFileName();        //获得文件名
    }
    if(bconnect)
    {
        BOOL bput=pFtpConnection->PutFile((LPCTSTR)str,(LPCTSTR)strname);
        if(bput){
            m_ftpfilelst.ResetContent();
            this->OnConnect();
            AfxMessageBox("上传成功");
        }
    }
}
```

（8）添加单击复选框事件的实现函数，该函数用来设置是否使用匿名登录，代码如下：

```
void CFtpUpLoadDlg::OnNoname()
{
    int icheck=m_noname.GetCheck();
    if(icheck==1)
    {
        //设置控件不可用
        GetDlgItem(IDC_EDUSR)->EnableWindow(FALSE);
        GetDlgItem(IDC_EDPWD)->EnableWindow(FALSE);
        //设置显示文本
        GetDlgItem(IDC_EDUSR)->SetWindowText("anonymous");
        GetDlgItem(IDC_EDPWD)->SetWindowText("");
    }else
    {
        //设置控件可用
        GetDlgItem(IDC_EDUSR)->EnableWindow(TRUE);
        GetDlgItem(IDC_EDPWD)->EnableWindow(TRUE);
        //清空控件中的数据
        GetDlgItem(IDC_EDUSR)->SetWindowText("");
        GetDlgItem(IDC_EDUSR)->SetWindowText("");
    }
}
```

秘笈心法

心法领悟 554：实现 FTP 文件的下载。

通过 GetFile 方式可以实现 FTP 文件的下载，代码如下：

```
pFtpConnection = pInternetSession->GetFtpConnection(strip, strusr,strpwd,atoi(strport));
pFtpConnection ->GetFile(strSName,strDName);
```

实例 555　使用 WebBrowser 执行脚本

光盘位置：光盘\MR\16\555

高级　趣味指数：★★★★

实例说明

WebBrowser 可以通过接口进行许多操作，也可以执行已打开网页中的 Script 脚本。本实例在窗体上添加了一个浏览器控件，单击"确定"按钮即可执行网页中存在的 Script 脚本，效果如图 16.7 所示。

图 16.7　使用 WebBrowser 执行脚本

关键技术

本实例主要通过 WebBrowser 组件实现。通过该组件中的 IHTMLDocument2Ptr 指针调用 GetScript 方法可以获得 Script 脚本函数并执行脚本代码，在使用 IHTMLDocument2Ptr 接口前应先载入 mshtml.tlb 库文件。载入代码如下：

```
#import "mshtml.tlb"
```

设计过程

（1）新建一个基于对话框的应用程序。

（2）在对话框中添加 WebBrowser 的 ActiveX 控件，并创建名为 CWebBrowser2 的实体类，添加两个按钮控件，设置 Caption 属性为"确定"和"取消"。

（3）在文件 StdAfx.h 中加入对 msxml 组件的应用，代码如下：

```
void CExecScriptDlg::OnOK()
{
    MSHTML::IHTMLDocument2Ptr spDoc(m_webbrowser.GetDocument());
    if (spDoc)
    {
        IDispatchPtr spDisp(spDoc->GetScript());    //获得脚本函数
        if (spDisp)
        {
```

```
        OLECHAR FAR* szMember = L"messagebox";
        DISPID dispid;
        HRESULT hr = spDisp->GetIDsOfNames(IID_NULL, &szMember, 1,
                                LOCALE_SYSTEM_DEFAULT, &dispid);
        if (SUCCEEDED(hr))
        {
            COleVariant vtResult;
            static BYTE parms[] = VTS_BSTR;
            COleDispatchDriver dispDriver(spDisp, FALSE);
            dispDriver.InvokeHelper(dispid, DISPATCH_METHOD, VT_VARIANT,
                                (void*)&vtResult, parms,
                                "5+Math.sin(9)");
        }
    }
}
```

(4) 所打开的 HTML 文件的源码如下：

```
<HTML>
  <HEAD>
    <TITLE>demo</TITLE>
    <SCRIPT>
      function messagebox(x)
      {
          alert("hello word")
          return eval(x)
      }
    </SCRIPT>
  </HEAD>
  <BODY>
    使用 WebBrowser 执行脚本
  </BODY>
</HTML>
```

秘笈心法

心法领悟 555：网页自动刷新。

通过 WebBrowser 控件的 Refresh 方法可以刷新网页。设置定时器，按照用户指定的时间间隔刷新网页，即可实现网页的自动刷新。

实例 556 HTTP 服务器多线程文件下载
光盘位置：光盘\MR\16\556   高级   趣味指数：★★★★

实例说明

网上的许多下载软件都提供了多线程下载的功能，采用多线程，可以增加网络的吞吐量，提高文件的下载速度。本实例实现了 HTTP 服务器多线程文件下载功能，效果如图 16.8 所示。

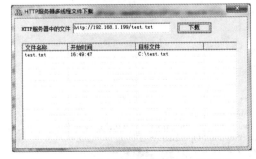

图 16.8 HTTP 服务器多线程文件下载

■ 关键技术

实现多线程文件下载并不像想象中那么复杂，具体思路如下。

首先确定下载的文件大小，根据文件大小确定采用几个线程下载，每个线程下载文件的不同部分，在线程下载完成后，将每个线程下载的数据按顺序组合为一个完整的文件，这样就实现了文件的多线程下载。

■ 设计过程

（1）新建一个基于对话框的应用程序。在对话框中添加静态文本控件、编辑框控件、按钮控件、列表视图控件。

（2）在对话框的头文件中引用 afxmt.h、afxinet.h 头文件，目的是使用 WinInet 类。

```cpp
#include <afxmt.h>
#include <afxinet.h>
#pragma comment (lib,"wininet.lib")
```

（3）在对话框类中定义如下成员变量。

```cpp
UINT m_ThreadCount;          //线程数量
DWORD m_PerFileSize;         //每个线程下载的文件大小
DWORD m_EndFileSize;         //最后一个线程下载的文件大小
HANDLE* m_pHthread;          //线程句柄
void** m_pData;              //每个线程下载数据到缓冲区，在每个线程均下载完成后合成一个完整的文件
CEvent* m_pEvent;            //事件对象，用于线程同步
```

（4）添加全局线程函数，实现下载任务。

```cpp
//线程函数
DWORD WINAPI ThreadProc(LPVOID lpParameter )
{
    int index = *(int*)lpParameter;
    delete lpParameter;
    CInternetSession * pSession = new CInternetSession;
    CHttpConnection * pFtpCon = pSession->GetHttpConnection("127.0.0.1");
    CFtpDownDlg* pDlg = (CFtpDownDlg*)AfxGetMainWnd();
    CInternetFile* pFile = (CInternetFile*)pSession->OpenURL(pDlg->m_Dir);
    DWORD readsize;
    if (index < pDlg->m_ThreadCount-1)
        readsize = pDlg->m_PerFileSize;
    else
        readsize = pDlg->m_EndFileSize;
    pFile->Seek(index*pDlg->m_PerFileSize,FILE_BEGIN);
    pDlg->m_pData[index] = LocalAlloc(LMEM_FIXED,readsize);
    pFile->Read(pDlg->m_pData[index],readsize);
    delete pFile;
    delete pFtpCon;
    delete pSession;
    pDlg->m_pEvent[index].SetEvent();
    return 0;
}
```

（5）处理"下载"按钮的单击事件，根据用户提供的网址下载文件。

```cpp
void CFtpDownDlg::OnDownload()
{
    UpdateData(TRUE);

    if (m_Dir.IsEmpty())
    {
        MessageBox("请输入下载路径");
        return;
    }

    CInternetSession * pSession = new CInternetSession;
    CHttpConnection * pFtpCon = pSession->GetHttpConnection("127.0.0.1");
    CInternetFile* pFile = (CInternetFile*)pSession->OpenURL(m_Dir,
1,INTERNET_FLAG_TRANSFER_BINARY|INTERNET_FLAG_RELOAD);
```

```
    DWORD len = pFile->SeekToEnd();
    //确定划分几个线程下载
    //每个线程应下载的文件大小
    m_PerFileSize=   len / m_ThreadCount;
    m_EndFileSize = m_PerFileSize+ len % m_ThreadCount;
    delete pFile;
    delete pFtpCon;
    delete pSession;
    int pos = m_Dir.ReverseFind('/');
    //设置文件名
    CString filename =   m_Dir.Right(m_Dir.GetLength()-pos-1);
    //插入字符串
    m_List.InsertItem(m_List.GetItemCount(),"");
    m_List.SetItemText(m_List.GetItemCount()-1,0,filename);
    //获得时间
    CString time = CTime::GetCurrentTime().Format("%H:%M:%S");
    m_List.SetItemText(m_List.GetItemCount()-1,1,time);
    m_List.SetItemText(m_List.GetItemCount()-1,2,"C:\\"+filename);
    for (int i = 0; i<m_ThreadCount; i++)
    {
        int* temp =   new int ;
        *temp = i;
        m_pEvent[i].ResetEvent();
        m_pHthread[i] = CreateThread(NULL,0,ThreadProc,temp,0,NULL);  //开启线程

    }
    for (int n = 0 ; n< m_ThreadCount; n++)
    {
        WaitForSingleObject(m_pEvent[n],INFINITE);
    }
    CFile file ("c:\\"+filename,CFile::modeCreate|CFile::modeWrite);      //创建文件
    DWORD readsize;
    for (int m = 0; m<m_ThreadCount; m++)
    {
        if (m < m_ThreadCount-1)
            readsize = m_PerFileSize;
        else
            readsize = m_EndFileSize;
        file.Write(m_pData[m],readsize);                                //向文件写入数据
    }
    delete[] m_pData;
    m_pData = new void*[m_ThreadCount];
}
```

秘笈心法

心法领悟 556：创建 HTTP 服务器。

依次打开"控制面板"|"系统和安全"|"管理工具"，进入"Internet 信息服务（IIS）管理器"，右击主机名，在弹出的快捷菜单中选择"添加网站"命令，配置网站名、物理路径、绑定 IP 和端口。

16.3 邮件管理

实例 557 邮件接收程序　　光盘位置：光盘\MR\16\557　　高级　　趣味指数：★★★★

实例说明

电子邮件（E-mail）是通过电子通信系统进行信件的书写、发送和接收的一种方式。使用电子邮件可以加快信息的传递速度，并且可以传送文字、图像、声音等信息。本实例实现获取邮箱中邮件的主题和内容的功能，

运行程序，输入"POP 服务器""用户名""密码"等信息后，单击"接收"按钮，邮箱中邮件的主题和内容将显示在列表中，效果如图 16.9 所示。

图 16.9　邮件接收程序

关键技术

本实例通过 JMail 组件实现邮件的接收，JMail 组件可以实现邮件的接收和发送，邮件的接收需要通过 JMail 组件中的 IPOP3Ptr 指针和 IPOP3Ptr 指针对象的 Messages 指针完成，IPOP3Ptr 指针负责与邮件服务器连接，建立连接后可以通过 IPOP3Ptr 指针对象的 Messages 指针获得邮件的具体内容。IPOP3Ptr 指针的 Connect 方法实现与邮件服务器的连接，Connect 方法的参数包括 Username、Password、Server 和 Port，分别是登录的用户名、登录密码、POP 服务器和服务器端口。Messages 指针的 Count 属性能获得邮件的数量，Messages 指针的 Item 属性就是邮件文件。

设计过程

（1）新建一个基于对话框的应用程序。

（2）在对话框上添加 3 个静态文本控件，设置 Caption 分别为"POP 服务器"、"用户名"和"密码"；添加 3 个编辑框控件，设置 ID 属性分别为 IDC_EDPOP、IDC_EDUSER 和 IDC_EDPWD；添加列表视图控件，设置 ID 属性为 IDC_RECELST，View 属性设置为 Report；添加成员变量 m_recelst；添加 1 个按钮控件，设置 ID 属性为 IDC_BTRECE，Caption 属性为"接收"。

（3）添加"接收"按钮的实现函数 OnRece。

（4）在 StdAfx.h 头文件中加入对 JMail 组件的引用，代码如下：

```
#import "jmail.dll"
using namespace jmail;
```

（5）在 OnInitDialog 中初始化列表框控件，代码如下：

```
BOOL CReceiveMailDlg::OnInitDialog()
{
    CDialog::OnInitDialog();
    ……//此处代码省略
    m_recelst.SetExtendedStyle(LVS_EX_GRIDLINES);          //设置扩展风格
    //设置列标题信息
    m_recelst.InsertColumn(0,"主题",LVCFMT_LEFT,50);
    m_recelst.InsertColumn(1,"内容",LVCFMT_LEFT,300);
    m_recelst.InsertColumn(2,"时间",LVCFMT_LEFT,50);
    HRESULT hr=::CoInitialize(NULL);
    if(!SUCCEEDED(hr))
        return FALSE;
    return TRUE;
}
```

（6）"接收"按钮的实现函数将实现邮件的接收，代码如下：

```
void CReceiveMailDlg::OnRece()
```

```
{
    m_recelst.DeleteAllItems();
    CString strpop;
    CString strusr;
    CString strpwd;
    //获得控件的中数据
    GetDlgItem(IDC_EDPOP)->GetWindowText(strpop);
    GetDlgItem(IDC_EDUSER)->GetWindowText(strusr);
    GetDlgItem(IDC_EDPWD)->GetWindowText(strpwd);
    jmail::IMessagesPtr jmsg;
    jmail::IPOP3Ptr jpop;
    //设置 POP3 服务器
    jpop.CreateInstance(__uuidof(jmail::POP3));
    jmsg.CreateInstance(__uuidof(jmail::Message));
    try{
        jpop->Timeout=120;
        jpop->Connect((_bstr_t)strusr,(_bstr_t)strpwd,(_bstr_t)strpop,110);
        long mailcount=jpop->Messages->Count-1;
        for(long i=1;i<=mailcount;i++)
        {
            //设置邮件内容
            _bstr_t bssubject=jpop->Messages->Item[i]->Subject;
            _bstr_t bsbody=jpop->Messages->Item[i]->Body;
            COleDateTime time=jpop->Messages->Item[i]->Date;
            int count=m_recelst.InsertItem(i,"");
            m_recelst.SetItemText(count,0,(const char *)bssubject);
            m_recelst.SetItemText(count,1,(const char *)bsbody);
            m_recelst.SetItemText(count,2,(const char *)time.Format("%Y-%m-%d"));
        }
    }
    catch(_com_error e)
    {
        CString strerr;
        strerr.Format("错误信息：%s\r\n 错误描述：%s",
        (LPCTSTR)e.ErrorMessage(), (LPCTSTR)e.Description());
        AfxMessageBox(strerr);
        return;
    }
    AfxMessageBox("接收完成");
}
```

（7）在关闭窗体时关闭类库的引用，代码如下：

```
BOOL CReceiveMailDlg::DestroyWindow()
{
    ::CoUninitialize();
    return CDialog::DestroyWindow();
}
```

秘笈心法

心法领悟 557：实现定时接收电子邮件。

根据本实例实现电子邮件的接收，设置定时器指定接收时间。

实例 558 邮件发送程序

光盘位置：光盘\MR\16\558

高级

趣味指数：★★★★

实例说明

在 Delphi 或 C#中提供了相应的组件或类实现邮件的发送功能。在 Visual C++中该如何实现呢？本实例通过与 SMTP 服务器的交互实现了发送邮件的功能，效果如图 16.10 所示。

图 16.10 邮件发送程序

关键技术

其实，无论是 Delphi 中的组件还是 C#中提供的类，原理都是通过向 SMTP 服务器发送命令来实现邮件的发送。发送邮件的基本过程如下：

（1）连接 SMTP 服务器，端口为 25。

（2）在连接成功后，客户端程序会收到 SMTP 服务器传来的信息——以 220 开始的字符串。客户端之后需要发送 HELO 命令，向 SMTP 服务器表明自己的身份。

（3）如果 HELO 命令执行成功，客户端程序会收到 SMTP 服务器传来的信息——以 250 开始的字符串。

（4）客户端发送 auth login 命令进行身份验证，如果验证成功，客户端程序会收到 SMTP 服务器传来的信息，如果用户名正确，返回的信息以 334 开始，表示客户端需要发送密码。需要注意的是，这里发送的用户名和密码应是 Base64 编码。

（5）向服务器发送 MAIL FROM 命令，表示寄件人。

（6）向服务器发送 RCPT TO 命令，表示收件人。

（7）向服务器发送 Data 命令，表示即将发送邮件内容。

（8）向服务器发送邮件内容，内容发送完毕，发送一个"."符号，表示邮件发送结束。

（9）向服务器发送 quit 命令，断开与服务器的连接。

注意：在发送命令时，每一条命令应以回车符（\r\n）结尾。

设计过程

（1）创建一个基于对话框的 MFC 应用程序。

（2）添加编辑框控件，获取服务器名、用户名和密码、邮件内容等信息；添加按钮控件，发送邮件。

（3）发送邮件的实现代码如下：

```
void CSendEmainDlg::OnOK()
{
    Connected = FALSE;
    AcceptSender = TRUE;
    AcceptUser = TRUE;
    AcceptPass = TRUE;
    AcceptHello = TRUE;
```

```cpp
    AcceptReceiver = TRUE;
    AcceptData = TRUE;
    AcceptSubject = TRUE;

    //连接服务器
    CString quit = "quit\r\n";
    m_pSocket->Send(quit,quit.GetLength());
    Sleep(200);

    m_pSocket->Close();
    UpdateData();
    BOOL ret = m_pSocket->Create(htons(2547+::rand()%10));

    ret = m_pSocket->Connect(m_SmtpServer,25);

    m_Event.ResetEvent();
    DWORD ThreadID;
    HANDLE handle =   CreateThread(NULL,0,ThreadProc,this,0,&ThreadID);


    WaitForSingleObject(m_Event.m_hObject,4000);

    if (!Connected)
    {
        MessageBox("连接服务器失败");
        return;
    }
    //发送 Hello

    if (Connected)
    {
        AcceptHello = FALSE;
        CString hello = "HELO " +m_IP+"\r\n";
        m_pSocket->Send(hello.GetBuffer(0),hello.GetLength());
        m_Event.ResetEvent();
        handle =   CreateThread(NULL,0,ThreadProc,this,0,&ThreadID);
        WaitForSingleObject(m_Event.m_hObject,3000);
        TerminateThread(handle,0);
        hello.ReleaseBuffer();
    }

    //发送用户
    if (AcceptHello)
    {
        AcceptUser = FALSE;
        CString user = "auth login "+ ConvertBase64(m_User.GetBuffer(0))+ "\r\n";
        m_pSocket->Send(user.GetBuffer(0),user.GetLength());
        m_Event.ResetEvent();
        handle =   CreateThread(NULL,0,ThreadProc,this,0,&ThreadID);
        WaitForSingleObject(m_Event.m_hObject,3000);
        TerminateThread(handle,0);

        if (!AcceptUser)
        {
            MessageBox("用户名错误");
            return;
        }
    }
    //发送密码

    if (AcceptUser)
    {
        AcceptPass = FALSE;
        CString pass =   ConvertBase64(m_Pass.GetBuffer(0))+    "\r\n";
        m_pSocket->Send(pass.GetBuffer(0),pass.GetLength());
        m_Event.ResetEvent();
        handle =   CreateThread(NULL,0,ThreadProc,this,0,&ThreadID);
        WaitForSingleObject(m_Event.m_hObject,3000);
        TerminateThread(handle,0);
```

```cpp
        if (!AcceptPass)
        {
            MessageBox("密码错误");
            return;
        }
}

//发出寄件人信息
if (AcceptPass)
{
    AcceptSender = FALSE;
    CString sender;
    sender = "MAIL FROM: <";

    sender+=m_User;
    sender+=">\r\n";
    m_pSocket->Send(sender.GetBuffer(0),sender.GetLength());
    m_Event.ResetEvent();
    handle =   CreateThread(NULL,0,ThreadProc,this,0,&ThreadID);
    WaitForSingleObject(m_Event.m_hObject,3000);
    TerminateThread(handle,0);
    sender.ReleaseBuffer();

    if (!AcceptSender)
    {
        MessageBox("服务器拒绝寄件人");
        return;
    }
}

//发送收件人信息
if (AcceptSender)
{
    CString receiver = "RCPT TO: <";
    receiver+=  m_Receiver;
    receiver+= ">\r\n" ;

    AcceptReceiver = FALSE;
    m_pSocket->Send(receiver,receiver.GetLength());

    m_Event.ResetEvent();
    handle =   CreateThread(NULL,0,ThreadProc,this,0,&ThreadID);
    WaitForSingleObject(m_Event.m_hObject,3000);
    TerminateThread(handle,0);

    receiver.ReleaseBuffer();

    if (!AcceptReceiver)
    {
        MessageBox("服务器拒绝收件人");
        return;
    }
}
//发送 Data
if (AcceptReceiver)
{
    AcceptData = FALSE;
    CString data= "data\r\n";
    m_pSocket->Send(data,data.GetLength());
    m_Event.ResetEvent();
    handle =   CreateThread(NULL,0,ThreadProc,this,0,&ThreadID);
    WaitForSingleObject(m_Event.m_hObject,3000);
    TerminateThread(handle,0);

    if (!AcceptData)
    {
        MessageBox("服务器拒绝发送数据");
```

```
            return;
        }
    }
    //发送主题
    if (AcceptData)
    {
        AcceptSubject = FALSE;

        CString header = "From: "+ m_User+ "\r\nTo: <"+ m_Receiver + ">\r\n";
        header += "Date: Tue, 15 May 07 15:01:09  中国标准时间\r\nSubject: "+ m_Subject+ "\r\n\Message-ID: "+ m_User+ "\r\n\r\n";
        m_pSocket->Send((LPCTSTR)header, header.GetLength());

        //发送内容

        m_pSocket->Send(m_Content,m_Content.GetLength());
        //发送结束符"."
        CString endstr = _T("\r\n.\r\n");
        ret = m_pSocket->Send(endstr,endstr.GetLength());
        m_Event.ResetEvent();
        handle =   CreateThread(NULL,0,ThreadProc,this,0,&ThreadID);
        WaitForSingleObject(m_Event.m_hObject,3000);
        TerminateThread(handle,0);
        endstr = "quit\r\n\r\n";
        m_pSocket->Send(endstr,endstr.GetLength());
        MessageBox("邮件发送成功!");
    }
}
```

（4）获取服务器返回的信息，代码如下：

```
DWORD WINAPI ThreadProc(LPVOID lpParameter )
{
    CSendEmainDlg* pDlg = (CSendEmainDlg*) lpParameter;
    char retNum[4];                         //从服务器返回的字符串中获取3个数字字符
    int ret;
    memset(&retNum,0,4);
    int len = -1;
    while (len == -1)
    {
        memset(pDlg->m_Buffer,0,4096);
        len = pDlg->m_pSocket->Receive(pDlg->m_Buffer,4096);

        if (pDlg->Connected==FALSE)         //连接服务器，获得了服务器的许可
        {
            if (len== -1)
                pDlg->Connected = FALSE;
            else
            {
                strncpy(retNum,pDlg->m_Buffer,3);
                ret = atoi(retNum);
                if (ret==220)
                {
                    pDlg->m_Event.SetEvent();
                    pDlg->Connected = TRUE;
                    break;
                }
            }
        }
        if (pDlg->AcceptSender==FALSE)
        {
            if (len== -1)
                pDlg->AcceptSender = FALSE;
            else
            {
                strncpy(retNum,pDlg->m_Buffer,1);
                ret = atoi(retNum);
                if (ret==2)
                    pDlg->AcceptSender = TRUE;
            }
            pDlg->m_Event.SetEvent();
```

```cpp
            break;
    }
    if (pDlg->AcceptHello==FALSE)
    {
        if (len==-1)
            pDlg->AcceptHello = FALSE;
        else
        {
            strncpy(retNum,pDlg->m_Buffer,3);
            ret = atoi(retNum);
            if (ret==250)
                pDlg->AcceptHello = TRUE;
        }
        pDlg->m_Event.SetEvent();
        break;
    }
    if (pDlg->AcceptUser==FALSE)
    {
        if (len==-1)
            pDlg->AcceptUser = FALSE;
        else
        {
            strncpy(retNum,pDlg->m_Buffer,3);
            ret = atoi(retNum);
            if (ret==334)
                pDlg->AcceptUser = TRUE;
        }
        pDlg->m_Event.SetEvent();
        break;
    }
    if (pDlg->AcceptPass==FALSE)
    {
        strncpy(retNum,pDlg->m_Buffer,3);
        ret = atoi(retNum);
        if (ret==535 || ret==502)
            pDlg->AcceptPass = FALSE;
        else
            pDlg->AcceptPass = TRUE;
        pDlg->m_Event.SetEvent();
        break;
    }

    if (pDlg->AcceptReceiver==FALSE)
    {
        if (len==-1)
            pDlg->AcceptReceiver = FALSE;
        else
        {
            strncpy(retNum,pDlg->m_Buffer,3);
            ret = atoi(retNum);
            if (ret==250)
                pDlg->AcceptReceiver = TRUE;
        }
        pDlg->m_Event.SetEvent();
        break;
    }
    if (pDlg->AcceptData==FALSE)
    {
        if (len==-1)
            pDlg->AcceptData = FALSE;
        else
        {
            strncpy(retNum,pDlg->m_Buffer,3);
            ret = atoi(retNum);
            if (ret==354)
                pDlg->AcceptData = TRUE;
        }
        pDlg->m_Event.SetEvent();
        break;
```

```
        }
        if (pDlg->AcceptSubject==FALSE)
        {
            if (len==-1)
                pDlg->AcceptSubject = FALSE;
            else
                pDlg->AcceptSubject = TRUE;
            pDlg->m_Event.SetEvent();
            return 0;
        }
    }
    return 0;
}
```

秘笈心法

心法领悟 558：编辑框与剪贴板的数据传递。

通过 Cedit 类的 Copy 方法将编辑框内容复制到剪贴板，Paste 方法将剪贴板内容粘贴到编辑框。
```
m_edit.Copy();
m_edit.Paste();
```

实例 559　发送电子邮件附件

光盘位置：光盘\MR\16\559

高级

趣味指数：★★★★

实例说明

本实例实现了发送带附件的电子邮件的功能。运行程序，在 SMTP 编辑框中输入邮件服务器的地址，在"收信人"编辑框中输入收件人地址，单击"添加"按钮选择要发送的附件文件，最后单击"发送"按钮发送邮件，效果如图 16.11 所示。

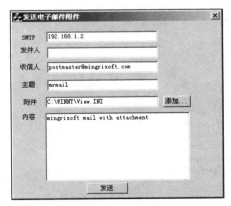

图 16.11　发送电子邮件附件

关键技术

本实例主要通过 JMail 组件实现发送带附件的邮件，发送邮件需要使用 JMail 组件对象的 IMessagePtr 指针，该指针的 AddRecipient 方法用于添加收件人，Subject 方法用于设置邮件的主题，Body 方法用于设置邮件的内容，From 方法用于设置发件人，AddCustomAttachment 方法用于添加附件，Send 方法用于发送邮件。

设计过程

（1）新建一个基于对话框的应用程序。

（2）在对话框上添加 6 个静态文本控件，设置 Caption 属性分别为 SMTP、"发件人"、"收信人"、"主题"、"附件"和"内容"；添加 6 个编辑框控件，设置 ID 属性分别为 IDC_SMTP、IDC_EDFROM、IDC_EDRECE、IDC_EDSUBJECT、IDC_EDATT 和 IDC_EDBODY；添加 2 个按钮控件，设置 ID 属性分别为 IDC_BTADD 和 IDC_BTSEND，Caption 属性分别为"添加"和"发送"。

（3）添加"添加"按钮的实现函数 OnAdd 和"发送"按钮的实现函数 OnBtsend。

（4）在头文件 StdAfx.h 中添加对 JMail 组件的引用，代码如下：

```
#import "jmail.dll"
using namespace jmail;
```

（5）在 OnInitDialog 中初始化类库，代码如下：

```
BOOL CSendMailWithAddDlg::OnInitDialog()
{
    CDialog::OnInitDialog();
    ……//此处代码省略
    HRESULT hr=::CoInitialize(NULL);
    if(!SUCCEEDED(hr))
        return FALSE;
    return TRUE; }
```

（6）"添加"按钮的实现函数可实现添加附件文件，代码如下：

```
void CSendMailWithAddDlg::OnAdd()
{
    CFileDialog file(true,"file",NULL,OFN_HIDEREADONLY | OFN_OVERWRITEPROMPT,
    "所有文件|*.*||",this);         //构造文件对话框
    if(file.DoModal()==IDOK)
    {
        CString str;
        str=file.GetPathName();
        GetDlgItem(IDC_EDATT)->SetWindowText(str);
    }
}
```

（7）"发送"按钮的实现函数可完成邮件的发送，代码如下：

```
void CSendMailWithAddDlg::OnBtsend()
{
    CString strserver;
    CString strrece;
    CString strsubject;
    CString strbody;
    CString stratt;
    CString strfrom;
    //获得控件中的数据
    GetDlgItem(IDC_EDRECE)->GetWindowText(strrece);
    GetDlgItem(IDC_EDSUBJECT)->GetWindowText(strsubject);
    GetDlgItem(IDC_EDBODY)->GetWindowText(strbody);
    GetDlgItem(IDC_EDATT)->GetWindowText(stratt);
    GetDlgItem(IDC_SMTP)->GetWindowText(strserver);
    GetDlgItem(IDC_EDFROM)->GetWindowText(strfrom);
    if(strfrom.IsEmpty())
    {
        AfxMessageBox("请填写发信人地址");
        return;
    }
    if(strrece.IsEmpty())
    {
        AfxMessageBox("请填写收信人地址");
        return;
    }
    jmail::IMessagePtr jmsg;
    jmsg.CreateInstance(__uuidof(jmail::Message));      //设置接收人地址
    jmsg->AddRecipient((LPCTSTR)strrece,"","");
    jmsg->Subject=(LPCTSTR)strsubject;                  //设置主题
    jmsg->Body=(LPCTSTR)strbody;                        //设置邮件内容
    jmsg->From=(LPCTSTR)strfrom;                        //设置发件人地址
```

```
jmsg->AddCustomAttachment((_bstr_t)stratt,(_bstr_t)"jmail",VARIANT_FALSE);
try{
jmsg->Send((LPCTSTR)strserver,VARIANT_FALSE);
}
catch(_com_error e)
{
    CString strerr;
    strerr.Format("%s\r\n 错误描述是%s", (LPCTSTR)e.ErrorMessage(),
     (LPCTSTR)e.Description());
    AfxMessageBox(strerr);
}
AfxMessageBox("发送成功");
}
```

（8）在关闭窗体时关闭类库的引用，代码如下：

```
BOOL CSendMailWithAddDlg::DestroyWindow()
{
    ::CoUninitialize();
    return CDialog::DestroyWindow();
}
```

秘笈心法

心法领悟 559：实现批量发送电子邮件附件。

批量发送电子邮件附件可以通过循环实现。选定要发送的电子邮件，通过循环依次发送。

实例 560 Base64 编码

光盘位置：光盘\MR\16\560

高级

趣味指数：★★★★☆

实例说明

在开发电子邮件应用程序时，经常需要转换 Base64 编码。本实例实现了 Base64 编码的转换，效果如图 16.12 所示。

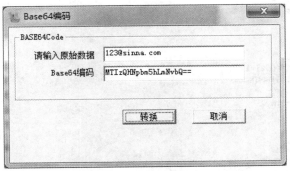

图 16.12 Base64 编码

关键技术

本实例的实现主要使用 CreateThread 函数和 AfxBeginThread 函数。

所谓 Base64 编码，是将原数据的每 3 个字符转换为 4 个字符。例如，原始数据为 01011101 10101010 01011101，转换后的数据应为 00010111 00011010 00101001 00011101，即将每个字符的高字节 7、8 位填充 0，然后相应的向右移动字符，被移出的字符将出现在后面的字节中。在数据转换后，从 Base64 编码表中查找对应的字符。如果原始数据的长度不是 3 的倍数，转换后的字符串将添加适当的"="字符。

设计过程

(1) 新建一个基于对话框的应用程序。
(2) 向窗体中添加按钮控件,执行编码转换;添加编辑框控件,显示输入的数据及转换结果。
(3) 主要代码如下:

```cpp
const char* Base64 = "ABCDEFGHIJKLMNOPQRSTUVWXYZabcdefghijklmnopqrstuvwxyz0123456789+/";

void CBase64CodeDlg::OnOK()
{
    UpdateData(TRUE);
    if (m_Input.IsEmpty())
    {
        return;
    }

    unsigned char* name = (unsigned char*)m_Input.GetBuffer(0);

    unsigned char one,two,three;
    int index = 0;
    int len = strlen((char*)name);
    unsigned char *data = new unsigned char[len*2];
    memset(data,0,len*2);

    int mod = len%3;
    for (int i = 0 ; i<len; i++)
    {
        if (i==0)
        {
            one =   (name[i])>>2;
            data[index] = one;
        }
        else
        {
            if (i %3==0)
            {
                one =   (name[i])>>2;
                data[index] = one;
            }
            else
            {
                two = 0;
                one =   (name[i])>>(i%3+1)*2;
                two = two|(name[i-1])<<(8-i%3*2);
                two = two>>2;
                data[index] = one | two ;
            }
            if ((i+1)%3==0)
            {
                one = (name[i])<<2;
                one = one >>2;
                index++;
                data[index] = one;
            }
            if (mod != 0)                           //字符串的长度不被3整除
            {
                if (i==len-1)                       //遍历到最后一个字符
                {
                    one =   (name[i])<<8-mod*2;
                    one = one >>2;
                    index++;
                    data[index] = one;
                }
            }
        }
```

```
        index++;
    }
    m_Base64 = "";
    for (i = 0; i< index;i++)
    {
        m_Base64 = m_Base64+ Base64[data[i]];
    }
    //添加适当的 "="
    if (mod != 0)
    {
        for (i = 0; i<3-mod; i++)
        {
            m_Base64+="=";
        }
    }
    delete data;
    UpdateData(FALSE);
}
```

秘笈心法

心法领悟 560：编辑框文本的选择。

通过 Cedit 的 SetSel 方法选择文本。指定所选文本的起始和终止位置，即可选中这部分文本。若指定 0～-1，则选择编辑框的全部文本。

```
m_edit.SetSel(0,-1);                //选择全部文本
m_edit.Copy();                      //复制到剪贴板
```

实例 561　使用 MAPI 群发邮件

光盘位置：光盘\MR\16\561

高级
趣味指数：★★★☆

实例说明

电子邮件是网络通信中的重要通信手段之一，被广泛应用在生活和工作等各个方面，那么，是否可以通过程序来控制发送邮件呢？当然可以，本实例实现群发电子邮件的功能。运行本实例，在"收件人"编辑框中输入收件人的电子邮箱，单击"插入"按钮，即可将该邮箱插入到列表中，然后设置主题和邮件内容，单击"发送"按钮，可将当前编辑的邮件群发给列表中的邮箱，效果如图 16.13 所示。

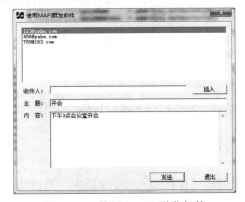

图 16.13　使用 MAPI 群发邮件

关键技术

MAPI 函数封装在 mapi32.dll 中，要实现使用 MAPI 群发邮件，在使用前，需要将相关函数导入到程序中。

本实例共使用 4 个 MAPI 函数，分别为 MAPILogon、MAPISendMail、MAPIFreeBuffer 和 MAPILogoff。首先使用 MAPILogon 函数建立一个会话，然后使用 MAPISendMail 函数发送电子邮件，使用 MAPIFreeBuffer 函数释放邮件缓冲区，最后使用 MAPILogoff 函数结束会话。

本实例中实现使用 MAPI 群发邮件的功能时，主要用到了 MAPI 函数以及 CListBox 类的 InsertString 方法和 GetText 方法，下面对本实例中用到的关键技术进行详细讲解。

（1）MAPILogon 函数

MAPILogon 函数用于开始一个简单 MAPI 会话。其语法格式如下：

ULONG FAR PASCAL MAPILogon(ULONG ulUIParam,LPTSTR lpszProfileName,LPTSTR lpszPassword,FLAGS flFlags,ULONG ulReserved,LPLHANDLE lplhSession)

参数说明：

❶ulUIParam：如果显示一个对话框，参数标识其父窗口句柄，否则该参数被忽略。

❷lpszProfileName：标识 Profile 名称，限制在 256 个字符以内。

❸lpszPassword：用于指定登录时的密码。

❹flFlags：选项标识。

❺ulReserved：为保留变量，必须为 0。

❻lplhSession：用于返回会话句柄，该句柄用于其他的 MAPI 函数。

（2）MAPISendMail 函数

MAPISendMail 函数用于发送电子邮件。其语法格式如下：

ULONG FAR PASCAL MAPISendMail(LHANDLE lhSession,ULONG ulUIParam,lpMapiMessage lpMessage,FLAGS flFlags,ULONG ulReserved)

参数说明：

❶lhSession：标识会话句柄。

❷ulUIParam：标识父窗口句柄。

❸lpMessage：一个 MapiMessage 结构指针，包含了发送的信息。

❹flFlags：一组标识。

❺ulReserved：保留变量，必须为 0。

（3）MAPIFreeBuffer 函数

MAPIFreeBuffer 函数用于释放内存缓冲区。其语法格式如下：

ULONG MAPIFreeBuffer(LPVOID lpBuffer)

参数说明：

lpBuffer：之前分配的内存缓冲区，如果为 NULL，则该函数不起任何作用。

（4）MAPILogoff 函数

MAPILogoff 函数用于结束 MAPI 会话。其语法格式如下：

ULONG FAR PASCAL MAPILogoff (LHANDLE lhSession,ULONG ulUIParam, FLAGS flFlags,ULONG ulReserved)

参数说明：

❶lhSession：标识会话句柄。

❷ulUIParam：如果有对话框被显示，参数标识父窗口句柄，否则该参数被忽略。

❸flFlags：保留变量，必须为 0。

❹ulReserved：保留变量，必须为 0。

（5）InsertString 方法

InsertString 方法用于在列表框中的指定位置插入一个字符串。其语法格式如下：

int InsertString(int nIndex, LPCTSTR lpszString);

参数说明：

❶nIndex：标识插入字符串的位置，如果为-1，字符串将被插入到列表框的末尾。

❷lpszString：标识一个字符串指针。

（6）GetText 方法

GetText 方法用于从列表框中获取一个字符串。其语法格式如下：

```
int GetText( int nIndex, LPTSTR lpszBuffer ) const;
void GetText( int nIndex, CString& rString ) const;
```

参数说明：

❶nIndex：标识项目索引。

❷lpszBuffer：一个字符缓冲区，该缓冲区必须有足够的空间接收字符串。

❸rString：用于接收返回的字符串。

设计过程

（1）新建一个基于对话框的应用程序，将其窗体标题改为"使用 MAPI 群发邮件"。

（2）向对话框中添加 3 个静态文本控件、1 个列表框控件、3 个编辑框控件和 3 个按钮控件。

（3）处理"插入"按钮的单击事件，在该事件的处理函数中将"收件人"编辑框中的数据插入到列表中，其实现代码如下：

```cpp
void CMapiSendDlg::OnButadd()
{
    UpdateData(TRUE);                                        //更新数据交换
    if(m_Name.IsEmpty())                                     //收件人不能为空
    {
        MessageBox("请编辑收件人");
        return;
    }
    m_List.InsertString(m_List.GetCount(),m_Name);           //插入到列表中
    m_Name = "";
    UpdateData(FALSE);                                       //更新控件显示
}
```

（4）处理"发送"按钮的单击事件，在该事件的处理函数中调用 MAPI 函数进行邮件群发，其实现代码如下：

```cpp
void CMapiSendDlg::OnButsend()
{
    UpdateData(TRUE);                                        //更新数据交换
    if(m_Subject.IsEmpty() || m_NoteText.IsEmpty())          //判断主题和邮件内容是否为空
    {
        MessageBox("主题或内容不能为空！");
        return;
    }
    HMODULE result = LoadLibrary("mapi32.dll");              //加载动态库
    //获取函数指针
    (FARPROC&)lpfnMAPILogon = GetProcAddress(result,"MAPILogon");
    (FARPROC&)lpfnMAPISendMail = GetProcAddress(result,"MAPISendMail");
    (FARPROC&)lpfnMAPIFreeBuffer= GetProcAddress(result,"MAPIFreeBuffer");
    (FARPROC&)lpfnMAPILogoff= GetProcAddress(result,"MAPILogoff");
    unsigned long a;
    lpfnMAPILogon(0,NULL,NULL,0,0,&a);                       //开始一个会话
    ULONG lresult ;
    CTime time = CTime::GetCurrentTime();                    //获取当前时间
    CString ctime = time.Format("%Y//%m//%d %H:%M");         //格式化时间 YYYY/MM/DD HH:MM
    char date[50];
    strcpy(date,ctime);                                      //复制字符串
    int receivenum = m_List.GetCount();                      //获得群发人数
    CString* addr1 = new CString[receivenum];                //记录用户账户
    CString* addr2 = new CString[receivenum];                //记录 SMTP 服务器
    MapiRecipDesc* m_receiver = new MapiRecipDesc[receivenum];
    for(int n=0;n<receivenum;n++)                            //循环设置收件人
    {
        CString receiver,man;
        m_List.GetText(n,man);                               //获得收件人
        receiver = man.Left(man.Find('@'));                  //获取用户账户
        addr1[n] = receiver;                                 //保存用户帐户
        receiver = "SMTP:"+man;                              //设置 SMTP
```

```
            addr2[n] = receiver;
            m_receiver[n].ulReserved         = 0;                              //保留变量，必须为0
            m_receiver[n].ulRecipClass = MAPI_TO;                              //设置接收类型
            m_receiver[n].lpszName           = addr1[n].GetBuffer(0);          //设置接收者
            m_receiver[n].lpszAddress        = addr2[n].GetBuffer(0);          //设置接收者地址
            m_receiver[n].ulEIDSize          = 0;                              //设置ulEIDSize参数大小
            m_receiver[n].lpEntryID          = NULL;                           //定义接收者信息
        }
        MapiMessage* m_messageInfo;                                            //定义一个信息结构指针
        m_messageInfo = new MapiMessage;
        memset(m_messageInfo,0,sizeof(MapiMessage));                           //初始化 m_messageInfo
        m_messageInfo->lpszNoteText      = m_NoteText.GetBuffer(0);            //设置邮件正文
        m_messageInfo->ulReserved        = 0;                                  //保留，必须为0
        m_messageInfo->lpszSubject       = m_Subject.GetBuffer(0);             //设置主题
        m_messageInfo->lpszDateReceived  = date;                               //设置邮件发送时间
        m_messageInfo->lpszConversationID = NULL;                              //邮件所属线程一个字符串指针
        m_messageInfo->flFlags           = MAPI_SENT;                          //邮件状态标记
        m_messageInfo->lpOriginator      = NULL;                               //发送者信息
        m_messageInfo->nRecipCount       = receivenum;                         //接收者人数
        m_messageInfo->lpRecips          = m_receiver;                         //设置接收者信息
        m_messageInfo->lpszMessageType   = NULL;                               //邮件类型
        m_messageInfo->nFileCount        = 0;                                  //附件数
        lresult =  lpfnMAPISendMail(a,0,m_messageInfo,0 ,0);                   //发送邮件
        if(lresult != SUCCESS_SUCCESS)                                         //如果发送不成功
        {
            AfxMessageBox("操作失败.",64);                                      //提示操作失败
        }
        else                                                                   //否则，发送成功
        {
            AfxMessageBox("邮件发送成功.",64);                                  //提示发送成功
        }
        //释放指针
        delete []addr1;
        delete []addr2;
        delete []m_receiver;
        delete []m_messageInfo;
        lpfnMAPIFreeBuffer(m_messageInfo);                                     //释放邮件内存空间
        lpfnMAPILogoff(a,0,0,0);                                               //结束会话
}
```

■ 秘笈心法

心法领悟 561：按钮控件图标设置。

通过 SetIcon 方法设置按钮控件的显示图标。SetIcon 方法需要一个图标资源句柄，可通过 LoadIcon 获取。

实例 562　　检测邮箱中新邮件
光盘位置：光盘\MR\16\562
高级
趣味指数：★★★☆

■ 实例说明

以前不在同一地区的两个人通常都是以信件的形式来交流，而现今由于网络的发达，这种信件也转成了电子邮件的形式。信件是通过邮递员传递的，所以当有新的信件时邮递员会将信件送到。而电子邮件则需要自己不定期地查看邮箱，因为并不知道何时会有新的邮件，所以邮件检测程序对电子邮件的使用者来说是一个非常好的选择。本实例实现检测邮箱中的新邮件，效果如图 16.14 所示。

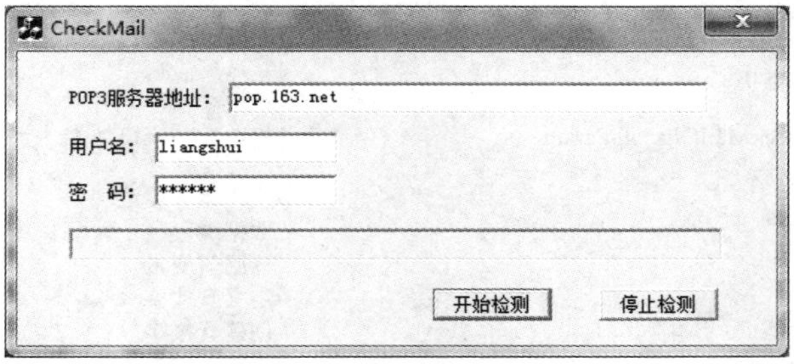

图 16.14 检测邮箱中新邮件

■ 关键技术

电子邮件的接收协议是 POP3，该协议是由一系列的命令组成的命令集。该协议的实现是由 Windows 中的 Winsock 实现的，通常 POP3 所使用的端口号是 110，但并不是一定的。POP3 的标准命令如表 16.2 所示。

表 16.2 POP3 的标准命令

命 令	说 明	命 令	说 明
USER	标识用户进行验证	LIST	提供邮件大小信息
PASS	发送密码进行验证	RETR	从服务器取出邮件
APOP	转换验证机制	TOP	取出信头和邮件的前 N 行
QUIT	终止会话	DELE	标记邮件被删除
NOOP	控操作	RSET	复位 POP 会话
STAT	提供信箱大小信息	UIDL	取出邮件的唯一标识符

在本实例中由于对邮件的检测属于循环检测，所以需要使用另一个线程来实现邮件的检测功能，否则如果都实现在应用程序的主线程中，程序就会出现假死的现象。线程分为工作者线程和用户接口线程。用户接口线程拥有自己的消息循环，通过这个消息循环可以与其他线程交互。而工作者线程没有自己的消息循环，所以只适用于简单的后台工作。本实例使用的是后者。

线程的创建可以使用 **AfxBeginThread** 函数，在默认情况下该函数只需传递两个参数，第一个参数是需要线程执行的函数指针，第二个参数是传入该函数数据参数，该参数通常为线程的调用对象的指针。代码如下：

```
if (MailThread != NULL)
    return;
MailThread = ::AfxBeginThread(GetMailThread,this);
```

当线程需要关闭时，需要执行线程终止函数 **TerminateThread** 和线程等待函数 **WaitForSingleObject** 共同完成线程的关闭操作。实现代码如下：

```
if (MailThread != NULL)
{
    run = false;
    ::TerminateThread(MailThread->m_hThread,0);
    ::WaitForSingleObject(MailThread->m_hThread,INFINITE);
    MailThread = NULL;
}
```

■ 设计过程

（1）新建一个基于对话框的工程。
（2）在窗体上添加 3 个静态文本控件、4 个编辑框控件和两个按钮控件。
（3）邮件检测功能是实现运行于线程中的一个函数，该函数实现了对邮箱的访问及邮件数量的获取。实现代码如下：

```cpp
UINT GetMailThread(LPVOID lpParam)
{
    CCheckMailDlg * dlg = (CCheckMailDlg *)lpParam;        //将参数转成窗体类

    bool cyc = true;                                        //线程运行标记
    char data[1024];                                        //数据缓存区
    int ret = 0;                                            //返回值变量
    CSocket accmail;                                        //定义套接字
    accmail.Create();                                       //创建套接字
    ret = accmail.Connect(dlg->m_pop3,110);                 //连接邮件服务器
    if (!ret)
        cyc = false;
    ret = accmail.Receive(data,1024);                       //获取数据
    if (strncmp(data,"+OK",3) != 0)                         //连接成功
        cyc = false;
    sprintf(data,"USER %s\r\n",dlg->m_user);                //格式化用户命令
    ret = accmail.Send(data,strlen(data));                  //发送用户名验证
    if (ret < 0)
        cyc = false;
    ret = accmail.Receive(data,1024);                       //接收数据
    if (strncmp(data,"+OK",3) != 0)
        cyc = false;

    sprintf(data,"PASS %s\r\n",dlg->m_pass);
    ret = accmail.Send(data,strlen(data));                  //发送密码验证
    if (ret < 0)
        cyc = false;
    ret = accmail.Receive(data,1024);
    if (strncmp(data,"+OK",3) != 0)
        cyc = false;

    while (cyc && dlg->run)                                 //循环获取邮件数量
    {
        sprintf(data,"STAT\r\n");
        ret = accmail.Send(data,strlen(data));              //发送获取邮件数量命令
        if (ret < 0)
            cyc = false;
        ret = accmail.Receive(data,1024);
        if (strncmp(data,"+OK",3) != 0)
            cyc = false;
        dlg->UpdateState(data);                             //处理数据
    }
    sprintf(data,"QUIT\r\n");
    ret = accmail.Send(data,strlen(data));                  //退出邮件服务器
    if (ret < 0)
        cyc = false;
    ret = accmail.Receive(data,1024);
    if (strncmp(data,"+OK",3) != 0)
        cyc = false;
    accmail.Close();                                        //关闭套接字
    return 0;
}
```

（4）UpdateState 方法用于处理接收到的邮件状态的数据，从中获取邮箱中邮件的数量。实现代码如下：

```cpp
void CCheckMailDlg::UpdateState(CString State)
{
    int count;
    int mailcount = MailCount;
    int pos;
    pos = State.Find(" ");                                  //空格左侧是邮箱大小，右侧是邮件总数量
    CString str = State.Left(pos);
    count = atoi(str);
    mailcount = count - MailCount;                          //新邮件数量
    str.Format("总邮件数量：%d,新邮件数量：%d",count,mailcount);
    MailCount = count;
    m_check.SetWindowText(str);
}
```

第 16 章 Web 编程

（5）在单击"开始检测"按钮时，创建线程并执行。实现代码如下：

```
void CCheckMailDlg::OnStartThread()
{
    UpdateData();
    if (m_pop3 == "" || m_user == "" || m_pass == "")
    {
        AfxMessageBox("不能进行检测！");
        return;
    }
    if (MailThread != NULL)
        return;
    MailThread = ::AfxBeginThread(GetMailThread,this);        //创建线程
}
```

（6）在单击"停止线程"按钮时将终止获取邮件数量线程的执行，并关闭窗体。实现代码如下：

```
void CCheckMailDlg::OnEndThread()
{
    if (MailThread != NULL)
    {
        run = false;
        ::TerminateThread(MailThread->m_hThread,0);                    //终止线程
        ::WaitForSingleObject(MailThread->m_hThread,INFINITE);         //等待线程结束
        MailThread = NULL;
    }
    CDialog::OnCancel();                                               //关闭窗体
}
```

▌秘笈心法

心法领悟 562：定时检查新邮件。

通过定时器设定检查时间，自动检测邮箱新邮件。

16.4 上网监控

实例 563　　监控上网过程　　光盘位置：光盘\MR\16\563　　　　　　　　　　　　高级　趣味指数：★★★★

▌实例说明

本实例实现了记录用户浏览过的网址的功能，运行程序，单击"开始监视"按钮后，程序将在系统托盘中运行，用户登录过的网站地址都记录在列表框中，效果如图 16.15 所示。

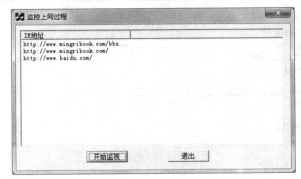

图 16.15　监控上网过程

关键技术

本实例的实现需要使用 SHDocVw 组件和 MSHTML 组件。SHDocVw 组件中的 IWebBrowser2Ptr 指针主要对应着 IE 浏览器，MSHTML 组件中的 IHTMLDocument2Ptr 指针主要对应着浏览器所浏览的内容。本实例的实现过程主要是先通过 SHDocVw 组件的 IShellWindowsPtr 指针的 GetCount 方法获得浏览器的个数，再将 IShellWindowsPtr 指针的 Item 对象赋值给 IWebBrowser2Ptr 指针，然后通过 IWebBrowser2Ptr 指针的 GetDocument 方法获得 IHTMLDocument2Ptr 指针对象，最后通过 IHTMLDocument2Ptr 指针对象的 Geturl 方法获得浏览器地址栏的内容。

设计过程

（1）新建基于对话框的应用程序。

（2）在对话框上添加列表视图控件，设置 ID 属性为 IDC_ACTLIST，添加成员变量 m_actlist；添加两个按钮控件，设置 ID 属性分别为 IDC_BTENTER 和 IDC_BTEXIT，设置 Caption 属性分别为"开始监视"和"退出"。

（3）在 NetProcessActDlg.h 文件中加入如下语句：

```cpp
#include "atlbase.h"
#include <Mshtml.h>
CComPtr<IDispatch> spDispatch;
SHDocVw::IShellWindowsPtr m_spSHWinds;
```

（4）在 StdAfx.h 文件中加入如下语句：

```cpp
#import "shdocvw.dll"
#import "mshtml.tlb"
```

（5）在 OnInitDialog 中完成对列表视图控件的初始化，代码如下：

```cpp
BOOL CNetProcessActDlg::OnInitDialog()
{
    CDialog::OnInitDialog();
    ……//此处代码省略
    m_actlist.SetExtendedStyle(LVS_EX_GRIDLINES);          //设置列表扩展风格
    m_actlist.InsertColumn(0, "IE 地址", LVCFMT_LEFT, 200); //设置列标题
    CoInitialize(NULL);                                    //初始化 COM 环境
    return TRUE;
}
```

（6）设置定时器，完成对浏览器中地址的监控，代码如下：

```cpp
void CNetProcessActDlg::OnTimer(UINT nIDEvent)
{
    KillTimer(1);
    BOOL bsame=FALSE;
    int n = m_spSHWinds->GetCount();
    for (int i = 0; i < n; i++){
        _variant_t v = (long)i;
        IDispatchPtr spDisp = m_spSHWinds->Item(v);
        SHDocVw::IWebBrowser2Ptr spBrowser(spDisp);
        MSHTML::IHTMLDocument2Ptr pDoc2=spBrowser->GetDocument();   //获得文档
        if(pDoc2!=NULL)
        {
            BSTR bsurl=pDoc2->Geturl();
            CString strurl=(CString)bsurl;
            int count=m_actlist.GetItemCount();
            for(int p=0;p<=count;p++)
            {
                CString itemstr=m_actlist.GetItemText(p,0);
                if(itemstr==strurl)
                {
                    bsame=TRUE;
                    goto end;
                }
            }
            if(bsame==FALSE)
                m_actlist.InsertItem(0,strurl,0);
```

```
end;
    bsame=FALSE;
    }

}
SetTimer(1,2000,NULL);
CDialog::OnTimer(nIDEvent);
}
```

（7）添加"开始监视"按钮的实现函数，该函数实现启动定时器的功能，代码如下：

```
void CNetProcessActDlg::OnEnter()
{
    m_spSHWinds == NULL;
    m_spSHWinds.CreateInstance(__uuidof(SHDocVw::ShellWindows));
    SetTimer(1,2000,NULL);
}
```

■ 秘笈心法

心法领悟 563：实现对用户登录过的网页进行保存。

根据本实例可以获取用户浏览网页时登录的网址，可以通过文件的形式保存。在指定路径中创建文件，将这些网址写入文件并保存。

实例 564　网络监听工具

光盘位置：光盘\MR\16\564　　　　　　　　高级　趣味指数：★★★★☆

■ 实例说明

在一个网段内，如果网卡被设置为混合模式，当网络中有数据报传输时，无论数据报是否属于本机，网卡都会接收到该数据报。本实例利用该特点实现了一个网络监听工具，效果如图 16.16 所示。

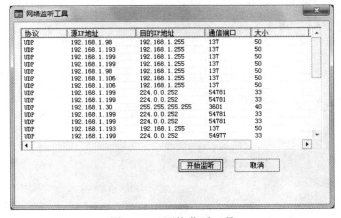

图 16.16　网络监听工具

■ 关键技术

要实现网络监听的功能，用户需要对网络有一定的了解。在网络中，数据是以帧的形式进行传输的。以 TCP 协议为例，当用户发送数据时，在传输层，用户数据的前端会附加 TCP 首部，TCP 首部包括源端口号、目的端口号、位序号、确认序号等信息，具体结构请参考本实例实现过程中的 HeadTCP 结构，在网络层，会附加 IP 首部，IP 首部包括数据报的源地址和目标地址等信息，详细信息请参考本实例实现过程中的 HeadIP 结构；在链路层，会附加地址解析协议和逆向地址解析协议，用于转换 IP 层和网络接口层使用的地址。

为了获得网络中传输的数据,首先需要创建一个原始套接字,该套接字获得的数据是 IP 层的数据报,包含 IP 首部、TCP 或 UDP 首部、用户数据等信息。然后对获得的数据报去除 IP 首部,根据 IP 首部获得数据报的源地址、目的地址、采用的协议及数据报的长度等信息。接着根据不同的协议去除 TCP 或 UDP 首部,根据 TCP 或 UDP 首部确定源端口和目的端口。最后数据报剩余的部分即是用户数据。

■ 设计过程

(1)新建一个基于对话框的应用程序。在对话框中添加按钮控件和列表视图控件。
(2)在对话框的头文件中引用 winsock2.h、AFXSOCK.H 头文件。

```
#include "winsock2.h"
#pragma comment (lib,"ws2_32.lib")
#include "AFXSOCK.H"
```

(3)在应用程序初始化时初始化套接字。

```
//初始化套接字
WSADATA data;
AfxSocketInit(&data);
```

(4)在对话框头文件中定义 IP 首部、TCP 首部、UDP 首部等结构。

```
//定义 IP 数据报头结构,20 个字节
typedef struct HeadIP {
    unsigned char   headerlen:4;        //首部长度,占 4 位
    unsigned char   version:4;          //版本,占 4 位

    unsigned char   servertype;         //服务类型,占 8 位,即 1 个字节
    unsigned short  totallen;           //总长度,占 16 位
    unsigned short  id;                 //与 idoff 构成标识,共占 16 位,前 3 位是标识,后 13 位是片偏移
    unsigned short  idoff;
    unsigned char   ttl;                //生存时间,占 8 位
    unsigned char   proto;              //协议,占 8 位
    unsigned short  checksum;           //首部检验和,占 16 位
    unsigned int    sourceIP;           //源 IP 地址,占 32 位
    unsigned int    destIP;             //目的 IP 地址,占 32 位

}HEADIP;

//定义 TCP 数据报首部
typedef struct HeadTCP {
    WORD    SourcePort;         //16 位源端口号
    WORD    DePort;             //16 位目的端口
    DWORD   SequenceNo;         //32 位序号
    DWORD   ConfirmNo;          //32 位确认序号
    BYTE    HeadLen;            //与 Flag 为一个组成部分,首部长度,占 4 位,保留 6 位
//位标识,共 16 位
    BYTE    Flag;
    WORD    WndSize;            //16 位窗口大小
    WORD    CheckSum;           //16 位校验和
    WORD    UrgPtr;             //16 位紧急指针
} HEADTCP;

//定义 UDP 数据报首部
typedef struct HeadUDP {
    WORD SourcePort;            //16 位源端口号
    WORD DePort;                //16 位目的端口
    WORD Len;                   //16 位 UDP 长度
    WORD ChkSum;                //16 位 UDP 校验和
} HEADUDP;

//定义 ICMP 数据报首部
typedef struct HeadICMP {
    BYTE Type;                  //8 位类型
    BYTE Code;                  //8 位代码
    WORD ChkSum;                //16 位校验和
```

```
} HEADICMP;

//定义协议名称
struct PROTONAME{
    int    value;
    char* protoname;
};
```

（5）在对话框类的源文件中添加全局线程函数 ThreadFun，根据原始套接字接收的数据，逐一去除 IP 首部、TCP 首部、UDP 首部信息。

```
//线程函数
UINT ThreadFun( LPVOID pParam )
{
    CSniffAppDlg* pDlg = static_cast<CSniffAppDlg*>(pParam);

    MSG msg;
    char buffer[1000],sourceip[32] ,*tempbuf;
    char *ptemp;

    BYTE* pData = NULL;              //实际数据报中的数据


    UINT   sourceport ;

    CString str;

    HEADIP*      pHeadIP;
    HEADICMP*    pHeadICMP;
    HEADUDP*     pHeadUDP;
    HEADTCP*     pHeadTCP;

    in_addr addr;

    int ret;
    while (TRUE)
    {
      pData = NULL;
      if (PeekMessage(&msg,pDlg->m_hWnd,
      WM_CLOSE,WM_CLOSE,PM_NOREMOVE ))
      {
           closesocket(pDlg->m_Sock);
           break;
      }
      memset(buffer,0,1000);


      ret = recv(pDlg->m_Sock,buffer,1000,0);

      if (ret == SOCKET_ERROR)
      {
           continue;
      }
      else                           //接收到数据
      {
           tempbuf = buffer;

           pHeadIP = (HEADIP*)tempbuf;

           //获取数据报总长度
           WORD len = ntohs(pHeadIP->totallen);

           //获取源 IP
           pDlg->m_List.InsertItem(pDlg->m_List.GetItemCount(),"");
           addr.S_un.S_addr = pHeadIP->sourceIP;
           ptemp = inet_ntoa(addr);

           pDlg->m_List.SetItemText(pDlg->m_List.GetItemCount()-1,1,ptemp);

           //获取目的 IP
```

```cpp
addr.S_un.S_addr = pHeadIP->destIP;
ptemp = inet_ntoa(addr);
pDlg->m_List.SetItemText(pDlg->m_List.GetItemCount()-1,2,ptemp);

//获取协议名称
ptemp = get_protoname(pHeadIP->proto);
strcpy(sourceip,ptemp);
pDlg->m_List.SetItemText(pDlg->m_List.GetItemCount()-1,0,sourceip);

//获取 IP 数据报总长度
WORD ipSumLen  =  ntohs(pHeadIP->totallen);

//IP 数据报头总长度
int ipHeadLen = 20;

//获得去除 IP 层数据的长度
WORD   netlen = ipSumLen - ipHeadLen;

//根据不同的协议获得不同协议的数据
switch (pHeadIP->proto)
{
   case IPPROTO_ICMP:
       {
              pHeadICMP = (HEADICMP*)(tempbuf+20);

              pData = (BYTE*)(pHeadICMP)+4;       //ICMP 数据报头共 4 个字节
              //获取数据的长度
              netlen -= 4;

              break;
       }
   case IPPROTO_UDP:
       {
              pHeadUDP = (HEADUDP*)(tempbuf+20);


              pData = (BYTE*)pHeadUDP+8;          //UDP 数据报头共 8 个字节

              sourceport = ntohs(pHeadUDP->SourcePort);

              str.Format("%d",sourceport);
              //设置源端口
              pDlg->m_List.SetItemText(pDlg->m_List.GetItemCount()-1,3,str);

              str.Empty();

              netlen -= 8;
              break;
       }
   case IPPROTO_TCP:
       {
              pHeadTCP = (HEADTCP*)(tempbuf+20);
              sourceport = ntohs(pHeadTCP->SourcePort);

              pData = (BYTE*)pHeadTCP+20;         //TCP 数据报头共 20 个字节

              str.Format("%d",sourceport);
              //设置源端口
              pDlg->m_List.SetItemText(pDlg->m_List.GetItemCount()-1,3,str);
              str.Empty();
              netlen-= 20;
              break;
       }
}
//设置数据大小
str.Format("%d",netlen);
```

```
            pDlg->m_List.SetItemText(pDlg->m_List.GetItemCount()-1,4,str);
            str.Empty();
            //设置数据
            if (pData != NULL)
            {
                    str.Format(" %s",pData);
                    pDlg->m_List.SetItemText(pDlg->m_List.GetItemCount()-1,5,str);
            }
            str.Empty();
        }
    }
    return 0;
}
```

（6）处理"开始监听"按钮的单击事件，监视网络中传输的数据。

```
void CSniffAppDlg::OnBeginlisten()
{
    //创建套接字
    m_Sock = socket(AF_INET,SOCK_RAW, IPPROTO_IP );

    char name[128];
    memset(name,0,128);

    hostent* phostent;

    phostent =    gethostbyname(name);

    DWORD ip;

    ip = inet_addr(inet_ntoa(*(in_addr*)phostent->h_addr_list[0]));


    int timeout = 4000; //超时 4 秒

    //设置接收数据的超时时间
    setsockopt(m_Sock,SOL_SOCKET,SO_RCVTIMEO,
    (const char*)&timeout,sizeof(timeout));

    sockaddr_in skaddr;
    skaddr.sin_family = AF_INET;
    skaddr.sin_port = htons(700);
    skaddr.sin_addr.S_un.S_addr    = ip;
    //绑定地址
    if ( bind(m_Sock,(sockaddr*)&skaddr,sizeof(skaddr))==SOCKET_ERROR)
    {
        MessageBox("地址绑定错误");
        return;
    }

    DWORD inBuffer=1;
    DWORD outBuffer[10];
    DWORD reValue = 0;

    if (WSAIoctl(m_Sock,SIO_RCVALL,&inBuffer,sizeof(inBuffer),
    &outBuffer,sizeof(outBuffer),&reValue,NULL,NULL)==SOCKET_ERROR)
    {
        MessageBox("设置缓冲区错误。");
        closesocket(m_Sock);
        return;
    }
    else
        m_pThread = AfxBeginThread(ThreadFun,(void*)this);
}
```

秘笈心法

心法领悟 564：网页快照。

网页快照是将已打开的网页中的内容以图像的形式存储到图片文件中。使用浏览器控件提供的 IHTML-

Document2 接口获取浏览器控件的大小和客户区，再通过 IViewObject 接口实现绘图操作，即可将浏览器控件中显示的内容绘制到图片文件中。

16.5 浏览器应用

实例 565　制作自己的网络浏览软件　　高级

光盘位置：光盘\MR\16\565　　趣味指数：★★★★

实例说明

浏览器是上网所需的工具。本实例实现一个简单的网络浏览器，运行程序，在工具栏的编辑框中输入网址，单击"浏览"按钮后网页就会在视图中显示，效果如图 16.17 所示。

图 16.17　制作自己的网络浏览软件

关键技术

本实例中使用了 CHtmlView 视图类，该视图类的使用和 WebBrowser 控件相似，基本上实现了 IE 浏览器的功能。CHtmlView 类的主要方法如表 16.3 所示。

表 16.3　CHtmlView 类的方法

方　　法	说　　明	方　　法	说　　明
GoBack	在浏览过的网页中向后浏览	Stop	停止数据的传输
GoForward	在浏览过的网页中向前浏览	GetProperty	获得浏览器属性
GoHome	回到默认网页	GetTop	获得浏览器顶部在屏幕的位置
Navigate2	浏览指定网页	SetOffline	设置为离线浏览
Refresh	刷新当前网页	GetLocationName	获得浏览器标题的名称

本实例中使用 CDialogBar 类的 Create 方法创建工具栏，该方法直接使用对话框资源来创建工具栏，对话框窗体就是工具栏的窗体，用户只需设计对话框窗体即可，但此对话框窗体的 Border 属性应为 None，Style 属性应为 Child。

■ 设计过程

（1）新建一个基于单文档的应用程序，在创建过程中将 Cview 的基类设为 ChtmlView。

（2）在工程中添加对话框资源，设置 ID 属性为 IDD_ADDRESS，Border 属性为 None，Style 属性为 Child，并在该资源中添加编辑框控件，设置 ID 属性为 IDC_EDADDRESS；添加 5 个按钮控件，设置 ID 属性分别为 IDC_BTBACK、IDC_BTFORWARD、IDC_BTSTOP、IDC_BTREFRESH 和 IDC_RUN，Caption 属性分别为"向后"、"向前"、"停止"、"刷新"和"浏览"。

（3）在 MainFrm.h 文件中加入变量声明，代码如下：

```
CDialogBar m_DlgToolBar;
```

（4）在 MainFrm.cpp 文件的 OnCreate 函数中创建 CdialogBar 对象，代码如下：

```
int CMainFrame::OnCreate(LPCREATESTRUCT lpCreateStruct)
{
    ……//此处代码省略
    if (!m_DlgToolBar.Create(this, IDD_ADDRESS,
        CBRS_ALIGN_TOP, AFX_IDW_DIALOGBAR))
    {
        TRACE0("Failed to create dialogbar\n");
        return -1;
    }
    ……//此处代码省略
    return 0;
}
```

（5）在头文件 MyBrowerView.h 中添加变量声明，代码如下：

```
CString strsite;
```

（6）添加浏览器工具栏上的各个按钮的实现函数，完成向后、向前、停止、刷新和浏览操作，代码如下：

```
void CMyBrowerView::OnButtonsite()
{
    CClientDC dc(this);
    Navigate2(strsite,NULL,NULL);
    Invalidate(FALSE);
}
void CMyBrowerView::OnChangeEdaddress()
{
    CMainFrame *pw=(CMainFrame *)AfxGetMainWnd();
    CDialogBar *pb=&(pw->m_DlgToolBar);
    pb->GetDlgItemText(IDC_EDADDRESS,strsite);
}
void CMyBrowerView::OnButtonback()
{
    this->GoBack();        //向后
}
void CMyBrowerView::OnButtonfroward()
{
    this->GoForward();     //向前
}
void CMyBrowerView::OnButtonstop()
{
    this->Stop();          //停止
}
void CMyBrowerView::OnButtonrefresh()
{
    this->Refresh();       //刷新
}
```

■ 秘笈心法

心法领悟 565：使用 WebBrowser 控件设计网页浏览器。

向工程中添加 WebBrowser 控件，将控件添加到对话框中，并对其关联变量，可以直接调用该控件中的 GoBack、Refresh、Navigate 等方法实现浏览器功能。

实例 566　XML 数据库文档的浏览

光盘位置：光盘\MR\16\566　　高级　趣味指数：★★★★

实例说明

本实例主要实现对 XML 文件的读取。XML 是对 HTML 语言的一种扩展，XML 格式允许用户自定义标签，通过自定义的标签很容易将数据组织起来，形成记录集，这样的记录集比关系型数据库更具有灵活性。XML 现已被广泛应用，本实例实现对 test.xml 文件的读取，并将读取的结果显示在列表中，效果如图 16.18 所示。

图 16.18　XML 数据库文档的浏览

关键技术

本实例主要通过 MSXML 组件实现。通过 MSXML 组件中 IXMLDOMDocumentPtr 指针调用 selectNodes 方法可以获得 MSXML 组件中 IXMLDOMNodeListPtr 指针对象，MSXML 组件中 IXMLDOMNodePtr 指针对象可以获得具体节点的值。selectNodes 方法主要是读取节点路径，XML 文件中"<>"和"</>"称为一个节点，节点下面可以有子节点，例如，test.xml 文件中 filed 是 database 的子节点。节点中可以设置属性值，例如，test.xml 文件中 filed 节点中 id 就是属性。

IXMLDOMNodePtr 指针对象可以通过 IXMLDOMNodeListPtr 指针的 nextNode 对象的 selectSingleNode 方法获得，通过 IXMLDOMNodePtr 指针对象的 Gettext 方法获得节点内容。

设计过程

（1）新建名为 XMLView 的对话框 MFC 工程。

（2）在对话框上添加列表视图控件，设置 ID 属性为 XMLLIST，添加成员变量 m_xmllist；添加两个按钮控件，设置 ID 属性分别为 IDC_READ 和 IDC_EXIT，Caption 属性分别为"读取"和"退出"。

（3）添加"读取"按钮的实现函数 OnRead；添加"退出"按钮的实现函数 OnExit。

（4）在文件 StdAfx.h 中加入对 msxml 组件的应用，代码如下：

```
#import "msxml6.dll"              //导入动态链接库 msxml6.dll（也可以使用绝对路径）
using namespace MSXML2;           //使用命名空间 MSXML2
```

（5）在 OnInitDialog 中完成对列表控件的初始化，代码如下：

```
BOOL CXMLViewDlg::OnInitDialog()
{
    CDialog::OnInitDialog();
    ……//此处代码省略
    m_xmllist.SetExtendedStyle(LVS_EX_GRIDLINES);
    m_xmllist.InsertColumn(0,"name",LVCFMT_LEFT,70);
    m_xmllist.InsertColumn(1,"type",LVCFMT_LEFT,70);
```

```
    return TRUE;
}
```
（6）添加"读取"按钮的实现函数，该函数完成对 XML 文件的读取，代码如下：
```
void CXMLViewDlg::OnRead()
{
    unsigned short buff[128];
    memset(buff,0,128);
    HRESULT hr=::CoInitialize(NULL);
    if(!SUCCEEDED(hr))
        return;
    MSXML::IXMLDOMDocumentPtr xdoc;                                    //定义文档指针
    xdoc.CreateInstance(__uuidof(MSXML::DOMDocument));                 //实例化文档
    xdoc->load("test.xml");                                            //加载文档
    MSXML::IXMLDOMNodeListPtr nodelist=NULL;
    nodelist=xdoc->selectNodes("database/filed");
    MSXML::IXMLDOMNodePtr subnode;
    long nodecount;
    nodelist->get_length(&nodecount);
    for(long i=0;i<nodecount;i++)
    {
        subnode=nodelist->nextNode()->selectSingleNode((_bstr_t)"name");  //查找指定节点
        _bstr_t bstrname=subnode->Gettext();                              //获得节点数据
        m_xmllist.InsertItem(i,"");
        m_xmllist.SetItemText(i,0,bstrname);
        nodelist->reset();
        subnode=nodelist->nextNode()->selectSingleNode((_bstr_t)"type");
        bstrname=subnode->Gettext();
        m_xmllist.SetItemText(i,1,bstrname);
    }
}
```
（7）添加"退出"按钮的实现函数，该函数实现窗体的关闭，代码如下：
```
void CXMLViewDlg::OnExit()
{
    this->OnCancel();
}
```

秘笈心法

心法领悟 566：保存 XML 文件。

通过 IXMLDOMDocument 的 Save 方法可以把 XML 文档保存到一个指定的位置。例如，保存到 E 盘：
`pIXMLDOMDocument->save((_variant_t)"E:\\t.xml");`

16.6 网上信息提取

实例 567　定时提取网页源码
光盘位置：光盘\MR\16\567
高级
趣味指数：★★★★☆

实例说明

通过获取网页的源代码，可以对该网页进行分析及修改，以提取有价值的信息。本实例实现了每隔一定时间读取网页源代码的功能，运行程序，在"设置时间"编辑框输入读取源码的时间间隔，在"网页地址"编辑框中输入将要查看源码的网页地址，单击"设置"按钮，程序会在系统托盘中运行，并将获得的网页源码显示在程序的编辑框中，效果如图 16.19 所示。

图 16.19 定时提取网页源码

■ 关键技术

本实例主要通过 CInternetSession 类和 CHttpFile 类实现。通过 CInternetSession 类的构造函数建立一个连接会话，然后通过 CInternetSession 类的 OpenURL 方法获得 CHttpFile 对象，最后通过 ReadString 方法将源码读取出来。

■ 设计过程

（1）新建名为 GetWebSource 的对话框 MFC 工程。

（2）在对话框上添加按钮控件，设置 ID 属性为 IDC_BTGET，Caption 属性为"设置"；添加 3 个编辑框控件，设置 ID 属性分别为 IDC_EDTIMER、IDC_EDADDRESS 和 IDC_EDWEBSOURCE，设置 ID 属性为 IDC_EDWEBSOURCE 的编辑框控件的 Horizontal Scroll 和 Vertical Scroll 属性。

（3）在头文件 GetWebSourceDlg.h 中添加变量声明：

```
CString strtime;
```

（4）添加"设置"按钮的实现函数，该函数完成定时器的启动，代码如下：

```
void CGetWebSourceDlg::OnGet()
{
    GetDlgItem(IDC_EDTIMER)->GetWindowText(strtime);
    this->SetTimer(1,atoi(strtime),NULL);
}
```

（5）设置定时器，完成对网页源代码的获取，代码如下：

```
void CGetWebSourceDlg::OnTimer(UINT nIDEvent)
{
    KillTimer(1);
    CString straddress;
    GetDlgItem(IDC_EDADDRESS)->GetWindowText(straddress);      //获得网址
    CInternetSession mySession(NULL,0);
    CHttpFile* myHttpFile=NULL;
    CString strsource,strline;
    myHttpFile=(CHttpFile*)mySession.OpenURL(straddress);      //打开网址
    while(myHttpFile->ReadString(strline))                      //读取字符串
    {
        strsource+=strline;
        strsource+="\r\n";
    }
    myHttpFile->Close ;
    mySession.Close ;
    GetDlgItem(IDC_EDWEBSOURCE)->SetWindowText(strsource);     //显示源码
    SetTimer(1,atoi(strtime),NULL);
    CDialog::OnTimer(nIDEvent);
}
```

（6）在关闭窗体时关闭定时器，代码如下：
```
BOOL CGetWebSourceDlg::DestroyWindow()
{
    KillTimer(1);
    return CDialog::DestroyWindow();
}
```

秘笈心法

心法领悟 567：获取网页中的指定内容。

根据本实例，通过 CHttpFile 类的 ReadString 方法获取网页的源代码。ReadString 方法是逐行读取源代码，可以在读取的一行代码中查找固定格式的字符（例如，map-layer-weaher 查找天气），以此查找指定信息。

实例 568 网上天气预报
光盘位置：光盘\MR\16\568 高级 趣味指数：★★★★

实例说明

现在许多网站都提供了天气预报服务，用户可以随时查询到天气信息。本实例实现了从网页中提取天气预报信息的功能，运行程序，选择列表中的城市后，单击"获取"按钮，该城市的天气信息将显示在列表中，效果如图 16.20 所示。

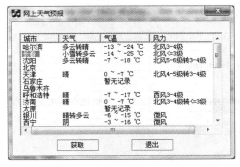

图 16.20 网上天气预报

关键技术

本实例主要通过 CHttpFile 类的 ReadString 方法获取网页的源代码，ReadString 方法是逐行获取源代码，本实例中每读取一行代码都要和固定的字符进行比较，固定字符可以设为城市的名称，也可以设为"天气""气温"等。找到固定字符后，根据天气预报信息在网页源代码中所在行与固定字符所在行的间隔行数提取天气预报信息。

设计过程

（1）新建名为 GetAirReport 的对话框 MFC 工程。

（2）在对话框上添加一个列表视图控件，设置 ID 属性为 IDC_REPORTLIST，添加成员变量 m_reportlist，添加两个按钮控件，设置 ID 属性分别为 IDC_BTGET 和 IDC_BTEXIT。

（3）主要代码如下：
```
void CGetAirReportDlg::OnGet()
{
    BOOL bNext1=FALSE,bNext2=FALSE,bNext3=FALSE;
```

```
    int leftpos=0;                              //取某行源码"</TD>"的位置
    int rightpos=0;                             //取某行源码">"的位置
    int isel=m_reportlist.GetSelectionMark();
    if(isel<0)
    {
        AfxMessageBox("请选择城市");
        return;
    }
    address.Format("%s/%s.html",addressfront,city2[isel][1]);
    strtmp1.Format("city\" >%s",city2[isel][0]);
    CString strsource;
    CInternetSession mySession(NULL,0);
    CHttpFile* myHttpFile=NULL;
    myHttpFile=(CHttpFile*)mySession.OpenURL(address);
    while(myHttpFile->ReadString(strsource))
    {
        //如果某行源码中有提取的字符,开始进行处理
        if(strsource.Find(strtmp1)>0)
                bNext1=TRUE;
        if(bNext1)
        {
                int leftpos=strsource.Find("map-layer-weaher");

                if(leftpos>0)
                {
                        strtmp2=strsource.Right(strsource.GetLength()-strlen("map-layer-weaher")-leftpos-2);
                        rightpos=strtmp2.Find("</div>");
                        strtmp2=strtmp2.Left(rightpos);
                        strweather=strtmp2;
                        bNext1=FALSE;
                        bNext2=TRUE;
                }
        }
        if(bNext2)
        {
                int leftpos=strsource.Find("map-layer-temp");
                if(leftpos>0)
                {
                        strtmp2=strsource.Right(strsource.GetLength()-strlen("map-layer-temp")-leftpos-2);
                        rightpos=strtmp2.Find("</div>");
                        strtmp2=strtmp2.Left(rightpos);
                        strtemperature=strtmp2;
                        bNext2=FALSE;
                        bNext3=TRUE;
                }
        }
        if(bNext3)
        {
                int leftpos=strsource.Find("map-layer-wind");
                if(leftpos>0)
                {
                        strtmp2=strsource.Right(strsource.GetLength()-strlen("map-layer-wind")-leftpos-2);
                        rightpos=strtmp2.Find("</div>");
                        strtmp2=strtmp2.Left(rightpos);
                        strwind=strtmp2;
                        bNext3=FALSE;
                        goto end;
                }
        }
    }
end:
    myHttpFile->Close();
    mySession.Close();
    m_reportlist.SetItemText(isel,1,strweather);
    m_reportlist.SetItemText(isel,2,strtemperature);
    m_reportlist.SetItemText(isel,3,strwind);
}
```

秘笈心法

心法领悟 568：设置列表视图背景位图。

在使用列表视图控件时，还可以为列表视图控件设置一个背景位图，使该控件的效果更加美观。列表视图控件 CListCtrl 提供了 SetBkImage 方法设置背景图像，同时配合使用 SetTextBkColor 方法将文本背景颜色设为无色，使文本和背景更好地融合。

实例 569　网页链接提取器

光盘位置：光盘\MR\16\569

高级　趣味指数：★★★★

实例说明

网上的许多下载软件都提供了提取网页链接的功能，当用户打开一个网页时，能够获得该网页的所有链接，用以搜索下载的文件资源。本实例实现了提取网页链接的功能，效果如图 16.21 所示。

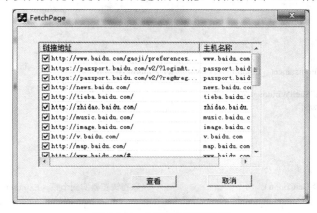

图 16.21　网页链接提取器

关键技术

Windows 系统中的 shdocvw.dll 动态库提供了与网页操作有关的类。为了使用这些类，需要导入 shdocvw.dll 动态库。在 StdAfx.h 头文件中添加如下语句导入 shdocvw.dll 动态库：

```
#import <shdocvw.dll>
```

编译应用程序，系统会生成 shdocvw.tlh 文件，在该文件中定义了一个命名空间 SHDocVw，其中包含了操作网页的接口和类。

设计过程

（1）新建一个基于对话框的应用程序。
（2）在对话框中添加列表视图控件和按钮控件。
（3）在 StdAfx.h 头文件中导入 shdocvw.dll 动态库。

```
#import <shdocvw.dll>
```

（4）在对话框类的源文件中引用 atlbase.h、Mshtml.h 和 comdef.h 头文件。

```
#include <atlbase.h>
#include <Mshtml.h>
#include "comdef.h"
```

（5）在对话框头文件中定义一个 SHDocVw::IshellWindowsPtr 接口变量 m_pSHWnd。

SHDocVw::IShellWindowsPtr m_pSHWnd;

(6) 处理"查看"按钮的单击事件，查看浏览器当前页面的网页链接。

```cpp
void CFetchPageDlg::OnLookup()
{
    TCHAR HostName[2*MAX_PATH];
    CComPtr<IDispatch> spDispatch;
    CComQIPtr<IHTMLDocument2, &IID_IHTMLDocument2> pDoc2;
    CComPtr<IHTMLElementCollection> pElementCol;
    CComPtr<IHTMLAnchorElement> pLoct;

    DWORD m_LinksNum=0;                         //链接数量
    SHDocVw::IShellWindowsPtr m_pSHWnd;         //ShellWindows 指针

    CoInitialize(NULL);                         //初始化 com 库
    int n = m_List.GetItemCount();
    for (int i = 0; i < n; i ++)
    {
        IWebBrowser2 *pBrowser = (IWebBrowser2 *)m_List.GetItemData(i);
        if (pBrowser)
        {
            pBrowser->Release();
        }
    }
    m_List.DeleteAllItems();

    //创建 ShellWindows 实例
    if (m_pSHWnd == NULL)
    {
        if (m_pSHWnd.CreateInstance(__uuidof(SHDocVw::ShellWindows)) != S_OK)
        {
            MessageBox("ShellWindows 创建失败");
            CoUninitialize();
            return;
        }
    }

    if (m_pSHWnd)
    {
        int n = m_pSHWnd->GetCount();           //取得浏览器实例个数（Explorer 和 IExplorer）
        for (int i = 0; i < n; i++)
        {
            _variant_t v = (long)i;
            IDispatchPtr spDisp = m_pSHWnd->Item(v);
            SHDocVw::IWebBrowser2Ptr spBrowser(spDisp);  //生成一个 IE 窗口的智能指针
            if (spBrowser)
            {
                //获取 IHTMLDocument2 接口
                if (SUCCEEDED(spBrowser->get_Document( &spDispatch)))
                    pDoc2 = spDispatch;
                if(pDoc2!=NULL)
                {
                    //获取 IHTMLElementCollection 接口
                    if (SUCCEEDED(pDoc2->get_links(&pElementCol)))
                    {
                        // AfxMessageBox("IHTMLElementCollection");
                        long p=0;
                        if(SUCCEEDED(pElementCol->get_length(&p)))
                            if(p!=0)
                            {
                                m_LinksNum = m_LinksNum+p;
                                UpdateData(FALSE);
                                for(long i=0;i<=(p-1);i++)
                                {
                                    BSTR String;
                                    _variant_t index = i;

                                    if(SUCCEEDED(pElementCol->item( index, index, &spDispatch)))
                                    //查找 IHTMLAnchorElement 接口
```

第 16 章　Web 编程

```
             if(SUCCEEDED(spDispatch->QueryInterface( IID_IHTMLAnchorElement,(void **) &pLoct)))
                pLoct->get_href(&String);            //取得链接
             ZeroMemory(HostName,2*MAX_PATH);
             lstrcpy(HostName,_bstr_t(String));      //插入链接到 list 中
             m_List.InsertItem(i,HostName);
             m_List.SetCheck(i,TRUE);

             pLoct->get_hostname(&String);
             ZeroMemory(HostName,2*MAX_PATH);
             lstrcpy(HostName,_bstr_t(String));
             if(lstrlen(HostName))
             {
                m_List.SetItemText(i,1,HostName);
             }
            }
          }
         }
        }
       }
      }
    CoUninitialize();    //释放 com
}
```

■ 秘笈心法

心法领悟 569：提取网页源码。

使用 OpenURL 在 Internet 服务器上打开一个 URL，获取一个 CHttpFile 类型指针，通过该指针调用 ReadString 函数读取网页源码，通过 ConvertUtf8ToGBK 对源码进行格式转换。

16.7 其　　他

实例 570　利用 TAPI 实现网络拨号

光盘位置：光盘\MR\16\570　　　　高级　　趣味指数：★★★★

■ 实例说明

本实例通过 TAPI 2.0 实现网络拨号。运行程序，在程序的列表中显示出支持 TAPI 的线路，选择支持拨号的线路，单击"拨号"按钮进行拨号，效果如图 16.22 所示。

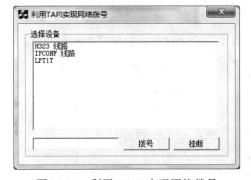

图 16.22　利用 TAPI 实现网络拨号

关键技术

利用 TAPI 实现拨号，首先需通过 lineInitializeEx 函数对 HLINEAPP 对象进行初始化，然后通过 lineGetDevCaps 函数获得线路设备的相关信息，再通过 lineOpen 函数打开进行拨号的线路，最后通过 lineMakeCall 函数进行拨号，通过 lineDrop 函数进行挂断。

（1）lineInitializeEx 函数。本实例中主要通过 lineInitializeEx 函数初始化一个 HLINEAPP 对象，语法如下：

```
LONG lineInitializeEx(LPHLINEAPP lphLineApp,HINSTANCE hInstance,
    LINECALLBACK lpfnCallback,LPCSTR lpszFriendlyAppName,LPDWORD lpdwNumDevs,
    LPDWORD lpdwAPIVersion,LPLINEINITIALIZEEXPARAMS lpLineInitializeExParams);
```

参数说明：

❶lphLineApp：将要初始化的 HLINEAPP 对象指针。

❷hInstance：实例句柄。

❸lpfnCallback：初始化过程中调用回调函数。

❹lpszFriendlyAppName：LINECALLINFO 结构中指定的字符。

❺lpdwNumDevs：设备数量。

❻lpdwAPIVersion：函数的版本。

❼lpLineInitializeExParams：线路的扩展参数。

（2）lineGetDevCaps 函数。该函数可以获得线路的相关信息，语法如下：

```
LONG lineGetDevCaps(HLINEAPP hLineApp,DWORD dwDeviceID,
    DWORD dwAPIVersion,DWORD dwExtVersion,LPLINEDEVCAPS lpLineDevCaps);
```

参数说明：

❶hLineApp：HLINEAPP 对象指针。

❷dwDeviceID：线路设备的 ID 值。

❸dwAPIVersion：函数的版本值。

❹dwExtVersion：扩展的版本值。

❺lpLineDevCaps：LINEDEVCAPS 结构指针，用来存储设备信息。

设计过程

（1）新建名为 TAPITEL 的对话框 MFC 工程。

（2）在对话框上添加列表框控件，设置 ID 属性为 IDC_LINELIST；添加编辑框控件，设置 ID 属性为 IDC_EDTELNUM；添加两个按钮控件，设置 ID 属性分别为 IDC_BTDIAL 和 IDC_BTDROP，设置 Caption 属性分别为"拨号"和"挂断"。

（3）在工程中添加 tapi32.lib 库。

（4）在 StdAfx.h 文件中添加头文件引用：

```
#include <tapi3.h>
#include "tapi.h"
#pragma comment(lib,"tapi32.lib")
```

（5）在 TAPITELDlg.h 文件中自定义一个结构，存储呼叫的返回值，代码如下：

```
typedef struct _tagADDRESSINFO{
    HWND hStatus;           //状态窗体句柄
    HWND hAnswer;           //应答窗体句柄
    HCALL hCall;            //呼叫句柄
    BOOL bCall;             //是否可以呼叫
}ADDRESSINFO,*PADDRESSINFO;
```

（6）在 TAPITELDlg.h 文件中定义变量，代码如下：

```
HANDLE ghCompletionPort;
PADDRESSINFO pAddressInfo;
HLINEAPP ghLineApp;
DWORD gdwAddresses;
DWORD gdwDeviceID;
```

```
HLINE ghLine;
HCALL call;
```

（7）在 OnInitDialog 中列举出支持 TAPI 的所有线路，代码如下：

```
BOOL CTAPITELDlg::OnInitDialog()
{
    CDialog::OnInitDialog();
    ……//此处代码省略
    LONG lResult;
    LINEINITIALIZEEXPARAMS exparams;
    DWORD dwDeviceID,dwNumDevs,dwAPIVersion,dwThreadID;
    exparams.dwTotalSize=sizeof(LINEINITIALIZEEXPARAMS);
    exparams.dwOptions=LINEINITIALIZEEXOPTION_USECOMPLETIONPORT;
    exparams.Handles.hCompletionPort=ghCompletionPort;
    lResult=lineInitializeEx(&ghLineApp,::AfxGetApp()->m_hInstance,NULL,"mrtapi",
        &dwNumDevs,&dwAPIVersion,&exparams);
    if (dwNumDevs==0)
    {lineShutdown(ghLineApp);
    return FALSE;}
    for(DWORD i=0;i<dwNumDevs;i++)
    {
        LINEDEVCAPS *pLineDevCaps;
        static DWORD dwMaxNeededSize=sizeof(LINEDEVCAPS);
        pLineDevCaps=(LINEDEVCAPS*)GlobalAlloc(GPTR,dwMaxNeededSize);
        pLineDevCaps->dwTotalSize=dwMaxNeededSize;
        lineGetDevCaps(ghLineApp,i,TAPI_CURRENT_VERSION,0,pLineDevCaps);
        dwMaxNeededSize=pLineDevCaps->dwNeededSize;
        pLineDevCaps=(LINEDEVCAPS*)GlobalReAlloc((HLOCAL)
        pLineDevCaps,dwMaxNeededSize,GMEM_MOVEABLE);
        //将可以拨号的设备添加列表中
        if(pLineDevCaps->dwBearerModes==LINEBEARERMODE_VOICE)
        if(pLineDevCaps->dwMediaModes==LINEMEDIAMODE_INTERACTIVEVOICE)
        m_linelist.AddString(((LPTSTR)((LPBYTE)
        pLineDevCaps+pLineDevCaps->dwLineNameOffset)));
    }
    return TRUE;
}
```

（8）添加"拨号"按钮的实现函数，代码如下：

```
void CTAPITELDlg::OnDial()
{
    CString number;
    GetDlgItem(IDC_EDTELNUM)->GetWindowText(number);
    int i=m_linelist.GetCurSel();
    lineOpen(ghLineApp,i,&ghLine,TAPI_CURRENT_VERSION,
    0,0,LINECALLPRIVILEGE_OWNER,LINEMEDIAMODE_INTERACTIVEVOICE,NULL);
    ::lineMakeCall(ghLine,&call,number,0,0);
}
```

（9）添加"挂断"按钮的实现函数，代码如下：

```
void CTAPITELDlg::OnDrop()
{
    lineDrop(call,NULL,0);
}
```

■ 秘笈心法

心法领悟 570：获取 XML 文件节点属性。

通过 Getattributes 方法获取 XML 文件节点属性。

```
pNode = pNodeList->Getitem(1);
pNodeAttributes = pNode->Getattributes();
```

实例 571　ISAPI 过滤器

光盘位置：光盘\MR\16\571

高级　趣味指数：★★★★

■ 实例说明

本实例实现了一个 ISAPI 应用程序，当用户在页面中输入查询条件，单击"查询"按钮后，服务器将执行 ISAPI 应用程序，并将执行结果返回给客户端，效果如图 16.23 所示。

图 16.23　ISAPI 过滤器

■ 关键技术

ISAPIC（Internet Server Application Program Interface，Internet 服务器应用程序接口），是微软和 Process 软件公司联合提出的 Web 服务器上的 API 标准。相对于公共网关接口 CGI，ISAPI 具有更高的执行效率。

■ 设计过程

（1）新建一个基于对话框的应用程序。
（2）向窗体中添加一个按钮控件、一个文本框控件、一个下拉控件和一个输入框控件，代码如下：

```
void CFilterManageExtension::SelectBookInfo(CHttpServerContext *pCtxt,LPCTSTR QueryCondition,LPCTSTR QueryValue)
{
    StartContent(pCtxt);
    WriteTitle(pCtxt);

    _ConnectionPtr pConnect;
    _RecordsetPtr pRecord;
    pConnect.CreateInstance("ADODB.Connection");
    pRecord.CreateInstance("ADODB.Recordset");

    pConnect->ConnectionString = "Provider=Microsoft.Jet.OLEDB.4.0;
    Data Source=C:\\Book.mdb;Persist Security Info=False";
    try
    {
        pConnect->Open("","", "",-1);
    }
    catch(...)
    {
        *pCtxt<<"<h1> 数据库连接失败</h1>";
        return;
    }
    CString Condition = QueryCondition;
    CString Field = "";
    if (Condition=="图书名称")
        Field ="BookName";
```

```cpp
        else if (Condition =="作者")
            Field = "Author";
    CString sql;
    sql.Format("select * from bookinfo where %s = '%s' ",Field,QueryValue);

    pRecord = pConnect->Execute((_bstr_t)sql,NULL,0);

    if (!pRecord->ADOEof)
    {
        CString bookname,author,press,price;

        bookname = (CHAR*)(_bstr_t)pRecord->GetFields()->GetItem("BookName")->Value;
        author = (CHAR*)(_bstr_t)pRecord->GetFields()->GetItem("author")->Value;
        press = (CHAR*)(_bstr_t)pRecord->GetFields()->GetItem("press")->Value;
        price = (CHAR*)(_bstr_t)pRecord->GetFields()->GetItem("price")->Value;

        *pCtxt<<"<p> 查询结果如下:</p>";

        *pCtxt<<"<table border=1 width=80% > ";
        *pCtxt<<"<tr>";

        *pCtxt<<"<td width=25% height = 13>" <<"图书名称" <<"</td>" ;
        *pCtxt<<"<td width=15% height = 13>" <<"作者" <<"</td>" ;
        *pCtxt<<"<td width=25% height = 13>" <<"出版社" <<"</td>" ;
        *pCtxt<<"<td width=15% height = 13>" <<"价格" <<"</td>" ;

        while (!pRecord->ADOEof)
        {
            bookname = (CHAR*)(_bstr_t)pRecord->GetFields()
->GetItem("BookName")->Value;
            author = (CHAR*)(_bstr_t)pRecord->GetFields()
->GetItem("author")->Value;
            press = (CHAR*)(_bstr_t)pRecord->GetFields()->
GetItem("press")->Value;
            price = (CHAR*)(_bstr_t)pRecord->GetFields()
->GetItem("price")->Value;

            *pCtxt<<"</tr>";
            *pCtxt<<"<tr>";
            *pCtxt<<"<td width=25% height = 16>" << bookname   <<"</td>" ;
            *pCtxt<<"<td width=15% height = 16>" << author <<"</td>" ;
            *pCtxt<<"<td width=25% height = 16>" << press <<"</td>" ;
            *pCtxt<<"<td width=15% height = 16>" << price <<"</td>" ;
            *pCtxt<<"</tr>"    ;
            pRecord->MoveNext();
        }
        *pCtxt<<"</table>" ;
    }
    else
        *pCtxt<<"<p> <font size = 3 color = #FF0000> <strong>没有发现符合条件的记录!</strong> </font>" << "</p>";
    EndContent(pCtxt);
}
```

秘笈心法

心法领悟 571：如何使浏览器支持 ISAPI.DLL？

为了使浏览器执行 ISAPI.DLL，首先在创建虚拟目录时，使虚拟目录具有"执行"权限，然后在虚拟目录属性对话框中将"执行许可"设置为"脚本和可执行程序"。对于 Windows 2000 系统，将"应用程序保护"设置为"低 IIS 进程"。对于 Windows 2003 系统，将 IIS 服务器的"Web 扩展服务"中的"所有未知 ISAPI 扩展"设置为允许。

实例 572 电子书阅读器

光盘位置：光盘\MR\16\572

高级
趣味指数：★★★★

■ 实例说明

很多网站可以下载电子书进行阅读，电子书能表现阅读纸质书时翻页的那种效果。当单击电子书的右边时会翻到下一页，单击到左边时翻到上一页，在页面变化时可以看到翻页的立体效果。本实例实现了电子书阅读器的功能，如图 16.24 所示。

图 16.24　电子书阅读器

■ 关键技术

在本实例中使用的主要技术有如何设定定时器、怎样将位图完全显示在窗口内。下面逐一进行介绍。

（1）设置定时器。为了有翻页的效果，要在相同间隔的时间进行重复绘图，需要使用 SetTimer 函数设置一个定时器。语法格式如下：

UINT SetTimer(UINT nIDEvent, UINT nElapse, void (CALLBACK EXPORT* lpfnTimer)(HWND, UINT, UINT, DWORD));

参数说明：

❶nIDEvent：指定了不为 0 的定时器标识符。

❷nElapse：指定了定时值，以毫秒为单位。

❸lpfnTimer：指定了应用程序提供的 TimerProc 回调函数的地址，该函数被用于处理 WM_TIMER 消息。如果这个参数为 NULL，则 WM_TIMER 消息被放入应用程序的消息队列并由 CWnd 对象来处理。

本实例中设置定时器的代码如下：

SetTimer(1,150,NULL);

（2）取消定时器的使用。当绘图操作完成时，需要调用 KillTimer 函数停止定时器的使用，销毁以前调用 SetTimer 函数创建的用 nIDEvent 标识的定时器事件。语法格式如下：

BOOL KillTimer(int nIDEvent);

参数说明：

nIDEvent：传递给 SetTimer 的定时器事件值。

（3）使用 StretchBlt 函数将位图完全显示在窗口内，该语法格式如下：

BOOL StretchBlt(int x, int y, int nWidth, int nHeight, CDC* pSrcDC, int xSrc, int ySrc, int nSrcWidth, int nSrcHeight, DWORD dwRop);

参数说明如表 16.4 所示。

表 16.4 StretchBlt 函数的参数说明

参　　数	说　　明	参　　数	说　　明
x	目标矩形左上角的 x 逻辑坐标	xSrc	源矩形左上角的 x 逻辑坐标
y	目标矩形左上角的 y 逻辑坐标	ySrc	源矩形左上角的 y 逻辑坐标
nWidth	目标矩形的宽度（逻辑单位）	nSrcWidth	源矩形的宽度（逻辑单位）
nHeight	目标矩形的高度（逻辑单位）	nSrcHeight	源矩形的高度（逻辑单位）
pSrcDC	指定源设备上下文	dwRop	复制模式

■ 设计过程

（1）创建一个单文档应用程序，工程名为 PictureOverturn。

（2）添加位图资源，添加完成后在 Resource.h 文件中查看位图的 ID 号，确保是连续的 ID 号。

（3）在 CPictureOverturnView 类的头文件中声明变量，代码如下：

```
int m_BS_now;                              //用来保存当前位图的 ID
int m_ID_next;                             //用来保存传递时下一张位图的 ID
int m_ID_now;                              //用来保存传递时当前位图的 ID
```

（4）将在 CPictureOverturnView 类的 PreCreateWindow 成员函数中添加的成员变量进行初始化操作，代码如下：

```
BOOL CPictureOverturnView::PreCreateWindow(CREATESTRUCT& cs)
{
    m_BS_now=IDB_BITMAP1;
    m_ID_now=IDB_BITMAP1;
    m_ID_next=IDB_BITMAP2;
    return CView::PreCreateWindow(cs);
}
```

（5）在 CPictureOverturnview 类中，添加自定义函数 DrawPicture，用于根据位图的 ID 绘制位图，代码如下：

```
void CPictureOverturnView::DrawPicture(int ID_PICTURE)
{
    CDC *pDC= GetDC();                                    //得到客户区的设备环境
    CBitmap bitmap;                                       //定义一个位图变量
    bitmap.LoadBitmap(ID_PICTURE);                        //将位图加载到位图变量中
    BITMAP bmp;                                           //定义位图结构
    bitmap.GetBitmap(&bmp);                               //用位图信息填充位图结构
    CDC dcCompatible;                                     //定义设备上下文对象
    dcCompatible.CreateCompatibleDC(pDC);                 //建立内存设备上下文与 pDC 设备上下文相匹配
    dcCompatible.SelectObject(&bitmap);                   //将位图选入内存设备上下文
    CRect rect;
    GetClientRect(rect);                                  //得到客户区的大小

    pDC->StretchBlt(0,0,rect.Width(),rect.Height(),&dcCompatible,
        0,0,bmp.bmWidth,bmp.bmHeight,SRCCOPY);            //将位图绘制在指定区域中
    ReleaseDC(pDC);
}
```

（6）在 CPictureOverturnView 类中的 OnDraw 函数中添加代码对客户区进行绘制操作，调用 DrawPicture 绘制第一幅位图，代码如下：

```
void CPictureOverturnView::OnDraw(CDC* pDC)
{
    CPictureOverturnDoc* pDoc = GetDocument();
    ASSERT_VALID(pDoc);
    DrawPicture(m_BS_now);       //根据 m_BS_now 存储的位图 ID 进行绘制位图
}
```

（7）处理 CPictureOverturnView 的 WM_LBUTTONDOWN 消息，在该事件的处理函数 OnLButtonDown 中判断用户鼠标单击的位置，如果是在窗口客户区的左边则翻向前一页，单击在客户区的右边则是翻向下一页，代码如下：

```cpp
void CPictureOverturnView::OnLButtonDown(UINT nFlags, CPoint point)
{
    static int i=IDB_BITMAP1;                          //定义一个常量用来标记位图的 ID
    CRect ClientRect;
    GetClientRect(ClientRect);                         //得到客户区的大小
    int Clientwidth=ClientRect.Width();                //得到客户区的宽度
    Clientwidth /=2;
    CString str;
    //判断鼠标的位置
    if(point.x>Clientwidth)                            //单击在客户区的右边
    {
        if(i==IDB_BITMAP1+16)
        {
            i=IDB_BITMAP1+16;                          //位图达到最后一页
        }
        else
        {
            int picture_pos=i;
            //传递图片的 ID, 并且在内部调用 SetTimer 函数
            DrawLToR(picture_pos,picture_pos+1);
            i++;                                       //页面加 1
            m_BS_now++;                                //保存当前的页面, 放大或缩小时使用
        }
    }
    else                                               //单击在客户区的左边
    {
        if(i==IDB_BITMAP1)
        {
            i=IDB_BITMAP1;
        }
        else
        {
            int picture_pos=i;
            //自定义函数, 根据 ID 调用 SetTimer 函数
            DrawRToL(picture_pos,picture_pos-1);
            i--;
            m_BS_now--;
        }
    }
    CView::OnLButtonDown(nFlags, point);
}
```

（8）在 CPictureOverturnView 类中，添加自定义函数 DrawLToR，用于传递位图 ID，设置的 1 号定时器调用 SetTimer 函数，代码如下：

```cpp
void CPictureOverturnView::DrawLToR(int IDNOW, int IDNEXT)
{
    m_ID_now=IDNOW;                                    //将 ID 赋值给 m_ID_now 变量
    m_ID_next= IDNEXT;
    SetTimer(1,150,NULL);                              //设定 1 号定时器
}
```

（9）在 CPictureOverturnView 类中，添加自定义函数 DrawRToL，用于传递位图 ID，设置的 3 号定时器调用 SetTimer 函数，代码如下：

```cpp
void CPictureOverturnView::DrawRToL(int IDNOW, int IDNEXT)
{
    m_ID_now=IDNOW;
    m_ID_next= IDNEXT;
    SetTimer(3,150,NULL);                              //设定 3 号定时器
}
```

（10）处理 CPictureOverturnView 类的 WM_TIMER 消息，在该事件的处理函数 OnTimer 中，参数 nIDEvent 代表定时器的序号，所以可以根据定时器的不同序号使其进行不同的操作，代码如下：

```cpp
switch(nIDEvent)
{
case 1:                                                //图片由左向右翻, 左页的翻转（第一步）
    {
        OverPicture_LToR();
        break;
```

```
            }
        case 2:                                                 //图片由左向右翻,右页的翻转(第二步)
            {
                OverPicture_LToR2();
                break;
            }
        case 3:
            {
                OverPicture_RToL();
                break;
            }
        case 4:
            {
                OverPicture_RToL2();
                break;
            }
        default:
            {
                break;
            }
        }
        CView::OnTimer(nIDEvent);
}
```

（11）在 CPictureOverturnView 类中，添加自定义函数 OverPicture_LToR，用于进行页面向下一页翻页的效果，在其中定义一个静态变量用来记录翻页的程度，此函数被 1 号定时器多次调用，并在最后调用 SetTimer 函数设定 2 号定时器，代码如下：

```
void CPictureOverturnView::OverPicture_LToR()
{
    static int page_step=0;                                     //用来记录翻页的程度
    CDC *pDC= GetDC();
    CBitmap bitmapnow,bitmapnext;                               //bitmapnow 是当前的位图, bitmapnext 是下一张位图
    bitmapnow.LoadBitmap(m_ID_now);
    bitmapnext.LoadBitmap(m_ID_next);
    BITMAP bmpnow ,bmpnext;                                     //定义 bitmapnow 位图的结构
    bitmapnow.GetBitmap(&bmpnow);                               //当前位图结构
    bitmapnow.GetBitmap(&bmpnext);                              //下一张位图结构
    CDC dcnow;
    dcnow.CreateCompatibleDC(pDC);
    dcnow.SelectObject(&bitmapnow);                             //将当前图片选入设备描述表中
    CDC dcnext;
    dcnext.CreateCompatibleDC(pDC);
    dcnext.SelectObject(&bitmapnext);                           //将下一张图片选入设备描述表中
    CRect rect;
    GetClientRect(rect);

    //先画出左边不动的当前位图
    pDC->StretchBlt(0,0,rect.Width()/2,rect.Height(),&dcnow,
            0,0,bmpnow.bmWidth/2,bmpnow.bmHeight,SRCCOPY);
    //画出右边的下一张位图
    pDC->StretchBlt(rect.Width()-rect.Width()/12*page_step,     //填入矩形的 x 点
            0,                                                  //填入矩形的 y 点
            rect.Width()/12*page_step,                          //填入矩形的宽度
            rect.Height(),                                      //填入矩形的高度
            &dcnext,                                            //存放位图的设备描述表
            bmpnext.bmWidth/2+bmpnext.bmWidth/2-bmpnext.bmWidth/12*page_step,//位图的起始 x 点
            0,                                                  //位图的起始 y 点
            bmpnext.bmWidth/12*page_step,                       //位图的宽度
            bmpnext.bmHeight,                                   //位图的高度
            SRCCOPY);                                           //复制的方式
    //画出右边当前变形的位图,覆盖了下一张位图
    pDC->StretchBlt(rect.Width()/2,0,rect.Width()/2-rect.Width()
        /12*page_step,rect.Height(),&dcnow,
            bmpnow.bmWidth/2,0,bmpnow.bmWidth/2,bmpnow.bmHeight,SRCCOPY);
```

```
    page_step++;                                      //增加步数
    if(page_step>6)
    {
       page_step=0;
       KillTimer(1);                                  //取消 1 号定时器的调用
       ReleaseDC(&dcnow);                             //释放内存设备上下文
       ReleaseDC(&dcnext);
       ReleaseDC(pDC);
       SetTimer(2,150,NULL);                          //调用 2 号定时器
    }
    ReleaseDC(&dcnow);
    ReleaseDC(&dcnext);
    ReleaseDC(pDC);
}
```

（12）在 CPictureOverturnView 类中添加自定义函数 OverPicture_LToR2，用于进行页面向下一页翻页效果的第二步，此函数被 2 号定时器多次调用，当调用次数达到设定数目，则取消 2 号定时器的调用，代码如下：

```
void CPictureOverturnView::OverPicture_LToR2()
{
    static int page_step=0;
    CDC *pDC = GetDC();
    CBitmap bitmapnow,bitmapnext;                     //bitmapnow 是当前的位图，bitmapnext 是下一张位图
    bitmapnow.LoadBitmap(m_ID_now);
    bitmapnext.LoadBitmap(m_ID_next);
    BITMAP bmpnow ,bmpnext;                           //定义 bitmapnow 位图的结构
    bitmapnow.GetBitmap(&bmpnow);                     //当前位图结构
    bitmapnext.GetBitmap(&bmpnext);                   //下一张位图结构
    CDC dcnow;
    dcnow.CreateCompatibleDC(pDC);
    dcnow.SelectObject(&bitmapnow);                   //将当前图片选入设备描述表中
    CDC dcnext;
    dcnext.CreateCompatibleDC(pDC);
    dcnext.SelectObject(&bitmapnext);                 //将下一张图片选入设备描述表中
    CRect rect;
    GetClientRect(rect);
    //先画出右边不动的下一张位图
    pDC->StretchBlt(rect.Width()/2,0,rect.Width()/2,rect.Height(),&dcnext,
       bmpnext.bmWidth/2,0,bmpnext.bmWidth/2,bmpnext.bmHeight,SRCCOPY);
    //画出左边当前的位图
    pDC->StretchBlt(
       0,                                             //填入矩形的 x 点
       0,                                             //填入矩形的 y 点
       rect.Width()/2-rect.Width()/12*page_step,      //填入矩形的宽度
       rect.Height(),                                 //填入矩形的高度
       &dcnow,                                        //存放位图的设备描述表
       0,                                             //位图的起始 x 点
       0,                                             //位图的起始 y 点
       bmpnow.bmWidth/2-bmpnow.bmWidth/12*page_step,  //位图的宽度
       bmpnow.bmHeight,                               //位图的高度
       SRCCOPY);                                      //复制的方式
    //画出左边下一张变形的位图，覆盖了当前位图
    pDC->StretchBlt(rect.Width()/2-rect.Width()/12*page_step,
       0,                                             //矩形的 y 点
       rect.Width()/12*page_step,                     //矩形的宽度
       rect.Height(),
       &dcnext,
       0,                                             //位图的 x 点
       0,                                             //位图的 y 点
       bmpnext.bmWidth/2,
       bmpnext.bmHeight,
       SRCCOPY);
    page_step++;
    page_step++;
    if(page_step>6)
    {
       page_step=0;
       KillTimer(2);
```

```cpp
        ReleaseDC(&dcnow);
        ReleaseDC(&dcnext);
        ReleaseDC(pDC);
        DrawPicture(m_BS_now);                              //再画一遍当前的图片,这样效果会好一些
    }
    ReleaseDC(&dcnow);
    ReleaseDC(&dcnext);
    ReleaseDC(pDC);}
```

(13) 在 CPictureOverturnView 类中,添加自定义函数 OverPicture_RToL,用于实现向前一页翻页效果的第一步,这一部分效果完成时会设定 4 号定时器,进行调用翻页效果的第二部分,代码如下:

```cpp
void CPictureOverturnView::OverPicture_RToL()
{
    static int page_step=0;
    CDC *pDC= GetDC();
    CBitmap bitmapnow,bitmapnext;                           //bitmapnow 是当前的位图,bitmapnext 是下一张位图
    bitmapnow.LoadBitmap(m_ID_now);                         //当前页
    bitmapnext.LoadBitmap(m_ID_next);                       //前一页
    BITMAP bmpnow ,bmpnext;                                 //定义 bitmapnow 位图的结构
    bitmapnow.GetBitmap(&bmpnow);                           //当前的位图结构
    bitmapnow.GetBitmap(&bmpnext);                          //下一张的位图结构
    CDC dcnow;
    dcnow.CreateCompatibleDC(pDC);
    dcnow.SelectObject(&bitmapnow);                         //将当前图片选入设备描述表中
    CDC dcnext;
    dcnext.CreateCompatibleDC(pDC);
    dcnext.SelectObject(&bitmapnext);                       //将下一张图片选入设备描述表中
    CRect rect;
    GetClientRect(rect);
    //先画出右边不动的当前位图
    pDC->StretchBlt(rect.Width()/2,0,rect.Width()/2,rect.Height(),&dcnow,
        bmpnow.bmWidth/2,0,bmpnow.bmWidth/2,bmpnow.bmHeight,SRCCOPY);
    //画出右边下一张的位图
    pDC->StretchBlt(0,                                      //填入矩形的 x 点
        0,                                                  //填入矩形的 y 点
        rect.Width()/12*page_step,                          //填入矩形的宽度
        rect.Height(),                                      //填入矩形的高度
        &dcnext,                                            //存放位图的设备描述表
        0,                                                  //位图的起始 x 点
        0,                                                  //位图的起始 y 点
        bmpnext.bmWidth/12*page_step,                       //位图的宽度
        bmpnext.bmHeight,                                   //位图的高度
        SRCCOPY);                                           //复制的方式

    //画出右边当前变形的位图,覆盖了下一张位图
    pDC->StretchBlt(rect.Width()/12*page_step,0,rect.Width()
        /2-rect.Width()/12*page_step,rect.Height(),&dcnow,
        0,0,bmpnow.bmWidth/2,bmpnow.bmHeight,SRCCOPY);
    page_step++;
    if(page_step>6)
    {
        page_step=0;
        KillTimer(3);
        ReleaseDC(&dcnow);
        ReleaseDC(&dcnext);
        ReleaseDC(pDC);
        SetTimer(4,150,NULL);                               //调用 4 号定时器
    }
    ReleaseDC(&dcnow);
    ReleaseDC(&dcnext);
    ReleaseDC(pDC);
}
```

(14) 在 CPictureOverturnView 类中,添加自定义函数 OverPicture_RToL2,用于向前一页翻页效果的第二步,完成向前一页翻页效果,最后取消 4 号定时器调用,并且绘制当前位图使显示效果更好,代码如下:

```cpp
void CPictureOverturnView::OverPicture_RToL2()
{
```

```cpp
        static int page_step=0;
        CDC *pDC= GetDC();
        CBitmap bitmapnow,bitmapnext;                       //bitmapnow 是当前的位图, bitmapnext 是下一张位图
        bitmapnow.LoadBitmap(m_ID_now);
        bitmapnext.LoadBitmap(m_ID_next);
        BITMAP bmpnow ,bmpnext;                             //定义 bitmapnow 位图的结构
        bitmapnow.GetBitmap(&bmpnow);                       //当前的位图结构
        bitmapnow.GetBitmap(&bmpnext);                      //下一张的位图结构
        CDC dcnow;
        dcnow.CreateCompatibleDC(pDC);
        dcnow.SelectObject(&bitmapnow);                     //将当前图片选入设备描述表中
        CDC dcnext;
        dcnext.CreateCompatibleDC(pDC);
        dcnext.SelectObject(&bitmapnext);                   //将下一张图片选入设备描述表中
        CRect rect;
        GetClientRect(rect);
        //先画出左边不动的当前位图
        pDC->StretchBlt(0,0,rect.Width()/2,rect.Height(),&dcnext, 0,0,bmpnext.bmWidth/2,bmpnext.bmHeight,SRCCOPY);
        pDC->StretchBlt(                                    //画出右边下一张的位图
            rect.Width()/2+rect.Width()/12*page_step,       //填入矩形的 x 点
            0,                                              //填入矩形的 y 点
            rect.Width()/2-rect.Width()/12*page_step,       //填入矩形的宽度
            rect.Height(),                                  //填入矩形的高度
            &dcnow,                                         //存放位图的设备描述表
            bmpnow.bmWidth/2+bmpnow.bmWidth/12*page_step,   //位图的起始 x 点
            0,                                              //位图的起始 y 点
            bmpnow.bmWidth/2-bmpnow.bmWidth/12*page_step,   //位图的宽度
            bmpnow.bmHeight,                                //位图的高度
            SRCCOPY);                                       //复制的方式
        //画出右边当前变形的位图,覆盖了下一张位图
        pDC->StretchBlt(rect.Width()/2,                     //填入矩形的 x 点
            0,                                              //填入矩形的 y 点
            rect.Width()/12*page_step,                      //填入矩形的宽度
            rect.Height(),                                  //填入矩形的高度
            &dcnext,                                        //存放位图的设备描述表
            bmpnext.bmWidth/2,                              //位图的起始 x 点
            0,                                              //位图的起始 y 点
            bmpnext.bmWidth/2,                              //位图的宽度
            bmpnext.bmHeight,                               //位图的高度
            SRCCOPY);                                       //复制的方式
        page_step++;
        if(page_step>6)
        {
            page_step=0;
            KillTimer(4);
            ReleaseDC(&dcnow);
            ReleaseDC(&dcnext);
            ReleaseDC(pDC);
            DrawPicture(m_BS_now);                          //再画一遍当前的图片,这样效果会好一些
        }
        ReleaseDC(&dcnow);
        ReleaseDC(&dcnext);
        ReleaseDC(pDC);
    }
```

■ 秘笈心法

心法领悟 572:图片百叶窗效果。

实现图片百叶窗效果,可以通过在一个循环语句中使用 DrawDibDraw 函数来绘制图像。DrawDibDraw 函数的作用是将一个设备环境中的数据复制到另一个设备环境中。语法如下:

BOOL DrawDibDraw(HDRAWDIB hdd,HDC hdc,int xDst,int yDst,int dxDst,int dyDst,LPBITMAPINFOHEADER lpbi,LPVOID lpBits, int xSrc,int ySrc,int dxSrc,int dySrc,UINT wFlags);

第 6 篇

软件安全控制篇

- ▶▶ 第 17 章　加密与解密技术
- ▶▶ 第 18 章　数据库安全
- ▶▶ 第 19 章　软件注册与安全防护

第17章

加密与解密技术

▶▶ 数据的加密与解密
▶▶ 文件的加密与解密

17.1 数据的加密与解密

实例 573 数据加密技术
光盘位置：光盘\MR\17\573　　　　　　　　　　高级　趣味指数：★★★☆

实例说明

在一些应用程序或网络程序中，经常会存有一些非常机密的文件或数据，为了防止其他非法用户查阅或盗取这些机密数据，可对其进行加密。运行程序，在"密钥"编辑框中输入密钥，在"待加密的字符串"编辑框中输入要加密的字符串，单击"加密"按钮，密文将显示在"加密后的字符串"编辑框中，如图 17.1 所示。

图 17.1　数据加密技术

关键技术

通过使用 GetAt 和 SetAt 函数可以将密文与密钥提取出来的字符组成新的 ASCII 字符，从而实现加密。下面介绍这两个函数。

（1）GetAt 函数：返回字符串内指定的单个字符，语法如下：
TCHAR GetAt(int nIndex) const;
参数说明：
nIndex：返回字符在字符串的位置。
返回值：字符串中的单个字符。

（2）SetAt 函数：在字符串的指定位置写入单个字符，语法如下：
void SetAt(int nIndex, TCHAR ch);
参数说明：
❶nIndex：插入字符的位置。
❷ch：要插入的字符。

设计过程

（1）新建一个基于对话框的应用程序，将窗体标题改为"数据加密技术"。
（2）在窗体上添加 3 个编辑框控件和 3 个按钮控件。
（3）加密代码如下：

```
CString CDataencryptDlg::Encrypt(CString S, WORD K)
{
    CString Str,Str1,Result;
    int i,j;
    Str = S;
    for(i=0;i<S.GetLength();i++)                //根据字符串长度循环
    {
     Str.SetAt(i,S.GetAt(i)+K);                 //获得字符
```

```
    }
    S = Str;
    //加密字符
    for(i=0;i<S.GetLength();i++)
    {
        j = (BYTE)S.GetAt(i);
        Str1 = "01";
        Str1.SetAt(0,65+j/26);
        Str1.SetAt(1,65+j%26);
        Result += Str1;
    }
    return Result;
}
```

（4）解密代码如下：

```
CString CDataencryptDlg::Decrypt(CString S, WORD K)
{
    CString Result,Str;
    int i,j;
    //解密字符
    for(i=0;i<S.GetLength()/2;i++)
    {
        j=((BYTE)S.GetAt(2*i)-65)*26;
        j+=(BYTE)S.GetAt(2*i+1)-65;
        Str = "0";
        Str.SetAt(0,j);
        Result += Str;
    }
    S = Result;
    for(i=0;i<S.GetLength();i++)
    {
        Result.SetAt(i,(BYTE)S.GetAt(i)-K);      //设置字符串
    }
    return Result;
}
```

■ 秘笈心法

心法领悟 573：异或算法对数字进行加密与解密。

异或运算符"^"用于比较两个二进制数的相应位。在执行按位异或运算时，如果两个二进制数的相应位都为 1 或两个二进制数的相应位都为 0，则返回 0；如果两个二进制数的相应位其中一个为 1 一个为 0，则返回 1。异或算法对数字加密解密时，明文与密码异或运算，得到新数据，新数据与密码异或运算又还原了原来的数据。

| 实例 574 | 对数据报进行加密 光盘位置：光盘\MR\17\574 | 高级 趣味指数：★★★☆ |

■ 实例说明

现在网络方面的应用程序非常多，不管是聊天软件、游戏还是管理软件，都可以通过在网络中发送数据来实现不同地区的数据交换。但有许多网络软件的开发者和生产商却对他们的产品缺少安全意识，没有对网络中传送的数据报进行加密，使得一些不法分子可以通过截获数据报来进行伪造获取利益。本实例所实现的聊天程序在发送数据时对数据进行了加密，当接收数据时对数据进行解密，这样就可以提高数据在网络中传播的安全性，效果如图 17.2 所示。

第 17 章 加密与解密技术

图 17.2 对数据报进行加密

关键技术

对网络数据报进行加密也就是对发送的数据进行加密。而对发送的数据进行加密/解密有许多种算法，例如，DES 加密/解密算法和 AES 加密/解密算法等。在本实例中，笔者实现了一个简单的加密/解密算法对需要发送的网络数据进行加密操作。

（1）加密函数的实现代码如下：

```
CString CClientDlg::Enjcrypt(CString s,WORD k)
{
    CString Str,Str1,Result;
    int i,j;
    Str = s;
    for(i=0;i<s.GetLength();i++)
    {
        Str.SetAt(i,s.GetAt(i)+k);
    }
    s = Str;
    for(i=0;i<s.GetLength();i++)
    {
        j = (BYTE)s.GetAt(i);
        Str1 = "01";
        Str1.SetAt(0,65+j/26);
        Str1.SetAt(1,65+j%26);
        Result += Str1;
    }
    return Result;
}
```

（2）解密函数与加密函数是对应的反向操作。实现代码如下：

```
CString CClientDlg::Decrypt(CString s,WORD k)
{
    CString Result,Str;
    int i,j;
    for(i=0;i<s.GetLength()/2;i++)
    {
        j=((BYTE)s.GetAt(2*i)-65)*26;
        j+=(BYTE)s.GetAt(2*i+1)-65;
        Str = "0";
        Str.SetAt(0,j);
        Result += Str;
    }
    s = Result;
    for(i=0;i<s.GetLength();i++)
    {
        Result.SetAt(i,(BYTE)s.GetAt(i)-k);
    }
    return Result;
}
```

设计过程

（1）新建一个基于对话框的工程（服务器端）。

（2）在窗体类中实现 AcceptConnect 方法连接客户端。实现代码如下：

```cpp
void CServerDlg::AcceptConnect()
{
    CClientSocket* socket = new CClientSocket(this);        //创建客户端套接字
    //接受客户端的连接
    if (m_pSocket->Accept(*socket))
        m_socketlist.AddTail(socket);                        //添加到客户端套接字列表
    else
        delete socket;
}
```

（3）在窗体类中实现 ReceiveData 方法用于接收客户端数据进行转发，在该方法中由于服务器只是起到转发作用，所以不用对数据进行解密。实现代码如下：

```cpp
void CServerDlg::ReceiveData(CClientSocket* socket)
{
    char bufferdata[BUFFERSIZE];                             //定义接收数据缓冲区
    //接收客户端传来的数据
    int result = socket->Receive(bufferdata,BUFFERSIZE);
    bufferdata[result] = 0;                                  //在末端添加结束符
    POSITION pos = m_socketlist.GetHeadPosition();
    //将数据发送给每个客户端
    while (pos!=NULL)
    {
        CClientSocket* socket = (CClientSocket*)m_socketlist.GetNext(pos);
        if (socket != NULL)
            socket->Send(bufferdata,result);                 //向客户端发送数据
    }
}
```

（4）新建一个基于对话框的应用程序，将窗体标题改为"局域网聊天室（客户端）"。

（5）在窗体上添加 1 个图片控件、3 个编辑框控件、1 个列表框控件和两个按钮控件。

（6）当用户单击"连接"按钮时将连接客户端与服务器端，这时需要向服务器发送数据，此时就需要对数据进行加密操作。实现代码如下：

```cpp
void CClientDlg::OnButtonjoin()
{
    UpdateData(true);
    CString servername = m_servername;                       //读取服务器名称
    int port;
    port = 70;                                                //获取端口

    if (! pMysocket->Connect(servername,port))               //连接服务器
    {
        MessageBox("连接服务器失败!");
        return;
    }
    CString str;
    str.Format("%s----->%s",m_name,"进入聊天室");            //格式化发送文本
    str = Enjcrypt(str,123456);                              //加密数据
    int num = pMysocket->Send(str.GetBuffer(0),str.GetLength()); //向服务器发送连接数据
}
```

（7）当在消息框中输入需要发送的文本信息后单击"发送"按钮时，消息文本将被发送到服务器端，此时的数据同样也需要加密。实现代码如下：

```cpp
void CClientDlg::OnButtonsend()
{
    CString str,temp;
    m_info.GetWindowText(str);                               //获取消息文本
    if (str.IsEmpty()|m_name.IsEmpty())                      //判断消息文本与用户名是否为空
        return;
    temp.Format("%s 说: %s",m_name,str);                     //格式化消息文本
```

```
        temp = Enjcrypt(temp,123456);                              //加密数据
        //发送消息文本到服务器端
        int num = pMysocket->Send(temp.GetBuffer(temp.GetLength()),temp.GetLength());
        m_info.SetWindowText("");                                  //清空消息文本框
        m_info.SetFocus();                                         //指定输入焦点
}
```

添加 ReceiveData 成员方法，用于接收服务器传来的数据，此时需要对接收到的数据进行解密，再显示在窗体中。代码如下：

```
void CClientDlg::ReceiveData()
{
        char buffer[200];                                          //指定接收数据的缓冲区
        //接收传来的数据
        int factdata =  pMysocket->Receive(buffer,200);

        buffer[factdata] = '\0';                                   //设置结束符
        CString str;
        str.Format("%s",buffer);                                   //转成字符串
        str = Decrypt(str,123456);                                 //解密
        int i = m_list.GetCount();
        //将数据添加到列表框中
        m_list.InsertString(m_list.GetCount(),str);
}
```

■ 秘笈心法

心法领悟 574：多包交错数据加密。

传输数据时，采用 UDP 方式发送数据，使用两种加密方式对数据包交替加密，增加安全性。例如：

```
for(int i=0;i<size/1024;i++)
{
    if(i%2 == 1)
        encrypt = EncryptOne(buf);                                 //奇数包采用 EncryptOne 加密
    else
        encrypt = EncryptTwo(buf);                                 //偶数包采用 EncryptTwo 加密
}
```

17.2 文件的加密与解密

实例 575 文本文件的加密与解密
光盘位置：光盘\MR\17\575　　　　　　　　　　　　　　　　　　　趣味指数：★★★★

■ 实例说明

在本实例的窗体中，首先选择要加密或解密的文本文件，然后单击"加密"或"解密"按钮对文本文件进行加密或解密，效果如图 17.3 所示。

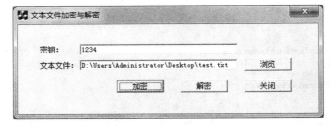

图 17.3 文本文件加密与解密

■ 关键技术

本实例的实现主要是对文本文件的读写过程。读出文件内容,对每个字符加一个数字,达到加密效果。用到的函数有 CFile 类的 Read 和 Write 函数。

(1) Read 函数。语法如下:
```
virtual UINT Read( void* lpBuf, UINT nCount );
throw( CFileException );
```
参数说明:
❶lpBuf:从文件获取的数据的存放地址。
❷nCount:从文件读取的最大字节数。
返回值:返回实际读取的字节数。

(2) Write 函数。语法如下:
```
virtual void Write( const void* lpBuf, UINT nCount );
throw( CFileException );
```
参数说明:
❶lpBuf:要被写入文件的数据的地址。
❷nCount:写入文件的最大字节数。
返回值:返回实际写入的字节数。

■ 设计过程

(1) 新建一个基于对话框的应用程序。
(2) 向窗体中添加两个编辑框控件,获取密钥,显示所选文件位置;添加按钮控件,执行加密和解密。
(3) 加密实现过程:

```
void CFileencryptDlg::OnOK()
{
    // TODO: Add extra validation here
    UpdateData(true);
    int shu,num;
    CFile Mfile(_T(StrText),CFile::modeReadWrite);
    Mfile.Read(Sread,10000);
    num = Mfile.GetLength();
    for(int i=0;i<num;i++)
    {
        shu = Sread[i];
        Swrite[i] = shu+m_Miyao;
    }
    Mfile.Flush();
    Mfile.Close();
    CFile File(_T(StrText),CFile::modeWrite|CFile::modeCreate);
    File.Write(Swrite,num);
    File.Flush();
    File.Close();
    MessageBox("加密成功");
}
```

(4) 解密实现过程:

```
void CFileencryptDlg::OnButjiemi()
{
    // TODO: Add your control notification handler code here
    UpdateData(true);
    int shu,num;
    CFile Mfile(_T(StrText),CFile::modeReadWrite);
    Mfile.Read(Sread,10000);
    num = Mfile.GetLength();
    for(int i=0;i<num;i++)
    {
        shu = Sread[i];
        Swrite[i] = shu-m_Miyao;
```

```
            }
            Mfile.Flush();
            Mfile.Close();
            CFile File(_T(StrText),CFile::modeWrite|CFile::modeCreate);
            File.Write(Swrite,num);
            File.Flush();
            File.Close();
            MessageBox("解密成功");
        }
```

秘笈心法

心法领悟 575：如何去除字符串尾空格？

去除字符串尾空格需要使用 CString 类的 TrimRight 方法，该方法用来从字符串的右侧去除字符串中与指定字符匹配的字符，如果参数为空，则删除右侧空格。例如，下面的代码用来去掉 m_edit 编辑框中字符串的尾空格，并将结果显示在 m_edit 文本框中。

```
CString s;
m_edit.GetWindowText(s);
s.TrimRight();
m_edit.SetWindowText(s);
```

实例 576　利用图片加密文件
光盘位置：光盘\MR\17\576　　高级　趣味指数：★★★☆

实例说明

本实例在加密时，使用指定的图片生成加密密钥，然后对文本文件进行加密；在解密时，使用加密时的图片生成解密密钥，然后对加密的文本文件进行解密。运行本实例，首先打开一张图片，用来生成加密或解密的密钥，然后选择要加密或解密的文本文件，最后单击"加密"按钮，实现对文本文件的加密或解密，效果如图 17.4 所示。

图 17.4　利用图片加密文件

关键技术

本实例的实现主要是通过读取文本文件和图片文件，对两者逐字符异或，将得到的新数据写入临时文件，再替换源文件，达到加密效果。主要使用 CFile 类的 Read 函数和 Write 函数，具体介绍参见实例 575 的关键技术。

设计过程

（1）新建一个基于对话框的应用程序。
（2）向窗体中添加编辑框控件、图片控件和按钮控件。获取文件和图片的路径，显示图片，执行加密。
（3）"选择图片"按钮的实现代码如下：

```
void CEncryWithPictureDlg::OnSelectPic()
{
    CFileDialog log(TRUE,"文件",NULL,OFN_HIDEREADONLY,"位图(*.BMP)|*.bmp||",NULL);
    if(log.DoModal()==IDOK)
    {
        path=log.GetPathName();
        GetDlgItem(IDC_EDPICPATH)->SetWindowText(path);
        ShowPicture(path);                          //显示所选图片
    }
}

void CEncryWithPictureDlg::ShowPicture(CString pathPic)
{
    CBitmap bit;
    CDC* pDC = NULL;
    CDC dc;
    CRect rect;

    //获取位图句柄
    HBITMAP m_hBitmap=(HBITMAP)::LoadImage(AfxGetInstanceHandle(),
        _T(pathPic), IMAGE_BITMAP, 0, 0, LR_CREATEDIBSECTION|LR_LOADFROMFILE);

    bit.Attach(m_hBitmap);                          //附加位图句柄
    pDC = m_picture.GetDC();                        //获取图片控件区域上下文句柄
    dc.CreateCompatibleDC(pDC);                     //创建兼容DC
    m_picture.GetClientRect(&rect);                 //获取控件客户区域

    BITMAP bitmap;
    bit.GetBitmap(&bitmap);                         //保存位图信息

    HBITMAP hOld = (HBITMAP)dc.SelectObject(&bit);  //选择新位图，保存旧句柄
    if(!pDC->StretchBlt(0,0,rect.Width(),rect.Height(),
        &dc,0,0,bitmap.bmWidth,bitmap.bmHeight,SRCCOPY))
        MessageBox("StretchBlt 失败");
    dc.SelectObject(hOld);                          //恢复设备上下文
    ReleaseDC(pDC);                                 //释放DC
    DeleteObject(m_hBitmap);                        //释放位图句柄
}
```

（4）"加密解密"按钮的实现代码如下：

```
void CEncryWithPictureDlg::OnEncry()
{
    CString strpic,strtxt,desname;
    GetDlgItem(IDC_EDFILEPATH)->GetWindowText(strtxt);
    GetDlgItem(IDC_EDPICPATH)->GetWindowText(strpic);
    CFile readpic,readfile,writefile;

    desname.Format("%smingrisofttemp.txt",strpathtemp);  //strpathtemp 不带文件名的路径
    HANDLE handle=::CreateFile(desname,GENERIC_WRITE,FILE_SHARE_WRITE,0,CREATE_NEW,FILE_ATTRIBUTE_NORMAL,NULL);
    if(handle)::CloseHandle(handle);
    int i=readfile.Open(strtxt,CFile::modeRead);         //打开要加密的文本文件
    readpic.Open(strpic,CFile::modeRead);                //打开图片文件
    writefile.Open(desname,CFile::modeCreate|CFile::modeReadWrite); //打开desname

    if(i==0)return;
    char picbuf[128];
    char filebuf[128];
    char desbuf[128];

    while(1)
```

```
{
    ZeroMemory(filebuf,128);
    ZeroMemory(picbuf,128);
    ZeroMemory(desbuf,128);
    DWORD i=readfile.Read(filebuf,128);          //从文本文件中读取数据
    readpic.Read(picbuf,128);                     //从图片文件中读取数据
    for(int p=0;p<i;p++)
    {
        char m=filebuf[p];
        char n=picbuf[p];
        desbuf[p]=m^n;                            //异或加密
    }
    writefile.Write(desbuf,i);                    //加密后的数据写入 desname
    if(i==0)goto end;                             //数据读尽,跳出循环
}
end:
readpic.Close();
readfile.Close();                                 //关闭文件
writefile.Close();
::DeleteFile(strtxt);                             //删除原来文件
::rename(desname,strtxt);                         //新文件重命名为原来文件,实现替换
AfxMessageBox("成功");
}
```

秘笈心法

心法领悟 576:不通过第三个变量,交换两个变量的值。

两个变量异或的结果,再异或其中一个,可得另一个。这样可以实现两个变量的交换。

实例 577　使用 MD5 算法对密码进行加密　　高级

光盘位置:光盘\MR\17\577　　趣味指数:★★★☆

实例说明

密码加密是软件系统所应具备的基本功能,许多程序设计人员为了方便只是将用户设定的密码以明文的形式存入数据库或文件中。这样做严重危害了系统运行的安全性,用户设置的密码很容易就被发现。所以为了增加系统的安全性,最好对用户设置的密码进行加密,这样别人即使看到了密码也只是加密后的密码。本实例使用的是 MD5 算法,该算法是一个不能反向解密的算法,效果如图 17.5 所示。

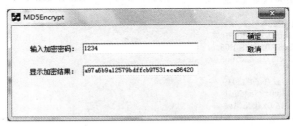

图 17.5　使用 MD5 算法对密码进行加密

关键技术

许多程序设计人员认为 MD5 算法是一个非常复杂的算法,所以没有自己去实现,其实只要按照 MD5 算法的原理设计程序并不是一件复杂的事。MD5 算法以 512 位分组来处理输入的信息,且每一分组又被划分为 16 个 32 位子分组,经过了一系列的处理后,算法的输出由 4 个 32 位分组组成,将这 4 个 32 位分组级联后将生成一个 128 位散列值(16 个字符)。

在 MD5 中首先定义 4 个 32 位的十六进制数，被称为链接变量。定义代码如下：
```
#define MD5_INIT_STATE_0 0x67452301
#define MD5_INIT_STATE_1 0xefcdab89
#define MD5_INIT_STATE_2 0x98badcfe
#define MD5_INIT_STATE_3 0x10325476
```
当 4 个链接变量设置完成后即可对输入的数据进行 4 轮主循环，而每轮主循环又进行 16 次操作。每轮循环对应了一个操作函数，通过参数的不同返回 4 个 32 位的变量值，当所有循环结束后再将最终得到的 4 个 32 位变量值与链接变量相加赋给对应的链接变量。这 4 个操作函数的算法如下：

```
FF(X,Y,Z) =(X&Y)|((~X)&Z)            //第 1 轮调用
GG(X,Y,Z) =(X&Z)|(Y&(~Z))            //第 2 轮调用
HH(X,Y,Z)=X^Y^Z                      //第 3 轮调用
II(X,Y,Z)=Y^(X|(~Z))                 //第 4 轮调用
```

在上面的算法中，X、Y 和 Z 的取值分别是从用户输入数据、MD5_S 数组和 MD5_T 数组中取得，其中 X 值是根据 XINDEX 数组中的值作为索引获取的。XINDEX 数组和 MD5_S 数组中的值可由程序员自行修改来改变 MD5 加密的结果。而 MD5_T 数组中的数据是固定由 4294967296（2^{32}）*abs(fsin(索引值))计算得来的。这 3 个数组的定义分别如下：

```
//参加运算的 S 盒
static DWORD MD5_S[4][16] =
{
    {7,12,17,22,9,6,8,5,7,4,17,3,7,2,17,10},
    {5,9,14,20,7,4,10,12,5,8,14,6,5,9,3,20},
    {4,11,16,23,5,8,10,12,4,7,9,23,8,11,22,14},
    {6,10,15,21,6,10,15,21,6,10,15,21,6,10,15,21}
};
//获取加密数据的索引表
static int XINDEX[4][16] =
{
    {0,1,2,3,4,5,6,7,8,9,10,11,12,13,14,15},
    {1,6,11,0,5,10,15,4,9,14,3,8,13,2,7,12},
    {5,8,11,14,1,4,7,10,13,0,3,6,9,12,15,2},
    {0,7,14,5,12,3,10,1,8,15,6,13,4,11,2,9}
};
//参加运算的数组
static DWORD MD5_T[64] =
{
    0xd76aa478,0xe8c7b756,0x242070db,0xc1bdceee,
    0xf57c0faf,0x4787c62a,0xa8304613,0xfd469501,
    0x698098d8,0x8b44f7af,0xffff5bb1,0x895cd7be,
    0x6b901122,0xfd987193,0xa679438e,0x49b40821,

    0xf61e2562,0xc040b340,0x265e5a51,0xe9b6c7aa,
    0xd62f105d,0x02441453,0xd8a1e681,0xe7d3fbc8,
    0x21e1cde6,0xc33707d6,0xf4d50d87,0x455a14ed,
    0xa9e3e905,0xfcefa3f8,0x676f02d9,0x8d2a4c8a,

    0xfffa3942,0x8771f681,0x6d9d6122,0xfde5380c,
    0xa4beea44,0x4bdecfa9,0xf6bb4b60,0xbebfbc70,
    0x289b7ec6,0xeaa127fa,0xd4ef3085,0x04881d05,
    0xd9d4d039,0xe6db99e5,0x1fa27cf8,0xc4ac5665,

    0xf4292244,0x432aff97,0xab9423a7,0xfc93a039,
    0x655b59c3,0x8f0ccc92,0xffeff47d,0x85845dd1,
    0x6fa87e4f,0xfe2ce6e0,0xa3014314,0x4e0811a1,
    0xf7537e82,0xbd3af235,0x2ad7d2bb,0xeb86d391
};
```

设计过程

（1）新建一个基于对话框的工程。
（2）在对话框上添加两个编辑框控件和两个按钮控件。
（3）首先对 MD5 加密类进行定义。实现代码如下：
```
class CMD5Class
{
    private:
```

```
    BYTE    m_lpszBuffer[64];                                    //存储加密数据的缓冲区
    ULONG m_nCount[2];
    ULONG m_lMD5[4];                                             //存储预定义的链接变量

    void Transform(BYTE Block[64]);                              //对 64 位数据进行 4 轮加密
    void Update(BYTE* Input, ULONG nInputLen);                   //更新缓冲区执行加密
    CString Final();                                             //生成加密结果
    inline DWORD RotateLeft(DWORD x, int n);
    inline void FF( DWORD& A, DWORD B, DWORD C, DWORD D, DWORD X, DWORD S, DWORD T);
    inline void GG( DWORD& A, DWORD B, DWORD C, DWORD D, DWORD X, DWORD S, DWORD T);
    inline void HH( DWORD& A, DWORD B, DWORD C, DWORD D, DWORD X, DWORD S, DWORD T);
    inline void II( DWORD& A, DWORD B, DWORD C, DWORD D, DWORD X, DWORD S, DWORD T);
    void DWordToByte(BYTE* Output, DWORD* Input, UINT nLength);  //整型转比特
    void ByteToDWord(DWORD* Output, BYTE* Input, UINT nLength);  //比特转整型
    public:
    CMD5Class();
    virtual ~CMD5Class() {};
    static CString GetMD5(BYTE* pBuf, UINT nLength);             //数据加密
};
```

（4）在 MD5 类的构造函数中对链接变量进行赋值。实现代码如下：

```
CMD5Class::CMD5Class()
{
    memset( m_lpszBuffer, 0, 64 );
    m_nCount[0] = m_nCount[1] = 0;

    m_lMD5[0] = MD5_INIT_STATE_0;
    m_lMD5[1] = MD5_INIT_STATE_1;
    m_lMD5[2] = MD5_INIT_STATE_2;
    m_lMD5[3] = MD5_INIT_STATE_3;
}
```

（5）创建比特值与整型的互转函数。实现代码如下：

```
void CMD5Class::ByteToDWord(DWORD* Output, BYTE* Input, UINT nLength)
{
    ASSERT( nLength % 4 == 0 );
    ASSERT( AfxIsValidAddress(Output, nLength/4, TRUE) );
    ASSERT( AfxIsValidAddress(Input, nLength, FALSE) );

    UINT i=0;
    UINT j=0;

    for ( ; j < nLength; i++, j += 4)                            //每 4 个比特值转成一个整型值
    {
     Output[i] = (ULONG)Input[j]       |
            (ULONG)Input[j+1] << 8 |
            (ULONG)Input[j+2] << 16 |
            (ULONG)Input[j+3] << 24;
    }
}

void CMD5Class::DWordToByte(BYTE* Output, DWORD* Input, UINT nLength )
{
    ASSERT( nLength % 4 == 0 );
    ASSERT( AfxIsValidAddress(Output, nLength, TRUE) );
    ASSERT( AfxIsValidAddress(Input, nLength/4, FALSE) );

    UINT i = 0;
    UINT j = 0;
    for ( ; j < nLength; i++, j += 4)                            //每个整型值转成 4 个比特值
    {
     Output[j]   =    (UCHAR)(Input[i] & 0xff);
     Output[j+1] = (UCHAR)((Input[i] >> 8) & 0xff);
     Output[j+2] = (UCHAR)((Input[i] >> 16) & 0xff);
     Output[j+3] = (UCHAR)((Input[i] >> 24) & 0xff);
    }
}
```

（6）实现 4 轮主循环中，每轮循环所调用的计算方法。实现代码如下：

```
void CMD5Class::FF( DWORD& A, DWORD B, DWORD C, DWORD D, DWORD X, DWORD S, DWORD T)
```

```cpp
    DWORD F = (B & C) | (~B & D);
    A += F + X + T;
    A = RotateLeft(A, S);
    A += B;
}

void CMD5Class::GG( DWORD& A, DWORD B, DWORD C, DWORD D, DWORD X, DWORD S, DWORD T)
{
    DWORD G = (B & D) | (C & ~D);
    A += G + X + T;
    A = RotateLeft(A, S);
    A += B;
}

void CMD5Class::HH( DWORD& A, DWORD B, DWORD C, DWORD D, DWORD X, DWORD S, DWORD T)
{
    DWORD H = (B ^ C ^ D);
    A += H + X + T;
    A = RotateLeft(A, S);
    A += B;
}

void CMD5Class::II( DWORD& A, DWORD B, DWORD C, DWORD D, DWORD X, DWORD S, DWORD T)
{
    DWORD I = (C ^ (B | ~D));
    A += I + X + T;
    A = RotateLeft(A, S);
    A += B;
}
```

（7）在 MD5 类中实现 Transform 方法用于执行 4 轮主循环对数据进行加密转换，并获得加密后的链接变量。实现代码如下：

```cpp
void CMD5Class::Transform(BYTE Block[64])
{
    ULONG a = m_lMD5[0];                                //链接变量
    ULONG b = m_lMD5[1];
    ULONG c = m_lMD5[2];
    ULONG d = m_lMD5[3];

    ULONG X[16];
    ByteToDWord( X, Block, 64 );                        //将 64 个比特值转成 16 个整型值
    for (int i=0;i<4;i++)                               //4 轮主循环
    {
        for (int j=0;j<16;j++)                          //16 个子循环
        {
            switch (i)
            {
            case 0:
                FF(a,b,c,d,X[XINDEX[i][j]],MD5_S[i][j],MD5_T[(i+1)*(j+1)]);
                break;
            case 1:
                GG(a,b,c,d,X[XINDEX[i][j]],MD5_S[i][j],MD5_T[(i+1)*(j+1)]);
                break;
            case 2:
                HH(a,b,c,d,X[XINDEX[i][j]],MD5_S[i][j],MD5_T[(i+1)*(j+1)]);
                break;
            case 3:
                II(a,b,c,d,X[XINDEX[i][j]],MD5_S[i][j],MD5_T[(i+1)*(j+1)]);
                break;
            }
        }
    }
    m_lMD5[0] += a;
    m_lMD5[1] += b;
    m_lMD5[2] += c;
    m_lMD5[3] += d;
}
```

（8）在类中实现 Update 方法用于处理加密数据。实现代码如下：

```cpp
void CMD5Class::Update( BYTE* Input, ULONG nInputLen )
{
    UINT nIndex = (UINT)((m_nCount[0] >> 3) & 0x3F);

    if ( ( m_nCount[0] += nInputLen << 3 )   <   ( nInputLen << 3 ) )
    {
        m_nCount[1]++;
    }
    m_nCount[1] += (nInputLen >> 29);

    UINT i=0;
    UINT nPartLen = 64 - nIndex;
    if (nInputLen >= nPartLen)                              //数据是否大于等于64位
    {
        //复制64位数据到缓冲区
        memcpy( &m_lpszBuffer[nIndex], Input, nPartLen );
        Transform( m_lpszBuffer );                          //加密
        for (i = nPartLen; i + 63 < nInputLen; i += 64)     //加密剩余数据
        {
            Transform( &Input[i] );
        }
        nIndex = 0;
    }
    else
    {
        i = 0;
    }
    //将未加密的剩余数据写入缓冲区
    memcpy( &m_lpszBuffer[nIndex], &Input[i], nInputLen-i );
}
```

（9）实现 Final 方法完成对数据的加密，并将链接变量转换成 16 个长度的字符串进行输出。实现代码如下：

```cpp
CString CMD5Class::Final()
{
    BYTE Bits[8];
    DWordToByte( Bits, m_nCount, 8 );
    UINT nIndex = (UINT)((m_nCount[0] >> 3) & 0x3f);
    //56 是 64-8；120 是 64*2-8
    UINT nPadLen = (nIndex < 56) ? (56 - nIndex) : (120 - nIndex);
    Update( PADDING, nPadLen );

    Update( Bits, 8 );
    const int nMD5Size = 16;
    unsigned char lpszMD5[ nMD5Size ];
    DWordToByte( lpszMD5, m_lMD5, nMD5Size );               //将链接变量转成比特值

    CString strMD5;
    for ( int i=0; i < nMD5Size; i++)                       //生成十六进制表示的加密后数据
    {
        CString Str;
        if (lpszMD5[i] == 0) {
            Str = CString("00");
        }
        else if (lpszMD5[i] <= 15)   {
            Str.Format("0%x",lpszMD5[i]);
        }
        else {
            Str.Format("%x",lpszMD5[i]);
        }

        ASSERT( Str.GetLength() == 2 );
        strMD5 += Str;
    }
    ASSERT( strMD5.GetLength() == 32 );
    return strMD5;
}
```

（10）在窗体上单击"确定"按钮对数据进行加密。实现代码如下：
```
void CMD5EncryptDlg::OnEncrypt()
{
    UpdateData();
    CString str = MD.GetMD5((BYTE *)m_password.GetBuffer(0),
      m_password.GetLength());
    m_edit = str;
    UpdateData(false);
}
```

秘笈心法

心法领悟 577：对网络中传输的文件进行加密与解密。

可以使用 DES 算法加密传输数据。先对文件数据加密，将加密数据通过网络传输，在接收方接到数据后对数据解密，再写入文件。

实例 578	使用 AES 算法对文本文件进行加密 光盘位置：光盘\MR\17\578	高级 趣味指数：★★★★☆

实例说明

加密/解密已成为人们工作与生活中的一部分，在工作中，一些重要的文件需要加密，不允许其他人打开；在生活中，个人的日记、照片等都属于个人隐私，也不希望别人看到，所以加密和解密已走进人们的生活。对档案进行加密也就是对文件进行加密，在本实例中所使用的加密/解密算法是 AES 算法，效果如图 17.6 所示。

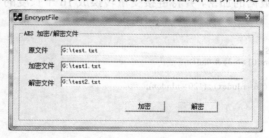

图 17.6　使用 AES 算法对文本文件进行加密/解密

关键技术

AES 是一个新的可以用于保护电子数据的加密算法。明确地说，AES 是一个迭代的、对称密钥分组的密码，可以使用 128、192 和 256 位密钥，并且用 128 位（16 字节）分组加密和解密数据。

AES 算法是基于置换和代替的。置换是数据的重新排列，而代替是用一个单元数据替换另一个。AES 使用了几种不同的技术来实现置换和替换。

在 AES 算法中定义了 16×16 的二维数组 SBox 与 InvSBox，这两个数组分别用来置换与反置换加密/解密的数据。数组 w 则是可改变长度的二维数组，该数组作为密钥调度表将参与轮密钥加运算（圈密钥加）。而密钥调度表的生成则是用户指定密钥与 Rc 数组运算得来的。这 3 个数组的定义如下：

```
byte SBox[16][16] =
{{0x63,0x7c,0x77,0x7b,0xf2,0x6b,0x6f,0xc5,0x30,0x01,0x67,0x2b,0xfe,0xd7,0xab,0x76},
{0xca,0x82,0xc9,0x7d,0xfa,0x59,0x47,0xf0,0xad,0xd4,0xa2,0xaf,0x9c,0xa4,0x72,0xc0},
{0xb7,0xfd,0x93,0x26,0x36,0x3f,0xf7,0xcc,0x34,0xa5,0xe5,0xf1,0x71,0xd8,0x31,0x15},
{0x04,0xc7,0x23,0xc3,0x18,0x96,0x05,0x9a,0x07,0x12,0x80,0xe2,0xeb,0x27,0xb2,0x75},
{0x09,0x83,0x2c,0x1a,0x1b,0x6e,0x5a,0xa0,0x52,0x3b,0xd6,0xb3,0x29,0xe3,0x2f,0x84},
{0x53,0xd1,0x00,0xed,0x20,0xfc,0xb1,0x5b,0x6a,0xcb,0xbe,0x39,0x4a,0x4c,0x58,0xcf},
{0xd0,0xef,0xaa,0xfb,0x43,0x4d,0x33,0x85,0x45,0xf9,0x02,0x7f,0x50,0x3c,0x9f,0xa8},
```

```
{0x51,0xa3,0x40,0x8f,0x92,0x9d,0x38,0xf5,0xbc,0xb6,0xda,0x21,0x10,0xff,0xf3,0xd2},
{0xcd,0x0c,0x13,0xec,0x5f,0x97,0x44,0x17,0xc4,0xa7,0x7e,0x3d,0x64,0x5d,0x19,0x73},
{0x60,0x81,0x4f,0xdc,0x22,0x2a,0x90,0x88,0x46,0xee,0xb8,0x14,0xde,0x5e,0x0b,0xdb},
{0xe0,0x32,0x3a,0x0a,0x49,0x06,0x24,0x5c,0xc2,0xd3,0xac,0x62,0x91,0x95,0xe4,0x79},
{0xe7,0xc8,0x37,0x6d,0x8d,0xd5,0x4e,0xa9,0x6c,0x56,0xf4,0xea,0x65,0x7a,0xae,0x08},
{0xba,0x78,0x25,0x2e,0x1c,0xa6,0xb4,0xc6,0xe8,0xdd,0x74,0x1f,0x4b,0xbd,0x8b,0x8a},
{0x70,0x3e,0xb5,0x66,0x48,0x03,0xf6,0x0e,0x61,0x35,0x57,0xb9,0x86,0xc1,0x1d,0x9e},
{0xe1,0xf8,0x98,0x11,0x69,0xd9,0x8e,0x94,0x9b,0x1e,0x87,0xe9,0xce,0x55,0x28,0xdf},
{0x8c,0xa1,0x89,0x0d,0xbf,0xe6,0x42,0x68,0x41,0x99,0x2d,0x0f,0xb0,0x54,0xbb,0x16}
};//s-盒

byte InvSBox[16][16]=
{{0x52,0x09,0x6a,0xd5,0x30,0x36,0xa5,0x38,0xbf,0x40,0xa3,0x9e,0x81,0xf3,0xd7,0xfb},
{0x7c,0xe3,0x39,0x82,0x9b,0x2f,0xff,0x87,0x34,0x8e,0x43,0x44,0xc4,0xde,0xe9,0xcb},
{0x54,0x7b,0x94,0x32,0xa6,0xc2,0x23,0x3d,0xee,0x4c,0x95,0x0b,0x42,0xfa,0xc3,0x4e},
{0x08,0x2e,0xa1,0x66,0x28,0xd9,0x24,0xb2,0x76,0x5b,0xa2,0x49,0x6d,0x8b,0xd1,0x25},
{0x72,0xf8,0xf6,0x64,0x86,0x68,0x98,0x16,0xd4,0xa4,0x5c,0xcc,0x5d,0x65,0xb6,0x92},
{0x6c,0x70,0x48,0x50,0xfd,0xed,0xb9,0xda,0x5e,0x15,0x46,0x57,0xa7,0x8d,0x9d,0x84},
{0x90,0xd8,0xab,0x00,0x8c,0xbc,0xd3,0x0a,0xf7,0xe4,0x58,0x05,0xb8,0xb3,0x45,0x06},
{0xd0,0x2c,0x1e,0x8f,0xca,0x3f,0x0f,0x02,0xc1,0xaf,0xbd,0x03,0x01,0x13,0x8a,0x6b},
{0x3a,0x91,0x11,0x41,0x4f,0x67,0xdc,0xea,0x97,0xf2,0xcf,0xce,0xf0,0xb4,0xe6,0x73},
{0x96,0xac,0x74,0x22,0xe7,0xad,0x35,0x85,0xe2,0xf9,0x37,0xe8,0x1c,0x75,0xdf,0x6e},
{0x47,0xf1,0x1a,0x71,0x1d,0x29,0xc5,0x89,0x6f,0xb7,0x62,0x0e,0xaa,0x18,0xbe,0x1b},
{0xfc,0x56,0x3e,0x4b,0xc6,0xd2,0x79,0x20,0x9a,0xdb,0xc0,0xfe,0x78,0xcd,0x5a,0xf4},
{0x1f,0xdd,0xa8,0x33,0x88,0x07,0xc7,0x31,0xb1,0x12,0x10,0x59,0x27,0x80,0xec,0x5f},
{0x60,0x51,0x7f,0xa9,0x19,0xb5,0x4a,0x0d,0x2d,0xe5,0x7a,0x9f,0x93,0xc9,0x9c,0xef},
{0xa0,0xe0,0x3b,0x4d,0xae,0x2a,0xf5,0xb0,0xc8,0xeb,0xbb,0x3c,0x83,0x53,0x99,0x61},
{0x17,0x2b,0x04,0x7e,0xba,0x77,0xd6,0x26,0xe1,0x69,0x14,0x63,0x55,0x21,0x0c,0x7d},
};//逆 s-盒

byte Rc[31] =
{ 0x00, 0x01,0x02, 0x04, 0x08, 0x10, 0x20, 0x40, 0x80, 0x1b, 0x36, 0x6c, 0xd8,
0xab, 0x4d, 0x9a, 0x2f, 0x5e, 0xbc, 0x63, 0xc6, 0x97, 0x35, 0x6a, 0xd4, 0xb3, 0x7d,
0xfa, 0xef, 0xc5,0x91};
```

AES 算法的主线是围绕一个名为 State 的数组实现的,该数组是一个 4×4 的二维数组,一次可载入 16 个字节的数据,所以 AES 算法的次加密/解密操作即为 16 个字节。通过主循环对 State 矩阵执行 4 个方法的操作,在 AES 算法规范中称为 SubBytes(字节替换)、ShiftRows(行位移变换)、MixColumns(列混合变换)和 AddRoundKey(轮密钥加)。AddRoundKey 使用从种子密钥值中生成的轮密钥代替 4 组字节。SubBytes 用一个代替表替换单个字节。ShiftRows 通过旋转 4 字节行的 4 组字节进行序列置换。MixColumns 用域加和域乘的组合来替换字节。

设计过程

(1) 新建一个基于对话框的工程。
(2) 在窗体上添加 3 个编辑框控件和两个按钮控件。
(3) 定义类 CAES 作为 AES 算法的实现类。类定义如下:

```
typedef enum ENUM_KeySize_                    //密钥长度类型
{
    BIT128 = 0,
    BIT192,
    BIT256
}ENUM_KEYSIZE;

typedef enum GFCALCMODE_                      //列混合变换模式
{
    MODE01 = 0,
    MODE02,
    MODE03,
    MODE09,
    MODE0b,
    MODE0d,
    MODE0e
}GFCALCMODE;
```

```cpp
typedef struct BYTE4_
{
    BYTE w[4];
}BYTE4;

class CAES                                              //AES 加密算法类
{
private:
    int Nk,Nr;                                          //Nk——密钥在调度表中所占行数；Nr——轮密钥加的运算次数减1
    byte (* State)[4],*w[4],*key[4];                    //状态、密钥表、密钥

    void SubBytes();                                    //字节转换
    void ShiftRows();                                   //行位移变换
    void MixColumns();                                  //列混合运算
    void AddRoundKey(int round);                        //轮密钥加
    void KeyExpansion();                                //生成调度表
    void InvShiftRows();                                //反向行位移变换
    void InvSubBytes();                                 //反向字节转换
    void InvMixColumns();                               //反向列混合运算
    BYTE GfCalc(BYTE b,GFCALCMODE Mode);                //域运算方法
    void Encrypt(BYTE * input,BYTE * output);           //加密 16 字节数据
    void Decrypt(BYTE * input,BYTE * output);           //解密 16 字节数据
    void EncryptBuffer(BYTE * input,int length);        //加密指定长度数据
    void DecryptBuffer(BYTE * input,int length);        //解密指定长度数据
public:
    CAES();
    virtual ~CAES();

    bool SetKeys(ENUM_KEYSIZE KeySize,CString sKey);    //设置密钥
    CString &EncryptString(CString &input);             //加密字符串
    CString &DecryptString(CString &input);             //解密字符串
    void EncryptFile(CString SourceFile,CString TagerFile);  //加密文件
    void DecryptFile(CString SourceFile,CString TagerFile);  //解密文件
};
```

（4）在 CAES 类中实现 SetKeys 方法，该方法用于指定密钥及轮密钥加运算的次数。实现代码如下：

```cpp
bool CAES::SetKeys(ENUM_KEYSIZE KeySize,CString sKey)
{
    int i,j;
    switch( KeySize )                                   //Nk 为轮密钥加的次数减1
    {
    case BIT128:
     this->Nk = 4;                                      //128÷8÷4
     this->Nr = 10;                                     //Nr = Nk + 6
     break;
    case BIT192:
     this->Nk = 6;                                      //192÷8÷4
     this->Nr = 12;                                     //Nr = Nk + 6
     break;
    case BIT256:
    default:
     this->Nk = 8;                                      //256÷8÷4
     this->Nr = 14;                                     //Nr = Nk + 6
     break;
    }
    for(i=0;i<4;i++)                                    //释放原有的内存并置空
    {
     if(key[i]!=NULL)
     {
         delete key[i];
         key[i]=NULL;
     }
     if(w[i]!=NULL)
     {
         delete w[i];
         w[i]=NULL;
     }
    }
    for(i=0;i<4;i++)                                    //动态创建字钥数组
    {
```

```
        key[i]=new byte[Nk];
        if(key[i]==NULL)
        {
               return false;
        }
   }
   for(i=0;i<4;i++)                                          //动态创建密钥调度表
   {
       w[i]=new byte[4*(Nr+1)];
       if(w[i]==NULL)
       {
              return false;
       }
   }
   for(i=0;i<4;i++)                                          //获得密钥
      for(j=0;j<Nk;j++)
              key[i][j]=sKey.GetAt(Nk*i+j);
   KeyExpansion();                                           //生成密钥调度表
   return true;
}
```

（5）在 CAES 类中实现 KeyExpansion 方法，该方法用来生成密钥调度表。实现代码如下：
```
void CAES::KeyExpansion()                                    //密钥扩展
{
    byte temp[4],tp;
    int i,j,x;
    for(i=0;i<Nk;i++)                                        //生成前 Nk 个字
    {
       w[0][i]=key[0][i];
       w[1][i]=key[1][i];
       w[2][i]=key[2][i];
       w[3][i]=key[3][i];
    }
    while(i<4*(Nr+1))                                        //生成后几个字
    {
       for(j=0;j<4;j++)
              temp[j]=w[j][i-1];
       if(i%Nk==0)
       {
              tp=temp[0];
              temp[0]=temp[1];
              temp[1]=temp[2];
              temp[2]=temp[3];
              temp[3]=tp;
              for(j=0;j<4;j++)
                     temp[j]=SBox[(temp[j]>>4)&0x0F][temp[j]&0x0F];
              x=Rc[i/Nk];
              temp[0]=temp[0]^x;
       }
       else
              if(Nk>6&&(i%Nk==4))
                     for(j=0;j<4;j++)
                            temp[j]=SBox[(temp[j]>>4)&0x0F][temp[j]&0x0F];
       for(j=0;j<4;j++)
              w[j][i]=(w[j][i-Nk])^temp[j];
       i++;
    }
    //实现密钥的每 16 个字节为一个矩阵的矩阵转置（对字符串加密/解密有影响）
    for(int k=0;k<=Nr;k++)
       for(i=0;i<3;i++)
       {
              x=4*k;
              for(j=i+1;j<4;j++)
              {
                     tp=w[i][x+j];
                     w[i][x+j]=w[j][x+i];
                     w[j][x+i]=tp;
              }
       }
}
```

（6）在 CAES 类中实现 AddRoundKey 方法，该方法用于轮密钥加法运算，参数 round 决定了 State 矩阵与密钥调度表中的哪一行进行加法操作。实现代码如下：

```cpp
void CAES::AddRoundKey(int round)                    //轮密钥加法变换
{
    int i,j,k=round*4;
    for(i=0;i<4;i++)                                 //循环 State 矩阵与调度表中的数据相加
        for(j=0;j<4;j++)
            State[i][j]=State[i][j]^w[i][k+j];       // "^" 代表加法运算
}
```

（7）在 CAES 类中实现 SubBytes 方法，该方法用于单字节代替变换操作。实现代码如下：

```cpp
void CAES::SubBytes()                                //字节代替变换
{
    for(int i=0;i<4;i++)
        for(int j=0;j<4;j++)
            State[i][j]=SBox[(State[i][j]>>4)&0x0F][State[i][j]&0x0F];
}
```

（8）在 CAES 类中实现 ShiftRows 方法，该方法用于行位移变换操作。实现代码如下：

```cpp
void CAES::ShiftRows()                               //循环移位
{
    BYTE4 temp[4];
    for (int r = 0; r < 4; ++r)                      //将 State 复制到临时矩阵
    {
        for (int c = 0; c < 4; ++c)
        {
            temp[r].w[c] = this->State[r][c];
        }
    }
    for (r = 1; r < 4; ++r)                          //位移变换操作
    {
        for (int c = 0; c < 4; ++c)
        {
            this->State[r][c] = temp[ r].w[ (c + r) % 4 ];
        }
    }
}
```

（9）在 CAES 类中实现 MixColumns 方法，该方法用于实现列混合变换操作，也就是域乘加计算。实现代码如下：

```cpp
void CAES::MixColumns()                              //列混合变换
{
    BYTE4 temp[4];
    for (int r = 0; r < 4; ++r)                      //将 State 复制到临时矩阵
    {
        for (int c = 0; c < 4; ++c)
        {
            temp[r].w[c] = this->State[r][c];
        }
    }
    for (int c = 0; c < 4; ++c)                      //域乘加计算
    {
        this->State[0][c] = (BYTE) (
            (int)GfCalc(temp[0].w[c],MODE02) ^
            (int)GfCalc(temp[1].w[c],MODE03) ^
            (int)GfCalc(temp[2].w[c],MODE01) ^
            (int)GfCalc(temp[3].w[c],MODE01) );
        this->State[1][c] = (BYTE) (
            (int)GfCalc(temp[0].w[c],MODE01) ^
            (int)GfCalc(temp[1].w[c],MODE02) ^
            (int)GfCalc(temp[2].w[c],MODE03) ^
            (int)GfCalc(temp[3].w[c],MODE01) );
        this->State[2][c] = (BYTE) (
            (int)GfCalc(temp[0].w[c],MODE01) ^
            (int)GfCalc(temp[1].w[c],MODE01) ^
            (int)GfCalc(temp[2].w[c],MODE02) ^
            (int)GfCalc(temp[3].w[c],MODE03) );
        this->State[3][c] = (BYTE) (
```

```
            (int)GfCalc(temp[0].w[c],MODE03) ^
            (int)GfCalc(temp[1].w[c],MODE01) ^
            (int)GfCalc(temp[2].w[c],MODE01) ^
            (int)GfCalc(temp[3].w[c],MODE02) );
    }
}
```

（10）GfCalc 方法用来计算单字节的乘加计算，并根据不同的计算模式进行不同的计算。实现代码如下：

```
BYTE CAES::GfCalc(BYTE b,GFCALCMODE Mode)
{
    switch(Mode)
    {
    case MODE01:
     return b;
     break;
    case MODE02:
     if (b < 0x80)
            return (BYTE)(int)(b <<1);
     else
            return (BYTE)( (int)(b << 1) ^ (int)(0x1b) );
     break;
    case MODE03:                                              //(b*2)+b*1
     return (BYTE) ( (int)GfCalc(b,MODE02) ^ (int)b );
     break;
    case MODE09:                                              //(b*2*2*2)+b*1
        return (BYTE)( (int)GfCalc(GfCalc(GfCalc(b,MODE02),MODE02),MODE02) ^
                    (int)b );
     break;
    case MODE0b:                                              //(b*2*2*2)+(b*2)+b*1
        return (BYTE)( (int)GfCalc(GfCalc(GfCalc(b,MODE02),MODE02),MODE02) ^
                    (int)GfCalc(b,MODE02) ^
                    (int)b );
     break;
    case MODE0d:                                              //(b*2*2*2)+(b*2*2)+b*1
        return (BYTE)( (int)GfCalc(GfCalc(GfCalc(b,MODE02),MODE02),MODE02) ^
                    (int)GfCalc(GfCalc(b,MODE02),MODE02) ^
                    (int)(b) );
     break;
    case MODE0e:                                              //(b*2*2*2)+(b*2*2)+b*2
        return (BYTE)( (int)GfCalc(GfCalc(GfCalc(b,MODE02),MODE02),MODE02) ^
                    (int)GfCalc(GfCalc(b,MODE02),MODE02) ^
                    (int)GfCalc(b,MODE02) );
     break;
    default:
     return b;
    }
}
```

■ 秘笈心法

心法领悟 578：利用各种图片加密文件。

通过图片文件和源文件的异或运算，可实现对文件内容的加密和解密。

第18章

数据库安全

▶▶ 连接加密的数据库
▶▶ 数据库安全操作

18.1 连接加密的数据库

实例 579　连接加密的 Excel 文件

光盘位置：光盘\MR\18\579　　　高级　趣味指数：★★★★

■ 实例说明

Excel 是非常灵活的电子表格软件，可以进行复杂的公式计算，那么在程序中如何连接 Excel 文件呢？本实例实现了连接加密的 Excel 文件的功能。运行本实例，首先选择要连接的 Excel 文件，然后输入密码，单击"打开"按钮，即可打开 Excel 文件，效果如图 18.1 所示。

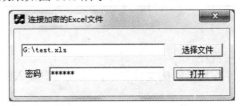

图 18.1　连接加密的 Excel 文件

■ 关键技术

本实例的实现主要使用 Workbooks 类的 Open 函数。首先要从 Office 中导入两个类_Application 和 Workbooks。在 OnInitDialog 中初始化 Ole 组件：

```
if(!AfxOleInit())
{
    MessageBox("初始化失败");
    return false;
}
```

Open 函数语法格式如下：

LPDISPATCH Open(LPCTSTR Filename, const VARIANT& UpdateLinks, const VARIANT& ReadOnly, const VARIANT& Format, const VARIANT& Password, const VARIANT& WriteResPassword, const VARIANT& IgnoreReadOnlyRecommended, const VARIANT& Origin, const VARIANT& Delimiter, const VARIANT& Editable, const VARIANT& Notify, const VARIANT& Converter, const VARIANT& AddToMru, const VARIANT& Local, const VARIANT& CorruptLoad)

参数说明如表 18.1 所示。

表 18.1　Open 函数的参数说明

参　数	说　明
Filename	要打开的工作簿的文件名
UpdateLinks	Variant 类型，可选。指定文件中链接的更新方式
ReadOnly	Variant 类型，可选。如果该值为 True，则以只读模式打开工作簿
Format	Variant 类型，可选。如果 Microsoft Excel 正在打开一个文本文件，则该参数用于指定分隔字符，如果省略本参数，则使用当前的分隔符
Password	该字符串指定打开一个受保护工作簿的密码
WriteResPassword	该字符串为一个写保护工作簿的写入权密码
IgnoreReadOnlyRecommended	如果该值为 True，则设置 Microsoft Excel 不显示建议只读消息（如果该工作簿以"建议只读"选项保存）

续表

参 数	说 明
Origin	如果该文件为文本文件，则该参数用于指示该文件来源于何种操作系统
Delimiter	Variant 类型，可选
Editable	Variant 类型，可选
Notify	Variant 类型，可选
Converter	Variant 类型，可选
AddToMru	如果该值为 True，则将该工作簿添加到最近使用的文件列表中。默认值为 False
Local	默认为 false
CorruptLoad	Variant 类型，可选

■ 设计过程

（1）新建一个基于对话框的应用程序。

（2）向窗体中添加两个编辑控件，显示所选文件目录，获取用户输入的密码；添加两个按钮控件，执行选择文件和打开文件功能。

（3）"打开"按钮的实现代码如下：

```cpp
void CConProExcelDlg::OnOpen()
{
    m_path.GetWindowText(xlsPath);                  //获取编辑框中上的最新路径
    if(xlsPath.IsEmpty())
    {
        MessageBox("请选择 xls 文件");
        return;
    }

    _Application App;                               //Excel 应用程序
    Workbooks wkBooks;                              //工作簿集合

    //判断是否存在 Excel 应用程序
    if(!App.CreateDispatch("Excel.Application"))
    {
        MessageBox("Excel 应用程序不存在");
        return ;
    }

    CString password;
    m_password.GetWindowText(password);
    //定义 VARIANT 类型参数 VOptional
    COleVariant VOptional((long)DISP_E_PARAMNOTFOUND,VT_ERROR);
    COleVariant pwd((long)atoi(password),VT_I4);    //定义 Variant 类型密码
    LPDISPATCH pwkbooks=App.GetWorkbooks();         //获取工作簿集合
    wkBooks.AttachDispatch(pwkbooks,TRUE);          //锁定目标指针

    //打开指定的 xls
    wkBooks.Open(xlsPath,VOptional,VOptional,
        VOptional,pwd,VOptional,VOptional,VOptional,
        VOptional,VOptional,VOptional,VOptional,VOptional);
    App.SetVisible(TRUE);                           //显示表格
    App.SetUserControl(TRUE);                       //用户可控制
}
```

（4）"选择文件"按钮的实现代码如下：

```cpp
void CConProExcelDlg::OnSelect()
{
    CFileDialog dlg(true);
```

```
if(dlg.DoModal() == IDOK)
{
    xlsPath = dlg.GetPathName();
    m_path.SetWindowText(xlsPath);
}
}
```

秘笈心法

心法领悟 579：保存一个 Excel 文件。

根据本实例方法，导入_Workbook 类，使用_Workbook 类的 SetSaved 方法可以保存一个 Excel 文件。

实例 580 访问带验证模式的 SQL Server 数据库
光盘位置：光盘\MR\18\580   高级 趣味指数：★★★★

实例说明

在数据库软件的开发过程中，对数据源的指定是必不可少的，而 SQL Server 数据库是最常用的一种数据源，本实例将制作一个程序，演示如何在程序中访问带验证模式的 SQL Server 数据库。运行本实例，首先输入要连接的 SQL Server 服务器名称，然后选择身份验证方式，选择要连接的数据库，最后单击"连接"按钮，即可实现连接，效果如图 18.2 所示。

图 18.2 访问带验证模式的 SQL Server 数据库

关键技术

本实例使用 ADO 连接 SQL Server 数据库，首先导入 msado15.dll 库：
`#import "D:\Program Files\Common Files\System\ado\msado15.dll"  no_namespace rename("BOF","adoBOF") rename("EOF","adoEOF")`

连接 SQL Server 的两种验证方式：

（1）Windows 身份验证方式

使用 Windows 身份验证方式连接 SQL Server 数据库的字符串代码如下：
`strConnect.Format("Provider = SQLOLEDB.1; Integrated Security = SSPI; \`
`        Persist Security Info = false; SERVER=%s; DATABASE=%s",m_server,m_database);`

（2）SQL Server 身份验证方式

使用 SQL Server 身份验证方式连接 SQL Server 数据库的字符串代码如下：
`strConnect.Format("Provider = SQLOLEDB.1; UID=%s; PWD=%s; SERVER=%s; DATABASE=%s", m_user, m_pwd, m_server, m_database);`

设计过程

（1）新建一个基于对话框的应用程序，名为 ConSqlServer。

（2）向窗体中添加单选按钮控件，选择 group 属性，关联控件变量，用于选择验证方式；添加编辑框控件，用于获取输入的服务器、用户名、密码等信息；添加按钮控件，执行连接操作。

（3）添加 Generic 类，类名为 ADO，添加成员函数 AdoConnect：

```cpp
bool ADO::AdoConnect(CString strConnect)
{
    ::CoInitialize(NULL);
    try
    {
        m_con.CreateInstance(__uuidof(Connection));
        m_con->ConnectionString = (_bstr_t)strConnect;
        m_con->Open("","","",NULL);
        return true;
    }
    catch(_com_error e)
    {
        AfxMessageBox(e.Description());
        return false;
    }
}
```

（4）"连接"按钮的实现代码如下：

```cpp
void CConSqlServerDlg::OnConnect()
{
    UpdateData();
    ADO ado;
    CString strConnect;

    if(m_server.IsEmpty() || m_database.IsEmpty())
    {
        MessageBox("请填写服务器和数据库名");
        return;
    }

    if(1 == m_SqlServer.GetCheck())          //SQL Server 身份验证方式
    {
        if(m_user.IsEmpty())
        {
            MessageBox("请填写用户名");
            return;
        }
        strConnect.Format("Provider = SQLOLEDB.1; UID=%s; PWD=%s; SERVER=%s; DATABASE=%s",
            m_user, m_pwd, m_server, m_database);
    }
    else if(1 == m_windows.GetCheck())       //Windows 身份验证方式
    {
        strConnect.Format("Provider = SQLOLEDB.1; Integrated Security = SSPI; \
            Persist Security Info = false; SERVER=%s; DATABASE=%s",m_server,m_database);
    }
    else
    {
        MessageBox("请选择验证方式");
        return ;
    }
    if(ado.AdoConnect(strConnect))
        MessageBox("连接成功");
}
```

▌秘笈心法

心法领悟 580：获取数据表内的数据。

通过_RecordsetPtr 可以从已连接的数据库中获取记录集，从记录集中提取记录。

实例 581	连接加密的 Access 数据库	高级
	光盘位置：光盘\MR\18\581	趣味指数：★★★★

实例说明

本实例通过 ADO 技术连接加密的 Access 数据库。运行本实例，效果如图 18.3 所示，选择 Access 文件，输入密码，单击"连接"按钮，实现对 Access 数据库的连接。

图 18.3　连接加密的 Access 数据库

关键技术

本实例主要使用 ADO 技术连接 Access 数据库。导入 msado15.dll 如下：
#import "D:\Program Files\Common Files\System\ado\msado15.dll" no_namespace　rename("BOF","adoBOF")　rename("EOF","adoEOF")
连接字符串如下：
strCon.Format("Provider = Microsoft.Ace.OleDb.12.0; Jet OleDb:DataBase Password = %s; Data Source = %s",pwd, path);
Access 版本为 07 版，Provider 为 Microsoft.Ace.OleDb.12.0，Jet OleDb:DataBase Password 是数据库文件密码，Data Source 是数据源。

设计过程

（1）新建一个基于对话框的应用程序。
（2）向窗体中添加两个编辑框控件，显示所选文件路径并获取用户输入的密码。添加两个按钮控件，执行选择文件和连接数据库操作。
（3）自定义一个 ADO 类，封装 ADO 的连接函数 AdoConnect：

```
void ADO::AdoConnect(CString pwd, CString path)
{
        ::CoInitialize(NULL);                                              //初始化 com 库
        try
        {
                m_con.CreateInstance(__uuidof(Connection));                //实例化 m_con 变量
                CString strCon;
                strCon.Format("Provider = Microsoft.Ace.OleDb.12.0;\
                        Jet OleDb:DataBase Password = %s; Data Source = %s",pwd, path);  //构建 Access 连接字符串
                m_con->ConnectionString = (_bstr_t)strCon;
                m_con->Open("","","",adModeUnknown);                       //连接

                AfxMessageBox("连接成功",MB_ICONINFORMATION);
        }
        catch(_com_error e)                                                //异常捕捉
        {
                AfxMessageBox("连接失败",MB_ICONINFORMATION );
                AfxMessageBox(e.Description());
        }
}
```

（4）"选择文件"按钮的实现代码如下：
void CEncryptAccessDlg::OnSelect()
{

```
        CFileDialog dlg(true);
        if(dlg.DoModal() == IDOK)
        {
            m_path = dlg.GetPathName();              //获取路径
            UpdateData(false);                        //将路径显示到编辑框
        }
}
```

（5）"连接"按钮的实现代码如下：

```
void CEncryptAccessDlg::OnConnect()
{
    UpdateData();
    if(m_pwd.IsEmpty() || m_path.IsEmpty())
    {
        AfxMessageBox("选择文件，填写密码");
        return;
    }
    ADO ado;
    ado.AdoConnect(m_pwd, m_path);                    //调用连接函数
    ado.AdoClose();                                   //关闭连接
}
```

秘笈心法

心法领悟 581：通过 ADO 创建 Access 数据库文件。

导入动态库 msadox.dll 和 msado15.dll，通过 ADOX 类的 CatalogPtr 可以创建 mdb 文件。

18.2 数据库安全操作

实例 582　SQL Server 数据库备份与恢复　高级

光盘位置：光盘\MR\18\582　　趣味指数：★★★★

实例说明

本实例将在 Visual C++ 6.0 中实现 SQL Server 数据库的备份与恢复。运行本实例，输入备份文件名，单击"选择备份路径"按钮选择保存路径，单击"备份数据库"按钮，将对程序中指定的 SQL Server 数据库文件进行备份；如果要恢复 SQL Server 数据库，则单击"恢复数据库"按钮，即可实现 SQL Server 数据库的恢复，效果如图 18.4 所示。

图 18.4　SQL Server 数据库备份与恢复

关键技术

运用 Transact-SQL 中的 BACKUP 命令和 RESTORE 命令可以完成 SQL Server 数据库的备份与恢复。

第 18 章 数据库安全

BACKUP 命令用来备份 SQL Server 数据库，RESTORE 命令用来恢复使用 BACKUP 命令所做的备份。下面是这两个命令的语法及其相关用法。

（1）BACKUP 数据库备份命令。备份整个数据库、事务日志或者备份一个或多个文件或文件组。

语法如下：

```
BACKUP DATABASE { database_name | @database_name_var }
TO < backup_device > [ ,...n ]
[ WITH
    [ BLOCKSIZE = { blocksize | @blocksize_variable } ]
    [ [ , ] DESCRIPTION = { 'text' | @text_variable } ]
    [ [ , ] EXPIREDATE = { date | @date_var }
      | RETAINDAYS = { days | @days_var } ]
    [ [ , ] PASSWORD = { password | @password_variable } ]
    [ [ , ] FORMAT | NOFORMAT ]
]
```

BACKUP 命令的语法说明如表 18.2 所示。

表 18.2　BACKUP 命令的语法说明

语 法 组 成	说　　明
DATABASE	指定一个完整的数据库备份。假如指定了一个文件和文件组的列表，那么仅有这些被指定的文件和文件组被备份
{ database_name | @database_name_var }	指定一个数据库，从该数据库中对事务日志、部分数据库或完整的数据库进行备份。如果作为变量（@database_name_var）提供，则可将该名称指定为字符串常量（@database_name_var = database name）或字符串数据类型（ntext 或 text 数据类型除外）的变量
< backup_device >	指定备份操作时要使用的逻辑或物理备份设备。当指定 TO Disk 或 TO Tape 时，应输入完整路径和文件名。对于备份到磁盘的情况，如果输入一个相对路径名，备份文件将存储到默认的备份目录中
N	表示可以指定多个备份设备的占位符。备份设备数目的上限为 64
EXPIREDATE = { date | @date_var }	指定备份集到期和允许被重写的日期。如果将该日期作为变量（@date_var）提供，则可以将该日期指定为字符串常量（@date_var = date）、字符串数据类型变量（ntext 或 text 数据类型除外）、smalldatetime 或者 datetime 变量，并且该日期必须符合已配置的系统 datetime 格式
PASSWORD = { password | @password_variable }	为备份集设置密码，password 是一个字符串。如果为备份集定义了密码，必须提供这个密码才能对该备份集执行任何还原操作
FORMAT	指定应将媒体头写入用于此备份操作的所有卷。任何现有的媒体头都被重写。FORMAT 选项使整个媒体内容无效，并且忽略任何现有的内容 注意：使用 FORMAT 要谨慎。格式化一个备份设备或媒体将使整个媒体集不可用。例如，如果初始化现有磁带备份集中的单个磁带，则整个备份集都将变得不可用

（2）RESTORE 数据库恢复命令。RESTORE 数据库恢复命令主要用于还原使用 BACKUP 命令所做的备份。

语法如下：

```
RESTORE DATABASE { database_name | @database_name_var }
[ FROM < backup_device > [ ,...n ] ]
[ WITH
    [ RESTRICTED_USER ]
    [ [ , ] FILE = { file_number | @file_number } ]
    [ [ , ] PASSWORD = { password | @password_variable } ]
    [ [ , ] MOVE 'logical_file_name' TO 'operating_system_file_name' ]
        [ ,...n ]
    [ [ , ] REPLACE ]
    [ [ , ] RESTART ]
]
```

RESTORE 命令的语法说明如表 18.3 所示。

表 18.3 RESTORE 命令的语法说明

语 法 组 成	说　　明
DATABASE	指定从备份还原整个数据库
{database_name | @database_name_var}	将日志或整个数据库还原到的数据库。如果将其作为变量（@database_name_var）提供，则可将该名称指定为字符串常量（@database_name_var = database name）或字符串数据类型（ntext 或 text 数据类型除外）的变量
FROM	指定从中还原备份的备份设备。如果没有指定 FROM 子句，则不会发生备份还原，而是恢复数据库。可用省略 FROM 子句的办法尝试恢复通过 NORECOVERY 选项还原的数据库或切换到一台备用服务器上。如果省略 FROM 子句，则必须指定 NORECOVERY、RECOVERY 或 STANDBY
<backup_device>	指定还原操作要使用的逻辑或物理备份设备。{'logical_backup_device_name' | @logical_backup_device_name_var}是由 sp_addumpdevice 创建的备份设备（数据库将从该备份设备还原）的逻辑名称，该名称必须符合标识符规则。如果作为变量（@logical_backup_device_name_var）提供，则可以指定字符串常量（@logical_backup_device_name_var = logical_backup_device_name）或字符串数据类型（ntext 或 text 数据类型除外）的变量作为备份设备名
RESTRICTED_USER	限制只有 db_owner、dbcreator 或 sysadmin 角色的成员才能访问最近还原的数据库。在 SQL Server 2000 中，RESTRICTED_USER 替换了选项 DBO_ONLY。提供 DBO_ONLY 只是为了向后兼容
FILE = { file_number | @file_number }	标识要还原的备份集。例如，file_number 为 1 表示备份媒体上的第一个备份集，file_number 为 2 表示第二个备份集
PASSWORD = { password | @password_variable }	提供备份集的密码。PASSWORD 是一个字符串。如果在创建备份集时提供了密码，则从备份集执行还原操作时必须提供密码
MOVE 'logical_file_name' TO 'operating_system_file_name'	指定应将给定的 logical_file_name 移到 operating_system_file_name。默认情况下，logical_file_name 将还原到其原始位置。如果使用 RESTORE 语句将数据库复制到相同或不同的服务器上，则可能需要使用 MOVE 选项重新定位数据库文件以避免与现有文件冲突。可以在不同的 MOVE 语句中指定数据库内的每个逻辑文件
n	占位符，表示可通过指定多个 MOVE 语句移动多个逻辑文件
REPLACE	指定即使存在另一个具有相同名称的数据库，SQL Server 也应该创建指定的数据库及其相关文件。在这种情况下将删除现有的数据库。如果没有指定 REPLACE 选项，则将进行安全检查以防止意外重写其他数据库。当 RESTORE 语句中命名的数据库已经在当前服务器上存在，并且该数据库名称与备份集中记录的数据库名称不同时，进行安全检查，RESTORE DATABASE 语句不会将数据库还原到当前服务器
RESTART	指定 SQL Server 应重新启动被中断的还原操作。RESTART 从中断点重新启动还原操作

设计过程

（1）新建一个基于对话框的应用程序。
（2）在窗体上添加 2 个编辑框控件和 3 个按钮控件，为控件添加变量。
（3）主要代码如下：

```
//备份数据库
void CSQLstockupDlg::OnOK()
{
    UpdateData(true);
    ADOConn m_AdoConn;
```

```
                CString sql,str,strpath;
                m_edit.GetWindowText(str);
                strpath = str+"\\"+m_name+".dat";
                sql = "use master exec sp_addumpdevice 'disk',"'+m_name+"',"'+strpath+"' backup database\
                    shujuku to "+m_name+" ";                              //设置备份语句
                m_AdoConn.ExecuteSQL((_bstr_t)sql);                       //备份数据库
                m_AdoConn.ExitConnect();
                MessageBox("备份完成！","系统提示",MB_OK|MB_ICONEXCLAMATION);
                //CDialog::OnOK();
}
//恢复数据库
void CSQLstockupDlg::OnButhf()
{
                UpdateData(true);
                ADOConn m_AdoConn;
                CString sql;
                sql = "use master restore database shujuku from "+m_name+" ";  //设置恢复语句
                m_AdoConn.ExecuteSQL((_bstr_t)sql);                       //恢复数据库
                m_AdoConn.ExitConnect();
                MessageBox("恢复完成！","系统提示",MB_OK|MB_ICONEXCLAMATION);
}
```

秘笈心法

心法领悟 582：定期备份数据库。

设置每天备份数据库的时间、备份的数据库和备份路径，当系统时间与设置的备份时间吻合时，则自动备份数据库到指定的路径下。可以通过设置定时器来实现，程序每分钟进行一次判断，看系统时间是否和设置的时间相同，如果相同则备份数据库。

实例 583　定时备份数据

光盘位置：光盘\MR\18\583　　　　趣味指数：★★★★☆　　高级

实例说明

定时备份数据库可以有效地防止数据丢失。运行本实例，设置每天备份数据库的时间、备份的数据库和备份路径，当系统时间与设置的备份时间吻合时，则自动备份数据库到指定的路径下，效果如图 18.5 所示。

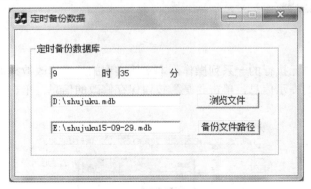

图 18.5　定时备份数据

关键技术

定时备份数据库是通过设置定时器实现的，程序每分钟进行一次判断，看系统时间是否和设置的时间相同，如果相同则备份数据库。

设计过程

（1）新建一个基于对话框的应用程序。
（2）向窗体中添加 4 个编辑框控件和 2 个按钮控件，为控件添加变量。
（3）主要代码如下：

```
void CTimeBackUpDlg::OnTimer(UINT nIDEvent)
{
    CTime time;
    //获得当前系统时间
    time=time.GetCurrentTime();
    hour = time.GetHour();
    min = time.GetMinute();
    //获得控件中设置的时间
    CString mhour,mmin;
    m_hour.GetWindowText(mhour);
    m_min.GetWindowText(mmin);
    if(hour == atoi(mhour) && min == atoi(mmin))    //比较时间
    {
        CopyFile(m_edit1,m_edit2,false);            //相同时复制数据库
    }
    CDialog::OnTimer(nIDEvent);
}
```

秘笈心法

心法领悟 583：自定义定时器响应函数。

设置一个定时器，通常使用系统的 OnTimer 响应函数，也可以自定义定时器响应函数。回调函数格式如下：

```
void CALLBACK TimerProc(HWND hwnd,UINT uMsg,UINT idEvent,DWORD dwTime );
```

例如：

```
void CALLBACK TimerProc(HWND hwnd,UINT uMsg,UINT idEvent,DWORD dwTime )
{
    AfxMessageBox("CALLBACK Timer");
}
SetTimer(1,1000,(TIMERPROC)TimerProc);              //定时器调用回调函数
```

实例 584　在 Visual C++ 中执行事务

光盘位置：光盘\MR\18\584　　高级　　趣味指数：★★★☆

实例说明

事务是指作为单个工作单元执行的一系列操作。本实例实现的是当修改数据信息后单击"修改"按钮时，弹出是否确认保存修改信息的提示信息，单击"是"按钮保存修改的信息；单击"否"按钮则不保存修改的信息，效果如图 18.6 所示。

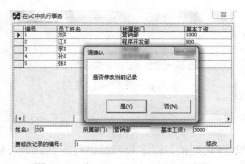

图 18.6　在 Visual C++ 中执行事务

关键技术

通过事务可以实现是否确认修改信息的功能。在修改信息时，执行 Connection 对象的 BeginTrans 方法执行开始事务，随后弹出是否确认保存的提示对话框，如果保存修改则执行 Connection 对象的 CommitTrans 提交事务；如果不保存修改则执行 Connection 对象的 RollbackTrans 方法回滚事务，保持原来的信息不变。

设计过程

（1）新建一个基于对话框的应用程序。

（2）在窗体上添加 4 个编辑框控件、1 个按钮控件、1 个 ADO Data 控件和 1 个 DataGrid 控件，为控件添加变量。

（3）主要代码如下：

```
void CAffairDlg::OnButtonmod()
{
    UpdateData(true);
    OnInitADOConn();
    m_pConnection->BeginTrans();
    CString bstrSQL;
    bstrSQL.Format("update tb_laborage set 员工姓名='%s',所属部门='%s',基本工资=%d where \
        编号=%d",m_Name,m_Dep,atoi(m_Laborage),atoi(m_Id));      //设置修改语句
    m_pConnection->Execute((_bstr_t)bstrSQL,NULL,adCmdText);
    if(MessageBox("是否修改当前记录","请确认",MB_YESNO)==IDYES)
    {
        m_pConnection->CommitTrans();                           //提交事务
    }
    else
    {
        m_pConnection->RollbackTrans();                         //回滚事务
    }
    ExitConnect();
    m_Adodc.SetRecordSource("select * from tb_laborage");
    m_Adodc.Refresh();
}
```

秘笈心法

心法领悟 584：事务的并发控制是什么？

并发是指同时有多个事务在操作同一个数据对象，也可以定义为让多个进程同时访问和更改共享数据的能力。在不会相互阻塞的前提下，并发执行的用户进程数量越多，数据库系统的并发性就越强。

实例 585　加密数据库中的数据　　　　　　　　　　高级

光盘位置：光盘\MR\18\585　　　　　　趣味指数：★★★★

实例说明

本实例演示如何使用 SQL 语言自带的函数，对 SQL Server 数据库中的数据进行加密。运行本实例，首先在窗体左侧的列表控件中显示数据库中的数据，然后选中某条记录，单击"加密"按钮，即可将加密后的数据显示在窗体右侧的列表中，效果如图 18.7 所示。

关键技术

本实例实现时，主要用到了 SQL 语言中自带的 pwdencrypt 函数和 pwdcompare 函数，下面分别对其进行详细讲解。

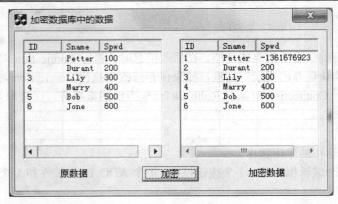

图18.7 加密数据库中的数据

（1）pwdencrypt 函数

pwdencrypt 函数用来对输入数据进行加密后返回二进制形式的加密内容，其语法格式如下：
pwdencrypt('password')

参数说明：

password：要加密的数据，数据类型为 sysname。

返回值：varbinary 类型，表示加密后的二进制内容。

（2）pwdcompare 函数

pwdcompare 函数主要用来检查明文是否与加密的二进制数据内容相等，其语法格式如下：
pwdcompare('clear_text_password','password_hash')

参数说明：

❶clear_text_password：未加密的数据。

❷password_hash：密码的加密哈希值。

返回值：int 类型，如果 clear_text_password 参数的哈希值与 password_hash 参数匹配，返回 1，否则返回 0。

> 注意：pwdencrypt 函数和 pwdcompare 函数是 SQL Server 未公开的函数，主要用于 SQL Server 的内部调用，其优点是使用方便；缺点是这两个函数没有公开，这就意味着它们有可能改变，并且可能不兼容早期版本，所以在使用上有一定的风险。

设计过程

（1）新建一个基于对话框的应用程序。

（2）向窗体中添加两个列表视图控件，用于显示数据库中的数据；添加按钮控件，执行加密代码。

（3）初始化列表控件，代码如下：

```
//初始化原列表
m_srcdata.SetExtendedStyle(LVS_EX_FULLROWSELECT|LVS_EX_GRIDLINES|LVS_EX_FLATSB
    |LVS_EX_ONECLICKACTIVATE|LVS_EX_HEADERDRAGDROP);
m_srcdata.InsertColumn(0,"ID",LVCFMT_LEFT,50,0);
m_srcdata.InsertColumn(1,"Sname",LVCFMT_LEFT,50,1);
m_srcdata.InsertColumn(2,"Spwd",LVCFMT_LEFT,100,2);

//初始化加密列表
m_encryptData.SetExtendedStyle(LVS_EX_FULLROWSELECT|LVS_EX_GRIDLINES);
m_encryptData.InsertColumn(0,"ID",LVCFMT_LEFT,50,0);
m_encryptData.InsertColumn(1,"Sname",LVCFMT_LEFT,50,1);
m_encryptData.InsertColumn(2,"Spwd",LVCFMT_LEFT,100,2);
```

（4）连接数据库，将数据显示到窗体列表，代码如下：

```
void CPwdEncryptDlg::ShowDatabase(CListCtrl& dataList)
{
//将数据库信息显示到列表视图控件
```

```
CADO ado;
if(!ado.Connect())
{
    AfxMessageBox("数据库连接失败");
    return ;
}
_RecordsetPtr pRec = ado.GetRecordset("select * from tb_user");

if(pRec != NULL)
{
    CString ID,Sname,Spwd;
    for(int i=0;!pRec->adoEOF; i++)
    {
        ID = (LPCTSTR)(_bstr_t)(pRec->GetCollect("ID"));
        Sname = (LPCTSTR)(_bstr_t)(pRec->GetCollect("Sname"));
        Spwd = (LPCTSTR)(_bstr_t)(pRec->GetCollect("Spwd"));

        dataList.InsertItem(i,ID,i);
        dataList.SetItemText(i,1,Sname);
        dataList.SetItemText(i,2,Spwd);
        pRec->MoveNext();
    }
}
ado.Close();
}
```

（5）使用 PWDENCRYPT 方法加密数据，代码如下：

```
void CPwdEncryptDlg::OnEncrypt()
{
m_encryptData.DeleteAllItems();
int index = m_srcdata.GetSelectionMark();//获取所选项的索引
if(index == -1)
{
    AfxMessageBox("请在列表中选择一条记录");
    return;
}
CString id = m_srcdata.GetItemText(index,0);
CString name = m_srcdata.GetItemText(index,1);
CString pwd = m_srcdata.GetItemText(index,2);

CString sql;
sql.Format("update tb_user set Spwd=convert(int,PWDENCRYPT('%s')) \
    where ID=%s and Sname='%s'",pwd,id,name);

CADO ado;
ado.ExecuteSql(sql);
ado.Close();

ShowDatabase(m_encryptData);
}
```

秘笈心法

心法领悟 585：如何获得字符串中指定的后几位字符？

获得字符串中指定后几位字符，可以通过调用 CString 类的 Right 方法对字符串进行截取，如获取字符串后两个字符：

```
CString s( _T("abcdef") );
ASSERT( s.Right(2) == _T("ef") );
```

实例 586 Access 数据库备份与还原

光盘位置：光盘\MR\18\586

高级
趣味指数：★★★★

实例说明

计算机系统在运行的过程中难免会出现硬件故障、系统软件和应用软件的错误，从而造成计算机瘫痪或应用软件无法运行，此时数据库的备份与恢复就显得特别重要，尤其在商务软件中，一旦数据丢失，后果不堪设想。那么如何在 Visual C++ 中实现 Access 数据库的备份与还原呢？运行本实例，单击"保存文件路径"按钮，设置备份文件的保存路径；单击"备份"按钮，即可实现 Access 数据库的备份，效果运行如图 18.8 所示。如果要还原 Access 数据库，则首先选中"还原"单选按钮，单击"选择备份文件"按钮，选择要进行还原的 Access 数据库文件，单击"还原"按钮，即可实现 Access 数据库的还原。

图 18.8 Access 数据库备份与还原

关键技术

数据备份对数据库的安全来说是至关重要的。数据备份是指在某种介质（磁带、磁盘等）上存储数据库的复制。数据还原是指及时将数据库恢复到原来的状态。

用复制文件的原理可以实现数据备份与数据还原，所以在程序中用到了 CopyFile 语句，语法如下：

BOOL CopyFile(LPCTSTR lpExistingFileName, LPCTSTR lpNewFileName, BOOL bFailIfExists);

参数说明：

❶lpExistingFileName：源文件名。

❷lpNewFileName：目标文件名。

❸bFailIfExists：如果设为 TRUE（非 0），那么一旦目标文件已经存在，则函数调用会失败，否则目标文件被改写。

设计过程

（1）新建一个基于对话框的应用程序，将窗体标题改为"Access 数据库备份与还原"。

（2）在窗体上添加一个编辑框控件、两个单选按钮控件和两个按钮控件，为控件添加变量。

（3）主要代码如下：

```
void CBackUpAccessDlg::OnButbackup()
{
            CopyFile(m_edit1,m_edit2,false);//复制文件
            if(radio)
            {
                MessageBox("备份完成！","系统提示",MB_OK|MB_ICONEXCLAMATION);
            }
```

```
                        else
                        {
                                MessageBox("还原完成！","系统提示",MB_OK|MB_ICONEXCLAMATION);
                        }
}
//获得文件保存路径
void CBackUpAccessDlg::OnButsave()
{
                //创建文件浏览对话框
                CString ReturnPach;
                TCHAR szPath[_MAX_PATH];
                BROWSEINFO bi;
                bi.hwndOwner=NULL;
                bi.pidlRoot=NULL;
                if(radio)
                {
                        bi.lpszTitle=_T("请选择备份文件夹");
                }
                else
                {
                        bi.lpszTitle=_T("请选择还原文件夹");
                }
                bi.pszDisplayName=szPath;
                bi.ulFlags=BIF_RETURNONLYFSDIRS;
                bi.lpfn=NULL;
                bi.lParam=NULL;
                LPITEMIDLIST pItemIDList=SHBrowseForFolder(&bi);
                if(pItemIDList)
                {
                        if(SHGetPathFromIDList(pItemIDList,szPath))
                                ReturnPach=szPath;
                }
                else
                        ReturnPach="";
                m_edit2 = ReturnPach;
                m_edit2 = m_edit2 + strName;
                UpdateData(false);
}
```

■ 秘笈心法

心法领悟 586：如何获得某字符在字符串中最后出现的位置？

获得某字符在字符串中最后出现的位置时，可以使用 CString 类的 ReverseFind 方法，该方法用来确定指定字符在字符串中最后一次出现的索引位置，如果在字符串中找到指定字符，则返回其索引，否则返回-1。例如：

```
CString s( "abcabc" );
ASSERT( s.ReverseFind( 'b' ) == 4 );    //查找最后一个字符"b"
```

第 *19* 章

软件注册与安全防护

▶▶ 软件的注册
▶▶ 软件的安全防护

19.1 软件的注册

实例 587　利用 INI 文件对软件进行注册　　高级

光盘位置：光盘\MR\19\587　　趣味指数：★★★★

实例说明

在网络上销售的商业管理系统，一般都需注册方可使用。本实例将使用 INI 文件对软件进行用户信息注册。运行程序，如果在 INI 文件中有注册信息，在程序对话框的标题栏上将不显示"未注册"字样，相反，如果没有注册信息就会显示该字样，效果如图 19.1 所示。

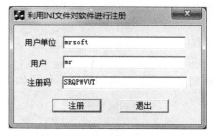

图 19.1　利用 INI 文件对软件进行注册

关键技术

本实例主要通过 GetPrivateProfileString 函数读取 INI 文件，读取 INI 文件中的注册码后，通过自定义函数 UnEncrypt 将注册码转换成机器码，然后和程序中预定义的机器码进行比较，如果相同，就去除"未注册"字样。未注册的程序可以通过"注册"按钮，调用 WritePrivateProfileString 函数将注册码写入到 INI 文件中。

设计过程

（1）新建一个基于对话框的应用程序。

（2）在对话框上添加 3 个静态文本控件；添加 3 个编辑框控件，设置 ID 属性分别为 IDC_EDPART、IDC_EDUSR 和 IDC_EDREGCODE；添加两个按钮控件，设置 ID 属性分别为 IDC_BTREG 和 IDC_BTEXIT，Caption 属性分别为"注册"和"退出"。

（3）在实现文件 INIRegDlg.cpp 中加入如下全局变量声明：

```
char machine[]="01234567";                    //定义机器码
char susrpart[128];
char susrid[128];
char sregcode[128];
char path[128];
```

（4）在 OnInitDialog 中通过读取 INI 文件判断程序是否已经注册，代码如下：

```
BOOL CINIRegDlg::OnInitDialog()
{
    CDialog::OnInitDialog();
    ……//此处代码省略
    ::GetCurrentDirectory(128,path);
    strcat(path,"\\reg.ini");
    CString temp;
    //获得 INI 文件中数据
    GetPrivateProfileString("Registration","userpart","",susrpart,128,path);
    GetPrivateProfileString("Registration","userid","",susrid,128,path);
```

```
            GetPrivateProfileString("Registration","regcode","",sregcode,128,path);
            temp.Format("%s",machine);
            if(temp==UnEncrypt(sregcode))
            SetWindowText("利用 INI 文件对软件进行注册");
            return TRUE;
}
```

（5）添加"注册"按钮的实现函数，将注册信息写入到 INI 文件中，并检验注册码是否正确，代码如下：
```
void CINIRegDlg::OnReg()
{
    //获得控件中的数据
    CString struserpart,struserid,strregcode;
    GetDlgItem(IDC_EDPART)->GetWindowText(struserpart);
    GetDlgItem(IDC_EDUSR)->GetWindowText(struserid);
    GetDlgItem(IDC_EDREGCODE)->GetWindowText(strregcode);
    //写入到 INI 文件中
    WritePrivateProfileString(_T(struserpart),_T(struserid),_T(strregcode),
    _T(path));
    CString temp;temp=machine;
    if(temp==UnEncrypt(strregcode.GetBuffer(0)))
    {
        AfxMessageBox("注册成功");
        SetWindowText("利用 INI 文件对软件进行注册");
    }
}
```

（6）自定义函数 UnEncrypt，实现对字符串的加密和解密，代码如下：
```
CString CINIRegDlg::UnEncrypt(char* strcode)
{
    CString temp;
    for(int i=0;i<8;i++)
    {
        strcode[i]=strcode[i]^1123;
    }
    temp=strcode;
    return temp;
}
```

秘笈心法

心法领悟 587：在 INI 文件中保存加密过的注册信息。

根据本实例的自定义函数 UnEncrypt 加密数据，将加密的数据通过 WritePrivateProfileString 函数写入 INI 文件。

实例 588　利用注册表设计软件注册程序

光盘位置：光盘\MR\19\588　　　　　　　　　　　　　高级　　趣味指数：★★★★

实例说明

在注册表写入信息是注册软件常用的一种方法，本实例通过在程序中设置使用次数来限制程序的使用。运行程序，在窗体的底部显示程序还可以使用的次数，程序在一开始运行时将使用次数限制在 5 次，但通过"设置"按钮可以改变程序的使用次数，效果如图 19.2 所示。

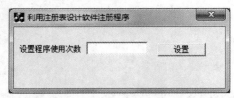

图 19.2　利用注册表设计软件注册程序

第 19 章　软件注册与安全防护

■ 关键技术

本实例主要通过 RegCreateKey 函数创建或打开注册表项，通过 RegSetValueEx 函数设置注册表值项及值项数据。通过 RegQueryValueEx 函数获得值项的数据，然后判断是否小于 1，如果小于就停止程序的运行。

■ 设计过程

（1）新建一个名为 RegSoft 的对话框 MFC 工程。

（2）在对话框上添加静态文本控件，将 ID 属性设置为 IDC_SPARE，并添加成员变量 m_spare；添加一个编辑框控件，设置 ID 属性为 IDC_EDSET；添加一个按钮控件，设置 Caption 属性为"设置"。

（3）在 OnInitDialog 函数中读取注册表中的信息，判断程序是否能够运行，代码如下：

```cpp
BOOL CRegSoftDlg::OnInitDialog()
{
    CDialog::OnInitDialog();
    ……//此处代码省略
    HKEY Key;
    CString sKeyPath;
    //使用次数的值项在注册表中所在位置
    sKeyPath="Software\\mingrisoft";
    if(RegOpenKey(HKEY_CURRENT_USER,sKeyPath,&Key)==2)
    {
        //在注册表中记录已试用的次数
        ::RegCreateKey(HKEY_CURRENT_USER,sKeyPath,&Key);
        ::RegSetValueEx(Key,"TryTime",0,REG_SZ,(unsigned char*)"5",2);
        ::RegCloseKey(Key);
        m_spare.SetWindowText("您还可以使用 5 次");
    }
    else //已经存在注册信息
    {
        CString sTryTime;
        int nTryTime;
        LPBYTE Data=new BYTE[80];
        DWORD TYPE=REG_SZ;
        DWORD cbData=80;
        //取出已记载的数量
        ::RegQueryValueEx(Key,"TryTime",0,&TYPE,Data,&cbData);
        sTryTime.Format("%s",Data);
        nTryTime=atoi(sTryTime);
        if(nTryTime<1)
        {
            MessageBox("您的最大试用次数已过，只有注册后才允许继续使用！",
                "系统提示",MB_OK|MB_ICONSTOP);
            return FALSE;
        }
        nTryTime--;
        sTryTime.Format("%d",nTryTime);
        ::RegSetValueEx(Key,"TryTime",0,REG_SZ, (unsigned char*)sTryTime.GetBuffer(0),2);
        ::RegCloseKey(Key);
        CString temp;
        temp.Format("您还可以使用%d 次",nTryTime);
        m_spare.SetWindowText(temp);
    }
    return TRUE;
}
```

（4）添加"设置"按钮的实现函数，该函数可以修改程序的使用次数，代码如下：

```cpp
void CRegSoftDlg::OnSet()
{
    HKEY Key;
    CString str;
    CString sKeyPath;
    sKeyPath="Software\\mingrisoft";
    GetDlgItem(IDC_EDSET)->GetWindowText(str);                    //获得控件中数据
```

```cpp
    ::RegCreateKey(HKEY_CURRENT_USER,sKeyPath,&Key);                                    //打开注册表键
    ::RegSetValueEx(Key,"TryTime",0,REG_SZ, (unsigned char*)str.GetBuffer(0),str.GetLength());  //设置键值
    ::RegCloseKey(Key);                                                                 //关闭注册表
    MessageBox("设置成功","系统提示",MB_OK|MB_ICONSTOP);
    GetDlgItem(IDC_EDSET)->SetWindowText("");
}
```

■ 秘笈心法

心法领悟 588：打开注册表项之后是否需要关闭？

在使用 RegCreateKey()函数打开创建注册表项之后，需要调用 RegCloseKey()函数来关闭句柄，代码如下：
::RegCloseKey(Key);

实例 589　利用网卡序列号设计软件注册程序

光盘位置：光盘\MR\19\589　　　　　　　　　　　　　　　高级　趣味指数：★★★☆

■ 实例说明

在市场或网络上销售的商业管理软件，用户在使用时都需要进行注册，软件被注册后用户才有权使用。本实例将利用网卡的序列号生成注册码，运行程序，在对话框的编辑框中显示出网卡的序列号，通过"生成注册码"按钮来生成注册码，显示在下面的编辑框中，效果如图 19.3 所示。

图 19.3　利用网卡序列号设计软件注册程序

■ 关键技术

本实例主要通过 Netbios 函数获得网卡的序列号。网卡序列号一般为 3 段，在程序中分别将这 3 段存储在 3 个 char 数组中，然后该数组中的字符转换成它们所对应的整型数值，再根据转换得出的数值通过加密算法得出另外的数值并转换成 ASCII 码字符，最后将所有的 ASCII 码字符合并就形成了注册码。

■ 设计过程

（1）新建一个名为 NetMACReg 的对话框 MFC 工程。

（2）在对话框上添加两个编辑框控件，设置 ID 属性分别为 IDC_MACADDR 和 IDC_EDREGCODE；添加一个按钮控件，设置 ID 属性为 IDC_BTREG，Caption 属性为"生成注册码"。

（3）在 OnInitDialog 函数中获得网卡的序列号，代码如下：

```cpp
BOOL CNetMACRegDlg::OnInitDialog()
{
    CDialog::OnInitDialog();
    ……//此处代码省略
    NCB ncb;
    LANA_ENUM lenum;
    ADAPTER_STATUS state;
    UCHAR ucReturnCode;
    ncb.ncb_command=NCBENUM;
    ncb.ncb_buffer=(UCHAR*)&lenum;
    ncb.ncb_length=sizeof(lenum);
    ucReturnCode=Netbios(&ncb);
```

```cpp
if(lenum.length>=0)
{
 int num=lenum.lana[0];
 UCHAR buf[128];
 memset(&ncb,0,sizeof(ncb));
 ncb.ncb_command=NCBRESET;
 ncb.ncb_lana_num=num;
 ucReturnCode=Netbios(&ncb);
 memset(&ncb,0,sizeof(ncb));
 ncb.ncb_command=NCBASTAT;
 ncb.ncb_lana_num=num;
 ncb.ncb_buffer=(unsigned char *)&state;
 ncb.ncb_length=sizeof(state);
 strcpy( (char *)ncb.ncb_callname,"*" );
 ucReturnCode=Netbios(&ncb);
 CString strMac;
 //格式化序列号
 strMac.Format("%02X%02X-%02X%02X-%02X%02X\n",
        state.adapter_address[0],
        state.adapter_address[1],
        state.adapter_address[2],
        state.adapter_address[3],
        state.adapter_address[4],
        state.adapter_address[5]);
 GetDlgItem(IDC_MACADDR)->EnableWindow(false);      //设置控件不可用
 GetDlgItem(IDC_MACADDR)->SetWindowText(strMac);    //设置显示文本
}
return TRUE;
}
```

（4）添加"生成注册码"按钮的实现函数，该函数用于将网卡序列号生成注册码，代码如下：

```cpp
void CNetMACRegDlg::OnReg()
{
 CString code;
 CString regcode,tmp;
 GetDlgItem(IDC_MACADDR)->GetWindowText(code);
 code.MakeLower();
 CString seg1,seg2,seg3;
 int num;
 seg1=code.Mid(0,4);
 seg2=code.Mid(5,4);
 seg3=code.Mid(10,4);
 char *cpseg1=new char[4];
 char *cpseg2=new char[4];
 char *cpseg3=new char[4];
 cpseg1=seg1.GetBuffer(0);
 cpseg2=seg2.GetBuffer(0);
 cpseg3=seg3.GetBuffer(0);
 char temp;
 int i;
 //加密算法是将char数组中的字符转换成十进制数，再乘以4加该字符在数组中的索引值
 for(i=0;i<4;i++)
 {
  temp=cpseg1[i];
  if(temp>='a'&&temp<='f')
       num=temp-'a'+10;
  else
       num=temp-'0';
  tmp.Format("%c",base[num*4+i]);
  regcode+=tmp;
 }

 for(i=0;i<4;i++)
 {
  temp=cpseg2[i];
  if(temp>='a'&&temp<='f')
       num=temp-'a'+10;
  else
       num=temp-'0';
```

```
            tmp.Format("%c",base[num*4+i]);
            regcode+=tmp;
        }
        for(i=0;i<4;i++)
        {
            temp=cpseg3[i];
            if(temp>='a'&&temp<='f')
                    num=temp-'a'+10;
            else
                    num=temp-'0';
            tmp.Format("%c",base[num*4+i]);
            regcode+=tmp;
        }
        regcode.MakeUpper();
        GetDlgItem(IDC_EDREGCODE)->SetWindowText(regcode);
}
```

秘笈心法

心法领悟 589：创建注册表项。

可以使用 RegOpenKeyEx 打开注册表，RegCreateKeyEx 创建注册表项，RegCloseKey 关闭注册表。

实例 590　根据 CPU 和磁盘序列号设计软件注册程序
光盘位置：光盘\MR\19\590　　　　　　　　　　　　　高级　趣味指数：★★★☆

实例说明

软件注册过程中一个关键问题是如何生成每个用户各不相同的机器码，本实例通过 CPU 和磁盘序列号生成一个机器码，然后根据该机器码生成注册号。运行程序，在对话框中显示 CPU、磁盘序列号和生成后的机器码，单击"生成注册码"按钮计算得出最终的注册号，效果如图 19.4 所示。

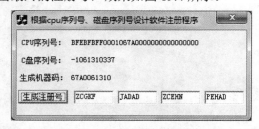

图 19.4　根据 CPU 和磁盘序列号设计软件注册程序

关键技术

本实例生成机器码的算法是提取 CPU 序列号的第 13～18 位和 C 盘序列号的第 3～8 位，顺序连接形成一个 10 个字符的字符串，该字符串就是机器码。通过机器码计算注册号主要是计算出机器码字符串中每个字符所对应的十进制数，以该十进制数作为索引在数组中选择字符，然后合并所有的字符形成注册码，最后将注册码字符串分成 4 组显示在编辑框中。

设计过程

（1）新建一个名为 CPUAndDiskReg 的对话框 MFC 工程。

（2）在对话框上添加 6 个静态文本控件，将其中 3 个 ID 属性设为 IDC_CPU、IDC_CDISK 和 IDC_MACHINE，并添加成员变量 m_cpu、m_cdisk 和 m_machine；添加 4 个编辑框控件；添加 1 个按钮控件，设置 ID 属性为

IDC_REG，Caption 属性为"生成注册号"。

（3）在 OnInitDialog 函数中获得 CPU 和磁盘序列号，然后生成机器码，代码如下：

```cpp
BOOL CCPUAndDiskRegDlg::OnInitDialog()
{
    CDialog::OnInitDialog();
    ……//此处代码省略
    //获取 CPU 序列号
    unsigned long s1,s2;
    char sel;
    sel='1';
    CString MyCpuID,CPUID1,CPUID2;
    __asm{
    mov eax,01h
    xor edx,edx
    cpuid
    mov s1,edx
    mov s2,eax
    }
    CPUID1.Format("%08X%08X",s1,s2);
    __asm{
    mov eax,03h
    xor ecx,ecx
    xor edx,edx
    cpuid
    mov s1,edx
    mov s2,ecx
    }
    CPUID2.Format("%08X%08X",s1,s2);
    MyCpuID=CPUID1+CPUID2;
    m_cpu.SetWindowText(MyCpuID);
    DWORD ser;
    char namebuf[128];
    char filebuf[128];
    //获取 C 盘的序列号
    ::GetVolumeInformation("c:\\",namebuf,128,&ser,0,0,filebuf,128);
    CString strdisk;
    strdisk.Format("%d",ser);
    CString strmachine;
    strmachine=MyCpuID.Mid(13,5);        //从 MyCpuID 的第 13 位开始取 5 个
    strmachine+=strdisk.Mid(3,5);         //从 strdisk 的第 3 位开始取 5 个，合并生成机器码
    m_cdisk.SetWindowText(strdisk);
    m_machine.SetWindowText(strmachine);
    return TRUE;
}
```

（4）添加"生成注册号"按钮的实现函数，根据机器码生成用来注册的注册码，代码如下：

```cpp
void CCPUAndDiskRegDlg::OnReg()
{
    //定义一个密钥数组
    CString code[16]={"ad","eh","im","np","ru","vy","zc","gk",
    "pt","xb","fj","ox","wa","ei","nr","qu"};
    CString reg,stred;
    int num;
    m_machine.GetWindowText(stred);
    stred.MakeLower();
    //根据十六进制数字从密钥数组中选择字符串
    for(int i=0;i<10;i++)
    {
      char p=stred.GetAt(i);
      if(p>='a'&&p<='f')
            num=p-'a'+10;
      else
            num=p-'0';
      CString tmp=code[num];
      reg+=tmp;
    }
    reg.MakeUpper();
    GetDlgItem(IDC_NUM1)->SetWindowText(reg.Mid(0,5));
```

```
GetDlgItem(IDC_NUM2)->SetWindowText(reg.Mid(5,5));
GetDlgItem(IDC_NUM3)->SetWindowText(reg.Mid(10,5));
GetDlgItem(IDC_NUM4)->SetWindowText(reg.Mid(15,5));
}
```

秘笈心法

心法领悟 590：读取注册表。

通过 RegOpenKeyEx 打开注册表键值，RegQueryValueEx 读取注册表中指定键下指定项的值。
```
RegOpenKeyEx(HKEY_CURRENT_USER ,keyname,0,KEY_READ,&hroot);
RegQueryValueEx(hroot,itemname,0,&type,(unsigned char*)&data,&size);
```

19.2　软件的安全防护

实例 591　使用加密狗进行软件加密

光盘位置：光盘\MR\19\591　　　　　高级　　趣味指数：★★★☆

实例说明

在一些商业软件中，为了防止盗版，经常要对软件进行加密，使用加密狗进行数据加密是一个不错的选择。为了增强数据的保密性，许多加密狗中都人为添加了许多跳转指令，防止数据被窃取。为了方便用户读写加密狗中的数据，加密狗厂家通常提供一组专用的加密狗操作函数，本实例就是通过 Visual C++调用这些函数操作加密狗。运行本实例，在编辑框中写入注册码，单击"注册"按钮，程序将读取加密狗中的数据与用户输入的数据进行比较，效果如图 19.5 所示。

图 19.5　使用加密狗进行软件加密

关键技术

本实例中实现使用加密狗进行软件加密时，主要用 WriteDog 函数和 ReadDog 函数，在使用这些函数前，需要向工程中添加 Rgdlw32v.obj 和 SOFTDOG.H 文件。这两个文件可以在开发商的示例中找到。下面对本实例中用到的关键技术进行详细讲解。

（1）WriteDog 函数

WriteDog 函数用于向加密狗中写入数据，如果执行成功，返回值为 0。该方法的语法格式如下：
```
unsigned long WriteDog(void)
```
向加密狗中写入的数据是通过全局变量实现传递的。为了增加加密狗的安全性，厂商定义了一个 C 语言标准加密模块 Rgdlw32v.obj，该模块包含了加密狗的 API 函数以及 3 个全局变量 DogBytes、DogAddr 和 DogData。声明代码如下：

```
short int DogBytes,DogAddr;
void * DogData;
```

其中，DogBytes 确定向加密狗中写入数据的长度，DogAddr 确定向加密狗中写入数据的起始位置，DogData 确定向加密狗中写入的数据。

本实例中用于向加密狗中写入数据的代码如下：

```
DogAddr = 20;                    //设置起始地址
CString str = "123456";          //设置写入字符串
DogBytes = str.GetLength();      //设置数据的长度
DogData = str.GetBuffer(0);      //设置写入的数据
WriteDog();                      //向加密狗中写入数据
```

（2）ReadDog 函数

ReadDog 函数用于设置读取加密狗中的数据，如果执行成功，返回值为 0。其语法格式如下：

```
unsigned long ReadDog(void);
```

设计过程

（1）新建一个基于对话框的应用程序，将其窗体标题改为"使用加密狗进行软件加密"。
（2）向工程中导入两个 BMP 位图资源。
（3）向对话框中添加一个图片控件、一个编辑框控件和一个按钮控件。
（4）主要程序代码。

在工程中引用 softdog.h 头文件，并声明操作加密狗时使用的 3 个全局变量，代码如下：

```
short int DogBytes, DogAddr;
void * DogData;
```

在主窗口初始化时，为"注册"按钮设置显示图片，向加密狗中写入字符串，其实现代码如下：

```
m_Login.SetBitmap(LoadBitmap(AfxGetInstanceHandle(),MAKEINTRESOURCE(IDB_BITMAP2))); //设置位图
DogAddr = 20;                    //设置起始地址
CString str = "123456";          //设置写入字符串
DogBytes = str.GetLength();      //设置数据的长度
DogData = str.GetBuffer(0);      //设置写入的数据
WriteDog();                      //向加密狗中写入数据
```

处理"注册"按钮的单击事件，在该事件的处理函数中调用 ReadDog 函数读取加密狗中的数据，并判断读取的数据和用户的数据是否相同，其实现代码如下：

```
void CEncryptDogDlg::OnButlogin()
{
    DogAddr = 20;                         //设置起始地址
    DogBytes = 6;                         //设置数据的长度
    CString Data,dData="000000";          //初始化字符串变量
    m_Data.GetWindowText(Data);           //获得用户输入的数据
    if(Data.IsEmpty())                    //判断用户输入的数据是否为空
    {
        MessageBox("注册码不能为空！");
        return;
    }
    DogData = dData.GetBuffer(0);
    if(ReadDog()==0)                      //读取加密狗中的数据
    {
        if(dData == Data)                 //比较读取的数据和用户输入的数据
        {
            MessageBox("验证成功");
        }
        else
        {
            MessageBox("验证失败");
        }
    }
    else
```

```
        MessageBox("数据读取失败");
}
```

🔊 **注意**：调用 ReadDog 函数后，获取的数据将存储在 DogData 指向的内存区域，因此，在调用该函数前，应将 DogData 指向一个有效的内存区域。

秘笈心法

心法领悟 591：向加密狗中写入数据。

使用 WriteDog 函数可以向加密狗写入数据。通过 3 个全局变量指定写入的起始地址、写入数据长度和写入的具体数据。

```
DogAddr = 10;                          //设置起始地址
DogBytes = m_Data.GetLength();         //设置数据的长度
DogData = m_Data.GetBuffer(0);         //设置写入的数据
if (WriteDog()==0)
    MessageBox("数据写入成功");
```

实例 592　使用加密锁进行软件加密

光盘位置：光盘\MR\19\592

高级　趣味指数：★★★★

实例说明

在一些商业软件中，为了防止盗版，在销售时经常会附赠一个加密锁，这样可以大大增强安全性，本实例将通过 Visual C++ 来操作加密锁，从而在加密锁中进行写入和读取操作。运行本实例，在编辑框中写入注册码，单击"注册"按钮，程序将读取加密锁中的数据与用户输入的数据进行比较，效果如图 19.6 所示。

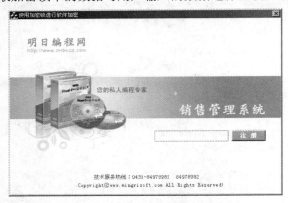

图 19.6　使用加密锁进行软件加密

关键技术

本实例中实现使用加密锁进行软件加密时，主要用到 EleT2Write 函数和 EleT2Read 函数，在使用这些函数前，需要在工程中导入 elet2.h、elet2.lib、elet2.dll 文件。这些文件可以在开发商的示例中找到。下面对本实例中用到的关键技术进行详细讲解。

（1）EleT2Write 函数。用于向加密锁模板中写入数据，该函数的语法格式如下：

```
unsigned long EleT2Write(unsigned short usOffset, char* pcPassword, unsigned char *pucInbuffer, unsigned short usInbufferLen, unsigned short usWrittenLen);
```

参数说明：

❶ usOffset：偏移量，设置从数据区起始位置偏移多少开始写入。

❷pcPassword：写口令。
❸pucInbuffer：存放数据的缓冲区。
❹usInbufferLen：写入数据的长度。
❺usWrittenLen：实际写入到数据区的长度。

（2）EleT2Read 函数。用于设置读取加密锁中的数据，其语法格式如下：

unsigned long EleT2Read(unsigned short usOffset, unsigned char * pucOutbuffer, unsigned short usOutbufferLen, unsigned short usReadLen) ;

参数说明：

❶usOffset：偏移量，设置从数据区起始位置偏移多少开始读取。
❷pucOutbuffer：存放数据的缓冲区。
❸usOutbufferLen：存放数据的长度。
❹usReadLen：实际读取的数据区的长度。

设计过程

（1）新建一个基于对话框的应用程序，将其窗体标题改为"使用加密锁进行软件加密"。
（2）向工程中导入两个 BMP 位图资源。
（3）向对话框中添加一个图片控件、一个编辑框控件和一个按钮控件。
（4）将 elet2.h、elet2.lib、elet2.dll 文件导入到工程中。
（5）在主窗口初始化时，为"注册"按钮设置显示图片，向加密锁中写入字符串，其实现代码如下：

```
m_Login.SetBitmap(LoadBitmap(AfxGetInstanceHandle(),MAKEINTRESOURCE(IDB_BITMAP2)));    //设置位图
char* pcPassword="0000000000000000";                                                    //设置口令
char* buf="123456";                                                                     //设置写入字符串
unsigned short usWrittenLen;
long ret = EleT2Write(0,pcPassword,(unsigned char *)buf, 6,&usWrittenLen);              //写入数据
switch(ret)                                                                             //判断是否成功
{
case ELE_T2_SUCCESS:                                                                    //函数执行成功
    MessageBox("函数执行成功");
    break;
case ELE_T2_NO_MORE_DEVICE :                                                            //没有找到相应的模板设备
    MessageBox("没有找到相应的模板设备");
    break;
case ELE_T2_INVALID_PASSWORD :                                                          //无效的密码
    MessageBox("无效的密码");
    break;
case ELE_T2_INSUFFICIENT_BUFFER:                                                        //缓冲区不足
    MessageBox("缓冲区不足");
    break;
case ELE_T2_BEYOND_DATA_SIZE:                                                           //读写数据区越界
    MessageBox("读写数据区越界");
    break;
}
```

（6）处理"注册"按钮的单击事件，在该事件的处理函数中调用 EleT2Read 函数读取加密锁中的数据，并判断读取的数据和用户的数据是否相同，其实现代码如下：

```
void CEncryptLockDlg::OnButlogin()
{
    unsigned short usReadLen;                                                           //保存读取数据长度
    CString strtext,Data;                                                               //声明字符串变量
    char buf[6];                                                                        //声明字符数组
    long ret = EleT2Read(0,(unsigned char *)buf,6,&usReadLen);                          //读取加密锁中的数据
    switch(ret)                                                                         //判断是否发生错误
    {
    case ELE_T2_NO_MORE_DEVICE :                                                        //没有找到相应的模板设备
        MessageBox("没有找到相应的模板设备");
        break;
    case ELE_T2_INVALID_PASSWORD :                                                      //无效的密码
        MessageBox("无效的密码");
```

```
            break;
        case ELE_T2_INSUFFICIENT_BUFFER:                              //缓冲区不足
            MessageBox("缓冲区不足");
            break;
        case ELE_T2_BEYOND_DATA_SIZE:                                 //读写数据区越界
            MessageBox("读写数据区越界");
            break;
    }
    buf[6]='\0';                                                      //设置字符串结束符
    strtext = buf;
    m_Data.GetWindowText(Data);                                       //获得用户输入的数据
    if(ret != ELE_T2_SUCCESS || strtext != Data)                      //判断读取数据是否成功以及输入数据是否相同
    {
        MessageBox("请插入指定的加密锁");
        CDialog::OnCancel();
    }
    else                                                              //读取数据成功,输入数据与读取数据相同
    {
        MessageBox("注册成功");
    }
}
```

秘笈心法

心法领悟 592：向加密锁中写入数据。

根据本实例，使用 EleT2Write 函数可以向加密锁模板中写入数据，代码如下：
```
char* pcPassword="0000000000000000";
char* buf="123456";
unsigned short usWrittenLen;
long ret = EleT2Write(0,pcPassword,(unsigned char *)buf,6,&usWrittenLen);   //写入数据
```

实例 593　使用 IC 卡验证用户密码

光盘位置：光盘\MR\19\593　　　　　　　　　高级　趣味指数：★★★★

实例说明

IC 卡是一种便携式的数据存储介质，现在人们常使用的医保卡就是 IC 卡。但在对 IC 卡写数据时如不对其进行加密，该卡很容易被其他人仿造，从而造成损失。本实例是将密码写入 IC 卡中，并对数据进行加密，以保障安全作用，效果如图 19.7 所示。

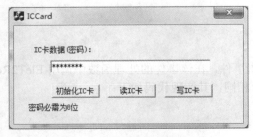

图 19.7　使用 IC 卡验证用户密码

关键技术

本实例使用的是深圳明华公司生产的明华 IC 卡读卡器（推推式）。IC 卡采用西门子 SLE4442 型号，该型号的 IC 卡在写入数据前需要进行密码核对，如果密码 3 次核对错误，IC 卡将自动锁死，不能够再向其写入数据，也不能够进行密码核对。西门子 SLE4442 型号 IC 卡的初始密码为 ffffff。在 IC 卡读卡器的驱动程序中包含

了 Mwic_32.dll 动态链接库，有关操作 IC 卡的函数都封装在 Mwic_32.dll 动态链接库中。下面介绍与 IC 卡有关的重要函数。

（1）auto_init 函数

该函数用于初始化 IC 卡读卡器。语法如下：

```
int auto_init(int port,unsigned long baud);
```

参数说明：

❶port：标识端口号，Com1 对应的端口号为 0，Com2 对应的端口号为 1，依此类推。

❷baud：标识波特率。

返回值：如果初始化成功，返回值是 IC 卡设备句柄；如果初始化失败，返回值小于 0。

（2）setsc_md 函数

该函数用于设置设备密码模式。语法如下：

```
int setsc_md(int icdev,int mode)
```

参数说明：

❶icdev：标识设备句柄，通常是 auto_init 函数的返回值。

❷mode：标识设备密码模式，如果为 0，设备密码有效，设备在加电时必须验证设备密码才能对设备进行操作；如果为 1，设备密码无效。

返回值：如果函数执行成功，返回值为 0，否则小于 0。

（3）get_status 函数

该函数用于获取设备的当前状态。语法如下：

```
int get_status(int icdev,int *state)
```

参数说明：

❶icdev：标识设备句柄，通常是 auto_init 函数的返回值。

❷state：用于接收函数返回的结果。如果为 0，表示读卡器中无卡；如果为 1，表示读卡器中有卡。

返回值：如果函数执行成功，返回值为 0，否则小于 0。

（4）csc_4442 函数

该函数用于核对 IC 卡密码。语法如下：

```
int csc_4442(int icdev, int len, unsigned char* p_string)
```

参数说明：

❶icdev：标识设备句柄，通常是 auto_init 函数的返回值。

❷len：标识密码长度，其值为 3。

❸p_string：标识设置的密码。

返回值：如果函数执行成功，返回值为 0，否则小于 0。

（5）swr_4442 函数

该函数用于向 IC 卡中写入数据。语法如下：

```
int swr_4442(int icdev, int offset, int len, unsigned char *w_string)
```

参数说明：

❶icdev：标识设备句柄，通常是 auto_init 函数的返回值。

❷offset：标识地址的偏移量，范围是 0~255。

❸len：标识字符串长度。

❹w_string：标识写入的数据。

（6）srd_4442 函数

该函数用于读取 IC 卡中的数据。语法如下：

```
int srd_4442(int icdev, int offset, int len, unsigned char* r_string )
```

参数说明：

❶icdev：标识设备句柄，通常是 auto_init 函数的返回值。

❷offset：标识地址的偏移量，范围是 0～255。
❸len：标识字符串长度。
❹r_string：用于存储返回的数据。

（7）ic_exit 函数

该函数用于关闭设备端口。语法如下：

```
int ic_exit(int icdev)
```

参数说明：

Icdev：标识设备句柄，通常是 auto_init 函数的返回值。

（8）dv_beep 函数

该函数使读卡器嗡鸣。语法如下：

```
int dv_beep(int icdev,int time)
```

参数说明：

❶icdev：标识设备句柄，通常是 auto_init 函数的返回值。
❷time：标识嗡鸣持续的时间，单位是 10 毫秒。

（9）ic_encrypt 函数

该函数对指定数据进行加密。语法如下：

```
__int16 __stdcall ic_encrypt( char *key,char *ptrSource, unsigned short msgLen, char *ptrDest);
```

参数说明：

❶key：数据加密时的密钥。
❷ptrSource：数据加密明文。
❸msgLen：加密数据长度。
❹ptrDest：加密后的密文数据。

（10）ic_decrypt 函数

该函数对指定数据进行解密。语法如下：

```
__int16 __stdcall ic_decrypt( char *key,char *ptrSource, unsigned short msgLen, char *ptrDest);
```

参数说明：

❶key：解密数据所需要的密钥。
❷ptrSource：需要解密的密文数据。
❸msgLen：数据长度。
❹ptrDest：解密后的明文数据。

设计过程

（1）新建一个基于对话框的工程。
（2）在窗体中添加 1 个编辑框控件和 3 个按钮控件。
（3）主要程序代码。

在窗体中单击"初始化 IC 卡"按钮，对 IC 卡设备进行初始化，此时 IC 卡必须已插入读卡器中。实现代码如下：

```cpp
void CICCardDlg::OnInitICCard()
{
    //初始化端口  COM1 9600
    ICCard = auto_init(0,9600);
    if (ICCard < 0)
        MessageBox("端口初始化失败，请检查接口线是否连接正确.");

    //设置密码模式，使设备密码无效，否则在设备加电时，必须核对密码才能进行后续操作
    setsc_md(ICCard,1);
    //获取 ID 卡状态
    __int16 status = -1;
```

```cpp
    __int16 result =get_status(ICCard,&status);

    if (result<0)
    {
            MessageBox("获取 IC 卡状态错误");
    }
    else if ((result==0)&&(status==0))
            MessageBox("请插入 ID 卡");
}
```

在窗体上单击"写 IC 卡"按钮会将编辑框控件中输入的密码数据先加密,再将加密后的数据写入 IC 卡的数据存储区中。实现代码如下:

```cpp
void CICCardDlg::OnWriteICCard()
{
    if (ICCard == NULL)
            OnInitICCard();
    if (ICCard < 0)
            return ;
    if (MessageBox("确实要写入数据吗?","提示",MB_YESNO)==IDYES)
    {
            CString str;
            m_data.GetWindowText(str);
            if (str.IsEmpty())
            {
                    MessageBox("请输入数据");
                    return;
            }
            if (str.GetLength()>224)
            {
                    MessageBox("写入数据不能超过 224 个字符","提示",64);
                    return;
            }

            __int16 result;

            char temp[255];
            ic_encrypt("12345678",str.GetBuffer(0),str.GetLength(),temp);          //数据加密
            //在 IC 卡的应用区中写入数据
            result =swr_4442(ICCard,33,strlen(temp),(BYTE *)temp);

            if (result==0)
            {
                    MessageBox("数据写入成功。","提示",64);
            }
            else
            {
                    MessageBox("数据写入失败。","提示",64);
            }
    }
}
```

在窗体上单击"读 IC 卡"按钮,会将 IC 卡中的数据读出并对其进行解密,再与编辑框控件中输入的密码数据进行比较。实现代码如下:

```cpp
void CICCardDlg::OnReadICCard()
{
    if (ICCard == NULL)
            OnInitICCard();
    if (ICCard < 0)
            return ;
    __int16 result;
    unsigned char data[224];
    result = srd_4442(ICCard,33,223,data);
    //蜂鸣
    dv_beep(ICCard,20);
    if (result<0)
            MessageBox("数据读取失败");
    else
    {
```

```
            unsigned char temp[224];
            ic_decrypt("12345678",(char *)data,strlen((char *)data),(char *)temp);      //解密数据
            int i =0;
            for (i= 0; i<224;i++)
            {
                    if (temp[i]==255)
                        break;
            }
            unsigned char* pArray = new unsigned char[i+1];
            memset(pArray,0,i+1);
            memcpy(pArray,temp,i);
            pArray[i]= 0;
            char str[255];
            m_data.GetWindowText(str,255);
            if (strcmp((char *)temp,str) == 0)
                    MessageBox("密码验证成功！");
            m_data.SetWindowText((char*)pArray);
            delete pArray;
    }
}
```

秘笈心法

心法领悟 593：向 IC 卡中写入数据。

通过 swr_4442 在 IC 卡的应用区中写入数据，代码如下：

```
CString str="123456789";
result =swr_4442(icdev,33,str.GetLength(),(unsigned char*)str.GetBuffer(0));
if (result==0)
        MessageBox("数据写入成功.","提示",64);
```

实例 594　验证码技术登录　　高级

光盘位置：光盘\MR\19\594　　趣味指数：★★★★

实例说明

在网页上使用过用户名登录的读者都知道，登录时除了填写用户名和密码外还需要填写一个验证码，这主要是防止使用登录器进行登录。本实例模拟网页登录的情况产生一个验证码，效果如图 19.8 所示。

图 19.8　验证码技术登录

关键技术

本实例的实现主要是通过 10 个数字和 26 个字母的随机组合，产生一个随机的验证码。可以通过 srand 和 rand 产生随机数。

设计过程

（1）创建基于对话框的应用程序。

（2）在 OnPaint 方法内使用 CDC 类的 DrawText 方法输出验证码。

```
CPaintDC dc(this);
    CRect rc;
    if(m_bNew)
    {
        m_strTemp=CreateRegionCode();                //创建验证码
        m_bNew=false;
    }
    CFont font;
    font.CreatePointFont(200,"宋体");                //创建字体
    dc.SelectObject(&font);
    m_CheckPicture.GetWindowRect(rc);                //获取显示验证码的区域
    ScreenToClient(rc);
    dc.FillRect(rc,&CBrush(RGB(255,255,255)));
    dc.DrawText(m_strTemp,rc,DT_CENTER|DT_VCENTER);  //显示验证码
```

（3）使用 CreateRegionCode 生成验证码。

```
CString CCheckNumberDlg::CreateRegionCode()
{
    char buf[]={'0','1','2','3','4','5','6','7','8','9',
        'a','b','c','d','e','f','g','h','i','j','k','l',
        'm','n','o','p','q','r','s','t','u','v','w','x','y','z'
    };                                               //用于绘制图片的数字
    int r1,r2,r3,r4;
    time_t t;
    n = time(&t);
    srand(n);
    r1=rand()%36;                                    //随机获取绘制的数字
    r2=rand()%36;
    r3=rand()%36;
    r4=rand()%36;
    CString str;
    str.Format("%c%c%c%c",buf[r1],buf[r2],buf[r3],buf[r4]);  //生成字符串
    return str;
}
```

秘笈心法

心法领悟 594：绘制带汉字的数字验证。

绘制带汉字的数字验证码，静态方法应实现在登录对话框类中。

实例 595　限定计算机使用时间

光盘位置：光盘\MR\19\595　　　　　　　　　　高级　趣味指数：★★★★

实例说明

通过设置使用时间，使计算机在指定时间后锁定，以达到对计算机的使用时间的限制。如图 19.9 所示，输入计时时间，开始计时并显示剩余时间。

关键技术

本实例实现的关键是设计一个倒计时功能，并实现计算机的锁定。计时功能可以通过定时器完成，锁定计算机可以使用 user32.dll 库的 LockWorkStation 函数。

图 19.9　限定计算机使用时间

设计过程

（1）新建一个基于对话框的应用程序。

（2）向窗体中添加一个按钮控件，执行倒计时；添加一个编辑框控件，显示剩余时间。
（3）主要代码如下：

```cpp
void CLimitTimeDlg::OnBegin()
{
    m_timer.GetWindowText(time);                          //获取指定时间
    minTime = atoi(time.GetBuffer(0));                    //转换格式 min
    sec = 0;                                              //秒
    min = minTime;                                        //分
    SetTimer(1,1000,NULL);                                //启动定时器，倒计时
}
//定时器
void CLimitTimeDlg::OnTimer(UINT nIDEvent)
{
    if(sec == 0 && min == 0)                              //定时锁定
        Lock();
    str.Format("%d:%d",min,sec);
    m_timer.SetWindowText(str);
    if(sec == 0)
    {
        sec = 59;
        min--;
    }
    sec--;
    CDialog::OnTimer(nIDEvent);
}
//锁定计算机
void CLimitTimeDlg::Lock()
{
    KillTimer(1);
    HMODULE hHandle;                                      //定义模块句柄
    PROC MyLockWorkStation = NULL;                        //定义函数指针
    hHandle = GetModuleHandle("user32.dll");              //获取动态链接库句柄
    MyLockWorkStation = GetProcAddress(hHandle,"LockWorkStation");  //获取动态库函数地址
    if(MyLockWorkStation)
        MyLockWorkStation();
}
```

■ 秘笈心法

心法领悟595：利用系统工具实现定点关闭计算机。

步骤一：选择"开始"｜"程序"｜"附件"｜"系统工具"｜"任务计划"命令，在任务计划窗口中双击添加任务计划，单击"下一步"按钮，单击浏览，在选择程序以进行计划的窗口中的C:\WINDOWS\SYSTEM32目录下找到SHUTDOWN.EXE程序并单击"打开"按钮。

步骤二：将执行这个任务的时间设置为"每天"，单击"下一步"按钮，将起始时间设置为"23:00"，并单击"下一步"按钮，按照要求输入用户名及密码，在单击完成时，打开此任务计划的高级属性，单击"完成"按钮。

步骤三：在弹出的 SHUTDOWN 窗口中单击"任务"，然后在"行"栏中输入"C:\WINDOWS\system32\shutdown.exe -s -t 60"（其中-s 表示关闭计算机，-t 表示 60 秒后自动关闭计算机，关机时间可根据自己的需要设置），单击应用，并重新输入用户密码，最后单击"确定"按钮，实现定点关闭计算机的功能。

实例 596	多报交错数据加密	高级
	光盘位置：光盘\MR\19\596	趣味指数：★★★★

■ 实例说明

对数据报加密虽然加强了数据传输时的安全性，可依然存在着风险，为了更加安全地传输数据，可以采用多报交错的方法对数据进行加密，采用 UDP 方式发送数据时需要自己编写分包的代码，这时可以对每个包

进行不同的加密,这样就可以大大增加数据被破译的难度。使用多报交错的方法进行数据加密,效果如图 19.10 所示。

图 19.10 多报交错数据加密

关键技术

本实例主要使用 DES 算法加密和解密数据。DES 算法的入口参数有 3 个:Key、Data 和 Mode。其中,Key 是工作密钥;Data 是要被加密或被解密的数据;Mode 指定工作方式,加密或解密。在使用 DES 时,双方预先约定使用的"密码",即 Key,然后用 Key 加密数据;接收方得到密文后使用同样的 Key 解密得到原数据。

(1)加密函数的实现代码如下:

```
CString CClientDlg::Enjcrypt(CString s,WORD k)
{
    CString Str,Str1,Result;
    int i,j;
    Str = s;
    for(i=0;i<s.GetLength();i++)
    {
        Str.SetAt(i,s.GetAt(i)+k);
    }
    s = Str;
    for(i=0;i<s.GetLength();i++)
    {
        j = (BYTE)s.GetAt(i);
        Str1 = "01";
        Str1.SetAt(0,65+j/26);
        Str1.SetAt(1,65+j%26);
        Result += Str1;
    }
    return Result;
}
```

(2)解密函数与加密函数是对应的反向操作。实现代码如下:

```
CString CClientDlg::Decrypt(CString s,WORD k)
{
    CString Result,Str;
    int i,j;
    for(i=0;i<s.GetLength()/2;i++)
    {
        j=((BYTE)s.GetAt(2*i)-65)*26;
        j+=(BYTE)s.GetAt(2*i+1)-65;
        Str = "0";
        Str.SetAt(0,j);
        Result += Str;
    }
    s = Result;
    for(i=0;i<s.GetLength();i++)
    {
        Result.SetAt(i,(BYTE)s.GetAt(i)-k);
    }
    return Result;
}
```

■ 设计过程

（1）客户端的创建。创建一个基于对话框的应用程序，向对话框中添加 1 个群组控件、3 个静态文本控件、1 个 IP 控件、1 个编辑框控件和 3 个按钮控件。

（2）在应用程序的 InitInstance 方法中初始化套接字。

```
WSADATA wsd;
WSAStartup(MAKEWORD(2,2),&wsd);
```

（3）在对话框初始化时使用 socket 方法创建套接字。

```
BOOL CClientDlg::OnInitDialog()
{
    ……//此处代码省略
    //创建套接字
    m_Client = socket(AF_INET,SOCK_DGRAM,0);
    if (m_Client == INVALID_SOCKET)
    {
        CString str;
        str.Format("创建套接字失败，错误码:%d", WSAGetLastError());
        MessageBox(str);
    }
    m_IsStop = TRUE;
    num = 0;
    m_Port = 1000;
    CString ip = "192.168.1.77";
    m_IP.SetWindowText(ip);
    UpdateData(FALSE);
    return TRUE;
}
```

（4）处理"网络设置"按钮的单击事件，设置 IP 地址和端口，并进行绑定。

```
void CClientDlg::OnButton1()
{
    UpdateData(TRUE);
    //设置协议簇
    clientaddr.sin_family = AF_INET;
    //设置端口
    clientaddr.sin_port = htons(m_Port);
    CString str;
    m_IP.GetWindowText(str);
    //设置 IP 地址
    DWORD dwIPaddr = inet_addr(str);
    clientaddr.sin_addr.S_un.S_addr = dwIPaddr;
    //建立绑定
    if(bind(m_Client,(SOCKADDR*)&clientaddr,sizeof(clientaddr)) == SOCKET_ERROR)
    {
        CString str1;
        str1.Format("建立绑定失败，错误码:%d", WSAGetLastError());
        MessageBox(str1);
    }
    //设置异步选择
    WSAAsyncSelect(m_Client, GetSafeHwnd(), WM_SOCKETMSG, FD_READ);
}
```

（5）添加 OnSocket 消息，用来接收服务器端发送的数据并保存成加密文件。

```
void CClientDlg::OnSocket(WPARAM wParam, LPARAM lParam)
{
    HGLOBAL hGlobal = GlobalAlloc(GMEM_MOVEABLE,8192);
    void* lpBuf = GlobalLock(hGlobal);
    //要显示的信息
    CString sMessage;
    //SOCKADDR_IN 结构大小
    int len = sizeof(local);
    //检测发生的网络事件
    int message = lParam & 0x0000FFFF;
    if(message==FD_READ) //读事件
    {
```

```
            num++;
            //读取数据
            int ret = recvfrom(m_Client,(char*)lpBuf,8192,0,(SOCKADDR*)&local,&len);
            if(ret == SOCKET_ERROR)
            {
                CString str;
                str.Format("接收数据失败, 错误码:%d", WSAGetLastError());
                MessageBox(str);
                return;
            }
            char* temp = (char*)lpBuf;
            if((ret ==1)&&(temp[0] =='^'))
            {
                m_IsStop = FALSE;
                m_file.Close();
                MessageBox("接收完毕");
                return;
            }
            if(m_IsStop)
            {
                CString path = "e:\\";
                path += (char*)lpBuf;
                m_PathName = path;
                m_PathName = m_PathName.Left(ret+4);
                m_file.Open(m_PathName,CFile::modeCreate|CFile::modeWrite);
                m_IsStop = FALSE;

                GlobalUnlock(hGlobal);
                GlobalFree(hGlobal);
                return;
            }
            else
            {
                m_file.WriteHuge(lpBuf,ret);
                GlobalUnlock(hGlobal);
                GlobalFree(hGlobal);
            }
        }
        UpdateData(FALSE);
}
```

（6）添加 DecryptOne 方法，用于奇数包的解密。

```
CString CClientDlg::DecryptOne(CString S)
{
    CString Result,Str;
    int i,j;
    for(i=0;i<S.GetLength()/2;i++)
    {
        j=((BYTE)S.GetAt(2*i)-65)*26;
        j+=(BYTE)S.GetAt(2*i+1)-65;
        Str = "0";
        Str.SetAt(0,j);
        Result += Str;
    }
    S = Result;
    for(i=0;i<S.GetLength();i++)
    {
        Result.SetAt(i,(BYTE)S.GetAt(i)-77);
    }
    return Result;
}
```

（7）添加 DecryptTwo 方法，用于偶数包的解密。

```
CString CClientDlg::DecryptTwo(CString S)
{
    CString Result,Str;
    int i,j;
    for(i=0;i<S.GetLength()/2;i++)
    {
        j=((BYTE)S.GetAt(2*i)-65)*26;
```

```
                j+=(BYTE)S.GetAt(2*i+1)-65;
                Str = "0";
                Str.SetAt(0,j);
                Result += Str;
        }
        S = Result;
        for(i=0;i<S.GetLength();i++)
        {
                Result.SetAt(i,(BYTE)S.GetAt(i)+77);
        }
        return Result;
}
```

（8）服务器的创建。创建一个基于对话框的应用程序，向对话框中添加 1 个群组控件、3 个静态文本控件、1 个 IP 控件、1 个编辑框控件和 3 个按钮控件。

（9）在应用程序的 InitInstance 方法中初始化套接字。

```
WSADATA wsd;
WSAStartup(MAKEWORD(2,2),&wsd);
```

（10）在 OnInitDialog 方法中使用 socket 方法创建套接字。

```
//创建套接字
m_Server = socket(AF_INET,SOCK_DGRAM,0);
if (m_Server == INVALID_SOCKET)
{
        CString str;
        str.Format("创建套接字失败，错误码:%d", WSAGetLastError());
        MessageBox(str);
}
```

（11）处理"网络设置"按钮的单击事件，设置连接的 IP 和端口号。

```
void CServerDlg::OnButton1()
{
        UpdateData(TRUE);
        //设置协议簇
        serveraddr.sin_family = AF_INET;
        //设置端口号
        serveraddr.sin_port = htons(m_Port);
        CString str;
        m_IP.GetWindowText(str);
        //设置 IP 地址
        serveraddr.sin_addr.S_un.S_addr = inet_addr(str);
}
```

（12）处理"选择文件"按钮的单击事件，用于获得选中文件的文件名和所在路径。

```
void CServerDlg::OnButton2()
{
        //打开对话框
        CFileDialog dlg(TRUE,NULL,"",OFN_HIDEREADONLY,"All Files (*.*)|*.*||",this);
        if(IDOK == dlg.DoModal())
        {
                m_pathName = dlg.GetPathName();
                m_strName = dlg.GetFileName();
                m_Path.SetWindowText(m_pathName);
        }
}
```

（13）处理"发送文件"按钮的单击事件，将数据交错加密并发送。

```
void CServerDlg::OnButton3()
{
        CFile file(m_pathName,CFile::modeRead);
        DWORD size = file.GetLength();
        HGLOBAL hGlobal = GlobalAlloc(GMEM_MOVEABLE,size);
        void* lpBuf = GlobalLock(hGlobal);
        file.ReadHuge(lpBuf,size);
        int ret = sendto(m_Server,m_strName,m_strName.GetLength(),
                0, (SOCKADDR*) &serveraddr, sizeof(serveraddr));
        if(ret == SOCKET_ERROR)
        {
                CString str;
                str.Format("发送数据失败，错误码:%d",WSAGetLastError());
```

```cpp
                MessageBox(str);
                return;
        }
        Sleep(10);
        char* buf;// = new char[1024]
        int mod = size%1024;
        for(int i=0;i<size/1024;i++)
        {
                CString encrypt;
                buf = (char*)lpBuf+1024*i;

                if(i%2 == 1)
                        encrypt = EncryptOne(buf);
                else
                        encrypt = EncryptTwo(buf);

                int ret = sendto(m_Server, encrypt, encrypt.GetLength(),
                 0, (SOCKADDR*) &serveraddr, sizeof(serveraddr));
                if(ret == SOCKET_ERROR)//buf,1024
                {
                        CString str;
                        str.Format("发送数据失败,错误码:%d",WSAGetLastError());
                        MessageBox(str);
                        return;
                }
                Sleep(1);
        }
        if(mod!=0)
        {
                CString encrypt;
                buf = (char*)lpBuf+(size-mod);
                if(i%2 == 1)
                        encrypt = EncryptOne(buf);
                else
                        encrypt = EncryptTwo(buf);

                int ret = sendto(m_Server,encrypt, encrypt.GetLength(),
                 0,(SOCKADDR*)&serveraddr,sizeof(serveraddr));
                if(ret == SOCKET_ERROR)
                {
                        CString str;
                        str.Format("发送数据失败,错误码:%d",WSAGetLastError());
                        MessageBox(str);
                        return;
                }
                Sleep(1);
        }
        char a[1]={'^'}; //结束符
        sendto(m_Server,(char*)a,1,0,(SOCKADDR*)&serveraddr,sizeof(serveraddr));
        GlobalUnlock(hGlobal);
        GlobalFree(hGlobal);
}
```

(14)添加 EncryptOne 方法,为奇数包加密。

```cpp
CString CServerDlg::EncryptOne(CString S)
{
        CString Str,Str1,Result;
        int i,j;
        Str = S;
        for(i=0;i<S.GetLength();i++)
        {
                Str.SetAt(i,S.GetAt(i)+77);
        }
        S = Str;
        for(i=0;i<S.GetLength();i++)
        {
                j = (BYTE)S.GetAt(i);
                Str1 = "01";
                Str1.SetAt(0,65+j/26);
                Str1.SetAt(1,65+j%26);
```

```
            Result += Str1;
        }
        return Result;
}
```

（15）添加 EncryptTwo 方法，为偶数包加密。
```
CString CServerDlg::EncryptTwo(CString S)
{
        CString Str,Str1,Result;
        int i,j;
        Str = S;
        for(i=0;i<S.GetLength();i++)
        {
                Str.SetAt(i,S.GetAt(i)-77);
        }
        S = Str;
        for(i=0;i<S.GetLength();i++)
        {
                j = (BYTE)S.GetAt(i);
                Str1 = "01";
                Str1.SetAt(0,65+j/26);
                Str1.SetAt(1,65+j%26);
                Result += Str1;
        }
        return Result;
}
```

▍秘笈心法

心法领悟 596：建立"另存为"对话框。

使用 CfileDialog 可以创建"打开"对话框和"保存"对话框。第一个参数指定为 false 时，创建"另存为"对话框：
```
CFileDialog dlg(false,NULL,"",OFN_HIDEREADONLY,"All Files (*.*)|*.*||",this);
dlg.DoModal();
```

实例 597　创建用户并分配管理员权限
光盘位置：光盘\MR\19\597　　　　　　　　　　　　　　高级　趣味指数：★★★★

▍实例说明

使用 NetUserAdd 函数创建账户，使用 NetLocalGroupAddMembers 函数将账户添加到管理员组，程序运行效果如图 19.11 所示。

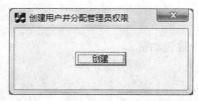

图 19.11　创建用户并分配管理员权限

▍关键技术

本实例的实现主要使用 NetUserAdd 函数和 NetLocalGroupAddMembers 函数。

（1）NetUserAdd 函数，语法格式如下：
```
NET_API_STATUS NetUserAdd(
    LPCWSTR servername,
    DWORD level,
```

```
    LPBYTE buf,
    LPDWORD parm_err
);
```
参数说明:

❶servername: 设为 NULL, 使用本地计算机。

❷level: 指定数据的信息等级。

❸buf: 指定数据的地址。

❹parm_err: 存储错误信息。

返回值: 成功返回 NERR_Success。返回其他值表示失败。

(2) NetLocalGroupAddMembers 函数,语法格式如下:
```
NET_API_STATUS NetLocalGroupAddMembers(
    LPCWSTR servername,
    LPCWSTR groupname,
    DWORD level,
    LPBYTE buf,
    DWORD totalentries
);
```
参数说明:

❶servername: 设为 NULL, 使用本地计算机。

❷groupname: 要添加的组名。

❸level: 指定数据等级信息。

❹buf: 新成员的数据存储地址。

❺totalentries: 指定 buf 的大小。

设计过程

(1) 新建一个基于对话框的应用程序。

(2) 向窗体中添加一个按钮控件,执行添加账户操作。

(3) 包含头文件,导入 netapi32 库:
```
#include "windows.h"
#include "lm.h"
#pragma comment(lib,"netapi32")
```
(4) "创建"按钮的实现代码如下:
```
void CAdministratorDlg::OnCreate()
{
    USER_INFO_1 ui;                                         //定义 USER_INFO_1 结构体
    ui.usri1_name = L"mytest";                              //用户名
    ui.usri1_password = L"123456";                          //密码
    ui.usri1_flags = UF_SCRIPT;                             //登录脚本执行
    ui.usri1_priv = USER_PRIV_USER;                         //user
    ui.usri1_comment = L"新建账户";                         //说明
    ui.usri1_home_dir = NULL;
    ui.usri1_script_path = NULL;

    NET_API_STATUS ret = NetUserAdd(NULL,1,(LPBYTE)&ui,NULL);  //创建用户

    if(ret == NERR_Success || ret == NERR_UserExists)       //创建成功或者账户已经存在
    {
    //      MessageBox("创建用户成功");
    }
    else
    {
        MessageBox("创建用户失败");
        return ;
    }

    LOCALGROUP_MEMBERS_INFO_3 account;
    account.lgrmi3_domainandname=L"mytest";
```

```
//添加到 Administrators 组
NET_API_STATUS Status = NetLocalGroupAddMembers(NULL,
        L"Administrators",3,(LPBYTE)&account,1);
if( Status == NERR_Success)
{
        MessageBox("添加到管理员组成功! ");
}
else
{
        MessageBox("添加到管理员组失败! ");
        return;
}
```

秘笈心法

心法领悟 597：删除用户账户。

通过 NetUserDel 方法可以删除指定的用户账户。
NetUserDel(NULL, lpUserName);

实例 598　计算机锁定程序

光盘位置：光盘\MR\19\598

高级

趣味指数：★★★☆

实例说明

锁定计算机可以防止其他用户在使用者离开时查看屏幕并使用计算机。通过 LockWorkStation 函数，可以锁定计算机，效果如图 19.12 所示。

图 19.12　计算机锁定程序

关键技术

本实例的实现主要使用 user32.dll 库的 LockWorkStation 函数。功能是锁定工作站，防止越权使用。
基本格式如下：
BOOL WINAPI LockWorkStation(void);
该函数无参数，成功则返回非 0，失败则返回 0。

设计过程

（1）新建一个基于对话框的应用程序。
（2）向窗体中添加一个按钮控件，名为"锁定"。
（3）主要代码如下：
```
void CLockComputerDlg::OnLock()
{
        HMODULE hHandle;                                            //定义模块句柄
        PROC MyLockWorkStation = NULL;                              //定义函数指针
        hHandle = GetModuleHandle("user32.dll");                    //获取动态链接库句柄
        MyLockWorkStation = GetProcAddress(hHandle,"LockWorkStation"); //获取动态库函数地址
```

```
        if(MyLockWorkStation)
                MyLockWorkStation();                                    //执行 LockWorkStation 函数,锁定计算机
}
```

■ 秘笈心法

心法领悟 598:定时锁定计算机。

根据本实例,通过 LockWorkStation 锁定计算机。可以通过设置定时器完成指定时间锁定计算机的功能。